QUÍMICA PARA UM FUTURO SUSTENTÁVEL

Q6 Química para um futuro sustentável / [American Chemical Society], Catherine H. Middlecamp ... [et al.]; tradução: Ricardo Bicca de Alencastro. – 8. ed. – Porto Alegre : AMGH, 2016.
xiv, 578 p. il. color. ; 27,7 cm.

ISBN 978-85-8055-539-4

1. Química. 2. Meio ambiente – Sustentabilidade. I. Middlecamp, Catherine H.

CDU 54:502.131.1

Catalogação na publicação: Poliana Sanchez de Araujo – CRB 10/2094

Catherine H. Middlecamp
University of Wisconsin—Madison

Michael T. Mury
American Chemical Society

Karen L. Anderson
Madison College

Anne K. Bentley
Lewis & Clark College

Michael C. Cann
University of Scranton

Jamie P. Ellis
The Scripps Research Institute

Kathleen L. Purvis-Roberts
Claremont McKenna,
Pitzer, and Scripps Colleges

QUÍMICA PARA UM FUTURO SUSTENTÁVEL

8ª EDIÇÃO

Tradução:

Ricardo Bicca de Alencastro
Doutor em Físico-Química pela Universidade de Montréal, Quebec, Canadá
Professor Emérito da Universidade Federal do Rio de Janeiro

Mc Graw Hill Education
bookman

AMGH Editora Ltda.

2016

Obra originalmente publicada sob o título
Chemistry in Context: Applying Chemistry to Society, 8th edition
ISBN 9780073522975

Gerente editorial: *Arysinha Jacques Affonso*

Colaboraram nesta edição:

Editora: *Denise Weber Nowaczyk*

Capa: *Márcio Monticelli* (arte sobre capa original)

Imagens da capa: *User2547783c_812/iStock/Thinkstock, mrhighsky/iStock/Thinkstock*

Leitura final: *Amanda Jansson Breitsameter*

Editoração: *Techbooks*

Reservados todos os direitos de publicação, em língua portuguesa, à
AMGH EDITORA LTDA., uma parceria entre GRUPO A EDUCAÇÃO S.A. e McGRAW-HILL EDUCATION
Av. Jerônimo de Ornelas, 670 – Santana
90040-340 – Porto Alegre – RS
Fone: (51) 3027-7000   Fax: (51) 3027-7070

Unidade São Paulo
Av. Embaixador Macedo Soares, 10.735 – Pavilhão 5 – Cond. Espace Center
Vila Anastácio – 05095-035 – São Paulo – SP
Fone: (11) 3665-1100   Fax: (11) 3667-1333

SAC 0800 703-3444 – www.grupoa.com.br

IMPRESSO NO BRASIL
PRINTED IN BRAZIL

Prefácio

Caros Leitores

Este é um livro diferente. Não pelo assunto, que não é novo, mas pela forma como o assunto é tratado dentro do seu contexto. A própria imagem expressa essas relações. A teia de aranha da capa representa as conexões que este livro faz entre a química e a sociedade. Acompanhe, por exemplo, a trajetória de uma trivial sacola de supermercado, aquela em que carregamos nossas compras para a casa. Seu material original é petróleo. Muito provavelmente, óleo cru foi transportado de algum lugar do planeta para uma refinaria. Lá, uma das suas frações foi craqueada até o etileno, o etileno foi polimerizado e o polietileno formado foi utilizado para fabricar as sacolas plásticas. Elas foram, então, empacotadas, transportadas por caminhão (queimando óleo diesel, outro produto da refinaria) até o supermercado. Você a levou para casa junto com suas compras e... adivinha... ela foi parar no lixo. Seu ciclo terminou, certo? Só que não. Cerca de 95% dos 1 trilhão de sacolas plásticas utilizadas nos supermercados todos os anos termina em nossos armários, em aterros sanitários ou são espalhados pelo planeta afora. E, a partir daí, tem início 1.000 anos (!) de lenta decomposição em dióxido de carbono e água. Apenas 5% (!) das úteis sacolas são recicladas.

Este livro está repleto de exemplos como esse, utilizando contextos reais que vão permitir que os leitores se identifiquem, fiquem intrigados e se sintam desafiados a refletir sobre seu comportamento. O que eu compro? O que eu descarto? Como eu descartado? Essas escolhas são importantes em diversos âmbitos: pessoal, social e global. O texto foi escrito de forma a incentivar os professores a ensinar a química utilizando o contexto no qual os fenômenos acontecem e os alunos, a aprender como tudo está interligado, tal qual uma teia de aranha.

Sustentabilidade – o contexto irrevogável

A sustentabilidade não é só um desafio. Na verdade é *o* desafio definitivo de nosso século. Por isso, a oitava edição de *Química para um futuro sustentável* foi projetada para ajudar os estudantes a enfrentar esse desafio. O capítulo de abertura, "Química para um futuro sustentável", abre o caminho para os 12 capítulos que o seguem. Ao colocar a sustentabilidade em primeiro lugar, a estabelecemos como um centro normativo do currículo da química.

A sustentabilidade adiciona um novo grau de complexidade a este livro. Isso acontece em parte porque a ela pode ser conceituada de duas maneiras: como um tópico que vale a pena estudar e como um problema que vale a pena resolver. Como um tópico, a sustentabilidade fornece novos conteúdos que os estudantes devem dominar. Por exemplo, a tragédia dos comuns, a Linha de Base Tripla e o conceito do-berço-até-o-berço são partes desse novo conteúdo. Como um problema que vale a pena solucionar, a sustentabilidade gera novas questões aos estudantes – que os ajudam a imaginar e a alcançar um futuro sustentável. Por exemplo, os estudantes encontrarão questões que envolvem os riscos e benefícios de agir (ou não agir) para reduzir as emissões de gases de efeito estufa.

A tragédia dos comuns é a situação em que um recurso é comum a todos e usado por muitos, mas ninguém em particular é responsável por ele. Como resultado, ele pode ser destruído por excesso de uso, em detrimento de todos os que o usam.

A incorporação da sustentabilidade exige mais do que uma pequena reforma do currículo. Qual é o caminho dos autores? Diferentemente da maior parte dos textos de química, este é rico em contextualização. Assim, os autores já tinham o veículo adequado para abordar os conceitos de sustentabilidade – ricos cenários reais sobre a energia, os alimentos e a água. Entretanto, as ligações com a sustentabilidade nem sempre eram aparentes. Em essência, era preciso ligar os pontos para o leitor. Eis alguns exemplos de como isso foi feito:

O Capítulo 1, "O Ar que respiramos", agora lembra mais fortemente ao leitor que o ar é um recurso comum. Todos temos de respirá-lo e ninguém é dono dele. A poluição do ar é, portanto, um modo perfeito de introduzir o conceito da tragédia dos comuns.

O Capítulo 2, "Protegendo a camada de ozônio", agora aponta mais claramente que os antigos substitutos dos cloro-fluorocarbonetos (CFCs), embora não sendo danosos para a camada de ozônio, são potentes gases de efeito estufa. O capítulo termina com uma chamada incisiva à ação: "Todos nós, respirando nesse planeta hoje e tendo o potencial, devemos garantir seu futuro com rapidez e decisão. Não temos direito a atrasos, não podemos nos dar ao luxo de perder tempo".

O Capítulo 3, "A química da mudança climática global", agora traz mais dados sobre as mudanças climáticas globais e desafia os estudantes a avaliarem as alterações provocadas na Terra pelos gases de efeito estufa e as consequências dessas mudanças.

O Capítulo 5, "Água para a vida", agora liga melhor a escassez de água fresca, o controle sustentável dos recursos hídricos e a contaminação da água. Esses temas se refletem na discussão da produção de alimentos no Capítulo 11.

ACS Green Chemistry Institute

O Capítulo 7, "Os fogos da fissão nuclear", ao mesmo tempo em que introduz para os estudantes a crise nuclear que ocorreu no Japão, também os desafia a avaliar a energia nuclear como recurso sustentável.

O Capítulo 8, "Energia por transferência de elétrons", foi refeito para apresentar melhor a ligação entre nossas necessidades de energia e as tecnologias disponíveis. O conceito de sustentabilidade do-berço-até-o-berço, apresentado no Capítulo 0, foi ligado ao desenho de baterias.

O Capítulo 11, "Nutrição: alimentos para pensar", ainda descreve como o que você come afeta sua saude. Agora, porém, ele liga mais fortemente o que você come à saude do planeta e faz com que os estudantes acompanhem a produção e o consumo de alimentos.

A química verde, um caminho para a sustentabilidade, continua a ser um tema importante desta obra. Como nas edições anteriores, exemplos de química verde são evidenciados em cada capítulo. Procure mais exemplos nesta nova edição. Essa cobertura expandida oferece ao leitor uma noção melhor da necessidade e da importância de tornar mais verdes nossos processos químicos. Para um acesso mais fácil, as ideias fundamentais da química verde foram impressas na capa interna do livro.

Atualização do conteúdo existente

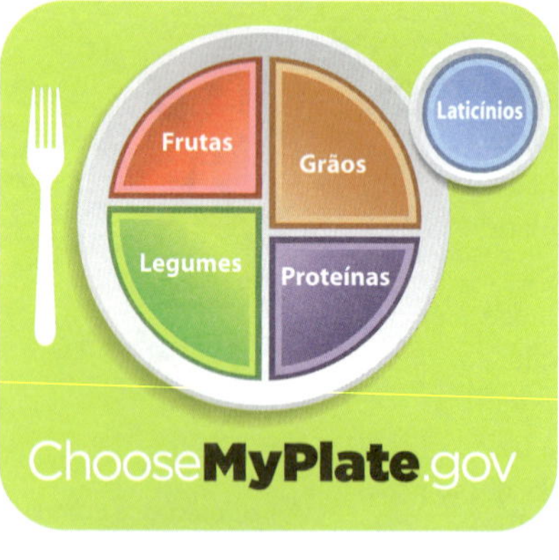

As pessoas nos perguntam, às vezes, "Por que vocês publicam novas edições com tanta frequência?" É verdade, estamos em um ciclo rápido de publicações, com uma versão nova a cada três anos. Fazemos isso porque o conteúdo de *Química para um futuro sustentável* é muito sensível ao tempo.

Em cada nova edição, o grupo de autores refaz o conteúdo de praticamente cada capítulo, atualizando-o para refletir novos desenvolvimentos científicos, mudanças em políticas, tendências da energia e eventos mundiais. Essas atualizações envolvem escrever conteúdo novo, outras envolvem a produção de novos gráficos e tabelas de dados. Por exemplo, desde a publicação da 7ª edição, a tragédia de Fukushima, no Japão, influenciou as indústrias nucleares e as políticas relacionadas. A concentração de CO_2 atmosférico aumentou para mais de 400 ppm. Um exemplo final é a liberação de novas recomendações alimentares pela USDA.

Além disso, as questões que selecionamos para "prender" a atenção do leitor no começo do capítulo foram refeitas de edição em edição. O Capítulo 9, "O Mundo dos polímeros e plásticos", é um exemplo. A nova versão agora abre com uma citação de um livro de que foi coautor um químico que muito influenciou nosso pensamento durante a revisão desse capítulo: "A Natureza não tem um problema de objetivos. As pessoas têm". (William McDonough e Michael Braungart, *Cradle-to-Cradle*, 2002)

A história dos polímeros se desenrola usando uma teia de aranha como exemplo e notando que as aranhas do globo têm de fazer novas teias diariamente. Então como elas conseguem produzir tanta seda e, ainda assim, sobreviver? Muito simples, elas reciclam. São capazes de ingerir a seda mais antiga e recuperar as matérias-primas usadas. O tema da reciclagem é, então, abordado ao longo de todo o capítulo.

Ensinando e aprendendo

Esta nova edição mantém o esquema organizacional usado nas edições anteriores, que resistiu ao teste do tempo. Os primeiros seis capítulos abordam temas reais, como ar, água e energia, e apresentam os fundamentos dos conceitos químicos com os quais seguir os capítulos subsequentes. Por exemplo, os primeiros capítulos introduzem elementos, compostos e a Tabela Periódica. Nos capítulos posteriores, usamos esses conceitos químicos para estudar outros contextos e conteúdos de química. Os Capítulos 7 e 8 concentram-se em fontes de energia diferentes – nuclear, baterias, células a combustível e hidrogênio. Os Capítulos 9 a 12 baseiam-se no carbono e têm foco em polímeros, fármacos, produção de alimentos e engenharia genética. Eles dão aos estudantes a oportunidade de explorar interesses, quando o tempo permite, além dos tópicos centrais.

A nova edição – um esforço de grupo

Mais uma vez, temos o prazer de oferecer a nossos leitores uma nova edição de *Química para um futuro sustentável*. O trabalho, porém, não foi feito por um único indivíduo, mas é o resultado do trabalho de muitos indivíduos de talento. A oitava edição estende o legado de grupos de autores anteriores liderados por A. Truman Schwartz, Conrad L. Stanitski e Lucy Pryde Eubanks, agora aposentados, depois de longas e produtivas carreiras como professores de química.

Esta nova edição foi preparada por um grupo de autores: Cathy Middlecamp, Michael Mury, Karen Anderson, Anne Bentley, Michael Cann, Jamie Ellis e Katie Purvis-Roberts. O Laboratory Manual foi revisado por Jennifer Tripp e Lallie McKenzie e revisto por Teresa Larson. Cada um deles trouxe um conhecimento diferente para o projeto. Mais do que isso, todos contribuíram com boa vontade, esperanças, sonhos e entusiasmo aparentemente sem limites para trazer a química do mundo real para a sala de aula e para as vidas de nossos leitores.

Na Sociedade Americana de Química (ACS), a liderança foi de Mary Kirchhoff, Diretora da Divisão de Educação. Ela apoiou o grupo de escritores, celebrando seus esforços em "ligar os pontos" entre a química e a sustentabilidade, até o ponto de escrever partes do Capítulo 0. Além disso, ela e Terri Taylor, Diretora Assistente para K-12 Science na Sociedade Americana de Química, tornaram possível que Michael Mury expandisse seu papel no projeto, passando a Gerente de Produção. Sua capacidade de unir as partes envolvidas – o grupo de autores, a editora e a Sociedade Americana de Química – foi inestimável.

O grupo da McGraw-Hill foi ótimo em todos os aspectos do projeto, e devemos agradecimentos especiais para Jodi Rhomberg por conduzir o processo até a linha de chegada. Marty Lange (Vice-presidente e Diretor Geral), Thomas Timp (Diretor Gerente), David Spurgeon, PhD (Gerente de Marcas), Rose Koos (Diretora de Desenvolvimento), Shirley Hino, PhD (Diretora de Desenvolvimento do Conteúdo Digital) e Jodi Rhomberg (Editor de Desenvolvimento) lideraram esse grupo especial. Heather Wagner foi a Diretora Executiva de Marketing. Sandra Schnee (Gerente de Conteúdo do Projeto) coordenou o grupo de produção formado por Carrie Burger (Especialista em Licenciamento de Conteúdo), Tara McDermott (Projetista) e Nichole Birkenholz (Compradora). O grupo também se beneficiou da edição cuidadosa de Carol Kromminga e da leitura das provas por Kim Koetz e Patti Evers.

O grupo de autores também se beneficiou do conhecimento de uma comunidade mais ampla. Gostaríamos de agradecer às seguintes pessoas, que escreveram ou revisaram os conteúdos de aprendizado dirigido de LearnSmart.

Peter de Lijser, *California State University—Fullerton*
David G. Jones, *University of North Carolina at Chapel Hill*
Adam I. Keller, *Columbus State Community College*

Também estendemos nossos agradecimentos a David McNelis, *University of North Carolina*, pelo conhecimento técnico fornecido durante a preparação do manuscrito.

A resposta dos instrutores que ensinam esse curso é inestimável para o desenvolvimento de cada nova edição. Nossos agradecimentos e nossa gratidão aos seguintes instrutores que participaram das reuniões de avaliação de *Química em Contexto*:

Sana Ahmed	*Boca Raton Community High School*
Nikki Burnett	*Baldwin High School*
Donghai Chen	*Malone University*
Tammy Crosby	*Hillsborough High School*
Mohammed Daoudi	*University of Central Florida*
Sidnee-Marie Dunn	*Saint Martins University*
Kimberly Fields	*Florida Southern College*
Tam'ra Kay Francis	*University of Tennessee*
Andrew Frazer	*University of Central Florida*
Song Gao	*Nova Southeastern University*
Carmen Gauthier	*Florida Southern College*
Myung Han	*Columbus State Community College*
Al Hazari	*University of Tennessee*
Sandra Helquist	*Loyola University Chicago*
Martha Kellner	*Westminster College*
Todd Knippenberg	*High Point University*
Candace Kristensson	*University of Denver*
Shamsher-Patrick Lambda	*Young Men's Preparatory Academy (M-DCPS)*
Laura Lanni	*Newberry College*
Devin Latimer	*University of Winnipeg*
Toby Long	*Rollins College*
Sara Marchlewicz	*University of Illinois at Chicago*
Jessica Menke	*University of Wisconsin—Whitewater*
Mark Mitton-Fry	*Ohio Wesleyan University*
Mark Morris	*University of Tampa*
Jung Oh	*Kansas State University at Salina*
Tatyana Pinayayev	*Miami University*
Kresimir Rupnik	*Lousiana State University*
Indrani Sindhuvalli	*Florida State College at Jacksonville*
Jose Vites	*Eastern Michigan University*

Saudações a nossos leitores

Quando foi publicado pela primeira vez, em 1993, este foi "o livro fora dos padrões". Ao contrário dos livros de seu tempo, ele não ensinava uma química distante das pessoas e das questões reais que elas enfrentavam. De modo semelhante, não introduzia um fato ou conceito só para "cobri-lo" como parte do currículo. Ao contrário, ele alinhava cuidadosamente cada princípio químico a uma questão real, como a qualidade do ar, a energia ou o uso da água.

Estamos muito satisfeitos com o conteúdo desta nova edição, que continua a quebrar o paradigma ao trazer a química a você, nosso leitor. Selecionamos tópicos atuais e atraentes que, esperamos, irão ajudá-lo atualmente e nos anos que virão.

Desejamos que faça grande proveito ao ler esta obra, explorando as questões, discutindo respeitosamente com seus colegas (e com os autores) e, mais, importante, usando o que aprendeu para tornar seus sonhos realidade.

Saudações do grupo de autores,

Cathy Middlecamp
Autor e Editor Principal
Junho de 2013

Sumário resumido

Sumário

QUÍMICA PARA UM FUTURO SUSTENTÁVEL

Capítulo 0 Química para um futuro sustentável

A "bola de gude azul", nossa Terra, vista do espaço.

"No primeiro dia, todos apontamos para nossos países. No terceiro ou quarto dia, para nossos continentes. No quinto dia, víamos uma Terra somente."

Príncipe Sultan bin Salman Al Saud, Arábia Saudita, 1985.

Uma Terra somente. Visto do espaço, o planeta que chamamos de lar é realmente magnífico – uma "bola de gude" de água, terra e nuvens. Em 1972, a tripulação da espaçonave Apollo 17 fotografou a Terra a uma distância de cerca de 28.000 milhas (45.000 quilômetros). Nas palavras do cosmonauta soviético Aleksei Leonov, "A Terra era pequena, azul clara e comoventemente solitária".

Estamos sozinhos no Universo? Possivelmente. É claro, no entanto, que não estamos sozinhos em nosso planeta. Nós o partilhamos com outras criaturas, grandes e pequenas. Os biólogos estimam que existam mais de 1,5 milhão de espécies, além de nós. Algumas ajudam a nos alimentar e manter, outras contribuem para nosso bem-estar e outras, ainda, (como os mosquitos) nos irritam e podem nos causar doenças.

Dividimos, também, o planeta com mais de 7 bilhões de pessoas. Neste último século, a população humana da Terra mais do que triplicou, dando um salto de crescimento sem precedentes na história de nosso planeta. Até 2050, a população pode aumentar outros 2 a 3 bilhões.

Grandes ou pequenas, todas as espécies de nosso planeta estão interligadas de alguma forma. Como isso acontece, porém, pode não ser muito óbvio para nós. Por exemplo, micro-organismos invisíveis transferem nitrogênio de uma forma química para outra, fornecendo nutrientes que permitem o crescimento das plantas. Estas aproveitam a energia luminosa do Sol durante o processo da fotossíntese. Ao usar essa energia, convertem dióxido de carbono e água em glicose. Simultaneamente, liberam oxigênio no ar que respiramos. Também nós, humanos, somos hospedeiros de inúmeros micro-organismos que residem em nossa pele e órgãos internos.

O Capítulo 6 descreve o ciclo do nitrogênio.

O Capítulo 4 discute a fotossíntese.

Grandes e pequenas, essas ligações estão se quebrando em uma velocidade alarmante.

Aconteceu uma mudança em nossa perspectiva. Hoje, estamos acostumados a ouvir relatos sobre populações declinantes de peixes e espécies em perigo de extinção. Você já se deparou com o termo **mudança de referências**? Ele refere-se à mudança, com o passar do tempo, do que consideramos "normal" em nosso planeta, especialmente no que diz respeito aos ecossistemas. A abundância de peixes e a vida selvagem outrora consideradas normais não fazem mais parte da memória das pessoas atualmente. De modo semelhante, muitos de nós não se lembram mais de cidades sem congestionamento de veículos.

Claramente, os humanos são criaturas trabalhadoras. Somos agricultores, construímos barragens nos rios, queimamos combustíveis, construímos edificações e voamos através de zonas de tempo. Ao fazer isso com frequência, alteramos a qualidade do ar que respiramos, da água que bebemos e da terra em que vivemos. Com o tempo, nossas ações mudaram a face do planeta. Como ele era antes? Veja o que você descobre realizando a próxima atividade.

Estude Isto 0.1 Mudança de referências

Procure um dos membros mais antigos de sua comunidade. Pode ser um amigo, um parente ou mesmo um historiador da comunidade.

a. Pense no atual preço do pão, de um litro de gasolina ou de uma barra de chocolate. Pergunte a ele quanto essas coisas custavam em sua juventude. Como a expectativa das pessoas sobre o que é normal mudou?

b. Agora uma tarefa mais difícil. Pergunte a respeito dos rios locais, da qualidade do ar, da vegetação ou da vida selvagem. Ao falar com os mais velhos, veja se consegue identificar pelo menos um caso em que a percepção do que é "normal" mudou. Pode até ser que ninguém se lembre.

Atividades do tipo Estude Isto aparecerão em todos os capítulos. Elas lhe darao a oportunidade de usar o que você está aprendendo de modo a tomar decisões mais bem informadas. Elas podem, por exemplo, pedir que você considere pontos de vista opostos ou que tome uma decisão pessoal e a sustente. Elas podem, também, requerer mais pesquisas.

A conclusão? O que percebemos hoje como "normal" não era o normal no passado. Embora não possamos voltar no tempo, ainda podemos fazer escolhas que melhorem nossa saúde e a do planeta, hoje e no futuro, e o conhecimento da química pode ajudar. Os problemas globais que enfrentamos – e suas soluções – estão intimamente ligados à competência em química e à velha engenhosidade humana.

0.1 As escolhas que fazemos hoje

Tomadas isoladamente, pode parecer que nossas ações têm pouco efeito em um sistema tão grande como o nosso planeta. Se comparado com um furacão, uma enchente ou um tremor de terra, o que fazemos diariamente pode parecer não ter consequências. Que diferença poderia fazer se fôssemos de bicicleta e não de carro ao trabalho, usássemos uma sacola de pano e não de plástico, ou comêssemos produtos locais em vez de consumir os que vêm de distâncias a centenas ou mesmo milhares de quilômetros?

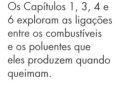

Aprenda mais sobre o óleo cru e como ele é refinado no Capítulo 4.

Aprenda mais sobre o que sai pelo escapamento no Capítulo 1.

A maior parte das atividades humanas – incluindo andar de bicicleta, dirigir veículos, usar sacolas de qualquer tipo e comer – têm duas coisas em comum: *elas exigem o consumo de recursos naturais e produzem detritos*. Dirigir um automóvel exige gasolina (obtida de óleo cru), cuja queima libera gases nocivos pelo escapamento. Embora usar uma bicicleta seja uma escolha mais ecológica, todas as bicicletas, assim como os automóveis, ainda são fabricadas com o uso de metais, plásticos, borrachas sintéticas, tecidos e tintas. As sacolas de compras, de papel ou de plástico, exigem matérias-primas para sua produção. Após o descarte, elas se transformam em lixo. A agricultura exige água e energia para a colheita e o transporte até o mercado. Além disso, a produção de alimentos pode exigir fertilizantes e envolver o uso de inseticidas e herbicidas.

Você já pode prever onde isso vai parar. Sempre que fabricamos e transportamos algo, consumimos recursos naturais e produzimos lixo. Entretanto, algumas atividades consomem menos recursos e produzem menos detritos do que outras. Andar de bicicleta produz menos resíduos do que dirigir automóveis, reutilizar sacos de pano produz menos lixo do que jogar fora sacos de plástico continuamente. Embora o que você faz possa ser irrelevante no grande esquema das coisas, o que 7 bilhões de pessoas estão fazendo obviamente não é. Nossas ações coletivas não somente causam alterações locais no ar, na água e no solo, como também atingem ecossistemas regionais e globais.

Os Capítulos 1, 3, 4 e 6 exploram as ligações entre os combustíveis e os poluentes que eles produzem quando queimam.

Temos de pensar nos bilhões. Um simples fogo de cozinha? Não é um problema; bem, a menos que ele queime acidentalmente uma residência. E imagine alguns bilhões de pessoas pelo planeta afora, cada uma acendendo um fogo. Some os fogos de todos os que cozinham usando fogões, fornos de tijolos, grelhas de churrasco. Agora, você tem um bocado de combustível sendo queimado. Cada porção de combustível joga detritos na atmosfera quando queimada, e alguns deles – mais conhecidos como poluidores do ar – são *muito* agressivos aos nossos pulmões, nossos olhos e, é claro, nossos ecossistemas.

Hoje, a quantidade de rejeitos que produzimos não tem precedentes na escala e no potencial de redução de nossa qualidade e, até mesmo, expectativa de vida. Por exemplo, em uma grande cidade como Nova York, Nova Deli, Cidade do México ou Pequim, as entradas hospitalares e as taxas de mortes correlacionam-se aos níveis de poluição do ar. Embora os riscos para a saúde sejam inferiores aos provocados pela obesidade ou pelo fumo, os efeitos na saúde pública são grandes porque as pessoas ficam expostas aos poluentes fora e dentro de casa durante toda uma vida.

Também é preocupante que nossas ações (dos bilhões) liberem resíduos que destroem os habitats de outras espécies do planeta. A extinção, claro, é um fenômeno natural, mas hoje a taxa é muito maior do que seria de se esperar na base das causas naturais. A destruição de habitats locais especializados, das plantas, particularmente, levou a essas extinções.

Na base de muito da nossa produção de lixo está a *energia*. A necessidade de encontrar fontes de energia limpas e sustentáveis é provavelmente o maior desafio de nosso século. Hoje, estamos consumindo fontes renováveis e não renováveis e estamos poluindo nosso ar, nossa terra e nossa água em uma velocidade que não pode ser mantida. Isso não devia ser uma surpresa. O tempo é o fator essencial que determina se uma fonte é renovável ou não renovável. As **fontes renováveis** são as que são repostas mais rapidamente do que são consumidas. Exemplos incluem a energia solar e a biomassa produzida de árvores e colheitas agrícolas. As **fontes não renováveis** são as limitadas ou consumidas mais rapidamente do que são repostas. Minérios e combustíveis fósseis (carvão, óleo e gás natural) são exemplos de fontes não renováveis.

Junto a todo problema vem a oportunidade de encontrar soluções criativas. Esperamos que você esteja se perguntando "O que posso fazer?" e "Como posso fazer diferença em minha comunidade?" Quando fizer perguntas como essas, lembre-se de incluir a química (não é por acaso que a química é chamada de "Ciência Central"). Hoje, os químicos estão no centro das ações no que se refere ao uso sustentável de recursos naturais. Eles são desafiados a usar seu conhecimento de forma responsável para proteger a saúde humana e o ambiente. O mesmo, é claro, se aplica a você. Neste livro, nós o ajudaremos a aprender e vamos estimulá-lo a usar esse conhecimento para agir com responsabilidade na preservação de nossa Terra.

0.2 As práticas sustentáveis de que precisamos para amanhã

O que significa usar os recursos de nosso planeta de modo sustentável? Esperamos que você possa responder a essa pergunta – pelo menos em parte – com o que já aprendeu em outras disciplinas. Profissionais de todas as áreas, incluindo economia, ciências políticas, engenharia, história, enfermagem e agricultura, têm alguma participação no desenvolvimento de práticas sustentáveis. E, como você verá neste texto, nós, químicos, temos um papel importante na criação de um mundo sustentável.

Como o termo **sustentabilidade** é usado por muitos grupos de pessoas, ele adquiriu diferentes significados. Selecionamos um que é citado com frequência: "Atender às necessidades do presente sem comprometer a capacidade das futuras gerações de atender as suas próprias". Essa definição está em um relatório de 1987, Nosso Futuro Comum, da Comissão Internacional do Ambiente e do Desenvolvimento das Nações Unidas. Na Tabela 0.1, reproduzimos alguns trechos da Introdução de Nosso Futuro Comum, para que você possa ler as palavras desafiadoras em seu contexto original.

TABELA 0.1 Nosso Futuro Comum (trechos da Introdução)

"Uma agenda global para a mudança" – Isso era o que a Comissão Internacional do Ambiente e do Desenvolvimento das Nações Unidas deveria formular. Era um apelo urgente da Assembleia Geral das Nações Unidas.
Na análise final, resolvi aceitar o desafio de encarar o futuro e de salvaguardar os interesses das futuras gerações.
Após uma década e meia de estagnação ou mesmo deterioração da cooperação internacional, creio que o tempo chegou para expectativas maiores, para objetivos comuns perseguidos em conjunto, para maior vontade política em nos debruçarmos sobre nosso futuro comum.
A presente década ficou marcada por uma redução do interesse social. Os cientistas chamam nossa atenção para problemas complexos e urgentes que dizem respeito à nossa própria sobrevivência: o aquecimento global, ameaças à camada de ozônio, desertos substituindo terras aráveis.
A questão da população – da pressão da população e os direitos humanos – e a ligação entre essas questões e a pobreza, o ambiente e o desenvolvimento foram algumas das preocupações mais difíceis com que tivemos de lidar.
Contudo, primeiro e mais importante, nossa mensagem é dirigida às pessoas, cujo bem-estar é o objetivo final de todas as políticas ambientais e de desenvolvimento.
Se não conseguirmos fazer passar nossa mensagem de urgência aos pais e dirigentes de hoje, assumimos o risco de fragilizar o direito fundamental de nossas crianças a um ambiente saudável que melhore suas vidas.
Em última análise, é a isso que o problema se reduz: à promoção do entendimento comum do espírito de responsabilidade tão necessário em um mundo dividido.

Gro Harlem Brundtland, Oslo, 1987

Nosso Futuro Comum também é conhecido como Relatório Brundtland. Ele foi assim chamado em homenagem a Gro Harlem Brundtland, a mulher que presidiu a comissão.

Chemistry for a Sustainable World

As palavras de Brundtland levam uma mensagem a todos os que ensinam e que aprendem. Ela escreve: "Em particular, a Comissão se dirige aos jovens. Os professores de todo o mundo terão o papel crucial de levar a eles este relatório". Nós concordamos. Para isso, esperamos que o seu curso de química possa estimular conversas dentro e fora da sala de aula. Uma delas é sobre práticas que *não* são sustentáveis. Por exemplo, você estudará os combustíveis fósseis e aprenderá por que seu uso não é sustentável (Capítulo 4). E não pare por aí. Você precisará discutir como *resolver* os problemas que enfrentamos hoje. Use o que aprender sobre a qualidade do ar para de fato melhorar a qualidade do ar local *e* para tomar, como cidadãos, decisões bem informadas para melhorá-la ainda mais (Capítulo 1). Use também o que aprendeu sobre a solubilidade em água e o reúso para avaliar as políticas públicas relativas à qualidade da água (Capítulo 5).

Em 2000, as Nações Unidas adotaram os Objetivos de Desenvolvimento do Milênio, cuja meta é ajudar os pobres do mundo, melhorando o cuidado maternal e infantil e eliminando a pobreza e a fome. Um desses oito objetivos tem foco na sustentabilidade ambiental. Os quatro alvos relacionados a esse tema são:

1. Integrar os princípios do desenvolvimento sustentável a políticas e programas nacionais e reverter a perda de recursos ambientais.
2. Reverter a perda da biodiversidade, alcançando, em 2010, uma redução significativa da taxa de perda.
3. Reduzir à metade, até 2015, a proporção da população sem acesso sustentável à água potável segura e ao saneamento básico.
4. Alcançar até 2020, uma melhoria significativa nas vidas de pelo menos 100 milhões de habitantes de favelas.

Progresso significativo foi feito com respeito a esses alvos; o Alvo 3, relacionado à água potável, e o Alvo 4 estão em bom caminho. O objetivo relacionado à biodiversidade, entretanto, não foi alcançado. A ciência e a tecnologia continuam a ser essenciais para que atinjamos os Objetivos de Desenvolvimento do Milênio e outros esforços de sustentabilidade.

As Sociedades Científicas do mundo reconhecem a importância de mobilizar seus membros para que eles apliquem seu conhecimento e suas especialidades aos desafios da sustentabilidade. A declaração de política "Sustentabilidade e as Empresa Química" da Sociedade Americana de Química diz:

> Preservar a habitabilidade da Terra e sua capacidade de prover os recursos necessários ao bem estar das gerações futuras é uma obrigação humana fundamental. É necessário, desde já, que as sociedades encarem as dificuldades impostas pela limitação dos recursos, pelas populações em expansão e pelos impactos negativos não intencionais das conquistas tecnológicas sobre a saúde humana e a viabilidade do ecossistema. A melhor maneira de fazer isso é redirecionar o desenvolvimento humano para um caminho de sustentabilidade que permita à humanidade "atingir as necessidades atuais do ambiente, da economia e da sociedade sem comprometer o progresso e o sucesso das gerações futuras" (WCED, 1987; NRC, 1999; NRC, 2005).
>
> A empresa química – constituída pelas indústrias química e associadas, suas associações de comércio e organizações educacionais e profissionais (escolas, colégios, universidades, instituições de pesquisa, laboratórios governamentais, sociedades profissionais) que produzem o conhecimento científico necessário e a força de trabalho científica e de engenharia – têm um papel crucial no avanço do desenvolvimento sustentável.

WCED, 1987. *Our Common Future* (Relatório Brundtland), World Commission on Environment and Development, Oxford University Press, Oxford, UK.

NRC, 1999, *Our Common Journey: A Transition Toward Sustainability*, National Research Council, National Academy Press, Washington, D.C.

NRC, 2005, *Sustainability in the Chemical Industry*, National Research Council, National Academy Press, Washington, D.C.

Neste texto, exploraremos as contribuições da ciência e da tecnologia, especialmente a química, para um mundo sustentável. A próxima seção descreve a Linha de Base Tripla, um paradigma que olha para além do lucro no que diz respeito a alcançar o sucesso nos negócios.

0.3 A Linha de Base Tripla

Os cientistas não são os únicos responsáveis por um planeta sustentável. Se você estuda administração ou economia, deve saber que o pessoal do setor de negócios já colocou a sustentabilidade na agenda das corporações. Na verdade, as práticas sustentáveis podem fornecer vantagem competitiva no mercado.

No mundo dos negócios, o princípio básico sempre foi obter lucro, de preferência muito lucro. Hoje, porém, o objetivo principal passou a incluir mais do que isso. Por exemplo, julga-se o sucesso das corporações quando elas são justas e benéficas para os trabalhadores e para a sociedade como um todo. Outra medida de sucesso é quão bem elas protegem a saúde do ambiente, incluindo a qualidade do ar, da água e da terra.

Juntas, essas três medidas de sucesso nos negócios, baseadas no benefício para a economia, para a sociedade e para o ambiente, passaram a ser conhecidas como a **Linha de Base Tripla**. Um dos modos de representar a Linha de Base Tripla é usar os círculos mostrados na Figura 0.1. A economia deve ser saudável, isto é, os relatórios anuais têm de mostrar lucro. No entanto, não existe economia isolada e, na verdade, ela se liga a uma comunidade cujos membros também têm de ser saudáveis. Por sua vez, as comunidades ligam-se aos ecossistemas que também precisam estar saudáveis. Logo, a figura inclui três círculos que se cruzam. Na interseção desses círculos está a "Zona Verde". Ela corresponde às condições em que a Linha de Base Tripla se encontra.

A Linha de Base Tripla é, às vezes, abreviada para 3P: Lucros, Gente e Planeta, do original em inglês, Profits, People, Planet.

Um problema que ocorra em qualquer um dos círculos da Figura 0.1 irá se traduzir em um problema para o negócio. Inversamente, obter sucesso pode levar a uma vantagem competitiva imediata ou nos próximos anos. Os negócios podem gerar lucro e, ao mesmo tempo, conseguir boa publicidade (e reduzir problemas) usando menos energia, consumindo menos recursos e produzindo menos lixo. Uma tripla vitória!

O noticiário recente documenta as mudanças que já estão acontecendo. Leia, por exemplo, este trecho de um artigo que explica como o uso de plásticos compostáveis está desviando lixo orgânico de aterros sanitários para as pilhas de compostagem. A fonte é a *Chemical & Engineering News (C&EN)*, publicação semanal da Sociedade Americana de Química.

> Houston tinha um problema. O programa de compostagem da cidade pedia aos residentes para colocarem a relva cortada e as folhas caídas em sacos de polietileno e deixá-los na calçada. Os lixeiros que coletavam os sacos tinham de abri-los e jogar o conteúdo no depósito dos caminhões. Era trabalhoso e consumia tempo. O desperdício de tempo estava aumentando.
>
> A prefeitura decidiu acabar com o programa e parar de compostar resíduos de jardins, lembra Gary Readore, chefe de pessoal e gerente de reciclagem do Departamento de Controle de resíduos sólidos de Houston. "Tudo estava indo para o aterro sanitário". Aquele sistema também não era barato. Houston estava coletando 60.000 toneladas de grama cortada por ano. Ao custo de $25 por tonelada de "taxação",

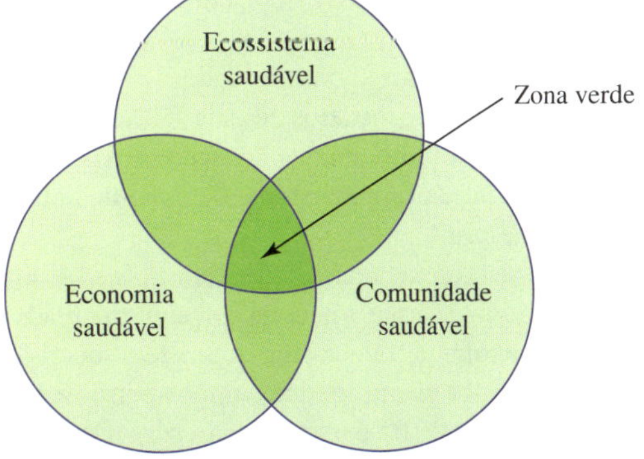

FIGURA 0.1 Representação da Linha de Base Tripla. A "Zona Verde" (na qual a Linha de Base Tripla se encontra) está na interseção dos três círculos.

o custo de enviá-las para o aterro sanitário, o lixo dos jardins custava $1,5 milhão por ano à prefeitura.

Em 2010, Houston voltou a coletar o lixo dos jardins para compostagem, mas agora os residentes deixavam o lixo em sacos plásticos compostáveis. Os sacos eram transparentes, o que permitia que os lixeiros olhassem o interior para saber se os residentes estavam misturando lixo comum às folhas. Além de economizar o custo da taxação, a prefeitura recebia $5,00 por tonelada do material produzido de seu empreiteiro para a compostagem, a Living Earth Technology. A empresa compostava os sacos juntamente ao resto do lixo e nenhum procedimento especial era usado.

A experiência de Houston ilustra a utilidade dos plásticos compostáveis. O uso desses materiais não significa que o problema do lixo plástico irá desaparecer em um passe de mágica, mas seu objetivo é ajudar as prefeituras e instituições a desviar o lixo orgânico dos aterros sanitários, tornando a participação em programas de compostagem conveniente para os consumidores (*C&EN*, Mar. 19, 2012).

Estude Isto 0.2 Compostável vs. reciclável

Os plásticos são chamados de compostáveis ou recicláveis. Existe uma diferença? Explique, com suas palavras, a diferença entre um plástico compostável e um reciclável. Quais são os benefícios da compostagem e da reciclagem no que diz respeito ao que acontece com os plásticos?

Os debates sobre como ser "verde" provavelmente continuarão por toda a sua vida. As questões não são novas e, possivelmente, não serão resolvidas tão cedo. *Química no Contexto* irá encorajá-lo a explorar essas questões, fornecendo o conhecimento necessário para que você possa formular mais criativamente sua própria resposta.

Donella Meadows (1941-2001) foi cientista e escritora. Seus livros incluem *The Limits to Growth* e *The Global Citizen*.

"Uma sociedade sustentável é aquela que olha bem à frente e é suficientemente flexível e sábia para não prejudicar seus sistemas físico ou social".

Donella Meadows, 1992

0.4 Do-berço-até-onde?

Talvez você já tenha ouvido a expressão **do-berço-até-o-túmulo**, um método de análise do tempo de vida de um item, começando com os insumos nele usados e terminando com seu descarte final em algum lugar, presumivelmente na Terra. Essa frase enganadora oferece uma base a partir da qual podemos formular questões sobre itens de consumo. De onde vieram? O que acontecerá com eles quando você os descartar? Mais do que nunca, as pessoas, comunidades e corporações estão reconhecendo a importância de fazer perguntas desse tipo. Do-berço-até-o túmulo implica pensar em cada etapa do processo.

Busque mais informações sobre baterias no Capítulo 8 e sobre plásticos no Capítulo 9.

O Capítulo 4 explica como e por que o óleo cru é separado em frações.

O Capítulo 9 explica como o polietileno é feito a partir do etileno (e por quê).

As companhias deveriam assumir as responsabilidades – você também – pelos itens de consumo, desde o momento em que os recursos usados em sua fabricação foram tirados do solo, ar ou água até o momento em que eles são definitivamente "descartados". Pense em itens como baterias, garrafas plásticas, camisetas, material de limpeza, tênis de corrida, celulares – qualquer coisa que você comprou e que, um dia, descartará.

Pensar do-berço-até-o-túmulo tem, é claro, suas limitações. A título de ilustração, vamos acompanhar uma sacola plástica, uma dessas fornecidas em supermercados para carregar suas compras. O material original dessas sacolas é o petróleo. Logo, seu "berço" muito provavelmente foi óleo cru de algum lugar do planeta, por exemplo, dos campos petrolíferos do Canadá. Imaginemos que o óleo foi retirado de um poço em Alberta e transportado para uma refinaria nos Estados Unidos.

Na refinaria, o óleo cru foi separado em frações, uma das quais foi craqueada até etileno, o material de partida para um polímero. O etileno foi, então, polimerizado e o polietileno formado, usado para fazer as sacolas plásticas. Elas foram empacotadas e transportadas por caminhão (queimando óleo diesel, outro produto da refinaria) até o supermercado. Por fim, você foi ao mercado e usou uma para carregar suas compras para casa.

Como foi descrito, esse não é um cenário do-berço-até-o-túmulo. Na verdade, foi do-berço-até-sua-cozinha, definitivamente bem longe de qualquer túmulo. Então, o que aconteceu com esse saco plástico depois que você o usou? Foi para o lixo? O termo *túmulo* descreve o lugar em que um item eventualmente acaba. Um trilhão de sacos plásticos, mais ou menos, é usado anualmente nos supermercados e somente cerca de 5% são reciclados. O resto termina em nossos armários, em nossos aterros sanitários ou é espalhado pelo planeta afora. Esses últimos começam um ciclo de 1.000 anos, mais ou menos, de decomposição lenta em dióxido de carbono e água.

Do-berço-até-o-túmulo-em-algum-lugar-do-planeta é um cenário mal planejado para um saco de supermercado. Se cada um dos trilhões de sacos plásticos pudesse servir como material de partida para um novo produto, teríamos uma situação mais sustentável. **Do-berço-até-o-berço**, um termo que surgiu nos anos 1970, refere-se a uma metodologia regenerativa das coisas, no qual o fim de um ciclo de vida de um item está amarrado ao começo do ciclo de vida de um outro, de modo que tudo é reutilizado e não vira lixo. No Capítulo 9, veremos diferentes cenários de reciclagem-e-reúso para garrafas plásticas. Por ora, você pode pensar seu próprio do-berço-até-o-berço na próxima atividade.

O termo *do-berço-até-o-berço* ficou popular com a publicação, em 2002, de um livro com esse título.

Sua Vez 0.3 A lata que contém sua bebida

As pessoas tendem a pensar que a lata de alumínio começa na prateleira do supermercado e termina na lixeira de reciclagem. A história é mais complicada!

a. Onde se encontra o minério de alumínio (bauxita)?
b. Após ser retirado do solo, o minério é usualmente refinado até virar alumina (óxido de alumínio) em uma instalação próxima à mina. A alumina é depois transportada até uma planta de produção. O que acontece então na produção do metal alumínio?
c. O que acontece com a lata depois de ser jogada no lixo de reciclagem?

Respostas
a. A bauxita é minerada em vários lugares, incluindo a Austrália, a China, o Brasil e a Índia.
b. O minério tem de ser refinado eletroliticamente para produzir o metal alumínio. Esse processo é intensivo em energia e é feito em vários lugares do mundo.

As atividades Sua Vez aparecem em todos os capítulos. Elas são uma oportunidade para que você pratique uma nova habilidade ou cálculo apresentados no texto. As respostas são dadas após cada Sua Vez ou no Apêndice 4.

Como você pode ver nesses exemplos, não são só as decisões dos fabricantes que importam. As suas também são parte do processo. O que você compra, descarta e como o faz, tudo isso merece atenção. As escolhas que fazemos – individual e coletivamente – são importantes.

Correndo o risco de nos repetirmos, lembramos que a situação atual na qual consumimos os recursos não renováveis de nosso planeta e emporcalhamos nosso ar, nossa terra e nossa água *não* é sustentável. Na próxima seção explicaremos por quê, preparando o terreno para os tópicos em química que você explorará neste texto.

0.5 Sua pegada ecológica

Você talvez já saiba como estimar o consumo da gasolina em um veículo quantas calorias você consome, mas como você poderia estimar quanto do capital natural da Terra é necessário para manter seu estilo de vida? Isso, sem dúvida, é muito mais difícil. Felizmente, outros cientistas já aprenderam como fazer essa conta. Eles baseiam os cálculos no estilo de vida da pessoa acoplado aos recursos necessários para mantê-lo.

Embora você ainda não saiba quanto ar respira em um dia, o Capítulo 1 ajudará você a descobrir.

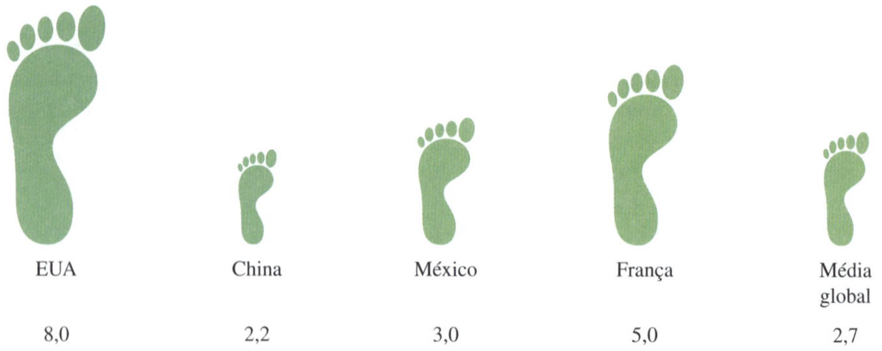

FIGURA 0.2 Comparação das pegadas ecológicas globais, em hectares por pessoa.
Fonte: The Ecological Footprint Atlas, 2010

Pegadas ecológicas consideram o consumo de recursos baseado no uso da terra e da água; as pegadas de carbono baseiam-se na liberação de gases de efeito estufa associados à queima de combustíveis fósseis. Veja mais sobre as pegadas de carbono na Seção 3.9.

Um hectare é igual a 10.000 metros quadrados ou 2,471 acres.

Imagine a metáfora de uma pegada. Você pode ver as que você deixa na areia ou na neve. Você pode ver também o rastro de lama que suas botas deixam no chão da cozinha. Do mesmo modo, pode-se argumentar que sua vida deixa uma pegada no planeta Terra. Para entender essa pegada, é preciso pensar em unidades de hectares ou acres. Um hectare é um pouco mais do dobro da área de um acre. A **pegada ecológica** é um modo de estimar a quantidade de espaço biologicamente produtivo (terra e água) necessária para suportar um determinado padrão ou estilo de vida.

Para o americano médio, a pegada ecológica foi estimada em 2007 como sendo cerca de 8,0 hectares (20 acres). Em outras palavras, se você vive nos Estados Unidos, são necessários, em média, 8,0 hectares de terra para produzir as matérias-primas para alimentá-lo, vesti-lo, transportá-lo e dar-lhe uma residência com o conforto ao qual está acostumado. O povo americano tem pegadas relativamente grandes, como você pode ver na Figura 0.2. A média mundial em 2007 foi estimada em 2,7 hectares por pessoa.

Quanto de terra e água biologicamente produtivas dispõe o nosso planeta? Podemos estimar isso incluindo regiões agriculturáveis e pesqueiras e omitindo desertos e regiões cobertas de gelo. Hoje, a estimativa é de cerca de 12 bilhões de hectares (cerca de 30 bilhões de acres) de terra, água e mar. Isso corresponde a cerca de um quarto da superfície da terra. Será que é suficiente para sustentar todos os humanos do planeta com o estilo de vida que os americanos têm? A próxima atividade permitirá que você veja por si mesmo.

Sua Vez 0.4 Sua parte do planeta

Como vimos, cerca de 12 bilhões de hectares (~30 bilhões de acres) de terra produtiva, água e mar estão disponíveis em nosso planeta.

a. Encontre a estimativa corrente da população mundial. Cite sua fonte.
b. Use essa estimativa juntamente à da terra biologicamente produtiva para calcular a quantidade de terra teoricamente disponível por pessoa no mundo.

Respostas
a. Em 2012, a população da Terra estava entre 7,0 e 7,1 bilhões.
b. Cerca de 1,7 hectare ou ~4 acres por pessoa.

Por que isso é importante? Nós estamos excedendo a capacidade da Terra de atingir nossas demandas desde os anos 1970. Uma nação cujo povo tem uma pegada média superior a cerca de 1,7 hectare está ultrapassando a "capacidade suportável" da Terra. Usando os Estados Unidos como exemplo, façamos mais um cálculo para saber quanto.

Sua Vez 0.5 Quantas Terras?

Em 2007, os Estados Unidos apresentavam uma pegada ecológica de cerca de 8,0 hectares (~20 acres) por pessoa.

a. Encontre uma estimativa da atual população dos Estados Unidos. Cite sua fonte.
b. Calcule a quantidade de terra biologicamente produtiva de que os Estados Unidos atualmente necessitam para essa população.
c. A que percentagem do espaço biologicamente produtivo de nosso planeta (cerca de 12 bilhões de hectares ou ~30 bilhões de acres) isso corresponde?

Resposta
b. Estimando a população americana em 315 milhões e usando a estimativa de 8,0 hectares por pessoa, os Estados Unidos necessitam de 2,5 bilhões de hectares (6,2 bilhões de acres).

Digamos agora que *todo mundo* no planeta viva como o cidadão americano médio. Eis o cálculo baseado na população do mundo em 2012.

$$\frac{7{,}0 \text{ bilhões de pessoas} \times 8{,}0 \text{ hectares/pessoa} \times 1 \text{ planeta}}{12 \text{ bilhões de hectares}} = 4{,}7 \text{ planetas}$$

Isso quer dizer que, para manter o mesmo padrão de vida para todos os humanos do planeta, seriam necessários mais 4 Terras além da que já temos!

"*Somente uma Terra.*" O número de pessoas na Terra cresceu dramaticamente nos últimos séculos. O mesmo aconteceu com o desenvolvimento econômico. Como resultado, a pegada ecológica global estimada também está aumentando, como se vê na Figura 0.3. Em 2003, estimamos que a humanidade usava 1,25 Terra. Lá pelos anos 2030, a projeção é que estaremos usando 2 Terras. É claro que essa taxa de consumo não pode ser sustentada.

Esperamos que seu estudo da química permita que você aprenda modos de reduzir sua pegada ecológica ou de mantê-la baixa se já for assim. A próxima seção descreve como os químicos podem ajudar a fazer o processo funcionar de maneiras inesperadas.

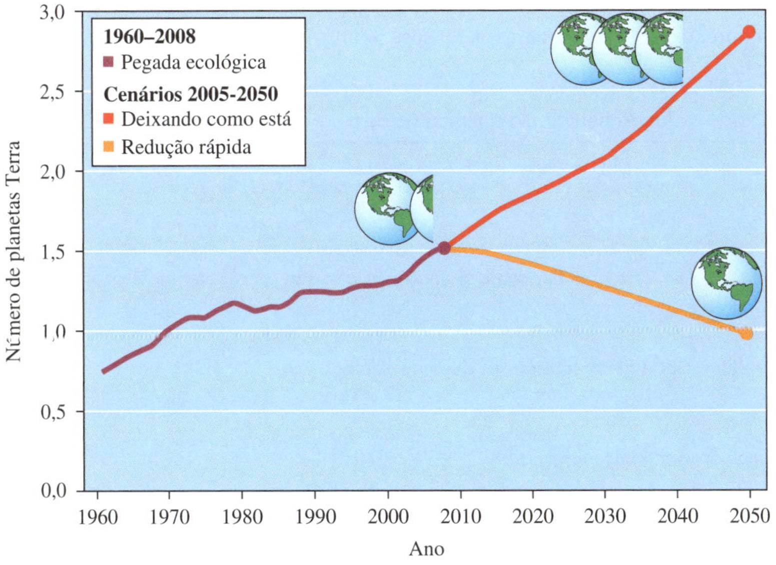

FIGURA 0.3 A pegada ecológica atual e projetada dos humanos. As estimativas correntes colocam a pegada acima de 1,0 Terra, isto é, acima do que ela pode sustentar. *Nota:* A projeção superior assume que estamos "deixando como está". A projeção inferior implica mudanças para práticas sustentáveis.

Fonte: Adaptada de dados fornecidos pela Global Footprint Network.

ACS Green Chemistry Institute

0.6 Nossas responsabilidades como cidadãos e químicos

Nós, humanos, temos a responsabilidade especial de cuidar de nosso planeta. Viver essa responsabilidade, porém, não é tarefa fácil. Cada capítulo de *Química no Contexto* aborda um assunto de interesse, como a qualidade do ar, a qualidade da água ou a nutrição. Essas questões não somente afetam você pessoalmente mas também a saúde e o bem-estar das comunidades mais amplas das quais você faz parte. Em cada questão, você trabalhará com duas tarefas relacionadas: (1) aprender mais sobre o tema e (2) encontrar maneiras de agir construtivamente.

Procure neste livro outros exemplos de química verde marcados com este ícone.

Como os químicos lidam com os desafios da sustentabilidade? A resposta está, em parte, na "química verde", um conjunto de princípios originalmente articulado na Environmental Protection Agency americana (EPA) e agora ativamente apoiado pela Sociedade Americana de Química (ACS). **Química verde** é o desenvolvimento de produtos e processos químicos que reduzem ou eliminam o uso e a geração de substâncias perigosas. O resultado desejado é a produção de menos lixo, especialmente resíduos tóxicos, e o uso de menos recursos naturais.

Observe que a química verde é um meio de alcançar a sustentabilidade, não um fim em si. Como está escrito no artigo "Pinte-me de Verde", em uma edição de *Chemical & Engineering News* publicada em 2000: "A química verde é um dos pilares que mantêm nosso futuro sustentável. É imperativo ensinar o valor da química verde aos químicos de amanhã." Na verdade, acreditamos que é extremamente importante ensinar o valor da química verde também aos cidadãos. É por isso que tantas aplicações da química verde são apresentadas em Química no Contexto.

Para começar, listamos seis ideias fundamentais da química verde (Tabela 0.2). Elas também estão impressas na capa interna deste livro.

Iniciado no *Design for the Environment Program*, da EPA, a química verde resulta no ar, na água e na terra mais limpos e no consumo de menos recursos naturais. Os químicos agora estão desenvolvendo novos processos (ou refazendo outros, mais antigos) para torná-los menos agressivos ao meio ambiente. Chamamos isso de "desenvolvimento benigno." Nem todas as inovações verdes têm de atingir todas as seis ideias fundamentais, mas atingir várias delas já é uma etapa excelente no caminho para a sustentabilidade.

Por exemplo, um modo óbvio de reduzir resíduos é desenvolver processos químicos que não os produzam. Uma forma de atingir esse objetivo é fazer com que a maior parte ou todos os átomos dos reagentes acabem por participar das moléculas de produto. Esta metodologia de "economia de átomos", embora não aplicável a todas as reações, tem sido usada na síntese de muitos produtos, in-

TABELA 0.2 Ideias fundamentais da química verde

1. É melhor **evitar resíduos** do que tratá-los ou limpá-los depois de formados.
2. É melhor **reduzir a quantidade de matéria-prima usada** para obter um produto.
3. É melhor **usar e gerar substâncias que não sejam tóxicas**.
4. É melhor **usar menos energia**.
5. É melhor **usar matérias-primas renováveis** se isso fizer sentido técnico e econômico.
6. É melhor **desenvolver materiais que se degradam** a produtos inócuos **no fim de sua vida útil**.

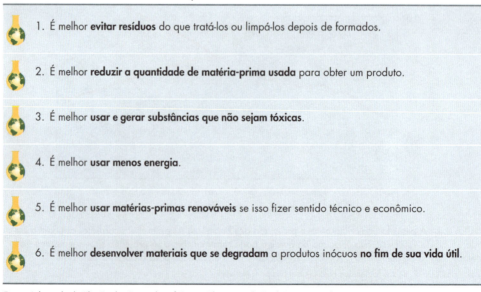

Fonte: Adaptado de *The Twelve Principles of Green Chemistry*, de Paul Anastas e John Warner.

cluindo fármacos, plásticos e pesticidas. Ela economiza dinheiro, usa menos matérias-primas e reduz os resíduos. A ligação entre a química verde e a Linha de Base Tripla é evidente!

Muitos processos químicos industriais estão usando metodologias inovativas de química verde. Por exemplo, você verá aplicações de química verde que levaram à produção mais barata, menos poluidora e menos tóxica de tintas com baixo VOC (Capítulo 1). Você também verá as ideias fundamentais da química verde aplicadas a processamento de algodão, métodos de limpeza a seco (Capítulo 5) e maneiras mais econômicas e saudáveis de processar óleos vegetais (Capítulo 11).

VOC significa composto orgânico volátil. Veja mais sobre VOCs ligados à poluição do ar no Capítulo 1, "O ar que respiramos".

Os esforços em prol da química verde têm sido premiados! Um grupo seleto de pesquisadores químicos, engenheiros químicos, pequenos comerciantes, grandes corporações e laboratórios do governo já receberam o Prêmio Presidencial Desafios de Química Verde. Iniciado em 1995, este prêmio de nível presidencial é dado a químicos e à indústria química por inovações destinadas a reduzir a poluição. Os prêmios reconhecem inovações em "química mais limpa, mais barata e mais inteligente."

0.7 De volta à bola de gude azul

Antes de deixá-lo passar para o Capítulo 1, vamos revisitar o relatório de 1987, *Nosso Futuro Comum*, das Nações Unidas. Tiramos desse documento nossa definição de sustentabilidade: "Atender às necessidades do presente sem comprometer a capacidade das futuras gerações de atender às suas próprias." A introdução desse relatório foi escrita pela presidente da Comissão, Gro Harlem Brundtland. Ela também escreveu estas palavras, que nos remetem à imagem da Terra que abriu o capítulo:

> Na metade do século XX, vimos do espaço nosso planeta pela primeira vez. Os historiadores podem eventualmente afirmar que essa visão teve um impacto maior no pensamento humano do que o da revolução de Copérnico no século XVI, que abalou a autoimagem dos humanos ao revelar que a Terra não é o centro do universo. Do espaço, vemos uma bola pequena e frágil, dominada não pela atividade e pelas construções humanas, mas por nuvens, oceanos, vegetações e solos. A incapacidade da humanidade em ajustar suas atividades a esse molde está mudando fundamentalmente os sistemas do planeta. Muitas dessas mudanças são acompanhadas por riscos que ameaçam a vida. Essa nova realidade, da qual não há escapatória, deve ser reconhecida – e controlada.

Concordamos. Essa nova realidade deve ser reconhecida. Não há como escapar. E todos nós – estudantes e professores – temos papéis importantes a desempenhar. Com Química no Contexto, nos esforçamos para lhe dar as informações químicas que podem fazer diferença em sua vida e na de outros. Esperamos que você as use para enfrentar os desafios de hoje e de amanhã munido de um entendimento mais profundo da química.

Questões

1. Este capítulo abriu com uma afirmação famosa feita por um astronauta saudita, o príncipe Sultan. Depois, em uma entrevista, em 2005, ele observou: "Ser um astronauta teve forte impacto em mim. Olhar o planeta da perspectiva da escuridão do espaço faz você imaginar..." O príncipe Sultan prosseguiu descrevendo o que o preocupava. Não imprimimos suas palavras. Gostaríamos, porém, que você escrevesse suas próprias.
   a. Escreva um ensaio de três parágrafos. No primeiro, apresente-se brevemente. No segundo, descreva o que é importante para você ao começar seu estudo da química. No terceiro, descreva o que mais o preocupa em relação à Terra.
   b. Compartilhe sua apresentação com outros de sua turma, como indicado pelo professor.
2. Quando você olha uma foto da Terra, "a bola de gude azul", quais são suas primeiras impressões?
3. Classifique as seguintes matérias-primas como renováveis ou não renováveis: energia eólica, minerais, água, biocombustível e gás natural.
4. Leia o texto completo da Introdução do Relatório Brundtland, facilmente encontrado na Internet. São poucas páginas escritas em uma linguagem estimulante nunca antes utilizada. Considere uma pequena seção e escreva um breve ensaio que a ligue a algo que o preocupe. Você pode concordar ou discordar.
5. Este capítulo introduz a ideia de que todas as espécies do planeta estão ligadas, muitas vezes de maneiras que não são óbvias. A partir de seu estudo de outros assuntos, dê três exemplos de como os organismos estão ligados ou dependem de algum modo um do outro.
6. Energia é o foco de uma das ideias fundamentais da química verde, e este capítulo declara que encontrar "fontes de energia limpas e sustentáveis é, provavelmente, o desafio principal de nosso século."
   a. Por que nossas atuais fontes de energia – combustíveis fósseis – não são limpas nem sustentáveis?
   b. Por que é tão importante substituir nossas fontes de energia atuais por outras que sejam limpas e sustentáveis?
7. Este capítulo introduz o conceito de "do-berço-até-o túmulo", que você encontrará também em capítulos posteriores.
   a. Explique o que "berço" significa nesse contexto.
   b. Para cada um desses itens, indique o berço: saco plástico, copo de papel, camiseta de algodão.
   c. Explique o que "túmulo" significa nesse contexto.
   d. Sugira, para os itens listados na parte **b**, possíveis "túmulos".
8. Escolha um item que você usa na escola e descreva o método do-berço-até-o-túmulo para suas matérias-primas. Descreva como você poderia mudar o ciclo das matérias-primas para "do-berço-até-o-berço".
9. A Figura 0.1 mostra uma representação possível da Linha de Base Tripla. Aqui está outra. Comente as semelhanças e diferenças entre as duas figuras.

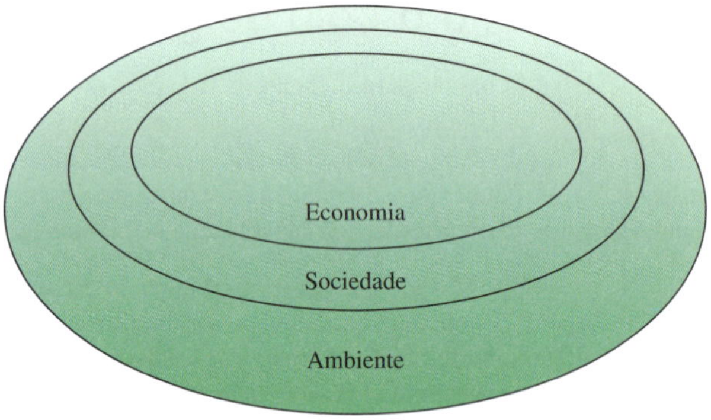

10. Proponha uma prática comercial que poderia seguir a Linha de Base Tripla.
11. Este capítulo também apresentou o conceito de "mudança de referências".
    a. Explique com suas palavras o que significa "mudança de referências".
    b. Dê um exemplo de mudança de referências que tenha ocorrido nos últimos 20 anos.
12. Calcule sua pegada ecológica. Sinta-se livre para usar qualquer site disponível.
13. Um ônibus de um campus universitário tinha este cartaz fixado à sua lateral: "Reduza suas pegadas. Use o ônibus". Explique o duplo sentido.
14. Baseie-se em suas experiências e diga por que a química é chamada de "ciência central".
15. Preste atenção no resíduo produzido em uma atividade da qual você goste.
    a. Descreva a atividade e o resíduo que a acompanha.
    b. À medida que mais e mais pessoas participam dessa atividade, o resíduo produzido pode ser uma preocupação? Explique por que sim ou por que não.
16. Defina sustentabilidade com suas palavras e descreva duas de suas atividades que podem ser mais sustentáveis.
17. Descreva o progresso que foi feito com respeito ao Alvo 4 dos Objetivos de Desenvolvimento do Milênio, "Conseguir, até 2020, uma melhoria significativa nas vidas de pelo menos 100 milhões de habitantes de favelas".

18. Proponha alguns modos de reduzir sua própria pegada ecológica.

19. Que ideia fundamental da química verde você considera ser a mais importante. Por quê?

20. Escolha uma empresa, visite sua página na rede e procure informações sobre os esforços feitos no que diz respeito à sustentabilidade e à responsabilidade corporativa. Possibilidades incluem Coca-Cola, Supermercado Pão de Açúcar, Ligth, Petrobras e Burger King. Faça um relatório sobre o que descobriu.

21. Mel George, um professor aposentado de matemática e um dos arquitetos de Construindo o Futuro: Novas Expectativas para a Educação das Ciências, das Tecnologias, das Engenharias e da Matemática para a Graduação (National Science Foundation) observou: "Não precisei fazer nada para que colocassem um homem na Lua. Por outro lado, todos devemos fazer alguma coisa para salvar o planeta." Descreva cinco ações que você poderia tomar, dada sua personalidade e área de estudo.

22. Embora as ideias fundamentais da química verde tivessem sido escritas para guiar os químicos, você pode achar que esses conceitos são relevantes para você também. Talvez você estude economia ou esteja planejando tornar-se um enfermeiro ou um professor. Talvez você use seu tempo em jardinagem ou goste de andar de bicicleta. Escolha duas das ideias fundamentais da química verde e descreva como elas se ligam à sua vida ou à sua futura profissão.

23. Os anúncios de jornais e revistas frequentemente proclamam o quanto um negócio ou empresa é "verde". Selecione um e leia-o com atenção. O que você acha – é um caso de "lavagem-do-verde", com o qual uma corporação está tentando usar como argumento de venda uma pequena gota de verde em um mar de detritos? Ou trata-se de uma melhoria real que reduz significativamente o fluxo de lixo? *Nota:* Pode ser difícil classificar. Por exemplo, eliminar 7 toneladas de resíduos pode parecer enorme, exceto se você souber que o fluxo de lixo é da ordem de bilhões de toneladas.

24. O lema da Sociedade Americana de Química, a maior sociedade científica mundial, é "Promover o avanço das atividades químicas e de seus praticantes para o benefício da Terra e de seus habitantes." Explique como as sete palavras finais do lema ligam-se à definição de sustentabilidade usada neste capítulo.

ACS Chemistry for Life™

25. Thomas Berry, teólogo e historiador de culturas (1914-2009), descreveu em seu livro Os Grandes Trabalhos (1999) como a humanidade está encarando o trabalho de mover-se da presente era geológica, o Cenozoico, para a próxima era. Ele chama esta última de "Ecozoico", o que reflete o imenso poder dos humanos de mudar a face do mundo. "As universidades devem decidir se continuarão a treinar pessoas para sobreviver temporariamente no Cenozoico em declínio ou se vão começar a educar os estudantes para o nascente Ecozoico... Embora não seja este o tempo para que as universidades continuem em negação ou para que se atribua culpa a elas, é tempo para que as universidades repensem a si próprias e o que estão fazendo."
   a. Como você vê a próxima era? Descreva-a. Se você não gosta do termo Era Ecozoica, sugira outro.
   b. Como o que estudou até agora está preparando você para o futuro no qual você viverá?
   c. De que modo você acha que o estudo da química poderia prepará-lo?

26. Selecione uma ideia deste capítulo que tenha chamado sua atenção.
   a. Que ideia você selecionou? Descreva-a em algumas frases.
   b. O que chamou sua atenção nessa ideia? Explique.

Capítulo 1

O ar que respiramos

Céu azul da Califórnia, região do Lago Tahoe.

"Os antigos gregos viam o ar como um dos elementos básicos da natureza, juntamente com a terra, o fogo e a água. Os californianos o veem... Ah! Talvez seja necessário explicar melhor essas palavras. Os californianos veem muito de algo que deveria ser menos visível. Eles também sentem seus efeitos quando respiram, o que muito frequentemente traz à atenção o ato rotineiro de respirar."

David Carle, *Introduction to Air in California*, 2006, página xiii

As pessoas sempre perceberam o ar que respiram e foram curiosas a respeito dele. Juntamente com a terra, o fogo e a água, os antigos gregos consideravam o ar como um elemento fundamental da natureza. Centenas de anos depois, os químicos fizeram experimentos para aprender mais sobre a composição do ar. Hoje, podemos ver a atmosfera da Terra do espaço sideral. E, diariamente, como os antigos, podemos perscrutar o ar noturno para entrever o brilho fugaz das estrelas cintilantes.

Nossa atmosfera é o fino véu entre nós e o espaço sideral. Este capítulo descreve os gases que sustentam a vida na Terra. O próximo capítulo descreverá o ozônio da estratosfera, que nos protege da perigosa radiação ultravioleta emitida pelo Sol. O terceiro capítulo descreverá os gases de efeito estufa de nossa atmosfera, que nos defendem do extremo frio do espaço sideral. Com certeza, nossa atmosfera é um recurso natural sem preço. Nosso objetivo é colocar em evidência sua beleza, grandeza e fragilidade.

Como você verá neste capítulo, nós, humanos, alteramos a composição da atmosfera. Isso não surpreende, já que mais de 7 bilhões de humanos vivem no planeta. Em algumas décadas, a população pode atingir 9 ou 10 bilhões. A próxima atividade convida a pensar sobre como nossas ações individuais e coletivas podem mudar o ar que respiramos.

Estude Isto 1.1 **Pegadas no ar**

Solas de botas de caminhar, pavimentação asfáltica e plantações de milho são exemplos de "pegadas na terra", pois elas alteram o aspecto da paisagem. Da mesma forma, nossas atividades deixam "pegadas no ar" que alteram a composição de nossa atmosfera.

a. Cite três coisas que deixam uma pegada no ar no *interior* das residências.
b. Será que elas (1) pioram a qualidade do ar, (2) melhoram a qualidade do ar ou (3) têm algum efeito que você não sabe especificar? Explique.
c. Repita as partes **a** e **b** para uma pegada no ar do *exterior* das residências.

Respostas

a. Manter plantas, acender velas e pintar um objeto deixam uma pegada no ar interior das residências.
b. As plantas verdes removem o dióxido de carbono do ar e fornecem oxigênio, melhorando a qualidade do ar. Algumas plantas polinizam. Para algumas pessoas, isso piora a qualidade do ar. Acender velas leva à emissão de gás carbônico e fuligem, que pioram a qualidade do ar. Certos tipos de tinta emitem compostos orgânicos voláteis que poluem o ar. Ambos levam à piora da qualidade do ar.

Como *Homo sapiens* que somos, temos a responsabilidade especial de proteger a qualidade do ar do planeta. Assumir essa responsabilidade não é tarefa fácil. Na verdade, cometemos alguns erros trágicos que mataram pessoas, animais e a vegetação. Em última análise, como justificamos no Capítulo 0, nossa responsabilidade é viver de modo a não comprometer nossa própria saúde ou a das gerações futuras. Manter o ar limpo é parte dessa responsabilidade.

Em 1948, a poluição da neblina matou 20 pessoas e deixou doentes mais de 5.000 residentes e vizinhos de Donora, Pensilvânia. Em 1952, a Grande Neblina Suja de Londres matou milhares de pessoas.

Neste capítulo, você verá mais sobre o ar que respira e sua importância para seu bem-estar. Esperamos que você aprenda como é importante fazer escolhas sobre a qualidade do ar – como indivíduo e como membro de uma sociedade mais ampla – que sejam sensatas hoje e nos próximos anos.

1.1 O que existe em uma respiração?

Respire! Automática e inconscientemente, você faz isso milhares de vezes por dia. Com certeza não é necessário que nós o ensinemos a respirar! Ainda que um médico ou enfermeiro possa ter encorajado sua primeira respiração, depois disso a natureza tomou o controle. Mesmo que você parasse de respirar em um momento de medo ou ansiedade, você logo tomaria involuntariamente uma golfada daquela matéria invisível a que chamamos ar. Na verdade, você sobreviveria apenas alguns minutos sem respirar.

Estude Isto 1.2 Respire

Que volume total de ar você inala (e exala) em um dia comum? Calcule-o. Meça primeiro quanto ar você exala em uma única respiração "normal". Depois, determine quantas vezes você respira por minuto. Calcule, por fim, quanto ar você exala por dia. Descreva como você estimou o volume, apresente seus dados e liste os fatores que você acredita que possam ter afetado a acurácia de sua resposta.

Ficou surpreso com a quantidade de ar que você respira? Para um adulto, o valor típico é superior a 11.000 litros de ar por dia. Esse número seria ainda maior se você tivesse passado o dia usando uma bicicleta ou remando uma canoa.

Algumas misturas são compostas por gases. A gasolina, porém, é uma mistura de líquidos (Seção 1.10), e o solo é uma mistura de sólidos e líquidos.

Embora você não possa saber só de olhar, o ar que você respira não é uma substância pura. Ele é uma **mistura**, isto é, uma combinação física de duas ou mais substâncias em quantidades variadas. As misturas são uma de duas formas de matéria que encontramos em nosso planeta (Figura 1.1). A outra é a substância pura. Nesta seção, trataremos das substâncias puras que são os componentes principais do ar: nitrogênio, oxigênio, argônio, dióxido de carbono e vapor de água. São todos gases incolores, invisíveis a olho nu.

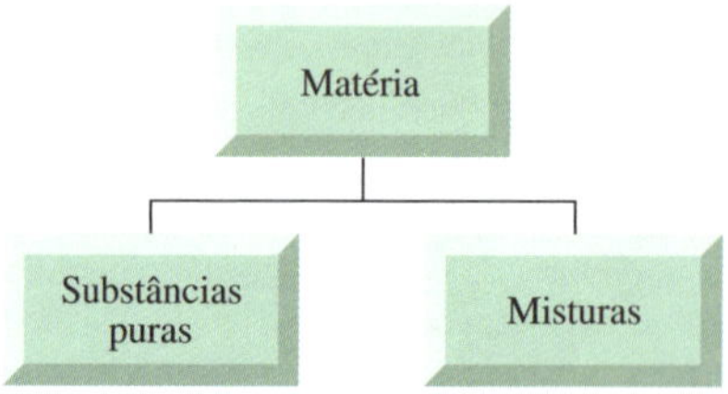

FIGURA 1.1 A matéria pode ser classificada como uma substância pura ou uma mistura.

A composição da mistura a que chamamos "ar" depende de onde você está. Existe menos oxigênio em um quarto fechado e mais poluentes na área urbana. O ar que exalamos tem composição ligeiramente diferente do ar que inalamos. Quantidades traço de substâncias podem também variar no ar. Por exemplo, o perfume de flores pode permear o ar do exterior. Dentro de casa, o aroma do café recém-passado pode atraí-lo para a cozinha. O nariz humano é um detector extremamente sensível de odores. Em alguns casos, basta uma quantidade muito pequena da substância para disparar os receptores olfatórios responsáveis pela detecção do odor. Por isso, pequenas quantidades de substâncias podem ter um efeito poderoso em nossos narizes, assim como em nossas emoções.

Estude Isto 1.3 Seu nariz reconhece

O ar é diferente em uma floresta de pinheiros, em uma padaria, em um restaurante italiano e em um galpão leiteiro. Você pode sentir a diferença de olhos fechados. Nossos narizes alertam para o fato de que o ar contém traços de muitas substâncias.

a. Nomeie três cheiros de dentro e de fora de casa que indicam a presença de pequenas quantidades de produtos químicos no ar.

b. Nossos narizes nos advertem para que evitemos algumas situações. Dê três exemplos de cheiros que indicam perigo.

A composição de nossa atmosfera nunca foi constante durante os milênios. A concentração de oxigênio, por exemplo, variou.

A Figura 1.2 usa um gráfico tipo pizza e um gráfico de barras para representar a composição do ar. O gráfico tipo pizza enfatiza as frações do total e o gráfico de barras, as quantidades relativas de cada substância. Não importa o modo de representação, o ar que você respira é primariamente nitrogênio e oxigênio. Mais especificamente, a composição do ar por volume é cerca de 78% de

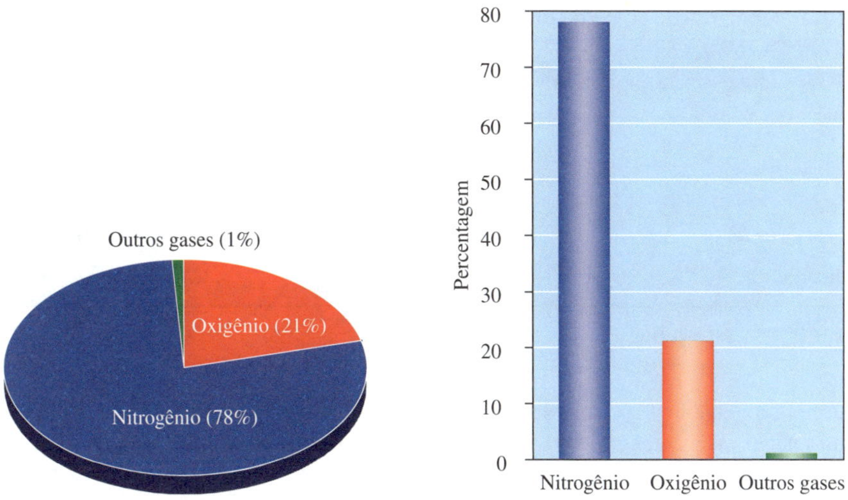

FIGURA 1.2 Composição do ar seco, por volume.

nitrogênio, 21% de oxigênio e 1% de outros gases. **Percentagem** (%) significa "partes por cem". Neste caso, as partes são moléculas ou átomos.

As percentagens da Figura 1.2 são de ar *seco*. O vapor de água não é incluído porque a concentração varia com a localidade. No ar seco do deserto, a concentração de vapor de água pode chegar a 0%. Em contraste, pode atingir 5% por volume em uma floresta tropical úmida e quente. Em concentração elevada ou baixa, o vapor de água é um gás incolor invisível a olho nu. Como você pode ver a neblina e as nuvens, elas não são formadas por vapor de água, mas por pequenas gotas de água líquida ou por cristais de gelo (Figura 1.3).

Vapor de água é o gás a que chamamos de "umidade".

O nitrogênio é a substância mais abundante no ar e corresponde a cerca de 78% do que respiramos. Esse gás é incolor, inodoro e relativamente inerte, entrando e saindo de nossos pulmões sem ser alterados (Tabela 1.1). Embora ele seja essencial para a vida e faça parte de todas as formas de vida, muitas plantas e animais o obtém de fontes diferentes do nitrogênio da atmosfera.

A Seção 6.9 descreve o ciclo de transformação do nitrogênio atmosférico em parte de plantas e animais.

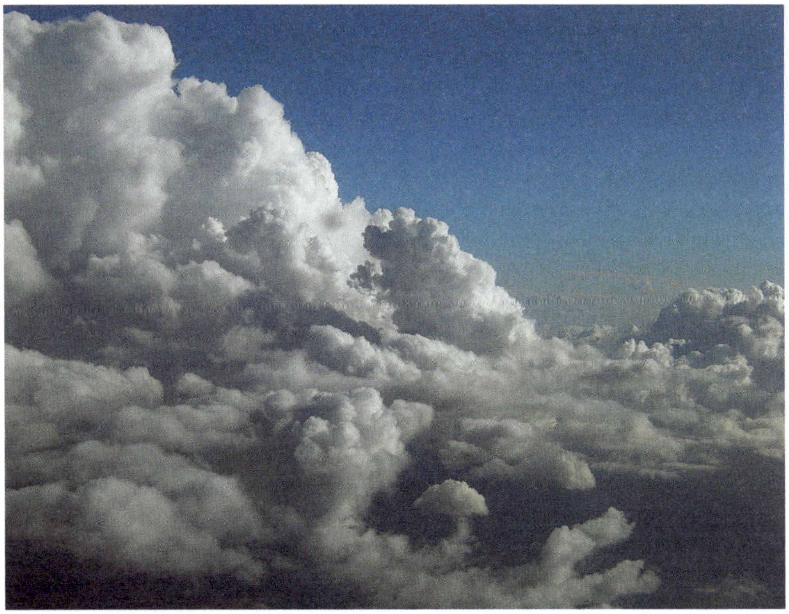

FIGURA 1.3 As nuvens são formadas por minúsculas gotas de água que permanecem em suspensão devido às correntes ascendentes de ar quente. As nuvens podem pesar milhões de quilos.

TABELA 1.1 Composição típica do ar inalado e exalado

Substância	Ar inalado (%)*	Ar exalado (%)*
nitrogênio	78,0	78,0
oxigênio	21,0	16,0
argônio	0,9	0,9
dióxido de carbono	0,04	4,0
vapor de água	variável	variável

*As percentagens são por volume

O Capítulo 11 traz mais informações sobre o conteúdo de energia dos alimentos.

Explicaremos o termo *elemento* na Seção 1.6.

Embora o oxigênio seja menos abundante do que o nitrogênio em nossa atmosfera, ele ainda tem um papel essencial em nosso planeta. O oxigênio é absorvido pelo sangue nos pulmões e reage com os alimentos que comemos para liberar a energia necessária aos processos químicos que ocorrem em nosso corpo. Ele é necessário também para muitas outras reações químicas, incluindo a combustão e a formação de ferrugem. Na forma do "O" em H_2O (água), o oxigênio é o elemento mais abundante por massa no corpo humano. Presente em muitas rochas e minérios, também é o elemento mais abundante na crosta terrestre. Em razão de sua larga distribuição, é de certo modo surpreendente que o oxigênio só tenha sido isolado como uma substância pura em 1774. Uma vez isolado, porém, ele provou ser de grande importância no desenvolvimento da incipiente ciência da química.

Estude Isto 1.4 Mais oxigênio...?

Vivemos em uma atmosfera que contém 21% de oxigênio. Um fósforo queima em menos de um minuto, uma lareira consome um pequeno galho em cerca de 20 minutos e nós exalamos cerca de 15 vezes por minuto. A vida na Terra seria *muito* diferente se a concentração de oxigênio dobrasse. Liste pelo menos quatro diferenças.

A respiração também fornece a energia necessária a outras reações químicas em nossos corpos. Saiba mais sobre ela no Capítulo 4.

A cada vez que exalamos, adicionamos dióxido de carbono à atmosfera. A Tabela 1.1 apresenta a diferença entre o ar seco inalado e exalado. É obvio que algumas mudanças ocorreram, usando parte do oxigênio e liberando dióxido de carbono e água. No processo da **respiração**, os alimentos que comemos são metabolizados para produzir dióxido de carbono e água. A cada vez que respiramos, um pouco da água de nosso corpo evapora a partir do tecido úmido que existe no interior de nossos pulmões.

Existem também outros gases em nossa atmosfera (veja a Figura 1.2). O argônio, por exemplo, representa 0,9% do ar. O nome *argônio*, significando "*preguiçoso*" em grego, reflete o fato de que ele é quimicamente inerte. Como você pode ver na Tabela 1.1, todo argônio inalado é exalado.

1 litro = 1,06 quartos
O Apêndice 1 contém esse e muitos outros fatores de conversão.

As percentagens que usamos para descrever a composição da atmosfera baseiam-se no volume, isto é, a quantidade do espaço que cada gás ocupa. Se quiséssemos, poderíamos produzir 100 litros (L) de ar seco sintético misturando 78 L de nitrogênio, 21 L de oxigênio e 1 L de argônio (78% de nitrogênio, 21% de oxigênio e 1% de argônio).

A composição do ar também pode ser representada em termos do número de moléculas e átomos presentes. Isso é válido porque volumes iguais de gases contêm o mesmo número de moléculas quando os gases estão na mesma temperatura e pressão. Assim, se você tomasse uma amostra de 100 moléculas e átomos de ar (uma quantidade pequena irrealista), 78 seriam de nitrogênio, 21 de oxigênio e 1 de argônio. Em outras palavras, quando dizemos que o ar contém 21% de oxigênio, queremos dizer que existem 21 moléculas de oxigênio por 100 moléculas e átomos de ar. Veremos adiante por que nitrogênio e oxigênio existem como moléculas e o argônio, como átomo.

Descubra mais sobre átomos e moléculas na Seção 1.7

Agora você já sabe que o ar contém nitrogênio, oxigênio, argônio, dióxido de carbono e, usualmente, um pouco de vapor de água. Ainda assim, como você pode imaginar, a história é mais complicada.

1.2 O que há mais na respiração?

Não importa onde você vive, cada vez que enche o pulmão, o ar inalado contém pequenas quantidades de outras substâncias, diferentes do nitrogênio e do oxigênio. Muitas estão presentes em concentrações inferiores a 1%, uma parte por cem. É o caso do dióxido de carbono, um gás que você inala e exala. Em nossa atmosfera, a concentração de dióxido de carbono atingiu 0,0393% em 2012. Tal valor está lenta e continuamente subindo à medida que nós, humanos, queimamos combustíveis fósseis.

O Capítulo 3 traz mais informações sobre a concentração de CO_2 na atmosfera.

Embora possamos expressar 0,0393% como 0,0393 moléculas de dióxido de carbono por 100 moléculas e átomos de ar, é estranho falar em 0,0393 moléculas. Para concentrações baixas, é mais conveniente usar **partes por milhão (ppm)**. Um ppm é uma unidade de concentração 10.000 vezes menor do que 1% (uma parte por 100). Eis as relações:

Para fazer a conversão entre % e ppm, mova a vírgula decimal quatro casas para a direita.

0,0393 significa	0,0393 partes por cem
significa	0,393 partes por mil
significa	3,93 partes por dez mil
significa	39,3 partes por cem mil
significa	393 partes por milhão

Podemos agora dizer que uma amostra de ar contendo 1.000.000 moléculas (e alguns átomos) contém 393 moléculas de dióxido de carbono. A concentração de dióxido de carbono é, portanto, 393 ppm ou 0,0393%.

Químico Cético 1.5* Uma parte por milhão de verdade?

Alguns dizem que uma parte por milhão é o mesmo que um segundo em quase 12 dias. Essa analogia está correta? Que tal um passo em uma jornada de 900 quilômetros? Verifique a validade dessas analogias e explique seu raciocínio. Proponha outra analogia.

Sua Vez 1.6 Pratique com partes por milhão

a. Em alguns países, o limite para a concentração média de monóxido de carbono em um período de 8 horas é de 9 ppm. Expresse isso em percentagem.
b. O ar exalado contém tipicamente cerca de 78% de nitrogênio. Expresse essa concentração em partes por milhão.

Respostas
a. 0,0009% **b.** 780.000 ppm

Alguns dos componentes encontrados em baixas concentrações são poluentes do ar. Embora sejam encontrados em todo o globo, provavelmente estarão em maior concentração em grandes áreas metropolitanas. A Figura 1.4 mostra a neblina suja perto das montanhas em Santiago, Chile, uma cidade de mais de 6 milhões de habitantes. Outras grandes cidades como Los Angeles, Cidade do México, Mumbai e Pequim têm o ar frequentemente poluído. Anteriormente, notamos que as atividades humanas deixam "pegadas no ar" dentro e fora de casa. Quando muitas pessoas cozinham ou dirigem veículos, elas tendem a sujar o ar.

Hoje, cerca da metade dos habitantes do planeta vive em cidades. Em 1900, eram apenas 10-15%.

Nosso foco, neste capítulo, está em quatro gases que contribuem para a poluição do ar na superfície da Terra. Um deles, o monóxido de carbono, é inodoro. Os outros três, ozônio, dióxido de enxofre e dióxido de nitrogênio, têm odores característicos. Quando o tempo de exposição é alto, todos são

*N. de T.: Título da obra de Robert Boyle *The Sceptical Chymist: or Chymico-Physical Doubts & Paradoxes*, publicada em Londres, em 1661, em que ele apresenta sua hipótese de que a matéria é formada por átomos. Por isso, Boyle é considerado por alguns como o fundador da química moderna.

FIGURA 1.4 Dia ensolarado em um novembro de primavera em Santiago, Chile.

FIGURA 1.5 Estufa de acampamento a propano.

Na estratosfera, o ozônio absorve alguns comprimentos de onda da radiação UV. Procure por mais sobre isso no Capítulo 2.

FIGURA 1.6 Agulhas amareladas de pinheiros danificadas por ozônio.

(Cortesia do Missouri Botanical Garden PlantFinder)

SO_2 e NO_2 dissolvem-se no tecido úmido dos pulmões para formar ácido sulfuroso e ácido nítrico, respectivamente. Saiba mais sobre eles e sobre a chuva ácida no Capítulo 6.

perigosos para a saúde, mesmo em concentrações bem abaixo de 1 ppm. Juntamente à matéria particulada (PM), são os poluentes do ar mais perigosos. Eis mais algumas informações sobre eles.

- O **monóxido de carbono (CO)** merece o apelido de "matador silencioso" porque não tem cor, sabor ou cheiro. Quando você inala monóxido de carbono, ele entra na corrente sanguínea e interfere na capacidade da hemoglobina de transportar oxigênio. No começo você pode sentir tontura e náusea, ou ter dor de cabeça, sintomas que podem ser facilmente confundidos com os de outras doenças. A exposição prolongada, entretanto, pode fazê-lo muito doente ou matá-lo. Automóveis e churrasqueiras são fontes de monóxido de carbono. Estufas de acampamento que usam propano (Figura 1.5) também o são e, se usadas, dentro das tendas, exigem ventilação adequada.
- O **ozônio (O_3)** tem um odor forte que você talvez já tenha sentido perto de motores elétricos ou equipamentos de soldagem. Mesmo em concentrações muito baixas, ele pode afetar o funcionamento dos pulmões. Os sintomas incluem dor no peito, tosse, espirros ou congestão pulmonar. O ozônio também mancha as folhas de colheitas e amarela as agulhas dos pinheiros (Figura 1.6). Na superfície da Terra, o ozônio é definitivamente um mal. Em grandes altitudes, porém, ele cumpre um papel essencial ao filtrar a radiação ultravioleta.
- O **dióxido de enxofre (SO_2)** tem um odor forte e desagradável. Se você inalá-lo, ele se dissolverá no tecido úmido de seus pulmões, formando um ácido. Os mais velhos, jovens e indivíduos com enfisema ou asma são muito suscetíveis ao envenenamento com dióxido de enxofre. Atualmente, o dióxido de enxofre do ar é proveniente principalmente da queima de carvão. Por exemplo, a neblina suja de Londres, em 1952, que matou mais de 10.000 pessoas, foi causado, em parte, pela emissão de fogões a carvão. As causas de morte incluíram dificuldade respiratória, falhas do coração (no caso de doenças de coração preexistentes) e asfixia. Alguns sobreviventes sofreram danos permanentes nos pulmões.
- O **dióxido de nitrogênio (NO_2)** tem cor marrom característica. Como o dióxido de enxofre, pode se transformar em ácido quando em contato com o tecido úmido dos pulmões. Em nossa atmosfera, o dióxido de nitrogênio é produzido a partir do monóxido de nitrogênio, um gás poluente incolor. O monóxido de nitrogênio forma-se no ar quando em contato com qualquer coisa quente, incluindo motores de automóveis e usinas termoelétricas a carvão. Óxidos de nitrogênio, NO e NO_2, podem se formar naturalmente em silos de grãos e podem ferir ou matar fazendeiros que inadvertidamente inalem os gases.
- **Matéria particulada (PM)** é uma mistura complexa de pequenas partículas sólidas e gotas microscópicas de líquidos e é o menos entendido dentre os poluentes que listamos. A ma-

FIGURA 1.7 Um incêndio perto de San Jose, Califórnia, em 2004. O fogo está liberando matéria particulada, parte da qual é visível na forma de fuligem.

téria particulada é classificada por tamanho, não pela composição, porque ele determina as consequências para a saúde. $\mathbf{PM_{10}}$ inclui partículas com diâmetro médio de 10 μm ou menos. $\mathbf{PM_{2,5}}$ é um subconjunto do PM_{10} e inclui partículas de diâmetro médio inferior a 2,5 μm. Essas partículas menores e mais letais são chamadas às vezes de *partículas finas*. A matéria particulada tem origem em muitas fontes, incluindo motores de veículos, termoelétricas a carvão, incêndios e poeira em movimento. Às vezes, a matéria particulada torna-se visível na forma de fuligem ou fumaça (Figura 1.7). Entretanto, a maior preocupação é causada pelas partículas muito pequenas para serem vistas: PM_{10} e $PM_{2,5}$. Quando inaladas, elas entram na corrente sanguínea e podem causar doenças do coração.

Um **micrômetro** (μm) é um milionésimo de metro (m). Ele é, às vezes, chamado de mícron.

Terminamos esta seção com um fato que pode surpreendê-lo. Todos os poluentes do ar que acabamos de listar podem ocorrer naturalmente! Por exemplo, um incêndio (veja a Figura 1.7) produz matéria particulada e monóxido de carbono. Raios produzem ozônio e óxidos de nitrogênio, e vulcões liberam dióxido de enxofre. Os poluentes representam os mesmos perigos, vindos de fontes naturais ou humanas. Quais são os riscos para sua saúde? Passaremos agora a esse tópico.

1.3 Poluentes do ar e avaliação de risco

O risco é parte da vida. Embora não possamos evitá-lo, sempre tentamos minimizá-lo. Por exemplo, certas práticas são ilegais porque envolvem riscos considerados inaceitáveis. Outras atividades envolvem riscos elevados, e dizemos que são de alto risco. Por exemplo, os maços de cigarros trazem um aviso sobre o câncer de pulmão. Garrafas de vinho têm avisos sobre defeitos congênitos e sobre operar máquinas sob o efeito do álcool. A inexistência de avisos, porém, não garante a segurança. O risco pode ser muito pequeno para que mereça um aviso; pode ser óbvio ou inevitável ou, ainda, ser suplantado, em muito, por outros benefícios.

Avisos são apenas isso. Eles não indicam que alguém *será* afetado. Na verdade, informam a possibilidade de um resultado adverso. Digamos que a chance de morrer em um acidente com um veículo é de uma em um milhão a cada 50.000 km percorridos. Na média, isso significa que uma pessoa em cada milhão que viaja 50.000 km morreria em um acidente. Essa previsão não é uma escolha aleatória, mas o resultado de uma **avaliação de risco**, o processo de avaliação de dados científicos e elaboração de previsões de forma organizada sobre as probabilidades de um acontecimento.

Quando é arriscado respirar o ar? Felizmente, os padrões de qualidade do ar existentes oferecem uma orientação. Dizemos *orientação* porque os padrões são gerados por uma interação complexa entre cientistas, especialistas médicos, agências governamentais e políticos. As pessoas não precisam necessariamente concordar sobre quais deles são razoáveis e seguros. Os padrões também mudam com o tempo, na medida em que novos conhecimentos científicos são gerados.

Nos Estados Unidos, os padrões de qualidade do ar foram estabelecidos em 1970 pela Lei do Ar Limpo. Se os níveis de poluentes estão abaixo desses padrões, o ar é presumivelmente saudável. Dizemos "presumivelmente" porque os padrões de qualidade do ar mudam com o tempo, geralmente tornando-se mais rígidos. Se você analisar o mundo todo, verá que os regulamentos sobre a qualidade do ar variam em sua rigidez e no grau em que são aplicados.

Os riscos de um poluente do ar são função da **toxicidade**, o perigo intrínseco de uma substância para a saúde, e a **exposição**, a quantidade da substância a que se é exposto. A toxicidade é difícil de avaliar por várias razões, inclusive porque não é ético conduzir experimentos em pessoas. Mesmo se os dados estivessem disponíveis, ainda teríamos de determinar os níveis de risco aceitáveis para grupos diferentes de pessoas. Apesar das dificuldades, agências governamentais conseguiram estabelecer limites de exposição para os principais poluentes do ar. A Tabela 1.2 mostra os Padrões Nacionais da Qualidade do Ar Ambiente, estabelecidos pela Agência Nacional de Proteção Ambiental dos Estados Unidos (EPA). Aqui, **ar ambiente** refere-se ao ar que nos rodeia, usualmente o ar externo. À medida que nosso conhecimento cresce, modificamos esses padrões. Por exemplo, em 2006, eles tornaram-se mais exigentes, para $PM_{2,5}$. Em 2008, foram reduzidos para o ozônio e, em 2010, um novo padrão para o dióxido de nitrogênio foi incluído.

A EPA americana foi formada em 1970 pelo presidente Richard Nixon. Senadores em anos anteriores também tiveram papéis importantes na legislação.

A exposição é mais fácil de avaliar do que a toxicidade porque depende de fatores que podemos medir mais facilmente. Eles incluem:

- **Concentração no ar**
  Quanto mais tóxico é o poluente, mais baixa deve ser estabelecida sua concentração. As concentrações são expressas em partes por milhão ou em microgramas por metro cúbico ($\mu g/m^3$), como se vê na Tabela 1.2. Antes, usamos o prefixo *micro-*, como em micrômetros (μm), para indicar um milionésimo de um metro (10^{-6} m). Semelhantemente, um **micrograma** (μg) é um milionésimo de um grama (g), ou 10^{-6} g.
- **Tempo de exposição**
  Altas quantidades de um poluente só podem ser toleradas por pouco tempo. Um poluente deve ter um padrão para cada tempo de exposição.
- **Velocidade de respiração**
  As pessoas fisicamente ativas, como atletas ou trabalhadores braçais, respiram em uma taxa mais elevada. Se a qualidade do ar é ruim, reduzir a atividade é um modo de diminuir a exposição.

1 μg é aproximadamente igual à massa de um ponto impresso nesta página.

Suponha que você coletou uma amostra de ar de uma das ruas da cidade. A análise aponta que ela contém 5.000 μg de monóxido de carbono (CO) por metro cúbico de ar. Será que é perigoso respirar ar com essa concentração de CO? Podemos usar a Tabela 1.2 para resolver essa questão. Dois padrões foram especificados para o monóxido de carbono, um para um período de 1 hora de exposição e o outro para 8 horas. O primeiro é mais alto (4×10^4 μg CO/m^3) porque uma concentração mais elevada pode ser tolerada por um tempo mais curto.

As duas concentrações estão expressas na **notação científica**, um sistema de escrita de números como o produto de um número por 10 elevado a uma potência apropriada. A notação científica permite que evitemos ter de escrever um número muito grande de zeros antes ou depois do ponto decimal. Por exemplo, o valor 1×10^4 é equivalente a 10.000. Para entender a conversão, basta contar o número de zeros à direita do 1 em 10.000. Existem quatro. O número 1 é, então, multiplicado por 10^4 para dar 1×10^4 μg CO/m^3. Do mesmo modo, 4×10^4 μg CO/m^3 é equivalente a 40.000 μg CO/m^3. A notação científica é ainda mais útil para números muito grandes, como as

Se você precisa de auxílio com a notação científica, consulte o Apêndice 2

TABELA 1.2 Padrões nacionais da qualidade do ar ambiente dos EUA

Poluente	Padrão (ppm)	Concentração equivalente aproximada ($\mu g/m_3$)
monóxido de carbono		
média de 8 horas	9	10.000
média de 1 hora	35	40.000
dióxido de nitrogênio		
média de 1 hora	0,100	200
média anual	0,053	100
ozônio		
média de 8 horas	0,75	147
*particulados**		
PM_{10} – média de 24 horas	–	150
$PM_{2,5}$ – média anual	–	15
$PM_{2,5}$ – média de 24 horas**	–	35
dióxido de enxofre		
média de 1 hora	0,075	210
média de 3 horas	0,50	1.300

Fonte: Agência Nacional de Proteção Ambiental dos Estados Unidos.
Nota: Também existem padrões para chumbo, que não foram incluídos.
*PM_{10} refere-se a partículas em suspensão com 10 μm de diâmetro ou menos. $PM_{2,5}$ refere-se a partículas em suspensão com 2,5 μm de diâmetro ou menos.
**A unidade ppm não se aplica a particulados.

20.000.000.000.000.000.000.000 moléculas existentes em uma respiração normal. Em notação científica, esse valor é escrito como 2×10^{22} moléculas.

Usando a notação científica, podemos agora expressar o valor de 5.000 μg CO/m^3 como 5×10^3 μg CO/m^3. É claro que esse valor é *inferior* aos dois padrões. No caso da exposição por 8 horas, 5×10^3 é inferior a 1×10^4. Para o período de 1 hora, 5×10^3 também é inferior a 4×10^4. As unidades são μg CO/m^3.

A Tabela 1.2 também permite avaliar as toxicidades relativas dos poluentes. Por exemplo, podemos comparar os padrões do monóxido de carbono e do ozônio para 8 horas de exposição: 9 ppm para 0,075 ppm. A matemática nos diz que o ozônio é cerca de 130 vezes mais perigoso para respirar do que o monóxido de carbono! Apesar disso, o monóxido de carbono pode ser muitíssimo perigoso. Como "matador silencioso", ele pode prejudicar seu discernimento antes que você possa reconhecer o perigo.

Sua Vez 1.7 Estimando toxicidades

a. Que poluente da Tabela 1.2 é o mais tóxico? Exclua a matéria particulada.
b. Examine os padrões da matéria particulada. Anteriormente, declaramos que "partículas finas", $PM_{2,5}$, são mais perigosas do que as maiores, PM_{10}. Os valores da Tabela 1.2 sustentam essa afirmação?

Resposta
a. O_3. Essa é uma pergunta difícil, porque não há período de exposição comum que permita a comparação direta. Claramente, CO não é o mais tóxico porque todos os seus padrões são mais elevados. Não é NO_2, porque SO_2 tem um padrão mais baixo para 1 hora. Entre SO_2 e O_3, o ozônio tem o padrão mais baixo porque o padrão de 8 horas é mais baixo do que o padrão de 3 horas do dióxido de enxofre.

Embora os padrões dos poluentes do ar estejam expressos em partes por milhão, as concentrações de dióxido de enxofre e dióxido de nitrogênio poderiam ser sido dadas em **partes por bilhão** (**ppb**), unidade que corresponde a um bilionésimo, ou seja, concentração 1.000 vezes inferior a uma parte por milhão

dióxido de enxofre 0,075 ppm ou 75 ppb
dióxido de nitrogênio 0,100 ppm ou 100 ppb

Como se pode ver, a conversão de partes por milhão para partes por bilhão envolve o movimento da vírgula três casas para a direita.

Sua Vez 1.8 Vivendo na direção do vento

O metal cobre pode ser extraído do minério de cobre por fusão, um processo que libera dióxido de enxofre (SO_2). Suponhamos que uma mulher, vivendo na direção do vento que passa por uma oficina de fundição, inalou 44 μg de SO_2 em uma hora.

a. Se ela inalou 625 litros (0,625 m^3) de ar por hora, ela ultrapassou os Padrões Nacionais da Qualidade do Ar Ambiente americanos para o SO_2? Use um cálculo para dar suporte à sua resposta.
b. Se ela fosse exposta a essa taxa por três horas, excederia o padrão para 3 horas?

Para terminar esta seção, notemos que nossa *percepção* de um risco também tem um papel importante. Por exemplo, os riscos de viajar de automóvel são muito superiores aos de viajar de avião. A cada dia nos Estados Unidos, mais de 100 pessoas morrem em acidentes envolvendo automóveis. No entanto, algumas pessoas evitam usar um avião porque têm medo de uma queda. Do mesmo modo, algumas pessoas têm medo de morar perto de um vulcão adormecido. No entanto, como vários furacões notórios já provaram, morar em uma área da costa pode ser muito mais perigoso. Percebida ou não como um risco, *a poluição do ar é um perigo real* para a atual e as futuras gerações. Na próxima seção, vamos oferecer-lhe ferramentas para a avaliação desses perigos.

1.4 Você e a qualidade do ar

Dependendo de onde você mora, o ar que você respira terá qualidade diferente. Alguns lugares sempre têm ar bom; outros, de qualidade moderada, e outros têm ar mais insalubre na maior parte do tempo. Como veremos, as diferenças provêm do número de pessoas que vivem em uma região, suas atividades, questões geográficas, variações climáticas e a atividade das pessoas em regiões vizinhas.

Muitas nações criaram leis que visam a melhorar a qualidade do ar. Já citamos, por exemplo, a Lei do Ar Limpo dos Estados Unidos (1970), que levou ao estabelecimento de padrões de qualidade do ar. Como muitas leis ambientais, essa tem foco na limitação de nossa exposição a substâncias perigosas. Ela tem sido chamada de "lei de comando/controle" ou "solução de fim de ciclo", pois tenta limitar a propagação de substâncias perigosas ou limpá-las após um evento.

Esta lei deu o impulso para a química verde, um tópico que apresentamos no Capítulo 0.

A Lei da Prevenção da Poluição (1990) foi uma lei importante que seguiu a Lei do Ar Limpo. Seu foco foi a *prevenção* da formação de substâncias perigosas, declarando que a "poluição deve ser impedida ou reduzida sempre que possível". A mudança de linguagem é significativa. Em vez de tentar regular poluentes que já existem, as pessoas não deveriam produzi-los! Com a Lei de Prevenção da Poluição, tornou-se política nacional a utilização de práticas que reduzem ou, idealmente, eliminem os poluentes na fonte.

Sua Vez 1.9 A lógica da prevenção

Tire seus sapatos enlameados na porta em vez de ter de limpar o tapete depois! Liste três exemplos de senso comum que previnem a poluição do ar em vez de ter de limpá-lo depois.
Sugestão: Reveja o Estude Isto 1.1, sobre "pegadas no ar".

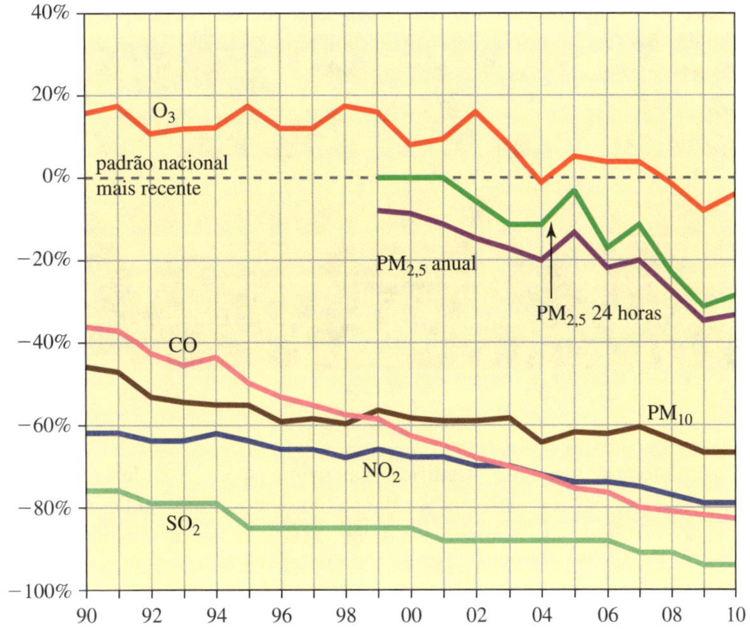

FIGURA 1.8 Níveis médios de poluentes do ar nos Estados Unidos (em lugares selecionados), em comparação com os padrões nacionais de qualidade do ar, 1990-2010.

Fonte: EPA.

A diminuição da concentração dos poluentes do ar nos Estados Unidos foi dramática (Figura 1.8). Alguma melhoria foi consequência de uma combinação de leis e regulamentos, como os que acabamos de mencionar. Outras o foram de decisões locais. Por exemplo, uma comunidade pode ter construído um novo sistema de transporte público, ou uma indústria pode ter instalado um equipamento mais moderno. Outras, porém, ocorreram em razão da inventividade dos químicos, notavelmente de uma série de práticas chamada de "química verde". Procure exemplos de química verde neste livro, marcados com o ícone da química verde.

Os exemplos de química verde deste texto incluem alguns dos vencedores dos respeitados Prêmios Presidenciais Desafios de Química Verde.

Dados brutos como os apresentados na Figura 1.8 escondem o fato de que as pessoas ainda respiram ar poluído. Embora a qualidade do ar tenha melhorado na média, as pessoas em certas áreas metropolitanas respiram ar que contém níveis insalubres de poluentes. Veja o que ocorre nos Estados Unidos na Tabela 1.3.

TABELA 1.3 Dados da qualidade do ar em áreas metropolitanas selecionadas dos Estados Unidos

Área metropolitana	Número de dias insalubres/ano*	
	O_3	$PM_{2,5}$
Boston	0	8
Chicago	10	0
Cleveland	10	1
Houston	21	0
Los Angeles	43	0
Phoenix	11	4
Pittsburgh	14	1
Sacramento	35	13
Seattle	2	0
Washington, DC	21	2

Fonte: EPA Air Trends Air Quality Index Information.

*Dias nos quais o Índice de Qualidade do Ar (AIQ) excede 100, média de 5 anos (2006-2010).

Seattle tem menos dias de ar insalubre devido a seu clima chuvoso. A Seção 1.12 descreve as relações entre o clima e a formação de névoa suja.

TABELA 1.4 Níveis do Índice de Qualidade do Ar (AQI)

Quando o AQI está nesta faixa:	...as condições da qualidade do ar são:	...simbolizadas pela cor
0–50	Boas	Verde
51–100	Moderadas	Amarelo
101–150	Insalubres para grupos sensíveis	Laranja
151–200	Insalubres	Vermelho
201–300	Muito insalubres	Roxo
301–500	Perigosas	Marrom

Fonte: Agência de Proteção Ambiental (EPA).

O termo "insalubre" significa exatamente isso. Como descrevemos antes, os poluentes do ar são responsáveis por danos biológicos. Para ajudar você a avaliar rapidamente os perigos, a EPA americana desenvolveu o Índice da Qualidade do Ar (AQI) com código de cores mostrado na Tabela 1.4. O índice está na escala de 1 a 500, com o valor 100 atribuído ao padrão nacional do poluente. Verde ou amarelo (≤ 100) indicam ar de qualidade boa ou moderadamente boa. Laranja indica que o ar tornou-se insalubre para alguns grupos de pessoas. Vermelho, roxo ou marrom (>150) indica que o ar é insalubre para *todos*.

Alguns jornais publicam somente uma notícia muito geral sobre a qualidade do ar. Por exemplo, a qualidade do ar pode ser listada como "moderada" para uma cidade. Isso significa que pelo menos um dos poluentes é moderado, mas, possivelmente, outros também o são. Às vezes, a notícia é dada em termos numéricos e não em termos gerais. Por exemplo, se dois poluentes estão presentes, um com o valor 85 e outro com o valor 91, o valor diário é dado como 91.

Cada vez mais, entretanto, as áreas metropolitanas estão começando a noticiar separadamente cada poluente. Isso ajuda porque a reação de cada pessoa dependerá dos poluentes presentes. Por exemplo, a Figura 1.9 mostra a previsão da qualidade do ar para monóxido de carbono, ozônio e

DATA DA PREVISÃO POLUENTE DO AR	ONTEM SÁB 24/12/2011 Maior leitura do AQI/LOCAL	HOJE DOM 25/12/2011	AMANHÃ SEG 26/12/2011	DEPOIS DE AMANHÃ TER 27/12/2011
O_3	30 BLUE POINT	32 BOM	30 BOM	32 BOM
CO	22 SOUTH PHOENIX & WEST PHOENIX	32 BOM	20 BOM	15 BOM
PM_{10}	60 WEST PHOENIX	52 MODERADO	46 BOM	35 BOM
$PM_{2,5}$	141 SOUTH PHOENIX	156 INSALUBRE	85 MODERADO	42 BOM

FIGURA 1.9 Previsão da qualidade do ar em Phoenix em Dezembro 25 de 2011. Veja a Tabela 1.4 para os códigos de cores.

Fonte: Departamento de Qualidade Ambiental do Arizona.

particulados em um dia ensolarado de primavera em Phoenix, Arizona. O poluente preocupante era $PM_{2,5}$ de madeira queimada. As pessoas foram aconselhadas a "limitar ou até mesmo evitar exercícios externos, como corridas ou bicicletas".

1.5 Onde vivemos: a troposfera

Como já apontamos, nossa atmosfera é uma mistura cuja composição varia ligeiramente, dependendo do local. Cerca de 75% de nosso ar, por massa, está na **troposfera**, a região inferior da atmosfera na qual vivemos e que toca a superfície da Terra. *Tropos* é a palavra grega para "girar" ou "mudar". A troposfera contém correntes de ar e tempestades violentas que giram e misturam nosso ar.

A extensão da troposfera varia com a estação do ano e o local. Ela varia de 20 km no equador a 6 km nos polos.

O ar mais quente da troposfera está no nível do chão por que o Sol aquece principalmente o chão, que por sua vez aquece o ar que está acima dele. O ar mais frio é encontrado em maiores altitudes, um fenômeno que você deve ter observado ao dirigir bicicletas ou automóveis em terrenos elevados. Ocorrem, entretanto, inversões do ar quando o ar mais frio fica retido pelo ar quente. Os poluentes do ar podem se acumular na camada invertida, especialmente se ela permanecer estacionária por um longo período. Isso ocorre com frequência em cidades cercadas por montanhas, como Salt Lake City (Figura 1.10).

Os furacões na troposfera ilustram com clareza o significado da palavra grega *tropos* (girar ou mudar).

Os poluentes do ar deveriam ser chamados de "fumaça das pessoas". Há cem anos, nossa Terra tinha menos de 2 bilhões de habitantes. Atualmente, já ultrapassamos 7 bilhões, com a maioria vivendo nas regiões urbanas. O crescimento da população foi acompanhado por um aumento intenso no consumo de recursos e na produção de resíduos. O lixo que depositamos em nossa atmosfera é chamado de poluição do ar.

A poluição do ar é o primeiro contexto em que podemos discutir **sustentabilidade**, o tópico que forma a base deste livro. Como vimos no Capítulo 0, temos de tomar decisões considerando não somente o presente, mas também as necessidades das futuras gerações. É sensato evitar ações que produzam poluentes que podem afetar nossa saúde e bem estar. Isso soa familiar? Essa é a lógica por trás da Lei de Prevenção da Poluição, de 1990, uma legislação que pretende prevenir a poluição, não controlar nossa exposição a ela.

A Lei de Prevenção da Poluição impulsionou a **química verde**, um conjunto de ideias que deve guiar toda a comunidade química, inclusive professores e estudantes. A química verde é "benigna por definição". Ela pede que desenvolvamos produtos e processos químicos que reduzam ou eliminem o uso ou a geração de substâncias perigosas. A química verde começou com o Programa de Projetos para o Ambiente da EPA e reduz a poluição pelo planejamento ou pela modificação de processos químicos. O objetivo é usar menos energia, criar menos rejeitos, usar menos recursos e que eles sejam renováveis. A química verde é um mecanismo para alcançar a sustentabilidade, não um fim em si mesma.

As ideias básicas da química verde estão listadas na contracapa deste livro.

(a) (b)

FIGURA 1.10 (a) A inversão do ar pode reter a poluição. (b) Uma inversão do ar retém uma camada de neblina suja sobre Salt Lake City, Utah.

Os prêmios de química verde são dados em cinco áreas: métodos de síntese mais verdes, condições de reação mais verdes, desenvolvimento de produtos químicos mais verdes, pequenos negócios e academia.

Métodos inovativos de química "verde" já reduziram ou eliminaram substâncias tóxicas usadas ou criadas em processos químicos industriais. Por exemplo, temos agora métodos mais baratos que produzem menos resíduos para preparar ibuprofeno, pesticidas, fraldas descartáveis e lentes de contato. Temos novos métodos de limpeza a seco e pastilhas de silício recicláveis para circuitos integrados. Alguns dos pesquisadores que desenvolveram esses métodos receberam o Prêmio Presidencial Desafios de Química Verde. Iniciados em 1995, esses prêmios reconhecem o mérito dos químicos que inovam buscando um mundo menos poluído. A cada ano, desde 1996, cinco prêmios foram dados com o tema "Química não é o problema, mas a solução".

Estude Isto 1.10 Química verde

Lembre-se dessas duas ideias fundamentais da química verde:

É melhor *usar menos energia.*
É melhor *evitar resíduos* do que tratá-los ou limpá-los depois de formados.

a. Por que é melhor usar menos energia? Dê dois exemplos que demonstrem a ligação entre o uso de energia e a poluição do ar.
b. Agora, escolha um poluente do ar. Dê dois exemplos que demonstrem que faz mais sentido evitar sua formação do que tentar limpá-lo quando já está no ar.

Conclusão: ninguém deseja o ar sujo. Ele faz você ficar doente, reduz a qualidade de sua vida e pode apressar sua morte. Entretanto, o problema é que muita gente se acostumou a respirar o ar poluído e nem nota mais. Lembre-se do conceito de **linha de base variável** que mencionamos no Capítulo 0. O nevoeiro é tão comum, agora, que esquecemos os dias claros em que parecia que poderíamos ver até depois do horizonte. Olhos irritados e problemas de respiração tornaram-se tão comuns que esquecemos que um dia eles não o foram. Habituamo-nos a morar em **megacidades**, áreas urbanas com 10 milhões de pessoas ou mais. Tóquio, Nova York, Cidade do México e Mumbai são exemplos. Poluentes como fumaça de fogueiras, gases de exaustão de veículos e emissões industriais são frequentemente gerados em áreas populosas e se concentram na troposfera que cobre as megacidades.

Está muito claro que temos alguns problemas! Como prometemos, seu conhecimento da química pode levá-lo a melhores escolhas de como lidar com esses problemas, como indivíduo e como membro de uma comunidade. As próximas duas seções vão lhe dar uma melhor compreensão da linguagem da química, e usaremos essa linguagem para tratar os problemas da poluição do ar com mais detalhes.

1.6 Classificação da matéria: substâncias puras, elementos e compostos

Quando descrevemos o ar e suas qualidades, empregamos vários nomes químicos. Por exemplo, na Seção 1.1 listamos nitrogênio, oxigênio, argônio e vapor de água como quatro das substâncias puras que formam a maior parte de nossa atmosfera. Mencionamos alguns poluentes encontrados em concentrações muito baixas: ozônio, dióxido de enxofre, monóxido de carbono e dióxido de nitrogênio. Incluímos também suas fórmulas químicas O_3, SO_2, CO e NO_2. Também mencionamos os termos *átomo* e *molécula*. Por exemplo, mencionamos que o ar é uma mistura de diferentes moléculas (e alguns átomos). Nesta seção, detalhamos um pouco mais o que são elementos e compostos. Na próxima, focalizaremos os átomos e as moléculas que esses elementos e compostos contêm.

A matéria é formada por elementos e compostos, como esquematiza a Figura 1.11. Um **elemento** é uma das cerca de 100 substâncias puras de nosso mundo que formam compostos. Como veremos, eles contêm somente um tipo de átomo. Nitrogênio (N_2), oxigênio (O_2) e argônio (Ar) são exemplos de elementos. O ozônio (O_3), outra forma de oxigênio, também é um elemento. Cerca de 100 elementos são conhecidos. Em contraste, um **composto** é uma substância pura feita de dois ou mais elementos diferentes em uma combinação química fixa e característica. Os compostos contêm dois ou mais tipos diferentes de átomos. Por exemplo, a água (H_2O) é um composto que tem os

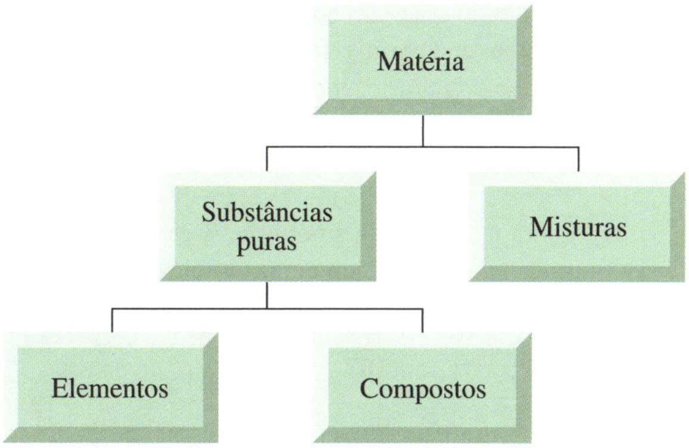

FIGURA 1.11 Uma forma de classificar a matéria.

elementos oxigênio e hidrogênio. Igualmente, o dióxido de carbono (CO_2) é um composto formado pelos elementos oxigênio e carbono. No CO_2, os dois elementos estão combinados quimicamente e não estão mais em sua forma elementar. O dióxido de enxofre (SO_2) e o metano (CH_4) são outros exemplos de compostos.

Cerca de 90 elementos ocorrem naturalmente na Terra e, até onde sabemos, no resto do universo. Os outros foram criados por reações nucleares a partir de elementos preexistentes. O plutônio é provavelmente o mais bem conhecido dos elementos artificiais, embora exista em quantidades traço na natureza. A vasta maioria dos elementos é sólida. Nitrogênio, oxigênio, argônio e outros oito elementos são gases. Só o bromo e o mercúrio são líquidos na temperatura normal.

O plutônio pode alimentar reatores nucleares e bombas atômicas. Veja os detalhes no Capítulo 7.

Os **símbolos químicos** são abreviaturas com uma ou duas letras dos nomes dos elementos. Esses símbolos, estabelecidos por acordo internacional, são usados em todo o mundo. Alguns deles fazem sentido imediato àqueles que falam inglês ou línguas correlatas. Por exemplo, oxigênio é O, nitrogênio é N, ferro é Fe e níquel é Ni. Outros têm sua origem em outras línguas. Por exemplo, S é enxofre, Pb é chumbo, Au é ouro e Hg é mercúrio. Eles eram conhecidos pelos antigos e receberam nomes em latim há muito tempo. Por exemplo, *plumbum* é chumbo, *aurum* é ouro e *hydrargyrum* é mercúrio.

Os símbolos químicos são também chamados de símbolos atômicos.

Elementos receberam nomes baseados em propriedades, planetas, lugares e pessoas. Hidrogênio (H) significa "gerador de água", porque o gás hidrogênio (H_2) queima em oxigênio (O_2) para formar o composto água (H_2O). Netuno (Np) e plutônio (Pu) receberam os nomes de dois planetas de nosso sistema solar. Berquélio (Bk) e califórnio (Cf) honram o laboratório no qual um grupo de pesquisadores os obtiveram pela primeira vez. O fleróvio (Fl) e o livermório (Lv)* são os elementos cujos nomes são mais recentes, e sua origem também está nos laboratórios onde foram descobertos. Somente alguns átomos de cada um foram produzidos.

Em 2006, Plutão perdeu seu status de planeta.

Sua Vez 1.11 Substâncias puras do ar

a. Hidrogênio (0,54 ppm), hélio (5 ppm) e metano (17 ppm) são encontrados em nossa atmosfera. Dois deles são elementos. Quais?
b. Liste outras cinco substâncias encontradas no ar e classifique-as como elementos ou compostos.
c. Expresse as concentrações da parte **a** em percentagem.

É razoável que o químico russo do século XIX, Dmitri Mendeleev, tenha seu próprio elemento (Md), já que a maneira mais comum de arranjar os elementos – a **Tabela Periódica** – reflete o sistema que ele desenvolveu. Essa tabela é um arranjo ordenado de todos os elementos, com base nas semelhanças de suas propriedades. A contracapa deste livro tem uma cópia para referência fácil. Veremos mais detalhes no Capítulo 2.

Lothar Meyer, um químico alemão, também desenvolveu uma tabela periódica simultaneamente à de Mendeleev.

*N. de T.: A União Internacional de Química Pura e Aplicada (IUPAC) recomendou esses nomes em 2011 para os elementos 114 e 116, respectivamente.

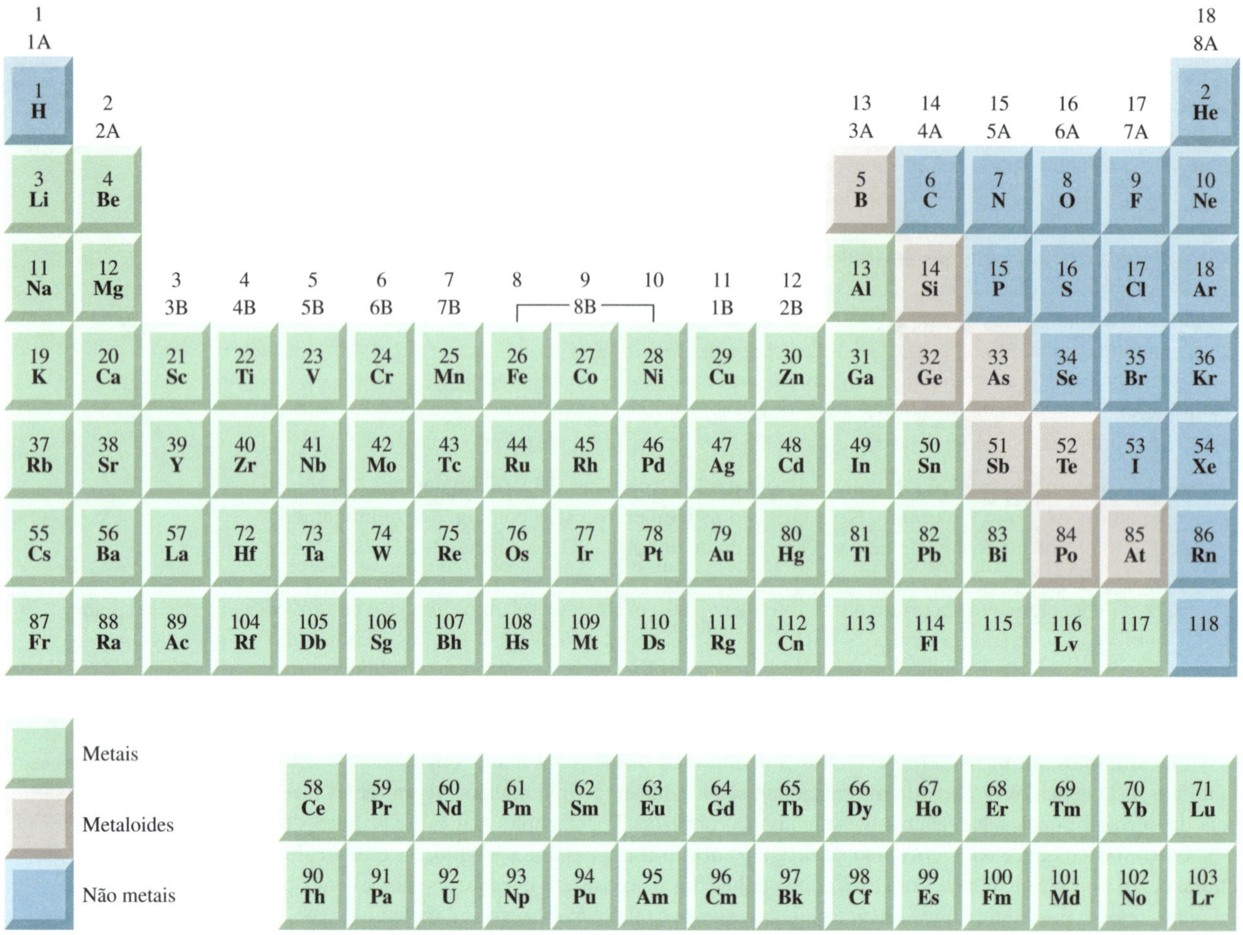

FIGURA 1.12 Tabela periódica simplificada com a localização dos metais, metaloides e não metais.

Fonte: Raymond Chang, General Chemistry: The Essential Concepts, *Third Edition. Copyright 2003, McGraw-Hill Education, New York, NY.*

Nota: A designação dos grupos 1-18 foi recomendada pela União Internacional de Química Pura e Aplicada (IUPAC), mas ainda não é usada por muitos. Este livro usa a notação padrão americana (1A-8A e 1B-8B).

Os metais, não metais e os íons que eles formam são discutidos na Seção 5.6.

Os semicondutores são explicados na Seção 8.7.

A Figura 1.12 mostra uma versão simplificada da tabela periódica, com os elementos listados pelo número mas não inclui as massas. A cor ***verde-claro*** indica os **metais**, elementos que brilham, conduzem bem a eletricidade e o calor. Eles incluem substâncias familiares, como o ferro, o ouro e o cobre. Um número muito menor formam os **não metais**, elementos que não conduzem bem o calor ou a eletricidade e não têm aparência característica. Esses elementos são indicados pela cor ***azul-claro*** e incluem enxofre, cloro e oxigênio. Os oito elementos restantes caem em uma categoria conhecida como **metaloides**, elementos que estão entre os metais e não metais na tabela periódica, mas não se enquadram claramente nessas categorias. Os metaloides são também chamados de semimetais e estão representados pela cor *cinza-claro*. Os semicondutores silício e germânio são exemplos de metaloides.

Os elementos caem em colunas verticais chamadas de **grupos**. As colunas organizam os elementos de acordo com propriedades importantes que eles têm em comum e são numeradas da esquerda para a direita. Alguns grupos recebem nomes. Por exemplo, os **halogênios** formam um grupo (Grupo 7A) de não metais reativos, como o flúor (F), o cloro (Cl), o bromo (Br) ou o iodo (I). Um **gás nobre** é um dos elementos inertes no Grupo 8A que dá poucas, se tanto, reações químicas. Já mencionamos o argônio, um gás nobre, como constituinte de nossa atmosfera. Você poderá reconhecer o hélio, um gás nobre que é usado para fazer os balões flutuarem, pois ele é menos denso do que o ar. Radônio é um gás nobre radioativo, uma característica que o diferencia dos outros elementos do Grupo 8A.

Embora existam somente cerca de 100 elementos, mais de 20 milhões de compostos já foram isolados, identificados e caracterizados. Alguns são substâncias naturais muito familiares, como a água, o sal de cozinha e a sacarose (açúcar de mesa). Muitos dos compostos conhecidos foram sintetizados quimicamente por homens e mulheres de todo o nosso planeta. Você poderia estar imaginando como 20 milhões de compostos puderam ser formados a partir de tão poucos elementos. Para resumir, os elementos têm a capacidade de se combinar de muitos modos diferentes.

O radônio afeta a qualidade do ar do interior das casas, como veremos na Seção 1.13. O Capítulo 7 traz mais informações sobre outras substâncias radioativas.

Por exemplo, o dióxido de carbono é uma combinação química dos elementos carbono e oxigênio. Todas as amostras puras de dióxido de carbono contêm 27% de carbono e 73% de oxigênio por massa. Assim, uma amostra de 100 g de dióxido de carbono sempre contém 27 g de carbono e 73 g de oxigênio combinados quimicamente para formar esse composto em particular. Esses valores nunca variam, não importa a fonte do dióxido de carbono. Isso ilustra o fato de que cada composto tem uma composição química característica e constante.

Um pequeno clipe de papel pesa cerca de um grama.

O monóxido de carbono (CO) é um composto de carbono e oxigênio diferente. Amostras puras de monóxido de carbono contêm 43% de carbono e 57% de oxigênio por massa. Assim, 100 g de monóxido de carbono contêm 43 g de carbono e 57 g de oxigênio, uma composição diferente da do dióxido de carbono. Isso não surpreende, já que o monóxido de carbono e o dióxido de carbono são dois compostos diferentes.

Como veremos, cada composto tem seu conjunto particular de propriedades. Por exemplo, a água (H_2O) é um composto que contêm 11% de hidrogênio e 89% de oxigênio por massa. Na temperatura normal, a água é um líquido incolor e insípido. No nível do ar, ferve em 100°C e congela em 0°C. Todas as amostras de água pura têm essas mesmas propriedades. A água é composta por moléculas, uma palavra que já usamos várias vezes. A próxima seção o ajudará a usar as palavras átomo e molécula com mais confiança.

A água não é insípida se contiver gases ou sais dissolvidos. Descubra mais sobre a água como solvente no Capítulo 5. Como veremos, a água raramente é "pura".

1.7 Átomos e moléculas

As definições que acabamos de dar para os elementos e compostos não fazem suposições sobre a natureza da matéria. Sabemos que os elementos são compostos por **átomos**, a menor unidade de um elemento que pode existir como uma entidade estável e independente. A palavra *átomo* vem do termo grego para "indivisível". Embora já seja possível "dividir" o átomo usando processos especiais, os átomos permanecem indivisíveis por meios químicos ou mecânicos comuns.

Os átomos são extremamente pequenos. Por isso, precisamos de enormes quantidades de átomos para vê-los, tocá-los ou pesá-los. Por exemplo, as moléculas de uma única gota de água contêm cerca de 5×10^{21} átomos. Isso é cerca de um trilhão de vezes mais do que os 7 bilhões de pessoas que vivem na Terra, o suficiente para dar a cada pessoa cerca de um trilhão de átomos.

Como podemos ver na Figura 1.13, os átomos podem agora ser fotografados. Usando um microscópio de varredura e tunelamento, cientistas do Centro de Pesquisas Almaden da IBM alinharam átomos de cobre sobre uma superfície de cobre para criar o ideograma japonês para "átomo". **Nanotecnologia** refere-se à criação de materiais na escala atômica e molecular (nanômetro): 1 nanômetro (nm) = 1×10^{-9} m. Este ideograma tem alguns poucos nanômetros de altura e largura. Com esse tamanho, cerca de 250 milhões de nanoletras, equivalente a 90.000 páginas de texto, poderiam caber no corte transversal de um cabelo humano!

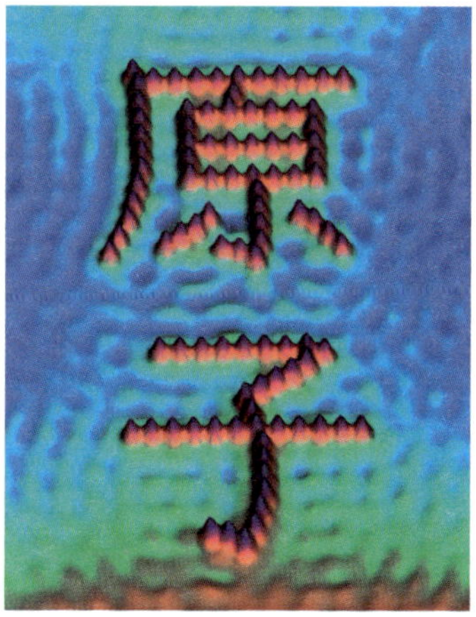

FIGURA 1.13 Átomos de ferro arranjados em uma superfície de cobre. Imagem obtida por um microscópio de varredura e tunelamento. Este é o ideograma japonês para "átomo".

Usando o conceito de átomos, podemos explicar melhor os termos *elemento* e *composto*. Os elementos são feitos por apenas um tipo de átomo. Por exemplo, o elemento carbono é feito apenas de átomos de carbono. Em contraste, os compostos são formados por dois ou mais tipos diferentes de átomos. Por exemplo, o composto dióxido de carbono contém carbono e átomos de oxigênio. De forma semelhante, a água é formada por átomos de hidrogênio e oxigênio.

No entanto, devemos ter cuidado com a linguagem. Os átomos de carbono e oxigênio *não* estão presentes como tal. Na verdade, os átomos de carbono e oxigênio estão combinados quimicamente para formar uma **molécula** de dióxido de carbono, dois ou mais átomos mantidos juntos por ligações químicas em um certo arranjo espacial. Mais especificamente, dois átomos de oxigênio (*vermelho*) combinam-se com um átomo de carbono (*preto*) para formar uma molécula de dióxido de carbono. De modo semelhan-

A Seção 3.3 explica por que essas duas moléculas têm formas diferentes.

Os átomos estão codificados por cores.

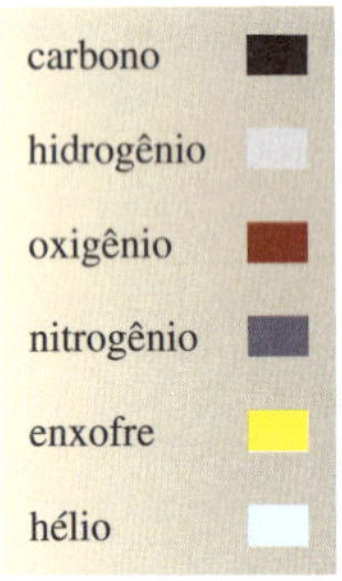

te, a molécula de água contém dois átomos de hidrogênio (*branco*) combinados com um átomo de oxigênio (*vermelho*).

molécula de água

molécula de dióxido de carbono

Uma **fórmula química** é um modo simbólico de representar a composição elementar de uma substância. Ela mostra os elementos presentes (por meio dos símbolos químicos) e a razão entre o número de átomos desses elementos (por meio dos subscritos). Por exemplo, no composto CO_2, os elementos C e O estão presentes na razão de um átomo de carbono para cada dois de oxigênio. Do mesmo modo, H_2O indica dois átomos de hidrogênio para um átomo de oxigênio. Observe que quando um átomo ocorre só uma vez, como O em H_2O e C em CO_2, o subscrito 1 é omitido.

Alguns elementos existem na forma de átomos isolados, como o hélio e o radônio. Eles são representados por He e Rn, respectivamente. Outros elementos existem como moléculas. Por exemplo, o nitrogênio e o oxigênio são encontrados em nossa atmosfera como moléculas N_2 e O_2. Eles são **moléculas diatômicas**, isto é, formadas por dois átomos. Essas representações mostram claramente a diferença.

molécula de oxigênio

molécula de nitrogênio

átomo de hélio

A Tabela 1.5 resume nossa discussão dos elementos, compostos e misturas, e lista o que podemos observar experimentalmente e o que existe no nível atômico que não podemos ver.

Podemos agora aplicar esses conceitos à mistura a que chamamos ar. Alguns de seus componentes, como nitrogênio, oxigênio e argônio, são elementos. Outros, notadamente vapor de água e dióxido de carbono, são compostos. Todos os compostos discutidos até agora são compostos por moléculas (por exemplo, CO_2 e H_2O), mas com os elementos não é tão simples. Na troposfera, os elementos nitrogênio e oxigênio existem principalmente como moléculas diatômicas (N_2 e O_2). Em contraste, elementos como o argônio e o hélio existem como átomos não combinados.

O ar seco é composto principalmente de nitrogênio e oxigênio, isto é, *moléculas* de N_2 e O_2. Se o ar é úmido, temos de adicionar vapor de água na forma de *moléculas* de H_2O. O ar seco contém um pouco menos de 1% de *átomos* de Ar (argônio), além de pequenas quantidades de *átomos* de He (hélio), *átomos* de Xe (xenônio) e quantidades extremamente pequenas de *átomos* de Rn (radônio). Lembre-se de incluir a concentração de dióxido de carbono, isto é, 400 ppm ou 400 *moléculas* de CO_2 por 1×10^6 *moléculas* e *átomos* no ar (medido em 2013).

TABELA 1.5 Tipos de matéria

Substância	Exemplo	Descrição	Contém...
elemento	O_2, oxigênio Ar, argônio	não pode ser separado em substâncias mais simples, embora diferentes formas de um elemento sejam possíveis; por exemplo, O_2 e O_3	um tipo de átomo apenas
composto	H_2O, água	pode ser separado em elementos e tem composição fixa	dois ou mais tipos diferentes de átomos
mistura	ar	pode ser separada em dois ou mais componentes e tem composição variável de elementos, compostos ou ambos	muitos tipos de átomos, moléculas ou ambos

Químico Cético 1.12 A química da jardinagem

Notícias de jornais e anúncios devem ser vistos com um olho crítico em relação à sua acurácia. Por exemplo, uma empresa de jardinagem anuncia seus fertilizantes como "uma mistura balanceada de nitrogênio, fósforo e potássio. Eles têm natureza orgânica, pois são feitos de moléculas de carbono. Esses fertilizantes são biodegradáveis e transformam-se em água". Edite o texto deste anúncio para corrigir as falhas químicas.

1.8 Nomes e fórmulas: o vocabulário da química

Se os símbolos químicos são o alfabeto da química, as fórmulas químicas são as palavras. A linguagem da química, como qualquer outra linguagem, tem regras de pronúncia e sintaxe. Nesta seção, nós o ajudaremos a "falar química" usando fórmulas e nomes químicos. Como você verá, a cada nome corresponde apenas uma fórmula química. Entretanto as fórmulas químicas *não* são únicas e podem corresponder a mais de um nome. Além disso, alguns compostos são conhecidos por vários nomes diferentes.

Nesta seção, seguimos uma filosofia do tipo "é preciso saber". Vamos ajudá-lo a aprender o que *é preciso saber* para entender o tópico que está sendo tratado, omitindo outras regras de nomeação de compostos até que sejam necessárias. No momento, você precisa saber os nomes químicos e as fórmulas dos compostos que têm relação com o ar que você respira. Portanto, por enquanto, vamos trabalhar com eles.

A Seção 5.7 explora outro conjunto de regras de nomenclatura, relacionadas com os compostos iônicos.

Já demos nomes a algumas das substâncias puras encontradas no ar, incluindo monóxido de carbono, dióxido de carbono, dióxido de enxofre, ozônio, vapor de água e dióxido de nitrogênio. Pode não parecer, mas essa lista inclui dois tipos de nomes: sistemáticos e comuns.

Lembre-se de que o ozônio (O_3) é um elemento, não um composto.

Os nomes sistemáticos dos compostos seguem um conjunto de regras razoavelmente claras. Eis as regras para compostos de dois não metais como o dióxido de carbono (CO_2) e o monóxido de carbono (CO):

- Nomeie cada elemento da fórmula química, modificando o nome do segundo elemento para terminar em *-ido*. Por exemplo, oxigênio torna-se óxido.*
- Use prefixos para indicar o número de átomos na fórmula química (Tabela 1.6). Por exemplo, *di-* significa 2, logo o nome *di*óxido de carbono significa a presença de dois átomos de oxigênio para cada átomo de carbono.
- Omita o prefixo *mono-* se só houver um átomo no primeiro elemento da fórmula química. Por exemplo, CO é o monóxido de carbono, não monocarbono monóxido.

Se, ao contrário, você está escrevendo a fórmula química a partir de um nome, lembre-se de que o subscrito 1 não é usado nas fórmulas químicas. Assim, a fórmula química do dióxido de carbono é CO_2, e *não* C_1O_2. De modo semelhante, o monóxido de carbono é CO, e *não* C_1O_1. Pratique realizando a próxima atividade.

TABELA 1.6 Prefixos usados nos nomes dos compostos

Prefixo	Significado	Prefixo	Significado
mono	1	hexa	6
di ou bi	2	hepta	7
tri	3	octa	8
tetra	4	nona	9
penta	5	deca	10

*N. de T.: O oxigênio é uma exceção. A terminação dos demais não metais é *-eto*, como em cloreto. Em certos casos, como acontece com o enxofre, a raiz segue o original latino (sulfur).

Sua Vez 1.13 Óxidos de enxofre e nitrogênio

a. Escreva fórmulas químicas para o monóxido de nitrogênio, dióxido de nitrogênio, monóxido de dinitrogênio e tetróxido* de dinitrogênio.
b. Dê nomes químicos para SO_2 e SO_3.

Resposta
a. NO, NO_2, N_2O e N_2O_4. *Nota:* NO e N_2O são também chamados de óxido nítrico e óxido nitroso, respectivamente.

*N. de T.: Observe a elisão tetra + óxido.

Alguns nomes ("nomes comuns") não seguem um conjunto de regras. Água é um exemplo. Você poderia esperar que H_2O fosse chamada de monóxido de di-hidrogênio. Faz sentido! No entanto, a água ganhou seu nome muito antes de que soubéssemos alguma coisa sobre o hidrogênio e o oxigênio. Como os químicos são gente razoável, não se mudou o nome da água. Pelo contrário, os químicos chamam o material em que nadam e bebem pelo nome comum, água, como todo mundo. Ozônio (O_3) é outro nome comum, como amônia (NH_3). Os nomes comuns não podem ser deduzidos, você tem de conhecê-los ou procurar nos livros.

Nas próximas duas seções, veremos a ligação entre a qualidade do ar e os combustíveis que usamos. Seguindo nossa filosofia do é "preciso saber", temos de apresentar os nomes de vários **hidrocarbonetos**, isto é, compostos de hidrogênio e carbono apenas. Os hidrocarbonetos seguem um conjunto de regras bastante diferente do que apresentamos acima.

Prefixos dos nomes dos hidrocarbonetos

met-	1 átomo de C
et-	2 átomos de C
prop-	3 átomos de C
but-	4 átomos de C

Veja mais sobre hidrocarbonetos na Seção 4.4.

O metano (CH_4) é o menor hidrocarboneto. Outros hidrocarbonetos pequenos incluem o etano, o propano e o butano. Embora metano não pareça ser um nome sistemático, ele o será se você aceitar que *met-* significa 1 átomo de carbono. De modo semelhante, *et-* significa 2 átomos de carbono, e C_2H_6 é o etano. *Prop-* significa 3 átomos de carbono, e *but-* significa 4. Logo, propano é C_3H_8 e butano é C_4H_{10}. Assim como *mono-*, *di-*, *tri-* e *tetra-* são usados para contar, o mesmo acontece com *met-*, *et-*, *prop-* e *but-*. No Capítulo 4 explicaremos o sufixo *-ano*, bem como os números diferentes de átomos de C e H das fórmulas químicas.

Esses novos prefixos são bem versáteis, podendo ser usados no começo dos nomes químicos e também na parte interna dos nomes.

Sua Vez 1.14 "Mother eats peanut butter"

Muitas gerações de estudantes usaram a frase "mother eats peanut butter" para memorizar met-, et-, prop, but-. Use essa ou outra frase de sua autoria para dizer quantos átomos de carbono existem na fórmula desses compostos.

a. etanol (aditivo da gasolina)
b. cloreto de metileno (componente de decapantes e, às vezes, poluente do ar doméstico)
c. propano (componente principal do GLP, gás liquefeito de petróleo)

Resposta
b. O met- em metileno indica 1 átomo de C na fórmula química.

Como veremos, as moléculas de hidrocarbonetos podem conter mais de 50 átomos de carbono! Para as moléculas menores, use os prefixos da Tabela 1.6 ou os que estão na nota de margem. Por exemplo, a molécula do octano contém 8 átomos de carbono.

Isso é tudo para os nomes e as fórmulas químicas, pelo menos por enquanto. Na próxima seção, colocaremos esse vocabulário químico em uso.

1.9 Mudança química: o papel do oxigênio na combustão

A vida na Terra está marcada pelo oxigênio. Compostos contendo oxigênio ocorrem na atmosfera, no corpo humano e nas rochas e solos do planeta. Por quê? A resposta é que muitos elementos diferentes combinam-se quimicamente com o oxigênio. Um deles é o carbono. Você já conhece o monóxido de carbono, um poluente listado na Tabela 1.2. Felizmente, o CO é relativamente raro em nossa atmosfera. Em contraste, o dióxido de carbono, CO_2, é muito mais abundante, embora seja apenas 400 ppm. Mesmo assim, nessa concentração o CO_2 tem papel importante como gás de efeito estufa. Nesta seção, explicamos como o CO_2 e o CO entram em nossa atmosfera.

A concentração de CO_2 na atmosfera está aumentando, como veremos no Capítulo 3.

Como você sabe, os humanos exalam CO_2 cada vez que respiram. A respiração é uma fonte natural de CO_2 em nossa atmosfera. Dióxido de carbono também é produzido quando os humanos queimam combustíveis. A **combustão** é o processo químico que ocorre na chama. É a reação rápida do combustível com oxigênio para liberar energia na forma de calor e luz. Quando compostos que contêm carbono queimam, o carbono se combina com o oxigênio para produzir dióxido de carbono (CO_2). Quando a quantidade de oxigênio é insuficiente, forma-se também monóxido de carbono (CO).

Para saber mais sobre a combustão, veja a Seção 4.1

A combustão é um tipo importante de **reação química**, um processo no qual substâncias descritas como reagentes transformam-se em substâncias diferentes chamadas de produtos. Uma **equação química** é a representação de uma reação química através de fórmulas químicas. Para os estudantes, a equação química é provavelmente mais conhecida como a "coisa com uma seta". As equações químicas são as frases da linguagem da química. Elas são formadas por símbolos químicos (que correspondem às letras) combinados nas fórmulas dos compostos (as palavras da química). Como uma frase, uma equação química transmite informação, nesse caso sobre a mudança química que está ocorrendo. Uma equação química também tem de obedecer a algumas das restrições que se aplicam a uma equação matemática.

No nível mais fundamental, uma equação química é uma descrição qualitativa deste processo:

$$\text{reagente(s)} \longrightarrow \text{produto(s)}$$

Por convenção, os reagentes são sempre escritos à esquerda e os produtos, à direita. A seta representa uma transformação química e pode ser lida como "converte-se em".

A Figura 1.14 mostra a combustão de carbono (carvão) para produzir dióxido de carbono. Ela pode ser representada de várias maneiras. Uma é com os nomes químicos.

$$\text{carbono} + \text{oxigênio} \longrightarrow \text{dióxido de carbono}$$

Outra, mais comum, é usar as fórmulas químicas.

$$C + O_2 \longrightarrow CO_2 \qquad [1.1]$$

FIGURA 1.14 Carvão queima no ar.

Esta declaração simbólica compacta transmite uma boa dose de informação. Ela poderia soar mais ou menos como: "Um átomo do elemento carbono reage com uma molécula do elemento oxigênio para dar uma molécula do composto dióxido de carbono". Usando a cor preta para o carbono e a vermelha para o oxigênio, podemos representar os átomos e as moléculas envolvidos

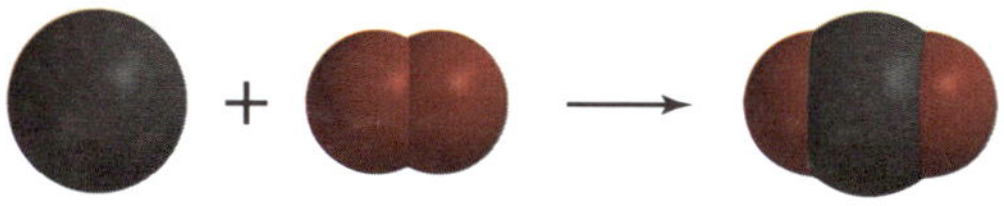

As cores aqui usadas para os átomos seguem os mesmos padrões usados nos programas de modelagem molecular e em muitos conjuntos de modelos físicos.

Essas equações são semelhantes a uma expressão matemática porque o número e o tipo dos átomos dos dois lados da seta *têm* de ser iguais:

$$\text{Lado esquerdo: 1 C e 2 O} \longrightarrow \text{Lado direito: 1 C e 2 O}$$

Os átomos não são criados nem destruídos em uma reação química. Os elementos presentes não têm sua identidade alterada quando convertidos de reagentes a produtos, embora possam estar ligados de maneiras diferentes. Esta relação é conhecida como a **lei da conservação da massa e da matéria**: em uma reação química, matéria e massa se conservam. A massa dos reagentes consumidos é igual à massa dos produtos formados.

Eis uma analogia: os materiais utilizados para construir um depósito de mercadorias (reagentes) podem ser desmontados e usados para construir três casas e uma garagem (produtos).

Vejamos outro exemplo. Usando a cor amarela para o enxofre, podemos representar a queima do enxofre em oxigênio para produzir o poluente dióxido de enxofre.

$$S + O_2 \longrightarrow SO_2 \qquad [1.2]$$

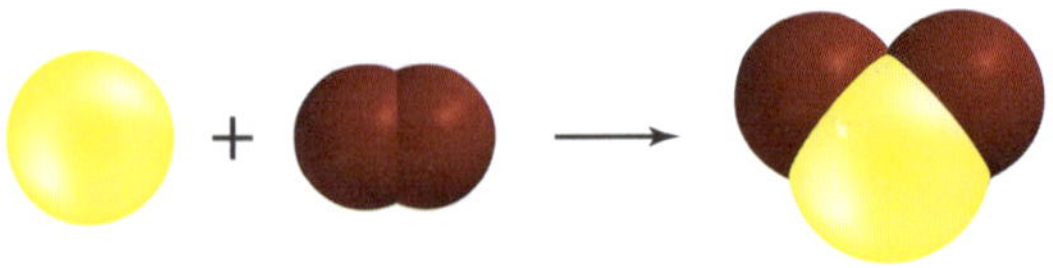

Essa equação está balanceada: os mesmos número e tipos de átomos estão presentes em cada lado da seta. Os átomos, porém, se rearranjaram. É disso que trata a reação química!

É possível adicionar mais informações a uma equação química especificando os estados físicos dos reagentes e produtos. Um sólido é designado por (*s*), um líquido, por (*l*) e um gás, por (*g*). Como o carbono e o enxofre são sólidos e o oxigênio, o dióxido de carbono e o dióxido de enxofre são gases na pressão e temperatura normais, as equações 1.1 e 1.2 tornam-se

$$C(s) + O_2(g) \longrightarrow CO_2(g)$$

$$S(s) + O_2(g) \longrightarrow SO_2(g)$$

Incluiremos os estados físicos quando tal informação for particularmente importante. De outro modo, para simplificar, iremos omiti-los.

Em uma equação química corretamente balanceada, algumas coisas têm de ser iguais, mas outras não. A Tabela 1.7 sintetiza nossas discussões até agora.

A equação 1.1 descreve a combustão de carbono puro em presença de excesso de oxigênio. Contudo, nem sempre isso é o caso. Se a quantidade de oxigênio é limitada, pode-se formar CO. Vejamos o caso extremo em que o monóxido de carbono é o único produto.

$$C + O_2 \longrightarrow CO \text{ (equação desbalanceada)}$$

Essa equação não está balanceada porque existem 2 átomos de oxigênio à esquerda e somente 1 à direita. Você poderia estar tentado a balancear a equação adicionando um átomo de oxigênio à direita, mas uma vez escritas, as fórmulas químicas *corretas* dos reagentes e produtos não podem ser alteradas. Usamos números inteiros (ou eventualmente fracionários) na frente de cada fórmula química escrita. Em casos simples como esse, os coeficientes podem ser determinados por tentativa e erro. Se colocarmos um 2 na frente do CO, isso significa duas moléculas de monóxido de carbono. Isso balanceia os átomos de oxigênio.

Um subscrito segue o símbolo químico como em O_2 ou CO_2. Um coeficiente precede um símbolo ou uma fórmula como em 2 C ou 2 CO.

$$C + O_2 \longrightarrow 2\ CO \text{ (equação ainda desbalanceada)}$$

Agora, os átomos de carbono não estão balanceados. Felizmente, isto é facilmente corrigido se pusermos um 2 na frente do C que está à esquerda da equação.

$$2\ C + O_2 \longrightarrow 2\ CO \text{ (equação balanceada)} \qquad [1.3]$$

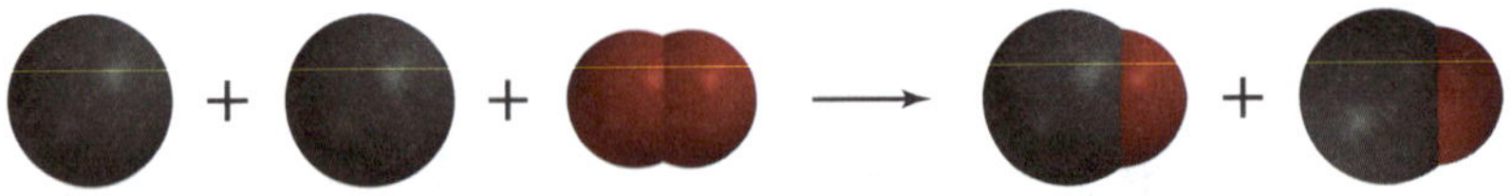

TABELA 1.7 Características das equações químicas

Sempre se conserva
identidade dos átomos nos reagentes = identidade dos átomos nos produtos
número de átomos de cada elemento nos reagentes = número de átomos de cada elemento nos produtos
massa de todos os reagentes = massa de todos os produtos
Pode mudar
o número de moléculas dos reagentes pode ser diferente do número de moléculas dos produtos
estados físicos (*s*, *l*, *g*) dos reagentes podem ser diferentes dos estados físicos dos produtos

Comparando as equações 1.1 e 1.3, pode-se perceber que é necessário mais O_2 para produzir CO_2 a partir do carbono do que o necessário para produzir CO. Isso está de acordo com as condições que estabelecemos para a formação de monóxido de carbono, isto é, que a quantidade de oxigênio era limitada.

Você pode se surpreender ao aprender a origem do poluente do ar monóxido de nitrogênio (também chamado de óxido nítrico). Ele vem do nitrogênio e do oxigênio do ar! Esses dois gases combinam-se quimicamente na presença de alguma coisa muito quente, como um motor de automóvel ou um incêndio florestal.

$$N_2 + O_2 \xrightarrow{\text{temperatura alta}} NO \text{ (equação desbalanceada)}$$

Nitrogênio e oxigênio são moléculas diatômicas.

A equação não está balanceada porque existem 2 átomos de oxigênio no lado esquerdo e somente 1 do lado direito. O mesmo ocorre com os átomos de nitrogênio. Colocando um 2 na frente do NO faz com que tenhamos 2 átomos N e 2 átomos O à direita. A equação agora está balanceada.

$$N_2 + O_2 \xrightarrow{\text{alta temperatura}} 2\ NO \qquad [1.4]$$

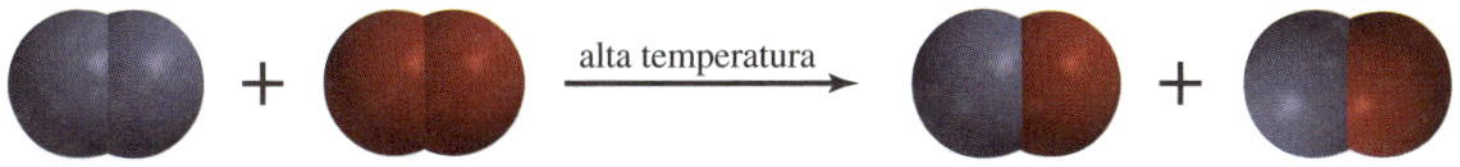

Sua Vez 1.15 Equações químicas

Balanceie essas equações químicas e desenhe representações de todos os reagentes e produtos, como está na equação 1.4. Em H_2O e NO_2, O e N são os átomos centrais, respectivamente.

a. $H_2 + O_2 \longrightarrow H_2O$
b. $N_2 + O_2 \longrightarrow NO_2$

Nota: H_2O e NO_2 são moléculas em ângulo. Explicaremos por que no Capítulo 3.

Resposta

a. $2\ H_2 + O_2 \longrightarrow 2\ H_2O$

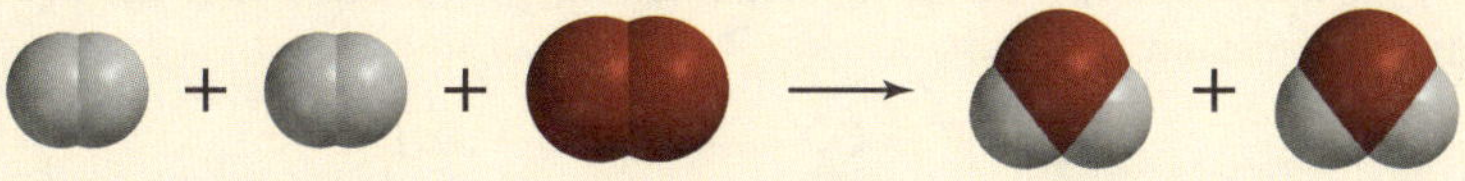

Estude Isto 1.16 Conselho da vovó

Uma avó deu esse conselho para livrar o pomar de lagartas desagradáveis. "Com um martelo, finque alguns pregos a cerca de 30 centímetros da base de suas árvores, espaçando-os por 10 a 15 centímetros". De acordo com essa avó, os pregos convertem a seiva do bordo (um composto contendo os elementos carbono, hidrogênio e oxigênio, em amônia (NH_3), um composto que as lagartas não toleram. Comente a precisão da química da vovó (permitindo a possibilidade de que os pregos possam funcionar, apesar da explicação dela).

1.10 Fogo e combustível: qualidade do ar e queima de hidrocarbonetos

Como vimos, hidrocarbonetos são compostos de hidrogênio e carbono. Os hidrocarbonetos que usamos hoje são obtidos principalmente do petróleo. Metano (CH_4), o hidrocarboneto mais simples, é o componente principal do gás natural. Gasolina e querosene são misturas de muitos hidrocarbonetos.

Procure outros exemplos de hidrocarbonetos no Capítulo 4.

Havendo oxigênio suficiente, os hidrocarbonetos combustíveis queimam completamente. Chamamos isso de "combustão completa". Todos os átomos de carbono da molécula do hidrocarboneto combinam-se com moléculas de O_2 para formar CO_2. Semelhantemente, todos os átomos de hidrogênio combinam-se com O_2 para formar H_2O. Por exemplo, aqui está a equação química da combustão completa do metano. Esta equação é sua primeira olhada na razão de os combustíveis à base de hidrocarbonetos liberarem dióxido de carbono na atmosfera.

$$CH_4 + O_2 \longrightarrow CO_2 + H_2O \text{ (equação desbalanceada)}$$

Observe que O aparece nos *dois* produtos: CO_2 e H_2O. Para balancear a equação, comece com um elemento que apareça em cada lado da seta em *somente uma substância*. Nesse caso, H e C qualificam-se. Não é necessário mudar os coeficientes do carbono porque cada lado tem um átomo de C. Balanceie os átomos de H colocando um 2 na frente do H_2O.

$$CH_4 + O_2 \longrightarrow CO_2 + 2\,H_2O \text{ (equação ainda desbalanceada)}$$

Por fim, balanceie os átomos de oxigênio. O lado direito tem quatro átomos de O e o lado esquerdo, 2. Logo, precisamos de 2 O_2 para balancear a equação.

$$CH_4 + 2\,O_2 \longrightarrow CO_2 + 2\,H_2O \text{ (equação balanceada)} \qquad [1.5]$$

Um aspecto interessante de uma equação química é que, ao contar o número de cada tipo de átomo em ambos os lados da seta, você saberá se ela está balanceada. Aqui, a equação está balanceada porque cada lado tem 1 átomo de C, 4 átomos de H e 4 átomos de O.

Grande parte dos automóveis usa a mistura complexa de hidrocarbonetos que chamamos de gasolina. Octano, C_8H_{18}, é uma das substâncias puras da mistura. Com oxigênio suficiente, o octano queima para formar dióxido de carbono e água.

$$2\,C_8H_{18} + 25\,O_2 \longrightarrow 16\,CO_2 + 18\,H_2O \qquad [1.6]$$

Esses compostos saem do motor através do escapamento para o ar. Tais produtos da combustão normalmente não são visíveis: a água na forma de vapor e o dióxido de carbono são gases incolores. Contudo, se você estiver na rua em um dia muito frio, o vapor de água condensa para formar nuvens de vapor ou pequenos cristais de gelo que podem ser vistos. Ocasionalmente, o vapor congelado pode ficar preso em uma camada de inversão e formar uma neblina de gelo (Figura 1.15).

Com menos oxigênio, a mistura de hidrocarbonetos a que chamamos gasolina queima incompletamente ("combustão incompleta"). Água ainda é produzida, juntamente a CO_2 e CO. O caso extremo ocorre quando se forma somente monóxido de carbono, como mostramos aqui para a combustão incompleta do octano.

$$2\,C_8H_{18} + 17\,O_2 \longrightarrow 16\,CO + 18\,H_2O \qquad [1.7]$$

Compare o coeficiente 17 para O_2 na equação 1.7 com 25 para O_2 na equação 1.6. Menos oxigênio é necessário para a combustão incompleta porque CO contém menos oxigênio do que CO_2.

FIGURA 1.15 Neblina de gelo no inverno de Fairbanks, Alaska.

Sua Vez 1.17 Balanceando equações

Mostre que as equações 1.6 e 1.7 estão balanceadas contando o número de átomos de cada elemento em ambos os lados da seta.

Resposta
A equação 1.6 contém 16 C, 36 H e 50 O em cada lado.

Qual é a mistura de produtos que se forma quando seu carro queima gasolina? Essa não é uma questão simples, porque os produtos variam com a gasolina, o motor e suas condições de operação. Podemos dizer que a gasolina queima principalmente para formar H_2O e CO_2. Entretanto, um pouco de CO e fuligem também são produzidos. As quantidades de fuligem, CO e CO_2 que saem do escapamento indicam a eficiência da queima do combustível, que por sua vez indica a qualidade da regulagem do motor. Algumas regiões dos Estados Unidos monitoram as emissões de veículos com uma sonda que detecta CO (Figura 1.16). As concentrações de CO no gás de exaustão são compara-

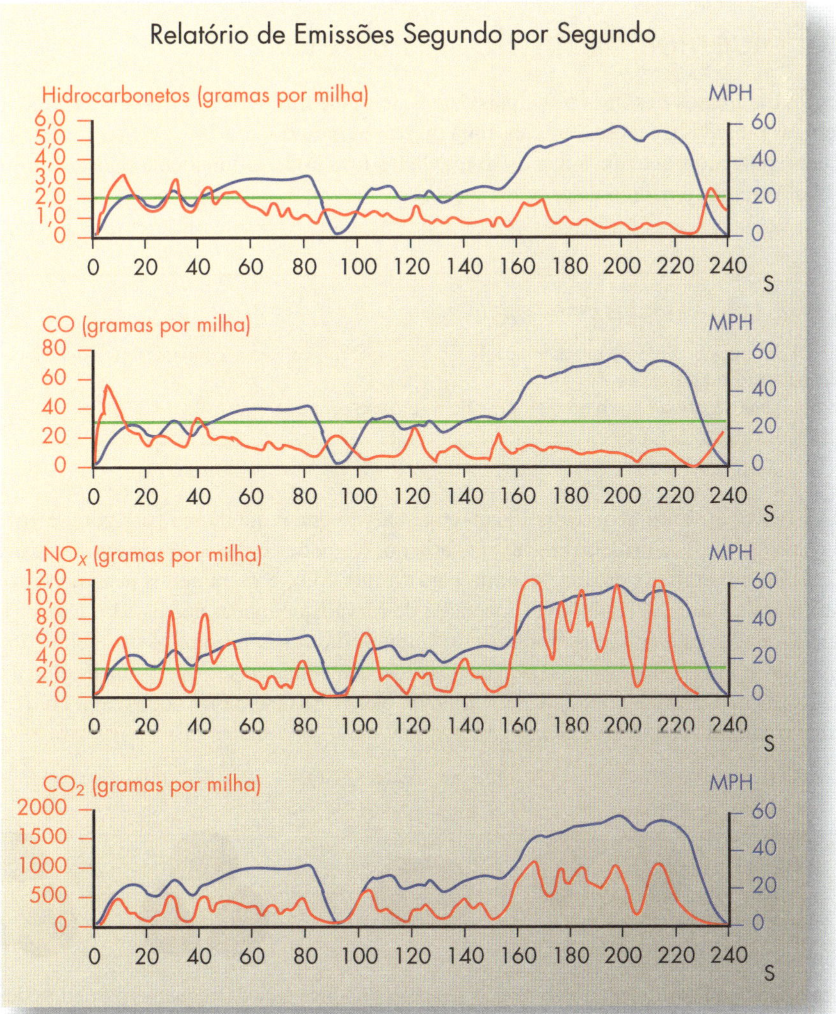

As emissões de CO_2 são medidas, mas ainda não estão reguladas.

Descubra mais sobre o CO_2 no Capítulo 3

FIGURA 1.16 Um relatório americano de emissões de veículos. A linha azul mostra a mudança de velocidade do motor; a linha vermelha mostra as mudanças nas emissões. As emissões abaixo da linha verde estão na faixa aceitável.

das com padrões estabelecidos, por exemplo, 1,2% no estado de Minnesota. Se o veículo falhar no teste, ele deverá ir para a oficina.

Estude Isto 1.18 Relatório de emissões de veículos

a. A Figura 1.16 dá emissões de NO_x em gramas por milha. NO_x é um modo de representar coletivamente os óxidos de nitrogênio. Se x = 1 e x = 2, escreva as fórmulas químicas correspondentes. Dê também os nomes químicos.
b. NO é o principal óxido de nitrogênio da emissão. Qual é a fonte desse composto? *Sugestão:* Olhe a equação 1.4.
c. A linha verde está ausente no gráfico de CO_2, mas presente nos outros. Explique.

Respostas
a. NO, monóxido de nitrogênio e NO_2, dióxido de nitrogênio
c. No ano em que esse gráfico foi produzido, CO_2 não era classificado como poluente do ar nos Estados Unidos. Por isso, não há uma linha verde indicando uma faixa aceitável.

1.11 Poluentes do ar: fontes diretas

Nesta seção, trataremos das duas principais fontes de poluentes do ar: os motores de veículos e as termoelétricas movidas a carvão. Faremos uma digressão para discutir os VOCs (compostos orgânicos voláteis), poluentes que ainda não estão regulados mas estão intimamente relacionados com os que já estão. Veremos o ozônio na próxima seção.

Sua Vez 1.19 Gases de escapamentos

O que sai do escapamento de um automóvel? Comece agora sua lista e continue a preenchê-la enquanto trabalha esta seção.
Sugestão: Parte do ar que entra no motor também sai pelo escapamento.

Veja mais sobre o carvão e sua composição química na Seção 4.3.

Emissões de *dióxido de enxofre* ligam-se ao carvão que é queimado para gerar eletricidade. Embora o carvão consista principalmente em carbono, ele pode conter 1-3% de enxofre e pequenas quantidades de minerais. O enxofre queima para formar SO_2, e os minerais acabam se tornando partículas finas de cinzas. As milhões de toneladas de carvão queimadas nos Estados Unidos liberam toneladas de resíduos no ar. Como veremos no Capítulo 6, o SO_2 produzido na queima do carvão pode dissolver-se em pequenas gotas de água das nuvens e voltar ao solo na forma de chuva ácida.

A história não termina no SO_2. Uma vez no ar, o dióxido de enxofre pode reagir com oxigênio para formar o trióxido de enxofre, SO_3.

$$2\ SO_2 + O_2 \longrightarrow 2\ SO_3 \quad [1.8]$$

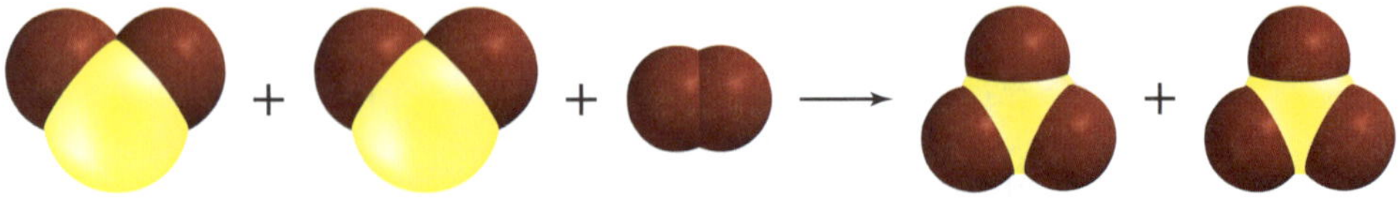

Embora normalmente muito lenta, essa reação se acelera na presença de pequenas partículas de cinzas. Elas também interferem em outro processo. Se a umidade é suficientemente alta, as partículas ajudam a condensar o vapor de água em um aerossol de pequenas gotas. **Aerossóis** são partículas de líquidos e sólidos que permanecem em suspensão no ar, sem depositar. A fumaça, de uma fogueira ou de um cigarro, é um aerossol mais familiar que é formado por pequenas partículas de líquidos e sólidos.

O aerossol de interesse aqui é formado por pequenas gotas de ácido sulfúrico, H_2SO_4. Ele se forma porque o trióxido de enxofre se dissolve facilmente nas gotas de água para produzir o ácido.

$$H_2O + SO_3 \longrightarrow H_2SO_4 \qquad [1.9]$$

Se inaladas, as gotas do aerossol de ácido sulfúrico são suficientemente pequenas para ficarem presas no tecido pulmonar, onde causam severos danos.

A Seção 6.12 descreve como o aerossol de ácido sulfúrico contribui para o nevoeiro.

As boas notícias? As emissões de dióxido de enxofre estão diminuindo nos Estados Unidos (veja a Figura 1.8). Por exemplo, em 1985, cerca de 20 milhões de toneladas de SO_2 eram emitidas na queima de carvão. Hoje o número está perto de 9 milhões de toneladas. Essa impressionante redução pode ser creditada à Lei do Ar Limpo de 1970 que tornou obrigatórias muitas reduções, inclusive as do carvão usado em usinas termoelétricas. Regulamentos mais severos foram estabelecidos nas emendas de 1990 à Lei do Ar Limpo. Por exemplo, gasolina e óleo diesel continham pequenas quantidades de enxofre, mas as percentagens permitidas foram drasticamente reduzidas em 1993 e 2006, respectivamente. O progresso, porém, tem um preço. Limpar as pequenas usinas antigas não é barato. Ainda assim, permitir que as emissões continuem tem um preço alto em termos de saúde humana e do ambiente.

Veja mais sobre o custo econômico e social do SO_2 atmosférico no Capítulo 6.

Sua Vez 1.20 SO_2 da indústria mineira

A queima do carvão não é a única fonte de dióxido de enxofre. Como você viu no Sua Vez 1.8, a fundição é outra. Por exemplo, os metais prata e cobre podem ser produzidos a partir de minérios contendo os sulfetos respectivos. Escreva as equações químicas balanceadas.

a. Sulfeto de prata (Ag_2S) é aquecido com ar para produzir prata e dióxido de enxofre.
b. Sulfeto de cobre (CuS) é aquecido com ar para produzir cobre e dióxido de enxofre.

Resposta
a. $Ag_2S + O_2 \longrightarrow 2\,Ag + SO_2$

Com mais de 250 milhões de veículos (e acima de 300 milhões de pessoas), os Estados Unidos têm mais veículos *per capita* do que qualquer outra nação. Será que esses veículos emitem dióxido de enxofre? Felizmente, a resposta é não, porque os carros têm motores de combustão interna movidos principalmente por gasolina. Já mencionamos que a combustão dos hidrocarbonetos da gasolina produz – na melhor das hipóteses – dióxido de carbono e vapor de água (veja a equação 1.6). Como a gasolina contém pouco ou nenhum enxofre, a queima produz pouco ou nenhum dióxido de enxofre. No entanto, cada escapamento expele sua parte dos poluentes no ar. O ubíquo automóvel aumenta as concentrações atmosféricas de monóxido de carbono, compostos orgânicos voláteis, óxidos de nitrogênio e matéria particulada. Discutiremos cada um deles.

A poluição por *monóxido de carbono* vem principalmente dos automóveis, mas pense em termos de *todos* os escapamentos, não somente os dos automóveis. Alguns são de caminhões pesados, caminhonetes esportivas (SUVs), motocicletas, ciclomotores e motocas. Outras são de tratores, escavadeiras e barcos a motor. O escapamento de todos os motores a gasolina e a diesel emitem monóxido de carbono.

Sua Vez 1.21 Outros escapamentos

Visite a página "Motores, Equipamentos e Veículos Fora da Estrada" da Agência de Proteção Ambiental americana (EPA) e responda ao seguinte:

a. O texto mencionou tratores, escavadeiras e barcos. Nomeie cinco outras máquinas ou veículos a motor que não andam em estradas.
b. Selecione uma máquina ou veículo de seu interesse. Como as emissões de seu motor estão sendo reduzidas. Qual é o prazo para a redução?

Os incêndios florestais produzem CO, aumentando as emissões do gás em quase 10% por ano.

Embora o número de carros tenha aumentado, ocorreu uma redução dramática das emissões de CO. Com base em medidas da EPA em mais de 250 pontos nos Estados Unidos, desde 1980 a concentração média de CO caiu quase 60% (veja a Figura 1.8). Se os incêndios florestais forem excluídos, os níveis de hoje são os mais baixos em três décadas. A redução se deve a vários fatores, inclusive a melhores projetos de motores, sensores computadorizados que ajustam melhor a mistura combustível-oxigênio e, mais importante, à exigência de que todos os carros manufaturados a partir dos anos 1970 tenham conversores catalíticos (Figura 1.17). Os conversores catalíticos reduzem a quantidade de monóxido de carbono emitido pelos escapamentos, catalisando a combustão de CO a CO_2. Eles também reduzem as emissões de NO_x catalisando a conversão de óxidos de nitrogênio a N_2 e O_2, os dois gases atmosféricos que os formaram. Em geral, um **catalisador** é uma substância química que participa de uma reação química influenciando sua velocidade sem se alterar de forma permanente. Os conversores catalíticos típicos usam metais como platina e ródio como catalisadores.

Os carros não apenas emitem carbono na forma de monóxido, mas também como hidrocarbonetos não queimados ou parcialmente queimados. Isso nos leva aos VOCs, compostos orgânicos voláteis. Uma substância **volátil** passa facilmente para a fase vapor, isto é, vaporiza com facilidade. Gasolina e removedor de esmalte de unhas são voláteis. Se você entornar um deles, a poça evaporará rapidamente. Quando você aplica verniz a uma superfície, pode sentir o cheiro dos compostos voláteis que evaporam a cada pincelada. Um **composto orgânico** sempre contém carbono, quase sempre contém hidrogênio e pode incluir outros elementos como oxigênio e nitrogênio. Compostos orgânicos incluem metano e octano, hidrocarbonetos já mencionados. Eles também incluem álcool e açúcar, compostos que contêm oxigênio, carbono e hidrogênio.

Procure mais sobre compostos ogânicos no Capítulo 4.

Portanto, **compostos orgânicos voláteis** (**VOCs**) são compostos que contêm carbono e passam facilmente para a fase vapor. Eles provêm de várias fontes. Por exemplo, você pode sentir VOCs de origem natural em florestas de abetos ou pinhos. VOCs de escapamentos não são tão agradáveis, já que são vapores de moléculas de gasolina parcialmente queimadas ou fragmentos dessas moléculas. O gás de exaustão ainda contém oxigênio que não foi consumido no motor. Os conversores catalíticos usam esse oxigênio para transformar VOCs em dióxido de carbono e água. A Seção 1.12 descreve a ligação entre VOCs e a formação de ozônio. Agora, queremos ligar VOCs à formação de NO_2.

Monóxido de nitrogênio e dióxido de nitrogênio são conhecidos coletivamente como NO_x, como vimos no Estude Isto 1.18. NO_2 é marrom, formando névoas de coloração característica. Lembre-se de que N_2 e O_2 combinam-se para produzir NO, que é um gás incolor (veja a equação 1.4). Contudo, qual é a origem do NO_2? Eis uma equação balanceada que parece ser uma boa candidata.

$$2\,NO + O_2 \longrightarrow 2\,NO_2 \qquad [1.10]$$

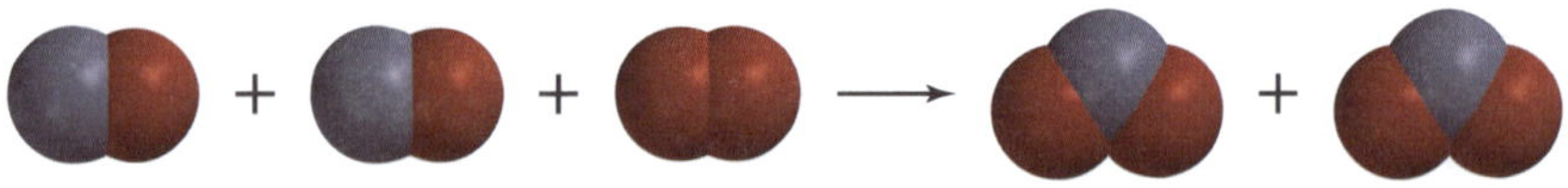

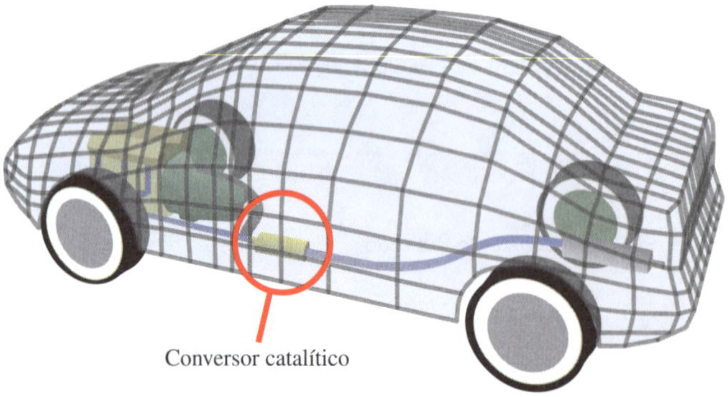

(a)

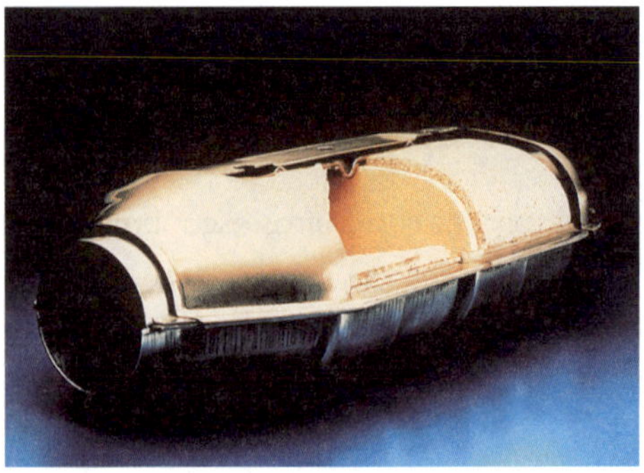

(b)

FIGURA 1.17 (a) Localização do conversor catalítico em um automóvel. (b) Vista de um corte de um conversor catalítico. Metais como platina e ródio servem de catalisadores e são depositados na superfície de grãos de cerâmica.

Entretanto, não é isso que ocorre. Em vez disso, NO_2 forma-se por outros caminhos mais complexos. Eis o que predomina em áreas urbanas onde você provavelmente encontrará NO. Em algumas cidades, isso, na verdade, reduz as concentrações de ozônio em rodovias congestionadas com veículos que emitem NO.

$$NO + O_3 \longrightarrow NO_2 + O2 \quad [1.11]$$

Para complicar mais as coisas, em um dia ensolarado, parte do NO_2 converte-se em NO, como veremos na próxima seção. Novamente, é por isso que as pessoas referem-se a NO_x, e não NO ou NO_2.

A conversão de NO a NO_2 está relacionada ao colapso dos VOCs no ar. Um novo reagente está envolvido, o radical reativo hidroxila •OH. Essa espécie reativa está presente em concentrações muito pequenas no ar, poluído ou não.

O ponto em •OH indica um elétron desemparelhado. No Capítulo 2, você encontrará outras espécies reativas com um elétron desemparelhado.

$$VOC + \cdot OH \longrightarrow A$$
$$A + O_2 \longrightarrow A'$$
$$A' + NO \longrightarrow A'' + NO_2 \quad [1.12]$$

Aqui, A, A′ e A″ representam moléculas reativas que podem se formar no ar a partir de •OH e VOCs. A conclusão disso? A química atmosférica é complexa e envolve muitos reagentes. Você conheceu alguns deles, inclusive NO, NO_2, O_2, O_3, VOCs e •OH.

Os Estados Unidos tiveram sucesso limitado em moderar as emissões de NO_x. Por outro lado, como veremos na próxima seção, isso significa sucesso limitado em moderar ozônio. Todavia, dado o aumento no número de veículos, *qualquer* redução de NO_x é impressionante. Apesar das reclamações das montadoras de que seria impossível (ou muito caro) respeitar os novos padrões, a indústria está moderando as emissões por meio de melhorias nos conversores catalíticos, nos projetos de motores e nas formulações da gasolina.

O Capítulo 8 discute alternativas para veículos a gasolina.

Estude Isto 1.22 Esqueça o desespero da estrada

Queimar menos gasolina significa reduzir as emissões do escapamento. Que práticas de direção conservam combustível? Que práticas gastam mais do que o necessário? Pense no comportamento dos motoristas nas estradas, nas ruas e nos estacionamentos. Para cada um desses lugares, liste pelo menos três maneiras para queimar menos gasolina.
Sugestão: Repare em como você acelera, desce uma ladeira, deixa o carro em marcha lenta, freia e estaciona.

Resposta
Algumas possibilidades têm relação com estacionar. Por exemplo, se você puder, use uma vaga mais afastada e caminhe, em vez de ficar rodando até achar uma vaga mais próxima. Encontre uma vaga da qual você possa sair direto. Assim, você não precisa dar marcha a ré e virar, conservando gasolina.

A *matéria particulada* ocorre em vários tamanhos, mas somente as partículas pequenas (PM_{10} e $PM_{2,5}$) são consideradas poluentes. Partículas desse tamanho podem penetrar fundo em seus pulmões, passar para a corrente sanguínea e inflamar o sistema cardiovascular. Em termos de regulamentação, as partículas são os poluentes em mais evidência. A coleta de dados sobre PM_{10} e $PM_{2,5}$ nos Estados Unidos começou em 1990 e 1999, respectivamente (veja a Figura 1.8). Em 2006, o padrão diário da qualidade do ar para $PM_{2,5}$ foi reduzido de 65 para 35 $\mu g/m^3$ porque se descobriu que essas partículas eram mais perigosas do que se pensava originalmente.

Um estudo do Instituto Nacional do Câncer mostrou, em 2012, que mineiros expostos a vapores de diesel têm maior risco de contrair câncer de pulmão.

A matéria particulada provém de muitas fontes diferentes. No verão, as queimadas podem aumentar a concentração de matéria particulada a um nível perigoso. No inverno, as estufas que usam madeira podem produzir exatamente o mesmo efeito. Em qualquer época do ano em quase todos os ambientes urbanos, motores a diesel de caminhões e ônibus antigos emitem nuvens de fumaça negra. Os motores a diesel de tratores também podem poluir. Canteiros de obras, mineração e estradas sem pavimentação que levam a eles também jogam pequenas partículas de poeira e sujeira na atmosfera. A matéria particulada pode se formar diretamente na atmosfera. Por exemplo, o composto amônia, usado na agricultura, pode formar sulfato de amônio e nitrato de amônio no ar, ambos $PM_{2,5}$.

Amônia (NH_3) é um gás incolor com cheiro pungente. Ele é condensado a líquido e aplicado no solo como fertilizante. Procure por mais informações sobre a amônia no Capítulo 6.

Com todas essas fontes, a matéria particulada mostrou ser um poluente de controle difícil. Mesmo assim, a EPA apontou uma diminuição de 27% nas concentrações anuais de $PM_{2,5}$ de 2000 a 2010. Entretanto, 10% dos sítios monitorados ainda mostraram um aumento da poluição por partículas. Novamente, o que você respira depende muito do lugar em que você vive.

Estude Isto 1.23 Partículas onde você vive

Eis um mapa dos Estados Unidos continentais com dados de $PM_{2,5}$ de 8 de dezembro de 2011.

a. Em termos de qualidade, o que as cores verde, amarelo e laranja indicam?
b. Que grupos de pessoas são mais sensíveis à matéria particulada?
c. Visite o site State of the Air (O Estado do Ar), da American Lung Association. Escolha um Estado. Verifique quantos dias laranjas e dias vermelhos para a poluição por partículas tem ao ano o Estado escolhido. Qual é a diferença?

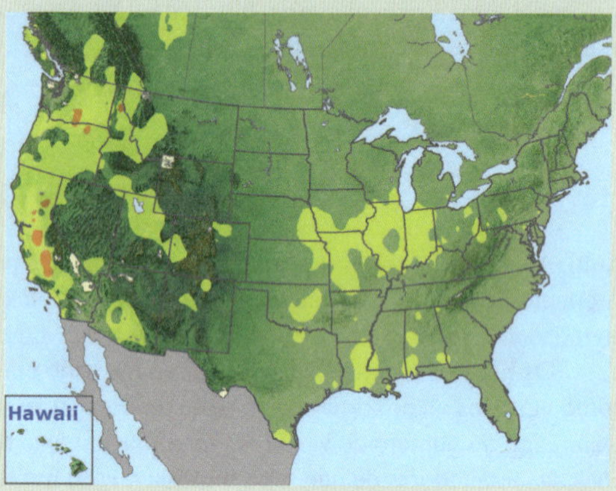

Fonte: AIRNow.gov.

1.12 Ozônio: um poluente secundário

Hoje, os níveis de ozônio na troposfera são cerca de 40 partes por bilhão (ppb). Antes da era industrial, o nível era de 10 ppb.

O ozônio é, definitivamente, um agente nocivo na troposfera. Mesmo em concentrações muito baixas, ele reduz o funcionamento dos pulmões de pessoas saudáveis que se exercitam ao ar livre. O ozônio também causa danos às colheitas e às folhas das árvores. No entanto, o ozônio *não* sai dos escapamentos e *não* é produzido na queima do carvão. Como ele é produzido? Antes de entrarmos em detalhes, faça esta atividade.

Estude Isto 1.24 Ozônio o dia todo

A concentração de ozônio varia durante o dia, como se vê na Figura 1.18.

a. Perto de que cidades o ar é perigoso para um ou mais grupos?
Sugestão: Olhe novamente os códigos de cores AQI (veja a Tabela 1.4)
b. A que hora do dia o nível de ozônio chega ao máximo?
c. Os níveis moderados de ozônio (cor amarela) podem persistir na ausência de luz solar? Imagine que o nascer do sol ocorre mais ou menos às 6 horas da manhã e o pôr do sol, à 8 horas da noite.

Resposta

c. Na ausência da luz solar, o ozônio não persiste por muito tempo. Após o pôr do sol, o nível de ozônio cai.

A atividade anterior levanta várias questões. Por que o ozônio ocorre mais em algumas áreas do que em outras? Que papel tem a luz solar na produção de ozônio? Examinemos essas questões.

Lembre-se, da Seção 1.11, que ·OH é o radical hidroxila.

Diferentemente dos poluentes descritos na Seção 1.11, o ozônio é um **poluente secundário**. Ele é produzido por reações químicas que envolvem um ou mais poluentes. No caso do ozônio, os poluentes são VOCs e NO_2. Lembre-se, da Seção 1.11, que NO, e não NO_2, é expelido pelos escapamentos (ou uma chaminé). Porém, com o tempo e na presença de VOCs e ·OH , o NO da atmosfera converte-se em NO_2.

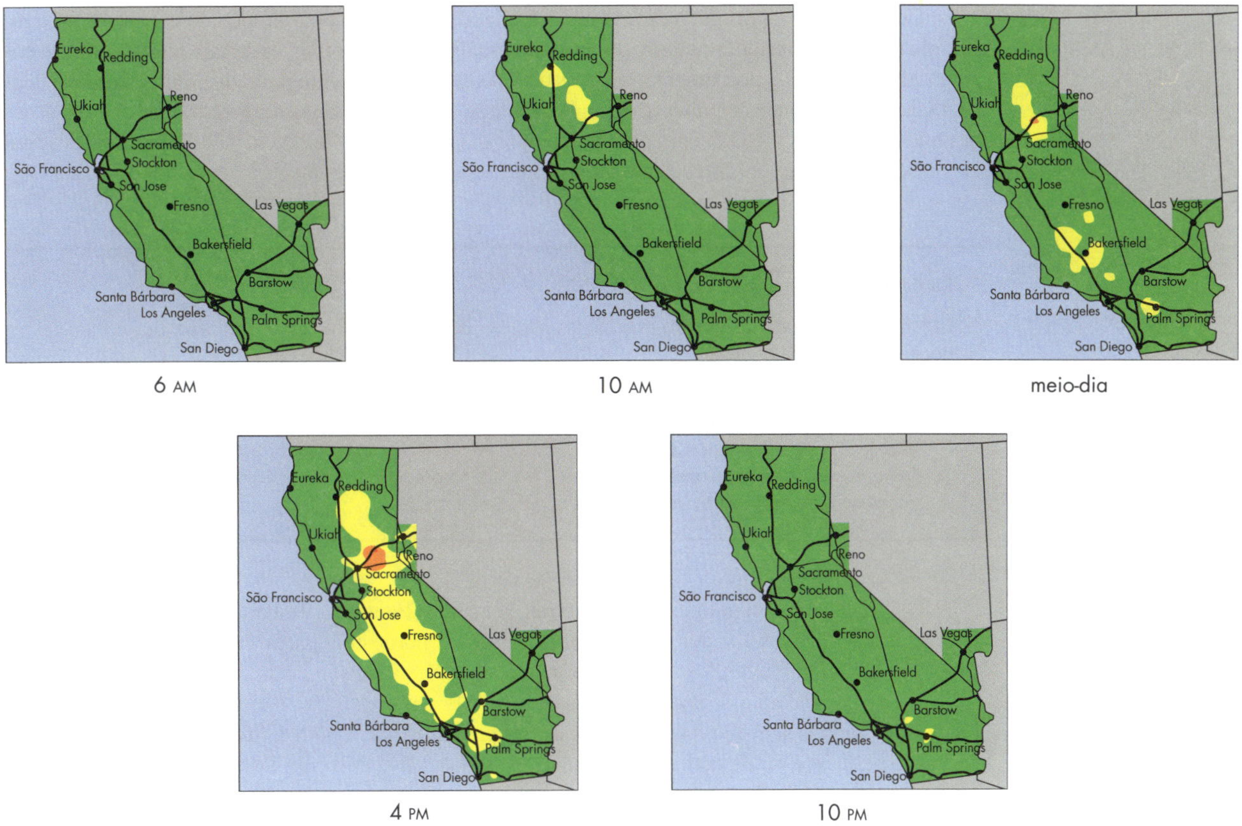

FIGURA 1.18 Mapas do Índice de Qualidade do Ar (AQI) do poluente ozônio em um dia de verão em julho de 2006 na Califórnia. Veja a Tabela 1.4 para os códigos de cores AQI.

O dióxido de nitrogênio tem vários destinos na atmosfera. O que nos interessa no momento ocorre quando o sol está alto. A energia da luz solar quebra uma das ligações da molécula de NO_2:

$$NO_2 \xrightarrow{\text{luz do sol}} NO + O \qquad [1.13]$$

Os átomos de oxigênio produzidos podem reagir com moléculas de oxigênio para produzir ozônio.

$$O + O_2 \longrightarrow O_3 \qquad [1.14]$$

Isso explica por que a formação de ozônio exige luz do sol. A luz solar quebra NO_2 para liberar átomos de O, que, por sua vez, reagem com O_2 para formar O_3. Por isso, quando o sol se põe, as concentrações de ozônio caem rapidamente, como você pode ver na Figura 1.18. O que acontece com o ozônio? Em algumas horas, as moléculas de ozônio reagem com muitas coisas, inclusive tecidos de animais e plantas.

Note que a equação 1.14 contém três formas diferentes de oxigênio elementar: O, O_2 e O_3. Todos são encontrados na natureza, mas O_2 é o menos reativo e, de longe, o mais abundante, chegando a ser cerca de um quinto do ar que respiramos. Nossa atmosfera contém pequenas quantidades de ozônio natural que ficam na estratosfera e servem de proteção. Átomos de oxigênio também existem na atmosfera superior e são ainda mais reativos do que o ozônio.

O "bom" ozônio está na estratosfera.
O "mau" ozônio está na troposfera.

Estude Isto 1.25 Um resumo para O_3

Resuma o que você aprendeu sobre a formação de ozônio, desenvolvendo seu próprio modo de arranjar esses produtos químicos sequencialmente e em relação uns com os outros: O, O_2, O_3, VOCs, NO, NO_2. Os reagentes podem aparecer quantas vezes você quiser, e você pode querer incluir a luz solar.

Como a luz do sol está envolvida na formação de ozônio, a concentração do ozônio ao nível do solo varia com o clima, a estação do ano e a latitude. Altos níveis de O_3 são muito mais prováveis nos longos dias de verão, especialmente em áreas urbanas muito densamente povoadas. O ar estagnado também favorece o acúmulo da poluição do ar. Por exemplo, revisite os dados de qualidade do ar em cidades mostrados na Tabela 1.3. O ozônio foi usualmente o culpado, responsável pela poluição em cidades com dias ensolarados. Em contraste, cidades com muito vento e chuva têm níveis mais baixos de ozônio.

Estude Isto 1.26 Ozônio e você

O site AIRNow, cortesia da EPA, traz muitas informações sobre os níveis de ozônio em baixa altitude nos Estados Unidos.

a. Digamos que o nível de ozônio é "laranja", na verdade uma ocorrência comum em muitas cidades americanas durante o verão. Será que o ar com essa qualidade o afeta se você não tem problemas de saúde, mas está se exercitando ativamente ao ar livre?

b. Imagine que você faça atividades ao ar livre. Como a qualidade do ar em um Estado à sua escolha se compara com os demais estados?

O Canadá também publica mapas diários de ozônio (Figura 1.19). Parte da poluição canadense se origina nos Estados Unidos, levada pelos ventos de nordeste a partir de centros populosos em Ohio, Pensilvânia e Nova York. A poluição não respeita fronteiras.

Garrett Hardin cunhou o termo "tragédia dos comuns". Em um artigo publicado em 1968, ele mostrou como indivíduos que usam um recurso comum podem destruí-lo de tal forma que, no fim, ninguém pode usá-lo.

Esse é um exemplo da **tragédia dos comuns**. Ela acontece quando um recurso comum a todos é usado por muitos sem que haja um responsável em particular. Como resultado, o recurso pode ser destruído pelo excesso de uso, em detrimento de todos que o utilizam. Por exemplo, não podemos ser donos do ar individualmente; ele pertence a todos. Se o ar que respiramos é poluído, isso leva a uma situação insalubre para todos. Pessoas cujas atividades têm pouco ou nenhum efeito no ar sofrem as mesmas consequências daqueles que o poluem. Os custos são repartidos por todos. Em capítulos posteriores, veremos outros exemplos da tragédia dos comuns em relação com a água, a energia e os alimentos.

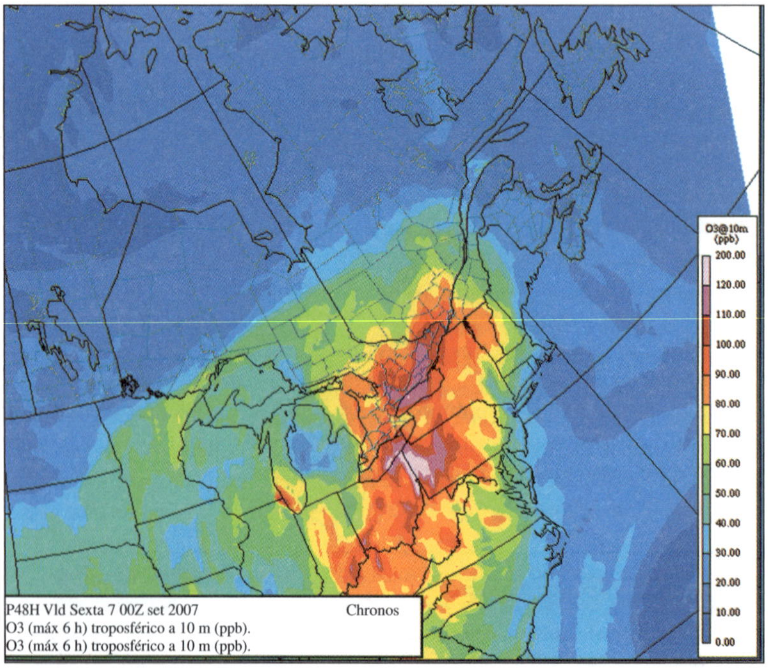

FIGURA 1.19 Mapa de ozônio na troposfera em 7 de setembro de 2007.
Fonte: Environment Canada.

A poluição do ar, que já foi uma preocupação local, é, agora, um sério problema internacional. Muitas cidades no mundo têm altos níveis de ozônio. Junte veículos a motor a um lugar ensolarado em um canto do planeta e você provavelmente encontrará níveis inaceitáveis de ozônio. Alguns lugares, porém, são piores que outros. Londres, com seus dias frios e enevoados, tem baixos níveis de ozônio. Em contraste, ozônio é um problema sério na Cidade do México.

O ozônio ataca a borracha, logo afeta os pneus dos veículos, os mesmos veículos responsáveis por produzi-lo. Será que você deveria guardar o carro na garagem para reduzir possíveis danos à borracha? Na verdade, não seria o caso de ficar *você mesmo* dentro de casa, se os níveis de ozônio fora de casa são insalubres? Na próxima seção, analisaremos a qualidade do ar doméstico.

1.13 A história interior da qualidade do ar

Em *Mágico de Oz*, Dorothy abraçava seu cachorro Totó e exclamava, "Não há lugar melhor que nosso lar!" É claro que ela estava certa, mas, quando se trata da qualidade do ar, nem sempre a nossa casa é o melhor lugar para se estar. Dentro de casa, os níveis de poluição do ar podem ser muito superiores aos de fora. Como a maioria das pessoas dorme, trabalha, estuda e brinca dentro de casa, deveríamos conhecer a qualidade do ar no local que chamamos de lar.

O ar doméstico pode conter mais de mil substâncias em níveis baixos. Se alguém estiver fumando, adicione outros tantos. O ar no interior das casas tem alguns culpados familiares: VOCs, NO, NO_2, SO_2, CO, ozônio e matéria particulada. Esses poluentes ocorrem porque entraram com o ar externo ou porque foram gerados nas moradias.

Algumas copiadoras e alguns purificadores de ar geram O_3 e podem aumentar os níveis de ozônio doméstico.

Comecemos a discussão com a questão apresentada na seção anterior. Você deveria entrar em casa para escapar do ozônio do ar externo? Em geral, se um poluente é muito reativo, não persiste por tempo suficiente para entrar na casa. Assim, dentro de casa você pode esperar níveis mais baixos de moléculas como O_3, NO_2 e SO_2. De fato, isso é o que acontece. O ar doméstico tem, tipicamente, concentração de ozônio 10 a 30% menor do que o ar externo. O mesmo ocorre com o dióxido de enxofre e o dióxido de nitrogênio, cujos níveis são menores no interior da casa, embora a redução não seja tão dramática como a do ozônio.

A situação é muito diferente para o monóxido de carbono. Como um poluente relativamente pouco reativo, o CO tem um tempo de vida suficientemente longo na atmosfera para mover-se livremente para dentro e para fora dos prédios através de portas, janelas ou sistemas de ventilação. O mesmo acontece com alguns VOCs, mas não com os mais reativos como os que compõem o perfume das florestas de pinheiros. Se você deseja inalar os deliciosos compostos emitidos pela casca dos pinheiros de Ponderosa, é melhor ficar perto das árvores.

A casca dos pinheiros de Ponderosa emite compostos com um perfume que lembra o caramelo.

Alguns poluentes são retidos pelos filtros dos sistemas de aquecimento ou refrigeração dos prédios. Por exemplo, muitos sistemas de manejo do ar contêm filtros que removem matéria particulada de diâmetros maiores e pólen. Em consequência, quem sofre de alergias sazonais pode achar alívio dentro dos prédios. Igualmente, os que estão próximos de uma fogueira podem entrar nos prédios para escapar de parte das irritantes partículas da fumaça. Entretanto, moléculas de gás como O_3, CO, NO_2 e SO_2, *não* são retidas na maior parte dos sistemas de ventilação.

Atualmente, muitos edifícios são construídos com um olho no aumento da eficiência de energia. Isso é um ganho duplo, pois diminui a conta do aquecimento e a quantidade de poluentes gerados na produção de calor. Contudo, há um senão. Um edifício hermético com entrada limitada de ar fresco pode ter níveis insalubres de poluentes domésticos. Portanto, o que inicialmente parecia um benefício (melhor eficiência de energia) pode acabar sendo um risco maior (níveis elevados de poluentes). Em alguns casos, a fraca ventilação pode levar os poluentes internos a níveis perigosos, criando uma condição conhecida como "síndrome do edifício doente". É claro que essa situação é indesejável. Hoje, arquitetos e engenheiros estão procurando maneiras de fazer edifícios mais eficientes em energia, porém com boa circulação de ar.

A síndrome do edifício doente tem muitas causas. De um modo ou de outro, a maior parte tem relação com a qualidade do ar. A fonte do ar ruim pode estar dentro do edifício, fora, ou ambos.

Mesmo com boa ventilação, atividades dentro de casa podem comprometer a qualidade do ar. Por exemplo, a fumaça de tabaco é um sério poluente do ar doméstico, porque contém mais de mil substâncias químicas. A nicotina é uma que você talvez reconheça, outras incluem benzeno e formaldeído. Como um todo, a fumaça de tabaco é **cancerígena**, isto é, pode causar câncer.

A queima de combustíveis contendo carbono também gera monóxido de carbono e óxidos de nitrogênio. Por exemplo, o monóxido de carbono da fumaça de cigarros em bares pode atingir 50 ppm, um valor bem dentro da faixa insalubre. Na fumaça de cigarros, os níveis de NO_2 podem ultrapassar 50 ppb. Felizmente, os fumantes dão baforadas em vez de respirar constantemente a fumaça do cigarro.

Sua Vez 1.27 Reunião de fumantes de charutos

Em 2007, pesquisadores compareceram a uma feira de charutos em Times Square, Nova York, carregando detectores escondidos. Eles captaram níveis de 1193 μg de matéria particulada por metro cúbico no ar no interior do salão.

a. O artigo de jornal não mencionava se a matéria particulada era $PM_{2,5}$ ou PM_{10}. Será que esse valor excede os padrões de qualidade do ar nos Estados Unidos?
Sugestão: Veja a Tabela 1.2

b. Suponha que os estudantes mediram $PM_{2,5}$. Quais são as implicações para a saúde?

As pessoas também acendem velas, talvez para reduzir a luminosidade ou criar um clima. Porém, as velas reduzem o oxigênio de uma sala, além de produzirem fuligem, monóxido de carbono e VOCs. Também, as pessoas podem queimar incenso em casa por uma razão ou outra. O cientista de atmosferas Stephen Weber, um pesquisador que estudou a queima de incenso em igrejas europeias, concluiu que "os poluentes na fumaça do incenso e das velas podem ser mais tóxicos do que a poluição por partículas pequenas de fontes como os motores de veículos".

A queima de velas ou de incenso pode gerar fumaça mais rapidamente do que ela pode ser removida pelo sistema de ventilação ou pela brisa que passa pelas janelas abertas. A próxima atividade oferece a oportunidade de investigar outras fontes de poluentes domésticos.

Sua Vez 1.28 Atividades dentro de recintos

Liste 10 atividades que colocam poluentes ou VOCs no ar doméstico. Para começar, duas delas estão na Figura 1.20. Lembre-se de que alguns poluentes não têm odor detectável.

Como a Figura 1.20 sugere, tintas e vernizes são fontes de VOCs. Seu nariz detecta isso enquanto você pinta. O mesmo acontece se sua cabeça começar a doer. Embora a quantidade de VOCs

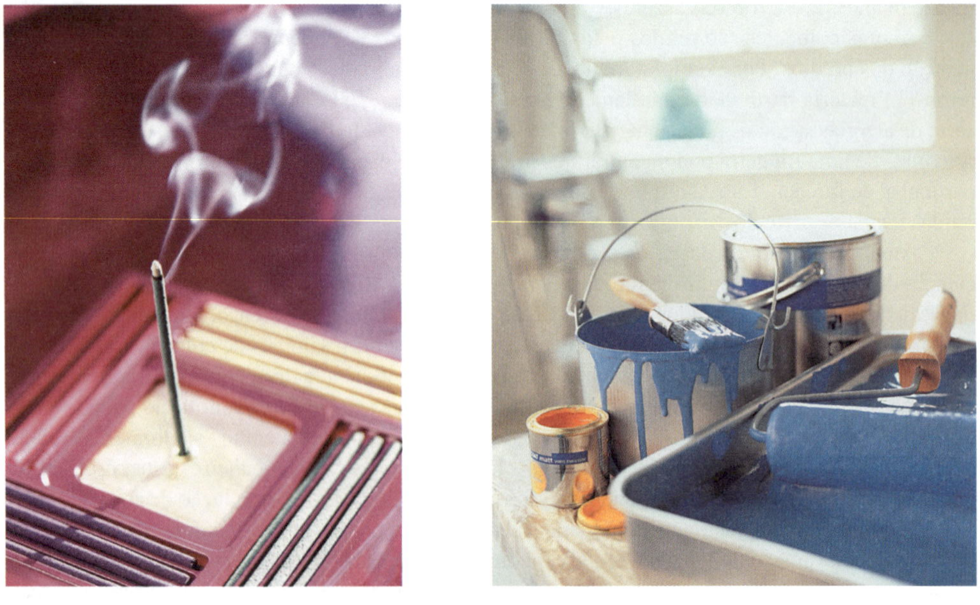

FIGURA 1.20 Atividades que podem poluir o ar doméstico.

FIGURA 1.21 Todos os ingredientes das tintas YOLO são "zero VOC".

liberados por volume de tinta aplicada varie muito, todas as tintas e vernizes à base de óleo superam as que são à base de água. Verifique os valores de emissões impressos na lata de tinta. Eles variam de zero para tintas de baixo VOC a mais de 600 g VOCs por litro para algumas tintas de exterior. Você teria sorte de achar uma tinta a óleo com menos de 350 g VOCs por litro.

Os consumidores podem hoje adquirir tintas de alta qualidade que não são tóxicas e não têm cheiro. Verifique o rótulo da lata de tinta da Figura 1.21. Essa tinta "zero VOC" à base de água emite menos de 5 g VOCs por litro aplicado. Ela ganhou um certificado "Selo Verde", o que significa que não só emite menos de 50 g VOC por litro mas também que não contém metais tóxicos como chumbo, mercúrio ou cádmio. As tintas com baixo ou zero VOCs são igualmente importantes no ambiente externo. A tinta usada em edifícios, pontes e corrimãos nos Estados Unidos chegou a gerar mais de 3 milhões de toneladas de VOCs por ano. Em 2005, o valor reportado foi de menos de 2 milhões de toneladas

Antes que possamos explicar como os compostos voláteis foram removidos das tintas, precisamos entender por que as tintas os contêm. Alguns VOCs são aditivos que evaporam quando a tinta seca. Você pode, por exemplo, reconhecer os dois aditivos anticongelantes listados na Tabela 1.8. Os anticongelantes ("glicóis") permitem que as pessoas que vivem em climas frios possam guardar tinta em casa sem que ela se estrague por congelamentos e descongelamentos repetidos. Os anticonge-

TABELA 1.8 VOCs emitidos por algumas tintas

Glicóis (anticongelantes) etileno-glicol propileno-glicol
Coalescentes (usados em tintas a látex) monoisobutirato de 2,2,4-trimetil-1,3-pentanodioila (nome comercial: Texanol)
Poluentes do ar perigosos (solventes e preservativos) benzeno formaldeído etil-benzeno cloreto de metileno cloreto de vinila

lantes também permitem que a tinta seja aplicada em temperaturas baixas e dão um intervalo maior para a tinta secar.

Coalescentes são outro aditivo usado em tintas a látex. Os **coalescentes** são produtos químicos adicionados para amaciar as partículas de látex nas tintas de modo que elas se espalhem para formar um filme contínuo de espessura uniforme. Afinal, você quer que sua tinta brilhe por igual! À medida que a tinta seca e endurece, os coalescentes evaporam no ar. Entre 7,5 e 11 litros de coalescentes voláteis são usados para cada 380 litros de tinta. Nos Estados Unidos, esse aditivo corresponde a cerca de 45 milhões de toneladas de coalescentes emitidos por ano e, no mundo, aproximadamente 3 vezes essa quantidade.

Veja mais detalhes sobre óleos de plantas no Capítulo 11.

Tintas a óleo contêm exatamente isso, óleos. Muitos são derivados de plantas, como o óleo de linhaça. Esses óleos reagem lentamente com o oxigênio do ar e, com o tempo, liberam muitos compostos voláteis no ar. As tintas a óleo também podem conter solventes (diluentes) que evaporam quando a tinta seca.

Químico Cético 1.29 Fumaça de verniz

Uma lata de verniz acetinado para o chão garante um máximo de 450 g/L de VOCs. Um grupo de consumidores concluiu que isso corresponde a um pouco menos de 1,0 kg de VOCs emitidos por 2,0 L de verniz aplicados. Será que o grupo usou corretamente a matemática?

A regulamentação governamental das emissões de VOCs fez com que os fabricantes de tintas criassem novas formulações para as tintas a látex. Em 2005, a Companhia Archer Daniels Midland recebeu um Prêmio Presidencial Desafios de Química Verde pelo desenvolvimento de coalescentes não voláteis. Os coalescentes desenvolvidos pela companhia reagem com o oxigênio do ar, permitindo que eles se liguem quimicamente ao látex. Assim, os coalescentes passam a fazer parte da camada de tinta e não evaporam para a atmosfera.

Outra vantagem desses novos coalescentes é que eles são produzidos a partir de óleos vegetais (uma fonte renovável), em oposição ao óleo cru (não renovável). Sua produção também cria menos detritos e requer menos energia e vantagens ambiental e econômica. Não há perda de qualidade porque as tintas formuladas à base de óleos vegetais coalescentes atingem ou excedem a performance das tintas tradicionais. Elas têm menos odores, melhor resistência à lavagem e melhor opacidade. Será que estes benefícios ambientais, econômicos e sociais lembram a Linha de Base Tripla? De novo, essa é a essência da sustentabilidade.

Se você já visitou uma linha de montagem de automóveis, provavelmente já sentiu os odores dos VOCs das tintas. Leis e regulamentações mais rígidas em muitos países forçaram os fabricantes a reformular os primários (subcapas) e os acabamentos dos automóveis. A maior parte dos primários é feita misturando-se dois componentes que têm vida de prateleira limitada. O primário é aplicado e seco em uma estufa cujo aquecimento exige grandes quantidades de energia. A Corporação BASF recebeu um Prêmio Presidencial Desafios de Química Verde em 2005 pelo desenvolvimento de um primário de um só componente que reduz a emissão de VOCs em 50% e seca rapidamente à luz do sol ou com uma lâmpada UV-A. Isso reduz muito o tempo necessário para fazer e secar o primário. Aqui, novamente, os custos reduzidos associados a menos resíduos, menor consumo de energia e melhor rendimento correspondem a uma Linha de Base Tripla melhorada.

Lâmpadas UV-A emitem radiação no ultravioleta longo, como fazem as lâmpadas de bronzeamento. Veja mais sobre a luz UV no Capítulo 2.

Sua Vez 1.30 Leve em conta o verde

Reveja as ideias principais da química verde listadas na parte interna da capa de frente. Quais delas são alcançadas pelos novos coalescentes desenvolvidos pela Companhia Archer Daniels Midland? E pelo novo primário desenvolvido pela BASF? Prepare uma lista para cada companhia.

Terminamos nossa discussão sobre a qualidade do ar doméstico voltando ao radônio, um gás nobre (Grupo 8A) já mencionado. O radônio é um caso especial de poluição do ar doméstico. Ele ocorre naturalmente em quantidades mínimas e usualmente não é problema. Ele pode, porém, se acumular a níveis perigosos em subsolos, minas e cavernas. Como todos os gases nobres, o radônio é incolor, inodoro, insípido e não reage quimicamente. Contudo, ao contrário dos outros, ele é radioativo. O radônio é gerado pelo decaimento do urânio, outro elemento radioativo natural. Como o urânio ocorre na concentração de cerca de 4 ppm nas rochas de nosso planeta, o radônio é ubíquo. Dependendo de como seu apartamento ou dormitório é construído, o radônio produzido por pedras contendo urânio pode entrar no subsolo. Ele causa câncer de pulmão e só perde para a fumaça dos cigarros. Como acontece com outros poluentes, o nível perigoso pode ser estimado, mas não é conhecido com precisão. Estojos de teste para o radônio como o que é mostrado na Figura 1.22 são usados para medir a concentração de radônio em espaços habitados.

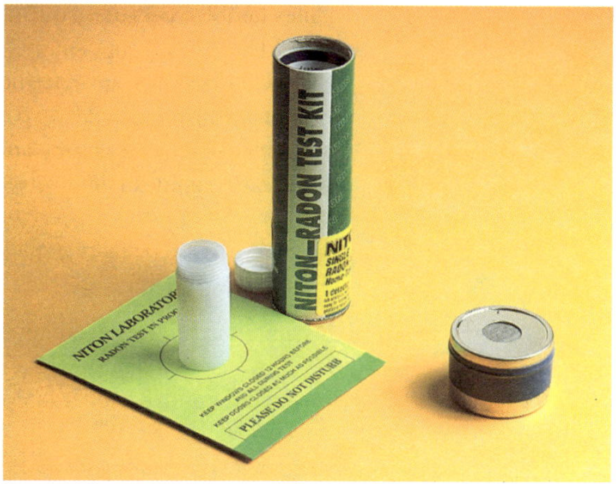

FIGURA 1.22 Estojo de teste para radônio doméstico.

Dentro ou fora de casa, precisamos respirar um ar saudável. E, com cada respiração, inalamos uma quantidade prodigiosa de moléculas e átomos. Terminamos este capítulo examinando essas moléculas e esses átomos.

Procure por mais detalhes sobre o urânio e seu decaimento natural no Capítulo 7.

1.14 De volta à respiração – no nível molecular

As concentrações máximas de poluentes permitidas pelos padrões de qualidade do ar parecem muito pequenas (veja a Tabela 1.2). Com certeza, a exposição a 9 ppm de CO é uma quantidade bem pequena! Porém, mesmo essa concentração baixa de CO contém um número assombroso de moléculas de monóxido de carbono. Essa aparente contradição é consequência da massa minúscula das moléculas. Reveja o Estude Isto 1.2: Respire. Se você é um adulto de porte médio, a capacidade de seus pulmões é de 5 a 6 L. Você não esvazia seus pulmões cada vez que respira. Na verdade, enquanto você está lendo isto, está inalando cerca de 500 mililitros de ar em cada respiração.

A medida acurada do volume de ar que você inala e exala pode ser feita com o auxílio de um espirômetro (Figura 1.23). Determinar o número de moléculas e átomos nesse volume de ar é uma tarefa mais difícil, mas pode ser feita. Dos experimentos, sabemos que uma respiração típica, de 500 mL, contém cerca de 2×10^{22} moléculas e átomos. Lembre-se de que o ar é formado essencialmente por moléculas de N_2 e de O_2 juntamente a uma pequena quantidade de átomos de Ar e uma quantidade variável de moléculas de H_2O (umidade).

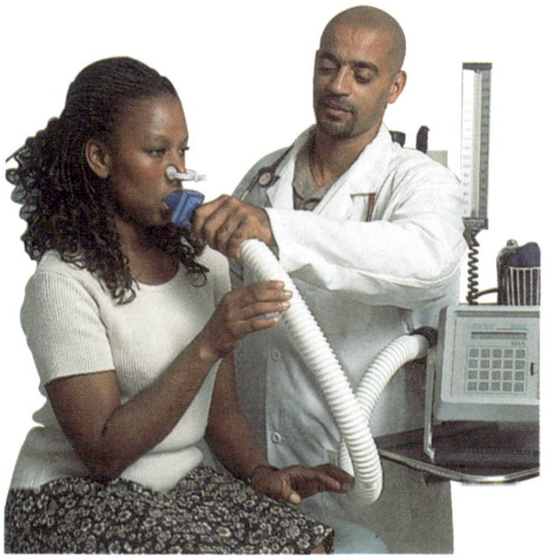
FIGURA 1.23 O espirômetro é usado para medir a capacidade pulmonar de um indivíduo.

Usando o número de moléculas e átomos no ar (2×10^{22}), podemos calcular o número de moléculas de CO que você acabou de inalar. Consideramos que cada respiração contém 2×10^{22} moléculas e átomos e que a concentração de CO no ar é igual ao padrão de qualidade do ar, 9 ppm. Então, de cada milhão (1×10^6) de moléculas e átomos do ar, 9 serão moléculas de CO. Para computar o número de moléculas de CO em cada respiração, multiplique o número total de moléculas e átomos no ar pela fração de moléculas de CO.

$$\frac{\text{número de moléculas de CO}}{1 \text{ respiração}} = \frac{2 \times 10^{22} \cancel{\text{moléculas e átomos no ar}}}{1 \text{ respiração}} \times \frac{9 \text{ moléculas de CO}}{1 \times 10^6 \cancel{\text{moléculas e átomos no ar}}}$$

$$= \frac{2 \times 9 \times 10^{22}}{1 \times 10^6} \frac{\text{moléculas de CO}}{1 \text{ respiração}}$$

$$= \frac{18 \times 10^{22}}{1 \times 10^6} \frac{\text{moléculas de CO}}{1 \text{ respiração}}$$

Ao escrever isso, mantivemos cuidadosamente as unidades dos números. Isso não só nos lembra as entidades físicas envolvidas, mas também nos guia na montagem correta do problema. As unidades "moléculas e átomos no ar" se cancelam, e ficamos com a unidade que desejamos: moléculas de CO por respiração de ar.

Entretanto, precisamos dividir 10^{22} por 10^6 para determinar a resposta final. Para *dividir* potências de 10, simplesmente *subtraia* os substituintes. Neste caso,

$$\frac{10^{22}}{10^6} = 10^{(22-6)} = 10^{16}$$

Assim, uma respiração contém 18×10^{16} moléculas de CO.

A resposta anterior está matematicamente correta, mas, na notação científica, é hábito ter somente um dígito à esquerda do ponto decimal. Aqui temos dois: 1 e 8. Portanto, nossa última etapa é reescrever 18×10^{16} como $1{,}8 \times 10^{17}$. Podemos fazer isso porque $18 = 1{,}8 \times 10$, que é o mesmo que $1{,}8 \times 10^1$. *Adicionamos* expoentes para *multiplicar* potências de 10. Assim, 18×10^{16} moléculas de CO é igual a $(1{,}8 \times 10^1) \times 10^{16}$ moléculas de CO, que é o mesmo que $1{,}8 \times 10^{17}$ moléculas de CO nessa última respiração que você inalou. Se o uso de expoentes parece muito complicado, consulte o Apêndice 2.

Pode parecer surpreendente, mas é mais acurado arredondar a resposta e dá-la como 2×10^{17} moléculas de CO. Com certeza $1{,}8 \times 10^{17}$ parece mais preciso, mas os dados que usamos no cálculo não eram muito exatos. A respiração contém *cerca* de 2×10^{22} moléculas, mas poderia ser $1{,}6 \times 10^{22}$, $2{,}3 \times 10^{22}$, ou algum outro número. Dizemos que 2×10^{22} expressa uma propriedade física "até um número significativo". Um **número significativo** é um dígito que é incluído (ou excluído) para representar corretamente a acurácia com que uma quantidade experimental é conhecida. Somente um dígito, o 2 do valor 2,3, é usado; logo, 2×10^{22} tem somente um número significativo. Assim, o número de moléculas na respiração está mais próximo de 2×10^{22} do que de 1×10^{22} ou de 3×10^{22}, mas não podemos afirmar nada além disso.

De modo semelhante, a concentração de monóxido de carbono é conhecida até um número significativo, 9 ppm. Que 2×9 é igual a 18 está matematicamente correto, mas nossa questão sobre o CO baseia-se dados físicos. A resposta $1{,}8 \times 10^{17}$ moléculas de CO inclui dois números significativos, o que implica um nível de conhecimento que não se justifica. A acurácia de um cálculo está limitada pelo dado *menos acurado* que é empregado. Neste caso, a concentração de CO e o número de moléculas e átomos na respiração eram conhecidos somente até um número significativo (9 e 2, respectivamente). Por isso, dois números significativos na resposta não são justificados. O senso comum diz que você não pode melhorar a acurácia de medidas experimentais com manipulações como multiplicar e dividir. Isso significa que a resposta deve conter somente um número significativo, e é 2×10^{17}.

Sua Vez 1.31 Moléculas de ozônio

As notícias locais avisam que as leituras de ozônio ao nível do chão estão no nível inaceitável de 0,12 ppm. Quantas moléculas de ozônio você inala em cada respiração? Suponha que uma respiração contenha 2×10^{22} moléculas e átomos.

Resposta

Comece com o número de moléculas e átomos em uma respiração. Se a concentração de ozônio é 0,12 ppm, temos a razão 0,12 moléculas por 10^6 moléculas e átomos de ar.

$$\frac{2 \times 10^{22} \text{ \sout{moléculas e átomos} no ar}}{1 \text{ respiração}} \times \frac{0{,}12 \text{ moléculas de } O_3}{1 \times 10^6 \text{ \sout{moléculas e átomos} no ar}}$$

$$= 2{,}4 \times 10^{15} \text{ moléculas de } O_3/\text{respiração}$$

$$= 2 \times 10^{15} \text{ moléculas de } O_3/\text{respiração (até um número significativo)}$$

Você pode questionar o significado de toda essa conversa sobre números significativos. Alguém observou que "números não mentem, mentirosos sim". Os números dão, com frequência, um ar de autenticidade a histórias de jornais ou da televisão e, por isso, os jornais populares estão sempre cheios de números. Alguns são significativos, outros não. Cidadãos bem informados são capazes de diferenciar uns dos outros. Por exemplo, a afirmação de que a concentração de dióxido de carbono na atmosfera é de 400,6537 ppm deveria ser vista com desconfiança. Valores como 401 ppm ou 400,7 ppm (três ou quatro números significativos) representam melhor o que podemos, na verdade, medir. Qualquer afirmação com sete números significativos simplesmente não é válida.

FIGURA 1.24 Medidor de CO lendo 35 ppm.

Sua Vez 1.32 Monitores de CO

Monitores de monóxido de carbono estão disponíveis para residências e escritórios. A Figura 1.24 mostra um detector manual de CO que está registrando 35 ppm.

a. Seria mais útil ter um medidor que lesse 35,0388217 ppm? Explique.
b. 35,0388217 ppm seria mais válido? Explique

Resposta

a. Não, não seria mais útil. A questão é se a concentração de CO excede um certo valor, como 9 ppm por um período de 8 horas ou 35 ppm por um período de 1 hora. As demais casas decimais não são verdadeiras.

Lembre-se de que começamos com a concentração 9 ppm de CO em uma amostra de ar. Mesmo assim, o número de moléculas de CO na respiração é enorme, cerca de 2×10^{17}. Olhando esses números, você pode ver que é *impossível* remover completamente todas as moléculas de CO do ar. "Poluente zero" é um objetivo inatingível. Hoje, nossos métodos mais sensíveis de análise química são capazes de detectar uma molécula em um trilhão. Uma parte por trilhão é análogo a mover-se 15 cm na viagem de 150 milhões de quilômetros da Terra ao Sol, um único segundo em 320 séculos ou uma pitada de sal em 10.000 toneladas de batatas fritas.

Ausência de evidência não é o mesmo que evidência de ausência. A substância pode estar presente, mas em quantidades que não podem ser detectadas.

De novo, o ar sempre tem traços de contaminantes que não podemos detectar. Uma respiração contém moléculas de centenas, talvez milhares de compostos diferentes, a maior parte em concentrações minúsculas. Sua origem pode ser natural ou relacionada com a atividade humana. Como com todos os produtos químicos, "natural" não é necessariamente bom, e "feito pelos humanos" não é necessariamente mau. Como você já aprendeu, exposição e toxicidade são o que importa.

Sua Vez 1.33 Moléculas de CO em perspectiva

Para ajudá-lo a entender a magnitude das 2×10^{17} moléculas de CO em uma respiração, imagine que elas foram distribuídas igualmente entre os 7,0 bilhões ($7,0 \times 10^9$) habitantes da Terra. Calcule a parte que cada pessoa tem das 2×10^{17} moléculas de CO que você acabou de inalar.

Resposta

Você está tentando distribuir um imenso número de moléculas de CO entre todos os habitantes humanos da Terra. Isso pode ser encontrado dividindo o número total de moléculas de CO pelo número total de humanos:

$$\text{A parte de cada pessoa é } \frac{2 \times 10^{17} \text{ moléculas de CO}}{7,0 \times 10^{9} \text{ pessoas}}$$

Assim, até um número significativo, a parte de cada pessoa é 3×10^7 (ou 30.000.000) moléculas de CO.

Além de serem extremamente pequenas, as moléculas e os átomos que você respira possuem outras características notáveis. Eles estão em movimento constante. A temperatura e pressão normais, uma molécula de nitrogênio viaja cerca de 30.500 metros por segundo e colide com outras moléculas 400 bilhões de vezes nesse intervalo de tempo. No entanto, em termos relativos, as moléculas estão razoavelmente afastadas. O volume das moléculas que formam o ar é somente cerca de 1/1.000 do volume total do gás. Se as partículas de sua respiração de meio litro de ar fossem comprimidas até ficarem juntas, o volume seria de cerca de 0,5 mL, menos de um quarto de uma colher de chá. Algumas vezes, as pessoas pensam erroneamente que o ar é um espaço vazio. Ele é 99,9% vazio, mas a matéria que ele contém é essencial à vida!

Além disso, é matéria que trocamos continuamente com outros seres vivos. O dióxido de carbono que exalamos é usado pelas plantas para fazer a comida que comemos. O oxigênio que as plantas liberam é essencial para nossa existência. Nossas vidas estão ligadas pelo elusivo meio do ar. Com cada respiração, trocamos milhões de moléculas uns com os outros. Ao ler isso, seus pulmões conterão 4×10^{19} moléculas que já foram respiradas previamente por outros seres humanos *em particular*, digamos Júlio Cesar, Mahatma Gandhi ou Joana d'Arc. Na verdade, a chance é muito grande de que neste momento seus pulmões contenham uma molécula que estava no *último* suspiro de Cesar. As consequências são de tirar o fôlego!

Químico Cético 1.34 O último suspiro de Cesar

Acabamos de declarar que seus pulmões contêm no momento uma molécula que estava no último suspiro de Cesar. Essa declaração é baseada em algumas hipóteses e um cálculo. Essas hipóteses são razoáveis? Não estamos pedindo que você reproduza os cálculos, mas que identifique algumas das hipóteses e argumentos que talvez tenhamos usado.

Sugestão: O cálculo supõe que todas as moléculas que estavam no último suspiro de Cesar foram distribuídas igualmente pela atmosfera.

Estude Isto 1.35 A qualidade do ar de hoje

A adição de resíduos à nossa atmosfera não ocorreu de uma hora para outra. Na verdade, a poluição do ar tornou-se uma preocupação crescente desde a época da Revolução Industrial. Por que as nações e a comunidade mundial ficaram mais preocupadas com a qualidade do ar? Identifique pelo menos quatro fatores que chamaram a atenção dos cidadãos e eleitores.

Conclusão

O ar que respiramos afeta nossa saúde e a do planeta. Nossa atmosfera contém materiais essenciais para a vida, incluindo dois elementos (oxigênio e nitrogênio) e dois compostos (água e dióxido de carbono). Nossa existência neste planeta depende de termos uma grande quantidade de ar relativamente limpo e não poluído.

O ar que você respira pode estar poluído por monóxido de carbono, ozônio, dióxido de enxofre e os óxidos de nitrogênio. O ar poluído é mais comum nas grandes cidades, os lugares em que a maior parte das pessoas atualmente vive. Visitas às emergências dos hospitais correlaciona-se à má qualidade do ar. O mesmo acontece com falta de ar, sensação de garganta arranhada e ardência nos olhos. Os poluentes que nos afetam são, na maior parte, substâncias químicas relativamente simples, produzidas em consequência de nossa dependência do carvão para a produção de eletricidade em usinas térmicas, da gasolina em motores de combustão interna e dos combustíveis que queimamos para o aquecimento e para cozinhar.

Nos últimos 30 anos, regulamentações dos governos, iniciativas das indústrias e tecnologia mais moderna reduziram os níveis de poluentes. Conversores catalíticos em veículos e controle das emissões em chaminés foram importantes agentes, mas faz mais sentido não gerar a fumaça em primeiro lugar. Aqui é que o papel da química verde passa a ser importante. Desenvolvendo novos processos que não produzem poluentes do ar, não teremos de limpá-los mais tarde.

Dentro ou fora de casa, o oxigênio contido no ar que respiramos está muito perto da superfície da Terra. A atmosfera, porém, se estende para o alto por uma distância considerável e contém outros gases que também são essenciais para a vida neste planeta. Os Capítulos 2 e 3 descreverão dois deles: o ozônio estratosférico e o dióxido de carbono. Veremos que nossas pegadas humanas e as "pegadas no ar" no planeta Terra ligam-se de maneiras surpreendentes a esses gases.

Resumo do capítulo

Os números em parênteses indicam as seções em que são tratados os tópicos. Tendo estudado este capítulo, você deveria ser capaz de:

- Explicar a ligação entre sua saúde e o que você respira (todo o capítulo)
- Descrever o ar em termos de seus componentes principais, suas quantidades relativas e as variações locais e regionais da composição do ar (1.1, 1.5)
- Listar os poluentes do ar mais importantes e descrever o efeito de cada um deles sobre a saúde (todo o capítulo)
- Comparar e contrastar o ar doméstico e externo em termos dos prováveis poluentes presentes e suas fontes (1.3, 1.13)
- Interpretar os dados da qualidade do ar local, incluindo a razão dos padrões da qualidade do ar serem estabelecidos para cada poluente (1.3)
- Avaliar os riscos e benefícios de uma atividade específica (1.3)
- Discutir a iniciativa da química verde e por que faz sentido prevenir a poluição, e não limpá-la depois (1.5)
- Relacionar estes termos: matéria, substâncias puras, misturas, elementos, compostos, metais, não metais (1.6)
- Discutir as características da Tabela Periódica, inclusive os grupos que ela contém (1.6)
- Explicar a diferença entre átomos e moléculas, dando exemplos de cada (1.7)
- Nomear elementos químicos e compostos que se relacionam à qualidade do ar (1.7)
- Escrever e interpretar fórmulas químicas que se relacionam à qualidade do ar (1.8)
- Balancear e interpretar equações químicas que se relacionam à qualidade do ar (1.9, 1.10)
- Entender o papel do oxigênio na combustão, inclusive como os hidrocarbonetos queimam para formar dióxido de carbono, monóxido de carbono e cinzas (1.9,1.10)
- Descrever a formação de ozônio, inclusive como luz solar, NO, NO_2 e VOCs estão envolvidos (1.12)
- Identificar as fontes e a natureza da poluição do ar doméstico (1.13)
- Explicar por que o conceito de ar "livre de poluentes" não é razoável (1.14)
- Usar notação científica e números significativos nos cálculos básicos (1.4, 1.14)
- Aplicar nos modos de vida o que você sabe sobre a poluição do ar para obter um ar mais limpo (todo o capítulo)

Questões

As questões de fim de capítulo estão agrupadas de três formas:

- Questões de **Ênfase nos fundamentos** dão a oportunidade de praticar competências fundamentais. Elas se assemelham aos exercícios Sua Vez do capítulo.
- Questões de **Foco nos conceitos** são mais difíceis e podem estar relacionadas a questões sociais.
- Questões de **Exercícios avançados** desafiam a ir além da informação apresentada no texto.

O Apêndice 5 contém as respostas das questões cujos números estão em **azul**.

As questões marcadas com esse ícone relacionam-se à química verde.

Ênfase nos fundamentos

1. a. Calcule o volume de ar em litros que você poderia inalar (e exalar) em um dia de trabalho de 8 horas. Suponha que cada respiração tem um volume de cerca de 0,5 L e que você está respirando 15 vezes por minuto.
   b. Com esse cálculo, você pode ver que a respiração o expõe a grandes volumes de ar. Liste cinco coisas que você pode fazer para melhorar a qualidade do ar que você e outras pessoas respiram.

2. Nossa atmosfera pode ser caracterizada como uma fina tela que sustenta a vida e alguns quilômetros verticais contendo produtos químicos. Explique o que torna essa descrição acurada. Enuncie, também, que característica(s) de nossa atmosfera cada descrição enfatiza e quais elas omitem.
3. Estes gases são encontrados na troposfera: Rn, CO_2, CO, O_2, Ar e N_2.
   a. Ordene-os segundo sua abundância na troposfera.
   b. Para quais desses gases é mais conveniente expressar a concentração em partes por milhão?
   c. Quais desses gases são atualmente regulados como poluentes do ar onde você vive?
   d. Quais desses gases são classificados no Grupo 8A da Tabela Periódica, os gases nobres?
4. Dê três exemplos de matéria particulada encontrada no ar. Explique a diferença entre $PM_{2,5}$ e PM_{10} em termos de tamanho e efeito na saúde.
5. Radônio é um dos gases nobres encontrados no Grupo 8A da Tabela Periódica. Que propriedades ele partilha com os demais gases nobres? Em que ele é diferente
6. a. A concentração de argônio no ar é 0,9%, aproximadamente. Expresse esse valor em ppm.
   b. O ar exalado pelos pulmões de um fumante tem concentração de 20-50 ppm de CO. Em contraste, o ar exalado por não fumantes tem 0-2 ppm de CO. Expresse essas concentrações em percentagem.
   c. Em uma floresta tropical chuvosa, a concentração do vapor de água pode atingir 50.000 ppm. Expresse isso em percentagem.
   d. Nas regiões polares secas, o vapor de água pode chegar a 10 ppm. Expresse isso em percentagem.
7. Nestes diagramas, dois tipos diferentes de átomos são representados por cor e tamanho. Caracterize cada amostra como um elemento, um composto ou uma mistura. Explique seu raciocínio.

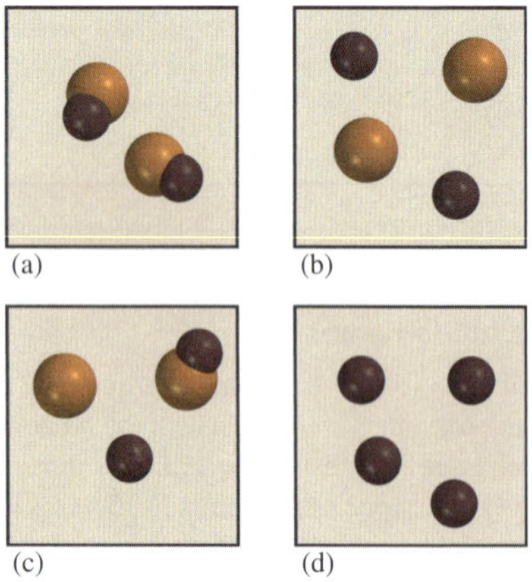

8. Estude essa representação da reação entre nitrogênio e hidrogênio para formar amônia (NH_3).

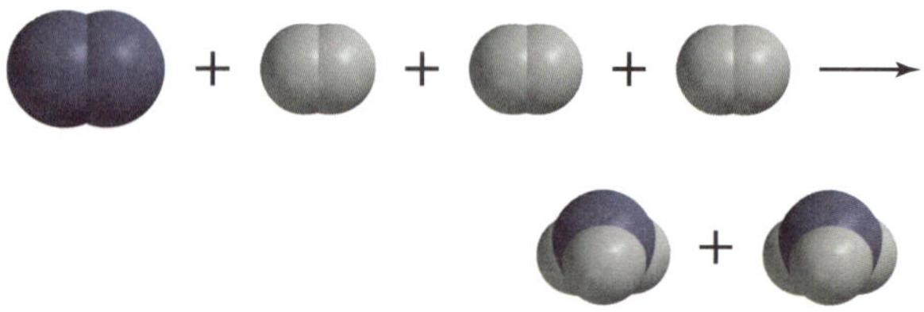

   a. As massas de reagentes e produtos são as mesmas? Explique
   b. O número de moléculas de reagentes e produtos é o mesmo? Explique.
   c. O número total de átomos dos reagentes e dos produtos é o mesmo? Explique.
9. Expresse cada um desses números na notação científica.
   a. 1.500 m, a distância de uma corrida a pé.
   b. 0,0000000000958 m, a distância entre os átomos de O e H em uma molécula de água.
   c. 0.0000075 m, o diâmetro de uma célula vermelha do sangue.
   d. 150.000 mg de CO, a quantidade aproximada respirada por dia.
10. Escreva cada um desses números na forma corrente.
   a. $8,5 \times 10^4$ g, a massa de ar em um quarto de tamanho médio.
   b. 8×10^8 litros, o volume de óleo cru derramado no Golfo do México em 2010.
   c. 5×10^{-3}%, a concentração de CO no ar em uma rua da cidade.
   d. 1×10^{-5} g, a quantidade diária recomendada de vitamina D.
11. O limite de detecção de NO_2 pelo cheiro é 0,00022 g/m^3 de ar.
   a. Expresse esse valor em notação científica.
   b. Você esperaria um valor semelhante para o limite de detecção do CO?
   c. Nomeie outro poluente que tem um odor penetrante, facilmente detectado.
12. Incêndios florestais ocorrem em todo o nosso planeta. O que mostramos aqui foi fotografado de um voo comercial ao norte de Phoenix, Arizona.

   a. Que produtos de combustão você esperaria da queima de madeira?
   b. Este fogo está emitindo pelo menos três poluentes. Quais são visíveis e quais não são?

13. Estude essa parte da Tabela Periódica e os grupos sombreados.

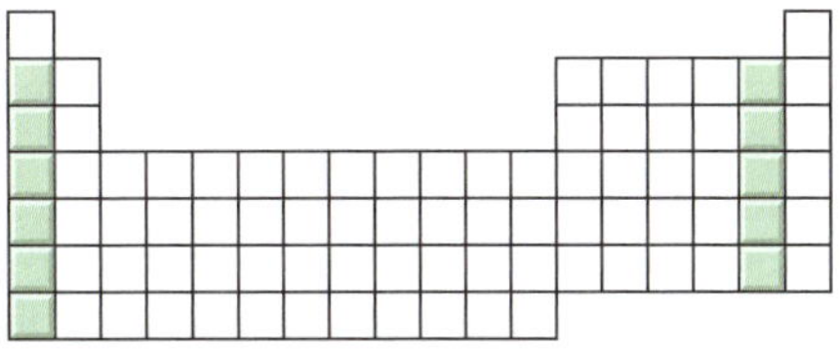

a. Qual é o número do grupo de cada região sombreada?
b. Nomeie os elementos que fazem parte de cada grupo.
c. Dê uma característica geral dos elementos de cada grupo.

14. Estude a Tabela Periódica abaixo.

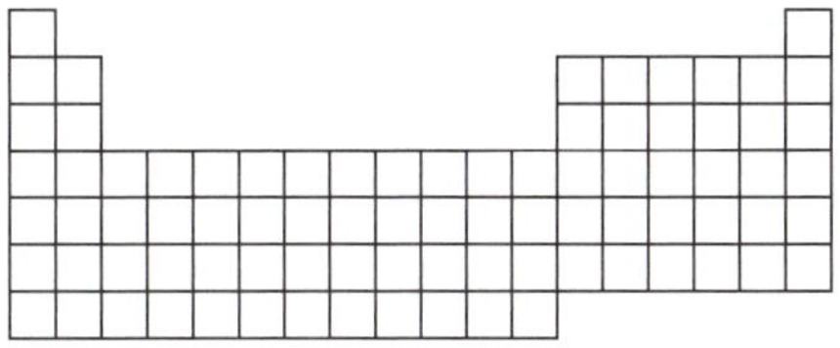

a. Marque a região da Tabela Periódica em que os metais se encontram.
b. Metais comuns incluem ferro, magnésio, alumínio, sódio, potássio e prata. Escreva os seus símbolos químicos.
c. Dê o nome e o símbolo químico de cinco não metais (elementos que não estão na região que você marcou.

15. Classifique cada uma dessas substâncias como um elemento, um composto ou uma mistura.
a. Uma amostra do "gás do riso" (monóxido de dinitrogênio, também chamado de óxido nitroso).
b. Vapor de uma panela de água fervente.
c. Uma barra de sabão desodorante.
d. Uma amostra de cobre.
e. Uma xícara de maionese.
f. O hélio que enche um balão.

16. Estes gases são encontrados na atmosfera em pequenas quantidades: CH_4, SO_2 e O_3.
a. Que informações cada fórmula química fornece sobre o número e os tipos de átomos presentes?
b. Dê os nomes desses gases.

17. Hidrocarbonetos são combustíveis importantes que queimamos por várias razões.
a. O que é um hidrocarboneto?
b. Ordene esses hidrocarbonetos pelo número de carbonos que eles contêm: propano, metano, butano, octano, etano.
c. Sugerimos "mother eats peanut butter" como uma frase para memonizar (ajudar a lembrar) o nome dos primeiros quatro hidrocarbonetos. Proponha outra que inclua *pent-*, o prefixo que indica cinco átomos de carbono.

18. Escreva equações químicas balanceadas para representar estas reações. *Sugestão*: Nitrogênio e oxigênio são moléculas diatômicas.
a. Nitrogênio reage com oxigênio para formar monóxido de nitrogênio.
b. Ozônio decompõe-se em oxigênio e oxigênio atômico (O).
c. Enxofre reage com oxigênio para formar trióxido de enxofre.

19. Por analogia com a equação 1.8, desenhe modelos para representar as equações químicas da questão 18.

20. Estas equações relacionam-se à combustão de hidrocarbonetos.
a. GLP (gás liquefeito de petróleo) é principalmente propano, C_3H_8. Balanceie essa equação.

$$C_3H_8(g) + O_2(g) \longrightarrow CO_2(g) + H_2O(g)$$

b. Isqueiros de cigarros queimam butano, C_4H_{10}. Escreva uma equação balanceada considerando a combustão completa, isto é, há excesso de oxigênio.
c. Com uma quantidade limitada de oxigênio, propano e butano podem queimar incompletamente para formar monóxido de carbono. Escreva equações balanceadas para essas reações.

21. Balanceie estas equações em que eteno (C_2H_4) queima em oxigênio
a. $C_2H_4(g) + O_2(g) \longrightarrow C(s) + H_2O(g)$
b. $C_2H_4(g) + O_2(g) \longrightarrow CO(g) + H_2O(g)$
c. $C_2H_4(g) + O_2(g) \longrightarrow CO_2(g) + H_2O(g)$

22. Examine os coeficientes do oxigênio das equações balanceadas da questão 21. Explique por que eles variam, dependendo da formação de C, CO ou CO_2.

23. Conte os átomos dos dois lados da seta para mostrar que essas equações estão balanceadas.
a. $2\ C_3H_8(g) + 7\ O_2(g) \longrightarrow 6\ CO(g) + 8\ H_2O(l)$
b. $2\ C_8H_{18}(g) + 25\ O_2(g) \longrightarrow 16\ CO_2(g) + 18\ H_2O(l)$

24. Platina, paládio e ródio são usados nos conversores catalíticos dos automóveis.
a. Dê o símbolo químico de cada metal.
b. Localize esses metais na Tabela Periódica.
c. O que você pode inferir sobre as propriedades desses metais, considerando que são úteis nessa aplicação?

25. Um removedor de esmalte contendo acetona foi derramado em uma sala de 6 m × 5 m × 3 m. Medidas indicaram que 3.600 mg de acetona evaporaram. Calcule a concentração de acetona em microgramas por metro cúbico.

Foco nos conceitos

26. "Pegadas no Ar" foram mencionadas na atividade de abertura deste capítulo. Examine estas duas fotografias. A primeira é uma bela vista de um pavilhão na costa Hilo da ilha do Havaí. A segunda mostra a pista de pouso de um dia nublado do Aeroporto Internacional Narita, em Tóquio. Liste três maneiras pelas quais essas fotos mostram as pegadas no ar de humanos. *Sugestão*: Algumas podem não ser visíveis, mas são sugeridas pelas fotografias.

27. O site AIRNow, da EPA, diz que "A qualidade do ar significa qualidade de vida". Demonstre a sabedoria dessa declaração para dois poluentes do ar de sua escolha.
28. Em Estude Isto 1.2, você calculou o volume de ar exalado em um dia. Como esse volume se compara com o volume de ar em sua sala de aula de química? Mostre seus cálculos. *Sugestão*: Pense primeiro na unidade mais conveniente para medir ou estimar as dimensões de sua sala de aula.
29. De acordo com a Tabela 1.1, a percentagem de dióxido de carbono no ar inalado é inferior à que ocorre no ar exalado, mas a percentagem de oxigênio no ar inalado é *superior* à do ar inalado. Como você pode explicar isso?
30. Os carros não inalam e exalam como os humanos. No entanto, o ar que entra no motor do carro é diferente do que sai. Em Sua Vez 1.19, você listou o que sai de um escapamento. Comente agora as *diferenças* entre o ar que entra no motor e o que sai pelo escapamento. Para quais produtos químicos as concentrações aumentaram ou diminuíram notavelmente?
31. Uma manchete do *Anchorage Daily News* no Alaska (17 de janeiro de 2008): Família em carro vencida por monóxido de carbono. Bombeiros salvaram cinco após queda em um barranco coberto de neve".
    a. Se o seu carro caiu em um barranco coberto de neve e o motor está funcionando, CO pode se acumular no interior do carro. Normalmente, entretanto, CO não se acumula no carro. Explique.
    b. Por que os ocupantes não detectaram o CO?
32. Uma manchete do *Pioneer Press* em St. Paul, Minnesota (8 de janeiro de 2008): "Homem morre após exposição a gás. Outros ficam doentes com monóxido de carbono."
    a. Nomeie duas fontes possíveis de CO dentro de casa.
    b. O nível medido foi 4.700 ppm. Exprima isso em percentagem.
    c. Como esse nível se compara aos padrões americanos de qualidade do ar ambiente determinados pela EPA?
    d. Nomeie três sintomas que os sobreviventes muito provavelmente experimentaram.
    e. Onde, em uma casa, você deveria instalar detectores de CO? *Nota*: Perto de fogo *não* é usualmente recomendado.
33. Em Estude Isto 1.4, você analisou como a vida na Terra mudaria se a concentração de oxigênio fosse duas vezes maior. Agora analise como a vida mudaria se a concentração de O_2 caísse pela metade. Dê dois exemplos de coisas que seriam afetadas.
34. Explique por que CO é chamado de "assassino silencioso". Selecione dois outros poluentes para os quais esse nome não se aplicaria e explique por que não.
35. A fumaça do cigarro não diluída pode conter 2-3% de monóxido de carbono.
    a. Quantas partes por milhão é isso?
    b. Como esse valor se compara aos padrões americanos de qualidade do ar ambiente para o CO nos períodos de 1 horas e 8 horas?
    c. Proponha uma razão por que os fumantes não morrem por envenenamento por monóxido de carbono.
36. No Hemisfério Norte, a estação do ozônio vai de mais ou menos 1º de maio a 1º de outubro. Porque os níveis de ozônio não são reportados nos meses de inverno?
37. A EPA caracteriza o ozônio como "bom lá em cima, ruim aqui embaixo". Explique.
38. Aqui estão dados de qualidade do ar relativos ao ozônio para Atlanta, Geórgia, de 4 a 13 de julho de 2011. O poluente primário era ozônio.

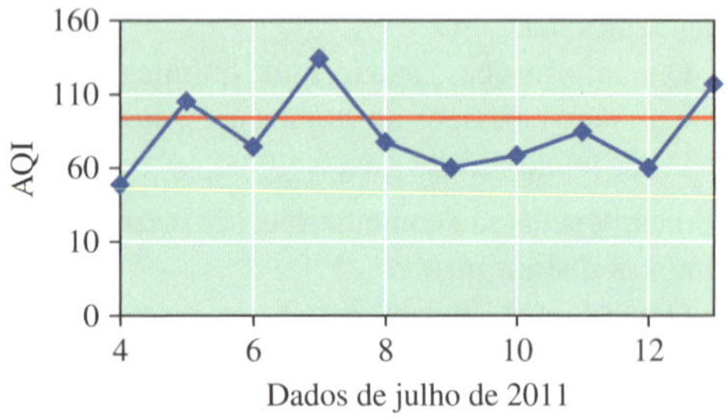

Fonte: www.AirNow.gov.

    a. Em geral, que grupos de pessoas são mais sensíveis ao ozônio?
    b. A Agência de Proteção Ambiental americana determinou que o ar acima de 100 é perigoso para alguns

ou todos os grupos. Nos dados mostrados, em quantos dias o ar ficou perigoso?

c. Os níveis de ozônio caem fortemente à noite. Explique.

d. Durante o dia, o ozônio caiu fortemente após 7 de julho. Proponha duas razões diferentes que poderiam explicar essa observação.

39. Aqui estão os dados de qualidade do ar para 21 a 31 de dezembro de 2011, em Modesto, Califórnia. O poluente primário foi PM_{10}.

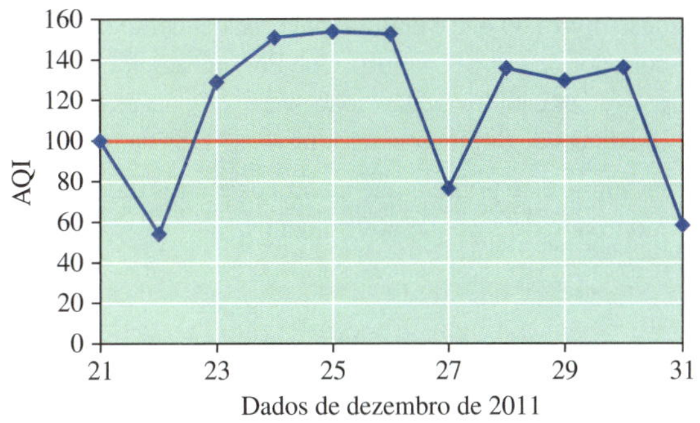

Fonte: www.AIRNow.gov.

a. Em geral, que grupos de pessoas são mais sensíveis à matéria particulada?

b. A Agência de Proteção Ambiental americana determinou que o ar acima de 100 é perigoso para alguns ou todos os grupos. Nos dados mostrados, em quantos dias o ar ficou perigoso?

c. Os níveis de PM não necessariamente caem à noite como acontece com os do ozônio. Explique.

d. Os níveis de matéria particulada aumentaram fortemente em 23 de dezembro. Proponha duas razões diferentes que poderiam explicar essa observação.

40. Antes de 1990, o óleo diesel podia conter até 2% de enxofre nos Estados Unidos. Novos regulamentos mudaram isso e, hoje, a maior parte desse combustível é diesel ultrabaixo em enxofre (ULSD) com um máximo de 15 ppm.

a. Expresse 15 ppm em percentagem. Também, expresse 2% em ppm. Quantas vezes mais baixo é o ULSD do que a formulação antiga do óleo diesel?

b. Escreva uma equação química que mostre como a queima do óleo diesel contendo enxofre contribui para a poluição do ar.

c. O óleo diesel contém o hidrocarboneto $C_{12}H_{26}$. Escreva uma equação química que mostre como a queima do óleo diesel adiciona dióxido de carbono à atmosfera.

d. Comente a queima de óleo diesel como uma prática sustentável, em termos de como as coisas melhoraram e em termos de o que falta fazer.

41. Uma certa cidade tem nível de ozônio de 0,13 ppm por 1 hora, e o limite permitido é de 0,12 para o mesmo tempo. Você tem a escolha de dizer que a cidade excedeu o limite por 0,01 ppm ou por 8%. Compare os dois métodos.

42. Aqui está um mapa dos Estados Unidos com os dados do máximo de ozônio para primeiro de julho de 2011.

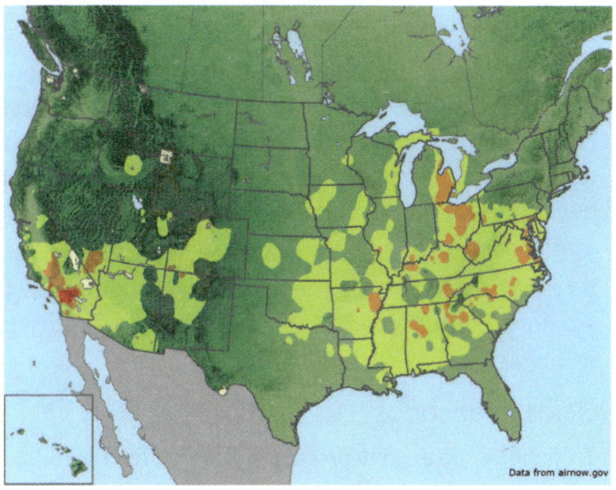

Fonte: www.AIRNow.gov.

a. Esses dados são típicos no sentido de que a maior parte da poluição por ozônio é esperada na Califórnia, em Denver, no Texas, no Meio-Oeste e na Costa Oeste. Por que a poluição por ozônio é tão alta nessas regiões do país?

b. O Leste do Texas tem, tipicamente, altos níveis de ozônio no verão, mas não nesse dia em particular. Ofereça uma possível explicação.

c. Porque as áreas interiores da Califórnia, como o Vale do Sacramento, tendem a ter qualidade do ar pior do que a costa?

43. Examine os dados da qualidade do ar para ozônio em duas cidades diferentes, uma quente e seca, e a outra mais fria e chuvosa. Explique as diferenças encontradas. *Sugestão*: Visite o site *State of the Air*, da American Lung Association.

44. Em certas épocas do ano, os habitantes da bela cidade de Santiago, no Chile, respiram o pior ar do planeta.

a. Dirigir carros particulares foi severamente restrito em Santiago. Como isso melhora a qualidade do ar?

b. Embora a população de Santiago seja comparável à de outras cidades, sua qualidade do ar é muito pior. Sugira características geográficas que possam ser responsáveis.

45. a. Explique por que correr fora de casa (em oposição a ficar sentado fora de casa) aumenta a exposição a poluentes.

b. Correr dentro de casa pode diminuir sua exposição a alguns poluentes, mas pode aumentá-la para outros. Explique.

46. Os consumidores podem agora adquirir tintas que emitem baixas quantidades de VOCs. Entretanto, esses consumidores talvez não saibam por que isso é importante.

a. O que você imprimiria no rótulo de uma tinta de baixo VOC que explicasse que usá-la é uma boa ideia?

b. Aplicamos tintas em muitas superfícies externas, edifícios, pontes, grades. Comente os efeitos ambientais dos VOCs que essas tintas emitem.

c. Explique como a produção de tinta de baixo VOC se ajusta à Linha de Base Tripla.

47. Pode-se adquirir um monitor de monóxido de carbono que dá o alarme se a concentração de CO chegar a uma dada concentração. Em contraste, a maior parte dos detectores de radônio amostram o ar por um período de tempo antes que o alarme soe. Por que a diferença?

48. Selecione uma profissão de sua escolha. Talvez a que você pretende seguir. Nomeie pelo menos um modo de uma pessoa nessa profissão poder contribuir de forma positiva para melhorar a qualidade do ar.

Exercícios avançados

49. "A poluição do ar é um problema difuso, a falta partilhada de muitos emissores. É um exemplo clássico da tragédia dos comuns" (*Fonte*: *Introduction to Air in California*, por David Carle, 2006). Explique o termo "tragédia dos comuns" e como a poluição do ar é um exemplo clássico.

50. Mercúrio, outro sério poluente do ar, não é descrito neste capítulo. Se você fosse um autor de livros-texto, o que incluiria sobre as emissões de mercúrio? Como você ligaria as emissões de mercúrio ao uso sustentável de recursos? Escreva vários parágrafos em um estilo que imite o deste livro-texto.

51. A EPA supervisiona os Prêmios Presidenciais Desafios de Química Verde. Use o site da EPA para saber quando o programa começou e consultar a lista dos vencedores mais recentes. Escolha um vencedor e, com suas palavras, sintetize o melhoramento de química verde que mereceu o prêmio.

52. Os mergulhadores recreacionais usualmente usam ar comprimido com a mesma composição do ar normal. Uma mistura que é usada chama-se Nitrox. Qual é sua composição e por que ela está sendo usada?

53. Aqui estão duas imagens de um micrógrafo eletrônico de varredura de matéria particulada, cortesia da National Science Foundation e de pesquisadores da Arizona State University. A primeira é uma partícula de solo e a segunda, de borracha. Eles têm cerca de 10 μm de diâmetro.

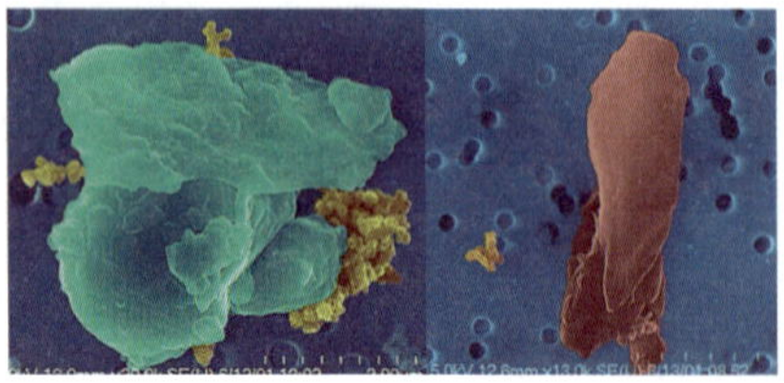

a. Sugira uma provável fonte da partícula de borracha. Nomeie duas outras substâncias que poderiam colocar PM no ar.

b. A partícula de solo é composta principalmente por silício e oxigênio. Que outros elementos estão comumente presentes nas rochas e minerais da crosta terrestre?

c. O quê, nestas fotografias, sugere que as partículas inflamariam seus vasos sanguíneos?

54. Partículas ultrafinas têm diâmetros inferiores a 0,1 μm. Em termos das fontes e efeitos na saúde, como essas partículas se comparam com $PM_{2,5}$ e PM_{10}? Use a Internet para localizar as informações mais recentes.

55. A maior parte dos cortadores de grama motorizados não têm conversores catalíticos (pelo menos até a impressão deste livro). O que é emitido pelo escapamento de um cortador de gramas motorizado? Por que adicionar um conversor catalítico é tão controverso? Quais os benefícios imediatos de diminuir essas emissões? E os de longo prazo?

56. Examine este gráfico, que mostra os efeitos da inalação de monóxido de carbono nos humanos.

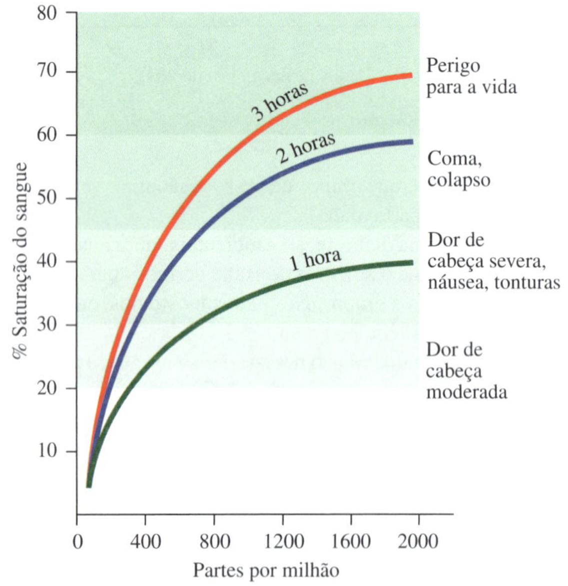

a. Tanto a quantidade como a duração da exposição têm efeito na toxicidade por CO em humanos. Use o gráfico para explicar por que isso ocorre.

b. Use a informação do gráfico para preparar uma declaração sobre os perigos para a saúde do gás monóxido de carbono a ser incluída em um conjunto de detecção de CO doméstico.

57. Estude Isto 1.4 pede que você imagine como o mundo seria diferente se a concentração de oxigênio na atmosfera dobrasse. Desenvolva sua resposta em um ensaio. Dê o título "Uma Hora na Vida de..." e descreva como seria diferente a vida de uma pessoa de sua escolha. Se uma hora for pouco, substitua por "Uma Manhã..." ou "Um Dia...".

58. Você já deve ter admirado a beleza de pisos de madeira. Poliuretana é o acabamento preferido para os pisos porque é mais durável do que vernizes e goma-laca. Até recentemente, poliuretana era sempre uma tinta a óleo. Recentemente, porém, a Bayer Corporation desenvolveu uma poliuretana à água que reduz a quantidade de VOCs de 50-90%. Em 2000, a Bayer recebeu um Prêmio Presidencial Desafios de Química Verde por esse desenvolvimento. Prepare um resumo deste trabalho. Procure descobrir, nas lojas próximas a você, se poliuretanas à água estão disponíveis.

59. Madeira composta é feita colando-se pequenos pedaços de madeira (frequentemente restos de madeira cortada). Exemplos incluem compensado de madeira, painéis de partículas e painéis de fibras.
    a. Muitas colas liberam formaldeído, um composto volátil. Quais são seus perigos?
    b. O Professor Kaichang Li, da Oregon State University, e a Columbia Forest Products desenvolveram uma nova cola à base de soja, ganhando um Prêmio Presidencial Desafios de Química Verde em 2007. Prepare uma síntese de suas realizações.

Capítulo 2

Protegendo a camada de ozônio

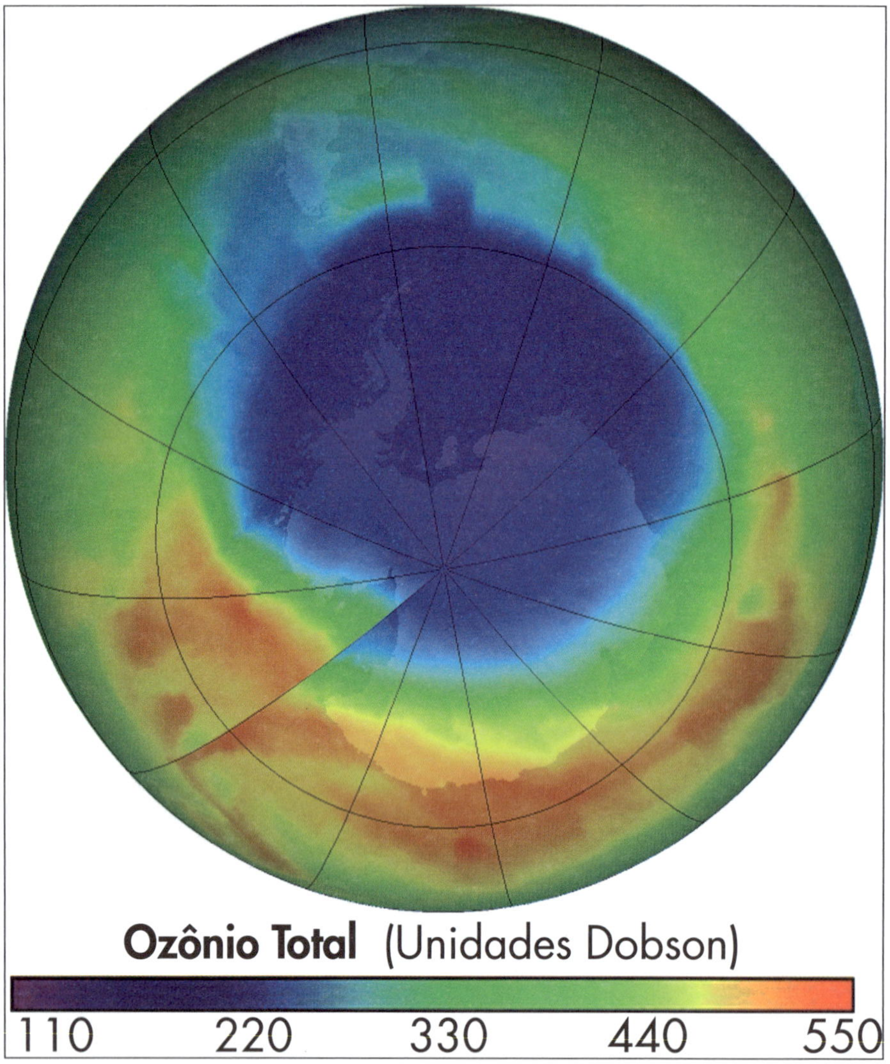

O "buraco" de ozônio sobre a Antártica em 2012. As áreas em roxo e azul inclinam onde o ozônio está em menor concentração. Em 22 de setembro, o buraco atingiu a área máxima de 21,2 milhões de km². O recorde para o buraco foi de 29,9 milhões de km² em 2000.

Fonte: NASA Ozone Watch.

"Bom lá em cima, ruim aqui embaixo". Para entender o ozônio, pense na *localização*. Cá embaixo, na troposfera, onde vivemos, o ozônio é um poluente que se forma sob a ação da luz solar, a partir de outros poluentes da atmosfera. Quando o Sol se põe, a geração de ozônio cessa. O ozônio presente reage rapidamente com outras substâncias e, no crepúsculo, as concentrações caem. Se o Sol não nascesse novamente, não teríamos de nos preocupar em respirar o ozônio (mas teríamos alguns outros problemas).

Na estratosfera, porém, a história do ozônio é completamente diferente. Lá, todo o ozônio é formado naturalmente. Ao contrário do que acontece ao nível do chão, o ozônio estratosférico tem um papel vital em nossa proteção da radiação solar de alta energia. Poderíamos dizer que ele age como os óculos de sol da Terra.

Nos anos 1970, os químicos descobriram que certas substâncias podiam entrar na atmosfera superior e destruir parcialmente o ozônio protetor que lá estava. Desde então, cientistas, legisladores e cidadãos preocupados de todo o mundo participam de esforços para controlar e reverter a destruição do ozônio. Surpreendentemente, de certa forma, o efeito mais severo foi sobre a Antártica, e as imagens anuais do buraco de ozônio passaram a ser um dos gráficos científicos mais conhecidos. Adiante, neste capítulo, você terá a oportunidade de examinar tendências passadas e atualizar a história do buraco de ozônio da Antártica.

Você deve estar imaginando o que essa história tem a ver com você, porque da última vez que verificamos, não havia muitos estudantes vivendo na Antártica. Ainda que a redução do ozônio tenha sido observada primeiro naquela longínqua região, ela também ocorre, em menor extensão, em muitas outras localidades. O lugar em que moramos e a estação do ano influenciam a quantidade de ozônio acima de nossas cabeças e o quão efetiva é a proteção que ele pode proporcionar. Dê uma olhada nos dados por você mesmo.

Estude Isto 2.1 Níveis de ozônio acima de você

Enquanto você lê isto, um instrumento a bordo de um satélite está medindo os níveis de ozônio na estratosfera. Visite o site da NASA, www.nasa.gov, para completar essas questões.

a. Qual é a quantidade total de ozônio na coluna (em unidades Dobson) na localidade em que você está neste momento? Busque dados de três anos diferentes e compute a média.
b. Agora, recupere os dados para a Antártica nas mesmas datas. Como eles se comparam com sua resposta para **a**? *Nota:* Se você estiver fazendo a comparação em setembro ou outubro, encontrará a maior diferença.

Um DU (unidade Dobson) corresponde a cerca de uma molécula de ozônio para cada bilhão de moléculas ou átomos presentes no ar.

O que causou essa redução do ozônio estratosférico? Por que essa redução é tão séria? Procure respostas para essas questões nas seções que se seguem.

Ao explorarmos o tópico da redução do ozônio, também destacaremos o **princípio da precaução**. Esse princípio enfatiza a sabedoria de agir, mesmo na ausência de dados científicos completos, antes que efeitos adversos sobre a saúde humana ou o meio ambiente fiquem significativos ou irrevogáveis. Como você verá, a comunidade mundial agiu. A sabedoria da ação coletiva é evidente porque as medidas tomadas para proteger a camada de ozônio parecem estar funcionando. Ainda assim, outro sinal de alarme soará na seção final deste capítulo. Ouça-no diante da mudança global do clima – o tópico do Capítulo 3.

2.1 Ozônio: o que é e onde está?

Se você já esteve perto de um motor elétrico que solta faíscas ou em uma tempestade de raios, muito provavelmente já cheirou ozônio. O odor é inconfundível, mas muito difícil de descrever. Alguns o comparam com o do gás cloro. Outros acham que ele lembra o da grama recentemente cortada. É possível, para os humanos, detectar concentrações da ordem de 10 partes por bilhão (ppb), isto é, 10 moléculas em 1 bilhão. Muito propriamente, o nome *ozônio* vem da palavra grega que significa "cheirar".

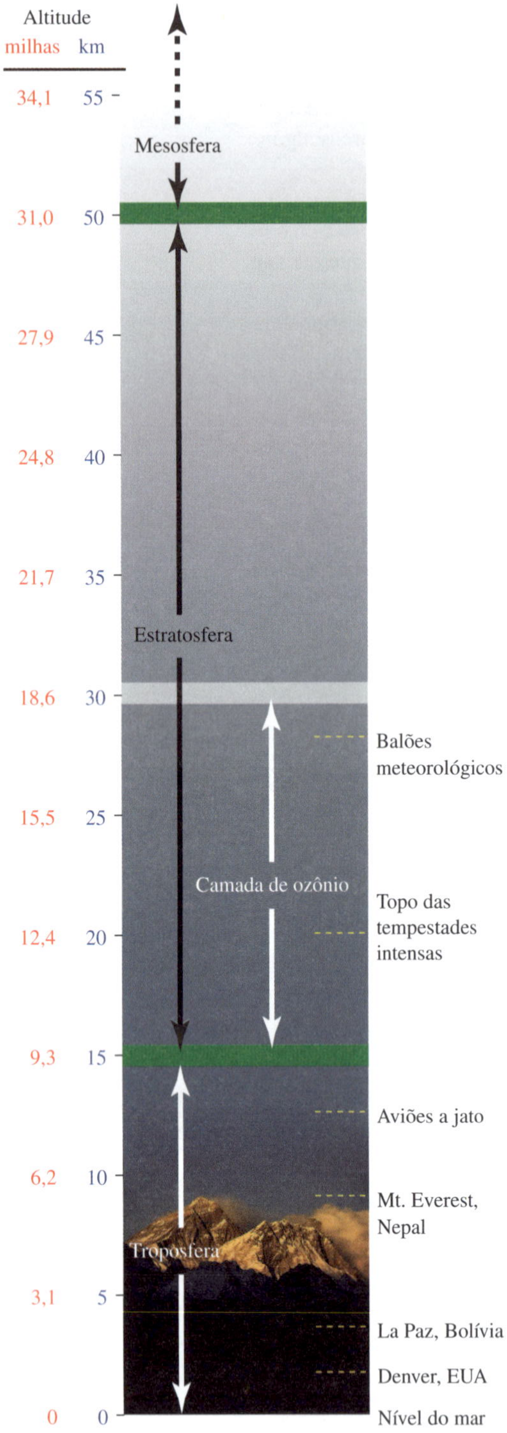

FIGURA 2.1 As regiões da atmosfera. As altitudes são aproximadas e variam com a latitude.

Fonte: Agência de Proteção Ambiental dos EUA.

A diferença entre as moléculas de ozônio e de oxigênio é de apenas um átomo.

molécula de oxigênio O_2

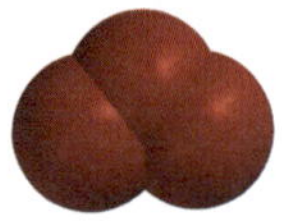

molécula de ozônio O_3

Como veremos, essa diferença na estrutura molecular provoca mudanças significativas nas propriedades químicas. Uma delas é que o ozônio é muito mais reativo do que o O_2. Como você verá no Capítulo 5, o ozônio pode ser usado para matar micro-organismos na água. Ele também é usado para clarear polpa de papel e tecidos. Já se advogou usar ozônio como desodorizante do ar. Esse uso, porém, só faria sentido se ninguém estivesse respirando o ar durante o processo de desodorização. Em contraste, você pode (e deve) respirar oxigênio todos os dias. Embora o oxigênio também seja bastante reativo, não o é suficientemente para clarear papel ou purificar água.

O ozônio forma-se naturalmente e, também, como resultado da atividade humana. Dada sua alta reatividade, ele não persiste por muito tempo. Se não fosse pelo fato de o ozônio voltar a se formar, você só o encontraria como uma curiosidade de laboratório.

O ozônio pode se formar a partir do oxigênio, mas o processo exige energia. Uma equação simples sintetiza o processo:

$$\text{energia} + 3\,O_2 \longrightarrow 2\,O_3 \qquad \textbf{[2.1]}$$

Essa equação química ajuda a explicar a formação de ozônio a partir do oxigênio sob a influência de uma descarga elétrica, seja uma faísca ou um raio.

O ozônio é razoavelmente raro na troposfera, a região da atmosfera mais próxima da superfície da Terra (Figura 2.1). Tipicamente, só ocorrem entre 20 e 100 moléculas de ozônio para cada bilhão de moléculas e átomos que formam o ar. Concentrações insalubres são, às vezes, encontradas perto da superfície da Terra como um componente da neblina fotoquímica resultante de reações químicas, mas essas concentrações são muito baixas. Como vimos no capítulo anterior, o padrão de qualidade do ar dos Estados Unidos para o ozônio nas regiões próximas da superfície da Terra, em 2012, era de 0,075 ppm por 8 horas em média. Esse padrão equivale a 75 moléculas de ozônio para cada bilhão de moléculas e átomos encontrados no ar.

Porém, o que é prejudicial em uma região da atmosfera, mesmo em concentrações muito baixas, pode ser essencial em outra. Na estratosfera, o ozônio filtra melhor alguns tipos de luz ultravioleta do Sol. A concentração de ozônio nessa região é várias ordens de magnitude superior à da troposfera, mas ainda muito baixa. O limite superior é de cerca de 12.000 moléculas de ozônio por cada bilhão de moléculas e átomos dos gases que formam a atmosfera nessa altitude.

A maior parte do ozônio do planeta, cerca de 90% do total, encontra-se na estratosfera. O termo **camada de ozônio** refere-se a uma região da estratosfera com concentração máxima de ozônio. A Figura 2.2 mostra as concentrações de ozônio na troposfera e na estratosfera.

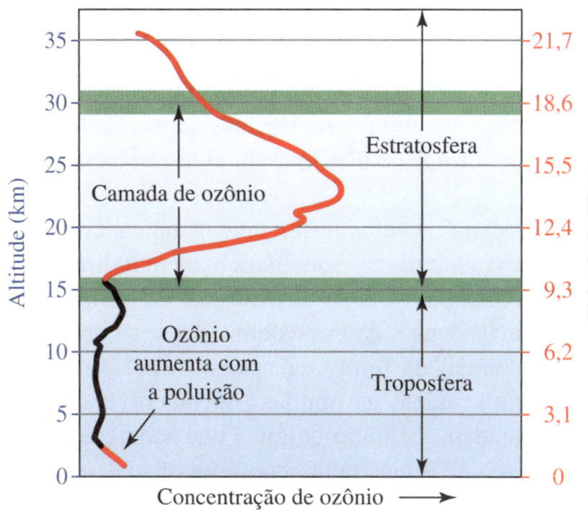

FIGURA 2.2 A camada de ozônio é a região da estratosfera em que a concentração de ozônio é máxima. As altitudes são aproximadas e variam com a latitude

Fonte: Global Ozone Research and Monitoring Project Report 44, *1998. Impresso com a permissão da* World Meteorological Organization.

Sua Vez 2.2 A camada de ozônio

Use a Figura 2.2 e os números dados no texto para responder a estas questões.

a. Qual é a altitude aproximada da concentração máxima de ozônio?
b. Qual é o número máximo de moléculas de ozônio por bilhão de moléculas e átomos de todos os tipos encontrados na estratosfera?
c. Qual é o número máximo de moléculas de ozônio por bilhões de moléculas e átomos de todos os tipos que formam o ar ambiente que atinge o limite médio EPA de 8 horas?

Resposta
a. Cerca de 23 km.

Como a faixa de altitudes é muito larga, o conceito de "camada de ozônio" pode enganar. Não existe uma manta macia e espessa de ozônio na estratosfera. Nas altitudes de concentração máxima de ozônio, a atmosfera é muito rarefeita; logo, a quantidade total de ozônio é surpreendentemente pequena. Se todo o O_3 da atmosfera pudesse ser isolado e levado à pressão e à temperatura médias da superfície da Terra (1 atm e 15°C), a camada de gás resultante teria uma espessura de menos de 0,5 cm. Na escala global, isso é uma quantidade minúscula de matéria. Entretanto, esse escudo de ozônio protege a superfície da Terra e seus habitantes dos efeitos nocivos da radiação ultravioleta.

A quantidade total de ozônio em uma coluna vertical de ar cujo volume é conhecido pode ser determinada com facilidade. Isso pode ser feito a partir da superfície da Terra medindo-se a quantidade de radiação UV que atinge um detector. Quanto menor a intensidade da radiação, maior a quantidade de ozônio na coluna. G. M. B. Dobson, um cientista da Universidade de Oxford, Inglaterra, foi o pioneiro nesse método de medida. Em 1920, ele inventou o primeiro instrumento capaz de medir a concentração de ozônio em uma coluna da atmosfera da Terra. É, portanto, de se esperar que a unidade dessas medidas tenha recebido seu nome.

Estude Isto 2.3 Interpretando valores de ozônio

Uma colega de classe usou o site da National Aeronautics and Space Administration (NASA) para determinar a quantidade de ozônio atmosférico sobre sua cidade em Ohio. Ela encontrou 417 DU (unidades Dobson) em 10 de abril e 386 DU em 10 de maio. A estudante, embasada nesses números, concluiu que ocorreu uma melhora na proteção contra a radiação UV danosa. Você concorda? Explique.

Uma unidade Dobson é equivalente a cerca de 3×10^{16} moléculas de O_3 em uma coluna vertical de ar com seção cruzada de 1 cm^2.

A missão EOS *Aura*, da NASA, também está coletando dados sobre a qualidade do ar troposférico (Capítulo 1) e parâmetros importantes do clima (Capítulo 3)

Os cientistas continuam a medir e avaliar os níveis de ozônio usando observações do solo, balões meteorológicos e aeronaves de alta altitude. Entretanto, desde os anos 1970, medidas do ozônio total por coluna também são feitas acima da atmosfera. Detectores montados em satélites registram a intensidade da radiação UV espalhada pela atmosfera superior. Os resultados são, então, relacionados com a quantidade de O_3 existente.

O ônibus espacial *Columbia* testou uma nova maneira de monitorar o ozônio. Em vez de olhar de um satélite diretamente para baixo em direção da Terra, o equipamento a bordo do ônibus olha para o lado através da fina bruma azul (veja a foto) que fica acima das regiões mais densas da troposfera e segue a curvatura da Terra. Essa região é conhecida como a "borda" da Terra e é responsável pelo nome desta nova técnica, "vista da borda". Informações confiáveis podem ser obtidas em cada nível da atmosfera, permitindo, em particular, que os cientistas entendam melhor a química que acontece nas regiões inferiores da estratosfera. Em janeiro de 2004, a NASA lançou uma nova missão chamada Earth Observing System (EOS) *Aura* que também usa várias geometrias de visada, incluindo a da borda, para adquirir novos dados sobre as mudanças da camada de ozônio da Terra.

O processo pelo qual o ozônio nos protege da radiação solar danosa envolve a interação entre a matéria e a energia do Sol. Para ajudá-lo a entender isso, temos primeiro de examinar uma visão submicroscópica da matéria.

2.2 Estrutura atômica e periodicidade

As moléculas O_2 e O_3 são formadas por átomos de oxigênio. O que sabemos sobre esses átomos? Durante o século XX, os cientistas testaram o funcionamento interno do átomo. Os físicos tiveram muito sucesso em seus esforços e encontraram mais de 200 partículas subatômicas. Felizmente, a maior parte do comportamento químico pode ser explicada com somente três.

Todos os átomos têm um **núcleo**, um centro denso e muito pequeno, composto por prótons e nêutrons. Os **prótons** são partículas de carga positiva e os **nêutrons**, eletricamente neutros. Eles têm praticamente a mesma massa. Fora do núcleo estão os **elétrons**, que definem os limites do átomo. Um elétron tem massa muito menor do que a do próton ou do nêutron e carga elétrica negativa igual em magnitude à do próton, porém de sinal inverso. Portanto, em qualquer átomo eletricamente neutro, o número de prótons e de nêutrons é o mesmo. As propriedades dessas partículas estão resumidas na Tabela 2.1.

O número de prótons do núcleo determina a identidade do átomo. O termo **número atômico** refere-se ao número de prótons do núcleo de um átomo. Por exemplo, todos os núcleos de hidrogênio (H) contêm 1 próton, assim ele tem o número atômico 1. De modo semelhante, todos os núcleos de hélio (He) têm 2 prótons, e seu número atômico é 2. O número atômico dos elementos da Tabela Periódica cresce sucessivamente. Por exemplo, o núcleo do elemento 92 (U, urânio) contém 92 prótons.

TABELA 2.1 Propriedades das partículas subatômicas

Partículas	Carga relativa	Massa relativa	Massa efetiva, kg
próton	+1	1	$1{,}67 \times 10^{-27}$
nêutron	0	1	$1{,}67 \times 10^{-27}$
elétron	−1	0*	$9{,}11 \times 10^{-31}$

*Esse valor é zero quando arredondado para o próximo número inteiro. O elétron tem massa, ainda que muito pequena.

Sua Vez 2.4 Escrituração dos átomos

Use a Tabela Periódica como guia para especificar o número de prótons e elétrons de um átomo neutro destes elementos.

a. carbono (C) **b.** cálcio (Ca) **c.** cloro (Cl) **d.** crômio (Cr)

Respostas

a. 6 prótons, 6 elétrons
b. 20 prótons, 20 elétrons

Gostaríamos de poder mostrar um retrato de um átomo típico. Entretanto, os átomos desafiam representações fáceis, e as figuras dos livros-texto são, na melhor das hipóteses, supersimplificações. Logo de saída, o tamanho relativo do núcleo e do átomo cria um sério problema para o ilustrador. Os elétrons são, às vezes, representados como movendo-se em "órbitas" ao redor do núcleo, mas a visão moderna dos elétrons é muito mais complicada e abstrata. Se o núcleo de um átomo de hidrogênio fosse do tamanho de um parágrafo desta página, os elétrons seriam provavelmente encontrados a uma distância de cerca de 3 metros do parágrafo. Além disso, os elétrons não seguem uma órbita circular específica. Ao contrário do que você talvez tenha aprendido, um átomo não se assemelha a um sistema solar em miniatura. Na verdade, a distribuição dos elétrons em um átomo é melhor descrita por conceitos de probabilidade e estatística.

Se isso parece vago para você, você não está sozinho. O senso comum e nossa experiência em relação às coisas usuais não são particularmente úteis quando se trata de visualizar o interior de um átomo. Em vez disso, somos forçados a recorrer à matemática e às metáforas. A matemática necessária (uma área chamada de mecânica quântica) pode ser desafiadora. Os estudantes de química normalmente só encontram esse assunto em uma etapa bem avançada do curso. Embora não possamos partilhar com você as estranhas belezas do mundo quântico peculiar do átomo, podemos dar-lhe algumas generalizações úteis.

A Tabela Periódica lista os elementos na ordem crescente do número atômico. A Tabela também é arranjada de modo que os elementos que têm propriedades químicas semelhantes caiam na mesma coluna (grupo). Por exemplo, o lítio (Li, número atômico 3), o sódio (Na, 11), o potássio (K, 19), o rubídio (Rb, 37) e o césio (Cs, 55) caem na mesma coluna e são metais muito reativos. Que propriedade fundamental explica isso?

Hoje, sabemos que as propriedades químicas dos elementos são uma consequência da distribuição dos elétrons nos átomos desses elementos. Quando as propriedades químicas se repetem, isso assinala um arranjo comum dos elétrons. Como veremos, os elétrons que estão mais afastados do núcleo são os que têm maior papel na determinação das propriedades químicas.

O experimento e o cálculo mostram que os elétrons estão arranjados em volta do núcleo em certos níveis de energia. Os elétrons mais internos são os mais fortemente atraídos pelos prótons do núcleo, com sua carga positiva. Quanto maior for a distância entre o elétron e o núcleo, mais fraca será a atração entre eles. Dizemos que os elétrons mais distantes estão em um nível de energia mais alta, o que significa que o elétron possui mais energia potencial.

O que chamamos de "níveis" era chamado de "camadas" no antigo modelo de sistema solar da estrutura atômica.

Procure mais informações sobre energia potencial no Capítulo 4.

Cada nível de energia pode acomodar um número máximo de elétrons e é particularmente estável quando completamente ocupado. O nível mais interno, correspondente à energia mais baixa, só pode acomodar dois elétrons. O segundo nível tem a capacidade máxima de oito e os níveis mais altos também são particularmente estáveis quando contêm oito elétrons.

A Tabela 2.2 dá algumas informações importantes sobre os elétrons de átomos neutros dos 18 primeiros elementos. O número total de elétrons de cada átomo está em azul e o número de elétrons mais externos, em castanho avermelhado. Os **elétrons mais externos (de valência)** estão nos níveis de energia mais altos e ajudam a explicar muitas das características observadas nas propriedades químicas. Veja que a designação do grupo (1A, 2A, etc.) corresponde, para os elementos do grupo A, ao número de elétrons mais *externos*, um dos aspectos organizadores mais úteis da Tabela Periódica.

A Tabela Periódica também contém elementos do grupo B. A Tabela 2.2 não os mostra porque eles começam na quarta linha.

Lítio (guardado em querosene)

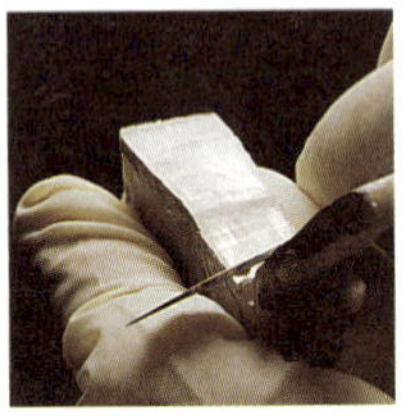

Sódio (removido do querosene para ser cortado)

Potássio (em um tubo de vidro selado)

Rubídio (em um tubo de vidro selado)

FIGURA 2.3 Elementos selecionados do Grupo 1A.

O menor gás nobre, o hélio, tem 2 elétrons de valência, e não 8.

TABELA 2.2 Átomos dos primeiros 18 elementos (elétrons totais e externos)

Grupo 1A	2A	3A	4A	5A	6A	7A	8A
1 H 1							2 He 2
3 Li 1	4 Be 2	5 B 3	6 C 4	7 N 5	8 O 6	9 F 7	10 Ne 8
11 Na 1	12 Mg 2	13 Al 3	14 Si 4	15 P 5	16 S 6	17 Cl 7	18 Ar 8

- *Acima* do símbolo atômico está o número atômico, o número de prótons do núcleo. No caso de um átomo neutro, esse também é o número dos elétrons.
- *Abaixo* do símbolo atômico está o número de elétrons **mais externos** de um átomo neutro.

Dê outra olhada na primeira coluna da Tabela 2.2. Os átomos de lítio e de sódio têm um elétron *externo*, mesmo o número *total* de elétrons sendo diferente. Esse fato explica grande parte da química comum a esses dois metais alcalinos. Ele os coloca no Grupo 1A da Tabela Periódica (1 indica um elétron externo). Além disso, estaríamos corretos se presumíssemos que potássio, rubídio e os outros elementos da coluna 1A da Tabela periódica também têm um elétron externo em cada um de seus átomos. Todos são metais que reagem facilmente com oxigênio, água e um grande número de outras substâncias. A Figura 2.3 mostra fotografias de alguns elementos do Grupo 1A.

A Tabela Periódica é um guia útil para o arranjo dos elétrons. Nas famílias (outro nome dos grupos) dos elementos marcados com "A", o número que encabeça a coluna indica o número de elétrons externos de cada átomo. Mencionamos os termos *metal alcalino*, *metal alcalino terroso*, *halogênio* e *gás nobre* no Capítulo 1. Agora, vamos ligar esses termos aos números de seus grupos.

- Metais alcalinos (Grupo 1A) – muito reativos, com um elétron externo
- Metais alcalinos terrosos (Grupo 2A) – metais reativos, com dois elétrons externos
- Halogênios (Grupo 7A) – não metais reativos, com 7 elétrons externos
- Gases nobres (Grupo 8A) – não metais inertes, com 8 elétrons externos

Sua Vez 2.5 Elétrons externos

Use a Tabela Periódica como um guia para especificar o número do grupo e o número de elétrons externos de um átomo neutro de cada elemento.

a. enxofre (S) **b.** silício (Si) **c.** nitrogênio (N) **d.** criptônio (Kr)

Respostas

a. Grupo 6A; 6 elétrons externos **b.** Grupo 4A; 4 elétrons externos

Sua Vez 2.6 Propriedades das famílias

a. Em termos dos elétrons externos, o que flúor (F), cloro (Cl), bromo (Br) e iodo (I) têm em comum?

b. O elemento berílio (Be), como os demais elementos do Grupo 2A, tem dois elétrons externos. Dê os nomes e símbolos dos outros elementos do Grupo 2A.

Resposta

a. Todos têm sete elétrons externos. Eles pertencem ao Grupo 7A, dos halogênios.

TABELA 2.3 Isótopos do hidrogênio

Nome	Isótopo	Número de prótons (número atômico)	Número de nêutrons	nêutrons + prótons (número de massa)
hidrogênio	H–1 ou ^1_1H	1	0	1
deutério	H–2 ou ^2_1H	1	1	2
trício	H–3 ou ^3_1H	1	2	3

Os elementos podem ter isótopos estáveis e isótopos radioativos. Por exemplo, H-3 (trício) é radioativo, mas H-1 e H-2, não. Descubra mais sobre radioisótopos no Capítulo 7.

Além dos elétrons e prótons, os átomos também contêm nêutrons. A exceção (a única) é um átomo da forma mais comum do hidrogênio que contém apenas um próton em seu núcleo. Ainda assim, o núcleo de 2 dentre cada 6.700 átomos de hidrogênio também contém um nêutron. Essa forma de hidrogênio, de ocorrência natural, é chamada de deutério. O trício, uma forma radioativa de hidrogênio, muito rara na natureza, tem dois nêutrons em seu núcleo. Hidrogênio, deutério e trício são exemplos de isótopos, duas ou mais formas do mesmo elemento (mesmo número de prótons) cujos átomos diferem no número de nêutrons e portanto, na massa.

Um isótopo é identificado por seu **número de massa**, a soma do número de prótons e nêutrons do núcleo atômico. O número de massa pode variar para o mesmo elemento. Em contraste, o número atômico, não. O símbolo ^1_1H representa o isótopo mais comum do hidrogênio. Como o número atômico 1 do hidrogênio não varia, o subscrito é muitas vezes omitido. Assim, você pode encontrar ^1H, hidrogênio-1 ou H-1. A Tabela 2.3 sintetiza as informações sobre os isótopos do hidrogênio.

Sua Vez 2.7 Prótons e nêutrons

Especifique o número de prótons e nêutrons nos seguintes núcleos.

a. carbono-14 ($^{14}_6C$) **b.** urânio-235 ($^{235}_{92}U$) **c.** iodo-131 ($^{131}_{53}U$)

Respostas

a. 6 prótons, 8 nêutrons
b. 92 prótons, 143 nêutrons

Todos os elementos têm mais de um isótopo, mas o número dos que são estáveis varia consideravelmente. A massa atômica dos elementos que você vê nas Tabelas Periódicas leva em conta a abundância natural relativa dos isótopos e suas massas. Seguindo nossa regra geral de apresentar as informações quando são necessárias, voltaremos à discussão das massas atômicas no Capítulo 3.

O número de massa é o número total de prótons e nêutrons de um isótopo específico. A massa atômica é a média ponderada de todos os isótopos de ocorrência natural de um elemento.

2.3 Moléculas e modelos

Tendo feito uma curta excursão ao reino atômico, passemos, agora, para o tópico da ligação nas moléculas, para que depois possamos entender o buraco do ozônio.

Comecemos com a molécula mais simples, H_2. Cada átomo de hidrogênio tem um elétron. Se dois hidrogênios se ligam, os dois elétrons passam a ser propriedade comum. Se representarmos cada elétron por um ponto, os dois átomos de hidrogênio poderiam ser mais ou menos assim:

H· e ·H

Juntando os dois átomos, teremos uma molécula, que pode ser representada desta forma.

H : H

Cada átomo partilha os dois elétrons. A molécula resultante, H_2, tem energia mais baixa do que a soma das energias dos dois átomos de H e, em consequência, a molécula com os átomos ligados é mais estável do que os dois átomos separados. Os dois elétrons compartilhados constituem uma **ligação covalente**. Apropriadamente, o nome *covalente* implica "energia compartilhada"

Uma **estrutura de Lewis** é uma representação de um átomo ou molécula que mostra seus elétrons externos. O nome homenageia Gilbert Newton Lewis (1875-1946), um químico americano pioneiro em seu uso. As estruturas de Lewis, também chamadas de estruturas de pontos, podem ser previstas para muitas moléculas simples quando se usa um conjunto de etapas simples. Vamos primeiro ilustrar o procedimento com o fluoreto de hidrogênio, HF, outra molécula simples.

Você provavelmente não usará HF em seu laboratório de química. Trata-se de um composto muito reativo. Soluções em água são usadas para gravar o vidro.

1. Note o número de elétrons externos contribuídos por cada átomo.
   Sugestão: A Tabela Periódica é um guia útil para os elementos do Grupo A.

   1 átomo de H (H·) × 1 elétron externo por átomo = 1 elétron externo

   1 átomo de F (:F̤̈·) × 7 elétrons externos por átomo = 7 elétrons externos

2. Adicione os elétrons externos contribuídos por cada átomo para obter o número total de elétrons disponíveis

   $$1 + 7 = 8 \text{ elétrons externos}$$

3. Arranje os elétrons externos em pares. Distribua os pares de modo a aumentar a estabilidade ao máximo dando a cada átomo uma parte dos elétrons, de modo a preencher seu nível mais externo: 2 elétrons para o hidrogênio, 8 elétrons para a maior parte dos outros átomos.

   H:F̤̈:

Rodeamos o átomo de F com 8 pontos, organizados em 4 pares. O par de pontos entre o H e o F representa o par de elétrons que forma a ligação que une os átomos de hidrogênio e de flúor. Os outros 3 pares de elétrons não são partilhados com outros átomos. Por isso, eles são chamados de elétrons não ligantes ou "pares isolados" ou, ainda, elétrons livres.

Uma **ligação covalente simples** forma-se quando dois elétrons (um par) são partilhados por dois átomos. Uma linha é usada para representar os dois elétrons da ligação.

H—F̤̈:

Às vezes, os elétrons não ligantes são removidos de uma estrutura de Lewis para simplificá-la ainda mais. O resultado é chamado de **fórmula estrutural**, uma representação da conexão dos átomos em uma molécula.

H—F

Lembre-se de que a linha simples representa um par de elétrons partilhados. Esses 2 elétrons mais os 6 elétrons dos 3 pares isolados significam que o átomo de flúor está associado a 8 elétrons externos, estejam ou não os elétrons visíveis. Lembre-se ainda de que o átomo de hidrogênio só tem o par de elétrons partilhado com o flúor. Ele está usando sua capacidade máxima de dois elétrons.

O fato de que os elétrons em muitas moléculas arranjam-se de modo que cada átomo (exceto o hidrogênio) se associe a oito elétrons é chamado de **regra do octeto**. Essa generalização é útil para a previsão das estruturas de Lewis e das fórmulas dos compostos. Vejamos a molécula Cl_2, a forma diatômica do cloro elementar. Podemos ver na Tabela Periódica que o cloro, como o flúor, está no Grupo 7A, isto é, seus átomos têm 7 elétrons externos. Usando o esquema que vimos para o HF, primeiro contamos e adicionamos os elétrons externos para o Cl_2.

2 átomos de Cl (:C̤̈l·) + 7 elétrons externos por átomo = 14 elétrons externos

Para que a molécula Cl_2 exista, deve haver uma ligação entre os dois átomos. Os 12 elétrons restantes formam 6 pares isolados, distribuídos de modo a dar 8 elétrons para cada cloro (2 ligantes e 6 não ligantes). Aqui está a estrutura de Lewis.

:C̤̈l—C̤̈l:

Sua Vez 2.8 Estruturas de Lewis de moléculas diatômicas

Desenhe a estrutura de Lewis de cada molécula.

a. HBr **b.** Br_2

Resposta

a. 1 átomo de H (H·) × 1 elétron externo por átomo = 1 elétron externo

1 átomo de Br (·B̤̈r:) × 7 elétrons externos por átomo = 7 elétrons externos

Total = 8 elétrons

Eis a estrutura de Lewis: H:B̤̈r: ou H—B̤̈r:.

Até agora, só tratamos de moléculas que têm apenas dois átomos. A regra do octeto, porém, aplica-se também a moléculas maiores. Usemos uma molécula de água, H_2O, como exemplo. Como fizemos com as moléculas diatômicas, primeiro somamos os elétrons externos.

2 átomos de H (H·) × 1 elétron externo por átomo = 2 elétrons externos

1 átomo de O (·Ö̤·) × 6 elétrons externos por átomo = 6 elétrons externos

Total = 8 elétrons externos

Em moléculas como a água que têm um átomo único ligado a dois ou mais átomos de um elemento diferente (ou elementos), *o átomo único é o átomo central*. Você encontrará exceções, mas essa regra é útil. Como o oxigênio é o "átomo único" em H_2O, nós o colocamos no centro da estrutura de Lewis. Cada átomo de H se liga ao átomo de O, usando, assim, 4 elétrons. Os demais 4 elétrons são do átomo de O na forma de 2 pares livres.

H:Ö̤:H

Cada átomo de H forma apenas uma ligação (dois elétrons partilhados). O oxigênio pode formar duas ligações e é o átomo central em H_2O.

Uma rápida contagem confirma que o átomo de O está cercado por 8 elétrons, como predito pela regra do octeto. Alternativamente, podemos usar linhas para as ligações simples.

H—Ö̤—H

As fórmulas químicas mostram os tipos de átomos e a razão entre eles. Em contraste, as estruturas de Lewis também indicam como os átomos se ligam e o número de pares livres de elétrons, se existirem. Observe que as estruturas de Lewis *não* mostram diretamente a forma da molécula. Por exemplo, usando a estrutura de Lewis que desenhamos, poderia parecer que a molécula da água é linear. Na verdade, as ligações simples formam um ângulo.

O modelo de espaço cheio da água já foi visto na Seção 1.7. Explicaremos por que a molécula da água é angulada no Capítulo 3.

ou

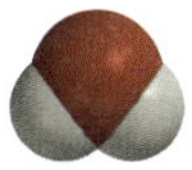

Outra molécula a se examinar é o metano, CH_4. Novamente, começamos somando os elétrons de valência.

A combustão do metano foi discutida na Seção 1.10. Procure no Capítulo 3 uma explicação para a forma da molécula do metano.

4 átomos de H (H·) × 1 elétron externo por átomo = 4 elétrons externos

1 átomo de C (·Ċ̣·) × 4 elétrons externos por átomo = 4 elétrons externos

Total = 8 elétrons externos

O átomo de carbono central está rodeado pelos 8 elétrons, dando-lhe um octeto de elétrons. Na estrutura de Lewis, cada átomo de H usa 2 dos elétrons para ligar-se ao átomo de C, um total de 4 ligações covalentes simples.

```
  H                H
H:C:H   ou     H—C—H
  H                H
```

Lembre-se de que H só pode acomodar um par de elétrons. A próxima atividade permite que você pratique com outras moléculas.

Sua Vez 2.9 Mais estruturas de Lewis

Desenhe as estruturas de Lewis destas molecular. Ambas obedecem à regra do octeto.

a. sulfeto de hidrogênio (H_2S)
b. dicloro-difluoro-metano (CCl_2F_2)

Resposta

a. 2 átomos de H (H·) × 1 elétron externo por átomo = 2 elétrons externos

1 átomo de S (·S̤̈·) × 6 elétron externo por átomo = 6 elétrons externos

Total = 8 elétrons externos

A estrutura de Lewis é H:S̤̈:H ou H—S̤̈—H

As estruturas de Lewis de H_2S e H_2O só diferem no átomo central.

Em algumas estruturas, as ligações covalentes simples não permitem que os átomos sigam a regra do octeto. Vejamos, por exemplo, a molécula de O_2. Aqui temos 12 elétrons externos para distribuir, 6 de cada átomo de oxigênio. Não há elétrons em número suficiente para dar 8 elétrons a cada átomo se somente um par é partilhado. Entretanto, a regra do octeto pode ser satisfeita se dois átomos partilharem quatro elétrons (dois pares). Uma ligação covalente de dois pares de elétrons compartilhados é chamada de **ligação dupla**. Essa ligação é representada por quatro pontos ou duas linhas.

Ö̤::Ö̤ ou Ö̤=Ö̤

Ligações duplas são mais curtas, mais fortes e precisam de mais energia para serem quebradas do que as ligações simples que envolvem os mesmos átomos. O comprimento e a energia da ligação na molécula de O_2 corresponde a uma ligação dupla. Entretanto, o oxigênio tem uma propriedade que não é coerente com a estrutura de Lewis dada acima. Quando oxigênio líquido é derramado entre os polos de um ímã forte, ele gruda nos polos como se fosse limalha de ferro. Esse comportamento magnético implica a presença de elétrons desemparelhados, não o arranjo mostrado nas estruturas de Lewis anteriores. Ainda assim, isso não é razão para descartarmos as generalizações úteis da regra do octeto. Afinal, modelos científicos simples raramente, ou nunca, explicam todos os fenômenos, mas podem ser úteis em uma primeira aproximação. Existem outros casos comuns em que a aplicação direta da regra do octeto leva a discrepâncias na interpretação de evidências experimentais. Encontrar dados em contradição pode levar ao desenvolvimento de modelos mais elaborados.

Uma **ligação tripla** é feita por três pares de elétrons compartilhados. Para os mesmos átomos, as ligações triplas são mais curtas, mais fortes e mais difíceis de quebrar do que as ligações duplas. Por exemplo, a molécula do nitrogênio, N_2, contém uma ligação tripla. Cada átomo de nitrogênio do Grupo 5A contribui com 5 elétrons externos para o total de 10. Estes 10 elétrons podem ser distribuídos de acordo com a regra do octeto se 6 deles (três pares) forem partilhados entre os dois átomos, deixando os outros quatro para formar dois pares livres, um em cada átomo de nitrogênio.

A estabilidade da ligação tripla entre os átomos de N em N_2 ajuda a explicar a relativa inércia do nitrogênio na troposfera.

:N⋮⋮N: ou :N≡N:

A molécula de ozônio introduz outra característica estrutural. Novamente, começamos com a regra do octeto. Cada um dos três átomos de oxigênio contribui com 6 elétrons externos para um total de 18. Esses 18 elétrons podem ser distribuídos de duas maneiras que dão 8 elétrons para cada átomo.

Ö̤::Ö:Ö̤:   :Ö̤:Ö::Ö̤

a   **b**

As estruturas **a** e **b** predizem que a molécula deveria conter uma ligação simples e uma ligação dupla. Na estrutura **a**, a ligação dupla está à esquerda do átomo central e na estrutura **b**, à direita. Os experimentos, porém, mostram que as duas ligações da molécula O_3 são idênticas com comprimentos e energia intermediários entre uma ligação simples e uma dupla. As estruturas **a** e **b** são chamadas de **formas de ressonância**, estruturas de Lewis que representam extremos hipotéticos dos arranjos dos elétrons de uma molécula. Por exemplo, nenhuma das duas formas de ressonância representa o arranjo dos elétrons na molécula de ozônio. Antes, a estrutura real é qualquer coisa parecida com um híbrido das duas formas de ressonância. Uma seta de duas pontas ligando as formas diferentes é usada para representar o fenômeno da ressonância.

A ressonância é outro conceito de modelagem inventado pelos químicos para representar o micromundo complexo das moléculas. Não pretende ser "a verdade", mas só um modo de descrever as estruturas de moléculas que não se ajustam exatamente ao modelo da regra do octeto. A Figura 2.4 compara as estruturas de Lewis de várias espécies que contêm oxigênio e são relevantes neste e em outros capítulos.

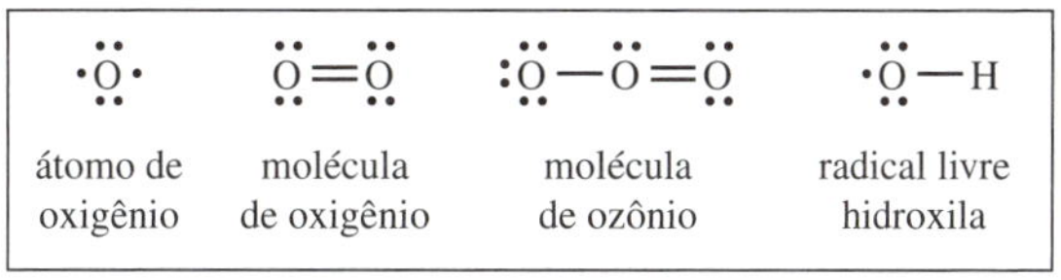

FIGURA 2.4 Estruturas de Lewis de várias espécies que contêm oxigênio. Só mostramos uma das formas de ressonância do ozônio.

O radical hidroxila foi mencionado no Capítulo 1, ligado à formação de névoa suja.

Uma inspeção experimental mais acurada do micromundo mostra que a molécula de O_3 não é linear como as estruturas de Lewis que acabamos de desenhar parecem indicar. Lembre-se de que as estruturas de Lewis só nos dizem como os átomos estão ligados, não necessariamente a forma da molécula. A molécula de O_3 é angulada como nesta representação.

Observe que H_2O e O_3 são moléculas anguladas com O como átomo central.

Uma explicação sobre o ângulo na molécula de O_3 será dada no Capítulo 3. Neste ponto, só precisamos saber como as ligações das moléculas de O_2 e O_3 relacionam-se com sua interação com a luz do Sol.

Sua Vez 2.10 Estruturas de Lewis com ligações múltiplas

Desenhe a estrutura de Lewis de cada composto. Ambos seguem a regra do octeto.

a. monóxido de carbono (CO)
b. dióxido de enxofre (SO_2)

Resposta

a. 1 átomo de C (·Ċ·) × 4 elétrons externos por átomo = 4 elétrons externos

1 átomo de O (·Ö·) × 6 elétrons externos por átomo = 6 elétrons externos

Total = 10 elétrons externos

A estrutura de Lewis é :C⋮⋮O: ou :C≡O: e tem 10 elétrons externos. A molécula de N_2 também tem 10 elétrons externos e também forma uma ligação tripla.

2.4 Ondas de luz

Permanentemente, o Sol emite luz que, após algum tempo, atinge nosso planeta. Parte dessa luz podemos ver, parte não. Os prismas e as gotas de chuva quebram a luz visível em um espectro de cores. Às vezes, nomeamos essas cores como violeta, anil, azul, verde, amarelo, laranja e vermelho. Outras vezes, distinguimos os matizes com nomes mais descritivos como vermelho-cereja ou verde-floresta.

Outro modo de descrever uma cor é usar um valor numérico que corresponde a seu comprimento de onda. As palavras *comprimento de onda* sugerem corretamente que a luz se comporta

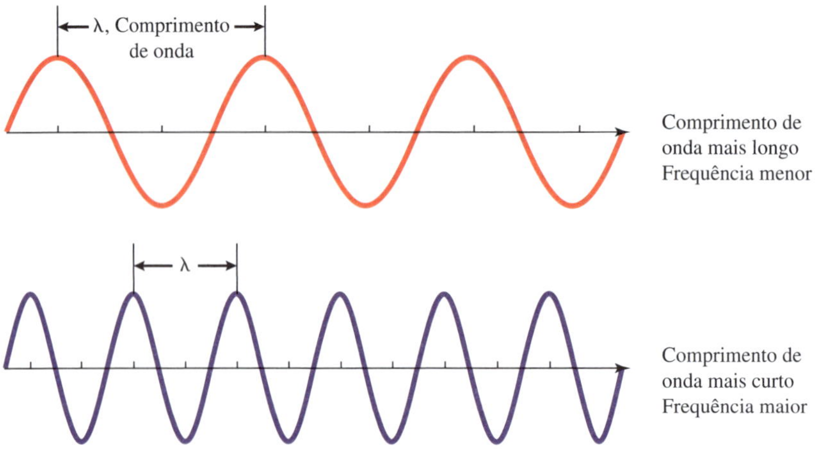

FIGURA 2.5 Comparação de duas ondas diferentes.

como uma onda na água. **Comprimento de onda** é a distância entre dois picos sucessivos. Ele é expresso em unidades de comprimento e simbolizado pela letra grega lambda (λ). As ondas também caracterizam-se por uma certa **frequência**, o número de ondas que passa por um ponto fixo em 1 segundo. A frequência é simbolizada pela letra grega nu (ν). A Figura 2.5 mostra duas ondas de comprimentos de onda e frequências diferentes.

A relação entre frequência e comprimento de onda pode ser resumido por uma equação simples em que ν é a frequência e c é a velocidade constante com que viajam a luz visível e outras formas de radiação eletromagnética, $3{,}00 \times 10^8\ \text{m·s}^{-1}$.

Quando o comprimento de onda ↑, a frequência ↓.

$$\text{frequência } (\nu) = \frac{\text{velocidade da luz } (c)}{\text{comprimento de onda } (\lambda)} \qquad [2.2]$$

A equação 2.2 indica que comprimento de onda e a frequência são *inversamente* relacionados. Quando λ diminui, ν aumenta e vice-versa.

É interessante, e nos torna humildes, compreender que de todo o vasto conjunto da energia radiante, nossos olhos só sejam sensíveis a uma pequena parcela entre cerca de 700×10^{-9} metros (luz vermelha) e 400×10^{-9} metros (luz violeta). Esses comprimentos de onda são muito curtos, logo é mais conveniente expressá-los em nanômetros. Um **nanômetro (nm)** é um bilionésimo do metro (m).

$$1\text{ nm} = \frac{1}{1.000.000.000}\text{ m} = \frac{1}{1 \times 10^9}\text{ m} = 1 \times 10^{-9}\text{ m}$$

Podemos usar essa equivalência para converter metros em nanômetros. Por exemplo, esse cálculo mostra a quantos nanômetros correspondem 700×10^{-9} m.

$$\text{comprimento de onda } (\lambda) = 700 \times 10^{-9}\ \cancel{\text{m}} \times \frac{1\text{ nm}}{1 \times 10^{-9}\ \cancel{\text{m}}} = 700\text{ nm}$$

As unidades metro cancelam-se, deixando os nanômetros.

FIGURA 2.6 Um arco-íris de cores.

Estude Isto 2.11 Analisando um arco-íris

Gotículas de água em um arco-íris agem como prismas e separam a luz visível em suas cores.

a. Na Figura 2.6, que cor tem o comprimento de onda mais longo? E a maior frequência?
b. A luz verde tem comprimento de onda de 500 nm. Expresse esse valor em metros.

Resposta
b. 500×10^{-9} m. Em notação científica, 5×10^{-7} m.

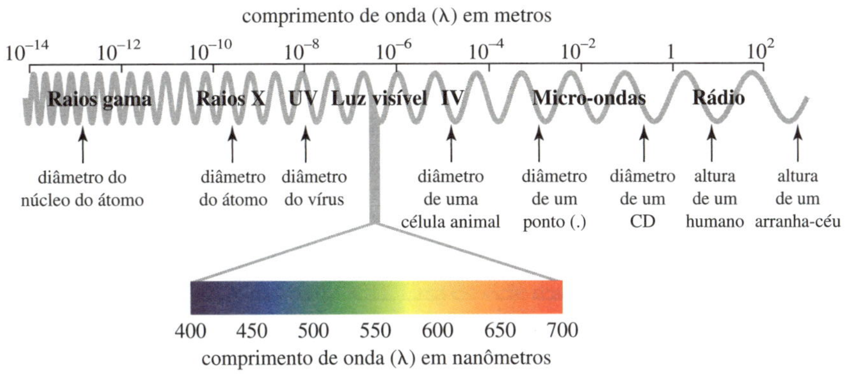

FIGURA 2.7 O espectro eletromagnético. A variação de comprimentos de onda dos raios gama a ondas de rádio não está em escala.

O **espectro eletromagnético** é um contínuo de ondas que vão de raios X e raios gama, de comprimento de onda curtos e alta energia, até ondas de rádio, de comprimentos de onda longos e baixa energia. A luz visível é somente uma estreita faixa do espectro. O termo **energia radiante** refere-se à coleção completa dos diferentes comprimentos de onda, cada uma com sua energia própria. A Figura 2.7 mostra o espectro eletromagnético, os comprimentos de onda relativos (fora da escala) e alguns exemplos, para ajudá-lo a ter uma perspectiva da faixa dos comprimentos de onda representados.

Neste capítulo, estudaremos a região do **ultravioleta (UV)**, que fica adjacente à luz violeta porém em comprimentos de onda mais curtos. Em comprimentos de onda ainda mais curtos estão os raios X, usados nos diagnósticos médicos e na determinação da estrutura de cristais, e os raios gama, que são emitidos nos processos de decaimento nuclear. Em comprimentos de onda mais longos do que os da luz vermelha está a região do **infravermelho (IV)**. Não podemos ver esses comprimentos de onda, mas podemos sentir o aquecimento que provocam. As micro-ondas usadas nos radares e para cozinhar rapidamente alimentos têm comprimentos de onda da ordem de centímetros. Em comprimentos de onda ainda mais longos estão as regiões do espectro usadas para transmitir sinais de rádio AM e FM e seus programas de televisão favoritos.

Veremos a região IV do espectro no Capítulo 3.

Sua Vez 2.12 Comprimentos de onda relativos

Examine estes quatro tipos de energia radiante encontrados no espectro eletromagnético: infravermelho, micro-ondas, ultravioleta, visível. *Sugestão:* Veja a Figura 1.7

a. Coloque-as na ordem *crescente* de comprimentos de onda.
b. Quantas vezes, aproximadamente, a radiação associada com as ondas de rádio é mais longa do que a associada com os raios X?

Resposta
a. ultravioleta < visível < infravermelho < micro-ondas

Nossa estrela local, o Sol, emite muitos tipos de energia radiante, mas não com a mesma intensidade. Isso fica evidente na Figura 2.8, um gráfico da intensidade relativa da radiação solar em função do comprimento de onda. A curva corresponde ao espectro medido *acima* da atmosfera, isto é, antes que possa ocorrer interação da radiação com as moléculas do ar. O pico que indica a maior intensidade está na região do visível. Porém, 53% da energia total emitida pelo Sol em direção à Terra é radiação infravermelha. Essa é a maior fonte de aquecimento do planeta. Aproximadamente 39% da energia que nos atinge é luz visível e só cerca de 8% é ultravioleta. (As áreas sob a curva

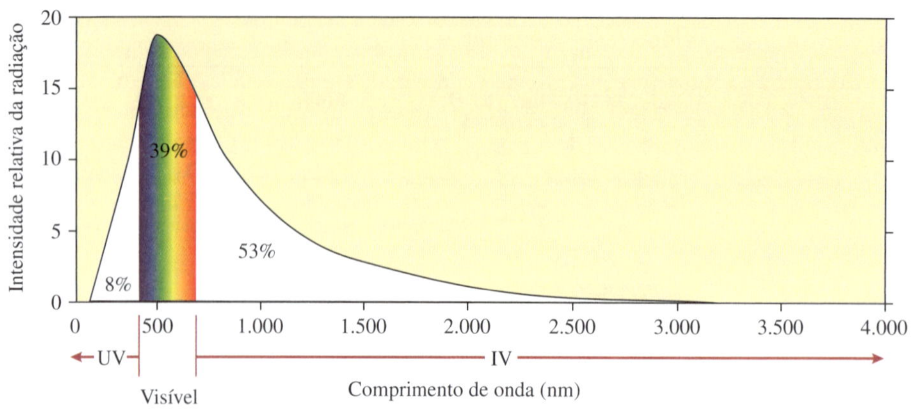

FIGURA 2.8 Distribuição da radiação solar acima da atmosfera da Terra em termos dos comprimentos de onda.

Fonte: An Introduction to Solar Radiation *por Muhammad Iqbal,* Academic Press, 1983. Direitos Elsevier 1983.

dão uma indicação dessas percentagens.) Entretanto, apesar da pequena percentagem, a radiação UV do Sol pode ser muito danosa para os seres vivos. Para entender o porquê, precisamos examinar a radiação eletromagnética em termos de sua energia.

2.5 Radiação e matéria

A ideia de que a radiação pode ser descrita em termos de ondas está bem estabelecida e é muito útil. Entretanto, no começo do século XX, os cientistas encontraram vários fenômenos que pareciam contradizer esse modelo. Em 1909, um físico alemão chamado Max Planck (1858-1947) sugeriu que a forma da curva de distribuição de energia da Figura 2.8 só poderia ser explicada se a energia do corpo radiante fosse a soma de muitos níveis de energia de tamanho pequeno mas discreto. Em outras palavras, a distribuição de energia não é contínua e consiste em muitas etapas individuais. Esse tipo de distribuição de energia é dito **quantizado**. Uma analogia muito usada é que a energia quantizada de um corpo radiante é como os degraus de uma escadaria, que também é quantizada (não existem degraus intermediários), e não uma rampa que aceita passos de qualquer tamanho. Albert Einstein (1879-1955), no trabalho que lhe rendeu o Prêmio Nobel de física de 1921, sugeriu que a radiação deveria ser vista como pacotes de energia chamados de **fótons**. Pode-se olhar esses fótons como "partículas de luz", mas eles definitivamente não são partículas no sentido usual. Por exemplo, eles não têm massa. Essas ideias são a base da teoria quântica moderna.

Planck e Einstein eram violinistas amadores e tocaram duetos juntos.

O modelo de ondas permanece útil mesmo com o desenvolvimento da teoria quântica. Ambos os modelos são descrições válidas da radiação. A natureza dual da energia radiante parece desafiar o senso comum. Como a luz pode ser descrita de duas formas diferentes ao mesmo tempo, como onda e como partícula? Não existe resposta óbvia para essa questão tão razoável – é como a natureza é. As duas visões ligam-se por uma relação simples que é uma das equações mais importantes da ciência moderna além de uma equação relevante para o papel do ozônio na atmosfera.

$$\text{energia } (E) = \frac{hc}{\lambda} \qquad \textbf{[2.3]}$$

Aqui, E representa a energia de um único fóton. Os símbolos h e c representam constantes. O símbolo h é chamado de constante de Planck e c é a velocidade da luz. Essa equação mostra que a energia, E, é inversamente proporcional ao comprimento de onda, λ. Em consequência, quando o comprimento de onda da radiação diminui, sua energia aumenta. Essa relação qualitativa é importante na história da destruição de ozônio.

Quando o comprimento de onda ↓, a energia ↑.

Sua Vez 2.13 Relações entre energia e cor

Arranje estas cores do espectro visível na ordem crescente de energia por fóton:

verde, vermelho, amarelo, violeta

Resposta

vermelho < amarelo < verde < violeta

Com a equação 2.3, pode-se calcular que a energia associada a um fóton de radiação UV é aproximadamente 10 milhões de vezes maior do que a energia de um fóton emitido por sua estação de rádio favorita. Uma consequência dessa diferença tão grande de energia é que você pode causar danos à sua pele ao se expor à radiação UV, mas não às ondas de rádio. Esteja ou não seu rádio ligado, você é continuamente bombardeado por ondas de rádio. Seu corpo não pode detectá-las, mas seu rádio pode. A energia associada com cada fóton de rádio é muito baixa e não é suficiente para produzir um aumento local da concentração do pigmento da pele, a melanina, como acontece com a exposição a UV. A produção de melanina envolve um salto quântico, uma transição eletrônica entre níveis de energia, que exige muito mais energia do que os fótons de ondas de rádio podem fornecer.

O Sol bombardeia a Terra com um número muito grande de fótons – pacotes invisíveis de energia. A atmosfera, a superfície do planeta e os seres vivos do planeta absorvem esses fótons. A radiação na região infravermelha do espectro aquece a Terra e seus oceanos. As células de nossas retinas são ajustadas para os comprimentos de onda da luz visível. Fótons com diferentes comprimentos de onda são absorvidos, e a energia é usada para "excitar" elétrons das moléculas biológicas. Alguns elétrons saltam para níveis mais altos de energia, dando início a uma série de reações químicas que levam à visão. Em comparação com os animais, as plantas verdes capturam a maior parte de seus fótons em uma região ainda mais estreita do espectro visível (que corresponde à luz vermelha). A **fotossíntese** é o processo pelo qual as plantas verdes (incluindo as algas) e algumas bactérias capturam a energia do Sol para produzir glicose e oxigênio a partir do dióxido de carbono e da água.

Veja as Seções 3.2 e 3.5 para mais detalhes sobre o papel da fotossíntese na mudança do clima e no ciclo do carbono.

Lembre-se de que quando o comprimento de onda da luz *diminui*, a energia de cada fóton *aumenta*. Os fótons da região UV do espectro têm energia suficiente para retirar elétrons de moléculas neutras, convertendo-as em espécies com carga positiva. Fótons UV ainda mais curtos podem quebrar ligações fazendo as moléculas se fragmentarem. Em seres vivos, essas mudanças perturbam as células, criando o potencial para defeitos genéticos e cânceres. A interação da radiação UV com as ligações químicas é mostrada esquematicamente na Figura 2.9.

É parte da fascinante simetria da natureza que a interação da radiação com a matéria explique o dano provocado pela radiação ultravioleta e o mecanismo atmosférico que nos protege dele. Passamos, a seguir, ao entendimento do escudo contra o ultravioleta formado pelo oxigênio e pelo ozônio de nossa estratosfera.

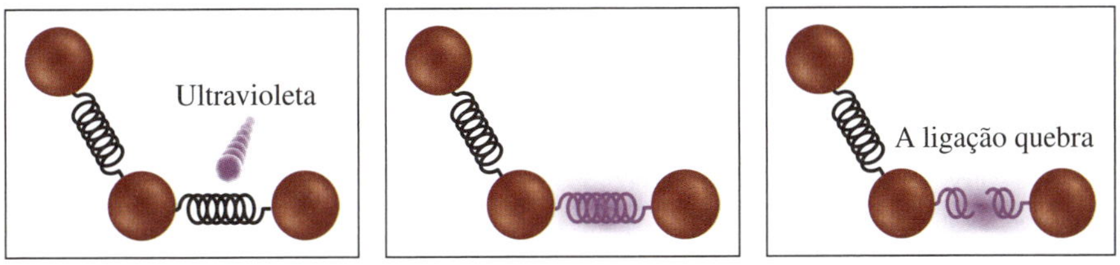

FIGURA 2.9 A radiação ultravioleta é capaz de quebrar algumas ligações químicas, mas não todas. As ligações são representadas como molas que mantêm juntos os átomos, permitindo que eles se movam uns em relação aos outros.

2.6 A cortina oxigênio-ozônio

Conhecemos as cores da luz visível por seus nomes, vermelho, azul, amarelo e assim por diante. De modo semelhante, podemos chamar a luz ultravioleta por nomes diferentes. Temos de admitir, porém, que os nomes não são tão coloridos: UV-A, UV-B e UV-C. O UV-A é adjacente à região violeta da luz visível e é o que tem energia mais baixa. Você talvez o conheça pelo nome "luz negra". Em contraste, o UV-C tem a maior energia e é adjacente à região dos raios X do espectro eletromagnético. A Tabela 2.4 mostra as características dos diferentes tipos de luz UV.

Sua Vez 2.14 O ABC do UV do Sol

a. Arranje UV-A, UV-B e UV-C na ordem crescente dos comprimentos de onda.
b. A ordem crescente de energia é a mesma do comprimento de onda? Explique
c. Você compraria um protetor solar que anuncia proteção contra o UV-C? Explique.

Resposta

c. Não. Você não deveria. Não há necessidade de proteção contra o UV-C, porque este conjunto de comprimentos de onda no UV é totalmente absorvido na estratosfera.

Como você viu na atividade anterior, a radiação UV-C do Sol é absorvida na atmosfera superior e praticamente não chega ao solo. O oxigênio e o ozônio absorvem luz com esses comprimentos de onda. Como vimos no Capítulo 1, cerca de 21% da atmosfera são oxigênio, O_2. Fótons com energia correspondendo a 242 nm, ou menos, têm energia suficiente para quebrar a ligação de uma molécula de O_2. Esses comprimentos de onda são encontrados na região do UV-C.

$$O_2 \xrightarrow[\lambda \leq 242\text{ nm}]{\text{fóton UV}} 2\,O \qquad [2.4]$$

Se O_2 fosse a única molécula a absorver a luz UV do Sol, a superfície da Terra e as criaturas que nela vivem ainda estariam sujeitas à radiação danosa da faixa 242-320 nm. É aqui que o O_3 tem papel protetor importante. A molécula de O_3 quebra-se mais facilmente do que a do O_2. Lembre-se de que os átomos da molécula de O_2 têm uma ligação dupla, mas as ligações de O_3 são intermediárias, em comprimento e energia, entre uma ligação simples e uma dupla. Portanto, os fótons de energia mais baixa (comprimentos de onda mais longos) são suficientes para separar os átomos de O_3. Na verdade, fótons de comprimento de onda 320 nm ou menos quebram a ligação O-O do ozônio.

$$O_3 \xrightarrow[\lambda \leq 320\text{ nm}]{\text{fóton UV}} O_2 + O \qquad [2.5]$$

TABELA 2.4 Tipos de radiação UV

Tipo	Comprimento de onda	Energia relativa	Comentários
UV–A	320–400 nm	Energia mais baixa	Menos danoso e chega à Terra em maior quantidade
UV–B	280–320 nm	Energia mais alta do que UV-A, porém mais baixa do que UV-C	Mais danoso do que UV-A, porém menos do que UV-C. Quase todo o UV-B é absorvido na estratosfera
UV–C	200–280 nm	Energia mais alta	Mais danoso, porém não é um problema porque é totalmente absorvido na estratosfera por O_2 e O_3

Estude Isto 2.15 Energia e comprimento de onda

Acabamos de afirmar que são necessários fótons na região do UV-C ($\leq$ 242 nm) para quebrar a ligação dupla de O_2. As ligações de O_3 são mais fracas do que as de O_2; logo, fótons de energia mais baixa ($\leq$ 320 nm) podem quebrá-las. Quanto a energia de um fóton de 242 nm é maior do que a de um fóton de 320 nm?

Sugestão: Um modo de resolver isso é calcular a razão das energias de um fóton de 242 nm e um de 320 nm e comparar o valor encontrado com a razão de seus comprimentos de onda. Veja os valores da constante de Planck e a velocidade da luz no Apêndice 1.

As equações 2.4 e 2.5, juntamente à equação 2.1 (que mostrou a formação de O_3 a partir de O_2), são parte de um conjunto de reações químicas da estratosfera. A cada dia, formam-se 300.000.000 (3×10^8) toneladas de O_3 e uma quantidade igual decompõe-se. Matéria não se cria nem se destrói, apenas muda sua forma química; assim, a concentração de ozônio fica constante nesse ciclo natural. O processo é um exemplo de **estado de equilíbrio**, uma condição em que um sistema dinâmico está balanceado e não há mudança sensível de concentração das espécies majoritárias envolvidas. Um estado de equilíbrio ocorre quando um certo número de reações químicas, tipicamente reações em competição, balanceiam umas às outras. O **ciclo de Chapman**, mostrado na Figura 2.10, corresponde ao primeiro conjunto de reações em estado de equilíbrio proposto para o ozônio estratosférico. Este ciclo natural inclui reações químicas para a formação e a decomposição do ozônio.

Este conjunto de reações leva o nome de Sydney Chapman, o físico que primeiro o propôs, em 1929.

Sua Vez 2.16 A camada de ozônio

a. O ozônio forma-se na reação de átomos de oxigênio com moléculas de O_2. Escreva a reação.
b. Qual é a fonte dos átomos de oxigênio da estratosfera?
c. Na estratosfera, o tempo de vida de uma dada molécula de ozônio varia de dias a anos. Por exemplo, na camada de ozônio, uma molécula de O_3 pode existir por vários meses. Qual é o resultado da quebra do ozônio da estratosfera?
d. Em contraste, ao nível do solo as moléculas de ozônio reagem em minutos, não em meses. Por que é diferente?

Resposta
d. Na troposfera o ar é muito mais denso ("mais espesso"). As moléculas de ozônio encontram rapidamente outras moléculas com que reagir. Por exemplo, se você respirar ar contendo o poluente ozônio, o O_3 reage rapidamente com os tecidos de seus pulmões, podendo causar danos.

Em outra seção, veremos o que acontece quando algo perturba o estado de equilíbrio do ciclo de Chapman, levando à destruição do ozônio da estratosfera que nos protege. Devido à presença de

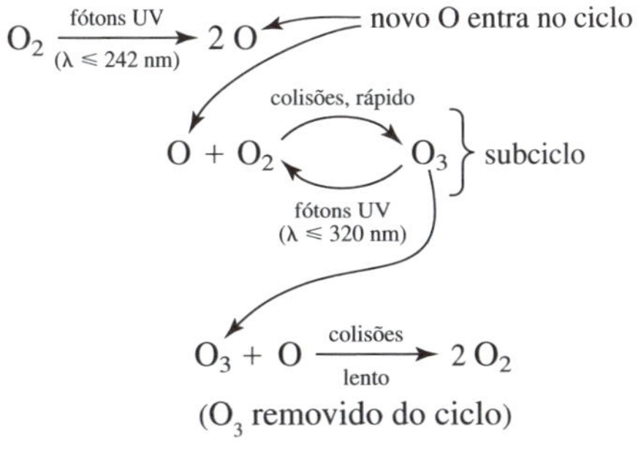

FIGURA 2.10 O ciclo de Chapman.

O_2 e O_3 na estratosfera, somente alguns comprimentos de onda do UV podem atingir a superfície da Terra. Entretanto, esses comprimentos de onda ainda podem causar danos, o tópico da próxima seção.

2.7 Efeitos biológicos da radiação ultravioleta

O seguinte cenário vem de uma fonte inesperada.

O ano é 2065. Cerca de dois terços do ozônio da Terra desapareceram – não só nos polos, mas em todo lugar. O infame buraco de ozônio sobre a Antártica, descoberto primeiramente nos anos 1980, fica constante o ano inteiro, com um gêmeo localizado no Polo Norte. A radiação ultravioleta sobre cidades em latitudes médias como Washington, D.C., é forte o suficiente para provocar queimaduras solares em apenas cinco minutos. A radiação UV que provoca mutações no DNA cresceu 650%, com efeitos danosos em plantas e animais e aumento do câncer de pele em humanos.

NASA, a Administração Nacional de Aeronáutica e Espaço (EUA).

Procure mais informações sobre o Protocolo de Montreal na Seção 2.11.

Será um retrato sinistro do futuro retirado de uma novela de ficção científica? De modo nenhum! Na verdade, essas palavras são da NASA. Elas se basearam em um artigo de um jornal científico de 2009 em que cientistas descreviam o mundo em que teríamos de viver se as nações do mundo não agissem para reparar o buraco de ozônio.

Graças ao Protocolo de Montreal sobre Substâncias que Reduzem a Camada de Ozônio – um episódio memorável da história do mundo – não estamos e não estaremos vivendo em um mundo com níveis perigosos de radiação ultravioleta (UV). Para entender por que, em 1980, um buraco na camada de ozônio disparou esse alarme planetário, você precisa saber como a radiação UV afeta as células dos animais e plantas. Por isso, vamos tratar desse tópico.

Como você aprendeu na seção anterior, a luz do Sol que atinge a superfície da Terra contém tipos diferentes de radiação, inclusive UV-A e UV-B. Essa radiação, ao atingir a pele, é absorvida e dispara uma cadeia de eventos. Primeiro, a energia dos fótons UV deposita-se na célula. Ou então, se a energia é suficientemente alta, algumas das ligações químicas em molécula próximas podem se quebrar. Lá atrás, na Figura 2.9, você viu uma representação do processo de quebra de ligação. Em muitos casos, seu corpo repara o dano ou a célula morre. Dependendo da sua cor, sua pele pode ficar bronzeada ou queimada, e você talvez nunca desenvolva câncer de pele.

DNA significa ácido desoxirribonucleico. Veja mais sobre a química do DNA no Capítulo 12.

Entretanto, outra consequência é possível. Embora ligações possam se quebrar em muitas moléculas diferentes, as que se quebram na molécula do DNA são as mais preocupantes, porque podem ocorrer mutações que levam ao câncer. Informações importantes sobre o câncer de pele incluem:

- Os cânceres de pele, em sua maior parte, estão ligados à exposição ao Sol.
- Embora o câncer de pele possa aparecer em qualquer idade, ele é mais comum em pessoas mais velhas. Os cânceres de pele podem se desenvolver muitos anos depois de cessar a exposição excessiva e continuada ao Sol.
- A culpada é a radiação UV-B da luz solar que atinge a Terra. UV-A também pode ter uma parte nisso.
- Os cânceres podem acontecer em diferentes tipos de células de pele. Os que ocorrem nas células basais e escamosas são comuns, mas raramente fatais. Em contraste, cânceres nos melanócitos (melanomas) são mais mortais.

Estude Isto 2.17 Sensibilidade biológica

A sensibilidade do DNA de uma célula da pele à radiação UV do Sol aumenta com a diminuição do comprimento de onda.

a. Proponha uma explicação para esse fato.
b. Quando o comprimento de onda torna-se curto o suficiente para cair na região do UV-C, a luz UV deixa de ser uma preocupação no que diz respeito ao câncer de pele. Explique por quê.

As taxas de câncer de pele estão crescendo lentamente em todos os países, apesar da consciência crescente dos perigos da exposição à radiação UV. A Figura 2.11 mostra as tendências do câncer

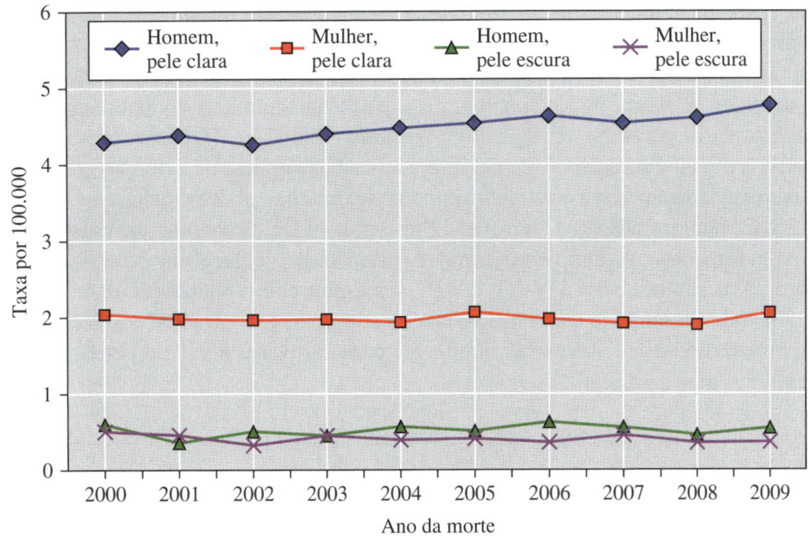

FIGURA 2.11 Taxa de mortalidade por melanomas para pessoas (de todas as idades) nos Estados Unidos, 2000–2009.

Nota: Todos os grupos incluem hispânicos.

Fonte: National Cancer Institute, SEER Fast Stats, 2012.

de pele nos Estados Unidos. Embora todos sejam suscetíveis ao câncer de pele, você pode ver pelos gráficos que ele é mais comum em peles claras, com as maiores taxas entre os homens. Você também pode ver que a taxa de cânceres de pele está constante ou subindo muito lentamente. Não é mostrado, mas as taxas para cânceres de pulmão e reto diminuíram lentamente nos Estados Unidos.

As taxas anuais de mortalidade para câncer de pulmão e reto são de aproximadamente 170 e 50 mortes por 100.000 ao ano, respectivamente.

Sua Vez 2.18 Tendências de câncer de pele

Tendências de mortalidade por melanomas, como os da Figura 2.11, não mostram o número real de mortes.

a. Estime o número de mortes por câncer de pele (melanomas) nos Estados Unidos em 2000 e em 2009. Em 2000 e 2009, as taxas totais de mortes foram de 2,7 e 2,8 pessoas por 100.000, respectivamente. Em quanto o número de pessoas mortas cresceu ou decresceu?
Sugestão: Suponha que a população dos Estados Unidos fosse 282 milhões em 2000 e 307 milhões em 2009.

b. Por que os valores que você obtém não se correlacionam com a taxa total de câncer de pele nos Estados Unidos, de cerca de 12.000 pessoas por ano?

Respostas

a. A Figura 2.11mostra que ocorreram cerca 7,5 mortes por 100.000 pessoas em 2000 e em 2009. Se você obtiver os valores reais do SEER, foram 7,4 e 7,7 mortes, respectivamente. Usando as estimativas populacionais, isto corresponde a cerca de 7.600 mortes em 2000 e 8.600 mortes em 2009, mostrando um aumento de cerca de 1.000 mortes.

b. Esses dados são para melanomas apenas. Cânceres de pele em células basais e escamosas também contribuem para o total.

Químico Cético 2.19 Câncer em homens e mulheres de pele clara

Dependendo da fonte (e de quem paga a pesquisa), os dados nem sempre resistem ao teste do tempo. Imagine a possibilidade de que a Figura 2.11 esteja errada, isto é, as taxas de câncer são maiores para as mulheres do que para os homens de pele clara. Por que seria assim? Pesquise os dados você mesmo, de várias fontes, se possível, e verifique essa hipótese. Comente sobre confiar ou desconfiar das fontes de dados.

De acordo com o Australian Department of Health and Aging (2007), a Austrália tem as maiores taxas de cânceres de pele do mundo.

Novamente, como mencionamos na abertura desta seção, evitamos um mundo com taxas mais altas de câncer de pele (e queimaduras) por meio das ações combinadas das nações.

No momento, o risco que você corre de desenvolver câncer de pele está ligado a uma mistura complexa de química, física, biologia, geografia e psicologia humana. Os fatores incluem o lugar em que você vive, como você se protege do Sol quando a radiação está mais agressiva, se você faz bronzeamento artificial e como você responde às campanhas públicas de detecção precoce do câncer de pele. Nosso legado genético é outro fator importante, mas não podemos alterá-lo.

Os U.S. Centers for Disease Control and Prevention (CDC) advertem que o uso de cabines ou camas de bronzeamento e de lâmpadas solares é perigoso, particularmente para os mais jovens. A razão é clara: essas cabines usam UV-A e UV-B, os mesmos comprimentos de onda perigosos emitidos pelo Sol. O bronzeamento é uma resposta a uma lesão da pele. O CDC explica que o conceito de "ter um bronzeado básico" não é tão inteligente como as pessoas podem pensar. Na verdade, o sábio é proteger sua pele do Sol.

Estude Isto 2.20 Bronzeamento artificial

A indústria do bronzeamento artificial lançou uma campanha publicitária enfatizando as descobertas favoráveis a esse tipo de bronzeamento, promovendo-o como parte de um estilo de vida saudável. Contrariando essas afirmações estão as campanhas de saúde pública dizendo que um "bronzeamento seguro" não existe, não importa o tipo de pele. Investigue pelo menos duas fontes com diferentes pontos de vista e liste os argumentos de ambos os lados. Estabeleça ações que considere recomendáveis.

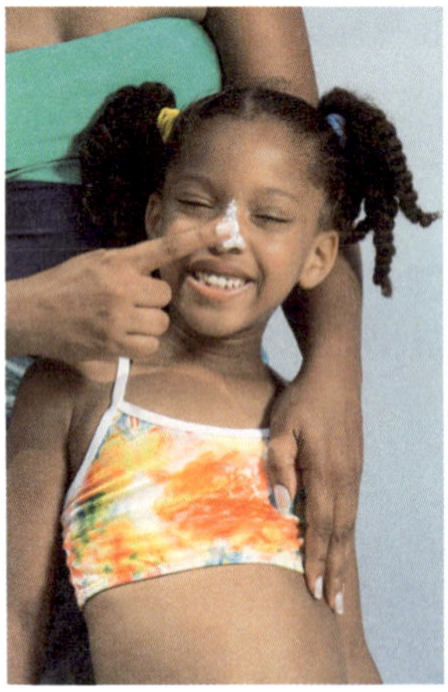

Usar protetores solares é uma forma de reduzir o risco de câncer de pele. Esses produtos contêm compostos que absorvem parcialmente o UV-B, juntamente a outros que absorvem o UV-A. A American Academy of Dermatology recomenda protetores solares com um fator de proteção da pele (SPF) de 15 a 30. O uso de protetores solares não faz com que você fique livre dos raios UV. Como você pode se expor por um tempo mais longo sem se queimar, os protetores solares podem acabar causando maior dano à pele.

Usar bloqueadores de Sol é outra forma. Esses produtos bloqueiam fisicamente a luz, impedindo que ela atinja sua pele, como o faz um tecido compacto. Os bloqueadores refletem a luz, e alguns deles também absorvem UV. Um exemplo familiar é o creme branco opaco usado pelos salva-vidas ("nariz de salva-vidas") das piscinas ou das praias. Esses bloqueadores contêm pequenas partículas brancas de ZnO (óxido de zinco) ou TiO_2 (dióxido de titânio) e têm um longo histórico de segurança.

A nanotecnologia foi definida na Seção 1.7. Veja mais sobre ela no Capítulo 8.

Entretanto, as formulações "transparentes" de ZnO e TiO_2 que contêm esses compostos na forma de nanopartículas são mais controversas. Como as partículas de ZnO e TiO_2 são microscópicas, elas não espalham a luz. Como resultado, o bloqueador é transparente, definitivamente um ponto positivo para quem usa. Os produtos com nanopartículas espalham-se mais uniformemente, têm preço razoável e são muito efetivos na absorção e reflexão da radiação UV. Entretanto, as nanopartículas podem vir a ser um risco se penetrarem na pele. Os consumidores e as agências governamentais continuam a solicitar mais estudos para quantificar melhor os riscos. Controversos ou não, os bloqueadores têm um papel importante em nossa proteção da radiação UV.

Você deveria usar o bloqueador ou protetor ou se cobrir? A Previsão do Índice Ultravioleta, publicada pelo U.S. National Weather Service, é uma forma conveniente de conhecer a severidade dos raios de Sol. Indo de 0 a 15, os valores do Índice UV baseiam-se no tempo necessário para que ocorram danos à pele. Observe a relação inversa. Quanto maior o número, menos tempo é necessário para ocorrerem danos. Eles obedecem a um código de cores para facilitar a interpretação.

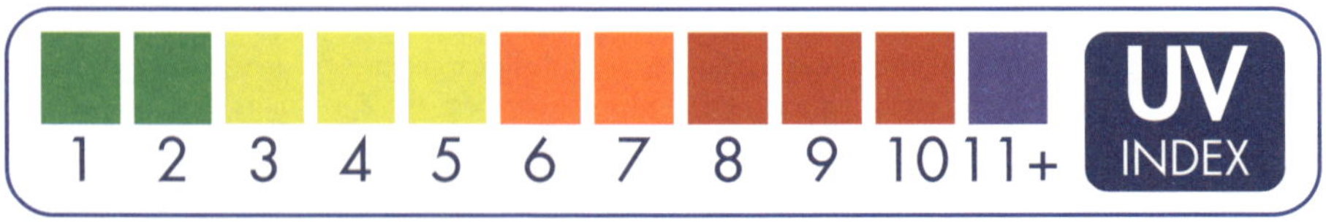

Fonte: EPA.

TABELA 2.5 A escala do Índice UV

Categoria da exposição	Índice	Sugestões para evitar exposição danosa ao UV
BAIXA	< 2	Se você se queima facilmente, cubra-se e use protetor solar.
MODERADA	3–5	Fique na sombra quando os raios do Sol ficarem fortes.
ALTA	6–7	Reduza a exposição entre 10 e 16 horas. Cubra-se, use um chapéu, óculos de Sol e protetor solar.
MUITO ALTA	8–10	Areia branca e superfícies brilhantes refletem o UV, aumentando sua exposição. Reduza a exposição entre 10 h e 16 h.
EXTREMA	11+	Tome todas as precauções contra queimaduras do Sol. A pele desprotegida pode queimar em minutos. Evite o Sol entre 10 h e 16 h.

Fonte: EPA, 2009.

Os valores do Índice UV são acompanhados por sugestões para ajudá-lo a proteger os olhos e a pele dos danos causados pelo Sol, como se vê na Tabela 2.5

Embora o Índice UV focalize os danos da pele, esse não é o único efeito biológico da radiação UV. Seus olhos também podem sofrer danos. Por exemplo, todas as pessoas, não importa a pigmentação da pele, estão sujeitas a danos na retina causados por exposição ao UV. Outro efeito é catarata, a turvação da lente do globo ocular causada por exposição excessiva à radiação UV-B. Estimou-se que uma redução de 10% da camada de ozônio poderia criar até 2 milhões de casos de catarata em todo o mundo. Porém, como acontece com o uso de roupas e protetores solares na redução de danos à pele, o uso de óculos de Sol de boa qualidade óptica pode bloquear pelo menos 99% da radiação UV-A e UV-B e proteger seus olhos. Aprenda mais sobre óculos de Sol na próxima atividade.

Estude Isto 2.21 Protegendo seus olhos

Óculos de sol são mais do que moda. Eles também protegem seus olhos da radiação UV. Verifique vários fabricantes e anote as vantagens de seus produtos. Que atividades requerem boa proteção dos olhos da radiação UV? Relate o que encontrou.

Como você poderia suspeitar, a luz UV que atinge a superfície de nosso planeta afeta ainda mais do que a pele e os olhos dos humanos. Plantas, animais e micro-organismos também podem sofrer danos. A extensão do dano depende do animal ou planta em particular, novamente sendo mais danosa a radiação de comprimento de onda mais curto. Vírus e bactérias são especialmente sensíveis. Na verdade, UV-C pode ser usado para esterilizar superfícies e instrumentos médicos. A radiação UV pode afetar a vida marinha na superfície da água, como ovas de peixes flutuando, larvas de peixes e camarões e peixes jovens.

Quanto mais curto é o comprimento de onda da luz UV, maior a energia.

Levando em conta os efeitos danosos de muita radiação UV, você agora pode perceber por que as concentrações declinantes de ozônio estratosférico observadas nos anos 1980 causaram tanto alarme. As próximas duas seções contam a história do buraco de ozônio e como ele apareceu inesperadamente em nosso planeta.

2.8 A destruição do ozônio estratosférico: observações globais e causas

A Suíça detém o recorde do mais longo e contínuo conjunto de medidas dos níveis de ozônio. Desde 1926, as concentrações de O_3 estratosférico são medidas no Instituto Meteorológico Suíço. Mais recentemente, começando em 1979, detectores montados em satélites nos transmitem dados dos níveis de ozônio em muitos pontos. Essas medidas mostram que a concentração natural do O_3 estratosférico não é uniforme em todo o globo e que os níveis mudaram com o tempo.

Na média, a concentração total de O_3 é maior mais perto dos polos, com a exceção do "buraco" sazonal sobre a Antártica. A formação de ozônio no ciclo de Chapman dispara quando uma molécula de O_2 absorve um fóton de luz UV-C, dividindo-se em dois átomos de oxigênio que, por sua vez, reagem com O_2 para formar O_3.

$$O_2 \xrightarrow[(\lambda \leq 242\ \text{nm})]{\text{UV-C}} 2\ O \qquad \textbf{[2.6a]}$$

$$O + O_2 \longrightarrow O_3 \qquad \textbf{[2.6b]}$$

Juntamente ao balanço de energia da Terra e ao aquecimento global, procure mais informações sobre a radiação solar na Seção 3.9.

Assim, a produção de ozônio aumenta com a intensidade da radiação que atinge a estratosfera, que, por sua vez, depende primariamente do ângulo da Terra em relação ao Sol e da distância entre eles. No equador, o período de intensidade máxima ocorre no equinócio (março e outubro), quando o Sol está a pino. Abaixo dos trópicos, o Sol nunca está a pino, logo a intensidade máxima ocorre no solstício de verão (junho no Hemisfério Norte e dezembro no Sul). O ângulo da Terra em relação ao Sol domina a produção de ozônio e as estações. Há um ligeiro aumento (~7%), porém, na energia solar que chega à Terra no começo de janeiro, quando o planeta está mais próximo do Sol, em comparação com julho, em que está mais afastado. Além disso, a quantidade de radiação emitida pelo Sol muda em um ciclo de 11 a 12 anos relacionado com a atividade das manchas solares. Essa variação também influencia as concentrações de ozônio, por um ou dois por cento. O movimento dos ventos na estratosfera provoca outras variações de concentração de ozônio, algumas em uma base sazonal, outras em ciclos mais longos. Para complicar ainda mais as coisas, flutuações aparentemente randômicas ocorrem com frequência.

Lembre-se de que uma unidade Dobson corresponde a uma molécula de ozônio por bilhão de moléculas e átomos de ar.

Imagens extraordinárias da Terra, como a que abre este capítulo, usam códigos de cores para mostrar as concentrações de ozônio estratosférico. As regiões em azul-escuro e roxo indicam regiões de concentrações de O_3 mais baixas. Os níveis totais de ozônio acima da superfície da Terra são expressos em unidades Dobson (DU). No equador, é comum um valor de 250-270 DU. Quando o observador se afasta do equador, os valores ficam entre 300 e 350 DU, com variações sazonais. Nas latitudes mais ao norte, os valores podem chegar a 400 DU.

É de interesse especial a destruição de ozônio (o "buraco de ozônio") que ocorre sazonalmente sobre o Polo Sul. Essas alterações eram tão pronunciadas que, quando a equipe britânica de monitoramento em Halley Bay, na Antártica, a observou pela primeira vez em 1985, pensou que os instrumentos estivessem funcionando mal! A área na qual os níveis de ozônio chegam a menos de 220 DU é usualmente considerada como sendo o "buraco". A partir dos anos 1990, o tamanho anual do buraco de ozônio quase se igualou à área total do continente norte-americano e, em alguns casos, foi maior.

Verifique, na Figura 2.12, o declínio dramático dos níveis de ozônio estratosférico observado no Polo Sul. Nos anos recentes, o mínimo chegou a cerca de 100 DU. Lembre-se de que variações sazonais sempre ocorreram na concentração de ozônio sobre o Polo Sul, com um mínimo no fim de setembro ou no começo de outubro – a primavera da Antártica. Ainda assim, a redução drástica desse mínimo observada em décadas recentes não tem precedentes.

Estude Isto 2.22 Buraco de ozônio deste ano

A partir de setembro, cidadãos e cientistas examinam os dados do buraco de ozônio sobre a Antártica. O que está acontecendo neste ano? A NASA mostra esse dado em seu site. Para o ano mais recente:

a. Qual é a área do buraco? Como isso se compara com outros anos recentes?
b. Qual é a menor leitura observada para o ozônio? De novo, como isso se compara?

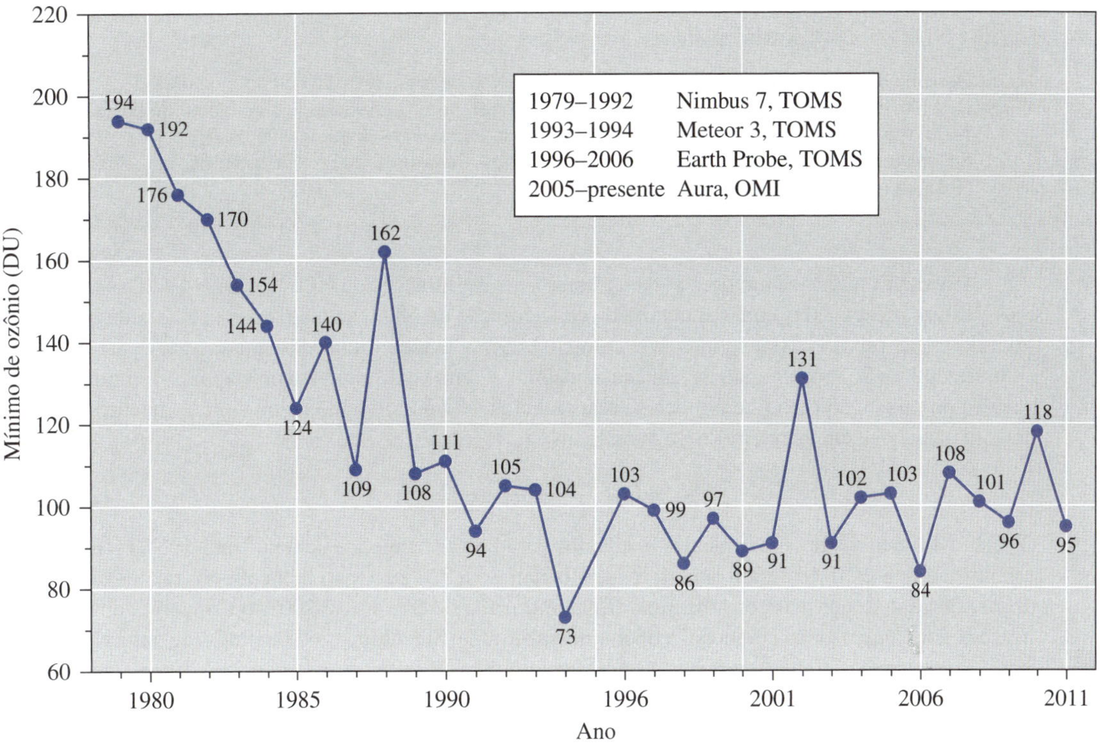

FIGURA 2.12 Valores mais baixos em unidades Dobson, registrados a cada primavera (1979-2011) do ozônio estratosférico na Antártica. TOMS (Espectrômetro de Medida do Ozônio Total) e OMI (Instrumento de Monitoramento do Ozônio) são instrumentos analíticos.

Nota: O valor alto de 2002 foi devido a uma quebra precoce do vórtex que isola o ar polar do ar de latitudes médias. Não foram registrados resultados em 1995.

Fonte: NASA Ozone Watch.

A maior causa natural da destruição do ozônio, nos pontos onde ela ocorre no mundo, é uma série de reações que envolvem o vapor de água e seus produtos de decomposição. Quase todas as moléculas de H_2O que evaporam dos oceanos e lagos voltam à superfície na forma de chuva ou de neve. Algumas moléculas, porém, chegam à estratosfera, onde a concentração de H_2O é de cerca de 5 ppm. Nessa altitude, fótons de radiação UV dissociam as moléculas de água em radicais livres hidrogênio (H•) e hidroxila (•OH). Um **radical livre** é uma espécie química muito reativa com um ou mais elétrons desemparelhados. Um elétron desemparelhado é, com frequência, representado por um ponto:

$$H_2O \xrightarrow{\text{fóton}} H\cdot + \cdot OH \qquad [2.7]$$

Devido a esse elétron desemparelhado, os radicais livres são muito reativos. Assim os radicais H• e •OH participam de muitas reações, incluindo algumas que convertem O_3 em O_2. Esse é o mecanismo mais eficiente de destruição do ozônio acima de 50 km.

As moléculas de água e seus produtos de quebra não são os únicos agentes responsáveis pela destruição natural do ozônio. Outro é o radical livre •NO, também chamado de monóxido de nitrogênio. Quase todo o •NO encontrado na estratosfera é de origem natural. Ele se forma a partir do óxido nitroso, N_2O, um composto de nitrogênio produzido nos solos e oceanos por micro-organismos, que gradualmente sobe à estratosfera. Embora N_2O seja bastante estável na troposfera, na estratosfera ele pode reagir com átomos de O para produzir •NO. Pouco pode ou deve ser feito para controlar esse processo. Ele é parte de um ciclo natural que envolve compostos de nitrogênio, como veremos no Capítulo 6.

Radicais livres aparecem em vários outros contextos.

Capítulo 1: •OH, formação de NO_2 e, então, ozônio troposférico

Capítulo 6: •OH, formação de SO_3 na chuva ácida

Capítulo 7: •OH e $H_2O\cdot^+$, dano às células por radiação nuclear

Capítulo 9: R•, polimerização do etileno

O poluente atmosférico NO (monóxido de nitrogênio ou óxido nítrico) é muito reativo, uma das razões pelas quais ele causa danos em seus pulmões. Em contraste, N_2O (óxido nitroso ou "gás do riso") é uma molécula muito estável que persiste por décadas.

Sua Vez 2.23 Radicais livres

a. Desenhe a estrutura de Lewis do radical ·OH. O elétron desemparelhado fica no átomo de O.
b. Desenhe a estrutura de Lewis do radical ·NO. O elétron desemparelhado fica no átomo de N. *Nota:* No Capítulo 1, no contexto da poluição do ar, escrevemos simplesmente NO.
c. Em contraste, N_2O não tem elétrons desemparelhados. Desenhe sua estrutura de Lewis. *Sugestão:* Coloque um dos átomos de N no meio.

Atividades humanas também podem alterar as concentrações de NO. Nos anos 1970, as pessoas ficaram preocupadas com o aumento da concentração de NO resultante da construção de uma frota de Concorde SST (transportes supersônicos). Esses aviões foram desenhados para voar em altitudes de 15 a 20 km, a região da camada de ozônio. Como você aprendeu no Capítulo 1, motores quentes produzem NO e o liberam pelos escapamentos. NO é produzido pelos motores quentes de um jato na decolagem, na aterragem e durante o voo.

$$N_2 + O_2 \xrightarrow{\text{temperatura alta}} 2\,NO \qquad [2.8]$$

Os cientistas realizaram experimentos e cálculos para prever os efeitos de uma frota de SSTs. Eles concluíram que os riscos eram superiores aos benefícios. Por isso, parcialmente por razões científicas, decidiu-se por não construir uma frota americana de SSTs. Até 2003, o Concorde, anglo-francês, foi o único avião comercial a operar nessa altitude. Seu último voo foi em 24 de outubro de 2003. Preocupações com a segurança e fatores econômicos tiveram grande papel no cancelamento dos voos desses jatos admiráveis.

Mesmo quando os efeitos da água, de óxidos de nitrogênio e outros compostos naturais são incluídos nos modelos de estratosfera, as concentrações medidas de ozônio são ainda mais baixas do que previsto. Medidas em todo o mundo indicam que a concentração de ozônio declinou nos últimos 20 anos. Existe muita variação nos dados, mas a tendência é clara. A concentração de ozônio estratosférico em latitudes médias (60° sul a 60° norte) caiu mais de 8% em alguns casos. Essas mudanças não podem ser correlacionadas com alterações na intensidade da radiação solar, logo, temos de buscar outra explicação. Então, é hora de voltar nossa atenção para os cloro-fluorocarbonetos

Cloro

Bromo

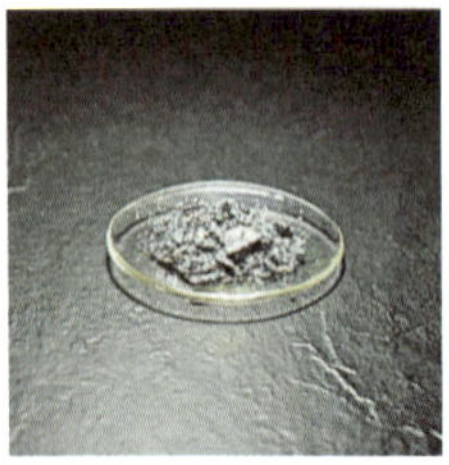
Iodo

FIGURA 2.13 Elementos selecionados do Grupo 7A, a família dos halogênios.

2.9 Cloro-fluorocarbonetos: propriedades, usos e interação com o ozônio

Uma causa importante da redução do ozônio estratosférico foi descoberta por meio da magistral investigação científica de F. Sherwood Rowland, Mario Molina e Paul Crutzen. Por seu trabalho, o trio ganhou o Prêmio Nobel de química de 1995. Eles analisaram extensas quantidades de dados atmosféricos e estudaram centenas de reações químicas. Como acontece com a maior parte das investigações científicas, algumas incertezas permaneceram. No entanto, todas as evidências apontavam para um improvável grupo de compostos: os clorofluorocarbonetos

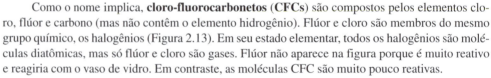

Como o nome implica, **cloro-fluorocarbonetos** (**CFCs**) são compostos pelos elementos cloro, flúor e carbono (mas não contêm o elemento hidrogênio). Flúor e cloro são membros do mesmo grupo químico, os halogênios (Figura 2.13). Em seu estado elementar, todos os halogênios são moléculas diatômicas, mas só flúor e cloro são gases. Flúor não aparece na figura porque é muito reativo e reagiria com o vaso de vidro. Em contraste, as moléculas CFC são muito pouco reativas.

Para introduzir os CFCs, vejamos dois exemplos.

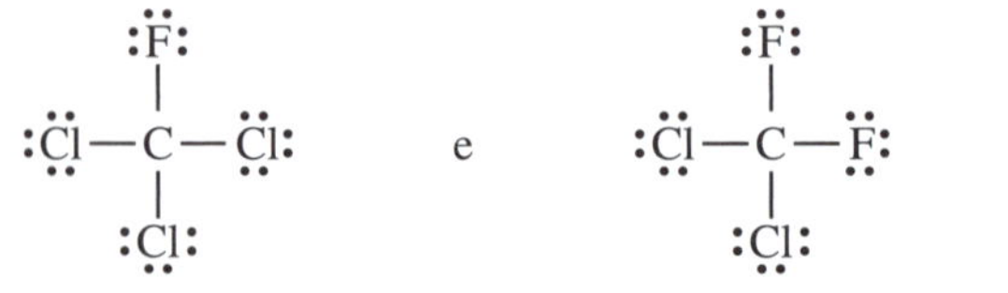

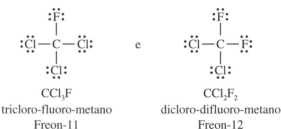

CCl_3F tricloro-fluoro-metano Freon-11 e CCl_2F_2 dicloro-difluoro-metano Freon-12

Note como os nomes mostram a ligação dos CFCs com o metano, CH_4. Os prefixos *di-* e *tri-* especificam o número dos átomos de cloro e flúor que substituem os átomos de hidrogênio do metano. Esses dois CFCs também são conhecidos por seus nomes comerciais, Freon-11 e Freon-12. Você também pode encontrar os nomes CFC-11 e CFC-12, respectivamente, seguindo um esquema de nomenclatura desenvolvido nos anos 1930 por químicos da DuPont.

Metano, o menor hidrocarboneto, foi descrito no Capítulo 1.

Para mais informações sobre a nomenclatura de freons, veja o problema 53 no fim do capítulo

Os CFCs não ocorrem na natureza, são sintetizados pelos humanos com várias finalidades. Essa é uma questão importante a verificar no debate sobre o papel dos CFCs na redução do ozônio estratosférico. Como vimos na seção anterior, existem outras contribuições para a destruição do ozônio, como as dos radicais livres •OH e •NO formados naturalmente e pela atividade humana.

Com toda razão, a introdução do CCl_2F_2 como gás refrigerante nos anos 1930 foi saudada como um grande triunfo da química e um avanço importante na segurança dos consumidores. Ele substituiu amônia ou dióxido de enxofre, dois gases refrigerantes tóxicos e corrosivos. Em muitos aspectos, CCl_2F_2 era (e ainda é) um substituto ideal. Ele não é tóxico, é inodoro, incolor e não queima. Na verdade, CCl_2F_2 é tão estável que não reage com quase nada!

Dada a desejada ausência de toxicidade, os CFCs passaram a ter outros usos. Por exemplo, CCl_3F era injetado com frequência em misturas de polímeros para fabricar espumas para almofadas e isolantes. Outros CFCs serviam de propulsores em latas de aerossóis pulverizadores e como solventes não tóxicos para óleos e graxas.

Polímeros e plásticos são o tema do Capítulo 9. Gases que inflam o plástico, tornando-o uma espuma, são chamados de agentes de expansão.

Os **halons** são parentes próximos dos CFCs. Como eles, são inertes, não são tóxicos e contêm cloro ou flúor (ou ambos, mas não hidrogênio). Porém, em adição, contêm bromo. Por exemplo, eis a estrutura de Lewis do bromo-trifluoro-metano, $CBrF_3$, também conhecido como Halon-1301.

Você encontrará diferentes definições para a composição química dos halons, dependendo de onde procura. Às vezes, são definidos pelo uso (como extintores), não pela composição química.

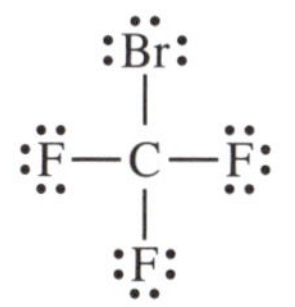

Os halons são usados como extintores. Eles são especialmente úteis quando o uso de mangueiras de incêndio ou pulverizadores de água não é apropriado, por exemplo em bibliotecas (especialmente em salas com livros raros), com graxas (em que água poderia alastrar o fogo), em almoxarifados químicos (em que muitos compostos podem reagir com água) e em aviões (onde usar mangueiras no painel de controle seria uma péssima ideia).

Para o bem ou para o mal, a síntese de CFCs teve um enorme efeito em nossas vidas. Como eles não são tóxicos nem inflamáveis, são baratos e facilmente obtidos, revolucionaram o condicionamento do ar, tornando-o acessível a residências, escritórios, lojas, escolas e automóveis. Começando nos anos 1960 e 1970, os CFCs ajudaram a estimular o crescimento de cidades em lugares quentes e úmidos do mundo. Com efeito, uma alteração demográfica importante ocorreu porque a tecnologia baseada nos CFCs transformou a economia e o potencial de negócios de regiões inteiras do globo.

Nos Estados Unidos, os CFCs ajudaram a estimular o crescimento de cidades com climas quentes e úmidos, incluindo Atlanta, Houston, Tampa e Memphis.

Ironicamente, a mesma propriedade que torna os CFCs ideais para tantos usos – sua inércia química – acabou por danificar nossa atmosfera. As ligações C–Cl e C–F dos CFCs são tão fortes que tornam as moléculas praticamente indestrutíveis. Por exemplo, estimou-se que uma molécula de CCl_2F_2 pode persistir em média 120 anos na atmosfera antes de ser decomposta. Em contraste, são necessários somente cinco anos para que as correntes atmosféricas de vento levem as moléculas até a estratosfera, exatamente onde algumas das moléculas de CFC se acumulam.

Em 1973, Rowland e Molina, motivados por curiosidade intelectual, começaram a estudar o destino das moléculas de CFC estratosféricas. Eles entenderam que, com o aumento da altitude, as concentrações de oxigênio e ozônio diminuem, mas a intensidade da radiação UV aumenta. Eles concluíram que fótons de luz UV-C de alta energia (< 220 nm) quebrariam as ligações C–Cl. Eis a reação química que libera átomos de cloro do dicloro-difluoro-metano.

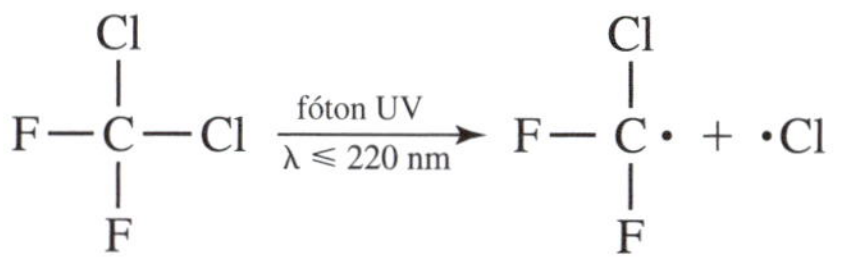

[2.9]

Um átomo de cloro tem sete elétrons externos, um deles desemparelhado. Nós o desenhamos como Cl· ou ·Cl para enfatizar esse elétron desemparelhado. O átomo de cloro tem uma forte tendência a atingir um octeto estável através da combinação e do partilhamento de elétrons com outro átomo. Rowland e Molina e pesquisadores posteriores partiram da hipótese de que essa reatividade levaria a uma série de reações. Embora saibamos que CFCs destroem o ozônio estratosférico de diversas formas, vamos ilustrar o processo com um que ocorre nas regiões polares.

O radical livre Br· reage do mesmo modo, dando início a outro ciclo de destruição de ozônio. Br· é até 10 vezes mais efetivo na destruição de ozônio do que Cl.

Primeiro, o radical livre Cl· retira um átomo de oxigênio de uma molécula de O_3 para formar o monóxido de cloro, ClO·, e uma molécula de O_2. Não cancelamos o coeficiente 2 porque pretendemos usá-lo na próxima etapa.

$$2\,Cl\cdot + 2\,O_3 \longrightarrow 2\,ClO\cdot + 2\,O_2 \qquad \textbf{[2.10]}$$

A espécie ClO· é outro radical livre, com 13 elétrons externos (7 + 6). Evidências experimentais recentes indicam que 75 a 80% da redução do ozônio estratosférico envolve a junção de dois radicais ClO· para formar ClOOCl.

$$2\,ClO\cdot \longrightarrow ClOOCl \qquad \textbf{[2.11]}$$

Por sua vez, ClOOCl se decompõe em uma sequência de duas etapas.

$$ClOOCl \xrightarrow{\text{fóton UV}} ClOO\cdot + \cdot Cl \qquad \textbf{[2.12a]}$$

$$ClOO\cdot \longrightarrow Cl\cdot + O_2 \qquad \textbf{[2.12b]}$$

Podemos tratar esse conjunto de equações químicas como se fossem equações matemáticas. Se as adicionarmos, eis o resultado.

$$\cancel{2\,Cl}\cdot + 2\,O_3 + \cancel{2\,ClO}\cdot + \cancel{ClOOCl} + \cancel{ClOO}\cdot \longrightarrow \cancel{2\,ClO}\cdot + 2\,O_2 + \cancel{ClOOCl} + \cancel{ClOO}\cdot + \cancel{Cl}\cdot + \cancel{Cl}\cdot + O_2 \qquad \textbf{[2.13]}$$

Exatamente como é feito com equações matemáticas, podemos eliminar as espécies Cl·, ClO· e ClOOCl dos dois lados da equação química. Os termos O_2 e 2 O_2 à direita da equação podem ser combinados para dar 3 O_2. O que sobra é a equação que mostra a conversão do ozônio no gás oxigênio.

$$2\,O_3 \longrightarrow 3\,O2 \qquad \textbf{[2.14]}$$

Logo, a interação complexa do ozônio com cloro atômico é um caminho para a destruição do ozônio.

Observe que Cl· aparece como reagente na equação 2.13 e como produto nas equações 2.12a e 2.12b. Isso significa que Cl· é consumido *e* regenerado no ciclo, sem alteração de sua concentração. Esse comportamento é característico de um catalisador, uma substância que participa de uma reação química e influencia sua velocidade sem sofrer alteração permanente. O átomo de cloro age cataliticamente quando é regenerado e reciclado para remover mais moléculas de ozônio. Na média, um único átomo pode catalisar a destruição de até 1×10^5 moléculas de ozônio antes de ser carregado pelos ventos de volta à baixa atmosfera.

O catalisador foi definido na Seção 1.11, em conexão com os conversores catalíticos.

É interessante o fato de que o mecanismo que acabamos de descrever para a destruição de ozônio por CFCs na estratosfera não foi o primeiro proposto por Rowland e Molina. Sua hipótese inicial foi de que Cl· reagiria com O_3 para formar ClO· e O_2. A segunda etapa era de que ClO· reagiria com átomos de oxigênio para formar O_2 e regenerar radicais.

$$Cl\cdot + O_3 \longrightarrow ClO\cdot + O_2 \qquad \textbf{[2.15]}$$

$$ClO\cdot + O \longrightarrow Cl\cdot + O_2 \qquad \textbf{[2.16]}$$

Embora esse mecanismo não seja o principal responsável pela formação do buraco de ozônio, ele forneceu uma explicação razoável para o fato de que a reciclagem de um número limitado de átomos de cloro poderia ser responsável pela destruição de um grande número de moléculas de ozônio. Esse mecanismo, porém, é o ciclo que explica a destruição de ozônio nas latitudes tropicais e médias, regiões em que a luz solar incidente é mais intensa. Como é frequentemente na ciência, as hipóteses devem ser revistas à luz da evidência experimental.

Felizmente, quase todo o cloro da estratosfera não está na forma ativa de Cl· ou ClO·. O cloro se incorpora a compostos estáveis que não destroem ozônio. Cloreto de hidrogênio (HCl) e nitrato de cloro ($ClONO_2$) são dois desses compostos. Eles se formam em altitudes abaixo de 30 km. Assim, os átomos de cloro são eficazmente removidos da região de máxima concentração de ozônio (20–25 km). Esses gases, como veremos no Capítulo 5, são solúveis em água. Portanto, eles são removidos do ar da troposfera pela chuva.

Embora HCl e $ClONO_2$ não destruam ozônio, ainda são fonte de Cl· em potencial. Por exemplo, HCl pode reagir com o radical hidroxila (·OH) para produzir Cl·.

Sua Vez 2.24 Bromo também!

Embora tenhamos baseado nossa discussão em termos de átomos de cloro, os átomos de bromo também têm um papel.

a. Escreva reações químicas análogas às equações 2.10 e 2.15 envolvendo bromo.
b. Concentrações de bromo são muito inferiores às de cloro. Proponha uma razão.

Resposta
b. Um número menor de substâncias que destroem ozônio contém o elemento bromo. Esses compostos, como o $CBrF_3$ (Halon–1301), foram manufaturados em quantidades menores.

Rowland, um professor da Universidade da Califórnia em Irvine, e Molina, então em pós-doutorado no laboratório de Rowland, publicaram seu primeiro trabalho sobre CFCs e a destruição de ozônio em 1974 na publicação científica *Nature*. Mais ou menos na mesma época, outros cientistas estavam obtendo as primeiras evidências experimentais da destruição da camada de ozônio e da presença de CFCs na estratosfera. As conclusões eram perturbadoras. As implicações eram de que o uso dos CFCs deveria ser descontinuado. Esses relatórios iniciais encontraram ceticismo, como era de se esperar quando tanto estava economicamente em jogo. Contudo, o princípio da precaução acabou prevalecendo, e medidas foram tomadas para mitigar a perda de ozônio antes que mais destruição ocorresse.

Dr. Susan Solomon, uma química, liderava o time que primeiro obteve dados sobre ClO· e ozônio estratosféricos sobre a Antártica. Os dados consolidaram a relação entre CFCs e o buraco de ozônio. Ela tinha apenas 30 anos na época.

Ao longo dos anos, a hipótese de Rowland e Molina foi confirmada experimentalmente. Talvez a evidência mais convincente para o envolvimento de cloro e monóxido de cloro está na Figura 2.14. Ela mostra dois conjuntos de dados da Antártica, um para a concentração de O_3 e o outro para ClO·. Ambos foram colocados em um gráfico em relação à latitude em que as amostras foram obtidas. À medida que a concentração do O_3 estratosférico diminui, a concentração de cloro estratosférico aumenta. As duas curvas se espelham quase perfeitamente. O efeito principal é a redução do ozônio e o aumento

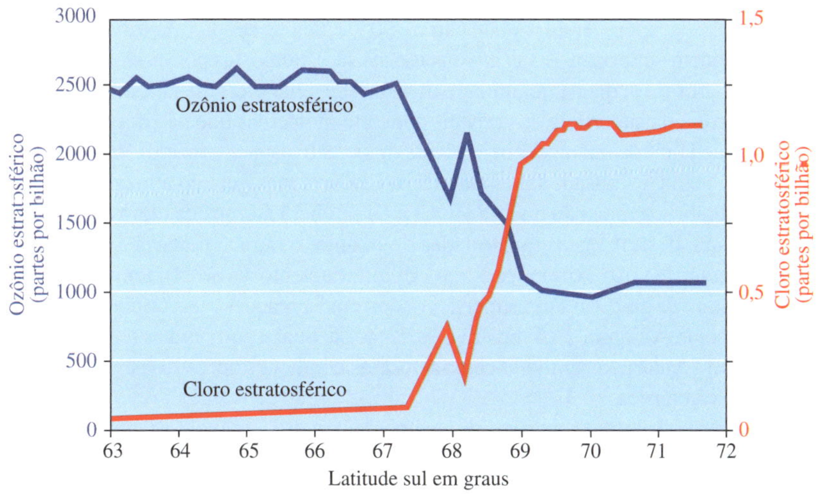

FIGURA 2.14 Concentrações de ozônio e cloro reativo na estratosfera da Antártica (obtidas em um voo pelo buraco de ozônio da Antártica, 1987).

Fonte: Programa Ambiental das Nações Unidas.

do monóxido de cloro ao se aproximar do Polo Sul. Como a equação 2.10 liga ClO•, Cl• e O_3, a conclusão é convincente. A Figura 2.14 é, às vezes, descrita como uma "prova irrefutável" da redução do ozônio estratosférico.

Nem todo o cloro envolvido na destruição do ozônio estratosférico vem dos CFCs. Outros compostos clorados de carbono vêm de fontes naturais, como a água do mar e os vulcões. Entretanto, a maior parte do cloro de fontes naturais ocorre em formas solúveis em água. Portanto, qualquer substância natural contendo cloro é retirada da atmosfera pela chuva bem antes de poder atingir a estratosfera. Têm grande importância os dados obtidos pela NASA e por pesquisadores internacionais que estabelecem que altas concentrações de HCl (cloreto de hidrogênio) e de HF (fluoreto de hidrogênio) sempre ocorrem juntas. Embora parte do HCl possa eventualmente originar-se de várias fontes naturais, os CFCs são a única fonte razoável para o HF estratosférico.

Estude Isto 2.25 Opiniões em um programa de entrevistas

"E se os homens pré-históricos só tiveram uma queimadura, como é que nós vamos destruir a camada de ozônio com nossos ares-condicionados e desodorantes e fazer com que todo mundo tenha câncer? Obviamente não estamos . . . e não podemos . . . e é uma mistificação. A evidência cresce todo o tempo de que a destruição do ozônio, se está mesmo acontecendo, não está ocorrendo em uma velocidade alarmante".

Pense na primeira coisa que você perguntaria a esse apresentador sobre essas declarações. Lembre que você deve formular uma questão curta e focalizada para conseguir tempo no programa!

Fonte: Limbaugh, R. 1993. *See, I Told You So.* New York: Pocket Books.

2.10 O buraco de ozônio da Antártica: um olhar mais próximo

Gases que destroem ozônio ocorrem em toda a estratosfera. Além do mais, como resultado dos padrões globais dos ventos, os CFCs ocorrem em abundância comparável nas partes inferiores da atmosfera em *ambos* os hemisférios. Por que, então, as maiores perdas de ozônio estratosférico ocorreram sobre a Antártica? E, dado que uma quantidade maior de gases que destroem ozônio é emitida no Hemisfério Norte, por que seus efeitos são sentidos mais fortemente no Hemisfério Sul?

Existe um conjunto especial de condições na Antártica, relacionado ao fato de que a estratosfera inferior sobre o Polo Sul é o lugar mais frio da Terra. De junho a setembro (inverno da Antártica), os ventos que circulam no Polo Sul formam um vórtex que impede que ar mais quente penetre na região. Como resultado, a temperatura pode cair a –90°C. Nessas condições, **nuvens estratosféricas polares** (**PSCs**) podem se formar. Essas nuvens tênues são compostas por diminutos cristais de gelo que se formam a partir da pequena quantidade de vapor de água presente na estratosfera. As reações químicas que ocorrem na superfície dos cristais converte moléculas que não destroem ozônio, como $ClONO_2$ e HCl, que já mencionamos, em espécies mais reativas que o fazem: HOCl e Cl_2.

Nem HOCl, nem Cl_2 causam danos no inverno escuro, mas quando a luz do Sol volta ao Polo Sul, no fim de setembro, a radiação quebra HOCl e Cl_2 e libera átomos de cloro. Com o aumento de Cl•, uma espécie que destrói vastas quantidades de ozônio, o buraco começa a se formar. Observe as condições necessárias: frio extremo, padrão circular de ventos (vórtex), tempo suficiente para a formação dos cristais de gelo em cuja superfície ocorrem as reações e escuridão seguida por níveis crescentes de luz solar. A Figura 2.15 mostra a variação sazonal e compara as temperaturas mínimas acima do Ártico e do Antártico. Como você pode ver, as condições necessárias são encontradas com mais frequência na Antártica.

Mudanças nas concentrações de ozônio acima da Antártica seguem as temperaturas sazonais. Tipicamente, um rápido declínio ocorre durante a primavera no Polo Sul, isto é, de setembro ao começo de novembro. Quando a luz do Sol esquenta a estratosfera, as nuvens estratosféricas polares se dissipam, interrompendo a química que ocorre na superfície de seus cristais de gelo. Em seguida, o ar das latitudes baixas entra na região polar, repondo os níveis de ozônio. No fim de novembro, o buraco já está quase reabastecido. Embora a maior redução da camada de ozônio sobre a Antártica

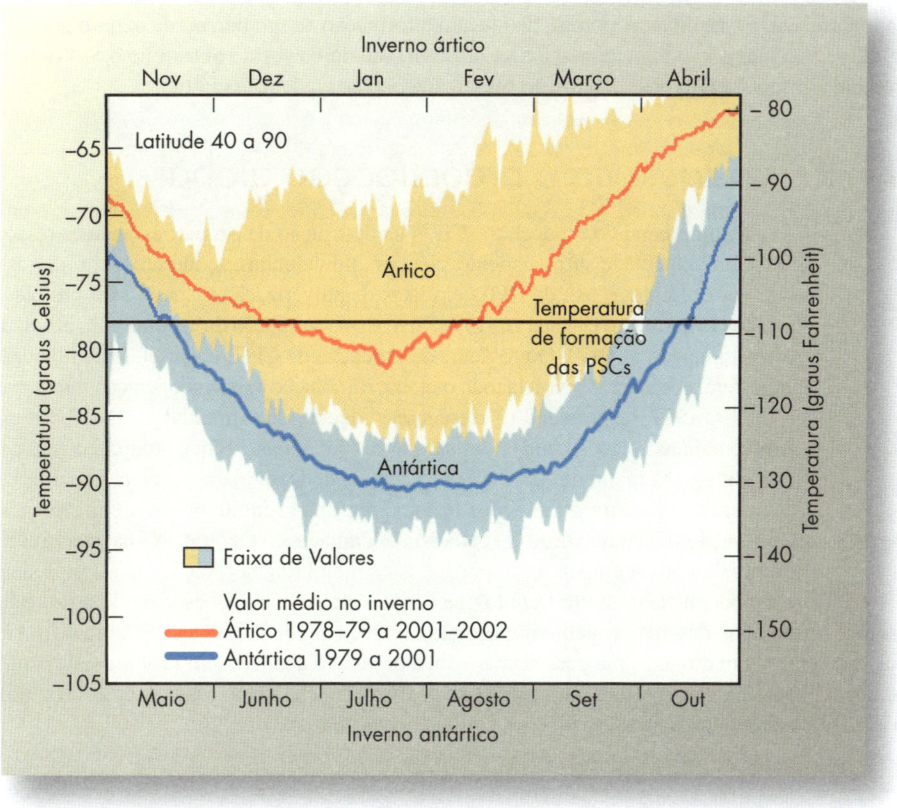

FIGURA 2.15 Temperaturas mínimas do ar na baixa estratosfera polar. Nuvens estratosféricas polares (Pescas) são nuvens tênues de cristais de gelo que se formam em temperaturas muito baixas.

Fonte: Scientific Assessment of Ozone Depletion: 2002. *Organização Meteorológica Mundial, Programa Ambiental das Nações Unidas.*

Definimos, no contexto da qualidade do ar, a tragédia dos comuns no Capítulo 1.

ocorra durante a primavera, descobertas recentes dos pesquisadores do British Antarctic Survey indicam que o processo pode começar antes, já no meio do inverno nas bordas da Antártica, incluindo áreas superpopuladas do sul da América do Sul.

Essa situação nos dá outro exemplo da tragédia dos comuns – recursos comuns a todos e usados por muitos, mas sem nenhum responsável em particular. O resultado é que os recursos podem ser danificados com prejuízos para todos. Aqui, o recurso comum é a nossa camada protetora de ozônio. A diminuição da concentração de ozônio estratosférico sobre o Polo Sul faz com que níveis maiores de radiação UV-B atinjam a Terra. Por sua vez, as taxas de câncer de pele aumentam na Austrália e no sul do Chile. Cientistas australianos acreditam que o rendimento das colheitas de trigo, sorgo e ervilha diminuiu em consequência do aumento da radiação UV. Efeitos semelhantes são sentidos no sul do Chile, na área de Punta Arenas, e na ilha da Terra do Fogo, no extremo sul da América do Sul. O ministro da saúde do Chile já avisou os 120.000 residentes de Punta Arenas do perigo do Sol durante o meio-dia na primavera, quando a destruição de ozônio é maior.

Acontece que a destruição no Hemisfério Norte não é tão severa como no Sul. A diferença está principalmente no fato de o ar acima do Polo Norte não ser tão frio. Mesmo assim, nuvens estratosféricas polares tem sido seguidamente observada no Ártico. Por exemplo, as nuvens

FIGURA 2.16 Nuvens estratosféricas polares no Ártico ao norte da Suécia.

Crédito da foto: Ross J. Salawitch, Universidade de Maryland.

As cores das PSC são provocadas pela difração da luz nas partículas de gelo das nuvens.

estratosféricas polares "madrepérolas" da Figura 2.16 foram fotografadas acima de Porjus, uma vila na Lapônia sueca. Essas nuvens, porém, não levam à formação de um buraco de ozônio porque o ar preso sobre o Ártico geralmente começa a se difundir, saindo da região antes que o Sol fique suficientemente forte para provocar destruição semelhante à observada na Antártica.

2.11 Respostas a uma preocupação global

Com 197 assinaturas, a Convenção de Viena e o Protocolo de Montreal são os tratados mais ratificados da história das Nações Unidas.

Tendo compreendido o papel dos CFCs na destruição de ozônio, as pessoas responderam com velocidade surpreendente. Nações, individualmente, deram os primeiros passos. Por exemplo, o uso de CFCs em latas de pulverização ("spray") foi proibido nos Estados Unidos e no Canadá em 1978. Seu uso na formação de espuma para plásticos foi descontinuado em 1990. O problema de produção de CFCs e subsequente liberação na atmosfera, entretanto, envolvia todo o globo, e a solução exigia cooperação internacional.

Em 1977, respondendo à crescente evidência experimental, o UNEP (Programa Ambiental das Nações Unidas) reuniu líderes nacionais. Os que compareceram adotaram o Plano Mundial de Ação sobre a Camada de Ozônio e estabeleceram um comitê de coordenação para guiar ações futuras. A etapa seguinte ocorreu em 1985, com a Convenção de Viena sobre a Proteção da Camada de Ozônio. As nações presentes, eventualmente acompanhadas por todos os membros das Nações Unidas, assinaram e depois ratificaram um tratado que serviu de base para ações visando à proteção da camada de ozônio. Um desenvolvimento importante ocorreu em 1987, com a assinatura de um tratado que estabeleceu um cronograma para acabar com a produção dos CFCs: o Protocolo de Montreal sobre Substâncias que Destroem a Camada de Ozônio. Cada nação que o assinou precisava ratificá-lo. Em 2009, todos os membros das Nações Unidas já o haviam feito.

Estude Isto 2.26 Grafiti com uma mensagem

a. Este cartum data dos anos 1970. Explique a base de seu humor.
b. Este cartum ainda é relevante para o problema da destruição do ozônio? Explique.
c. Crie um cartum que trate da destruição do ozônio. Certifique-se de que a química esteja correta!

Como podemos ver na Figura 2.17, o declínio na produção global de CFCs foi impressionante. O uso de CFCs foi gradualmente reduzido até a eliminação total em 2010. Os halons, parentes dos CFCs que contêm bromo, também foram eliminados.

Parar a produção de CFCs e halons não fez com que a concentração estratosférica de cloro caísse imediatamente. Muitos sistemas da Terra, incluindo os da atmosfera, são complexos e de resposta lenta. Na verdade, as concentrações atmosféricas de gases destruidores do ozônio continuaram a aumentar regularmente nos anos 1990, apesar das restrições do Protocolo de Montreal e suas adições subsequentes. Uma razão para isso é o longo tempo de vida dos CFCs na atmosfera, muitos deles resistindo mais de 100 anos.

Mesmo assim, os sinais são encorajadores, apontando que o Protocolo de Montreal teve efeitos benéficos. Reduções estão sendo observadas na quantidade de **cloro estratosférico efetivo**, uma medida que reflete os gases contendo cloro e bromo na estratosfera. Os valores levam em conta a maior efeti-

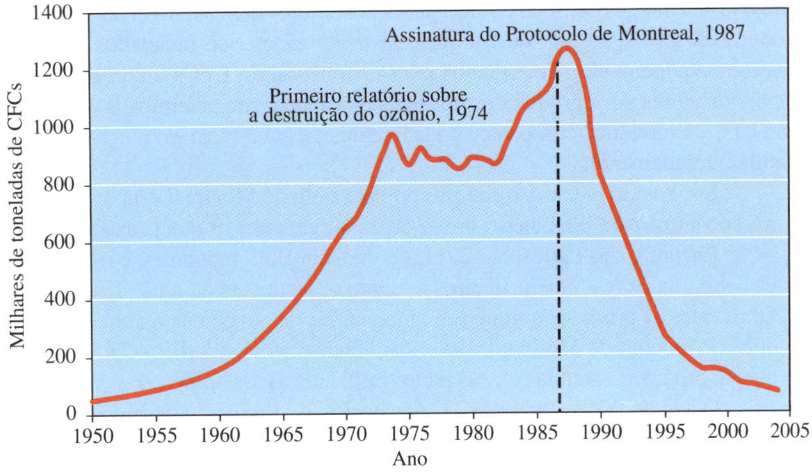

FIGURA 2.17 Produção global de CFCs, 1950-2004.
Fonte: UNEP (Programa Ambiental das Nações Unidas).

vidade do bromo na destruição do ozônio estratosférico em relação ao cloro e sua menor concentração. A Figura 2.18 mostra os níveis do cloro estratosférico efetivo no passado e uma projeção para o futuro.

Os níveis de cloro estratosférico chegaram ao máximo no fim dos anos 1990. Os cientistas estimam que mesmo com os controles internacionais mais severos dos produtos químicos que destroem ozônio, a concentração de cloro estratosférico não cairá para menos de 2.000 partes por trilhão por muitos anos. Essa concentração é significativa porque o buraco de ozônio da Antártica foi primeiramente documentado quando o cloro estratosférico efetivo atingiu esse nível.

Estude Isto 2.27 Níveis efetivos de cloro no passado e no futuro

Use as Figuras 2.17 e 2.18 para responder a estas questões.

a. Em que ano, aproximadamente, a concentração efetiva de cloro atingiu o máximo? Qual foi a leitura naquele ano?
b. O ano do máximo da concentração efetiva de cloro foi o mesmo do máximo de produção de CFC? Por que sim ou por que não?

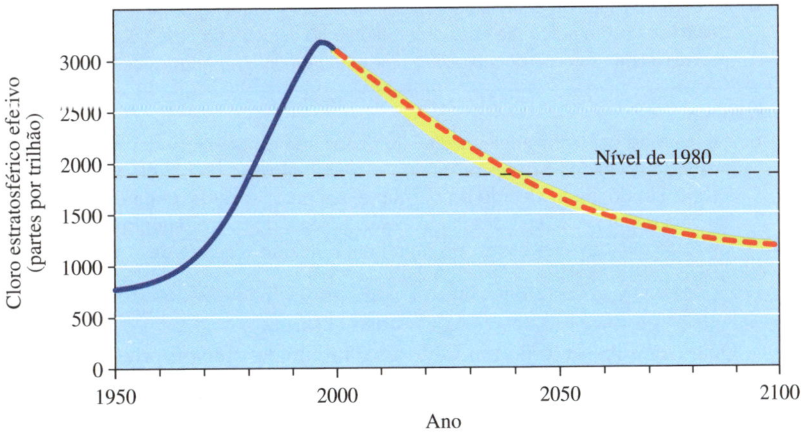

FIGURA 2.18 Concentrações de cloro efetivo, 1950-2100. A banda amarela é uma estimativa da incerteza da predição.
Fonte: Scientific Assessment of Ozone Depletion: 2002. Organização Meteorológica Mundial, Programa Ambiental das Nações Unidas.

Embora o Protocolo de Montreal e seus ajustes posteriores marcassem datas para a interrupção de toda a produção de CFCs, a venda de estoques existentes e materiais reciclados continuam. Isso é necessário porque equipamentos desenhados para operar usando CFCs ainda estão em uso. Por exemplo, condicionadores de ar produzidos nos Estados Unidos para automóveis e residências antes de 1996 usam CFCs. Entretanto, como você pode imaginar, a burocracia e o preço de obtenção legal dos CFCs subiram rapidamente.

Fonte: UNEP.

Em grande medida, o sucesso do Protocolo de Montreal está na previsão de futuros encontros para estabelecer novos objetivos e revisar os que já existem. Por exemplo, o 23° Encontro das Partes, em 2011, ocorreu em Bali, Indonésia, e o 24°, em 2013, em Genebra, na Suíça. Nos primeiros encontros, cientistas da atmosfera, ambientalistas, fabricantes de produtos químicos e funcionários de governos rapidamente concordaram que o Protocolo de Montreal não era suficientemente rigoroso. Cada encontro subsequente produziu emendas que as partes ratificaram para aumentar as restrições.

O ano de 2012 marcou o 25° aniversário do Protocolo de Montreal. Como a medida evitou um mundo com níveis aumentados de radiação ultravioleta, esse aniversário foi ocasião de muita celebração. Mesmo assim, vários desafios continuam:

- Conseguir fundos para ajudar as nações em desenvolvimento a eliminar por completo as substâncias que destroem a camada de ozônio.
- Policiar o comércio ilegal de substâncias que foram banidas.
- Eliminar os produtos químicos que substituíram os CFCs, pois eles são gases de potente efeito estufa.

Na próxima seção, contamos a história dos substitutos dos CFCs, começando pelos HCFCs.

2.12 Substitutos para CFCs e halons

Para encontrar substitutos para um CFC, ninguém pediu a volta aos gases tóxicos, como a amônia e o dióxido de enxofre, nas unidades de refrigeração domésticas. Também, ninguém advogou a desistência completa dos condicionadores de ar. Ao contrário, os químicos pensaram em preparar compostos semelhantes aos CFCs, não tóxicos, porém sem efeitos prolongados sobre o ozônio estratosférico.

Sua Vez 2.28 Geladeiras domésticas

Amônia e dióxido de enxofre têm excelentes propriedades como gases refrigerantes. Porém, eles são perigosos para o uso em geladeiras e condicionadores de ar domésticos.

a. Dióxido de enxofre (SO_2) é um dos poluentes do ar mencionados no Capítulo 1. Quais são seus efeitos sobre a saúde, mesmo em concentrações muito baixas?

b. Embora não seja um poluente do ar exterior, a amônia (NH_3) pode estar presente dentro de casa e poluir. Se você usou amônia na limpeza da casa (Figura 2.19), você provavelmente sufocou com o cheiro. Por que a amônia é perigosa como gás refrigerante?

Resposta

b. Se liberada acidentalmente, a amônia dissolve-se rapidamente em água, inclusive nos tecidos úmidos de seus pulmões. A solução alcalina de hidróxido de amônio produzida danifica o tecido do pulmão e, em casos severos, pode causar a morte. A amônia de limpeza, embora muito menos potente do que a amônia pura, carrega o aviso de que deve ser usada em área bem ventilada e que se deve evitar o contato com a pele e os olhos.

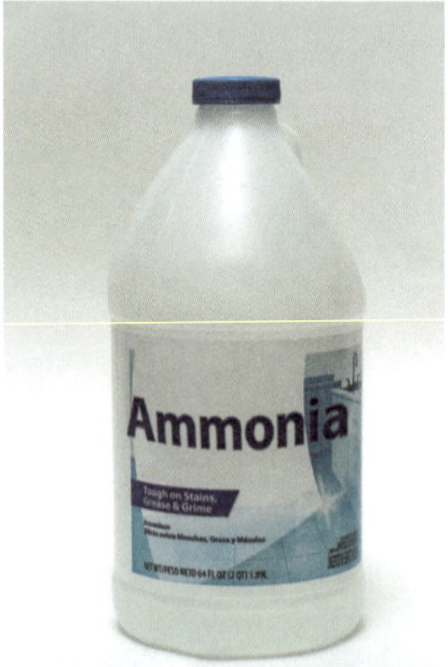

FIGURA 2.19 A amônia de limpeza não é um gás refrigerante, e sim uma solução diluída de amônia (NH_3) em água.

Qualquer substituto de um CFC deve minimizar três propriedades – toxidez, flamabilidade e tempo de vida longo na atmosfera. Ao mesmo tempo, deve ter um ponto de ebulição compatível com os dos gases refrigerantes existentes, tipicamente na faixa de –10 a –40°C. Obter um substituto é um caso delicado de balanço!

Uma estratégia para reduzir o tempo de vida atmosférico de um CFC é substituir uma de suas ligações C–Cl por C–H. Ao contrário das ligações C–Cl, a C–H é suscetível ao ataque pelo radical hidroxila (•OH) e, portanto, quebra-se mais depressa na atmosfera inferior. Porém, a substituição por um átomo de hidrogênio aumenta a flamabilidade da molécula, o que é indesejável. A introdução de um átomo mais leve como o hidrogênio também baixa o ponto de ebulição e tornaria necessário modificar alguns equipamentos. Mesmo assim, essa estratégia produziu alguns substitutos muito úteis.

O radical hidroxila, apresentado na Seção 1.11, já foi chamado de "limpador a vácuo" da troposfera.

Quando um átomo de hidrogênio substitui átomos de cloro em um CFC, o resultado é um **hidro-cloro-fluorocarboneto** (**HCFC**), um composto de hidrogênio, cloro, flúor e carbono (e nenhum outro elemento). Por exemplo, a substituição de um átomo de cloro em CCl_2F_2 produz $CHClF_2$.

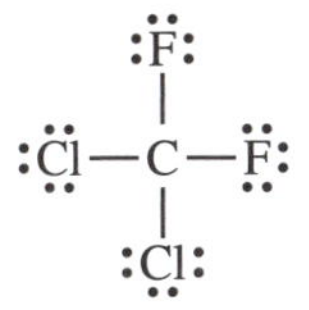

CCl_2F_2
CFC-12 ou R-12

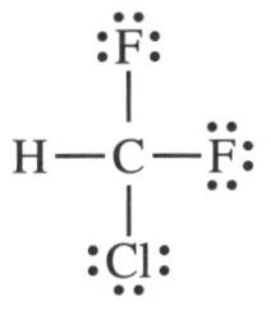

$CHClF_2$
HCFC-22 ou R-22

Esse composto tem uma vida atmosférica de cerca de 12 anos, em comparação com os cerca de 110 anos do CFC-12, também chamado de R-12 ou Freon-12. Como o $CHClF_2$ quebra-se na atmosfera inferior, ele não se acumula na estratosfera. Em consequência, seu potencial de quebra do ozônio é de cerca de 5% do potencial do CCl_2F_2, o que já é um bom começo. Porém, os hidro-cloro-fluorocarbonetos ainda contém cloro e destroem a camada de ozônio. Logo, eles não são a melhor solução, como veremos na próxima seção.

Outro HCFC usado para produzir vasilhames e isolantes espumados.

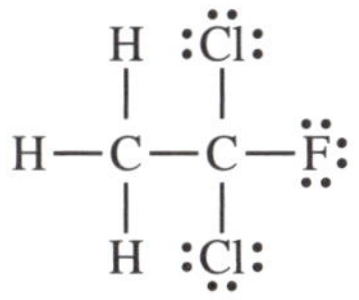

Mesmo assim, os HCFCs representaram uma melhora substancial sobre os CFCs. Em um dado momento, o $CFClF_2$ (também chamado de R-22) foi o mais usado HCFC. Ele é apropriado para muitas aplicações, incluindo condicionadores de ar, e serve como agente de expansão na produção de vasilhames leves espumados para refeições rápidas (*fast food*). A partir de 1996, os automóveis americanos passaram a usar HCFCs nos sistemas de ar-condicionado, em substituição aos CFCs.

Também eliminados sob o Protocolo de Montreal estavam os halons, os parentes dos CFCs contendo bromo mencionados na Seção 2.9. Usados como extintores, os halons têm um potencial maior de destruir ozônio do que os CFCs.

Procure mais informações sobre agentes de expansão na Seção 9.5.

Em 1998, a Pyrocool Technologies, de Monroe, Virgínia, ganhou um Prêmio Presidencial Desafios de Química Verde pelo desenvolvimento da espuma Pyrocool (Pyrocool Fire-Extinguishing Foam – FEF). Mais efetiva do que o halon que substituiu, ela é uma espuma baseada em água, ambientalmente benigna. A Pyrocool FEF foi usada para controlar o fogo nos subníveis abaixo das torres do World Trade Center em seguida ao ataque terrorista de 11 de setembro de 2001 (Figura 2.20). A espuma também é usada na proteção dos enormes depósitos de gás refrigerante necessários para a operação de sistemas de ar-condicionado em larga escala. Ela tem um efeito de resfriamento que ajuda os bombeiros, uma propriedade útil na luta contra o fogo, dentro ou fora de ambientes fechados.

FIGURA 2.20 Espuma de Pyrocool FEF em água sendo usada para controlar o fogo subterrâneo na torre norte (*Ground Zero*) do World Trade Center, 30 de setembro 2001.

Sua Vez 2.29 Outro substituto para o Halon-1301

Fluorofórmio (CHF_3), também conhecido como HFC-23, pode ser usado em substituição ao Halon-1301 ($CBrF_3$).

a. Examine as fórmulas químicas do Halon-1301 e do HFC-23. Com essa informação, o que você pode concluir sobre a capacidade desses dois extintores em destruir o ozônio estratosférico?
b. Qual é o status corrente do Halon-1301?
c. Por que o fluorofórmio (HFC-23) não será, provavelmente, usado por muito tempo?

Resposta
b. Todos os halons, incluindo o Halon-1301, foram eliminados em 2010.

A eliminação dos CFCs e o desenvolvimento contínuo de materiais alternativos foram acompanhados por preocupações econômicas importantes. No seu pico, o mercado mundial dos CFCs atingiu US$ 2 bilhões por ano, a ponta de um iceberg financeiro muito grande. Só nos Estados Unidos, os CFCs eram usados por si só ou para produzir bens cujo valor chegava a cerca de US$ 28 bilhões por ano. Embora a conversão para os substitutos dos CFCs fosse acompanhada por algum custo adicional para reformar equipamentos, o efeito total na economia dos EUA foi mínimo. Além disso, as conversões deram lugar a oportunidades de mercado para sínteses inovadoras baseadas nas ideias fundamentais da química verde para produzir substâncias benignas para o ambiente, uma vitória para a atual e as futuras gerações.

Os CFCs tiveram importante papel na melhoria da qualidade da vida nas nações desenvolvidas. Poucos de seus cidadãos estariam dispostos a abandonar a conveniência e os benefícios para a saúde trazidos pela refrigeração ou pelo conforto do ar-condicionado. Os países em desenvolvimento enfrentaram – e continuam a fazê-lo – um conjunto diferente de questões econômicas e de prioridades. É compreensível que milhões de pessoas no mundo aspirem a um estilo de vida semelhante. No entanto, se as nações em desenvolvimento forem proibidas de usar a tecnologia, relativamente barata, dos CFCs, talvez elas não tenham alternativas. "Nossas estratégias de desenvolvimento não podem ser sacrificadas pela destruição do meio ambiente causada pelo Oeste", afirmou Ashish Kothari, membro de um grupo ambiental indiano. A Índia e a China originalmente se recusaram a assinar o Protocolo de Montreal porque sentiam que ele discriminava os países em desenvolvimento. Para ganhar a participação dessas nações muito populosas, as nações industrializadas criaram um fundo administrado pelo Banco Mundial que tem como objetivo ajudar os países a eliminar o uso de materiais que destroem ozônio sem afetar seu desenvolvimento econômico.

Como vimos nesta seção, a eliminação dos CFCs não foi simples, mas foi conseguida rapidamente. Além disso, não só os CFCs tinham de ser substituídos como também os HCFCs. Em parte, isso foi necessário porque os HCFCs ainda continham cloro. Uma segunda razão, porém, também foi descoberta: todos os substitutos eram gases de efeito estufa. A próxima seção dá os detalhes.

2.13 Substituição dos substitutos

A necessidade que tem a humanidade da refrigeração e seu desejo de resfriar os ambientes interiores veio carregada de consequências não intencionais.

Chemical & Engineering News,
5 de dezembro de 2011, página 31

Quando primeiro utilizados, os CFCs pareciam ser gases refrigerantes ideais. Inesperadamente, eles provaram ser, em parte, responsáveis pela destruição da camada protetora de ozônio da Terra. A substituição dos CFCs por HCFCs é uma solução paliativa, porque eles também afetam a camada de ozônio, embora menos.

Pelo Protocolo de Montreal e emendas posteriores, a maior parte dos HCFCs deve ser eliminada até 2030. Hoje, os HCFCs não são mais fabricados nas nações desenvolvidas. Embora isso devesse reduzir as concentrações de HCFCs na atmosfera, em 2010 a concentração de CHClF2 (R-22) ainda estava crescendo. Devido à alta demanda por R-22 no mundo, incluindo unidades domésticas de condicionamento de ar, isso não é surpreendente. Maior demanda também trouxe preços mais elevados. Por exemplo, durante os meses excepcionalmente quentes do verão de 2012, o R-22 estava em falta nos Estados Unidos e era vendido por várias vezes seu preço usual.

No caso de aparelhos antigos, o R-22 deve ser recuperado e reciclado ou destruído. É proibido deixá-lo escapar para a atmosfera.

Com a saída dos HCFCs, o que os substitui? **Hidro-fluorocarbonetos (HFCs)**, compostos de hidrogênio, flúor e carbono (sem outros elementos), pareciam ser bons candidatos porque são compostos semelhantes sem cloro. Eis dois exemplos.

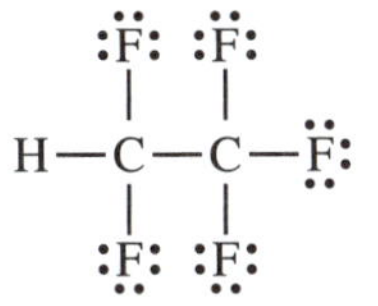

C_2HF_5
Pentafluoro-etano
HFC-125

e

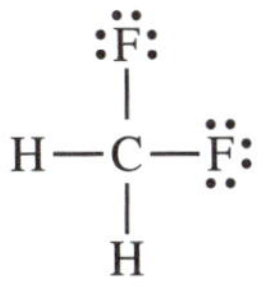

CH_2F_2
difluoro-metano
HFC-32

Eles não destroem o ozônio e não têm tempos de vida excessivamente longos na atmosfera.

A mudança de HCFCs para HFCs está em andamento. Em alguns casos, uma mistura de HFCs é usada como substituinte para $CHClF_2$ (R22), e não um único HFC. Dentre os mais usados está R-410a, uma mistura de C_2HF_5 e CH_2F_2. O uso da mistura, porém, exige alterações no equipamento para que ele possa funcionar corretamente. Novos desenhos de condicionadores de ar já estão sendo projetados para usar R-410a em substituição ao R-22. Outro composto, HFC-134a, também conhecido como R--134a, é muito usado nos refrigeradores caseiros ou no sistema de ar-condicionado dos automóveis.

Estude Isto 2.30 Misturas de HFCs

R-407c é uma mistura de três componentes: HFC–125, HFC–32 e HFC–134a. A fórmula química e a estrutura de Lewis dos dois primeiros já foram dadas. A fórmula química do terceiro é $C_2H_2F_4$.

a. Em que esses três compostos diferem dos CFCs? Dos HFCs? Prepare uma tabela que coloque as diferenças em evidência.
b. Desenhe a estrutura de Lewis do HFC–134a, colocando dois átomos de F em cada átomo de C.

Contudo, com os HFCs, outra consequência inesperada aparece. Os HFCs são gases de efeito estufa! Na verdade, também o eram os HCFCs e CFCs que eles substituíram, como se pode ver na Figura 2.21. Como o dióxido de carbono, os HFCs absorvem radiação infravermelha, retêm calor na atmosfera e contribuem para o aquecimento global. O HFC-23 nos interessa em particular, porque ele é um subproduto da síntese do HCFC-22 (também chamado de R-22), hoje um dos gases de refrigeração mais usados no mundo, como vimos na seção precedente. Assim, no curto como no longo prazo, os HFCs são problemáticos como substitutos. O que se pensa hoje sobre a substituição dos HFCs?

Gases de efeito estufa são apresentados no Capítulo 3.

O eixo *x* da Figura 2.21 é o potencial de aquecimento global. Procure uma explicação do termo na Seção 3.8.

Se você ficou atrapalhado com CFCs, HCFCs e HFCs, prepare-se para mais uma sopa de alfabeto. Uma das mais novas classes de gases refrigerantes são os HFOs, isto é, as hidro-fluoro--olefinas. Paremos um pouco para entender o nome.

- **Hidro** significa que esses compostos contêm ligações C–H, como em *hidro*-fluorocarbonetos e *hidro*-cloro-fluorocarbonetos.
- **Fluoro** significa que esses compostos contêm ligações C–F, como em hidro-*fluoro*carbonetos e hidro-cloro-*fluoro*carbonetos.
- **Olefina** significa que esses compostos contêm ligações C=C.

Juntando essas três peças, aqui está a fórmula estrutural de HFO-1234yf, um exemplo de HFO.

No nome HFO-1234yf, 1 é para a ligação dupla, 2 é para 2 átomos de H, 3 é para 3 átomos de C e 4 é para 4 átomos de F.

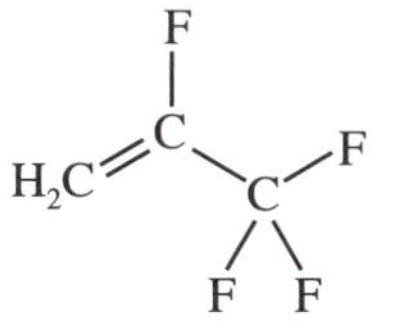

Embora ele absorva radiação infravermelha, a presença da ligação C=C reduz seu tempo de vida na atmosfera. Isso significa que ele persiste pouco na atmosfera e que seu potencial de aquecimento global é tão baixo que não seria registrado na escala usada na Figura 2.21. O composto é inflamável, o que não é inesperado, dadas as ligações C–H que contém.

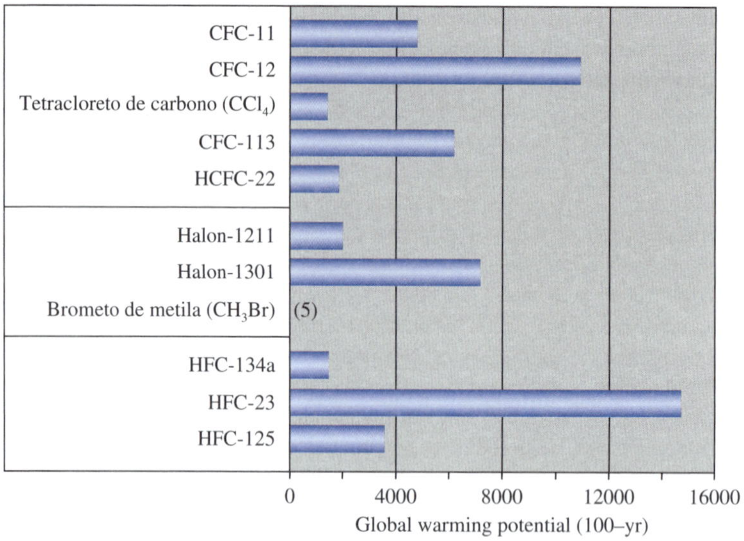

FIGURA 2.21 Importância relativa de quantidades iguais (por massa) de CFCs, HCFCs, HFCs e halons em termos de seu potencial para o aquecimento global. Os valores são para 100 anos após a emissão.

Fonte: De D.W. Fahey, 2006, Twenty Questions and Answers About the Ozone Layer—2006 Update, *um suplemento de* Scientific Assessment of Ozone Depletion: 2006, *the World Meteorological Organization Global Ozone Research and Monitoring Project—Report No. 50, liberado em 2007 e aqui reproduzido com a permissão do Programa Ambiental das Nações Unidas.*

Em 2007, HFO-1234yf foi anunciado conjuntamente pela Honeywell e pela DuPont. Três anos depois, a produção comercial começou. Em 2012, o gás teve o uso aprovado na Europa, nos Estados Unidos e no Japão. Em 2013, HFO-1234yf passou a ser usado pela General Motors no ar-condicionado de seus automóveis americanos. Convenientemente, ele é praticamente um substituto redutor (da velocidade) para o HC-134a.

Estude Isto 2.31 Consequências imprevistas

Será que as hidro-fluoro-olefinas causam danos ambientais que não pudemos detectar? Quando este livro foi impresso, algumas pessoas estavam preocupadas com o aumento da concentração de um dos produtos de degradação, o ácido trifluoro-acético (TFA), nos rios. Outra preocupação é a possível produção de ácido fluorídrico (HF) na hipótese de um incêndio.

a. O uso de HFO-1234yf sofreu inicialmente a oposição de algumas nações, incluindo a Alemanha. Isso ainda ocorre? Por que sim ou por que não?
b. Além do problema do TFA e do HF, existem outras preocupações com o uso do HFO-1234yf?

Dois outros gases refrigerantes merecem menção. Um deles é o R-744, mais conhecido como dióxido de carbono. Esse gás foi usado em sistemas de refrigeração nos anos 1800, mas sofre com a desvantagem da necessidade de altas pressões para a compressão, algumas vezes acima de 100 vezes a pressão atmosférica. Ele foi substituído primeiro pela amônia e depois pelos CFCs. Embora hoje exista um interesse renovado no uso de CO_2, isso ainda não aconteceu.

O segundo é outro produto natural, o propano, um hidrocarboneto pequeno (C_3H_8) mencionado no Capítulo 1. Embora seja barato e não tóxico, como todos os hidrocarbonetos ele é inflamável. Como gás refrigerante, o propano tem propriedades semelhantes às do R-22. Com o advento dos HFOs, também mais inflamáveis do que seus predecessores, o propano está cotado para voltar.

Ao encerrar este capítulo, uma analogia vem à memória, uma que o Prêmio Nobel Mario Molina empregou em um simpósio sobre a redução do ozônio e as mudanças climáticas em 2011. Ele comentou que alguns percebem a ciência como um castelo de cartas: se uma parte é afetada, o castelo desmorona. Ele sugeriu que uma metáfora melhor seria um quebra-cabeças com a figura de um gato em que: mesmo que algumas peças faltem, você ainda pode reconhecer o gato.

Com a redução do ozônio atmosférico, esse foi o caso. Mesmo com algumas peças importantes faltando, o quadro era reconhecível. Embora com a ajuda da química possamos ver o quadro, isso claramente não é suficiente. Afinal, o debate entre governos e seus cidadãos sobre como melhor proteger a camada de ozônio estratosférico determina o resultado na arena política global.

Estude Isto 2.32 História ainda sendo escrita

A cada ano, as nações se encontram para continuar a conversar sobre o Protocolo de Montreal e seus adendos. Onde aconteceu isso neste ano? Sintetize os resultados e as controvérsias.

Conclusão

A química está intimamente ligada à história da redução do ozônio. Os químicos criaram os cloro-fluorocarbonetos, cujas propriedades quase perfeitas somente depois revelaram seu lado negro de predadores do ozônio estratosférico. Os químicos trabalharam em colaboração internacional para descobrir o mecanismo pelo qual os CFCs destroem o ozônio e avisaram do perigo da crescente radiação ultravioleta que atinge a Terra. E os químicos continuarão a sintetizar as substâncias necessárias à substituição dos CFCs e outros produtos relacionados.

Embora a química seja uma parte necessária da solução, ela era só parte da solução. No encontro dos participantes do Protocolo de Montreal sobre Substâncias que Destroem a Camada de Ozônio de 2005, realizado em Dakar, Senegal, o Secretário Executivo Marco González lembrou aos participantes que os 20% finais de qualquer esforço cooperativo global podem ser os mais difíceis. Diferenças fundamentais nas políticas reguladoras domésticas têm o potencial de esgotar as reservas de boa vontade, colocando objetivos de longo termo em perigo. Em sua complexidade, as questões econômicas, sociais e políticas rivalizam com as questões científicas e tecnológicas.

Assim, o problema da destruição do ozônio juntou diferentes participantes na busca de um resultado comum. Os químicos informaram as causas e os efeitos da redução do ozônio. Pessoas na indústria, em resposta aos estímulos impostos pelas medidas de controle, desenvolveram alternativas mais baratas muito mais rapidamente do que qualquer um pudesse pensar ser possível, participando ativamente dos debates sobre outras reduções. ONGs (organizações não governamentais) e a mídia foram canais essenciais de comunicação com os povos da Terra em cujo nome as medidas haviam sido tomadas. Os governos trabalharam juntos em acordos pacientemente negociados que fossem aceitáveis a um conjunto de países com condições, objetivos e recursos muito variáveis – e mostraram coragem e previdência ao aplicar o **princípio da precaução** antes mesmo de que a evidência científica estivesse completamente clara.

Em 2007, um simpósio ocorreu para lembrar os 20 anos do Protocolo de Montreal. Georgios Souflias, da Grécia, fez a abertura, salientando que não podemos ficar indiferentes ao ambiente porque ele é nossa casa. "*O ambiente não dá às pessoas somente uma melhor qualidade de vida, mas dá a vida em si*".

Souflias também apontou para a conexão entre os CFCs e seus substitutos e as mudanças climáticas. Seu chamado à ação foi inequívoco. "*Todos nós, respirando nesse planeta hoje e tendo o potencial, devemos garantir seu futuro com rapidez e decisão. Não temos direito a atrasos, não podemos nos dar ao luxo de perder tempo*".

Insistimos que você se lembre dessas palavras quando passarmos a nosso próximo tópico, a química das mudanças climáticas.

Resumo do capítulo

Tendo estudado este capítulo, você deveria ser capaz de:

- Diferenciar o ozônio danoso da troposfera e o benéfico da camada de ozônio da estratosfera (2.1)
- Descrever a química do ozônio, inclusive sua formação em nossa atmosfera (2.1, 2.6, 2.8–2.10)
- Descrever a camada de ozônio, caracterizando-a de várias maneiras diferentes (2.1, 2.6, 2.8–2.10)
- Aplicar a estrutura atômica fundamental a átomos de certos elementos (2.2)
- Entender o significado de os elementos caírem no mesmo grupo da Tabela Periódica (2.2)
- Diferenciar número atômico e número de massa e aplicar este último aos isótopos (2.2)

- Escrever estruturas de Lewis para pequenas moléculas com ligações covalentes simples, duplas e triplas (2.3)
- Descrever o espectro magnético em termos de frequência, comprimento de onda e energia (2.4, 2.5)
- Interpretar gráficos relacionados a comprimento de onda e energia, radiação e danos biológicos e destruição do ozônio (2.4–2.8)
- Entender o ciclo de Chapman da redução natural do ozônio estratosférico (2.6)
- Entender como a camada de ozônio estratosférico nos protege da radiação ultravioleta danosa (2.6, 2.7)
- Comparar e contrastar a radiação UV-A, UV-B e UV-C de modos diferentes (2.6, 2.7)
- Discutir a interação da radiação com a matéria e as alterações causadas por ela, inclusive a sensibilidade biológica (2.6, 2.7)
- Relacionar o significado e o uso do Índice UV (2.7)
- Escrever estruturas de Lewis para os átomos de cloro e bromo, assim como para alguns outros radicais livres. Ser capaz de explicar por que esses radicais livres são tão reativos (2.8)
- Reconhecer as complexidades de obtenção de dados acurados sobre a destruição do ozônio estratosférico e sua interpretação correta (2.8, 2.9)
- Entender a natureza química e o papel dos CFCs na destruição do ozônio estratosférico (2.9, 2.10)
- Explicar as circunstâncias únicas responsáveis pela destruição sazonal do ozônio na Antártica (2.10)
- Resumir os resultados do Protocolo de Montreal e seus adendos (2.11, 2.12)
- Avaliar artigos sobre alternativas de química verde aos compostos que destroem o ozônio estratosférico (2.12)
- Discutir fatores que vão ajudar a recuperação da camada de ozônio (2.11, 2.12)
- Explicar por que HCFCs, os substitutos dos CFCs, precisam ser substituídos. Depois explicar por que HFCs, os substitutos dos HCFCs, também precisam ser substituídos (2.13)
- Como a abertura desta seção aponta, nosso desejo de resfriar nossas casas e locais de trabalho veio "carregado com consequências indesejadas". Dar evidências que suportem essa declaração. (2.13)

Questões

Ênfase nos fundamentos

1. Como o ozônio difere do oxigênio na fórmula química? E em suas propriedades?

2. Explique por que é possível detectar o odor intenso do ozônio após uma tempestade com raios ou perto de transformadores elétricos.

3. O texto declara que o odor do ozônio pode ser detectado em concentrações de até 10 ppb. Você seria capaz de sentir o cheiro do ozônio nestas amostras de ar?
   a. 0,118 ppm de ozônio, uma concentração obtida em áreas urbanas
   b. 25 ppm, uma concentração medida na estratosfera

4. Um jornalista escreveu "Pairando 10 milhas acima do Polo Sul está um remendo espalhado de estratosfera com níveis perturbadoramente baixos de ozônio para absorver a radiação".
   a. Qual é o tamanho deste remendo espalhado?
   b. 10 milhas é um número correto? Expresse esse número em quilômetros.
   c. Que tipo de radiação o ozônio absorve?

5. Foi sugerido que o termo *cortina de ozônio* seria uma descrição melhor do que *camada de ozônio* para descrever o ozônio da estratosfera. Quais são as vantagens e desvantagens de cada termo?

6. Descreva três diferenças entre o ar da troposfera e o da estratosfera. Em sua resposta, utilize material dos Capítulos 1 e 2.

7. a. O que é uma unidade Dobson?
   b. Que leitura, 320 DU ou 275 DU, indica que há maior coluna de ozônio total acima de nós?

8. Use a Tabela Periódica e especifique o número de prótons e elétrons de um átomo neutro destes elementos.
   a. oxigênio (O) b. nitrogênio (N)
   c. magnésio (Mg) d. enxofre (S)

9. Observe esta representação da Tabela Periódica.

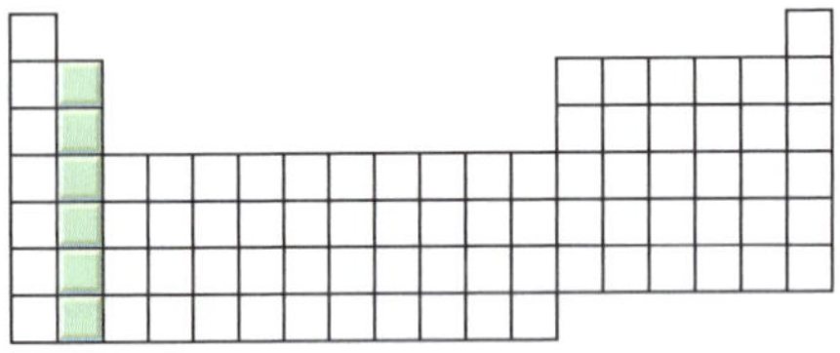

   a. Qual é o número do grupo da coluna sombreada?
   b. Quais são os elementos desse grupo?
   c. Qual é o número de elétrons de um átomo neutro dos elementos desse grupo?
   d. Qual é o número de elétrons externos de um átomo neutro dos elementos desse grupo?

10. Escreva o nome e o símbolo do elemento que tem este número de prótons.
   a. 2 b. 19 c. 29

11. Escreva o número de prótons, nêutrons e elétrons de cada um destes átomos neutros.
   a. oxigênio-18 ($^{18}_{8}O$) b. enxofre-35 ($^{35}_{16}S$)
   c. urânio-238 ($^{238}_{92}U$) d. bromo-82 ($^{82}_{35}Br$)
   e. neônio-19 ($^{19}_{10}Ne$) f. rádio-226 ($^{226}_{88}Ra$)

12. Escreva o símbolo que mostra o número atômico e o número de massa do isótopo que tem:
   a. 9 prótons e 10 nêutrons (usado em medicina nuclear)

b. 26 prótons e 30 nêutrons (o isótopo mais estável desse elemento)
c. 86 prótons e 136 nêutrons (o gás radioativo encontrado em algumas residências).

13. Desenhe a estrutura de Lewis destes átomos.
a. cálcio b. nitrogênio
c. cloro d. hélio

14. Considere válida a regra do octeto e desenhe a estrutura de Lewis destas moléculas.
a. CCl_4 (tetracloreto de carbono, uma substância que já foi usada como agente de limpeza)
b. H_2O_2 (peróxido de hidrogênio, um desinfetante suave. Os átomos estão ligados na ordem H–O–O–H)
c. H_2S (sulfeto de hidrogênio, um gás com o odor desagradável de ovos podres)
d. N_2 (gás nitrogênio, o componente principal da atmosfera)
e. HCN (cianeto de hidrogênio, uma molécula encontrada no espaço sideral que é um gás venenoso)
f. N_2O (óxido nitroso, o "gás do riso". Os átomos estão ligados na ordem N–N–O)
g. CS_2 (dissulfeto de carbono, usado para matar roedores. Os átomos estão ligados na ordem S–C–S)

15. Várias espécies de oxigênio têm papel importante na química da estratosfera, inclusive átomos de oxigênio, moléculas de oxigênio, moléculas de ozônio e radicais hidroxila. Desenhe suas estruturas de Lewis.

16. Observe estas duas ondas que representam partes diferentes do espectro eletromagnético. Como elas se comparam em termos de:

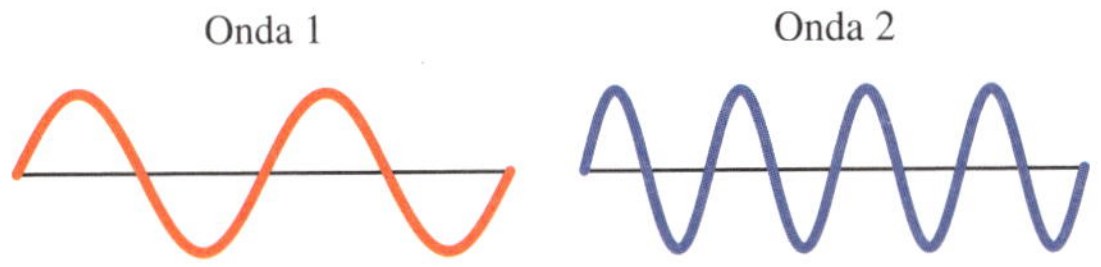

a. comprimento de onda
b. frequência
c. velocidade de deslocamento

17. Use a Figura 2.7 para especificar a região do espectro eletromagnético em que se encontra a radiação destes comprimentos de onda. *Sugestão*: Passe cada comprimento de onda para metros antes de fazer a comparação.
a. 2,0 cm b. 400 nm
c. 50 μm d. 150 mm

18. Coloque os comprimentos de onda da questão 17 na ordem *crescente* de energia. Que comprimento de onda tem os fótons com maior energia?

19. Coloque estes tipos de radiação na ordem crescente de energia por fóton: raios gama, radiação infravermelha, ondas de rádio, luz visível.

20. As micro-ondas dos fornos domésticos têm frequência de $2{,}45 \times 10^9\ s^{-1}$. Essa radiação tem mais ou menos energia do que as ondas de rádio? E do que os raios X?

21. A radiação ultravioleta é categorizada como UV-A, UV-B ou UV-C. Arranje essas faixas de radiação na ordem crescente de:
a. comprimento de onda
b. energia
c. potencial para danos biológicos

22. Desenhe as estruturas de Lewis de três CFCs diferentes.

23. Os CFCs eram usados em pulverizadores de cabelo, refrigeradores, condicionadores de ar e espumas de plásticos. Que propriedades dos CFCs os tornam desejáveis para esses usos?

24. a. Uma molécula que contém hidrogênio pode ser classificada como CFC?
b. Qual é a diferença entre um HCFC e um HFC?

25. a. A maior parte dos CFCs é baseada em metano, CH_4 ou etano, C_2H_6. Use fórmulas estruturais para representar esses dois compostos.
b. Ao substituir os átomos de hidrogênio de uma molécula de metano por cloro e flúor obtém-se CFCs. Quantas possibilidades existem?
c. Qual dos CFCs da parte **b** teve mais sucesso?
d. Por que esses compostos não tiveram todos o mesmo sucesso?

26. Esses radicais livres têm um papel na catálise das reações de destruição do ozônio: Cl•, •NO_2, ClO• e •OH.
a. Conte o número de elétrons externos disponíveis em cada caso e desenhe uma estrutura de Lewis para eles.
b. Que característica é partilhada por essas espécies e as torna tão reativas?

27. a. Como eram feitas as medidas originais do aumento de monóxido de cloro e da destruição do ozônio da estratosfera sobre a Antártica?
b. Como essas medidas são feitas hoje?

28. Qual dos gráficos mostra como a medida dos aumentos da radiação UV-B correlaciona-se com a redução percentual da concentração de ozônio na estratosfera sobre o Polo Sul?

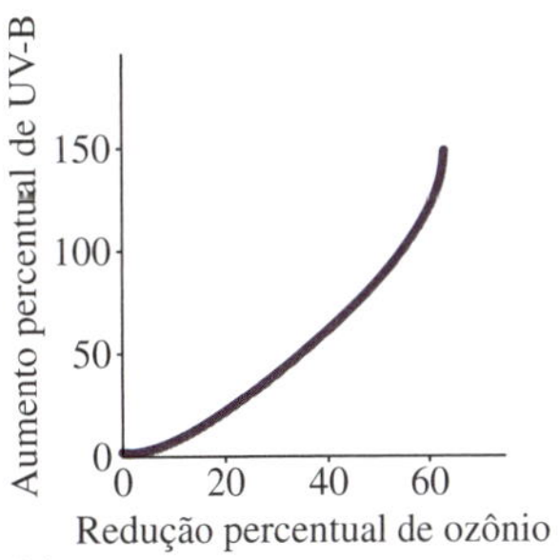

(a)

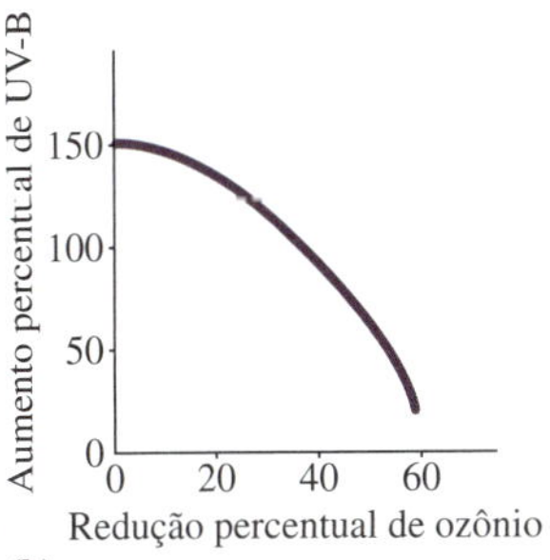

(b)

Foco nos conceitos

29. A EPA usou a frase "*Ozônio: Bom Lá em Cima, Ruim Aqui Embaixo*" em algumas de suas publicações. Explique a mensagem.

30. O Prêmio Nobel F. Sherwood Rowland referiu-se à camada de ozônio como o calcanhar de Aquiles de nossa atmosfera. Explique a metáfora.

31. No resumo de uma palestra que deu em 2007, o Prêmio Nobel F. Sherwood Rowland escreveu "A radiação UV cria uma camada de ozônio na atmosfera que, por sua vez, absorve completamente a fração dessa radiação que tem mais energia".
   a. Qual é a fração de radiação UV de maior energia? *Sugestão*: Veja a Tabela 2.4.
   b. Como a radiação UV "cria uma camada de ozônio"?

32. Na conclusão deste capítulo, reproduzimos as palavras de Georgios Souflias no Simpósio em Comemoração ao 20° Aniversário do Protocolo de Montreal: "*Todos nós, respirando nesse planeta hoje e tendo o potencial, devemos garantir seu futuro com rapidez e decisão. Não temos direito a atrasos, não podemos nos dar ao luxo de perder tempo*".
   a. A que perigo no atraso ele estava se referindo?
   b. Reveja as definições de sustentabilidade no prólogo. Como suas palavras se ligam a essas definições?

33. Analise o ciclo de Chapman da Figura 2.10.
   a. Explique a fonte dos átomos de oxigênio.
   b. Esse ciclo poderia ocorrer na troposfera? Explique.

34. Dê algumas das razões pelas quais a solução para a destruição do ozônio proposta neste cartum de Sydney Harris não funcionará.

ORA, BOLAS, VAMOS APENAS PEGAR UM POUCO DE OZÔNIO E ENVIÁ-LO DE VOLTA PARA CIMA.

Fonte: ScienceCartoonsPlus.com. Reimpressão com permissão.

35. "*Corremos o risco de resolver um problema ambiental global e possivelmente exacerbar outro, a menos que outras alternativas possam ser encontradas*". O ano desta afirmação feita por um funcionário americano, é 2009, e o contexto é a eliminação do uso dos HCFCs.
   a. Que compostos substituiriam os HCFCs em 2009?
   b. Qual é o risco dessa substituição?

36. É possível escrever três estruturas de ressonância para o ozônio, não apenas as duas mostradas no texto. Verifique se as três estruturas satisfazem a regra do octeto e explique por que a estrutura triangular não é razoável.

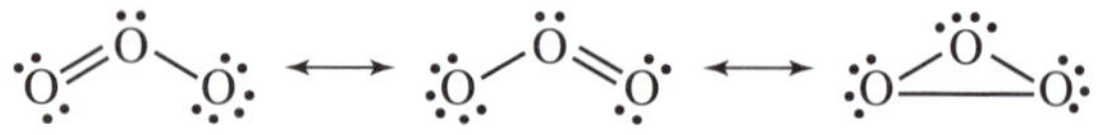

37. O comprimento médio de uma ligação simples O–O é 132 pm. O comprimento médio de uma ligação dupla O–O é 121 pm. Preveja o comprimento das ligações O–O do ozônio. Elas serão todas iguais? Explique a previsão.

38. Analise as estruturas de Lewis do SO_2. Como elas se comparam com as estruturas de Lewis do ozônio?

39. Mesmo que sua pele tenha pouca pigmentação, você não pode se bronzear ficando na frente de um rádio. Por quê?

40. O jornal da manhã dá uma previsão do Índice de UV de 6,5. Considerando a quantidade de pigmentos de sua pele, como isso pode afetar seus planos para as atividades do dia?

41. Todos os relatórios de danos provocados pela radiação UV focalizam UV-A e UV-B. Por que não se dá atenção aos efeitos danosos da radiação UV-C?

42. Se todas as 3×10^8 toneladas de ozônio estratosférico que se formam a cada dia são também destruídas a cada dia, como é possível que o ozônio estratosférico ofereça alguma proteção contra a radiação UV?

43. Como a inércia química do CCl_2F_2 (Freon-12) relaciona a utilidade e os problemas associados com este composto?

44. Explique como as pequenas mudanças de concentração de Cl· (medidas em partes por bilhão) podem causar alterações muito maiores nas concentrações de O_3 (medidas em partes por milhão).

45. O desenvolvimento do buraco de ozônio estratosférico foi mais dramático sobre a Antártica. Que condições existem sobre a Antártica que ajudam a explicar por que esta área se presta bem ao estudo das variações de concentração de ozônio estratosférico? Essas condições não existem no Ártico? Explique.

46. O radical livre CF_3O· é produzido durante a decomposição do HFC-134a.
   a. Proponha uma estrutura de Lewis para esse radical livre.
   b. Dê uma explicação possível para por que CF_3O· não destrói ozônio.

47. Um mecanismo que ajuda a destruir o ozônio na região da Antártica envolve o radical livre BrO·. Uma vez formado, ele reage com ClO· para formar BrCl e O_2. BrCl, por sua vez, reage com a luz solar para gerar Cl· e Br·, que reagem com O_3 e formam O_2.
   a. Represente essas informações por um conjunto de equações semelhante às do ciclo de Chapman.
   b. Qual é a equação líquida deste ciclo?

48. As nuvens polares estratosféricas (PSCs) têm importante papel na destruição do ozônio estratosférico.

a. Por que as PSCs se formam mais frequentemente sobre a Antártica do que sobre o Ártico?
b. As reações ocorrem mais rapidamente na superfície das PSCs do que na atmosfera. Uma dessas reações é a do cloreto de hidrogênio com o nitrato de cloro ($ClONO_2$), duas espécies que não destroem ozônio, para produzir uma molécula de cloro e ácido nítrico (HNO_3). Escreva a equação química.
c. A molécula de cloro produzida também não destrói ozônio. Entretanto, quando o Sol volta à Antártica na primavera, ele se converte em uma espécie que o faz. Use uma equação química para mostrar o que acontece.

49. Examine este gráfico que mostra a abundância atmosférica de gases que contêm bromo entre 1950 e 2100.

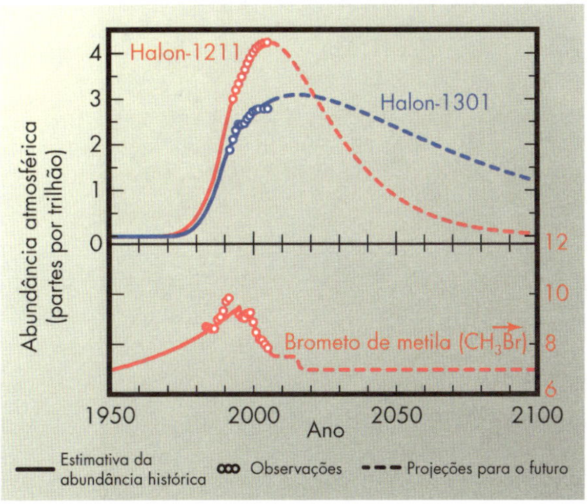

Fonte: Retirado de D.W. Fahey, 2006, Twenty Questions and Answers About the Ozone Layer—2006 Update, um suplemento de Scientific Assessment of Ozone Depletion: 2006, the World Meteorological Organization Global Ozone Research and Monitoring Project—Report No. 50, liberado em 2007 e reproduzido com permissão do Programa Ambiental das Nações Unidas.

a. Halon-1301 é $CBrF_3$ e Halon-1211 é $CClBrF_2$. Por que estes compostos foram manufaturados?
b. Compare as tendências do Halon-1211 e do Halon-1301. Por que o Halon-1301 cai tão rapidamente?
c. Em 2005, o brometo de metila foi eliminado nos Estados Unidos, exceto para usos críticos. Por que seu uso futuro predito é uma linha reta, e não ocorre decaimento?

Exercícios avançados

50. Vimos no Capítulo 1 o papel do monóxido de nitrogênio (NO) na formação da névoa fotoquímica. Que papel, se é que há algum, há o NO na destruição do ozônio estratosférico? As fontes de NO são as mesmas na estratosfera e na troposfera?

51. As estruturas de ressonância podem ser usadas para explicar a ligação em grupos de átomos com cargas e também em moléculas neutras como o ozônio. O íon nitrato, NO_3^-, tem um elétron adicional além dos elétrons externos dos átomos de nitrogênio e oxigênio. O elétron extra dá ao íon a carga. Desenhe as estruturas de ressonância. Garanta que elas obedecem à regra do octeto.

52. Embora o oxigênio exista como O_2 e O_3, o nitrogênio só existe como N_2. Proponha uma explicação para esses fatos. *Sugestão*: Tente desenhar uma estrutura de Lewis para N_3.

53. As fórmulas químicas de um CFC, como CFC-11 (CCl_3F), podem ser deduzidas a partir do número de código, adicionando-se 90 para obter um número com três dígitos. Por exemplo, com CFC-11 você obtém 90 + 11 = 101. O primeiro dígito é o número de átomos de C, o segundo, o de H e o terceiro, de F. CCl_3F tem 1 átomo de C, nenhum de H e 1 de F. Todas as ligações restantes são atribuídas a cloro.
a. Qual é a fórmula química de CFC-12?
b. Qual é o número de código de CCl_4?
c. Será que esse método ("90") funciona para HCFCs? Use HCFC-22 ($CHClF_2$) para explicar sua resposta.
d. Será que o método funciona para halons? Use Halon-1301 (CF_3Br) para explicar sua resposta.

54. Muitos tipos diferentes de geradores de ozônio ("ozonizadores") estão no comércio como desinfetantes do ar, da água e mesmo da comida. Eles são vendidos frequentemente com publicidade como esta, de uma loja de piscinas: "Ozônio, o desinfetante mais poderoso do mundo"!
a. Que afirmações são feitas quanto à eficiência dos ozonizadores para purificação do ar?
b. Que riscos estão associados a esses aparelhos?

55. O efeito de uma substância química sobre a camada de ozônio é medido por uma grandeza chamada de *potencial de destruição do ozônio*, ODP. É uma escala numérica que estima o tempo de vida em potencial do ozônio estratosférico que poderia ser destruído por uma dada massa da substância. Todos os valores são relativos ao CFC-11, que tem, por definição, ODP igual a 1,0. Use esses dados para responder a estas questões.
a. Nomeie dois fatores que afetam o ODP de um composto e explique as razões de cada um deles.
b. A maior parte dos CFCs tem ODPs entre 0,6 e 1,0. Que faixa você espera para os HCFCs? Explique seu raciocínio.
c. Que valores de ODP você espera para os HFCs? Explique seu raciocínio.

56. Recente evidência experimental indica que o ClO· reage inicialmente para formar Cl_2O_2.
a. Prediga uma estrutura de Lewis razoável para essa molécula. Suponha que a ordem das ligações é Cl–O–O–Cl.
b. Que efeito essa evidência tem na compreensão do mecanismo da destruição catalisada do ozônio por ClO·?

Capítulo 3

A química da mudança climática global

Este grupo de chimpanzés contribuiu bem pouco, se tanto, para a mudança climática global e não parece estar discutindo o assunto. Entretanto, eles terão de se adaptar às mudanças que ocorrerão.

Ao contrário dos humanos, os chimpanzés, juntamente às plantas e aos demais animais, não discutem uns com os outros se o clima está mudando. Eles tentam, apenas, adaptar-se a um mundo em permanente mudança que pode afetar seu modo de vida, inclusive o acesso à comida, à água e ao meio ambiente. Por exemplo, com as mudanças climáticas, altera-se a disponibilidade de comida, forçando os animais, como o chimpanzé, a se adaptarem para obter as calorias suficientes para sobreviver. As alterações climáticas também afetam seu meio ambiente, com variações provocadas pelas mudanças do tempo.

Como a maior parte do planeta, a água salgada dos oceanos não tem voz, mas responde a alterações climáticas e tem uma história para contar. Em climas mais frios, ela congela silenciosamente quando a temperatura cai. De forma talvez mais audível, o gelo se quebra com a volta das temperaturas mais quentes da primavera. Esse ciclo congelar-degelar ocorre há milhares de anos, mudando gradualmente para formar mais ou menos gelo, de acordo com as alterações da temperatura da Terra. Nos anos mais recentes, porém, o ciclo congelar-degelar foi mais pronunciado, e as águas do Ártico ficaram livres do gelo por períodos de tempo mais longos.

Os termos mudança climática e aquecimento global não significam a mesma coisa, mas estão estreitamente relacionados. Ambos serão usados neste capítulo.

O dióxido de carbono poderia ser o culpado das mudanças vistas no Ártico? E das alterações de populações e hábitats de plantas e animais? Sem dúvida você já ouviu falar de CO_2 no noticiário. Como gás de efeito estufa, o dióxido de carbono tem um papel importante na manutenção de nosso planeta a uma temperatura confortavelmente quente e capaz de dar suporte à vida, mas só isso seria bom demais. O dióxido de carbono não é o único ator, como veremos neste capítulo. Falaremos também de outros gases, como o metano e o vapor de água, e de como eles contribuem para o efeito estufa.

O que você sabe sobre o CO_2? A próxima atividade dá uma oportunidade de avaliar seu conhecimento atual.

Estude Isto 3.1 Dióxido de carbono no noticiário

a. O que você sabe sobre o dióxido de carbono? Faça uma lista e guarde-a para uso futuro.

b. Como o cartum aponta, os carros adicionam CO_2 à nossa atmosfera. O que mais, além dos veículos, adiciona CO_2 à atmosfera? Novamente, faça uma lista e guarde-a.

c. Os veículos emitem outros gases pelo escapamento, inclusive poluentes do ar. Ao reduzir as emissões de CO_2, você também reduz as emissões de outros poluentes do ar. Nomeie dois poluentes do ar.
Sugestão: Reveja Sua Vez 1.19.

Como Estude Isto 3.1 apontou, o dióxido de carbono é emitido por veículos. Como você verá neste capítulo e no próximo, quando os hidrocarbonetos e outros combustíveis que contêm carbono queimam, produzem dióxido de carbono juntamente a outros poluentes do ar. Ninguém discorda de que esses gases estão sendo emitidos, mas não há um consenso sobre quanto pode ser liberado sem consequências negativas para o clima da Terra ou mesmo sobre se deveríamos nos preocupar com essas emissões.

Para tomar uma decisão razoável sobre as emissões, precisamos primeiro analisar o balanço de energia da Terra. Faremos isso examinando como esse balanço pode se alterar, por exemplo, investigando os gases de efeito estufa e interpretando os dados coletados de amostras profundas retiradas das geleiras da Terra. Explicaremos, também, conceitos fundamentais da química como balanço de energia, gases de efeito estufa e seu efeito, forma das moléculas, vibrações moleculares, o ciclo do carbono, massa atômica, mols, gases atmosféricos e aerossóis, buscando ajudá-lo a avaliar o efeito das emissões sobre o clima.

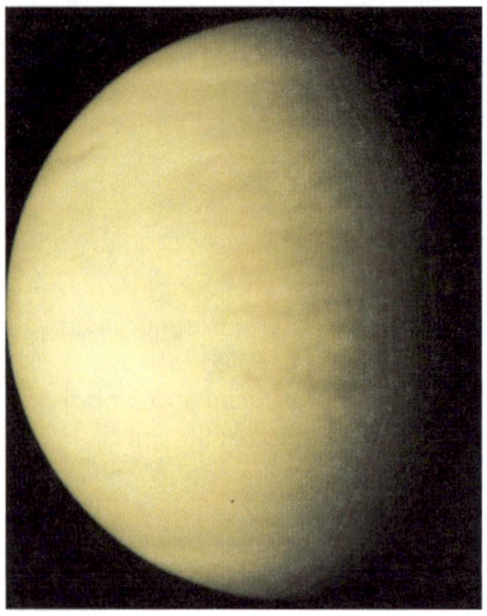

FIGURA 3.1 Vênus, fotografado pela espaçonave Galileo.

Para fazer isso, não podemos botar o carro diante dos bois. Você nunca parou para pensar por que a Terra não esquenta nem esfria demais e possibilita que haja vida? Vamos descobrir por que começando pela discussão do balanço de energia da atmosfera da Terra.

3.1 Na estufa: balanço de energia da Terra

Ao começar nossa jornada na compreensão das **mudanças climáticas globais**, precisamos entender primeiro como a Terra aquece e esfria. A energia necessária para aquecer a Terra vem principalmente do Sol. Entretanto, esta não é a história completa. Com base na distância da Terra ao Sol, sua temperatura deveria ser −18°C (0°F) e os oceanos deveriam ficar congelados o ano todo. Felizmente, isso não é verdadeiro, porque a temperatura média da Terra é atualmente 15°C (59°F).

Vênus (Figura 3.1) é outro planeta cuja temperatura não é condizente com sua distância até o Sol. Considerado por muitos como sendo o corpo mais brilhante e mais bonito do céu noturno, depois de nossa lua, Vênus tem a temperatura média de 450°C (840°F). Com base na distância do Sol, porém, a temperatura deveria ser 100°C, a temperatura da ebulição da água. O que a Terra e Vênus tem em comum que poderia explicar essas discrepâncias? Ambos têm atmosfera. Para saber qual é o papel da nossa, vejamos o que acontece quando a radiação solar chega à Terra.

Esses e outros tipos de radiação eletromagnética foram apresentados na Seção 2.4.

Os processos que contribuem para o balanço de energia da Terra estão na Figura 3.2. A Terra recebe quase toda sua energia do Sol (setas de cor laranja), principalmente na forma de radiação ultravioleta, visível e infravermelha. Parte dessa radiação é refletida para o espaço (setas de cor azul) pela poeira e pelo aerossol que estão em suspensão em nossa atmosfera (25%). Outra parte é refletida pela superfície da Terra, especialmente nas regiões cobertas por neve ou gelo marinho (6%). Assim, 31% da radiação recebida do Sol são refletidos.

Os restantes 69% da radiação do Sol são absorvidos pela atmosfera (23%) ou pela massa terrestre e os oceanos (46%). Podemos contabilizar toda a radiação do Sol somando a radiação refletida e a absorvida: 31% + 69% = 100%.

Sua Vez 3.2 Luz do Sol

Examine estes três tipos de energia radiante, todos emitidos pelo Sol: infravermelho (IV), ultravioleta (UV) e visível.

a. Coloque-os na ordem *crescente* de comprimento de onda.
b. Coloque-os na ordem *crescente* de energia.

Resposta
a. ultravioleta, visível, infravermelho

Para manter o balanço de energia, toda a radiação absorvida do Sol deve eventualmente voltar ao espaço. A Figura 3.2 mostra que:

- 46% da radiação do Sol são absorvidos pela Terra
- A Terra reemite toda a radiação que absorve, porém em comprimento de onda mais longo (IV)
  - parte do que a Terra emite escapa para o espaço (9%)
  - o restante é absorvido pela atmosfera (37%)
- 54% da radiação do Sol são absorvidos pela atmosfera (23%), refletidos pela atmosfera (25%) ou refletidos pela superfície da Terra (6%).

Os 60% de radiação absorvidos pela atmosfera diretamente do Sol (23%) ou da superfície da Terra (37%) são, eventualmente, emitidos para o espaço para completar o balanço de energia.

Novamente, dos 46% da radiação do Sol que são absorvidos e eventualmente emitidos pela Terra, 37% são absorvidos pela atmosfera antes de sua emissão para o espaço. Esse processo de absorção adiciona calor à atmosfera da Terra porque a radiação faz com que moléculas vizinhas se cho-

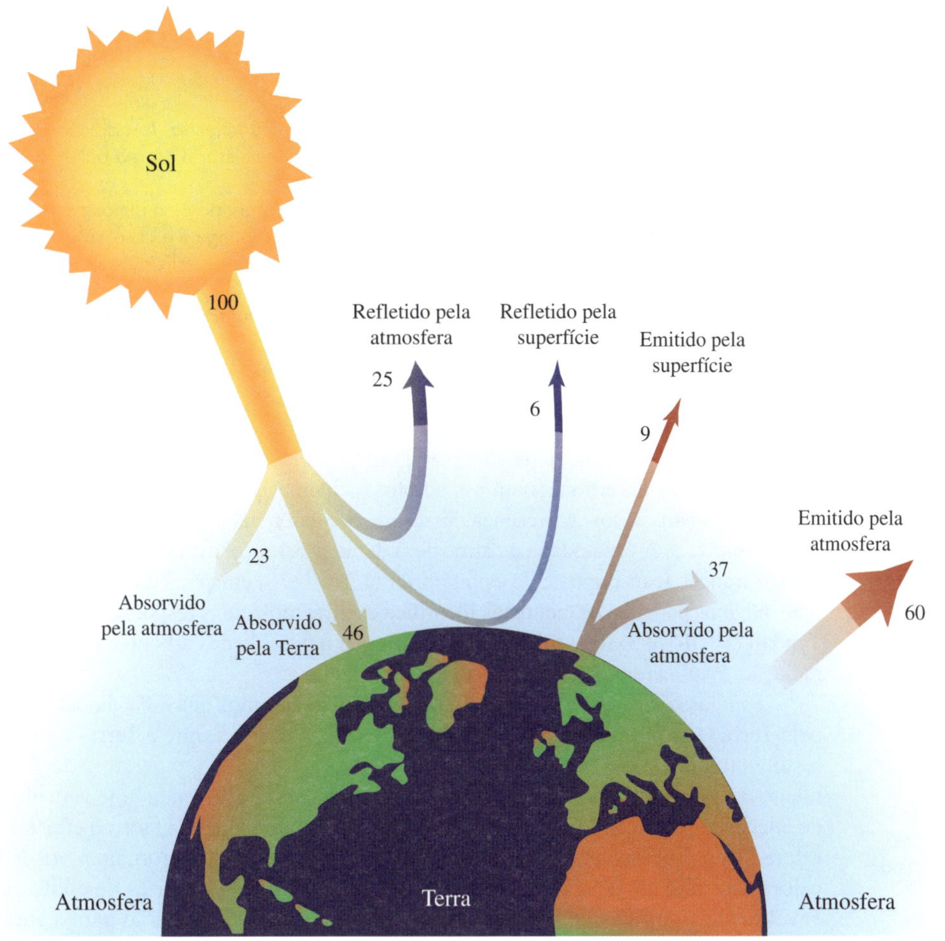

FIGURA 3.2 Balanço de energia da Terra. Em cor laranja, uma mistura de comprimentos de onda. Os comprimentos de onda de radiação mais curta estão em cor azul e os mais longos, em cor vermelha. Os números correspondem a percentagens da radiação solar total que atinge a Terra.

quem, aquecendo assim a atmosfera. Em qualquer tempo, 80% (ou 37 ÷ 46 × 100%) da radiação emitida pela Terra serão absorvidos pela atmosfera. Como você pode perceber, os gases da atmosfera da Terra agem como uma estufa!

Se você algum dia estacionou seu carro com as janelas de vidro fechadas em um dia ensolarado, já experimentou em primeira mão como uma estufa pode reter calor. O carro opera de maneira muito semelhante a uma estufa para o crescimento de plantas. As janelas de vidro transmitem luz visível e uma pequena parte da luz UV do Sol. Essa energia é absorvida no interior do carro, em particular pelas superfícies escuras. Parte dessa energia radiante é reemitida em comprimentos de onda mais longos na forma de radiação IV (calor). Ao contrário da luz visível, a luz infravermelha não atravessa facilmente as janelas de vidro e fica "presa" no interior do carro. Quando você abre a porta para entrar, uma corrente de ar quente lhe dá as boas-vindas. Em certos climas, a temperatura no interior do carro pode alcançar 49°C (120°F) no verão! Embora a barreira física das janelas não seja uma analogia exata para a atmosfera, o efeito do aquecimento do interior do carro é semelhante ao que acontece com a Terra.

O **efeito estufa** é o processo natural pelo qual os gases da atmosfera retêm uma porção importante (cerca de 80%) da radiação infravermelha irradiada pela Terra. Novamente, a temperatura média anual da Terra de 15°C (59°F) se deve aos gases que retêm o calor na atmosfera. A atmosfera de Vênus age de modo semelhante, porém retém ainda mais calor. Isso ocorre porque ela e constituída por cerca de 96% de dióxido de carbono, o que, como veremos, é uma concentração muito maior do que a da atmosfera da Terra.

Sua Vez 3.3 Balanço de energia da Terra

Use a Figura 3.2 para responder a estas questões.

a. A radiação solar que nos atinge (100%) é absorvida ou refletida. A radiação que volta ao espaço também pode ser explicada (100%), como é necessário para o balanço de energia. Mostre como.

b. Que percentagem da radiação que deixa a Terra é absorvida pela atmosfera? Calcule isso adicionando a percentagem de radiação solar que nos atinge e é absorvida pela atmosfera à radiação absorvida pela atmosfera após ser radiada pela superfície da Terra. Como esse valor se compara com a percentagem emitida pela atmosfera?

c. Sugira razões para as diferentes cores usadas para a radiação que chega e a que sai.

O vapor de água é o gás de efeito estufa mais abundante em nossa atmosfera. Entretanto, a contribuição do vapor de água em razão da atividade humana é negligível em comparação com a de fontes naturais.

O dióxido de carbono das atmosferas da Terra e de Vênus é um gás de efeito estufa. Os **gases de efeito estufa** são capazes de absorver e emitir radiação infravermelha e de aquecer a atmosfera. Além do dióxido de carbono, outros exemplos incluem vapor de água, metano, óxido nitroso, ozônio e clorofluorocarbonetos. A presença desses gases é essencial para manter nosso planeta em temperaturas habitáveis. A capacidade da atmosfera de reter calor foi aventada pela primeira vez pelo matemático francês Jean-Baptiste-Joseph Fourier (1768-1830) em cerca de 1800, mas foram necessários mais 60 anos para que os cientistas identificassem as moléculas responsáveis. O físico irlandês John Tyndall (1820-1893) foi o primeiro a mostrar que o dióxido de carbono e o vapor de água absorvem radiação. Explicaremos esse processo na Seção 3.4.

Outro exemplo de processo em estado estacionário é o ciclo de Chapman, discutido na Seção 2.6.

Em nossa discussão do balanço de energia, mostramos que 80% da radiação solar absorvida pela Terra são emitidos para a atmosfera. A troca de energia entre a Terra, a atmosfera e o espaço resulta em um estado estacionário e uma média contínua da temperatura da Terra. Porém, o aumento da concentração de gases de efeito estufa que está ocorrendo hoje vem alterando o balanço de energia e provocando o aumento do aquecimento do planeta. O termo **efeito estufa ampliado** refere-se ao processo pelo qual os gases da atmosfera retêm e retornam *mais de* 80% da energia calorífica irradiada pela Terra. O aumento da concentração de gases de efeito estufa muito provavelmente significa que mais de 80% da energia irradiada voltarão para a superfície da Terra, provocando um aumento da temperatura média global. O termo popular **aquecimento global** é usado com frequência para descrever o aumento das temperaturas médias globais que resultam do efeito estufa ampliado.

Por que a quantidade de gases de efeito estufa na atmosfera está crescendo? Uma das explicações implica as influências **antropogênicas** sobre o ambiente, resultado das atividades humanas como a indústria, o transporte, a mineração e a agricultura. Essas atividades exigem combustíveis à base de carbono que, ao queimar, produzem dióxido de carbono. No fim do século XIX, o cientista sueco Svante Arrhenius (1859-1927) estudou os problemas que a industrialização crescente poderia causar ao fazer aumentar o CO_2 na atmosfera. Ele calculou que, ao dobrar a concentração do CO_2, a temperatura média da superfície do planeta aumentaria 5-6°C. Como estamos adicionando CO_2 à atmosfera?

A Seção 1.9 descreveu a química da combustão. Procure por mais informações sobre o carvão (um combustível fóssil) no Capítulo 4.

Estude Isto 3.4 Evaporando minas de carvão

Escrevendo no *London, Edinburgh, and Dublin Philosophical Magazine*, Arrhenius descreveu o fenômeno: "Estamos evaporando nossas minas de carvão no ar". Embora a declaração fosse efetiva em chamar a atenção em 1898, a que processo você acha que ele estava realmente se referindo na discussão da quantidade de CO_2 adicionada ao ar? Explique seu raciocínio.

Para continuar a investigar as mudanças climáticas globais, precisamos responder a várias questões importantes. Por exemplo, como as concentrações de gases de efeito estufa atmosféricos variaram com o tempo? De modo semelhante, como a temperatura média global mudou e como podemos medir essas alterações? Podemos determinar se as mudanças nos gases de efeito estufa e as temperaturas se correlacionam? Podemos distinguir a variação natural do clima das provocadas pelos humanos? Na próxima seção, apresentamos alguns dados para ajudar a resolver essas questões.

3.2 Acumulando evidências: o testemunho do tempo

Nos últimos 4,5 bilhões de anos, a idade aproximada da Terra, o clima e a atmosfera variaram muito. O clima da Terra foi diretamente afetado pelas mudanças periódicas da forma de sua órbita e da inclinação de seu eixo. Acredita-se que essas mudanças foram responsáveis pelas idades do gelo que ocorreram regularmente nos últimos milhões de anos. Até mesmo o Sol mudou. Sua emissão de energia meio bilhão de anos atrás era 25-30% menor do que hoje. Além disso, mudanças nas concentrações de gases de efeito estufa atmosféricos afetam o balanço de energia da Terra, logo, seu clima. O dióxido de carbono da atmosfera já foi 20 vezes maior do que é hoje. Processos químicos reduziram esse nível, ao dissolver boa parte do CO_2 nos oceanos ou incorporando-o em minerais como o calcário. O processo biológico da fotossíntese também alterou radicalmente a composição de nossa atmosfera, ao remover CO_2 e produzir oxigênio. Certos eventos geológicos, como as erupções vulcânicas, adicionam milhões de toneladas de CO_2 e outros gases à atmosfera.

Encontrados no calcário, os compostos iônicos carbonato de cálcio ($CaCO_3$) e carbonato de magnésio ($MgCO_3$) são insolúveis em água. Procure mais sobre a solubilidade no Capítulo 5.

Embora esses fenômenos naturais continuem a influenciar a atmosfera da Terra e seu clima nos anos a vir, temos também de avaliar a participação das atividades humanas. Com o desenvolvimento da indústria e do transporte modernos, os humanos movimentaram quantidades imensas de carbono de fontes terrestres como carvão, óleo e gás natural para a atmosfera na forma de CO_2. Para avaliar a influência humana na atmosfera e, portanto, no efeito estufa aumentado, é importante investigar o destino desse enorme influxo artificial de dióxido de carbono. Na verdade, as concentrações de CO_2 na atmosfera aumentaram significativamente no último meio século. As melhores medidas diretas são obtidas no Observatório Mauna Loa, no Havaí (Figura 3.3). A linha vermelha em ziguezague mostra a média mensal das concentrações, com um pequeno aumento em abril seguido por uma pequena redução em outubro. A linha preta é a média anual. Observe o aumento contínuo da média anual, de 315 ppm em 1960 a mais de 395 em 2012. Adiante, neste capítulo, veremos as evidências que ligam uma grande parte do dióxido de carbono adicionado à queima de **combustíveis fósseis**, substâncias que incluem carvão, petróleo e gás natural.

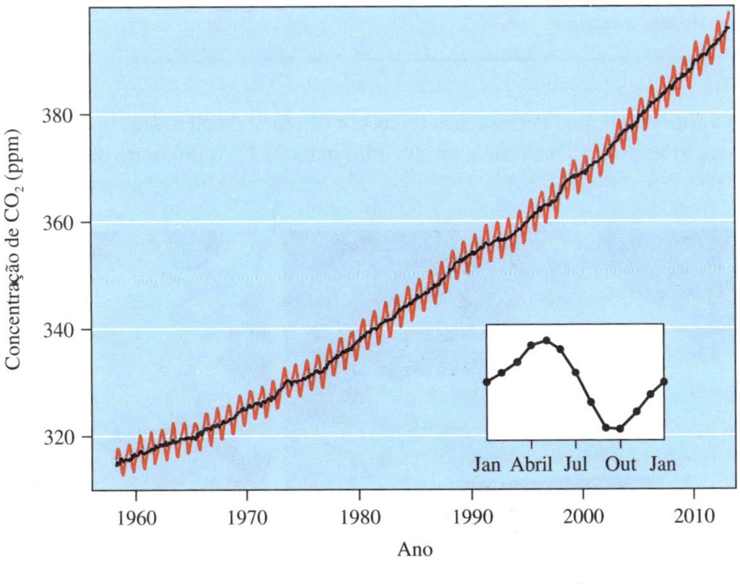

FIGURA 3.3 Concentrações de dióxido de carbono de 1958 a 2012, medidas no Mauna Loa, Havaí. *Encarte:* Um ano de variações mensais.

Fonte: Scripps Institution of Oceanography, NOAA Earth System Research Laboratory, 2012.

Sua Vez 3.5 Os ciclos do Mauna Loa

a. Calcule a percentagem do aumento da concentração de CO_2 durante os últimos 50 anos.
b. Estime a variação de CO_2 em partes por milhão (ppm) em qualquer ano.
c. Na média, as concentrações de CO_2 são maiores em abril do que em outubro. Explique.

Resposta

c. A fotossíntese remove CO_2 da atmosfera. A primavera começa no Hemisfério Norte em abril. Outubro é o começo da primavera no Hemisfério Sul. Porém, a massa de terra (e o número de plantas verdes) é maior no Hemisfério Norte, por isso, controla as flutuações.

Como podemos obter dados sobre a composição de nossa atmosfera no passado mais remoto? Muitas informações relevantes vêm da análise de testemunhos de gelo. Regiões do planeta com cobertura permanente de neve preservam a história da atmosfera sob as camadas de gelo. A Figura 3.4a mostra um exemplo espetacular das camadas anuais de gelo dos Andes peruanos. O gelo mais antigo do planeta está na Antártica, e lá os cientistas perfuraram e recolheram testemunhos de gelo por mais de 50 anos (Figura 3.4b). Bolhas de ar presas no gelo (Figura 3.4c) dão uma linha cronológica vertical da história da atmosfera. Quanto maior for a profundidade, mais no passado estaremos.

Dados do testemunho mostram que, nos primeiros 800 anos do último milênio, as concentrações de CO_2 eram relativamente constantes em cerca de 280 ppm. A Figura 3.5 combina dados do Mauna Loa (*pontos vermelhos*) com os de um testemunho de 200 metros de profundidade retirado da estação Siple na Antártica (*triângulos verdes*), e um testemunho mais fundo de Law Dome, também na Antártica (*quadrados azuis*). A partir de 1750, o CO_2 começa a se acumular na atmosfera em uma taxa crescente, correspondendo ao início da Revolução Industrial e à queima de combustíveis fósseis que a alimentou.

Químico Cético 3.6 Conferindo os fatos nos aumentos de CO_2

a. Um relatório recente do governo declara que o nível de CO_2 aumentou 30% desde 1860. Use os dados da Figura 3.5 para avaliar essa declaração.
b. Um cético do aquecimento global declara que o aumento percentual do nível do CO_2 atmosférico desde 1957 foi somente metade do aumento percentual desde 1860 até hoje. Comente a acurácia dessa declaração e como ela poderia afetar potencialmente as políticas das emissões de gases de efeito estufa.

Que tal voltar no tempo? Perfurações feitas por um time de cientistas russos, franceses e americanos na Estação Vostok, na Antártica, produziram mais de 1,5 quilômetro de testemunhos de gelo

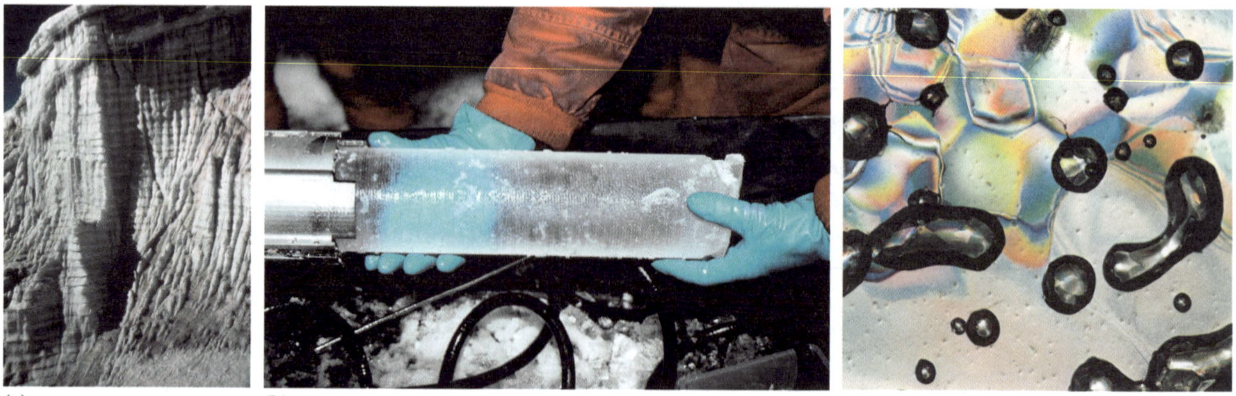

(a) (b) (c)

FIGURA 3.4 **(a)** Capa de gelo Quelccaya (Andes peruanos) mostrando as camadas anuais. **(b)** Testemunho de gelo que pode ser usado para determinar as mudanças de concentração de gases de efeito estufa ao longo do tempo. **(c)** Bolhas microscópicas de ar no gelo.

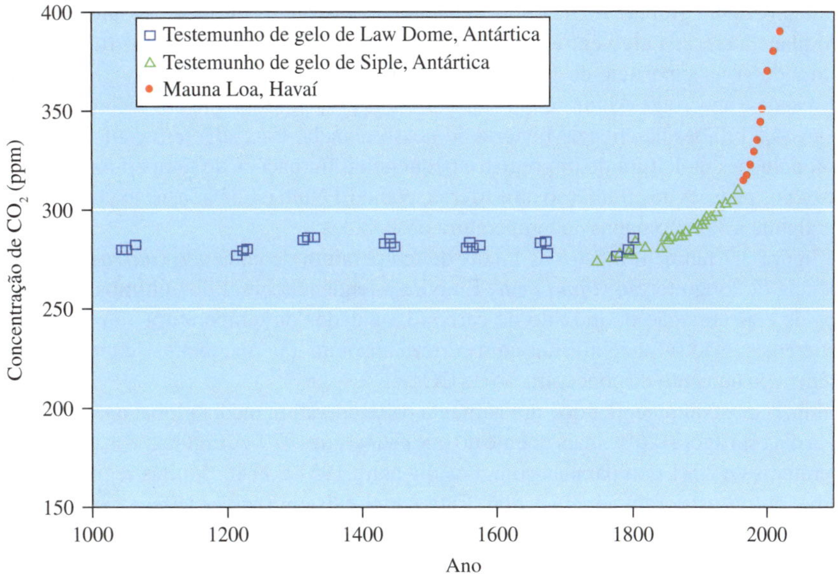

FIGURA 3.5 Concentrações de dióxido de carbono no último milênio medidas em testemunhos de gelo da Antártica (quadrados azuis e triângulos verdes) e no observatório de Mauna Loa (pontos vermelhos).

Fonte: "Climatic Feedbacks on the Global Carbon Cycle", em The Science of Global Change: The Impact of Human Activities on the Environment, American Chemical Society Symposium Series, 1992.

de 400 mil anos. As concentrações de dióxido de carbono alcançando 400.000 anos atrás estão na Figura 3.6, com os dados da Figura 3.5 no quadro inserido.

Ficam óbvios, a partir do gráfico, os ciclos periódicos de concentrações altas e baixas de dióxido de carbono que ocorrem a intervalos aproximados de 100.000 anos. Embora não estejam no gráfico, análises de outros testemunhos de gelo indicam que esses ciclos regulares vão até pelo menos 1 milhão de anos atrás. Duas conclusões importantes podem ser retiradas desses dados. Primeiro, a concentração de CO_2 atmosférico atual é cerca de 100 ppm *maior* do que em qualquer momento no último milhão de anos. Também, durante esse tempo, nunca a concentração de CO_2 cresceu tão rapidamente como agora.

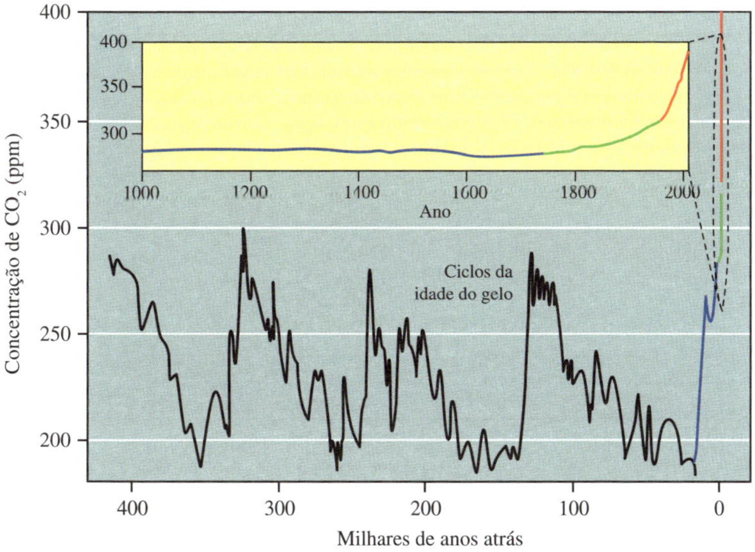

FIGURA 3.6 Concentrações de dióxido de carbono nos últimos 400.000 anos. *Inserção:* Dados da Figura 3.5 para comparação.

E a temperatura global? As medidas indicam que durante os últimos 120 anos, a temperatura média do planeta cresceu algo entre 0,4 e 0,8°C (0,7-1,1°F). A Figura 3.7 mostra as alterações da temperatura do ar na superfície de 1880 a 2006. Nove entre os dez anos mais quentes desde 1880 ocorreram após o ano 2000. Alguns cientistas corretamente lembram que um século ou dois são um instante nos 4,5 bilhões de anos de história de nosso planeta. Eles sugerem cautela ao tentar tirar grandes conclusões da leitura de um registro pequeno de flutuações de temperatura. Mudanças de curto prazo nos padrões de circulação atmosférica como El Niño e La Niña estão com certeza envolvidas em algumas das anomalias de temperatura observadas.

El Niño e La Niña são nomes dados às mudanças cíclicas naturais do sistema atmosférico oceânico do Pacífico tropical. El Niño leva ao aumento das temperaturas do oceano nas latitudes médias, e La Niña produz temperaturas oceânicas mais baixas.

A Figura 3.7 também mostra as faixas de temperatura de cada ano (*barras de erro pretas*) e a tendência de longo termo (*linha azul*) Embora a tendência geral dos últimos 50 anos siga os aumentos de concentração de dióxido de carbono, os dados de temperatura ano a ano são muito menos coerentes. Não se pode afirmar com certeza absoluta que o aumento de temperatura é uma consequência do aumento da concentração de CO_2.

É importante compreender que um aumento da temperatura média global não significa que na Terra cada dia está agora 0,6°C mais quente do que estava em 1970. A Figura 3.8 apresenta um mapa de temperaturas de 2011 comparadas com a média entre 1951 e 1980. Muitas regiões esquentaram um pouco e outras esfriaram (*áreas azuis*). Entretanto, existem regiões (*áreas vermelho-escuras*), particularmente nas maiores latitudes, que esquentaram mais do que a média. Os aumentos são mais drásticos no Ártico, onde, sem surpresas, muito dos efeitos tangíveis da mudança climática já tinham sido observados.

Isótopos do hidrogênio (e de outros elementos) foram discutidos na Seção 2.2.

Os testemunhos de gelo também podem fornecer dados sobre as temperaturas de muito tempo atrás com base nos isótopos de hidrogênio encontrados na água congelada. As moléculas de água com a forma mais abundante de átomos de hidrogênio, ^1H, são mais leves do que as que contêm deutério, ^2H. As moléculas mais leves de H_2O evaporam um pouco mais rapidamente do que as mais pesadas. Em consequência, existe mais ^1H do que ^2H no vapor de água da atmosfera do que nos oceanos. Igualmente, as moléculas de H_2O mais pesadas da atmosfera condensam-se um pouco mais rapidamente do que as mais leves. Portanto, a neve que condensa do vapor da água atmosférica é mais rica em ^2H. O grau de enriquecimento depende da temperatura. A razão entre ^2H e ^1H no testemunho do gelo pode ser medida e usada para estimar a temperatura no momento em que a neve caiu.

Quando olhamos o passado, vemos que a temperatura global cumpriu ciclos quase regulares, coincidindo com os altos e baixos de concentração de CO_2 de forma notável (Figura 3.9). Outros dados mostram que períodos de alta temperatura também se caracterizaram pelas altas concentrações atmosféricas de metano, outro gás de efeito estufa importante. A precisão desses dados não permite relacionar causa e efeito. É difícil concluir se o aumento dos gases de efeito estufa provocou o au-

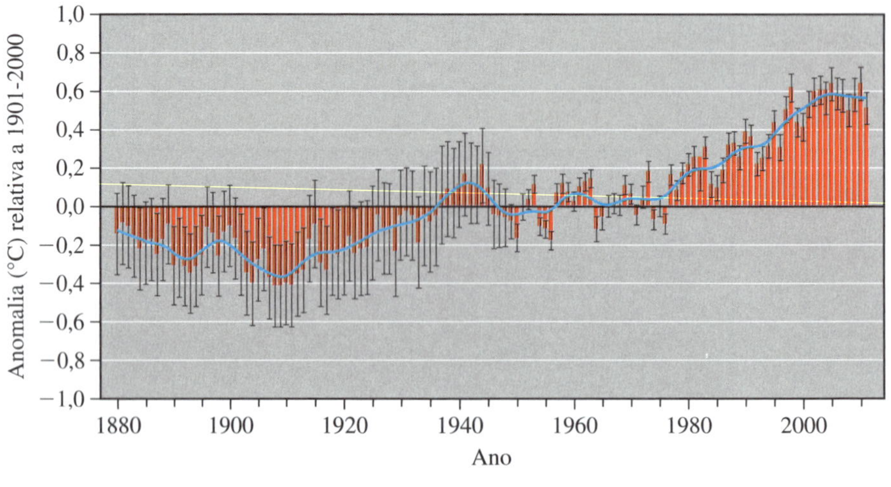

FIGURA 3.7 Temperaturas globais na superfície (1880-2011). As barras vermelhas indicam temperaturas médias anuais, e as faixas anuais são apresentadas como barras de erro pretas. A linha azul mostra o movimento da média a cada cinco anos.

Fonte: National Oceanic and Atmospheric Administration National Climatic Data Center.

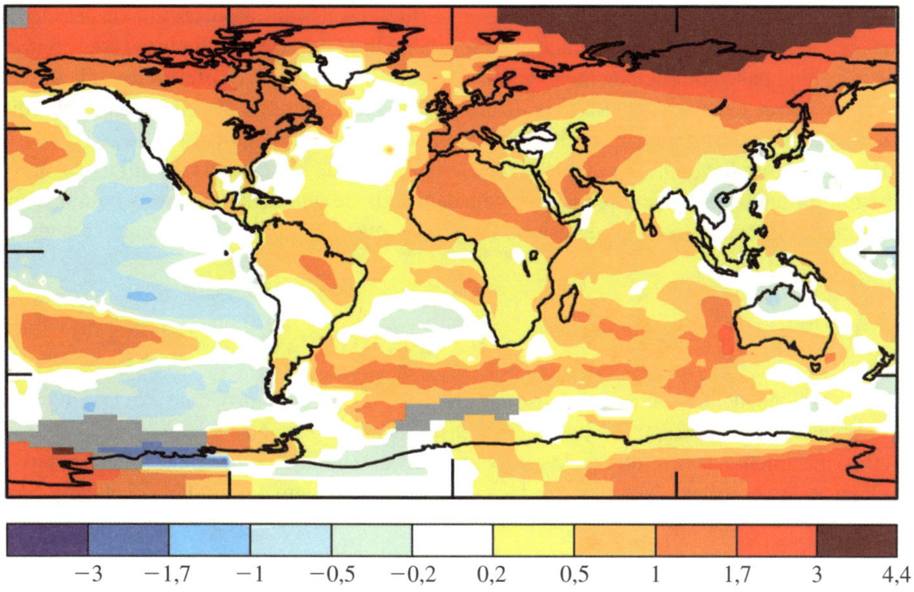

FIGURA 3.8 Mudanças de temperaturas globais de 2011 (em °C) relativas à média de 1951-1980.
Fonte: NASA.

mento de temperatura ou vice-versa. O que é claro, porém, é que os níveis correntes de CO_2 e metano estão muito mais altos do que em qualquer outro momento nos últimos milhões de anos. Note que a variação entre o mais e o menos quente é de apenas 20°F, a diferença entre o clima moderado que temos hoje e o gelo que cobria grande parte do norte das Américas e da Eurásia, como aconteceu durante o pico da era glacial de 20.000 anos atrás.

Nos últimos milhões de anos, a Terra experimentou 10 períodos de glaciação intensa e 40 menos severos. Não há dúvida de que outros mecanismos além do aumento das concentrações de gases de efeito estufa influenciam as flutuações do clima global. Parte da variação de temperatura é consequência de pequenas alterações na órbita da Terra que afetam a distância até o Sol e o ângulo com o qual a luz solar atinge o planeta. Entretanto, essa hipótese não explica totalmente as flutuações de temperatura observadas. Os efeitos das órbitas muito provavelmente estão ligados a even-

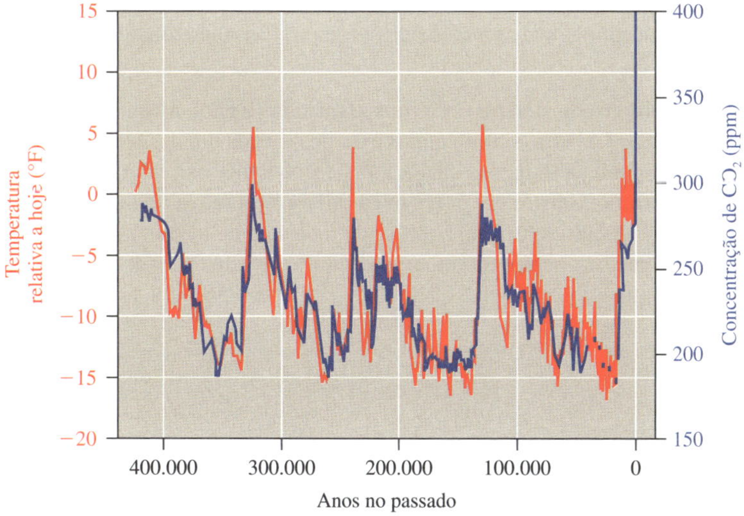

FIGURA 3.9 Concentração de dióxido de carbono (azul) e temperaturas globais (vermelho) nos últimos 400.000 anos como revelado pelos testemunhos de gelo.
Fonte: Environmental Defense Fund.

tos terrestres como mudanças de refletividade, cobertura das nuvens e poeira em suspensão, além das concentrações de CO_2 e CH_4. Os mecanismos de realimentação que acoplam esses efeitos são complexos e ainda não completamente entendidos, mas é provável que os efeitos de cada um sejam *aditivos*. Em outras palavras, a existência de ciclos climáticos naturais não impede o efeito que as concentrações mais elevadas de gases de efeito estufa teriam no clima global.

Estamos muito longe da estufa que é Vênus, mas temos de tomar decisões difíceis. Estaremos mais bem informados pela compreensão dos mecanismos de interação dos gases com a radiação eletromagnética para criar o efeito de estufa. Para isso, devemos voltar à visão submicroscópica da matéria.

3.3 Moléculas: como é sua geometria

Lembre-se de que a atmosfera é composta por 78% de N_2 e 21% de O_2.

Dióxido de carbono, água e metano são gases de efeito estufa, porém, nitrogênio e oxigênio, não. Por que a diferença? Parte da resposta está na geometria das moléculas. Nesta seção, vamos ajudá-lo a usar seu conhecimento das estruturas de Lewis para prever a geometria das moléculas. Na próxima, vamos ligar essas geometrias às vibrações das moléculas, que podem nos ajudar a explicar a diferença entre os gases de efeito estufa e os que não o são.

No Capítulo 2, você usou estruturas de Lewis para predizer como os elétrons se arranjam nos átomos e moléculas. A geometria não era levada em consideração. Mesmo assim, em alguns casos, a estrutura de Lewis ditava a geometria da molécula. Um exemplo está nas moléculas diatômicas, como O_2 e N_2. Aqui, a geometria não é ambígua, porque a molécula tem de ser linear.

:N⋮⋮N: ou :N≡N: ou N≡N

Ö::Ö ou Ö=Ö ou O=O

Lembre-se de que as estruturas de Lewis e a regra do octeto foram discutidas na Seção 2.3.

Ainda que geometrias diferentes sejam possíveis com moléculas maiores, as estruturas de Lewis ainda podem nos ajudar a predizer a geometria. Portanto, a primeira etapa na predição da geometria é desenhar a estrutura de Lewis. Se a regra do octeto é obedecida na molécula, cada átomo (exceto o hidrogênio) estará associado a quatro pares de elétrons. Algumas moléculas contêm pares de elétrons livres, mas todas as moléculas têm de ter alguns elétrons de ligação ou não seriam moléculas!

Cargas opostas se atraem e cargas iguais se repelem. Os elétrons, que têm carga negativa, são atraídos pelos núcleos, com sua carga positiva. Entretanto, os elétrons têm a mesma carga e, portanto, devem ficar o mais afastados possível uns dos outros no espaço e ainda manter a atração pelo núcleo positivo. Os grupos de elétrons com carga negativa se repelem uns aos outros. *O arranjo mais estável é aquele em que os grupos de elétrons que se repelem estão o mais afastados possível.* Isso, por sua vez, determina o arranjo dos átomos e a geometria da molécula.

Ilustramos o procedimento de predição das geometrias usando uma molécula do metano, um gás de efeito estufa.

A regra do octeto se aplica à maior parte dos átomos. Exceções incluem o hidrogênio e o hélio.

1. **Determine o número de elétrons externos associados a cada átomo da molécula**. O átomo de carbono (Grupo 4A) tem quatro átomos externos, e cada um dos quatro átomos de hidrogênio contribui com um elétron. Isso dá 4 + (4 × 1), ou 8 elétrons externos.
2. **Arranje os elétrons externos em pares para satisfazer a regra do octeto**. Isso pode requerer ligações simples, duplas ou triplas. No caso da molécula do metano, use os oito elétrons para formar quatro ligações simples (quatro pares de elétrons) em torno do átomo central de carbono. Esta é a estrutura de Lewis.

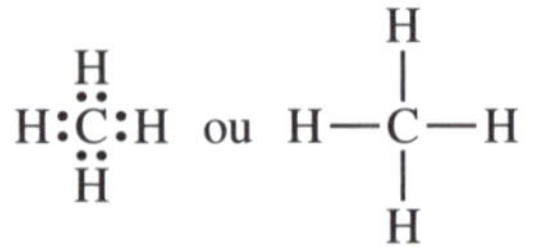

Embora essa estrutura pareça indicar que a molécula de CH_4 é planar, ela não o é. Na verdade, a molécula do metano é tetraédrica, como veremos na próxima etapa.

3. **Suponha que a geometria mais estável da molécula é aquela em que os pares de elétrons ligantes estão o mais afastados possível.** (*Nota*: Em outras moléculas, teremos de considerar os elétrons não ligantes, mas não é o caso do CH_4). Os quatro elétrons de ligação em torno do átomo de carbono em CH_4 se repelem e, no arranjo mais estável, estão o mais afastados possível. Em consequência, os quatro átomos de hidrogênio também estão o mais afastados possível. Essa geometria é *tetraédrica*, porque os átomos de hidrogênio ocupam os vértices de um **tetraedro**, uma forma geométrica com quatro vértices e quatro lados triangulares iguais, algumas vezes chamado de pirâmide triangular.

Um modo de descrever a forma de uma molécula de CH_4 é por analogia com a base de uma estante portátil de partitura. As quatro ligações C–H correspondem às três pernas igualmente afastadas e à haste vertical (Figura 3.10). O ângulo entre cada par de ligações é de 109,5°. A geometria tetraédrica de uma molécula de CH_4 já foi experimentalmente comprovada. Na verdade, trata-se de um dos arranjos atômicos mais comuns na natureza, particularmente no caso de moléculas que contêm carbono.

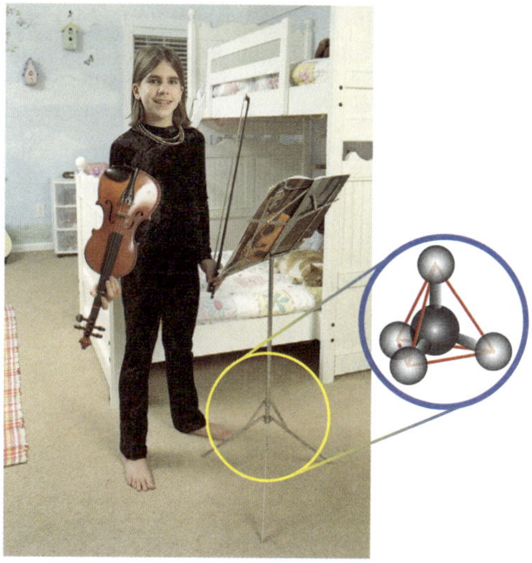

FIGURA 3.10 As pernas e a haste de uma estante de partitura são análogas à geometria das ligações de uma molécula tetraédrica como o metano.

Estude Isto 3.7 Metano: planar ou tetraédrico?

a. Se a molécula do metano fosse planar, como sugere a estrutura de Lewis bidimensional, qual seria o ângulo H–C–H?
b. Sugira uma razão que justifique que a geometria tetraédrica, não a planar, é mais vantajosa para essa molécula.
c. Examine a estante de partitura da Figura 3.10. Na analogia da geometria com a estante, onde estaria localizado o átomo de carbono? Onde estariam os átomos de hidrogênio?

Resposta
a. 90° (ângulo reto). Os dois átomos dispostos em lados opostos do carbono estariam a 180°.

Os químicos representam moléculas de várias maneiras diferentes. A mais simples, é claro, é a fórmula química, no caso do metano, CH_4. Outra é a estrutura de Lewis, uma representação bidimensional que dá informações sobre os elétrons externos. A Figura 3.11 mostra essas representações, além de duas outras que sugerem três dimensões. Uma tem uma linha na forma de uma cunha cheia que cresce para fora do papel, na direção do leitor. A cunha pontilhada, na mesma fórmula estrutural, representa uma ligação que entra no papel, afastando-se do leitor. As duas linhas sólidas estão no plano do papel. A outra, um modelo de volume cheio, foi desenhada com a ajuda de um programa de modelagem molecular. Os modelos de volume cheio incluem todo o volume ocupado pelos elétrons

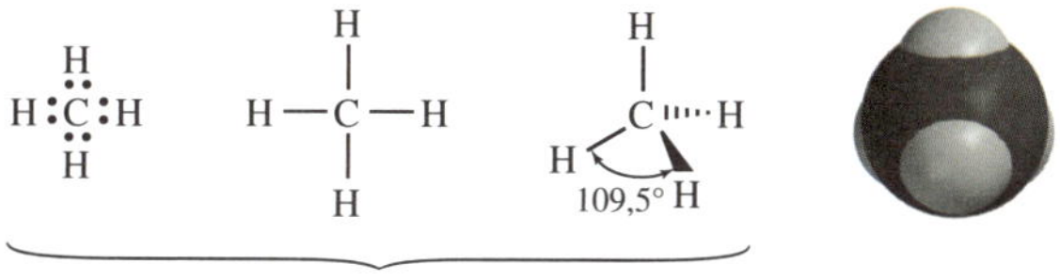

(a) (b)

FIGURA 3.11 Representações do CH_4. **(a)** Estrutura de Lewis e fórmula estrutural. **(b)** Modelo de volume cheio.

em um átomo ou uma molécula. A visão e a manipulação de modelos físicos, na sala de aula ou no laboratório, também ajudam a visualizar a estrutura das moléculas.

Nem todos os elétrons externos estão em pares ligantes. Em algumas moléculas, o átomo central tem pares de elétrons não ligantes, também chamados de pares isolados. Por exemplo, a Figura 3.12 mostra a molécula de amônia, em que o nitrogênio completa seu octeto com três pares ligantes e um par não ligante.

A Seção 2.9 discutiu a substituição de NH_3 como gás refrigerante por CFCs. O papel da amônia no ciclo do nitrogênio é o assunto da Seção 6.9. A Seção 11.2 discute a importância do NH_3 na agricultura.

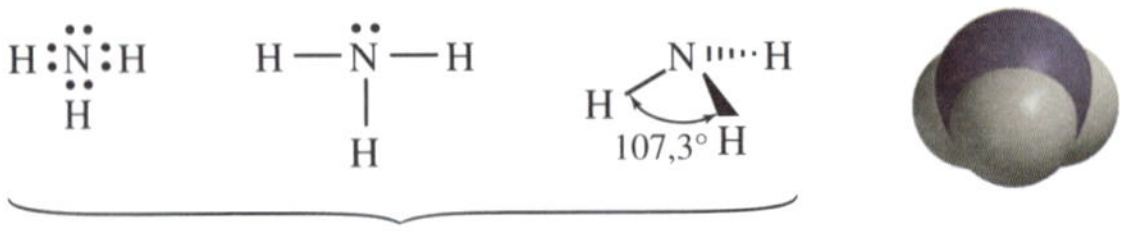

(a) (b)

FIGURA 3.12 Representações de NH_3.
(a) Estruturas de Lewis e fórmula estrutural. **(b)** Modelo de volume cheio.

Um par de elétrons não ligantes ocupa efetivamente um volume maior do que um par de elétrons ligantes. Em consequência, o par não ligante repele os pares ligantes um pouco mais fortemente do que os pares ligantes se repelem uns aos outros. Essa força de repulsão força os pares ligantes a ficarem mais próximos, criando um ângulo H–N–H ligeiramente menor do que os 109,5° associados ao tetraedro regular. O valor experimental é de 107,3°, próximo do ângulo do tetraedro, indicando que, novamente, nosso modelo é confiável.

A geometria de uma molécula é descrita em termos do arranjo de átomos, não dos elétrons (Tabela 3.1). Os átomos de hidrogênio do NH_3 formam um triângulo com o átomo de nitrogênio acima deles, no topo da pirâmide. Dizemos que a geometria da amônia é uma *pirâmide trigonal*. Voltando à analogia da estante de partitura (veja a Figura 3.10), pode-se esperar que os átomos de hidrogênio

TABELA 3.1 Geometrias moleculares comuns

Número de átomos ligados ao átomo central	Número de pares de elétrons não ligantes no átomo central	Geometria	Exemplo
2	0	linear	CO_2 
2	2	angulada	H_2O 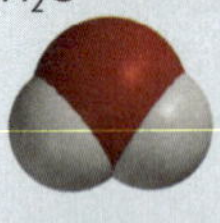
3	1	pirâmide trigonal	NH_3 
4	0	tetraédrica	CH_4 

se localizem no extremo de cada perna da estante. Isso coloca o nitrogênio na interseção das pernas e da haste, com o par de elétrons não ligantes no alto da haste.

A molécula da água é *angulada*, ilustrando outra geometria. Existem oito elétrons externos no átomo de oxigênio central: um de cada átomo de hidrogênio e seis do átomo de oxigênio (Grupo 6A). Esses seis elétrons estão distribuídos em dois pares ligantes e dois pares isolados de elétrons (Figura 3.13a).

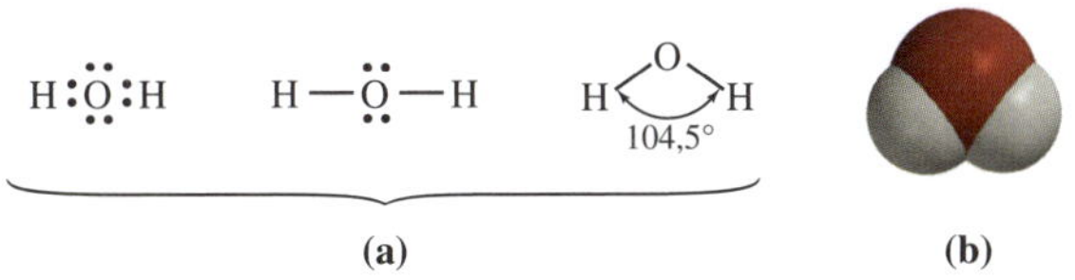

FIGURA 3.13 Representações de H_2O.
(a) Estruturas de Lewis e fórmula estrutural. **(b)** Modelo de volume cheio.

Se esses quatro pares de elétrons ficassem o mais afastados possível, poderíamos predizer que o ângulo H–O–H seria 109,5°, como o ângulo da ligação H–C–H do metano. Entretanto, ao contrário do metano, a água tem dois pares de elétrons não ligantes. A repulsão entre esses dois pares faz com que o ângulo de ligação seja inferior a 109,5°. Experimentos indicam o valor aproximado de 104,5°.

Sua Vez 3.8 Predição das geometrias moleculares, parte 1

Use as estratégias descritas acima para desenhar a geometria dessas moléculas.

a. CCl_4 (tetracloreto de carbono)
b. CCl_2F_2 (Freon–12; dicloro-difluoro-metano)
c. H_2S (sulfeto de hidrogênio)

Resposta

a. Total de elétrons externos: 4 + (4 × 7) = 32. Oito desses elétrons formam 4 ligações simples em torno do átomo de C central, com cada átomo de Cl. Os outros 24 estão em 12 pares não ligantes nos 4 átomos de Cl. Os elétrons ligantes de C arranjam-se de modo a ficar o mais longe possível uns dos outros, o que torna a molécula tetraédrica.

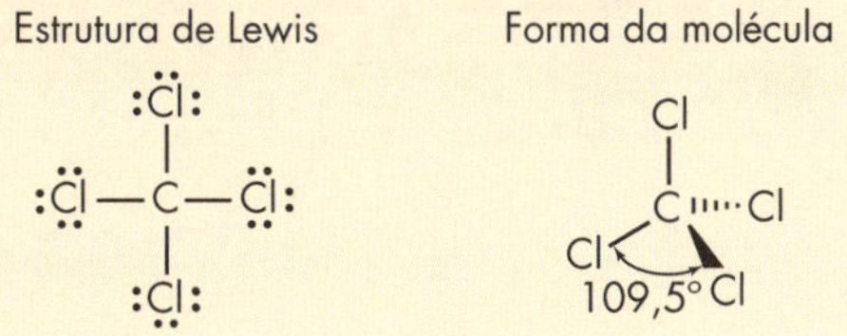

Já vimos as estruturas de várias moléculas importantes para entender a química das mudanças climáticas. E a estrutura da molécula do dióxido de carbono? Com 16 elétrons externos, o átomo de C contribui com 4 elétrons, e 6 vêm de cada um dos 2 átomos de oxigênio. Se apenas ligações simples estivessem envolvidas, os átomos não teriam octetos. A regra pode ser obedecida, porém, se o átomo de carbono central formar uma ligação dupla com cada um dos 2 oxigênios, partilhando, portanto, 4 elétrons.

Reveja a Seção 2.3 para relembrar como desenhar estruturas de Lewis de moléculas com ligações duplas.

Qual é a geometria da molécula de CO_2? Novamente, grupos de elétrons se repelem, e a configuração mais estável é aquela em que eles estão mais afastados. Nesse caso, os grupos de elétrons são as ligações duplas que ficam mais afastadas quando o ângulo da ligação O=C=O é 180°. O modelo prediz que os três átomos da molécula de CO_2 estão em uma linha reta e que, portanto, a molécula é *linear*. Este é realmente o caso, como se vê na Figura 3.14

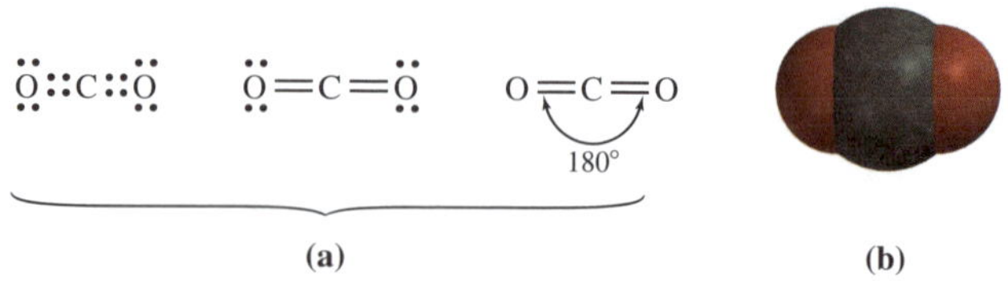

FIGURA 3.14 Representação do CO_2.
(a) Estruturas de Lewis e fórmula estrutural. **(b)** Modelo de volume cheio.

A molécula de O_3 é melhor representada por duas estruturas de ressonância equivalentes. De novo, reveja a Seção 2.3.

Aplicamos a ideia da repulsão do par de elétrons a moléculas em que há quatro grupos de elétrons (CH_4, NH_3 e H_2O) e dois grupos de elétrons (CO_2). A repulsão dos pares de elétrons também se aplica razoavelmente bem a moléculas que incluem três, cinco ou seis grupos de elétrons. Em muitas moléculas, os elétrons e átomos ainda se arranjam para que a separação dos elétrons seja máxima. Essa lógica explica a geometria angular que associamos à molécula de ozônio.

A estrutura de Lewis da molécula de ozônio (O_3), com seus 18 elétrons externos, contém uma ligação dupla e uma simples, e o átomo de oxigênio central tem um par de elétrons não ligantes. Assim, o átomo central O tem três grupos de elétrons: o par que faz a ligação simples, os dois pares que constituem a ligação dupla e o par isolado. Esses três grupos de elétrons se repelem, e a menor energia da molécula ocorre quando eles estão mais afastados. Isso acontece quando os grupos de elétrons estão no mesmo plano com um ângulo de cerca de 120° uns dos outros. Podemos predizer, portanto, que a molécula de O_3 deveria ser angulada, com o ângulo dos três átomos sendo aproximadamente 120°. Os experimentos mostram que o ângulo de ligação é 117°, um pouco menor que o predito (Figura 3.15). O par de elétrons não ligantes do átomo de oxigênio central ocupa um volume efetivo maior do que os pares ligantes, causando maior repulsão, responsável pelo ângulo de ligação ligeiramente inferior ao predito. A Tabela 3.1 apresenta a geometria molecular para diversas moléculas.

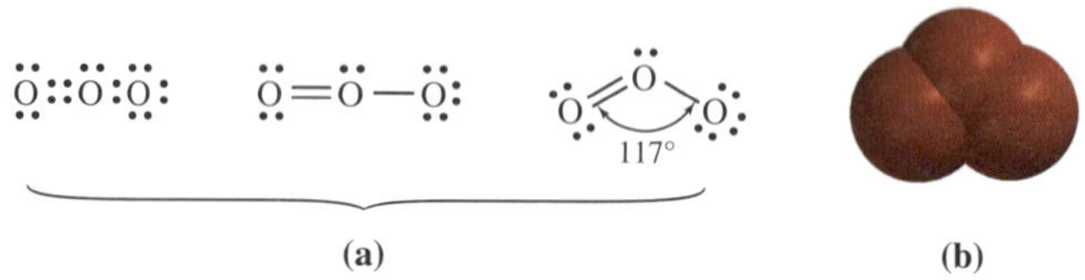

FIGURA 3.15 Representação do O_3.
(a) Estruturas de Lewis e fórmula estrutural. **(b)** Modelo de volume cheio.

Sua Vez 3.9 Predição das geometrias moleculares, parte 2

Use as estratégias descritas acima para predizer e desenhar a geometria do SO_2 (dióxido de enxofre).

Sugestão: Como S e O estão no mesmo grupo da Tabela Periódica, as estruturas do SO_2 e do O_3 estão fortemente relacionadas.

Como prometido, nesta seção ajudamos você a ver que as moléculas têm geometrias diferentes, que podem ser preditas. Na próxima, voltamos à nossa história dos gases de estufa, usando o conhecimento das geometrias para procurar entender por que nem todos os gases são gases de efeito estufa.

3.4 Moléculas que vibram e o efeito estufa

Como os gases de efeito estufa retêm o calor, mantendo nosso planeta em temperaturas mais ou menos confortáveis? Em parte, a resposta está em como as moléculas respondem aos fótons de energia. Esse tópico é complexo, mas mesmo assim podemos dar-lhe material básico para que você entenda como funcionam os gases de efeito estufa em nossa atmosfera. Ao mesmo tempo, veremos por que certos gases *não* retêm calor.

Começamos este tópico relembrando a interação da luz ultravioleta (UV) com as moléculas, como vimos no Capítulo 2 em relação à camada de ozônio. Você viu que fótons de energia alta (UV-C) podem quebrar as ligações covalentes de O_2 e que os fótons de energia mais baixa (UV-B) podem quebrar as ligações de O_3. Em outras palavras, as moléculas de ozônio e de oxigênio podem absorver a radiação UV. Quando isso ocorre, quebra-se uma ligação oxigênio-oxigênio.

Afortunadamente, os fótons do infravermelho (IV) não têm energia suficiente para quebrar ligações químicas. Em vez disso, eles adicionam energia às vibrações de uma molécula. Dependendo da estrutura da molécula, somente certas vibrações são possíveis. A energia do fóton que chega deve corresponder exatamente à energia vibracional da molécula para que ele seja absorvido, o que significa que moléculas diferentes absorvem radiação IV em comprimentos de onda diferentes e, portanto, vibram com energias diferentes.

Ilustremos essas ideias com a molécula de CO_2, representando os átomos como bolas e as ligações covalente como molas. As moléculas de CO_2 vibram constantemente das quatro maneiras representadas na Figura 3.16. As setas indicam a direção do movimento de cada átomo durante a vibração. Os átomos movem-se em uma direção e, depois, na direção contrária ao longo das setas. As vibrações **a** e **b** são deformações axiais. Na vibração **a**, o átomo de carbono central permanece estacionário e os átomos de oxigênio movem-se em direções opostas, afastando-se e aproximando-se (deformação axial) do átomo central. Alternativamente, os átomos de oxigênio podem mover-se na mesma direção e o átomo de carbono, na direção oposta (vibração **b**). As vibrações **c** e **d** são muito parecidas. Nos dois casos, a molécula se afasta da forma linear normal. A formação do ângulo (deformação angular) conta como duas vibrações porque ocorre segundo dois planos perpendiculares. Na vibração **c**, a molécula angula para um lado e para o outro no plano do papel; na vibração **d**, ela angula no plano perpendicular ao plano do papel.

Se você já olhou de perto uma mola, certamente percebeu que mais energia é necessária para esticá-la do que para dobrá-la. O mesmo acontece com o CO_2. Mais energia é necessária para a deformação axial do que para a deformação angular. Isso significa que os fótons de maior energia, com comprimentos de onda mais curtos, são necessários para adicionar energia às vibrações de deformação axial, **a** ou **b**, do que para adicionar energia às vibrações de deformação angular, **c** ou **d**. Por exemplo, a absorção de radiação IV com comprimento de onda 15,0 micrômetros (μm) adiciona energia às vibrações de deformação angular (**c** e **d**). Quando isso ocorre, os átomos afastam-se da posição de equilíbrio e movem-se mais rapidamente (na média) do que o usual. Para o mesmo acontecer com a vibração **b**, uma radiação de maior energia, com comprimento de onda de 4,3 μm, é necessária. Combinadas, as vibrações **b**, **c** e **d** explicam as propriedades de gás de efeito estufa do dióxido de carbono.

Um micrômetro é igual a um milionésimo de um metro. $1\ \mu m = 1 \times 10^{-6}\ m = 1.000\ nm$.

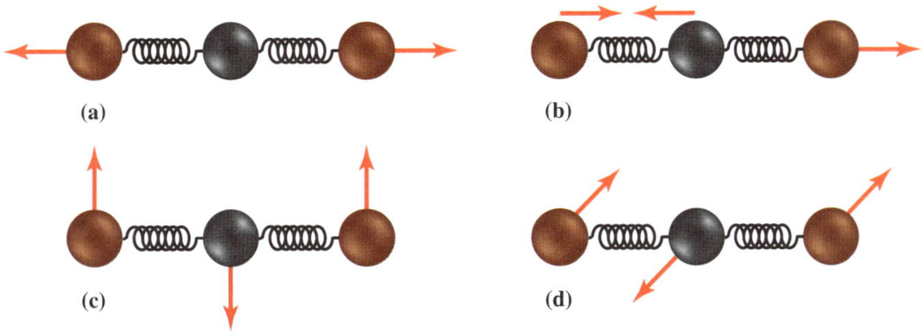

FIGURA 3.16 Vibrações da molécula de CO_2. Cada mola representa uma ligação dupla C=O. As vibrações **(a)** e **(b)** são deformações axiais e **(c)** e **(d)**, deformações angulares.

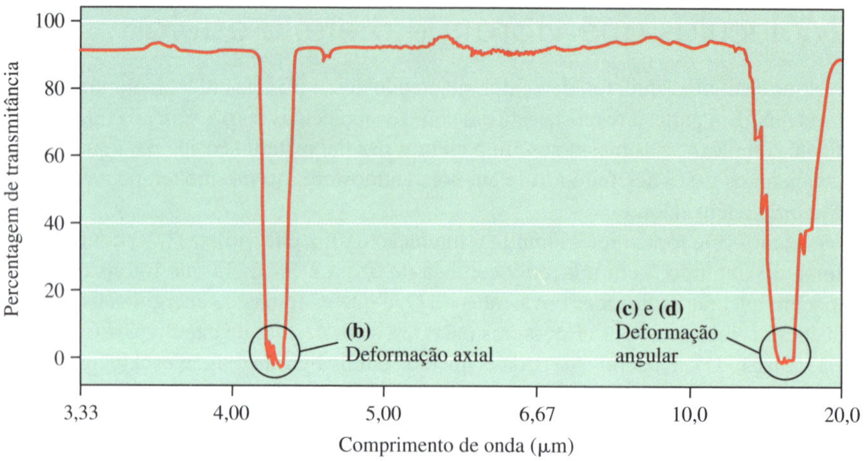

FIGURA 3.17 Espectro de infravermelho do dióxido de carbono. As letras **(b)**, **(c)** e **(d)** referem-se às vibrações moleculares mostradas na Figura 3.16.

A propriedade da eletronegatividade, uma medida da capacidade do átomo de atrair elétrons ligados, será discutida na Seção 5.1.

A espectroscopia é o campo de estudo que analisa a matéria por meio da passagem de radiação eletromagnética através de uma amostra.

Em contraste, a absorção de radiação IV direta não adiciona energia à vibração **a**. Em uma molécula de CO_2, a concentração média de elétrons é maior nos átomos de oxigênio do que no átomo de carbono. Isso significa que os átomos de oxigênio têm carga parcial negativa em relação ao átomo de carbono. Quando as ligações se deformam, as posições dos elétrons mudam, alterando a distribuição das cargas da molécula. Devido à estrutura linear e à simetria do CO_2, as mudanças de distribuição de carga durante a vibração **a** cancelam-se, e não ocorre absorção de infravermelho.

A energia infravermelha (calor) que as moléculas absorvem pode ser medida com um instrumento chamado de espectrômetro de infravermelho. A radiação infravermelha de um filamento aquecido passa por uma amostra do composto a ser estudado, neste caso, o gás CO_2. Um detector mede a quantidade de radiação transmitida pela amostra em vários comprimentos de onda. Alta transmissão significa baixa absorbância e vice-versa. Essa informação é mostrada em um gráfico em que a intensidade relativa da radiação transmitida é relacionada ao comprimento de onda. O resultado é o *espectro de infravermelho* do composto. A Figura 3.17 mostra o espectro de infravermelho do CO_2.

O espectro de infravermelho da Figura 3.17 foi obtido com uma amostra de CO_2 de laboratório, mas as mesmas absorções ocorrem na atmosfera. Moléculas de CO_2 que absorvem comprimentos de onda específicos de energia infravermelha sofrem destinos diferentes. Algumas retêm o excesso de energia por um curto espaço de tempo e, depois, o reemitem em todas as direções na forma de calor. Outras colidem com moléculas da atmosfera, como N_2 e O_2, e transferem para essas moléculas parte da energia absorvida, também na forma de calor. Nesses processos, o CO_2 "retém" parte da radiação infravermelha emitida pela Terra, mantendo nosso planeta confortavelmente aquecido. Isso é que faz com que o CO_2 seja um gás de efeito estufa.

Qualquer molécula que absorve fótons de radiação IV pode funcionar como um gás de efeito estufa. Existem muitas dessas moléculas. A água é, de longe, o gás mais importante para a manutenção da temperatura da Terra, seguida pelo CO_2. A Figura 3.18 mostra o espectro de IV das moléculas de H_2O absorvendo radiação IV. Entretanto, metano, óxido nitroso, ozônio e clorofluorocarbonetos (como CCl_3F) são outras substâncias que ajudam a manter o calor do planeta.

Você já viu, no Capítulo 2, o papel dos CFCs na destruição do ozônio. O óxido nitroso, N_2O, também é chamado de monóxido de dinitrogênio. Você encontrará esse gás novamente no Capítulo 6.

Estude Isto 3.10 Dobrando e puxando moléculas de água

a. Use a Figura 3.18 para estimar os comprimentos de onda que correspondem à absorção mais intensa do vapor de água.

b. A que comprimentos de onda correspondem as vibrações de deformação angular e deformação linear? Explique seu raciocínio.
Sugestão: Compare os espectros de IV de H_2O e CO_2.

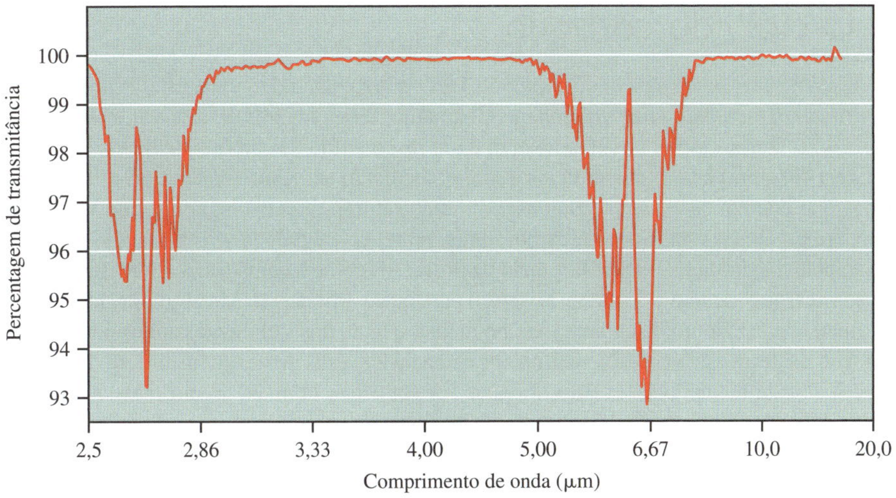

FIGURA 3.18 Espectro de infravermelho do vapor de água.

Gases diatômicos, como N_2 e O_2, não são gases de efeito estufa. Embora moléculas formadas por dois átomos idênticos vibrem, a distribuição de carga elétrica total não se altera durante as vibrações. Por isso, essas moléculas não podem ser gases de efeito estufa. Anteriormente, discutimos a falta de mudança na distribuição total de carga elétrica como sendo a razão de a vibração de deformação axial **a** da Figura 3.17 não ser responsável pelo comportamento do CO_2 como gás de efeito estufa.

Até agora, você encontrou dois tipos de resposta das moléculas à radiação. Fótons de alta energia, com altas frequências e comprimentos de onda curtos (como a radiação UV) podem quebrar ligações das moléculas. Os fótons de menor energia (como a radiação IV) aumentam as vibrações moleculares. Ambos os processos estão representados na Figura 3.19, mas a figura também inclui outra resposta das moléculas à radiação que talvez lhe seja muito mais familiar. Comprimentos de onda mais longos do que a faixa do IV só têm energia suficiente para fazer as moléculas rodarem mais rapidamente.

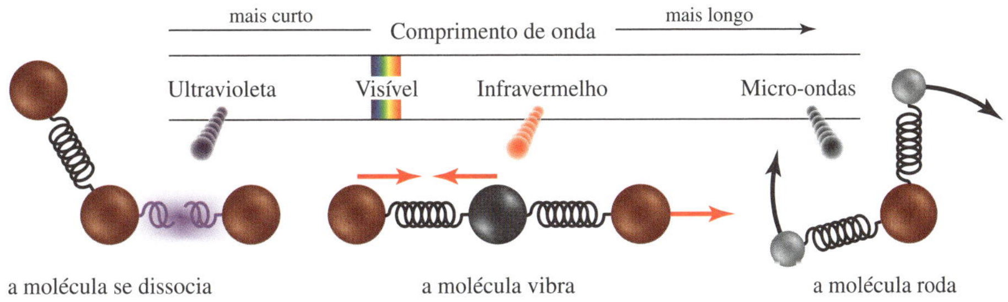

FIGURA 3.19 Resposta das moléculas aos tipos de radiação.

Por exemplo, os fornos de micro-ondas geram radiação eletromagnética que faz com que as moléculas de água girem mais depressa. A radiação gerada em um desses artefatos é de comprimento de onda relativamente longo, cerca de um centímetro. Assim, a energia por fóton é baixa. Quando as moléculas de H_2O absorvem os fótons e giram mais depressa, a fricção resultante cozinha sua comida ou aquece o seu café. A mesma região do espectro é usada para o radar. Feixes de radiação micro-ondas são emitidos por um gerador e, quando os feixes encontram um objeto, como um avião, as micro-ondas são refletidas e detectadas por um sensor.

3.5 O ciclo do carbono

O que seria útil saber sobre o ciclo do carbono? Três pontos estão no topo da lista. Primeiro, *carbono é encontrado em muitos lugares do planeta*. Chamamos esses lugares de reservatórios, como se vê na Figura 3.20. Por exemplo, nossa atmosfera é um reservatório de carbono na forma de CO_2 (~400 ppm), CH_4 (~17 ppm) e CO (quantidades traço, poluente do ar). Outro reservatório de carbono são as rochas que contêm carbonatos. Plantas e animais são um terceiro lugar em que você encontra carbono, principalmente na forma de carboidratos, proteínas e lipídeos.

Procure por mais informações sobre rochas que contêm carbonatos no Capítulo 5 e sobre o carbono na comida no Capítulo 11.

Segundo, *o carbono se move!* Por meio de processos como a combustão, a fotossíntese e a sedimentação, o carbono se move de um reservatório para outro. Michael B. McElroy, da Harvard University, estimou que "O átomo de carbono fez, na média, o ciclo dos sedimentos até os compartimentos mais móveis da Terra e de volta aos sedimentos cerca de 20 vezes durante a história da Terra". Algum CO_2 que hoje está no ar pode ter sido liberado por fogueiras de mais de mil anos atrás. Todos os processos ilustrados na Figura 3.20 acontecem simultaneamente, porém com velocidades diferentes.

Terceiro, o lugar *onde o carbono vai parar é importante*. Por exemplo, a transformação lenta do carbono de organismos vivos em combustíveis fósseis é de grande importância para nós. A transferência de carbono para a atmosfera quando queimamos combustíveis fósseis é importante não só para nós, mas também para aqueles, em gerações futuras, que terão de conviver com as consequências das mudanças climáticas. A próxima atividade permite que você examine mais perto de os reservatórios de carbono e os processos que movem o carbono entre eles.

Uma gigatonelada é um bilhão de toneladas métricas, cerca de 2.200 bilhões de libras. Para comparação, um jato 747 totalmente carregado pesa cerca de 370 toneladas. Seriam necessários 3 milhões de 747s para alcançar a massa total de 1 Gt.

Sua Vez 3.11 Compreendendo o ciclo do carbono

a. Que processos adicionam carbono (na forma de CO_2) à atmosfera?
b. Que processos removem carbono da atmosfera?
c. Quais são os dois maiores reservatórios de carbono?
d. Que partes do ciclo de carbono são mais influenciadas pelas atividades humanas?

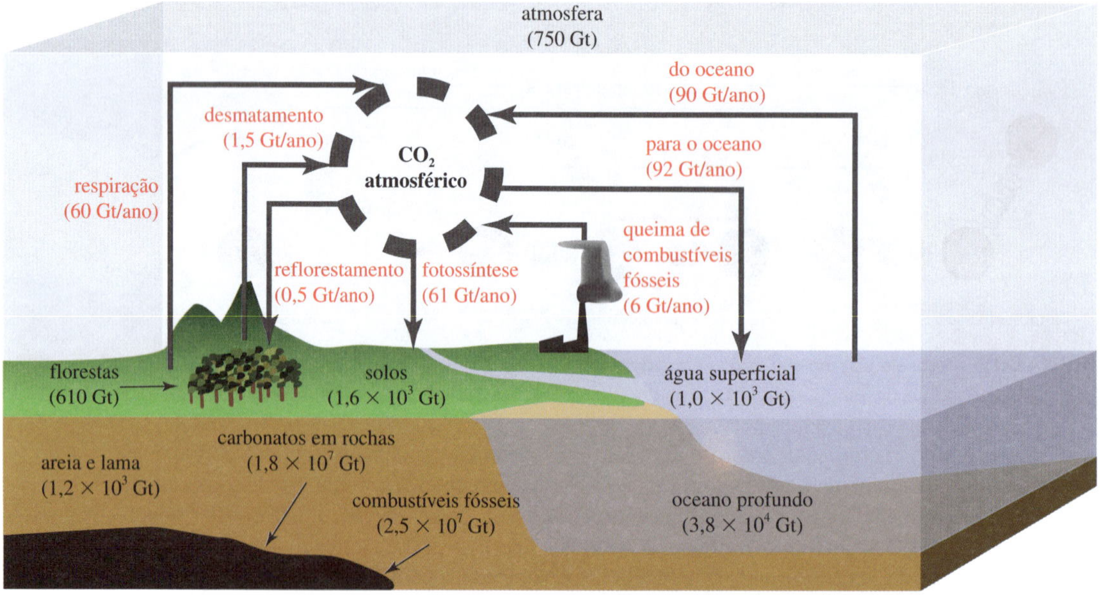

FIGURA 3.20 O ciclo de carbono global. Os números mostram a quantidade de carbono, expressa em gigatoneladas (Gt), guardada nos vários reservatórios de carbono (*números em preto*) ou movendo-se pelo sistema por ano (*números em vermelho*).

De Purves, Orians, Heller and Sadava, Life, *The Science of Biology*, 5a. edição, 1998, página 1186. Reimpresso com permissão de Sinauer Associates, Inc.

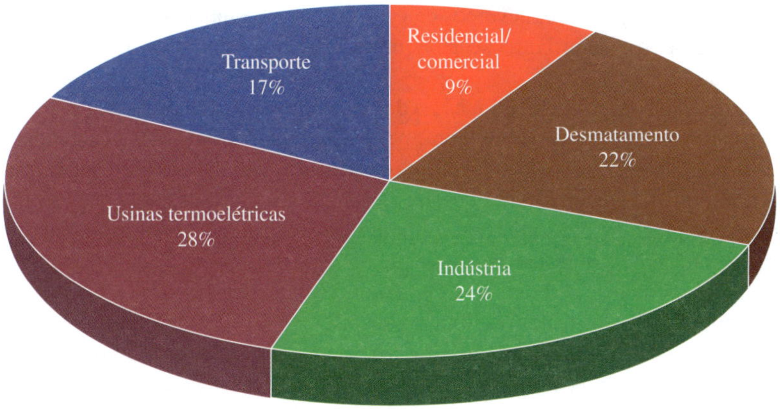

FIGURA 3.21 Emissões globais de dióxido de carbono por finalidade.
Fonte: IPCC Fourth Assessment Report, Working Group III, 2007.

Esperamos que o Sua Vez 3.11 tenha ajudado você a perceber que o ciclo do carbono é um sistema dinâmico. Repare na existência de mecanismos naturais de emissão e remoção. A respiração adiciona dióxido de carbono à atmosfera e a fotossíntese o remove. De forma semelhante, os oceanos absorvem e emitem dióxido de carbono. Como membros do reino animal, nós, *Homo sapiens*, participamos do ciclo de carbono, juntamente às demais criaturas. Como é normal para qualquer animal, nós inalamos e exalamos, ingerimos e excretamos, vivemos e morremos. Além disso, porém, a civilização humana baseia-se em processos que colocam muito mais carbono na atmosfera do que retiram (Figura 3.21). A queima generalizada de carvão para a produção de eletricidade, de produtos de petróleo para o transporte e gás natural para o aquecimento dos domicílios transfere carbono do reservatório subterrâneo, o mais abundante, para a atmosfera.

Outra influência humana nas emissões de CO_2 é o desmatamento por queimada, uma prática que libera cerca de 1,5 Gt de carbono na atmosfera a cada ano. Estima-se que uma cobertura vegetal do tamanho de dois campos de futebol é perdida a cada segundo de cada dia nas florestas tropicais do mundo. Embora seja difícil precisar, o Brasil continua sendo o país com a maior perda anual de área de floresta. Cerca de 5,4 milhões de acres de floresta amazônica desaparecem a cada ano.* As árvores, absorvedoras eficientes de dióxido de carbono, são removidas do ciclo com o desmatamento. Se a madeira é queimada, vastas quantidades de CO_2 são geradas. Se elas apodrecem, o processo também gera dióxido de carbono, porém mais lentamente. Mesmo se a madeira for cultivada para fins de construção e a terra replantada, a perda de capacidade de absorção do CO_2 pode chegar a 80%.

A quantidade total de carbono liberado pelas atividades humanas de desmatamento e queima de combustíveis fósseis é de cerca de 7,5 Gt por ano. Cerca da metade disso é eventualmente reciclada nos oceanos e na biosfera, porém o dióxido de carbono nem sempre é removido com a velocidade exigida pela taxa de aumento na atmosfera. Boa parte do CO_2 emitido fica na atmosfera, adicionando entre 3,1 e 3,5 Gt de carbono por ano à base de 750 Gt da Figura 3.20. Estamos preocupados principalmente com o *crescimento* relativamente rápido do dióxido de carbono atmosférico, porque o *excesso* de CO_2 provocado por esse aumento está envolvido no aquecimento global. Portanto, seria útil conhecer a massa (Gt) de CO_2 adicionada à atmosfera a cada ano. Em outras palavras, que massa de CO_2 contém 3,3 Gt de carbono, a média entre 3,1 Gt e 3,5 Gt? Para responder a essa questão, temos de voltar a alguns aspectos mais quantitativos da química.

Lembre-se de que o "efeito estufa" natural torna a vida na Terra possível. Os problemas ocorrem quando a quantidade de gases de efeito estufa *aumenta* mais rapidamente do que é removida. O resultado é o efeito estufa aumentado.

3.6 Conceitos quantitativos: massa

Para resolver o problema acima, precisamos saber como a massa de C relaciona-se à do CO_2. Não importa a fonte de CO_2, sua fórmula química é sempre a mesma. A percentagem em massa de C no

*N. de T.: De acordo com dados (estimados) divulgados em novembro de 2012 pelo Ministério do Meio Ambiente, o desmatamento na Amazônia diminuiu entre agosto de 2011 e julho de 2012. Neste período, foram desmatados 4.656 km² de floresta.

CO_2 também não varia e, portanto, devemos calculá-la com base na fórmula do composto. Quando estiver trabalhando nesta e na próxima seção, lembre-se de que estamos procurando um valor para essa percentagem.

O método a seguir exige o uso das massas dos elementos envolvidos. Isso, porém, levanta uma questão importante: qual é o peso de um átomo? A massa de um átomo é dada essencialmente pelo número de nêutrons e prótons do núcleo. Assim, os elementos têm massa diferente porque a composição de seus átomos é diferente. Em vez de usar as massas absolutas dos átomos, os químicos acharam conveniente empregar massas relativas – em outras palavras, relacionar as massas dos átomos a um padrão conveniente. O padrão internacional de massa é o carbono-12, o isótopo que representa 98,90% de todos os átomos de carbono. C-12 tem número de massa 12 porque tem um núcleo com 6 prótons e 6 nêutrons, além dos 6 elétrons fora do núcleo.

Os isótopos e as massas relativas das partículas subatômicas foram discutidas na Seção 2.2.

A Tabela Periódica dá a massa atômica do carbono como 12,01, não 12,00. Não é um erro. Isso reflete o fato de que o carbono existe na natureza na forma de três isótopos. Embora C-12 predomine, 1,10% do carbono é C-13, o isótopo com seis prótons e *sete* nêutrons. Além disso, o carbono natural contém traços de C-14, o isótopo com seis prótons e *oito* nêutrons. O valor tabulado da massa, 12,01, é frequentemente chamado de massa atômica, uma média que leva em consideração as massas e a abundância percentual de todos os isótopos naturais do carbono. Essa distribuição isotópica e a massa média de 12,01 caracterizam o carbono obtido de qualquer fonte natural – a grafita de um lápis, a gasolina de um tanque, um pedaço de pão, uma pedra de calcário ou o corpo humano.

Você pode ver que não se usam unidades nas massas atômicas. Elas são dadas em unidades de massa atômicas (amu). 1 amu = $1{,}66 \times 10^{-17}$ kg.

O isótopo radioativo carbono-14, presente em quantidades traço, dá evidência direta de que a queima de combustíveis fósseis é a causa *predominante* do aumento das concentrações de CO_2 atmosférico nos últimos 150 anos. Em todas as coisas vivas, somente 1 em cada 10^{12} átomos de carbono é de C-14. Uma planta ou animal troca constantemente CO_2 com o ambiente, o que mantém constante a concentração de C-14 no organismo. Entretanto, quando o organismo morre, os processos bioquímicos que participam da troca de carbono param de funcionar, e o C-14 não é mais absorvido. Isso significa que após a morte do organismo a concentração de C-14 diminui com o tempo, porque ele sofre decaimento radioativo para formar N-14. Carvão, petróleo e gás natural são o que restou de vegetais que morreram centenas de milhões de anos atrás. Logo, nos combustíveis fósseis e no dióxido de carbono liberado na queima, o nível de C-14 é essencialmente zero. Medidas cuidadosas mostraram que a concentração de C-14 no CO_2 atmosférico diminuiu recentemente. Isso sugere fortemente que o CO_2 adicionado provém da queima de combustíveis fósseis, decididamente uma atividade humana.

Você aprenderá a escrever equações para as reações nucleares na Seção 7.2.

Sua Vez 3.12 Isótopos do nitrogênio

O nitrogênio (N) é um elemento importante na atmosfera e nos sistemas biológicos. Ele tem dois isótopos naturais: N-14 e N-15.

a. Use a Tabela Periódica para encontrar o número atômico e a massa atômica do nitrogênio.
b. Qual é o número de prótons, nêutrons e elétrons de um átomo neutro de N-14?
c. Compare suas respostas para a parte **b** com as para um átomo neutro de N-15.
d. Leve em conta a massa atômica do nitrogênio e decida que isótopo tem maior abundância natural.

Após rever o significado dos isótopos, retornamos ao início – as massas dos átomos e, particularmente, dos átomos de CO_2. Não é surpresa que não possamos medir a massa de um único átomo, porque ele é extremamente pequeno. Uma balança típica de laboratório pode detectar uma massa mínima de 0,1 mg. Isso corresponde a 5×10^{18} átomos ou 5.000.000.000.000.000.000 átomos de carbono. Uma unidade atômica de massa é muito pequena para ser medida em um laboratório convencional de química. Na verdade, o grama é a unidade de massa preferida pelos químicos. Portanto, os cientistas usam exatamente 12 g de carbono-12 como referência para as massas atômicas de todos os elementos. Definimos **massa atômica** como a massa (em gramas) do mesmo número de átomos que são encontrados em exatos 12 g de carbono-12, um número é, claro, *muito* grande. Este número químico importante homenageia um cientista italiano com o nome impressionante de Conde Lorenzo Romano Amadeo Carlo Avogadro di Quaregna e di Ceretto (1776-1856) (seus amigos chamavam-no de Amadeo.) O **número de Avogadro** é o número de átomos de exatos 12 gramas de C-12. O número de Avogadro, escrito por extenso, é 602.000.000.000.000.000.000.000. Ele é normalmente escrito na forma compacta da notação científica como $6{,}02 \times 10^{23}$. Esse é o incrível número de átomos existentes em 12 g de carbono, apenas uma colher de negro de fumo!

O número de Avogadro conta uma grande coleção de átomos, assim como o termo *dúzia* conta uma coleção de ovos. Não importa se os ovos são grandes ou pequenos, escuros ou brancos, "orgânicos" ou não. Não interessa, porque se existem 12 ovos, eles são contados como uma dúzia. Uma dúzia de ovos de avestruz tem massa maior do que uma dúzia de ovos de codorna. A Figura 3.22 ilustra esse ponto com meia dúzia de bolas de tênis e de bolas de golfe. Como os átomos de elementos diferentes, as massas de uma bola de tênis e uma de golfe diferem. O número de bolas é o mesmo – seis em cada saco, meia dúzia.

FIGURA 3.22 Seis bolas de tênis têm massa maior do que seis bolas de golfe.

Químico Cético 3.13 "Marshmallows" e centavos

O número de Avogadro é tão grande que a única maneira de tentar entendê-lo é através de analogias. Por exemplo, um número de Avogadro de "marshmallows" de tamanho médio, $6{,}02 \times 10^{23}$ deles, cobriria toda a superfície dos Estados Unidos com uma profundidade de mais de 1 km. Ou, se você se interessa mais por dinheiro do que por marshmallows, imagine que $6{,}02 \times 10^{23}$ centavos fossem distribuídos igualmente pelos aproximadamente 7 bilhões de habitantes da Terra. Cada homem, mulher ou criança poderia gastar um milhão de dólares por hora, dia e noite, e ainda assim eles deixariam de herança metade dos centavos que receberam inicialmente.

Essas declarações fantásticas podem estar corretas? Confira uma, ou ambas, e mostre seu raciocínio. Produza uma analogia você mesmo.

O conhecimento do número de Avogadro e da massa atômica de qualquer elemento permite que calculemos a massa média de um átomo desse elemento. Assim, a massa de $6{,}02 \times 10^{23}$ átomos de oxigênio é 16,00 g, a massa atômica da Tabela Periódica. Para achar a massa média de um único átomo de oxigênio, temos de dividir a massa atômica pelo número de Avogadro. Felizmente, as calculadoras ajudam a tornar esse trabalho rápido e fácil.

$$\frac{16{,}00 \text{ g oxigênio}}{6{,}02 \times 10^{23} \text{ átomos de oxigênio}} = 2{,}66 \times 10^{-23} \text{ g oxigênio/átomo de oxigênio}$$

Essa massa tão pequena confirma mais uma vez por que os químicos não trabalham, em geral, com números pequenos de átomos. Manipulamos trilhões de cada vez. Por isso, os que praticam essa arte devem medir a matéria com uma espécie de dúzia dos químicos – uma bem grande, é claro. Para aprender isso, siga a leitura ... mas somente após praticar sua nova habilidade.

Sua Vez 3.14 Cálculo da massa dos átomos

a. Calcule a massa média, em gramas, de um único átomo de nitrogênio.
b. Calcule a massa, em gramas, de 5 trilhões de átomos de nitrogênio.
c. Calcule a massa, em gramas, de 6×10^{15} átomos de nitrogênio.

Resposta

a. $$\frac{14{,}01 \text{ g nitrogênio}}{6{,}02 \times 10^{23} \text{ átomos de nitrogênio}} = 2{,}34 \times 10^{-23} \text{ g nitrogênio/átomos de nitrogênio}$$

Conselho para fazer cálculos

Prediga:
Será que a resposta vai ser pequena ou grande?

Verifique:
Será que a resposta está de acordo com sua previsão e é razoável?

3.7 Conceitos quantitativos: moléculas e mols

Os químicos têm outra maneira de comunicar o número de átomos, moléculas ou outras partículas pequenas. Eles usam o termo **mol**, definido como contendo um número de Avogadro de objetos. O termo vem da palavra latina para "monte" ou "pilha". Assim, 1 mol de átomos de carbono consiste em $6{,}02 \times 10^{23}$ átomos de C, 1 mol de gás oxigênio tem $6{,}02 \times 10^{23}$ moléculas de O_2 e 1 mol de dióxido de carbono tem $6{,}02 \times 10^{23}$ moléculas de CO_2.

Como você viu em capítulos anteriores, as fórmulas e equações químicas são escritas em termos de átomos e moléculas. Por exemplo, lembre-se da equação da combustão completa do carbono em oxigênio

$$C + O_2 \longrightarrow CO_2 \qquad [3.1]$$

Essa equação nos diz que um átomo de carbono combina-se com uma molécula de oxigênio para dar uma molécula de dióxido de carbono. Logo, ela reflete a *razão* pela qual as partículas interagem. É igualmente coreto dizer que 10 átomos de C reagem com 10 moléculas de O_2 (20 átomos de O) para formar 10 moléculas de CO_2. Ou, em uma escala maior, podemos dizer que $6{,}02 \times 10^{23}$ átomos de C combinam-se com $6{,}02 \times 10^{23}$ moléculas de O_2 ($12{,}0 \times 10^{23}$ átomos de O) para formar $6{,}02 \times 10^{23}$ moléculas de CO_2. Essa última afirmação é equivalente a dizer: "um *mol* de carbono mais um *mol* de oxigênio formam um *mol* de dióxido de carbono". Assim, os números de *átomos e moléculas* que participam de uma reação são proporcionais aos números de *mols* das mesmas substâncias. A razão de dois átomos de oxigênio para um átomo de carbono permanece a mesma, independentemente do número de moléculas de dióxido de carbono, como resumido na Tabela 3.2

Existem 2 mols de átomos de oxigênio em cada mol de moléculas de oxigênio, O_2.

Com frequência, no laboratório e na fábrica, a quantidade do material necessário para uma reação é medida por massa. O mol é um modo prático de relacionar o número de partículas à massa, mais fácil de medir. A **massa molar** é a massa de um número de Avogadro, ou um *mol*, de qualquer partícula especificada. Por exemplo, a Tabela Periódica mostra que a massa de um mol de átomos de carbono, aproximada ao décimo de grama, é 12,0. Um mol de átomos de oxigênio tem a massa 16,0 g. Contudo, também podemos falar de um mol de moléculas de O_2. Como existem dois átomos de oxigênio em cada molécula de oxigênio, existem dois mols de átomos de oxigênio em cada mol de oxigênio molecular, O_2. Em consequência, a massa molar de O_2 é 32,0 g, duas vezes a massa molar de O. Alguns chamam isso de massa molecular ou peso molecular de O_2, enfatizando a semelhança com a massa atômica ou o peso atômico.

A mesma lógica usada para a massa molar do elemento O_2 aplica-se a compostos como o dióxido de carbono. A fórmula CO_2 indica que cada molécula contém um átomo de carbono e dois de oxigênio. Mudando a escala para $6{,}02 \times 10^{23}$, podemos dizer que cada mol de CO_2 consiste em 1 mol do átomo de C e 2 mols do átomo de O (veja a Tabela 3.2). Contudo, lembre-se de que estamos interessados na massa molar do dióxido de carbono, que podemos obter adicionando a massa molar do carbono a duas vezes a massa molar do oxigênio:

$$\begin{aligned}
1 \text{ mol } CO_2 &= 1 \text{ mol C} + 2 \text{ mol O} \\
&= \left(1 \cancel{\text{mol C}} \times \frac{12{,}0 \text{ g C}}{1 \cancel{\text{mol C}}}\right) + \left(2 \cancel{\text{mol O}} \times \frac{16{,}0 \text{ g O}}{1 \cancel{\text{mol O}}}\right) \\
&= 12{,}0 \text{ g C} + 32{,}0 \text{ g O} \\
1 \text{ mol } CO_2 &= 44{,}0 \text{ g } CO_2
\end{aligned}$$

TABELA 3.2 Maneiras de interpretar uma equação química

C	+	O_2	$\longrightarrow$	CO_2
1 átomo $6{,}02 \times 10^{23}$ átomos 1 mol		1 molécula $6{,}02 \times 10^{23}$ moléculas 1 mol		1 molécula $6{,}02 \times 10^{23}$ moléculas 1 mol

Esse procedimento é de rotina nos cálculos químicos, em que a massa molar é uma propriedade importante. Alguns exemplos foram incluídos em Sua Vez 3.15. Multiplique sempre o número de mols de cada elemento pela massa atômica correspondente em gramas e adicione o resultado.

Sua Vez 3.15 Massa molar das moléculas

Calcule a massa molar destes gases de efeito estufa.

a. O_3 (ozônio)
b. N_2O (monóxido de dinitrogênio ou óxido nitroso)
c. CCl_3F (Freon-11; tricloro-fluoro-metano)

Resposta

a. 1 mol O_3 = 3 mol O

$$= 3 \cancel{\text{mol O}} \times \frac{16{,}0 \text{ g O}}{1 \cancel{\text{mol O}}}$$

$$= 48{,}0 \text{ g } O_3$$

Começamos esse passeio pela matemática para que pudéssemos calcular a massa de CO_2 produzida na queima de 3,3 Gt de carbono. Temos agora tudo que é necessário. De cada 44,0 g de CO_2, 12 g são de C. Essa razão das massas mantêm-se para todas as amostras de CO_2, e podemos usá-la para calcular a massa de C em qualquer massa conhecida de CO_2. Mais claramente, podemos usá-la para calcular a massa de CO_2 liberada por qualquer massa conhecida de carbono. Só depende de como arranjamos a razão. A razão de C para CO_2 é $\frac{12{,}0 \text{ g C}}{44{,}0 \text{ g } CO_2}$, mas também é verdade que a razão de CO_2 para C é $\frac{44{,}0 \text{ g } CO_2}{12{,}0 \text{ g O}}$.

Por exemplo, poderíamos computar o número de gramas de C em 100,0 g de CO_2 arranjando a razão deste modo.

$$100{,}0 \cancel{\text{g } CO_2} \times \frac{12{,}0 \text{ g C}}{44{,}0 \cancel{\text{g } CO_2}} = 27{,}3 \text{ g C}$$

Dizer que existem 27,3 g de carbono em 100,0 g de dióxido de carbono é equivalente a dizer que a percentagem de massa de C em CO_2 é 27,3%. Observe que usar as unidades "g CO_2" e "g C" ajuda a fazer corretamente o cálculo. A unidade "g CO_2" pode ser cancelada, e resta "g C". Usar as unidades e cancelar quando apropriado são estratégias úteis na solução de muitos problemas. Às vezes, esse método é chamado de análise de unidades ou análise dimensional.

Sua Vez 3.16 Razões de massas e percentagens

a. Calcule a razão das massas de S em SO_2.
b. Encontre a percentagem em massa de S em SO_2.
c. Calcule a razão das massas e a percentagem em massa de N em N_2O.

Respostas

a. A razão das massas é encontrada comparando a massa molar de S com a massa molar de SO_2.

$$\frac{32{,}1 \text{ g S}}{64{,}1 \text{ g } SO_2} = \frac{0{,}501 \text{ g S}}{1{,}00 \text{ g } SO_2}$$

b. Para encontrar a percentagem em massa de S em SO_2 multiplique a razão das massas por 100.

$$\frac{0{,}501 \text{ g S}}{1{,}00 \text{ g } SO_2} \times 100 = 50{,}1\% \text{ S em } SO_2$$

Conselho para fazer cálculos

Preveja:
Será que a resposta será maior ou menor do que o valor dado? Quais são as unidades?

Verifique:
Será que a resposta está de acordo com sua previsão? Cancelou unidades, deixando apenas a necessária para a resposta?

Para encontrar a massa de CO_2 que contém 3,3 gigatoneladas (Gt) de C, usaremos um procedimento semelhante. Poderíamos converter 3,3 Gt em gramas, mas não é necessário. Enquanto usarmos a mesma unidade para C e CO_2, a mesma razão numérica persiste. Em comparação com nosso último cálculo, esse problema tem uma importante diferença no uso da razão. Estamos resolvendo para a massa de CO_2, não a massa de C. Olhe com cuidado para as unidades desta vez.

$$3{,}3\ \cancel{\text{Gt C}} \times \frac{44{,}0\ \text{Gt CO}_2}{12{,}0\ \cancel{\text{Gt C}}} = 12\ \text{Gt CO}_2$$

Novamente, as unidades se cancelam, e ficamos com Gt de CO_2.

A questão que não quer calar, "Qual é a massa de CO_2 adicionada à atmosfera a cada ano com a queima dos combustíveis fósseis?" foi finalmente respondida: 12 gigatoneladas. É verdade que também mostramos o poder de resolução de problemas da química e apresentamos cinco de seus conceitos mais importantes: massa atômica, massa molecular, número de Avogadro, mol e massa molar. As próximas atividades lhe darão oportunidade para praticar suas habilidades com esses conceitos.

Sua Vez 3.17 SO_2 de vulcões

a. Estima-se que os vulcões da Terra liberem cerca de 19 × 10^6 t (19 milhões de toneladas métricas) de SO_2 por ano. Calcule a massa de enxofre nessa quantidade de SO_2.

b. Se 142 × 10^6 t de SO_2 são liberadas por ano na queima de combustível fóssil, calcule a massa de enxofre nessa quantidade de SO_2.

Resposta

a. a razão em massa de S para SO_2 é dada em Sua Vez 3.16.

$$19 \times 10^6\ \cancel{\text{t SO}_2} \times \frac{32{,}1 \times 10^6\ \text{t S}}{64{,}1 \times 10^6\ \cancel{\text{t SO}_2}} = 9{,}5 \times 10^6\ \text{t S}$$

Se você aprendeu a aplicar essas ideia, ganhou a capacidade de avaliar criticamente notícias da mídia sobre liberação de C ou CO_2 (além de outras substâncias) e julgar se são acuradas. Pode-se acreditar nessas notícias ou aplicar a matemática aos conceitos químicos relevantes. Obviamente, não há tempo para verificar cada afirmação, mas esperamos que você desenvolva o hábito de questionar e assuma atitudes críticas com relação a todas as declarações sobre química e sociedade, inclusive as deste livro.

Químico Cético 3.18 Verificando o carbono dos carros

Um motor de automóvel bem calibrado emite cerca de 5 libras de C na forma de CO_2 para cada galão de gasolina que consome. O carro médio americano percorre cerca de 12.000 milhas por ano. Use essa informação para verificar a declaração de que o carro americano médio libera seu próprio peso em carbono a cada ano. Liste as suposições que fez para resolver este problema. Compare sua lista e sua resposta com as de seus colegas.

3.8 Metano e outros gases de efeito estufa

As preocupações referentes ao efeito de estufa ampliado baseiam-se principalmente no aumento das concentrações de CO_2 atmosférico. Entretanto, outros gases também têm um papel nisso. Metano, óxido nitroso, clorofluorocarbonetos e até ozônio participam do aquecimento da atmosfera.

Os valores do potencial de aquecimento global, ainda que úteis para comparação, devem ser tomados como aproximações.

Nosso nível de preocupação com relação a esses gases tem relação com sua concentração na atmosfera mas também com outras características importantes. O **tempo de vida atmosférico global** caracteriza o tempo nécessário para que um gás adicionado à atmosfera seja removido. Também é conhecido como o "tempo de residência". Os gases de efeito estufa também têm diferentes efetividades na absorção de radiação infravermelha, o que é quantificado pelo **potencial de aquecimento global (GWP)**, um número que representa a contribuição relativa de uma molécula do gás atmosféri-

TABELA 3.3 Exemplos de gases de efeito estufa

Nome (fórmula química)	Concentração pré-industrial (1750)	Concentração em 2011	Tempo de vida atmosférico (anos)	Fontes antropogênicas	Potencial de aquecimento global
dióxido de carbono CO_2	270 ppm	396 ppm**	50-200*	Queima de combustíveis fósseis, desmatamento, produção de cimento	1
metano CH_4	700 ppb	1.816 ppb	12	Arrozais, depósitos de lixo, gado	21
óxido nitroso N_2O	275 ppb	324 ppb	120	Fertilizantes, produção industrial, combustão	310
CFC-12 CCl_2F_2	0	0,53 ppb	102	Refrigerantes líquidos, espumas	8100

*Um valor único para o tempo de vida atmosférico do CO_2 não é possível. Os mecanismos de remoção ocorrem em velocidades diferentes. A faixa apresentada é uma estimativa baseada em vários mecanismos de remoção.

**O valor para o dióxido de carbono é de 2012 e superou 400 ppm em vários lugares durante 2013.

co para o aquecimento global. Ao GWP do dióxido de carbono é atribuído o valor 1. Os demais gases de estufa são indexados a essa referência. Gases com tempos de vida curtos, como vapor de água, ozônio da troposfera, aerossóis da troposfera e outros poluentes ambientais, não são distribuídos de forma homogênea pelo planeta. É difícil quantificar seu efeito, logo eles não recebem, usualmente, valores de GWP. A Tabela 3.3 lista quatro gases de efeito estufa, sua fonte principal e suas propriedades importantes para o debate sobre a mudança do clima.

Sua Vez 3.19 Gases de efeito estufa em ascensão

Use os dados da Tabela 3.3 para calcular os aumentos percentuais de CO_2, CH_4 e N_2O desde 1750. Coloque-os na ordem crescente do aumento percentual.

A atual concentração atmosférica de CH_4 é cerca de 50 vezes menor do que a de CO_2, mas, como absorvente de infravermelho, o metano é cerca de 20 vezes mais eficiente. Felizmente, o CH_4 converte-se rapidamente em outras espécies químicas pela interação com os radicais livres da troposfera e, por isso, tem um tempo de vida relativamente curto. O dióxido de carbono, em comparação, é muito menos reativo. Os mecanismos principais de remoção do CO_2 são a dissolução nos oceanos, a fotossíntese pelas plantas e o processo muito mais lento de mineralização em rochas de carbonatos.

As emissões de metano vêm de fontes naturais e humanas. Cerca de 40% das emissões totais de CH_4 vêm de fontes naturais, das quais as emanações de pântanos são, de longe, as maiores contribuintes. Essas áreas alagadas são perfeitas para as **bactérias anaeróbicas**, que podem funcionar sem o uso do oxigênio molecular. Como elas decompõem matéria orgânica, muitos tipos de bactérias anaeróbicas produzem metano, que entra na atmosfera. No Alasca, no Canadá e na Sibéria, entretanto, grande parte do metano produzido em milhares de anos de decomposição ficou retida embaixo da terra pelo solo gelado. Há a preocupação de que a fusão da superfície nas latitudes ao norte possa provocar uma liberação maciça de metano na atmosfera. Existem evidências geológicas de que isso já aconteceu e levou a temperaturas globais mais altas.

Uma quantidade substancial de metano preso em "gaiolas" formadas por moléculas de água também é liberada pelos oceanos. Esses depósitos são conhecidos como hidratos de metano. A Commonwealth Scientific and Industrial Research Organization (CSIRO) da Austrália coordenou uma série de perfurações no leito do oceano para obter evidências com os hidratos de metano e seu papel no aquecimento global (Figura 3.23). Existe preocupação com a possibilidade de que alguns desses hidratos fiquem instáveis e liberem rapidamente grandes quantidades de metano na atmosfera.

Os cupins são outra fonte natural de metano. Esses insetos têm bactérias especiais em seus estômagos que permitem que metabolizem celulose, o componente principal da madeira. Porém, em vez de fabricar água e CO_2, eles produzem metano e CO_2. Eles não só danificam diretamente as residências como ajudam a aumentar as concentrações de gases de efeito estufa. O número elevado de cupins é assombroso, estimado em mais de meia tonelada métrica para cada homem, mulher e criança do planeta!

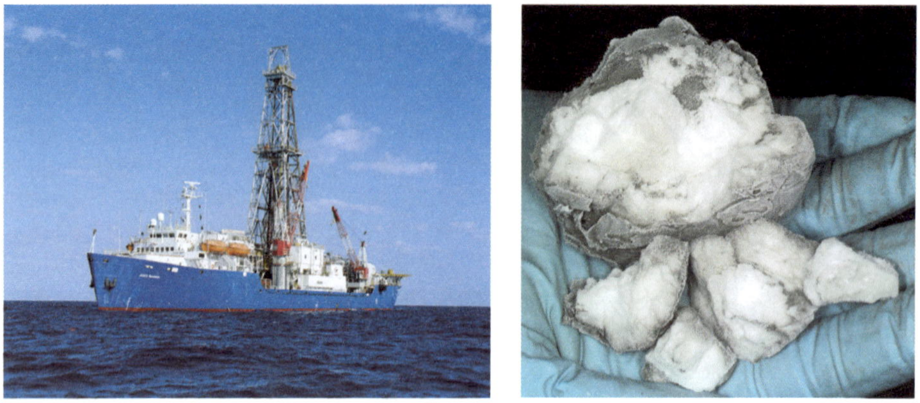

(a) (b)

FIGURA 3.23 **(a)** Plataforma flutuante para perfurações usada pela CSIRO. **(b)** Amostras de hidrato de metano obtidas na plataforma continental da Flórida.

A maior contribuição humana para o metano é a agricultura, com os principais culpados sendo o cultivo de arroz e a criação de gado. O arroz cresce com suas raízes sob água, onde, novamente, bactérias anaeróbicas produzem metano. A maior parte do metano passa para a atmosfera. CH_4 adicional da agricultura vem do número crescente de gado e ovelhas. O sistema digestivo desses ruminantes (animais que mascam repetidamente o bolo alimentar) contém bactérias que desfazem a estrutura da celulose. No processo, forma-se metano, que é liberado por arrotos e flatulência – cerca de 500 litros de CH_4 por boi ao dia! Os ruminantes da Terra liberam impressionantes 73 milhões de toneladas métricas de CH_4 a cada ano.

Depósitos de lixo também liberam grande quantidade de metano na atmosfera. A química que ocorre em nosso lixo enterrado é controlada pelas mesmas bactérias anaeróbicas encontradas nos pântanos, chegando ao mesmo resultado. Parte desse metano é recolhida (biogás) e queimada como combustível, mas a maior parte é liberada na atmosfera.

Para mais informações sobre o uso do metano como combustível, veja a Seção 4.10.

A outra fonte antropogênica importante de metano é a extração de combustíveis fósseis. O metano é, com frequência, encontrado nos depósitos de óleo e carvão, e os procedimentos de perfuração e mineração liberam a maior parte desse metano para a atmosfera durante a recuperação dos produtos líquidos ou sólidos. Também há perdas significativas durante o transporte, a purificação e o uso do gás natural.

Estude Isto 3.20 As concentrações de metano estão se estabilizando?

Em anos recentes, os cientistas observaram que as concentrações de metano se estabilizam. Isso ainda acontece? Use os recursos da Internet para apoiar sua resposta.

O papel do N_2O na destruição do ozônio estratosférico foi tratado na Seção 2.8.

Outro gás que contribui para o aquecimento global é o óxido nitroso, também conhecido como “gás do riso”. Ele já foi usado como anestésico de inalação, com objetivos médicos e dentários. Suas fontes e reservatórios não são tão bem estabelecidos como as do dióxido de carbono e do metano. A maior parte das moléculas de N_2O da atmosfera vem da remoção do íon nitrato (NO_3^-) de solos por bactérias, seguida da eliminação de oxigênio. Práticas de agricultura, novamente ligadas às pressões populacionais, podem acelerar a remoção de compostos reativos de nitrogênio dos solos. Outras fontes incluem a ressurgência* nos oceanos e a interação na estratosfera de compostos de nitrogênio com átomos de oxigênio com alta energia. As principais fontes antropogênicas de N_2O são os conversores catalíticos dos veículos, os fertilizantes à base de amônia, a queima da biomassa e certos

*N. de T.: Em inglês, *upwelling*. Trata-se do fenômeno da troca, nos oceanos, da água mais fria do fundo do mar, que carrega nutrientes e vai para a superfície, substituindo a água mais quente, que vai para o fundo.

TABELA 3.4 Mudanças climáticas e destruição do ozônio: uma comparação

	Mudanças climáticas	Destruição do ozônio
Região da atmosfera	principalmente na troposfera	na estratosfera
Atores principais	H_2O, CO_2, CH_4 e N_2O	O_3, CFCs, HCFCs e halons
Interação com a radiação	Moléculas absorvem radiação. Isso as faz vibrar e reenviar energia calorífica para a Terra.	Moléculas absorvem radiação UV. Isso faz com que uma ou mais ligações se quebrem.
Natureza do problema	As concentrações de gases de efeito estufa estão aumentando, o que causa a retenção de mais calor, aumentando as temperaturas médias globais.	Os CFCs estão fazendo com que as concentrações de O_3 na estratosfera diminuam. Isso aumenta a radiação UV que atinge a superfície da Terra.

processos industriais (produção de náilon e ácido nítrico). Na atmosfera, uma molécula de N_2O persiste por cerca de 120 anos, absorvendo e emitindo radiação infravermelha. Na última década, as concentrações globais de N_2O na atmosfera subiram lenta e persistentemente.

Alguns comentários precisam ser feitos sobre o ozônio, um gás que encontramos no Capítulo 2. Existe, frequentemente, uma confusão entre o fenômeno das mudanças climáticas e a destruição do ozônio. Eles estão nas manchetes dos jornais e ambos envolvem processos atmosféricos complexos e têm fontes antropogênicas e naturais. Na verdade, o próprio ozônio pode agir como um gás de efeito estufa, mas sua eficiência depende muito da altitude. Ele parece ter o seu efeito de aquecimento máximo na alta troposfera. Portanto, a destruição do ozônio tem um *pequeno efeito de esfriamento* na estratosfera e pode também promover algum resfriamento na superfície da Terra. A Tabela 3.4 sintetiza outras diferenças.

A destruição da camada de ozônio estratosférica *não* é a causa principal das mudanças climáticas. Entretanto, a redução do ozônio da estratosfera e as mudanças climáticas estão ligadas, porque as substâncias que destroem ozônio, CFCs, HCFCs e halons, todas implicadas na destruição do ozônio estratosférico, também absorvem radiação infravermelha e são gases de efeito estufa. A emissão desses gases sintéticos aumentou 58% entre 1990 e 2005, embora suas concentrações sejam ainda muito baixas.

HCFCs foram discutidos na Seção 2.12.

Estude Isto 3.21 Potencial de aquecimento global enquanto o tempo passa

Embora a Tabela 3.3 forneça um único valor para o Potencial de Aquecimento Global (GWP) para cada gás de efeito estufa listado, na verdade, valores diferentes são possíveis, dependendo do período de tempo. Por exemplo:

	20 anos	100 anos	500 anos
CH_4	72	21	7,6
N_2O	289	310	156

A razão das diferenças depende do tempo de vida atmosférico estimado do gás.

a. Compare os GWPs do metano em 20 e 100 anos. Explique por que esses valores são coerentes com o tempo de vida atmosférico estimado do metano de cerca de 12 anos.

b. No caso do metano e do óxido nítrico, os valores de GWP são menores para 500 anos do que para 100 anos. Proponha uma explicação.

3.9 Quão quente ficará o planeta?

"Previsão é muito difícil, especialmente sobre o futuro." Niels Bohr, um dos mais importantes contribuintes para nossa visão moderna do átomo, disse essas palavras muitos anos atrás, e elas continuam corretas ainda hoje!

Estude Isto 3.22 Sol-céticos?

Algumas pessoas declararam que mudanças no Sol estão causando as mudanças climáticas globais. O que você pensa a respeito?

O IPCC recebeu o Prêmio Nobel da Paz de 2007 (compartilhado com o antigo vice-presidente dos EUA Al Gore) por seu trabalho na compreensão do aquecimento global.

Embora admitamos que seja uma tarefa difícil, ainda precisamos fazer predições. Para isso, em 1988, o Programa Ambiental das Nações Unidas e a Organização Meteorológica Mundial se uniram para estabelecer o Painel Intergovernamental das Nações Unidas sobre as Mudanças Climáticas (IPCC). O IPPC foi encarregado de juntar e analisar os dados das mudanças climáticas, incluindo dados socioeconômicos. Milhares de cientistas internacionais envolveram-se nessa análise. Em seu quarto e mais recente relatório, publicado em 2007, a grande maioria dos cientistas concordou com vários pontos essenciais:

- A Terra está aquecendo.
- As atividades humanas (principalmente a queima de combustíveis fósseis e o desmatamento) são responsáveis por grande parte do aquecimento recente.
- Se a velocidade das emissões de gás de efeito estufa não for limitada, nossos recursos hídricos, alimentos e até mesmo nossa saúde vão sofrer.

Um quinto relatório deve ser lançado em 2014.

O desafio, porém, é compreender as mudanças climáticas atuais a ponto de *prever* alterações futuras e, fazendo isso, determinar a redução das emissões necessária para minimizar alterações desvantajosas. Para fazer predições, os cientistas trabalham com modelos. Eles constroem modelos computadorizados dos oceanos e da atmosfera que levam em consideração sua capacidade de absorver calor e circular e transportar matéria (Figura 3.24). Como se isso não fosse suficientemente difícil, os modelos devem incluir também fatores astronômicos, meteorológicos e biológicos, frequentemente pouco compreendidos. Influências humanas, como tamanho da população, níveis de industrialização e emissões de poluentes, também devem ser incluídas. O Dr. Michael Schlesinger, que dirige a pesquisa sobre clima na Universidade de Illinois, observou: "Se você fosse escolher um planeta para modelar, este seria o último que você escolheria".

As propriedades únicas da água, incluindo seu calor específico excepcionalmente alto, serão descritas no Capítulo 5.

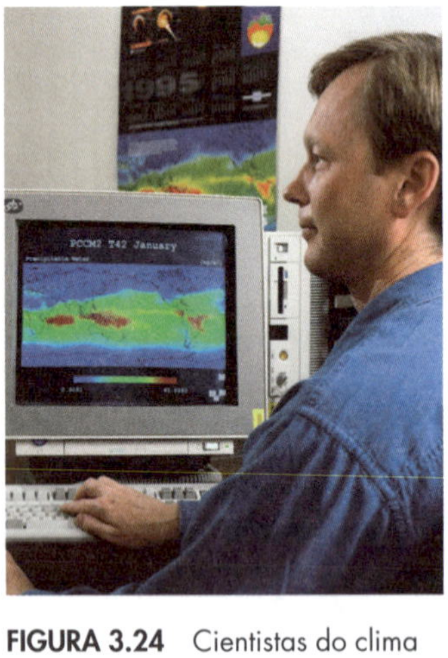

FIGURA 3.24 Cientistas do clima usam simulações em computador para entender mudanças futuras do clima.

Os cientistas do clima chamam os fatores (naturais e antropogênicos) que influenciam o balanço da radiação que chega e sai da Terra de **perturbações radiativas**. As perturbações negativas têm um efeito de resfriamento e as positivas, de aquecimento. As perturbações principais usadas nos modelos climáticos são a irradiância solar, a concentração de gás de efeito estufa, o uso da terra e os aerossóis. Os efeitos dessas perturbações sobre o balanço de energia da Terra está resumido na Figura 3.25. As barras vermelha, laranja e amarela representam perturbações positivas e as azuis, negativas. As barras têm uma barra de erro associadas a elas. Quanto maior a barra de erro, maior a incerteza dos valores.

Irradiância solar ("brilhância solar")

Podemos observar diretamente as variações sazonais da intensidade da luz do Sol. Nas latitudes mais elevadas, as temperaturas são mais altas no verão. Em comparação com os meses de inverno, o Sol está mais alto no céu e fica acima do horizonte mais tempo. No globo, essas variações essencialmente se cancelam, porque quando é inverno no Hemisfério Norte, é verão no Hemisfério Sul.

Alterações periódicas sutis ocorrem na brilhância do Sol. A órbita da Terra oscila ligeiramente em um período de 100.000 anos, mudando de forma. Além disso, a magnitude da inclinação do eixo da Terra e sua direção mudam durante várias dezenas de milhares de anos, afetando a quantidade de radiação solar que atinge a Terra. Esses efeitos, porém, não ocorrem em uma escala de tempo suficientemente pequena para explicar o aquecimento recente.

As excentricidades periódicas das órbitas são a possível causa das oscilações das idades do gelo observadas na Figura 3.9.

Além disso, manchas solares ocorrem em grande número a cada 11 anos. Você poderia pensar que manchas escuras no Sol, significariam menor quantidade de radiação a atingir a Terra, mas é exatamente o oposto. As manchas solares estão associadas ao aumento da atividade magnética nas camadas externas do Sol, e os campos magnéticos mais fortes agitam uma quantidade maior de partículas carregadas que emitem radiação. É de notar que os séculos XVII e XVIII, algumas vezes

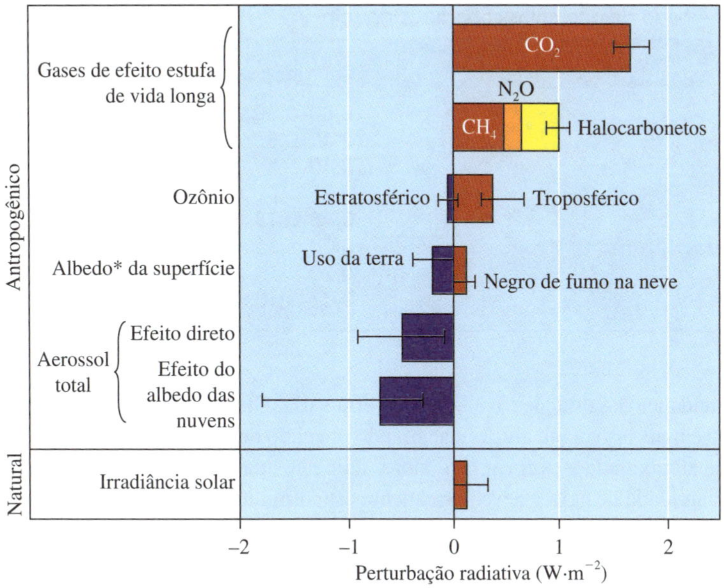

FIGURA 3.25 Perturbações radiativas do clima selecionadas de 1750 a 2005. As unidades estão em watts por metro quadrado ($W \cdot m^{-2}$), a energia luminosa que atinge um metro quadrado da superfície da Terra por segundo.

Fonte: Adaptado de *Climate Change 2007: The Physical Science Basis. Contribution of Working Group I to the Fourth Assessment Report of the Intergovernmental Panel on Climate Change.*

*N. de T.: Albedo é outro nome para coeficiente de reflexão (ver adiante). O termo foi introduzido em óptica por Johann Heinrich Lambert em 1760.

chamados de "Pequena Idade do Gelo" devido às temperaturas anormalmente baixas na Europa, foram precedidos por um período de atividade quase inexistente das manchas solares. A brilhância solar nesses ciclos de 11 anos, porém, varia somente cerca de 0,1%. Como você pode ver na Figura 3.25, essa variação natural é a *menor* das perturbações positivas listadas.

Durante os períodos de alta atividade das manchas solares, a aurora boreal ("luzes do norte") é mais espetacular, devido ao maior número de partículas carregadas que atingem a atmosfera da Terra.

Sua Vez 3.23 Radiação do sol

A luz do Sol atinge a Terra continuamente. Que tipos de luz são emitidos pelo Sol? Qual deles representa a maior percentagem da luz do Sol? *Sugestão:* Reveja a Figura 2.8.

Gases de efeito estufa

Eles são as perturbações antropogênicas dominantes. O gás principal é o CO_2, que corresponde a cerca de dois terços do aquecimento de todos os gases de efeito estufa. Entretanto, como explicamos na seção anterior, o metano, o óxido nitroso e outros gases também contribuem. Note a contribuição relativamente pequena dos "halocarbonetos" (CFCs e HCFCs) mostrada na Figura 3.25. Já foi estimado que, sem a proibição da produção de CFCs imposta pelo Protocolo de Montreal, as perturbações causadas pelos CFCs teriam ultrapassado as do CO_2 em 1990. Em suma, as perturbações positivas dos gases de efeito estufa são mais de 30 vezes superiores às mudanças naturais da irradiância solar.

O Protocolo de Montreal foi discutido na Seção 2.11.

Uso do solo

Mudanças no uso do solo provocam alterações climáticas porque afetam a quantidade de radiação que é absorvida pela superfície da Terra. A razão entre a radiação eletromagnética *refletida* por uma superfície e a quantidade de radiação incidente é chamada de **albedo**. Em resumo, albedo é uma medida da refletividade de uma superfície. O albedo da superfície da Terra varia de 0,1 a 0,9, como você pode ver pelos valores da Tabela 3.5. Quanto maior o número, maior a refletividade da superfície.

A Terra tem um albedo médio de 0,39. Para efeito de comparação, o da lua é de cerca de 0,12.

TABELA 3.5 Albedo de diferentes coberturas do solo

Superfície	Faixa de albedo
Neve recente	0,80–0,90
Neve antiga/em fusão	0,40–0,80
Areia do deserto	0,40
Pastagens	0,25
Árvores lenhosas	0,15–0,18
Árvores coníferas	0,08–0,15
Tundra	0,20
Oceano	0,07–0,10

Com a mudança das estações, o albedo da Terra varia. Quando a neve de uma certa área funde, o albedo diminui e mais luz solar é absorvida, criando um ciclo de realimentação positivo e aquecimento adicional. Esse efeito ajuda a explicar os maiores aumentos da temperatura média observados no Ártico, onde a quantidade de gelo e neve permanente está diminuindo. De modo semelhante, quando as geleiras recuam e expõem rochas mais escuras, o albedo diminui, causando mais aquecimento.

A atividade humana também pode alterar o albedo da Terra, mais evidentemente no desmatamento nos trópicos. O que plantamos reflete mais luz do que a folhagem verde-escura das florestas tropicais, aumentando o albedo, o que resulta em *resfriamento*. Além disso, a luz solar é mais abundante nos trópicos, logo, alterações no uso do solo em baixas latitudes produzem maiores efeitos do que mudanças nas regiões polares. A conversão da floresta tropical em terra arável e pastagens mais do que compensou a redução das geleiras e da cobertura de neve próximas dos polos. Portanto, as alterações no albedo da Terra causaram um efeito líquido de *resfriamento*.

O termo *aerossol* foi definido na Seção 1.11. O papel dos aerossóis na chuva ácida será discutido na Seção 6.6.

Estude Isto 3.24 Telhados brancos e verdes

a. Em 2009, o Secretário de Energia americano Steven Chu sugeriu que pintar os telhados de branco seria uma maneira de combater o aquecimento global. Explique o raciocínio que sustenta este tipo de ação.

b. A ideia dos "telhados verdes" também atrai atenção. A plantação de jardins nos telhados tem benefícios superiores aos dos telhados brancos, mas esses jardins também têm limitações. Explique.

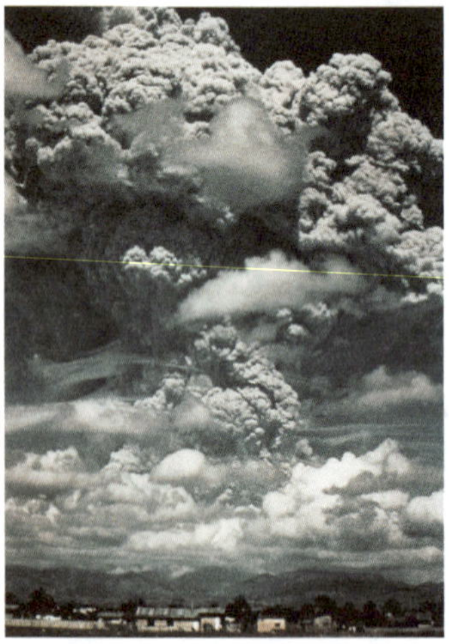

Erupção do Monte Pinatubo, 1991.

Aerossóis

Uma classe complexa de materiais, os aerossóis têm efeito igualmente complexo no clima. Existem muitas fontes naturais de aerossóis, incluindo tempestades de areia, borrifos dos oceanos, incêndios florestais e erupções vulcânicas. A atividade humana também pode liberar aerossóis no ambiente na forma de fumaça, de fuligem e de aerossóis de sulfatos formados na combustão de carvões.

O efeito dos aerossóis no clima é provavelmente a menos compreendida das perturbações listadas na Figura 3.25. Pequenas partículas de aerossol ($< 4\ \mu m$) são eficientes em espalhar a radiação solar incidente. Outros aerossóis absorvem radiação e ainda um terceiro grupo espalha e absorve. Esses processos diminuem a quantidade de radiação disponível para absorção pelos gases de efeito estufa e, portanto, resfriam (perturbação negativa). Um exemplo dramático foi a erupção do Monte Pinatubo nas Filipinas em 1991, que vomitou mais de 20 milhões de toneladas de SO_2 na atmosfera. Além de fornecer pores-do-sol espetaculares durante vários meses, o dióxido de enxofre fez cair ligeiramente a temperatura mundo afora. Os resultados permitiram aos modeladores do clima uma oportunidade de controlar o experimento. Os modelos mais confiáveis foram capazes de reproduzir o efeito de resfriamento provocado pela erupção.

Além desse efeito direto de resfriamento, as partículas de aerossol podem nuclear a condensação de pequenas gotas de água, promovendo assim a formação de nuvens. As nuvens refletem a

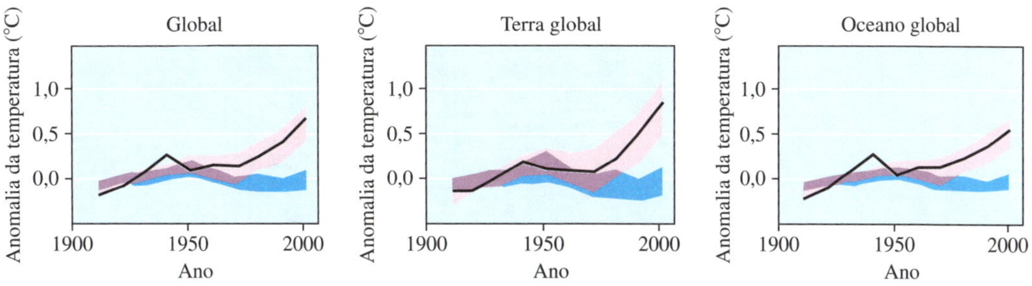

FIGURA 3.26 Predições de modelos de clima para as temperaturas médias globais da superfície no século XX. As linhas pretas correspondem às temperaturas médias dos anos 1901-1950. As bandas de cor azul indicam as faixas de temperatura preditas usando apenas perturbações naturais. As bandas de cor rosa indicam as faixas de temperatura preditas usando perturbações naturais e antropogênicas.

Fonte: Adaptado de *Climate Change 2007: The Physical Science Basis.* Contribution of Working Group I to the Fourth Assessment Report of the Intergovernmental Panel on Climate Change.

radiação solar incidente, ainda que os efeitos do aumento da cobertura de nuvens sejam mais complexos do que isso. Portanto, de maneira direta e indireta, os aerossóis se *contrapõem* aos efeitos de aquecimento dos gases de efeito estufa.

Dada a complexidade inerente às perturbações que acabamos de descrever, você pode perceber que juntar essas perturbações em um modelo do clima não é fácil. Além do mais, após a construção do modelo, os cientistas têm dificuldades em avaliar sua validade. Entretanto, os cientistas têm um truque na manga: eles podem testar os modelos com conjuntos de dados conhecidos para colocar em evidência as contribuições das diferentes perturbações. Por exemplo, conhecemos os dados de temperaturas do século XX. Na Figura 3.26, as linhas negras representam os dados conhecidos. Examinemos as bandas azuis. Elas representam faixas de temperatura preditas pelo modelo de clima que usa *somente* perturbações naturais. Como você pode ver, as perturbações naturais não reproduzem bem as temperaturas reais. Por fim, examinemos as bandas rosas para ver que, quando as perturbações antropogênicas são incluídas, o aumento da temperatura no século XX pode ser reproduzido com acurácia. Então, embora os últimos 30 anos de aquecimento tenham sido *influenciados* por fatores naturais, as temperaturas reais não podem ser explicadas sem a inclusão dos efeitos das atividades humanas.

Sua Vez 3.25 Avaliando modelos do clima

Entre 1950 e 2000, os modelos do clima que só usaram perturbações naturais (bandas azuis na Figura 3.26) mostraram um efeito geral de resfriamento e, portanto, não reproduziram as temperaturas observadas.

a. Nomeie as perturbações incluídas nos modelos que só usaram as naturais.
b. Liste duas outras perturbações incluídas nos modelos que reproduzem as temperaturas do século XX (bandas rosas na Figura 3.26) com mais acurácia.

Resposta
a. Aerossóis (como os de erupções vulcânicas), irradiância solar.

A magnitude de emissões futuras e, portanto, do futuro aquecimento, depende de muitos fatores. Como você poderia esperar, um é a população. Em 2012, a população era de cerca de 7 bilhões. Supondo que vai haver mais pés no planeta no futuro, nós, humanos provavelmente teremos uma **pegada de carbono** maior, uma estimativa da quantidade de CO_2 e outras emissões de gases de efeito estufa em um período geralmente um ano. Com mais gente para alimentar, vestir, abrigar e transportar, haverá maior consumo de energia. Isso, por sua vez, traduz-se em mais emissões de CO_2, pelo menos se continuarmos a usar os combustíveis atuais. Além disso, os cientistas que criam modelos do clima têm de incluir dois fatores: (1) a velocidade do crescimento econômico e (2) a velocidade de desenvolvimento de fontes de energia "verdes" (menos dependentes de carbono). De novo, como se poderia esperar, eles são difíceis de predizer.

O Capítulo 0 introduziu o conceito de pegada ecológica. Pegadas de carbono são um subconjunto do termo mais geral.

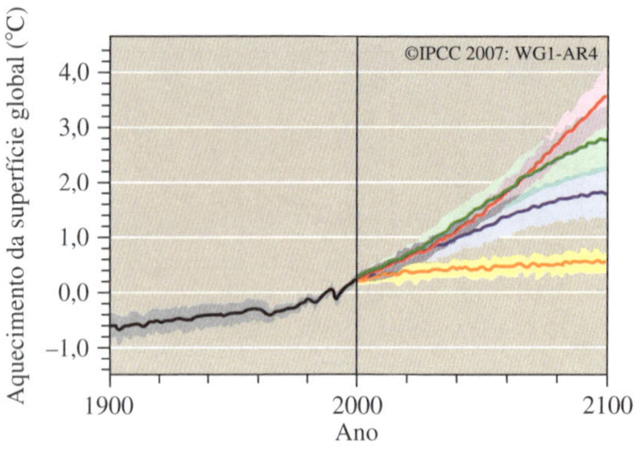

FIGURA 3.27 Quatro modelos de temperatura projetados para o século XXI com base em diferentes hipóteses socioeconômicas. A linha preta mostra os dados do século XX com as regiões cinzentas que indicam a incerteza dos valores. As quatro linhas pretas representam temperaturas projetadas para o século XXI, com as bandas coloridas mais largas representando a faixa de incerteza de cada cenário.

Fonte: Adaptado de Climate Change 2007: The Physical Science Basis. Contribution of Working Group I to the Fourth Assessment Report of the Intergovernmental Panel on Climate Change.

Então, o que os modelos de computador podem nos dizer sobre o futuro clima da Terra? Diante das incertezas que listamos, centenas de cenários diferentes de temperaturas projetadas para o século XXI são possíveis. A Figura 3.27 mostra quatro deles, juntamente aos dados das temperaturas reais do século XX.

Os quatro cenários para as temperaturas do século XXI baseiam-se em hipóteses diferentes. A linha laranja supõe que os níveis das emissões de 2000 serão mantidos, o que certamente não é realístico, dados os aumentos que ocorreram desde 2000. Mesmo nesse cenário muito otimista, algum aquecimento ocorrerá devido à persistência do CO_2 na atmosfera pelos próximos anos. As linhas azul e verde supõem que a população aumentará para 9 bilhões em 2050, mas depois diminuirá gradualmente. A linha azul, entretanto, inclui o desenvolvimento mais rápido de tecnologias de energia mais eficientes que levarão à menor emissão de CO_2. A linha vermelha supõe o crescimento contínuo da população combinado com uma transição mais lenta e menos globalizada para novas tecnologias mais limpas.

Todas essas linhas apontam para a mesma direção – para cima. Com algum aquecimento futuro praticamente garantido, voltamos nossa discussão para as consequências das mudanças do clima.

3.10 As consequências das mudanças do clima

Considerando as predições mais extremas de aquecimento descritas na última seção, você pode estar pensando "E daí?" Afinal, as mudanças de temperatura preditas na Figura 3.27 são de apenas uns poucos graus. Em qualquer ponto do planeta, a temperatura diária varia várias vezes esse valor.

Uma importante distinção tem de ser feita entre os termos *clima* e *tempo*. O **tempo** inclui as altas e baixas temperaturas, as garoas e as chuvaradas, as nevascas e as ondas de calor, as brisas de outono e os ventos quentes do verão, todos de curta duração. Em contraste, **clima** descreve temperaturas regionais, umidade, ventos, chuva e neve por décadas, não dias. Enquanto o tempo varia em uma base diária, nosso clima ficou relativamente uniforme nos últimos 10.000 anos. Os valores dados para a "temperatura global média" são apenas uma medida de fenômenos climáticos. O ponto relevante é que mudanças relativamente pequenas na temperatura global média podem ter imensos efeitos sobre muitos aspectos de nosso clima.

Além de modelar vários cenários futuros das temperaturas (veja a Figura 3.27), o relatório do IPCC de 2007 estimou a probabilidade de várias consequências. O relatório empregou termos descritivos ("estimativas críticas de confiança") para ajudar os legisladores e o público em geral a entenderem melhor a incerteza inerente dos dados. Atualizações dos relatórios do IPCC usarão esses termos, juntamente às probabilidades a eles atribuídas, encontradas na Tabela 3.6.

As conclusões do relatório de 2007 do IPCC estão na Tabela 3.7. Por exemplo, estimou-se como *muito improvável* que o aquecimento global observado fosse devido à variação natural do clima. Na verdade, a evidência científica embora fortemente a opinião de que fatores ligados à ati-

TABELA 3.6 Estimativas críticas de confiança

Termo	Probabilidade de o resultado ser verdadeiro
virtualmente certo	>99
muito provável	90–99
provável	66–90
pouco provável	33–66
improvável	10–33
muito improvável	1–10

Fonte: Adaptado de Climate Change 2007: The Physical Science Basis. Contribution of Working Group I to the Fourth Assessment Report of the Intergovernmental Panel on Climate Change.

vidade humana estão significativamente envolvidos no aumento da temperatura média global observada no último século. Mais ainda, a evidência científica para o aquecimento global levou a que se julgasse *virtualmente certo* que as atividades humanas fossem as principais responsáveis pelo recente aquecimento. Veja na Tabela 3.7 outras conclusões relevantes para qualquer discussão sobre mudanças do clima do globo.

Muitas organizações científicas, incluindo a American Association for the Advancement of Science e a American Chemical Society, também reconheceram as ameaças das mudanças do clima. Em uma carta aberta aos senadores dos Estados Unidos, essas organizações citaram o aumento do nível do mar, eventos climáticos mais extremos, aumento da escassez de água e perturbação dos ecossistemas locais como prováveis consequências de um planeta mais quente. Para concluir esta seção, descrevemos esses e outros resultados que podemos esperar, incluindo o desaparecimento do gelo dos oceanos, tempo mais severo, mudanças na química dos oceanos, perda de biodiversidade e danos à saúde humana.

Cada consequência em potencial pode ser avaliada no contexto da tragédia dos comuns, que encontramos nos Capítulos 1 e 2.

Desaparecimento do gelo dos oceanos

Como se vê na Figura 3.8, as temperaturas do Ártico estão subindo mais depressa do que em outros lugares da Terra. Um resultado é que o gelo do oceano está se reduzindo (Figura 3.28). Uma baixa recorde foi estabelecida em setembro de 2012. O gelo dos oceanos no verão diminuiu 40% desde que os satélites começaram a acompanhar a cobertura de gelo, no fim dos anos 1970. Uma nova

TABELA 3.7 Conclusões do IPCC, 2007

Virtualmente certo
- Os responsáveis principais pelo aquecimento recente são as atividades humanas.

Muito provável
- As emissões causadas pelos humanos são o fator principal do aquecimento desde 1950.
- Temperaturas máximas mais elevadas são observadas em praticamente todas as áreas de terra.
- A cobertura de neve diminuiu cerca de 10% desde os anos 1960 (dados de satélite). A cobertura de gelo de lagos e rios nas latitudes médias e altas do Hemisfério Norte foi reduzida em 2 semanas por ano no século XX (observações independentes feitas nos locais).
- A precipitação aumentou na maior parte do Hemisfério Norte.

Provável
- As temperaturas no Hemisfério Norte durante o século XX foram maiores do que em qualquer outro século nos últimos 1.000 anos.
- A espessura do gelo do Oceano Ártico diminuiu 40% do fim do verão ao começo do outono nas décadas recentes.
- Um aumento da chuva, semelhante ao do Hemisfério Norte, foi observado em áreas tropicais entre 108° Norte e 108° Sul.
- As estiagens de verão aumentaram.

Muito improvável
- O aquecimento observado nos últimos 100 anos deve-se apenas à variabilidade do clima, fornecendo novas e até mais fortes evidências de que mudanças devem ser feitas para deter a influência das atividades humanas.

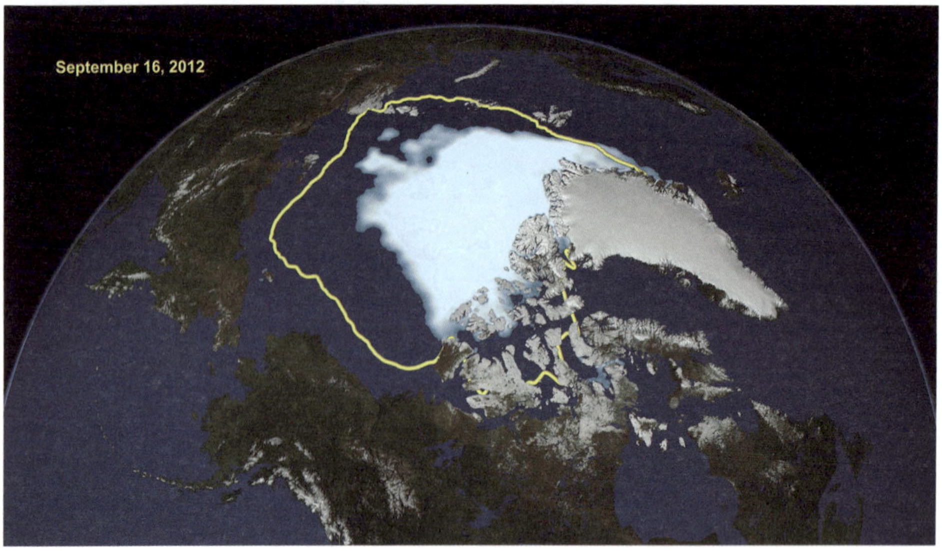

FIGURA 3.28 A extensão do gelo do Ártico em setembro de 2012 em comparação com o mínimo médio de gelo em 30 anos (linha amarela).

Fonte: Earth Observatory, NASA.

Albedo e realimentação positiva foram discutidos na Seção 3.9.

análise que usa modelos de computador e dados das reais condições da região do Ártico prediz que a maior parte do gelo desaparecerá em 30 anos. Não somente uma parte significativa da vida selvagem estaria em perigo, mas a diminuição do albedo que ocorreria levaria a um aquecimento ainda maior.

Aumento do nível do mar

Temperaturas mais quentes resultarão no aumento do nível do mar. Esse aumento ocorre principalmente porque, quando a água se aquece, ela se expande. Um efeito menor é produzido pela entrada de água fresca no oceano vinda do derretimento das geleiras. De acordo com um estudo de 2008, publicado no jornal *Nature*, o aumento foi de 1,5 milímetro por ano (cerca de 7,5 cm durante os últimos 50 anos) entre 1961 e 2003. Entretanto, os aumentos não são uniformes no globo. Além disso, eles são influenciados por padrões de clima regionais. Mesmo assim, esses pequenos aumentos do nível do mar podem causar erosão em áreas costeiras e tempestades mais violentas, associadas a furacões e ciclones.

Estude Isto 3.26 Custos externos

As consequências descritas anteriormente e a seguir são exemplos do que chamamos de custos externos. Esses custos não se refletem no preço de um bem, como o preço do litro da gasolina ou de uma tonelada de carvão, mas ainda assim representam um custo ao ambiente. Os custos externos de queimar combustíveis fósseis são partilhados por aqueles que emitem muito pouco dióxido de carbono, como o povo da ilha das Maldivas. Embora o aumento de alguns milímetros do nível do mar possa não parecer muito, os efeitos poderiam ser catastróficos para nações que estão quase ao nível do mar. Use a Internet para investigar como o povo da República das Maldivas está se preparando para o aumento no nível do oceano. Comente sobre isso ser também um exemplo da tragédia dos comuns.

Tempo mais extremo

Um aumento na temperatura média global poderia causar um tempo mais extremo, incluindo tempestades, alagamentos e seca. No Hemisfério Norte, há predições de que os verões serão mais secos e os invernos, mais úmidos. Nas últimas décadas, incêndios e inundações mais frequentes ocorreram em todos os continentes. A severidade (embora não a frequência) dos ciclones e furacões também pode estar aumentando. Essas tempestades tropicais extraem sua energia dos oceanos. Um oceano mais quente fornece mais energia para alimentar as tempestades.

Mudanças na química dos oceanos

"Nos últimos 200 anos, os oceanos absorveram aproximadamente 550 bilhões de toneladas de CO_2 da atmosfera, ou cerca de um terço da quantidade total das emissões antropogênicas daquele período", declara Richard A. Feely, cientista sênior que trabalha no National Pacific Marine Environmental Laboratory em Seattle. Os cientistas estimam que um milhão de toneladas de CO_2 é absorvida pelos oceanos a cada hora de cada dia! Em seu papel de drenar o carbono, os oceanos do planeta mitigaram parte do aquecimento que o dióxido de carbono provocaria se tivesse ficado na atmosfera. Entretanto, isso tem um custo. Mudanças críticas já estão ocorrendo nos oceanos, como veremos no Capítulo 6. Por exemplo, o dióxido de carbono é ligeiramente solúvel em água e dissolve-se para formar ácido carbônico. Por sua vez, isso afeta os organismos marinhos que dependem de um nível constante de acidez no oceano para manter a integridade de suas conchas e esqueletos. O aumento das concentrações de dióxido de carbono na atmosfera (e da correspondente concentração de ácido carbônico nos oceanos) está colocando em risco ecossistemas marinhos inteiros.

Descoramento de corais provocado por El Niño, uma consequência do aquecimento global. Maldivas, Oceano Índico, Ásia.

Estude Isto 3.27 O plâncton e você

O plâncton são plantas e animais microscópicos encontrados em sistemas de águas doces e salgadas. Muitas espécies de plâncton têm conchas feitas de carbonato de cálcio que poderiam ser enfraquecidas em meios mais ácidos. Embora os humanos não comam plâncton, muitos outros organismos marinhos o fazem. Construa uma cadeia alimentar que mostre a ligação entre plâncton e humanos.

Procure mais sobre o dióxido de carbono e a acidificação dos oceanos no Capítulo 6.

Perda da biodiversidade

As mudanças do clima já estão afetando plantas, insetos e animais em todo o mundo. Espécies tão diferentes como a estrela-do-mar da Califórnia, as ervas dos Alpes e as borboletas "checkerspot" (*Euphydryas editha)* mudaram seus hábitos ou seu hábitat. O Dr. Richard P. Alley, da Pennsylvania State University, especialista em alterações de climas no passado, vê um significado particular no fato de que animais e plantas que dependem uns dos outros não necessariamente mudam hábitos e hábitats com a mesma velocidade. Com referência a espécies afetadas, ele disse: "Você terá de mudar o que come ou ter menos coisas para comer ou viajar mais para comer, e tudo isso tem um custo. Em casos extremos, esses custos podem provocar a extinção de espécies. Hoje, a taxa de extinção no mundo é cerca de 1000 vezes maior do que em qualquer momento nos últimos 65 milhões de anos! Um relatório de 2004 publicado em *Nature* projetou que cerca de 20% das plantas e animais existentes estarão extintos em 2050, mesmo nas predições mais otimistas do clima.

Existem muitas espécies diferentes de borboletas "checkerspot". Esta é encontrada em partes do Wisconsin, EUA.

Vulnerabilidade dos recursos de água doce

Como o gelo dos polos e dos oceanos, as geleiras, em muitas partes do mundo, estão encolhendo devido ao aumento das temperaturas médias (Figura 3.29). Bilhões de pessoas dependem do derretimento das geleiras para obter água doce para beber ou para irrigação das plantações. O relatório de 2007 do IPCC prediz que um aumento de 1°C na temperatura do globo corresponde a mais de meio bilhão de pessoas vivendo faltas de água que nunca experimentaram antes. A redistribuição da água doce também tem implicações na produção de alimentos. Secas e altas temperaturas poderiam reduzir o rendimento das colheitas do Meio-Oeste americano, mas o território atingido vem crescendo e pode se estender até o Canadá. Também é possível que algumas regiões desérticas recebam chuva suficiente para serem aráveis. A perda em uma região pode corresponder ao ganho em outra, mas é muito cedo para termos certeza.

Para mais detalhes sobre a química da disponibilidade e uso da água, veja a Seção 5.3.

FIGURA 3.29 Uma vista da Geleira Exit, no Kenji Fjords National Park, Alasca, em 2008. A placa no primeiro plano marca o alcance do gelo em 1978.

Saúde humana

Todos podemos perder em um mundo mais quente. Em 2000, a Organização Mundial da Saúde atribuiu 150.000 mortes prematuras no mundo aos efeitos das alterações do clima. Esses efeitos incluem ondas de calor mais frequentes e mais severas, secas prolongadas em regiões já com pouca água e doenças infecciosas em regiões onde elas nunca tinham ocorrido antes. Outros aumentos de temperaturas médias devem expandir o hábitat dos mosquitos, moscas tsé-tsé e outros insetos que transmitem doenças. O resultado poderia ser um aumento significativo de doenças como malária, febre amarela e dengue, além da doença do sono em novas áreas, incluindo Ásia, Europa e Estados Unidos.

3.11 O que podemos (ou deveríamos) fazer sobre a mudança do clima?

O debate sobre as mudanças no clima se alterou nos últimos 20 anos. Hoje, os dados científicos deixam pouco espaço para dúvidas sobre o que está acontecendo. Por exemplo, medições da maior superfície e temperaturas dos oceanos, geleiras que recuam, gelo dos oceanos que desaparece e aumento do nível do mar são inequívocas. Além disso, a razão isotópica do carbono do CO_2 atmosférico (discutida na Seção 3.6) deixa pouca dúvida de que a atividade humana é responsável por grande parte do aquecimento observado. Entretanto, a questão é o que *podemos* e o que *deveríamos* fazer sobre as mudanças que estão acontecendo.

Estude Isto 3.28 Cálculos das pegadas de carbono

Busque três sites na Internet que calculem sua pegada de carbono.

a. Para cada um deles, liste o nome, o patrocinador e as informações pedidas para poder calcular a pegada de carbono.
b. As informações pedidas são diferentes entre os sites? Se são, liste as diferenças.
c. Liste duas vantagens e duas desvantagens de calcular a pegada de carbono.

Energia é essencial para qualquer empreendimento humano. Você, como indivíduo, obtém a energia de que precisa se alimentando e metabolizando a comida. Como comunidade ou nação, satisfazemos nossas necessidades de energia de várias maneiras, inclusive queimando carvão, petróleo e gás natural. A queima desses combustíveis à base de carbono produz vários resíduos, incluindo dióxido de carbono. Os países com grandes populações e os que são altamente industrializados tendem a queimar uma quantidade maior de combustíveis e, como resultado, emitem mais CO_2. De acordo com o Carbon Dioxide Information Analysis Center (CDIAC) do Oak Ridge National Laboratory, EUA, em 2008 os maiores emissores de CO_2 foram a China, os Estados Unidos, a Federação Russa, a Índia e o Japão. Que outras nações estão no topo da lista? A próxima atividade mostra como descobrir isso.

Para saber mais sobre o metabolismo dos alimentos como fonte de energia, veja a Seção 11.9.

Estude Isto 3.29 Emissões de carbono por nação

O CDIAC publica uma lista das 20 nações que mais emitem CO_2.

a. Com o que você já sabe, preveja cinco nações quaisquer (além das já listadas no parágrafo anterior) que estão nessa lista. Verifique a acurácia de sua predição usando a Internet.
b. Como essa lista mudaria se fosse organizada *per capita*?

Em um discurso em 2008, John Holdren resumiu nossas opções quanto às mudanças do clima em três palavras: atenuação, adaptação e sofrimento. "Fundamentalmente, se atenuarmos e adaptarmos menos, teremos muito mais sofrimento", concluiu. Quem será responsável pela atenuação? Quem será forçado a se adaptar? Quem carregará o peso do sofrimento? É provável que discordâncias significativas ocorram nas respostas a essas questões. Contudo, podemos concordar que qualquer solução prática deve ser de natureza global e incluir uma mistura complexa de percepção de risco, valores sociais, política e economia.

Apresentaremos mais ideias de John Holdren na conclusão.

A **atenuação do clima** é qualquer ação para eliminar permanentemente ou reduzir o risco de longo termo e os perigos da mudança do clima na vida humana, nas propriedades ou no ambiente. Em primeiro lugar, a estratégia mais óbvia para reduzir a mudança climática antropogênica é reduzir a quantidade de CO_2 liberado na atmosfera. Examine outra vez a Figura 3.21. É difícil imaginar uma grande redução de qualquer uma dessas "necessidades". Portanto, a redução de nosso consumo de energia não será fácil, pelo menos no curto prazo. O modo mais simples e menos custoso é melhorar a eficiência da energia. Devido à ineficiência associada com a produção de energia, poupar energia do lado do consumidor multiplica seu efeito do lado da produção de três a cinco vezes. Entretanto, depender de os consumidores, individualmente, comprarem os bens corretos e fazerem o que é certo não manterá as emissões de CO_2 abaixo dos níveis perigosos.

O Capítulo 4 aborda os combustíveis fósseis; o Capítulo 7, a energia nuclear; e o Capítulo 8, algumas fontes alternativas como o vento e o sol.

Uma tecnologia em desenvolvimento voltada para a redução da velocidade das emissões de dióxido de carbono é capturar e isolar o gás após a combustão. A **captura e armazenagem do carbono** (**CCS**) envolve a separação do CO_2 de outros produtos da combustão e a guarda (fixação) em várias localidades geológicas. Se o CO_2 for corretamente imobilizado, não poderá alcançar a atmosfera e contribuir para o aquecimento global. Além dos enormes desafios tecnológicos criados pelo CCS, altos custos iniciais, usualmente acima de US$ 1 bilhão por usina, estão limitando, pelo menos por enquanto, tal abordagem como estratégia de atenuação.

Embora pelo menos duas dúzias de projetos estejam em desenvolvimento no mundo, em 2009 somente quatro projetos de CCS em escala industrial estavam em operação. Três deles removem o CO_2 de reservatórios de gás natural e o armazenam em várias formações geológicas subterrâneas (Figura 3.30). O quarto projeto é o maior. Localizado em Saskatchewan, Canadá, ele retira o CO_2 produzido em uma termoelétrica a carvão em Dakota do Norte e o injeta em um campo de petróleo esgotado. Ao fazer isso, uma certa quantidade de óleo pode ser recuperada dos poços existentes. Os benefícios do aumento da recuperação do óleo combinados com a fixação do CO_2 poderiam tornar-se um modelo para outros tipos de projetos. Combinados, esses esforços via CCS armazenam anualmente cerca de 5 milhões de toneladas métricas de dióxido de carbono.

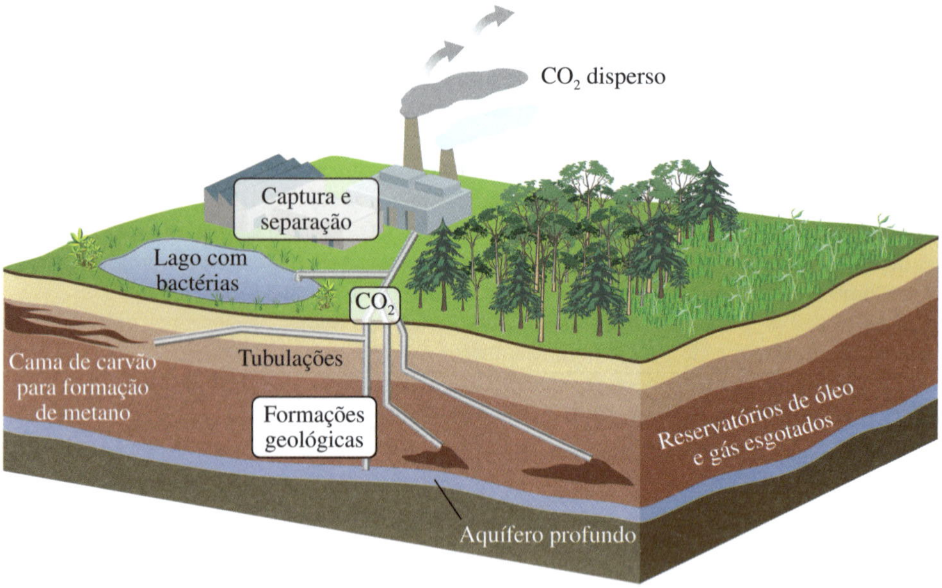

FIGURA 3.30 Métodos de fixação de dióxido de carbono.

Sua Vez 3.30 Limitações da captura de carbono

Reveja o ciclo global do carbono na Figura 3.20. Que percentagem das emissões de dióxido de carbono com origem na queima de combustíveis fósseis é fixada, no momento, pela tecnologia CCS?

Críticos da tecnologia CCS questionam sua eficácia na redução do crescimento do CO_2 atmosférico, citando os altos custos bem como o longo tempo necessário para a implementação comercial. Outros alegam que investir em CCS somente causa atrasos e tira a atenção necessária do desenvolvimento de fontes de energia livres de carbono. Por fim, há a enorme magnitude do problema. De acordo com a Agência Internacional de Energia, para que CCS fizesse uma contribuição significativa para os esforços de atenuação, seriam necessários, em 2050, cerca de 6.000 instalações, *cada uma* injetando no chão um milhão de toneladas métricas de CO_2 por ano.

Uma estratégia de atenuação de baixa tecnologia é reverter o desmatamento extensivo que ocorre predominantemente nas florestas tropicais. Iniciada em 2006 pelo Programa de Desenvolvimento das Nações Unidas e o World Agroforestry Center, a "Campanha do Bilhão de Árvores" pretende reduzir a velocidade das mudanças climáticas plantando árvores em florestas esgotadas. Durante os primeiros 18 meses do programa, mais de 2 bilhões de árvores foram plantadas, principalmente na África. Até 2012, mais de 12 bilhões de árvores já foram plantadas. Se esse número de árvores parece muito, lembre-se da escala de desmatamento. Em 2005, uma área florestal igual a cerca de 35.000 campos de futebol foi desmatada *a cada dia*!

Sua Vez 3.31 Árvores como reservatórios de carbono

Uma árvore de tamanho médio absorve de 25 a 50 libras de dióxido de carbono por dia. Nos Estados Unidos, a média anual *per capita* de emissões de CO_2 é 19 de toneladas.

a. Quantas árvores seriam necessárias para absorver as emissões anuais de CO_2 de um cidadão comum dos EUA?

b. Que percentagem das emissões globais anuais da queima de combustíveis fósseis poderia ser absorvida por 12 bilhões de árvores?
Sugestão: Reveja a Figura 3.20.

Apesar das possíveis reduções das emissões no futuro, alguns efeitos das mudanças do clima são inevitáveis. Como já mencionamos, muitas das moléculas de CO_2 emitidas hoje ficarão na atmosfera por séculos. A **adaptação ao clima** refere-se à capacidade de um sistema de ajustar-se à mudança climática (inclusive à variabilidade do clima e aos extremos) para reduzir os potenciais danos, usar com vantagem as oportunidades ou aguentar as consequências. Algumas metodologias de adaptação incluem o desenvolvimento de novas variedades de culturas e o reforço ou construção de novos sistemas de defesa das linhas de costas de países e ilhas pouco altas. A disseminação de doenças infecciosas poderia ser reduzida com melhores sistemas de saúde pública. Muitas dessas estratégias são situações benéficas para as sociedades mesmo na ausência dos desafios das mudanças climáticas.

Em comparação com o consenso científico em relação à compreensão do papel dos gases de efeito estufa no clima da Terra, há muito menos concordância entre os governos com respeito às ações que deveriam ser tomadas para limitar as emissões de gases de efeito estufa. Um resultado da Reunião de Cúpula da Terra, realizada no Rio de Janeiro em 1992, foi a Convenção Básica da Mudança do Clima. O alvo desse tratado internacional era "alcançar uma estabilização dos gases de efeito estufa na atmosfera em concentrações suficientemente baixas para que fosse possível impedir as interferências antropogênicas perigosas no sistema climático". Não apenas o tratado não era vinculativo, mas também não havia concordância sobre o significado de interferência antropogênica perigosa ou o nível de emissões de gases de efeito estufa necessário para evitá-la.

Em 1997, o primeiro tratado que impôs limites legais nas emissões de gases de efeito estufa foi escrito por cerca de 10.000 participantes de 161 países reunidos em Kyoto, Japão. O resultado passou a ser conhecido como Protocolo de Kyoto. Alvos vinculativos de emissão, baseados nos níveis de 1990, foram estabelecidos para que 38 nações desenvolvidas reduzissem suas emissões de seis gases de efeito estufa. Os gases regulados incluem dióxido de carbono, metano, óxido nitroso, hidro-fluorocarbonetos (HFCs), perfluorocarbonetos (PFCs) e hexafluoreto de enxofre. Os Estados Unidos deveriam reduzir, até 2012, as emissões para 7% abaixo de seus níveis de 1990; a União Europeia (EU), para 8%; e Canadá e Japão, para 6%.

Estude Isto 3.32 A experiência britânica

O Partido Trabalhista britânico, em 1997, sob a liderança de Tony Blair, comprometeu-se a cortar as emissões britânicas de gases de efeito estufa em 20% até 2010. Isso é significativamente mais do que os 12,5% exigidos pelo tratado de Kioto. Será que eles conseguiram? Estude essa questão e escreva um pequeno relatório sobre a experiência britânica na redução de gases de efeito estufa. Será que outros países foram capazes de reduzir suas emissões significativamente desde 1997?

Embora o tratado tenha entrado em vigor em 2005 (quando ratificado pela Federação Russa), os Estados Unidos nunca optaram pela participação. Uma razão foi a crença de que atingir o alvo requerido de redução estipulado pelo protocolo causaria sérios danos à economia dos EUA. Outra razão para não ratificar o protocolo foi a preocupação sobre as limitações de emissões pelas nações em desenvolvimento, principalmente a China e a Índia. Esses países devem mostrar os aumentos mais dramáticos nas emissões de dióxido de carbono nos próximos anos. O governo do presidente George W. Bush arguiu que os pesos desiguais entre os países desenvolvidos e em desenvolvimento seriam economicamente desastrosos para os Estados Unidos.

Pelas mesmas alegações econômicas, os Estados Unidos também resistiram a legislações domésticas para restringir as emissões de CO_2. Programas voluntários de redução implementados no começo dos anos 2000 foram insuficientes para reduzir as emissões por vários motivos. Um "problema" é que os combustíveis fósseis são muito baratos. Um segundo problema é que quaisquer medidas de atenuação têm um alto custo inicial e, igualmente importante, o custo da atenuação não é conhecido com certeza, tornando difícil para as corporações um planejamento efetivo. A infraestrutura da energia atual do mundo custou US$ 15 trilhões, e a redução das emissões de dióxido de carbono significará substituir boa parte dessa infraestrutura. Um último problema é que os benefícios da redução das emissões não serão sentidos por décadas devido ao longo tempo de residência das moléculas de CO_2 na atmosfera.

Hoje, 20 anos após a Cúpula da Terra, o consenso científico está começando a focalizar a determinação de quais níveis de CO_2 são considerados "perigosos". Na Conferência das Nações Unidas sobre o Clima de 2007, os cientistas participantes concluíram que a emissão dos gases de efeito estufa deve crescer até 2020 e depois ser reduzida até um nível bem inferior à metade das emissões atuais. Isso significa que as emissões globais anuais devem ser reduzidas em cerca de 9 bilhões de toneladas. Para dar-lhe uma ideia da magnitude desse objetivo, a redução das emissões por 1 milhão de toneladas exige uma das seguintes mudanças.

- Cortar o uso de energia nos edifícios do mundo todo em 20-25% abaixo do atual.
- Fazer com que *todos* os automóveis cheguem a 60 milhas por galão (mpg) em vez dos 30 mpg atuais.
- Capturar e fixar o dióxido de carbono de 800 termoelétricas a carvão.
- Substituir 700 grandes termoelétricas a carvão por energia nuclear, eólica ou solar.

É claro que a implementação de qualquer uma dessas mudanças (e o alvo projetado é 9 bilhões de toneladas) não será alcançada de forma puramente voluntária. Nos Estados Unidos e em outros países, existe uma crescente percepção de que leis e regulamentos são necessários para a redução das emissões de gases de efeito estufa. Um exemplo é um sistema de "limite e compensação" ("cap-and-trade") como o que teve sucesso na redução das emissões de óxidos de enxofre e de nitrogênio nos Estados Unidos. A parte "negociação" do sistema funciona por meio de um sistema de compensações. As companhias recebem compensações que autorizam a emissão de uma certa quantidade de CO_2 durante o ano corrente ou em anos posteriores. No fim de um ano, cada companhia deve ter compensações suficientes para cobrir suas emissões reais. Se ela teve excesso de compensações, pode trocá-las ou vendê-las a outra companhia que passou do limite das emissões. Se uma companhia tem compensações insuficientes, ela deve comprá-las. O "limite" é garantido pela criação de um número limitado de compensações a cada ano.

A Seção 6.11 descreve em detalhes os prejuízos causados pelos óxidos de nitrogênio e de enxofre.

Eis um exemplo de como tal limite funciona. Sem restrições de emissões, a planta A emite 600 toneladas de CO_2 e a planta B, 400 toneladas. Para permanecer dentro do limite imposto, elas têm de reduzir suas emissões combinadas em 300 toneladas (30%). Um modo de conseguir é reduzir suas próprias emissões por 30%, cada uma delas suportando o custo associado. Seria possível, porém, que uma das plantas (a planta B na Figura 3.31) fosse mais eficiente na redução e conseguisse reduzir suas emissões por mais de 30%. Nesse caso, a planta A poderia comprar parte das compensações não usadas pela planta B, a um custo inferior ao que teria para atingir o limite de 30%. A redução das emissão *totais* é atingida de maneira financeiramente mais vantajosa para ambas as plantas.

O sistema limite e compensação tem algumas possíveis desvantagens, incluindo um mercado potencialmente volátil para as compensações. Os fornecedores de energia poderiam experimen-

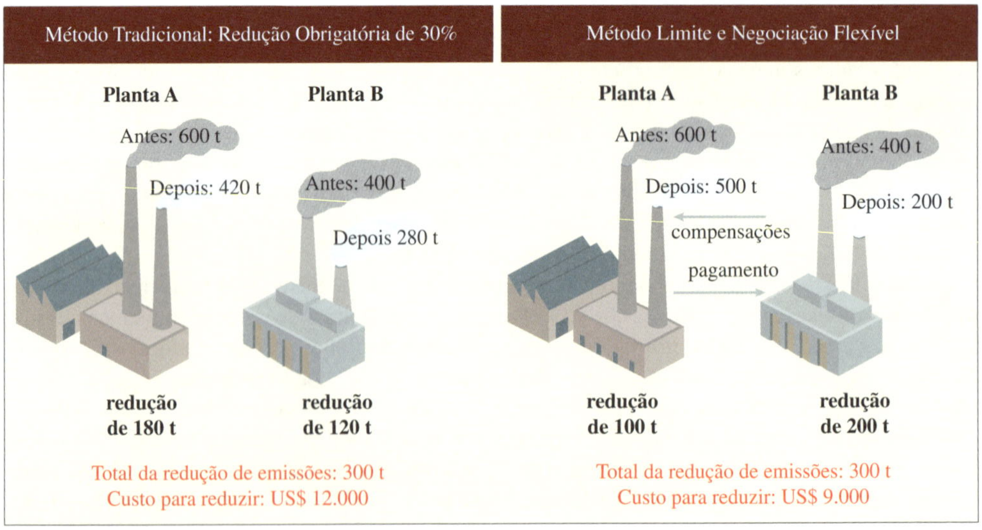

FIGURA 3.31 O conceito limite e compensação para as emissões.
Fonte: EPA, Clearing the Air, The Facts About Capping and Trading Emissions, 2002, página 3.

tar grandes, frequentemente imprevisíveis, oscilações de seus custos de energia. Essas oscilações resultariam em grandes flutuações dos custos para os consumidores. Como uma alternativa ao sistema limite e compensação, alguns defendem uma taxa sobre o carbono. Em vez de limitar as emissões e deixar o mercado decidir como "melhor" se adequar, uma taxa sobre o carbono simplesmente aumenta o custo de queimar combustíveis fósseis. Impor um custo adicional baseado na quantidade de carbono existente em uma determinada qualidade de combustível tem a intenção de fazer com que fontes de energia alternativas fiquem mais competitivas em prazo mais curto. É claro que impor uma taxa nos combustíveis a carbono ou nas emissões significa preços mais altos também para os consumidores.

Estude Isto 3.33 Seguro para as mudanças do clima?

A atenuação das mudanças do clima pode ser vista como um cenário risco-benefício. Desse modo, a incerteza sobre os efeitos futuros podem desencorajar governos a tomarem ações financeiramente custosas. Outra maneira de ver as mudanças do clima é como um problema de risco-gestão, análogo das razões que nos fazem adquirir seguros. Ter seguro para o carro não reduz a chance de estar envolvido em um acidente, mas pode limitar os custos se isso ocorrer. Como a analogia do seguro poderia se enquadrar nas ações e políticas relacionadas às mudanças climáticas?

Embora o governo federal americano tenha sido lento na produção de legislação vinculante sobre as mudanças do clima, alguns estados tomaram o assunto por si próprio. Os dez estados mais ao norte que formam a Regional Greenhouse Gas Initiative (RGGI) assinaram o primeiro programa limite e compensação americano para o dióxido de carbono. O programa começou tornando os níveis de emissões de 2009 como o limite e, então, reduzindo as emissões em 10% até 2019. O Midwestern Regional Greenhouse Gas Reduction Accord desenvolveu um sistema limite e compensação multissetorial para ajudar a atingir um alvo de longo termo de 60 a 80% abaixo dos níveis atuais de emissão. Os estados da Western Climate Initiative, além da Columbia Britânica e de Manitoba (as primeiras jurisdições fora dos Estados Unidos), concordaram em criar relatórios mandatórios de emissões, além de fazer esforços regionais para acelerar o desenvolvimento de tecnologias de energia renovável.

Mais localmente, o U.S. Mayors Climate Protection Agreement incluiu 227 cidades que se obrigaram a cortar emissões de modo a atingir os alvos do Protocolo de Kyoto. Essas cidades incluem algumas das maiores no Nordeste, na região dos Grandes Lagos e na Costa Oeste, e seus prefeitos representam cerca de 44 milhões de pessoas.

Químico Cético 3.34 Uma gota no oceano?

Os críticos sugerem que ações tomadas por estados ou países individualmente, mesmo se tiverem sucesso, não podem ter efeito significativo sobre as emissões globais de gases de efeito estufa. Proponentes das ações imediatas, como o cientista climático da Nasa James Hansen, têm opinião diferente. "A China e a Índia têm muito a perder com as mudanças desencontradas do clima porque têm enormes populações que vivem perto do nível do mar. Por outro lado, eles têm muito a ganhar com a redução local da poluição do ar. Eles têm de participar da solução do aquecimento global e acredito que eles o farão se nações desenvolvidas como os Estados Unidos derem os primeiros passos". Após estudar este capítulo, de que lado você se coloca? Explique.

Estude Isto 3.35 Dióxido de carbono revisitado

Após ler este capítulo, que fatos você conhece sobre o dióxido de carbono? Liste-os. Liste também as fontes de dióxido de carbono na atmosfera. Compare essas listas com as do Estude Isto 3.1. Elas mudaram? Explique.

Conclusão

Começamos nossa jornada pelas mudanças do clima global declarando que os chimpanzés tentam se adaptar às mudanças climáticas sem se perguntar se elas estão ocorrendo. Como os humanos estão percebendo e se adaptando às mudanças do clima? Vejamos a seguinte afirmação.

John Holdren, diretor do White House Office of Science and Technology Policy, já disse várias vezes que "O aquecimento global é um termo impróprio, porque implica algo gradual, uniforme e muito possivelmente benigno. O que estamos experimentando com as mudanças do clima não é nada disso".

A primeira afirmação é que o aquecimento global não é gradual. Com isso, ele quis dizer que, em comparação com o passado, as mudanças climáticas que estamos vendo hoje ocorrem muito mais rapidamente. Mudanças naturais do clima fazem parte da história do planeta. As geleiras, por exemplo, avançaram e retrocederam numerosas vezes, e as temperaturas globais já foram muito mais quentes e muito mais frias do que as que observamos hoje. Logo, Holdren está correto. O aquecimento global não é gradual, pelo menos não em comparação com os períodos geológicos do passado.

Em segundo lugar, ele afirma que o aquecimento global não ocorre uniformemente pelo globo. Holdren está certo novamente. Até agora, os efeitos mais dramáticos são observados nos polos. Eles incluem geleiras que recuam rapidamente, redução do gelo marinho e fusão dos solos gelados. Até agora, as latitudes mais baixas, mais densamente populadas, sofreram efeitos do clima bem mais suaves.

Sua terceira afirmação, de que o aquecimento global poderia não ser benigno, é a mais difícil de avaliar. A questão é complicada, em parte porque não podemos predizer com certeza que aspectos do aquecimento do planeta vão afetar a Terra e em que grau. E é mais complicada ainda porque não podemos entender facilmente por que alguns poucos graus de aquecimento poderiam ser catastróficos.

Como evidenciado pelas observações de Holdren, as mudanças do clima global são um fenômeno extremamente complicado. Gostemos ou não, estamos conduzindo um experimento planetário que testará nossa capacidade de sustentar nosso desenvolvimento econômico e nosso ambiente.

Resumo do capítulo

Tendo completado este capítulo, você deveria ser capaz de:

- Compreender os diferentes processos que participam do balanço de energia da Terra (3.1)
- Comparar e contrastar o efeito de estufa natural da Terra e o efeito de estufa aumentado (3.1)
- Compreender o papel importante de alguns gases atmosféricos para o efeito de estufa (3.1-3.2)
- Explicar os métodos usados para obter evidências das concentrações de gases de efeito estufa e temperaturas globais do passado (3.2)
- Usar estruturas de Lewis para determinar a geometria e os ângulos de ligações de moléculas (3.3)
- Relacionar a geometria da molécula à absorção de radiação infravermelha (3.4)
- Listar os principais gases de efeito estufa e explicar porque eles têm a geometria apropriada para serem gases de efeito estufa (3.4)
- Explicar os papéis que os processos naturais têm no ciclo do carbono e nas mudanças do clima (3.5)
- Julgar como as atividades humanas contribuem para o ciclo do carbono e para as mudanças do clima (3.5)
- Compreender como a massa molar é definida e usada (3.6)
- Calcular a massa média de um átomo usando o número de Avogadro (3.6)
- Demonstrar a utilidade do mol químico (3.7)
- Avaliar as fontes, as quantidades das emissões relativas e a efetividade dos gases de efeito estufa que não o CO_2 (3.8)
- Avaliar os papéis das perturbações naturais e antropogênicas sobre o clima (3.9)
- Reconhecer os sucessos e as limitações dos modelos computadorizados na predição das mudanças climáticas (3.9)
- Correlacionar algumas das principais consequências das mudanças climáticas com a possibilidade de que ocorram (3.10)
- Avaliar as vantagens e desvantagens dos regulamentos propostos para os gases de efeito estufa (3.11)
- Dar exemplos das estratégias de atenuação e adaptação ao clima (3.11)
- Analisar, interpretar, avaliar e criticar as reportagens jornalísticas sobre as mudanças do clima (3.1-3.12)
- Tomar posição bem informada com respeito a assuntos ligados às mudanças do clima (3.1-3.12)

Questões

Ênfase nos fundamentos

1. O capítulo terminou com uma citação de John Holdren: "O aquecimento global é um termo impróprio, porque implica algo gradual, uniforme e muito possivelmente benigno. O que estamos experimentando com as mudanças do clima não é nada disso". Use exemplos para:
   a. Explicar por que as mudanças do clima não são uniformes.
   b. Explicar por que elas não são graduais, pelo menos em comparação com a rapidez com que os sistemas sociais e ambientais podem se ajustar.
   c. Explicar por que provavelmente elas não serão benignas.
2. As temperaturas das superfícies de Vênus e da Terra são mais quentes do que seria de se esperar com base nas suas distâncias respectivas até o Sol. Explique.
3. Usando a analogia de uma estufa para entender a energia irradiada pela Terra, de que são feitas as "janelas" da estufa da Terra? De que maneiras a analogia não é precisamente correta?
4. Considere a conversão fotoquímica de CO_2 e H_2O em glicose, $C_6H_{12}O_6$ e O_2.
   a. Escreva a equação balanceada.
   b. O número de cada tipo de átomo é o mesmo nos dois lados da equação?
   c. O número de moléculas é o mesmo nos dois lados da equação? Explique.
5. Descreva a diferença entre clima e tempo.
6. a. Estima-se que 29 megajoules por metro quadrado ($MJ{\cdot}m^{-2}$) de energia vindos do Sol cheguem ao topo de nossa atmosfera por dia, mas que somente 17 $MJ{\cdot}m^{-2}$ atinjam a superfície. O que acontece com o resto?
   b. Em condições estacionárias, quanta energia deixaria o topo da atmosfera?
7. Veja a Figura 3.9.
   a. Como se compara a concentração atual de CO_2 na atmosfera com a de 20.000 anos atrás? E 120.000 anos atrás?
   b. Como a temperatura atual da atmosfera se compara com a temperatura média entre 1950 e 1980? E com a temperatura de 20.000 anos atrás? Como ambas se comparam com a temperatura média de 120.000 anos atrás?
   c. Suas respostas às partes **a** e **b** indicam causalidade, correlação ou nenhuma relação? Explique.
8. Entender o balanço de energia da Terra é essencial para compreender a questão do aquecimento global. Por exemplo, a energia solar que chega à superfície da Terra é em média 168 watts por metro quadrado ($W{\cdot}m^{-2}$), mas a energia que deixa a superfície da Terra é, em média, 390 $W{\cdot}m^{-2}$. Por que a Terra não está esfriando rapidamente?
9. Explique estas observações.
   a. Um carro estacionado ao Sol pode ficar quente o suficiente para colocar em risco as vidas de crianças pequenas ou animais de estimação que estejam dentro deles.
   b. Noites de inverno sem nuvens tendem a ser mais frias do que as enevoadas.
   c. Um deserto tem variações diárias de temperaturas muito maiores do que um ambiente úmido.
   d. Pessoas que usam roupas escuras no verão colocam-se em risco mais elevado de insolação do que as que usam roupas brancas.
10. Construa uma molécula de metano (CH_4) usando um conjunto de modelos moleculares (ou use bolas de isopor ou balas de goma e palitos para representar as ligações). Mostre que os átomos de hidrogênio estão mais afastados no arranjo tetraédrico do que se estivessem todos no mesmo plano (arranjo quadrado planar).
11. Desenhe a estrutura de Lewis e nomeie a geometria dessas moléculas.
    a. H_2S
    b. OCl_2 (o oxigênio é o átomo central)
    c. N_2O (o nitrogênio é o átomo central)
12. Desenhe a estrutura de Lewis e nomeie a geometria dessas moléculas.
    a. PF_3
    b. HCN (o carbono é o átomo central)
    c. CF_2Cl_2 (o carbono é o átomo central)
13. a. Desenhe a estrutura de Lewis do metanol (álcool de madeira), H_3COH.
    b. Com base na estrutura, prediga o ângulo H–C–H. Explique seu raciocínio.
    c. Com base na estrutura, prediga o ângulo H–O–C. Explique seu raciocínio.
14. a. Desenhe a estrutura de Lewis do eteno (etileno), $H_2C–CH_2$, um hidrocarboneto pequeno com uma ligação dupla C=C.
    b. Com base na estrutura, prediga o ângulo H–C–H. Explique seu raciocínio.
    c. Faça um esboço da molécula mostrando os ângulos preditos.

15. Três modos de vibração de uma molécula de água estão abaixo. Quais deles contribuem para o efeito de estufa? Explique.

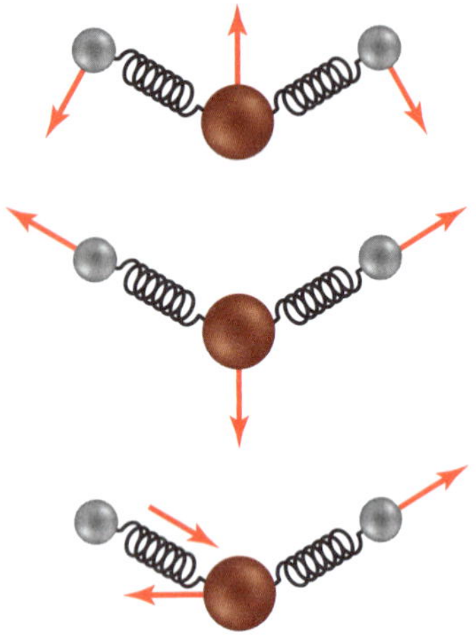

16. Se uma molécula de dióxido de carbono interage com certos fótons na região do IV, os movimentos vibracionais dos átomos aumentam. Para o CO_2, os comprimentos de onda de absorção principais ocorrem em 4,26 μm e 15,00 μm.
   a. Que energia corresponde a esses fótons de IV?
   b. O que acontece com a energia nas espécies de CO_2 que vibram?
17. O vapor de água e o dióxido de carbono são gases de efeito estufa, mas N_2 e O_2 não. Explique.
18. Explique como esses eventos relacionam-se a mudanças do clima global.
   a. erupções vulcânicas
   b. CFCs na estratosfera
19. Cupins possuem enzimas que permitem quebrar moléculas de celulose para formar glicose, $C_6H_{12}O_6$, e depois metabolizá-la até CO_2 e CH_4.
   a. Escreva uma equação balanceada para o metabolismo da glicose até CO_2 e CH_4.
   b. Que massa de CO_2, em gramas, um cupim poderia produzir em um ano, se metabolizasse 1,0 mg de glicose por dia?
20. Veja a Figura 3.21.
   a. Que setor tem a maior emissão de CO_2 na queima de combustível fóssil?
   b. Que alternativas existem para cada um dos setores principais de emissões de CO_2?
21. A prata tem o número atômico 47.
   a. Dê o número de prótons, nêutrons e elétrons de um átomo neutro do isótopo mais comum, o Ag-107.
   b. Como o número de prótons, nêutrons e elétrons de um átomo neutro de Ag-109 se compara com o de Ag-107?
22. A prata só tem dois isótopos naturais: Ag-107 e Ag-109. Por que a massa atômica média da prata dada na Tabela Periódica não é simplesmente 108?
23. a. Calcule a massa média em gramas de um único átomo de prata.
   b. Calcule a massa em gramas de 10 trilhões de átomos de prata.
   c. Calcule a massa em gramas de $5,00 \times 10^{45}$ átomos de prata.
24. Calcule a massa molar destes compostos. Eles participam da química da atmosfera.
   a. H_2O
   b. CCl_2F_2 (Freon-12)
   c. N_2O
25. a. Calcule a percentagem em massa de cloro em CCl_3F (Freon-11).
   b. Calcule a percentagem em massa de cloro em CCl_2F_2 (Freon-12).
   c. Qual é a massa máxima de cloro que poderia ser liberada na estratosfera por 100 g desses compostos?
   d. A quantos átomos de cloro correspondem às massas calculadas na parte **c**?
26. Estima-se que a massa total de carbono nos sistemas vivos é de $7,5 \times 10^{17}$ g. Se a massa total estimada de carbono na Terra é $7,5 \times 10^{22}$ g, qual é a razão entre os átomos de carbono nos sistemas vivos e o total de átomos de carbono na Terra? Dê sua resposta em percentagem e em ppm.
27. Use a informação da Tabela 3.3
   a. Calcule o aumento percentual de CO_2 quando se comparam as concentrações de 2012 com as concentrações pré-industriais.
   b. Dentre os gases CO_2, CH_4 e N_2O, qual deles teve o maior aumento percentual quando se comparam as concentrações de 2011 com as pré-industriais?
28. Além da concentração atmosférica, que duas outras propriedades são incluídas nos cálculos do potencial de aquecimento global de uma substância?
29. As emissões de gases de efeito estufa totais dos Estados Unidos aumentaram 16% de 1990 a 2005, uma taxa de 1,3% ao ano desde 2000. Como isso é possível quando as emissões de CO_2 cresceram 20% no mesmo período de tempo? *Sugestão*: Veja a Tabela 3.3.

Foco nos conceitos

30. John Holdren, citado na conclusão do capítulo, sugere que usemos o termo *desordem climática global* em vez de *aquecimento global*. Após estudar este capítulo, você concorda com a sugestão? Explique.
31. O Ártico tem sido chamado de "nosso canário da mina de carvão para os impactos que nos afetarão a todos".
    a. O que significa "canário da mina de carvão"?
    b. Explique por que o Ártico serve de canário da mina de carvão.
    c. A fusão da tundra acelera mudanças em outros locais. Dê uma razão.
32. Você acha que o comentário do cartum se justifica? Explique.

Pimenta ... e Sal
"Este inverno diminuiu minhas preocupações com o aquecimento global..."

Fonte: The Wall Street Journal. Permissão do Cartoon Features Syndicate.

33. Como medições diretas da temperatura da atmosfera da Terra nos últimos milhares de anos não estão disponíveis, de que forma os cientistas podem estimar as flutuações de temperatura no passado?
34. Um amigo lhe fala de uma reportagem que declarava: "O efeito de estufa é uma séria ameaça para a humanidade". Qual é sua reação a esta declaração? O que você diria a seu amigo?
35. Nos últimos 20 anos, cerca de 120 bilhões de toneladas de CO_2 foram emitidas na queima de combustíveis fósseis, porém a quantidade de CO_2 na atmosfera subiu apenas 80 bilhões de toneladas. Explique.
36. O gás dióxido de carbono e o vapor de água absorvem radiação IV. Eles absorvem também radiação visível? Dê evidências, com base em sua experiência diária, que ajudem a explicar sua resposta.
37. Como a energia necessária para provocar as vibrações do CO_2 que absorvem no IV mudaria se as ligações entre os átomos de carbono e oxigênio fossem simples, e não duplas?
38. Explique por que a água de um copo se aquece rapidamente em um forno de micro-ondas, mas o copo de vidro se aquece muito mais lentamente ou não se aquece.
39. Etanol, C_2H_5OH, pode ser produzido a partir de açúcar e amido de milho ou cana-de-açúcar. O etanol é produzido como aditivo da gasolina e, quando queima, combina-se com O_2 para formar H_2O e CO_2.
    a. Escreva uma equação balanceada para a combustão completa de C_2H_5OH.
    b. Quantos mols de CO_2 são produzidos quando um mol de C_2H_5OH queima completamente?
    c. Quantos mols de O_2 são necessários para queimar 10 mols de C_2H_5OH
40. Explique por que as perturbações radiativas descritas na Seção 3.9 são positivas ou negativas e arranje-as em termos de sua importância para as predições das mudanças de clima totais.
41. Por que o tempo de vida de um gás de efeito estufa na atmosfera é importante?
42. Compare e contraste a destruição do ozônio da estratosfera e a mudança do clima em termos das espécies químicas e tipo de radiação envolvidos e as consequências ambientais preditas.
43. Explique a expressão *perturbação radiativa* a alguém que não esteja familiarizado com a modelagem do clima.
44. Estima-se que os ruminantes da Terra, como gado e ovelhas, produzem 73 milhões de toneladas métricas de CH_4 por ano. Quantas toneladas métricas de carbono ocorrem nesta massa de CH_4?
45. Nove dos dez anos mais quentes desde 1880 ocorreram após o ano 2000. Será que isso *prova* que o efeito de estufa aumentado (aquecimento global) está acontecendo? Explique.
46. Um substituto possível para os CFCs é o HFC-152a, com tempo de vida de 1,4 ano e GWP 120. Outro é o HFC-23, com tempo de vida de 260 anos e GWP 12.000. Esses substitutos possíveis têm um efeito significativo como gases de efeito estufa e são regulados pelo Protocolo de Kyoto.
    a. Com base nessas informações, qual deles parece ser o melhor substituto? Considere apenas o potencial para o aquecimento global.
    b. Que outros aspectos devem ser levados em conta na escolha de um substituto?

47. As emissões de CO_2 na queima de combustíveis fósseis pode ser relatada de maneiras diferentes. Por exemplo, o Carbon Dioxide Information Analysis Center (CDIAC) relatou em 2009 que a China, os Estados Unidos e a Índia estão no topo de uma lista de nações:

Classificação	Nação	Toneladas métricas de CO_2
#1	China (continente)	2.096.295
#2	Estados Unidos	1.445.204
#3	Índia	539.794

a. Será que a classificação mudaria se fosse expressa *per capita*? Se sim, que nação ficaria na frente?
b. O CDIAC relata a classificação *per capita* na base da emissão de toneladas métricas de carbono e não em toneladas métricas de CO_2. Qatar lidera o mundo com emissões *per capita* de 12,01 toneladas métricas. Este valor seria maior ou menor se fosse expresso na base de toneladas métricas de CO_2 emitido? Explique.

48. Compare um sistema de limite e compensação com o de taxa de carbono.

49. Quando Arrhenius teorizou pioneiramente o papel das estufas atmosféricas, ele calculou que, ao dobrar a concentração de CO_2, ocorreria um aumento de 5 a 6°C na temperatura média global. O quanto ele estava afastado da modelagem atual do IPCC?

50. Agora que você estudou a qualidade do ar (Capítulo 1), a destruição do ozônio estratosférico (Capítulo 2) e o aquecimento global (Capítulo 3), qual, na sua opinião, representa o problema mais sério no curto prazo? E no longo prazo? Discuta suas razões com outras pessoas e escreva um pequeno relatório sobre essa questão.

Exercícios avançados

51. O antigo vice-presidente dos EUA Al Gore escreveu em seu livro de 2006 e no filme *Uma verdade Inconveniente*: "Não podemos continuar a nos dar ao luxo de ver o aquecimento global como uma questão política – na verdade, trata-se do maior desafio moral à nossa civilização global".
a. Você acredita que o aquecimento global é uma questão moral? Se sim, por quê?
b. Você acredita que o aquecimento global é uma questão política? Se sim, por quê?

52. O crescimento econômico chinês depende fortemente do carvão, descrito como a "faca de dois gumes" da China. O carvão é o "ouro negro" da nova economia e a "nuvem escura do frágil ambiente".
a. Liste algumas consequências da dependência do carvão com alto teor de enxofre.
b. A poluição pelo enxofre chinês pode reduzir o aquecimento global, mas só temporariamente. Explique.
c. Que outro país está rapidamente aumentando a construção de termoelétricas a carvão e deve ter população superior à da China em 2030?

53. A borboleta quino "checkerspot" é uma espécie em perigo, com um hábitat limitado ao norte do México e sul da Califórnia. Evidências obtidas em 2003 indicam que o território ocupado por essas espécies é ainda menor do que se pensava.
a. Proponha uma explicação para a emigração dessa espécie para o norte, fora do México.
b. Proponha uma explicação para a emigração dessa espécie para o sul, fora da Califórnia.
c. Proponha um plano para evitar maiores danos a essa espécie ameaçada.

54. Dados temporais revelam o aumento do CO_2 na atmosfera. O grande aumento da queima de hidrocarbonetos desde a Revolução Industrial é frequentemente citado como uma razão para o aumento dos níveis de CO_2. Entretanto, *não* se observou aumento no vapor de água durante o mesmo período. Lembre-se da equação geral da combustão de um hidrocarboneto. A diferença entre as duas tendências prova que *não* há ligação entre as atividades humanas e o aquecimento global? Explique seu raciocínio.

55. Na indústria de energia, 1 pé cúbico padrão (SCF) de gás natural contém 1.196 mols de metano (CH_4) em 15,6°C (60°F). *Sugestão*: Veja o Apêndice 1 para os fatores de conversão.
a. Quantos mols de CO_2 poderiam ser produzidos na combustão completa de 1 SCF de gás natural?
b. Quantos quilogramas de CO_2 seriam produzidos?
c. Quantas toneladas métricas de CO_2 seriam produzidas?

56. Uma conferência internacional sobre as mudanças climáticas ocorreu em Copenhagen em dezembro de 2009. Escreva um pequeno resumo de seus resultados.

57. Um forno solar é um aparelho de tecnologia e custo baixos para focalizar a luz do Sol e cozinhar alimentos. Como os fornos solares poderiam ajudar a mitigar o aquecimento global? Que regiões do mundo seriam mais beneficiadas por essa tecnologia?

58. Em 2005, a União Europeia adotou uma política de limite e compensação para o dióxido de carbono. Escreva um pequeno relatório sobre os resultados dessa política em termos econômicos e no efeito que teve sobre a emissão europeia de gás de efeito estufa.

59. A comunidade mundial respondeu diferentemente aos problemas atmosféricos descritos nos Capítulos 2 e 3. A evidência da destruição do ozônio resultou no Protocolo de Montreal, um calendário para a redução da fabricação de produtos químicos que destroem ozônio. A evidência do aquecimento global resultou no Protocolo de Kyoto, um plano para programar a redução dos gases de efeito estufa.
   a. Sugira justificativas para o motivo pelo qual a comunidade mundial reagiu ao problema da destruição do ozônio *antes* de tratar do aquecimento global.
   b. Compare o estado corrente das duas respostas. Quando ocorreu o último adendo ao Protocolo de Montreal? Quantas nações o ratificaram? O nível de cloro na estratosfera caiu como resultado do Protocolo de Montreal? Quantas nações ratificaram o Protocolo de Kyoto? O que aconteceu desde que ele entrou em vigor? Outras iniciativas foram propostas? Os níveis de gases de efeito estufa caíram em consequência do Protocolo de Kyoto?

Capítulo 4

Energia obtida na combustão

Desde o início da história conhecida, o fogo foi uma fonte de calor, luz e segurança.

Desde quando o fogo foi domesticado por nossos antepassados, a combustão é essencial para a sociedade. Nossos combustíveis modernos – as substâncias que queimamos – estão em muitas formas diferentes. Usamos carvão em termoelétricas, gasolina em nossos carros, gás natural ou óleo para aquecer nossas residências, propano, carvão ou madeira para cozinhar nossa comida em um piquenique de verão. Podemos até mesmo usar cera para iluminar um jantar romântico a velas. Em todos esses casos, *usar* o combustível é *queimá-lo*. O processo da combustão libera a energia retida nas moléculas que formam essas substâncias.

Entretanto, a velocidade com que estamos queimando combustíveis não é sustentável. Talvez você fique um pouco cético com tal afirmação. O fornecimento de carvão, petróleo e gás natural pode lhe parecer adequado, porque novos depósitos estão sempre sendo encontrados e as tecnologias de extração, continuamente melhorando. Contudo, mesmo que os depósitos de combustíveis fósseis fossem infinitos (e não são), a sustentabilidade envolve mais do que a disponibilidade. Mencionamos, no Capítulo 0, a necessidade de levar em conta como nossas ações de hoje afetarão os que viverão amanhã. Na seção final deste capítulo, faremos a ligação entre nossas ações e nossos valores, incluindo a **justiça intergeracional**. Um provérbio Lakota Sioux enfatiza a mesma ideia: "*Não herdamos essa terra de nossos ancestrais, tomamos emprestado de nossas crianças*". Os efeitos do uso corrente dos combustíveis fósseis serão sentidos por muitas décadas no futuro.

Justiça intergeracional é a obrigação de cada geração, na sua vez, de agir de modo a ser justa e honesta com as que virão.

Estude Isto 4.1 Combustíveis nas notícias!

a. Localize duas reportagens recentes sobre um combustível de sua escolha. Cite o título, o autor, a data e a fonte. De acordo com o que você leu, que uso é dado ao combustível?
b. Interprete os artigos em termos do provérbio Lakota Sioux. O que estamos tomando emprestado de nossas crianças?

Queimar combustíveis fósseis por sua energia não obedece aos critérios de sustentabilidade de duas maneiras. Primeiro, os combustíveis – que levam centenas de milhões de anos para se formarem – não são renováveis. Uma vez usados, não podem ser substituídos. Segundo, os resíduos produzidos têm efeitos adversos no ambiente hoje, e seguirão tendo no futuro. O Capítulo 3 mostrou como as concentrações de CO_2 da atmosfera cresceram dramaticamente desde o início da Revolução Industrial. Esse aumento continuará a afetar nosso clima por muitas gerações. A queima do carvão também libera poluentes como cinzas, monóxido de carbono, mercúrio e os óxidos de enxofre e nitrogênio. Essas emissões nos afetam hoje porque diminuem a qualidade do nosso ar, acidificam nossa chuva, agravam as condições de saúde e, em geral, reduzem nossa qualidade de vida.

Neste capítulo, descreveremos os combustíveis e suas características. Começaremos com o que acontece em uma termoelétrica. No contexto da transformação da energia, introduzimos uma lei que nos diz que a energia nunca é criada ou destruída, só muda de forma. Também consideraremos a eficiência (na verdade, a ineficiência) das transformações de energia, um fator importante em nossa capacidade de domesticar a energia em formas convenientes. Ainda assim, os combustíveis são diferentes, logo precisaremos descrever como eles não foram criados iguais, isto é, têm conteúdos de calor diferentes e liberam diferentes quantidades de dióxido de carbono. Para fazer isso, olharemos mais de perto o carvão e o petróleo, descrevendo sua composição química, suas propriedades físicas, as estruturas das moléculas que eles contêm e como nós os manipulamos para poder usá-los. Veremos como essas moléculas retêm energia e como escrever as reações químicas que descrevem sua liberação. Passaremos depois aos biocombustíveis, explorando as vantagens e desvantagens desses recursos renováveis. O capítulo termina com uma discussão dos princípios éticos que se aplicam à produção de biocombustíveis, voltando ao desafio de satisfazer nossas necessidades futuras de energia.

O Capítulo 1 descreveu a ligação entre a combustão e a má qualidade do ar.
O Capítulo 3 tratou do dióxido de carbono como gás de efeito estufa.
O Capítulo 6 abordará a chuva ácida.

4.1 Combustíveis fósseis e eletricidade

Cerca de 70% da eletricidade gerada nos Estados Unidos vêm da queima de combustíveis fósseis – principalmente carvão. Como uma usina "produz" eletricidade e o que acontece realmente no seu interior? Nossa tarefa nesta seção é olhar mais de perto as transformações de energia em uma usina. Na Seção 4.3, veremos a química do carvão.

A primeira etapa da produção de eletricidade a partir do carvão é a queima. Estude as fotografias da Figura 4.1. Você quase pode sentir o calor do carvão queimando! Nas camas de carvão das caldeiras, as temperaturas podem atingir 650°C. Para chegar lá, essa pequena usina queima o carvão contido em um único vagão de trem a intervalos de poucas horas. Como vimos no Capítulo 1, **combustão** é o processo químico de queima, isto é, reação do combustível com oxigênio para liberar energia na forma de calor e luz. Note que os dois produtos mais comuns da combustão, CO_2 e H_2O, contêm oxigênio.

Operando em capacidade plena, uma usina de grande porte pode queimar até 10.000 toneladas de carvão por dia!

A segunda etapa da produção de eletricidade é o uso do calor liberado na combustão para ferver água, geralmente em um sistema fechado sob alta pressão (Figura 4.2). A alta pressão serve para duas coisas: aumentar o ponto de ebulição da água e comprimir o vapor de água resultante. O vapor quente em alta pressão é, então, dirigido a uma turbina a vapor.

A terceira e última etapa gera eletricidade. Ao expandir e esfriar, o vapor passa pela turbina, fazendo com que ela gire. O eixo da turbina liga-se a uma grande bobina que gira em um campo magnético. O giro dessa bobina gera corrente elétrica. Enquanto isso, o vapor de água deixa a turbina e continua a circular pelo sistema. Ele passa por um condensador onde uma corrente de água de refrigeração retira o excedente da energia calorífica transferida do combustível. A água condensada reentra na caldeira, e o ciclo de transferência de energia recomeça.

Para ajudá-lo a entender melhor essas diferentes etapas, definimos dois tipos de energia. A **energia potencial** que, como o nome sugere, é a energia em reserva ou energia de posição. Por exemplo, a energia pode estar em reserva na posição de um livro suspenso contra a força da gravidade. Quanto mais pesado for o livro e quanto mais alto você o suspende, mais energia potencial

(a) (b) (c) (d)

FIGURA 4.1 Fotos de uma pequena termoelétrica a carvão.
(a) Pilhas de carvão na parte externa da usina.
(b) Fila de caldeiras nas quais o carvão é colocado.
(c) Atrás da porta azul da fotografia **(b)**.
(d) Uma vista de perto do carvão queimando na cama da caldeira.

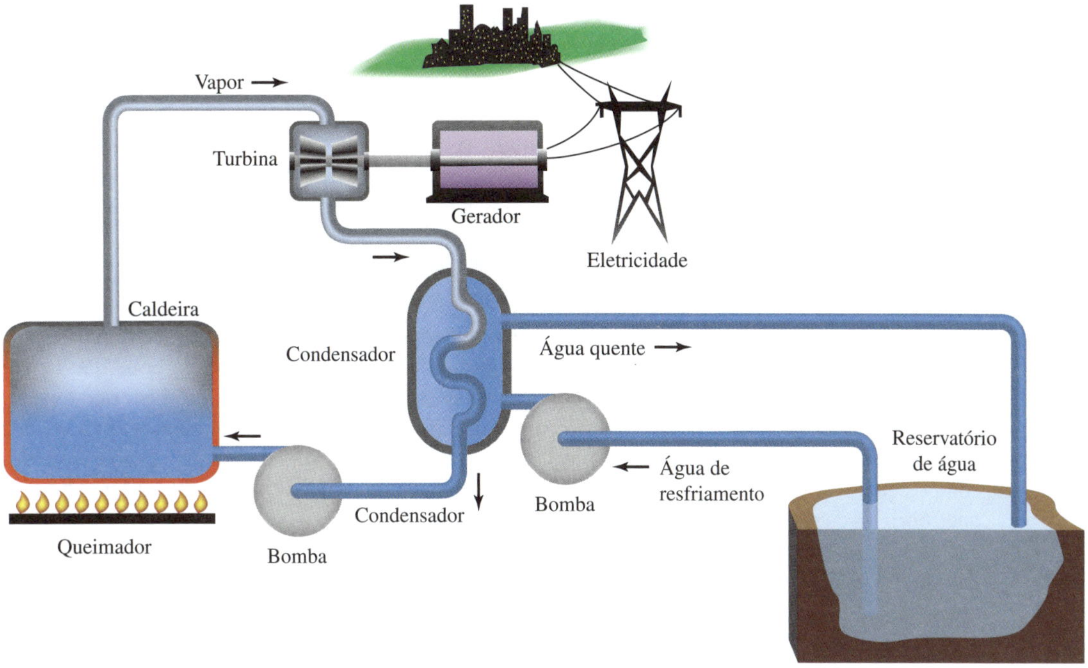

FIGURA 4.2 Diagrama de uma termoelétrica, ilustrando a conversão da energia gerada na queima de combustíveis em eletricidade.

ele tem. A energia potencial de um reagente ou produto é com frequência chamada de "energia química". Discutiremos a energia química acumulada em moléculas de combustível na Seção 4.5. Em contraste, a **energia cinética** é a energia do movimento. Quanto mais pesado for um objeto e quanto mais rápido se mover, mais energia cinética ele tem. Você preferiria ser atingido por uma bola de beisebol viajando a 90 mph ou uma bola de pingue-pongue a 90 mph? A bola de beisebol tem muito mais energia cinética devido à sua maior massa.

Moléculas que têm alta energia potencial são bons combustíveis. A queima converte parte da energia potencial das moléculas do combustível em calor, que, por sua vez, é absorvido pela água da caldeira. Ao absorver o calor, as moléculas de água movem-se cada vez mais rapidamente em todas as direções. Sua energia cinética aumenta. A temperatura que medimos é simplesmente uma medida da velocidade média desse movimento das moléculas. Portanto, a temperatura aumenta quando a energia cinética das moléculas aumenta. Quando a água passa a vapor, as moléculas adquirem uma enorme quantidade de energia cinética, que é transformada em *energia mecânica* na turbina que faz girar o gerador e a converte em *energia elétrica*. A Figura 4.3 esquematiza essas etapas de transformação da energia.

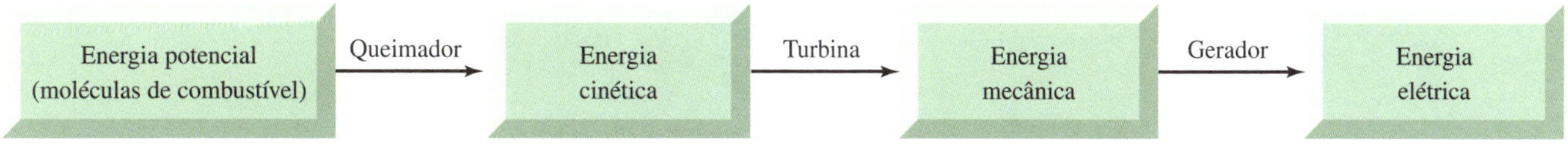

FIGURA 4.3 Transformações da energia em uma usina elétrica a combustível fóssil.

Estude Isto 4.2 Conversão de energia

Embora as termoelétricas utilizem várias etapas para transformar a energia potencial em energia elétrica, outros dispositivos o fazem de modo mais simples. Por exemplo, uma bateria converte a energia química em energia elétrica em uma etapa. Liste três outros dispositivos que convertem energia de uma forma para outra. Nomeie os tipos de energia envolvidos.

As baterias são descritas na Seção 8.1

A Seção 3.2 apresentou três combustíveis fósseis: carvão, petróleo e gás natural.

Embora o carvão possa ser usado como combustível, os produtos da queima, não. Afirmamos que bons combustíveis têm alta energia potencial, mas qual é sua fonte? Uma pista está no nome "combustível fóssil". A formação dos combustíveis fósseis começou quando a luz do Sol foi capturada pelas plantas verdes que existiam no planeta primitivo. Como já mencionamos, a **fotossíntese** é o processo pelo qual as plantas verdes (incluindo as algas) e algumas bactérias capturam a energia da luz solar para produzir glicose e oxigênio a partir de dióxido de carbono e água. Em essência, a energia da luz do Sol se transforma na energia potencial da glicose e do oxigênio.

$$6\,CO_2 + 6\,H_2O \xrightarrow{\text{clorofila}} \underset{\text{glicose}}{C_6H_{12}O_6} + 6\,O_2 \qquad [4.1]$$

As plantas também contêm nitrogênio. A Seção 6.9 discute o ciclo do nitrogênio.

Quando organismos vivos morrem e se decompõem, eles liberam energia e invertem esse processo, produzindo CO_2 e H_2O. Sob certas condições, porém, os compostos de carbono que fazem parte dos organismos se decompõem *parcialmente*. Isso aconteceu no passado pré-histórico quando vastas quantidades de plantas e animais ficaram enterrados sob camadas de sedimentos em pântanos ou no fundo dos oceanos. O oxigênio não conseguiu atingir o material, retardando o processo de decomposição. A temperatura e a pressão aumentaram, sob o efeito de novas camadas de lama e pedra que cobriram os restos enterrados, provocando novas reações químicas. Com o tempo, as plantas que capturaram os raios do Sol se transformaram nas substâncias que chamamos de carvão, petróleo e gás natural. Em um sentido muito real, esses fósseis são energia solar antiga (luz do Sol) retida nos estados sólido, líquido e gasoso.

Sim, as plantas de hoje serão os combustíveis fósseis de amanhã, mas isso não ocorrerá em um período de tempo útil para os humanos. É espantoso saber que consumiremos em alguns séculos o que a natureza levou centenas de milhões de anos para produzir. Discutiremos detalhes dos combustíveis em nível molecular na Seção 4.6.

Estude Isto 4.3 Compostagem fumegante

Deseja reciclar e reutilizar materiais de plantas e animais? Inicie uma pilha de compostagem. Nas condições corretas do tempo, pode-se ver vapor escapando de uma pilha dessas. Explique tal observação.

A lei da conservação da matéria e da massa foi apresentada na Seção 1.9.

Revise os processos da combustão e da fotossíntese. A energia é liberada na combustão, mas exigida na fotossíntese. A relação entre os dois processos sugere um ciclo, como o da Figura 4.4. A **primeira lei da termodinâmica**, também chamada de lei da conservação da energia, declara que a energia não é criada nem destruída. Isso significa que, embora as *formas* da energia mudem, a energia total antes e depois de qualquer transformação permanece constante. A energia solar que é retida como energia potencial durante a fotossíntese e é liberada como calor e luz durante a combustão.

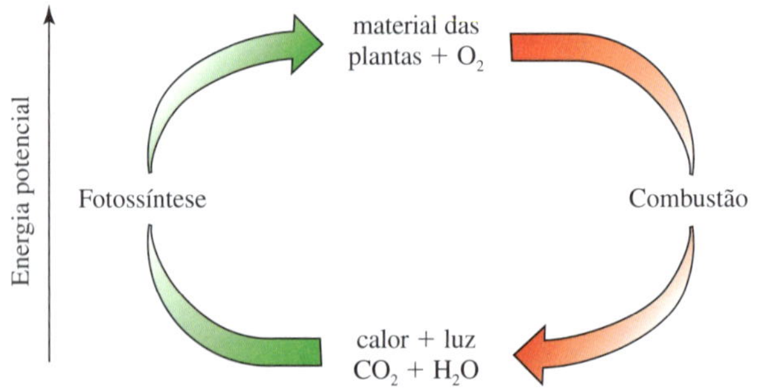

FIGURA 4.4 A relação de energia entre a fotossíntese e a combustão.

4.2 Eficiência da transformação da energia

A primeira lei da termodinâmica nos assegura que a energia total do universo se conserva. Se isso é verdade, por que temos crises de energia? Podemos estar certos de que não se cria energia durante a combustão, mas também não se perde. Embora não possamos ganhar, será que podemos ao menos empatar? A questão não é jocosa como pode parecer. Na verdade, *não* podemos empatar. Ao queimar o carvão, o gás natural e o petróleo, sempre convertemos parte da energia dos combustíveis em formas que não podemos usar com facilidade.

Você já deve ter visto o brinquedo de mesa chamado de berço de Newton (Figura 4.5). Este dispositivo transforma energia, mas é muito mais simples do que uma termoelétrica! Veja como funciona.

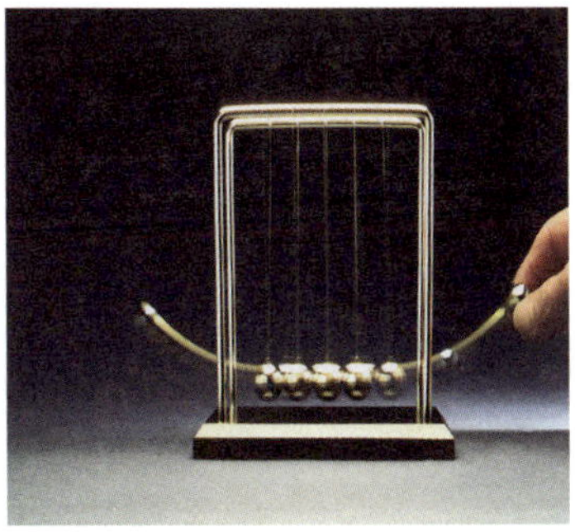

FIGURA 4.5 Um berço de Newton.

- Uma bola é levantada em um dos lados. Isso confere energia potencial à bola.
- A bola é liberada e cai de volta ao ponto inicial. A energia potencial (energia de posição) converte-se em energia cinética (energia de movimento).
- A bola bate na série de bolas paradas. A energia cinética se transfere pela série de bolas até a última.
- A última bola se movimenta para cima. A energia cinética gradualmente se converte em energia potencial na medida em que a bola se move e perde velocidade.
- Essa bola começa a cair e o processo se repete.

Em cada ciclo sucessivo, porém, as bolas não sobem até a mesma altura da bola precedente. Eventualmente, todas as bolas param em suas posições originais.

Por que elas param? Aonde foi sua energia? Isso é uma violação da primeira lei da termodinâmica? Felizmente, não. Em cada colisão, parte da energia é usada para fabricar som e parte para gerar calor. Se pudéssemos medir com precisão suficiente, veríamos que as bolas se aquecem ligeiramente. Este calor é, então, transferido para os átomos e moléculas do ar, aumentando sua energia. Para respeitar a lei da conservação de energia, nem a energia cinética nem a potencial conservam-se independentemente, mas a soma das duas, sim. Toda a energia posta inicialmente no sistema se dissipa na forma de movimentos aleatórios dos átomos e das moléculas do ar. Essencialmente, o dispositivo é um modo divertido de dissipar um pouco de energia potencial como calor (a energia cinética dos átomos e das moléculas do ar).

Esses mesmos princípios podem ser usados para explicar por que nenhuma termoelétrica, não importa a qualidade do projeto, pode converter completamente um tipo de energia em outro. Apesar dos melhores engenheiros e dos mais competentes químicos verdes, a ineficiência é inevitável. Ela é provocada pela transformação de energia em calor que não pode ser aproveitado. No total, a eficiência líquida percentual é dada pela razão da energia elétrica produzida e a dada pelo combustível.

$$\text{eficiência líquida percentual} = \frac{\text{energia elétrica produzida}}{\text{energia do combustível}} \times 100 \qquad [4.2]$$

Novos sistemas de caldeiras e tecnologias avançadas de turbinas elevaram a eficiência de cada etapa da Figura 4.3 para 90% ou mais. As eficiências são multiplicativas, e talvez você se surpreenda em saber que a eficiência líquida da maior parte das termoelétricas é de 35 a 50%. Por que tão pouco?

O problema é que nem toda a energia calorífica gerada na queima do combustível nas caldeiras pode ser convertida em eletricidade. Observe, por exemplo o vapor de alta temperatura que faz girar inicialmente as turbinas. Na medida em que o vapor transfere energia para as turbinas, sua energia cinética diminui, ele esfria e a pressão cai. Após algum tempo, o vapor não tem energia suficiente para mover as turbinas. No entanto, a produção desse vapor "não utilizado" ainda exige uma quantidade significativa de energia que não pode ser convertida em eletricidade.

As termoelétricas que usam vapor em temperatura muito alta (600°C) têm as melhores eficiências. Na verdade, a eficiência melhora quando a diferença entre a temperatura do vapor e a do exterior aumenta. É claro que há um limite. Vapor com temperatura mais alta significa pressões mais elevadas e materiais de construção melhores, capazes de suportar essas condições extremas.

Antes de discutir um exemplo específico, precisamos comentar algumas unidades de energia. **Caloria (cal)** foi introduzida no fim do século XVIII, juntamente ao sistema métrico, e foi definida

Uma batata pequena (~150 g) tem cerca de 100 Calorias (100 quilocalorias)

1 joule (J) = 0,239 calorias (cal)
1 caloria (cal) = 4,184 joules (J)

como a quantidade de calor necessária para aumentar em um grau Celsius a temperatura de um grama de água. Quando a primeira letra é maiúscula, geralmente se trata de quilocaloria. Os valores tabulados em rótulos de mercadorias ou livros de cozinha são, na verdade, quilocalorias.

$$1 \text{ quilocaloria (kcal)} = 1000 \text{ calorias (cal)} = 1 \text{ Caloria (Cal)}$$

O sistema moderno de unidades usa o **joule (J)**, uma unidade de energia igual a 0,239 cal. Um joule (1 J) é aproximadamente igual à energia necessária para levantar a 10 cm de altura um livro de 1 kg contra a força da gravidade. Em uma base mais pessoal, cada batida do coração humano exige cerca de 1 J de energia.

Examinemos agora o caso do aquecimento elétrico de uma casa, muitas vezes vendido como sendo limpo e eficiente. Imagine que a eletricidade usada vem de uma termoelétrica a carvão (eficiência de 37%). Se a casa exige $3{,}5 \times 10^7$ kJ de calor por ano, um valor típico para uma cidade de clima frio, quanto carvão deve ser queimado?

Para responder a essa questão, precisamos saber a quantidade de energia contida no carvão. Imaginemos que a combustão de 1 g deste carvão em particular libera cerca de 29 kJ. Lembre-se de que somente 37% da energia liberada na queima do carvão está disponível para aquecer a casa. Podemos agora calcular a quantidade anual de calor que temos de gerar queimando carvão na termoelétrica.

$$\text{energia gerada na termoelétrica} \times \text{eficiência} = \text{energia necessária para aquecer a casa}$$

$$\text{energia gerada na termoelétrica} \times 0{,}37 = 3{,}5 \times 10^7 \text{ kJ}$$

$$\text{energia gerada na termoelétrica} = \frac{3{,}5 \times 10^7 \text{ kJ}}{0{,}37} = 9{,}5 \times 10^7 \text{ kJ}$$

Note que, nesses cálculos, expressamos a eficiência percentual na forma decimal. Agora, levamos em conta que cada grama de carvão queimado fornece 29 kJ.

$$9{,}5 \times 10^7 \text{ kJ} \times \frac{1 \text{ g carvão}}{29 \text{ kJ}} = 3{,}3 \times 10^6 \text{ g carvão}$$

O aquecimento desta casa requer 3,3 toneladas métricas de carvão por ano. Os vagões de estrada de ferro carregam cerca de 100 toneladas métricas cada um.

Isso mostra que $3{,}3 \times 10^6$ g de carvão devem ser queimados por ano na termoelétrica para fornecer os $3{,}5 \times 10^7$ kJ de energia necessários para aquecer a casa.

Esse cálculo supôs eficiência de 37% na termoelétrica a carvão. Eficiências mais altas significariam que menos combustível deveria ser queimado para gerar a mesma quantidade de energia e que menos dióxido de carbono e outros poluentes seriam emitidos. A próxima atividade explora essas ligações.

Sua Vez 4.4 Comparação de termoelétricas

Considere duas termoelétricas a carvão que geram $5{,}0 \times 10^{12}$ J de eletricidade por dia. A termoelétrica A tem eficiência líquida total de 38%. A termoelétrica B, uma proposta de substituição, iria operar em temperaturas mais elevadas com eficiência líquida total de 46%. O grau de carvão usado libera 30 kJ de calor por grama. Suponha que o carvão é carbono puro.

a. Se 1000 kg de carvão custam US$ 30, qual é a diferença de custo diário de combustível entre as duas termoelétricas?

b. Qual a diferença, em gramas, de CO_2 emitido diariamente entre as duas, supondo combustão completa?

Resposta

a. Custo do carvão para a termoelétrica A = US$ 13.150/dia. Custo do carvão para a termoelétrica B = US$ 10.900/dia.

Carros e caminhões também convertem energia de uma forma em outra. O motor de combustão interna usa os gases produzidos na combustão (CO_2 e H_2O) para empurrar uma série de pistões, convertendo, assim, a energia potencial da gasolina ou do óleo diesel em energia mecânica. Outros mecanismos eventualmente transformam a energia mecânica na energia cinética do movimento do veículo. Os motores de combustão interna são ainda menos eficientes do que as termoelétricas a carvão. Somente cerca de 15% da energia liberada na combustão da gasolina é usada para mover o veículo. Grande parte da energia é dissipada como calor, incluindo 60% perdidos somente no motor de combustão interna.

As Seções 8.4 e 8.6 tratam de veículos híbridos e da célula a combustível mais eficientes.

Estude Isto 4.5 Ineficiência no transporte

a. Liste algumas das perdas de energia que ocorrem ao dirigir um automóvel. Use os recursos da Internet para verificar e expandir sua lista, se necessário.
b. Supondo que somente 15% da energia da queima do combustível são usados para mover o veículo, estime a percentagem usada para movimentar os passageiros.

Para terminar esta seção, pedimos que reanalise o berço de Newton. Você nunca esperaria que as bolas em repouso começassem a bater umas nas outras, certo? Para isso acontecer, toda a energia dissipada como calor quando as bolas estavam colidindo teria de ser unida novamente. A incapacidade do berço de Newton de recomeçar por si só está relacionada a outro conceito – entropia. A **entropia** é uma medida da quantidade de energia dispersada em um processo. A **segunda lei da termodinâmica** tem muitas versões, das quais a mais geral é que a entropia do universo está em constante crescimento. O berço de Newton é um exemplo da segunda lei da termodinâmica. Quando levantamos uma das bolas do berço de Newton, adicionamos energia potencial. Após as bolas terem se chocado por algum tempo e pararem, essa energia potencial transformou-se no movimento caótico (logo, mais aleatório e disperso) da energia calorífica, e nunca ao contrário. A entropia do universo aumentou.

Você acha difícil visualizar a energia se dispersando? Se é assim, eis uma analogia que pode ajudar. Imagine que você sentou no meio de um auditório muito grande e alguém lá na frente quebrou um vidro de perfume. Você não sente cheiro no começo, porque leva tempo para que as moléculas do perfume se espalhem. O processo de difusão é predito pela segunda lei da termodinâmica. Quando as moléculas de perfume se dispersam em um volume maior (a partir do volume menor do vidro), a energia das moléculas também se dispersa. Como aconteceu com o berço de Newton, o resultado final é um aumento da entropia do universo. É extremamente improvável que todas as moléculas do perfume se juntassem subitamente em um canto da sala. Uma vez dispersas, elas ficam dispersas, a menos que energia seja gasta para recolhê-las.

Pela mesma razão, é essencialmente impossível para o berço de Newton começar a se mover sozinho depois que a energia originalmente adicionada se dissipou na forma de calor. Embora não pareça tão óbvio, a segunda lei da termodinâmica também explica a incapacidade de uma termoelétrica ou de um motor de automóvel de converter um tipo de energia em outro com 100% de eficiência.

Estude Isto 4.6 Mais exemplos de entropia

A adição de energia pode ser usada para reduzir a entropia "localmente". Mesmo assim, energia gasta em um lugar exige aumento de entropia em outro lugar do universo.

a. Considere a adição de energia dada pela queima de carvão. A entropia do universo aumentou em outro lugar. Dê um exemplo de como ela pode ter crescido.
b. Considere a redução da entropia que ocorre quando alguém arruma as meias em uma gaveta. O que deve ter acompanhado essa redução da entropia?

Resposta
b. Essa redução da entropia deve ter sido acompanhada por uma adição de energia (por um humano) e por um aumento de entropia em outro lugar do universo (da comida queimada como combustível pelo humano).

4.3 A química do carvão

Cerca de dois séculos atrás, a Revolução Industrial começou a grande exploração de combustíveis fósseis que continua até hoje. No começo dos anos 1800, a madeira era a fonte principal de energia dos Estados Unidos. O carvão revelou-se uma fonte de energia melhor do que a madeira porque libera mais calor por grama. Ele continuou a fornecer mais de 50% da energia do país até cerca de 1940.

Nos anos 1960, a maior parte do carvão era usada para gerar eletricidade e, hoje, o setor de energia elétrica é responsável por 92% de todo o consumo de carvão dos Estados Unidos. A Figura 4.6 mostra o desenvolvimento do consumo de energia dos Estados Unidos.

Estude Isto 4.7 Mudança no modelo dos combustíveis

Use a Figura 4.6 para:

a. Descrever duas maneiras da mudança do consumo de combustível nos Estados Unidos ao longo do tempo. Proponha razões para as mudanças.

b. Estimar a fração de energia produzida pela queima de carvão.

Em Sua Vez 4.4, supusemos que o carvão era carbono puro. Na verdade, o carvão contém pequenas quantidades de outros elementos. Embora não seja um único composto, a composição do carvão pode ser aproximada pela fórmula química $C_{135}H_{96}O_9NS$. Essa fórmula corresponde a cerca de 85% de carbono por massa. As percentagens menores de hidrogênio, oxigênio, nitrogênio e enxofre vêm do material vegetal antigo e outras substâncias existentes quando as plantas foram enterradas. Além disso, algumas amostras de carvão contêm tipicamente traços de silício, sódio, cálcio, alumínio, níquel, cobre, zinco, arsênio, chumbo e mercúrio.

Sua Vez 4.8 Cálculos com o carvão

a. Suponha que a composição do carvão é aproximada pela fórmula $C_{135}H_{96}O_9NS$ e calcule a massa de carbono (em toneladas) de 1,5 milhão de toneladas de carvão. Essa quantidade de carvão poderia ser queimada em uma termoelétrica comum em 1 ano.

b. Compute a quantidade de energia (em quilojoules) liberada pela queima dessa massa de carvão. Suponha que o processo libera 30 kJ/g de carvão. Lembre-se de que 1 t = 2.000 lb e que 1 lb = 454 g.

c. Que massa de CO_2 se formaria na combustão completa de 1,5 milhão de toneladas desse carvão? *Sugestão:* Na equação química balanceada, suponha uma razão molar de carvão para CO_2 de 1:135.

Respostas

a. Calcule a massa molar aproximada do carvão. Os subscritos de cada elemento dão seu número de mols:

$$135 \cancel{\text{mol C}} \times \frac{12{,}0 \text{ g C}}{1 \cancel{\text{mol C}}} = 1620 \text{ g C}$$

$$96 \cancel{\text{mol H}} \times \frac{1{,}0 \text{ g H}}{1 \cancel{\text{mol H}}} = 96 \text{ g H}$$

$$9 \cancel{\text{mol O}} \times \frac{16{,}0 \text{ g O}}{1 \cancel{\text{mol O}}} = 144 \text{ g O}$$

$$1 \cancel{\text{mol N}} \times \frac{14{,}0 \text{ g N}}{1 \cancel{\text{mol N}}} = 14{,}0 \text{ g N}$$

$$1 \cancel{\text{mol S}} \times \frac{32{,}1 \text{ g S}}{1 \cancel{\text{mol S}}} = 32{,}1 \text{ g S}$$

A soma das contribuições dos elementos para $C_{135}H_{96}O_9NS$ é 1906 g/mol. Portanto, cada 1906 g de carvão contém 1620 g de C. De modo semelhante, 1906 toneladas de carvão contêm 1620 toneladas de carbono.

$$\text{Massa de carbono} = 1{,}5 \times 10^6 \cancel{\text{toneladas } C_{135}H_{96}O_9NS} \times \frac{1620 \text{ toneladas C}}{1906 \cancel{\text{toneladas } C_{135}H_{96}O_9NS}} = 1{,}3 \times 10^6 \text{ toneladas C}$$

b. $4{,}1 \times 10^{13}$ kJ

c. 4,7 milhões de toneladas

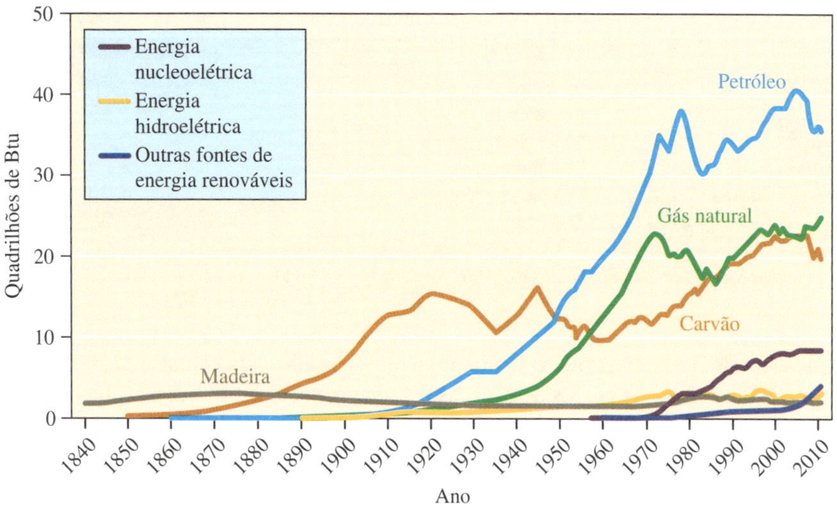

FIGURA 4.6 Consumo de energia dos Estados Unidos por fonte, 1840-2010.

Fonte: U.S. Energy Information Administration, *Energy Perspectives 2011*, 27 de setembro de 2012.

Na Figura 4.6, outras fontes de energia renovável aparecem só recentemente. Elas incluem energia solar, eólica, geotérmica e de biocombustíveis

O carvão ocorre em vários graus, mas todos eles são melhores combustíveis do que a madeira porque contêm percentagens maiores de carbono e percentagens menores de oxigênio. De um modo geral, quanto mais oxigênio um combustível tiver, menos energia por grama ele libera na queima. Em outras palavras, os combustíveis contendo oxigênio estão embaixo na escala de energia potencial. Por exemplo, queimar 1 mol de C para formar CO_2 fornece cerca de 40% mais energia do que pode ser obtido na queima de CO para produzir CO_2.

Lignito macio, ou carvão marrom, é o grau mais baixo (Figura 4.7). O material vegetal de que foi feito sofreu menos alteração e sua composição química é semelhante à da madeira ou da turfa (Tabela 4.1). Em consequência, a quantidade de energia liberada na queima do lignito é só ligeiramente superior à da madeira. Os graus superiores de carvão, bituminoso e antracito, foram expostos a pressões e temperaturas mais elevadas por períodos mais longos de tempo quando enterrados. Durante esse processo, perderam mais oxigênio e umidade e tornaram-se mais duros, mais minerais do que vegetais (Figura 4.7). Esses graus de carvão contêm uma percentagem maior de carbono do que o lignito. A antracita tem conteúdo de carbono relativamente alto e baixa percentagem de enxofre. Infelizmente, os depósitos de antracita são relativamente pequenos e sua oferta nos Estados Unidos está quase esgotada.

Embora o carvão esteja disponível mundialmente e continue sendo muito usado como combustível, ele tem sérias desvantagens, a primeira das quais relaciona-se à mineração subterrânea, que é cara e perigosa. Embora a segurança das minas tenha melhorado significativamente nos Estados Unidos, desde 1900 mais de 100.000 trabalhadores morreram por acidentes, colapsos, fogos, explosões e gases venenosos. Muitos mais ficaram incapacitados por doenças respiratórias. No mundo, a situação é muito pior.

FIGURA 4.7 Amostras de lignito (esquerda) e antracito (direita).

TABELA 4.1 Conteúdo de energia dos carvões americanos

Tipo de carvão*	Estado de origem	Conteúdo de energia (kJ/g)
antracito	Pensilvânia	30,5
bituminoso	Maryland	30,7
sub-bituminoso	Washington	24,0
lignito (carvão marrom)	Dakota do Norte	16,2
turfa	Mississippi	13,0

*Para comparação, o conteúdo de energia das madeiras varia entre 10 e 14 kJ/g, dependendo do tipo.

Uma segunda desvantagem é o dano ambiental causado pela mineração. Muitos riachos e rios da Appalachia sofrem os efeitos de décadas de mineração. Quando a água subterrânea enche os poços das minas abandonadas ou entra em contato com as pedras ricas em enxofre frequentemente associadas com os depósitos de carvão, ela se acidifica. Esse dreno ácido das minas também dissolve quantidades excessivas de ferro e alumínio, tornando a água inabitável para muitas espécies de peixes e colocando em perigo as fontes de água de muitas comunidades.

Quando os depósitos de carvão estão próximos da superfície, técnicas mais seguras para os mineiros são possíveis, mas elas ainda têm custos ambientais. Uma delas, chamada de mineração de topo de montanha, é muito comum em West Virginia e no Kentucky oriental. O processo exige a retirada da cobertura vegetal e a explosão de várias centenas de pés do topo da montanha. A mineração de topo de montanha cria grandes quantidades de cascalho ("sobrecarga"), que é frequentemente descartado jogando-se os restos nos vales dos rios mais próximos. Em 2005, a EPA americana estimou que mais de 700 milhas de riachos da Appalachia tinham sido completamente enterradas como resultado da mineração de topo de montanha entre 1985 e 2001. Além disso, o aumento do conteúdo de sedimentos e de minerais nas águas das proximidades afetou adversamente muitos ecossistemas aquáticos.

Em 2009, uma corte distrital americana em West Virginia emitiu um mandato contra novos projetos de mineração de topo de montanha na parte sul daquele estado. Regulamentos semelhantes em outras partes do país são prováveis.

O mercúrio, um contaminante de solos e de água potável, será discutido na Seção 5.5.

Uma terceira desvantagem é que carvão é um combustível sujo. É claro que ele é sujo do ponto de vista físico, mas a questão aqui são os produtos sujos da combustão. A fuligem de inúmeras chaminés nas cidades no século XIX e no começo do XX enegreceu edifícios e pulmões. Os óxidos de nitrogênio e de enxofre são menos visíveis, mas igualmente prejudiciais. Embora o carvão contenha somente pequenas quantidades de mercúrio (50–200 ppb), ele se concentra na cinza que escapa para a atmosfera como matéria particulada. Nos Estados Unidos, as termoelétricas a carvão emitem, *grosso modo*, 48 toneladas métricas de mercúrio para o ambiente a cada ano. A cinza que permanece no local da queima também representa um problema de armazenamento. Por exemplo, a Figura 4.8 mostra a devastação causada por milhões de galões de lodo de cinzas que foram derramados em um vale quando as paredes de um poço de armazenamento cederam.

Sua Vez 4.9 Emissões do carvão

Nos Estados Unidos, as termoelétricas a carvão são responsáveis por dois terços das emissões de dióxido de enxofre e um quinto das de monóxido de nitrogênio.
Sugestão: Reveja o Capítulo 1.

a. Por que a queima do carvão produz SO_2? Indique outra fonte de SO_2 na atmosfera.
b. Por que a queima do carvão produz monóxido de nitrogênio? Indique duas outras fontes de NO.

Uma quarta desvantagem pode ser, por fim, a mais séria. A queima do carvão produz dióxido de carbono, um gás de efeito estufa. A combustão de carvão produz mais CO_2 por quilojoule de calor liberado do que a de petróleo ou de gás natural. Em 2012, o carvão foi novamente o combustível fóssil cujo uso cresceu mais depressa.

Devido a essas desvantagens e dado que as reservas são relativamente abundantes nos Estados Unidos, esforços significativos de pesquisa estão em andamento para desenvolver novas tecnologias de uso de carvão. Embora possa parecer um paradoxo, o "carvão limpo" é promovido por seus partidários como uma etapa importante na direção da redução de nossa dependência da importação de petróleo e na diminuição da poluição do ar. O termo "tecnologia do carvão limpo" inclui, na verdade, uma série de métodos que pretendem aumentar a eficiência das termoelétricas a carvão e reduzir as emissões danosas. Listamos aqui várias tecnologias já implantadas em termoelétricas selecionadas.

- "Limpeza do carvão" para remover enxofre e outras impurezas minerais antes da queima.
- "Gaseificação" para converter o carvão em uma mistura de monóxido de carbono e hidrogênio (equação 4.10). O gás resultante queima a temperatura mais baixa, reduzindo assim a geração de óxidos de nitrogênio.
- "Esfrega úmida" para remover quimicamente o SO_2 antes que vá para a chaminé. Isso é conseguido pela reação do SO_2 com uma mistura de calcário moído e água.

FIGURA 4.8 Em dezembro de 2008, 300 milhões de galões de lodo de carvão cobriram residências perto de Knoxville, Tennessee.

Nenhuma dessas tecnologias dirige-se às emissões de gás de efeito estufa. Isso exigiria a tecnologia de carvão limpo mais ambiciosa: a captura e armazenamento do carbono. Questões sérias sobre a viabilidade da tecnologia envolvida permanecem.

O que o futuro reserva para o mais sujo dos combustíveis fósseis? A resposta depende de onde você mora. A Figura 4.9 compara o consumo de carvão em diferentes regiões do planeta entre 1986 e 2011. Embora a maior parte das regiões mostre alterações modestas, o uso de carvão na Ásia cresceu enormemente. Por um lado, isso faz sentido, já que a China tem enormes reservas de carvão para alimentar seu rápido crescimento. Por outro, a queima de carvão (por qualquer nação) claramente não atinge os critérios de sustentabilidade.

A captura e o armazenamento do dióxido de carbono, também conhecidos como fixação, foram discutidos na Seção 3.11.

Em 2012, a China tinha cerca de 13% das reservas conhecidas de carvão do mundo. Somente os Estados Unidos (28%) e a Federação Russa (18%) tinham mais.

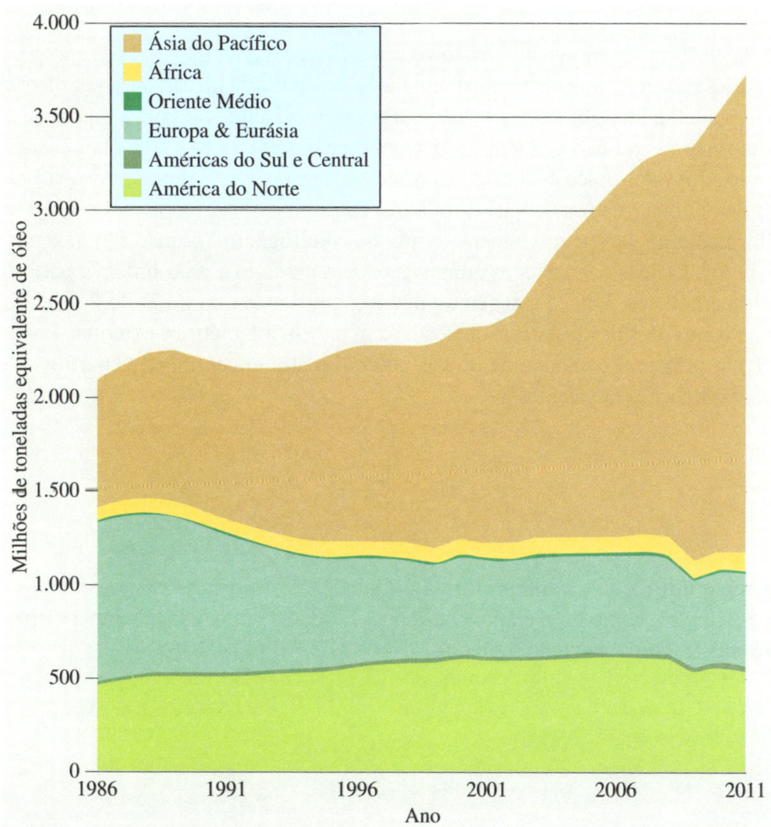

FIGURA 4.9 Consumo global de carvão por região, 1986-2011.
Fonte: BP Statistical Review of World Energy, junho de 2012.

Estude Isto 4.10 Carvão limpo

Em 2011, um colunista de jornal observou que a ideia de carvão limpo "permanece um sonho distante".

a. Liste três fatores que contribuem para que o carvão seja um combustível sujo.
b. Agora que se passaram alguns anos, o sonho do carvão limpo ficou mais perto de ser realizado? Selecione um plano geral e use-o para argumentar seu caso.

4.4 Petróleo e gás natural

O óleo cru, também conhecido como petróleo, é o líquido que pode jorrar de poços de óleo. Ele também é encontrado em areias petrolíferas e xistos alcatroados. Dependendo de sua origem, o petróleo vai de um óleo claro e dourado a um líquido preto alcatroado. O petróleo pode também ser acompanhado por depósitos de gás natural.

Cáucaso

Oriente Médio

França

Por volta de 1950, o petróleo ultrapassou o carvão como a principal fonte de energia nos Estados Unidos. As razões são relativamente fáceis de entender. Ao contrário do carvão, o petróleo tem a grande vantagem de ser um líquido, o que permite que seja bombeado facilmente para a superfície e transportado por oleodutos para as refinarias. Além disso, o petróleo fornece de 40 a 60% mais energia por grama do que o carvão. Um valor típico é 48 kJ/g, em contraste com os 30 kJ/g de um carvão de alto grau.

O petróleo é uma mistura de vários milhares de compostos diferentes. Os **hidrocarbonetos**, compostos formados apenas pelos elementos carbono e hidrogênio, formam a grande maioria. Algumas poucas regras básicas das ligações químicas podem ajudá-lo a criar ordem a partir do aparente caos dos hidrocarbonetos. Uma é a **regra do octeto**, apresentada no Capítulo 2, que afirma que os átomos de C nas ligações dos hidrocarbonetos devem partilhar 8 elétrons externos. Por exemplo, no metano (CH_4), o principal componente do gás natural, o átomo central de C partilha 8 elétrons de modo a formar 4 ligações covalentes.

Os átomos de hidrogênio, incluindo os de todos os hidrocarbonetos, são uma exceção da regra do octeto porque partilham somente 2 elétrons.

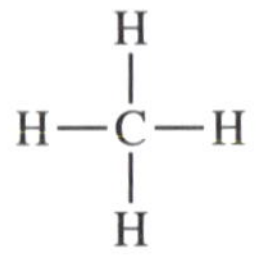

Outra regra útil é que o carbono forma 4 ligações nos hidrocarbonetos. Uma possibilidade são 4 ligações simples, como no metano. Outra possibilidade é uma ligação dupla e duas simples, 4 ligações novamente, como no eteno (etileno).

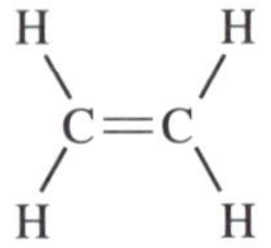

Como mencionamos no Capítulo 1, as fórmulas químicas indicam o tipo e o número dos átomos de uma molécula, mas não mostram como eles estão ligados. Para esse nível de detalhe, é necessário usar uma fórmula estrutural. Por exemplo, eis a fórmula estrutural do *n*-butano, C_4H_{10}, um hidrocarboneto usado em isqueiros e fogões portáteis. O *n* do nome químico significa normal, isto é, que os átomos de carbono estão em uma cadeia linear.*

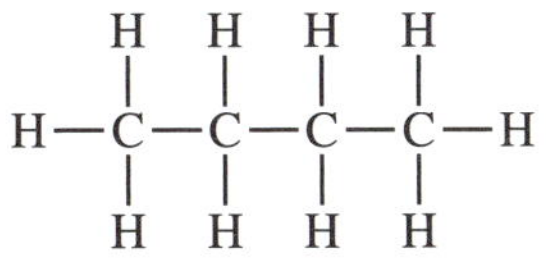

Um inconveniente das fórmulas estruturais é que ocupam muito espaço na página. Para dar a mesma informação de forma mais compacta, use uma **fórmula estrutural condensada**, em que algumas ligações não são mostradas e pressupõe-se que elas contêm o número apropriado de ligações. Eis duas fórmulas estruturais condensadas do *n*-butano, a segunda mais "condensada" do que a primeira.

$$CH_3—CH_2—CH_2—CH_3 \qquad CH_3CH_2CH_2CH_3$$

Embora os átomos de H dessas estruturas pareçam ser parte da cadeia de átomos de C, entende-se que não o são.

Muitos hidrocarbonetos do petróleo são **alcanos**, isto é, só têm ligações simples entre os átomos de carbono (Tabela 4.2). A gasolina é uma mistura de hidrocarbonetos com 5 a 12 átomos de carbono por molécula, incluindo os alcanos pentano, hexano e heptano. Embora sua produção tenha se iniciado no meio do século XIX, a gasolina tornou-se valiosa no começo do século XX, com o advento do automóvel. Veja mais informações sobre ela adiante neste capítulo.

Como a gasolina e outros hidrocarbonetos são produzidos a partir do petróleo? O processo ocorre em uma refinaria, o símbolo da indústria de petróleo (Figura 4.10). Durante a etapa inicial do processo de refino, o óleo cru é separado em frações, incluindo uma que contém a gasolina.

Em 2011, existiam 137 refinarias de petróleo operando nos Estados Unidos, com outras 11 ociosas.

No contexto da purificação da água, procure mais detalhes sobre a destilação no Capítulo 5.

As refinarias aplicam sua mágica no óleo cru por meio de vários processos, incluindo a **destilação**, um processo de separação no qual uma solução é aquecida até o ponto de ebulição e os vapores resultantes, condensados e coletados. Outros processos incluem o craqueamento catalítico, a reforma e a coqueificação, como se vê na torre de destilação da Figura 4.11. Descreveremos esses processos com mais detalhes na Seção 4.7.

Para destilar o óleo cru, ele deve ser primeiramente ambiente bombeado para um recipiente volumoso (a caldeira na Figura 4.11) e aquecido.

- Quando a temperatura na caldeira aumenta, compostos com pontos de ebulição mais baixos (massas moleculares mais baixas) começam a vaporizar.
- Quando a temperatura aumenta ainda mais, compostos com pontos de ebulição mais altos (massas moleculares mais altas) vaporizam-se.
- Ao se vaporizar, todos os compostos sobem pela coluna de destilação.
- Os compostos condensam-se a líquidos em regiões diferentes da coluna devido à redução da temperatura com a altura.

A Figura 4.11 ilustra uma torre de destilação, mostrando as misturas de compostos que podem ser obtidas. Elas incluem gases como o metano, líquidos como a gasolina e sólidos como o asfalto. As quantidades de cada um deles dependem do tipo de óleo cru.

A fração "mais leve" coletada são os "gases de refinaria", que têm de 1 a 4 átomos de carbono por molécula e incluem metano, etano, propano e butano. Os gases de refinaria são inflamáveis e usados com frequência como combustível na própria planta. Eles também podem ser liquefeitos e vendidos para uso doméstico. A indústria química também pode usar os gases de refinaria como matéria-prima para fabricar novos compostos.

Os gases de refinaria incluem o metano, o componente principal do gás natural. Entretanto, a maior parte do gás natural é obtida diretamente dos poços de petróleo e de gás, não por destilação em uma refinaria. O gás natural recebido em sua casa é praticamente metano puro, mas também inclui etano (2-6%) e outros hidrocarbonetos de baixa massa molecular. O gás natural também pode conter pequenas quantidades de vapor de água, dióxido de carbono, sulfeto de hidrogênio e hélio. Antes de ser transportado por tubulações, o gás natural deve ser lavado para remoção dessas impurezas.

O metano é um gás inodoro que pode entrar em combustão explosivamente. Para alertar as pessoas para um vazamento de gás, um composto com odor forte é adicionado ao gás natural.

*N. de T.: A IUPAC (União Internacional de Química Pura e Aplicada), responsável pelas regras de nomenclatura de uso internacional, não recomenda o uso do *n*. A razão é que quando a cadeia não é linear haverá um prefixo indicando a substituição de um hidrogênio da cadeia por um grupo (alquila).

TABELA 4.2 Alcanos selecionados (gases e líquidos)

Nome e fórmula química	Ponto de ebulição e estado físico na temperatura normal	Fórmula estrutural	Fórmula estrutural condensada
metano CH_4	−164°C gás	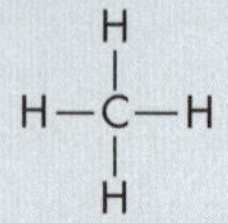	CH_4
etano C_2H_6	−89°C gás	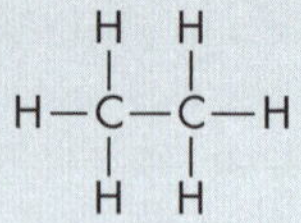	CH_3CH_3
propano C_3H_8	−42°C gás	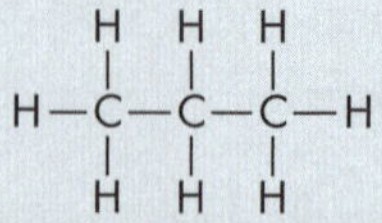	$CH_3CH_2CH_3$
n-butano C_4H_{10}	−0,5°C gás	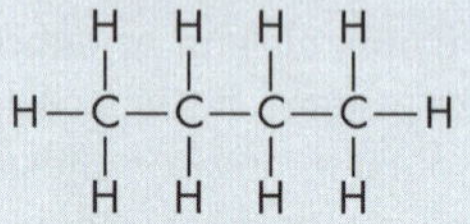	$CH_3CH_2CH_2CH_3$
n-pentano C_5H_{12}	36°C líquido	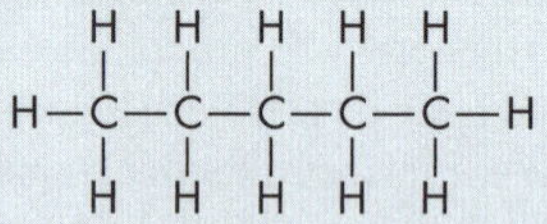	$CH_3CH_2CH_2CH_2CH_3$
n-hexano C_6H_{14}	69°C líquido	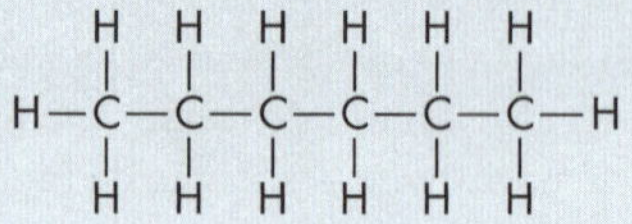	$CH_3CH_2CH_2CH_2CH_2CH_3$
n-heptano C_7H_{16}	98°C líquido	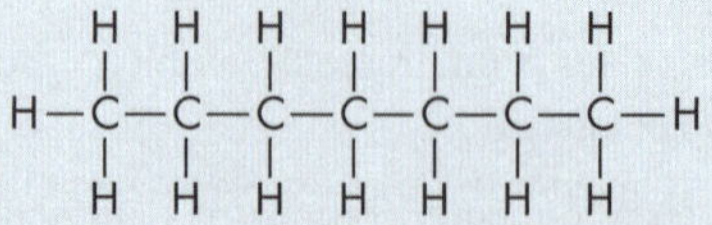	$CH_3CH_2CH_2CH_2CH_2CH_2CH_3$
n-octano C_8H_{18}	125°C líquido	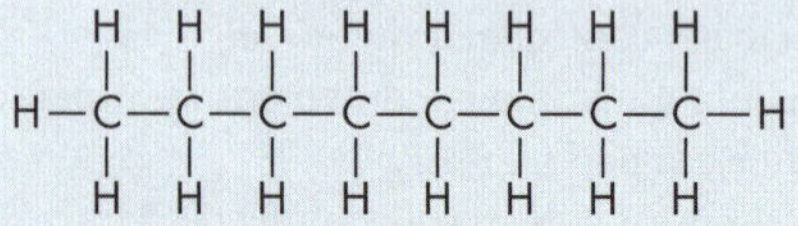	$CH_3CH_2CH_2CH_2CH_2CH_2CH_2CH_3$

Nota: *n*–butano, *n*–pentano, *n*–hexano, *n*–heptano e *n*–octano têm outros isômeros (veja a Seção 4.7). O *n* significa normal, isto é, o isômero de cadeia linear.

Transportado pelas tubulações, o gás natural fornece calor para mais da metade das residências americanas, seja diretamente ou por meio da eletricidade produzida na queima do gás em uma termoelétrica. Dentre os combustíveis fósseis, o gás natural é relativamente limpo. Ele praticamente não emite dióxido de enxofre e libera relativamente pouca matéria particulada, monóxido de carbono e óxidos de nitrogênio. Embora a queima do gás natural produza CO_2, um gás de efeito estufa, a quantidade é menor por unidade de energia do que ocorre com os outros combustíveis fósseis. Veja por você mesmo em Sua Vez 4.11.

Sua Vez 4.11 Carvão versus gás natural

A combustão de um grama de gás natural libera 50,1 kJ de calor.

a. Calcule a massa de CO_2 liberada na queima de gás natural para produzir 1500 kJ de calor. Suponha que o gás natural é metano puro, CH_4.

b. Selecione um dos graus de carvão da Tabela 4.1. Compare a massa de CO_2 produzido quando uma quantidade suficiente desse carvão é queimada para produzir os mesmos 1500 kJ de calor.

Sugestão: Suponha que a fórmula do carvão é $C_{135}H_{96}O_9NS$. Você calculou sua massa molecular no Sua Vez 4.8.

FIGURA 4.10 Uma refinaria de petróleo mostrando as altas torres de destilação. Pequenas quantidades de gás natural são queimadas, como se vê pelas chamas.

Além dos gases de refinaria, uma larga faixa de compostos é produzida em uma refinaria (Figura 4.12). De um barril de óleo cru (42 galões), cerca de 35 galões são queimados para aquecimento e transporte. O restante é usado para outros propósitos, incluindo o galão ou dois que são usados como "matéria-prima" da produção de plásticos, medicamentos, tecidos e outros produtos à base de carbono. Como essa matéria-prima é de recursos não renováveis, pode-se prever que, um dia, os produtos do petróleo fiquem muito valiosos para serem queimados.

Será que o petróleo se esgotará? Uma questão melhor seria "Quando o petróleo que pode ser extraído com relativa facilidade se esgotará?" O ponto não é a quantidade de combustíveis fósseis que restará na Terra, mas a velocidade com a qual podemos extraí-los. Nos anos 1950, o consumo mundial de óleo era de 4 bilhões de barris, com mais de 30 bilhões de barris em novas reservas descobertos por ano. Hoje, esses números estão quase invertidos. Mundialmente, usamos mais de 30 bilhões de barris por ano, incluindo cerca de 6,7 bilhões nos Estados Unidos.

Desde 2001, a produção de óleo nos Estados Unidos variou entre 7 e 9 milhões de barris por dia. Em contraste, nosso consumo é de ~20 milhões de barris de óleo por dia.

Uma grande descoberta recente de óleo ocorreu em Kashagan, no Mar Cáspio, e se espera que ela produza mais de 10 bilhões de barris em sua vida útil. Embora descoberto em 2000, o óleo de Kashagan só entrou em produção em 2013. Defasagens entre a descoberta e a produção de óleo são comuns. O óleo que usamos hoje vem de campos descobertos décadas atrás.

Em algum momento, não encontraremos mais os campos que garantirão a produção futura. Levando isso em conta, especialistas em petróleo predisseram que a produção de óleo crescerá e depois declinará. Um artigo de 2011 da revista *Science* intitulado "O Pico da Produção de Óleo Pode Já Estar Aqui" reporta:

> O problema até este ponto, todos concordamos, foram as dificuldades crescentes da extração convencional de óleo. Esse é o óleo mais fácil de obter porque flui de um poço por si só ou com um mínimo de estímulo, como o uso de bombas ou injeções de água. A produção convencional de óleo de qualquer poço tipicamente aumenta, atinge o máximo e depois declina.

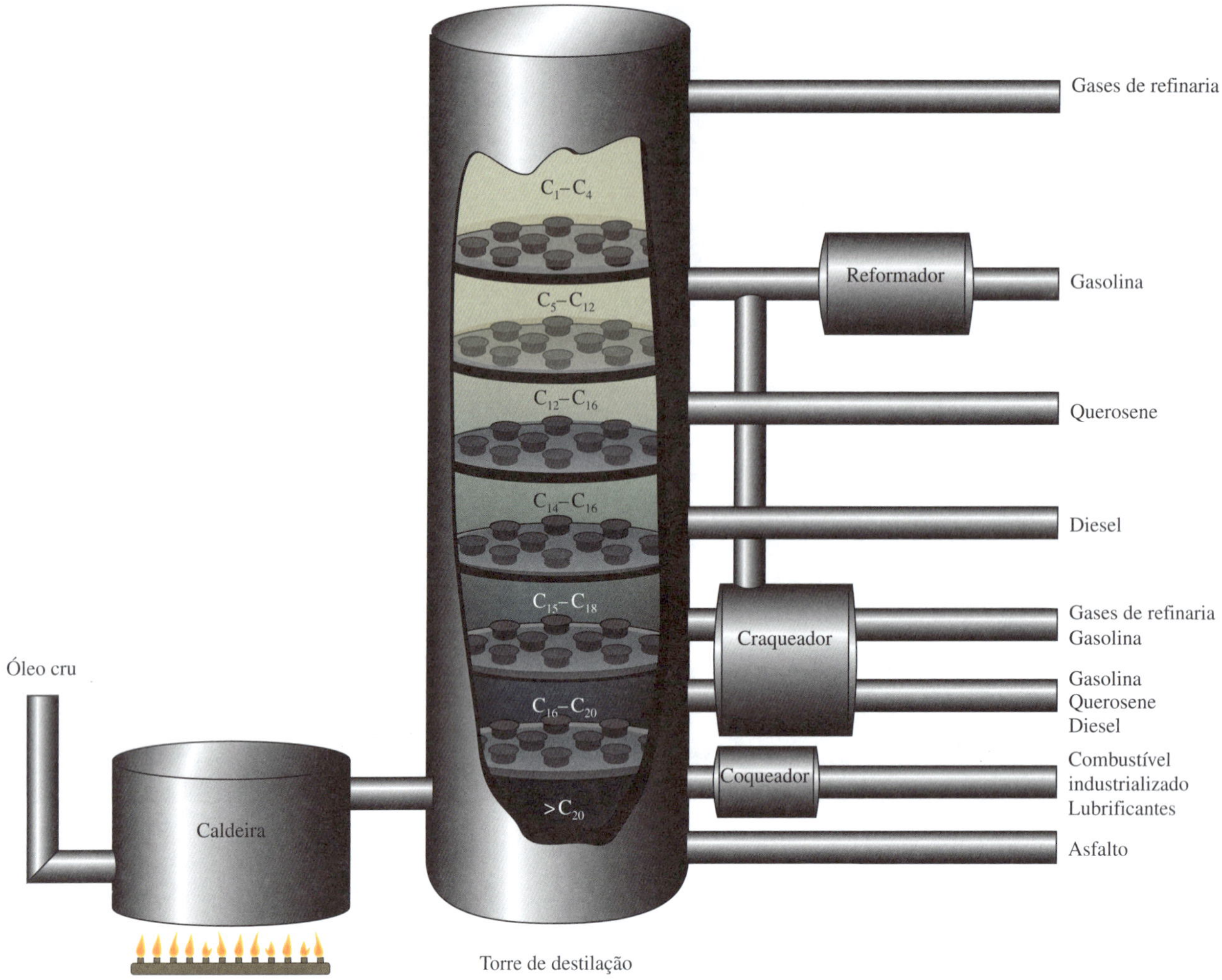

FIGURA 4.11 Diagrama de uma torre de destilação de óleo cru mostrando as frações e usos comuns.

Um barril tem 42 galões. Após o refino, o volume é ligeiramente maior porque alguns dos produtos têm menor densidade (e maior volume) do que o óleo cru. A densidade é definida no Capítulo 5.

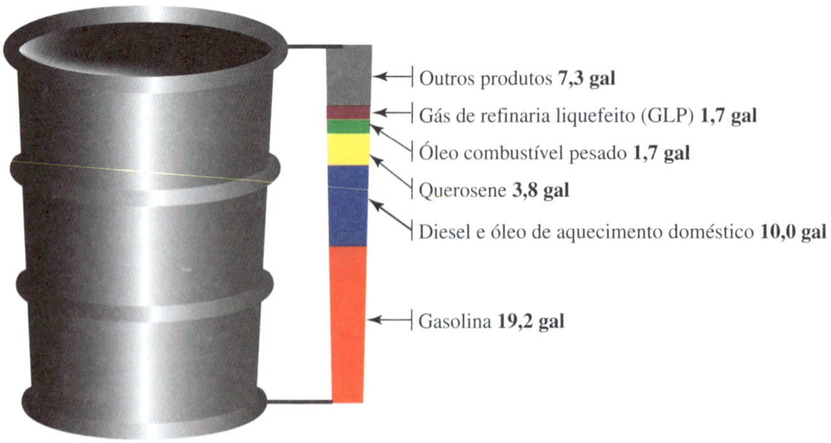

FIGURA 4.12 Produtos (em galões) do refino de um barril de óleo cru.
Fonte: U.S. Energy Information Administration, 2009.

No mesmo artigo, o analista de petróleo Michael Rodgers (PFC Energy, Kuala Lumpur) comenta: "Argumentar que você vai ter um crescimento continuado e sustentável do óleo convencional é uma discussão muito difícil de ganhar".

Quando tivermos esgotado as fontes fáceis, ficaremos com o óleo não convencional encontrado em locações mais difíceis. Ele está a milhares de pés sob a água do mar e é extraível somente com equipamentos de perfuração para águas profundas. É encontrado nas areias petrolíferas do Canadá (Figura 4.13) e encontrado nos xistos betuminosos do Utah, Colorado e Wyoming. As quantidades envolvidas são impressionantes – talvez 3 trilhões de barris. No entanto, se esse óleo fosse facilmente recuperado, não estaria hoje misturado a areias e xistos.

Mesmo assim, há surpresas. Uma é a produção de gás natural nos Estados Unidos a partir de reservatórios subterrâneos muito fundos. Para extraí-lo, usa-se o processo de fraturamento hidráulico ("fracking"). Embora primeiramente tentado nos anos 1940, só mais recentemente a tecnologia foi usada em grande escala. Em 2004, o primeiro poço foi perfurado no depósito de xisto Marcellus sob a Pensilvânia, West Virginia e estados vizinhos. Em 2010, a produção de gás natural desse depósito atingiu um bilhão de pés cúbicos por dia.

O fraturamento hidráulico envolve a perfuração do xisto que contém gás, que fica a uma ou duas milhas abaixo da superfície da Terra. Água contendo um coquetel de substâncias é injetada sob pressão para criar rachaduras por onde o gás natural pode fluir. A água também carrega areia fina que abre essas rachaduras. A próxima atividade lhe dará a oportunidade de analisar alguns detalhes do fraturamento hidráulico.

FIGURA 4.13 A areia petrolífera do Canadá é uma mistura densa que, ao contrário das fontes convencionais, não jorra óleo para a superfície.

Estude Isto 4.12 Fraturamento hidráulico!

a. O fraturamento do xisto é feito hidraulicamente, e não com dinamite. O que o termo *hidráulico* significa? Sugira razões de por que a dinamite não funcionaria.

b. Quanta água é comumente injetada em um poço? Quais são os ingredientes do "coquetel" que essa água contém?

c. Parte da água retorna à superfície na forma de esgoto. Sugira algumas opções para o manejo desse esgoto.

Aonde essa discussão de combustíveis convencionais e não convencionais nos leva? Alguns dos que propõem os cenários do óleo e do gás no futuro são otimistas, outros são mais pessimistas. As diferenças estão no grau com que as reservas mundiais são recuperáveis *e* até que ponto podem ser queimadas, considerando o aumento de CO_2 em nossa atmosfera. Nenhuma das predições nos deixa abruptamente privados do óleo e do gás. Na verdade, preços dramaticamente mais elevados, maior escassez e, talvez, novas normas sociais caracterizarão o momento em que a produção de óleo atingirá o pico. Quando isso acontecer, não poderemos mais contar do mesmo modo com esse "ouro negro".

4.5 Medindo variações de energia

A capacidade de uma substância de liberar energia a transforma em um bom combustível. Como você viu, calorias e joules podem ser usados para expressar a energia de um alimento ou um combustível. Nesta seção, você aprenderá a quantificar variações de energia nas reações químicas. Sua Vez 4.13 vai lhe permitir praticar com as unidades de energia.

Uma rosquinha contém lipídeos e carboidratos, que são discutidos nas Seções 11.3 e 11.5, respectivamente.

Sua Vez 4.13 Cálculos de energia

a. Quando uma rosquinha é metabolizada, há liberação de 425 kcal (425 Cal). Expresse este valor em quilojoules.

b. Calcule o número de livros de 1 kg que você poderia levantar até uma prateleira que está a 2 m do solo com a energia da metabolização de uma rosquinha.

Respostas

a. 1 kcal equivale a 4,184 kJ.

$$425 \cancel{\text{kcal}} \times \frac{4{,}184 \text{ kJ}}{1 \cancel{\text{kcal}}} = 1{,}78 \times 10^3 \text{ kJ}$$

b. Anteriormente, dissemos que um joule é aproximadamente igual à energia necessária para levantar um livro de 1 kg até uma altura de 10 cm contra a gravidade da Terra. Podemos usar essa informação para calcular o número de livros de 1 kg que podem ser levantados até 2 metros. Primeiro, observe que 2 m equivalem a 200 cm. Depois, calcule a energia (joules) necessária para levantar um livro de 1 kg até 2 m.

$$200 \text{ cm} \times \frac{1 \text{ J}}{10 \text{ cm}} = 20 \text{ J}$$

A seguir, expresse esse valor em quilojoules.

$$20 \text{ J} \times \frac{1 \text{ kJ}}{10^3 \text{ J}} = 0{,}020 \text{ kJ}$$

Use esse valor para fazer o cálculo final.

$$1{,}78 \times 10^3 \text{ kJ} \times \frac{1 \text{ livro}}{0{,}020 \text{ kJ}} = 8{,}9 \times 10^4 \text{ livros}$$

Para consumir totalmente uma rosquinha você deve levantar 90.000 livros!

Químico Cético 4.14 Conferindo suposições

Uma suposição simplificadora (e errada) foi feita nos cálculos de parte **b** da atividade precedente. Qual foi a suposição? Ela é razoável? Com base nessa suposição, sua resposta foi muito alta ou muito baixa? Explique seu raciocínio.

O metabolismo dos alimentos, incluindo os pouco saudáveis como as rosquinhas, ajudam a manter nosso corpo em uma temperatura constante. A **temperatura** é uma medida da energia cinética média de átomos ou moléculas de uma substância. Tudo à nossa volta está em alguma temperatura – quente, fria ou morna. Quando percebemos um determinado objeto como "frio", isso significa que seus átomos e moléculas estão se movendo mais lentamente, em média, do que quando percebemos o mesmo objeto como "quente". Portanto, para que a temperatura de um objeto aumente, a energia cinética de seus átomos e moléculas deve aumentar. De onde vem essa energia? **Calor** é a energia cinética que flui de um objeto mais quente para um mais frio. Quando dois corpos estão em contato, o calor sempre flui do que tem a temperatura mais alta para o que tem a temperatura mais baixa.

As ligações entre oceanos e clima são discutidas em mais detalhes nas Seções 3.10, 5.2 e 6.5.

Embora os conceitos de temperatura e calor estejam relacionados, eles não são idênticos. Sua garrafa de água e o Oceano Pacífico podem estar à mesma temperatura, mas o oceano contém e pode transferir muito mais calor do que a água da garrafa. Certamente, massas de água podem afetar o clima de toda uma região, em consequência de sua capacidade de absorver e transferir calor.

O **calorímetro** é um instrumento usado para medir experimentalmente a quantidade de calor liberada em uma reação de combustão. A Figura 4.14 mostra a representação esquemática de um calorímetro. Para usá-lo, deve-se introduzir uma massa conhecida de combustível e um excesso de oxigênio em um recipiente de aço inoxidável com paredes espessas. O recipiente é, então, selado e mergulhado em um tanque contendo água. A reação se inicia com uma fagulha. O calor liberado

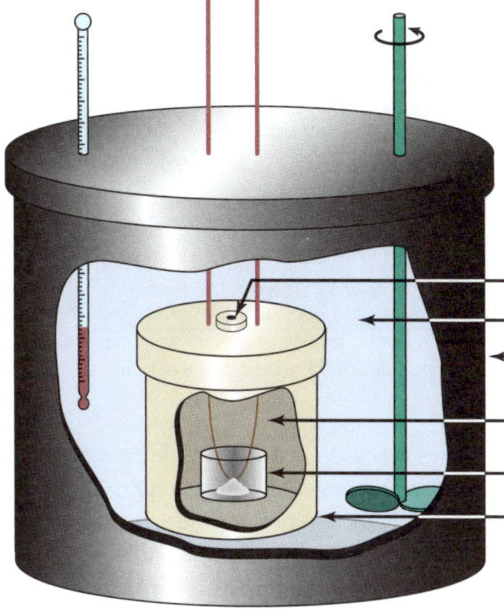

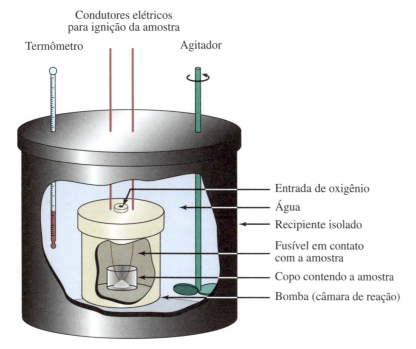

FIGURA 4.14 Esquema de um calorímetro.

pela reação flui do recipiente para a água e o resto da aparelhagem. Em consequência, a temperatura do calorímetro aumenta. A quantidade de calor liberada pela reação pode ser calculada a partir do aumento de temperatura e das propriedades de absorção conhecidas do calorímetro e da água que ele contém. Quanto maior for o aumento da temperatura, maior a quantidade de energia liberada pela reação.

Medidas experimentais desse tipo são a fonte da maior parte dos valores tabulados de calores de combustão. Como o nome sugere, o **calor de combustão** é a quantidade de energia calorífica liberada quando uma quantidade especificada de uma substância queima sob a ação de oxigênio. Os calores de combustão são tipicamente registrados como valores positivos em quilojoules por mol (kJ/mol), quilojoules por grama (kJ/g), quilocalorias por mol (kcal/mol) ou quilocalorias por grama (kcal/g). Por exemplo, o calor de combustão experimental do metano é de 802,3 kJ/mol. Isso significa que 802,3 kJ de calor são liberados quando 1 mol de $CH_4(g)$ reage com 2 mols de $O_2(g)$ para formar 1 mol de $CO_2(g)$ e 2 mols de $H_2O(g)$.

Os calores de combustão, por convenção, são tabulados como valores positivos, ainda que todas as reações de combustão *liberem* calor.

O mol foi definido na Seção 3.7.

$$CH_4(g) + 2\,O_2(g) \longrightarrow CO_2(g) + 2\,H_2O(g) + 802{,}3\text{ kJ} \qquad [4.3]$$

Podemos usar esse valor para calcular o número de quilojoules liberados por grama, e não por mol. A massa molar do CH_4, calculada a partir das massas atômicas do carbono e do hidrogênio, é 16,0g/mol. Podemos agora calcular o calor de combustão por grama de metano.

$$\frac{802{,}3\text{ kJ}}{\cancel{1\text{ mol CH}_4}} \times \frac{\cancel{1\text{ mol CH}_4}}{16{,}0\text{ g CH}_4} = 50{,}1\text{ kJ/g CH}_4$$

Para um combustível, esse é um calor de combustão elevado! Veja na Figura 4.16 como ele se compara com os de outros combustíveis.

Queimar metano é análogo à água que cai do alto de uma cachoeira. Inicialmente em um estado de alta energia potencial, a água desce até uma energia potencial mais baixa. A energia potencial converte-se em energia cinética, que é liberada quando a água atinge as pedras lá embaixo. De modo semelhante, quando o metano é queimado, energia é liberada quando os átomos dos reagentes "caem" em um estado de energia potencial mais baixa ao se formarem os produtos. A Figura 4.15 é uma representação sistemática desse processo. A seta apontada para baixo indica que a energia associada a 1 mol de $CO_2(g)$ e 2 mols de $H_2O(g)$ é inferior à energia associada a 1 mol de $CH_4(g)$ e 2 mols de $O_2(g)$. A combustão do metano é **exotérmica**, um termo aplicado a qualquer alteração química

Para uma reação exotérmica, $E_{produtos} - E_{reagentes} < 0$.

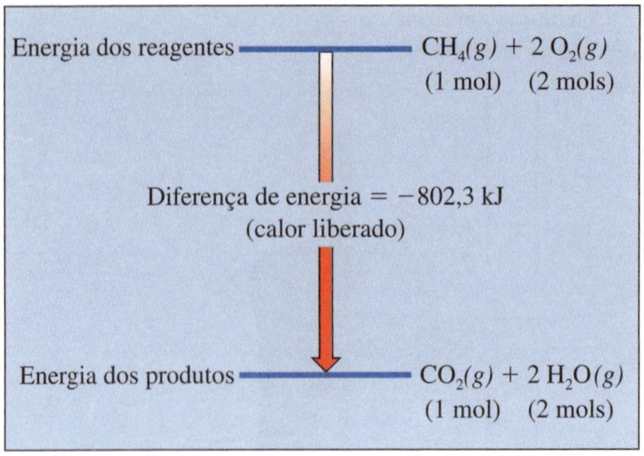

FIGURA 4.15 Diferença de energia na combustão do metano – uma reação exotérmica.

ou física acompanhada por liberação de calor. Nessa reação, a diferença de energia é de −802,3 kJ. O sinal negativo da variação de energia de todas as reações exotérmicas representa a diminuição da energia potencial dos reagentes até chegar aos produtos. Como esperado, a quantidade de energia liberada depende da quantidade de combustível queimada.

Nesta altura, já está provavelmente claro que bons combustíveis têm alta energia potencial. Quanto mais energia potencial, mais calor o combustível libera ao ser queimado para produzir CO_2 e H_2O. A Figura 4.16 compara a diferença de energia (em kJ/g) de vários combustíveis. Podemos fazer algumas observações com base nas fórmulas químicas dos combustíveis. Primeiro, os que têm os maiores calores de combustão são hidrocarbonetos. Segundo, quando a razão entre hidrogênio e carbono diminui, o mesmo acontece com o calor de combustão. Terceiro, quanto mais oxigênio na molécula de combustível, menor é o calor de combustão.

Estude Isto 4.15 Carvão versus etanol

Explique, com base na composição química, por que etanol e carvão têm fórmulas químicas muito diferentes, mas calores de combustão semelhantes.

Veja a Seção 4.9 para mais detalhes sobre a glicose e a madeira.

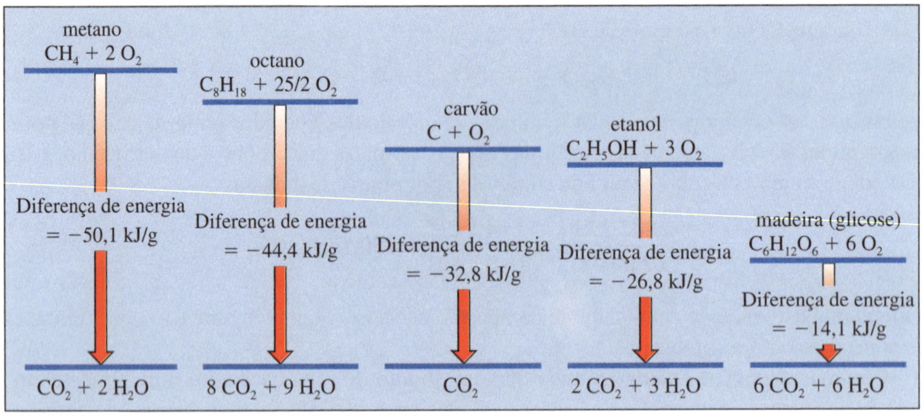

FIGURA 4.16 Diferenças de energia (em kJ/g) da combustão de metano (CH_4), *n*-octano (C_8H_{18}), carvão (considerado como carbono puro), etanol (C_2H_5OH) e madeira (representada pela glicose). Dióxido de carbono e água formam-se na fase gasosa.

TABELA 4.3 Reações endotérmicas versus exotérmicas

Reação endotérmica	Reação exotérmica
$Energia_{produtos} > Energia_{reagentes}$	$Energia_{produtos} < Energia_{reagentes}$
A variação de energia é positiva	A variação de energia é negativa
Energia é absorvida	Energia é liberada

Muitas das reações que ocorrem naturalmente não são exotérmicas. Ao contrário, elas *absorvem* energia ao reagir. Vimos dois exemplos importantes nos capítulos anteriores. Um é a decomposição de O_3 para dar O_2 e O, e a outra é a combinação de N_2 e O_2 para dar duas moléculas de NO. Ambas as reações precisam de energia na forma de uma descarga elétrica, de um fóton de alta energia ou de alta temperatura. Essas reações são **endotérmicas**, termo usado para qualquer alteração química ou física que absorve energia. Uma reação química é endotérmica quando a energia potencial dos produtos é *maior* do que a dos reagentes. A variação de energia de uma reação endotérmica é sempre positiva. A Tabela 4.3 compara as variações de energia de algumas reações endotérmicas e exotérmicas.

A Seção 2.6 descreveu a decomposição de O_3 com absorção de luz UV. A Seção 1.9 descreveu a formação de NO em temperaturas elevadas.

A fotossíntese também é endotérmica. O processo exige a absorção de 2.800 kJ de luz solar por mol de $C_6H_{12}O_6$, ou 15,5 kJ por grama de glicose formado. O processo completo envolve muitas etapas, mas a reação total pode ser descrita pela equação

$$2.800\ \text{kJ} + 6\ CO_2(g) + 6\ H_2O(l) \xrightarrow{\text{clorofila}} \underset{\text{glicose}}{C_6H_{12}O_6(s)} + 6\ O_2(g) \qquad [4.4]$$

Compare o valor de 15,5 kJ/g da formação de glicose, na equação 4.4, com os −14,1 kJ/g de sua combustão (Figura 4.16). As magnitudes não são iguais porque, na primeira, a glicose se forma a partir de CO_2 e água (líquido) e, na segunda, a glicose queima para produzir CO_2 e água (gás).

A reação exige a participação do pigmento verde clorofila. A molécula da clorofila absorve energia dos fótons de luz visível e a usa para forçar o processo fotossintético, uma reação energeticamente desfavorável. A fotossíntese tem um papel essencial no ciclo do carbono, pois remove CO_2 da atmosfera.

A energia potencial de qualquer espécie química e, portanto, a quantidade de energia liberada na combustão, estão relacionadas com as ligações químicas das moléculas do combustível. Na próxima seção, veremos como o conhecimento da estrutura molecular pode ser usado para o cálculo dos calores de combustão e permite determinar com precisão as diferenças entre os combustíveis.

4.6 Variações de energia no nível molecular

As reações químicas envolvem a quebra e a formação de ligações químicas. Energia é necessária para quebrar ligações como também o é para quebrar correntes ou rasgar papéis. Em contraste, a formação de ligações químicas libera energia. A energia total associada a uma reação química depende do efeito líquido de quebra e formação de ligações. Se a energia necessária para quebrar as ligações dos reagentes é maior do que a energia liberada quando os produtos se formam, a reação total é endotérmica e energia é absorvida. Se, por outro lado, a energia de formação de ligações nos produtos é maior do que a da quebra das ligações dos reagentes, então a variação líquida de energia é exotérmica e energia é liberada na reação.

Por exemplo, veja o hidrogênio, desejável como combustível pois, comparado com outros, libera grande quantidade de energia por grama ao queimar.

Veja mais sobre o hidrogênio como combustível nas Seções 8.5 e 8.6.

$$2\ H_2(g) + O_2(g) \longrightarrow 2\ H_2O(g) + \text{energia} \qquad [4.5]$$

Para calcular a variação de energia associada à combustão do hidrogênio para formar vapor de água, vamos supor que todas as ligações das moléculas de reagente se quebram e, em seguida, vamos juntar os átomos para formar os produtos. É claro que a reação não se passa dessa maneira, mas só estamos interessados na variação total (líquida) de energia, não nos detalhes. Por isso, con-

TABELA 4.4 Energias de ligações covalentes (em kJ/mol)

	H	C	N	O	S	F	Cl	Br	I
Ligações simples									
H	436								
C	416	356							
N	391	285	160						
O	467	336	201	146					
S	347	272	-	-	226				
F	566	485	272	190	326	158			
Cl	431	327	193	205	255	255	242		
Br	366	285	-	234	213	-	217	193	
I	299	213	-	201	-	-	209	180	151
Ligações múltiplas									
C=C	598			C=N	616		C=O*	803	
C≡C	813			C≡N	866		C≡O	1.073	
N=N	418			O=O	498				
N≡N	946								

*em CO_2

tinuamos nosso conveniente plano para ver como o resultado calculado se compara com o valor experimental.

As energias das ligações covalentes da Tabela 4.4 são os dados necessários para nosso cálculo. A **energia de ligação** é a quantidade de energia que deve ser absorvida para quebrar uma determinada ligação química. Como energia deve ser absorvida, a quebra de ligações é um processo endotérmico, e todas as energias de ligação da Tabela 4.4 são positivas. Os valores são expressos em quilojoules por mol de ligações quebradas. Observe que os átomos das ligações estão na linha superior e no lado esquerdo da tabela. O número que está na interseção de quaisquer linhas e colunas é a energia (em quilojoules) necessária para quebrar um mol das ligações entre os dois átomos.

A quantidade de energia necessária depende do número de ligações quebradas: mais ligações precisam de mais energia. Os valores da Tabela 4.4 são para um mol de ligações. Por exemplo, a energia necessária para quebrar 1 mol de ligações H–H, como na molécula H_2, é 436 kJ. Do mesmo modo, a energia necessária para quebrar um mol de ligações duplas O=O, como na molécula O_2, é 498 kJ.

É preciso saber se a energia foi absorvida ou liberada. Para isso, indicamos a energia absorvida com um sinal positivo. Essa é a energia absorvida na quebra da ligação. A formação de ligações libera energia, e indicamos isso com um sinal negativo. Por exemplo, a energia da ligação dupla O=O é 498 kJ/mol. Assim, quando 1 mol de ligações duplas O=O se quebra, a variação de energia é +498 kJ, e quando 1 mol de ligações duplas O=O se forma, a variação de energia é −498 kJ.

Estamos agora finalmente prontos para aplicar esses conceitos e convenções à queima do gás hidrogênio, H_2. A próxima equação mostra as estruturas de Lewis das espécies envolvidas para que possamos contar as ligações que precisam ser quebradas e formadas:

$$2\,H{-}H + \ddot{O}{=}\ddot{O} \longrightarrow 2\,H{-}\ddot{O}{-}H \qquad [4.6]$$

Lembre-se de que as equações químicas podem ser lidas em termos de mols. As equações 4.5 e 4.6 indicam que "2 mols de H_2 mais 1 mol de O_2 formam 2 mols de H_2O". Para usar as energias de ligação, temos de contar o número de mols de *ligações* envolvidas. Eis um esquema:

Molécula	Ligações por molécula	Mols na reação	Mols de ligações	Processo na ligação	Energia por ligação	Energia total
H–H	1	2	1 × 2 = 2	quebra	+436 kJ	2 × (+436) = +872 kJ
O=O	1	1	1 × 1 = 1	quebra	+498 kJ	1 × (+498) = +498 kJ
H–O–H	2	2	2 × 2 = 4	formação	−467 kJ	4 × (−467) = −1868 kJ

Podemos ver, na última coluna, que a variação de energia total na quebra das ligações (872 kJ + 498 kJ = 1370 kJ) e na formação de outras ligações (−1868 kJ) resulta em uma variação líquida de −498 kJ.

O cálculo está na forma de diagrama na Figura 4.17. A energia dos reagentes, 2 H_2 e O_2, é estipulada como zero, um valor arbitrário conveniente. As setas verdes que apontam para cima representam energia absorvida para quebrar as ligações das moléculas dos reagentes e formar 4 átomos de H e 2 de O. A seta vermelha, à direita, que aponta para baixo, representa a energia liberada para formar as ligações das moléculas de produto: 2 H_2O. A seta vermelha mais curta corresponde à variação líquida de energia de –498 kJ, significando que a reação de combustão é fortemente exotérmica. Os produtos têm energia mais baixa do que os reagentes, logo a variação de energia é negativa. O resultado é a liberação de energia, principalmente na forma de calor. Outro modo de interpretar essas reações exotérmicas é como a conversão de reagentes com ligações mais fracas em produtos com ligações mais fortes. Em geral, os produtos são mais estáveis (energia potencial mais baixa) e menos reativos do que as substâncias iniciais.

A variação de energia que calculamos a partir das energias de ligação, −498 kJ, na queima de 2 mols de hidrogênio compara-se favoravelmente com o valor experimental quando todas as espécies são gases. Isso justifica nossa suposição nada realista de que todas as ligações das moléculas dos reagentes são quebradas e, depois, todas as ligações das moléculas dos produtos são formadas. A variação de energia que acompanha uma reação química depende da *diferença* de energia entre os produtos e reagentes, não de um processo específico, de um mecanismo ou das etapas individuais

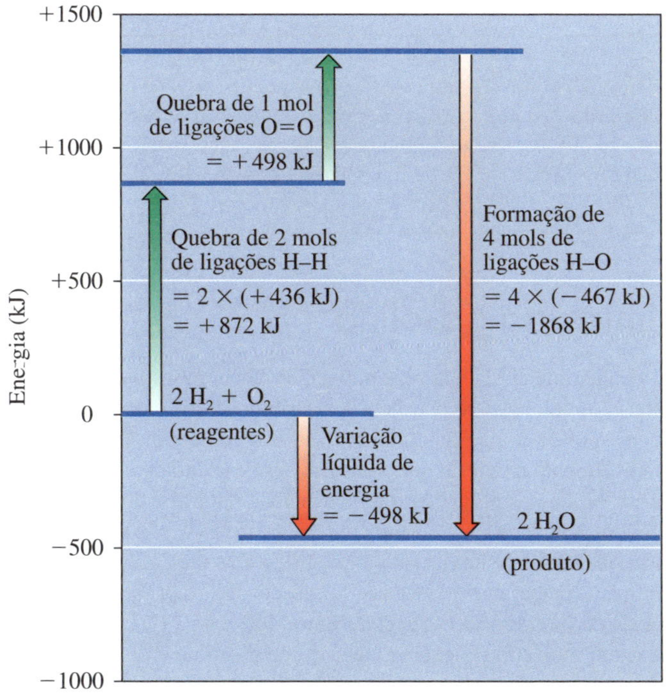

FIGURA 4.17 Variações de energia durante a combustão de hidrogênio para formar vapor de água.

que ligam os dois. Essa ideia é extremamente poderosa no que diz respeito aos cálculos de variação de energia em reações.

Valores experimentais diferem um pouco dos calculados com as energias de ligação.

Nem todos os cálculos são tão fáceis nem dão tão bons resultados como esse. Por um lado, as energias de ligação da Tabela 4.4 só se aplicam a gases, logo cálculos com esses valores só concordam com o experimental se todos os reagentes e produtos estão no estado de gás. Além disso, as energias tabuladas são valores médios. A força de uma ligação depende da estrutura geral da molécula em que ocorre, ou em outras palavras, de como os átomos estão ligados. Assim, a força de uma ligação O–H é ligeiramente diferente em HOH, HOOH e CH_3OH. Ainda assim, o procedimento aqui ilustrado é um modo útil de estimar variações de energia em um grande número de reações, além de também ajudar a ilustrar a relação entre força de ligação e energia química.

Essa análise também ajuda a esclarecer por que produtos de reações de combustão (como H_2O ou CO_2) não podem ser usados como combustíveis. Não existem substâncias nas quais esses compostos possam ser convertidos que tenham ligações mais fortes e tenham menos energia. Conclusão: você não pode fazer um carro correr usando os gases de exaustão!

Sua Vez 4.16 Calor de combustão do etino

Use as energias de ligação da Tabela 4.4 para calcular o calor de combustão do etino, C_2H_2, também conhecido como acetileno. Dê a resposta em quilojoules por mol (kJ/mol) e em quilojoules por grama (kJ/g) de C_2H_2. Eis a equação balanceada.

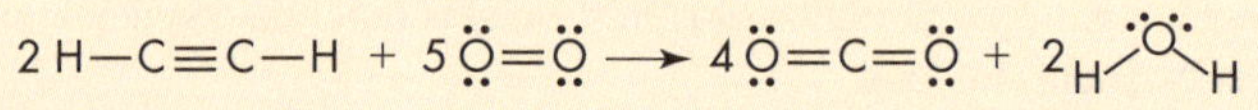

Sugestão: O coeficiente do acetileno na equação química é 2. O calor de combustão é para 1 mol.

Resposta

Variação de energia = −1256 kJ/mol C_2H_2 ou −48,3 kJ/g C_2H_2

Calor de combustão = −1256 kJ/mol C_2H_2 ou −48,3 kJ/g C_2H_2

Sua Vez 4.17 O_2 versus O_3

Como vimos no Capítulo 2, o ozônio absorve radiação UV de comprimentos de onda inferiores a 320 nm, e o oxigênio absorve radiação eletromagnética de comprimentos de onda inferiores a 242 nm. Use as energias de ligação da Tabela 4.4 e as informações sobre as estruturas de ressonância do O_3 do Capítulo 2 para dar uma explicação para isso.

4.7 A química da gasolina

Equipados com o conhecimento da natureza molecular dos combustíveis e as variações de energia associadas à combustão, voltamos ao petróleo. A distribuição dos compostos obtidos na destilação do óleo cru não corresponde ao padrão dominante no uso comercial. Por exemplo, a demanda por gasolina é consideravelmente maior do que a das frações de ponto de ebulição mais alto. Os químicos empregam vários processos para alterar a distribuição natural e obter mais gasolina de melhor qualidade. Tais processos incluem o craqueamento e a reforma (veja a Figura 4.11).

A coqueificação, também mostrada na Figura 4.11, usa calor para quebrar as frações mais pesadas. O processo deixa um resíduo de coque que é quase carbono puro.

O **craqueamento térmico**, um processo que quebra as moléculas maiores de hidrocarbonetos por aquecimento em temperaturas elevadas, foi desenvolvido primeiro. Nesse procedimento, as frações mais pesadas de óleo cru são aquecidas entre 400 e 450°C. O calor "parte" as moléculas alcatroadas pesadas em moléculas menores úteis, como gasolina e óleo diesel. Por exemplo, uma molécula de $C_{16}H_{34}$ pode ser quebrada em duas moléculas quase idênticas.

$$C_{16}H_{34} \xrightarrow{\text{calor}} C_8H_{18} + C_8H_{16} \qquad [4.7]$$

O craqueamento térmico também pode produzir moléculas de tamanhos diferentes.

$$C_{16}H_{34} \xrightarrow{\text{calor}} C_{11}H_{22} + C_5H_{12} \quad \textbf{[4.8a]}$$

O modelo de volume cheio do $C_{11}H_{22}$ mostra uma "dobra" devida à geometria dos átomos na ligação dupla C=C.

Nos dois casos, o número total de átomos de carbono e hidrogênio se conserva dos reagentes aos produtos. As moléculas maiores de reagente fragmentaram-se em moléculas menores e mais importantes do ponto de vista econômico. Podemos usar modelos de volume cheio para mostrar mais claramente a diferença de tamanho.

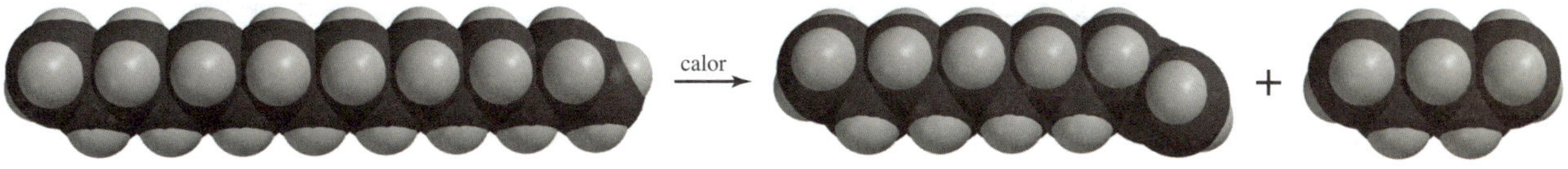

$C_{16}H_{34}$ $C_{11}H_{22}$ C_5H_{12}

[4.8b]

Sua Vez 4.18 Praticando mais com o craqueamento

a. Desenhe fórmulas estruturais para um par de produtos formados quando $C_{16}H_{34}$ sofre craqueamento térmico (veja a equação 4.7).
Sugestão: Desenhe os átomos das moléculas de produto como uma cadeia linear e inclua uma ligação dupla (somente em um dos produtos).

b. Reveja os alcanos da Tabela 4.2. Procure um padrão para o número de átomos de H por átomo de C. Use esse padrão para escrever uma fórmula química geral.

c. Escreva a fórmula química geral para um hidrocarboneto com uma ligação dupla C=C.

Resposta

b. C_nH_{2n+2} (em que n é um número inteiro)

O problema com o craqueamento térmico é a energia necessária para produzir altas temperaturas. O **craqueamento catalítico** é um processo em que catalisadores são usados para quebrar moléculas maiores de hidrocarbonetos em temperaturas relativamente baixas, reduzindo o uso da energia. Os químicos das maiores companhias petrolíferas desenvolveram catalisadores de craqueamento importantes e continuam a procurar processos mais seletivos e baratos. Veremos como os catalisadores afetam as velocidades das reações químicas na Seção 4.8.

Os catalisadores foram apresentados no contexto dos conversores catalíticos de automóveis na Seção 1.11.

Às vezes, os químicos querem combinar moléculas, e não quebrá-las. Para produzir mais moléculas de tamanho intermediário necessárias para a gasolina, é possível usar combinações de catalisadores. Nesses processos, moléculas menores são ligadas umas às outras.

O uso de catalisadores para produzir moléculas *muito* grandes (polímeros) a partir de moléculas menores (monômeros) é abordado na Seção 9.3.

$$4\,C_2H_4 \xrightarrow{\text{catalisador}} C_8H_{16} \quad \textbf{[4.9]}$$

Outro processo químico importante é a **reforma catalítica**. Nele, os átomos de uma molécula sofrem rearranjo, usualmente a partir de moléculas lineares para produzir mais ramificações. Como veremos, moléculas mais ramificadas queimam melhor em motores de automóveis.

Acontece que moléculas com a mesma fórmula molecular não são necessariamente idênticas. Por exemplo, o octano tem a fórmula C_8H_{18}. A análise cuidadosa mostra que existem 18 compostos diferentes com essa fórmula. Moléculas com a mesma fórmula molecular e estruturas químicas, mas propriedades diferentes, são chamadas de **isômeros**. No caso do *n*-octano (octano normal), todos os átomos de carbono estão em uma mesma cadeia (Figura 4.18a). No iso-octano, a cadeia de carbonos tem várias ramificações (Figura 4.18b). As propriedades químicas e físicas desses isômeros são semelhantes, mas não são idênticas. Por exemplo, o ponto de ebulição do *n*-octano é 125°C e o do iso-octano é 99°C.

A combustão de hidrocarbonetos ramificados libera de 2 a 4% mais energia do que a dos isômeros de cadeia linear.

Embora os calores de combustão do *n*-octano e do iso-octano sejam quase iguais, eles queimam de forma diferente em um motor de automóvel. A forma mais compacta deste último permite uma queima mais igual. Em um motor de automóvel bem regulado, o vapor de gasolina e o ar são

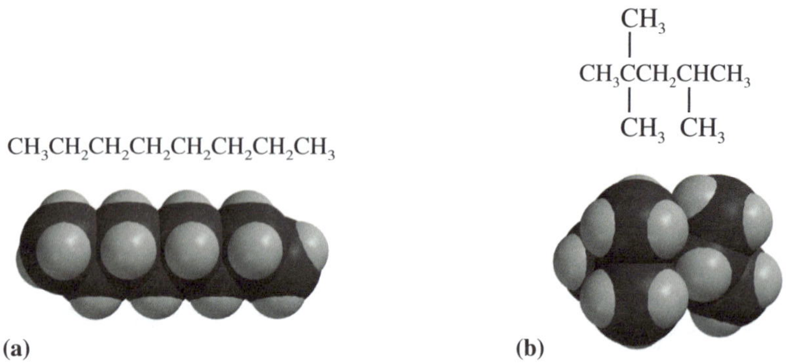

(a) (b)

FIGURA 4.18 Fórmulas estruturais condensadas e modelos de volume cheio de **(a)** *n*-octano e **(b)** iso-octano.

Os mais jovens talvez nunca tenham ouvido o som de um motor batendo porque isso raramente ocorre com a tecnologia e as misturas de gasolina atuais.

introduzidos em um cilindro, comprimidos por um pistão e ignizados por uma centelha. A combustão normal ocorre quando a centelha igniza a mistura ar-combustível e a frente da chama atravessa rapidamente a câmara de combustão, consumindo o combustível. Entretanto, às vezes, a compressão é suficiente para ignizar o combustível antes que ocorra a centelha. Esse processo prematuro é chamado de pré-ignição. O resultado é a menor eficiência do motor e o maior consumo de combustível, porque o pistão não está na posição correta quando os gases queimados se expandem. Uma "batida", reação violenta e descontrolada, ocorre quando a centelha igniza o combustível, fazendo com que a mistura queime em velocidade supersônica com um aumento anormal da pressão. As batidas produzem um som metálico desagradável, perda de potência, superaquecimento e até danos ao motor, se forem severas.

Nos anos 1920, mostrou-se que as batidas dependiam da composição química da gasolina. A "octanagem" foi desenvolvida para designar a resistência de uma determinada gasolina a bater. O iso-octano funciona excepcionalmente bem em motores de automóveis e, arbitrariamente, recebeu o valor 100 de octanagem. Como o *n*-octano, o *n*-heptano é um hidrocarboneto linear, porém com menos um grupo $-CH_2$. Ele tem uma grande tendência a bater e recebeu o valor 0 de octanagem (Tabela 4.5). Quando você vai a um posto de gasolina e enche o tanque com uma gasolina de octanagem 87 (comum), você está comprando gasolina que tem as mesmas características de batida de uma mistura de 87% de octano (octanagem 100) e 13% de *n*-heptano (octanagem 0). Gasolinas melhores também estão disponíveis: octanagem 89 (regular plus) e octanagem 91 (premium). Essas misturas contêm percentagem maior de compostos com octanagem mais alta (Figura 4.19).

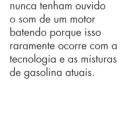

FIGURA 4.19 A gasolina está disponível em várias octanagens.

Embora o *n*-octano tenha octanagem baixa, é possível reformá-lo cataliticamente a iso-octano, aumentando muito seu desempenho. Isso é feito passando *n*-octano sobre um catalisador que contém metais raros e caros como platina (Pt), paládio (Pd), ródio (Rh) e irídio (Ir). A reforma de isômeros para melhorar sua octanagem passou a ser

TABELA 4.5 Octanagem de vários compostos

Composto	Octanagem
n-octano	−20
n-heptano	0
iso-octano	100
metanol	107
etanol	108
MTBE*	116

*MTBE, *metil-t-butil-éter.*

importante a partir do fim dos anos 1970 devido ao grande esforço nacional para banir o uso do tetraetil-chumbo (TEL) como um aditivo contra as batidas.

Estude Isto 4.19 Retirando o chumbo

Os Estados Unidos concluíram, em 1996, o banimento da gasolina com chumbo devido aos perigos associados à exposição a ele. Porém, existem outras fontes de chumbo. Seja um detetive da Internet para identificar:

a. uma fonte ocupacional de exposição ao chumbo.
b. um passatempo que é fonte de exposição ao chumbo.
c. uma fonte de chumbo que afeta particularmente as crianças.

Nos Estados Unidos, o TEL começou a ser progressivamente eliminado a partir dos anos 1970 devido aos efeitos tóxicos do chumbo, em especial, nas crianças. Veja a Seção 5.10 para mais informações sobre o chumbo no meio ambiente.

A eliminação do TEL como potencializador da octanagem forçou a procura por substitutos baratos, fáceis de produzir e que não afetassem o ambiente. Vários foram tentados, incluindo etanol e MTBE (*m*etil-*t*-*b*util-*é*ter), todos com octanagem superior a 100 (veja a Tabela 4.5). Como veremos, entretanto, o MTBE não funcionou tão bem como se esperava.

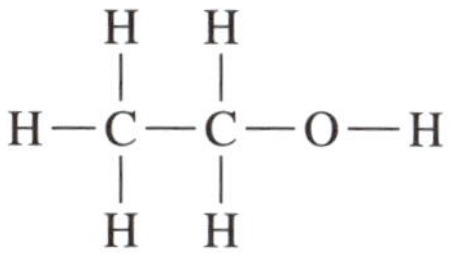
etanol

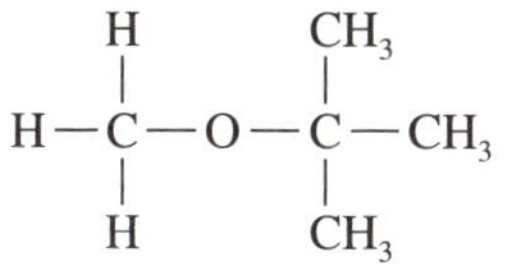
MTBE

Combustíveis que contêm esses aditivos são conhecidos como **gasolinas oxigenadas**, misturas de hidrocarbonetos derivados do petróleo e compostos contendo oxigênio, como MTBE, etanol ou metanol (CH_3OH). Como contêm oxigênio, essas misturas queimam de modo mais limpo e produzem menos monóxido de carbono do que a gasolina comum.

Desde 1995, cerca de 90 cidades e áreas metropolitanas com os níveis mais elevados de ozônio ao nível do solo adotaram o Year-Round Reformulated Gasoline Program ordenado pelos Clean Air Act Amendments de 1990. Esse programa requer o uso de **gasolinas reformuladas** (**RFGs**), gasolinas oxigenadas que contêm também uma percentagem inferior de certos hidrocarbonetos mais voláteis encontrados na gasolina monoxigenada convencional. As RFGs não podem conter mais de 1% de benzeno (C_6H_6) e devem ter pelo menos 2% de oxigênio. Devido à sua composição, as gasolinas reformuladas evaporam mais lentamente do que as gasolinas convencionais e produzem menos emissões de monóxido de carbono.

O benzeno, C_6H_6, é um famoso cancerígeno. Sua estrutura molecular será apresentada na Seção 9.5 e discutida na Seção 10.2.

Como vimos no Capítulo 1, os compostos orgânicos voláteis (VOCs) da gasolina convencional têm um papel na formação do ozônio troposférico, especialmente nas áreas com tráfego intenso. Quando as RFGs foram introduzidas, nos anos 1990, o MTBE era o oxigenado preferido. Entretanto, preocupações sobre sua toxicidade e sua capacidade de vazar de tanques de armazenamento de gasolina para a água subterrânea levou muitos estados a banirem o MTBE e mudarem para o etanol. Como aditivo e combustível, o etanol é descrito em mais detalhes na Seção 4.9.

Os compostos orgânicos voláteis e seu papel na formação do ozônio foram explicados na Seção 1.12.

4.8 Novos usos para um velho combustível

Estima-se que as reservas de carvão do mundo devem durar centenas de anos, muito mais do que as estimativas atuais das reservas de petróleo disponíveis. Infelizmente, o fato de o carvão ser sólido torna-o inconveniente para muitas aplicações, principalmente como combustível para veículos. Portanto, projetos de pesquisa e desenvolvimento estão em andamento com o objetivo de converter o carvão em combustíveis com características semelhantes às dos produtos do petróleo.

Antes da descoberta e exploração de grandes quantidades de gás natural, as cidades eram iluminadas com o gás de água, uma mistura de monóxido de carbono e hidrogênio. O gás de água forma-se quando se borbulha vapor pelo coque aquecido, o carbono impuro que permanece após a destilação dos componentes voláteis do carvão.

$$\underset{\text{carvão}}{C(s)} + H_2O(g) \longrightarrow \underset{\text{gás de água}}{CO(g) + H_2(g)} \qquad [4.10]$$

Essa mesma reação é o ponto de partida do processo Fischer-Tropsch de produção de gasolina sintética a partir do carvão. Os químicos alemães Emil Fischer (1852–1919) e Hans Tropsch (1889–1935) desenvolveram o processo durante os anos 1920. Naquela época, a Alemanha tinha reservas abundantes de carvão, mas pouco petróleo.

O processo Fischer-Tropsch pode ser descrito pela seguinte equação geral

$$n\,CO(g) + (2n + 1)\,H_2(g) \xrightarrow{\text{catalisador}} C_nH_{2n+2}(g,l) + n\,H_2O(g) \qquad [4.11]$$

Os hidrocarbonetos produzidos podem variar desde pequenas moléculas como metano, CH_4 ($n = 1$), até as moléculas maiores ($n = 5–8$) tipicamente encontradas na gasolina. Essa reação química ocorre quando monóxido de carbono e hidrogênio passam sobre um catalisador contendo ferro ou cobalto.

Para entender melhor o papel do catalisador, examinemos uma reação exotérmica típica, como a da Figura 4.20. A energia potencial dos reagentes (lado esquerdo) é maior do que a energia potencial dos produtos (lado direito) porque se trata de uma reação exotérmica. Veja agora os caminhos que levam dos reagentes aos produtos. A linha verde indica a variação de energia durante uma reação na ausência de catalisador. No total, essa reação libera energia, mas a energia *aumenta* inicialmente devido à quebra de algumas ligações (ou ao início da quebra). A energia necessária para iniciar uma reação química é chamada de **energia de ativação** e é indicada pela seta verde. Embora energia tenha de ser gasta para que a reação comece, ela é liberada quando o processo se encaminha para um estado de energia potencial mais baixa. Geralmente, reações rápidas têm energias de ativação baixas. As reações mais lentas têm energias de ativação mais altas. Entretanto, não há relação direta entre a altura da barreira de ativação e a diferença de energia total da reação. Em outras palavras, uma reação intensamente exotérmica pode ter uma energia de ativação grande ou pequena.

O aumento da temperatura resulta com frequência em velocidades de reação maiores. Quando as moléculas têm energia a mais, uma fração maior das colisões pode superar a energia de ativação necessária. Às vezes, porém, aumentar a temperatura não é uma solução prática. A linha azul mostra como um catalisador pode fornecer um caminho de reação alternativo e, portanto, uma energia de ativação menor (representada pela seta azul), sem aumentar a temperatura.

No processo Fischer-Tropsch, ligações triplas C≡O devem se quebrar para que a reação ocorra. Fazer isso corresponde a uma energia de ativação tão grande que a reação simplesmente não acontece. É aqui que o catalisador de metal entra na reação. As moléculas de CO podem formar ligações com a superfície do metal e, quando isso acontece, as ligações C≡O se enfraquecem. As moléculas

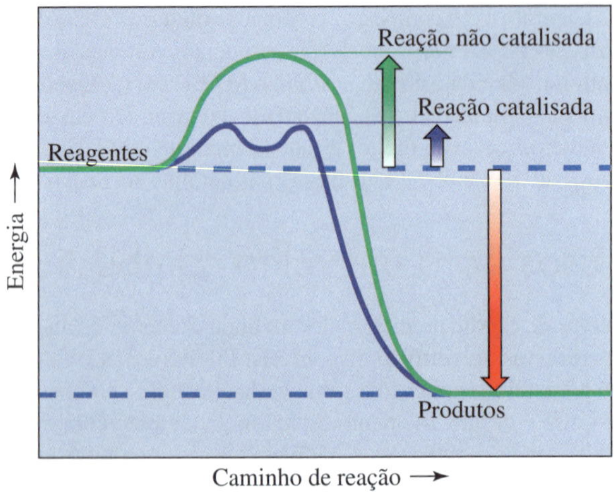

FIGURA 4.20 Energia *versus* caminho de reação para a mesma reação com (linha *azul*) e sem (linha *verde*) catalisador. As setas verde e azul indicam as energias de ativação. A seta vermelha representa a variação total de energia dos dois caminhos.

de hidrogênio também se ligam à superfície, quebrando completamente as ligações simples H–H. O resto da reação ocorre rapidamente com produção de hidrocarbonetos de peso molecular maior.

A grande vantagem de um catalisador é que ele não é consumido e só é necessário em uma pequena quantidade. Os químicos verdes valorizam muito as reações catalisadas, não só porque uma pequena quantidade de catalisadores é necessária, mas também porque a reação pode ser, com frequência, obtida em temperaturas mais baixas.

Historicamente, a comercialização da tecnologia de Fischer-Tropsch foi limitada. A África do Sul, uma nação rica em carvão e pobre em óleo, é o único país que sintetiza a maior parte de sua gasolina e óleo diesel a partir do carvão. Qualquer salto nos preços do óleo, acoplado a um fornecimento doméstico abundante, pode estimular o uso crescente do processo de Fischer-Tropsch em países com fome de energia. Desde 2008, a China está construindo uma planta para a conversão de carvão em combustíveis líquidos na Mongólia Interior. Nos Estados Unidos, uma corporação de energia australiana anunciou planos de construir uma planta para a conversão de carvão em combustíveis líquidos de 7 bilhões de dólares em Big Horn County, Montana, onde reside a Tribo Crow. Os depósitos ali existentes são estimados em 9 bilhões de toneladas de carvão.

O carvão, sólido ou convertido em combustíveis líquidos, ainda queima para produzir CO_2. Um trabalho recente do National Renewable Energy Laboratory indica que as emissões de gases de efeito estufa do ciclo completo da produção de combustíveis líquidos à base de carvão são quase duas vezes maiores do que seu equivalente à base de petróleo. Claramente, precisamos procurar combustíveis que substituam o carvão.

4.9 Biocombustíveis I – etanol

Donella Meadows, 1941–2001

"Uma sociedade sustentável é aquela que olha bem à frente e é suficientemente flexível e sábia para não prejudicar seus sistemas físico ou social". Essas palavras, de Donella Meadows, biofísica e fundadora do Sustainability Institute, foram citadas no Capítulo 0. Nós as repetimos aqui, enfatizando que a velocidade com que estamos queimando combustíveis fósseis está com certeza enfraquecendo nossos sistemas de suporte físico e social. Essa velocidade obviamente *não é* sustentável.

Quais as nossas opções? Algumas pessoas acreditam que um futuro com energia mais sustentável exigirá o uso crescente de **biocombustíveis**, um termo genérico para combustíveis derivados de fontes biológicas como árvores, capim, dejetos de animais ou colheitas da agricultura. Os biocombustíveis podem substituir derivados de petróleo, como gasolina e óleo diesel. Embora a maior parte dos biocombustíveis não esteja sendo produzida de modo sustentável, ela poderá sê-lo no futuro.

Como os combustíveis fósseis, os biocombustíveis liberam CO_2 ao serem queimados. Entretanto, eles liberam uma quantidade inferior de CO_2 na atmosfera do que os combustíveis fósseis, o que é uma vantagem. Explica-se: as plantas que deram origem ao biocombustível absorveram CO_2 da atmosfera enquanto cresciam. Queimadas como combustível ou não, essas plantas liberariam essa mesma quantidade de CO_2 para a atmosfera após morrer. Em contraste, os combustíveis fósseis teriam seu carbono "preso" debaixo da terra se não fossem extraídos e queimados como combustível. A afirmação de que a quantidade total de CO_2 liberada é menor supõe que a energia usada para produzir e transportar o biocombustível não cancele esse benefício. Como você verá na próxima seção, essa afirmação está sendo contestada.

A madeira, o biocombustível mais comum, foi usada em toda a história humana no cozimento e no aquecimento, mas você já parou para pensar por que a madeira queima? Ela contém **celulose**, um composto natural de C, H e O que dá rigidez a plantas, arbustos e árvores. Como os hidrocarbonetos, a celulose é feita de carbono e hidrogênio. Contudo, a celulose também contém oxigênio, o que reduz seu conteúdo de energia como combustível. Na verdade, todos os biocombustíveis que descreveremos nesta seção contêm oxigênio. Quando a percentagem de oxigênio aumenta, os biocombustíveis liberam proporcionalmente menos energia por massa queimada do que os hidrocarbonetos. Reveja a Figura 4.16 para lembrar-se do conteúdo de energia dos diferentes combustíveis.

Veja mais sobre a celulose e outros polímeros naturais no Capítulo 9.

A celulose é um polímero natural da glicose, isto é, uma cadeia de milhares de moléculas de glicose ligadas umas às outras. Por essa razão, igualamos a queima da madeira à da glicose. Você talvez reconheça a glicose, $C_6H_{12}O_6$, como um açúcar. É possível que você tenha ouvido alguém chamar a glicose de "açúcar do sangue". É ela que dá o gosto adocicado das uvas e do milho. Eis a equação química da queima da madeira, que é a mesma que demos para a respiração ("queima da glicose") em seu corpo:

$$\underset{\text{glicose}}{C_6H_{12}O_6} + 6\,O_2 \longrightarrow 6\,CO_2 + 6\,H_2O + \text{energia} \qquad \textbf{[4.12]}$$

Embora facilmente disponível em muitos lugares, a madeira existente não é suficiente para nossa demanda de energia. Cortar árvores para usá-las como combustível também impede que elas absorvam CO_2 de nossa atmosfera. Por isso, em vez de madeira, as pessoas em todos os setores estão visando a combustíveis líquidos como o etanol.

Em algumas partes do mundo, ecossistemas inteiros se perderam em razão da coleta e queima da madeira para cozimento e aquecimento. A Seção 3.5 discutiu como o desmatamento libera dióxido de carbono, um gás de efeito estufa.

Idêntico ao álcool da vodca, seu parente de mais alto preço, o etanol é um líquido transparente, incolor e inflamável. Desde os tempos antigos, as pessoas souberam fermentar grãos para produzir etanol. É claro que seu propósito era obter bebidas alcoólicas, e não combustível para motores de automóveis.

A vodca é uma solução de etanol e água. As proporções variam, dependendo do fabricante. A vodca também tem uma pequena quantidade de aromatizantes que a distingue.

Que açúcares e grãos podem fermentar? Quase todos, embora os grãos possam exigir uma enzima para empurrar o processo. A escolha depende da disponibilidade e da política. Nos Estados Unidos, a maior parte do etanol é produzida por fermentação dos açúcares e amido do milho (Figura 4.21). Entretanto, no começo da história humana, o milho não estava disponível em todos os lugares. Como você verá no Capítulo 12, sobre engenharia genética, o povo do Novo Mundo produzia milho de uma cepa silvestre. Os que viviam em outros lugares produziam bebidas alcoólicas a partir de outros grãos, como arroz e cevada. Por isso, o etanol também é conhecido como álcool de grãos.

Biocombustíveis para automóveis não são novidade. Henry Ford pensou em etanol como o combustível adequado para o Modelo T, e Rudolph Diesel fez funcionar o primeiro de seus motores com óleo de amendoim.

Apresentamos o etanol na Seção 4.7, no contexto da gasolina oxigenada. Para sua conveniência, reproduzimos sua estrutura de Lewis.

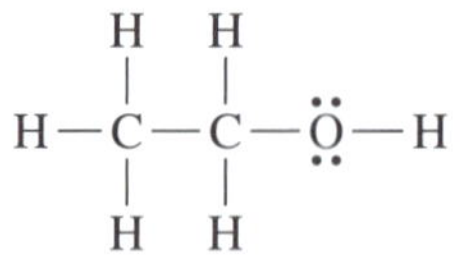

etanol

FIGURA 4.21 Anúncio de etanol, um combustível renovável que pode ser produzido a partir de vários grãos diferentes, inclusive milho.

Etanol é um exemplo de **álcool**, um hidrocarboneto com um ou mais grupos –OH (grupos hidroxila) ligados aos átomos de carbono. Como os hidrocarbonetos, os álcoois são inflamáveis e queimam com liberação de energia. Quando a combustão é completa, os produtos são CO_2 e H_2O.

$$C_2H_5OH(l) + 3\ O_2(g) \longrightarrow 2\ CO_2(g) + 3\ H_2O(g) + 1.240\ kJ \qquad [4.13]$$

Como os álcoois contêm um ou mais grupos –OH, suas propriedades são diferentes das dos hidrocarbonetos. Uma diferença é que os humanos podem consumir com segurança pequenas quantidades de etanol no vinho, na cerveja e em outras bebidas alcoólicas. Em contraste, os hidrocarbonetos não são atrativos como bebida. Outra diferença é sua solubilidade. Por exemplo, o etanol dissolve-se facilmente na água. Em contraste, os hidrocarbonetos são insolúveis. Veja mais sobre solubilidade no próximo capítulo.

Os álcoois nos dão a oportunidade de mencionar o conceito de **grupo funcional**, isto é, um arranjo de um grupo de átomos que dá propriedades características a um conjunto de moléculas que os contêm. Para enfatizar o grupo hidroxila (–OH) de qualquer álcool, os químicos escrevem C_2H_5OH para o etanol e não C_2H_6O. Outro exemplo de grupo funcional é C=C, a ligação dupla, mencionada no Sua Vez 4.18. Na próxima seção sobre biocombustíveis, daremos uma olhada em outro grupo funcional, o éster.

Veja mais sobre as propriedades químicas das ligações C=C no Capítulo 9, sobre polímeros.

Como dissemos, a maior parte do etanol produzido nos Estados Unidos vem do milho. Várias etapas são necessárias. A primeira é fazer uma "sopa" de caroços de milho e água. A segunda é a adição de enzimas para catalisar a quebra das moléculas do amido existente nesses caroços, essencialmente, "digerir" o amido para liberar a glicose. Como a celulose, o **amido** é um carboidrato encontrado em muitos grãos, como o milho e o trigo. É um polímero natural da glicose. Também como a celulose, uma molécula de amido é uma cadeia de milhares de moléculas de glicose ligadas entre si, mas, ao contrário da celulose, as ligações estão de tal modo que as enzimas de nosso organismo podem quebrá-las. Por isso podemos digerir o amido de alimentos como as batatas e o arroz. Não podemos, entretanto, digerir a celulose de alimentos que são folhas, como a alface e, por isso, nos referimos a eles como a parte "fibrosa" de nossas dietas.

A terceira etapa (fermentação) converte a glicose em etanol. Células de leveduras se encarregam disso, liberando diferentes enzimas que catalisam a conversão.

$$\underset{\text{glicose}}{C_6H_{12}O_6} \xrightarrow{\text{enzimas de leveduras}} 2\ \underset{\text{etanol}}{C_2H_5OH} + 2\ CO_2 \qquad [4.14]$$

As enzimas (catalisadores biológicos) são apresentadas na Seção 10.4. Mais exemplos são dados nos Capítulos 11 e 12.

O resultado é uma mistura alcoólica, que não tem gosto muito bom, com cerca de 10% de álcool. Para separar o etanol, a etapa final é a destilação da mistura. Lembre-se de como os componentes do óleo cru podem ser separados em uma refinaria segundo seus pontos de ebulição. Os mesmos princípios se aplicam aqui. Os pontos de ebulição do etanol e da água são diferentes, e eles podem ser separados por destilação. Veja na Figura 4.22 as altas torres de destilação de uma usina de etanol. Em janeiro de 2012, 209 destilarias de etanol estavam operando nos Estados Unidos continentais, e algumas outras estavam em construção.

FIGURA 4.22 Destilaria de álcool Archer Daniels Midland em Peoria, Illinois.
Fonte: Biofuels Atlas, NREL (2013).

Compare essa produção com os 377 milhões de galões de etanol, aproximadamente, que foram queimados por dia nos Estados Unidos em 2011.

Estude Isto 4.20 Uma imagem vale por ...?

Estes dados mostram a produção anual de etanol (em milhões de galões) nos Estados Unidos.

Ano	Etanol	Ano	Etanol	Ano	Etanol
1980	175	1991	950	2002	2.130
1981	215	1992	1.100	2003	2.800
1982	350	1993	1.200	2004	3.400
1983	375	1994	1.350	2005	3.904
1984	430	1995	1.400	2006	4.855
1985	610	1996	1.100	2007	6.500
1986	710	1997	1.300	2008	9.000
1987	830	1998	1.400	2009	10.600
1988	845	1999	1.470	2010	13.230
1989	870	2000	1.630	2011	13.900
1990	900	2001	1.770	2012	13.300

Fonte: Renewable Fuels Association.

a. Encontre dados de anos mais recentes para atualizar a tabela.
b. Apresente essas informações a uma audiência pública de sua escolha. Use outros modos de visualização.

A Figura 5.22 dá a fórmula estrutural da sacarose. A beterraba também contém sacarose. Veja mais sobre açúcares, onde são encontrados e o quão doce eles são, no Capítulo 11.

Com mais de 13.000 milhões de galões produzidos por ano em 2011, os Estados Unidos são o maior produtor de etanol do mundo. O Brasil é o segundo, com cerca de 7.000 milhões de galões. Juntos, esses dois países respondem por cerca de 85% da produção mundial. O milho é a matéria-prima nos Estados Unidos, enquanto o Brasil obtém quase todo seu etanol pela fermentação da cana-de-açúcar. Por que a diferença?

Para responder a essa questão, lembramos que praticamente qualquer açúcar ou grão pode fermentar e produzir etanol. A substância a ser fermentada depende da disponibilidade, da economia e da política. A cana-de-açúcar é rica em sacarose, também conhecido como "açúcar de mesa". A sacarose, como a glicose produzida a partir do amido dos caroços de milho, também pode ser fermentada. No Brasil, a cana-de-açúcar cresce em áreas onde antes existiam florestas tropicais úmidas. Nos Estados Unidos, o milho cresce no Meio-Oeste, em áreas que já foram prados e florestas. Em ambos os casos, o uso da terra para produzir biocombustíveis é controverso.

FIGURA 4.23 "Switchgrass", uma planta nativa da América do Norte.

No mundo, outra fonte possível e menos controversa de etanol é a celulose, um composto que já mencionamos e que dá suporte a plantas, arbustos e árvores. **Etanol de celulose** é produzido por qualquer planta que contém celulose, tipicamente palha do milho, gramíneas, lascas de madeira e outros materiais que não servem de alimento para nós. "Switchgrass" (*Panicum virgatum*) é uma planta nativa de áreas a leste das Rochosas nos Estados Unidos, Canadá ou México. A Figura 4.23 mostra uma de suas variedades.

Derivado de plantas que não servem de alimento como "switchgrass", o etanol de celulose tem muitos atrativos. Por anos, os químicos tiveram sucesso em produzir pequenas quantidades de etanol de celulose no laboratório. Porém, executar o processo em bateladas suficientemente grandes para obter milhões de galões de etanol é outra história. Como o amido, a celulose não fermenta e deve primeiro ser quebrada para liberar os açúcares. Até 2012, as enzimas que catalisam a quebra da celulose eram dispendiosas e a velocidade de reação, baixa.

A Linha de Base Tripla foi discutida no Capítulo 0.

Estude Isto 4.21 Biocombustível a partir de não alimentos

Liste três características desejáveis de fontes de etanol de celulose, como lascas de madeira e "switchgrass". Use a Linha de Base Tripla para justificar sua resposta.

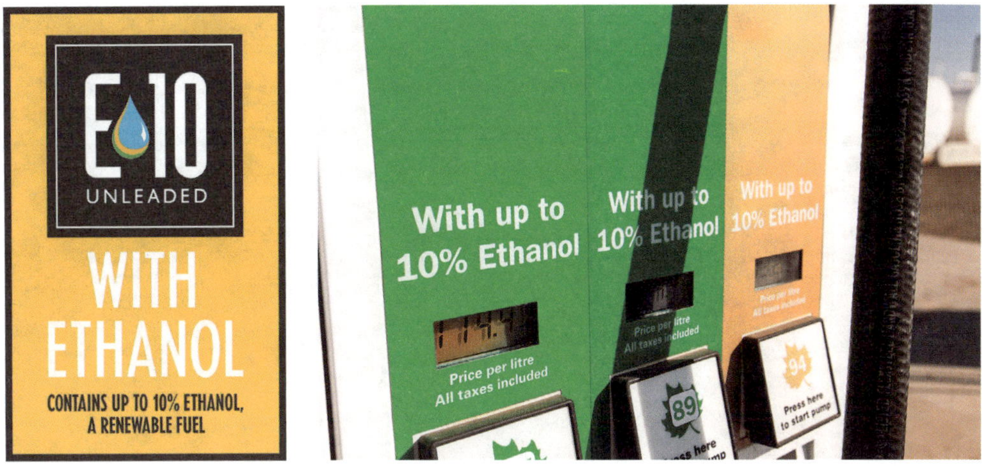

FIGURA 4.24 A gasolina é misturada ao etanol para fazer o E10 ("gasool"), que tem 90% de gasolina e 10% de etanol.

Independentemente da origem, nos Estados Unidos o etanol não vai direto para o tanque porque seus automóveis não foram fabricados para queimá-lo. Entretanto, os motores dos automóveis americanos podem funcionar com "gasool", uma mistura de gasolina e etanol. Por muitos anos, a gasolina continha tipicamente 10% de etanol. Essa mistura é agora chamada de E10, como se vê na Figura 4.24. E10 e outros combustíveis "oxigenados" (Veja a Seção 4.7) têm o benefício adicional da octanagem mais elevada e da redução de emissões que produzem ozônio superficial.

Começando com leis lançadas em 2007, os Estados Unidos procuraram reduzir sua dependência do óleo importado e aumentar o uso de combustíveis renováveis. Como resultado, a mudança para E15 foi proposta. Como o nome indica, E15 tem 15% de etanol e 85% de gasolina. O que você provavelmente não antecipou, porém, foram as controvérsias que se seguiram, dada a transição relativamente suave para o E10. Parte do público tinha confiança que a transição para uma nova mistura poderia ser facilmente orquestrada. Outra parte citava a necessidade de verificar cuidadosamente se quantidades maiores de etanol iriam corroer tanques de combustível já em uso ou afetar o preço da alimentação do gado. Além disso, cortadores de grama, barcos e motos-de-neve ("snowmobiles") não podem funcionar com E15. A partir de 2013, a U.S. Environmental Protection Agency aprovou o uso não obrigatório do E15.

Para E10 ou E15, não confunda octanagem com quilometragem da gasolina. A octanagem relaciona-se a quão suavemente o combustível queima no motor, e não ao seu conteúdo de energia. A octanagem da gasolina aumenta com a percentagem de etanol. No entanto, com mais etanol, a quilometragem diminui ligeiramente.

Por quê? Lembre-se de que o etanol libera uma quantidade menor de energia por massa queimada do que os hidrocarbonetos da gasolina. Usando o *n*-octano como um hidrocarboneto representativo, eis as duas equações de combustão:

$$C_2H_5OH(l) + 3\,O_2(g) \longrightarrow 2\,CO_2(g) + 3\,H_2O(g) + 1240\text{ kJ} \qquad \textbf{[4.15]}$$

$$C_8H_{18}(l) + 25/2\,O_2(g) \longrightarrow 8\,CO_2(g) + 9\,H_2O(g) + 5060\text{ kJ} \qquad \textbf{[4.16]}$$

Por grama, os valores são 26,8 kJ/g para C_2H_5OH e 44,4 kJ/g para C_8H_{18} (veja a Figura 4.16). O etanol libera menos energia porque contém oxigênio. Como combustível, o etanol já está parcialmente oxidado ou "queimado".

Como salientamos no começo desta seção, o etanol não é a única saída. A próxima seção é dedicada ao biodiesel, outro combustível renovável.

4.10 Biocombustíveis II – biodiesel

A produção de biodiesel cresceu dramaticamente nos últimos tempos. Sua síntese é tão simples que você pode já tê-la feito em seu laboratório de química. O biodiesel é o único dentre os com-

(a) (b)

FIGURA 4.25 **(a)** Os restaurantes compram óleo de fritadeira em grandes quantidades. Mostramos aqui uma garrafa de 35 libras. **(b)** Óleo quente saído da frigideira. Dependendo do cozinheiro, o óleo é trocado com frequência (mostrado aqui) ou não. No último caso, o óleo escurece devido a produtos de oxidação.

bustíveis de transporte que pode ser fabricado economicamente em pequenas quantidades por consumidores individuais, incluindo estudantes. Como veremos adiante nesta seção, ele também é produzido comercialmente.

Embora o biodiesel seja feito principalmente a partir de óleos vegetais, as gorduras animais também funcionam bem. Como você provavelmente já sabe, os óleos e gorduras são parte de sua dieta e ajudam a alimentar o corpo. Quando você coloca azeite de oliva ou passa manteiga no pão, você está se preparando para consumir um óleo ou uma gordura. Embora o biodiesel possa ser sintetizado a partir de azeite ou manteiga, eles são muito caros (e muito gostosos) para serem usados como matéria-prima. Em vez disso, o biodiesel é feito a partir de soja, canola ou óleo de palma. Ele também pode ser produzido a partir de óleo de cozinha como o usado nas batatas fritas. A Figura 4.25 mostra uma embalagem que contém óleo destinado a uma fritadeira de restaurante ao lado do óleo já usado.

Para entender por que gorduras e óleos podem servir de matéria-prima para o biodiesel, precisamos saber mais sobre **triglicerídeos**, uma classe de compostos que incluem as gorduras e os óleos. **Gorduras**, como manteiga e toucinho, são glicerídeos sólidos na temperatura normal. Em contraste, os óleos, como azeite e óleo de soja, são triglicerídeos líquidos. Sólidos ou líquidos, os triglicerídeos são a matéria-prima do biodiesel. Eles ocorrem naturalmente em plantas e animais.

Embora não o discutamos até o Capítulo 9, esta fórmula estrutural de um glicerídeo antecipa o grupo funcional **éster**.

Eis a fórmula estrutural do triestearato de glicerila, um triglicerídeo encontrado na gordura animal.

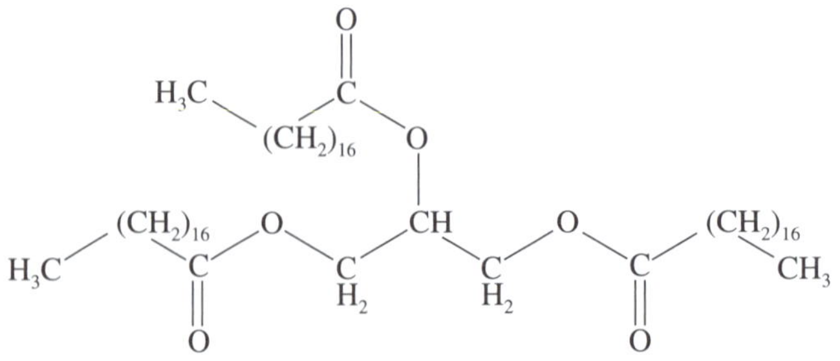

Na verdade, qualquer glicerídeo serviria, porque eles partilham aspectos estruturais comuns. Escolhemos esse porque você vai encontrá-lo adiante no contexto da nutrição (Capítulo 11).

O triestearato de glicerila é uma molécula complexa! Mesmo assim, você deve ser capaz de reconhecer as três cadeias de hidrocarboneto. Será que você pode ver a semelhança com os hidrocarbonetos dos combustíveis? Essas cadeias, se recortadas, poderiam servir como óleo diesel, uma mistura de hidrocarbonetos com 14 a 16 átomos de carbono (Figura 4.11). Quando você ingere alimentos que contêm triglicerídeos, cada cadeia de hidrocarboneto "semelhante a diesel" é metabolizada lentamente em seu corpo para liberar energia e produzir CO_2 e H_2O. Embora o óleo diesel queime muito mais rapidamente e em temperatura mais elevada em um motor, o resultado final é o mesmo. Energia é liberada e CO_2 e H_2O são produzidos.

Embora o óleo de soja e outros triglicerídeos queimem, eles não deveriam ir diretamente para seu tanque de gasolina. Antes de poderem ser utilizados como combustíveis, eles precisam ser cortados em peças menores, mais próximas em tamanho (e em velocidade de evaporação) das moléculas do óleo diesel. Um modo de conseguir isso é fazer reagir com um álcool como o metanol (CH_3OH) e uma quantidade catalítica de hidróxido de sódio (NaOH). Eis a reação química, com triestearato de glicerila (uma gordura animal) como matéria-prima:

Devido à sua viscosidade e a massas molares maiores, os óleos endureceriam no frio e entupiriam o seu motor.

$$\underset{\text{(um triglicerídeo)}}{\text{triestearato de glicerila}} + 3\,CH_3OH \xrightarrow{NaOH} 3\,\underset{\substack{\text{estearato de metila}\\\text{(uma molécula de biodiesel)}}}{CH_3(CH_2)_{16}\overset{\overset{\displaystyle O}{\|}}{C}OCH_3} + \underset{\text{glicerol}}{C_3H_8O_3} \quad [4.17]$$

Uma molécula de triestearato de glicerila produz 3 moléculas de biodiesel, cada uma com uma cadeia longa de átomos de carbono. Dependendo da gordura ou do óleo utilizados como matéria-prima, outras moléculas de biodiesel são possíveis, como a de lineolato de metila.

$$CH_3CH_2CH_2CH_2CH_2CH{=}CHCH_2CH{=}CHCH_2CH_2CH_2CH_2CH_2CH_2CH_2\overset{\overset{\displaystyle O}{\|}}{C}OCH_3$$

Em geral:

- As moléculas de biodiesel contêm uma cadeia de hidrocarboneto com 16 a 20 átomos de carbono, tipicamente.
- As cadeias de hidrocarboneto contêm usualmente uma ou mais ligações C=C, especialmente se o triglicerídeo usado é um óleo.
- Além da cadeia de hidrocarboneto, cada molécula de biodiesel também contém oxigênio. Os dois átomos de O fazem parte do grupo funcional **éster**, que descreveremos no Capítulo 9, no contexto dos poliésteres.
- Os triglicerídeos (gorduras e óleos) produzem, tipicamente, uma mistura de moléculas diferentes de biodiesel, ao contrário do triestearato de glicerila, que dá um só produto.

Note também as 3 moléculas de metanol na equação 4.17. O metanol fornece os grupos $-OCH_3$ para "terminar" cada cadeia de carbonos no ponto em que foi separada da molécula maior de triglicerídeo. Outros álcoois, inclusive o etanol, podem funcionar igualmente bem. Independentemente do álcool usado, o resultado são sempre três moléculas de biodiesel. A próxima atividade foi escolhida para refrescar sua memória sobre álcoois como o etanol e o metanol. Ela também prepara a cena para o glicerol, o álcool produzido na síntese do biodiesel.

Como o etanol, o metanol (CH_3OH) contém o grupo hidroxila, —OH. Como o metano, o metanol contém só um átomo de C.

Sua Vez 4.22 Mais sobre álcoois

Neste capítulo, você já encontrou dois álcoois: etanol e metanol.

a. Desenhe suas fórmulas estruturais.
b. Eis um outro álcool: $CH_3CH_2CH_2OH$. Sugira um nome.
c. Existe outro álcool com a mesma fórmula química do $CH_3CH_2CH_2OH$, isto é, um isômero desse álcool. Dê sua fórmula estrutural.

Respostas

b. Propanol, porque (como o propano) ele tem 3 átomos de carbono. Mais propriamente, esse composto é o *n*-propanol ou 1-propanol.
c. $CH_3-\underset{\underset{\displaystyle OH}{|}}{CH}-CH_3$

É o 2-propanol, mais conhecido como "álcool desinfetante". A razão para os números em 1-propanol e 2-propanol está fora do escopo de nossa discussão.

Se você completou a atividade anterior, deve ser evidente que muitos álcoois diferentes são derivados dos hidrocarbonetos. Tudo o que você tem a fazer é substituir um átomo de H por um grupo –OH. Além disso, os álcoois podem ter mais de um grupo –OH. A síntese do biodiesel produz um álcool multifuncional, o glicerol. Na equação 4.17, demos apenas sua fórmula química, $C_3H_8O_3$. Pela fórmula estrutural, você pode ver que o glicerol é um álcool "triplo".

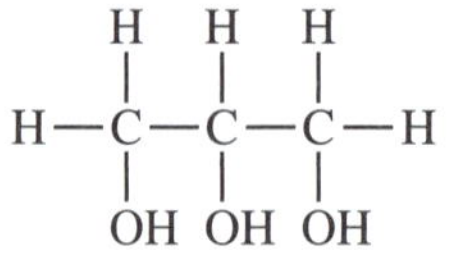

O glicerol, um subproduto da síntese do biodiesel, é usado em muitos produtos comerciais diferentes. Você talvez o conheça pelo nome de glicerina, um ingrediente comum de sabões e cosméticos (Figura 4.26). Entretanto, cada 9 libras de biodiesel liberam uma libra de glicerol, o que levou à saturação do mercado. Em 2006, Galen Suppes e seus colaboradores na Universidade do Missouri receberam um Prêmio Presidencial Desafios de Química Verde pelo desenvolvimento de um processo de conversão de glicerol em um álcool diferente, o propileno-glicol.

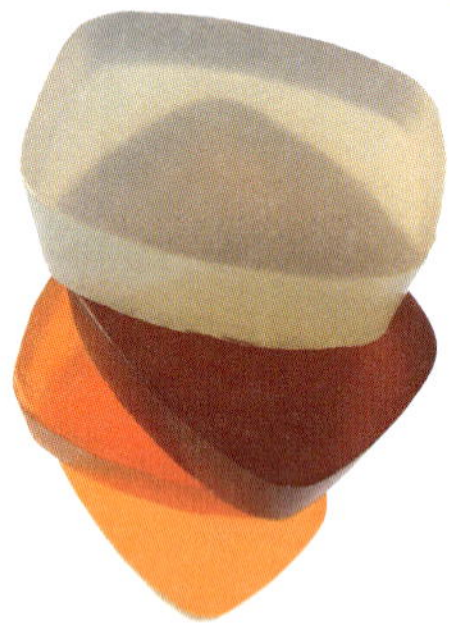

FIGURA 4.26 Glicerina (glicerol) é um dos ingredientes dos sabões transparentes.

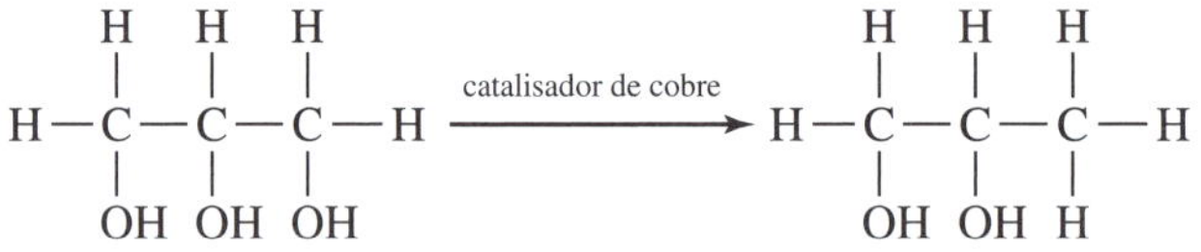

glicerol propileno-glicol **[4.18]**

A FDA lista o propileno-glicol como "reconhecido geralmente como seguro" e aprovou seu uso como aditivo de alimentos. O composto também é usado em cremes hidratantes e como solvente para alguns fármacos insolúveis em água. Como um anticongelante em veículos e aeroportos, ele é muito menos tóxico do que o etileno-glicol, outro composto usado com o mesmo fim. O propileno-glicol produzido desse modo vem de uma matéria-prima renovável, não partindo do petróleo. A conversão do glicerol em produtos de valor agregado baixa o custo da produção do biodiesel, tornando-o mais competitivo em relação ao óleo diesel de petróleo.

A Seção 1.13 listou propileno-glicol e etileno-glicol como anticongelantes em tintas de interior à base de água. Entretanto, como ambos são voláteis, tintas de baixo VOC não mais os contêm.

Estude Isto 4.23 Calor de combustão do biodiesel

Revisite a fórmula estrutural de uma molécula de biodiesel.

a. Você predizeria que o calor liberado por grama de biodiesel queimado é maior ou menor do que o do octano? Explique seu raciocínio. *Sugestão:* Reveja a Figura 4.16 para os valores dos diferentes combustíveis.

b. Se a comparação fosse feita na base de 1 mol de biodiesel versus 1 mol de octano, qual deles liberaria mais calor ao ser queimado?

c. É mais útil fazer a comparação por grama do que por mol de combustível. Explique.

O biodiesel é misturado ao óleo diesel de petróleo, como o etanol o é à gasolina. Por exemplo B20 é 20% biodiesel e 80% óleo diesel (Figura 4.27a). As misturas até 20% são plenamente compatíveis com qualquer motor a diesel, inclusive os de caminhões de peso médio ou grande. Desde 2012, misturas de biodiesel estão disponíveis em 1600 pontos de venda nos Estados Unidos que podem ser facilmente localizados pela Internet. Por exemplo, a Figura 4.27b mostra 36 locais no Tennessee nas vizinhanças de Knoxville, Memphis e Nashville.

Nesta seção e na anterior, discutimos dois biocombustíveis: o etanol e o biodiesel. No processo, tocamos nas complexidades e controvérsias envolvidas. Na seção final deste capítulo, analisamos criticamente não apenas os biocombustíveis, mas também a situação mais ampla da energia. Precisamos encontrar um meio de avançar.

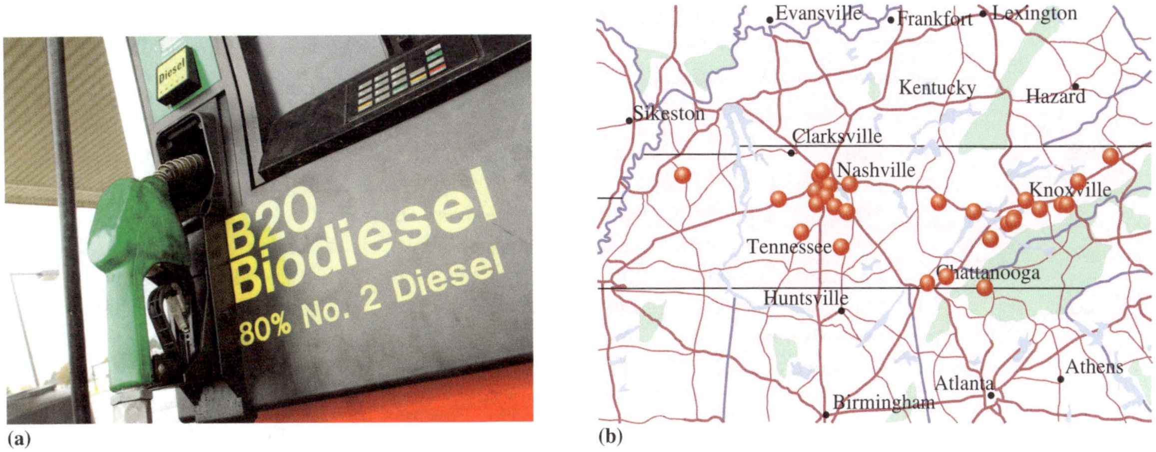

FIGURA 4.27 **(a)** B20 é uma mistura de 80% de óleo diesel de petróleo e 20% de biodiesel. **(b)** Localização de 36 pontos de venda de biodiesel no Tennessee (2012).

Fonte: www.biodiesel.org.

4.11 Biocombustíveis e o passo à frente

Plantar nosso combustível é um passo à frente para um futuro sustentável? Nesta seção final, daremos nossa atenção completa a essa questão. Na sua base estão os custos econômicos, ambientais e sociais dos biocombustíveis, em resumo, a Linha de Base Tripla. Muitos ressaltaram que temos de seguir este caminho deliberadamente e com regras bem estabelecidas. Por exemplo a revista semanal da American Chemical Society declara: "Os Governos têm de parar, voltar atrás e passar a ter uma visão mais crítica e sofisticada dos biocombustíveis, levando em consideração sua sustentabilidade e seus custos sociais" (*Chemical & Engineering News*, 15 de agosto de 2011).

O etanol e o biodiesel, no momento, representam uma fração pequena do consumo final de energia no mundo, isto é, a energia à disposição dos consumidores para todos os usos. De acordo com um relatório de 2010 sobre a situação dos biocombustíveis (Figura 4.28), os combustíveis renováveis correspondiam a um pouco menos de 20% do uso de energia, com os biocombustíveis representando apenas 0,6%. No entanto, a produção de biocombustíveis aumentou nos últimos anos, uma tendência que se espera que continue. Além disso, muitas nações estão colocando as rodas políticas e econômicas em movimento para encorajar o uso de biocombustíveis. A Figura 4.28 também mostra que os biocombustíveis são uma de várias opções de combustíveis. Outras incluem o vento, a água, a luz do Sol e as fontes geotérmicas. Estamos focalizando os biocombustíveis devido a suas ligações com a gasolina e o óleo diesel, atores importantes pois, como líquidos, podem ser bombeados para acionar veículos e aviões. Adiante, no Capítulo 8, discutiremos a energia solar.

A biomassa (na Figura 4.28) é um termo genérico que faz referência a qualquer combustível renovável de origem biológica, incluindo madeira e etanol.

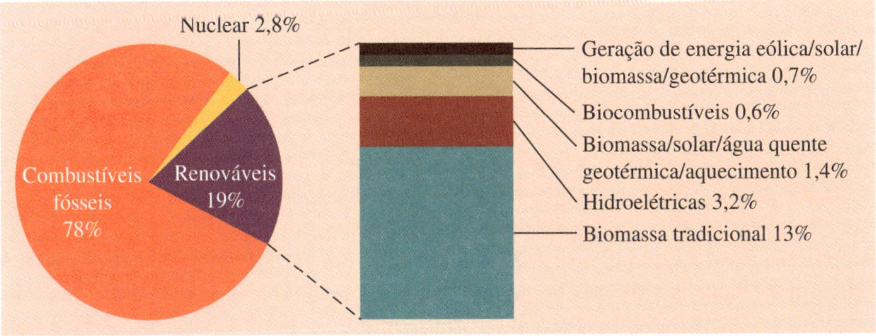

FIGURA 4.28 Fração do consumo final de energia no mundo, 2008. A biomassa tradicional inclui madeira, restos de agricultura e esterco de animais.

Fonte: Renewable Energy Policy Network for the 21st Century (2010), Renewables 2010: Global Status Report, *Paris, REN21 Secretariat.*

Com sede no Reino Unido, o Nuffield Council tem reputação internacional no tratamento de aspectos éticos. Como uma agência independente, ele está bem posicionado para promover o debate sobre os biocombustíveis.

Atualmente, e por boas razões, os biocombustíveis estão em debate. Que princípios deveriam guiar esse debate? Em abril de 2011, o Nuffield Council aceitou o desafio e publicou um relatório que recebeu muita atenção: *Biofuels: Ethical Issues*. A introdução desse relatório mergulha diretamente nas controvérsias:

> Enquanto a excitação provocada pelos biocombustíveis estava a pleno vapor, problemas importantes relacionados à sua produção em grande escala começaram a emergir. As alegações de que os biocombustíveis produzem emissões de gases de efeito estufa significativamente mais baixos do que os combustíveis fósseis foram contestadas. Preocupação sobre a competição entre os biocombustíveis e a produção de alimentos, com efeitos sobre a segurança alimentar e os preços, também foi ressaltada. Além disso, muitos se preocuparam com violações dos direitos dos fazendeiros, trabalhadores do campo e proprietários de terras, particularmente nas populações vulneráveis do mundo em desenvolvimento. Surgiram relatórios de consequências ambientais severas, incluindo poluição e perda da biodiversidade, por exemplo, pela destruição das florestas tropicais, que se seguiria à produção em grande escala de biocombustíveis.

"No contexto dos biocombustíveis, o valor da solidariedade orienta a atenção ética para as pessoas mais vulneráveis da sociedade, lembrando-nos que partilhamos a humanidade e a vida, e que àqueles mais vulneráveis deve-se dar atenção especial." (retirado do Nuffield Report)

O relatório também listou valores morais que se aplicam ao uso dos biocombustíveis: direitos humanos, solidariedade, sustentabilidade, liderança e justiça. A partir desses valores, princípios éticos foram criados buscando guiar a discussão, a política e a ação (Tabela 4.6). Embora todos esses princípios mereçam atenção, dois são diretamente relevantes para nossa discussão da química dos biocombustíveis: (1) uma redução líquida das emissões de gases de efeito estufa e (2) os aspectos gerais da sustentabilidade do ambiente. Vamos analisá-los em sequência.

Será que os biocombustíveis contribuem para a redução líquida das emissões de gases de efeito estufa? Para responder a essa questão, lembre-se de que o etanol e o biodiesel, como os combustíveis fósseis, contêm carbono, logo produzem dióxido de carbono quando queimados. Tente escrever as reações de combustão da próxima atividade. Embora o contexto seja culinário, essas reações químicas também ocorrem nos motores de automóveis e caminhões.

Sua Vez 4.24 Cerejas & bananas

Você já provou cerejas ou bananas flambadas? O garçom primeiro mergulha o fruto em conhaque e o acende com fogo. O etanol do conhaque é que queima.

a. Escreva a equação química para a combustão completa do etanol, isto é, fazendo queimar com oxigênio suficiente para não produzir monóxido de carbono ou fuligem.

b. Embora não seja muito apetitoso, você poderia mergulhar os frutos em óleo de cozinha ou biodiesel e atear fogo. Escreva a equação química para a combustão completa do estearato de metila, $C_{19}H_{38}O_2$, o composto de biodiesel da equação 4.17.

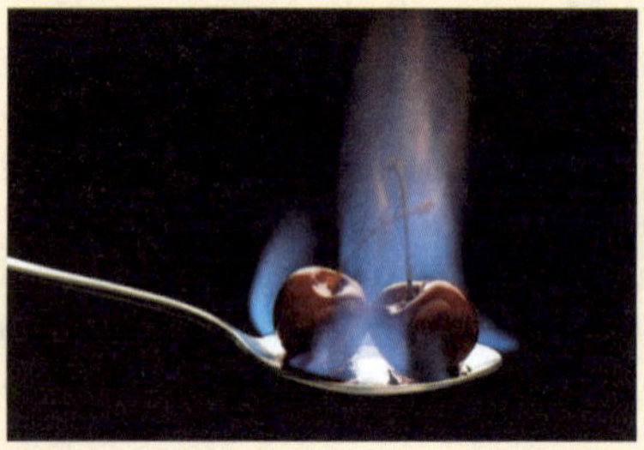

Do "campo ao tanque", o etanol e o biodiesel contribuem para a redução líquida do gás de estufa CO_2? Aqui, a base de comparação é com a gasolina e o óleo diesel derivados do óleo cru. Esses compostos fósseis não são **neutros em carbono**, isto é, o CO_2 produzido na combustão *não* é compensado por processos naturais como a fotossíntese ou um programa humano de compensações. A queima de combustíveis fósseis leva ao aumento do CO_2 atmosférico.

Em contraste, os biocombustíveis são mais neutros em carbono porque vêm de colheitas, capim e árvores modernos. O carbono liberado na combustão é pelo menos parcialmente compensado pelo carbono que essas plantas absorveram por fotossíntese. Então, como ficam os biocombustíveis no que diz respeito à redução dos gases de efeito estufa emitidos? A resposta depende do biocombustível em particular e de quanta energia foi necessária para produzi-lo, incluindo a energia necessária para produzir os fertilizantes e regar a colheita. Isso é difícil de determinar porque, pelo menos em alguns casos, as tecnologias melhoraram com o tempo.

TABELA 4.6 Princípios éticos a serem aplicados nos usos atual e futuro de biocombustíveis

1.	O desenvolvimento dos biocombustíveis não deveria ser feito às custas dos direitos básicos das pessoas (inclusive acesso a comida e água suficiente, direito à saúde, ao trabalho e à terra).
2.	Os biocombustíveis deveriam ser ambientalmente sustentáveis.
3.	Os biocombustíveis deveriam contribuir para uma redução líquida das emissões totais de gases de efeito estufa, e não agravar as mudanças climáticas globais.
4.	Os biocombustíveis deveriam ser desenvolvidos de acordo com princípios de comércio justos e o reconhecimento do direito das pessoas a um pagamento justo (inclusive direitos trabalhistas e de propriedade intelectual).
5.	Os custos e benefícios dos biocombustíveis deveriam ser distribuídos de forma equitativa.
6.	Se os primeiros cinco princípios forem respeitados e se os biocombustíveis puderem ter um papel crucial em reduzir as perigosas variações climáticas, então, dependendo de considerações adicionais importantes, existe a obrigação de desenvolver os biocombustíveis. Essas considerações adicionais importantes são: custo absoluto, fontes alternativas de energia, custos de oportunidade, grau existente de incerteza, irreversibilidade, grau de participação e noção equilibrada de liderança.

Fonte: Nuffield Council on Bioethics, *Biofuels: Ethical Issues,* 2011, 84.

Medir a redução líquida das emissões de CO_2 pelos biocombustíveis é desafiador e controverso. Para entender o motivo, citamos informações do relatório do Nuffield Council sobre ética e biocombustíveis.

- **Mudança direta do uso da terra**
  Isso se refere à conversão de terra virgem em arável, como o desmatamento e a drenagem de terrenos alagados. A destruição de terras naturais existentes para produzir biocombustíveis significa reduzir um hábitat que sequestra efetivamente uma grande quantidade de carbono e degradar o solo e a vegetação lá existentes. O desafio está em determinar quanto carbono é sequestrado e por quais tipos de terreno.
- **Mudança indireta do uso da terra**
  Isso se refere à conversão de pastagens ou áreas aráveis já existentes para plantar matéria-prima para gerar biocombustíveis. A alteração pode envolver o uso de mais fertilizantes, mais herbicidas e mais água, tudo acompanhado pelo uso de energia e emissões adicionais de gases de efeito estufa. O desafio está em medir esses parâmetros durante o ciclo de vida da plantação.
- **Rejeitos da produção de biocombustíveis**
  Isso se refere aos rejeitos agrícolas e industriais que não têm valor como alimento ou combustível. O desafio está não somente em medir as emissões de gases de efeito estufa, mas também em atribuir as emissões corretamente à suas fontes.

Apesar dos desafios inerentes, vários grupos propuseram valores para as emissões de CO_2. Em 2011, a indústria de biocombustíveis estimou 10-15% menos emissões de CO_2 para o etanol de milho e 40-45% menos CO_2 para o biodiesel de soja. Esses números se comparam à gasolina de petróleo. Em contraste, outros grupos propõem que os biocombustíveis produzem um aumento líquido de CO_2 em comparação com a gasolina do petróleo, arguindo que os custos do uso da terra e dos rejeitos devem ser mais cuidadosamente avaliados. Os debates provavelmente continuarão, dadas as complexidades da atribuição correta das emissões de CO_2 na produção de um combustível.

O etanol e o biodiesel são sustentáveis? Como a questão precedente sobre as emissões de gases de efeito estufa, esta não pode ser respondida de modo abstrato. Na verdade, as respostas dependem de onde e como cada biocombustível é produzido.

Comecemos pela verificação do biodiesel, porque ela é um pouco mais simples do que a do etanol. Lembre-se de que o biodiesel tem várias vantagens inerentes sobre o etanol. Sua síntese a partir de óleos é relativamente simples e pode ser feita em pequenas bateladas ou em grande escala. O biodiesel mistura-se bem com o óleo diesel existente e pode ser distribuído pela mesma infraestrutura. Como o etanol e em razão de conter oxigênio, ele queima mais limpamente do que o óleo diesel, liberando menor quantidade de matéria particulada, monóxido de carbono e compostos orgânicos voláteis. Na comparação, ele parece ser um vencedor no que diz respeito à melhoria da saúde pública, desde que os princípios éticos (Tabela 4.6) tenham sido seguidos em relação às comunida-

FIGURA 4.29 (a) Plantação de Palma na Malásia (mostrando as árvores mais novas); (b) fábrica de óleo de palma na Malásia.

des locais que produzem o biocombustível. Porém, podemos supor isso? A Figura 4.29 mostra uma plantação e fábrica na Indonésia, uma parte do mundo em que se produz óleo de palma. A próxima atividade oferece a oportunidade de explorar mais a produção de óleo de palma.

Estude Isto 4.25 Óleo de palma, biodiesel e ética

Existem problemas éticos com o biodiesel que demandam atenção? Em 2008, um relatório da Oxfam* afirmava: "Os grandes perdedores do súbito aumento do uso do biocombustível pelos países ricos são as pessoas pobres, em perigo devido aos preços crescentes dos alimentos e uma 'escalada do fornecimento' que ameaça seu direito à terra, ao trabalho e os direitos humanos".

Use o óleo de palma como um estudo de caso. Ele é produzido em muitas partes do mundo, inclusive na Indonésia e na Malásia. Prepare um ensaio de uma página que identifique os pontos-chave para seus colegas.

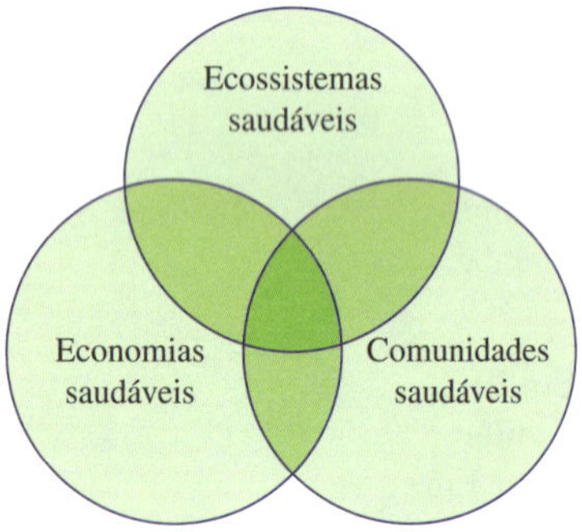

A sustentabilidade da produção do etanol é muito mais difícil de avaliar. Como vimos, o etanol pode ser obtido de várias fontes, incluindo milho, cana-de-açúcar e sorgo. É compreensível que o inventário ambiental delas tenha de ser avaliado separadamente. Não importa a fonte, porém, os cientistas e cidadãos estão questionando a sustentabilidade da produção do etanol. Lembre-se da Linha de Base Tripla: economias saudáveis, comunidades saudáveis e ecossistemas saudáveis. Para lhe dar uma melhor noção de quão sustentável a produção de etanol poderia ser, examinemos os detalhes.

Comecemos com a linha de base econômica. Em 2012, ainda era mais caro produzir um galão de etanol do que um de gasolina. Então, qual é a razão da expansão do mercado do etanol? A resposta varia com o local. Nos últimos anos, o governo dos Estados Unidos deu créditos fiscais aos produtores de etanol. Embora os subsídios tenham encorajado o uso desse combustível, eles eram controversos e acabaram em 2011 para o etanol produzido a partir do milho.

Em termos dos custos de energia, a boa notícia é que o Sol fornece de graça a energia para o crescimento das plantas. A má notícia, porém, é que o cultivo do milho exige o aporte adicional de energia. Plantar, cultivar e colher requer energia. O mesmo vale para regar, produzir e aplicar fertilizantes, fabricar e manter os equipamentos agrários necessários e destilar o álcool dos grãos fermentados. No momento, essa energia é fornecida pela queima de óleos fósseis com um custo monetário e emissão de dióxido de carbono significativos. O custo total em energia para o etanol do milho é difícil de quantificar. Alguns estudos estimam que, para cada joule colocado na produção de etanol, 1,2 J é recuperado. Outros argumentam que os aportes de energia combinados superam o conteúdo de energia do etanol produzido.

*N. de T.: A Oxfam é uma federação de organizações internacionais que lutam contra os vários aspectos da pobreza no mundo.

Vejamos agora a linha de base social. Muitas comunidades do Meio-Oeste se beneficiaram significativamente da explosão da demanda do etanol. A construção de uma destilaria fornece emprego para os trabalhadores locais e, também, um comprador para o milho local. Várias comunidades, atingidas fortemente pela redução da viabilidade das fazendas familiares, foram revitalizadas graças à demanda pelo etanol. Existem alguns obstáculos também. O aumento da demanda pelo milho levou ao aumento dos preços de muitos outros produtos (especialmente alimentos), que devem ser pagos por todos os membros daquelas comunidades (e de outras no mundo).

Por fim, vejamos a linha de base ambiental. Cultivar milho implica o uso de fertilizante, herbicidas e inseticidas. A fabricação e o transporte desses produtos químicos exige a queima de combustíveis fósseis que, por sua vez, liberam dióxido de carbono. Além disso, uma vez aplicados, eles degradam o solo e reduzem a qualidade da água. Embora os plantadores de milho possam seguir práticas responsáveis, e o fazem, eles certamente enfrentam desafios quando instados a produzir mais milho.

Que caminho tomar? Está claro que as escolhas não são fáceis. Esgotamos boa parte das fontes acessíveis e convencionais de óleo. Nossas escolhas futuras são complexas e envolvem compromissos. Fechamos este capítulo voltando às palavras do Relatório Nuffield. Elas lembram o **princípio da precaução**, articulado nos capítulos anteriores, segundo o qual temos de agir, e não agir implica riscos. Esperamos que essas palavras não somente sejam fonte de inspiração, mas também o levem a investigar mais profundamente as questões e agir com o cuidado necessário.

O princípio da precaução, discutido no Capítulo 2, enfatiza a sabedoria de agir, mesmo na ausência de dados científicos completos, antes que os efeitos adversos na saúde humana ou o no meio ambiente tornem-se significativos ou irreversíveis.

> Exortar pessoas a mudar seus estilos de vida continuará, é claro, a ser um mecanismo da redução completa das emissões de gases de efeito estufa. Entretanto, essa e outras fontes de energia renováveis, como o vento, as ondas e a energia solar, não serão suficientes para reduzir a dependência mundial dos combustíveis fósseis no futuro previsível.
>
> Precisaremos de novas fontes de combustíveis líquidos e novas formas de produzir os biocombustíveis atuais com mais eficiência; a biotecnologia avançada, inclusive as modificações genéticas, poderiam ser uma parte importante do repertório de medidas que ajudarão a satisfazer essas necessidades.
>
> Por precaução, salvaguardas já foram estabelecidas para o desenvolvimento de biotecnologias avançadas e elas não acrescentarão novos riscos. Na verdade, é importante que abordagens cautelares sejam implementadas de modo balanceado e equitativo – devíamos ser tão cautelosos sobre os riscos de não fazer nada como somos sobre os riscos de desenvolver novas tecnologias. (*Biofuels: Ethical Issues*, Nuffield Council on Bioethics, 2011)

Estude Isto 4.26 Um futuro sustentável

Em 2002, o então Secretário Geral das Nações Unidas, Kofi Annan, chamou a sustentabilidade de "uma oportunidade excepcional – economicamente, para formar mercados; socialmente, para incluir as pessoas marginalizadas; politicamente, para reduzir tensões sobre recursos que poderiam dar a cada homem e mulher uma voz e uma escolha na decisão de seu próprio futuro". Discuta as observações do Secretário Geral, dando mais detalhes de cada área mencionada.

Conclusão

Fogo! Para os antigos humanos, o fogo era uma fonte de segurança. Ele afastava os animais, permitia cozinhar e preservar os alimentos e reduzia a dispersão de algumas doenças. As fogueiras foram um importante veículo social, um lugar de encontro e compartilhamento de histórias. O fogo também permitiu que pessoas explorassem as regiões mais frias do planeta.

Hoje, a combustão ainda permanece como o centro de nossa comunidade humana. Nós a usamos diariamente para cozinhar, aquecer ou esfriar nossas moradias, produzir bens e colheitas e viajar por estradas, trilhos, águas e céus de nosso planeta. Poucas reações químicas têm consequências tão importantes para nossa saúde, bem-estar e produtividade como a capacidade de queimar combustíveis.

Como vimos neste capítulo, a combustão converte energia em formas menos úteis. Por exemplo, quando queimamos uma mistura de hidrocarbonetos como a gasolina, dissipamos parte da energia potencial (química) que ela contém na forma de calor. Embora as *formas* de energia mudem, a quantidade total de energia antes e depois de qualquer transformação permanece a mesma.

Também vimos que a combustão converte matéria em formas menos úteis e, algumas vezes, indesejáveis. Por exemplo, os produtos da combustão completa – dióxido de carbono e água – não são utilizáveis como combustíveis. Além disso, o CO_2 é um gás de efeito estufa ligado às mudanças climáticas globais. Os produtos da combustão incompleta como o monóxido de carbono e as cinzas são indesejáveis devido a seus efeitos na saúde humana. O mesmo é verdadeiro para o poluente do ar, o NO, que se forma nas altas temperaturas das chamas.

Hoje, os combustíveis fósseis fornecem a energia do planeta. O mesmo acontece com os combustíveis renováveis, mas em escala menor. O que usaremos como fontes de energia amanhã? Os biocombustíveis renováveis como o etanol e o biodiesel serão parte de nossa energia futura. Como todos os combustíveis, eles terão de se alinhar a nossos valores, inclusive controle e sustentabilidade. Outras maneiras de satisfazer nosso apetite cada vez maior por energia inclui a energia nuclear (Capítulo 7) e a energia solar (Capítulo 8).

Lembre-se da definição de sustentabilidade do Capítulo 0, "atender às necessidades do presente sem comprometer a capacidade das futuras gerações de atender às delas". Precisaremos dos indivíduos de talento e da boa vontade das pessoas de todas as camadas sociais para ajudar a criar uma sociedade sustentável.

Resumo do capítulo

Tendo estudado este capítulo, você deveria ser capaz de:

- Nomear os combustíveis fósseis, descrever as características de cada um e compará-los em termos de quão limpa é sua queima e quanta energia eles produzem (4.1–4.7)
- Aplicar o conceito de justiça intergeracional a uma discussão de escolhas de energia, incluindo combustíveis fósseis e biocombustíveis (4.0–4.2, 4.9–4.11)
- Explicar como os combustíveis fósseis, a fotossíntese e o Sol estão ligados (4.1)
- Montar um diagrama que mostre as relações entre a fotossíntese e a combustão (4.1)
- Avaliar os combustíveis fósseis como fonte sustentável de energia (4.1–4.7)
- Descrever o processo de geração de eletricidade a partir de combustíveis fósseis, listando as etapas de transformação de energia (4.1)
- Comparar e contrastar energia cinética e energia potencial no nível macroscópico e molecular (4.1)
- Aplicar o conceito de entropia para explicar a segunda lei da termodinâmica (4.2)
- Comentar os diferentes graus de carvão e como eles se ligam à viabilidade ambiental, econômica e social desse combustível (4.3)
- Descrever as "tecnologias do carvão limpo" e comentar sobre sua viabilidade em longo e em curto prazo (4.3)
- Explicar o conceito de grupo funcional e dar três exemplos de álcoois (4,4, 4.9)
- Explicar como e por que o petróleo é refinado (4.4)
- Listar as diferentes frações obtidas na destilação do petróleo. Compará-las e contrastá-las em termos de sua composição e propriedades químicas, pontos de ebulição e finalidades (4.4)
- Descrever como o fraturamento hidráulico ("fracking") é feito, o que é produzido e por que ele é controverso (4.4)
- Aplicar os termos *endotérmico* e *exotérmico* a reações químicas com base em cálculos ou intuição química (4.5)
- Calcular variações de energia em reações usando energias de ligação (4.6)
- Explicar como os aditivos da gasolina afetam a economia de combustível, as emissões dos canos de descarga, a saúde humana e o ambiente (4.7)
- Entender energia de ativação e catalisadores e descrever como eles se relacionam a velocidades de reação (4.8)
- Dar exemplos de biocombustíveis e descrever o que eles têm em comum (4.9)
- Diferenciar esses termos: celulose, amido, glicose, etanol (4.9)
- Explicar por que existem vários modos de produzir etanol, alguns mais sustentáveis do que outros (4.9)
- Comparar e contrastar etanol com gasolina em termos de composição química, energia liberada na combustão e solubilidade em água (4.9)
- Diferenciar esses termos: gordura, óleo, triglicerídeo, biodiesel (4.10)
- Comparar e contrastar biodiesel com óleo diesel em termos da composição, da energia liberada na combustão e da energia necessária na produção (4.10)
- Comparar etanol e biodiesel em termos de fonte, composição química, capacidade de queimar como combustível e potencial como alternativa a combustíveis fósseis (4.11)
- Tomar posição em relação às várias medidas de conservação de energia, inclusive até que ponto elas provavelmente produzirão economia de energia (4.11)

Questões

Ênfase nos fundamentos

1. a. Liste cinco combustíveis. Nomeie pelo menos duas propriedades que esses combustíveis partilham.
   b. Dos combustíveis que você listou, quais são fósseis ou derivados deles?
   c. Dos combustíveis que você listou, quais são renováveis?
2. A combustão do carvão libera várias substâncias no ar.
   a. Dessas, uma é um gás produzido em grandes quantidades. Dê sua fórmula química e nome.
   b. Em contraste, a quantidade de SO_2 (dióxido de enxofre) liberada é relativamente pequena. Mesmo assim, esse SO_2 é preocupante. Explique por quê.
   c. Outro gás produzido em pequenas quantidades é o NO (monóxido de nitrogênio). Entretanto, o carvão contém muito pouco nitrogênio. Qual é a origem do nitrogênio do NO?
   d. Quando o carbono queima, partículas finas de cinzas podem ser liberadas. Quais são as preocupações sanitárias com o $PM_{2,5}$, a menor dessas partículas?
3. Essa figura, reproduzida da primeira seção do capítulo, mostra uma termoelétrica.

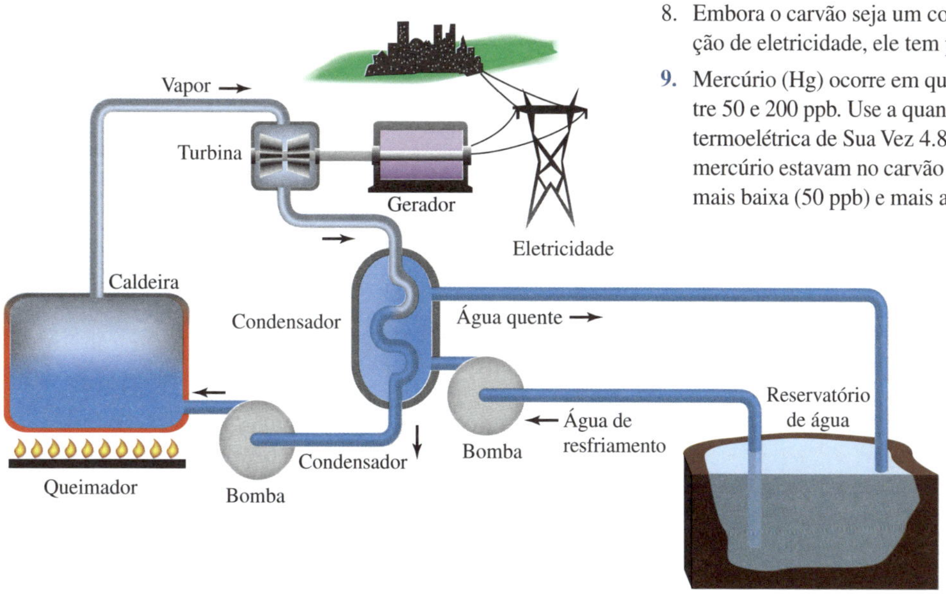

   a. Se a termoelétrica fosse a carvão, onde ele apareceria na figura?
   b. Água é parte de dois circuitos diferentes. Um deles liga a caldeira e a turbina e usualmente trabalha sobre pressão. Explique por quê.
   c. Outro circuito retira (e devolve) água de um lago ou rio. Explique por que grande quantidade de água é necessária.
4. A energia está em diferentes formas em nosso mundo. Na figura da questão 3, identifique onde:
   a. A energia potencial (química) do combustível converte-se em calor.
   b. A energia cinética das moléculas de água converte-se em energia mecânica.
   c. A energia mecânica converte-se em energia elétrica.
   d. A energia elétrica converte-se em outras formas como calor e luz.
5. Uma termoelétrica a carvão gera eletricidade na velocidade de 500 megawatts/s (MW/s) ou 5×10^8 J/s. Ela tem eficiência total de 37,5% (0,375) para a conversão de calor em eletricidade.
   a. Calcule a energia elétrica (em joules) gerada em 1 ano de operação e a energia calorífica usada para esse fim.
   b. Supondo que a termoelétrica queime carvão que libera 30 kJ/g, calcule a massa de carvão (em gramas e toneladas métricas) que é queimada em 1 ano de operação. *Sugestão*: 1 tonelada métrica = 1×10^3 kg = 1×10^6 g.
6. A energia da luz solar pode ser convertida na energia potencial (química) da glicose e do oxigênio.
   a. Nomeie o processo em que essa conversão ocorre.
   b. Nomeie três combustíveis cuja energia provém da luz solar.
7. Descreva as diferenças entre as qualidades do carvão. Qual é a importância dessas diferenças?
8. Embora o carvão seja um combustível importante na produção de eletricidade, ele tem problemas. Nomeie três deles.
9. Mercúrio (Hg) ocorre em quantidades traço no carvão, entre 50 e 200 ppb. Use a quantidade de carvão queimada na termoelétrica de Sua Vez 4.8. Calcule quantas toneladas de mercúrio estavam no carvão com base nas concentrações mais baixa (50 ppb) e mais alta (200 ppb).
10. Nomeie duas semelhanças entre todos os hidrocarbonetos. Nomeie, então, duas diferenças entre eles.
11. Eis as fórmulas estruturais condensadas de dois alcanos: CH_3CH_3 e $CH_3(CH_2)_2CH_3$.
   a. Quais são os nomes desses compostos?
   b. Dê a fórmulas química e estrutural deles, mostrando todas as ligações e átomos.
   c. Comente as vantagens relativas das fórmulas químicas, estruturais condensadas e estruturais em termos da conveniência do uso e da informação que contêm.

12. As fórmulas estruturais dos alcanos de cadeia linear ("normais") com 1 a 8 átomos de carbono estão na Tabela 4.2.
    a. Desenhe a fórmula estrutural do *n*-decano, $C_{10}H_{22}$.
    b. Prediga a fórmula química do *n*-nonano (9 átomos de C) e do *n*-dodecano (12 átomos de C).

13. Eis a representação em bola e palito de um isômero do butano (C_4H_{10}).

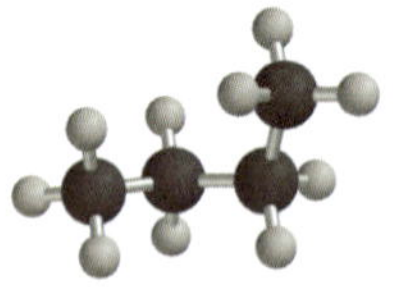

    a. Desenhe a fórmula estrutural desse isômero.
    b. Desenhe fórmulas estruturais para os demais isômeros. Cuidado com as estruturas em duplicata.

14. Estude estes três hidrocarbonetos.

Composto, fórmula	Ponto de fusão (°C)	Ponto de ebulição (°C)
pentano, C_5H_{12}	−130	36
triacontano, $C_{30}H_{62}$	66	450
propano, C_3H_8	−188	−42

À temperatura de 20°C, caracterize-os como sólido, líquido ou gás.

15. Durante a destilação do petróleo, o querosene e os hidrocarbonetos com 12 a 18 carbonos usados como óleo diesel condensam-se na posição C marcada no diagrama.

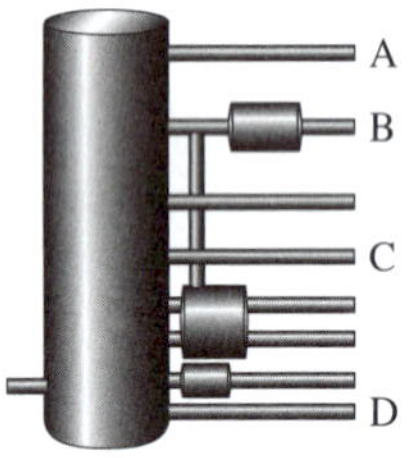

    a. A separação de hidrocarbonetos por destilação depende das diferenças de uma propriedade física específica. Qual?
    b. Como o número de átomos de carbono das moléculas de hidrocarbonetos que se separam em A, B e D comparam-se com os que foram separados na posição C? Explique seu raciocínio.
    c. Como os usos dos hidrocarbonetos separados em A, B e D diferem dos usos dos que se separam em C? Explique seu raciocínio.

16. A combustão completa do metano é dada na equação 4.3.
    a. Por analogia, escreva uma equação química para a combustão do etano, C_2H_6.
    b. Reescreva essa equação usando estruturas de Lewis.
    c. O calor de combustão do etano, C_2H_6, é 52 kJ/g. Quanto de calor é produzido se 1,0 mol de etano sofre combustão completa?

17. a. Escreva a equação química da combustão completa do *n*-heptano, C_7H_{16}.
    b. O calor de combustão do *n*-heptano é 4817 kJ/mol. Que quantidade de calor é liberada se 250 kg de *n*-heptano queimam completamente para produzir CO_2 e H_2O?

18. Um saco pequeno de batatas fritas contém 70 Cal (70 kcal). Imaginando que toda a energia obtida ao comer essas batatas é usada para manter seu coração batendo, quanto tempo elas podem sustentar as batidas a 80 por minuto? *Nota*: 1 kcal = 4,184 kJ, e cada batida do coração humano exige cerca de 1 J de energia.

19. Um copo de refrigerante de 12 onças tem energia equivalente a 92 kcal. Em quilojoules, qual é a energia liberada no metabolismo desse líquido?

20. Diga se estes processos são endotérmicos ou exotérmicos.
    a. Carvão queimando em uma churrasqueira.
    b. Água evaporando de sua pele.
    c. Glicose sintetizada nas folhas de uma planta por fotossíntese.

21. Use as energias de ligação da Tabela 4.4 para calcular as variações de energia associadas com estas reações. Classifique cada uma delas como endotérmica ou exotérmica. *Sugestão*: Desenhe estruturas de Lewis dos reagentes e produtos para determinar o número e tipo de ligações.
    a. $N_2(g) + 3\,H_2(g) \longrightarrow 2\,NH_3(g)$
    b. $H_2(g) + Cl_2(g) \longrightarrow 2\,HCl(g)$

22. Use as energias de ligação da Tabela 4.4 para calcular as variações de energia associadas a essas reações. Classifique cada uma delas como endotérmica ou exotérmica.
    a. $2\,H_2(g) + CO(g) \longrightarrow CH_3OH(g)$
    b. $H_2(g) + O_2(g) \longrightarrow H_2O_2(g)$
    c. $2\,BrCl(g) \longrightarrow Br_2(g) + Cl_2(g)$

23. Etanol pode ser produzido por fermentação. Outro modo de fazê-lo é usar a reação de vapor de água com eteno (etileno), um hidrocarboneto que contém uma ligação C=C:

$$CH_2CH_2(g) + H_2O(g) \longrightarrow CH_3CH_2OH(l)$$

    a. Reescreva essa reação usando estruturas de Lewis.
    b. Use as energias de ligação da Tabela 4.4 para calcular a variação de energia associada com essa reação. Ela é endotérmica ou exotérmica?

24. Aqui estão as fórmulas estruturais do etano, do eteno (etileno) e do etanol.

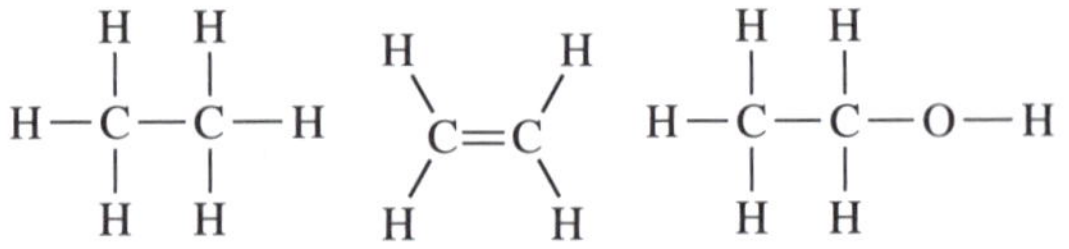

etano   eteno   etanol

    a. O etano é um isômero do eteno? Do etanol? Explique.
    b. Existem outros isômeros possíveis para o eteno? Explique.
    c. Existem outros isômeros possíveis para o etanol? Explique.

25. Estes três compostos têm a mesma fórmula química, C_8H_{18}. Os átomos de hidrogênio e as ligações C–H foram omitidas para simplificar.

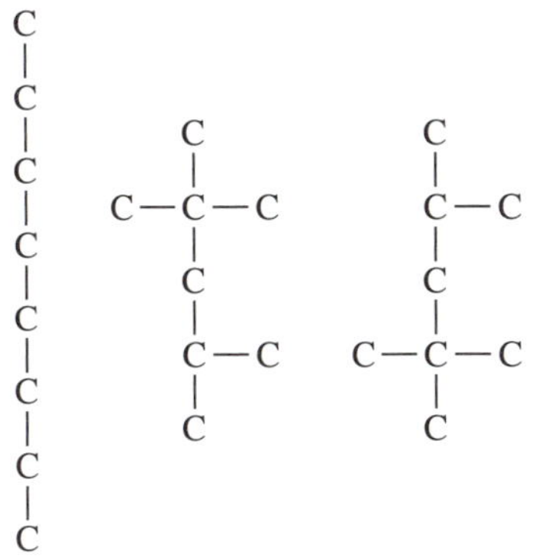

a. Desenhe fórmulas estruturais que mostrem os átomos de H que estão faltando. Eles deveriam ter 18 átomos de H.
b. Quais (se for o caso) dessas fórmulas estruturais são idênticas?
c. Desenhe as fórmulas estruturais de dois outros isômeros de C_8H_{18}.

26. Os catalisadores aceleram as reações de craqueamento nas refinarias de petróleo e permitem que elas ocorram a temperaturas mais baixas. Descreva dois outros tipos de catalisadores dados nos três primeiros capítulos deste texto.

27. Explique por que o craqueamento é parte necessária da refinação do óleo cru.

28. Estude esta equação, que representa o processo de craqueamento.

$$C_{16}H_{34} \longrightarrow C_5H_{12} + C_{11}H_{22}$$

a. Que ligações se quebram e quais se formam? Use estruturas de Lewis para ajudar a responder à questão.
b. Use a informação da parte **a** e a Tabela 4.4 para calcular a variação de energia durante essa reação de craqueamento.

29. O que é um biocombustível? Dê três exemplos.

30. Considere estes três álcoois: metanol, etanol e *n*-propanol (o isômero de cadeia linear).
a. Os três compostos têm um grupo funcional comum. Nomeie-o.
b. Os três compostos são inflamáveis. Dê os nomes e as fórmulas químicas dos produtos.
c. Prediga qual deles tem o ponto de ebulição mais baixo. Explique seu raciocínio.
d. A estrutura química de um desses compostos tem certa semelhança com a do glicerol. De qual deles e por quê? *Sugestão*: A estrutura do glicerol está na equação 4.18.

31. A celulose e o amido podem ser fermentados para produzir etanol.
a. Em termos de estrutura química, quais são as semelhanças entre o amido e a celulose?
b. Em termos de alimento para os humanos, quais são as diferenças entre o amido e a celulose?

32. Quando a glicose, $C_6H_{12}O_6$, "queima" (é metabolizada) em seu corpo, os produtos são dióxido de carbono e água.
a. Escreva a equação química balanceada.
b. A equação química da queima de madeira é essencialmente a mesma do metabolismo da glicose. Explique por quê.

33. Como biocombustíveis, o biodiesel e o etanol permitem uma comparação direta. Use estes parâmetros como critério de comparação.
a. A fonte
b. A reação química que produz o combustível
c. Os produtos da combustão
d. A solubilidade em água (mais sobre isso no Capítulo 5)

34. Compare e contraste uma molécula de biodiesel com uma molécula de etanol. Use estes parâmetros como critério de comparação.
a. Os tipos de átomos que contêm e suas proporções relativas aproximadas
b. O número de átomos que contêm
c. Os grupos funcionais que contêm

35. Use a Figura 4.16 para comparar a energia liberada na combustão de um galão de etanol e um galão de gasolina. Suponha que a gasolina é octano (C_8H_{18}) puro. Explique a diferença.

36. Explique os termos *convencional* e *não convencional* no que diz respeito ao óleo cru como fonte de energia. Dê um exemplo de cada.

Foco nos conceitos

37. A sustentabilidade na queima do carvão (e outros combustíveis fósseis) para produzir eletricidade envolve mais do que sua disponibilidade. Explique.

38. Neste capítulo, demos a fórmula química do carvão como sendo $C_{135}H_{96}O_9NS$. Notamos, também, que o lignito de baixo grau (carvão macio) tem composição química mais semelhante à madeira. A celulose é um dos componentes principais da madeira. Diante disso, prediga uma fórmula química aproximada para o lignito.

39. Use a Figura 4.6 para comparar as fontes do consumo de energia nos Estados Unidos. Ordene as fontes em ordem de percentagem decrescente e comente as posições relativas.

40. Compare os processos de combustão e fotossíntese em ter mos de energia liberada ou absorvida, produtos químicos envolvidos e capacidade de remover CO_2 da atmosfera.

41. Como você explicaria a um amigo a diferença entre temperatura e calor? Use alguns exemplos práticos do dia a dia.

42. Escreva uma resposta para esta afirmação: "Devido à primeira lei da termodinâmica, nunca haverá uma crise de energia".

43. Os conceito de entropia e probabilidade são usados em jogos como o pôquer. Descreva como a gradação das mãos (de uma carta mais alta até a sequência real) está relacionada à entropia e à probabilidade.

44. As energias de ligação, como as da Tabela 4.4, são às vezes determinadas como "trabalhando para trás" a partir

dos calores de reação. Uma reação é executada e o calor absorvido ou liberado é medido. Desses valores e energias de ligação conhecidas, outras podem ser calculadas. Por exemplo a variação de energia associada à combustão do formaldeído (H_2CO) é −465 kJ/mol

$$H_2CO(g) + O_2(g) \longrightarrow CO_2(g) + H_2O(g)$$

Use esta informação e os valores da Tabela 4.4 para calcular a energia da ligação dupla C=O do formaldeído. Compare sua resposta com a energia de ligação de C=O do CO_2 e especule por que há uma diferença.

45. Use as energias de ligação da Tabela 4.4 para explicar por que os clorofluorocarbonetos (CFCs) são tão estáveis. Explique por que é necessário menos energia para liberar átomos de Cl dos CFCs do que átomos de F e ligue isso aos HFCs que substituem os CFCs.

46. Os halons são semelhantes aos CFCs, mas também contém bromo. Embora eles sejam materiais excelentes para extinguir incêndios, eles destroem o ozônio mais efetivamente do que os CFCs. Eis a estrutura de Lewis do Halon-1211.

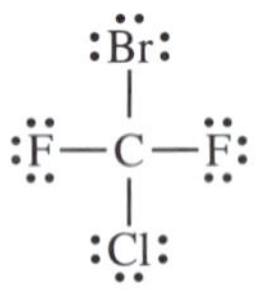

a. Que ligação desse composto quebra-se mais facilmente? Como isso se relaciona à capacidade desse composto de destruir ozônio?
b. Em extintores de incêndio, C_2HClF_4 é um substituinte possível para os halons. Desenhe sua estrutura de Lewis e identifique a ligação que se quebra mais facilmente.

47. O conteúdo de energia dos combustíveis pode ser expresso em quilojoules por grama (kJ/g), como se vê na Figura 4.16. Usando esses valores, como os combustíveis que contêm oxigênio se comparam aos que não têm? Depois, calcule o conteúdo de energia para esses combustíveis em quilojoules por mol (kJ/mol). Que tendência você observa agora?

48. Um amigo lhe diz que os hidrocarbonetos usados como combustíveis e que contêm moléculas maiores liberam mais calor por grama do que os que têm moléculas menores.
a. Use esses dados juntamente a cálculos apropriados para discutir os méritos desta declaração.

Hidrocarboneto	Calor de combustão
octano, C_8H_{18}	5070 kJ/mol
butano, C_4H_{10}	2658 kJ/mol

b. Com base em sua resposta na parte **a**, você esperaria que o calor de combustão por grama da parafina de velas, $C_{25}H_{52}$, seja maior ou menor do que o do octano? Você esperaria que o calor de combustão molar da parafina de velas seja maior ou menor do que o do octano? Justifique suas predições.

49. A conversão Fischer-Tropsch de hidrogênio e monóxido de carbono em hidrocarbonetos e água foi dada na equação 4.11:

$$n\,CO + (2n + 1)\,H_2 \longrightarrow C_nH_{2n+2} + n\,H_2O$$

a. Determine o calor liberado nessa reação quando $n = 1$.
b. Sem fazer cálculos, você acha que mais ou menos energia é liberada por mol na formação de hidrocarbonetos maiores ($n > 1$)? Explique seu raciocínio.

50. Eis um modelo bola e palito do etanol, C_2H_5OH ou C_2H_6O.

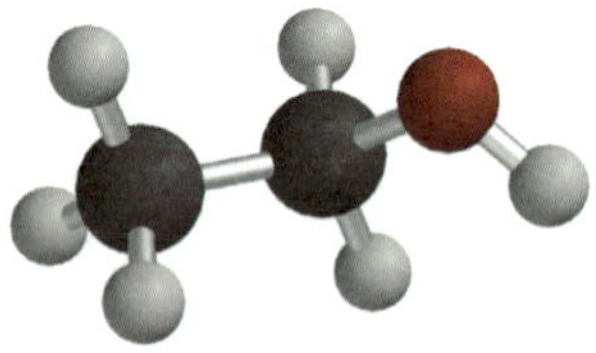

a. Dimetil-éter é um isômero do etanol. Desenhe sua estrutura de Lewis.
b. As pessoas chamavam um anestésico de "éter". O que queriam dizer era dietil-éter. Desenhe sua fórmula estrutural.
c. Éter é um grupo funcional que não é descrito neste capítulo. Com base em sua resposta das duas partes precedentes, que característica estrutural todos os éteres têm em comum?

51. A octanagem de várias substâncias foi dada na Tabela 4.5.
a. Que evidência você pode dar de que a octanagem não é uma medida do conteúdo de energia de uma gasolina?
b. A octanagem mede a capacidade de um combustível de minimizar ou prevenir a batida do motor. Por que isso é importante?
c. Por que misturas com maior octanagem são mais caras do que as de menor octanagem?
d. Uma gasolina premium disponível em muitos postos tem octanagem 91. O que isso lhe diz sobre o combustível conter oxigenados?

52. O *n*-octano e o iso-octano têm essencialmente o mesmo calor de combustão. Como isso é possível se eles têm estruturas químicas diferentes?

53. Todos estes termos cabem no conceito de combustíveis: combustível renovável, combustível não renovável, carvão, petróleo, biodiesel, gás natural e etanol. Use um diagrama para mostrar a relação entre eles. Encontre um modo de encaixar os termos *combustível fóssil* e *biocombustível*.

54. Use um diagrama para mostrar as relações entre estes termos relacionados a alimentos: gordura, banha de porco, óleo, triglicerídeo, manteiga, azeite de oliva e óleo de soja. Embora biodiesel não seja um alimento, ele ainda se liga a esses termos. Encontre um modo de representar tal ligação.

55. Em uma escala de poucos anos, a combustão do etanol derivado da biomassa libera uma quantidade líquida *menor* de CO_2 na atmosfera do que a queima da gasolina derivada do óleo cru. As pessoas discutem se essa declaração é verdadeira ou não. Qual é o ponto em disputa?

56. Releia as Seis Ideias Fundamentais da Química Verde encontradas na parte interna da capa deste livro. Quais delas são satisfeitas pela síntese de Suppes do propileno-glicol a partir do glicerol? *Sugestão*: Veja a equação 4.18.

57. As emissões de alguns poluentes são menores quando se usa biodiesel no lugar do diesel de petróleo. No caso do biodiesel, sugira uma razão para as emissões mais baixas de
   a. dióxido de enxofre, SO_2
   b. monóxido de carbono, CO

Exercícios avançados

58. Embora o carvão contenha apenas traços de mercúrio, as quantidades liberadas no ambiente pela queima desse combustível têm consequências importantes. Junte as evidências apropriadas e defenda ou refute esta declaração.

59. De acordo com uma declaração feita pela EPA americana, dirigir um automóvel é "a atividade diária mais poluente do cidadão comum".
   a. Que poluentes os carros emitem? *Sugestão*: Informações sobre emissões dadas pela EPA (juntamente às informações dadas neste texto) podem ajudá-lo a responder a esta questão.
   b. De que suposições depende a verdade dessa declaração?

60. Um artigo da *Scientific American* mostrou que a substituição de uma lâmpada incandescente de 75 watts por uma lâmpada fluorescente compacta de 18 watts economizaria 75% do custo da eletricidade. A eletricidade é geralmente cobrada por quilowatt-hora (kW-h). Use o preço da eletricidade onde você mora para calcular o quanto economizaria durante a vida de uma lâmpada fluorescente compacta (cerca de 10.000 h). *Nota*: As lâmpadas incandescentes padrão duram cerca de 750 h.

61. C. P. Snow, um conhecido cientista e autor, escreveu em um livro influente chamado *The Two Cultures,* em que afirma: "A questão, 'Você conhece a segunda lei da termodinâmica?' é o equivalente cultural de 'Você já leu uma peça de Shakespeare?'". Como você reage a tal comparação? Discuta essa observação à luz de sua experiência educacional.

62. Este capítulo menciona várias fontes não convencionais de óleo e gás, inclusive as perfurações profundas nos oceanos, o fraturamento hidráulica na profundeza da terra, a extração de óleo do xisto e areias betuminosas. Escolha uma, descreva-a e produza uma análise usando a Linha de Base Tripla: saúde econômica, saúde ambiental e saúde social.

63. As explosões químicas são reações *muito* exotérmicas. Descreva as energias de ligação relativas dos reagentes e produtos que causariam uma boa explosão.

64. O capítulo salientou que a FDA aprovou o propileno-glicol para uso como aditivo de alimentos. Em que alimentos ele é usado e com que objetivo?

65. O tetraetil-chumbo (TEL) foi primeiramente aprovado para uso na gasolina em 1926. Ele só foi banido em 1986. Construa uma linha de tempo que inclua quaisquer eventos dos 60 anos de seu uso, incluindo alguns que levaram ao seu banimento.

66.O tetraetil-chumbo (TEL) tem octanagem de 270. Como isso se compara com outros aditivos de gasolina? Examine a fórmula estrutural do TEL e proponha uma razão para esse valor de octanagem em relação a outros aditivos.

67. Outro tipo de catalisador usado na queima de combustíveis fósseis é o conversor catalítico que foi discutido no Capítulo 1. Uma das reações que esses catalisadores aceleram é a conversão de NO(*g*) em $N_2(g)$ e $O_2(g)$.
   a. Desenhe um diagrama de energia para essa reação semelhante ao da Figura 4.20.
   b. Por que essa reação é importante? *Sugestão*: Veja as Seções 1.9 e 1.11.

68. A Figura 4.17 mostra as diferenças de energia para a combustão de H_2, uma reação química exotérmica. A combinação de N_2 e O_2 para formar NO (monóxido de nitrogênio) é um exemplo de reação endotérmica:

$$N_2(g) + O_2(g) \longrightarrow 2\,NO(g)$$

A energia de ligação de N=O é 630 kJ/mol. Esboce um diagrama de energia para essa reação e calcule a variação total de energia. *Sugestão*: NO tem um elétron desemparelhado. Um modo de representar sua estrutura de Lewis é

$$:\dot{N}=\ddot{O}:$$

69. Como os Estados Unidos têm grandes reservas de gás natural, há muito interesse no desenvolvimento de usos para esse combustível. Liste duas vantagens e duas desvantagens no uso de gás natural como combustível de veículos.

Capítulo 5

Água para a vida

"De todos os nossos recursos naturais, a água tornou-se o mais precioso."

Rachel Carson, Silent Spring, Houghton Miffin Co., 1962, p. 39.

Neeru, shouei, maima, aqua. Seja a língua em que for falada, a água é o composto mais abundante na superfície da Terra. Imagens de satélites nos lembram que vivemos em um planeta em que oceanos, rios, lagos e gelo cobrem mais de 70% da superfície. Com certeza, a água é essencial para a vida.

Os cientistas procuram água quando buscam vida em outros planetas.

Embora os oceanos abriguem uma vasta quantidade de vida vegetal e animal, eles não são amigáveis para com as criaturas que habitam a terra. Como Rachel Carson observou em *Silent Spring*, "A maior parte, de longe, da superfície seca da Terra é envolvida por oceanos, todavia, no meio dessa fartura temos pouca água. Por um estranho paradoxo, a maior parte da abundante água da terra não é própria para a agricultura, para a indústria ou para o consumo humano devido à pesada carga de sais no mar". Nós que vivemos na terra precisamos de água doce e temos de obtê-la por processos naturais como a chuva e a neve ou por tecnologias de purificação de água que gastam muita energia.

Cientista, conservacionista e escritora, Rachel Carson ajudou a deslanchar o movimento ambientalista com a publicação de *Silent Spring*.

Infelizmente, a água doce não é um recurso ilimitado em nosso planeta. Mais do que isso, ela não se renova com rapidez suficiente para cobrir as necessidades da crescente população do mundo. Em consequência, a água tornou-se um recurso estratégico. Sua escassez leva a conflitos e levanta questões de direitos de acesso e uso. Reconhecendo a importância da água, em 1993, a Assembleia Geral das Nações Unidas proclamou o dia 22 de março como sendo o Dia Mundial da Água. O tema de cada ano liga a água a uma questão social, promovendo a gestão sustentável dos recursos hídricos.

Exemplos de temas de Dias Mundiais da Água anteriores.

- 2010-Qualidade da Água
- 2009-Águas Transfronteriças
- 2008-Ano Internacional do Saneamento
- 2007-Escassez da Água
- 1996-Água para Cidades Sedentas
- 1995-Mulheres e Água

Seja a encontrada em oceanos, lagos ou rios, a água é um composto com propriedades únicas. Algumas delas são importantes para a compreensão de processos de grande escala em nosso planeta, como o tempo e o clima. Por exemplo, a água é a única substância comum que pode existir como sólido, líquido ou gás nas temperaturas médias da Terra. Em suas três formas – gelo, água líquida e vapor de água (umidade) –, a água afeta o tempo diário de uma região e, em maior escala temporal, o clima.

Outras propriedades da água ajudam a proteger os ecossistemas. Por exemplo, ao contrário da maior parte dos sólidos, o gelo é menos denso do que a água líquida. Como o gelo flutua na água, os ecossistemas de lagos e riachos podem sobreviver debaixo do gelo durante os dias muito frios do inverno. A água também absorve mais calor por grama do que a maior parte das outras substâncias, fazendo com que massas de água na Terra sirvam de reservatórios de calor. Como resultado, os oceanos e lagos se aquecem e esfriam lentamente, ajudando a moderar variações bruscas de temperatura.

Outras propriedades da água são importantes para processos em menor escala. Por exemplo, a água dissolve muitas substâncias. Ela é o meio essencial para as reações bioquímicas das células de todas as espécies vivas, incluindo os humanos. Seu corpo pode ficar semanas sem comida, mas somente alguns dias sem água. Se o conteúdo de água de seu corpo se reduzir 2%, você ficará com sede. Perdendo 5%, você sentiria cansaço e teria dor de cabeça. Com perda de 10-15%, seus músculos ficariam rígidos e você teria delírios. Desidratação superior a 15% é mortal.

A quantidade de água que você deve beber por dia depende de seu peso, idade, saúde e nível de atividade física.

Antes de entrarmos nos detalhes, pedimos que você pense em como a água é parte de sua rotina diária. Você pode tomá-la de uma torneira, de uma garrafa ou de uma latinha. Você pode cozinhar vegetais, lavar a roupa ou dar a descarga no banheiro. Ou você pode ficar na margem de um rio tentando pegar um peixe. A próxima atividade lhe dá a oportunidade de listar o papel da água em sua vida.

Estude Isto 5.1 Mantenha o registro da água

Escolha um período de 12 horas de seu dia acordado. Registre todas as suas atividades que envolvem água pelo tempo e pela atividade. Leve também em consideração:

a. O papel que a água tem em sua vida. Por exemplo, você a está consumindo? A está usando em algum processo? Ela é parte de sua experiência ao ar livre?
b. A fonte da água, a quantidade envolvida e onde ela foi parar depois.
c. O quanto você sujou a água.

Estude Isto 5.2 Além dos vasos sanitários

Dar descarga no vaso é só uma parte da sua rotina diária com a água. Selecione uma calculadora do uso da água disponível na Internet e investigue mais o uso rotineiro da água em casa.

a. O que surpreendeu você sobre o uso que faz da água?
b. Como essa informação se relaciona ao registro do uso da água da atividade anterior?

Um litro (L) contém 1000 mililitros (mL). Um galão é cerca de 3,8 L.

De acordo com o U.S. Geological Survey, mais de 390 litros (~100 galões) de água por dia são necessários para manter o estilo de vida do cidadão médio americano. Como você sem dúvida descobriu em seu registro, usamos água para muitas coisas.

Neste capítulo, exploramos muitas facetas da água, inclusive de onde vem a água doce, como a usamos e as questões relacionadas a seu uso. Também revisitaremos as ideias centrais da química verde que se relacionam com evitar que a água fique suja. Começaremos olhando de perto as propriedades da água para ver por que ela é uma substância tão especial neste nosso planeta úmido.

5.1 As propriedades únicas da água

É evidente que a água é essencial a nossas vidas. O que talvez não seja tão óbvio é que a água tem algumas propriedades pouco comuns. Na verdade, essas propriedades são muito peculiares, e somos *muito* afortunados que seja assim. Se a água fosse um composto mais convencional, a vida, como a conhecemos, não poderia existir.

Comecemos com o estado físico. A água é um líquido na temperatura (25°C ou 77°F) e pressão atmosférica normais. Isso é surpreendente porque quase todos os outros compostos de massa molar semelhante são gases nessas condições. Veja estes três gases encontrados no ar: N_2, O_2 e CO_2. Suas massas molares são 28, 32 e 44 g/mol, respectivamente, todas maiores do que a da água (18 g/mol). Entretanto, eles não são líquidos.

Nas substâncias covalentes, quando a massa molar aumenta, o ponto de ebulição, em geral, também aumenta.

Não somente a água é um líquido nessas condições, mas ela também tem um ponto de ebulição irregularmente alto, de 100°C (212°F). Quando a água congela, apresenta outra propriedade estranha – ela expande. A maior parte dos líquidos contrai-se ao solidificar.

Essas e outras propriedades incomuns são consequência da estrutura molecular da água. Lembre-se, primeiro, da fórmula química da água, H_2O. Essa é, provavelmente, a mais conhecida trivialidade química. Em seguida, lembre-se de que a água é uma molécula covalente com uma forma angulada. A Figura 5.1 mostra as mesmas representações da molécula de água que usamos no Capítulo 3.

Reveja as Seções 2.3 e 3.3 para mais informações sobre a molécula da água.

O que é novo para nossa discussão neste capítulo é o fato de que os elétrons não são partilhados igualmente na ligação covalente O–H. Evidências experimentais indicam que o átomo de O atrai o par de elétrons mais fortemente do que o átomo de H. Na linguagem química, dizemos que o oxigênio tem eletronegatividade maior do que o hidrogênio. A **eletronegatividade** é uma medida da atração de um elétron por um átomo da ligação química. A escala varia entre 0,7 e 4,0. Os valores não têm unidades e são relativos uns aos outros. Quanto maior a eletronegatividade, mais um átomo atrai os elétrons de uma ligação química para si.

Os valores de eletronegatividade foram desenvolvidos pelo químico, pacifista e Prêmio Nobel Linus Pauling (1901-1994).

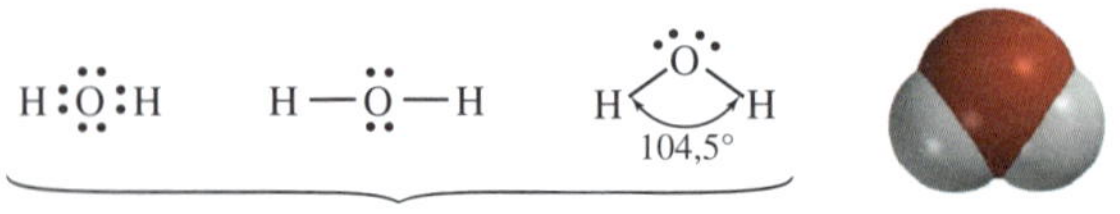

(a) (b)

FIGURA 5.1 Representações de H_2O. **(a)** Estruturas de Lewis e fórmula estrutural. **(b)** Modelo de volume cheio.

TABELA 5.1 Valores de eletronegatividade de elementos selecionados

1A	2A	3A	4A	5A	6A	7A	8A
H 2,1							He *
Li 1,0	Be 1,5	B 2,0	C 2,5	N 3,0	O 3,5	F 4,0	Ne *
Na 0,9	Mg 1,2	Al 1,5	Si 1,8	P 2,1	S 2,5	Cl 3,0	Ar *

*Os gases nobres raramente (se tanto) se ligam a outros elementos.

A Tabela 5.1 mostra os valores de eletronegatividade dos primeiros 18 elementos. Estude-a para ver que:

- Flúor e oxigênio têm os maiores valores.
- Metais como o lítio e o sódio têm valores baixos.
- Os valores *aumentam* da esquerda para a direita na linha da Tabela Periódica (dos metais para os não metais) e *diminuem* para baixo no grupo.

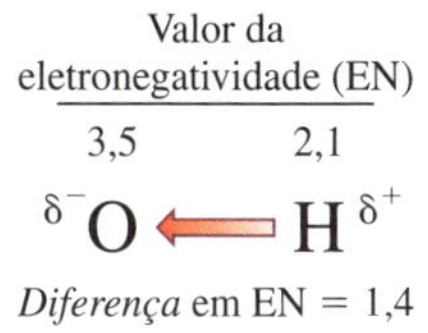

FIGURA 5.2 Representação da ligação covalente polar entre um átomo de hidrogênio e um de oxigênio. Os elétrons estão mais próximos do átomo de oxigênio, que é mais eletronegativo.

Quanto maior a diferença de eletronegatividade entre dois átomos ligados, mais polar é a ligação. Por isso, podemos usar a eletronegatividade para estimar a polaridade das ligações. Por exemplo, a diferença de eletronegatividade entre o oxigênio e o hidrogênio é de 1,4. Os elétrons de uma ligação O–H são puxados pelo átomo de oxigênio, mais eletronegativo. Este partilhamento desigual resulta em uma carga parcial negativa (δ^-) no átomo de O e uma carga parcial positiva (δ^+) no átomo de H, como se vê na Figura 5.2. Usamos uma seta para indicar a direção do deslocamento do par de elétrons. O resultado é uma **ligação covalente polar**, em que os elétrons estão distribuídos de forma desigual, ficando mais perto do átomo mais eletronegativo. Em contraste, em uma **ligação covalente não polar** os elétrons estão igualmente, ou quase igualmente, distribuídos entre os átomos.

Se a diferença de eletronegatividade entre dois átomos é maior do que 1,0, a ligação é considerada covalente polar. Se ela é maior do que 2,0, a ligação é considerada iônica. Use essa informação como um guia, não como uma regra.

Sua Vez 5.3 Ligações polares

Em cada par, qual é a ligação mais polar? Na ligação que você escolher, o par de elétrons estará mais próximo de um dos átomos. De qual deles? *Sugestão:* Use a Tabela 5.1.

a. H–F ou H–Cl
b. N–H ou O–H
c. N–O ou O–S
d. H–H ou Cl–C

Resposta
a. A ligação H–F é mais polar. O par de elétrons é atraído mais fortemente pelo átomo de F.

Vimos que as ligações podem ser polares, algumas mais do que outras. E as moléculas? Para ajudá-lo a predizer se uma molécula é polar, oferecemos duas generalizações úteis:

- Uma molécula que só contém ligações não polares *tem de ser* não polar. Por exemplo, as moléculas Cl_2 e H_2 são não polares.
- Uma molécula que contém ligações covalente polares *pode ser, ou não,* polar. A polaridade depende da geometria da molécula.

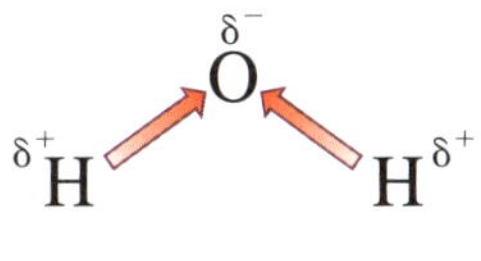

FIGURA 5.3 H_2O, uma molécula polar com ligações covalentes polares.

Por exemplo, a molécula da água contém duas ligações polares e é polar (Figura 5.3). Os átomos de H têm carga parcial positiva (δ^+), e o átomo de oxigênio tem carga parcial negativa ((δ^-). Com essas duas ligações polares e uma geometria angulada, a molécula dá água é polar.

Você pode rever por que a molécula de água é angulada na Seção 3.3.

Muitas das propriedades únicas da água são consequência de sua polaridade. Antes que continuemos a história da água, pare um pouco para completar esta atividade.

Estude Isto 5.4 A molécula do dióxido de carbono

Reveja a molécula do dióxido de carbono. Você encontrará sua estrutura de Lewis na Figura 3.14.

a. As ligações covalentes de CO_2 são polares ou não polares? Use a Tabela 5.1.
b. Desenhe uma representação do CO_2 semelhante à Figura 5.3.
c. Em contraste com a molécula H_2O, a do CO_2 *não* é polar. Explique.

5.2 O papel da ligação hidrogênio

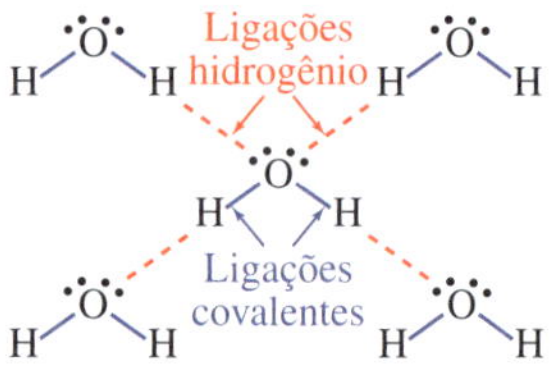

FIGURA 5.4 Ligações hidrogênio da água (as distâncias não estão em escala).

Vejamos o que acontece quando duas moléculas de água se aproximam. Como as cargas opostas se atraem, um átomo de H (δ^+) de uma das moléculas de água é atraído pelo átomo de O (δ^-) da outra. Esse é um exemplo de **força intermolecular**, isto é, uma força que ocorre entre moléculas.

Com mais de duas moléculas de água, a história fica mais complicada. Estude cada molécula da Figura 5.4 e observe os dois átomos de H e os dois pares de elétrons do átomo de O. Eles permitem atrações intermoleculares múltiplas. Esse conjunto de atrações entre moléculas é chamado de "ligação hidrogênio". Uma **ligação hidrogênio** é uma atração eletrostática entre um átomo de H ligado a um átomo muito eletronegativo (O, N ou F) e um átomo vizinho de O, N ou F, em outra molécula ou em outra parte da mesma molécula. Tipicamente, a força de uma ligação hidrogênio é cerca de 10% da de uma ligação covalente de uma molécula. Também, os átomos de uma ligação hidrogênio estão mais afastados do que estariam em uma ligação covalente normal. Na água líquida, podem ocorrer três ou quatro ligações hidrogênio por molécula de água, como se vê na Figura 5.4.

Compare:

- As forças *inter*moleculares ocorrem *entre* moléculas, enquanto as *intra*moleculares ocorrem *nas* moléculas.
- Os esportes *inter*colegiais são jogados *entre* colégios, enquanto os *intra*colegiais são jogados *nos* colégios.

O enxofre é menos eletronegativo do que o oxigênio e o nitrogênio. Embora átomos de H ligados a átomos de N ou O possam formar ligações hidrogênio, os átomos de H ligados a S não podem.*

Sua Vez 5.5 Ligações na água

a. Explique as linhas tracejadas entre as moléculas de água da Figura 5.4.
b. Na mesma figura, marque os átomos de duas moléculas adjacentes com os símbolos δ^+ ou δ^-. Como estas cargas parciais ajudam a explicar a orientação das moléculas?
c. As ligações hidrogênio são forças intermoleculares ou intramoleculares? Explique.

Embora as ligações hidrogênio não sejam tão fortes como as ligações covalentes, elas são bastante fortes em comparação com outros tipos de forças intermoleculares. O ponto de ebulição da água nos dá evidência disso. Por exemplo, veja o H_2S, uma molécula semelhante à água, mas que não forma ligações hidrogênio. O H_2S ferve −60°C e é um gás na temperatura normal. Em contraste, a água ferve a 100°C. Devido às ligações hidrogênio, a água é um líquido na temperatura normal, bem como na temperatura do nosso corpo (cerca de 37°C). A existência da vida em nosso planeta depende disso.

Estude Isto 5.6 Ligações nas moléculas de água e entre elas

Alguma das ligações covalentes da água quebram-se quando a água ferve? Explique com desenhos. *Sugestão:* Comece com as moléculas de água no estado líquido, como na Figura 5.4. Faça um segundo desenho para mostrar a água na fase vapor.

As ligações hidrogênio também podem ajudá-lo a entender por que o gelo flutua. O gelo é um conjunto de moléculas de água em que cada uma delas forma ligações hidrogênio com outras quatro. Um modelo está na Figura 5.5. Note o espaço vazio na forma de canais hexagonais. Quando o gelo funde, a estrutura se desfaz, e moléculas de H_2O podem entrar nos canais abertos. Em consequência,

*N. de T.: Não há um corte tão linear como o texto parece indicar. A situação é mais complexa. As ligações S–H formam sim ligações hidrogênio, porém muito mais fracas do que as que ocorrem com O–H, N–H e F–H, e seu efeito sobre o ponto de ebulição do H_2S é muito pequeno.

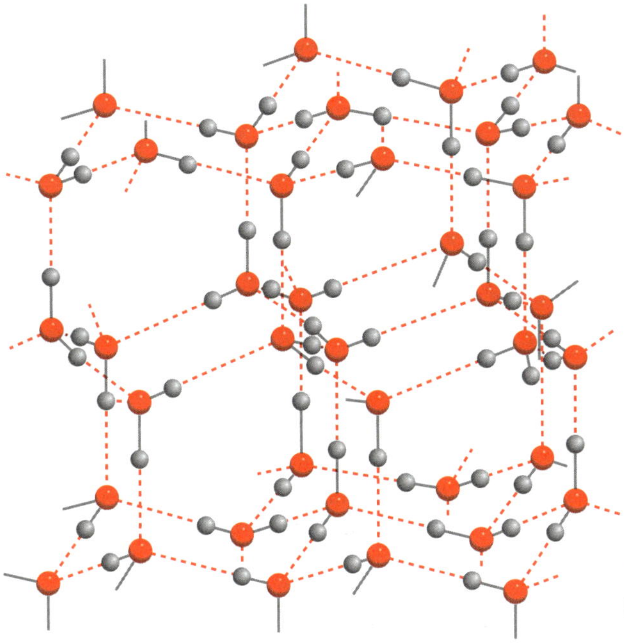

FIGURA 5.5 Estrutura das ligações hidrogênio da forma mais comum do gelo. Note os canais abertos entre as "camadas" de moléculas que fazem o gelo ser menos denso do que a água líquida.

as moléculas no estado líquido estão mais empacotadas do que no estado sólido. Por isso, um centímetro cúbico (1 cm^3) de água líquida têm mais massa por centímetro cúbico do que o gelo. Essa é apenas outra maneira de dizer que a **densidade**, a massa por unidade de volume, da água líquida é maior do que a do gelo.

As pessoas confundem densidade e massa com frequência. Por exemplo, uma pipoca tem densidade baixa, mas as pessoas dizem que um saco de pipocas "pesa" pouco. Você também já deve ter ouvido a expressão "pesado como o chumbo". Grandes peças de chumbo são bastante pesadas, é claro, mas é mais acurado dizer que o chumbo tem densidade elevada (11,3 g/cm^3).

Usualmente, apresentamos a massa da água em gramas. Expressar o volume é um pouco mais complicado. Usamos centímetros cúbicos ou mililitros (mL) – as duas unidades são equivalentes. A densidade da água é 1,00 g/cm^3 a 4°C e varia pouco com a temperatura. Então, por conveniência, dizemos, às vezes, que 1 cm^3 de água tem a massa de 1 g. Por outro lado, 1,00 cm^3 de gelo tem a massa de 0,92 g, logo sua densidade é 0,92 g/cm^3. O resultado? Os cubos de gelo em sua bebida preferida flutuam, não afundam.

Para qualquer líquido em qualquer temperatura, 1 cm^3 = 1 mL.

Ao contrário da água, muitas substâncias são mais densas quando sólidas. O fato de que a água tem um comportamento diferente significa que, no inverno, o gelo flutua nos lagos, não afunda. Esse comportamento às avessas significa que o gelo da superfície, com frequência coberto por neve, serve como isolante e impede que a água do lago congele. As plantas aquáticas e peixes podem então viver durante os invernos muito frios. E quando o gelo funde na primavera, a água que se forma afunda, ajudando a misturar os nutrientes no ecossistema da água doce. Não é necessário reafirmar que o comportamento único da água tem implicações nas ciências biológicas e na vida.

Lembrando: a água é mais densa em 4°C. A 0°C, ela é ligeiramente menos densa.

O fenômeno da ligação hidrogênio não se restringe à água. Ele pode ocorrer em outras moléculas que contêm ligações covalentes O–H ou N–H. Essas ligações ajudam a estabilizar a forma de grandes moléculas biológicas, como proteínas e ácidos nucleicos. Por exemplo, a estrutura de hélice dupla da molécula do DNA é estabilizada por ligações hidrogênio que se formam entre as duas fitas do DNA. Quando ocorre a transcrição do DNA, o fecho se abre quando as ligações hidrogênio se quebram. De novo, a ligação hidrogênio tem um papel essencial no processo da vida.

As moléculas de DNA formam ligações hidrogênio entre fitas *diferentes* do DNA. Em contraste, as proteínas podem formar ligações hidrogênio em regiões diferentes da mesma molécula. Veja mais sobre a estrutura das proteínas e do DNA no Capítulo 12.

Terminamos esta seção examinando uma última propriedade incomum da água, sua alta capacidade de absorver e liberar calor. O **calor específico** é a quantidade de energia calorífica que deve ser absorvida para aumentar a temperatura de um grama de uma substância em 1°C. O calor

O joule e a caloria, unidades de energia, foram definidos na Seção 4.2. O calor específico da água pode também ser expresso (usando calorias) como 1,00 cal/g · °C.

específico da água é 4,18 J/g · °C. Isto significa que 4,18 J de energia são necessários para aumentar a temperatura de 1 g de água líquida em 1°C. Inversamente, 4,18 J de calor devem ser removidos para esfriar 1 g de água em 1°C. A água tem um dos calores específicos mais altos dentre quaisquer substâncias, e dizemos que ela tem alta capacidade calorífica. Devido a isso, ela é um refrigerante excepcional. Quando a água evapora, pode ser usada para retirar o calor em excesso, seja no radiador do automóvel, seja em uma termoelétrica ou seja no corpo humano.

Estude Isto 5.7 Uma excursão com o pé no chão

Você já andou com o pé no chão em um assoalho atapetado e depois em um de ladrilhos ou de pedra? Se não, experimente e anote o que percebe. Com base em sua observação, quem tem maior capacidade calorífica, o tapete ou o ladrilho?

Devido à alta capacidade calorífica da água, grandes massas de água influenciam o clima regional. Quando a água evapora dos mares, rios e lagos, calor é absorvido. Ao absorver grandes quantidades de calor, os oceanos e as gotículas de água das nuvens ajudam a moderar as temperaturas globais. Como a água tem maior capacidade de "guardar" calor do que o chão, quando o tempo esfria, o chão fica frio mais rapidamente. A água retém mais calor e é capaz de manter mais quente por mais tempo as áreas próximas. Essas propriedades deveriam ser familiares a qualquer um que já tenha morado junto a uma grande massa de água.

Vimos algumas das propriedades críticas da água que influenciam a vida em nosso planeta. Antes que exploremos sua capacidade de dissolver muitas substâncias diferentes, vamos dar uma vista panorâmica em de onde a água vem, como nós a usamos e que problemas estão ligados a seu uso.

5.3 A água que bebemos e usamos

Assim como precisamos de ar despoluído para respirar, também precisamos de **água potável**, isto é, água que possamos beber e usar na cozinha. Também precisamos nos banhar e lavar os pratos com água potável. Em contraste, a água não potável contém contaminantes, que incluem particulados de sujeiras, metais tóxicos (como arsênio) ou bactérias que podem causar cólera. Embora não possa ser ingerida, a água não potável tem utilidade. Por exemplo, a água de rios ou lagos pode ser transportada por caminhões (Figura 5.6a) e usada para lavar calçadas, para reduzir a poeira de estradas ou para irrigação.

Uma epidemia devastadora de cólera seguiu-se ao terremoto de 2010 que arrasou Porto Príncipe, Haiti

Se inicialmente tratada em uma estação municipal, a água não potável tem outros usos. Esta água reutilizada, às vezes chamada de água reciclada, é distribuída às comunidades através de "tubulações roxas", como se pode ver na Figura 5.6b. Ela pode ser usada para irrigar campos esportivos,

(a) (b)

FIGURA 5.6 **(a)** Caminhão-pipa na Universidade do Alasca, Fairbanks, com um aviso de que a água não é própria para consumo. **(b)** Água reutilizada é bombeada pela tubulação roxa.

em descargas em vasos sanitários ou para apagar incêndios. Para economizar, as instalações municipais ajustam o tipo de água disponível a seu melhor uso.

Veja mais sobre o tratamento da água na Seção 5.11.

Estude Isto 5.8 Ajustando forma e função

Em algumas comunidades, a água reutilizada ou reciclada (não potável) é usada para lavar carros, regar jardins e em descargas de vasos sanitários.

a. Liste outras três atividades em que se pode usar água não potável.
b. Que condições poderiam levar uma comunidade a usar água não potável?
c. Sua comunidade usa água reutilizada ou reciclada? Descubra com que propósitos, se for o caso.

Onde encontramos água fresca em nosso planeta? A fonte mais conveniente para os humanos é a **água superficial**, a água fresca encontrada em lagos, rios e fontes (Figura 5.7). De acesso menos conveniente é a **água subterrânea**, a água fresca encontrada em reservatórios subterrâneos, também conhecidos como aquíferos. As pessoas em todo o mundo bombeiam água subterrânea de poços profundos perfurados até esses reservatórios. Água fresca também é encontrada na atmosfera, na forma de névoa, neblina e umidade.

Quanto da água de nosso planeta é fresca? Surpreendentemente, somente 3%, o resto sendo água salgada. Embora não apareça na Figura 5.8, cerca de dois terços dessa água fresca estão em geleiras, gelos marinhos e campos de neve. Além disso, cerca de 30% estão no subsolo e devem ser bombeados para uso.

A água do mar só é potável ser removermos os sais por um processo chamado de dessalinização. Veja mais sobre isso na Seção 5.12.

Lagos, rios e alagados correspondem a somente 0,3% da água fresca. Pense nisso deste modo: se toda a água de nosso planeta fosse representada pelo conteúdo de uma garrafa de 2L, somente 60 mL seriam água fresca. A água que nos é acessível em lagos e rios corresponderia a cerca de quatro gotas!

Químico Cético 5.9 Uma gota para beber

Acabamos de declarar que 4 gotas em 2 litros correspondem à quantidade de água fresca disponível para nosso uso. Isso é acurado? Faça você mesmo o cálculo.
Sugestão: Use as relações da Figura 5.8 e suponha 20 gotas por mililitro.

FIGURA 5.7 Lagos e reservatórios fornecem a maior parte da água que bebemos. Este, o Hetch Hetchy, fornece água para São Francisco, Califórnia.

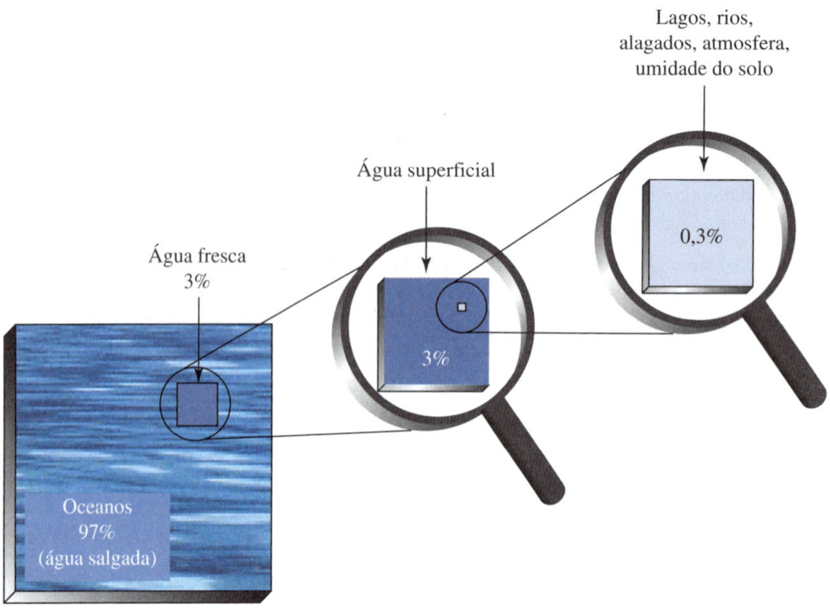

FIGURA 5.8 A distribuição de água fresca na Terra.

Como usamos a água fresca? Previsivelmente, a resposta depende de onde você mora. Nos Estados Unidos, o U.S. Geological Survey estima que, dos 410 bilhões de galões de água usados diariamente, 85% são água fresca e 15% são água salgada. A Figura 5.9 mostra oito atividades responsáveis pelo uso da água, com a produção de eletricidade sendo a maior consumidora. Cerca de 200 bilhões de galões de água, ou 50% do total, são usados diariamente como refrigerante nas geradoras de eletricidade – a carvão, a gás natural e nucleares. O segundo uso mais significativo é na irrigação de lavouras e nas casas, escolas e locais de trabalho, explicando 31% e 12%, respectivamente.

Veja como a água é usada como refrigerante em usinas de eletricidade nas Seções 4.1 e 7.3.

No mundo, a agricultura usa a maior parte da água, cerca de 70% do consumo total. Grãos como trigo, arroz, milho e soja são cultivados por fazendeiros em todo o planeta, cada colheita exigindo vários milhares de litros em média para produzir um quilograma de alimento. Os valores da Tabela 5.2 são exemplos de **pegadas de água**, isto é, estimativas do volume de água fresca usado para produzir bens em particular ou serviços.

Procure informações sobre pegadas ecológicas na Seção 0.5 e pegadas de carbono na Seção 3.9.

Os valores da Tabela 5.2 são médias mundiais. O valor real de uma pegada de água depende do país e da região específica em que ocorre o cultivo. Por exemplo, de acordo com o Water Footprint Network, o milho cultivado nos Estados Unidos tem a pegada de água média de 760 litros.

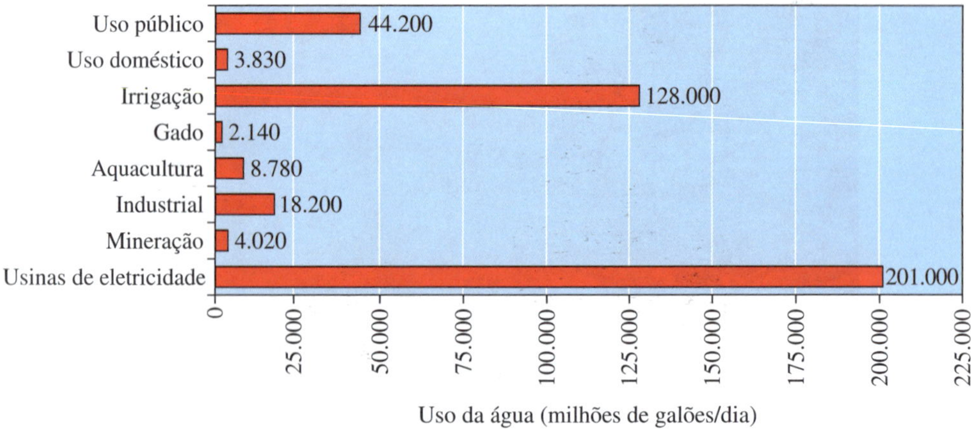

FIGURA 5.9 Uso total da água fresca e salgada nos Estados Unidos, 2005.
Fonte: USGS.

TABELA 5.2 Pegadas de água para carnes e grãos

Alimento (1 kg)	Pegada de água (L, média mundial)
cereais (milho)	1200
trigo	1800
soja	2100
arroz	2500
galinha	4300
porco	6000
carne de carneiro	8700
carne de boi	15400

Fonte: Water Footprint Network, 2012.

Em comparação, os valores na China e na Índia são de 1.160 e 2.540 litros, respectivamente. Com o tempo, os valores das pegadas mudam se ocorrem variações da quantidade de chuva ou mudanças nas práticas de agricultura.

A Tabela 5.2 também mostra a grande diferença na quantidade de água, em média, necessária para produzir carnes em comparação com os grãos. A mais alta pegada de água é a da carne de boi, que reflete a tendência de alimentar o gado com grãos. A verdadeira pegada de água de um quilograma de carne em particular depende de como o animal foi alimentado e abatido.

"A pegada de água média por caloria da carne de boi é 20 vezes maior do que a de cereais e raízes amiláceas."
Fonte: Ecosystems (2012) 15:401–415.

Pegadas de água também podem ser estimadas para outros produtos. Por exemplo, suponha um copo de 250 mL com leite de vaca. Na média, o volume de água necessário para *produzi-lo* é de 255 L, cerca de mil vezes o volume de um copo de leite! Como em nosso exemplo da carne de boi, isso inclui a água necessária para o suporte da vaca e a utilizada para cultivar seu alimento. Também inclui a água usada em uma fazenda para coletar o leite e limpar o equipamento. Você pode ver a quantidade de água necessária para produzir outras bebidas, alimentos e consumíveis na Tabela 5.3.

Os valores das pegadas de água são inexatos e, em consequência, controversos. Nossa intenção ao mostrá-los não foi marcar itens como bons ou ruins. Na verdade, esses valores servem para lembrá-lo de que usamos água para produzir bens e dar-lhe uma visão mais ampla do uso da água. Por exemplo, em uma primeira análise da Tabela 5.3, você poderia ficar tentado a pôr de lado as camisetas. O algodão é uma cultura sedenta que tem sido cultivada em climas áridos usando água importada para irrigação. Enormes quantidades de água são necessárias para processar as fibras de algodão e transformá-las nas camisetas que usamos. Essa grande pegada de água do algodão pode nos encorajar a irrigar mais eficientemente e desenvolver novas práticas industriais que conservem água, como veremos na próxima seção.

Uma solução de química verde aplicada ao processamento do algodão é discutida na Seção 5.12.

TABELA 5.3 Pegadas de água de vários produtos

Produto	Pegada de água (L, média global)
xícara de café (250 mL)	260
xícara de chá (250 mL)	27
banana (200 g)	160
laranja (150 g)	80
copo de suco de laranja (200 mL)	200
ovo (60 g)	200
barra de chocolate (100 g)	1700
camiseta de algodão (250 g)	2500

Fonte: Water Footprint Network, 2012.

5.4 Problemas da água

FIGURA 5.10 Algumas pessoas (mas não todas) podem dar como certos o acesso e a segurança de beber água.

Em algumas nações, a água é uma verdadeira pechincha, que jorra da torneira de casa. Por exemplo, o preço médio de 1000 galões (3800 L) de água da torneira nos Estados Unidos é de cerca de dois dólares. De tão barata, essa água é fornecida gratuitamente em bebedouros em ruas, parques ou edifícios públicos (Figura 5.10). Em nações cujo o custo da água potável é baixo, as pessoas decidem tranquilamente com que frequência elas bebem, o quanto e de que fonte. Embora por conveniência ou razões pessoais alguns possam preferir água de garrafa a um preço muito mais alto, na maior parte dos casos isso é uma escolha, não uma necessidade.

O que acontece se você não pode recorrer a uma torneira ou comprar agua engarrafada? Algumas pessoas habitam regiões em que têm de andar quilômetros para chegar a uma fonte de água, encher um recipiente e levá-lo para casa (Figura 5.11a). Outras, devido a uma emergência que interrompeu seu suprimento de água, dependem de caminhões para fornecer a água de que precisam (Figura 5.11b). Outras, ainda, necessitam que engenheiros desenvolvam megaestruturas capazes de transferir água de uma região do país até onde elas vivem. Por exemplo, aquedutos nos Estados Unidos transferem água do Rio Colorado para o Sudoeste. Grandes desvios de água frequentemente são acompanhados por consequências não intencionais, como veremos adiante em outra seção.

Infelizmente, a água que temos no planeta nem sempre está onde é necessária. Diversos problemas, incluindo variações climáticas globais, excesso de consumo e uso ineficiente da água, além da contaminação, complicam ainda mais a disponibilidade da água. Vejamos cada um deles.

Variações climáticas globais

O ciclo do carbono foi descrito no Capítulo 3.

O tempo descreve as condições físicas da atmosfera, como temperatura, pressão, umidade e vento. Em contraste, o clima descreve as tendências do tempo de uma região em um período mais longo de tempo.

Assim como o carbono, a água circula de um lado para o outro em nosso planeta. Por exemplo, a chuva ou a neve caem na terra e tornam-se parte de lagos e rios. Parte dessa água penetra a terra e atinge os aquíferos. Outra parte chega aos oceanos ou é retida temporariamente como neve ou geleiras. Outra, ainda, evapora e torna-se vapor de água em nossa atmosfera. Os processos naturais continuamente reciclam a água do planeta.

(a)

(b)

FIGURA 5.11 **(a)** Meninas voltando para casa com recipientes de água. **(b)** Um caminhão-pipa de emergência fornece água a uma comunidade.

(a) (b)

FIGURA 5.12 (a) Solos ressequidos alimentam uma tempestade de poeira que se aproxima de uma cidade do sudeste da Austrália. (b) As águas que se retraíram em uma represa durante a "Big Dry" deixaram milhares de peixes encalhados.

O clima tem importante papel na regulação do ciclo da água e, portanto, na distribuição da água no planeta. Por exemplo, as geleiras acumulam neve durante os meses de inverno e liberam uma corrente de água regular durante os meses de verão. As grandes geleiras do Himalaia alimentam sete dos maiores rios da Ásia, garantindo um suprimento de água para 2 bilhões de pessoas – quase um terço da população do globo. Se o clima se alterar e essas geleiras não forem reabastecidas anualmente, elas não manterão os rios da região, um cenário de consequências devastadoras para o povo que depende delas como reservatórios de água.

Tempestades e inundações violentas trazem água em abundância feroz, como vemos nas inundações periódicas que ocorrem por toda a parte. No outro extremo, a seca cria uma incapacitante falta de água. Por exemplo, começando por volta de 1997, a Seca do Milênio atingiu grande parte da Austrália. Conhecida como "Big Dry" pelos australianos, a falta de chuvas significativas em muitas regiões do continente contribuiu para perda geral de gado, falhas nas colheitas, incêndios, tempestades de poeira e perda de hábitat (Figura 5.12). Com os rios e lagos secos, o governo australiano, juntamente a fazendeiros e moradores das cidades, implementou medidas de conservação de água e desenvolveu sistemas para usar água reciclada. Procurando ficar menos dependentes do clima, os australianos estão construindo plantas de dessalinização para converter a água do mar de suas áreas costais em água fresca.

A regulação do ciclo da água também afeta os eventos nos ecossistemas da Terra. Como outro exemplo, insetos, pássaros e plantas têm de aparecer na ordem correta para que os pássaros possam se alimentar, os insetos, polinizar e as plantas, crescer. Se os pássaros migrarem cedo na primavera, podem chegar antes de um número suficiente de insetos ter se desenvolvido e não haverá comida. Inversamente, se muitos insetos se desenvolverem antes de os pássaros chegarem para comê-los, eles podem devastar as colheitas. De qualquer modo, água é uma variável-chave no suporte dos ecossistemas em que essas criaturas vivem.

Estude Isto 5.10 Tempo e água

Identifique uma seca ou inundação recente que causou dificuldades para as pessoas ou para um ecossistema. Escreva, para uma audiência de sua escolha, um parágrafo que descreva as dificuldades, quem ou o que elas impactaram e como alguns desafios foram enfrentados.

Excesso de consumo e uso ineficiente

Em muitos lugares, água está sendo bombeada do solo mais rapidamente do que é reposta por seu ciclo natural. Por exemplo, grande parte da abundante colheita de grãos do centro dos Estados Unidos decorre do uso da água do Aquífero High Plains. Este enorme aquífero reteve água da última era do gelo e vai Dakota do Sul ao Texas (Figura 5.13). É uma prática insustentável bombear água de aquí-

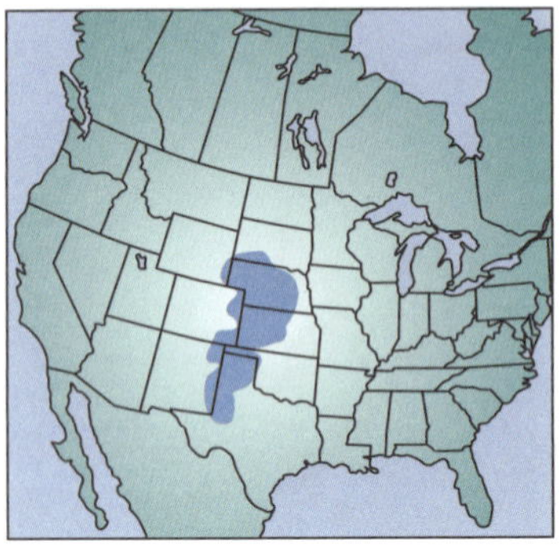

FIGURA 5.13 Um dos maiores aquíferos do mundo, o Aquífero High Plains aparece no mapa em azul escuro.

feros mais rapidamente do que eles podem se reabastecer. O bombeamento constante também pode ter consequências danosas. Por exemplo, se a água for removida de uma área geologicamente instável próxima da costa, água salgada pode invadir o aquífero de água doce.

Usar as reservas de água da superfície em excesso também cria problemas. Por exemplo, vejamos o Cazaquistão e o Ubequistão, países que costeiam o Mar de Aral. Até recentemente, este mar interno era a quarta maior massa de água doce do mundo. Nos anos 1960, trabalhadores da antiga União Soviética construíram um conjunto de canais que desviou água dos rios que alimentam o Mar de Aral para cultivar algodão no clima árido. Não somente os rios que alimentam o Mar de Aral foram desviados, mas a água retirada foi usada de modo ineficiente. Por exemplo, a água usada na irrigação do algodão foi transportada em canais abertos, levando a perdas por evaporação.

Consequentemente, o Mar de Aral secou, como se vê na Figura 5.14. Embora o ecossistema fosse rico como pesqueiro, hoje só restam algumas poças de água salgada. As Nações Unidas consideram o que aconteceu como sendo o maior desastre ambiental do século XX. Poeira carregada de toxinas, pesticidas e sal agora sopra na região, causando problemas de saúde e contribuindo para a pobreza.

A tragédia dos comuns foi mencionada primeiramente na Seção 1.12, no contexto da qualidade do ar.

Essas histórias de desvio de água são exemplos da tragédia dos comuns. As águas superficiais e dos aquíferos são o recurso usados em comum, mas ninguém em particular é responsável por seu uso. Se a água é retirada para a agricultura ou outro uso, pode ser em detrimento de todos que dependem deste recurso comum e necessário.

Práticas que podem conservar água incluem o uso eficiente da irrigação dos campos, a substituição de capim por vegetação nativa e a reparação de canos que estejam vazando em sistemas antigos de distribuição.

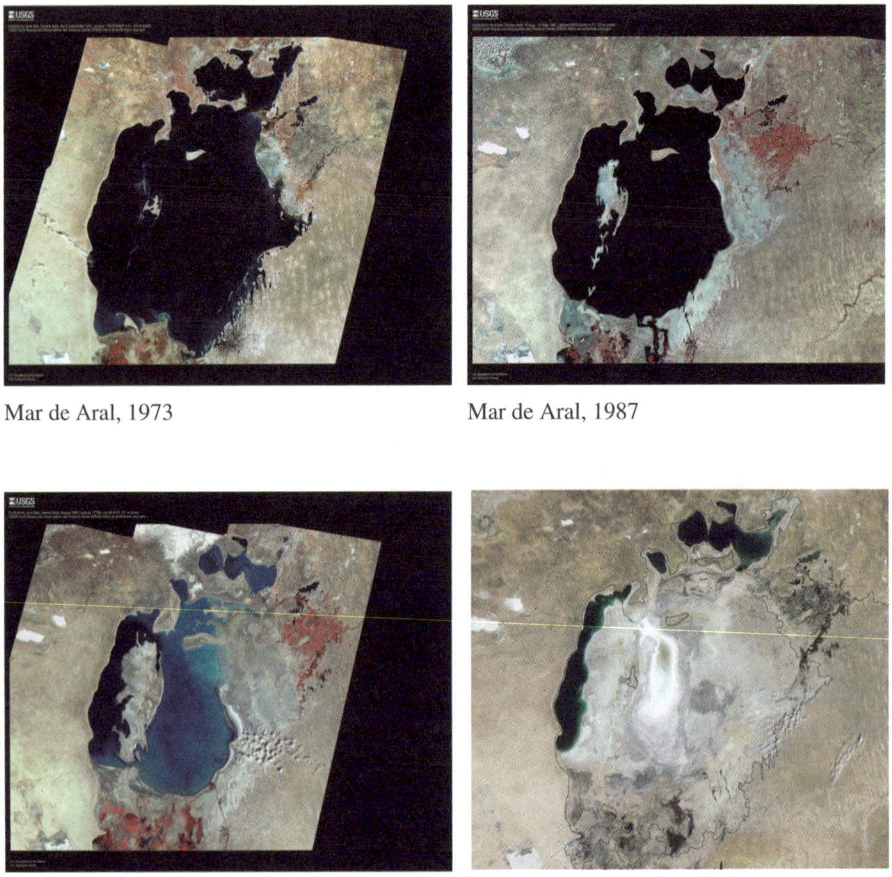

Mar de Aral, 1973 | Mar de Aral, 1987

Mar de Aral, 1999 | Mar de Aral, 2009

FIGURA 5.14 O Mar de Aral perdeu mais de 80% de sua água em 30 anos. Os rios que o alimentavam foram desviados para irrigar colheitas.

FIGURA 5.15 A água que não é segura para beber pode estar claramente contaminada ou não.

Contaminação

Esperamos ter acesso à água segura, isto é, livre de produtos químicos danosos e micróbios. Entretanto, um relatório unificado liberado em 2010 pela Organização Mundial da Saúde/Fundo das Nações Unidas para a Infância (OMS/UNICEF) indicou que quase um bilhão de pessoas, principalmente nas nações em desenvolvimento, não tinham água potável segura. A cada dia, mais de 3.000 bebês e crianças morrem devido à água, às vezes visivelmente contaminada, às vezes não (Figura 5.15).

Nos anos 1980, a UNICEF respondeu a algumas das necessidades globais de água perfurando poços e fornecendo bombas para uso em aquíferos subterrâneos. Embora a água de aquíferos seja usualmente potável, tragicamente isso não aconteceu na Índia e em Bangladesh. Na verdade, a água continha íons arsenito e fluoreto de origem natural, ambos venenos cumulativos. Como a presença desses íons na água não foi detectada prontamente, milhares de pessoas foram irreversivelmente envenenadas.

O íon arsenito tem carga positiva, em contraste com o íon fluoreto, que tem carga nogativa. Veja mais sobre íons na Seção 5.6.

As consequências não intencionais do projeto de UNICEF levanta uma questão importante. O que torna a água segura para beber? A água segura não é pura – tem substâncias dissolvidas nela. Muitas dessas substâncias fazem parte dos sistemas naturais do mundo. Por exemplo, minerais benéficos encontrados na água subterrânea contribuem com íons cálcio e magnésio. Como vimos, outras substâncias naturais podem ser perigosas. A EPA americana define um contaminante como qualquer coisa física, química, biológica ou radioativa que é danosa para a saúde humana ou degrada o gosto ou a cor da água. Como veremos na Seção 5.10, a EPA regula mais de 90 substâncias que, sabidamente, contaminam a água potável.

Substâncias radioativas são discutidas no Capítulo 7.

Nem todos os contaminantes encontrados na água são monitorados ou regulados. Por exemplo, produtos de uso pessoal como cosméticos, loções e perfumes contribuem com milhares de produtos químicos para a água de esgoto. Além disso, traços de fármacos acabam em nosso esgoto, e muito possivelmente em nossa água potável também. Estude Isto 5.11 vai ajudá-lo a avaliar o uso de seus produtos de higiene pessoal.

A Seção 5.12 descreve como a química verde pode ser usada para o descarte de fármacos.

Estude Isto 5.11 Limpar ou sujar?

Usamos produtos de higiene pessoal com um objetivo. Por exemplo, usamos xampus para limpar o cabelo, loção pós-barba para refrescar o rosto ou loção hidratante para amaciar a pele. Depois de usados, o que acontece com eles?

a. Liste vários produtos de higiene pessoal de seu uso diário.
b. Sugira vários caminhos pelos quais eles podem acabar na água.
c. Reveja sua lista da parte **a**. Como você poderia aplicar as ideias principais da química verde aos seus produtos de higiene pessoal de uso diário? Por exemplo, usar menos xampu ainda limparia efetivamente seu cabelo?

Resposta

b. Produtos de higiene pessoal entram no esgoto por muitos caminhos, inclusive o banho, a lavagem de roupas e a natação.

Esperamos que esta seção o tenha conscientizado mais sobre como a água é usada, é abusada e contaminada, naturalmente ou pelos humanos. Este último ponto merece mais atenção. O que a água tem que permite que a contaminação aconteça com tanta facilidade? Passaremos agora a tópicos que nos ajudarão a entender melhor porque a água é capaz de dissolver e misturar-se a tantas substâncias.

5.5 Soluções em água

A água dissolve uma notável variedade de substâncias. Como veremos, algumas delas, incluindo sal, açúcar, etanol e o poluente do ar SO_2 são *muito* solúveis em água. Em comparação, calcário, oxigênio e dióxido de carbono dissolvem somente em quantidades muito pequenas. Para entender a qualidade da água, você precisa saber o *que* se dissolve em água, *por que* se dissolve e *como* especificar a concentração da solução que resulta da dissolução. Esta seção aborda as concentrações das soluções; a próxima, a solubilidade.

Comecemos com alguma terminologia química útil. A água é um **solvente**, frequentemente um líquido, capaz de dissolver uma ou mais substâncias puras. O sólido, líquido ou gás dissolvido em um solvente é chamado de **soluto**. O resultado é chamado de **solução**, uma mistura homogênea (de composição uniforme) de um solvente e um ou mais solutos. Nesta seção, estamos particularmente interessados nas **soluções em água**, isto é, em que a água é o solvente.

Como a água é um solvente tão bom, ela praticamente nunca está "100% pura". Com certeza, ela contém impurezas. Por exemplo, quando a água flui pelas pedras e minerais de nosso planeta, ela dissolve pequenas quantidades das substâncias que os compõem. Embora isso geralmente não inutilize nossa água potável, às vezes os íons dissolvidos em água são tóxicos. Por exemplo, como vimos na seção anterior, se a água entra em contato com minerais que contêm íons arsenito ou fluoreto, ela torna-se não potável. A água do planeta também entra em contato com o ar. Quando isso acontece, ela dissolve pequenas quantidades dos gases que estão no ar, notavelmente oxigênio e dióxido de carbono. Alguns poluentes são *muito* solúveis em água. Assim, quando chove, a água retira alguns dos poluentes do ar, inclusive SO_2 e NO_2. Como veremos no Capítulo 6, as soluções ácidas que se formam podem ter consequências sérias para o ambiente.

Os humanos também contribuem para o número de substâncias dissolvidas em água. Quando lavamos roupas, adicionamos à água não apenas o detergente usado, mas também toda a sujeira das roupas. Quando damos descarga nos vasos sanitários, adicionamos resíduos líquidos e sólidos. As ruas de nossas cidades adicionam solutos à água da chuva durante o processo de escoamento, e nossas práticas agrícolas adicionam à água fertilizantes e outros compostos solúveis.

Como o fato de a água ser um bom solvente afeta nossa água potável? Para avaliar a qualidade da água, você deve saber várias coisas. Uma é como especificar *quanto* da sustância se dissolveu, de modo a poder comparar o valor com um padrão conhecido. Em outras palavras, você precisa entender o conceito de concentração. Ele foi apresentado no Capítulo 1 em relação à composição do ar. Por exemplo, O_2 e N_2 são cerca de 21% e 78% do ar seco, respectivamente. Vimos novamente a concentração nos Capítulos 2 e 3, explorando as concentrações dos compostos de cloro na estratosfera e dos gases de efeito estufa na troposfera. O dióxido de carbono está no ar em concentração de cerca de 400 ppm. Agora examinemos o conceito em termos de substâncias dissolvidas em água. Como veremos, percentagens e partes por milhão são também métodos válidos de expressar as concentrações de soluções em água.

Para começar com as concentrações de soluções, usemos uma analogia familiar – adoçar uma xícara de chá. Se 1 colher de chá de açúcar se dissolve em uma xícara de chá, a solução resultante tem a concentração de 1 colher de chá por xícara. Observe que você obteria a mesma concentração se dissolvesse 3 colheres de chá de açúcar em três xícaras de chá, ou meia colher de chá em meia xícara. Se sua receita for triplicada ou dividida ao meio, o açúcar e o chá se ajustam proporcionalmente. Portanto, a **concentração**, a razão entre a quantidade de soluto e a quantidade de solução – ou, nesse, caso, a razão do açúcar dissolvido para fazer a solução – é a mesma em cada caso.

As concentrações de soluto em soluções de água seguem a mesma regra, mas são expressas em unidades diferentes. Usamos quatro modos de expressar a concentração: percentagem, partes por milhão, partes por bilhão e molaridade. Três dessas já lhe são familiares. A quarta, molaridade, usa o conceito de mol apresentado no Capítulo 3.

A **percentagem** (%) significa partes por cem. Por exemplo, uma solução em água contendo 0,9 g de cloreto de sódio (NaCl) em 100 gramas de solução tem concentração 0,9%. Soluções com essa concentração de cloreto de sódio são chamadas de "soro fisiológico" em ambientes médicos e podem ser injetadas por via intravenosa. Você encontrará o antisséptico álcool isopropílico em seu armário de medicamentos na forma de uma solução em água a 70% por volume. Ela contém 70 mililitros de álcool isopropílico em cada 100 mililitros de solução. A percentagem é usada para expressar a concentração de um grande número de soluções.

Nas soluções em baixa concentração, a massa da solução é aproximadamente igual à massa do solvente.

Quando a concentração é muito baixa, como acontece com muitas das substâncias dissolvidas na água potável, **partes por milhão (ppm)** é mais comumente usado. Por exemplo, água que contém 1 ppm de íons cálcio contém o equivalente de 1 grama de cálcio (na forma de íons de cálcio) dissolvido em 1 milhão de gramas de água. A água que bebemos contém substâncias naturais na faixa de partes por milhão. Por exemplo, o limite aceitável para o íon nitrato, encontrado em água de poço em algumas áreas rurais, é de 10 ppm; o limite para o íon fluoreto é 4 ppm.

Esses limites para os íons fluoreto e nitrato refletem os padrões americanos. Veja a Seção 5.10.

Embora partes por milhão seja uma unidade de concentração útil, medir 1 milhão de gramas de água não é muito conveniente. Podemos facilitar as coisas mudando a unidade para litro. Um ppm de qualquer substância em água é equivalente a 1 mg da substância dissolvido em um litro de solução. Eis a matemática:

Pode-se considerar que 1000 gramas (1×10^3 g) de H_2O têm o volume de 1 litro. Do ponto de vista estrito, só é verdade a 4°C.

$$1 \text{ ppm} = \frac{1 \cancel{\text{g de soluto}}}{1 \times 10^6 \cancel{\text{g de água}}} \times \frac{1000 \text{ mg de soluto}}{1 \cancel{\text{g de soluto}}} \times \frac{1000 \cancel{\text{g de água}}}{1 \text{ L de água}} = \frac{1 \text{ mg de soluto}}{1 \text{ L de água}}$$

As estações municipais de tratamento de água podem usar a unidade miligramas por litro (mg/L) para reportar os minerais e outras substâncias dissolvidas na água doméstica. A Tabela 5.4, por exemplo, mostra uma análise de água doméstica de um aquífero que abastece uma comunidade do Meio-Oeste americano.

Alguns contaminantes são preocupantes em concentrações muito mais baixas do que partes por milhão, e são reportados em **partes por bilhão (ppb)**. Supondo que 1 ppm corresponde a 1 segundo em quase 12 dias, então 1 ppb corresponde a 1 segundo em 33 anos. Outra maneira de

TABELA 5.4 Relatório de minerais em água doméstica

Cátion	mg/L	Ânion	mg/L
íon cálcio	97	íon sulfato	45
íon magnésio	51	íon cloreto	75
íon sódio	27	íon nitrato	4
		íon fluoreto	1

Nas soluções em água,
1 ppb = 1 µg/L
1 ppm = 1 mg/L

ilustrar é que 1 parte por bilhão corresponde a alguns poucos centímetros da circunferência da Terra!

O mercúrio presente na água está na forma solúvel (Hg^{2+}), e não na forma elementar (Hg, líquido insolúvel).

Um contaminante encontrado na faixa de partes por bilhão é o mercúrio. Para os humanos, a fonte principal de exposição ao mercúrio é a comida, principalmente peixe e derivados. Mesmo assim, é necessário monitorar a concentração de mercúrio na água. Uma parte por bilhão de mercúrio (Hg) na água é equivalente a 1 grama de Hg dissolvido em 1 bilhão de gramas de água. Em termos mais convenientes, isso significa 1×10^{-6} g ou 1μg) de Hg dissolvido em 1 litro de água. O limite aceitável de mercúrio na água potável é de 2 ppb.

$$2 \text{ ppb Hg} = \frac{2 \text{ g Hg}}{1 \times 10^9 \text{ g } H_2O} \times \frac{1 \times 10^6 \ \mu\text{g Hg}}{1 \text{ g Hg}} \times \frac{1000 \text{ g } H_2O}{1 \text{ L } H_2O} = \frac{2 \ \mu\text{g Hg}}{1 \text{ L } H_2O}$$

Convença-se de que as unidades cancelam-se, como no exemplo precedente.

Sua Vez 5.12 Concentrações do íon mercúrio

a. Uma amostra de 5 L de água contém 80 μg de íon mercúrio dissolvido. Expresse essa concentração de mercúrio na solução em ppm e ppb.

b. Será que sua resposta para a parte **a** está dentro do limite máximo aceitável de 2 ppb? Explique

Molaridade (M), outra unidade útil de concentração, é definida como uma unidade representada pelo número de mols do soluto presente em 1 litro de solução.

$$\text{Molaridade (M)} = \frac{\text{mols de soluto}}{\text{litro de solução}}$$

A grande vantagem da molaridade é que soluções com mesma molaridade contêm exatamente o mesmo número de mols de soluto e, portanto, o mesmo número de moléculas (íons ou átomos) de soluto. A massa de um soluto varia, dependendo de sua identidade. Por exemplo, 1 mol de açúcar tem massa diferente de 1 mol de cloreto de sódio. No entanto, se você tomar o mesmo volume, todas as soluções 1 M (leia "um molar") contêm o mesmo número de mols de soluto.

A massa molar do NaCl (58,5 g) é calculada por adição da massa molar do sódio (23,0 g) à massa molar do cloro (35,5 g). A Seção 3.7 explica o cálculo da massa molar.

(*aq*) é abreviação para água, indicando que o solvente é água.

Como um exemplo, vejamos uma solução de NaCl em água. A massa molar do NaCl é 58,5 g, portanto 1 mol de NaCl tem a massa de 58,5 g. Dissolvendo 58,5 g de NaCl em um pouco de água e completando a exatamente 1,00 L de solução, teríamos uma solução 1,00 M NaCl em água (Figura 5.16). Preparamos uma solução 1 molar de cloreto de sódio. Observe o uso de um **balão volumétrico**, um tipo de aparelho de vidro que contém uma quantidade precisa de solução quando cheio até a marca em seu gargalo. Contudo, como as concentrações são razões soluto/solvente, existem muitas maneiras de preparar uma solução 1,00 M NaCl(*aq*). Outra possibilidade é usar 0,500 mol de NaCl (29,2 g) em 0,500 L de solução. Isso requer o uso de um balão volumétrico de 500 mL, e não o de 1 L mostrado na Figura 5.16.

$$1 \text{ M NaCl}(aq) = \frac{1 \text{ mol NaCl}}{1 \text{ L solução}} \text{ ou } \frac{0{,}500 \text{ mol NaCl}}{0{,}500 \text{ L solução}}, \text{ etc.}$$

Lembre-se de que 1 ppm = 1 mg/L, e que a massa molar de Hg é 200,6 g/mol.

Digamos que você tem uma amostra de água contendo 150 ppm de mercúrio dissolvido. Qual é a concentração expressa em molaridade? Você pode fazer o cálculo dessa maneira:

$$150 \text{ ppm Hg} = \frac{150 \text{ } \cancel{\text{mg Hg}}}{1 \text{ L } H_2O} \times \frac{1 \text{ } \cancel{\text{g Hg}}}{1000 \text{ } \cancel{\text{mg Hg}}} \times \frac{1 \text{ mol Hg}}{200{,}6 \text{ } \cancel{\text{g Hg}}} = \frac{7{,}5 \times 10^{-4} \text{ mol Hg}}{1 \text{ L } H_2O} = 7{,}5 \times 10^{-4} \text{ M Hg}$$

Assim, uma amostra de água contendo 150 ppm de mercúrio também pode ser expressa como $7{,}5 \times 10^{-4}$ M Hg.

FIGURA 5.16 Preparação de uma solução 1,00 M NaCl em água.

Sua Vez 5.13 Mols e molaridade

a. Expresse uma concentração de 16 ppb Hg em unidades de molaridade.
b. Quantos mols de soluto estão presentes em 500 mL de 1,5 M e de 0,15 M NaCl?
c. Uma solução é preparada pela dissolução de 0,50 mol de NaCl em água suficiente para formar 250 mL de solução. Uma segunda solução é preparada pela dissolução de 0,60 mol de NaCl para formar 200 mL de solução. Qual é a solução mais concentrada? Explique.
d. Pediu-se a um estudante que preparasse 1,0 L de uma solução 2,0 M $CuSO_4$. Ele colocou 40,0 g de cristais de $CuSO_4$ em um balão volumétrico e a completou com água até a marca de 1000 mL. A solução resultante é 2,0 M? Explique.

Nesta seção, argumentamos que a água é um solvente excelente para uma grande variedade de substâncias e que podemos expressar a concentração dessas substâncias numericamente. Como prometemos, a próxima seção vai ajudá-lo a entender como e por que as substâncias dissolvem em água.

5.6 Um olhar mais atento aos solutos

A água dissolve o sal e o açúcar. Entretanto, as soluções formadas têm natureza muito diferente – a primeira conduz eletricidade e a outra, não. Experimentalmente, demonstramos essa diferença usando um **condutivímetro**, aparelho que produz um sinal que indica que eletricidade está sendo conduzida. O condutivímetro da Figura 5.17 consiste em fios, uma bateria e uma lâmpada. Enquanto o circuito não fecha, a lâmpada não se acende. Por exemplo, se os dois fios são colocados em água destilada ou em uma solução de açúcar em água destilada, a lâmpada não se acende. Entretanto, se os fios são colocados em uma solução de sal em água, a lâmpada se acende. Talvez a luz também tenha chegado à mente do experimentalista!

A água destilada não conduz eletricidade. O mesmo ocorre com a solução de açúcar em água. O açúcar é um **não eletrólito**, um soluto não condutor em água. Porém, uma solução do sal de mesa comum, o NaCl, em água conduz eletricidade, e a lâmpada se acende. O cloreto de sódio é classificado como um **eletrólito**, um soluto que conduz eletricidade em água.

A destilação, um processo de purificação da água, foi apresentada na Seção 5.12.

O termo *eletrólito* pode ser usado em conexão com energéticos. Alguns são ligeiramente salgados porque contêm sais de sódio.

FIGURA 5.17 Experimentos de condutividade. **(a)** Água destilada (não conduz). **(b)** Açúcar dissolvido em água destilada (não conduz). **(c)** Sal dissolvido em água destilada (conduz).

Lembre-se de indicar íons em água usando (*aq*).

O que faz as soluções salinas comportarem-se diferentemente das soluções de açúcar ou da água pura? O fluxo de corrente pela solução envolve o transporte de cargas elétricas. A capacidade das soluções de NaCl em água de conduzirem eletricidade sugere que elas contêm espécies com carga, capazes de mover elétrons pela solução. Quando os cristais de NaCl dissolvem em água, eles se separam em $Na^+(aq)$ e $Cl^-(aq)$. Um **íon** é um átomo ou grupo de átomos que adquiriu carga elétrica no processo de ganhar ou perder um ou mais elétrons. O termo deriva-se do grego para "viajante". Na^+ é exemplo de um **cátion**, um íon com carga positiva. Cl^- é exemplo de um **ânion**, um íon com carga negativa. A separação de cargas não ocorre com o açúcar ou a água, ligados por covalência, o que os torna incapazes de conduzir carga elétrica.

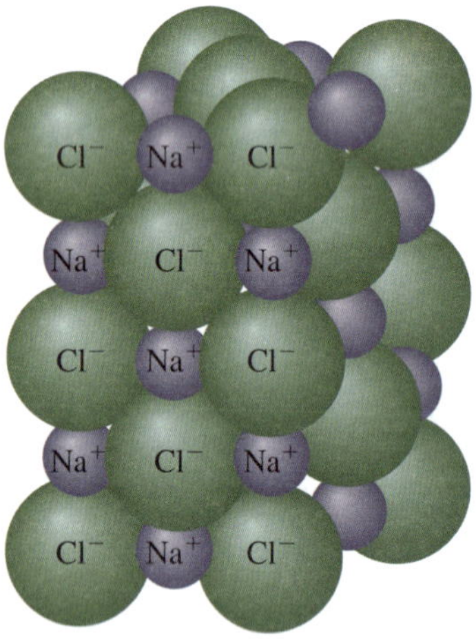

FIGURA 5.18 O arranjo de Na^+ e Cl^- em um cristal de cloreto de sódio.

Pode ser uma surpresa para você saber que Na^+ e Cl^- existem tanto nos cristais do sal (como o dos saleiros) como em soluções de NaCl em água. O cloreto de sódio sólido é formado por um arranjo tridimensional cúbico de íons sódio e cloreto. Uma **ligação iônica** é a ligação química que se forma quando íons de carga oposta se atraem. No caso do NaCl, as ligações iônicas mantêm o cristal intacto. Não há átomos ligados por covalência, somente cátions com carga positiva e ânions com carga negativa que se mantêm juntos por atração elétrica. Um **composto iônico** compõe-se de íons em proporções fixas e arranjos geométricos regulares. No caso do NaCl, cada Na^+ é vizinho de seis íons Cl^- com carga oposta. O mesmo acontece com o Cl^-, cercado por seis íons Na^+ com carga positiva. Um pequeno cristal de cloreto de sódio é formado por muitos trilhões de íons sódio e cloreto no arranjo mostrado na Figura 5.18.

Descrevemos compostos iônicos, mas ainda temos de explicar *por que* certos átomos perdem ou ganham elétrons para formar íons. Não é surpresa que a resposta envolva a distribuição de elétrons nos átomos. Lembre-se, por exemplo, de que um átomo neutro de sódio tem 11 elétrons e 11 prótons. o sódio, como todos os metais do Grupo 1A, tem um elétron de valência. Este elétron é fracamente atraído pelo núcleo e pode se separar com facilidade. Quando isso acontece, o átomo de Na transforma-se no cátion Na^+.

Os elétrons de valência (externos) foram descritos na Seção 2.2.

$$Na \longrightarrow Na^+ + e^- \quad [5.1]$$

O íon Na^+ tem carga +1 porque contém 11 prótons e somente 10 elétrons. Ele tem, também, um octeto completo como o átomo de neônio. A Tabela 5.5 compara Na, Na^+ e Ne.

TABELA 5.5 Contabilidade dos elétrons para a formação de cátions

Átomo de sódio	Íon sódio	Átomo de neônio
Na	Na^+	Ne
11 prótons	11 prótons	10 prótons
11 elétrons	10 elétrons	10 elétrons
carga líquida de 0	carga líquida de 1+	carga líquida de 0

TABELA 5.6 Contabilidade dos elétrons para a formação de ânions

Átomo de cloro	Íon cloreto	Átomo de argônio
Cl	Cl^-	Ar
17 prótons	17 prótons	18 prótons
17 elétrons	18 elétrons	18 elétrons
carga líquida de 0	carga líquida de 1–	carga líquida de 0

Diferentemente do sódio, o cloro é um não metal. Lembre-se de que o átomo de cloro neutro tem 17 elétrons e 17 prótons. O cloro, como todos os não metais do Grupo 7A, tem sete elétrons de valência. Devido à estabilidade associada a oito elétrons externos, é energeticamente favorável para o cloro receber um elétron.

Reveja a Seção 1.6 para mais informações sobre metais e não metais.

$$Cl + e^- \longrightarrow Cl^- \qquad [5.2]$$

O íon cloreto (Cl^-) tem 18 elétrons e 17 prótons, portanto carga líquida 1– (Tabela 5.6).

O metal sódio e o gás cloro reagem violentamente quando entram em contato. O resultado é o agregado de Na^+ e Cl^- conhecido como cloreto de sódio. Na formação de um composto iônico como o cloreto de sódio, os elétrons se transferem de um átomo para o outro e não são compartilhados como o seriam em um composto covalente.

Existem evidências de íons com carga elétrica no cloreto de sódio puro? Testes experimentais mostram que os cristais de cloreto de sódio não conduzem eletricidade, o que faz sentido porque, no cristal, os íons estão fixos e, portanto, são incapazes de se mover e transportar carga. Entretanto, quando um cristal funde, os íons ficam livres, e o líquido quente conduz eletricidade. Isso prova que os íons estão presentes.

Como outros compostos iônicos, os cristais de NaCl são duros, mas quebradiços. Quando golpeados, eles se quebram, mas não se amassam. Isso sugere a existência de forças intensas que se estendem pelo cristal iônico. Do ponto de vista estrito, não existe uma "ligação iônica" específica e localizada, análoga a uma ligação covalente de uma molécula. Na verdade, a ligação iônica mantém unido um grande conjunto de íons, neste caso, Na^+ e Cl^-.

De um ponto de vista geral, a transferência de elétrons para formar cátions e ânions ocorre entre elementos de metais e não metais. Sódio, lítio, magnésio e outros metais têm forte tendência de dar elétrons e formar íons positivos. Como vimos na Tabela 5.1, eles têm valores baixos de eletronegatividade. Por outro lado (o outro lado da Tabela Periódica), cloro, flúor, oxigênio e outros não metais têm forte atração por elétrons e os ganham facilmente para formar íons negativos. Não metais têm valores de eletronegatividade relativamente altos.

Sua Vez 5.14 Previsão da carga de íons

a. Preveja, na base das eletronegatividades, se esses átomos formarão um ânion ou um cátion.

Li S K N

b. Preveja o íon que cada um desses átomos formará. Desenhe uma estrutura de Lewis para o átomo e o íon, especificando claramente a carga do íon.

Br Mg O Al

Sugestão: Use a Tabela Periódica como guia para o número de elétrons externos. Determine depois quantos elétrons devem ser ganhos ou perdidos para atingir a estabilidade com um octeto de elétrons.

Resposta

b. Bromo (Grupo 7A) ganha um elétron. O íon resultante tem carga 1–, como ocorreu com o cloro. Eis as estruturas de Lewis para o átomo e o íon.

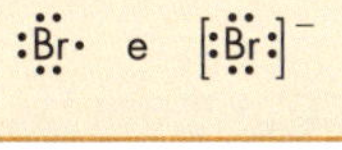

Esta seção abriu com uma discussão sobre o sal e o açúcar. Os nomes *sal* e *açúcar* são de uso comum, e você sabia do que estávamos falando. Sal é aquilo que você coloca nas batatas fritas, e açúcar é o que algumas pessoas usam para adoçar o café. Na verdade, o sal de mesa comum (NaCl) é um exemplo de composto iônico tão importante que os químicos com frequência referem-se aos demais como "sais", significando sólidos iônicos cristalinos. Como você verá no Capítulo 11, os açúcares são outra classe importante de compostos, e o que nós chamamos de "açúcar" é o composto sacarose.

Para aprofundar as questões da qualidade da água, é necessário saber os nomes de outros sais, isto é, compostos iônicos. Como você poderia imaginar, os químicos os nomeiam usando um conjunto grande e cuidadoso de regras. Felizmente não discutiremos todas essas regras agora. Seguiremos a filosofia do "saber só o necessário", ajudando-o a aprender aquelas regras de que você precisa para entender a qualidade da água.

5.7 Nomes e fórmulas de compostos iônicos

Nesta seção, tratamos do "vocabulário" de que você precisa para trabalhar com os compostos iônicos. Como mencionamos no Capítulo 1, os símbolos químicos são o alfabeto da química e as fórmulas químicas são as palavras. Mais atrás, nós o ajudamos a "falar química" usando corretamente as fórmulas químicas e os nomes das substâncias que estão no ar que você respira. Agora, faremos o mesmo para as substâncias que estão na água que você bebe.

Comecemos com o composto iônico formado pelos elementos cálcio e cloro: $CaCl_2$. A explicação para a razão 1:2 do Ca para o Cl está na carga dos dois íons. Cálcio, um membro do Grupo 2A, perde seus dois elétrons externos para formar Ca^{2+}.

$$Ca \longrightarrow Ca^{2+} + 2\,e^- \qquad [5.3]$$

Cloro, como vimos na equação 5.2, ganha um elétron externo para formar Cl^-. Em um composto iônico, a soma das cargas positivas é igual à soma das cargas negativas. Daí a fórmula desse composto ser $CaCl_2$.

A lógica é a mesma para MgO e Al_2O_3, dois outros compostos iônicos. Ambos contêm oxigênio, porém em razões diferentes. Lembre-se de que o oxigênio, Grupo 6A, tem 6 elétrons externos. Assim, um átomo neutro de oxigênio pode ganhar dois elétrons para formar O^{2-}. O átomo de magnésio perde dois elétrons para formar Mg^{2+}. Esses dois íons então se combinam na razão 1:1; a carga total é zero e a fórmula química é MgO. Observe que embora a carga deva *sempre* ser escrita em um íon, omitimos as cargas nas fórmulas químicas dos compostos iônicos. Assim, *não* é correto escrever a fórmula química como $Mg^{2+}O^{2-}$. As cargas estão implícitas na fórmula química.

Eis outro exemplo. Usando o fato de que o alumínio tende a perder três elétrons para formar Al^{3+}, você pode escrever a fórmula química do composto iônico formado por Al^{3+} e O^{2-} como Al_2O_3. Aqui, a razão 2:3 entre os íons é necessária para tornar zero a carga elétrica total. Novamente, *não* é correto escrever a fórmula química como $Al_2^{\ 3+}O_3^{\ 2-}$.

No começo do capítulo, referimo-nos a vários compostos iônicos por seus nomes, incluindo cloreto de sódio, iodeto de sódio e cloreto de potássio. Observe a regra: nome do ânion com o término modificado para *eto* antes e depois o do cátion. Assim, $CaCl_2$ é o cloreto de cálcio, com cada íon nomeado por seu elemento e com cloro modificado para cloreto. Do mesmo jeito, NaI é iodeto de sódio e KCl, cloreto de potássio.

Os halogênios foram descritos nas Seções 1.6 e 2.9.

Os elementos apresentados até agora formam só um tipo de íon. Os elementos dos Grupos 1A e 2A só formam íons 1+ e 2+ respectivamente. Os halogênios só formam íons 1−. O brometo de lítio é LiBr. A razão 1:1 está implícita porque o lítio só forma Li^+ e o bromo, só Br^-. Os prefixos *mono-*, *di-*, *tri-* e *tetra-* não são usados com compostos iônicos como esses, então, não é necessário chamá-lo de monobrometo de monolítio. $MgBr_2$ é brometo de magnésio, não dibrometo de magnésio. O magnésio *só* forma Mg^{2+}, e a razão 1:2 está implícita e não precisa ser declarada.

No entanto, alguns elementos formam mais de um íon, como você pode ver na Figura 5.19. Os prefixos ainda não são usados, mas a carga do íon deve ser especificada usando um número romano. Vejamos o cobre como exemplo. Se seu professor pedir-lhe que vá ao almoxarifado e peça óxido de

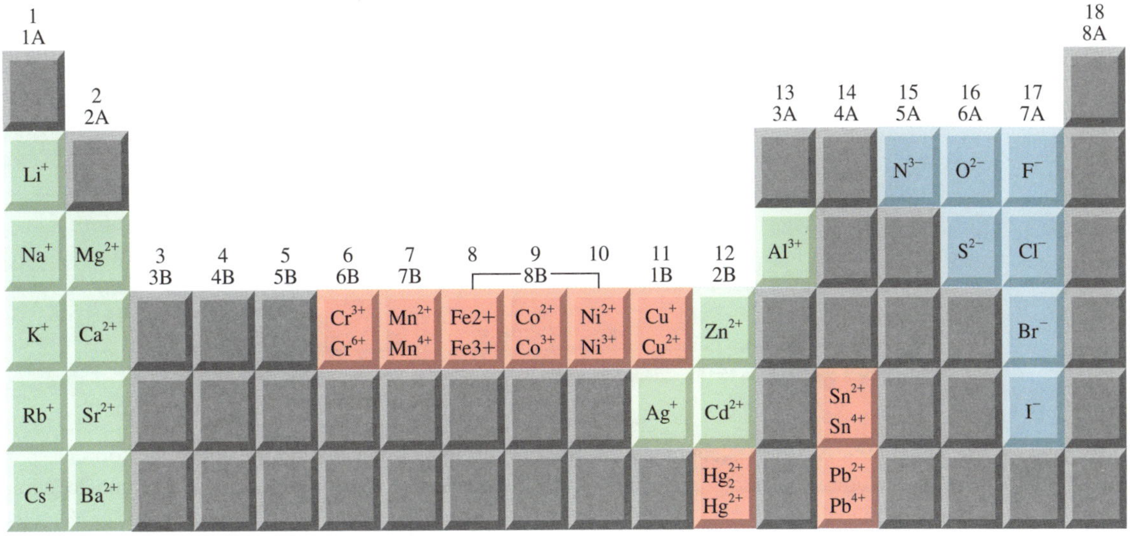

FIGURA 5.19 Íons comuns formados de seus elementos. Íons em verde (cátions) ou azul (ânions) só têm uma carga. Íons em vermelho (cátions) podem ter mais de uma carga.

cobre, o que você faz? Você pergunta se o que ele quer é óxido de cobre(I) ou óxido de cobre(II), certo? Do mesmo jeito, o ferro pode formar óxidos diferentes. Duas formas são FeO (formado por Fe^{2+}) e Fe_2O_3 (comumente chamado de ferrugem e formado por Fe^{3+}). Os nomes de FeO e Fe_2O_3 são óxido de ferro(II) e óxido de ferro(III), respectivamente. Note que não há espaço antes dos parênteses que cercam o número romano.

Compare novamente. O nome de $CuCl_2$ é cloreto de cobre(II), mas o nome de $CaCl_2$ é cloreto de cálcio. O cálcio só forma um íon (Ca^{2+}), enquanto o cobre pode formar dois íons: Cu^+ e Cu^{2+}.

Prefixos como *di-* e *tri-* em geral não são usados nos nomes dos compostos iônicos. Números romanos são usados no nome do cátion se ele puder ter mais de uma carga.

Sua Vez 5.15 Compostos iônicos

Cada par de elementos forma um ou mais compostos iônicos. Escreva suas fórmulas químicas e nomes.

a. Ca e S **b.** F e K **c.** Mn e O
d. Cl e Al **e.** Co e Br

Resposta

e. Da Figura 5.19, temos que Co pode formar Co^{2+} ou Co^{3+}. Br forma só Br^-. As fórmulas químicas são $CoBr_2$, brometo de cobalto(II) e $CoBr_3$, brometo de cobalto(III).

Um dos íons, ou ambos, de um composto iônico pode ser um **íon poliatômico**, dois átomos, ou mais, ligados por covalência com carga líquida positiva ou negativa. Um exemplo é o íon hidróxido, OH^-, com um átomo de oxigênio ligado por covalência a um átomo de hidrogênio. A estrutura de Lewis da Figura 5.20 mostra que existem oito elétrons, 1 a mais do que os 7 elétrons de valência de um átomo de O e um de H. O elétron "extra" dá ao íon hidróxido a carga 1–. A Tabela 5.7 lista alguns íons poliatômicos comuns. A maior parte é de ânions, mas cátions poliatômicos também são possíveis, como no caso do íon amônio, NH_4^+. Observe que alguns elementos (carbono, enxofre e nitrogênio) formam mais de um ânion poliatômico com o oxigênio.

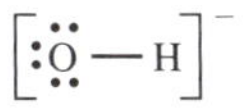

FIGURA 5.20 Estrutura de Lewis para o íon hidróxido, OH^-.

As regras de nomeação de compostos iônicos contendo íons poliatômicos são semelhantes às dos compostos iônicos com dois elementos. Veja, por exemplo, o sulfato de alumínio, um composto iônico usado em muitas estações de tratamento de água. Ele é formado por Al^{3+} e SO_4^{2-}. Quando

TABELA 5.7 Íons poliatômicos comuns

Nome	Fórmula	Nome	Fórmula
acetato	$C_2H_3O_2^-$	nitrito	NO_2^-
bicarbonato*	HCO_3^-	fosfato	PO_4^{3-}
carbonato	CO_3^{2-}	sulfato	SO_4^{2-}
hidróxido	OH^-	sulfito	SO_3^{2-}
hipoclorito	ClO^-	amônio	NH_4^+
nitrato	NO_3^-		

*Também chamado de íon hidrogenocarbonato.

você encontrar $Al_2(SO_4)_3$, leia mentalmente esta fórmula química como um composto formado por dois íons, alumínio e sulfato, na razão 2:3. Como para todos os compostos iônicos, o nome do ânion é dado primeiro.

Os parênteses em $Al_2(SO_4)_3$ servem de ajuda. O subscrito 3 se aplica a *todo* o íon SO_4^{2-} que está dentro dos parênteses. Por isso, "leia" como três íons sulfato. Pela mesma razão, no composto iônico sulfeto de amônio (Tabela 5.8), o NH_4^+ está entre parênteses. O subscrito 2 indica que existem dois íons amônio para cada íon sulfeto. Note novamente que as cargas não são escritas na fórmula química, elas são implícitas. Em alguns casos, porém, o íon poliatômico *não* é colocado entre parênteses. A Tabela 5.8 mostra dois exemplos. O íon PO_4^{3-} do fosfato de alumínio não tem parênteses. O mesmo acontece com o íon NH_4^+ no cloreto de amônio. Os parênteses são omitidos quando o subscrito do íon poliatômico é 1. Mesmo assim, você ainda tem de "ler" a fórmula química do $AlPO_4$ como contendo o íon fosfato e a do NH_4Cl como contendo o íon amônio.

As próximas três atividades vão ajudá-lo a praticar o uso dos íons poliatômicos.

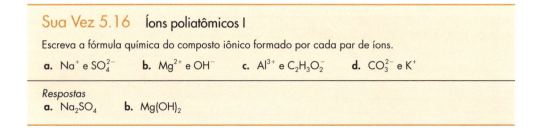

Sua Vez 5.16 Íons poliatômicos I

Escreva a fórmula química do composto iônico formado por cada par de íons.

a. Na^+ e SO_4^{2-} **b.** Mg^{2+} e OH^- **c.** Al^{3+} e $C_2H_3O_2^-$ **d.** CO_3^{2-} e K^+

Respostas

a. Na_2SO_4 **b.** $Mg(OH)_2$

Sua Vez 5.17 Íons poliatômicos II

Dê nomes a estes compostos.

a. KNO_3 **b.** $(NH_4)_2SO_4$ **c.** $NaHCO_3$ **d.** $CaCO_3$ **e.** $Mg_3(PO_4)_2$

Respostas

a. nitrato de potássio **b.** sulfato de amônio

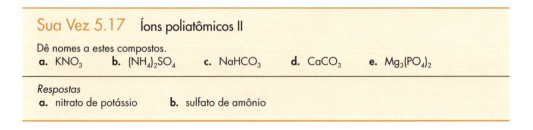

TABELA 5.8 Compostos iônicos contendo íons poliatômicos

Fórmula química	$Al_2(SO_4)_3$	$(NH_4)_2S$	$AlPO_4$	NH_4Cl
Cátion(s)	Al^{3+} Al^{3+}	NH_4^+ NH_4^+	Al^{3+}	NH_4^+
Ânion(s)	SO_4^{2-} SO_4^{2-} SO_4^{2-}	S^{2-}	PO_4^{3-}	Cl^-

Sua Vez 5.18 Íons poliatômicos III

Escreva a fórmula química destes compostos.

a. hipoclorito de sódio (usado para desinfetar a água)
b. carbonato de magnésio (encontrado em alguns calcários, torna "dura" a água)
c. nitrato de amônio (fertilizante cujo escoamento pode contaminar a água do subsolo)
d. hidróxido de cálcio (usado para remover impurezas da água)

Resposta
d. $Ca(OH)_2$. Dois íons hidróxido (OH^-) são necessários para cada íon cálcio (Ca^{2+}).

5.8 O oceano – uma solução em água com muitos íons

Água salgada! Como dissemos antes, cerca de 97% da água do planeta está nos oceanos. Essa fonte de água contém muito mais do que o sal de mesa (NaCl) dissolvido em água. Você agora está em condições de entender por que tantos outros compostos iônicos podem se dissolver em nossos oceanos.

Lembre-se, da Seção 5.1, de que as moléculas de água são polares. Quando você dissolve cristais de sal na água, as moléculas polares de H_2O são atraídas pelos íons Na^+ e Cl^- dos cristais. A carga parcial negativa (δ^-) do átomo de O da molécula de água é atraída pelos cátions Na^+, com carga positiva, do cristal de sal. Ao mesmo tempo, os átomos de H em H_2O, com suas cargas parciais positivas (δ^+) são atraídos pelos ânions Cl^- com carga negativa. Com o tempo, os íons são separados e rodeados por moléculas de água. A equação 5.4 e a Figura 5.21 representam o processo de formação de uma solução em água.

$$NaCl(s) \xrightarrow{H_2O} Na^+(aq) + Cl^-(aq) \qquad [5.4]$$

Tal processo é semelhante na formação de soluções de compostos que contêm íons poliatômicos. Por exemplo, quando sulfato de sódio sólido dissolve em água, os íons sódio e os íons sulfato separam-se. Observe que o íon sulfato permanece intacto.

$$Na_2SO_4(s) \xrightarrow{H_2O} 2\,Na^+(aq) + SO_4^{2-}(aq) \qquad [5.5]$$

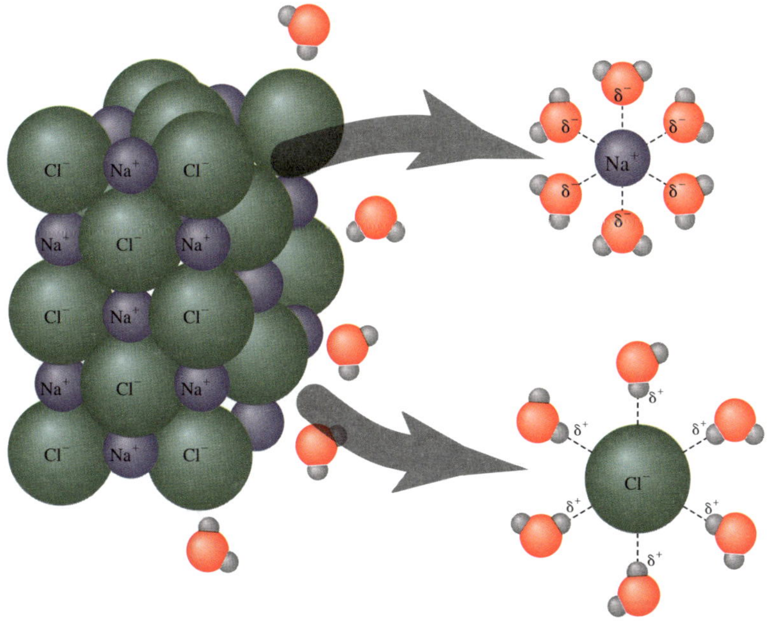

FIGURA 5.21 Cloreto de sódio dissolvendo em água.

Muitos compostos iônicos dissolvem dessa maneira. Isto explica por que todas as amostras naturais de água contêm diversas concentrações de íons. O mesmo é verdade para nossos fluidos corporais, que contêm concentrações significativas de eletrólitos.

Estude Isto 5.19 Eletricidade e água não se misturam

Pequenos aparelhos elétricos, como secadores de cabelo e modeladores de cachos trazem em destaque avisos de perigo, advertindo o consumidor a não usá-los perto da água. Por que a água é um problema se não conduz eletricidade? Qual é a melhor reação se um secador de cabelo ligado acidentalmente cair em uma pia cheia de água?

Se os princípios que acabamos de descrever se aplicassem a *todos* os compostos iônicos, nosso planeta teria um grande problema. Quando chovesse, compostos iônicos como o carbonato de cálcio (calcário) dissolveriam e acabariam no oceano! Felizmente, muitos compostos iônicos são ligeiramente solúveis ou têm solubilidade extremamente baixa. As diferenças são em razão dos tamanhos e das cargas dos íons, da força de atração entre eles e entre os íons e a água.

A Tabela 5.9 é seu guia para a solubilidade. Por exemplo, o nitrato de cálcio, $Ca(NO_3)_2$, é solúvel em água, como são todos os compostos que contêm o íon nitrato. O carbonato de cálcio, $CaCO_3$, é insolúvel, como é a maior parte dos carbonatos. Por raciocínio semelhante, o hidróxido de cobre(II), $Cu(OH)_2$, é insolúvel, mas o sulfato de cobre(II), $CuSO_4$, é solúvel.

Sua Vez 5.20 Solubilidade de compostos iônicos

Quais desses compostos são solúveis em água? Use a Tabela 5.9 como guia.

a. nitrato de amônio, NH_4NO_3, um componente dos fertilizantes
b. sulfato de sódio, Na_2SO_4, um aditivo de detergentes de lavanderias
c. sulfeto de mercúrio(II), HgS, conhecido como minério de cinábrio
d. hidróxido de alumínio, $Al(OH)_3$, usado em processos de purificação da água

Resposta
a. Solúvel. Todos os compostos de amônio e todos os nitratos são solúveis.

As massas terrestres são preponderantemente compostas por minerais, isto é, compostos iônicos. Muitos deles são extremamente pouco solúveis em água, como mencionamos. A Tabela 5.10 sumaria algumas consequências ambientais da solubilidade.

TABELA 5.9 Solubilidade de compostos iônicos em água

Íons	Solubilidade dos compostos	Exceções	Exemplos
sódio, potássio e amônio	todos são solúveis	nenhuma	$NaNO_3$ e KBr; ambos são solúveis
nitratos	todos são solúveis	nenhuma	$LiNO_3$ e $Mg(NO_3)_2$ são solúveis
cloretos	na maior parte solúveis	prata e mercúrio(I)	$MgCl_2$ é solúvel; AgCl é insolúvel
sulfatos	na maior parte solúveis	estrôncio, bário e chumbo	K_2SO_4 é solúvel; $BaSO_4$ é insolúvel
carbonatos	na maior parte insolúveis*	carbonatos dos metais Grupo 1A e NH_4^+ são solúveis	Na_2CO_3 é solúvel; $CaCO_3$ é insolúvel
hidróxidos e sulfetos	na maior parte insolúveis*	hidróxidos e sulfetos dos metais do Grupo 1A e NH_4^+ são solúveis	KOH é solúvel; $Al(OH)_3$ é insolúvel

*Insolúvel significa que os compostos têm solubilidade extremamente baixa na água (menor do que 0,01 M). Todos os compostos têm solubilidade pelo menos muito pequena em água.

TABELA 5.10 Consequências ambientais da solubilidade

Fonte	Íons	Solubilidade e consequências
depósitos de sais	halogenetos de sódio e potássio*	Esses íons são solúveis. Com o tempo, eles dissolvem e vão para o mar. Por isso os oceanos são salgados e a água do mar não pode ser usada para beber sem custosa purificação.
fertilizantes de agricultura	nitratos	Todos os nitratos são solúveis. O vazamento dos campos fertilizados leva nitratos à superfície e às águas subterrâneas. Nitratos podem ser tóxicos, especialmente para crianças.
minérios de metais	sulfetos e óxidos	Muitos sulfetos e óxidos são insolúveis. Minerais contendo ferro, cobre e zinco são frequentemente sulfetos e óxidos. Se esses minerais fossem solúveis em água, teriam ido para o mar há muito tempo.
resíduos de mineração	mercúrio, chumbo	A maior parte dos compostos de mercúrio e chumbo são insolúveis. Porém eles podem ser arrastados lentamente de pilhas de rejeitos de mineração e contaminar depósitos de água.

*Halogenetos, como Cl^- e I^-, são ânions de átomos do Grupo 7A.

5.9 Compostos covalentes e suas soluções

A discussão precedente pode tê-lo deixado com a impressão de que só os compostos iônicos se dissolvem em água. Lembre-se, porém, que o açúcar também se dissolve. Os grãos brancos do "açúcar de mesa" que você usa para adoçar seu café ou chá são sacarose, um composto covalente polar com a fórmula química $C_{12}H_{22}O_{11}$ (Figura 5.22).

Veja mais sobre a sacarose e outros açúcares no Capítulo 11.

Quando a sacarose se dissolve em água, as moléculas dispersam-se uniformemente entre as moléculas de H_2O. As moléculas de sacarose permanecem intactas, *não* formando íons. Evidência para isso é o fato de que as soluções de sacarose em água não conduzem eletricidade (veja a Figura 5.17b). As moléculas de sacarose, porém, interagem com as moléculas de água porque são polares e se atraem umas às outras. Além disso, a molécula de sacarose contém oito grupos –OH e três outros átomos de O que podem participar de ligações hidrogênio (veja a Figura 5.22). A solubilidade sempre aumenta quando existe atração entre as moléculas de solvente e de solutos ou íons. Isso sugere uma regra geral de solubilidade: *semelhante dissolve semelhante*.

Vejamos outros dois compostos covalentes polares que já nos são familiares e que também são muito solúveis em água. Um é o etileno-glicol, ingrediente principal dos anticongelantes, e o outro é o etanol ou álcool etílico, encontrado na cerveja e no vinho. Essas moléculas contêm o grupo polar –OH e são classificadas como álcoois (Figura 5.23).

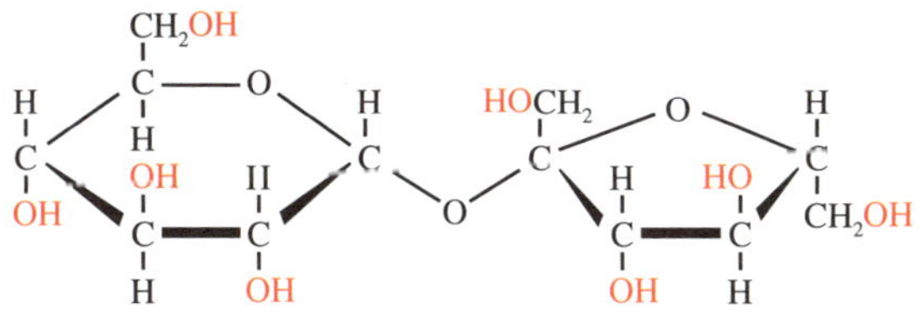

FIGURA 5.22 Fórmula estrutural da sacarose. Os grupos –OH estão em vermelho.

Sua Vez 5.21 Álcoois e ligações hidrogênio

Alguns dos átomos de H e O das moléculas de etanol e de etileno-glicol (veja a Figura 5.23) têm cargas parciais. Marque-os como δ^+ e δ^-, respectivamente.

Sugestão: Se a diferença de eletronegatividade entre dois átomos é maior do que 1,0, a ligação é considerada polar.

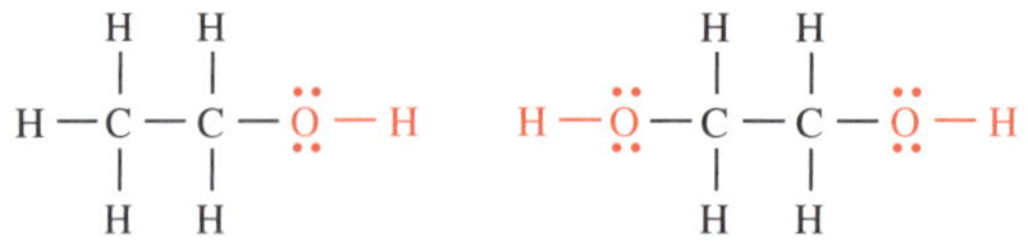

etanol etileno-glicol

FIGURA 5.23 Estruturas de Lewis do etanol e do etileno-glicol. Os grupos –OH estão em vermelho.

O H do grupo –OH de uma molécula de etanol pode formar ligações hidrogênio como ocorre com a água (Figura 5.24). Isso explica a grande afinidade entre a água e o etanol. Qualquer atendente de bar pode lhe dizer que o álcool e a água formam soluções em quaisquer proporções. Novamente, as duas moléculas são polares, e *semelhante dissolve semelhante*.

O Capítulo 1 mencionou o propileno-glicol, usado em tintas durante a discussão sobre a qualidade do ar doméstico.

O etileno-glicol é outro exemplo de álcool, às vezes chamado de "glicol". Ele é adicionado à água, como a do radiador de seu carro, para evitar que ela congele. É também um aditivo para evitar que algumas tintas à base de água congelem e um dos VOCs que elas liberam ao secar. Veja na fórmula estrutural da Figura 5.23 que ele tem dois grupos –OH disponíveis para ligação hidrogênio. Essas atrações intermoleculares dão alta solubilidade em água ao etileno-glicol, uma propriedade necessária para qualquer anticongelante.

Diz-se, com frequência, que "óleo e água não se misturam". As moléculas de água são polares e as de hidrocarboneto do óleo são não polares. Quando em contato, as moléculas de água tendem a atrair outras moléculas de água e as de hidrocarboneto, outras de hidrocarboneto. Como o óleo é menos denso do que a água, ele flutua (Figura 5.25).

Sua Vez 5.22 Mais sobre hidrocarbonetos

Moléculas de hidrocarbonetos como pentano e hexano contêm ligações C–H e C–C. Use os valores de eletronegatividade da Tabela 5.1 para determinar se essas ligações são polares ou não polares.

Como a água é um solvente ruim para gorduras e óleos, não podemos usá-la para limpá-los. Em vez disso, lavamos nossas mãos (e roupas) com a ajuda de sabões e detergentes. Esses compostos são **surfactantes**, substâncias que ajudam compostos polares e não polares a se misturarem, eles algumas vezes chamados de "umectantes". As moléculas de surfactantes contêm grupos polares e não polares. Os grupos polares permitem que o surfactante dissolva em água e os não polares, que ele dissolva na gordura.

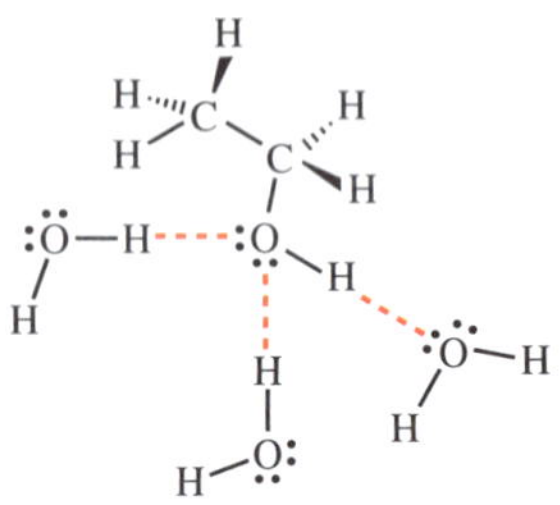

— ligação covalente
---- ligação hidrogênio

FIGURA 5.24 Ligação hidrogênio entre uma molécula de etanol e três de água.

FIGURA 5.25 Óleo e água não se dissolvem mutuamente.

Outro modo de dissolver moléculas não polares é usar solventes não polares. Semelhante dissolve semelhante! Solventes não polares (algumas vezes chamados de "solventes orgânicos") são muito usados, inclusive na produção de fármacos, plásticos, tintas, cosméticos e agentes de limpeza. Por exemplo, os solventes de lavagem a seco são tipicamente hidrocarbonetos clorados. Um exemplo, "perc", é aparentado ao eteno. Tome o eteno (às vezes chamado de etileno), um composto com uma ligação dupla C=C, e substitua todos os átomos de H por Cl. O resultado é o tetracloro-etileno, também chamado de percloroetileno, cujo apelido é perc.

Descubra mais sobre o etileno no Capítulo 9, sobre polímeros.

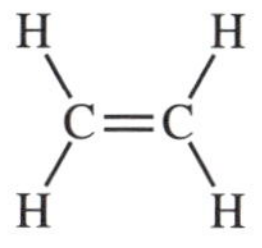
etileno

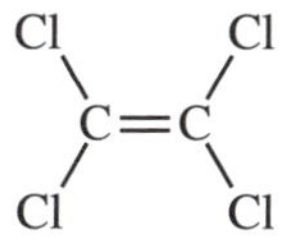
tetracloro-etileno ("perc")

O perc e outros hidrocarbonetos clorados assemelhados são comprovadamente cancerígenos ou suspeitos de provocar câncer. Eles têm consequências sérias para a saúde de quem for exposto a eles, no ambiente de trabalho ou como contaminantes de ar, água ou solo.

Os químicos verdes têm o objetivo de redesenhar processos para que não exijam solventes. Contudo, se isso não é possível, eles tentam substituir solventes perigosos como o perc por outros que sejam mais amigáveis com o meio ambiente. Uma possibilidade é dióxido de carbono líquido. Sob alta pressão, o gás que você conhece como CO_2 pode condensar a líquido! Em comparação com solventes orgânicos, o $CO_2(l)$ oferece muitas vantagens. Não é tóxico, não é inflamável, é quimicamente seguro, não destrói o ozônio e não contribui para a formação de neblina suja. Embora você possa estar preocupado com o fato de que ele é um gás de efeito estufa, o dióxido de carbono usado como solvente é um produto residual recuperado em processos industriais e é geralmente reciclado.

Adaptar o CO_2 líquido para uso em lavagem a seco é um desafio, porque ele não é muito bom em dissolver óleos, ceras e gorduras encontrados em tecidos sujos. Para fazer do dióxido de carbono um melhor solvente, o Dr. Joe DeSimone, um químico e engenheiro químico da Universidade de North Carolina-Chapel Hill, desenvolveu um surfactante para ser usado com o $CO_2(l)$. Por seu trabalho, DeSimone recebeu o Prêmio Presidencial Desafios de Química Verde de 1997. O avanço conseguido abre o caminho para projetos de substitutos benignos, baratos e facilmente recicláveis para os solventes orgânicos convencionais e a água de uso corrente. O trabalho de DeSimone foi essencial para o começo da Hangers Cleaners, uma cadeia de lavagem a seco que usa o processo que ele desenvolveu.

Estude Isto 5.23 CO_2 líquido como solvente

a. Quais das seis ideias fundamentais da química verde (veja o interior da capa frontal) são atendidas pelo uso do dióxido de carbono como substituto de solventes orgânicos? Explique.
b. Comente esta afirmação: "Usar dióxido de carbono como substituto de solventes orgânicos só substitui um conjunto de problemas ambientais por outro".
c. Se uma loja local de limpeza a seco mudasse de "perc" para dióxido de carbono, como esta loja poderia reportar uma Linha de Base Tripla diferente?

A tendência de compostos não polares dissolverem outras substâncias não polares explica por que peixes e outros animais acumulam substâncias não polares como PCBs (bifenilas policloradas) ou o pesticida DDT (1,1,1-tricloro-2,2-di(4-cloro-fenil)-etano) em seus tecidos gordurosos. Quando os peixes ingerem esses compostos, as moléculas são acumuladas na gordura (não polar), e não no sangue (polar). Os PCBs podem interferir no crescimento normal e no desenvolvimento de vários animais, inclusive humanos, mesmo em casos de concentrações de trilionésimos de grama por litro.

Os PCBs (misturas de compostos muito clorados) foram muito usados como refrigerantes em transformadores elétricos até serem proibidos em 1977. Como os CFCs, eles não queimam com facilidade. Eles eram liberados no ambiente durante a fabricação, o uso e o descarte.

Quanto mais alto você subir na cadeia alimentar, maiores são as concentrações de compostos não polares perigosos como o DDT. Isso é chamado de **biomagnificação**, o aumento da concentração de certos produtos químicos persistentes em níveis da cadeia alimentar sucessivamente mais altos. A Figura 5.26 mostra um processo de biomagnificação muito estudado nos anos 1960. Naquela época, mostrou-se que o DDT interferia na reprodução dos falcões peregrinos e de outros pássaros predadores que estavam no topo de sua cadeia alimentar. Em 1962, o livro de Rachel Carson, *Silent Spring,* também ligou a redução das populações de pássaros canoros com sua exposição a pesticidas.

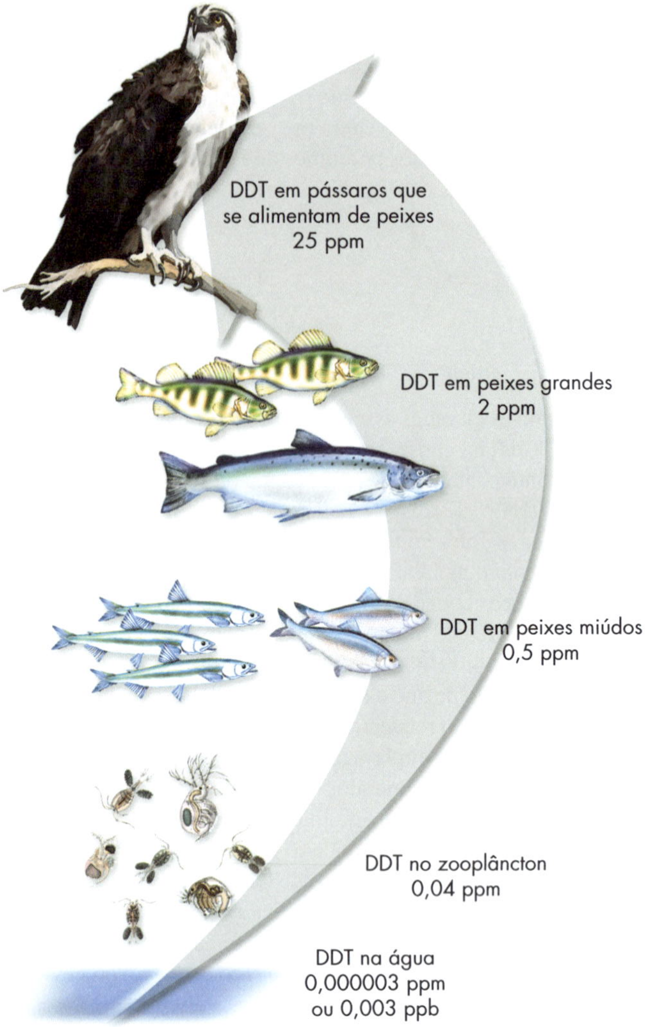

FIGURA 5.26 Organismos na água absorvem e armazenam DDT. Eles são comidos por criaturas maiores que, por sua vez, alimentam outros maiores ainda. As que estão no alto da cadeia alimentar têm a maior concentração de DDT.

Fonte: William and Mary Ann Cunningham. Environmental Science: A Global Concern, *10th ed., 2008. Reimpresso com permissão da McGraw-Hill Education.*

Rachel Carson (1907–1964)

O SDWA não se aplica aos 10% de habitantes dos Estados Unidos cuja água vem de poços privados.

5.10 Protegendo nossa água potável: legislação federal

De um jeito ou de outro, muitas substâncias diferentes são adicionadas à água fresca. Esta água é potável? A resposta depende de o *que* está na água, de *quanto* está presente e de *quanto* você bebe em um dia. Nesta seção, tratamos de questões ligadas à qualidade da água.

A necessidade de garantir a oferta pública de água potável é reconhecida há muito tempo. Em 1974, o Congresso americano aprovou uma lei, o Safe Drinking Water Act (SDWA), em resposta à preocupação do público sobre substâncias perigosas no suprimento de água. O objetivo dessa lei, emendada em 1996, era garantir água potável para os que dependem da oferta de água nas comunidades. Como exigido pelo SDWA, os contaminantes que podem representar riscos à saúde são regulamentados pela Environmental Protection Agency (EPA) americana. A EPA determina os limites legais para os contaminantes de acordo com sua toxicidade (Tabela 5.11). Esses limites também levam em conta as realidades práticas que as estações de tratamento de água enfrentam quando tentam remover os contaminantes com a tecnologia disponível.

TABELA 5.11 MCLGs e MCLs para a água potável

Contaminante	MCLG (ppm)	MCL (ppm)
cádmio (Cd^{2+})	0,005	0,005
crômio (Cr^{3+}, CrO_4^{2-})	0,1	0,1
chumbo (Pb^{2+})	0,0	0,015
mercúrio (Hg^{2+})	0,002	0,002
nitratos (NO_3^-)	10,0	10,0
benzeno (C_6H_6)	0,0	0,005
tricloro-metanos ($CHCl_3$ e outros)	varia	0,080

Procure mais exemplos de tri-halogeno-metanos na próxima seção.

Para cada contaminante solúvel em água, a EPA estabeleceu um **objetivo de nível máximo de um contaminante** (**MCLG**), o nível máximo de um contaminante da água potável no qual não ocorreria um efeito adverso, conhecido ou antecipado, na saúde humana. Expresso em partes por milhão ou partes por bilhão, os MCLGs incluem uma margem de segurança. Um MCLG *não é* um limite legal a que as estações de tratamento têm de obedecer, mas um objetivo baseado em considerações sobre a saúde humana. Para cancerígenos conhecidos, a EPA definiu o objetivo zero por considerar que *qualquer* exposição é um risco de câncer.

Antes que medidas regulatórias possam ser tomadas contra uma estação de tratamento de água, a concentração de uma impureza tem de exceder o **nível máximo de contaminação** (**MCL**), o limite legal para a concentração de um contaminante expresso em partes por milhões ou partes por bilhão. A EPA atribui limites legais para cada impureza em valores o mais perto possível dos MCLG, levando em conta as realidades práticas que possam impedir que os objetivos sejam atingidos. Exceto para os contaminantes regulamentados como cancerígenos (para os quais o MCLG é zero), os limites legais e os objetivos sanitários são iguais. Mesmo sendo menos rígido do que os MCLGs, os MCLs ainda dão proteção substancial à saúde pública.

Níveis máximos secundários de contaminantes (SMCLs) são recomendados, mas não exigidos, pela EPA. Eles são recomendados para substâncias que podem afetar o gosto, o cheiro ou a cor, ou, ainda, causar danos cosméticos. Por exemplo, minerais como os de manganês podem manchar roupas em lavanderias e adicionar um gosto desagradável à água.

Estude Isto 5.24 O que está na água potável?

A Tabela 5.11 é só um ponto de partida para as informações disponíveis sobre contaminantes da água potável. O EPA Office of Ground Water and Drinking Water oferece aos consumidores folhetos explicativos com dúzias de contaminantes. Sumários gerais e folhetos técnicos estão disponíveis, mas recomendamos os últimos.

a. Selecione um dos contaminantes da Tabela 5.11. Como ele entra no fornecimento de água? Liste efeitos potenciais desse contaminante na saúde.

b. Como você saberia que ele estivesse em sua água potável?

Estude Isto 5.25 Compreendendo MCLGs e MCLs

A maior parte das pessoas não está familiarizada com os termos MCLG e MCL usados no Safe Drinking Water Act. Como você explicaria essas abreviaturas ao público em geral? Prepare um esquema de apresentação. Prepare-se para responder a questões do público, inclusive sobre por que os MCLs não são zero para todos os cancerígenos.
Sugestão: Procure na Internet um relatório de qualidade do ar publicado para uma cidade perto da sua.

A legislação da água tem de ser atualizada continuamente. Em parte isso ocorre porque os químicos de água melhoram sua capacidade de detectar o que está nela, mas a necessidade também ocorre porque nosso conhecimento está aumentando. Os limites do MCL deveriam subir ou descer na medida em que aprendemos mais sobre a toxicidade. Hoje, mais de 90 contaminantes são regulamentados:

- íons de metais como Cd^{2+}, Cr^{3+}, Hg^{2+}, Cu^{2+} e Pb^{2+}
- íons de não metais como NO_3^-, F^- e vários íons contendo arsênio
- vários compostos, inclusive pesticidas, solventes industriais e compostos associados à fabricação de plásticos
- radioisótopos, inclusive urânio
- agentes biológicos, inclusive *Cryptosporidium* e vírus intestinais

Dependendo de cada contaminante, a faixa de MCLs vai de 10 ppm a menos de 1 ppb. Alguns deles interferem com as funções do fígado ou dos rins, e outros podem afetar o sistema nervoso se ingeridos por longos períodos consistentemente acima do limite legal (MCL). Por exemplo, ao contrário de muitos contaminantes, o chumbo é um veneno cumulativo. Antigamente, tubos e soldas de chumbo eram usados nos sistemas de distribuição de água. Quando ingerido por humanos e animais, o chumbo se acumula nos ossos e no cérebro, causando sérios e permanentes problemas neurológicos. Exposição severa em adultos causa sintomas como irritabilidade, insônia e comportamento irracional. O chumbo é um problema em particular para as crianças, porque o Pb^{2+} pode ser incorporado rapidamente aos ossos juntamente ao Ca^{2+}. Como as crianças têm massa óssea muito menor do que os adultos, parte do Pb^{2+} pode permanecer no sangue e danificar células, especialmente no cérebro. As crianças podem sofrer retardo mental e hiperatividade como consequência da exposição ao chumbo, mesmo em concentrações relativamente baixas.

O símbolo químico Pb vem do nome latino do chumbo, *plumbum*. A palavra inglesa "plumbing" tem a mesma origem e remete ao tempo em que os canos de água eram feitos de chumbo.

Felizmente, muito pouco chumbo ocorre na maior parte dos sistemas públicos de água. Estima-se que quantidades excedendo os limites permitidos ocorre em menos de 1% dos sistemas públicos, e eles servem menos de 3% da população dos Estados Unidos. A maior parte deste chumbo vem da corrosão de canos e selos de chumbo, não da fonte de água. Quando o chumbo é encontrado, recomenda-se aos consumidores deixar a água correr um pouco antes do uso e não cozinhar com água já quente da torneira. Essas ações reduzem a chance de ingerir Pb^{2+} dissolvido.

Recomenda-se a água fria porque alguns compostos de chumbo, notadamente $PbCl_2$, são mais solúveis em água quente do que em fria.

Os valores dos regulamentos mudam porque a pesquisa fornece novas informações sobre os contaminantes. Por exemplo, o MCL para Pb^{2+} na água potável já foi de 15 ppb. Em 1992, porém, a EPA converteu esse valor em um "nível de ação", o que significa que ela tomará providências legais se o chumbo de mais de 10% das amostras da água da torneira exceder os 15 ppb. O perigo do chumbo é tão grande que a EPA estabeleceu um MCGL de 0, mesmo o chumbo não sendo cancerígeno.

Sua Vez 5.26 Comparação do conteúdo de chumbo

Duas amostras de água potável continham o íon chumbo. Uma tinha a concentração de 20 ppb e a outra, de 0,003 mg/L.

a. Que amostra tem a concentração mais alta do íon chumbo? Explique.
b. Como essas amostras se comparam com o limite correntemente aceitável?

Embora contaminantes como o chumbo causem problemas crônicos de saúde em longo prazo, outras substâncias presentes na água potável podem provocar efeitos mais imediatos e agudos. Por exemplo, em bebês, o íon nitrato (NO_3^-) pode se converter em íon nitrito (NO_2^-), uma substância que reduz a capacidade do sangue de carregar oxigênio. Bebês que tomam mamadeiras com leite preparado com água contendo altos níveis de nitratos podem ter dificuldade de respirar e, possivelmente, danos cerebrais por fata de oxigênio. Embora um nível de contaminação máximo (MCL) exista para o íon nitrato em água potável, esse nível pode ser ultrapassado por várias razões, inclusive por vazamentos de fertilizantes ou de adubos que atingem a água de poços. A Figura 5.27 mostra dados da qualidade de água para íons nitrato na Califórnia. Como você pode ver, algumas fontes de água excederam os 10 ppm do MCL. Como é tóxico para bebês, o monitoramento dos níveis de nitrato *e* a informação de qualquer violação às comunidades são importantes.

Juntamente aos nitratos, os fosfatos dos fertilizantes podem influenciar os tipos e números de plantas e os animais que vivem em ecossistemas aquáticos.

A água também pode ser contaminada por agentes biológicos como bactérias, vírus e protozoários. Exemplos incluem *Cryptosporidium* e *Giardia*. Alertas na imprensa e anúncios de "emergência: fervam a água" são resultado típico de violação do nível dos "coliformes totais". Coliformes são uma larga classe de bactérias que vivem nos tratos digestivos de humanos e outros animais. Na maior parte, são inofensivos. A presença de concentrações elevadas na água usualmente indica contaminação fecal na etapa de tratamento ou no sistema de distribuição. Diarreias, cólicas, náuseas e vômitos – os sintomas de doenças relacionadas com micróbios – não são, em geral, sérios para um

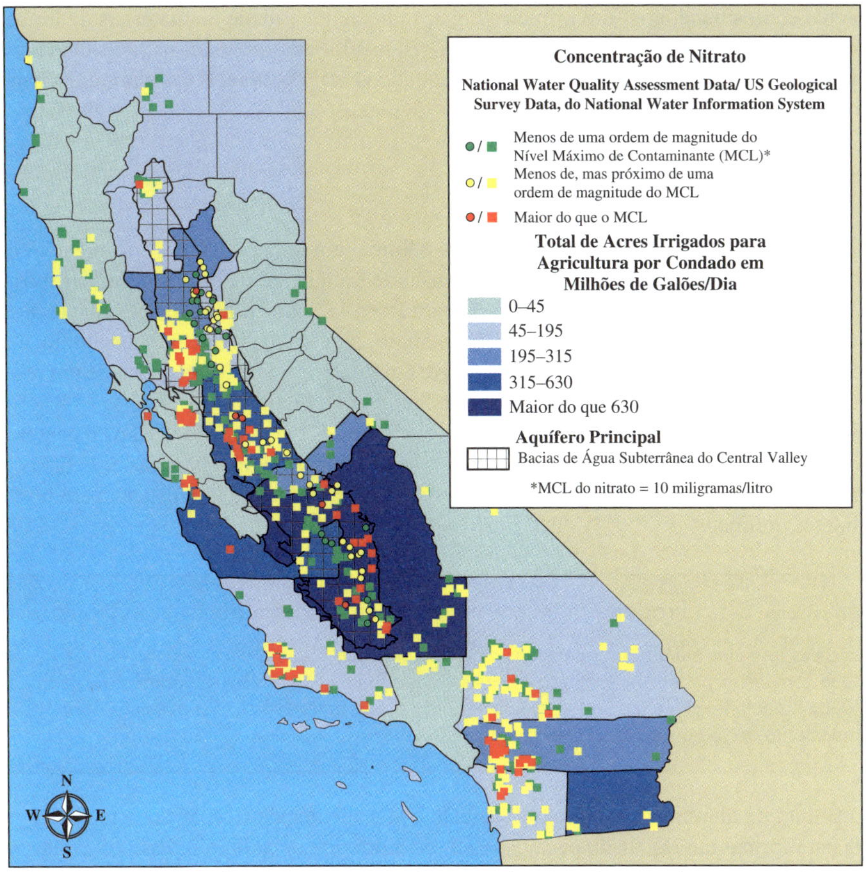

FIGURA 5.27 Mapa mostrando as concentrações de nitrato de poços de água domésticos e da irrigação da agricultura.

Fonte: Environmental Waikato, 2000.

adulto saudável mas podem ser perigosos para a vida dos muito jovens, dos mais velhos ou dos que estão com o sistema imune enfraquecido.

Estude Isto 5.27 Um micróbio críptico

As regras da EPA para o tratamento das águas de superfície exigem que, nos sistemas que as usam ou nas águas subterrâneas diretamente influenciadas pelas de superfície, sejam removidos ou desativados 99% do *Cryptosporidium*.

a. O que é *Cryptosporidium* e como ele contamina a água potável? Quais são seus potenciais efeitos na saúde?

b. Que característica do *Cryptosporidium* permite que ele sobreviva à desinfecção? Por causa dessa característica, como a água contaminada com *Cryptosporidium* deve ser tratada?

Sugestão: Use a Internet para investigar o "Long Term 2 Enhanced Surface Water Treatment Rule" (A Regra Aprimorada de Tratamento em Longo Prazo das Águas de Superfície 2).

Em 1993, a água potável de Milwaukee, nos EUA, foi contaminada por *Cryptosporidium*. O resultado foram 100 mortos e mais de 400.000 doentes, apressando a mudança no modo de as comunidades tratarem sua água potável.

Além do Safe Drinking Water Act, outras leis federais controlam a poluição de lagos, rios e áreas costeiras. O Clean Water Act (CWA), aprovado pelo Congresso Americano em 1974 e emendado várias vezes, é a base da redução da poluição das águas de superfície. O CWA estabeleceu limites para as quantidades de poluentes que a indústria pode descartar, removendo mais de um bilhão de libras de poluentes tóxicos das águas dos Estados Unidos a cada ano. De acordo com a nova tendência para a química verde, as indústrias estão encontrando maneiras de converter os materiais a descartar em produtos úteis e desenhar processos que não usam substâncias tóxicas nem agridem a qualidade da água. A melhoria da qualidade das águas de superfície tem pelo menos dois importantes efeitos benéficos. Em primeiro lugar, reduz a quantidade de materiais de limpeza necessários nas estações de tratamento de água. Depois, resulta em ambientes naturais mais saudáveis para a vida aquática. Por sua vez, ecossistemas aquáticos mais saudáveis trazem muitos benefícios indiretos para os humanos.

5.11 Tratamento da água

Esta seção explora o que acontece quando a água é limpa (em uma estação de tratamento local) e o que acontece depois que a sujamos (em uma estação de tratamento de esgoto). Comecemos com o que acontece na estação de tratamento da água para torná-la potável. Imaginemos que essa estação utiliza a água de um aquífero ou um lago. Por exemplo, para quem vive em San Antonio, a água é bombeada do Aquífero Edwards. Já para quem vive em San Francisco, a água vem de um reservatório no vale Hetch Hetchy, distante mais de cem milhas (veja a Figura 5.7).

Em uma estação de tratamento de água típica (Figura 5.28), a primeira etapa é passar a água por uma tela que remove fisicamente itens como ervas daninhas, galhos e garrafas de bebidas. A próxima etapa é adicionar sulfato de alumínio e hidróxido de cálcio. Pare um instante para rever esses dois produtos químicos.

Sua Vez 5.28 Produtos químicos no tratamento da água

a. Escreva fórmulas químicas para os íons sulfato, hidróxido, cálcio e alumínio.
b. Que compostos podem ser formados com esses quatro íons? Escreva suas fórmulas químicas.
c. O íon hipoclorito tem um papel na purificação da água. Escreva fórmulas químicas para o hipoclorito de sódio e o hipoclorito de cálcio.

O sulfato de alumínio e o hidróxido de cálcio são agentes de floculação, isto é, eles reagem em água para formar um floculado pegajoso (gel) de hidróxido de alumínio. Esse gel coleta, em sua superfície, argila e partículas de sujeira em suspensão.

$$Al_2(SO_4)_3(aq) + 3\,Ca(OH)_2(s) \longrightarrow 2\,Al(OH)_3(s) + 3\,CaSO_4(aq) \qquad \textbf{[5.6]}$$

Quando o gel de $Al(OH)_3$ se deposita lentamente, carrega com ele partículas que estavam em suspensão na água (veja a Figura 5.28). Quaisquer partículas que permanecem são removidas por filtração em carvão ou cascalho e depois em areia.

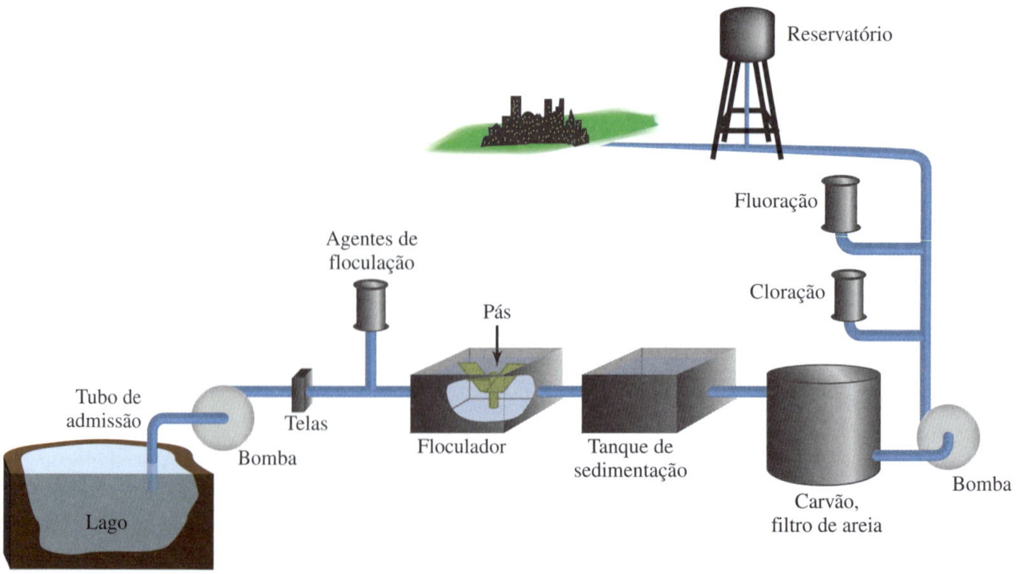

FIGURA 5.28 Uma estação de tratamento de água municipal típica.

A etapa crucial vem depois – desinfecção da água para matar micróbios causadores de doenças. Nos Estados Unidos isso é mais comumente feito com compostos que contêm cloro. A cloração é feita por adição de gás cloro (Cl_2), hipoclorito de sódio (NaClO) ou hipoclorito de cálcio ($Ca(ClO)_2$). Esses compostos geram o agente antibacteriano ácido hipocloroso, HClO. Uma concentração muito pequena de HClO, de 0,075 a 0,600 ppm, permanece para proteger a água contra contaminação posterior por bactérias nos canos até o usuário. **Cloro residual** refere-se aos produtos químicos clorados que permanecem na água após a etapa de cloração. Eles incluem o ácido hipocloroso (HClO), o íon hipoclorito (ClO^-) e cloro elementar dissolvido (Cl_2).

NaClO está presente em qualquer marca de água sanitária. $Ca(ClO)_2$ é comumente usado para desinfecção de piscinas.

O cloro só pode matar os micro-organismos com os quais entra em contato. Ele não mata bactérias ou vírus que estejam presos no interior de partículas de lodo ou argila. Essa é uma razão da necessidade de remover as partículas antes da etapa de cloração.

HClO é, às vezes, escrito como HOCl para mostrar a ordem da ligação dos átomos.

Antes da cloração, milhares morriam em epidemias espalhadas pela água poluída. Em um estudo clássico, John Snow, um médico inglês, conseguiu ligar uma epidemia de cólera na Londres de 1854 à água contaminada com o excremento de vítimas da doença. Outro exemplo ocorreu em 2007 no Iraque devastado pela guerra. Depois que extremistas colocaram tanques de cloro em caminhões suicidas no começo do ano, as autoridades mantinham rígido controle do cloro. O cloro matou duas dúzias de pessoas em vários ataques, liberando nuvens nocivas que deixaram centenas de pessoas em pânico e lutando para respirar. Em dado momento, um embarque de 100.000 toneladas de cloro foi retido por uma semana na fronteira com a Jordânia devido a temores com respeito à sua passagem segura pelo Iraque. Com a infraestrutura da água comprometida e a baixa qualidade da água e do saneamento, os níveis de coliformes fecais aumentaram dramaticamente, e o resultado foi que milhares de iraquianos contraíram cólera.

Mesmo em época de paz, quando o transporte de cloro é relativamente seguro, a cloração tem seus problemas. O gosto e o odor do cloro residual podem ser desagradáveis e são comumente citados como uma das razões pelas quais as pessoas bebem água engarrafada ou usam filtros para remover o cloro residual. Um problema mais sério é a reação do cloro residual com outras substâncias na água potável para formar subprodutos em concentrações que podem ser tóxicas. Os mais conhecidos, os **tri-halogeno-metanos (THMs)**, são compostos como $CHCl_3$ (clorofórmio), $CHBr_3$ (bromofórmio), $CHBrCl_2$ (bromo-dicloro-metano) e $CHBr_2Cl$ (dibromo-cloro-metano) que se formam na reação de cloro ou bromo com matéria orgânica da água potável. Como o HClO, o ácido hipobromoso (HBrO), usado para desinfetar banheiras de saunas, pode gerar tri-halogeno-metanos.

Sua Vez 5.29 Os THMs de relance

a. Desenhe estruturas de Lewis para quaisquer duas moléculas de THM.
b. Os THMs têm composição química diferente das dos CFCs. Como?
c. Os THMs têm propriedades químicas diferentes das dos CFCs. Como?

Resposta

c. Os CFCs são quimicamente inertes e não são tóxicos. Em contraste, os THMs são reativos e bastante tóxicos.

Muitas cidades europeias e algumas americanas usam ozônio para desinfecção de sua água potável. No Capítulo 1, discutimos o O_3 troposférico como um sério poluente do ar. Contudo, no tratamento da água, a toxicidade do O_3 tem um objetivo benéfico. Uma vantagem é que uma concentração de ozônio inferior à do cloro é suficiente para matar bactérias. Além disto, o ozônio é mais efetivo do que o cloro contra vírus transmitidos pela água.

No entanto, a ozonização também tem suas desvantagens. Uma é o custo: a ozonização só é econômica para grandes estações de tratamento de água. Outra é que o ozônio decompõe-se rapidamente e, portanto, não protege a água de possível contaminação durante o transporte pelo sistema de distribuição das cidades. Consequentemente, uma pequena dose de cloro deve ser adicionada à água ozonizada quando ela sai da estação de tratamento.

A desinfecção da água com luz ultravioleta (UV) está ganhando popularidade. Aqui, nosso UV é o UV-C, a radiação de alta energia que pode quebrar o DNA dos organismos, inclusive de bactérias. A desinfecção com UV-C é rápida, não deixa subprodutos residuais e é econômica para pequenas estações de tratamento, inclusive residências rurais com água de poço não confiável. Como o ozônio, porém, o UV-C não protege a água após sua saída da estação de tratamento. Novamente, uma pequena dose de cloro tem de ser adicionada.

Veja o Capítulo 2 para mais detalhes sobre a luz UV. Veja o Capítulo 12 para detalhes sobre o DNA.

Em água, o fluoreto de sódio dissolve em $Na^+(aq)$ e $F^-(aq)$.

Em 2011, o U.S. Department of Health and Human Services recomendou o abaixamento da concentração de fluoreto para 0,7 mg/L para reduzir o descoramento dos dentes de crianças. O MCL para o fluoreto é 4 mg/L.

Dependendo das necessidades locais, uma ou mais etapas de purificação adicionais podem ser necessárias após a desinfecção na estação de tratamento. Às vezes, a água é borrifada no ar para remover produtos químicos que dão odores e gosto desagradáveis. Se um pouco de íon fluoreto natural ocorre na água, algumas prefeituras adicionam íon fluoreto (~1ppm de NaF) para proteger os dentes de cáries. Leia mais sobre fluoretação na próxima atividade.

Estude Isto 5.30 Mantenha seus dentes!

Até recentemente, a perda dos dentes era comum nas pessoas mais velhas. A culpada era a cárie, uma doença em que as bactérias atacam o esmalte dos dentes e causam infecções.

a. A fluoretação da água das cidades é citada como uma das 10 grandes conquistas de saúde pública no século XX pelos U.S. Centers for Disease Control and Prevention. Explique por quê.
b. A fluoretação é importante para todas as comunidades, mas é especialmente importante para comunidades de baixa renda. Explique.

Acabamos de descrever como a água é tratada antes de estar pronta para ser bebida. Contudo, quando abrimos a torneira, já começamos o processo de sujar a água novamente. Adicionamos resíduos à água a cada vez que ela deixa nossos banheiros em uma descarga de vaso sanitário, escorre pelo ralo quando enxaguamos o sabão do banho ou sai pela pia quando lavamos os pratos. É claro que faz sentido usar a menor quantidade possível de água porque, se a sujamos, ela tem de ser limpa novamente antes de ser liberada para o ambiente. Lembre-se da química verde! É melhor prevenir resíduos do que tratá-los ou limpá-los depois que se formam.

Como removemos os resíduos da água? Se os ralos de sua casa estão ligados a um sistema de esgoto municipal, a água usada segue para uma estação de tratamento de esgoto. Lá, ela passa por etapas semelhantes às do processo de limpeza, exceto pela cloração, antes de ser liberada para o ambiente.

Limpar o esgoto é mais complicado, porém, porque ele contém resíduos na forma de compostos orgânicos e íons nitrato. Para muitos organismos aquáticos, estes resíduos são uma fonte de alimentos! Quando os organismos se alimentam, retiram oxigênio das águas de superfície. A **demanda biológica por oxigênio** (**BOD**) é uma medida da quantidade de oxigênio dissolvido que os micro-organismos usam quando decompõem os resíduos orgânicos da água. Um BOD baixo é indicador de boa qualidade da água.

Valores típicos de BOD: um rio intocado, 1 mg/L; efluente da estação de tratamento de esgoto municipal, 20 mg/L; esgoto não tratado, 200 mg/L.

Inundações e escoamento agrícola contendo nitratos e fosfatos perturbam ecossistemas no delta do Mississipi. O Capítulo 11 (Figura 11.15) mostra uma foto chocante.

Nitratos e fosfatos contribuem para o BOD porque são importantes nutrientes para a vida aquática. O excesso de um deles pode perturbar o fluxo normal de nutrientes e levar à proliferação de algas que entopem os cursos de água e esgotam seu oxigênio. Por sua vez, o oxigênio reduzido pode levar quantidades maciças de peixes à morte. O problema do oxigênio reduzido na água é agravado pelo fato de que a solubilidade do oxigênio na água, em primeiro lugar, é muito baixa.

Algumas estações de tratamento estão usando áreas de brejos para reter nutrientes como nitratos e fosfatos antes de liberarem a água de superfície ou de recarregarem a água subterrânea. Plantas e micro-organismos do solo dessas áreas (pântanos e lodaçais) facilitam a reciclagem dos nutrientes, reduzindo assim a carga de nutrientes da água.

Se a água produzida a partir de esgoto tratado é suficientemente limpa, por que não usá-la como fonte de água potável? A crescente população de Singapura depende de várias fontes de água potável. Uma delas, NEWater, é água de esgoto purificada. A próxima tarefa lhe dará a oportunidade de explorar esse uso controverso da água reciclada.

Estude Isto 5.31 Do vaso à torneira?

Algumas comunidades estão pensando em usar água reciclada como fonte de água potável. Se a qualidade da água produzida no processo do tratamento do esgoto fosse igual à da água de nosso sistema normal, você aceitaria usar a água de esgoto tratada como água potável? Comente o sim e o não.

5.12 Soluções para a água, um dos desafios globais

Como mencionamos na abertura deste capítulo, o Dia Mundial da Água tem como foco questões da água potável: "A água é crucial para o desenvolvimento sustentável, incluindo a preservação de nosso ambiente natural e a redução da pobreza e da fome. A água é indispensável para a saúde e o bem-estar humanos" (site das Nações Unidas).

Nesta seção final, discutimos quatro esforços que demonstram o uso sustentável da água. O primeiro relata a produção de água potável a partir de água salgada. O segundo descreve como indivíduos em nações em desenvolvimento podem purificar sua própria água potável. Os terceiro e quarto esforços empregam soluções de química verde, uma para a produção de algodão e outra para a destruição de fármacos.

Água potável a partir de água salgada

"Água, água por todo lugar, mas nenhuma gota para beber". Essas palavras do *The Rime of the Ancient Mariner* são tão verdadeiras hoje como eram em 1798 quando escritas por Samuel Taylor Coleridge. A alta concentração de sal (3,5%) da água do mar torna-a imprópria para o consumo humano. Embora algumas criaturas possam viver em água salgada, nem o antigo marinheiro nem nós podemos bebê-la.

Hoje, somos capazes de utilizar o mar como fonte de água para a agricultura e para beber. **Dessalinização** é qualquer processo de remoção de cloreto de sódio e outros minerais da água salgada, transformando-a em água potável. Em 2011, a Associação Internacional de Dessalinização reportou que cerca de 16.000 estações de dessalinização no mundo produziam cerca de 60 bilhões de litros de água diariamente. Com a demanda sempre crescente, estamos assistindo à construção de muitas novas estações de dessalinização no mundo, incluindo no Oriente Médio, na Espanha, nos Estados Unidos, na China, na África do Norte e na Austrália. Uma das maiores do mundo está nos Emirados Árabes Unidos e é mostrada na Figura 5.29.

Lembre-se da abertura do capítulo, em que afirmamos que o cidadão médio americano usa (direta e indiretamente) cerca de 390 litros de água por dia.

Um método de dessalinização é a **destilação**, um processo de separação em que uma solução líquida é aquecida e os vapores são condensados e coletados. A água impura é aquecida e, ao se vaporizar, deixa para trás a maior parte das impurezas dissolvidas. A destilação requer energia! A Figura 5.30 mostra essa energia sendo provida por um bico de Bunsen em um caso e pelo Sol no outro. Lembre-se de que, na Seção 5.2, mencionamos que a água tem alto calor específico e exige

Um processo semelhante à destilação ocorre no ciclo natural da água. Ela evapora, condensa e cai como chuva ou neve.

FIGURA 5.29 Estação de dessalinização em Jebel Ali, nos Emirados Árabes Unidos.

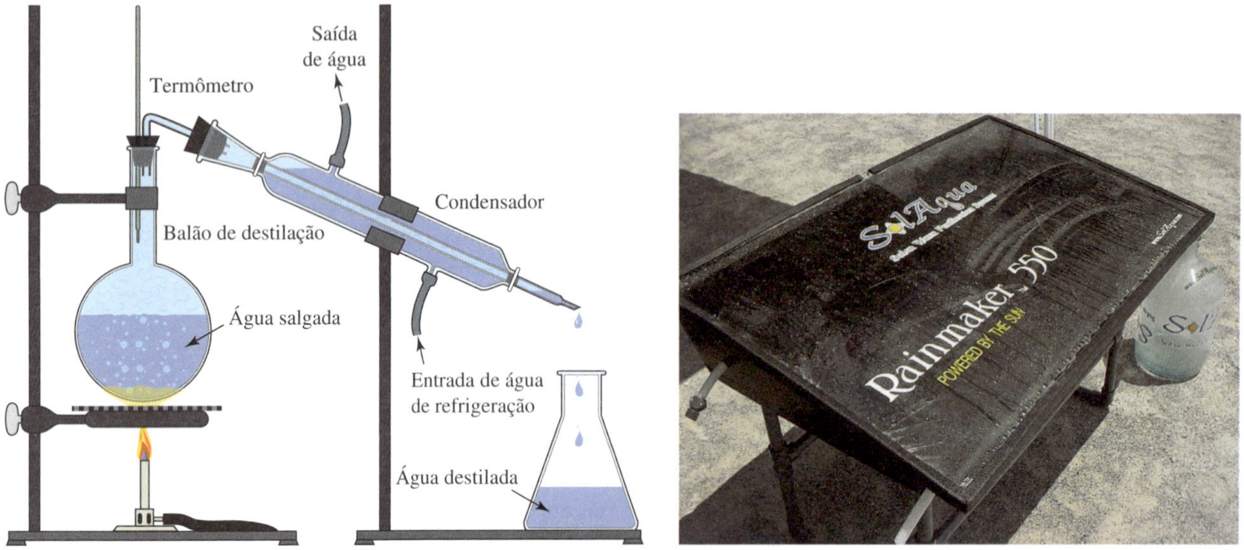

(a) (b)

FIGURA 5.30 (a) Aparelho de destilação de laboratório. (b) Aparelho de destilação solar tipo tampa de mesa.

uma quantidade incomumente alta de energia para converter-se em vapor. Essas propriedades são o resultado das extensas ligações hidrogênio da água.

Operações de destilação em grande escala empregam novas tecnologias com nomes que impressionam, como evaporação rápida em muitos estágios. Embora essas tecnologias tenham aumentado a eficiência de energia em relação ao processo básico ilustrado na Figura 5.30a, a exigência de energia ainda é muito alta e é provida pela queima de combustíveis fósseis. Uma alternativa é purificar a água usando pequenas unidades de destilação solar, como se vê na Figura 5.30b.

Existem outras opções de dessalinização. Por exemplo, a **osmose** é a passagem de água por uma membrana semipermeável, de uma solução menos concentrada para uma mais concentrada. A água difunde através da membrana, mas o soluto não. Por isso, a membrana é chamada de "semipermeável".

A "água destilada" das torneiras dos laboratórios de química é provavelmente água desionizada, produzida por osmose reversa.

Entretanto, com o auxílio da energia, a osmose pode ser revertida. A **osmose reversa** usa pressão para forçar o movimento da água de uma solução mais concentrada para uma solução menos concentrada. Para usar esse processo na purificação da água, aplica-se pressão do lado da água salgada, forçando a água a passar pela membrana deixando o sal e outras impurezas para trás (Figura 5.31). Como se poderia esperar, a geração de pressão é intensiva em energia. A tecnologia da osmose

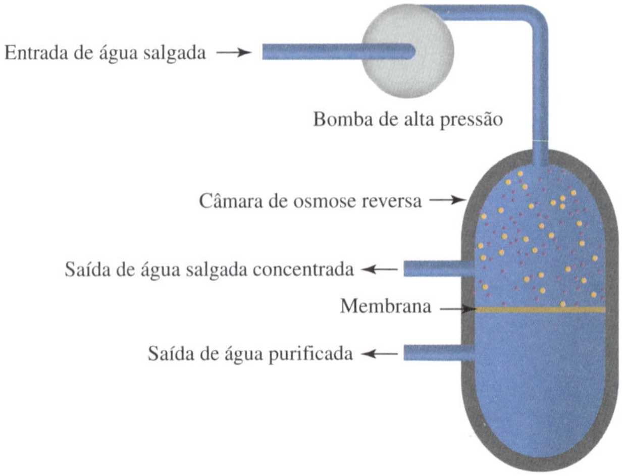

FIGURA 5.31 Purificação da água por osmose reversa.

reversa pode ser usada para produzir água engarrafada e a água ultrapura usada nas indústrias de microeletrônica e farmacêutica. Unidades portáteis são apropriadas para uso em veleiros (Figura 5.32).

FIGURA 5.32 Um pequeno aparelho de osmose reversa para converter água do mar em água potável.

Químico Cético 5.32 A que custo?

Um blogueiro da Internet proclamou que a "Dessalinização tornará possível que tenhamos água potável. Isso irá resolver a escassez de água". Reveja as ideias principais da química verde para que você possa refutar essa afirmação.

LifeStraw para uso pontual

Com os avanços em saneamento e controle de doenças transmitidas pela água no século passado, muitas pessoas em países desenvolvidos têm acesso a água potável de alta qualidade que obedecem a certos padrões. Entretanto, no mundo, um bilhão de pessoas fica doente ou morre a cada ano devido à cólera, à febre tifoide e a outras doenças causadas por micróbios de água não tratada. Uma companhia europeia, a Vestergaard Frandsen, desenvolveu o LifeStraw ("canudo da vida"), que remove praticamente todas as bactérias e os protozoários da água. O LifeStraw é usado em muitas partes do globo, inclusive quando ocorre um desastre natural.

Com um nome adequado, o LifeStraw pessoal é um tipo de filtro colocado em um canudo usado para sugar a água, como se vê na Figura 5.33. Essa unidade pode ser usada para beber água de uma fonte, rio ou lago. Dura cerca de um ano e pode purificar mais ou menos 1.000 litros de água. O maior modelo de LifeStraw usa um filtro diferente que remove bactérias e melhora a qualidade da água. Essas unidades filtram até 18.000 litros de água e duram cerca de três anos.

O LifeStraw individual tem suas limitações. Não é uma solução de longo prazo para a falta de água potável. Além disso, não remove produtos químicos como arsênio ou fluoreto ou os micróbios responsáveis pela diarreia. Esses tipos de LifeStraw são uma solução provisória em regiões onde a água está contaminada por micróbios.

FIGURA 5.33 Crianças usando LifeStraw personalizados para beber.

Químico Cético 5.33 Erro periódico

A Companhia que produz o LifeStraws tem um conjunto de FAQs* na Internet. Uma diz: "O LifeStraw filtra metais pesados, como arsênio, ferro e fluoreto?" O que o Químico Cético deveria dizer a respeito desta resposta: "Não, a presente versão não filtra metais pesados"?

A indústria de algodão

Alguém aí está usando uma camiseta de algodão? Ou talvez calças, meias ou um boné? O terceiro esforço que descrevemos diz respeito ao uso da água associado com o algodão. No mundo, cerca de 40 bilhões de libras desse material tão popular são produzidas a cada ano. Hoje, os Estados Unidos exportam quase 50% do suprimento do mundo. O algodão não serve somente como fibra para roupas, mas também para muitos outros produtos de consumo. Explore isto em Estude Isto 5.34

*N. de T.: Abreviação para *Frequent Asked Questions* (Perguntas Frequentes).

FIGURA 5.34 O algodão bruto tem uma cutícula gordurosa (camada externa) que tem de ser removida.

Estude Isto 5.34 Pegada de água de uma camiseta

Na Tabela 5.3, a pegada de água de uma camiseta com 250 g de algodão foi listada como sendo 2.500 litros.

a. Liste quatro maneiras de usar a água na produção de uma camiseta.
b. Além de tecidos, o algodão tem muitos outros usos. Cite três.
c. Para esses usos, a pegada de água é maior, menor ou aproximadamente a mesma do que para o tecido de algodão?

Respostas

b. O uso do algodão inclui cortinas, estofamentos, redes, ataduras de gaze e esfregões.
c. Eles todos devem ter uma grande pegada de água, em razão da quantidade de água usada para cultivar e limpar o algodão.

Mesmo que o algodão seja uma fibra natural, sua produção deixa uma pegada significativa no ambiente. Na Seção 5.3, mencionamos que o algodão era uma cultura sedenta. Uma vez colhido, o algodão bruto tem de ser tratado para a remoção da cutícula, isto é, sua camada mais externa, antes que ele possa ser branqueado e tingido (Figura 5.34). O processo de "lavagem" do algodão exige grande quantidade de produtos químicos cáusticos, água e energia. A água usada tem um BOD alto, igual ao do esgoto não tratado! Além disso, ela fica contaminada pelos produtos cáusticos, que enfraquecem as fibras de algodão.

Lembre-se de que, na Seção 5.11, mencionamos que um BOD (demanda biológica de oxigênio) baixo significa água de boa qualidade.

Em 2001, a Novozymes recebeu um Prêmio Presidencial Desafios de Química Verde pelo desenvolvimento de um processo alternativo de remoção da cutícula gordurosa do algodão. O processo mais suave, a "biopreparação", usa uma enzima que digere a cutícula. Em consequência, a pegada ambiental do algodão melhorou muito. O BOD da água usada caiu mais de 20%, os produtos químicos cáusticos foram eliminados e a quantidade de água, energia e tempo necessários foram reduzidos. Lembre-se de uma das ideias fundamentais da química verde: *É melhor usar e gerar substâncias que não sejam tóxicas.*

Sua Vez 5.35 Química verde em ação

Acabamos de citar uma das seis ideias fundamentais da química verde (veja a parte interior da capa deste livro) que é satisfeita pelo processo de "biopreparação" da Novozymes. Que outras também se aplicam?

Esse é outro exemplo de como a química verde melhora a Linha de Base Tripla (econômica, social e ambiental), remetendo-nos a práticas mais sustentáveis. Resíduos em menor quantidade e menos tóxicos beneficiam o ambiente, o uso de menos energia e materiais reduz o custo, e a sociedade ganha uma fibra de algodão mais resistente e conserva água. Olhemos outro exemplo de manutenção da limpeza da água.

"Não Dê a Descarga"

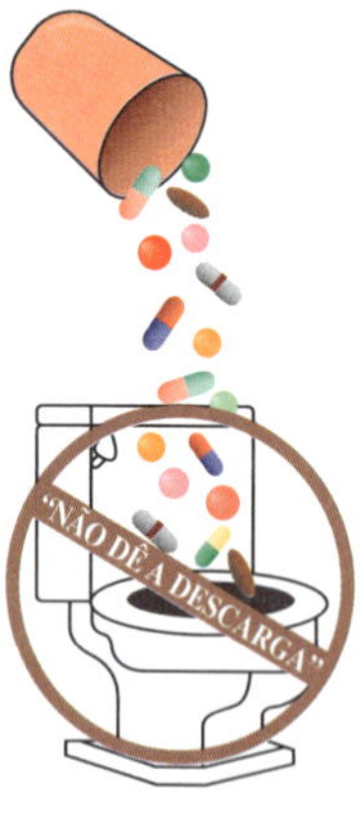

No passado, um modo rápido de se livrar de remédios indesejáveis era jogá-los em uma pia ou um vaso sanitário e passar uma corrente de água. Isso faz, porém, com que os fármacos acabem em nossos cursos de água, expondo as pessoas que estão a jusante a baixas concentrações de fármacos. Essa é uma prática danosa? Neste ponto, a resposta é incerta.

Boas novas! Juntamente à EPA, muitas cidades lançaram programas de retomada de fármacos. Por exemplo, em 2012, cerca de 500.000 libras de remédios indesejados foram coletadas em mais de 5.000 pontos dos Estados Unidos durante um Dia Nacional de Retomada de Remédios Não Usados. Esta é outra aplicação de química verde: *É melhor evitar resíduos do que tratá-los ou limpá-los depois de formados.*

Estude Isto 5.36 O futuro da água

a. Escolha duas das ideias fundamentais da química verde listadas no verso da capa deste livro. Gere, para cada uma delas, uma ideia que poderia nos ajudar a manter a água limpa.
b. Identifique uma questão importante para a água do mundo. Sugira dois fatores que a fazem importante. Nomeie duas maneiras usadas pelas pessoas para abordar essa questão.

Conclusão

Como o ar que respiramos, a água é essencial a nossas vidas. Ela banha nossas células, transporta nutrientes por nossos corpos, forma a maior parte de nossa massa corporal e nos resfria ao evaporar. A água também é central para nosso *modo de vida*. Nós a bebemos, cozinhamos com ela, lavamos coisas nela, a usamos para irrigar nossas colheitas e fabricamos bens com ela. Ao fazermos essas coisas, adicionamos resíduos à água. Embora a água fresca se purifique em um ciclo de evaporação e condensação, nós humanos estamos sujando a água mais depressa do que a natureza pode limpá-la.

Lembre-se da primeira ideia importante da química verde: *É melhor evitar resíduos do que tratá-los ou limpá-los depois de formados*. Então, recolha a água da chuva e use-a em um jardim, em vez de deixá-la juntar-se às águas de escoamento que recolhem poluentes. Feche a torneira quando estiver escovando os dentes, limite seu tempo no chuveiro e conserte a torneira que pinga e o vaso sanitário que escorre água sem parar!

Você pode achar que seus esforços são uma gota em um balde muito grande. Sem dúvida eles são, mas lembre-se de que, como a gota de chuva do pôster vencedor do Dia da Terra (à direita), seus esforços são parte do quadro muito maior da água do planeta (Figura 5.35).

Embora a água fresca seja um recurso renovável, as demandas do crescimento da população, o aumento da riqueza e outras questões globais estão ampliando a escassez desse bem essencial. Se pretendemos alcançar a sustentabilidade, temos de pensar na água! Pensar na água! Sua vida e a de outras criaturas depende dela.

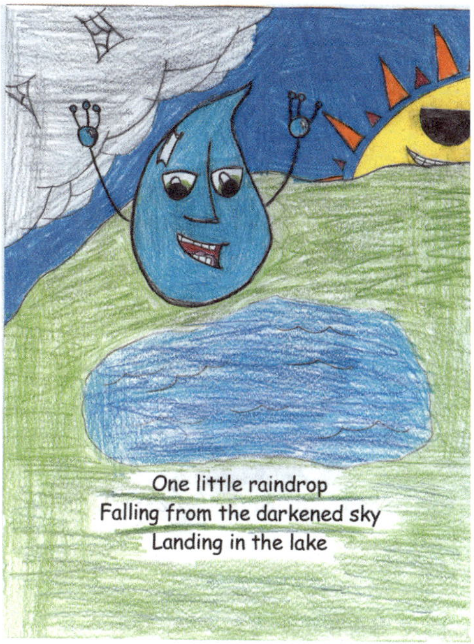

FIGURA 5.35 Um poster Haiku vencedor do Dia da Terra de 2008.

Resumo do capítulo

Tendo estudado este capítulo, você deveria ser capaz de:

- Descrever como a água está ligada à vida neste planeta (Introdução)
- Ligar a eletronegatividade dos átomos à polaridade das ligações formadas por esses átomos (5.1)
- Descrever ligação hidrogênio e ligá-la às propriedades da água (5.2)
- Comparar as densidades do gelo e da água e ser capaz de explicar a diferença (5.2)
- Relacionar o calor específico da água aos papéis desempenhados por ela no planeta (5.2)
- Discutir a relação entre as propriedades da água e sua estrutura molecular (5.2)
- Descrever os principais modos de uso da água em nosso planeta (5.3)
- Discutir como o conceito de pegada de água forma nosso modo de ver o uso da água (5.3)
- Ligar a mudança do clima do globo com o fornecimento e a demanda de água (5.4)
- Usar unidades de concentração: percentagem, ppm, ppb e molaridade (5.5)
- Discutir por que a água é um excelente solvente para muitos (mas não todos os) compostos iônicos e covalentes (5.5)
- Relacionar estes termos: *cátion, ânion* e *composto iônico* (5.6)
- Escrever os nomes e as fórmulas químicas de compostos iônicos, inclusive os que têm íons poliatômicos comuns (5.7)

- Descrever o que ocorre quando um composto iônico se dissolve em água (5.8)
- Explicar por que algumas soluções conduzem eletricidade e outras não (5.9)
- Descrever o papel dos surfactantes como agentes de solubilidade (5.9)
- Explicar o ditado "semelhante dissolve semelhante" e relacioná-la à biomagnificação (5.9)
- Entender o papel da legislação federal americana na proteção da água potável segura (5.10)
- Contrastar o objetivo de nível máximo de um contaminante (MCLG) e o nível máximo de contaminante (MCL) estabelecido pela EPA para garantir a qualidade da água (5.10)
- Discutir como a água potável pode se tornar segura para beber (5.11)
- Descrever o processo básico do tratamento de esgoto (5.11)
- Entender os processos de destilação e osmose reversa na produção de água potável (5.12)
- Descrever como a química verde e suas aplicações podem contribuir para limpar a água (5.9, 5.12)
- Resumir pelo menos duas soluções possíveis para os desafios que envolvem nossa água global (5.12)

Questões

Ênfase nos fundamentos

1. O capítulo abre com estas palavras: "*Neeru, shouei, maima, aqua.* Seja a língua em que for falada, a água é o composto mais abundante da face da Terra".
   a. Explique o termo "composto" e também por que a água *não é* um elemento.
   b. Desenhe a estrutura de Lewis da água e explique por que sua forma é angulada.
2. Hoje, estamos gerando água suja mais rapidamente do que a natureza pode limpá-la para nós.
   a. Nomeie cinco atividades diárias que sujam a água.
   b. Nomeie duas maneiras pelas quais substâncias poluentes naturais são removidas da água.
   c. Nomeie cinco medidas que você poderia tomar para manter a água mais limpa.
3. A vida em nosso planeta depende da água. Explique as afirmações abaixo.
   a. Grandes massas de água agem como reservatórios de calor, moderando o clima.
   b. O gelo protege ecossistemas em lagos por que flutua, e não afunda.
4. Por que um cano quebra se estiver cheio de água durante longos períodos de tempo muito frio?
5. Eis quatro pares de átomos. Consulte a Tabela 5.1 para resolver estas questões.

   N e C   N e H

   S e O   S e F

   a. Qual é a diferença de eletronegatividade entre os átomos?
   b. Imagine que uma ligação covalente simples forma-se entre cada par de átomos. Que átomo atrai mais fortemente o par de elétrons da ligação?
   c. Arranje as ligações em ordem de polaridade crescente
6. Observe a molécula de amônia, NH_3.
   a. Desenhe sua estrutura de Lewis.
   b. A molécula de NH_3 contém ligações polares? Explique.
   c. A molécula de NH_3 é polar? *Sugestão*: Analise sua geometria.
   d. Você prediria que NH_3 é solúvel em água? Explique.
7. Em alguns casos, o ponto de ebulição de uma substância aumenta com a massa molar.
   a. Isso é verdade para os hidrocarbonetos? Explique com exemplos. *Sugestão*: Veja a Seção 4.4.
   b. Na base das massas molares de H_2O, N_2, O_2 e CO_2, qual deles você esperaria que tivesse o ponto de ebulição mais baixo?
   c. Ao contrário de N_2, O_2 e CO_2, a água é líquida na temperatura normal. Explique.
8. Metano (CH_4) e água são compostos de hidrogênio e outro não metal.
   a. Dê quatro exemplos de não metais. Em geral, como as eletronegatividades dos não metais se comparam com as dos metais?
   b. Como se comparam as eletronegatividades de carbono, oxigênio e hidrogênio?
   c. Que ligação é mais polar, C–H ou O–H?
   d. O metano é um gás na temperatura normal, mas a água é um líquido. Explique.
9. Este diagrama representa duas moléculas de água no estado líquido. Que tipo de força de ligação a seta indica?

10. A densidade da água a 0°C é de 0,9987 g/cm^3; a do gelo à mesma temperatura é de 0,917 g/cm^3.
    a. Calcule o volume ocupado a 0°C por 100,0 g de água líquida e por 100,0 g de gelo.
    b. Calcule o aumento percentual em volume quando 100,0 g de água congelam a 0°C.
11. Examine estes líquidos.

Líquido	Densidade, g/mL
detergente de cozinha	1,03
xarope de bordo ("maple")	1,37
óleo vegetal	0,91

    a. Se você derramar volumes iguais desses três líquidos em uma proveta de 250 mL, em que ordem você deveria fazê-lo para criar três camadas separadas? Explique.
    b. Prediga o que aconteceria se um volume de água igual ao dos outros líquidos fosse derramado na proveta produzida em **a** e o conteúdo fosse misturado vigorosamente.
12. Digamos que a água em um tambor de 500 L representasse o suprimento total do mundo. Quantos litros seriam próprios para o consumo humano? *Sugestão*: Veja a Figura 5.8.
13. Com base em sua experiência, quão solúvel é cada uma destas substâncias em água? Use termos como *muito solúvel*, *parcialmente solúvel* ou *não solúvel*. Cite evidências que embasem seu raciocínio.
    a. concentrado de suco de laranja
    b. amônia caseira
    c. gordura de galinha
    d. detergente líquido de lavanderia
    e. canja de galinha
14. a. O consumo de água engarrafada foi estimado em 29 galões por pessoa nos Estados Unidos em 2011. O censo de 2010 chegou a uma população de $3{,}1 \times 10^8$ pessoas. Com esses dados, estime o consumo de água engarrafada.
    b. Converta sua resposta da parte **a** para litros.
15. NaCl é um composto iônico, mas $SiCl_4$ é um composto covalente.
    a. Use a Tabela 5.1 para determinar a diferença de eletronegatividade entre o cloro e o sódio, e entre o cloro e o silício.
    b. Que correlações podem ser feitas sobre a diferença de eletronegatividade entre átomos ligados e sua tendência em formar ligações iônicas ou covalentes?
    c. Como você pode explicar, em nível molecular, a conclusão a que chegou na parte **b**?
16. Desenhe a estrutura de Lewis destes átomos. Desenhe também a estrutura de Lewis dos íons correspondentes. *Sugestão*: Consulte as Tabelas 5.5 e 5.6.
    a. Cl b. S
    c. Ne d. Ba
    e. Li
17. Dê a fórmula química e o nome do composto iônico que pode ser formado por cada par de elementos.
    a. Na e Br b. Cd e S
    c. Ba e Cl d. Al e O
    e. Rb e I
18. Escreva a fórmula química de cada composto.
    a. bicarbonato de cálcio
    b. carbonato de cálcio
    c. cloreto de magnésio
    d. sulfato de magnésio
19. Nomeie cada composto.
    a. $KC_2H_3O_2$ b. LiOH
    c. CoO d. ZnS
    e. $Ca(ClO)_2$ f. Na_2SO_4
    g. $MnCl_2$ h. K_2O
20. Explique por que $CoCl_2$ é chamado de cloreto de cobalto(II), enquanto que $CaCl_2$ é chamado de cloreto de cálcio.
21. O MCL do mercúrio na água potável é 0,002 mg/L.
    a. Isso corresponde a 2 ppm ou 2 ppb de mercúrio?
    b. Este mercúrio está na forma elementar ou na forma de íon de mercúrio (Hg^{2+})?
22. O limite aceitável para nitratos, frequentemente encontrados em água de poços nas áreas de agricultura, é de 10 ppm. Se uma amostra de água contiver 350 mg/L, ela está dentro do limite aceitável?
23. Um estudante pesou 5,85 g de NaCl para fazer uma solução 0,10 M. Que tamanho deve ter o balão volumétrico que ele vai usar? *Sugestão*: Veja a Figura 5.16.
24. As soluções podem ser testadas para condutividade com este tipo de aparelho.

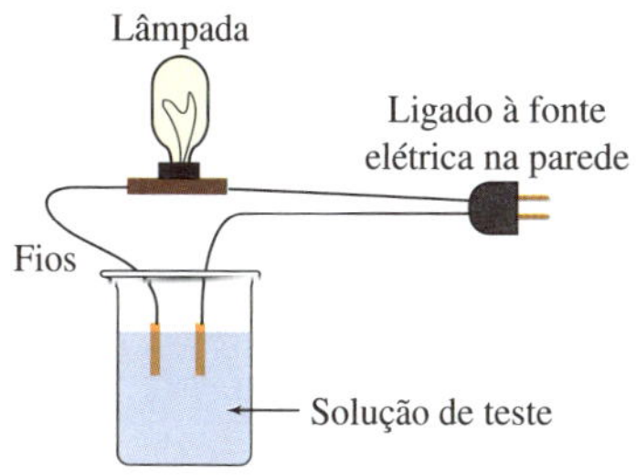

Preveja o que vai acontecer quando cada uma destas soluções diluídas for testada para condutividade. Explique brevemente suas predições.
    a. $CaCl_2(aq)$
    b. $C_2H_5OH(aq)$
    c. $H_2SO_4(aq)$
25. Uma solução de KCl em água conduz eletricidade, mas uma solução de sacarose em água, não. Explique.

26. Com base nas generalizações da Tabela 5.9, que compostos são provavelmente solúveis em água?
   a. $KC_2H_3O_2$ b. LiOH
   c. $Ca(NO_3)_2$ d. Na_2SO_4
27. Qual é a concentração de cada íon presente em uma solução 2,5 M de $Mg(NO_3)_2$?
28. Explique como você prepararia estas soluções usando reagentes em pó e os equipamentos necessários.
   a. Dois litros de 1,50 M KOH
   b. Um litro de 0,050 M NaBr
   c. 0,10 L de 1,2 M $Mg(OH)_2$
29. a. Uma chuveirada de 5 minutos exige cerca de 90 L de água. Quanta água você economizaria se reduzisse seu banho em 1 minuto?
   b. Deixar a torneira aberta enquanto escova seus dentes pode consumir um litro de água. Quanta água você economizaria por semana fechando a torneira?
30. Use a Internet para determinar qual destes itens tem a pegada de água maior, 100 gramas de chocolate ou uma caneca de 16 onças de cerveja. Explique a diferença.

Foco nos conceitos

31. Explique por que a água é com frequência chamada de *solvente universal*.
32. Será que existe água potável "pura"? Discuta o que está implícito nesse termo e como ele pode ter outros significados em diferentes partes do mundo.
33. Algumas vitaminas são solúveis em água, outras o são em gorduras. Você esperaria que as primeiras, as segundas ou ambas fossem moléculas polares? Explique.
34. Um novo aviso foi colocado na beira de um ponto de pesca dizendo: "Cuidado! Os peixes deste lago podem conter mais de 1,5 ppb de Hg". Explique a um amigo pescador o que significa essa unidade de concentração e por que o alerta de perigo deve ser obedecido.
35. Esta Tabela periódica contém quatro elementos identificados por números.

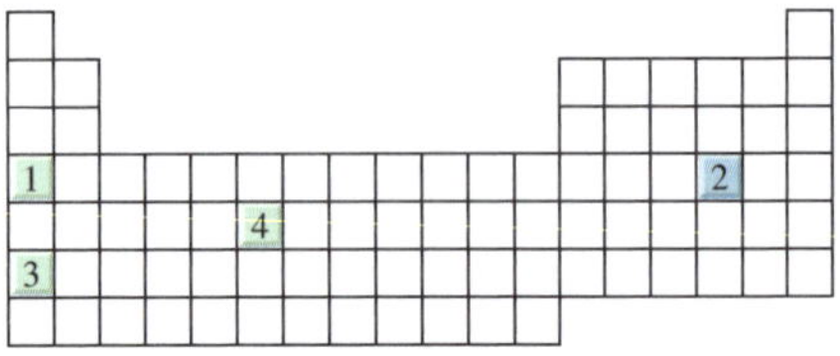

   a. Com base em tendências da Tabela Periódica, qual dos quatro elementos você esperaria que tivesse a maior eletronegatividade? Explique
   b. Com base em tendências da Tabela Periódica, ordene os outros três elementos na ordem decrescente de eletronegatividade. Explique a ordem que escolheu.
36. Uma molécula diatômica XY que contém uma ligação polar *tem* de ser polar. Entretanto, uma molécula triatômica XY_2 que contém uma ligação polar *não necessariamente* é polar. Use alguns exemplos de moléculas para ajudar a explicar essa diferença.
37. Imagine que você está no nível molecular, olhando o vapor de água que condensa.

   a. Esboce quatro moléculas de água usando uma representação de volume cheio como essa. Esboce-as no estado de gás e depois no estado líquido. Como a coleção de moléculas muda quando o vapor de água condensa a líquido?
   b. O que acontece, no nível molecular, quando a água passa de líquido a sólido?
38. Proponha uma explicação para o fato de que NH_3, como H_2O, tem um calor específico inesperadamente alto. *Sugestão*: Veja a Figura 3.12 para a estrutura de Lewis e a geometria das ligações do NH_3.
39. a. Que tipo de ligação mantém juntos os dois átomos de hidrogênio da molécula de H_2.
   b. Explique por que o termo *ligação hidrogênio não* se aplica à ligação de H_2?
40. O etanol é um álcool com a fórmula química C_2H_5OH.
   a. Desenhe a estrutura de Lewis do etanol.
   b. Um cubo de etanol sólido não flutua, mas afunda no etanol líquido. Explique esse comportamento.
41. O calor específico inesperadamente alto da água ajuda a manter a temperatura de seu corpo na faixa normal, a despeito da idade, da atividade e de fatores ambientais. Examine algumas formas de o corpo produzir e perder calor. Como essas formas ficariam diferentes se a água tivesse um calor específico baixo?
42. Objetivos sanitários para contaminantes em água potável são expressos como MCLG, ou objetivos de níveis máximos de contaminante. Os limites legais são dados como MCCL, ou níveis máximos de contaminante. Como se relacionam o MCLG e o MCL para um dado contaminante?
43. Algumas áreas têm uma quantidade maior do que a normal de THMs (tri-halogeno-metanos) na água potável. Suponha que você pretende se mudar para uma dessas áreas. Escreva uma carta para o Departamento de Água local com perguntas relevantes sobre a água potável.
44. Os bebês são altamente suscetíveis a níveis elevados de nitratos porque as bactérias de seu trato digestivo convertem o íon nitrato em nitrito, uma substância muito mais tóxica.
   a. Dê formulas químicas para os íons nitrato e nitrito.
   b. O íon nitrito pode interferir na capacidade do sangue de carregar oxigênio. Explique o papel do oxigênio na respiração. *Sugestão*: Reveja as Seções 1.1 e 3.5 para mais sobre respiração.
   c. Ferver água contendo nitrato não remove o íon. Explique.
45. A qualidade da água de um edifício de química no *campus* era continuamente monitorada porque testes indicaram que a água dos bebedouros do edifício tinham níveis

de chumbo acima do estabelecido pelo Safe Drinking Water Act.

a. Qual é a provável fonte principal do chumbo da água potável?
b. As atividades de pesquisa conduzidas no edifício de química explicam os níveis elevados de chumbo encontrados na água potável? Explique.

46. Explique por que as técnicas de dessalinização, apesar da efetividade tecnológica demonstrada, não são largamente usadas para produzir água potável.

Exercícios avançados

47. Em 2005, o Great Lakes–St. Lawrence River Basin Sustainable Water Resources Agreement preparou o terreno para a administração coordenada da água e proteção contra o uso por pessoas de fora da região.
    a. Liste os estados e províncias envolvidos nesse acordo transfronteiriço único.
    b. O que impulsou a proteção dessas águas?
48. O CO_2 líquido foi usado com sucesso por muitos anos para descafeinizar o café. Explique como e por que isso funciona.
49. Como você pode purificar sua água quando estiver fazendo suas caminhadas? Dê duas ou três possibilidades. Compare esses métodos em termos de custo e eficácia. Algum desses métodos é semelhante aos usados para purificar os suprimentos de água do município? Explique.
50. A energia das ligações hidrogênio varia de cerca de 4 a 40 kJ/mol. Sabendo que as ligações hidrogênio entre as moléculas de água estão na parte superior da faixa, como a energia da ligação hidrogênio *entre* moléculas de água se compara com uma ligação covalente H–O *de* uma molécula de água? Seus valores estão de acordo com a asserção feita na Seção 5.2 de que a energia das ligações hidrogênio é cerca de 10% da energia de ligações covalentes? *Sugestão*: Consulte a Tabela 4.4 para as energias das ligações covalentes.
51. Os níveis do mercúrio natural nas águas de superfície são usualmente inferiores a 0,5 μg/L.
    a. Nomeie três atividades humanas que adicionam Hg^{2+} ("mercúrio inorgânico") à água.
    b. O que é "mercúrio orgânico"? Essa forma química do mercúrio tende a se acumular nos tecidos gordurosos dos peixes. Explique por quê.
52. Todos nós temos o aminoácido glicina em nossos organismos. Eis sua fórmula estrutural.

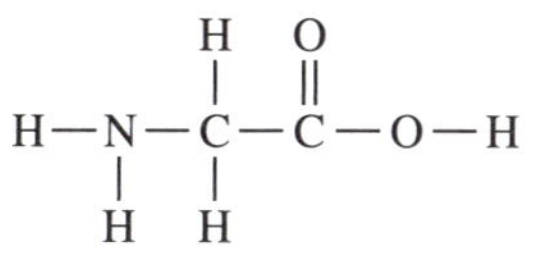

    a. A glicina é uma molécula polar ou não polar? Explique.
    b. A glicina pode exibir ligação hidrogênio? Explique.
    c. A glicina é solúvel em água? Explique.
53. A água dura contém íons Mg^{2+} e Ca^{2+}. O processo de "amolecimento" da água remove esses íons.
    a. Quão dura é a água em sua área local? Um modo de responder a isso é determinar o número de companhias especializadas em amolecimento da água de sua área. Use a Internet, anúncios nos jornais locais e as páginas amarelas para descobrir se sua área é alvo de comércio de aparelhos para amolecer a água.
    b. Se você resolver tratar sua água dura, quais são as opções?
54. Suponha que você foi encarregado de regular uma indústria de sua área que manufatura pesticidas para a agricultura. Como você decidirá se esta fábrica está obedecendo os controles ambientais necessários? Que critérios afetam o sucesso dessa fábrica?
55. Antes de a EPA americana banir sua fabricação em 1979, os PCBs eram considerados produtos químicos úteis. Que propriedades os tornavam desejáveis? Além de serem persistentes no ambiente, eles se acumulam nos tecidos gordurosos de animais. Use o conceito de eletronegatividade para mostrar por que as moléculas de PCB são não polares e, portanto, são solúveis em gordura.
56. O "Purificador de Água" PUR é um sistema de ponto de uso, isto é, só funciona no local em que está instalado (uma pia, por exemplo).
    a. Como o sistema funciona?
    b. Compare-o com o LifeStraw pessoal listando os benefícios de cada sistema.
57. Nos Estados Unidos, a EPA estabeleceu SMCLs (níveis máximos de contaminantes secundários) para substâncias na água que não afetam a saúde. Visite o site da EPA para aprender mais sobre uma dessas substâncias e prepare um resumo do que encontrou.
58. A EPA usa um processo amplo para adicionar contaminantes à sua lista de substâncias reguladas. Procure na Internet informações sobre o programa de monitoramento de contaminantes não regulados (Unregulated Contaminant Monitoring – UCM).
    a. O que é o UCM e quando ele ocorre?
    b. Qual é a importância de sua Lista de Candidatos a Contaminantes (Contaminant Candidate List – CCL) e como ela se relaciona ao princípio da precaução?
    c. Liste algumas categorias gerais de substâncias incluídas no CCL. Inclua uma substância específica da lista corrente.
59. Liste um tema recente do Dia Mundial da Água. Prepare uma apresentação resumida desse tema no formato que preferir.

Capítulo 6

Neutralização das ameaças da chuva ácida e da acidificação do oceano

"Eu digo a meu filho, vá ver os corais agora porque em breve será muito tarde."
James Orr, Laboratório de Ciências do Clima e Ambiente, França.

Fonte: New Scientist, August 5, 2006. *Ocean Acidification: the Other CO_2 Problem.*

Os recifes de coral são estruturas maciças encontradas em águas rasas de oceanos. Com frequência chamados de "a floresta tropical dos oceanos", os recifes são o hábitat de incontáveis espécies de criaturas marinhas. Ligados a um recife ou na água próxima, você pode encontrar esponjas, moluscos diversos, caranguejos, ouriços-do-mar, vermes marinhos, águas-vivas e muitas espécies de peixes. Como benefício para os humanos, os recifes protegem as linhas costeiras frágeis das poderosas ondas do oceano. Em alguns países, eles promovem, sozinhos, a indústria de turismo.

Os recifes de coral estão vivos. Com tempos de vida de centenas de milhares de anos, eles podem crescer até milhares de quilômetros de comprimento, milímetro por milímetro. Os minúsculos animais que formam o recife crescem e se desenvolvem usando nutrientes e outros compostos químicos essenciais dissolvidos na água do oceano. Por que James Orr quer que seu filho veja os corais? Colocando de modo simples, os recifes podem não existir mais amanhã. Os cientistas estimam que pelo menos um quarto dos recifes se perdeu e muito poucos estão intocados. Com o uso da energia no mundo crescendo, ocorreram mudanças de temperatura e da composição química da atmosfera. Por sua vez, nossos oceanos se alteraram. Na melhor das hipóteses, essas alterações reduzem o crescimento dos recifes de coral; na pior, eles danificam os ecossistemas estabelecidos nos recifes. Temos aqui outro exemplo da tragédia dos comuns.

Com o tempo, os recifes saudáveis reparam a si mesmos. Assim, em parte, a questão inicial é quão saudáveis os recifes estavam.

A tragédia dos comuns foi discutida no Capítulo 1.

Como você aprendeu nos capítulos anteriores, queimamos combustíveis para aproveitar sua energia. As emissões da combustão incluem dióxido de carbono, óxidos de nitrogênio e dióxido de enxofre. Esses gases, especialmente os óxidos de nitrogênio e de enxofre, são solúveis em água, incluindo a água salgada de nossos oceanos. Quando se dissolvem, produzem ácidos e, como resultado, a água fica mais ácida. Por exemplo, ao longo do tempo os oceanos absorveram 25-40% do dióxido de carbono emitido em consequência das atividades humanas. Quanto mais dióxido de carbono for emitido, mais ele se dissolverá nos oceanos. As alterações resultantes na água do mar têm efeitos significativos nos ecossistemas do oceano. Por exemplo, o aumento de acidez leva à redução da quantidade de íons carbonato disponíveis para a construção e manutenção dos recifes de coral.

A acidificação dos oceanos é um dentre vários fatores que danificam os recifes de coral. Danos físicos ocorrem nas tempestades e com o aquecimento da temperatura da água. Danos químicos ocorrem devido a resíduos jogados no mar.

As emissões da combustão dissolvem não somente nos oceanos, mas na água em geral, em qualquer parte do planeta, incluindo a chuva, a neve e a névoa em nossa atmosfera. Por exemplo, quando SO_2 e NO_x se dissolvem na água da chuva, voltam à terra na forma de chuva ácida. Assim como o aumento da acidez danifica os ecossistemas oceânicos, ele afeta também os ecossistemas de rios e lagos.

Lembre-se, do Capítulo 1, que NO_x é a notação abreviada para NO e NO_2.

No Capítulo 5, você viu as propriedades especiais da água, como ela é usada, como tende a ficar suja e como a limpamos. Neste capítulo, você aprenderá que certos compostos se dissolvem em água para produzir soluções ácidas ou básicas. No contexto correto, os ácidos e as bases são compostos extremamente úteis. Dependemos deles em muitos processos agrícolas e de manufatura. Os ácidos também dão sabor aos alimentos que comemos. Entretanto, no lugar e no momento errados, os ácidos podem ter efeito devastador. A acidificação do oceano e a chuva ácida são dois exemplos. Este capítulo conta sua história visando a ajudá-lo a entender o que está acontecendo e por quê. Ainda assim, a história não ficaria completa sem uma discussão das bases e do pH, portanto, também trataremos desses tópicos.

Lembre-se, do Capítulo 5, que a água é um composto polar. Compostos não polares como o CO_2 se dissolvem pouco em água. Em contraste, o SO_2 é um composto polar e muito solúvel.

Como as pessoas tendem a estar mais familiarizadas com os ácidos do que com as bases, começaremos por uma discussão dos ácidos e suas propriedades. Em que contextos você já encontrou ácidos? Antes de ler sobre ácidos na próxima seção, tire um tempo para fazer esta atividade.

Sua Vez 6.1 Ácidos que você já encontrou

a. Liste os nomes de três compostos ácidos.

b. Em que contexto você descobriu esses ácidos? Por exemplo, lendo a lista de ingredientes de alimentos? Em algum esporte ou outra atividade? Leu sobre eles em um artigo de jornal?

FIGURA 6.1 Frutos cítricos contêm ácido cítrico e ácido ascórbico.

6.1 O que é um ácido?

Podemos abordar os ácidos por suas propriedades observadas ou pela descrição do seu comportamento no nível molecular. Como ambos os caminhos são úteis para nossa discussão, usaremos os dois.

Historicamente, os químicos identificaram os ácidos por propriedades como o gosto azedo. Embora provar não seja uma maneira muito inteligente de identificar produtos químicos, você, sem dúvida, reconhece o gosto azedo do ácido acético do vinagre. O gosto azedo dos limões também vem dos ácidos (Figura 6.1). Os ácidos também apresentam uma mudança característica de cor com indicadores como o tornassol.

O tornassol, um corante vegetal, muda de azul para rosa em um ácido. O termo *teste do tornassol* também passou a se referir a alguma coisa que revela com rapidez o ponto de vista de um político.

Outra maneira de identificar um ácido é por suas propriedades químicas. Por exemplo, sob certas condições, os ácidos podem reagir e dissolver mármore, cascas de ovo ou conchas de criaturas marinhas. Todos esses materiais contêm o íon carbonato (CO_3^{2-}) na forma de carbonato de cálcio ou de magnésio. Um ácido reage com um carbonato para produzir dióxido de carbono. Esse gás é o "arroto" que ocorre quando tabletes de antiácidos reagem com o ácido de nosso estômago. Essa reação química também explica a dissolução dos esqueletos à base de carbonato de criaturas do mar, como o coral, em oceanos acidificados, como veremos em uma seção posterior.

No nível molecular, um **ácido** é um composto que libera íons hidrogênio, H^+, em soluções em água. Lembre-se de que um átomo de hidrogênio é eletricamente neutro e consiste em um elétron e um próton. Se o elétron é perdido, o átomo torna-se um íon de carga positiva, H^+. Como somente o próton permanece, às vezes chamamos H^+ de próton.

Você verá o termo próton novamente no Capítulo 8 (membranas trocadoras de prótons) e no Capítulo 10 (a forma protonada de moléculas de fármacos).

Por exemplo, vejamos o cloreto de hidrogênio (HCl), um composto que é um gás na temperatura normal. O cloreto de hidrogênio é composto por moléculas de HCl. Elas se dissolvem facilmente em água para produzir uma solução que chamamos de ácido clorídrico. Quando as moléculas polares do HCl se dissolvem, elas ficam rodeadas pelas moléculas polares da água. Dissolvidas, essas moléculas quebram-se e formam dois íons: $H^+(aq)$ e $Cl^-(aq)$. Esta equação representa as duas etapas da reação.

A notação (*aq*) é abreviação para "em água". Reveja as equações 5.4 e 5.5, que mostram a formação de íons quando o soluto se dissolve em água.

$$HCl(g) \xrightarrow{H_2O} HCl(aq) \longrightarrow H^+(aq) + Cl^-(aq) \qquad [6.1]$$

Poderíamos também dizer que HCl *dissocia* em H^+ e Cl^-. As moléculas de HCl entram na solução porque elas dissociam completamente. O ácido clorídrico é um ácido forte, isto é, um ácido que dissocia completamente em água.

Existe uma pequena complicação com a definição de ácidos como substâncias que liberam H^+ (prótons) em soluções em água. Por si só, H^+ é muito reativo para existir como tal. Na verdade, ele se liga a alguma outra coisa, como a moléculas de água. Quando dissolvida em água, cada molécula de HCl doa um próton (H^+) a uma molécula de H_2O, formando H_3O^+, um íon hidrônio. Eis uma representação da reação total.

Aqui está a estrutura de Lewis do íon hidrônio:

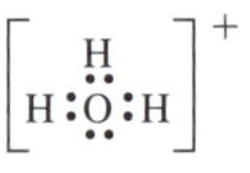

Ela obedece à regra do octeto.

$$HCl(aq) + H_2O(l) \longrightarrow H_3O^+(aq) + Cl^-(aq) \qquad [6.2]$$

A solução representada no lado do produto em ambas as equações, 6.1 e 6.2, é chamada de ácido clorídrico. Ele tem as propriedades características de um ácido devido à presença de H_3O^+. Os químicos escrevem usualmente H^+ quando se referem a ácidos (por exemplo na equação 6.1), mas sabem que isso significa H_3O^+ (íon hidrônio) em soluções em água.

Sua Vez 6.2 Soluções ácidas

Escreva uma equação química para estes ácidos fortes dissolvidos em água que mostre a liberação de um íon hidrogênio, H^+.

Sugestão: Lembre-se de incluir as cargas dos íons. A carga líquida nos dois lados da equação deve ser a mesma.

a. $HI(aq)$, ácido iodídrico
b. $HNO_3(aq)$, ácido nítrico
c. $H_2SO_4(aq)$, ácido sulfúrico

Resposta

c. $H_2SO_4(aq) \longrightarrow H^+(aq) + HSO_4^-(aq)$

Estude Isto 6.3 Todos os ácidos são perigosos?

Embora a palavra ácido possa evocar todo tipo de ideias em sua cabeça, você come ou bebe vários ácidos todos os dias. Observe os rótulos das comidas e bebidas e faça uma lista dos ácidos que encontrar. Especule sobre a utilidade de cada um.

O cloreto de hidrogênio é um de vários gases que, ao se dissolver em água, produz uma solução ácida. O dióxido de enxofre e o dióxido de nitrogênio também o fazem. Esses dois gases são emitidos na queima de certos combustíveis (particularmente carvão) para produzir calor e eletricidade. Como mencionamos na introdução deste capítulo, SO_2 e NO_2 se dissolvem em chuva e névoa. Quando isso acontece, eles formam ácidos que caem de volta à superfície da Terra na forma de chuva ou neve. O aumento da acidez da água da Terra devido a emissões antropogênicas é o foco principal deste capítulo.

Contudo, antes de nos aprofundarmos na acidez da chuva provocada pelos óxidos de nitrogênio e o dióxido de enxofre, vamos focalizar o dióxido de carbono. Em uma concentração de cerca de 400 ppm na atmosfera em 2013, e subindo, o dióxido de carbono está em concentração bem mais alta do que o dióxido de enxofre ou o dióxido de nitrogênio. Assim como a solubilidade dos sólidos em água varia, o mesmo acontece com os gases. Em comparação com compostos mais polares, como o SO_2 e o NO_2, o dióxido de carbono é muito menos solúvel em água. Mesmo assim, ele se dissolve o suficiente para produzir um solução ácida fraca.

Volte ao Capítulo 5 para rever a solubilidade. Em geral, "semelhante dissolve semelhante".

Neste ponto, você, como um Químico Cético que é, deveria estar levantando uma questão importante. Se um ácido é definido como uma substância que libera íons hidrogênio em água, como pode o dióxido de carbono agir como um ácido? Não há átomos de hidrogênio no dióxido de carbono! A explicação é que, quando o CO_2 se dissolve em água, produz ácido carbônico, $H_2CO_3(aq)$. Eis um modo de representar o processo.

$$CO_2(g) \xrightarrow{H_2O} CO_2(aq) \qquad \textbf{[6.3a]}$$

$$CO_2(aq) + H_2O(l) \longrightarrow H_2CO_3(aq) \qquad \textbf{[6.3b]}$$

O ácido carbônico dissocia para produzir H^+ e o íon hidrogenocarbonato.

$$H_2CO_3(aq) \longrightarrow H^+(aq) + HCO_3^-(aq) \qquad \textbf{[6.3c]}$$

Essa reação só ocorre até um certo ponto, produzindo somente pequenas quantidades de H^+ e HCO_3^-. Por isso, dizemos que o ácido carbônico é um **ácido fraco**, isto é, um ácido que dissocia pouco em água.

Embora o dióxido de carbono seja ligeiramente solúvel em água, e só uma pequena parte do ácido carbônico dissolvido dissocia para produzir H^+, essas reações estão acontecendo em grande escala no planeta. O dióxido de carbono pode se dissolver em água na troposfera (formando ácidos que podem cair como chuva ácida) ou nos oceanos, lagos e rios do planeta. Voltaremos a esse tópico após apresentarmos as bases.

6.2 O que é uma base?

Nenhuma discussão de ácidos seria completa sem a discussão de sua contraparte – as bases. Para nossos propósitos, uma **base** é um composto que libera íons hidróxido, OH^-, em água. As soluções de bases em água têm suas propriedades características atribuídas à presença de $OH^-(aq)$. Ao contrário dos ácidos, as bases têm, em geral, gosto amargo e não dão um aroma agradável aos alimentos. As soluções de bases em água têm um toque pegajoso de sabão. Exemplos comuns de bases incluem a amônia doméstica (uma solução de NH_3 em água), e NaOH em água, uma solução algumas vezes chamada de lixívia. As precauções a serem tomadas na limpeza de fornos (Figura 6.2) incluem a advertência de que a lixívia pode danificar seriamente os olhos, a pele e as roupas.

As bases diluídas têm um toque pegajoso porque as bases podem reagir com os óleos da pele e produzir pequenas quantidades de sabão.

Muitas bases comuns são compostos que produzem o íon hidróxido. Por exemplo, o hidróxido de sódio (NaOH), um composto iônico, dissolve-se em água para produzir íons sódio (Na^+) e íons hidróxido (OH^-).

$$NaOH(s) \xrightarrow{H_2O} Na^+(aq) + OH^-(aq) \qquad \textbf{[6.4]}$$

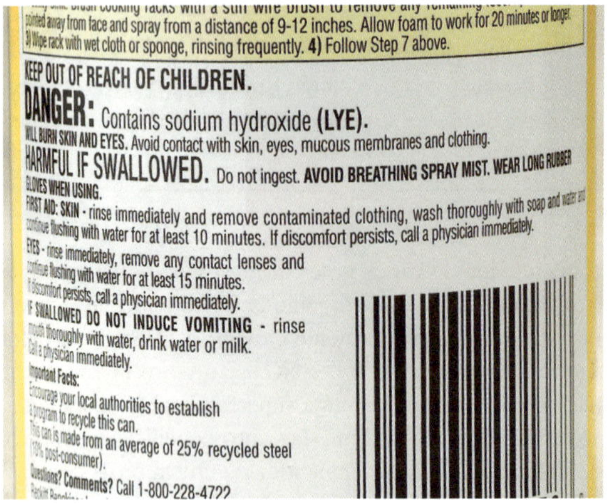

FIGURA 6.2 Produtos de limpeza de fornos domésticos podem conter NaOH, comumente chamado de lixívia (em inglês, *lye*).

Embora o hidróxido de sódio seja muito solúvel em água, muitos compostos que formam íons hidróxido não o são. A Tabela 5.9 sistematiza as tendências de solubilidade de compostos que contêm tipos específicos de ânions. As bases que dissociam completamente em água, como NaOH, são chamadas de **bases fortes**.

Sua Vez 6.4 Soluções básicas

Estes sólidos dissolvem em água e liberam íons hidróxido. Escreva uma equação química balanceada para eles.

a. KOH(*s*), hidróxido de potássio
b. LiOH(*s*), hidróxido de lítio
c. $Ca(OH)_2(s)$, hidróxido de cálcio. *Nota:* O hidróxido de cálcio é uma base fraca. A reação que você vai escrever só ocorre em pequena extensão.

Em algumas aplicações industriais, a amônia substitui os HCFCs como gás refrigerante. É preciso muito cuidado para evitar a exposição dos trabalhadores à amônia, porque o gás pode se dissolver nos tecidos dos pulmões e ferir ou até mesmo matar.

O íon amônio, NH_4^+, é um análogo do íon hidrônio, H_3O^+, no sentido de que eles se formaram pela adição de um próton (H^+) a um composto neutro.

Algumas bases, porém, não contêm o íon hidróxido, OH^-, mas reagem com água para formá-lo. Um exemplo é a amônia, um gás com um odor penetrante característico. Ao contrário do dióxido de carbono, a amônia é muito solúvel em água. Ela dissolve facilmente em água para formar uma solução.

$$NH_3(g) \xrightarrow{H_2O} NH_3(aq) \qquad \textbf{[6.5a]}$$

Em uma estante de supermercado, você poderá encontrar uma solução de amônia a 5% (em massa) em água, chamada de "amônia doméstica". Esse agente de limpeza tem odor desagradável, se ele cair em sua pele, lave-a imediatamente com muita água.

O comportamento químico da amônia em água é difícil de simplificar, mas faremos o melhor possível para representá-lo por uma equação química. Quando uma molécula de amônia reage com uma de água, esta última transfere H^+ para o NH_3. Forma-se um íon amônio, $NH_4^+(aq)$, e um íon hidróxido, $OH^-(aq)$. Essa reação, entretanto, só ocorre em pequena extensão, isto é, só uma pequena quantidade de $OH^-(aq)$ se forma.

$$NH_3(aq) + H_2O(l) \xrightarrow{\text{só muito pouco nesta direção}} NH_4^+(aq) + OH^-(aq) \qquad \textbf{[6.5b]}$$

A fonte do íon hidróxido na amônia doméstica deve ser agora aparente. Quando amônia se dissolve em água, libera pequenas quantidades de íon hidróxido e íon amônio. A amônia em água é um exemplo de **base fraca**, uma base que dissocia em pequena extensão em água.

Para mostrar que a amônia em água é uma base, algumas pessoas usam a representação $NH_4OH(aq)$. Se você somar os átomos e as cargas, verá que $NH_4OH(aq)$ é equivalente ao lado esquerdo da equação 6.5b. É pouco provável, porém, que essa espécie exista em uma solução de amônia em água.

6.3 Neutralização: bases são antiácidos

Ácidos e bases reagem uns com os outros – com frequência muito rapidamente. Isso não acontece somente nos tubos de ensaio de laboratório, mas também em sua casa e em quase todos os nichos ecológicos do planeta. Por exemplo, se você põe suco de limão em um peixe, uma reação ácido-base ocorre. Os ácidos do limão neutralizam os compostos semelhantes à amônia responsáveis pelo "cheiro de peixe". De modo semelhante, se o fertilizante à base de amônia entra em contato com as emissões ácidas de uma termoelétrica vizinha, um reação ácido-base também ocorre.

Vamos examinar inicialmente a reação ácido-base de soluções de ácido clorídrico e de hidróxido de sódio. Quando os dois se misturam, os produtos são cloreto de sódio e água.

Lembre-se, da Seção 5.8, que NaCl é um composto iônico que se dissolve em água para formar $Na^+(aq)$ e $Cl^-(aq)$.

$$HCl(aq) + NaOH(aq) \longrightarrow NaCl(aq) + H_2O(l) \qquad [6.6]$$

Esse é um exemplo de uma **reação de neutralização**, uma reação química em que os íons hidrogênio de um ácido combinam-se com os íons hidróxi de uma base para formar moléculas de água. A formação de água pode ser representada assim.

$$H^+(aq) + OH^-(aq) \longrightarrow H_2O(l) \qquad [6.7]$$

E os íons sódio e cloreto? Lembre-se das equações 6.1 e 6.4, em que $HCl(g)$ e $NaOH(s)$, dissolvidos em água, dissociam completamente em íons. Podemos reescrever a equação 6.6 para mostrar isso.

$$H^+(aq) + Cl^-(aq) + Na^+(aq) + OH^-(aq) \longrightarrow Na^+(aq) + Cl^-(aq) + H_2O(l) \qquad [6.8]$$

Nem $Na^+(aq)$ nem $Cl^-(aq)$ participam da reação de neutralização. Eles não se alteram. O cancelamento desses íons em ambos os lados nos dá, novamente, a equação 6.7, que resume as mudanças químicas que ocorrem em uma reação ácido-base de neutralização.

Sua Vez 6.5 Reações de neutralização

Escreva, para cada par ácido-base, uma reação de neutralização balanceada. Depois, reescreva a reação na forma iônica e elimine os íons comuns a ambos os lados. Qual é a importância da etapa final simplificada em cada caso?

a. $HNO_3(aq)$ e $KOH(aq)$
b. $HCl(aq)$ e $NH_4OH(aq)$
c. $HBr(aq)$ e $Ba(OH)_2(aq)$

Resposta

c. $2\ HBr(aq) + Ba(OH)_2(aq) \longrightarrow BaBr_2(aq) + 2\ H_2O(l)$

$2\ H^+(aq) + \cancel{2\ Br^-(aq)} + \cancel{Ba^{2+}(aq)} + 2\ OH^-(aq) \longrightarrow \cancel{Ba^{2+}(aq)} + \cancel{2\ Br^-(aq)} + 2\ H_2O(l)$

$2\ H^+(aq) + 2\ OH^-(aq) \longrightarrow 2\ H_2O(l)$

Divida por 2 para simplificar esta última equação.

$$H^+(aq) + OH^-(aq) \longrightarrow H_2O(l)$$

Em cada caso, a etapa final sumaria a reação, isto é, mostra que o íon hidrogênio do ácido e o íon hidróxido da base reagem um com o outro para formar água.

Uma **solução neutra** não é ácida nem básica, isto é, tem concentrações iguais de H^+ e OH^-. A água pura é uma solução neutra. Algumas soluções de sais, como a formada na dissolução de NaCl sólido em água, também são neutras. Em contraste, as soluções ácidas contêm uma concentração maior de H^+ do que de OH^-, e as soluções básicas, uma concentração maior de OH^- do que de H^+.

Não existe algo como água "pura". Lembre-se, do Capítulo 5, de que a água sempre contém impurezas.

Pode parecer estranho que soluções ácidas e básicas contenham os íons hidróxido *e* os íons hidrogênio. Contudo, quando a água está envolvida, não é possível ter H^+ sem OH^- (ou vice-versa). Uma relação simples, útil e muito importante existe entre a concentração dos íons hidrogênio e hidróxido em qualquer solução em água.

O produto $[H^+][OH^-]$ depende da temperatura. O valor 1×10^{-14} é válido em 25°C.

$$[H^+][OH^-] = 1 \times 10^{-14} \quad \textbf{[6.9]}$$

Os colchetes indicam que as concentrações estão em molaridade, e lê-se $[H^+]$ como "concentração do íon hidrogênio". O produto da multiplicação de $[H^+]$ por $[OH^-]$ é constante e tem o valor 1×10^{-14}, como se vê na equação matemática 6.9. Isso mostra que as concentrações de H^+ e OH^- dependem uma da outra. Quando $[H^+]$ aumenta, $[OH^-]$ diminui e vice-versa. Os dois íons estão sempre presentes nas soluções em água.

Se conhecemos a concentração de H^+, podemos usar a equação 6.9 para calcular a concentração de OH^- (ou vice-versa). Por exemplo, se uma amostra de chuva tem concentração de H^+ igual a 1×10^{-5} M, podemos calcular a concentração de OH^- substituindo H^+ por 1×10^{-5} M na equação 6.9.

$$(1 \times 10^{-5}) \times [OH^-] = 1 \times 10^{-14}$$

$$[OH^-] = \frac{1 \times 10^{-14}}{1 \times 10^{-5}}$$

$$[OH^-] = 1 \times 10^{-9}$$

Como a concentração do íon hidróxido (1×10^{-9} M) é menor do que a concentração do íon hidrogênio (1×10^{-5} M), a solução é ácida.

Por definição, o produto das duas concentrações não tem unidades.

Em água pura ou em soluções neutras, as concentrações dos íons hidrogênio e hidróxido são iguais a 1×10^{-7} M. Substituindo na equação matemática 6.9, podemos ver que $[H^+][OH^-] = (1 \times 10^{-7})(1 \times 10^{-7}) = 1 \times 10^{-14}$.

solução ácida
$[H^+] > [OH^-]$

solução neutra
$[H^+] = [OH^-]$

solução básica
$[H^+] < [OH^-]$

Sua Vez 6.6 Soluções ácidas e básicas

Para as partes **a** e **c**, calcule $[OH^-]$. Para **b**, calcule $[H^+]$. Classifique as soluções como ácidas, neutras ou básicas.

a. $[H^+] = 1 \times 10^{-4}$ M **b.** $[OH^-] = 1 \times 10^{-6}$ M **c.** $[H^+] = 1 \times 10^{-10}$ M

Resposta

a. $[H^+][OH^-] = 1 \times 10^{-14}$. Resolvendo, $[OH^-] = 1 \times 10^{-10}$ M. A solução é ácida porque $[H^+] > [OH^-]$.

Sua Vez 6.7 Íons em soluções ácidas e básicas

Essas soluções representam ácidos fortes ou bases fortes. Classifique-as como ácidas ou básicas. Liste todos íons presentes na ordem decrescente das quantidades relativas em cada solução.

a. $KOH(aq)$ **b.** $HNO_3(aq)$ **c.** $H_2SO_4(aq)$ **d.** $Ca(OH)_2(aq)$

Resposta

d. Quando o hidróxido de cálcio dissocia, dois íons hidróxido são liberados por cada íon cálcio. A solução básica contém muito mais OH^- do que H^+.

$$OH^-(aq) > Ca^{2+}(aq) > H^+(aq)$$

Como podemos saber se a acidez da água do mar ou da chuva deve nos preocupar? Para poder julgar, precisamos de um método conveniente que determine a acidez ou a basicidade de uma solução. A escala de pH é do que precisamos, porque ela relaciona a acidez de uma solução à sua concentração de H^+.

6.4 Introdução ao pH

Talvez o termo *pH* já lhe seja familiar. Por exemplo, kits de teste para solos e para a água de aquários e piscinas dão a acidez em termos de pH. Desodorantes e xampus anunciam que têm o pH balanceado (Figura 6.3). E, é claro, notícias sobre a chuva ácida referem-se ao pH. A notação pH é sempre escrita com um p minúsculo e um H maiúsculo e significa "força de hidrogênio". Para simplificar, o **pH** é um número, usualmente entre 0 e 14, que indica a acidez (ou a basicidade) de uma solução.

FIGURA 6.3 Este xampu adverte que tem o "pH balanceado", isto é, ajustado para estar perto da neutralidade. Os sabões tendem a ser básicos, o que pode ser irritante para a pele.

Sendo o ponto médio da escala, o pH 7 separa as soluções ácidas das soluções básicas. As que têm pH menor do que 7 são ácidas e as que têm pH maior do que 7 são básicas (alcalinas). As soluções que têm pH 7 (como a água pura) têm concentrações iguais de H^+ e OH^- e são neutras.

A Figura 6.4 lista os pH de substâncias comuns. Você deve estar surpreso em saber que come e bebe tantos ácidos. Os ácidos ocorrem naturalmente nos alimentos e contribuem para os diferentes sabores. Por exemplo, o sabor picante das maçãs McIntosh* vem do ácido málico. O iogurte deve seu sabor azedo ao ácido láctico, e os refrigerantes tipo cola contêm vários ácidos, inclusive ácido fosfórico. Os tomates são bem conhecidos por sua acidez, mas com um pH de cerca de 4,5 são, na verdade, menos ácidos do que muitos outros frutos.

O uso do papel indicador universal é um modo rápido de estimar o pH de uma solução. Para resultados mais acurados, usam-se peagômetros.

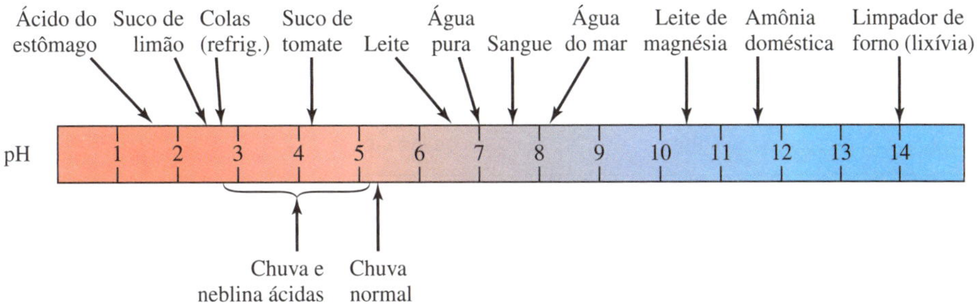

FIGURA 6.4 Substâncias comuns e seus pHs.

No caso de soluções muito ácidas ou muito básicas, o pH pode estar fora da faixa de 0 a 14.

Estude Isto 6.8 Acidez dos alimentos

a. Coloque suco de tomate, suco de limão, leite, refrigerantes de cola e água pura na ordem crescente de acidez. Compare sua ordem com a da Figura 6.4.

b. Escolha outros cinco alimentos e faça uma lista semelhante. Procure na Internet seus valores reais de pH.

A água do planeta é ácida, básica ou neutra? Esperaríamos que o pH fosse 7,0, mas a Figura 6.4 mostra que o pH da água depende de sua origem. A chuva "normal" é ligeiramente ácida, com o pH entre 5 e 6. Ainda que o ácido formado na dissolução do dióxido de carbono seja um ácido fraco, forma-se H^+ suficiente para baixar o pH da chuva. A água do mar é ligeiramente básica, com o pH aproximadamente igual a 8,2.

Como você imaginou, os valores de pH relacionam-se à concentração do íon hidrogênio. Se $[H^+] = 1 \times 10^{-3}$ M, então o pH é 3. De modo semelhante, se $[H^+] = 1 \times 10^{-9}$ M, então o pH é 9.

A relação matemática é

$pH = -\log[H^+]$

Mais informações podem ser obtidas no Apêndice 3.

A equação 6.9 mostra que a concentração do íon hidrogênio multiplicada pela concentração do íon hidróxido é uma constante, 1×10^{-14}. Quando a concentração de H^+ é alta (e o pH é baixo), a concentração de OH^- é baixa. Do mesmo modo, quando o pH sobe acima de 7,0, a concentração

*N. de T.: As maçãs McIntosh são típicas do leste do Canadá e da Nova Inglaterra. São também cultivadas no Leste Europeu.

dos íons hidrogênio diminui, e a concentração dos íons hidróxido aumenta. Quando o pH *diminui*, a acidez *aumenta*. Por exemplo, uma amostra de água com pH 5,0 é 10 vezes *menos* ácida do que uma com pH 4,0. Isso ocorre porque o pH 4 significa que $[H^+]$ é 0,0001 M. Em contraste, uma solução com pH 5 é mais diluída, com $[H^+] = 0{,}00001$ M. Esta segunda solução é *menos* ácida, com a concentração do íon hidrogênio sendo apenas 1/10 da concentração da solução de pH 4. A Figura 6.5 mostra a relação entre pH e a concentração do íon hidrogênio.

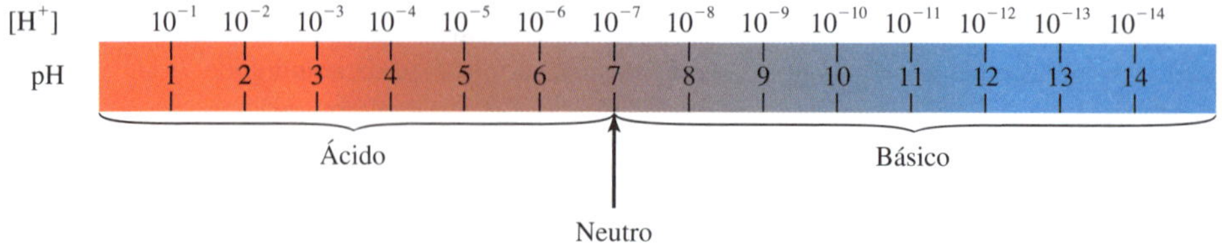

FIGURA 6.5 Relação entre o pH e a concentração de H^+ em mols por litro (M). Quando o pH aumenta, $[H^+]$ diminui.

Sua Vez 6.9 Pequenas mudanças, grandes efeitos

Compare os pares de amostras abaixo. Em cada um deles, qual é o mais ácido? Dê a diferença relativa das concentrações de íons hidrogênio entre os dois valores de pH.

a. Amostra de chuva, pH = 5, e amostra de água de lago, pH = 4.
b. Amostra de água do oceano, pH = 8,3, e amostra de água da torneira, pH = 5,3.
c. Amostra de suco de tomate, pH = 4,5, e amostra de leite, pH = 6,5.

Resposta

c. Embora a diferença dos pH seja somente 2, a amostra de suco de tomate é 100 vezes mais ácida do que a amostra de leite e (para um mesmo volume) possui 100 vezes mais H^+.

Estude Isto 6.10 Consta em ata

Está na ata que um deputado do Meio-Oeste norte-americano fez um discurso apaixonado em que propunha que a política ambiental do estado deveria ser a de igualar o pH da chuva a zero. Suponha que você é um assessor deste deputado. Escreva um memorando cuidadoso para salvá-lo de embaraços públicos futuros.

6.5 Acidificação dos oceanos

A água do oceano pode variar em ± 0,3 unidades de pH, dependendo da latitude e da região.

Como pode a água do mar ser básica quando a chuva é naturalmente ácida? Esse é claramente o caso, como se vê na Figura 6.4. A água dos oceanos contém pequenas quantidades de três espécies químicas que têm um papel na manutenção do pH do oceano em aproximadamente 8,2. Tais espécies – o íon carbonato, o íon bicarbonato e o ácido carbônico – também interagem entre si. Elas vêm do dióxido de carbono dissolvido (equações 6.3a, b e c). Essas mesmas espécies também ajudam a manter seu sangue no pH de cerca de 7,4.

Mostramos só uma forma de ressonância do íon bicarbonato e do íon carbonato. Para mais sobre ressonância, veja a Seção 2.3.

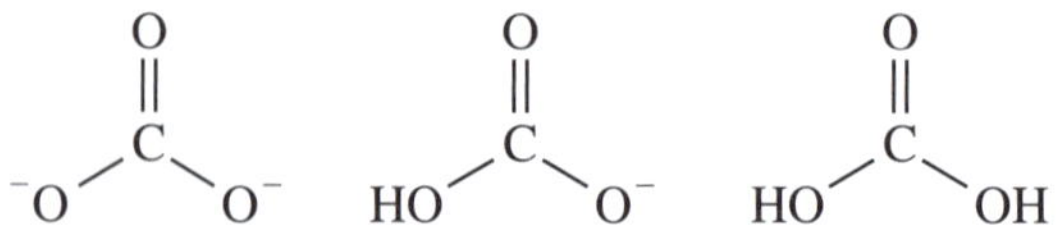

íon carbonato CO_3^{2-} | íon bicarbonato HCO_3^- | ácido carbônico H_2CO_3

Muitos organismos, como moluscos, ouriços-do-mar e corais, têm ligações com essa química do oceano porque eles usam carbonato de cálcio, $CaCO_3$, para construir suas conchas. Alterações na quantidade de uma espécie química no oceano (como o ácido carbônico) podem afetar a concentração das demais e, com isso, a vida marinha.

A atividade industrial humana aumentou rapidamente nos últimos 200 anos a quantidade de dióxido de carbono liberada na atmosfera. A consequência é que mais dióxido de carbono está se dissolvendo no oceano e formando ácido carbônico. Por outro lado, o pH da água do mar caiu cerca de 0,1 unidade desde o começo dos anos 1800. Isso pode parecer um número pequeno. Lembre, porém, que cada unidade de pH corresponde a uma diferença de 10 vezes a concentração de H^+. A redução de 0,1 unidade de pH corresponde a um aumento de 26% da quantidade de H^+ na água do mar. A redução do pH do oceano devido ao aumento do dióxido de carbono da atmosfera é chamada de **acidificação dos oceanos**.

Lembre-se (Seção 3.2) de que, em décadas recentes, a concentração de CO_2 da atmosfera subiu regularmente algumas partes por milhão a cada ano.

Como pode uma variação aparentemente tão pequena do pH ser um perigo para os organismos marinhos? Parte da resposta está nas interações químicas entre $CO_3^{2-}(aq)$, $HCO_3^-(aq)$ e $H_2CO_3(aq)$. O H^+ produzido pela dissociação do ácido carbônico reage com o íon carbonato na água do mar para formar o íon bicarbonato.

$$H^+(aq) + CO_3^{2-}(aq) \longrightarrow HCO_3^-(aq) \qquad \textbf{[6.10]}$$

O resultado é a redução da concentração do íon carbonato na água do mar. O carbonato de cálcio das conchas das criaturas marinhas começa a se dissolver em resposta à decrescente concentração de íons carbonato na água do mar.

$$CaCO_3(s) \xrightarrow{H_2O} Ca^{2+}(aq) + CO_3^{2-}(aq) \qquad \textbf{[6.11]}$$

A interação do ácido carbônico, do íon bicarbonato e do íon carbonato está esquematizada na Figura 6.6. Quando o dióxido de carbono se dissolve na água do mar, forma ácido carbônico, que, por sua vez dissocia para produzir mais acidez na forma química de H^+. O H^+ reage com o íon carbonato, reduzindo sua quantidade e produzindo mais íon bicarbonato. O carbonato de cálcio, então, dissolve-se para repor o carbonato perdido.

Os oceanólogos preveem que, nos próximos 40 anos, a concentração de íon carbonato chegará a um nível suficientemente baixo para que as conchas das criaturas marinhas perto da superfície do oceano comecem a se dissolver. Na verdade, um estudo mostrou que o Great Barrier Reef, na costa da Austrália, já está crescendo a velocidades cada vez mais lentas. Entretanto, outros fatores poderiam estar atuando. Por exemplo, o aquecimento do oceano também contribui para a má saúde dos recifes de coral. É possível estudar os anéis de crescimento em uma fatia de coral, como se faz com as árvores (Figura 6.7).

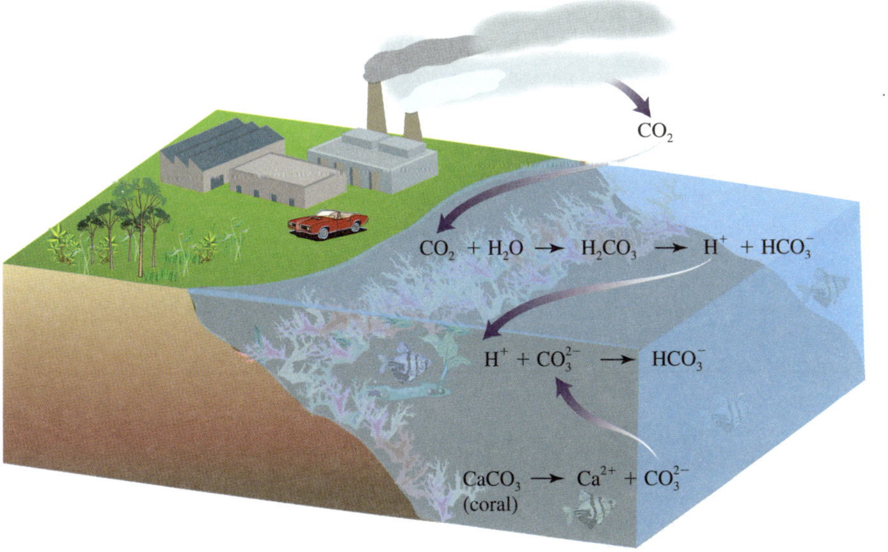

FIGURA 6.6 Química do CO_2 no oceano.

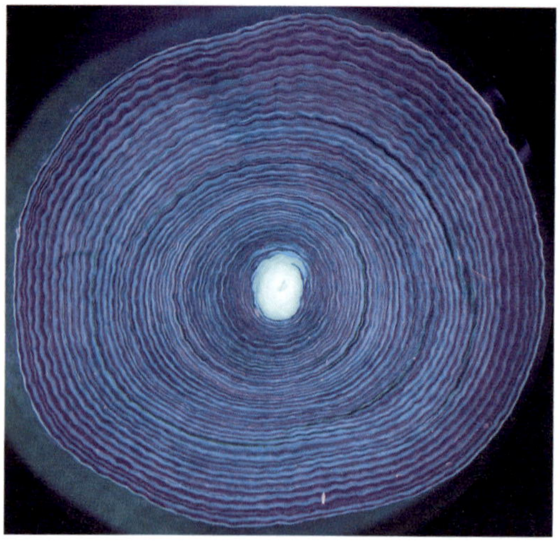

FIGURA 6.7 Uma fatia fina de coral. Iluminação especial mostra os anéis de crescimento anual. Um estudo recente mostrou que alguns corais sofreram uma redução dramática de sua velocidade de crescimento nos últimos 20 anos.

Até agora, somente um pequeno grupo de pesquisadores tem se dedicado aos efeitos da redução da espessura das conchas das criaturas marinhas. Entretanto, efeitos negativos em ecossistemas inteiros foram projetados. Por exemplo, recifes de coral mais fracos (ou perdidos) poderiam deixar de proteger as áreas costeiras de ondas oceânicas agressivas. Os recifes de coral também abrigam espécies de peixes, e danos ocasionariam perda de vida marinha. Finalmente, o enfraquecimento dos recifes faria com que ficassem mais suscetíveis a danos causados por tempestades e predadores.

Será que o oceano pode se curar? Embora não saibamos a resposta ao certo, podemos especular a partir do que sabemos de eventos do passado. Quando mudanças de pH do oceano ocorreram ao longo de um longo período de tempo, o oceano foi capaz de compensar. Isso acontece porque grandes quantidades de sedimentos contêm quantidades maciças de carbonato de cálcio, principalmente das conchas de criaturas marinhas há muito mortas. Em longos períodos de tempo, esses sedimentos dissolvem para repor o carbonato perdido na reação com o excesso de H^+. As mudanças recentes do pH dos oceanos, porém, aconteceram muito rapidamente na escala de tempo geológico. Em apenas 200 anos, o pH dos oceanos caiu a um nível nunca visto nos últimos 400 milhões de anos. Como a acidificação está ocorrendo em um tempo relativamente curto e na água próxima da superfície, a reserva de sedimentos não teve tempo de dissolver e neutralizar os efeitos do aumento da acidez.

Ainda que a quantidade de dióxido de carbono na atmosfera fosse imediatamente estabilizada, os oceanos levariam milhares de anos para retornar ao pH medido nos tempos pré-industriais. Os recifes de coral demorariam ainda mais tempo para se regenerar e qualquer espécie extinta, é claro, não voltaria.

Estude Isto 6.11 Resposta internacional à acidificação dos oceanos

Em 2008, um grupo de cientistas reuniu-se em Mônaco para aumentar o nível de conscientização sobre a acidificação dos oceanos. Eles produziram a Declaração de Mônaco, pedindo aos países do mundo que revertam as emissões de dióxido de carbono até 2020. Será que reuniões mais recentes entre cientistas e negociadores levaram a uma política global para tratar da acidificação dos oceanos? Faça sua pesquisa e resuma o que encontrou.

6.6 Os desafios de medir o pH da chuva

Nosso planeta é úmido, como vimos no Capítulo 5. O dióxido de carbono não só pode se dissolver no oceano, mas também na chuva e na água fresca em toda parte. O resultado é o mesmo –

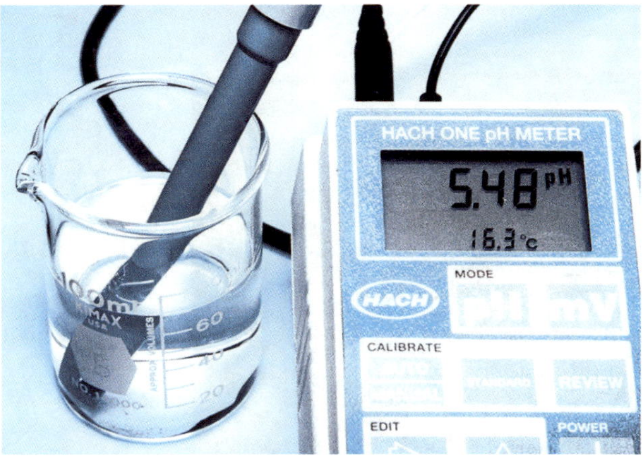

FIGURA 6.8 Um peagômetro com mostrador digital.

quando o CO_2 se dissolve, o pH cai ligeiramente devido à formação de ácido carbônico. No caso da chuva, o pH resultante está entre 5 e 6. De vez em quando, o pH da chuva pode ficar ainda mais baixo do que isso. Chamamos esse tipo de precipitação de **chuva ácida**, isto é, chuva com o pH abaixo de 5.

Quais são os níveis de acidez da chuva sobre os Estados Unidos continentais, Alaska, Havaí e Porto Rico? Para medir os níveis de acidez em qualquer lugar do mundo, precisamos de um instrumento analítico, o peagômetro. Existem muitos tipos de peagômetros. O peagômetro que provavelmente você encontrará tem uma sonda especial encapsulada em uma membrana sensível ao H^+. Quando a sonda é imersa em uma amostra, a diferença de concentração de H^+ entre a solução e a sonda cria uma voltagem através da membrana. O aparelho mede essa voltagem e a converte em pH (Figura 6.8).

A Seção 8.5 descreve como as células a combustível hidrogênio também criam uma voltagem através de uma membrana.

Embora seja muito simples medir o pH de uma amostra de chuva, alguns procedimentos são necessários para garantir resultados acurados. Por exemplo, o eletrodo do peagômetro precisa ser cuidadosamente calibrado. Outro desafio é coletar e medir amostras de chuva sem contaminá-las. Os vasos coletores devem estar extremamente limpos e livres dos minerais da água usada para lavá-los. Quando o vaso coletor é colocado em seu lugar, ele deve ficar em posição suficientemente alta para prevenir a contaminação por respingos do solo ou de objetos vizinhos. Mesmo em posição elevada, pode ocorrer ainda contaminação pelo pólen de plantas próximas, insetos, excrementos de pássaros, folhas, poeira ou até mesmo cinzas de uma fogueira.

Um modo de reduzir a contaminação é cobrir o vaso de coleta de chuva com uma tampa e um sensor de umidade que a abra quando começa a chover. É assim que amostras são obtidas nos aproximadamente 250 pontos de coleta do National Atmospheric Deposition Program/National Trends Network (NADP/NTN). A Figura 6.9a mostra o sensor e dois coletores em uma estação de monitoramento do NADP/NTN em Illinois, que está em operação há mais de 30 anos. Um coletor é para deposição a seco (aberto quando não está chovendo) e o outro está coberto. Um sensor abre esse coletor quando chove (e fecha o outro).

Decidir onde localizar os pontos de coleta também é um desafio. Devido a problemas de orçamento, os pontos de teste não podem ser tão numerosos como os pesquisadores gostariam. As vantagens relativas de dispersar os pontos de coleta contra colocar vários deles uns próximos aos outros em um ecossistema especial (como um parque nacional) devem ser avaliadas. No momento, existem mais pontos de coleta no leste dos Estados Unidos porque lá, historicamente, os níveis de acidez são mais altos devido, em grande parte, a termoelétricas a carvão.

Amostras de chuvas são coletadas rotineiramente nos Estados Unidos e Canadá desde o começo dos anos 1970. Desde 1978, o NADP/NTN coletou mais de 250.000 amostras, analisando-as para o pH e para estes íons: SO_4^{2-}, NO_3^-, Cl^-, NH_4^+, Ca^{2+}, Mg^{2+}, K^+ e Na^+. A Figura 6.9b mostra os cinco pontos ativos do NADP/NTN no Estado de Illinois. Para descobrir quantos pontos tem o seu estado, complete Estude Isto 6.12.

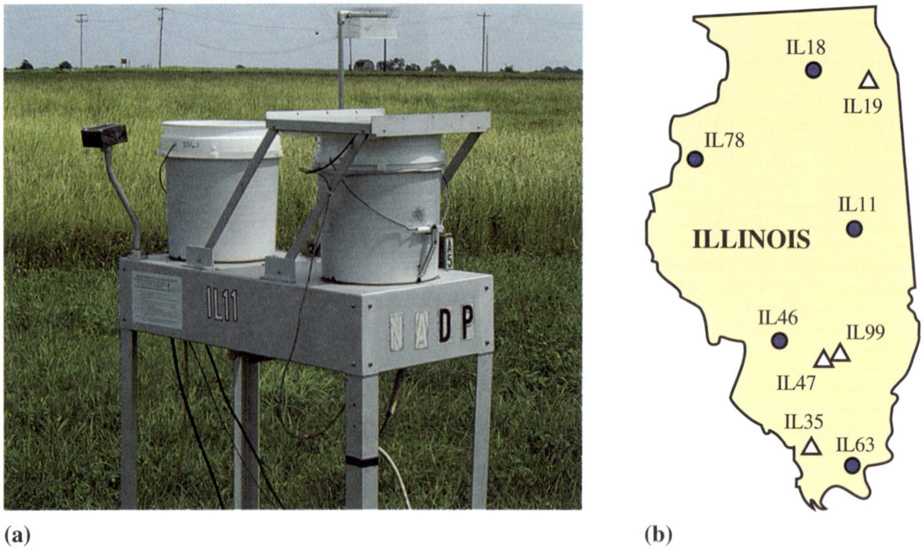

FIGURA 6.9 **(a)** A estação de monitoramento de Bondville, no centro de Illinois (IL11) está em operação desde 1979. O sensor de umidade, preto, ligado à esquerda da mesa controla que coletor está aberto. Não está chovendo, e o coletor para deposição úmida, à direita, está fechado. **(b)** Os cinco pontos ativos de coleta de chuva do NTN em Illinois, inclusive o IL11 em Bondville. Os pontos marcados com triângulos estão inativos.

Fonte: National Atmospheric Deposition Program, 2009. NADP Program Office, Illinois State Water Survey.

Estude Isto 6.12 A chuva no Maine ... no Oregon ou na Flórida

Graças ao NADP/NTN, quase todos os estados americanos além de Porto Rico e as Ilhas Virgens, têm um ou mais pontos de monitoramento das precipitações.

a. Na Figura 6.9a, indique as precauções que você identifica para preservar a integridade das amostras de chuva.
b. Selecione um estado dos EUA e descubra quantos pontos de monitoramento há nele.
c. Você acha que o número e a posição dos pontos de coleta nesse estado representam razoavelmente a deposição ácida?
d. Encontre um ponto de coleta nesse estado (ou em um estado vizinho) que forneça uma fotografia em tempo real. Compare a fotografia com a Figura 6.9a. Que outras maneiras de minimizar a contaminação (como uma cerca ou sinalização) você pode localizar, se houver?

Resposta
a. Os vasos de coleta estão localizados bem acima do chão. Um deles tem uma tampa que abre quando chove, e a grama da área em torno do ponto de coleta foi aparada. A locação também está distante de pessoas e estradas.

A cada semana, os pesquisadores do Central Analytical Laboratory, em Champaign, Illinois, recebem centenas de amostras de chuva. As fotografias da Figura 6.10 indicam o tamanho da operação. À esquerda estão os vasos de coleta de amostra, esperando para serem limpos antes de serem enviados de volta aos pontos de coleta. A foto do centro mostra um conjunto de amostras de chuva esperando para serem analisadas, cada uma delas marcada com um código alfanumérico. Uma pequena porção de cada amostra é separada após a análise e guardada sob refrigeração. A foto da direita mostra Chris Lehmann, diretor do laboratório, em pé, dentro de uma sala refrigerada onde as amostras são arquivadas.

A cada ano, pesquisadores do Central Analytical Laboratory usam os dados analíticos para construir mapas como o da Figura 6.11. Esses mapas mostram que toda chuva é ligeiramente ácida.

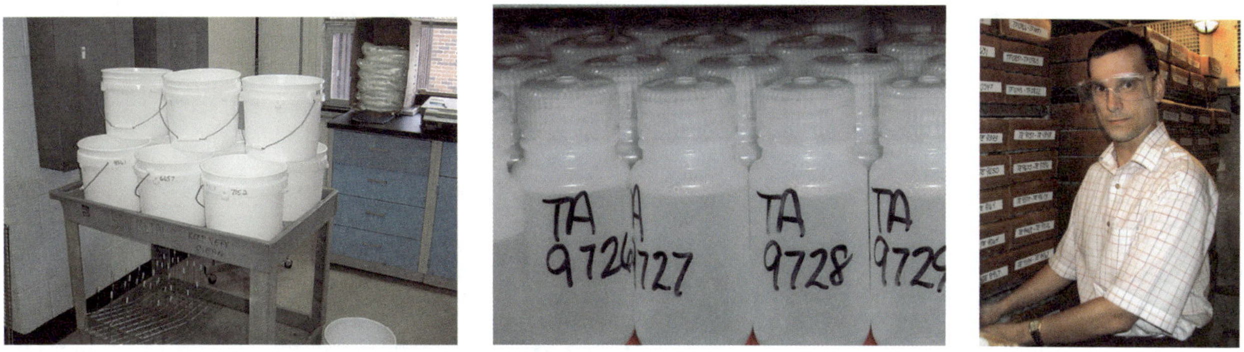

FIGURA 6.10 Fotografias do Central Analytical Laboratory (CAL), Champaign, Illinois. À esquerda: vasos de coleta de amostras esperando para serem limpos. Centro: amostras de chuva esperando para serem analisadas. À direita: Chris Lehmann, diretor do CAL.

Lembre-se de que a chuva contém uma pequena quantidade de dióxido de carbono dissolvido e que isso produz uma solução fracamente ácida.

Lembre-se de que a chuva tem naturalmente pH entre 5 e 6. A Figura 6.11 mostra que o pH das amostras de chuva está bem abaixo do normal no terço mais a leste dos Estados Unidos, especialmente na bacia fluvial de Ohio. O dióxido de carbono não é a única fonte de H^+ na chuva. A análise da água da chuva confirma a presença de outras substâncias que provocam a formação do íon hidrogênio: dióxido de enxofre (SO_2), trióxido de enxofre (SO_3), monóxido de nitrogênio (NO) e dióxido de nitrogênio (NO_2). Esses compostos são afetuosamente conhecidos como "Sox e Nox". Quimicamente, escrevemos SO_x e NO_x, em que $x = 2$ ou 3 para SO_x, $x = 1$ e 2 para NO_x.

Vejamos SO_x e NO_x, um de cada vez. Primeiro, eis uma forma de representar o processo de dissolução do trióxido de enxofre em água para formar ácido sulfúrico:

A equação 6.12 é análoga à reação de CO_2 com água.

$$SO_3(g) + H_2O(l) \longrightarrow \underset{\text{ácido sulfúrico}}{H_2SO_4(aq)} \qquad [6.12]$$

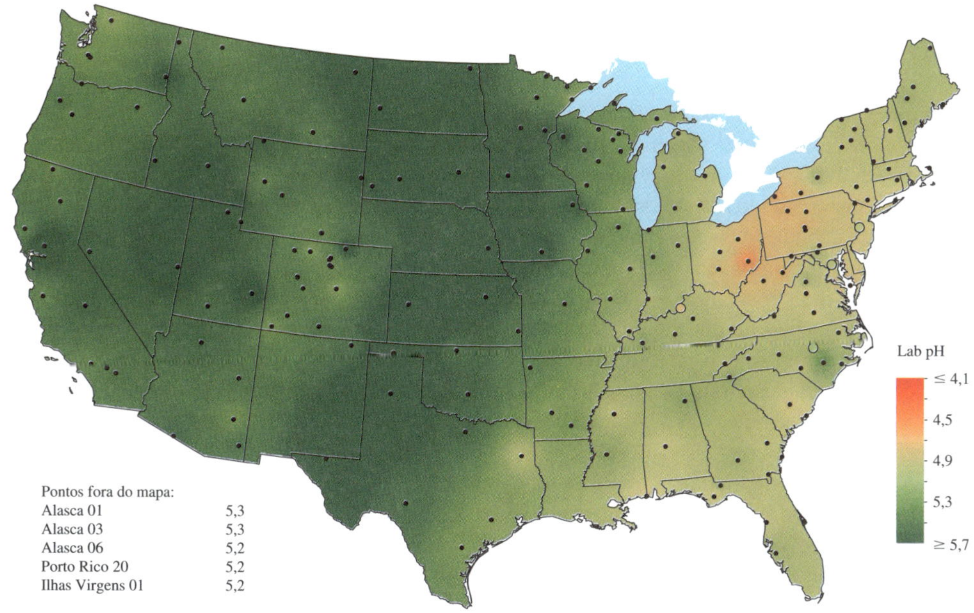

FIGURA 6.11 pH de amostras de chuva. Medidas feitas no Central Analytical Laboratory, 2011. Valores obtidos em pontos de coleta no Alasca, em Porto Rico e nas Ilhas Virgens são dados embaixo, à esquerda. Dados do Havaí não estão disponíveis.

Fonte: National Atmospheric Deposition Program/National Trends Network.

Em água, o ácido sulfúrico é uma fonte de íons hidrogênio.

$$H_2SO_4(aq) \longrightarrow H^+(aq) + \underset{\text{íon hidrogenossulfato}}{HSO_4^-(aq)} \quad [6.13a]$$

O íon hidrogenossulfato também pode dissociar para liberar outro íon hidrogênio.

$$HSO_4^-(aq) \longrightarrow H^+(aq) + \underset{\text{íon sulfato}}{SO_4^{2-}(aq)} \quad [6.13b]$$

As equações 6.13b e 6.13c são versões simplificadas de equações mais complexas.

A adição das equações 6.13a e 6.13b mostra que o ácido sulfúrico dissocia para dar dois íons hidrogênio e um íon sulfato (SO_4^{2-})

$$H_2SO_4(aq) \longrightarrow 2\,H^+(aq) + SO_4^{2-}(aq) \quad [6.13c]$$

O íon sulfato pode ser detectado na água da chuva, dando uma pista da fonte da acidez adicional da chuva.

Sua Vez 6.13 Ácido sulfuroso

O dióxido de enxofre dissolve em água para formar ácido sulfuroso, H_2SO_3. Escreva as equações da formação de $2H^+(aq)$ a partir do ácido sulfuroso, que são análogas às equações químicas 6.13a, 6.13b e 6.13c do ácido sulfúrico.

Olhemos agora os NO_x. Os óxidos de nitrogênio também dissolvem em água para formar ácidos, mas as reações químicas são mais complexas porque O_2 também é um reagente. Por exemplo, NO_2 reage em ar úmido para formar ácido nítrico. Esta reação é uma simplificação da química atmosférica que ocorre.

$$4\,NO_2(g) + 2\,H_2O(l) + O_2(g) \longrightarrow \underset{\text{ácido nítrico}}{4\,HNO_3(aq)} \quad [6.14]$$

Em água, o ácido nítrico dissocia e libera H^+.

$$HNO_3(aq) \longrightarrow H^+(aq) + \underset{\text{íon nitrato}}{NO_3^-(aq)} \quad [6.15]$$

O íon nitrato produzido nessa reação pode ser detectado na água de chuva.

A chuva é só uma de várias maneiras de os ácidos chegarem até as águas da superfície terrestre. Neve e neblina são outras, obviamente. O termo **deposição de ácido** refere-se às formas seca e úmida de transferir ácidos da atmosfera à superfície da Terra. Exemplos de deposição úmida incluem chuva, neve e neblina. O cume das montanhas é particularmente suscetível à deposição úmida devido ao contato direto com nuvens que contêm gotículas microscópicas de água. Como essas gotículas contêm ácidos mais concentrados do que os encontrados em gotas maiores, elas são com frequência mais ácidas e nocivas do que a chuva ácida. Se SO_x e NO_x são realmente responsáveis pela maior acidez da chuva que cai na parte leste dos Estados Unidos, essas regiões deveriam mostrar níveis elevados de íons sulfato e nitrato na água da chuva, formados a partir de SO_x and NO_x, respectivamente. De fato, é isso que acontece. A Figura 6.12 mostra a quantidade de íons sulfato e nitrato resultantes da deposição úmida.

Os aerossóis são pequenas partículas que permanecem suspensas em nossa atmosfera (Seção 1.11) e podem ajudar a resfriar a Terra (Seção 3.9).

A deposição ácida também inclui as formas "secas" de ácidos que se depositam na terra e na água. Por exemplo, durante o tempo seco, pequenas partículas sólidas (aerossóis) dos compostos nitrato de amônio, NH_4NO_3, e sulfato de amônio, $(NH_4)_2SO_4$, se depositam. A deposição a seco pode ser tão importante quanto a deposição úmida dos ácidos pela chuva, neve e neblina. Esses aerossóis também contribuem para a cerração, como veremos na Seção 6.12.

Sabendo que os óxidos de enxofre e nitrogênio contribuem para a chuva ácida, precisamos olhar mais de perto para como esses óxidos são liberados na atmosfera. Na próxima seção, veremos a química do SO_2 e sua ligação com a queima de carvão. Nas duas seções seguintes, veremos a química do nitrogênio, incluindo a do NO e a do NO_2.

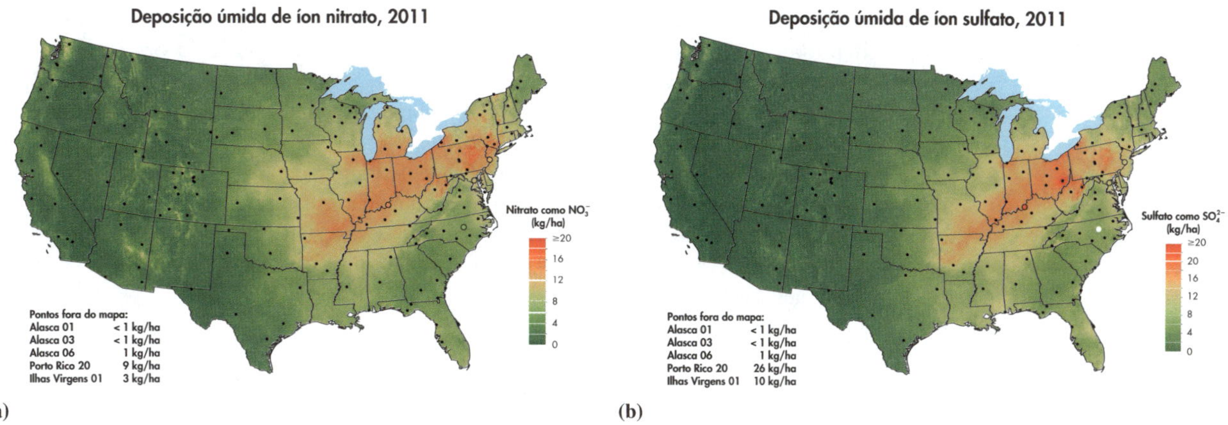

FIGURA 6.12 **(a)** Deposição úmida do íon nitrato em 2011, quilograma por hectare. **(b)** Deposição úmida do íon sulfato em 2011, quilograma por hectare.

Fonte: National Atmospheric Deposition Program/National Trends Network.

6.7 O dióxido de enxofre e a combustão do carvão

Olhemos mais de perto o carvão e seus produtos de combustão. À primeira vista, o carvão pode não parecer muito diferente do carvão vegetal ou da fuligem, que são, essencialmente, carbono puro. Quando o carbono é queimado com bastante oxigênio, forma-se dióxido de carbono, com liberação de grandes quantidades de energia, que, é claro, é a razão para queimá-lo.

$$C(no\ carvão) + O_2(g) \longrightarrow CO_2(g) + \text{energia} \qquad [6.16]$$

O carvão também contém quantidades variáveis de enxofre. Como o enxofre foi parar no carvão? Várias centenas de milhões de anos atrás, o carvão se formou a partir de vegetação podre, como a encontrada em pântanos ou turfeiras. Plantas, como outras coisas vivas, contêm enxofre, cuja presença no carvão pode ser traçada até essa vegetação antiga. Entretanto, a maior parte do enxofre do carvão veio do íon sulfato (SO_4^{2-}), presente naturalmente na água do mar. As bactérias do chão do mar usam o íon sulfato como fonte de oxigênio, removendo-o e liberando o íon sulfeto (S^{2-}). No passado, o íon sulfeto incorporou-se às rochas antigas (inclusive o carvão) que estavam em contato com a água do mar. Em contraste, o carvão formado em turfeiras alagadas têm uma quantidade de enxofre mais baixa. Assim, a percentagem do enxofre no carvão pode variar de menos de 1% até 6% por massa.

O movimento do enxofre pela atmosfera deveria lembrá-lo do ciclo do carbono, descrito na Seção 3.5.

Podemos aproximar sua composição usando a fórmula química $C_{135}H_{96}O_9NS$. A queima de enxofre no ar produz dióxido de enxofre, um gás venenoso com um cheiro sufocante inconfundível (Figura 6.13).

$$S(s) + O_2(g) \longrightarrow SO_2(g) \qquad [6.17]$$

FIGURA 6.13 O enxofre queima no ar para produzir SO_2. Quando dissolvido em água, esse gás produz uma solução ácida. Antigamente, o enxofre era conhecido como "brimstone", daí a admoestação bíblica sobre "fogo e brimstone".

Como o conteúdo de enxofre no carvão varia, sua queima produz dióxido de enxofre em quantidades variáveis. Esse fato é o centro da história da chuva ácida. Quando o carvão é queimado, o dióxido de enxofre produzido sai pela chaminé juntamente a dióxido de carbono, vapor de água e pequenas quantidades de cinzas de óxidos de metais. Medidas de controle de emissão podem reduzir a quantidade de SO_2. Assim, os níveis das emissões variam dependendo do equipamento usado nas termoelétricas a carvão.

Uma vez na atmosfera, o SO_2 pode reagir com oxigênio para formar trióxido de enxofre, SO_3.

$$2\ SO_2(g) + O_2(g) \longrightarrow 2\ SO_3(g) \qquad [6.18]$$

O trióxido de enxofre tem um papel na formação de aerossol, como veremos na Seção 6.12.

Essa reação, embora muito lenta, é acelerada na presença de partículas pequenas como as cinzas que saem pela chaminé juntamente ao SO_2. Uma vez formado, o SO_3 reage rapidamente com

O radical hidroxila foi primeiramente apresentado na Seção 1.1.

o vapor de água da atmosfera para formar ácido sulfúrico (veja a equação 6.12). Um segundo caminho importante envolve o radical hidroxila (•OH) formado a partir do ozônio e da água sob a ação da luz solar. O radical hidroxila reage com SO_2 e o produto reage com oxigênio para formar SO_3. A reação é acelerada pela intensa luz solar e, portanto, é mais importante no verão e ao meio-dia.

A quantidade das emissões é dada em toneladas métricas (1000 kg, 2200 lb) e em toneladas curtas (2000 lb). Para aumentar a confusão, as toneladas curtas são chamadas simplesmente de toneladas.

Embora existam caminhos para a reação do SO_2 com oxigênio para formar SO_3, a maior parte do SO_2 da atmosfera contribui diretamente para a chuva ácida formando o ácido sulfuroso, H_2SO_3. Um cálculo químico pode nos ajudar a apreciar melhor as vastas quantidades de SO_2 produzidas pelas termoelétricas a carvão. Uma só delas pode queimar 1 milhão de toneladas métricas de carvão por ano. Uma tonelada métrica é equivalente a 1000 kg.

$$\frac{1 \times 10^6\ \cancel{\text{t métricas carvão}}}{\text{ano}} \times \frac{1000\ \cancel{\text{kg carvão}}}{\cancel{\text{t métricas carvão}}} \times \frac{1000\ \text{g carvão}}{\cancel{\text{kg carvão}}} = 1 \times 10^{12}\ \text{g carvão/ano}$$

Para essa discussão, consideramos um carvão que contém 2,0% de enxofre, isto é, 2,0 g de enxofre em 100 g de carvão. Primeiro calculamos a quantidade em gramas de enxofre por ano por 1 milhão de toneladas métricas (1×10^{12} g) de carvão queimadas.

$$\frac{1 \times 10^{12}\ \cancel{\text{g carvão}}}{\text{ano}} \times \frac{2{,}0\ \text{g S}}{100\ \cancel{\text{g carvão}}} = \frac{2{,}0 \times 10^{10}\ \text{g S}}{\text{ano}}$$

Veja a Seção 3.7 para revisar os cálculos em mols.

Em seguida, usamos o fato de que 1 mol de enxofre reage com oxigênio (O_2) para formar 1 g mol de SO_2 (veja a equação 6.17). A massa molar do enxofre é 32,1 g e a massa molar do SO_2 é 64,1 g, isto é 32,1 g + 2(16 g). Desta forma, 32,1 g de enxofre produzem 64,1 g de SO_2 ao queimar.

$$\frac{2{,}0 \times 10^{10}\ \cancel{\text{g S}}}{\text{ano}} \times \frac{1\ \cancel{\text{mol S}}}{32{,}1\ \cancel{\text{g S}}} \times \frac{1\ \cancel{\text{mol SO}_2}}{1\ \cancel{\text{mol S}}} \times \frac{64{,}1\ \text{g SO}_2}{1\ \cancel{\text{mol SO}_2}} = \frac{4{,}0 \times 10^{10}\ \text{g SO}_2}{\text{ano}}$$

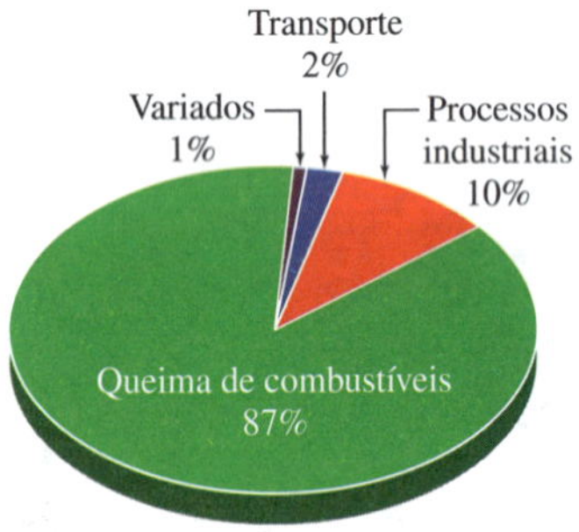

FIGURA 6.14 Fontes de emissões de enxofre nos EUA, 2011.

Fonte: EPA, National Emissions Inventory, Air Pollution Emissions Trends Data.

Essa massa de SO_2 é equivalente a 40.000 toneladas métricas, ou 88 milhões de libras, de SO_2 por ano por termoelétrica. Usinas que queimam carvão com alta percentagem de enxofre podem emitir mais do dobro dessa quantidade!

A ligação entre a queima de carvão e as emissões de dióxido de enxofre nos Estados Unidos é evidente na Figura 6.14. A maior parte das emissões vem das termoelétricas ("consumo de combustível") em que carvão ou outros combustíveis fósseis são queimados para gerar eletricidade para uso público ou industrial. O transporte é responsável apenas por uma pequena percentagem das emissões porque a gasolina e o óleo diesel contêm quantidades relativamente pequenas de enxofre. Processos industriais, como a produção de metais a partir de seus minerais, explicam o restante das emissões. Por exemplo, os minerais de cobre e de níquel são sulfetos. Quando o sulfeto de níquel é aquecido em alta temperatura em um forno, o minério se decompõe com liberação de dióxido de enxofre. Do mesmo modo, a fundição de sulfeto de cobre libera SO_2. Embora a produção em grande escala de níquel e cobre contribua com uma pequena percentagem das emissões totais, grande quantidade de SO_2 é gerada em algumas regiões.

Uma fundição em Sudbury, Ontário, uma das maiores do mundo, produz níquel a partir de um minério que contém enxofre. A paisagem desoladora, sem vida, na vizinhança da usina é um testemunho mudo da liberação descontrolada de SO_2 no passado. Após uma reforma em 1993, os dois fornos principais da área diminuíram substancialmente suas emissões de dióxido de enxofre. A chaminé é alta para que as emissões que ainda permanecem sejam levadas para longe de Sudbury pelos ventos (Figura 6.15). Para que isso não pareça uma denúncia, os canadenses relatam que mais da metade da deposição de ácido na porção leste de seu país tem origem nos Estados Unidos. A quantidade de dióxido de enxofre que se espalha para o norte através da fronteira com o Canadá é estimada em 4 milhões de toneladas métricas por ano.

A chaminé de Sudbury é tão alta quanto o Edifício Empire State, na cidade de Nova York.

FIGURA 6.15 A chaminé em Sudbury, Ontário, é uma das mais altas do mundo, com 1.250 pés (381 m).

Sua Vez 6.14 Cálculos com o carvão

a. Imagine que a fórmula química do carvão é $C_{135}H_{96}O_9NS$. Calcule a fração e a percentagem (por massa) de enxofre no carvão.
b. Uma termoelétrica queima $1,00 \times 10^6$ toneladas de carvão por ano. Usando a percentagem de enxofre obtida na parte **a**, calcule a quantidade de enxofre, em toneladas, liberada por ano.
c. Calcule a quantidade em toneladas de SO_2 formada por essa quantidade de enxofre.
d. Liberado na atmosfera, o SO_2 pode reagir com oxigênio para formar SO_3. O que pode acontecer se o SO_3 encontrar gotas de água?

Respostas:
a. 0,0168, ou 1,68%
b. $1,68 \times 10^4$ toneladas de enxofre

Após explorar a química do SO_2, voltemos à do NO e NO_2. Na próxima seção, descrevemos as emissões de NO e a relação com automóveis e termoelétricas. Na seção seguinte, relatamos as principais histórias da química do nitrogênio.

6.8 Óxidos de nitrogênio e a combustão da gasolina

As pessoas que vivem no sul da Califórnia experimentaram altos níveis de deposição de ácido. Por exemplo, em janeiro de 1982, a névoa perto do Rose Bowl, em Pasadena, tinha pH 2,5. Respirar ali deve ter sido como inalar uma névoa fina de vinagre! A acidez superou em pelo menos 500 vezes a precipitação normal. Naquele mesmo ano, a névoa em Corona del Mar, na costa ao sul de Los Angeles, era 10 vezes mais ácida do que a névoa próxima do Rose Bowl, com um pH de 1,5. Entretanto, a concentração de SO_2 era relativamente baixa nessas áreas. Claramente, a causa foi alguma outra coisa.

Para encontrar a causa, precisamos nos voltar para os carros e caminhões que engarrafam as autoestradas de Los Angeles. À primeira vista, pode não ser óbvio como esses milhares de veículos contribuem para a precipitação ácida. A gasolina queima formando CO_2 e H_2O, juntamente a pequenas quantidades de CO, hidrocarbonetos não queimados e fuligem. Ainda assim, a gasolina contém muito pouco enxofre, logo o SO_2 não é o culpado. Então, qual seria a fonte da acidez?

Gasolina é uma mistura de hidrocarbonetos. Veja a Seção 4.4.

Já identificamos os óxidos de nitrogênio como contribuintes da chuva ácida, mas a gasolina não contém nitrogênio. Portanto, a lógica e a química garantem que os óxidos de nitrogênio não

Você talvez tenha visto anúncios de gasolina "enriquecida com nitrogênio", chamado por uma petroleira de "sistema de limpeza enriquecido com nitrogênio". A quantidade de nitrogênio neste aditivo de gasolina é muito pequena.

podem ser formados na queima da gasolina. Literalmente, isso é correto. Lembre-se, porém, de que cerca de 78% do ar é N_2. Esse elemento é muito estável e quase nunca reage. Entretanto, se a temperatura for suficientemente alta, o nitrogênio pode reagir com alguns elementos. Um deles é o oxigênio. Lembre-se de que vimos no Capítulo 1 que, com energia suficiente, o nitrogênio e o oxigênio combinam-se para formar o monóxido de nitrogênio (óxido nítrico).

$$N_2(g) + O_2(g) \xrightarrow{\text{alta temperatura}} 2\,NO(g) \qquad [6.19]$$

Em um automóvel, a gasolina e o ar são injetados nos cilindros e comprimidos, aproximando as moléculas de N_2 e O_2. A gasolina inflamada queima rapidamente. A energia liberada aciona o veículo, mas a triste verdade é que ela também dispara a equação química 6.19.

A reação entre o N_2 e o O_2 não se limita aos motores de automóvel. A mesma reação ocorre quando ar é aquecido na fornalha de uma termoelétrica a carvão de modo que, no conjunto, essas usinas liberam enormes quantidades de NO_x. Nos Estados Unidos, a queima de combustíveis fósseis (carvão em particular) em termoelétricas explica cerca de um terço das emissões de óxidos de nitrogênio (Figura 6.16). Fontes nos transportes, como motores de veículos, aviões e trens, explicam mais da metade. Em um ambiente urbano, uma proporção ainda maior de NO_x provém dos motores de veículos.

No começo de 1990, uma solução de química verde para reduzir as emissões de NO e o consumo de energia foi introduzida pela Praxair Inc. de Tarrytown, NY, uma fabricante de vidro. A nova tecnologia substitui o ar usado nas grandes fornalhas para fundir e reaquecer o vidro por oxigênio a 100%. Passar de ar (78% de nitrogênio) para oxigênio puro requer menores temperaturas, reduzindo em 90% a produção de NO da fábrica e cortando o consumo de energia em até 50%. Os fabricantes de vidro que usam a tecnologia Oxy-Fuel da Praxair economizam energia suficiente em um ano para atender à demanda diária de 1 milhão de americanos.

Uma vez formado, o monóxido de nitrogênio é muito reativo. Como vimos no Capítulo 1, o NO reage através de uma série de etapas, com o oxigênio, o radical hidroxila e compostos orgânicos voláteis (VOCs) para formar NO_2.

Veja a Seção 1.11 para mais sobre a equação 6.20.

$$VOC + {\cdot}OH \longrightarrow A + O_2 \longrightarrow A' + NO \longrightarrow A'' + NO_2 \qquad [6.20]$$

As espécies reativas A, A′ e A″, em traços, são sintetizadas a partir das moléculas VOC. A produção de chuva ácida a partir de NO_2 exige traços de VOCs na atmosfera.

O dióxido de nitrogênio é um gás muito reativo, venenoso, de cor marrom avermelhada e odor desagradável. Para nossos fins, a reação mais importante do NO_2 é a que o converte em ácido nítrico, HNO_3. A equação 6.14 que apresentamos anteriormente era uma simplificação dessa conversão. Na verdade, uma série de reações ocorre sob a luz. Elas ocorrem no ar que envolve Los Angeles, Phoenix, Dallas e outras áreas metropolitanas ensolaradas. O ator principal é o radical hidroxila. Uma vez formado na atmosfera, o radical hidroxila pode reagir rapidamente com o dióxido de nitrogênio para dar o ácido nítrico.

$$NO_2(g) + {\cdot}OH(g) \longrightarrow HNO_3(aq) \qquad [6.21]$$

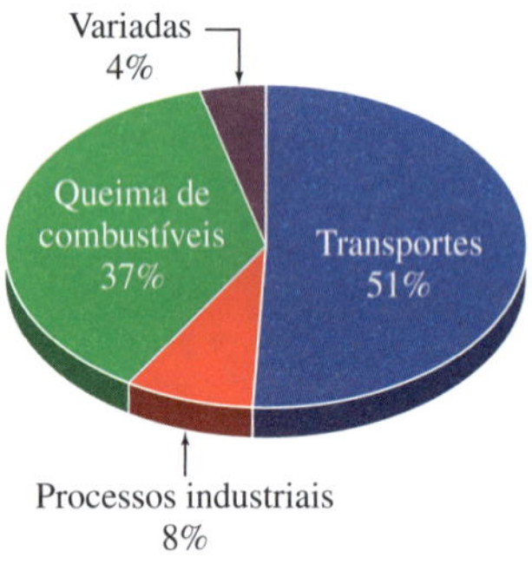

FIGURA 6.16 Fontes de emissões de óxidos de nitrogênio (NO_x) nos EUA, 2011.

Fonte: EPA, National Emissions Inventory, Air Pollution Emissions Trends Data.

Como você viu na equação 6.15, HNO_3 é um ácido forte que dissocia completamente em água, com liberação de H^+ e NO_3^-. O resultado é o pH alarmantemente baixo encontrado ocasionalmente na chuva e na névoa de cidades como Los Angeles.

O pouco da química do NO_x que descrevemos nesta seção ajusta-se a um quadro maior que envolve agricultura, alimentação e, na verdade, todos os ecossistemas de nosso planeta. Na próxima seção damos os detalhes.

6.9 O ciclo do nitrogênio

É raro passar um dia em que você não ingira alimentos em uma ou outra forma. É claro que você precisa comer para permanecer vivo. Enquanto você lê isso, homens e mulheres mundo afora estão produzindo alimentos em plantações de grãos, colhendo frutos e vegetais em quantidade e, talvez, cultivando orégano ou cebolinhas em um parapeito ensolarado. Recebendo o devido crédito, os humanos tornaram-se peritos em cultivar plantas e criar animais. Entretanto, a produção de alimentos libera NO_x e aumenta a acidez do ambiente. A atividade humana afeta os locais onde se encontram compostos de nitrogênio e como eles se movimentam pelo ar, pela água e pela terra de nosso planeta.

A ligação entre a produção de alimentos e as emissões de NO_x vem do uso de nitratos como fertilizantes e agentes de crescimento das plantas. As plantas dependem também de outros elementos, inclusive carbono, hidrogênio, fósforo, enxofre e potássio. Muitos desses elementos estão facilmente disponíveis para utilização pelas plantas. Como formas de nitrogênio utilizáveis são escassas, precisamos fornecê-las na forma de fertilizantes.

Você pode estar se perguntando como os níveis de nitrogênio podem ser tão baixos nos solos quando o N_2 é tão abundante em nossa atmosfera. Embora seja assim, a molécula de nitrogênio *não* está em uma forma química que a maior parte das plantas possa usar. N_2 é muito menos reativo do que O_2.

Assim como existe um "ciclo do carbono" (Capítulo 3), também existe um "ciclo do nitrogênio". Fique ligado!

Todas as coisas vivas, não somente as plantas, necessitam de nitrogênio.

Sua Vez 6.15 Nitrogênio não reativo

Como a energia da ligação tripla do N_2 se compara com outras energias de ligação?
Sugestão: Veja a Tabela 4.4.

Para crescer, as plantas precisam ter acesso a uma forma de nitrogênio que reaja mais facilmente, como o íon amônio, a amônia ou o íon nitrato. Essas e outras formas são chamadas de **nitrogênio reativo**, compostos de nitrogênio que circulam pela biosfera e se interconvertem. Algumas formas reativas de nitrogênio estão listadas na Tabela 6.1. Como você poderia imaginar, os poluentes do ar, NO e NO_2, foram incluídos na lista. Essas formas de nitrogênio ocorrem naturalmente em nosso planeta em quantidades relativamente pequenas. Existem outras formas de nitrogênio reativo, como o grupo de compostos conhecidos como "aminas", que contém o grupo $-NH_2$. Veremos as aminas quando precisarmos delas em nosso estudo de polímeros, proteínas e DNA, no Capítulo 12.

Sua Vez 6.16 Nitrogênio reativo

Selecione um dos compostos da Tabela 6.1. Dê evidências, na forma de uma observação ou uma equação química, de que esse composto é reativo.
Sugestão: Reveja os Capítulos 1 e 2. Use também seus conhecimentos pessoais.

Embora tenhamos categorizado N_2 como, em geral, inerte, uma reação que envolve a molécula de nitrogênio é extremamente importante: a fixação biológica do nitrogênio. Plantas como alfafa, feijões e ervilhas "fixam" (removem) N_2 da atmosfera (Figura 6.17). Para sermos mais acurados, não são as plantas que fixam o nitrogênio.

TABELA 6.1 Algumas formas reativas de nitrogênio

Nome	Fórmula química
monóxido de nitrogênio	NO
dióxido de nitrogênio	NO_2
óxido nitroso	N_2O
íon nitrato	NO_3^-
íon nitrito	NO_2^-
ácido nítrico	HNO_3
amônia	NH_3
íon amônio	NH_4^+

Nota: Essas formas de nitrogênio ocorrem naturalmente.

FIGURA 6.17 Nódulos na raiz de uma planta de soja que contêm bactérias fixadoras de nitrogênio.

São bactérias que vivem nas raízes ou perto delas que o fazem. Como parte de seu metabolismo, as **bactérias fixadoras de nitrogênio** removem o gás nitrogênio do ar e o convertem em amônia. Quando a amônia dissolve em água, produz o íon amônio, NH_4^+. A reação está nas equações 6.5a e 6.5b. Esse íon é uma de duas formas de nitrogênio reativo que a maior parte das plantas pode absorver. Lembre-se do Capítulo 5, em que vimos que os compostos contendo o íon amônio tendem a ser solúveis em água. Eis o caminho.

Este ícone representa as bactérias responsáveis pela interconversão de espécies que contêm nitrogênio.

$$N_2 \xrightarrow[\text{fixação de nitrogênio}]{} NH_3 \xrightarrow{H_2O} NH_4^+ \qquad [6.22]$$

A outra forma de nitrogênio reativo que as plantas podem absorver é o íon nitrato. Novamente, os compostos do íon nitrato tendem a ser solúveis. A **nitrificação** é o processo de conversão da amônia do solo em íon nitrato. As bactérias estão envolvidas nas duas etapas desse processo.

$$NH_4^+ \xrightarrow[\text{bactéria do solo}]{} NO_2^- \xrightarrow[\text{bactéria do solo}]{} NO_3^- \qquad [6.23]$$

Por fim, para fechar o círculo, as bactérias ajudam com a **desnitrificação**, o processo de conversão de nitratos em gás nitrogênio. Ao fazer isso, essas bactérias guardam a energia liberada quando a molécula muito estável do N_2 se forma. Lembre-se de que vimos no Capítulo 4 a grande quantidade de energia liberada na formação da ligação tripla da molécula do nitrogênio, muito estável com certeza!

Dos óxidos de nitrogênio, N_2O é emitido naturalmente em maior quantidade. Ele é um gás de efeito estufa potente. Veja a Seção 3.8.

Dependendo das condições do solo, a reação pode ocorrer em etapas que incluem NO e N_2O. Assim, essas formas reativas do nitrogênio também podem ser convertidas em N_2 e liberadas do solo.

$$NO_3^- \xrightarrow[\text{bactéria do solo}]{} NO \xrightarrow[\text{bactéria do solo}]{} N_2O \xrightarrow[\text{bactéria do solo}]{} N_2 \qquad [6.24]$$

Todas essas reações fazem parte do **ciclo do nitrogênio**, um conjunto de reações que faz com que o nitrogênio se mova pela biosfera. A Figura 6.18 reúne as reações das equações 6.22, 6.23 e 6.24 em uma forma simplificada do ciclo do nitrogênio. Nesse ciclo, todas as espécies são formas reativas do nitrogênio, exceto N_2.

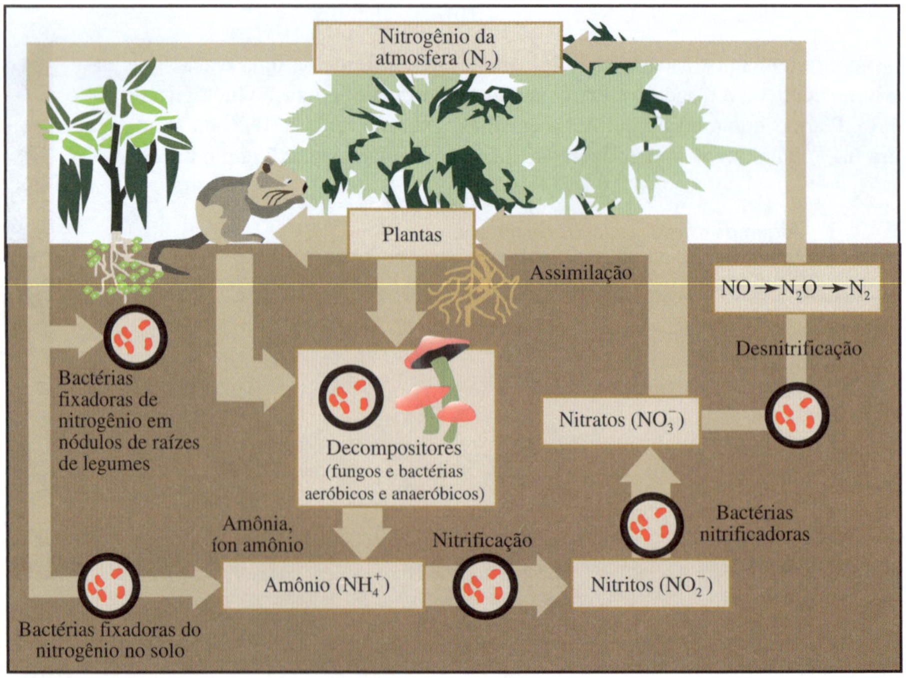

FIGURA 6.18 O ciclo do nitrogênio (simplificado).

Lembre-se de que as formas reativas do nitrogênio são necessárias para o crescimento das plantas. Como as bactérias do solo não podem fornecer amônia, íons amônio ou íons nitrato nas quantidades necessárias para o crescimento ótimo das plantas, os agricultores usam fertilizantes. Há alguns séculos, os fertilizantes eram obtidos pela mineração de depósitos de salitre (nitrato de amônio) nos desertos do Chile ou pela coleta de guano, um depósito rico em nitrogênio formado por excrementos de pássaros ou de morcegos, no Peru. Essas fontes, porém, eram insuficientes para saciar a demanda da crescente população do mundo. Além disso, uma parte do fornecimento de nitratos era usada na produção de pólvora e outros explosivos como TNT. No começo dos anos 1900, a questão era achar um modo de sintetizar compostos reativos de nitrogênio a partir do N_2, abundante no ar.

Como são os fertilizantes obtidos hoje nas grandes quantidades necessárias à agricultura? A resposta está em uma segunda reação importante do N_2, que literalmente o retira do ar para sintetizar amônia.

$$N_2(g) + 3\,H_2(g) \longrightarrow 2\,NH_3(g) \qquad \textbf{[6.25]}$$

Essa famosa reação química é conhecida como o processo Haber-Bosch. Ela permite a produção econômica de amônia que, por sua vez, permite a produção de fertilizantes e explosivos à base de nitrogênio em grande escala. Como fertilizante, a amônia pode ser diretamente aplicada no solo, ou pode-se usar nitrato de amônio ou fosfato de amônio. A linha verde que começa mais ou menos em 1910 na Figura 6.19 representa o grande aumento no mundo do nitrogênio reativo proveniente do processo de Haber-Bosch.

Observe também a linha de cor laranja neste gráfico, que mostra a quantidade de nitrogênio reativo formado pela queima de combustíveis fósseis. Lembre-se de que, nas altas temperaturas de combustão, N_2 e O_2 reagem para formar NO. A linha em roxo representa o nitrogênio reativo de todas as fontes, isto é, a soma das linhas em laranja, azul e verde. A linha superior, em vermelho, da população não é surpresa. O aumento da quantidade de nitrogênio reativo proveniente da queima de combustíveis fósseis (produção de energia) e da fertilização (produção de alimentos) segue, em paralelo, a linha da população do mundo (produção de gente).

O nitrogênio reativo deste ciclo muda constantemente de forma química. Assim, a amônia que começa como um fertilizante pode terminar como NO, aumentando, assim, a acidez da atmosfera.

Em 1918, Fritz Haber recebeu o Prêmio Nobel de Química pela síntese de NH_3 a partir de N_2 e H_2. Em 1931, Carl Bosch recebeu o Prêmio Nobel pelo uso comercial dessa síntese.

O aumento do acesso aos fertilizantes e aos equipamentos agrícolas em grande escala permitiu a expansão sem precedentes da agricultura, chamada de Revolução Verde, que começou em todo o mundo por volta de 1945. Procure por mais sobre a Revolução Verde na Seção 11.12.

Os gases de efeito estufa foram apresentados na Seção 3.1 e descritos com mais detalhes na Seção 3.8.

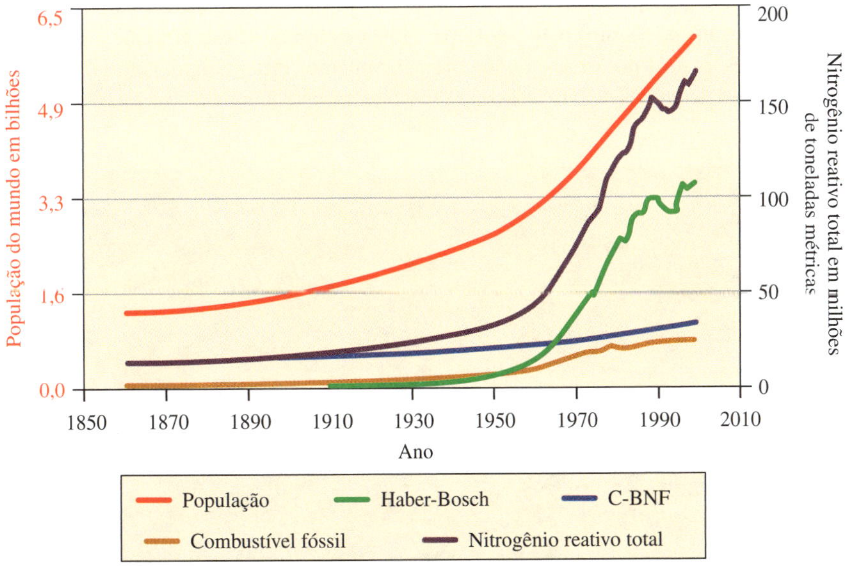

FIGURA 6.19 Mudanças globais do nitrogênio reativo produzido por várias fontes (milhões de toneladas métricas, escala à direita). A linha superior é a população do mundo em 2000 (bilhões, escala à esquerda).

Nota: C-BNF é o nitrogênio reativo formado no cultivo de legumes, arroz e cana-de-açúcar.

Fonte: BioScience pelo American Institute of Biological Sciences, *April 2003, Vol. 53, No. 4, p. 342.*

A contaminação de água fresca com excesso de compostos que contêm nitrogênio usados na agricultura é discutida na Seção 11.6.

Ou o NO pode acabar como N_2O, um gás de efeito estufa cuja concentração na atmosfera está crescendo. Ou o íon amônio, em vez de ficar preso fortemente ao solo, pode acabar sendo convertido e lavado na forma de íon nitrito ou nitrato, contaminando, assim, uma fonte de água.

Agora podemos começar a entender o efeito que as emissões de NO provocam em nosso ambiente. Primeiro, os óxidos de nitrogênio formam ozônio perto da superfície sob a ação da luz do Sol, contribuindo para a névoa fotoquímica, como vimos no Capítulo 1. Segundo, as emissões de NO_x são uma forma de nitrogênio reativo, como os fertilizantes usados para a produção de alimentos. NO forma-se a partir do N_2 inerte do ar quando combustíveis são queimados. Quanto mais se queima combustíveis, mais N_2 passa a uma forma reativa. O uso de NO_x e fertilizantes está desbalanceando os compostos do ciclo do nitrogênio em nosso planeta. Por fim, as emissões de NO_x aumentam a acidez das precipitações que vêm do céu.

6.10 SO_2 e NO_x – como eles se acumulam?

Um vulcão ativo, como o Kilauea, no Havaí, emite quantidades variáveis de SO_2. Os valores atingem centenas de toneladas métricas por dia.

Depois de identificar o SO_2 and o NO_x como os dois principais contribuintes para a precipitação ácida, vejamos sua produção com o tempo e as estratégias para controlar as emissões antropogênicas. Além das fontes antropogênicas, esses óxidos são produzidos naturalmente. Alguns vulcões emitem SO_2 continuamente e, sob certas condições, produzem belos cristais de enxofre elementar (Figura 6.20). Quando entram em erupção, podem liberar grandes quantidades de SO_2. A erupção do Monte Pinatubo, nas Filipinas, em junho de 1991, foi 10 vezes maior do que a erupção do Monte St. Helens, nos Estados Unidos, em 1980, emitindo entre 15 e 30 milhões de toneladas de dióxido de enxofre na estratosfera.

Os oceanos são uma segunda fonte natural de emissões de enxofre. Organismos marinhos produzem o gás dimetil-sulfeto como subproduto. O dimetil-sulfeto entra na troposfera e reage com OH• para formar SO_2. NO forma-se sempre que altas temperaturas fazem com que nitrogênio e oxigênio reajam. Na natureza, isso ocorre durante a queda de raios e incêndios florestais. As bactérias do solo convertem o gás nitrogênio do ar em óxidos de nitrogênio que as plantas podem usar para crescer.

1 tonelada (tonelada curta) = 2.000 libras = 0,9072 toneladas métricas (t)

As emissões antropogênicas de SO_2 e NO_x ultrapassam as emissões naturais. A quantidade de enxofre adicionado à atmosfera pelos humanos é duas vezes maior do que as de vulcões, oceanos e outras fontes naturais. A quantidade de nitrogênio adicionada como NO_x é cerca de quatro vezes maior do que a de fontes naturais como os raios e as bactérias dos solos. Nos Estados Unidos, as emissões antropogênicas anuais são da ordem de 8 e 12 milhões de toneladas para SO_2 e NO_x, respectivamente. Consulte as Figuras 6.14 e 6.16 para rever as fontes dessas emissões.

Os níveis desses dois poluentes mudou dramaticamente com o tempo. Antes de 1950, quantidades relativamente pequenas de NO_x estavam presentes na chuva, na névoa e na neve. As emissões

FIGURA 6.20 Ocorrência natural de enxofre elementar no Parque Nacional dos Vulcões do Havaí.

dos dois poluentes atingiram o nível máximo nos anos 1970. A Figura 6.21 mostra as emissões de NO_x e SO_2 desde 1970. Nas últimas poucas décadas, as emissões de NO_x e SO_2 nos Estados Unidos diminuíram substancialmente, um resultado a muitos esforços, incluindo os Clean Air Act Amendments de 1990. Na seção final desse capítulo, veremos como os custos, as estratégias de controle e a política influenciaram as emissões de NO_x e SO_2 nos Estados Unidos.

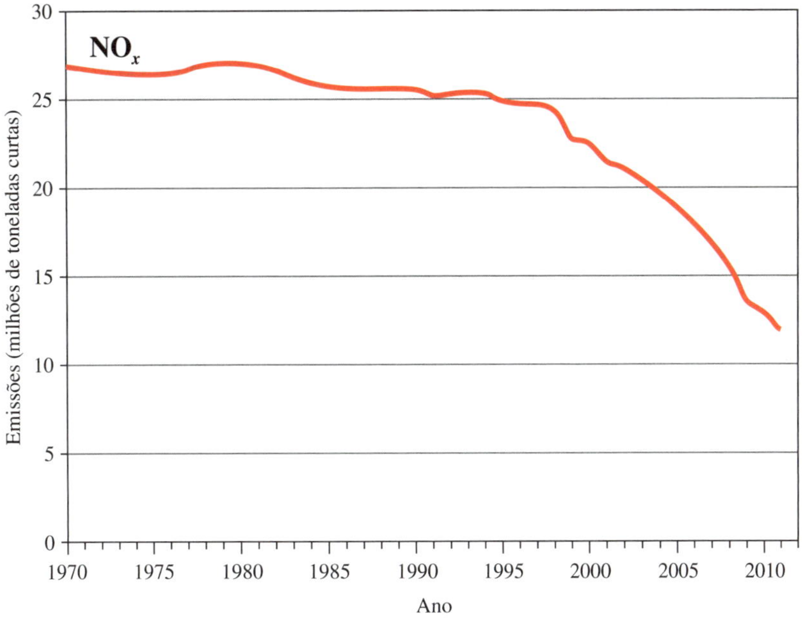

(a)

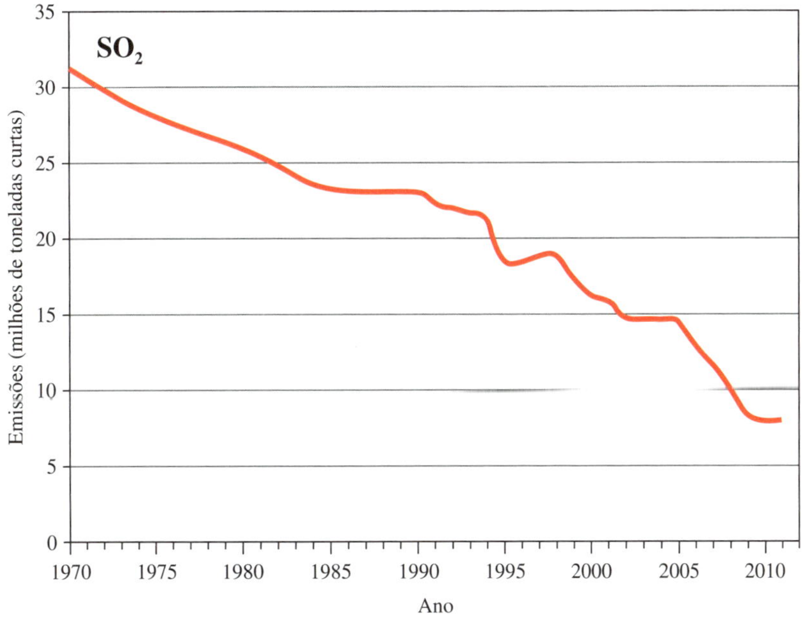

(b)

FIGURA 6.21 **(a)** Emissões de óxidos de nitrogênio nos EUA, 1970-2011. **(b)** Emissões de dióxido de enxofre nos EUA, 1970-2011. Nestes gráficos, os dados representam a soma da queima de combustíveis, transportes e processos industriais.

Fonte: EPA National Emissions Inventory.

Sua Vez 6.17 Emissões de NO_x e SO_2

A Figura 6.21 mostra as emissões de NO_x e SO_2 nos Estados Unidos em um período de quatro décadas. Que poluente diminuiu mais nesse período de tempo? Sugira uma razão para isso.

Globalmente, os níveis de NO_x e SO_2 também estão mudando com o tempo. Como as emissões de NO_x têm origem em milhões de fontes pequenas, não reguladas e móveis, elas são difíceis de acompanhar. Em contraste, as emissões de SO_2 podem ser estimadas com um grau razoável de acurácia. Dados nacionais de consumo de combustíveis fósseis e refino de minérios de metais que contêm enxofre tornam isso possível. Para obter uma estimativa, os pesquisadores começam pela quantidade de combustíveis fósseis (juntamente ao conteúdo de enxofre) produzido em um país, adicionam a quantidade de combustíveis fósseis importada e, por fim, subtraem as exportações. A refinação de metais é um pouco mais difícil de estimar porque a quantidade de enxofre liberada depende das tecnologias usadas (que nem sempre são conhecidas). Apesar disso, é possível chegar a conclusões usando esses tipos de dados.

Uma dessas estimativas, publicada em 2011, mostra boas novas – um declínio nas emissões mundiais de SO_2 nas duas últimas décadas. Nos anos 1970, a Europa Ocidental e a América do Norte partilhavam o título de maiores emissores do mundo. As emissões de dióxido de enxofre nos Estados Unidos e na Europa Ocidental diminuíram rapidamente como resultado de regulamentações ambientais.

Atualmente, o continente da Ásia lidera as emissões de SO_2. Em 1970, os Estados Unidos emitiram cerca de 30 milhões de toneladas de dióxido de enxofre e a China, cerca de 7 milhões. No começo do ano 2000, a China tornou-se claramente o líder global das emissões de SO_2. Entretanto, a China está fechando algumas fábricas a carvão e instalando tecnologias de redução das emissões de SO_2. As emissões anuais de SO_2 da China vêm diminuindo desde 2006.

A economia chinesa continua a crescer a uma taxa notável, em parte sustentada pelo apetite por bens manufaturados baratos dos países desenvolvidos. Para atender à procura maciça por eletricidade, a produção de carvão da China mais do que dobrou na primeira década deste século. A Índia parece ter ido pelo mesmo caminho, porque as necessidades de energia atrapalham seu crescimento econômico. O consumo de carvão da China em 2011 chegou a 50% do total do mundo, com os Estados Unidos em 14% e a Índia em 8%. A China e a Índia juntas, com um terço da população do mundo, tiveram um crescimento enorme no número de veículos a motor. Se só a China tivesse o mesmo número de carros por pessoa que têm os Estados Unidos, ela chegaria perto de alcançar o total mundial de mais de 1 bilhão de carros que estão hoje nas ruas. É claro que um modelo de crescimento descontrolado não é sustentável. Como resultado, muitas nações estão buscando fontes de eletricidade eólicas, geotérmicas e solares. Essas tecnologias, que produzem muito menos NO_x e SO_2, juntamente à conservação de energia, são essenciais para nosso planeta, agora e no futuro.

Mesmo tecnologias "verdes" produzem algum NO_x e SO_2. Esses gases são emitidos durante a manufatura, a instalação e o uso das turbinas de vento, células solares e linhas de transmissão de eletricidade.

6.11 Deposição de ácidos e seus efeitos sobre os materiais

Como vimos, grande parte das chuvas, dos nevoeiros, das neblinas e da neve dos Estados Unidos é mais ácida do que se esperaria na base da dissolução apenas do dióxido de carbono. Nos piores casos, a chuva, a névoa e o orvalho podem ter pH de 3,0 ou menos. Isso realmente importa? Para responder a essa questão, temos de saber alguma coisa sobre os efeitos da deposiçao de ácidos e quão sérios eles realmente são.

Estudos nacionais podem ajudar. Durante os anos 1980, o Congresso americano financiou um programa de pesquisas nacional chamado National Acid Precipitation Assessment Program (NAPAP). Cerca de 2000 cientistas estiveram envolvidos, com uma despesa total de US$ 500 milhões. O projeto foi completado em 1990 e os cientistas participantes prepararam um conjunto de 28 volumes de relatórios técnicos (NAPAP, *State of the Science and Technology,* 1991). Parte do material usado no resto deste capítulo foi retirada do Relatório do NAPAP. Outras informações foram retiradas das atas de uma conferência de 2001 intitulada "Chuva Ácida: os Problemas Estão Resolvidos?", patrocinada pelo Center for Environmental Information. O objetivo daquela conferência foi "colocar o problema da chuva ácida de volta à frente da agenda pública".

E nós concordamos – a chuva ácida deveria permanecer na agenda pública. Uma das razões é o dano que ela causa, outra é que ganharíamos com a redução de sua formação (Tabela 6.2). Nesta seção, descrevemos o efeito da chuva ácida em metais, estátuas e edifícios. Os efeitos da deposição de ácidos em seres vivos são explorados na seção seguinte.

Lembre-se de que vimos, no Capítulo 1, que cerca de 80% dos elementos da Tabela Periódica são metais. Muitos deles são sensíveis a danos causados pela precipitação de ácidos. Metais são tipicamente brilhantes e prateados. Bem, isso antes que fiquem manchados ou enferrujados.

Sua Vez 6.18 Metais e não metais

Consulte uma Tabela Periódica para classificar estes elementos como metais ou não metais. Dê também o símbolo químico deles.

a. ferro **b.** alumínio **c.** flúor
d. cálcio **e.** zinco **f.** oxigênio

Os metais e não metais foram definidos na Seção 1.6.

Embora a chuva ácida (pH 3-5) não afete todos os metais, infelizmente afeta o ferro. Pontes, trilhos de estradas de ferro e veículos de todos os tipos dependem do ferro e do aço que é feito dele. Vergas de aço são usadas para fortalecer edifícios de concreto e rodovias. Em muitas partes do país, grades e treliças de ferro decorativas ornamentam e protegem as cidades e residências rurais

Os metais usados em joalheria (ouro, prata e platina) não reagem com as chuvas ácidas.

TABELA 6.2 Efeitos da chuva ácida e benefícios de sua redução

Efeitos	Benefícios da recuperação
Materiais A deposição de ácidos contribui para a corrosão e deterioração de edifícios, objetos culturais e automóveis. Isso reduz seu valor e aumenta o custo de correção e reparação do estrago.	Menos danos a edifícios, objetos culturais e automóveis. Redução de custos futuros para corrigir e reparar esses danos. Veja a Seção 6.11.
Saúde humana O dióxido de enxofre e os óxidos de nitrogênio no ar aumentam as mortes por asma ou bronquite.	Menos visitas à Emergência, menos entradas nos hospitais e menos mortes. Veja a Seção 6.12.
Visibilidade Na atmosfera, o dióxido de enxofre e os óxidos de nitrogênio formam aerossóis de sulfato e nitrato que reduzem a visibilidade e afetam o aproveitamento de parques nacionais e paisagens.	Menos bruma, criando a possibilidade de ver as paisagens até uma distância maior e com mais clareza. Veja a Seção 6.12.
Águas superficiais Águas de superfície ácidas provocam danos na vida animal em lagos e rios. Nas situações mais drásticas, alguns ou todos os tipos de peixes e outros organismos marinhos morrem.	Menor nível de acidez nas águas superficiais e restauração da vida animal e vegetal nos lagos e rios mais severamente afetados. Veja a Seção 6.13.
Florestas A deposição de ácidos contribui para a degradação das florestas, impedindo o crescimento de árvores e aumentando sua susceptibilidade ao frio, à infestação de insetos e à seca. Ela também causa a lavagem e a diminuição dos nutrientes naturais do solo das florestas.	Menos tensão nas árvores, reduzindo os efeitos do frio, da infestação de insetos e da seca. Menos lavagem dos nutrientes do solo, melhorando, em geral, a saúde das florestas.

Fonte: Adaptado de Emission Trends and Effects in the Eastern U.S., *United States General Accounting Office, Report to Congressional Requesters, March, 2000.*

O problema com o ferro é que ele enferruja, como mostra esta equação química.

Esta é uma reação de oxidação-redução. Procure mais sobre esse tipo de reação no Capítulo 8.

$$4\,Fe(s) + 3\,O_2(g) \longrightarrow 2\,Fe_2O_3(s) \qquad [6.26]$$

Enferrujar é um processo lento. O ferro combina-se rapidamente com o oxigênio somente se você o aquece ou o faz entrar em ignição, com um sinalizador ou fogos de artifício. À temperatura normal, o processo de enferrujar envolve duas etapas que exigem a presença de íons hidrogênio. A equação 6.26 descreve o processo. O papel do H^+ está evidente na equação 6.27, a primeira etapa do processo. Nesta etapa, o metal ferro dissolve.

$$4\,Fe(s) + 2\,O_2(g) + 8\,H^+(aq) \longrightarrow 4\,Fe^{2+}(aq) + 4\,H_2O(l) \qquad [6.27]$$

Mesmo a água pura (pH = 7) tem concentração de H^+ suficiente para provocar a ferrugem. Na presença de ácido, o processo é muito acelerado. Na segunda etapa, o $Fe^{2+}(aq)$ reage com o oxigênio.

$$4\,Fe^{2+}(aq) + O_2(g) + 4\,H_2O(l) \longrightarrow 2\,Fe_2O_3(s) + 8\,H^+(aq) \qquad [6.28]$$

A adição das duas etapas leva à equação 6.26. O produto sólido, Fe_2O_3, é o familiar material marrom avermelhado que chamamos de ferrugem.

Sua Vez 6.19 A ferrugem adiciona

Some as equações 6.27 e 6.28 para chegar à reação de formação da ferrugem (equação 6.26).

Sua Vez 6.20 Cuidado com as cargas!

Em nosso planeta, o elemento ferro ocorre em várias formas químicas diferentes. Nesta seção, mencionamos três: Fe, Fe^{2+} e Fe^{3+}.

a. Qual dessas três é o metal ferro, brilhante, tão familiar?
b. Com relação ao metal ferro, o Fe^{2+} ou o Fe^{3+} ganharam elétrons externos (de valência)? Se for o caso, qual deles e quantos elétrons?
c. Algum deles perdeu elétrons de valência? Se for o caso, qual deles e quantos elétrons?

Resposta
b. Com relação ao Fe, nem o Fe^{2+} nem o Fe^{3+} ganharam elétrons externos.

Como o ferro é inerentemente instável quando exposto ao ambiente natural, bilhões de dólares são gastos anualmente para proteger o ferro e o aço expostos em pontes, carros, edifícios e barcos. A pintura é o meio mais comum de proteção, mas a tinta degrada, especialmente quando exposta à chuva e a gases ácidos. Revestir o ferro com uma fina camada de um segundo metal como crômio (Cr) ou zinco (Zn) é outro meio de proteção.

A pintura dos automóveis pode ser manchada ou esburacada pela deposição ácida. Para impedir o dano, os fabricantes de automóveis estão usando tintas resistentes a ácidos. É uma ironia que os automóveis emitam o produto químico que danifica sua pintura. Siga o NO da descarga do seu carro e você descobrirá que esse produto de reação (ácido nítrico) eventualmente acaba em gotas que atingem o teto do seu carro.

Mármore e calcário se dissolvem em condições ácidas. O processo é análogo ao que acontece com os mariscos durante a acidifação dos oceanos (Seção 6.5).

A chuva ácida também danifica as estátuas e monumentos de mármore. Por exemplo, os que estão no Gettysburg National Battlefield sofreram danos irreparáveis. A Figura 6.22 mostra uma estátua, reconhecível mas muito deteriorada, de George Washington na cidade de Nova York. O mármore é um calcário composto principalmente de carbonato de cálcio, $CaCO_3$, que se dissolve lentamente na presença de íons hidrogênio.

$$CaCO_3(s) + 2\,H^+(aq) \longrightarrow Ca^{2+}(aq) + CO_2(g) + H_2O(l) \qquad [6.29]$$

FIGURA 6.22 A chuva ácida danificou esta estátua de calcário de George Washington. Ela foi erguida na cidade de Nova York em 1944.

Sua Vez 6.21 Danos no mármore

O mármore pode conter carbonato de magnésio e carbonato de cálcio.

a. Escreva uma equação química análoga à equação 6.29 para a reação da chuva ácida com o carbonato de magnésio.

b. O mármore nunca contém bicarbonato de sódio. Explique por quê.
Sugestão: Veja, na Seção 5.8, a solubilidade em água dos compostos iônicos.

Sua Vez 6.22 Danos do SO_2

Suponha que o ácido representado na equação 6.29 por $H^+(aq)$ é o ácido sulfúrico. Escreva a equação balanceada da reação do ácido sulfúrico com o mármore.

Os visitantes do Lincoln Memorial em Washington, D.C., aprendem que as enormes estalactites que crescem nas salas sob o memorial são o resultado da chuva ácida corroendo o mármore, um material que contém carbonato de cálcio ou de magnésio, ou ambos. Outros monumentos do leste dos Estados Unidos estão tendo o mesmo destino. Algumas lápides de calcário não são mais legíveis. Pelo mundo afora, muitas estátuas de mármore, inestimáveis e insubstituíveis, e edifícios estão sendo atacados por ácidos do ar (Figura 6.23). O Partenon, na Grécia, o Taj Mahal, na Índia, e as ruínas maias em Chichén Itzá mostram sinais de erosão por ácidos. Ironicamente, parte da deposição ácida nesses lugares se deve ao NO_x produzido por ônibus de turismo e outros veículos com muito pouco controle de emissões.

Estude Isto 6.23 Deterioração e danos

Reexamine a Figura 6.22. Embora seja tentador culpar a chuva ácida pelos danos, outros agentes também podem ser responsáveis. Procure outros culpados possíveis utilizando fotos do capitólio norte-americano, cortesia de um site sobre a chuva ácida fornecido pelo United States Geological Survey. Que tipos de danos as fotos evidenciam? O que provoca os danos da chuva ácida? O que mais causou a deterioração?

FIGURA 6.23 A chuva ácida não reconhece fronteiras geográficas ou políticas. Ela desgastou as ruínas maias em Chichén Itzá, México.

Estude Isto 6.24 Chuva ácida no globo

As preocupações com relação à chuva ácida variam no planeta. Muitos países na América do Norte e Europa têm sites que tratam da chuva ácida. Escolha um país. Quais são os problemas do país que você selecionou? A deposição ácida tem origem fora do país? Como seu exemplo liga-se à tragédia dos comuns?

6.12 Deposição ácida, névoa e saúde humana

Névoa! Esse fenômeno, com frequência uma indicação de deposição ácida, é o resultado de gotículas ou partículas sólidas em suspensão no ar. Se você vive em uma área urbana congestionada, pode ver frequentemente a névoa se olhar para os edifícios longínquos de uma longa avenida. Se você mora no campo, deve ter familiaridade com a névoa de verão que algumas vezes baixa sobre os campos. Os passageiros de aviões, quando olham para baixo durante o voo, às vezes notam que o aspecto e as cores da paisagem estão embaçados. Ironicamente, você fica mais consciente da névoa no dia claro em que parece que é possível enxergar além do horizonte.

As causas da névoa são bem compreendidas, mas elas são diferentes em cada região. Em grandes cidades como Pequim, China (Figura 6.24), as termoelétricas a carvão produzem a fumaça e os particulados que, por sua vez, criam a névoa. Nas regiões rurais, um conjunto diferente de particulados, inclusive poeira do solo e as cinzas de fogões de lenha, provoca a névoa.

No leste ou no oeste, as termoelétricas a carvão emitem NO_x e SO_2. Embora ambos ajudem a formar névoas, para ilustrar a deposição ácida vamos nos concentrar no último. Como já vimos, o carvão contém uns poucos por cento de enxofre e, quando ele é queimado, um fluxo contínuo de dióxido de enxofre é liberado. O dióxido de enxofre é incolor, logo esse gás não é a "névoa" que estamos examinando. Na verdade, SO_2 é o precursor dessa névoa.

Consideremos uma molécula de SO_2 que sai da alta chaminé de uma termoelétrica a carvão. Quando ela é arrastada pelo vento, forma em várias etapas um aerossol de ácido sulfúrico. A primeira etapa é a reação do SO_2 com o oxigênio para formar SO_3, como vimos na equação 6.18. O trióxido de enxofre também é um gás incolor, mas ele é **higroscópico**, isto é, absorve facilmente água da atmosfera e a retém. Em uma segunda etapa, a molécula de SO_3 reage rapidamente com uma molécula de água para formar ácido sulfúrico (veja a equação 6.12).

Aerossóis ácidos de ácido nítrico também se formam a partir de NO_x.

FIGURA 6.24 A Cidade Proibida em Pequim, China, vista em dois dias diferentes.

Sua Vez 6.25 Gotículas de ácido

Para revisar a química do enxofre que descrevemos, escreva um conjunto de equações químicas que comece com o enxofre elementar do carvão e, eventualmente, produza ácido sulfúrico.

Muitas moléculas de ácido sulfúrico formam gotículas que podem coalescer e produzir gotas maiores. Essas gotas formam um aerossol quando atingem cerca de 1 micrômetro ($1\ \mu m = 10^{-6}$ m) de diâmetro. Essas gotas de ácido sulfúrico não absorvem a luz do sol, elas a espalham (refletem), reduzindo a visibilidade. Os aerossóis de ácido sulfúrico, que podem persistir por vários dias, são capazes de viajar centenas de milhas levados pelo vento, fazendo a névoa se espalhar muito. Além disso, essas pequenas gotas de ácido são suficientemente estáveis para entrar em nossos edifícios e contaminar o ar que respiramos dentro de casa.

Você talvez já tenha ouvido falar de aerossóis de sulfato. Lembre-se de que o ácido sulfúrico, H_2SO_4, ioniza e produz H^+, HSO_4^- e SO_4^{2-}. É possível medir cada um deles em um aerossol. Esses aerossóis ácidos podem reagir com bases e produzir sais que contêm o íon sulfato. Tipicamente, essa base é a amônia ou, em água, o hidróxido de amônio. Portanto, as partículas ou gotas de um aerossol podem ser uma mistura de ácido sulfúrico, sulfato de amônio, $(NH_4)_2SO_4$, e hidrogenossulfato de amônio, $(NH_4)HSO_4$. Relatar a concentração dos íons sulfato e hidrogenossulfato (de preferência ao pH) dá uma melhor indicação de quanto ácido sulfúrico estava presente no início.

Sua Vez 6.26 Aerossóis de sulfato

Para revisar a química ácido-base que acabamos de descrever, escreva equações químicas balanceadas para mostrar como os compostos de sulfato formam aerossóis. Escreva reagentes e produtos na forma hidratada, não dissociadas em íons. Por exemplo, represente o ácido sulfúrico como $H_2SO_4(aq)$.

a. A reação do ácido sulfúrico com hidróxido de amônio para formar hidrogenossulfato de amônio e água.
b. A reação do ácido sulfúrico com hidróxido de amônio para formar sulfato de amônio e água.
Sugestão: Isso exige 2 mols de base.

O sol do verão tem um papel na geração do radical hidroxila na atmosfera, o que por sua vez catalisa a conversão de SO_2 em SO_3.

Durante estações quentes e secas, os incêndios naturais também contribuem para a névoa.

A névoa é mais pronunciada no verão quando há mais luz solar para acelerar as reações fotoquímicas que levam à produção do ácido sulfúrico. Como resultado, a visibilidade média no leste dos Estados Unidos está agora em cerca de 20 milhas e ocasionalmente mais baixa, até 1 milha. Em contraste, a visibilidade nos estados do oeste caiu da faixa visual natural de cerca de 200 milhas para 100 milhas ou menos. Onde antigamente você poderia ver as montanhas distantes 100 milhas, agora elas podem ter desaparecido atrás da névoa. A visibilidade em muitos parques nacionais, incluindo o Yellowstone, o Grand Canyon e as Great Smoky Mountains, foi afetada.

Nos Estados Unidos, o Clean Air Act de 1970 e emendas posteriores incluíram cláusulas visando a melhorar a visibilidade em parques nacionais. Embora os padrões tivessem sido estabelecidos por lei federal, os estados estavam encarregados da implementação, mas a visibilidade continuou a cair nos parques nacionais. Nos últimos dias de sua presidência, Bill Clinton assinou uma lei autorizando a EPA a estabelecer regras que ajudassem a limpar os céus dos parques nacionais e de áreas silvestres. Esses regulamentos, chamados de Regional Haze Rule (1999), exigiam que as centenas de termoelétricas antigas que emitiam grandes quantidades de SO_2, NO_x e particulados reequipassem suas usinas com controles de poluição. Um conjunto final de emendas, o Clean Air Visibility Rule, foi assinado em 15 de junho de 2005 pelo então presidente George W. Bush.

Estude Isto 6.27 Névoa em Mount Rainier?

Veja por você mesmo, ao vivo na Internet, a névoa (ou a falta dela) no Mount Rainier. Dezenas de outros lugares têm também câmeras ligadas à web, e a EPA divulga uma lista deles.

a. Durante o dia, procure várias câmeras para ver o que está acontecendo.
b. Investigue a qualidade do ar de um lugar de sua escolha. Alguns sites fornecem essa informação juntamente a fotografias das câmeras. Você também pode obter essa informação no site da EPA AIRNow.
c. Como a qualidade do ar se correlaciona com a visibilidade?

Quando você pode ver a névoa no horizonte, está provavelmente respirando-a também. Ao serem inaladas, as gotículas de ácido atacam o tecido sensível de seus pulmões. Pessoas com asma, enfisema e doenças cardiovasculares são os mais sensíveis. As taxas de mortalidade podem aumentar, especialmente entre aqueles que sofrem de bronquite e pneumonia. Mesmo pessoas em boa saúde sentem os efeitos irritantes dos aerossóis ácidos. Por isso, respirar o ar contaminado com aerossóis de sulfato e ácido sulfúrico com certeza vem com uma conta do médico! O baixo custo da eletricidade obtida com a queima de carvão não leva em conta os custos para a comunidade dos efeitos sobre a saúde provocados pelas emissões de NO_x e SO_2.

Uma diminuição nos níveis de aerossóis ácidos beneficiaria muitos, tanto financeiramente quanto em qualidade de vida. O problema é que os custos e a economia não estão diretamente ligados aos mesmos grupos. A indústria tem de pagar para limpar e as pessoas têm de pagar a conta do médico. O governo, é claro, tem de pagar ambos.

A Clean Air Visibility Rule de 2005, da EPA, deveria alcançar "benefícios substanciais da saúde na faixa de 8,4 a 9,8 bilhões de dólares por ano – prevenindo 1600 mortes prematuras estimadas, 2200 ataques do coração não fatais, 960 entradas em hospitais e mais de 1 milhão de dias de escola e trabalho perdidos". A razão custo-benefício é, portanto muito favorável. Para alguns, a questão é: "Quem paga a conta e quem fica com o benefício?" Para companhias lutando para reduzir as emissões, modernizar velhos equipamentos definitivamente tem um custo: mas há economia também. Menos emissões traduzem-se em comunidades mais saudáveis (incluindo empregados), com menos custos com a saúde e menos dias perdidos de trabalho. Em termos da Linha de Base Tripla, reduzir as emissões significa ecossistemas mais saudáveis, comunidades mais saudáveis e economias mais saudáveis.

Linha de Base Tripla: economias mais saudáveis, ecossistemas mais saudáveis e comunidades mais saudáveis. Para mais sobre a Linha de Base Tripla, veja o Capítulo 0.

Historicamente, o ar poluído teve um preço enorme. Um dos piores episódios registrados de doenças respiratórias ligadas à poluição ocorreu em Londres em 1952. Períodos de ar poluído por névoa não eram nada desconhecidos nas Ilhas Britânicas, onde chaminés de fábricas tinham expelido fumaça no ar por várias centenas de anos. Contudo, em dezembro de 1952, o tempo estava mais frio do que o usual, e as pessoas estavam queimando grande quantidade de carvão rico em enxofre nas lareiras de suas casas. Devido a condições incomuns do tempo, uma grande camada de névoa desenvolveu-se e prendeu a fumaça e os poluentes por cinco dias, fazendo a visibilidade cair a praticamente zero. O terrível aerossol causou mais de 4000 mortes, 900 vidas por dia durante seu pico.

Em 1948, ocorrera um incidente semelhante em Donora, Pensilvânia, uma cidade com uma siderúrgica ao sul de Pittsburgh. Uma camada de névoa prendeu poluentes industriais junto ao solo. Ao meio-dia, os céus tinham escurecido por um aerossol sufocante de névoa e fumaça (Figura 6.25). Um bombeiro de 81 anos de idade que levou oxigênio de porta em porta às vítimas declarou: "pode parecer dramático ou exagerado, mas não se podia ver quase nada". Altas concentrações de ácido sulfúrico e outros poluentes logo causaram doenças generalizadas. Durante a névoa, 17 pessoas morreram, seguindo-se mais quatro depois. Embora Donora e Londres tenham sido incidentes extremos e ocasionais, as pessoas ainda respiram hoje ar altamente poluído. A EPA americana e a Organização Mundial da Saúde estimam que atualmente 625 milhões de pessoas ainda estão expostas a níveis insalubres de SO_2 liberados na queima de combustíveis fósseis. Com

20 DEAD IN SMOG;
RAIN CLEARING AIR
AS MANY QUIT AREA

Officials Study Cause of Plague
Apparently Borne by Heavy
Atmosphere in Donora, Pa.

(a) (b)

FIGURA 6.25 **(a)** Manchete de um jornal de 1948 de Donora, Pensilvânia. (Tradução: Névoa mata 20; chuva limpa área que já está sendo evacuada. As autoridades estudam a causa da praga que foi aparentemente trazida pela pesada atmosfera que atingiu Donora, Pa.) **(b)** Donora ao meio-dia durante a névoa mortal de 1948.

efeito, residentes da moderna Datong, China, o centro mineiro de carvão do país, relataram que a qualidade do ar no inverno é tão ruim que "mesmo durante o dia, as pessoas têm de dirigir com os faróis ligados".

Embora as névoas ácidas possam ser, de imediato, perigosas para a saúde, a preocupação pública sobre os efeitos indiretos da deposição ácida está crescendo. Por exemplo, as solubilidades de certos metais tóxicos, incluindo chumbo, cádmio e mercúrio, aumentam significativamente na presença de ácidos. Esses elementos ocorrem naturalmente na Terra, com frequência ligados fortemente nos metais que compõem o solo e as rochas. Dissolvidos em água acidificada e levados aos depósitos públicos, esses metais podem ameaçar seriamente a saúde.

Está claro que há uma ligação entre a queima de combustíveis fósseis, a precipitação ácida e a saúde humana. Um artigo escrito na revista *Science* em 2001 por um grupo internacional de autores descreveu francamente a situação deste modo: "A cada dia que as políticas de redução da queima de combustíveis fósseis forem pospostas, as mortes e doenças relacionadas à poluição do ar aumentarão". Essas palavras são tão verdadeiras hoje como em 2001. Os custos com a saúde pública serão reduzidos se pudermos respirar ar mais limpo.

Do mesmo modo, estudos da EPA estimaram que as reduções de SO_2 e da poluição por aerossóis ácidos associada exigida pelas emendas ao Clean Air Act de 1990 deveriam resultar, com o tempo, na economia de bilhões de dólares nos gastos com a saúde. A economia viria principalmente da redução dos custos de tratamento de doenças pulmonares como asma e bronquite e da redução das mortes prematuras.

6.13 Danos a lagos e rios

Os humanos não são as únicas criaturas que pagam os custos da precipitação ácida. Organismos das águas superficiais do mundo experimentam uma alteração de ambiente quando a precipitação ácida atinge lagos e rios. Os lagos saudáveis têm pH de 6,5 ou ligeiramente maior. Se o pH cai abaixo de 6,0, os peixes e outras vidas aquáticas são afetadas (Figura 6.26). Somente algumas poucas espécies resistentes podem sobreviver abaixo de pH 5,0. Abaixo de pH 4,0, os lagos tornam-se essencialmente ecossistemas mortos.

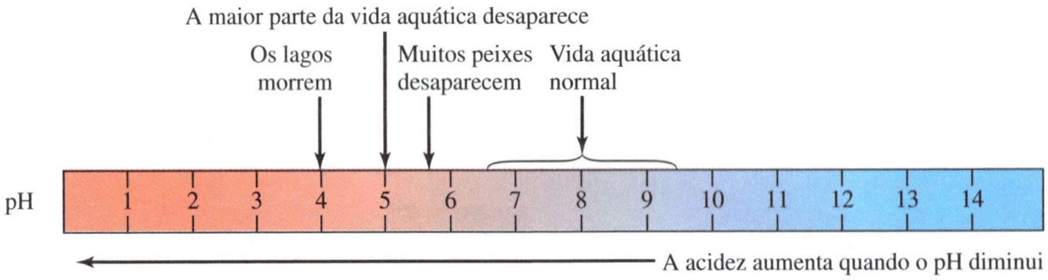

FIGURA 6.26 Vida aquática e pH.

Numerosos estudos ligaram a progressiva acidificação dos lagos e rios em certas regiões geográficas à redução das populações de peixes. Na Noruega e na Suécia, onde o problema foi primeiramente observado, um quinto dos lagos não tem mais peixes, e metade dos rios não tem trutas marrons. No sudeste do Ontário, o pH médio dos lagos está agora em 5,0, bem abaixo do pH 6,5 de um lago saudável. Na Virgínia, mais de um terço dos riachos de trutas fica temporariamente ácido ou corre o risco de ficar.

Muitas áreas do Meio-Oeste americano não têm problemas com a acidificação de lagos ou rios, ainda que essa região seja uma fonte significativa de precipitação ácida. Esse paradoxo aparente pode ser explicado facilmente. Quando a precipitação ácida cai em um lago ou escorre para ele, o pH cai (fica mais ácido), a menos que o ácido seja neutralizado ou de algum modo usado pela vegetação do entorno. Em certas regiões, os solos vizinhos contêm bases que podem neutralizar o ácido. A capacidade de um lago ou outra massa de água de resistir a uma redução do pH é chamada de **capacidade de neutralização do ácido**. A superfície de grande parte do Meio-Oeste contém calcário, $CaCO_3$. Em consequência, os lagos dessa região têm uma alta capacidade de neutralização do ácido porque o calcário reage lentamente com a chuva ácida, como já vimos com as estátuas e monumentos de mármore (equação 6.29).

Mais importante, os lagos e rios também têm uma concentração relativamente altas de íons cálcio e hidrogenocarbonato. Isso ocorre em consequência da reação do calcário com o dióxido de carbono e a água.

$$CaCO_3(s) + CO_2(g) + H_2O(l) \longrightarrow \underset{\text{íon cálcio}}{Ca^{2+}(aq)} + \underset{\text{íon hidrogenocarbonato}}{2\,HCO_3^-(aq)} \qquad [6.30]$$

Como o ácido é consumido pelos íons carbonato e hidrogenocarbonato, o pH do lago permanece mais ou menos constante.

Sua Vez 6.28 O íon bicarbonato

O íon hidrogenocarbonato produzido na equação 6.30 também pode aceitar um íon hidrogênio.

a. Escreva a equação química.
b. O íon hidrogenocarbonato está funcionando como um ácido ou como uma base?

Resposta
a. $HCO_3^-(aq) + H^+(aq) \longrightarrow H_2CO_3(aq) \longrightarrow CO_2(g) + H_2O(l)$

Em contraste com o Meio-Oeste, muitos lagos da Nova Inglaterra e nordeste de New York (bem como na Noruega e na Suécia) são circundados por granito, uma rocha dura, impenetrável e muito menos reativa. A menos que outros processos locais estejam acontecendo, esses lagos têm capacidade de neutralização do ácido muito pequena. Em consequência, muitos deles apresentam acidificação gradual.

Portanto, compreender a acidificação dos lagos é muito mais complicado do que medir simplesmente o pH e a capacidade de neutralização do ácido. Um nível de complexidade é adicionado pelas variações anuais. Em alguns anos, por exemplo, as pesadas neves de inverno persistem até a primavera e então fundem rapidamente. Em consequência, a água resultante pode ser mais ácida do que o usual, porque ela contém todos os depósitos ácidos retidos nas neves de inverno. Uma carga de acidez pode entrar no corpo de água exatamente quando os peixes estão desovando ou nascendo, estando mais vulneráveis. Nas Montanhas Adirondack, no norte de Nova York, cerca de 70% dos lagos sensíveis estão sob risco de acidificação episódica, em comparação com uma percentagem bem menor, afetada cronicamente (19%). Nos Appalachians, o número de lagos episodicamente afetados (30%) é sete vezes o dos cronicamente afetados.

Quando, se algum dia, os lagos se recuperarão? A boa notícia é que as emissões de SO_2 nos EUA diminuíram recentemente, e ocorreu uma redução correspondente nas concentrações de íon sulfato nos lagos dos Adirondacks. Entretanto, ainda que as emissões de NO_x tenham permanecido razoavelmente constantes, as concentrações de nitratos nos Adirondacks está aumentando na maior parte dos lagos. Assim, aparentemente ocorreu saturação do nitrogênio na vegetação circundante, com mais ácido chegando aos lagos. O solo da região desses lagos provavelmente perdeu parte de sua capacidade de neutralização do ácido.

Observações recentes são contraditórias. Em 2011, a EPA relatou ao Congresso que desde 1994 "somente 10% a mais dos rios da região central dos Appalachians estão protegidos dos danos ecológicos provocados pela deposição ácida". Entretanto, a EPA também reconhece algumas melhoras. Por exemplo, o número dos lagos dos Adirondacks em que a deposição ácida excede a capacidade de neutralização do ácido foi reduzido em um terço entre 1991 e 2008.

Conclusão

Emissões de óxidos ácidos – dióxido de carbono, dióxido de enxofre e óxidos de nitrogênio – estão afetando a acidez dos oceanos, das chuva, dos lagos e rios de todo o mundo. Nos Estados Unidos, "chuva ácida" já não é a terrível praga descrita pelos ambientalistas e jornalistas, mas também não pode ser ignorada. Foi suficientemente séria a ponto de ser criada uma lei federal, o Clean Air Act Amendments de 1990, com o intuito de reduzir as emissões de SO_2 e NO_x, precursores da deposição ácida.

Se você aprendeu alguma coisa neste capítulo, esperamos que tenha sido o reconhecimento de que problemas complexos não podem ser resolvidos por estratégias simples ou simplistas. Qualquer problema em reconhecer as relações entrelaçadas que envolvem a combustão de carvão e gasolina, a produção de óxidos de carbono, enxofre e nitrogênio e o pH reduzido da água do mar, das neblinas e precipitações é negar alguns fatos fundamentais da química. Conhecimento da ecologia e dos sistemas biológicos também é necessário para que a deposição ácida possa ser compreendida no contexto de ecossistemas completos, uma tarefa que requer a colaboração de especialistas de diversas disciplinas.

A saúde pública também está em jogo. As análises econômicas revelam que alocar fundos para reduzir emissões de enxofre e nitrogênio dará um enorme retorno em termos de taxas de mortalidade mais baixas, menos doenças e melhor qualidade de vida.

Uma resposta que nós, indivíduos e sociedade, poderíamos dar aos problemas de acidificação dos oceanos e precipitação ácida foi muito pouco explorada neste capítulo, embora seja potencialmente uma das mais poderosas: conservar energia e fazer a transição para fontes de energia que não usem a combustão. Dióxido de carbono, dióxido de enxofre e óxidos de nitrogênio são subprodutos de nossa demanda de energia, especialmente para eletricidade e transporte. Se nosso apetite pessoal, nacional e global por combustíveis fósseis continuar a crescer sem limites, nosso ambiente poderá tornar-se bem mais quente e bem mais ácido. O problema pode piorar com a redução da oferta de petróleo e carvões com pouco enxofre tornando-nos mais dependentes do carvão com muito enxofre.

Existem outras fontes de energia – fissão nuclear, água, vento, biomassa renovável e o próprio Sol. Elas todas estão sendo utilizadas e seu uso com certeza aumentará. Exploraremos a fissão nuclear no próximo capítulo. Porém, concluímos este capítulo com a modesta sugestão de que, por muitas razões, a conservação da energia pela indústria e coletivamente pelos indivíduos poderia ter efeitos benéficos profundos em nosso ambiente.

Resumo do capítulo

Tendo estudado este capítulo, você deveria ser capaz de:

- Definir os termos *ácido* e *base* e saber como usar essas definições para distinguir ácidos e bases (6.1–6.3)
- Representar a dissociação (ionização) de ácidos e bases usando equações químicas (6.1–6.2)
- Escrever reações de neutralização para ácidos e bases (6.3)
- Classificar soluções como ácidas, básicas ou neutras de acordo com seu pH ou suas concentrações de H^+ e OH^- (6.3–6.4)
- Calcular valores de pH conhecendo as concentrações de íons hidrogênio ou hidróxido na forma de 1×10 elevado a números inteiros (6.4)
- Comparar o pH da água pura, da chuva comum, da chuva ácida e da água do mar (6.4)
- Usar equações química para relacionar níveis crescentes de ácido carbônico na água do mar à dissolução de conchas de carbonato de cálcio (6.5)
- Localizar em um mapa dos Estados Unidos onde cai a chuva mais ácida (6.6)
- Explicar o papel dos óxidos de enxofre e de nitrogênio na produção de chuva ácida (6.7–6.8)
- Comparar as causas da acidificação dos oceanos e da precipitação ácida (6.5–6.8)
- Explicar porque N_2 é um elemento relativamente inerte. Descrever formas diferentes de nitrogênio reativo e como elas são produzidas na natureza e pelos humanos. Usar o ciclo do nitrogênio para explicar os efeitos em cascata do nitrogênio reativo (6.9)
- Descrever como a produção industrial de amônia e a deposição ácida de nitratos contribuem para o acúmulo de nitrogênio reativo em nosso planeta (6.9)
- Listar as diferentes fontes de NO_x e SO_2 e explicar as variações dos níveis desses poluentes nos últimos 30 anos (6.10)
- Descrever a produção de aerossóis ácidos e seus efeitos em materiais de construção e na saúde humana (6.12)
- Explicar por que o controle da chuva ácida é um sábio investimento em termos dos benefícios para a saúde humana (6.12)
- Explicar a saturação por nitrogênio e suas consequências nos lagos (6.13)

Questões

Ênfase nos fundamentos

1. Este capítulo começa com uma discussão da acidificação do oceano.
   a. A água do mar contém muitos sais, inclusive o cloreto de sódio. Escreva sua fórmula química.
   b. O cloreto de sódio é solúvel em água. Que processo químico ocorre quando cloreto de sódio sólido se dissolve? *Sugestão*: Veja a Seção 5.8.
   c. O cloreto de sódio é um eletrólito? Explique.
2. Carbonato de cálcio é outro sal. Escreva sua fórmula química. Você esperaria que o carbonato de cálcio fosse solúvel ou insolúvel em água? *Sugestão*: Veja a Seção 5.8.
3. O dióxido de carbono é um gás de nossa atmosfera.
   a. Qual é sua concentração aproximada?
   b. Por que sua concentração na atmosfera está crescendo?
   c. Desenhe a estrutura de Lewis da molécula de CO_2.
   d. Você esperaria que o dióxido de carbono fosse muito solúvel em água? Explique.
4. O termo *emissões antropogênicas* foi usado na seção de abertura deste capítulo. Explique seu significado.
5. a. Desenhe a estrutura de Lewis da molécula de água.
   b. Desenhe estruturas de Lewis para os íons hidrogênio e hidróxido.
   c. Escreva uma reação química que relacione as três estruturas das partes **a** e **b**.
6. a. De nomes e fórmulas químicas para cinco ácidos de sua escolha.
   b. Nomeie três propriedades observáveis geralmente associadas com ácidos.
7. Escreva uma equação química que mostre a liberação de um íon hidrogênio de uma molécula destes ácidos.
   a. $HBr(aq)$, ácido bromídrico
   b. $H_2SO_3(aq)$, ácido sulfuroso
   c. $HC_2H_3O_2(aq)$, ácido acético
8. a. Dê nomes e fórmulas químicas para cinco bases de sua escolha.
   b. Nomeie três propriedades observáveis geralmente associadas com bases.
   c. Desenhe estruturas de Lewis para as espécies da equação 6.5b.
9. Escreva uma equação química que mostre a liberação de um íon hidróxido de uma molécula destas bases em água.
   a. $KOH(s)$, hidróxido de potássio
   b. $Ba(OH)_2(s)$, hidróxido de bário
10. Que gás dissolvido em água produz estes ácidos?
    a. ácido carbônico, H_2CO_3
    b. ácido sulfuroso, H_2SO_3
11. Para estes íons: nitrato, sulfato, carbonato e amônio.
    a. Dê a fórmula química de cada um.
    b. Escreva uma equação química na qual o íon (em água) apareça como produto.
12. Escreva uma equação química balanceada para cada reação ácido-base.
    a. Hidróxido de potássio neutralizado por ácido nítrico.
    b. Ácido clorídrico neutralizado por hidróxido de bário.
    c. Ácido sulfúrico neutralizado por hidróxido de amônio.
13. Em cada par abaixo, $[H^+]$ é diferente. Por que fator de 10?
    a. pH = 6 e pH = 8
    b. pH = 5,5 e pH = 6,5
    c. $[H^+] = 1 \times 10^{-8}$ M e $[H^+] = 1 \times 10^{-6}$ M
    d. $[OH^-] = 1 \times 10^{-2}$ M e $[OH^-] = 1 \times 10^{-3}$ M
14. Classifique estas soluções em água como ácida, neutra ou básica.
    a. $HI(aq)$
    b. $NaCl(aq)$
    c. $NH_4OH(aq)$
    d. $[H^+] = 1 \times 10^{-8}$ M
    e. $[OH^-] = 1 \times 10^{-2}$ M
    f. $[H^+] = 5 \times 10^{-7}$ M
    g. $[OH^-] = 1 \times 10^{-12}$ M
15. Calcule, para as partes **d** e **f** da questão 14, a $[OH^-]$ que corresponde à $[H^+]$ dada. Para as partes **e** e **g**, calcule a $[H^+]$.
16. Qual destes tem a concentração mais *baixa* de íons hidrogênio: HCl 0,1 M, NaOH 0,1 M, H_2SO_4 0,1 M ou água pura? Explique sua resposta.
17. Escreva uma equação química balanceada para a reação de enxofre elementar mostrada na Figura 6.13.
18. Imagine que o carvão pode ser representado pela fórmula química $C_{135}H_{96}O_9NS$.
    a. Qual é a percentagem por massa do nitrogênio no carvão?
    b. Se 3 toneladas de carvão são queimadas, que massa de nitrogênio na forma de NO é produzida?
    c. Na verdade, mais NO do que você calculou é produzido. Explique.
19. Em 2010, os Estados Unidos queimaram cerca de 1 bilhão de toneladas de carvão. Supondo que o carvão tivesse 2% de enxofre por peso, calcule a massa de dióxido de enxofre emitida.
20. A chuva ácida pode danificar estátuas de mármore e materiais de construção de calcário. Escreva uma equação química balanceada usando um ácido de sua escolha.
21. Calcule a quantidade, em toneladas, de $CaCO_3$ necessária para reagir completamente com 1,00 tonelada de SO_2.

22. Um produto de jardinagem chamado de cal dolomítica (dolomite lime, em inglês) é composto por pequenas lascas de calcário que contêm carbonato de cálcio e carbonato de magnésio. O produto tem como "objetivo ajudar o jardineiro a corrigir o pH de solos ácidos", porque é uma "fonte valiosa de cálcio e magnésio".

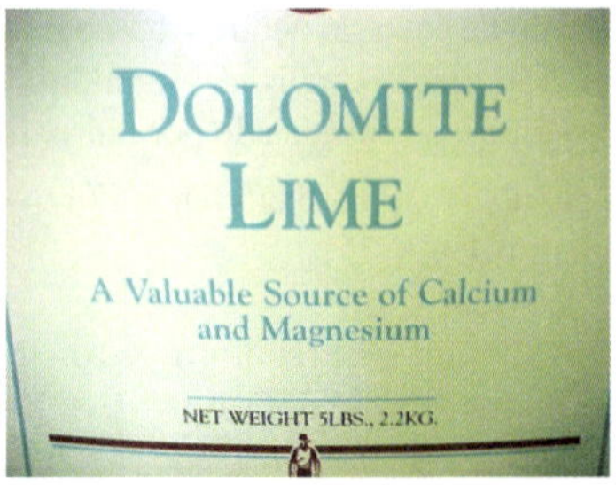

a. O "cálcio" está na forma de íons cálcio ou metal cálcio?
b. Escreva uma equação química que mostre por que o calcário "corrige" o pH de solos ácidos.
c. A adição de cal dolomítica faz o pH aumentar ou cair?
d. Não se deve dar cal dolomítica a plantas como rododendros, azaleias e camélias. Explique.

Foco nos conceitos

23. O professor James Galloway, um especialista em chuva ácida, escreveu: "A atividade humana não está fazendo com que o mundo fique ácido, mas com que ele fique mais ácido".
a. Explique por que o mundo é naturalmente ácido.
b. Explique como os humanos estão fazendo com que o mundo fique mais ácido.
c. Uma grande parte de nosso planeta é básica. Qual? *Sugestão*: Consulte a Figura 6.4.

24. Um repórter noticiou que os oceanos são ácidos e que estavam ficando ainda mais ácidos. Que mensagem você mandaria para a estação de rádio?

25. Supondo que o oceano continue a ser acidificado na mesma velocidade que o foi durante os últimos 200 anos, quanto tempo levará para que ele realmente fique ácido?

26. Suponha que você tem uma nova bicicleta de montanha e acidentalmente derramou refrigerante carbonatado no guidom metálico e na pintura.
a. Os refrigerantes são mais ácidos do que a chuva ácida. Quantas vezes mais? *Sugestão*: Consulte a Figura 6.4.
b. Apesar da maior acidez, o líquido derramado não vai danificar nem o guidom metálico nem a pintura (embora o açúcar não faça muito bem às engrenagens). Por que não ocorrerá dano?

27. a. No rótulo de uma garrafa de xampu, o que significa "pH balanceado"?
b. A informação "pH balanceado" influenciaria sua decisão de comprar um determinado xampu? Explique.

28. Julgando pelo sabor, você acha que existem mais íons hidrogênio em um copo de suco de laranja ou em um de leite? Explique seu raciocínio.

29. A fórmula do ácido acético, o ácido do vinagre, pode ser escrita como $HC_2H_3O_2$. Muitos químicos preferem escrever CH_3COOH.
a. Desenhe a estrutura de Lewis do ácido acético.
b. Mostre que que as duas fórmulas representam o ácido acético.
c. Quais são as vantagens e desvantagens de cada uma delas?
d. Quantos átomos de hidrogênio da molécula do ácido acético podem ser liberados como íons hidrogênio? Explique.

30. Os anúncios de televisão e revistas exaltam os benefícios dos antiácidos. Um amigo sugere que um modo de ficar rico depressa seria comercializar tabletes "antibase". Explique a seu amigo qual é o propósito dos antiácidos e dê-lhe um bom conselho sobre o sucesso potencial de tabletes "antibase".

31. No Sua Vez 6.7, você listou os íons que estão em soluções de ácidos, bases e sais comuns em água. Adicione a esse grupo a água, uma espécie molecular.
a. Liste todas as espécies moleculares e iônicas na ordem decrescente de concentração existentes em uma solução 1,0 M de NaOH em água.
b. Liste todas as espécies moleculares e iônicas na ordem decrescente de concentração existentes em uma solução 1,0 M de HCl em água.

32. Muitos gases, incluindo CO, CO_2, O_3, NO, NO_2, SO_2 e SO_3, são associados ao escapamento de motores de jatos.

a. Quais desses gases os motores de jatos emitem *diretamente*?
b. Quais deles se formam secundariamente, isto é, são resultado das emissões da parte **a**?

33. A Figura 6.14 fornece informações sobre as emissões de SO_2 na queima de combustíveis (principalmente na produção de eletricidade) e no transporte. A Figura 6.16 dá informações sobre as emissões de NO_x na queima de combustíveis (novamente, principalmente na produção de eletricidade) e no transporte. Como, relativamente à queima de combustíveis e transporte, as emissões de SO_2 e NO_x diferem? Explique a diferença.

34. *Massas* quase iguais de SO_2 e NO_x são produzidas pelas atividades humanas nos Estados Unidos.
   a. Como sua produção se compara em *mols*? Suponha que todo o NO_x produzido é NO_2.
   b. Sugira razões pelas quais a percentagem de emissões globais nos EUA é maior para NO_x do que para SO_2.

35. Os compostos reativos de nitrogênio afetam a biosfera diretamente e indiretamente por meio de outros produtos químicos que ajudam a formar.
   a. Nomeie um efeito direto dos compostos reativos de nitrogênio que seja benéfico.
   b. Nomeie dois efeitos diretos dos compostos reativos de nitrogênio que sejam danosos para a saúde humana.
   c. A formação de ozônio é um efeito indireto danoso. Explique a ligação entre os compostos reativos de nitrogênio e a formação de ozônio.

36. Explique por que a chuva é naturalmente ácida, mas nem toda chuva é classificada como "chuva ácida".

37. Alguns jornais locais dão previsões para pólen, Índice UV e qualidade do ar. Por que você acha que nenhuma previsão para chuva ácida é dada?

38. Abaixo estão exemplos do que um indivíduo pode fazer para reduzir a chuva ácida. Em cada caso, explique a ligação com a produção de chuva ácida.
   a. Pendurar a roupa para secar.
   b. Ir para o trabalho a pé, de bicicleta ou de transporte público
   c. Evitar o uso de lavadoras de pratos e máquinas de lavar roupa com carga pequena.
   d. Colocar mais isolamento em aquecedores de água e canos.
   e. Comprar legumes, frutas e verduras da região e alimentos produzidos no local.

39. Como vimos na Seção 6.6, as amostras de chuva são agora analisados para a acidez no Central Analytical Laboratory, em Illinois, e não diretamente no campo.
   a. Os valores de pH tendem a ser ligeiramente maiores no laboratório do que no campo. A acidez aumentou ou diminuiu?
   b. Especule sobre as causas do aumento do pH

40. Falando em medidas no campo, em janeiro de 2006 os que viviam na área metropolitana de St. Louis experimentaram uma tempestade severa de granizo. Pedras de granizo eram visíveis um dia depois, como se vê na foto. Uma professora de química obteve amostras do granizo, analisou-as em seu laboratório e relatou um pH de 4,8.

   a. Como esse pH se compara com as precipitações normais na área de St. Louis? E com os níveis de acidez mais a leste e oeste de St. Louis?
   b. Que fatores poderiam levar à chuva ácida em St. Louis?

41. O Mammoth Cave National Park, em Kentucky está perto de termoelétricas a carvão no Ohio Valley. Notando isso, a National Parks Conservation Association (NPCA) relatou que este parque nacional tem a pior visibilidade dentre todos os do país.
   a. Qual é a ligação entre termoelétricas a carvão e a baixa visibilidade?
   b. A NPCA relatou que "a chuva média no Mammoth Cave National Park é 10 vezes mais ácida do que a natural". Com essa informação e as do texto, estime o pH da chuva no parque.

42. Nos Estados Unidos, nas últimas poucas décadas, as emissões de amônia da agricultura aumentaram dramaticamente, embora menos no leste do que no oeste.
   a. Mostre, com uma equação química, que a amônia dissolve na chuva para formar uma solução básica.
   b. Escreva a reação de neutralização da chuva que contém amônia e ácido nítrico.
   c. Sulfato de amônio também é encontrado na chuva. Escreva uma equação química que mostre como ele se formou.

43. O ozônio da troposfera é um poluente indesejável, mas o da estratosfera é benéfico. Será que o oxido nítrico, NO, também tem "dupla personalidade" nessas regiões atmosféricas? Explique. *Sugestão*: Consulte o Capítulo 2.

44. A massa de CO_2 emitida durante as reações de combustão é muito maior do que as de NO_x ou SO_2, mas há menos preocupação sobre as contribuições de CO_2 à chuva ácida do que sobre os dois outros óxidos. Sugira duas razões para essa aparente inconsistência.

45. O pH médio da precipitação em New Hampshire e Vermont é baixo, ainda que esses estados tenham relativamente menos carros e praticamente nenhuma indústria que emita grandes quantidades de poluentes do ar. Como você explica esse pH baixo?

46. As emissões globais de enxofre são reconhecidamente difíceis de estimar, e você encontrará uma faixa de valores na literatura sobre o assunto. A figura mostra um conjunto para 1850-2005. São estimativas de um trabalho publicado em 2011. Gg corresponde a gigagramas, ou 1×10^{12} gramas.

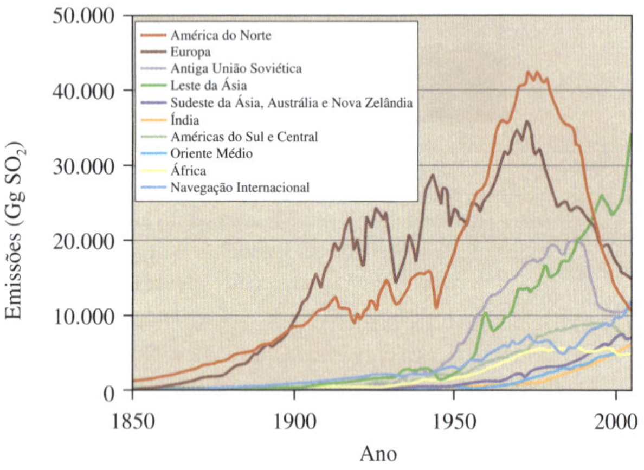

Fonte: S. J. Smith, J. van Aardenne, Z. Klimont, R. J. Andres, A. Volke, and S. Delgado Arias, *Atmos. Chem. Phys.*, 2011, 3: 1101–16.

a. De acordo com a figura, em que anos as emissões de enxofre chegaram ao máximo?
b. Dê razões para o declínio nos anos mais recentes.
c. Em 2005, que região do mundo contribuiu mais para as emissões de enxofre?
d. Que regiões eram os maiores contribuintes no começo dos anos 1970?

47. A química do NO na atmosfera é complicada. O NO pode destruir ozônio, como vimos no Capítulo 2. Contudo, lembre-se, do Capítulo 1, de que o NO pode reagir com O_2 para formar NO_2. Por sua vez, o NO_2 pode reagir sob a luz do Sol para produzir ozônio. Resuma essas reações, anotando em que região da atmosfera cada uma delas ocorre.

48. a. Esforços para controlar a poluição do ar limitando a emissão de particulados e poeira podem, às vezes, contribuir para o aumento da acidez da chuva. Ofereça uma possível explicação para essa observação. *Sugestão*: Esses particulados podem conter compostos básicos de cálcio, magnésio, sódio e potássio.
b. No Capítulo 2, os cristais de gelo estratosféricos na Antártica foram envolvidos no ciclo que levou à destruição do ozônio. Esse efeito está relacionado com as observações da parte **a**? Explique.

Exercícios avançados

49. Discuta a validade da declaração "A névoa fotoquímica é um assunto local, a chuva ácida é regional e o efeito de estufa aumentado é global". Descreva a química que está atrás de cada problema. Você acredita que a sua magnitude é de alcance tão diferente?

50. Em termos de sabor, pH e quantidade de gás dissolvido, como a água carbonatada é diferente da água que contém dióxido de carbono dissolvido?

51. O composto $Al(OH)_3$ contém OH em sua fórmula química. Entretanto, não escrevemos uma reação análoga à equação 6.4. Explique. *Sugestão*: Consulte uma tabela de solubilidade.

52. Em Sua Vez 6.7, você listou os íons existentes em soluções de ácidos, bases e sais comuns em água. Na questão 31, você adicionou substâncias moleculares à lista. Para quantificar essa lista,
a. calcule a concentração molar de todas as espécies moleculares e iônicas de uma solução 1,0 M de NaOH.
b. calcule a concentração molar de todas as espécies moleculares e iônicas de uma solução 1,0 M de HCl.

53. A reação química em que NO reage para formar NO_2 na atmosfera (veja a equação 6.20) envolve as espécies intermediárias A′ e A″. Eis possíveis estruturas.

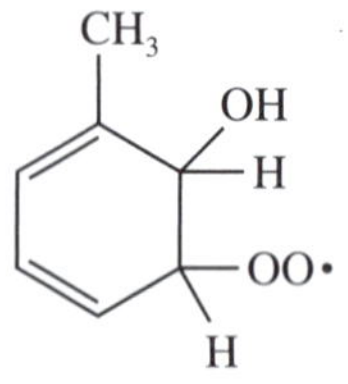

A′

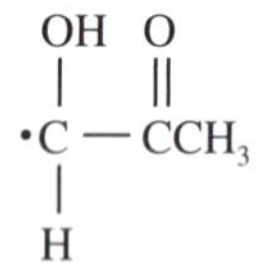

A″

a. O que o ponto (•) representa? Redesenhe o átomo com o ponto para mostrar todos os elétrons de valência, com os pares de ligação e de não ligação. *Sugestão*: Esse átomo não tem um octeto de elétrons.
b. Nomeie uma propriedade química que A′ e A″ têm em comum

54. A equação 6.19 mostra que energia (na forma de um motor quente ou outra fonte de calor) deve ser adicionada a N_2 e O_2 para que reajam e formem NO. Um estudante deseja verificar essa asserção e determinar quanta energia é necessária. Mostre ao estudante como isso pode ser feito. *Sugestão*: Desenhe as estruturas de Lewis dos reagentes e produtos, notando que NO não tem um número par de elétrons. A energia de ligação da ligação dupla N=O é 607 kJ/mol.

55. Este capítulo descreve uma solução de química verde para reduzir as emissões de NO nas manufaturas de vidro.
    a. Identifique a estratégia.
    b. Que outras indústrias poderiam fazer também uso dessa estratégia de química verde?

56. Um modo de comparar a capacidade de neutralização de ácido de substâncias diferentes é calcular a massa da substância necessária para neutralizar 1 mol de íons hidrogênio, H^+.
    a. Escreva uma equação balanceada para a reação de $NaHCO_3$ com H^+. Use-a para calcular a capacidade de neutralização de ácido do $NaHCO_3$.
    b. Se $NaHCO_3$ custa US$ 9,50/kg, determine o custo de neutralizar um mol de H^+.

Capítulo 7

Os fogos da fissão nuclear

Cartaz com um anúncio do Madison Area Technical College (MATC, agora chamado de Madison College), Madison, WI.

*N. de T.: Tradução: "Evite a radiação prejudicial. Venha para a aula. Escola de verão do MATC"

Você deveria prestar atenção a este cartaz? Com certeza, pelo menos em parte. Cobrir-se ou ficar na sombra faz todo sentido quando os raios ultravioleta do Sol são mais agressivos. Como vimos no Capítulo 2, certos comprimentos de onda danificam muitas das formas de vida de nosso planeta, incluindo os humanos. A luz ultravioleta, em particular, pode causar catarata, envelhecer e danificar a pele e até levar ao câncer.

Como veremos na Seção 7.4, a palavra *radiação* pode significar radiação eletromagnética, que vimos no Capítulo 2, ou radiação nuclear, dependendo do contexto.

Ainda assim, não há necessidade de evitar toda radiação. Na verdade, você não poderia fazer isso mesmo se tentasse! Por exemplo, a radiação infravermelha, que sentimos como calor, nos aquece. A radiação visível – as cores do arco-íris – banha nosso mundo durante o dia.

Você deveria evitar a radiação nuclear? De maneira geral, sim, embora não seja tão fácil como pode parecer. Substâncias que emitem radiação nuclear são naturais em nosso planeta e você se depara com elas diariamente. Além disso, você não está treinado para detectar esses radioisótopos. Por exemplo, uma xícara de café recém-feito batizado com trício estaria, é claro, muito quente ao toque, mas não devido ao trício! Seu café não brilharia no escuro para revelar a radioatividade, embora você provavelmente sentisse a "energia" característica da cafeína depois de bebê-lo. Definitivamente, seu café não faria tique-taque, ainda que o trício que está nele esteja decaindo de acordo com seu próprio relógio nuclear. Além disso, você não poderia detectar a radioatividade pelo sabor. Então, embora a maior parte das pessoas possa ver as raízes de uma árvore e não tropeçar nelas, ouvir a sirene de uma ambulância ou sentir o calor do Sol na pele, elas não têm a menor ideia da proximidade de uma substância radioativa. Na verdade, as pessoas nem sabiam da existência da radioatividade até o começo dos anos 1900.

Trício é o hidrogênio-3 ou ^{3}H, um isótopo radioativo do elemento hidrogênio. Os outros dois isótopos do hidrogênio (^{1}H e ^{2}H) não são radioativos.

Precisamos de um sexto sentido para detectar a radiação nuclear? Ocasionalmente, essa capacidade seria útil. Por exemplo, todos nós seríamos beneficiados pela capacidade de sentir a radiação nuclear emitida pelo radônio. Como um gás inerte inodoro, incolor e insípido, o radônio não tem características químicas que nos alertem de sua presença. No entanto, como vimos no Capítulo 1, ele causa câncer de pulmão. Poderíamos evitá-lo mais facilmente se pudéssemos detectá-lo.

E os isótopos radioativos de uma usina nuclear vizinha? Seria útil poder detectá-los com nossos sentidos também? Possivelmente. Mais importante, isso leva a várias questões relacionadas. Que radioisótopos existem em um reator nuclear? Esses radioisótopos passam para os terrenos vizinhos? Se isso acontece, quais e quanto? Devemos nos preocupar com isso?

Questões como essas merecem respostas, que, por sua vez, dependem do conhecimento do comportamento das substâncias radioativas, da fissão nuclear e das usinas nucleares. Hoje, a energia nuclear está nas manchetes devido a seu possível ressurgimento e porque os reatores nucleares não emitem gases de efeito estufa nem poluentes como o dióxido de enxofre e o monóxido de nitrogênio.

Os partidários e os oponentes da energia nuclear têm hoje excelentes argumentos para sustentar sua posição. Por exemplo, uma análise **do-berço-até-o-berço** oferece um retrato mais inclusivo dos custos econômicos, ambientais e sociais do uso de um reator nuclear, porque leva em conta o que acontece do momento em que o minério de urânio é extraído até o destino final do combustível nuclear esgotado. Essa análise não inclui apenas os altos custos de construção, mas também a desativação do reator nuclear.

O termo *do-berço-até-o-berço* foi apresentado no Capítulo 0. No caso da energia nuclear, do-berço-até-o-túmulo pode ser mais apropriado, porque todo lixo nuclear é hoje estocado e não serve de "berço" para outras coisas.

A desativação (fechamento) de uma usina nuclear é uma operação complexa. Todas as partes devem ser analisadas para contaminação radioativa e removidas de acordo com critérios muito estritos.

Deveríamos construir mais usinas nucleares? A resposta depende de a quem você pergunta e quando. Alguns oponentes de longa data da energia nuclear estão agora a favor, assim como, alguns que a apoiavam agora questionam seus custos sociais para nossa geração e para as que virão.

Os cidadãos (e políticos) que apoiam ou se opõem à energia nuclear devem tratar de algumas questões reais e urgentes. Se não for com a energia nuclear, como vamos produzir eletricidade daqui para a frente? Os benefícios das usinas nucleares suplantam os custos e riscos? Como devemos tratar o lixo que os reatores nucleares produzem? Podemos impedir o desvio de materiais nucleares para bombas atômicas? A energia nuclear é sustentável?

Como vimos em capítulos anteriores, ciência e questões econômicas e sociais estão fortemente ligadas. Na próxima seção, apresentaremos uma visão geral da energia nuclear. Contudo, antes de começar, pedimos que você examine a própria posição.

Estude Isto 7.1 Sua opinião sobre a energia nuclear

a. Tendo a escolha entre comprar eletricidade gerada em uma usina nuclear ou em uma termoelétrica a carvão, qual você escolheria? Explique.

b. Que circunstâncias, se for o caso, fariam você mudar de ideia sobre o uso da energia nuclear para gerar eletricidade?

Guarde suas respostas, porque voltaremos a elas no fim do capítulo.

7.1 A energia nuclear no mundo

Temos uma demanda alta de eletricidade (e cafeína).

A maioria das pessoas acende a luz sem pensar na fonte de energia que produziu a eletricidade para tal. Outros, especialmente os que ficaram sem eletricidade devido a uma tempestade ou um apagão, podem não ter a eletricidade garantida. Eles conhecem muito bem a sensação de apertar o botão e continuar no escuro.

Digamos que você ligou sua cafeteira. Nos Estados Unidos, cerca de um quinto da eletricidade vem de uma usina nuclear. Já na França, Bélgica ou Suécia, a percentagem é ainda maior. Em qualquer caso, é possível fazer o seu café!

As nações mundo afora diferem no quanto empregam a energia nuclear para gerar eletricidade. Por exemplo, nos Estados Unidos, 20% da energia elétrica comercial são produzidas por um pouco mais de 100 reatores nucleares, todos licenciados pela Nuclear Regulatory Commission. Desde 2012, esses reatores estavam operando em 65 localidades de 31 estados. Como você pode ver na Figura 7.1, a eletricidade gerada por essas usinas nucleares aumentou com os anos, apesar da queda do número de reatores desde o seu pico de 112, em 1990.

Quando você estiver fazendo seu café daqui a uma década, de onde virá a eletricidade? A energia nuclear certamente será uma das fontes. Embora nenhuma usina

O aumento da potência com o tempo na Figura 7.1 foi consequência da maior eficiência dos reatores e da modernização dos componentes.

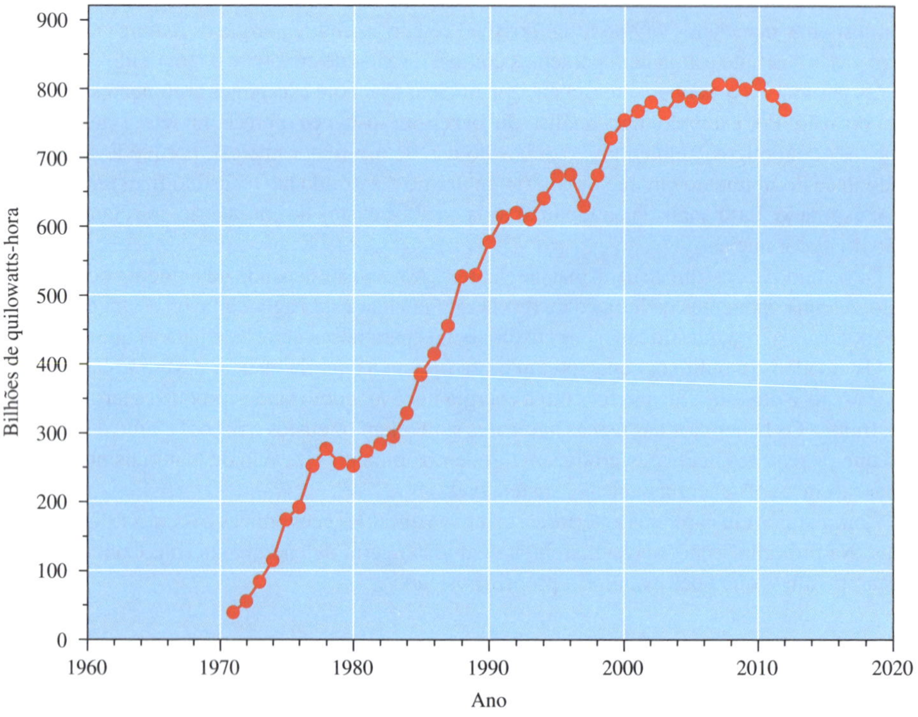

FIGURA 7.1 Geração de energia nuclear nos Estados Unidos, 1971-2012.
Fonte: Energy Information Administration (EIA).

tenha sido construída nos Estados Unidos desde 1978, vários reatores estão em construção em usinas existentes. Desde 2013, eles incluem duas novas unidades na Geórgia, em Plant Vogtle, que, eventualmente, tornarão essa usina nuclear a maior dos Estados Unidos. A construção de mais duas unidades também continua na Carolina do Sul, na usina nuclear Virgil C. Summer. No Tennessee, a construção da segunda unidade em Watts Bar foi retomada.

Muitas usinas nucleares são como Plant Vogtle (Figura 7.2), gerando eletricidade com múltiplos reatores. Outro exemplo, a usina de Palo Verde, mostrada em Estude Isto 7.11, tem três reatores.

Estude Isto 7.2 Energia nuclear nos Estados Unidos

Este mapa mostra em azul os 31 estados com usinas nucleares.

a. Selecione um estado e prepare um resumo sobre suas usinas nucleares, sua produção de eletricidade e quaisquer alterações já propostas.
b. Em 2011, Vermont era o estado com a maior percentagem de energia nuclear (72,5%). Procure na Internet outros estados em que a produção de eletricidade inclua pelo menos um terço de energia nuclear.
c. Selecione um estado no mapa que não tenha usinas nucleares. Como sua eletricidade é gerada?

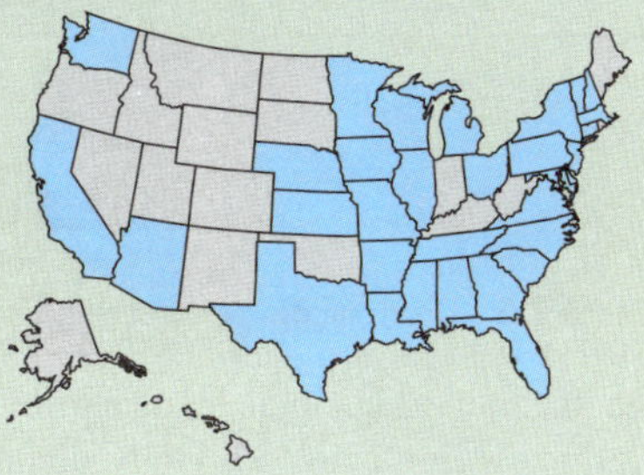

Os terrenos usados na construção de novas usinas nucleares são imensos. Eles cobrem centenas de acres, empregam milhares de trabalhadores e são verdadeiras cidades. O terreno de construção em Plant Vogtle, visto na Figura 7.2, tem até sua própria ferrovia!

A construção e a operação contínua de uma usina nuclear comercial não é só uma questão de fornecimento e demanda de energia; elas incluem a aceitação do público. Dependendo de sua idade, você talvez conheça pouco sobre as controvérsias em torno de algumas usinas nucleares que foram primeiramente propostas nos anos 1970. As pessoas ficaram de um lado ou de outro da cerca nuclear por algum tempo. De que lado você está?

FIGURA 7.2 Vista aérea do terreno de 550 acres em que estão sendo construídas as unidades 3 e 4 da usina nuclear de Vogtle (março de 2012).

Fonte: Southern Company, Inc. Reimpresso com permissão.

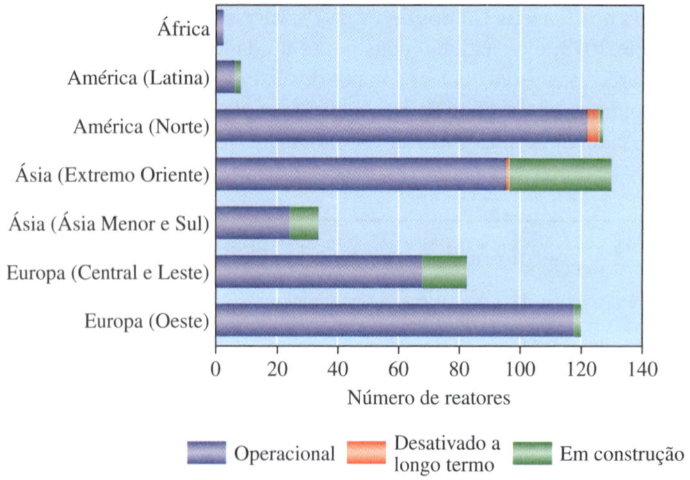

FIGURA 7.3 Distribuição mundial de usinas nucleares, incluindo as que estão em construção (agosto de 2012).

Fonte: International Atomic Energy Agency.

Estude Isto 7.3 Cartazes nucleares

Como você pode ver nesta foto tirada durante a construção da usina nuclear Seabrook, em New Hampshire (1977), cartazes são uma forma de marcar posição. Se uma usina nuclear estivesse sendo construída hoje perto de sua comunidade, o que diria o seu cartaz?

Qual é o grande retrato da energia nuclear no mundo? Em uma palavra, mudança. Em parte, as mudanças vêm da demanda crescente de energia. O desenvolvimento comercial importante da energia nuclear está claramente na agenda de muitas nações. Por exemplo, embora a Índia só gerasse 3,7% de sua eletricidade em 20 reatores em 2011, a construção de 7 novas usinas estava em curso, com outras planejadas ou propostas. Em 2011, a China tinha 16 reatores nucleares operacionais, com mais 26 em construção, além de outros planejados ou propostos.

Entretanto, embora algumas nações estejam se movendo na direção do aumento da energia nuclear, outras estão cautelosas ou mesmo se afastando delas. Mais recentemente, a cautela aumentou como resultado do terremoto de 2011, em Tohoku, com o tsunami que o acompanhou e danificou quatro reatores na usina nuclear Fukushima Daiichi, no Japão.

Veja mais sobre a usina nuclear Fukushima Daiichi na Seção 7.5.

Estude Isto 7.4 Vizinhos nucleares

a. Onde estão localizados os reatores nucleares? Escreva um parágrafo que sintetize os dados da Figura 7.3.
b. Nomeie três países que não têm reatores nucleares comerciais.
c. Sugira razões de por que alguns países desenvolvem a energia nuclear mais do que outros.

Embora esteja claro que as usinas nucleares produzem eletricidade, ainda não descrevemos como isso ocorre. Na próxima seção, passamos para o tópico da fissão nucelar, dando, assim, o primeiro passo da explicação das controvérsias e dos anseios pela energia nuclear como fonte de eletricidade.

7.2 Como a fissão produz energia

A chave para entender a fissão é provavelmente a equação mais famosa de todas as ciências naturais, $E = mc^2$. Ela data dos primeiros anos do século XX e é uma das muitas contribuições de Albert Einstein (1879-1955). Ela resume a equivalência da energia, E, e da matéria, ou massa, m. O símbolo c representa a velocidade da luz, $3{,}0 \times 10^8$ m/s, logo, c^2 é $9{,}0 \times 10^{16}$ m^2/s^2. O grande valor de c^2 significa que deveria ser possível obter uma quantidade tremenda de energia a partir de uma pequena quantidade de matéria, em uma usina de eletricidade ou em uma arma.

Por mais de 30 anos, a equação de Einstein foi uma curiosidade. Os cientistas acreditavam que ela descrevia a fonte da energia do Sol, mas até onde as pessoas sabiam, ninguém na Terra jamais havia observado a transformação de uma fração substancial de matéria em energia. No entanto, em 1938, dois cientistas alemães, Otto Hahn (1879–1968) e Fritz Strassmann (1902–1980), fizeram uma descoberta. Quando bombardearam urânio com nêutrons, encontraram o que parecia ser o elemento bário (Ba) dentre os produtos. A observação era inesperada, porque o bário tem o número atômico 56 e massa atômica de cerca de 137. Valores comparáveis do urânio são 92 e 238, respectivamente. No começo, os cientistas estavam tentados a concluir que o elemento era o rádio (Ra, número atômico 88), membro do mesmo grupo da Tabela Periódica do bário. Contudo, para Hahn e Strassmann, a evidência química para o bário era muito convincente para ser ignorada.

Os cientistas alemães estavam incertos sobre como o bário poderia ter sido formado a partir do urânio e mandaram uma cópia de seus resultados a sua colega Lise Meitner (1878–1968) para que desse uma opinião (Figura 7.4). Ela havia colaborado com Hahn e Strassmann em uma pesquisa relacionada, mas foi forçada a fugir da Alemanha em março de 1938 por causa do governo nazista. Quando recebeu a carta, estava vivendo na Suécia. Ela discutiu os estranhos resultados com seu sobrinho, físico, Otto Frisch (1904–1979), quando estavam passeando na neve. Em um momento de clareza ela entendeu. Sob a influência dos nêutrons do bombardeio, os átomos de urânio estavam se dividindo em outros menores como o bário. Os núcleos dos átomos pesados estavam se dividindo, como células biológicas em fissão binária.

A palavra *fissão*, da biologia, foi aplicada a um fenômeno físico na carta que Meitner e Frisch publicaram em 11 de fevereiro de 1939 no periódico inglês *Nature*. Na carta, intitulada "Desintegração do Urânio por Nêutrons: Um Novo Tipo de Reação Nuclear", os autores declaravam o seguinte:

> Hahn e Strassmann foram forçados a concluir que isótopos de bário formam-se em consequência do bombardeamento do urânio com nêutrons. À primeira vista, esse resultado parece ser muito difícil de compreender. Na base, porém, das presentes ideias sobre o comportamento dos núcleos pesados, um quadro inteiramente diferente

FIGURA 7.4 Retrato de Lise Meitner tirado logo após sua chegada em Nova York em janeiro de 1946.

desses novos processos de desintegração se autossugere. Parece portanto possível que o núcleo de urânio possa, após a captura de nêutrons, dividir-se em dois núcleos com aproximadamente o mesmo tamanho. O processo total de "fissão" pode então ser descrito de forma essencialmente clássica.

Embora com apenas uma página, essa carta foi imediatamente reconhecida por seu significado. Na verdade, seria difícil pensar em uma comunicação científica mais importante. Niels Bohr (1885–1962), um eminente físico dinamarquês, teve a notícia diretamente de Frisch e levou em um navio uma cópia da carta para os Estados Unidos vários dias antes de sua publicação. Poucas semanas após a carta de Meitner e Frisch em *Nature* vir a público, cientistas em dezenas de laboratórios em vários países confirmaram que a energia liberada pela quebra dos átomos de urânio era a prevista pela equação de Einstein. As contribuições de Lise Meitner para a descoberta da fissão nuclear foram reconhecidas quando o elemento 109 ganhou o seu nome, meitnerium.

A **fissão nuclear** é a quebra de um núcleo pesado em núcleos menores com liberação de energia. A energia é liberada porque a massa total dos produtos é ligeiramente menor do que a massa total dos reagentes. A despeito do que você possa ter aprendido, nem a matéria nem a energia se conservam individualmente. A matéria desaparece e uma quantidade equivalente de energia aparece. Alternativamente, pode-se ver a matéria como uma forma muito concentrada de energia. E em nenhum lugar ela é mais concentrada do que no núcleo atômico. Lembre-se de que um átomo é principalmente espaço vazio. Se um núcleo de hidrogênio tivesse o tamanho de uma bola de beisebol, seu elétron seria encontrado em uma esfera de meia milha de diâmetro. Como praticamente toda a massa do átomo está associada com o núcleo, ele é incrivelmente denso. Com efeito, uma caixinha de fósforos cheia de núcleos atômicos pesaria mais de 2,5 bilhões de toneladas! Dada a equivalência energia-massa da equação de Einstein, o conteúdo de energia de todos os núcleos é, em termos relativos, imenso.

Somente os núcleos de certos elementos quebram-se e apenas em certas condições. Três fatores determinam se um certo núcleo se quebrará: seu tamanho, o número de prótons e nêutrons que contém e a energia dos nêutrons usados no bombardeio para iniciar a fissão. Por exemplo, átomos relativamente leves e estáveis como oxigênio, cloro e ferro não se quebram. Núcleos muito pesados podem sofrer fissão espontânea. Átomos pesados como os do urânio sofrem fissão se bombardeados por nêutrons com dureza suficiente. Notavelmente, um dos isótopos do urânio sofre fissão com nêutrons de velocidade mais moderada, como os empregados no reator de uma usina nuclear.

Vamos olhar mais de perto o urânio. *Todos* os átomos de urânio contêm 92 prótons. Se os átomos são eletricamente neutros, os prótons são acompanhados por 92 elétrons. Na natureza, o urânio é encontrado predominantemente na forma de dois isótopos. O mais abundante (99,3%) contém 146 nêutrons. O número de massa deste isótopo de urânio é 238, isto é, 92 prótons mais 146 nêutrons. Representamos esse isótopo como urânio-238 ou, mais simplesmente, U-238. O isótopo menos abundante, o U-235 (0,7%), contém 143 nêutrons e 92 prótons.

Os termos *número de massa* e *isótopo* foram apresentados na Seção 2.2.

Sua Vez 7.5 Outro isótopo do urânio

Quantidades traço de um terceiro isótopo, U-234, também são encontradas na natureza. Como U-238 e U-234 se comparam em termos de número de prótons e de nêutrons?

Mais comumente, especificamos um isótopo pelo número de massa e pelo número atômico. O primeiro é um sobrescrito e o outro, um subscrito, ambos escritos à esquerda do símbolo químico. Usando essa convenção, urânio-238 torna-se:

Número de massa = número de prótons + número de nêutrons ⟶ 238
Número atômico = número de prótons ⟶ 92

$$^{238}_{92}\mathrm{U}$$

De modo semelhante, U-235 é escrito como $^{235}_{92}U$. Embora $^{235}_{92}U$ e $^{238}_{92}U$ tenham apenas três nêutrons de diferença, isso corresponde a uma diferença essencial nas propriedades *nucleares*. Nas condições existentes em um reator nuclear, $^{238}_{92}U$ *não sofre* fissão, mas $^{235}_{92}U$ sofre.

O processo da fissão nuclear é iniciado por nêutrons e libera nêutrons, como se pode ver no exemplo.

$$ {}^{1}_{0}n + {}^{235}_{92}U \longrightarrow [{}^{236}_{92}U] \longrightarrow {}^{141}_{56}Ba + {}^{92}_{36}Kr + 3\,{}^{1}_{0}n \qquad [7.1] $$

Examinemos os componentes, da esquerda para a direita. Inicialmente, um nêutron atinge o núcleo de U-235. Esse nêutron, ${}^{1}_{0}n$, tem um subscrito de 0, indicando que não há carga positiva. O sobrescrito é 1 porque o número de massa de um nêutron é 1. O núcleo de ${}^{235}_{92}U$ captura o nêutron, formando um isótopo mais pesado de urânio, ${}^{236}_{92}U$. Este isótopo está entre colchetes para indicar que ele só existe momentaneamente. O urânio-236 quebra-se imediatamente em dois átomos menores (Ba-141 e Kr-92), liberando três outros nêutrons.

As equações nucleares são semelhantes mas não são o mesmo que as equações químicas "regulares". Para balancear uma equação nuclear, você tem de contar os prótons e nêutrons, não os átomos, como você faria em uma equação química. Uma equação nuclear está balanceada se a soma dos subscritos (e dos sobrescritos) à esquerda são iguais à soma deles à direita. Os coeficientes das equações nucleares, como o 3 que precede o ${}^{1}_{0}n$ na equação 7.1, são tratados como nas equações químicas, multiplicando o termo que o segue. Por exemplo, estude a matemática para ver que a equação nuclear 7.1 está balanceada.

	Esquerda	Direita
Sobrescritos:	$1 + 235 = 236$	$141 + 92 + (3 \times 1) = 236$
Subscritos:	$0 + 92 = 92$	$56 + 36 + (3 \times 0) = 92$

Quando o núcleo de um átomo de U-235 é atingido por um nêutron, formam-se muitos produtos diferentes de fissão. A próxima atividade o familiariza com duas outras possibilidades.

Sua Vez 7.6 Outros exemplos de fissão

Com a ajuda de uma Tabela Periódica, escreva estas duas equações nucleares. Elas começam com um nêutron.

a. U-235 sofre fissão e forma Ba-138, Kr-95 e nêutrons.
b. U-235 sofre fissão e forma um elemento (número atômico 52, número de massa 137), outro elemento (número atômico 40, número de massa 97) e nêutrons.

Resposta

a. ${}^{1}_{0}n + {}^{235}_{92}U \longrightarrow {}^{138}_{56}Ba + {}^{95}_{36}Kr + 3\,{}^{1}_{0}n$

Olhe novamente a equação 7.1. Os dois lados contêm nêutrons, o que poderia levá-lo a pensar que deveria cancelá-los. Embora você possa fazer isso em uma expressão matemática, não o faça aqui. Os nêutrons dos dois lados da equação são importantes! O da esquerda *inicia* a reação. Os da direita são *produzidos* por ela. Esse é um exemplo de **reação em cadeia**, um termo que geralmente se refere a qualquer reação em que um dos produtos torna-se um reagente e permite que a reação se autossustente. Esta reação nuclear em cadeia em particular, que se ramifica rapidamente, se autossustenta e se espalha em uma fração de segundo (Figura 7.5). Foi exatamente com essa reação em cadeia que a primeira fissão nuclear controlada foi obtida na Universidade de Chicago em 1942.

Massa crítica é a quantidade de combustível nuclear necessária para sustentar uma reação em cadeia. Por exemplo, a massa crítica de U-235 é cerca de 15 kg, ou 33 lb. Se essa massa de U-235 puro fosse acumulada no mesmo lugar, ocorreria fissão espontânea, e se a massa fosse mantida no lugar, a fissão continuaria. As armas nucleares trabalham com esse princípio, embora a energia liberada rapidamente separe a massa crítica, parando a reação de fissão. Como você verá, porém, o urânio combustível de uma usina nuclear está longe de ser U-235 puro e é incapaz de explodir como uma bomba nuclear. Não há, simplesmente, nêutrons suficientes (e núcleos que possam sofrer fissão para serem atingidos por esses nêutrons) para produzir a reação em cadeia descontrolada característica de uma explosão nuclear.

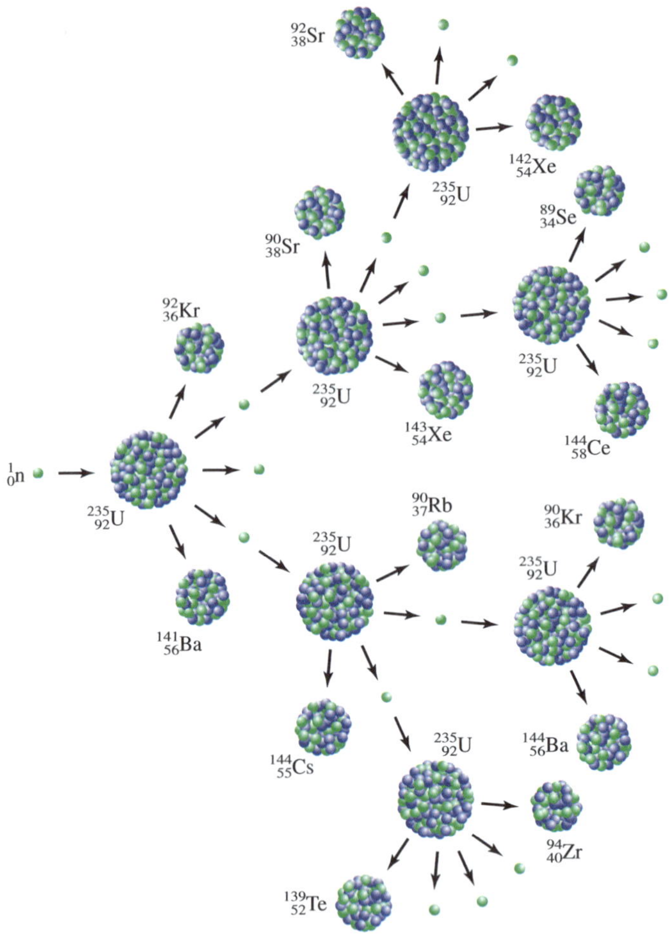

FIGURA 7.5 Um nêutron inicia a fissão do urânio-235, começando uma reação em cadeia.

Uma unidade de massa atômica é 1/12 da massa de um átomo de C-12, ou 1,66 × 10^{-27} kg. Essa unidade é conveniente para expressar a massa de um átomo.

Mencionamos que energia é liberada durante a fissão porque a massa dos produtos é ligeiramente menor do que a dos reagentes. Entretanto, olhando as equações nucleares que acabamos de escrever, não há perda aparente de massa porque a soma dos números de massa é a mesma em ambos os lados. Na verdade, a massa real diminui ligeiramente. Para entender isso, lembre-se de que as massas reais dos núcleos não são os números de massa (a soma do número de prótons e nêutrons). Elas têm valores medidos com muitas casas decimais. Por exemplo, um átomo de urânio-235 pesa 235,043924 unidades de massa atômica. Se você mantivesse as seis casas decimais e comparasse as massas dos dois lados da equação nuclear da fissão do U-235, você veria que a massa dos produtos diminuiu de cerca de 0,1%. A consequência é que a energia dos produtos é menor do que a dos reagentes, e essa diferença corresponde à energia liberada.

Quanta energia seria liberada se todos os núcleos de 1,0 kg (2,2 lb) de U-235 puro sofressem fissão? Podemos calcular uma resposta usando uma equação relacionada a $E = mc^2$: $\Delta E = \Delta mc^2$. Aqui, a letra grega delta (Δ) significa "a variação de", de modo que, com a variação de massa, podemos calcular a variação em energia. Como 1/1.000 dessa massa foi perdida, o valor de Δm, a variação de massa, é 1/1.000 de 1,0 kg, que é 1,0 g ou 10^{-3} kg. Substituindo esse valor e $c = 3{,}0 \times 10^8$ m/s na equação de Einstein modificada, temos

$$\Delta E = \Delta mc^2 = (1{,}0 \times 10^{-3}\ \text{kg}) \times (3{,}0 \times 10^8\ \text{m/s})^2$$
$$\Delta E = (1{,}0 \times 10^{-3}\ \text{kg}) \times (9{,}0 \times 10^{16}\ \text{m}^2/\text{s}^2)$$

O cálculo completo dá uma variação de energia em unidades que parecem pouco comuns.

$$\Delta E = (9{,}0 \times 10^{13}\ \text{kg}\cdot\text{m}^2/\text{s}^2)$$

A unidade kg.m^2/s^2 é idêntica a um joule (J). Portanto, a energia liberada pela fissão de um quilograma de urânio-235 são elevadíssimos 9×10^{13} J ou $9{,}0 \times 10^{10}$ kJ.

Como foi descrito na Seção 4.2, o joule (J) é uma unidade de energia.

$1\text{J} = 1\text{kg}\cdot\text{m}^2/\text{s}^2$

Para colocar as coisas em perspectiva, 9×10^{13} J é a quantidade de energia liberada pela explosão de cerca de 22 quilotoneladas métricas do explosivo TNT. Por comparação, isto é cerca de duas vezes a das bombas atômicas lançadas sobre Hiroshima e Nagasaki em 1945. Essa energia originou-se da fissão de um único quilograma de U-235, no qual uma massa de aproximadamente 1 grama (0,1% de variação de massa) foi transformado em energia.

Sua Vez 7.7 Equivalência em carvão

Selecione um grau de carvão da Tabela 4.1. Que massa de carvão seria necessária para produzir a mesma quantidade de energia liberada pela fissão de 1 kg de U-235?

Acontece que não se pode fazer um quilograma ou dois de U-235 sofrerem fissão de uma só vez. Em uma arma atômica, por exemplo, a energia liberada espalha o combustível físsil em uma fração de segundo, interrompendo a reação em cadeia antes que todos os núcleos possam sofrer fissão. Apesar disso, a energia liberada é enorme – da ordem de 10 quilotoneladas de TNT para a bomba atômica lançada sobre a cidade de Hiroshima em 1945. A Figura 7.6 mostra uma explosão atômica no U.S. Nevada Test Site. Com o nome em código de Priscilla, esse teste de 1957 tinha mais do que o dobro do poder explosivo das bombas de Hiroshima e Nagasaki em 1945.

FIGURA 7.6 O teste nuclear "Priscilla" explodiu em um lago seco a nordeste de Las Vegas, Nevada, em 24 de junho de 1957.

Reconheça, porém, que a energia da fissão nuclear pode ser domada. Esse é exatamente o objetivo de uma usina nuclear. Nela, a energia é lenta e *continuamente* liberada em condições controladas, como veremos na próxima seção.

7.3 Como os reatores nucleares produzem energia

Descrevemos no Capítulo 4 como uma usina termoelétrica queima carvão, óleo ou outro combustível para produzir calor, que é utilizado para ferver água e convertê-la em vapor sob alta pressão que, por sua vez, movimenta as pás de uma turbina. O eixo da turbina giratória liga-se a uma bobina que gira em um campo magnético e gera eletricidade. Uma usina nuclear opera do mesmo modo, exceto que a água não é aquecida pela queima de um combustível, mas pela energia liberada pela fissão de um "combustível" nuclear como o U-235. Como qualquer usina de energia, as nucleares estão sujeitas às restrições de eficiência impostas pela segunda lei da termodinâmica. A eficiência teórica da conversão de energia calorífica em trabalho depende das temperaturas máxima e mínima com as quais a usina opera. Essa eficiência termodinâmica, tipicamente 55-60%, é significativamente reduzida por outras ineficiências mecânicas, térmicas e elétricas.

A segunda lei da termodinâmica tem muitas versões. A que é relevante aqui diz que é impossível converter completamente calor em trabalho em um processo cíclico. Veja a Seção 4.2.

Uma usina nuclear tem partes que são nucleares e partes que não são nucleares (Figura 7.7). O reator nuclear é o coração quente da usina. O reator é colocado, juntamente a um ou mais geradores de vapor e ao sistema primário de resfriamento, em um vaso de aço especial, confinado em um domo de concreto reforçado dentro de um edifício isolado. A porção não nuclear contém as turbinas que fazem funcionar o gerador de eletricidade. Ela também contém o sistema secundário de resfriamento. Além disso, a porção não nuclear tem de ter meios de remover o excesso de calor dos líquidos refrigerantes. Por isso, uma usina nuclear tem uma ou mais torres de resfriamento ou é colocada perto de um depósito de água considerável (ou ambos). Volte à Figura 4.2, que mostra o diagrama de uma

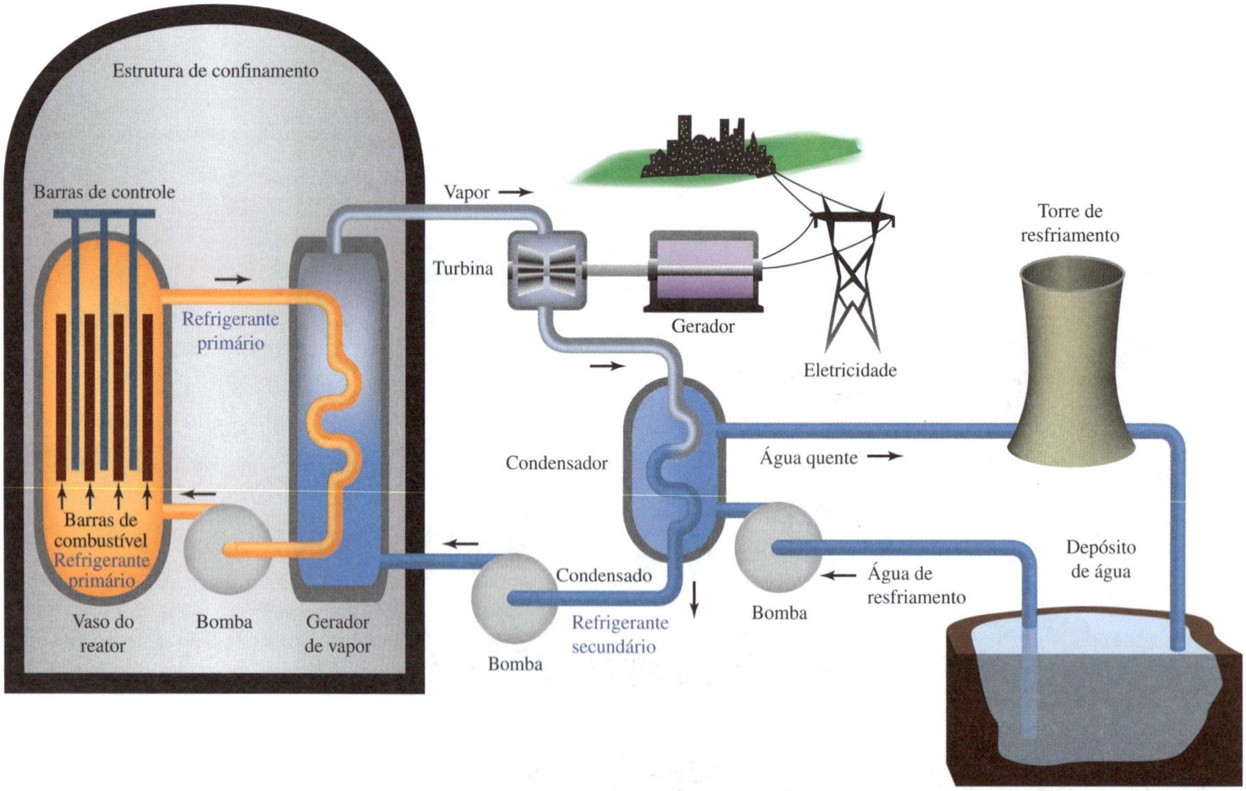

FIGURA 7.7 Diagrama de uma usina nuclear. Os componentes não estão em escala.

usina movida a combustível fóssil. Essa usina também exige a capacidade de remover calor, como se vê pela corrente de água de resfriamento.

O urânio combustível no reator está na forma de pastilhas de dióxido de urânio (UO_2), cada uma do tamanho de uma moeda de 25 centavos, como se vê na Figura 7.8. Essas pastilhas são colocadas uma a uma em tubos feitos de uma liga de zircônio e outros metais, que, por sua vez, são colocados em pacotes envoltos por aço inoxidável (Figura 7.9). Cada tubo contém pelo menos 200 pastilhas. Embora uma reação de fissão, uma vez iniciada, possa se manter por uma reação em cadeia, nêutrons são necessários para induzir o processo (veja a equação 7.1 e a Figura 7.5). Um modo de gerar nêutrons é usar uma combinação de berílio-9 e um elemento mais pesado como o plutônio. O elemento mais pesado libera partículas alfa, ${}^{4}_{2}He$.

FIGURA 7.8 Pastilhas de combustível nuclear e uma moeda americana de 25 centavos.

$$ {}^{238}_{94}Pu \longrightarrow {}^{234}_{92}U + \underbrace{{}^{4}_{2}He}_{\text{partícula alfa}} \qquad [7.2] $$

Essas partículas alfa, por sua vez, atingem o berílio e liberam nêutrons, carbono-12 e raios gama, ${}^{0}_{0}\gamma$. Aqui está a equação nuclear.

$$ {}^{4}_{2}He + {}^{9}_{4}Be \longrightarrow {}^{12}_{6}C + {}^{1}_{0}n + \underbrace{{}^{0}_{0}\gamma}_{\text{raios gama}} \qquad [7.3] $$

Os nêutrons produzidos desta maneira podem iniciar a fissão nuclear do urânio-235 no coração do reator.

Os raios gama foram apresentados primeiramente na Seção 2.4. As partículas alfa e os raios gama serão discutidos na Seção 7.4.

Sua Vez 7.8 PuBe e AmBe

Uma fonte de nêutrons construída com Pu e Be é uma fonte PuBe. De maneira semelhante, a fonte AmBe é construída com amerício e berílio. Como na fonte PuBe, escreva para a fonte AmBe um conjunto de reações que produzam nêutrons. Comece com Am-241.

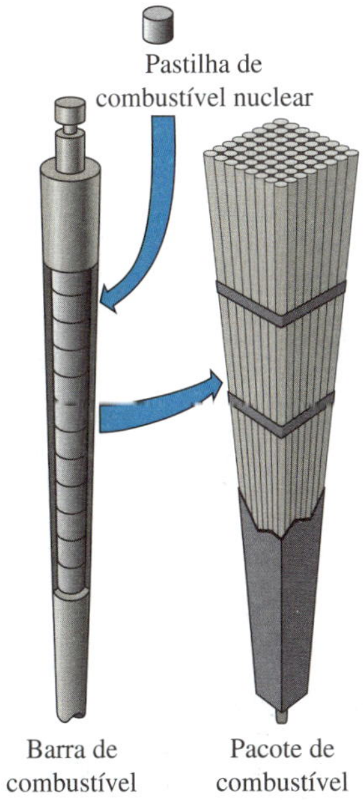

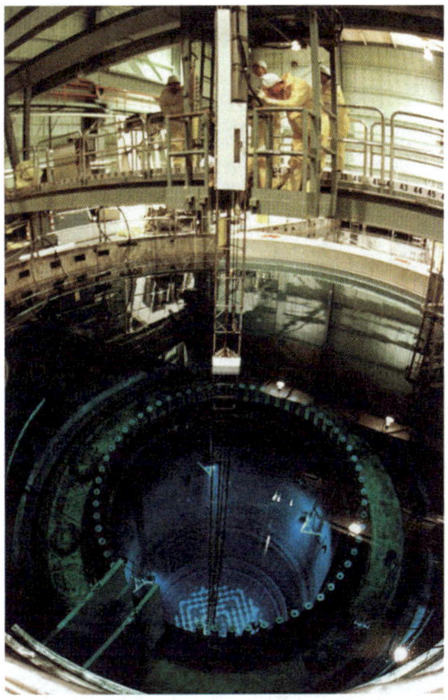

FIGURA 7.9 Pastilha, barra e pacote de combustível que formam o coração de um reator nuclear (*à esquerda*). O pacote de combustível é mergulhado em água no núcleo de um reator ativo (*à direita*).

Lembre: um evento de fissão produz dois ou três nêutrons. O truque é retirar esses nêutrons extra, deixando o suficiente para sustentar a reação de fissão. Um balanço delicado deve ser mantido. Com nêutrons extra, o reator chega a uma temperatura muito alta. Com poucos, a reação em cadeia para e o reator esfria. Para atingir o balanço, um nêutron de cada evento de fissão deveria levar a um outro nêutron.

Barras de metal colocadas entre os elementos de combustível servem para retirar o excesso de nêutrons. Essas **barras de controle**, compostas principalmente por um excelente absorvente de nêutrons, como cádmio ou boro, podem ser posicionadas para absorver menos ou mais nêutrons. Com as barras totalmente inseridas, a reação de fissão não se sustenta. Contudo, na medida em que as barras são gradualmente retiradas, o reator pode tornar-se um risco, e a reação torna-se autossustentada, com a velocidade dependendo da posição exata das barras de controle. Com o tempo, produtos de fissão que absorvem nêutrons se acumulam nas pastilhas de combustível. Para compensar, as barras de controle são retiradas. Eventualmente, os pacotes de combustível do reator têm de ser substituídos.

Sua Vez 7.9 Terremoto!

Veja na Figura 7.16 que terremotos podem ocorrer nas vizinhanças de reatores nucleares. Os reatores próximos do epicentro deveriam desligar-se automaticamente. O programa de computador deveria comandar a inserção total das barras de controle no coração do reator ou, ao contrário, sua retirada? Explique.

Os pacotes de combustível e as barras de controle estão mergulhados no **refrigerante primário**, um líquido que entra diretamente em contato com eles e retira calor. Na usina atômica Byron (Figura 7.10) e em muitas outras, o refrigerante primário é uma solução de ácido bórico, H_3BO_3, em água. Os átomos de boro absorvem nêutrons, controlando a velocidade da fissão e a temperatura. Como as barras de controle, a solução serve de **moderador** do reator, retardando os nêutrons e tornando-os mais efetivos na produção da fissão. Outra função importante do refrigerante primário é absorver o calor gerado pela reação nuclear. Como a solução do refrigerante primário está em uma pressão 150 vezes superior à da atmosfera normal, ela não ferve. Ela é aquecida muito acima de seu ponto de ebulição normal e circula em um circuito fechado do vaso de reação aos geradores de vapor e vice-versa. Este circuito fechado liga o reator nuclear ao resto da usina (veja a Figura 7.7).

FIGURA 7.10 A usina nuclear Byron em Illinois. As duas torres de resfriamento (uma delas com uma nuvem de vapor de água condensada) são as características mais visíveis da usina. Os reatores, porém, estão localizados nos dois edifícios de confinamento cilíndricos com tetos brancos, no primeiro plano.

O calor do refrigerante primário é transferido para o que algumas vezes é chamado de **refrigerante secundário**, a água dos geradores de vapor que não entra em contato com o reator. Na usina nuclear Byron (veja a Figura 7.10), mais de 30.000 galões de água são convertidos em vapor a cada minuto. A energia deste vapor quente faz girar as pás de turbinas ligadas a um gerador elétrico. Para continuar o ciclo de transferência de calor, o vapor é resfriado e condensado, retornando ao gerador de vapor. Em muitas usinas nucleares, o resfriamento é feito em grandes torres comumente confundidas com o reator. Os edifícios do reator não são tão grandes.

Torres de resfriamento também são usadas em termoelétricas a carvão.

Sua Vez 7.10 Nuvens (não na forma de cogumelos)

Em alguns dias você pode ver uma nuvem saindo da torre de resfriamento de uma usina nuclear, como na Figura 7.10. O que causa a nuvem? Será que ela contém radioisótopos produzidos na fissão do U-235? Explique.

Usinas nucleares também usam água de lagos, de rios ou do oceano para resfriar o condensador. Por exemplo, na usina nuclear de Seabrook, em New Hampshire, cerca de 400.000 galões por minuto de água do oceano corre por um enorme túnel (19 pés de diâmetro e 3 milhas de comprimento) cortado na pedra, 100 pés abaixo do fundo do oceano. Um túnel semelhante leva a água, agora 22 °C mais quente, de volta ao oceano. Bocais especiais distribuem a água quente de modo que o aumento da temperatura na área imediata da descarga seja de cerca de apenas 2°C. A água do oceano usa um circuito separado da reação de fissão e seus produtos. O refrigerante primário (água com ácido bórico) circula pelo coração do reator dentro do edifício de contenção. Essa solução de ácido bórico é mantida isolada em um sistema fechado de circulação, o que torna muitíssimo improvável a transferência de radioatividade para a água do refrigerante secundário no gerador de vapor. De modo semelhante, a água do oceano não entra em contato direto com o sistema secundário, o que a protege da contaminação radioativa. Obviamente, a eletricidade gerada por uma usina nuclear é idêntica à gerada por uma termoelétrica. A eletricidade não é radioativa, nem pode ser.

Estude Isto 7.11 Os reatores de Palo Verde

Uma das usinas nucleares mais poderosas em operação nos Estados Unidos é o complexo de Palo Verde, no Arizona. Na capacidade máxima, um de seus três reatores, sozinho, gera 1.243 milhões de joules de energia elétrica por segundo. Calcule a quantidade total de energia elétrica produzida e a perda de massa do U-235 em um dia.
Sugestão: Comece por calcular a quantidade de energia gerada em um dia. Depois use a equação $\Delta E = \Delta mc^2$ e determine a variação de massa, Δm. Dê a perda de massa em gramas.

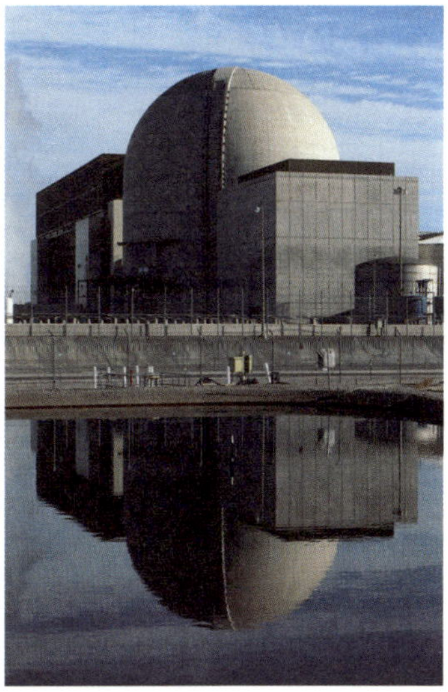

Os tópicos que estivemos discutindo – fissão nuclear, urânio, combustível nuclear, armas nucleares – se baseiam na compreensão da radioatividade. Passamos agora a esse tópico.

7.4 O que é radioatividade?

Nosso conhecimento das substâncias radioativas tem pouco mais de 100 anos. Em 1896, o físico francês Antoine Henry Becquerel (1852-1908) descobriu a radioatividade. Em sua pesquisa, ele usava placas fotográficas. Os filmes, é claro, não tinham sido ainda inventados. Antes do uso, essas placas eram seladas em papel preto para evitar a exposição. Ele deixou, acidentalmente, um mineral perto de uma dessas placas seladas e descobriu que a emulsão, sensível à luz, havia escurecido. Foi

FIGURA 7.11 Marie Sklodowska Curie ganhou dois Prêmios Nobel – um em química e o outro em física, por sua pesquisa com elementos radioativos.

como se a placa tivesse sido exposta à luz! Becquerel reconheceu imediatamente que o mineral emitia raios poderosos que penetravam o papel escuro.

Investigação posterior pela cientista polonesa Marie Sklodowska Curie (1867–1934) (Figura 7.11) mostrou que os raios tinham origem em um dos componentes do mineral – o elemento urânio. Em 1899, Marie Curie usou o termo **radioatividade** para a emissão espontânea de radiação por certos elementos. Pesquisa posterior por Ernest Rutherford (1871–1937) levou à identificação de dois tipos principais de radiação. Rutherford nomeou-as com as duas primeiras letras do alfabeto grego, alfa (α) e beta (β).

As radiações alfa e beta têm propriedades marcantemente diferentes. Uma **partícula beta (β)** é um elétron de alta velocidade emitido pelo núcleo. Ela têm carga elétrica negativa (1−) e uma pequena massa, cerca de 1/2.000 de um próton ou nêutron. Se você está se perguntando como um elétron (uma partícula beta) pode ser emitido por um núcleo, fique ligado. Vamos dar-lhe uma explicação em breve.

Em contraste, uma **partícula alfa (α)** é uma partícula com carga positiva emitida pelo núcleo. Ela consiste em dois prótons e dois nêutrons (o núcleo de um átomo de He) e tem carga 2^+, porque nenhum elétron acompanha o núcleo de hélio.

Os raios gama acompanham frequentemente as radiações alfa ou beta. Um **raio gama (γ)** é emitido pelo núcleo e não tem carga ou massa. É um fóton de alta energia e comprimento de onda curto. Como a radiação infravermelha (IV), visível e ultravioleta (UV), os raios gama pertencem ao espectro eletromagnético e têm energia semelhante à dos raios X. A Tabela 7.1 esquematiza esses três tipos de radiação nuclear.

O termo *radiação* pode confundir porque nem sempre as pessoas especificam se a radiação é eletromagnética ou nuclear. *Radiação eletromagnética* refere-se aos diversos tipos de luz: rádio, raios X, visível, infravermelho, micro-onda e, é claro, raios gama. Por exemplo, é perfeitamente correto dizer radiação visível no lugar de luz visível. *Radiação nuclear*, porém, refere-se à radiação emitida pelo núcleo, como as radiações alfa, beta ou gama. Fique atento para mais uma fonte de confusão. Os raios gama são um tipo de radiação eletromagnética *e* de radiação nuclear. Quando emitidos pelo núcleo de uma substância radioativa, dizemos que se trata de uma radiação nuclear. Em contraste, quando emitidos por uma galáxia distante, dizemos que se trata de uma radiação eletromagnética.

Sua Vez 7.12 "Radiação"

Use o contexto para identificar se as sentenças se referem a uma radiação nuclear ou eletromagnética.

a. "Nomeie um tipo de radiação de comprimento de onda mais curto do que o da luz visível."
b. "A radiação gama do cobalto-60 pode destruir um tumor."
c. "Cuidado com os raios UV! Se sua pele tem poucos pigmentos, essa radiação pode provocar queimaduras."
d. "Rutherford detectou a radiação emitida pelo urânio."

Respostas
a. radiação eletromagnética **b.** radiação nuclear

TABELA 7.1 Tipos de radiação nuclear

Nome	Símbolo	Composição	Carga	Mudança no núcleo emissor
alfa	${}^{4}_{2}He$ ou α	2 prótons 2 nêutrons	2+	número de massa diminui 4 unidades número atômico diminui 2 unidades
beta	${}^{0}_{-1}e$ ou β	1 elétron	1−	número de massa não se altera número atômico aumenta 1 unidade
gama	${}^{0}_{0}\gamma$ ou γ	fóton	0	número de massa e número atômico não se alteram

Quando uma partícula alfa ou beta é emitida, ocorre uma notável transformação – o átomo emissor muda de identidade. Por exemplo, acima, na fonte PuBe de nêutrons (veja a equação 7.2), você viu que a emissão alfa resultou na transformação do núcleo de plutônio em urânio. Do mesmo modo, quando o urânio emite uma partícula alfa, torna-se o elemento tório. Essa equação nuclear mostra o processo no caso do urânio-238.

$$^{238}_{92}U \longrightarrow ^{234}_{90}Th + ^{4}_{2}He \qquad [7.4]$$

Observe que a soma dos números de massa nos dois lados da equação nuclear é a mesma: 238 = 234 + 4. O mesmo acontece com os números atômicos: 92 = 90 + 2.

Em alguns casos, o núcleo formado no decaimento radioativo ainda é radioativo. Por exemplo, o tório-234, formado pelo decaimento alfa do urânio-238, é radioativo. O tório-234 sofre decaimento beta subsequente e forma o protactínio (Pa).

$$^{234}_{90}Th \longrightarrow ^{234}_{91}Pa + ^{0}_{-1}e \qquad [7.5]$$

Em contraste com a emissão alfa, na emissão beta o número atômico *aumenta* uma unidade e o número de massa permanece constante. A Tabela 7.1 resume as alterações que ocorrem nas emissões alfa e beta.

Um modelo que pode ajudá-lo a compreender esse aparentemente incomum conjunto de alterações é ver um nêutron como a combinação de um próton e um elétron. A emissão beta pode ser imaginada como a quebra de um nêutron. A equação 7.6 mostra o processo, explicando como um elétron pode ser emitido por um núcleo.

$$^{1}_{0}n \longrightarrow ^{1}_{1}p + ^{0}_{-1}e \qquad [7.6]$$

Durante a emissão beta, o número de massa (nêutrons mais prótons) do núcleo mantém-se o mesmo porque a perda de um nêutron é compensada pela formação de um próton. Por exemplo, um nêutron do tório tornou-se um próton do protactínio. Devido a esse próton, o número atômico aumenta uma unidade. Novamente, esse modelo pode ajudá-lo a visualizar melhor a emissão beta, mas pode não ser exatamente o que está acontecendo.

Sua Vez 7.13 Decaimento alfa e beta

a. Escreva uma equação nuclear para o decaimento beta do rubídio-86 (Rb-86), um radioisótopo produzido na fissão do U-235.

b. Plutônio-239, um isótopo tóxico que causa câncer de pulmão, é um emissor alfa. Escreva a equação nuclear.

Resposta

a. $^{86}_{37}Rb \longrightarrow ^{86}_{38}Sr + ^{0}_{-1}e$

Como vimos antes, um núcleo pode decair e produzir outro núcleo radioativo. Em alguns casos, podemos predizer isso porque *todos* os isótopos de *todos* os elementos com número atômico 84 (polônio) ou maior são radioativos. Por isso, todos os isótopos do urânio, do plutônio, do rádio e do radônio são radioativos, porque esses elementos têm números atômicos maiores do que 83.

E os elementos mais leves? Alguns deles são naturalmente radioativos, com o carbono-14, o hidrogênio-3 (trício) e o potássio-40. Se um isótopo é radioativo (um radioisótopo) ou estável depende da razão de nêutrons para prótons do núcleo. Em cada emissão de uma partícula alfa ou beta, essa razão muda. Eventualmente, chega-se a uma razão estável, e o núcleo deixa de ser radioativo. A maior parte dos átomos de nosso planeta *não* é radioativa. Eles estão aqui hoje e você pode contar com que estejam aqui amanhã, embora possivelmente em lugar diferente de quando você os viu pela última vez (como os átomos que formam as chaves do seu carro).

Em alguns casos, os radioisótopos podem decair muitas vezes antes de produzir um isótopo estável. Por exemplo, o decaimento radioativo do U-238 e do Th-234 (veja as equações 7.4 e 7.5) são as duas primeiras etapas de uma sequência de 14 etapas. Como vemos na Figura 7.12, o chum-

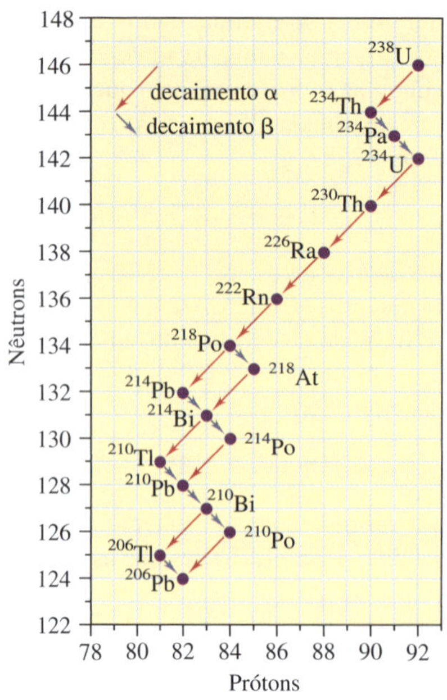

FIGURA 7.12 Série de decaimento radioativo natural do urânio-238.

bo-206 é o produto final dessa sequência. Semelhantemente, o chumbo-207 é o produto final de uma sequência diferente de 11 etapas que começa com o U-235. Essas sequências são chamadas de **séries de decaimento radioativo**, isto é, um caminho de decaimento radioativo característico que começa em um radioisótopo e produz, eventualmente, através de uma série de etapas, um isótopo estável. O radônio, um gás radioativo, é produzido nas séries de decaimento do U-238 e do U-235. Assim, se o urânio está presente, o radônio também está.

7.5 Olhando para trás para poder seguir em frente

Os efeitos da mineração de urânio nos trabalhadores e na terra também são parte da herança nuclear, assim como o armazenamento dos rejeitos nucleares, tópico de uma seção a seguir.

Chernobyl é a transliteração da pronúncia russa. Чорнобиль (Chornobyl) é a palavra em ucraniano.

Olhamos agora para a herança da energia nuclear para ver o que podemos aprender do passado. Todas as usinas nucleares usam a fissão para produzir energia e todas produzem rejeitos radioativos. Esses rejeitos já foram um problema no passado? Nesta seção, estudaremos a liberação acidental de radioisótopos no ambiente. Embora essa não seja a única herança da energia nuclear, ela é importante.

Em 1979, um filme chamado *The China Syndrome* retratou um quase desastre nuclear nos Estados Unidos. Em uma usina nuclear fictícia, a reação de fissão para gerar energia tornou-se crítica e o derretimento era iminente. A ideia era que o calor iria fundir as rochas do solo até chegar à China, mas, na hora exata, o sistema de segurança funcionou.

Sete anos depois, em 26 de abril de 1986, os engenheiros da usina nuclear real em Chornobyl, Ucrânia, então parte da União Soviética, tiveram menos sorte (Figura 7.13). A usina tinha quatro reatores, dois construídos nos anos 1970 e dois nos anos 1980. As águas próximas do rio Pripyat eram usadas para resfriar os reatores. Embora a região vizinha não fosse muito populada, cerca de 120.000 pessoas viviam em um raio de 30 quilômetros, incluindo as cidades de Chornobyl (pop. 12.500) e Pripyat (pop. 40.000).

Mesmo levando em conta o vazamento radioativo da usina nuclear de Fukushima Daiichi, Chornobyl ainda foi o pior acidente nuclear em todo o mundo. O que deu errado na Ucrânia? Durante um teste de segurança de energia elétrica no reator 4 de Chornobyl, os operadores interromperam deliberadamente o fluxo de água refrigerante até o coração. A temperatura do reator subiu rapidamente. Além disso, os operadores haviam deixado um número insuficiente de barras de controle no reator, e outras barras não poderiam ser recolocadas com rapidez suficiente. Mais do que isso, a pressão de vapor era muito baixa para permitir o resfriamento, devido a erro dos operadores e projeto incorreto do reator.

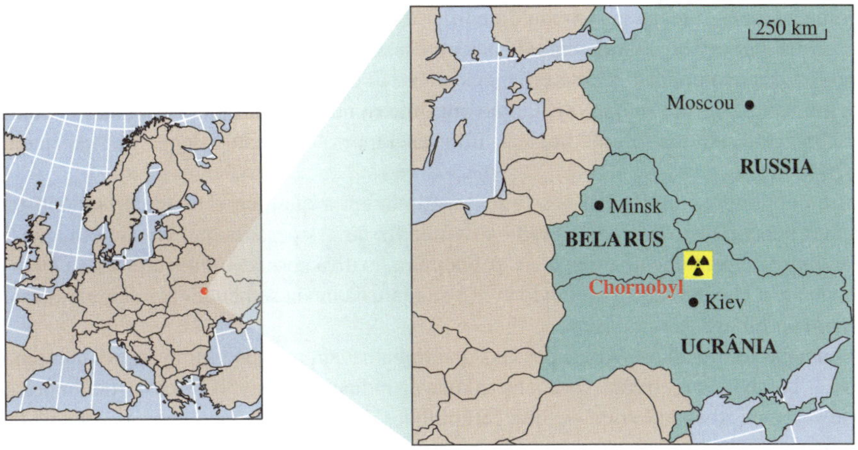

FIGURA 7.13 Chornobyl, Ucrânia, na antiga União Soviética.

Como se vê na Figura 7.13, o trevo preto em um fundo amarelo é o símbolo internacional do alerta de radiação. Nos Estados Unidos, usa-se magenta no lugar do preto.

A cadeia de eventos rapidamente produziu um desastre. Uma esmagadora onda de energia produziu calor, arrebentando os elementos de combustível e liberando partículas quentes do combustível nuclear. Estas, por sua vez, explodiram em contato com a água de refrigeração, e o coração do reator foi destruído em segundos. O calor inflamou a grafita usada para retardar os nêutrons no reator. Quando a água atingiu a grafita que estava queimando, ambos reagiram para produzir gás hidrogênio.

$$2\,H_2O(l) + C(grafita) \longrightarrow 2\,H_2(g) + CO_2(g) \qquad [7.7]$$

Por sua vez, o hidrogênio explodiu ao reagir com o oxigênio do ar.

$$2\,H_2(g) + O_2(g) \longrightarrow 2\,H_2O(g) \qquad [7.8]$$

A explosão estourou a placa de aço de 4.000 toneladas que cobria o reator (Figura 7.14). Embora uma explosão "nuclear" não tenha ocorrido, o fogo e as explosões de hidrogênio lançaram vastas quantidades de material radioativo do coração do reator na atmosfera.

O desastre de Chornobyl foi causado por reações químicas rápidas, isto é, a combustão envolvendo gás hidrogênio e o fogo alimentado pela usina nuclear e os materiais do reator. Não foi uma explosão nuclear.

FIGURA 7.14 Uma vista aérea do reator 4 de Chornobyl tirada logo após a explosão química.

Fogos começaram no que havia sobrado do edifício. Em pouco tempo, a usina estava em ruínas. O líder da turma em serviço no momento do acidente testemunhou: "Parecia que o mundo estava chegando ao fim. Eu não podia acreditar em meus olhos. Vi o reator ser arruinado pela explosão. Fui o primeiro homem na Terra a ver aquilo. Como engenheiro nuclear, eu sabia das consequências do que havia acontecido. Foi um inferno nuclear. Eu estava morto de medo" (*Scientific American*, abril de 1996, p. 44).

O desastre continuou. Por 10 dias, os fogos continuaram a queimar o reator, liberando na atmosfera grandes quantidades de produtos radioativos da fissão. As pessoas que viviam em até 60 km da usina foram permanentemente evacuadas. A poeira radioativa abriu caminho através da Ucrânia e Bielorrússia até a Escandinávia, afetando gente que jamais havia se beneficiado com a usina, mas mesmo assim partilhava de seus riscos.

A glândula tireoide utiliza iodo na forma do íon iodeto para fabricar tiroxina, um hormônio essencial para o crescimento e o metabolismo.

O custo humano foi imediato. Várias pessoas que trabalhavam na usina foram imediatamente mortas e outros 31 bombeiros morreram de doença aguda da radiação durante o processo de limpeza, um assunto que veremos adiante. Estima-se que 250 milhões de pessoas foram expostas a níveis de radiação que podem causar doenças.

Um dos radioisótopos perigosos liberados foi iodo-131, um emissor beta com acompanhamento de raios gama.

$$^{131}_{53}\mathrm{I} \longrightarrow ^{131}_{54}\mathrm{Xe} + ^{0}_{-1}\mathrm{e} + ^{0}_{0}\gamma \qquad [7.9]$$

Se ingerido, o I-131 pode causar câncer na tireoide. Na área contaminada perto de Chornobyl, a incidência de câncer da tireoide aumentou fortemente, especialmente entre os menores de 15 anos (Figura 7.15). Em 2001, mais de 700 crianças na Bielorrússia, um país vizinho, foram tratadas para o câncer da tireoide. Alguns anos depois, o número havia subido para mais de 5.000. Felizmente, com o tratamento, a taxa de sobrevivência para o câncer da tireoide é alta e a maior parte sobreviveu. Como disse o Dr. Akira Sugenoya, um médico japonês especialista que foi voluntário na Bielorrússia para tratar as crianças que sofriam do câncer da tireoide, "o último capítulo do terrível acidente está longe de ser escrito".

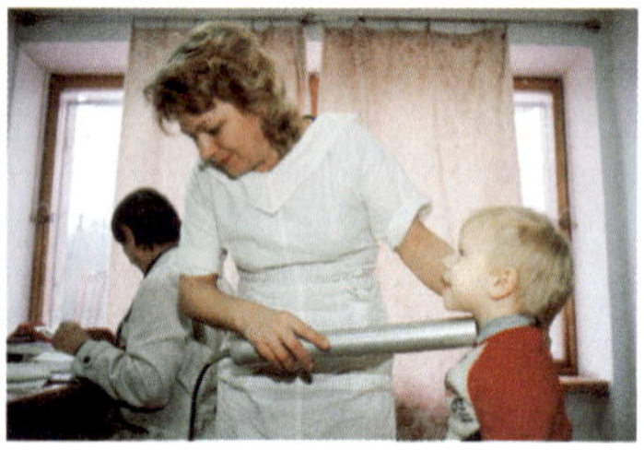

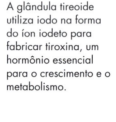

FIGURA 7.15 Em uma clínica ao norte de Minsk, o nível de radioatividade está sendo medido na glândula de uma criança que vivia no caminho da chuva radioativa de Chornobyl.

Sua Vez 7.14 Iodo!

Quando as pessoas falam de iodo, podem estar se referindo ao átomo de iodo, à molécula de iodo ou ao íon iodeto, dependendo do contexto.

a. Desenhe estruturas de Lewis para mostrar as diferenças entre essas formas de iodo.
b. Qual é a mais reativa quimicamente e por quê?
c. Que forma química do iodo-131 está implicada no câncer da tireoide?

Resposta

c. O elemento iodo (inclusive seu radioisótopo, I-131) é usado pela glândula tireoide na forma química de I^-, o íon iodeto.

United Nations Scientific Committee on the Effects of Atomic Radiation

Para as mais recentes avaliações de Chornobyl, consultamos o UNSCEAR, o Comitê Científico das Nações Unidas sobre os Efeitos da Radiação Atômica. Em 2011, eles publicaram um trabalho sobre os efeitos de Chornobyl na saúde.

> Fora o aumento dramático da incidência de câncer na tireoide dentre os expostos de pouca idade, e algumas indicações do aumento da incidência de leucemia e catarata dentre os trabalhadores, não há aumento claramente demonstrado de incidência, nas populações expostas, de cânceres sólidos ou de leucemia em razão da radiação. Também não há provas de outros distúrbios não malignos relacionados à radiação ionizante. Entretanto, houve amplas reações psicológicas ao acidente, devido ao medo da radiação, e não da radiação em si.

Em 2012, começou, em Chornobyl, a construção de um arco de aço, suficientemente grande para conter um estádio de futebol com a estátua da liberdade no centro do campo, para cobrir as ruínas da usina. Isso permitirá que robôs possam desmontar as ruínas e selar permanentemente os escombros. Reconhecendo que Chornobyl é um problema global, 29 países investiram 2,9 bilhões de dólares no projeto. Até hoje, a área em torno do reator nuclear está imprópria para habitação humana.

Marcando os fatos solenes de Chornobyl está a questão inevitável: "Poderia acontecer novamente?" O mais parecido com um desastre nuclear nos Estados Unidos ocorreu em março de 1979, quando a usina de Three Mile Island, próxima de Harrisburg, Pensilvânia, perdeu refrigerante, e um derretimento parcial ocorreu. Embora alguns gases radioativos tenham sido liberados no incidente, nenhuma morte ocorreu. Um estudo de 20 anos concluiu em 2002 que o total das mortes por câncer na população exposta não era maior do que no resto da população. Os engenheiros nucleares concordam que nenhum dos reatores nucleares comerciais americanos têm os defeitos de projeto que levaram à catástrofe de Chornobyl.

A prevenção de acidentes nucleares envolve mais do que o projeto de equipamentos de segurança para o reator. Os acidentes também podem resultar de um complexo jogo de erro humano, desastres naturais e instabilidade política. Em 2011, um par de desastres naturais, um terremoto e um tsunami, resultaram no derretimento de três reatores de uma usina nuclear no Japão.

A usina de Fukushima continha seis unidades. Os reatores 1, 2 e 3 derreteram. O edifício que continha o reator 4 (e seu combustível já gasto) sofreu uma explosão de hidrogênio. As unidades 5 e 6 estavam desligadas no momento.

Novamente, olhamos para trás para, dessa vez, ver o que podemos aprender com o que o grupo de autores escreveu em uma edição anterior deste livro-texto: "Hoje, cerca de 20% dos reatores nucleares do mundo estão localizados em regiões de atividade sísmica, como o Pacific Rim. Logo, antes mesmo do perigo do terrorismo, os reatores nucleares devem ser construídos para resistir ao choque. Os reatores são dotados de detectores sísmicos que desligam imediatamente o reator se um tremor de terra ocorrer" (*Chemistry in Context*, 7th ed., p. 302). Como aconteceu, o terremoto foi só uma parte do problema. Mais devastador foi o tsunami que se seguiu (Figura 7.16).

O tsunami deu duas pancadas. Primeiro, as águas desligaram os geradores elétricos necessários para bombear a água de refrigeração da usina de Fukushima. Como resultado, os sistemas de resfriamento falharam. O combustível dos reatores 1, 2 e 3 rapidamente se aqueceu, iniciando uma reação química que gerou gás hidrogênio. Temendo uma explosão, os trabalhadores ventilaram o hidrogênio. Ao mesmo tempo, essa ação liberou parte dos produtos radioativos da fissão, incluindo o I-131, para a área vizinha. Apesar da ventilação, explosões ocorreram em vários reatores.

FIGURA 7.16 Alagamento provocado pelo tsunami que se seguiu ao terremoto de 2011 em Tohoku, de 9,0 na escala Richter.

Sua Vez 7.15 Hidrogênio!

A equação 7.8 representa a combustão do hidrogênio, isto é, o hidrogênio combinando com o oxigênio para produzir vapor de água. O Capítulo 4 deu as estruturas de Lewis desta reação química.

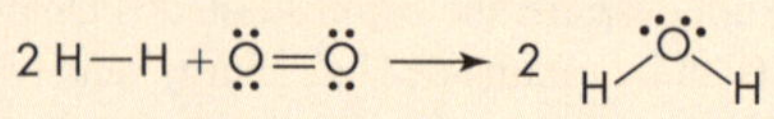

Use as energias das ligações que se quebram e se formam para estimar a variação de energia dessa reação. Como se vê na Figura 4.17, o valor é −498 kJ para a queima de 2 mols de H_2.

a. Calcule a variação de energia por mol e por grama de H_2.
b. Dos combustíveis listados na Figura 4.16, o metano é o que libera mais calor por grama na combustão. A queima de hidrogênio libera ainda mais calor. Quantas vezes mais, aproximadamente?

Procure mais sobre a energia liberada na reação entre H_2 e O_2 no Capítulo 8, no contexto das células a combustível.

Estude Isto 7.16 Zircônio!

Na usina nuclear de Chornobyl, o hidrogênio foi gerado na reação de água com a grafita quente, como vimos anteriormente. Em Fukushima, porém, o hidrogênio foi gerado na reação de água com o elemento zircônio da liga do estojo das barras de combustível.

a. O zircônio é o metal preferido para os reatores por várias razões, uma delas é que não absorve nêutrons. Por que essa é uma propriedade desejável?
b. O zircônio, se aquecido a alta temperatura (como em um acidente nuclear), tem duas propriedades indesejáveis: (1) ele incha e quebra e (2) reage com água e produz hidrogênio. Explique o perigo que isso representa.

Hoje, as usinas nucleares e suas operações passadas continuam a ser investigadas intensamente, daí o título desta seção, "Olhando para trás para poder seguir em frente". De fato, que temos de olhar para o passado para adquirir a sabedoria de que precisamos para ir adiante. Sem dúvida, a energia nuclear será parte de nosso futuro, mas no momento não está claro o quanto.

7.6 A radiação nuclear e você

As evidências do passado sugerem que descrever a radiação nuclear como inofensiva seria um erro. Marie Curie, por exemplo, morreu de uma doença no sangue muito provavelmente induzida por sua exposição à radiação. Muitos dos trabalhadores de minas de urânio sofreram de câncer de pulmão. Outros que acidentalmente ingeriram substâncias radioativas ficaram muito doentes ou morreram com a radiação.

Mesmo assim, a radiação nuclear é um cancerígeno fraco. Além disso, quando ela danifica suas células ou tecidos, o corpo usa certos mecanismos para reparar parte dos danos da radiação. Vivemos em um planeta que contém substâncias radioativas naturais e sobrevivemos. Quando os sistemas de reparação de nossos organismos não são mais suficientes e o dano se acumula, então temos razão para nos preocupar.

Os raios X e os raios gama diferem na fonte. Os raios X são emitidos por máquinas que provocam mudanças de alta energia na configuração eletrônica. Em contraste, os raios gama são emitidos pelo núcleo.

O que causa o dano às células ou aos tecidos? A resposta está nas partículas alfa e beta e nos raios gama que os radioisótopos emitem. Eles têm energia suficiente para ionizar as moléculas com que se chocam, isto é, ejetam elétrons das ligações ou dos pares livres delas. O mesmo acontece com os raios X, como os que são usados para produzir imagens médicas. Por essa razão, usamos o termo **radiação ionizante** para designar os raios X e a radiação nuclear, que podem remover elétrons de átomos e moléculas. Em contraste, as radiações UV, visível e infravermelha têm energias mais baixas e não são ionizantes.

Quando a radiação ionizante penetra em sua pele, ela pode ativar uma cadeia de eventos. Digamos que a radiação atinja uma molécula de água, retirando um elétron.

$$H_2O \xrightarrow{\text{radiação ionizante}} H_2O^+ + e^- \quad [7.10]$$

A espécie formada, H_2O^+, tem uma carga positiva. Além disso, tem um elétron desemparelhado. Você pode explorar os detalhes na próxima atividade.

A Seção 11.2 explica que seu corpo tem cerca de 60% de água, o que torna provável que a radiação ionizante interaja com uma molécula de água.

Estude Isto 7.17 Radicais livres

Espécies químicas com um elétron desemparelhado são chamadas de radicais livres. Eis a equação 7.10 reescrita para mostrar o elétron desemparelhado como um ponto.

$$H_2O \xrightarrow{\text{radiação ionizante}} [H_2O\cdot]^+ + e^-$$

Como mencionamos em capítulos anteriores, os radicais são muito reativos. A próxima equação mostra como o radical pode reagir com outra molécula de água para produzir outro radical, ·OH, o radical hidroxila.

$$[H_2O\cdot]^+ + H_2O \longrightarrow H_3O^+ + HO\cdot$$

a. Desenhe estruturas de Lewis para todos os reagente e produtos dessas duas equações.
b. Indique as estruturas de Lewis que são radicais.
c. Com base nessas estruturas de Lewis, por que você pensa que os radicais são reativos?

Procure mais sobre radicais em outros capítulos.

Capítulo 1: ·OH, formação de NO_2 e ozônio troposférico

Capítulo 2: Cl·, ClO· e ·NO, destruição do ozônio estratosférico

Capítulo 6: ·OH, formação de SO_3 na chuva ácida

Capítulo 9: R·, polimerização do etileno

Como você viu em Estude Isto 7.17, um radical pode reagir para produzir outro. E um outro! O radical hidroxila continua a reagir com outras moléculas, inclusive com seu DNA, se ele estiver por perto. Dependendo de como a molécula de DNA foi alterada, a célula que a contém pode morrer, reparar a si mesma ou sofrer uma mutação. Células que se dividem rapidamente, inclusive alguns tumores, são particularmente sensíveis aos danos da radiação ionizante. Como resultado, radiação nuclear e raios X podem tratar certos tipos de câncer.

Você aprenderá mais sobre o DNA no Capítulo 12.

A radiação ionizante pode tratar outras doenças também. Por exemplo, pessoas com a doença de Graves têm uma tireoide superativa que produz hormônio em excesso e acelera o metabolismo, causando muitas complicações. Embora a ideia de engolir uma pílula radioativa não pareça atraente, ela permite a cura porque contém I-131 radioativo na forma de iodeto de potássio.

Assim como o iodo da dieta é absorvido pela glândula tireoide, o mesmo acontece com o iodo radioativo. Uma vez na tireoide, o I-131 destrói o tecido superativo, no todo ou em parte (Figura 7.17). Então, para restaurar a função metabólica normal, muitos pacientes tomam um suplemento de uma forma sintética da tiroxina, o hormônio contendo iodo normalmente secretado pela glândula tireoide.

A questão 51 no fim deste capítulo está relacionada ao uso de pastilhas de iodeto de potássio (KI) para minimizar o consumo de I-131.

A radiação pode curar e ferir. O problema é que todas as células que se dividem rapidamente são suscetíveis à radiação, não só as de células cancerosas. Células saudáveis que se dividem rapidamente incluem a medula dos ossos, a pele, os folículos dos cabelos, o estômago e o intestino. Os pacientes com câncer tratados com radiação experimentam, com frequência, muitos efeitos colaterais relacionados a danos nessas células saudáveis. Coletivamente, esses efeitos colaterais são denominados **doença da radiação**, a doença caracterizada por sintomas primários de anemia, náusea, mal-estar e susceptibilidade a infecções que resulta da aplicação de grandes doses de radiação. A doença da radiação é uma possibilidade sempre que pessoas são expostas a grandes doses de radiação ionizante. Por exemplo, os que estavam perto de Chornobyl no acidente, bem como os que sobreviveram à tempestade de fogo iniciada pelas bombas atômicas jogadas sobre o Japão, sofreram com a doença da radiação.

Nosso mundo contém substâncias radioativas naturais, logo o seus níveis de radiação nunca podem ser reduzidos a zero. Os cientistas usam o termo **radiação de fundo** para descrever o nível de radiação médio de um determinado lugar. Ela pode ser de fonte natural ou artificial. A fonte natural mais importante de radiação de fundo é o radônio, um gás radioativo que se forma na série de decaimento do urânio. Sua exposição ao radônio depende da quantidade de urânio das pedras e do solo onde você vive e da

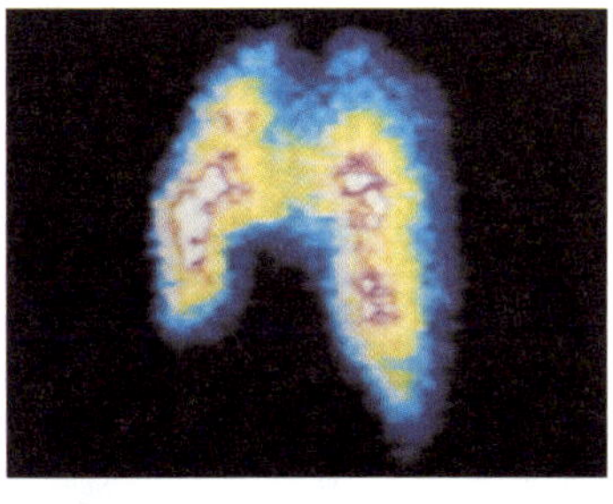

FIGURA 7.17 Imagem da tireoide produzida por I-131. O iodo radioativo concentrou-se nas partes vermelha e amarela.

possibilidade de que sua residência permita a acumulação de radônio na área doméstica. A próxima atividade ajuda a esclarecer a ligação entre o radônio e o câncer de pulmão.

Veja mais sobre o radônio como poluente do ar de interiores na Seção 1.13

Sua Vez 7.18 Radônio e você

Produzido na série de decaimento radioativo do U-238, o radônio-222 é um emissor alfa.

a. Escreva a equação nuclear do decaimento radioativo do radônio-222.
b. O produto é sólido. Você deveria esperar que ele fosse radioativo. Por quê?
c. Radônio e seus produtos de decaimento podem causar câncer de pulmão. Explique por quê.

Resposta

b. Polônio-218 é radioativo, como todos os isótopos dos elementos de número atômico 84 ou superior.

O uso crescente da tomografia computadorizada (e a dose de radiação que ela utiliza) é uma preocupação para muitos médicos. Por outro lado, eles percebem os benefícios de ter uma imagem de alta qualidade para diagnóstico e tratamento.

1 microsievert = 0,1 milirem

O radônio, um radioisótopo de ocorrência natural, é uma das mais importantes fontes de radiação ionizante a que você poderá estar exposto, como se pode ver na Figura 7.18. Décadas atrás, praticamente *todas* as nossas exposições eram em razão de fontes naturais. Mais recentemente, porém, exposições medicinais ficaram mais frequentes, com as de tomografia computadorizada (CT), raios-X e traçadores radioativos para diagnósticos. Em consequência, hoje, cerca de metade da exposição à radiação ionizante é medicinal. Essa exposição, agora, excede em muito a radiação de fundo natural no caso de alguns pacientes.

Cada exposição pode ser quantificada em termos da dose de radiação recebida. Examine a Figura 7.18 e veja que a dose anual é dada em duas unidades, o **rem** e o **sievert** (**Sv**). Elas são medidas da dose de radiação que levam em conta os danos causados no tecido humano quando a radiação é absorvida. 1 sievert = 100 rem. Embora você possa encontrar essas duas unidades, o rem é mais antigo, e muitos cientistas usam hoje o sievert, a unidade internacional.

Um sievert é uma dose muito alta! Como a maior parte das exposições à radiação é muito inferior a um sievert ou um rem, unidades menores são necessárias: microsieverts (μSv) e milirems (mrem).

$$1 \text{ microsievert } (\mu\text{Sv}) = 1/1.000.000 \text{ de um sievert} = 1 \times 10^{-6} \text{ Sv}$$
$$1 \text{ milirem (mrem)} = 1/1.000 \text{ de um rem} = 1 \times 10^{-3} \text{ rem}$$

Quando você engole uma pastilha, é fácil calcular a dose relativa à sua massa corporal. É simplesmente uma função de quanto existe do fármaco na pastilha e quanto você pesa. Com a radiação ionizante, é muito mais complicado. Uma razão é que diferentes tipos de radiação correspondem a doses diferentes. Por exemplo, a partícula alfa causa um grande impacto. Por quê? As partículas alfa são maiores e passam ao tecido uma quantidade maior de energia quando o atingem. São necessárias cerca de 20 vezes mais partículas beta para provocar o mesmo dano provocado nos tecidos por uma determinada quantidade de partículas alfa.

Outra razão é que o mesmo tipo de radiação pode depositar em seu tecido diferentes quantidades de energia. Por exemplo, os raios X existem em comprimentos de onda diferentes, com energias correspondentemente diferentes. Por isso, o sievert e o rem baseiam-se em outra unidade, o **rad**,

Na Figura 7.18, *interna* refere-se aos radioisótopos naturalmente presentes em seu corpo, como as pequeníssimas quantidades de carbono-14 e potássio-40.

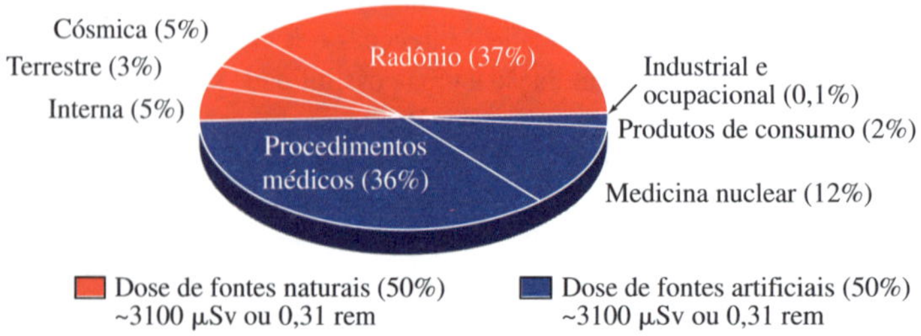

FIGURA 7.18 Fontes de radiação ionizante em exposição de pessoas que vivem nos Estados Unidos, 2009.
Fonte: National Council on Radiation Protection and Measurements (NCRP) Report No. 160, Ionizing Radiation Exposure of the Population of the United States, *2009.*

abreviatura de "dose absorvida de radiação". O rad é uma medida da energia depositada no tecido e é definido como a absorção de 0,01 joule de energia radiante por quilograma de tecido. Assim, se uma pessoa de 70 kg absorvesse 0,70 J de energia, uma dose de 1 rad seria recebida. Embora isso não seja muita energia, ela estará localizada na pequena região que a radiação atinge.

Esperamos que essa breve discussão tenha permitido a você perceber que nem toda radiação é igual. A dose que você recebe depende do tipo de radiação e de se a fonte está dentro ou fora de seu corpo.

Examinemos a dose anual mostrada na Figura 7.18 em mais detalhes. Uma amostra de cálculo baseado em um indivíduo que não fuma e vive no Meio-Oeste americano está na Tabela 7.2. Considerando que esse indivíduo tenha tido muito pouca exposição por procedimentos médicos, a dose anual de 3.581 μSv está adequada aos dados da Figura 7.18, que mostra uma dose anual de 6.200 μSv. Estude Isto 7.19 permite que você faça seu próprio cálculo.

Estude Isto 7.19 Sua dose anual de radiação

Se você procurar por dose anual de radiação ("annual radiation dose", em inglês) na Internet, encontrará várias calculadoras. Dependendo de quando foram criadas, elas podem dar ou não opções para incluir a exposição medicinal à radiação. Pegue uma dessas calculadoras e faça o cálculo. Quão perto está o seu valor da dose total anual de radiação no exemplo de cálculo acima? Explique as diferenças.

TABELA 7.2 Dose anual de radiação (amostra de cálculo)*

Fontes de radiação	(μSv/ano)
1. Radiação cósmica	
a. Nível do mar (média americana)	260
b. Dose adicional se você está acima do nível do mar	
Até 1.000 m (3.300 pés) adicione 20 μSv	20
1.000–2.000 m (6.600 pés) adicione 50 μSv	
2.000–3.000 m (9.900 pés) adicione 90 μSv	
3.000–4.000 m (13.200 pés) adicione 150 μSv	
4.000–5.000 m (16.500 pés) adicione 210 μSv	
2. Materiais de construção usados em sua residência	
Pedras, tijolos, concreto, adicione ... 70 μSv	
Madeira ou outros, adicione ... 20 μSv	20
3. Pedras e solo	460
4. Alimentos, água e ar (K e Rn)	2.400
5. Depósitos de testes nucleares	10
6. Raios-X médicos e dentários	
a. Raios-X do pulmão, adicione 100 μSv cada	0
b. Raios-X do trato gastrointestinal, adicione 5.000 μSv cada	0
c. Raios-X da boca, adicione 100 μSv cada	100
7. Viagens de avião	
Voo de 5 horas a 30.000 pés, adicione 30 μSv/voo	300
8. Outros	
a. Vive até 50 milhas de uma usina nuclear, adicione 0,09 μSv	0,09
b. Vive até 50 milhas de uma termoelétrica, adicione 0,3 μSv	0,3
c. Usa um terminal de computador, adicione 1 μSv	1
d. Assiste TV, adicione 10 μSv	10
Dose Anual Total de Radiação	**3581**

*Amostra de cálculo para um adulto não fumante vivendo no Meio-Oeste. Se você fuma um maço de cigarros por dia, adicione 10.000 μSv.

Fontes: Adaptado de informações fornecidas pela U.S. Environmental Protection Agency e a American Nuclear Society.

Químico Cético 7.20 Sua ocupação deveria ser incluída?

A amostra de cálculo da Tabela 7.2 é só isso, uma amostra de cálculo. Alguns itens aparecem, outros estão faltando. Procure outras estimativas da dose pessoal de radiação na Internet. Encontre pelo menos duas fontes que incluem fontes de radiação não mencionadas na Tabela 7.2. Explique por que elas deveriam, ou não, ter sido incluídas.

E as usinas nucleares? Se você examinar de perto a Tabela 7.2, verá que a dose de radiação que você recebe de uma usina nuclear bem operada é negligível. É menor do que sua "dose interna", isto é a dose provinda dos radioisótopos que ocorrem naturalmente em seu corpo. Por exemplo, cerca de 0,01% de todos os íons de potássio (K^+) de seu corpo são K-40, radioativos. Esse potássio radioativo libera uma dose de cerca de 200 μSv por ano, aproximadamente 2.000 vezes a exposição de viver a menos de 50 milhas de uma usina nuclear. Embora bananas sejam ricas em potássio (K^+), você não precisa se preocupar em comer bananas, porque isso não vai aumentar sua dose. Por quê? Assim como os íons potássio entram no seu corpo, eles também saem, sem haver acumulação.

O carbono-14 é outro radioisótopo natural em nossa comida. Esse radioisótopo é produzido na atmosfera superior pela interação entre o nitrogênio e os raios cósmicos. Ele se incorpora a moléculas de dióxido de carbono que difundem para a troposfera onde vivemos. O falecido Isaac Asimov, um prolífico escritor de ciência, chamou a atenção para o fato de que o corpo humano contém aproximadamente $3{,}0 \times 10^{26}$ átomos de carbono, dos quais $3{,}5 \times 10^{14}$ são de C-14. A cada inspiração, você inala dióxido de carbono, incluindo cerca de 3,5 milhões de moléculas de dióxido de carbono que contêm átomos de C-14. Esse número é tão insignificante que a Tabela 7.2 não o inclui. Confira as contas na próxima atividade.

Sua Vez 7.21 O carbono radioativo e você

Suponha que os números de Isaac Asimov estão corretos e que $3{,}5 \times 10^{14}$ dos $3{,}0 \times 10^{26}$ átomos de carbono de seu corpo são radioativos. Qual é a percentagem de C-14?

Dose média estimada que os que estiveram em Chornobyl receberam:

120 mSv – 530.000 trabalhadores das operações de recuperação

30 mSv – 115.000 pessoas evacuadas

Fonte: United Nations Scientific Committee on the Effects of Atomic Radiation (UNSCEAR).

Uma dose anual de 6.200 μSv é equivalente a 0,0062 Sv (0,62 rem).

Como sua dose anual de radiação ionizante o afeta? Ninguém pode dar-lhe uma resposta pessoal detalhada a esta questão. Mesmo assim, podemos fazer algumas observações úteis.

Primeiro, mesmo com os testes médicos de diagnóstico, provavelmente sua dose anual é relativamente baixa. Só aqueles que estão no lugar errado na hora errada (ou têm uma doença grave) recebem doses mais elevadas. Exemplos incluem estar no ponto de queda de uma arma nuclear ou em uma área contaminada por um acidente sério em usinas nucleares. Um transplante de medula também o colocaria na categoria de dose elevada.

Segundo, os cientistas têm dados razoavelmente bons para os efeitos de uma única dose de radiação. Como você pode ver na Tabela 7.3, uma dose anual da ordem de 6.200 μSv, se recebida de

TABELA 7.3 Efeitos prováveis de uma única dose de radiação

Dose (Sv)	Dose (rem)	Efeito provável
0–0,25	0–25	Nenhum efeito observável
0,25–0,50	25–50	Contagem de glóbulos brancos diminui ligeiramente
0,50–1,00	50–100	Contagem de glóbulos brancos diminui significativamente, lesões
1,00–2,00	100–200	Náusea, vômitos, perda de cabelo
2,00–5,00	200–500	Hemorragia, úlceras, possivelmente morte
5,00	>500	Morte

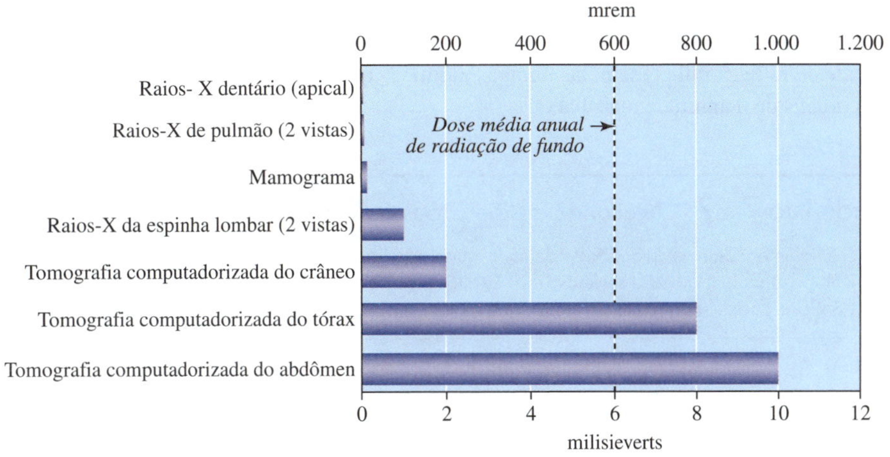

FIGURA 7.19 Doses de procedimentos médicos que usam radiação ionizante. A média anual de radiação de fundo nos Estados Unidos (6.200 μSv ou 6,2 μSv) é mostrada para comparação.

Fonte: Michael G. Stabin, Health Physics Society, 2011.

uma só vez, não traria efeito fisiológico imediato. Em contraste, doses mais altas levam às doenças da radiação e à morte. A causa é o dano provocado nas células que se dividem rapidamente, como as da medula e do trato gastrointestinal de que você precisa para viver.

Terceiro, apesar de sua dose anual de radiação ionizante ser baixa, ela pode ter efeito sobre você. O mais provável é o câncer. Por exemplo, radônio é a segunda maior causa de câncer nos pulmões, com talvez até 20.000 mortes por ano nos Estados Unidos. A exposição médica à radiação ionizante pode aumentar o número de casos de câncer além do que se esperaria se não houvesse esse tipo de exposição. Para ajudar a colocar esses testes médicos em perspectiva, a Figura 7.19 dá valores comuns. Lembre-se de que a dose depende da máquina que está sendo usada e de seu fabricante, bem como o peso do corpo. Embora o risco (ou a probabilidade) de desenvolver câncer em uma varredura de tomografia computadorizada seja baixo, um câncer improvável ainda é uma consequência séria.

Finalmente, os efeitos de longo termo das baixas doses de radiação são ainda tópicos de debate. A dificuldade está na extrapolação dos dados conhecidos de altas para as baixas doses. A extrapolação é necessária porque não podemos experimentar em humanos para obter medidas confiáveis. Além disso, os efeitos de baixas doses seriam pequenos, só aparecendo após um longo tempo.

Para terminar nossa discussão, precisamos explorar as unidades de medida da radioatividade. Para fazer isso, devemos mudar de foco. Até agora, a ênfase foi nas doses de radiação e como elas afetam suas células, causando doenças e, até mesmo, morte. Agora mudamos para o que os radioisótopos fazem, isto é, emitir radiação nuclear.

A radioatividade de uma amostra é medida pela contagem do número de desintegrações em um dado período de tempo. O **becquerel** (**Bq**) é a unidade internacional de radioatividade, equivalente a uma desintegraçao (alfa, beta ou gama) por segundo. É uma unidade muito pequena; logo, outra unidade é frequentemente usada, o **curie** (**Ci**). Nomeado em honra de Marie Curie, o curie é uma medida da radioatividade de uma amostra, aproximadamente equivalente à atividade de um grama de rádio.

$$1 \text{ curie (Ci)} = 3{,}7 \times 10^{10} \text{ desintegração/segundo}$$
$$= 3{,}7 \times 10^{10} \text{ Bq}$$

Como o rádio é altamente radioativo, um curie é muita radiação! Por isso, as pessoas referem-se tipicamente a níveis de radioatividade em termos de *mili*curies (mCi), *micro*curies (μCi), *nano*curies (nCi) ou mesmo *pico*curies (pCi). Por exemplo, medidas do radônio em residências são dadas em picocuries, como você verá em Sua Vez 7.27. Os químicos que trabalham com radioisótopos no laboratório usam tipicamente quantidades da ordem de milicurie ou microcurie. Se um laboratorista derramasse uma quantidade tão grande como 100 mCi, procedimentos sérios de limpeza seriam necessários. Em contraste, um derramamento de 100 μCi seria considerado muito menos perigoso.

milli
1×10^{-3}
1/1.000

micro
1×10^{-6}
1/1.000.000

nano
1×10^{-9}
1/1.000.000.000

pico
1×10^{-12}
1/1.000.000.000.000

Para colocar esses valores em perspectiva, a explosão em Chornobyl derramou 100-200 *milhões* de curies na atmosfera. Em termos da quantidade de radioatividade, isso é o equivalente a dispersar 100-200 milhões de gramas de rádio. Nos meses que se seguiram ao acidente, os níveis de radioatividade perto de Chornobyl atingiram de 5 a mais de 40 Ci por quilômetro quadrado. A quantidade de radiação liberada pelas bombas atômicas que explodiram em Nagasaki e Hiroshima foi duas ordens de magnitude mais baixa.

Estude Isto 7.22 Avaliando as liberações radioativas

Não é suficiente indicar a quantidade de radioatividade liberada. Na verdade, a *identidade* dos radioisótopos também deveria ser indicada. Explique por quê, usando os produtos de fissão nuclear I-131, Sr-90 e Cs-137 como exemplos.

Resposta

O Cs-137 radioativo é particularmente perigoso porque entra na cadeia alimentar na forma de Cs^+, o íon césio. O mesmo ocorre para o Sr-90 na forma de Sr^{2+}, que mimetiza o cálcio, e o I-131 que se acumula na glândula tireoide. Cs-137 e Sr-90 também são perigosos porque têm meias-vidas suficientemente longas para persistir por décadas. Veja mais sobre a meia-vida na Seção 7.8 e mais sobre o Sr-90 no Estude Isto 7.28.

Concluímos esta seção dirigindo sua atenção de volta à Tabela 7.2, o cálculo de sua dose pessoal de radiação ionizante. Como chamamos a atenção em Químico Cético 7.20, versões desse cálculo variam dependendo dos parâmetros que incluem. Pelo menos uma delas inclui um item chamado de *ciclo do combustível nuclear*, um termo que definiremos na próxima seção. Embora a dose que você recebe anualmente dessa fonte seja pequena (0,1%), os combustíveis nucleares merecem atenção cuidadosa. Na próxima seção, exploraremos a ligação entre o combustível nuclear e as armas. Na seção seguinte, começaremos uma discussão muito mais longa sobre as meias-vidas que nos permitirá abordar questões relacionadas ao lixo nuclear.

7.7 A ligação com as armas

Embora as usinas nucleares e as bombas atômicas utilizem a energia da fissão, elas exigem que a energia seja liberada em velocidades diferentes. Uma usina nuclear usa a liberação lenta e controlada da energia. Em contraste, uma arma nuclear exige a liberação rápida e descontrolada da energia. Nos dois casos, a reação de fissão é essencialmente a mesma, a fissão de **urânio enriquecido**, isto é, urânio que tem uma percentagem maior de U-235 do que a abundância natural de cerca de 0,7%. A diferença está *no grau* de enriquecimento. As usinas atômicas comerciais operam tipicamente com 3-5% de U-235, enquanto as armas atômicas usam combustível que pode chegar a 90% de U-235. Este último é, às vezes, chamado de urânio altamente enriquecido ou de grau militar.

Embora as bombas de hidrogênio sejam iniciadas por fissão nuclear, elas usam a energia da fusão nuclear, um tópico que não foi explorado neste capítulo.

A maior parte dos reatores comerciais no mundo usa urânio enriquecido. Entretanto, alguns reatores britânicos e canadenses foram desenhados para operar com urânio natural (não enriquecido).

Sua Vez 7.23 Urânio enriquecido

As pastilhas de combustível de uma usina nuclear são enriquecidas a 3-5% de urânio-235.

a. Outro isótopo do urânio está nas pastilhas. Qual deles?
b. Esse isótopo é fissionável nas condições de um reator nuclear?
c. Após o uso em um reator, as pastilhas de urânio gastas contêm radioisótopos de muitos elementos diferentes, incluindo estrôncio, bário, criptônio e iodo. Explique a origem desses radioisótopos.

Em um reator nuclear, a concentração de U-235 fissionável é baixa. A maior parte dos nêutrons liberados na fissão do U-235 é absorvida pelos núcleos de U-238 das pastilhas de combustível e por outros elementos como o cádmio e o boro nas barras de controle. Consequentemente, o fluxo de nêutrons não pode crescer o suficiente para provocar uma explosão nuclear. Em contraste, as bombas atômicas usam urânio muito enriquecido, e os nêutrons liberados têm alta chance de encontrar outro núcleo de U-235. Como já vimos, uma reação de fissão explosiva (isto é, a explosão de uma bomba atômica) só ocorre se a massa crítica de U-235 (cerca de 33 lb) for rapidamente reunida em um espaço pequeno.

O enriquecimento do urânio não é tarefa fácil! O U-235 e o U-238 comportam-se quimicamente do mesmo modo, então não podem ser separados por via química. Na verdade, o truque para separá-los está na pequena diferença de massa dada por três nêutrons. Como essa diferença pode ser usada para obter a separação? Em média, as moléculas de gás mais leves movem-se mais rapidamente do que as mais pesadas. Portanto, as moléculas de gás contendo U-235 deveriam ser ligeiramente mais rápidas do que as que contêm U-238. Um modo de separar moléculas é usar a **difusão de gases**, um processo pelo qual gases de diferentes pesos moleculares são forçados através de uma série de membranas permeáveis. As moléculas de gás mais leves difundem mais rapidamente através das membranas do que as mais pesadas.

Contudo, o minério de urânio certamente não é um gás, mas um mineral que contém UO_3 e UO_2. A maior parte dos demais compostos de urânio também é sólida. O composto hexafluoreto de urânio (UF_6), porém, tem uma propriedade notável. Conhecido como "hex", o UF_6 é um sólido na temperatura normal, mas vaporiza facilmente quando aquecido a 56°C (cerca de 135 °F). Para produzir hex, o minério de urânio é convertido em UF_4, que, por sua vez, reage com mais gás flúor.

$$UF_4(g) + F_2(g) \longrightarrow UF_6(g) \qquad [7.11]$$

A equação 7.11 é uma equação *química*, não uma equação *nuclear*.

Em média, uma molécula de $^{235}UF_6$ viaja cerca de 0,4% mais depressa do que uma molécula de $^{238}UF_6$. Se o processo de difusão do gás ocorrer repetidamente através de uma longa série de membranas permeáveis, quantidades significativas de $^{235}UF_6$ e $^{238}UF_6$ podem ser separadas. Antes da Segunda Gerra Mundial e da Guerra Fria, os cientistas americanos separaram isótopos de urânio por difusão de gás no Oak Ridge National Laboratory, no Tennessee.

O processo de difusão de gás é usado para enriquecer urânio em fábricas comerciais em algumas nações como a França e os Estados Unidos. Entretanto, o enriquecimento é agora mais comumente feito usando grandes centrífugas. Como na difusão de gás, a centrífuga faz uso da pequena diferença de massa entre o $^{235}UF_6$ e o $^{238}UF_6$. Entretanto, o processo tem a vantagem de usar muito menos energia do que a difusão de gás para o mesmo grau de enriquecimento. Por esse motivo, as instalações comerciais de enriquecimento mais novas usam centrífugas. Por exemplo, em 2006, a Nuclear Regulatory Commission deu uma licença para um consórcio de companhias americanas e europeias construir uma instalação de centrifugação de ponta perto de Eunice, Novo México (Figura 7.20). Em 2010, autoridades realizaram uma cerimônia formal de abertura da fábrica, que deve atingir sua capacidade plena em 2015.

FIGURA 7.20 A nova instalação de ponta para enriquecimento de urânio para abastecer os reatores comerciais dos Estados Unidos, localizada perto de Eunice, Novo México. A fábrica foi construída pela URENCO, uma companhia internacional de combustível nuclear.
Fonte: URENCO.

Independentemente do método de enriquecimento, uma vez separado o U-235, o U-238 que resta está agora "esgotado". Com o apelido de DU, o **urânio esgotado** ("depleted") é composto quase que inteiramente por U-238 (~99,8%) porque muito do U-235 que continha foi removido. Estimativas indicam que mais de 1 bilhão de toneladas métricas de DU estão armazenadas hoje nos Estados Unidos. Em anos recentes, os militares têm usado DU em munições antitanque. A próxima atividade lhe dá uma oportunidade de aprender mais sobre DU.

Estude Isto 7.24 Urânio esgotado (DU)

Urânio esgotado é usado em bombas antitanque. Elas foram primeiramente usadas na Guerra do Golfo, em 1991, e depois em outros conflitos armados, incluindo Kuwait, Bósnia, Afeganistão e Iraque. Procure as propriedades do DU para explicar por que ele pode penetrar a proteção dos tanques. Resuma também as controvérsias envolvidas.

No nível de enriquecimento de 3-5%, o combustível nuclear não pode ser usado em bombas atômicas funcionais. Entretanto, a tecnologia para transformar o minério em urânio de grau de arma nuclear (cerca de 90% de U-235) é essencialmente idêntica à usada para a produção de combustível de reatores. Reconhecendo esse fato, somente certos países estão autorizados a produzir urânio enriquecido, de acordo com o Tratado de Não Proliferação Nuclear de 1968. Esse acordo conferiu às nações soberanas que o assinaram o direito de buscar a energia nuclear (e, em consequência, o enriquecimento de urânio) para fins pacíficos. O Irã, um signatário do tratado, recomeçou seu programa de enriquecimento de urânio no verão de 2005, apesar dos protestos dos Estados Unidos e de outros países.

Um cenário mais provável para a fabricação clandestina de armas seria usar o plutônio-239 formado pelo U-238 em um reator convencional. De forma análoga ao U-235 na equação 7.1, o U-238 absorve um nêutron e forma a espécie instável U-239. Nesse caso, *não* ocorre fissão, mas em questão de horas o U-239 sofre decaimento beta.

$$^{1}_{0}n + ^{238}_{92}U \longrightarrow [^{239}_{92}U] \longrightarrow ^{239}_{93}Np + ^{0}_{-1}e \quad \textbf{[7.12]}$$

O novo elemento formado, o netúnio-239, também é um emissor beta e decai para formar o plutônio-239.

$$^{239}_{93}Np \longrightarrow ^{239}_{94}Pu + ^{0}_{-1}e \quad \textbf{[7.13]}$$

Essa transformação foi descoberta no começo de 1940. As propriedades químicas e físicas do plutônio foram determinadas com uma amostra quase invisível na platina de um microscópio. Os processos químicos concebidos nessas pequenas amostras foram aumentados bilhões de vezes e usados para extrair plutônio das pastilhas esgotadas de um reator construído no Columbia River, em Hanford, Washington. O plutônio foi separado quimicamente do urânio e usado no primeiro teste de uma arma nuclear em 16 de julho de 1945, perto de Alamogordo, Novo México. A bomba jogada em Nagasaki, um pouco menos de um mês depois, também usava plutônio como combustível.

Urânio esgotado, urânio enriquecido e plutônio são componentes do **ciclo do combustível nuclear**, um modo de conceituar todos os processos que podem acontecer quando o minério de urânio é extraído, processado, usado para alimentar um reator e, então, tratado como resíduo. Examine a Figura 7.21 para ver a ligação com o plutônio. Como as equações 7.12 e 7.13 mostram, o plutônio-239 é produzido ("criado") em reatores nucleares e, portanto, é um componente do combustível esgotado. Os reatores podem ser desenhados para criar mais (ou menos) plutônio. Voltaremos, mais à frente, ao ciclo do combustível nuclear.

Veja mais sobre reatores de alimentação na Seção 7.9.

O plutônio-239 estabelece um problema internacional de segurança, pois, como é produzido em reatores nucleares, ele poderia ser incorporado a bombas nucleares. Dados os riscos associados com o Pu-239 e o U-235, é essencial que as organizações nacionais e internacionais acompanhem cuidadosamente o suprimento e a distribuição desses dois isótopos no mundo. A salvaguarda de materiais nucleares existentes ganhou novo significado desde o fim da Guerra Fria e o término da antiga União Soviética. Uma parte do problema é o plutônio e o urânio altamente enriquecido do arsenal nuclear da Rússia (cerca de 20.000 ogivas). Outro problema está no legado russo da Guerra

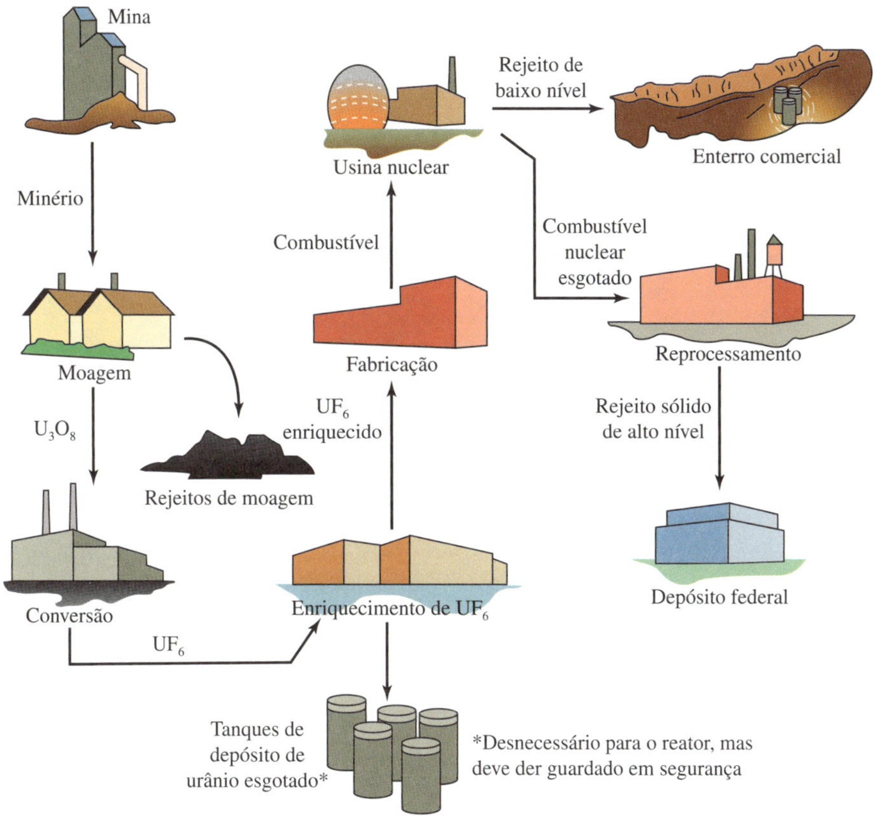

FIGURA 7.21 Uma representação do ciclo do combustível nuclear. Algumas das partes não estão em operação. *Nota:* U_3O_8 é o óxido de urânio, ou "bolo amarelo" ("*yellow cake*"), um composto de urânio produzido no refino do minério de urânio.

Fonte: W. Cunningham and M. Cunningham, Environmental Science: A Global Concern, 12th ed., McGraw-Hill, 2012.

Veja mais sobre o bolo amarelo e partes do ciclo do combustível nuclear na Seção 7.10.

Fria, um arsenal de urânio e plutônio altamente enriquecidos (cerca de 600 toneladas métricas). Esses problemas são uma ameaça à segurança mundial (Figura 7.22) porque os materiais guardados em laboratórios, centros de pesquisa e estaleiros da antiga União Soviética são vulneráveis a roubos. Essas 600 toneladas de material fissionável poderiam ser usadas para construir aproximadamente 40.000 novas armas nucleares.

A comunidade mundial claramente reconhece os perigos do tráfico nuclear e a necessidade de controles efetivos. Em reconhecimento da ameaça global, o Prêmio Nobel da Paz de 2005 foi partilhado igualmente entre a Agência Internacional de Energia Atômica (IAEA) e seu diretor geral, Mohamed ElBaradei. O comitê Nobel citou "... seus esforços para impedir que a energia nuclear seja usada com fins militares e para garantir que seu uso pacífico seja o mais seguro possível". A segurança futura das nações, senão de todo o planeta, pode depender de nossa capacidade de controlar e ultimamente reciclar plutônio e urânio altamente enriquecidos.

FIGURA 7.22 Um recipiente com Pu-239 de grau militar capturado na Alemanha.

7.8 O tempo nuclear: a meia-vida

Quanto tempo "dura" uma amostra radioativa? A resposta depende do radioisótopo. Alguns deles decaem rapidamente em um espaço curto de tempo, enquanto outros decaem muito mais lentamente. Cada radioisótopo tem sua **meia-vida** ($t_{1/2}$), o tempo necessário para que o nível de radioatividade caia à metade de seu valor inicial. Por exemplo, o plutônio-239, um emissor alfa formado em reatores nucleares alimentados com urânio, tem meia-vida de cerca de 24.110 anos. Isso significa que, em 24.110 anos, a radioatividade de uma amostra de Pu-239 cairá à metade. Após uma segunda meia-vida (outros 24.110 anos), o nível será de um quarto da quantidade original, e em três meias-vidas

Reveja as equações 7.12 e 7.13 para ver como o Pu-238 pode ser produzido a partir do U-238 em um reator nuclear.

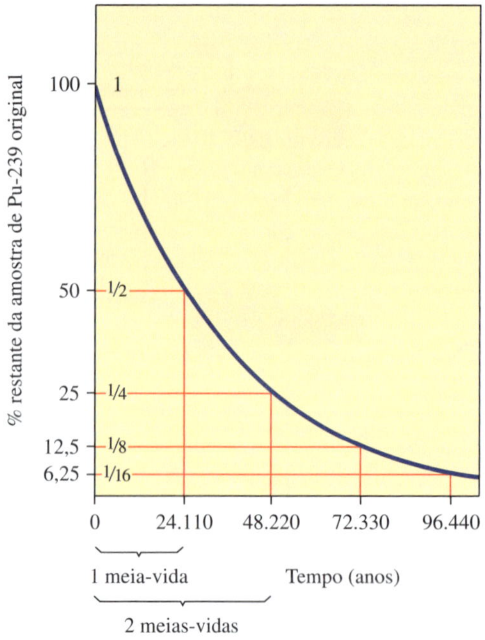

FIGURA 7.23 Decaimento de uma amostra de Pu-239 com o tempo.

(72.330 anos), o nível será um oitavo do original (Figura 7.23). Com esses tempos, você pode ver que demorará muito para que o nível de radioatividade do plutônio diminua!

Outros radioisótopos decaem ainda mais lentamente. Por exemplo, a meia-vida do U-238 é 4,5 bilhões de anos. Por coincidência, essa é a idade aproximada das rochas mais velhas da Terra, uma determinação feita pela medida do seu conteúdo de urânio. A meia-vida de cada isótopo em particular é uma constante e independente do estado físico ou da forma química em que está o elemento. Mais ainda, a velocidade do decaimento radioativo não é essencialmente alterada por variações de temperatura e pressão. Pela Tabela 7.4, você pode ver que as meias-vidas variam de milissegundos a milênios.

TABELA 7.4 Meia-vida de radioisótopos selecionados

Radioisótopo	Meia-vida	Encontrados nas barras de combustível esgotadas dos reatores nucleares?
urânio-238	$4,5 \times 10^9$ anos	Sim. Originalmente presente nas pastilhas de combustível.
potássio-40	$1,3 \times 10^9$ anos	Não
urânio-235	$7,0 \times 10^8$ anos	Sim. Originalmente presente nas pastilhas de combustível.
plutônio-239	24.110 anos	Sim. Veja a equação 7.13.
carbono-14	5.715 anos	Não
césio-137	30,2 anos	Sim. Produto da fissão.
estrôncio-90	29,1 anos	Sim. Produto da fissão.
tório-234	24,1 dias	Sim. Pequena quantidade gerada na série de decaimento natural.
iodo-131	8,04 dias	Sim. Produto da fissão.
radônio-222	3,82 dias	Sim. Pequena quantidade gerada na série de decaimento natural do U-238.
plutônio-231	8,5 minutos	Não. A meia-vida é muito curta.
polônio-214	0,00016 segundos	Não. A meia-vida é muito curta.

Você também pode ver na Tabela 7.4 que Pu-239 e Pu-231 têm meias-vidas diferentes. Outros isótopos do plutônio também têm meias-vidas diferentes. Por exemplo, em 1999, Carola Laue, Darleane Hoffman e um time no Lawrence Berkeley National Laboratory caracterizaram o plutônio-231. Esses pesquisadores tiveram de trabalhar rápido porque a meia-vida do Pu-231 é de poucos minutos! Em geral, cada radioisótopo tem sua meia-vida específica, incluindo isótopos do mesmo elemento.

Podemos usar a meia-vida ($t_{1/2}$) de um radioisótopo para determinar a percentagem de uma amostra que permanece em algum momento. Por exemplo, quando Pu-231 é gerado em laboratório, que percentagem da amostra original *permanece* após 25 minutos? Para responder a isso, repare que 25 minutos é aproximadamente três meias-vidas ou 3 × 8,5 minutos. Após a primeira meia-vida, 50% da amostra decaíram e 50% permanecem. Após duas meias-vidas, 75% decaíram e 25% permanecem. Após três meias-vidas, 87,5% decaíram e 12,5% permanecem. Esses valores não são exatos porque 25 minutos não correspondem exatamente a três meias-vidas. Não obstante, cálculos rápidos aproximados podem ser úteis.

Essa questão também poderia ser colocada deste modo: Após 25,5 minutos, que percentagem de uma amostra de Pu-231 *decaiu*? Essa questão exige mais uma etapa. Para encontrar a quantidade que decaiu, simplesmente subtraia a percentagem remanescente de 100%. Se 12,5% permanecem, então 100% − 12,5% = 87,5% decaíram. A Tabela 7.5 resume essas variações para qualquer isótopo.

Sua Vez 7.25 Hoje aqui ...

... e desaparecido amanhã? As pessoas às vezes usam o valor de 10 meias-vidas para indicar quando um radioisótopo terá "ido", isto é, quando somente uma quantidade negligível permanece. Que percentagem da amostra original permanece após 10 meias-vidas? Adicione mais linhas à Tabela 7.5 para mostrar a matemática do decaimento após 10 meias-vidas.

Façamos um cálculo rápido com um radioisótopo diferente. Por exemplo, se você tivesse uma amostra de U-238 ($t_{1/2} = 4,5 \times 10^9$ anos), que percentagem dele permaneceria após 25 minutos? Para responder, repare que minutos, dias ou mesmo meses seriam um mero instante em uma meia-vida de 4,5 bilhões de anos. Por isso, essencialmente todo o urânio-238 permaneceria. As próximas duas atividades vão lhe dar a oportunidade de praticar cálculos de meias-vidas.

Sua Vez 7.26 Cálculos com o trício

O hidrogênio-3 (trício, H-3) forma-se, às vezes, na água usada como refrigerante primário em um reator nuclear. O trício é um emissor beta com $t_{1/2} = 12,3$ anos. Após quantos anos, em uma dada amostra que contém trício, restarão 12% da radioatividade?

TABELA 7.5 Cálculos de meias-vidas

Número de meias-vidas	% Decaída	% Remanescente
0	0	100
1	50	50
2	75	25
3	87,5	12,5
4	93,75	6,25
5	97,88	3,12
6	98,44	1,56

Sua Vez 7.27 Cálculos com o radônio

O radônio-222 é um gás radioativo produzido no decaimento do rádio, um radioisótopo natural, presente em muitas rochas.

a. Qual é a mais provável origem do rádio que existe nas rochas?
Sugestão: Veja a Figura 7.12.

b. A atividade do radônio é usualmente medida em picocuries (pCi). Suponha que a radioatividade do Rn-222 em seu subsolo fosse igual a 16 pCi, um valor alto. Se nenhum radônio a mais entrasse no subsolo, quanto tempo se passaria até que o nível caísse a 0,50 pCi?
Sugestão: Caindo de 16 para 1 pCi, os níveis de radioatividade caem à metade quatro vezes: 16 para 8 para 4 para 2 para 1.

c. Por que é incorreto presumir que não entrará mais radônio no subsolo?

Uma dificuldade final com os rejeitos do reator é que os produtos da fissão, se liberados, podem entrar em seu corpo e se acumular, com consequências potencialmente fatais. Um dos culpados é o estrôncio-90, um produto radioativo da fissão que entrou na biosfera nos anos 1950 com o teste atmosférico de armas nucleares. Os íons do estrôncio são quimicamente semelhantes aos íons cálcio, os dois sendo elementos do Grupo 2A da Tabela Periódica. Então, como o Ca^{2+}, o Sr^{2+} se acumula no leite e nos ossos. Assim, uma vez ingerido, o estrôncio radioativo, com sua meia-vida de 29 anos, representa uma ameaça para toda a vida. Como o I-131, o Sr-90 estava entre os produtos de fissão perigosos liberados nas vizinhanças do reator de Chornobyl.

Sua Vez 7.28 Estrôncio-90

Sr-90 é um dos produtos da fissão do U-235 listados na Tabela 7.4. Ele se forma em uma reação que produz três nêutrons e outro elemento. Escreva a reação nuclear.
Sugestão: Lembre-se de incluir o nêutron que induz a fissão do U-235.

Estado estacionário foi definido no Capítulo 2.

Passando a um tema mais animador, terminamos esta seção com o carbono-14, um radioisótopo mencionado na seção anterior. O carbono-14 tem meia-vida de 5.715 anos e vai a nitrogênio-14 por decaimento beta. Nosso dióxido de carbono atmosférico contém uma razão estacionária de um átomo radioativo de C-14 para cada 10^{12} átomos não radioativos de C-12. Plantas e animais vivos incorporam os isótopos na mesma razão. Entretanto, quando o organismo morre, cessa a troca de CO_2 com o ambiente. Então, o C-14 não pode mais ser substituído. Em consequência, a concentração de C-14 em qualquer material que um dia viveu diminui com o tempo, caindo à metade a cada 5.715 anos.

Nos anos 1950, W. Frank Libby (1908-1980) verificou pela primeira vez essa redução medindo experimentalmente a razão C-14/C-12 em uma amostra. A medida permitiu a estimativa da data da morte do organismo. Restos humanos e muitos de seus artefatos contêm carbono e, afortunadamente, a velocidade de decaimento do C-14 é conveniente para a medida das atividades humanas. Carvão de cavernas pré-históricas, papiros antigos, restos humanos mumificados e objetos de arte suspeitos de falsificação revelam sua idade por essa técnica. Ela acusa idades que estão de acordo, com uma margem de 10% de erro, com os registros históricos, validando assim a legitimidade da técnica de datação radioativa do C-14.

Com alta confiança, a datação por carbono-14 foi usada para estabelecer a idade do famoso Sudário de Turim como sendo aproximadamente 1300 D.C.

Químico Cético 7.29 Antigo Sudário

Usando a datação por carbono-14, estimou-se que a roupa de enterro de uma tumba tinha 100.000 anos. Essa determinação lhe parece razoável, sabendo que a meia-vida do C-14 é de 5.715 anos?
Sugestão: Após mais de 10 meias-vidas terem se passado, calcule a quantidade de radioisótopo que permanece. Reveja Sua Vez 7.25 para ver isso.

O decaimento nuclear não pode ser apressado. Não podemos fazer os relógios nucleares andarem mais rápida ou mais lentamente. A datação por radiocarbono depende do tique-taque infalível do carbono-14. Os mesmos princípios se aplicam ao lixo nuclear. Como veremos na próxima seção, não podemos fazer com que o decaimento de um radioisótopo específico ocorra mais rapidamente. Teremos de lidar com o que temos – talvez por milênios.

7.9 Rejeitos nucleares: hoje aqui, amanhã também

Dentre as questões ligadas à energia nuclear, o tratamento seguro dos rejeitos nucleares é a mais urgente e, aparentemente não há uma solução milagrosa para o problema. Em um artigo de junho de 1997 em *Physics Today*, John Ahearne, antigo presidente da U.S. Nuclear Regulatory Commission, lembra que "Como a morte e os impostos, os rejeitos radioativos estão conosco – não podemos escamoteá-los".

Antes de discutirmos as opções, faz sentido definir primeiro os tipos de materiais do rejeito nuclear. O **rejeito com alto nível de radioatividade** (**HLW**), como o nome implica, é altamente radioativo e, devido às meias-vidas longas dos radioisótopos envolvidos, exige essencialmente isolamento permanente da biosfera. O HLW vem em várias formas químicas, incluindo materiais muito ácidos ou muito básicos. Eles também podem conter metais tóxicos. Por isso, HLW é, às vezes, rotulado como "rejeito misto", porque é perigoso devido aos produtos químicos *e* à sua radioatividade. Além disso, como vimos na Seção 7.7, este rejeito também é um risco para a segurança nacional, porque contém plutônio que pode ser extraído e usado para construir uma arma nuclear. Grandes quantidades de HLW também foram criadas durante a Guerra Fria porque o combustível dos reatores era reprocessado para produzir plutônio para as ogivas nucleares. Esse rejeito militar tende a estar na forma inconveniente de soluções, suspensões, pastas e bolos de sal guardados em barris, caixotes e tanques subterrâneos.

Em contraste, o **rejeito com baixo nível de radioatividade** (**LLW**) contém menores quantidades de materiais radioativos do que o HLW e especificamente exclui combustível nuclear esgotado. LLW inclui um grande número de materiais, inclusive roupas de laboratório, luvas e aparelhos de limpeza contaminados oriundos de procedimentos médicos com uso de radioisótopos e mesmo detectores de fumaça descartados. Como você poderia imaginar, os perigos associados ao LLW são significativamente menores do que os do HLW. Quase 90% do volume de todo o rejeito nuclear é de baixo nível.

Estude Isto 7.30 Compacte-o! Incinere-o!

Uma deputada eleita visitou uma turma de química para falar sobre questões relativas ao lixo nuclear que estava sendo enviado para aterros locais. Ela propôs compactar o lixo para reduzir sua radioatividade e então incinerá-lo. No seu ponto de vista, isso era preferível a encher os aterros com lixo radioativo. Imagine que você é um dos membros da equipe dela e escreva, com bom-senso, um memorando para esclarecê-la.

As usinas nucleares comerciais e militares são as fontes primárias de HLW. Por exemplo, cada um dos mais de cem reatores nucleares comerciais dos Estados Unidos produz cerca de 20 toneladas de combustível esgotado anualmente. **Combustível nuclear esgotado** (**SNF**) é o material radioativo que permanece nas barras de combustível após elas terem sido usadas para gerar energia em um reator nuclear. Após remoção do reator, as barras de combustível ainda estão "quentes", na temperatura e na radioatividade. Elas contêm principalmente U-238 com cerca de 1% do U-235 que não sofreu fissão. Elas também contêm produtos de fissão, isto é, muitos isótopos muito radioativos incluindo iodo-131, césio-137 e estrôncio-90. Além disso, as barras de combustível esgotado contêm plutônio. O Pu-239 é formado a partir do U-238, como vimos na equação 7.13. Volte à Tabela 7.4 para ver os tempos de meia-vida de alguns dos radioisótopos presentes no combustível nuclear esgotado.

Em cada reator nuclear dos Estados Unidos, aproximadamente 30% das barras de combustível são substituídos anualmente em uma programação rotativa. Após serem retiradas do reator, as barras de combustível são transferidas para piscinas profundas de água para armazenamento provisório

FIGURA 7.24 Um casco contendo combustível esgotado é baixado para uma piscina profunda com água no Savannah River Site em Aiken, Carolina do Sul. Este local é para armazenamento temporário.

Fonte: U.S. Department of Energy, Office of Civilian Radioactive Waste Management.

(Figura 7.24). A água serve para esfriar o combustível e absorver radiação alfa e beta, protegendo os trabalhadores que estiverem por perto.

Essas piscinas não são para armazenamento permanente do combustível nuclear esgotado, pois são de operação cara, e ocorre corrosão das barras de metal sob a água. Além disso, a maior parte das piscinas nos Estados Unidos atingiu sua capacidade, logo, as barras de combustível têm de ser removidas para dar lugar a outras. Então, por muitas razões, após mais ou menos um ano de guarda "úmida" em piscinas, o combustível nuclear esgotado é removido, seco e transferido para barris.

O armazenamento a seco em barris envolve tipicamente colocar o combustível esgotado em cilindros de aço que não vazam e que são cercados por camadas adicionais de aço ou concreto para proteção extra. Esses barris são, então, guardados em um cofre de concreto. Como as piscinas profundas, essa opção de armazenamento é temporária e requer manutenção contínua (Figura 7.25).

Atualmente, quase todo o resíduo dos reatores é armazenado onde foi gerado. As instalações de armazenamento, que não foram construídas, estão longe do ideal. Nos anos 1950 e começo dos anos 1960, o plano era reprocessar o combustível esgotado para extrair plutônio e urânio e reutilizá-los como combustível nuclear. As instalações locais para armazenamento de barras esgotadas foram construídas para atender a esse reprocessamento. Entretanto, só uma das várias instalações de reprocessamento entrou em operação e somente por pouco tempo (1967-1975). Assim, o reprocessamento nunca acompanhou a velocidade de produção do combustível esgotado, cerca de 2.000 toneladas anuais. Em 1977, o então presidente Jimmy Carter, um engenheiro nuclear, declarou moratória no uso do reprocessamento comercial de combustível nuclear que continua até hoje.

As restrições variam para cada nação. França, Reino Unido, Alemanha e Japão reprocessam parte de seu SNF. Uma opção que está ficando mais e mais atraente é o uso de um **reator alimentador**, um reator nuclear que pode produzir mais combustível fissionável (usualmente Pu-239) do que consome (usualmente U-235). Isso parece um sonho que virou realidade em um planeta sedento de energia. Imagine se seu automóvel sintetizasse gasolina enquanto você dirige! Cientistas nos Estados Unidos e outros países descobriram como recuperar plutônio do combustível esgotado dos reatores regeneradores. Nos anos 1970, vários fatores levaram os Estados Unidos a pararem de desenvolver a tecnologia dos reatores alimentadores, incluindo a objeção ao reprocessamento do plutônio e a necessidade de um projeto mais complexo do reator. Olharemos com mais detalhes o uso futuro possível do reprocessamento na seção final deste capítulo.

FIGURA 7.25 Sistema de barris para o armazenamento a seco do lixo nuclear em um local do reator.
Fonte: U.S. Nuclear Regulatory Commission.

Na ausência de reprocessamento, existem duas opções para o armazenamento de HLW: armazenamento monitorado na superfície ou próximo dela e armazenamento em repositórios geológicos profundos. Eles diferem em uma variável essencial: *monitoramento ativo* (Figura 7.26). No armazenamento na superfície, as sociedades humanas terão de usar por milhares de anos recursos para manter a integridade dos resíduos. No armazenamento em repositórios geológicos, os resíduos podem ficar acessíveis e ser recuperados (embora menos facilmente) ou selados "para sempre", exigindo vigilância humana mínima. Em um relatório publicado pelas Academias Nacionais em 2000, a opção do armazenamento em repositórios profundos foi favorecida, notando-se que não era prudente imaginar que sociedades futuras na Terra seriam capazes de manter instalações de armazenamento na superfície.

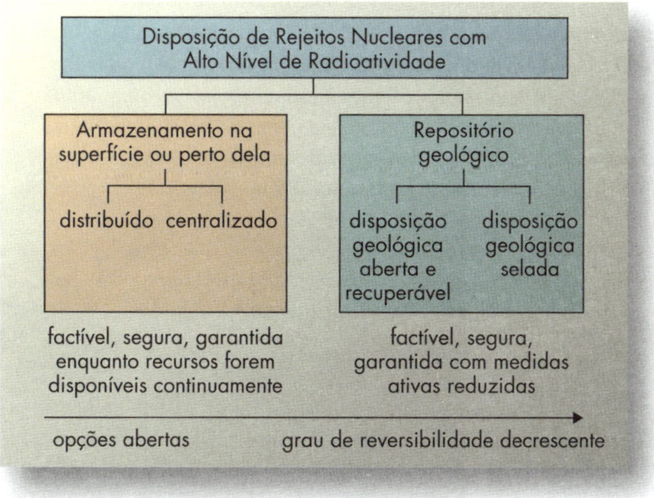

FIGURA 7.26 Estratégias para a disposição de rejeitos nucleares com alto nível de radioatividade.
Fonte: Disposition of High-Level Wastes and Spent Nuclear Fuel, National Academy Press, 2000.

FIGURA 7.27 Encapsulando HLW reprocessado em vidro em barris de aço inoxidável (vitrificação).

Com qualquer estratégia de armazenamento, o HLW deve permanecer isolado das águas subterrâneas por pelo mentos 10.000 anos para permitir que os níveis de radioatividade caiam significativamente. Alguns planos envolvem um método conhecido como **vitrificação**, no qual os elementos do combustível esgotado ou outro resíduo misto são encapsulados em cerâmica ou vidro. Primeiro, o resíduo é seco, pulverizado, misturado com vidro finamente moído e fundido a cerca de 1.150 °C. Em seguida, o vidro fundido e o resíduo são derramados em barris de aço inoxidável, resfriados e tapados para armazenamento no local. Mais de 1 milhão de libras de resíduo já foram tratadas desse modo e esperam o desenvolvimento de um repositório profundo de longo prazo (Figura 7.27). A radioatividade permanece, mas os materiais nucleares ficam presos no vidro sólido.

Seja a forma física que tomarem, no momento os rejeitos nucleares não têm um lugar para o descanso final. Em 1997, o Nuclear Waste Policy Amendments Act designou Yucca Mountain (Figura 7.28), em Nevada, como o único local a ser estudado como um repositório profundo de lixo nuclear com alto nível de radioatividade. Nos anos que se seguiram, bilhões de dólares foram gastos para financiar o desenvolvimento desse repositório. Em 2010, entretanto, chegou-se à conclusão que o depositório de Yucca Mountain não seria operacional.

O Congresso (ou seu sucessor) pode estar ainda debatendo o assunto daqui a 24.110 anos, quando o plutônio-239 que estamos criando hoje completar sua *primeira* meia-vida. Outros métodos de eliminação parecem menos promissores. A colocação nos sedimentos de calcário do fundo do mar, sob 3.000-5.000 metros de água, foi considerada. Propostas para enterrar os rejeitos radioativos sob o gelo da Antártica ou jogá-lo no espaço foram muito desacreditadas, mas uma coisa é certa. Qualquer método de eliminação que for adotado terá de ser efetivo por um tempo extremamente longo. Os engenheiros nucleares William Kastenberg e Luca Gratton terminam seu artigo de 1997 em *Physics Today* com um pensamento sério que ainda hoje soa verdadeiro:

> Para um depositório de lixo nuclear com alta radioatividade do tipo proposto para Yucca Mountain, fica claro que processos naturais eventualmente redistribuirão os materiais do lixo. As tentativas atuais de projetá-lo buscam garantir que, na pior das

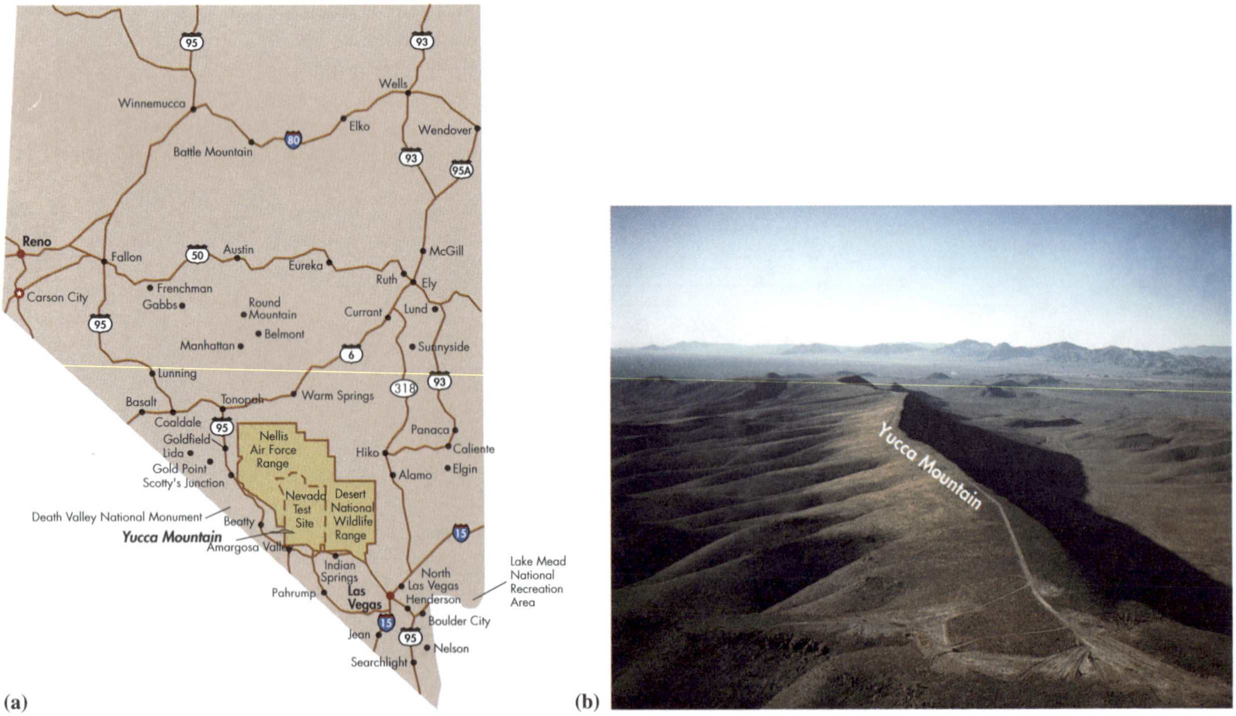

FIGURA 7.28 **(a)** Mapa de Yucca Mountain e estado de Nevada. **(b)** Yucca Mountain, vista para o sul do deserto.

Fonte: (a) U.S. Department of Energy.

hipóteses, as configurações dos rejeitos degradados eventualmente se pareçam com depósitos estáveis de minérios naturais, preferivelmente por períodos que ultrapassem os tempos de vida dos radionuclídeos mais perigosos. Talvez isso seja o melhor que podemos esperar.

Estude Isto 7.31 Avisos de perigo de lixo nuclear

Em 15 de fevereiro de 2007, a Agência Internacional de Energia Atômica (IAEA) liberou o novo símbolo, à direita, para avisar o público dos perigos da radiação. Você pode ler os detalhes no site da IAEA na Internet.

a. Descreva a mensagem que você lê no novo símbolo.
b. Suponha que lhe pediram para designar um marcador para ser instalado próximo de um repositório subterrâneo de resíduos nucleares. Esses marcadores têm de avisar as gerações futuras da existência de resíduos nucleares e devem durar pelo menos 10.000 anos (mais de quatro vezes a idade das pirâmides do Egito). A mensagem deve ser inteligível para os terráqueos do futuro. Tente desenhar esses avisos de perigo, levando em conta as mudanças que ocorreram no *Homo sapiens* nos últimos 10.000 anos e as que poderiam ocorrer nos próximos 10 milênios.

7.10 Riscos e benefícios da energia nuclear

Em seções anteriores, notamos o grau marcadamente diferente com que países ao redor do mundo empregam a energia nuclear para gerar eletricidade. Independentemente do fato de um país conter muitos geradores elétricos movidos a energia nuclear ou somente uns poucos, os riscos e os benefícios associados devem ser analisados por todos os envolvidos.

Embora uma análise risco-benefício possa parecer assustadora, fazemos isso todo dia. Muitos tipos de risco são possíveis. Eles podem ser voluntários, como os associados a praticar windsurfing ou bungee jumping, ou podem ser involuntários, como ter de inalar a fumaça do cigarro de outra pessoa. Quando dirigimos um automóvel, podemos controlar alguns dos riscos usando técnicas de direção defensiva, mas a bordo de um voo a Toledo ou Tóquio, não temos controle sobre o risco aumentado da exposição à radiação em altitude de cruzeiro. Contrabalançando os riscos existem muitos tipos de benefícios. Eles incluem a melhoria da saúde, o aumento do conforto pessoal ou da qualidade de vida, economia de custos, ou uma pegada ecológica mais baixa.

O poeta do século XIX William Wordsworth falou dos riscos e benefícios da tecnologia como "pesando a perversidade contra o ganho prometido". Ele estava falando, nesse caso, sobre as estradas de ferro, então uma nova tecnologia.

Estude Isto 7.32 Cidadãos informados

"Usinas nucleares não são um problema! Eu recebo uma dose de radiação mais alta quando estou em um avião por 5 horas do que trabalhando em uma usina nuclear. Nenhum trabalhador perdeu sua vida nesse trabalho."

a. Em que sentido essa declaração é válida?
b. Em que sentido esse trabalhador nuclear está desviando do ponto essencial?

Sugestão: Use a Tabela 7.2 para ajudar a formular suas respostas. Quando se trata de radiação, lembre-se, também, de que a identidade do radioisótopo (e se ele está agindo dentro ou fora de seu corpo) é um fator a considerar

Não existe risco zero! A vida diária inevitavelmente envolve riscos e os benefícios relacionados: atravessar a rua, dirigir uma motocicleta ou um carro, cozinhar ou se alimentar e mesmo o ato de acordar de manhã. Como há sempre algum elemento de risco em tudo que fazemos, julgamos o nível de risco que consideramos aceitável. A maior parte das pessoas não se coloca intencionalmente em risco elevado. Por outro lado, esperar "risco zero" em qualquer coisa que fazemos é impossível.

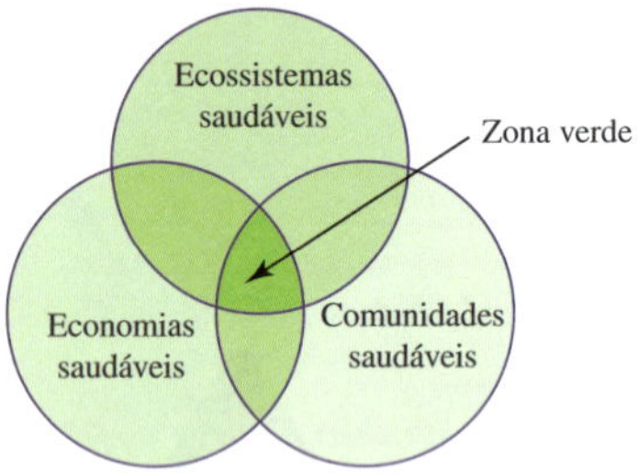

FIGURA 7.29 A "zona verde", em que temos ecossistemas saudáveis, economias saudáveis e comunidades saudáveis.

É claro que um dos benefícios desejados da energia nuclear é a eletricidade. Além disso, desejamos riscos mínimos, inclusive para as economias locais, regionais e globais, para os trabalhadores em todas as partes do ciclo do combustível nuclear (veja a Figura 7.21) e para o ambiente. Isso lembra a Linha de Base Tripla: a indústria da energia nuclear deveria promover saúde para a economia, para nossas comunidades e para nossos ecossistemas. Em essência, queremos operar na "zona verde" onde as três se superpõem (Figura 7.29, reproduzida do Capítulo 0 deste livro).

Como a energia nuclear se compara às alternativas? Essa não é uma questão fácil! Mesmo assim, vamos explorar as respostas, ainda que parcialmente. Por exemplo, uma alternativa à "queima" de urânio em um reator nuclear é a queima de carvão em uma termoelétrica convencional. Eis alguns dos riscos associados com as termoelétricas a carvão, inclusive alguns que descrevemos no Capítulo 4.

- **Segurança dos mineiros**
  Mais de 100.000 mineiros morreram nas minas de carvão americanas desde 1900, a maior parte antes de 1950, quando padrões de segurança mais estritos foram instituídos. Uma vez extraído, porém, o carvão não exige refinamento posterior. Os mineiros americanos ainda morrem em razão de doenças do pulmão. Embora a taxa total nos Estados Unidos esteja caindo, ainda tira várias centenas de vida.
- **Geração de gases de efeito estufa**
  Termoelétricas a carvão produzem dióxido de carbono, um subproduto da combustão. Anualmente uma termoelétrica a carvão de 1.000 MW libera cerca de 4,5 milhões de toneladas de CO_2. A liberação total na queima de carvão nos Estados Unidos é da ordem de 2 bilhões de toneladas ao ano.
- **Geração de poluentes do ar**
  Uma típica termoelétrica a carvão de 1.000 MW queima mais de 10.000 toneladas de carvão e poderia facilmente liberar 300 toneladas de SO_2 e talvez 100 toneladas de NO_x por dia. Mortes atribuídas à qualidade ruim do ar chegam a dezenas de milhares por ano.

- **Geração de cinzas**
  Em um ano, uma termoelétrica a carvão de 1.000 MW gera cerca de 3,5 milhões de pés cúbicos de resíduos de cinzas, um volume substancial. Reveja a Figura 4.8 (reproduzida na margem) para ver a devastação causada por milhões de galões de lama de cinzas derramados em um vale no Tennessee.
- **Liberação de mercúrio**
  O carvão contém traços de mercúrio. Com a queima, o mercúrio é liberado no ar na forma de mercúrio elementar. Embora as emissões de Hg estejam caindo lentamente, a quantidade emitida anualmente no mundo ainda é da ordem de centenas de toneladas. A cada ano, cerca de 50 toneladas de mercúrio são liberadas nos Estados Unidos.
- **Liberação de urânio e tório**
  Traços de urânio no carvão podem chegar a 10 ppm, e a quantidade de tório é usualmente superior. Nos Estados Unidos, com um consumo anual de carvão acima de 1.100 milhões de toneladas, mais de 1.300 toneladas de urânio e 1.600 toneladas de tório estão sendo liberadas no ambiente anualmente, excedendo a quantidade de urânio consumido em usinas nucleares. Embora grande parte dos metais radioativos fique nas cinzas, elas também têm de ser eliminadas.

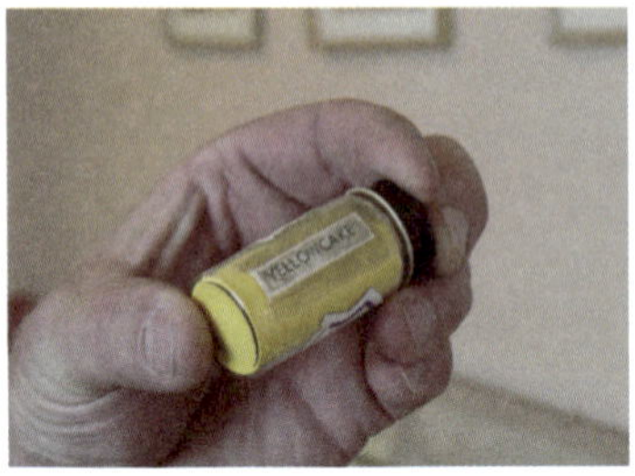

FIGURA 7.30 Uma amostra de bolo amarelo, U_3O_8. Este produto é refinado para produzir o metal urânio que, por sua vez, é enriquecido em U-235 (veja a Seção 7.7).

Para contrastar, eis alguns dos riscos associados a usinas nucleares. Observe que há alguma superposição.

- **Segurança dos mineiros**
  O minério de urânio é extraído e quimicamente processado em um moinho para produzir o "bolo amarelo" (Figura 7.30). Trabalhadores da mina e do moinho estão em risco de câncer (especialmente de pulmão) devido à poeira que contém urânio e ao radônio que ele emite. Após a Segunda Guerra Mundial, a maior parte da mineração de urânio nos Estados Unidos ocorreu no Planalto do Colorado. Centenas de trabalhadores morreram de câncer de pulmão. Familiares dos mineiros algumas vezes também foram afetados porque os trabalhadores carregavam consigo a poeira de urânio. Hoje, um conjunto mais estrito de regulamentos de segurança para a ventilação e a exposição à radiação está sendo usado.

- **Geração de gases de efeito estufa**
  As usinas nucleares não produzem dióxido de carbono, embora emissões de CO_2 sejam associadas à mineração, à moagem, ao enriquecimento e transporte do urânio e ao manuseio do combustível esgotado do reator. Emissões de CO_2 também ocorrem na fabricação do cimento usado na construção da usina.
- **Geração de lixo nuclear com alto nível de radiação**
  Uma usina nuclear de 1.000 MW produz cerca de 70 pés cúbicos de rejeitos de alto nível de radiação (HLW) por ano (veja a seção anterior). Nos Estados Unidos, o total é da ordem de 2.000 toneladas anuais.
- **Liberação de produtos de fissão**
  A liberação de produtos de fissão em quase todas as usinas é muito pequena. Reveja a Tabela 7.2 para ver que morar em até 50 milhas de um reator contribui muito pouco para sua dose anual de radiação. Entretanto, acidentes como o de 2011 no reator de Fukushima, no Japão, nos fazem lembrar da devastação possível.
- **Restos das minas e dos moinhos**
  As operações de mineração e moagem de urânio produzem restos e rejeitos radioativos. Os restos de pedras contêm urânio e emitem radônio, logo devem ser controlados. Derramamentos de restos em minas já ocorreram nos Estados Unidos, notadamente em 1979 em Church Rock, Novo México. Hoje, o local é um dos sítios de limpeza Superfund,* da EPA americana.

Cerca de 1 libra de CO_2 é emitida para cada libra de cimento manufaturado.

Lembre-se, da Seção 7.9, que os rejeitos de alto nível de radiação (HLW) exigem essencialmente isolamento permanente da biosfera.

Como já vimos neste capítulo, a energia nuclear tem conotações emocionais enormes. Em parte, elas vêm de mistérios, mal-entendidos e da imagem poderosa da nuvem em forma de cogumelo. A possibilidade de um desastre de grandes proporções, ainda que remota, cresce muito no imaginário popular, e os acidentes em Chornobyl e Fukushima causaram o clamor do público. Temos pouca confiança na tecnologia e, talvez, menos ainda nas pessoas. Ficamos apreensivos com o erro humano na projeção, construção e administração de usinas nucleares. Afinal, os erros humanos e as respostas dos técnicos a eles foram os pontos fracos dos procedimentos de segurança e causaram os acidentes em Three Mile Island e Chornobyl.

E os riscos em comparação com outras fontes de energia, como a eólica, a solar e a geotérmica? A próxima atividade oferece uma oportunidade para explorar alguns dos riscos e benefícios da energia eólica, um tópico não tratado neste livro.

Procure detalhes sobre a energia solar no Capítulo 8.

Químico Cético 7.33 Segurança na energia eólica

O autor de um artigo de 2009 sobre a energia eólica *versus* a nuclear escreveu: "A indústria de turbinas eólicas, por outro lado, tem uma história bastante traiçoeira".

a. De acordo com dados de 2009 da World Nuclear Association, as usinas nucleares foram responsáveis por 15% da geração de eletricidade no mundo. Como a energia eólica se compara?
b. Prepare uma lista dos riscos associados à construção de turbinas eólicas.
c. Agora liste os benefícios da energia eólica. O que você conclui?

Os riscos associados à energia produzida em usinas nucleares são claramente diferentes dos associados a outros tipos de geração de energia. Lembre-se, porém, de que o "risco zero" é impossível para qualquer fonte de energia. É claro que a conservação e o uso eficiente de fontes naturais são as melhores opções. Com isso em mente, tratemos da questão mais geral da possibilidade de projetar usinas nucleares no futuro que alcancem os critérios para a sustentabilidade.

*N. de T.: Sítios de limpeza Superfund são locais poluídos que requerem uma resposta de longo termo para a limpeza de contaminações de materiais perigosos.

7.11 Um futuro para a energia nuclear

As pessoas ao redor do globo partilham o sonho de futuras fontes de energia limpas e sustentáveis. Esse sonho inclui a energia nuclear? Se incluir, deveríamos construir mais usinas nucleares para alcançar esse sonho? As respostas dependerão de quem você consultar e quando consultar.

Se você tivesse feito esta pergunta nos Estados Unidos no começo dos anos 1960, a resposta seria sim. Naquela época, os Estados Unidos tiveram um forte crescimento da indústria da energia nuclear que durou até 1979, quando ocorreu o mal funcionamento em Three Mile Island. O medo que acompanhou esse incidente certamente contribuiu para o fim da fase de crescimento. Mais importante naquele tempo, porém, foram os aspectos econômicos da energia nuclear. Com a queda dos preços dos combustíveis fósseis e o custo adicional da segurança e da supervisão nuclear impostas nos anos 1980, simplesmente não era economicamente viável a construção de novas usinas nucleares.

Quais são as realidades econômicas hoje? Novamente, a resposta depende de a quem se pergunta e quando. Duas coisas, porém, estão claras. A primeira é que qualquer novo reator terá projetos melhores, especialmente à luz do terremoto e do tsunami que denificaram os reatores no Japão. E a segunda é que esses projetos serão mais caros.

Em termos de projeto, o futuro próximo da energia nuclear, especialmente nos Estados Unidos, será focalizado na garantia de que as usinas existentes estejam preparadas para desastres extraordinários como o que ocorreu na usina de Fukushima Daiichi. A United States Nuclear Regulatory Commission (NRC) declarou em um relatório que "uma sequência de eventos como o incidente de Fukushima no Japão é pouco provável nos EUA", mas um "acidente envolvendo danos ao casco e liberação descontrolada de radioatividade no ambiente, mesmo sem consequências significativas para a saúde, é inerentemente inaceitável".

A NRC publicou três exigências para as usinas nucleares americanas em relação com os eventos no Japão. Elas incluem:

- Que todas as usinas "obtenham equipamentos suficientes para dar suporte a todos os reatores e piscinas de combustível esgotado em um determinado sítio simultaneamente", garantindo que, se um desastre afetar vários reatores, haverá proteção.
- Que certas usinas melhorem seus sistemas de ventilação de reatores a água fervente para garantir proteção contra um retorno do vapor e para controlar a temperatura.
- Que novos equipamentos sejam instalados para monitorar níveis de água de piscinas de combustível esgotado em cada usina. Isso significa saber os níveis de água em toda a usina.

Essas exigências devem ser atendidas até dezembro de 2016, e as alterações aumentarão os custos, bem como outros fatores na tecnologia corrente da energia nuclear. Alguns deles são apresentados nos parágrafos que seguem.

Em seu editorial na edição de 9 de maio de 2011 de *Chemical & Engineering News*, o então editor-chefe, Rudy Baum, dizia: "Apesar da gravidade da situação no Japão, a energia nuclear permanece um componente essencial de nosso pacote energético total para o futuro próximo porque nos ajudará a evitar os piores impactos da mudança global do clima". Você concorda? Oponentes da energia nuclear citam questões atuais da eliminação dos rejeitos nucleares, comentando que o único país do mundo que tem um plano de longo termo para lidar com os detritos é a Finlândia. Eles falam também dos danos ambientais provocados pela mineração de urânio, do alto custo dos reatores nucleares (aproximadamente US$ 12 bilhões para uma usina nova), do medo das pessoas e da necessidade de desenvolver energias alternativas. Os exemplos das energias eólica e solar continuam a ser um tópico de debate e humor, como se vê nas Figuras 7.31a e 7.31b.

Baum contra-argumenta admitindo o problema dos rejeitos nucleares, mas também dizendo "pelo menos os rejeitos nucleares estão em depósitos temporários e permanecem sob controle humano, o que é mais do que se pode dizer do lixo provocado pela queima dos combustíveis fósseis". Ele também contesta a questão da mineração por meio da comparação com as técnicas de extração e manipulação de combustíveis fósseis, mencionando derramamentos de óleo, mineração de carvão e extração de gás natural. Por fim, Baum refere-se às outras preocupações com a seguinte declaração: "Nos próximos 50 anos ou mais, as fontes alternativas de energia não podem alimentar a civilização. A energia nuclear pode dar uma contribuição que não afeta as mudanças de clima".

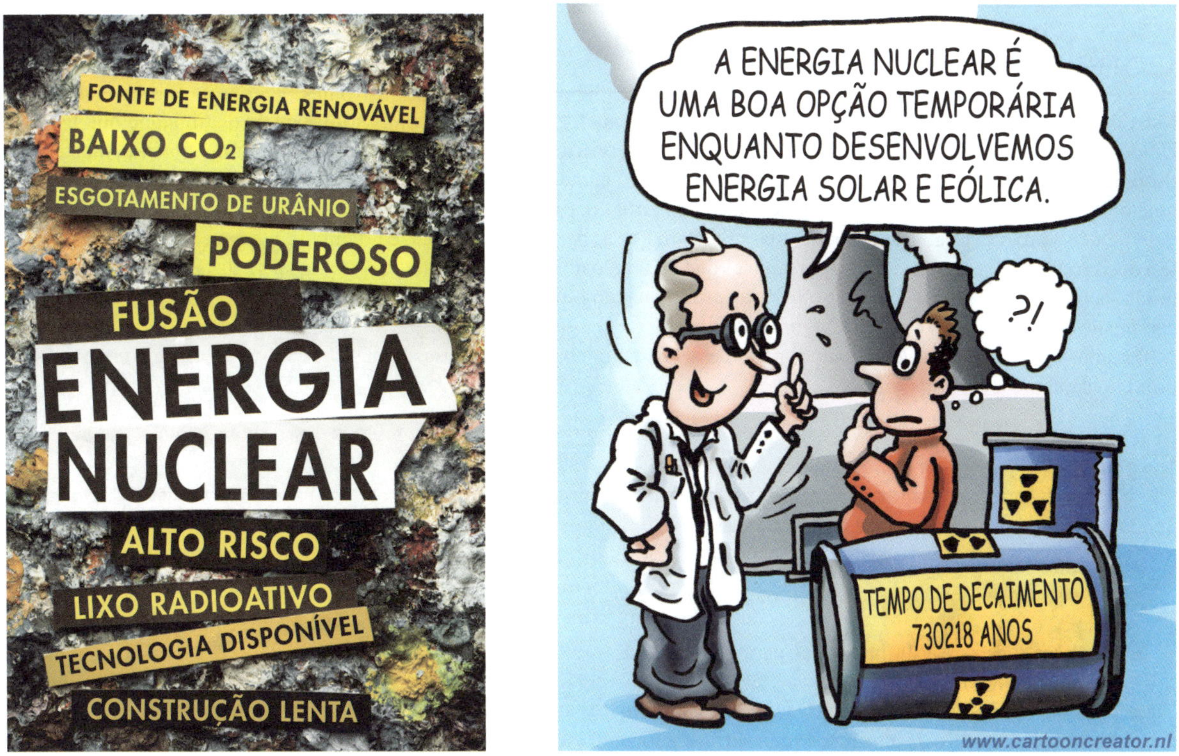

(a) (b)

FIGURA 7.31 **(a)** Uma fotografia mostrando muitos dos tópicos atualmente debatidos sobre a energia nuclear. **(b)** Um cartum mostrando pensamentos sobre as energias nuclear, eólica e solar.

Estude Isto 7.34 Para o futuro

Nos parágrafos anteriores, analisamos argumentos a favor e contra o uso da energia nuclear.

a. Releia a discussão do editorial de Rudy Baum e explique sua opinião sobre rejeitos atômicos, mineração, efeitos na mudança climática, custo e medo humano.
b. O que o cartum *à direita* mostra sobre as preocupações a respeito da energia no futuro?
c. Para você, qual é o futuro da energia nuclear.

Então, onde isso nos deixa? Como você pode ver, não há respostas fáceis para a questão da energia nuclear. A demanda global por energia aumenta diariamente, como acontece com os rejeitos das usinas nucleares que temos de tratar. A era da mudança climática chegou. No entanto, os perigos reais e percebidos associados à radioatividade, com a mineração e o enriquecimento de urânio e com as armas nucleares, seguem existindo. Isso corresponde a uma situação clássica de risco-benefício, e a decisão final está ainda por vir. Por enquanto, está claro que a energia nuclear não é a cura para todos os problemas de energia do mundo, ela é a causa de algumas preocupações ambientais e sociais. Mesmo assim, ela permanecerá como uma fatia do bolo da energia nos anos que virão.

Estude Isto 7.35 Segundo levantamento de opinião

Agora que você está perto do fim de seu estudo da energia nuclear, volte a Estude Isto 7.1 e responda novamente às questões. Compare suas novas respostas com as anteriores. Suas opiniões mudaram muito? Se sim, o que mudou e como você explica a(s) diferença(s)?

Conclusão

Mais de 50 anos se passaram desde que a primeira usina nuclear comercial começou a produzir eletricidade nos Estados Unidos. A brilhante promessa de eletricidade ilimitada, sem restrições, retirada dos núcleos dos átomos de urânio, mostrou-se ilusória. No entanto, as necessidades de nossa nação e nosso mundo por energia segura, abundante e barata são muito maiores hoje do que eram em 1957. Por isso, cientistas e engenheiros continuam sua jornada atômica.

Onde a procura terminará é incerto, mas está claro que as pessoas e a política terão importante papel em tomar finalmente a decisão. A razão e a consideração por aqueles que habitarão nosso mundo no futuro próximo e no distante, devem governar nossas ações. Talvez Homer Simpson estivesse correto quando proclamou: "Senhor, estamos especialmente agradecidos pela energia nuclear, a fonte mais limpa e segura que existe. Exceto a solar, que é somente um sonho impossível". Por casualidade, exploramos um pouco da racionalidade por trás desse sonho impossível – e outras fontes alternativas de energia também – no próximo capítulo.

Resumo do capítulo

Tendo estudado este capítulo, você deve ser capaz de:

- Dar uma ideia geral do uso, hoje e no passado, da energia nuclear nos Estados Unidos ou outro país de sua escolha (7.1)
- Reportar o uso da energia nuclear para a geração de eletricidade no mundo (7.1)
- Explicar o processo de fissão nuclear, o papel dos nêutrons na sustentação de uma reação em cadeia e a fonte da energia que ela produz (7.2)
- Comparar e contrastar a produção de eletricidade em uma termoelétrica convencional e em uma usina nuclear (7.3)
- Comparar os processos de decaimento alfa, beta e gama em termos das alterações que ocorrem no núcleo do átomo radioativo (7.4)
- Interpretar o significado da palavra *radiação*, dependendo do contexto (7.4)
- Explicar como o decaimento radioativo do urânio-238 leva à produção de uma série de radioisótopos. Também explicar por que os radioisótopos de ocorrência natural como o carbono-14 e o hidrogênio-3 *não* fazem parte dessa série (7.4)
- Descrever o acidente em Chornobyl e explicar por que o iodo radioativo foi liberado e foi danoso para as pessoas (7.5)
- Classificar as fontes que contribuem para sua dose anual de radiação, naturais e artificiais (7.6)
- Explicar por que a radiação nuclear também é chamada de *radiação ionizante*. Explicar a ligação, em seu corpo, entre a radiação ionizante e a produção de radicais livres (7.6)
- Usar o curie, o rad e o rem para ilustrar que algumas unidades de medida descrevem a amostra radioativa, enquanto outras descrevem o dano provocado no tecido (7.6)
- Descrever os termos *urânio enriquecido* e *urânio esgotado* de modo que o público em geral possa compreender mais facilmente as semelhanças e diferenças (7.7)
- Fazer cálculos aproximados da meia-vida de radioisótopos, sendo capaz de determinar rapidamente quanta radioatividade restou após a passagem de determinado tempo (7.8)
- Aplicar o conceito de meia-vida ao armazenamento do lixo nuclear (7.8)
- Avaliar os radioisótopos em termos de seu perigo para a saúde, discutindo fatores como meia-vida, tipo de decaimento radioativo, efeito dentro do corpo e caminho de entrada no corpo. Por exemplo, compare radônio-222, iodo-131 e estrôncio-90 (7.8)
- Descrever as questões associadas à produção e ao armazenamento de resíduos com alto nível de radioatividade, inclusive combustível nuclear esgotado (7.9)
- Tomar uma posição informada sobre como resíduos com alto nível de radioatividade deveriam ser manipulados e armazenados (7.9)
- Avaliar artigos da imprensa sobre energia nuclear e lixo nuclear com confiança em sua capacidade de entender os princípios científicos envolvidos (7.9-7.11)
- Descrever as ligações entre energia nuclear e a proliferação de armas nucleares (7.9)
- Avaliar os riscos e benefícios do uso de energia nuclear (7.10)
- Tomar uma posição informada sobre o uso da energia nuclear para a produção de eletricidade (7.11)
- Listar os fatores que favorecem ou se opõem ao crescimento da energia nuclear na próxima década (7.11)

Questões

Ênfase nos fundamentos

1. Nomeie duas maneiras pelas quais um átomo de carbono pode ser diferente de outro. Depois, nomeie três maneiras pelas quais *todos* os átomos de carbono diferem de *todos* os átomos de urânio.
2. As representações ^{14}N ou ^{15}N são mais informativas do que o simples símbolo químico N. Explique.
3. a. Quantos prótons estão no núcleo deste isótopo do plutônio: $^{239}_{94}Pu$?
   b. Os núcleos de todos os átomos de urânio contêm 92 prótons. Que elementos têm núcleos com 93 e 94 prótons, respectivamente?
   c. Quantos prótons os núcleos do radônio-222 contêm?
4. Determine o número de prótons e nêutrons em cada um desses núcleos.
   a. ^{14}C, um isótopo natural do carbono
   b. ^{12}C, um isótopo natural estável do carbono
   c. ^{3}H, um radioisótopo natural do hidrogênio
   d. Tc-99, um radioisótopo usado em medicina
5. $E = mc^2$ é uma das equações mais famosas do século XX. Explique o significado de cada símbolo nela.
6. Dê um exemplo de equação nuclear e de uma equação química. De que maneira elas são semelhantes? E diferentes?
7. Esta equação nuclear representa um alvo de plutônio sendo atingido por uma partícula alfa. Mostre que a soma dos subscritos à esquerda é igual à soma dos subscritos à direita. Depois, faça o mesmo para os sobrescritos.

$$^{239}_{94}Pu + ^{4}_{2}He \longrightarrow [^{243}_{96}Cm] \longrightarrow ^{242}_{96}Cm + ^{1}_{0}n$$

8. Para a equação nuclear mostrada na questão 7,
   a. sugira a origem da partícula $^{4}_{2}He$.
   b. $^{1}_{0}n$ é um produto. O que esse símbolo representa?
   c. cúrio-243 é escrito entre colchetes. O que essa notação significa? *Sugestão*: Veja a equação 7.1
9. Califórnio, o elemento 98, foi sintetizado pela primeira vez pelo bombardeio de um alvo com partículas alfa. Os produtos foram califórnio-245 e um nêutron. Qual foi o isótopo alvo usado nessa síntese nuclear?
10. Explique a importância dos nêutrons na iniciação e sustentação do processo de fissão nuclear. Em sua resposta, defina e use o termo *reação em cadeia*.
11. A fissão nuclear ocorre por muitos caminhos diferentes. Escreva, para a fissão do U-235 induzida por um nêutron, uma equação nuclear para formar:
    a. bromo-87, lantânio-146 e mais nêutrons.
    b. um núcleo com 56 prótons, um segundo com um total de 94 nêutrons e prótons e 2 nêutrons a mais.
12. Este esquema representa o coração do reator de uma usina nuclear.

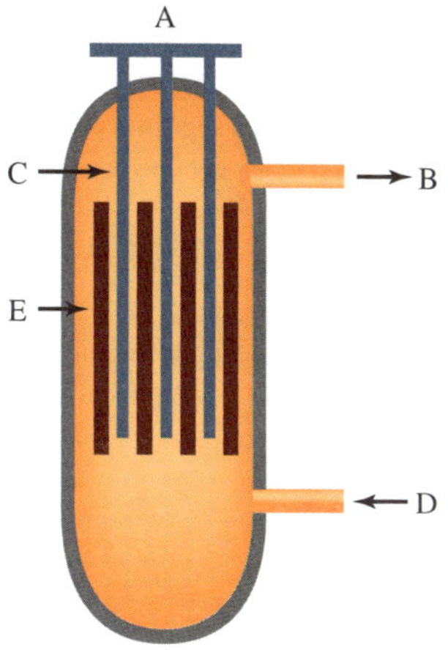

Faça cada letra da figura corresponder a um desses termos.

barras de combustível

água de refrigeração entrando no coração

água de refrigeração saindo do coração

conjunto de barras de controle

barras de controle

13. Identifique os segmentos da usina nuclear esquematizada na Figura 7.7 que contêm materiais radioativos e os que não têm.
14. Explique a diferença entre o refrigerante primário e o secundário. O refrigerante secundário não fica no domo de contenção. Por quê?
15. O boro pode absorver nêutrons.
    a. Escreva a equação nuclear pela qual o boro-10 absorveu um nêutron para produzir lítio-7 e uma partícula alfa.
    b. Boro, como cádmio, pode ser usado nas barras de controle. Explique.
16. O que é uma partícula alfa e como ela é representada? Responda à mesma questão para uma partícula beta e um raio gama.

17. O plutônio-239 decai com emissão beta (sem raio gama), e o iodo-131 decai com emissão beta (acompanhada de raio gama).
   a. Escreva as equações nucleares correspondentes.
   b. Plutônio é mais perigoso quando inalado na forma de particulado. Explique.
   c. Iodo-131 pode ser perigoso se ingerido. Onde todos os isótopos do iodo se acumulam no corpo?
   d. Você esperaria que a radioatividade desses isótopos diminuísse até o nível de fundo em uma escala de horas, dias, anos ou milhares de anos? Explique. *Sugestão*: Veja a Tabela 7.4.

18. O decaimento radioativo é acompanhado por uma mudança no número de massa, no número atômico, em ambos ou em nenhum deles. Para os seguintes tipos de decaimento radioativo, que alterações você espera?
   a. emissão alfa
   b. emissão beta
   c. emissão gama

19. A Figura 7.12 mostra a série de decaimento radioativo do U-238. Analogamente, o U-235 decai por uma série de etapas (α, β, α, β, α, α, α, β, α, β, α) para chegar a um isótopo estável do chumbo. Para praticar, escreva reações nucleares para as seis primeiras. Embora algumas etapas sejam acompanhadas por um raio gama, você pode omiti-lo. *Sugestão*: O resultado é um isótopo do radônio.

20. Dado que a média dos cidadãos americanos recebe 3.600 μSv de exposição à radiação por ano, use os dados da Tabela 7.2 para calcular a percentagem de exposição à radiação que o cidadão médio dos EUA recebe de cada uma dessas fontes.
   a. alimentos, água e ar
   b. um raios-X dentário
   c. a indústria de energia nuclear

21. Que percentagem de um isótopo radioativo permaneceria após duas meias-vidas, quatro meias-vidas e seis meias-vidas? Que percentagem teria decaído após cada período?

22. Estime a meia-vida do radioisótopo X neste gráfico.

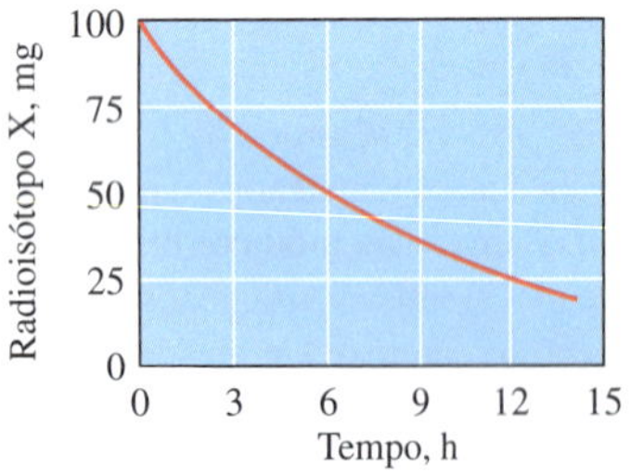

23. a. O urânio esgotado (DU) é radioativo? Explique.
   b. O combustível nuclear (SNF) é radioativo? Explique.

Foco nos conceitos

24. Os alquimistas da Idade Média sonharam em converter metais comuns, como o chumbo, em metais preciosos – ouro e prata. Por que nunca conseguiram? Poderíamos, hoje, converter chumbo em ouro? Explique.

25. Forme uma linha do tempo na história nuclear, colocando pelo menos uma dúzia de datas em sua linha. Por exemplo, comece com a descoberta da radioatividade por Becquerel, em 1896. Outros candidatos à inclusão são Chornobyl, Hiroshima, Fukushima, a abertura do primeiro reator comercial, a descoberta de vários isótopos de uso medicinal, o uso de vidros amarelos de urânio no Fiestaware* e o Tratado de Banimento dos Testes Nucleares.

26. Os isótopos U-235 e U-238 têm em comum o fato de serem radioativos. Entretanto, esses dois isótopos ocorrem em abundância bastante diferente na natureza. Liste suas abundâncias naturais e explique o significado da diferença.

27. Examine as pastilhas de urânio usadas como combustível em usinas nucleares comerciais.
   a. Descreva um método de separação de U-235 e U-238.
   b. Por que é necessário enriquecer o urânio para uso nas pastilhas de combustível?
   c. As pastilhas de combustível são enriquecidas a até uns poucos percentos, e não a 80-90%. De três razões para isso.
   d. Explique por que não é possível separar U-235 e U-238 quimicamente.

28. a. Por que as barras de combustível dos reatores devem ser substituídas periodicamente?
   b. O que acontece às barras de combustível depois que são retiradas do reator?

29. Em sua capacidade máxima, cada reator da usina nuclear de Palo Verde usa somente algumas poucas libras de mercúrio para gerar 1.243 megawatts de energia. Para produzir a mesma quantidade de energia seriam necessários 2 milhões de galões de óleo ou cerca de 10.000 toneladas de carvão em termoelétricas convencionais. Como é produzida a energia na usina de Palo Verde em comparação com as usinas convencionais?

30. Uma importante distinção entre os reatores de Chornobyl e os dos Estados Unidos é que em Chornobyl era usada a grafita como moderador para retardar os nêutrons, enquanto os reatores americanos usam água. Em termos de segurança, dê duas razões pelas quais água é uma escolha melhor.

31. Se você procurar equações nucleares em outras fontes que não este livro-texto, pode achar que os subscritos foram omitidos. Por exemplo, você pode ver uma equação de uma reação de fissão escrita como

$$^{235}U + {}^{1}n \longrightarrow [^{236}U] \longrightarrow {}^{87}Br + {}^{146}La + 3\,{}^{1}n$$

   a. Como você sabe quais são os subscritos? Por que eles podem ser omitidos?
   b. Por que os sobrescritos *não* foram omitidos?

*N. de T.: Aparelho de mesa de cerâmica.

32. Explique, usando o modelo de nêutron apresentado na equação 7.6, como um elétron com alta velocidade pode ser ejetado do núcleo durante o decaimento beta.

33. O carvão contém traços de urânio. Explique por que o tório deve ser encontrado igualmente no carvão.

34. Suponha que alguém lhe diga que um radioisótopo desapareceu após 10 meias-vidas. Critique essa declaração, explicando por que a hipótese pode ser razoável para uma amostra pequena, mas não para uma grande.

35. "Bananas são radioativas!" O vice-presidente de uma firma nuclear fez esse comentário em uma conferência pública no contexto de comparar diferentes fontes de radiação a que as pessoas estão expostas.
   a. Por que ele pôde dizer isso?
   b. Sugira um modo melhor de dizer isso.
   c. Você deveria parar de comer bananas porque elas são radioativas? Explique.

36. Um site descrevendo um procedimento usando raios X relata que "A despeito das conotações negativas, as pessoas estão expostas a mais radiação diária do que podem imaginar. Por exemplo, radiação infravermelha é liberada quando o calor é extremo. O Sol gera radiação ultravioleta e a exposição a ela vai bronzear quem tem pele clara. Além disso, nosso organismo contém elementos radioativos naturais". Examine os três exemplos dados nessa explicação. Eles se referem à radiação nuclear ou à eletromagnética?

37. Examine esta representação de um contador de Geiger-Müller (também conhecido como contador de Geiger), um aparelho comumente usado para detectar a radiação ionizante. A sonda contém um gás em baixa pressão.

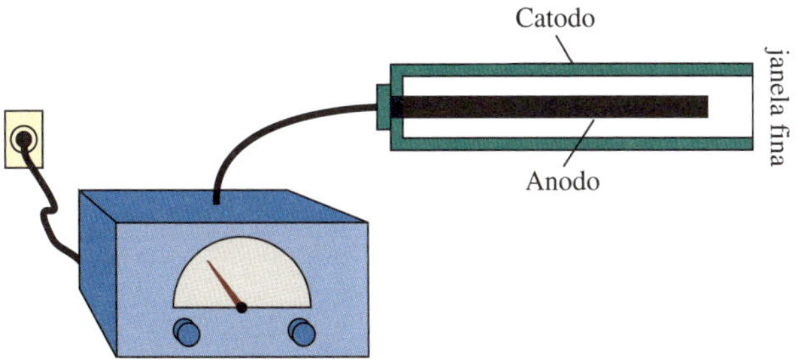

   a. Como a radiação entra no contador de Geiger-Müller?
   b. Por que esse aparelho só detecta radiação capaz de ionizar o gás contido na sonda?
   c. Que outros métodos são usados para detectar a presença de radiação ionizante?

38. Células que se dividem rapidamente estão presentes em vários lugares do corpo adulto. Elas incluem a pele, os folículos capilares, o estômago, os intestinos, o revestimento interno da boca e a medula dos ossos. Relacione sintomas listados na Tabela 7.3 com o tipo de célula afetado pela radiação.

39. A exposição à radiação ionizante pode causar câncer. Um feixe de radiação ionizante também pode ser usado para curar certos tipos de câncer. Explique.

40. O flúor só tem um radioisótopo natural, o F-19. Se o flúor também ocorresse na natureza como F-18, isso complicaria necessariamente a separação de $^{238}UF_6$ e $^{235}UF_6$? Explique.

41. É admitido que terroristas provavelmente poderiam construir uma bomba nuclear usando Pu-239 obtido de reatores de alimentação no lugar do U-235. Use seu conhecimento de química nuclear para explicar por quê.

42. Plutônio de grau militar é quase completamente Pu-239. Em contraste, o plutônio produzido na operação normal de um reator controlado por água (plutônio de grau de reator) geralmente tem uma concentração mais alta de isótopos mais pesados como Pu-240 e Pu-241. Proponha uma explicação para isso.

43. a. Quais são as características dos rejeitos com alto nível de radioatividade (HLW)?
   b. Explique as diferenças entre os rejeitos de baixo nível de radioatividade (LLW) e os HLW.

Exercícios avançados

44. Em Estude Isto 7.1, foi pedido que você respondesse a várias questões sobre a energia nuclear. Faça as mesmas perguntas para alguém de uma geração anterior à sua e para alguém mais novo. Compare com suas respostas e diga que semelhanças e diferenças você encontra.

45. O filme *King Corn* abre com uma cena com o professor Stephen Macko, da Universidade de Virginia, um químico forense. Ele analisou amostras de cabelo de dois estudantes, relatando que boa parte do carbono de seus corpos tinha origem no milho. Sua análise foi baseada no carbono-13.
   a. Esse é um isótopo estável ou radioativo do carbono?
   b. O que se pode descobrir sobre sua dieta com a análise de amostras de cabelo?

46. Explique o termo *desativação*, como em "desativando uma usina nuclear". Que desafios técnicos estão envolvidos? Os recursos da Internet podem ajudá-lo.

47. A equação de Einstein, $\Delta E = \Delta mc^2$ se aplica à reações químicas e às nucleares. Uma mudança química importante estudada no Capítulo 4 foi a combustão do metano, que libera 50,1 kJ de energia por grama de metano queimado.
   a. A que perda de massa corresponde a liberação de 50,1 kJ de energia?
   b. Para produzir a mesma quantidade de energia, qual é a razão entre a massa de metano queimado em uma reação química e a perda de massa transformada em energia de acordo com a equação $\Delta E = \Delta mc^2$?
   c. Use seus resultados das partes **a** e **b** para comentar por que a equação de Einstein, embora correta para as mudanças químicas e nucleares, só é usualmente aplicada a mudanças nucleares.
48. Quando 4,00 g de núcleos de hidrogênio sofrem fusão para formar hélio no Sol, a mudança de massa é 0,0265 g e energia é liberada. Use a equação de Einstein, $\Delta E = \Delta mc^2$, para calcular a energia equivalente a essa variação de massa.
49. Sob condições como as do Sol, o hidrogênio pode sofrer fusão com o hélio e formar lítio, que, por sua vez, pode formar diferentes isótopos do hélio e do hidrogênio. A massa de um mol de cada isótopo é dada.

$$\underset{2{,}01345\text{ g}}{{}^{2}_{1}\text{H}} + \underset{3{,}01493\text{ g}}{{}^{3}_{2}\text{He}} \longrightarrow [{}^{5}_{3}\text{Li}] \longrightarrow \underset{4{,}00150\text{ g}}{{}^{4}_{2}\text{He}} + \underset{1{,}00728\text{ g}}{{}^{1}_{1}\text{H}}$$

   a. Qual é a diferença de massa, em gramas, entre os reagentes e produtos?
   b. Quanta energia (em joules) é liberada por um mol dos reagentes?
50. Lise Meitner e Marie Curie foram pioneiras no desenvolvimento da compreensão das substâncias radioativas. Você provavelmente ouviu falar de Marie Curie e seu trabalho, mas talvez não de Lise Meitner. Como essas duas mulheres estão relacionadas entre si no tempo e no trabalho científico?
51. O uso de pastilhas de iodeto de potássio pode proteger sua tireoide da exposição ao iodo radioativo, reduzindo o risco de câncer de tireoide.
   a. Dê a fórmula química do iodeto de potássio.
   b. Por quais mecanismos o iodeto de potássio o protege?
   c. Quanto tempo dura essa proteção?
   d. As pastilhas são caras? *Sugestão*: O site da FDA é uma boa fonte de informação para as partes **b** e **c**.
52. Um estoque de aproximadamente 50 toneladas de plutônio existe nos Estados Unidos, resultante da desativação de ogivas da Corrida Nuclear. Qual é o provável destino desse plutônio? *Sugestão*: Procure por *desativação do plutônio* (*plutonium disposal*). Tente incluir os termos *Estados Unidos* (*United States*) e Departamento de Energia (*Department of Energy*) em sua busca.
   a. Alguns propõem que o plutônio seja enviado a usinas nucleares locais para "queimar" como combustível fissionável. Quais são as vantagens e desvantagens dessa linha de ação?
   b. Outros propõem que ele seja guardado permanentemente em um depósito. Novamente, liste as vantagens e desvantagens.
53. Anúncios de relógios do Exército Suíço enfatizam o uso de trício. Um deles declara que "ponteiros e números são iluminados por gás trício autoalimentado, 10 vezes mais brilhante do que os mostradores luminosos comuns". Outro, gaba-se de que "ponteiros brilham facilitando a leitura do tempo, mesmo à noite". Avalie essas declarações e, após consulta à Internet, discuta a forma química do trício nesses relógios e que papel ele tem.
54. As armas atômicas não são a única ameaça. Existe também a "bomba suja", um dispositivo que emprega um explosivo convencional para dispersar uma substância radioativa. Não ocorre fissão na bomba suja, que usa somente um explosivo convencional.
   a. Que radioisótopos podem ser usados em uma bomba suja?
   b. Uma brochura sobre terrorismo nuclear afirma: "Uma bomba nuclear, se explodisse, criaria mais substâncias radioativas do que as estavam originalmente presentes na arma. Em contraste, se uma bomba suja explodisse, a quantidade de radioatividade seria a mesma antes, durante e logo após a explosão". Essa declaração é acurada. Explique por quê.
55. De acordo com a Tabela 7.2, fumar 1,5 maço de cigarros por dia adiciona 15.000 μSv à sua dose anual de radiação.
   a. O polônio-210 é o elemento radioativo bem mais responsável. Qual é seu modo de decaimento radioativo e sua meia-vida?
   b. Por que o polônio-210 é encontrado (em quantidades muito pequenas) no tabaco?
56. MRI, ou imagem por ressonância magnética, é uma ferramenta importante para alguns tipos de diagnósticos médicos.
   a. A ciência por trás do MRI é complexa. Você deveria, porém, ser capaz de decidir se o MRI usa radiação ionizante para produzir uma imagem. Ele usa?
   b. Como uma varredura de MRI se compara com uma de CT (tomografia computadorizada) em termos da imagem produzida e da radiação usada?
   c. MRI baseia-se na ressonância magnética nuclear, RMN. Especule o porquê da abreviatura MRI ser usada para descrever a ferramenta médica, e não RMN.

57. A decisão de onde construir uma usina nuclear exige a análise dos riscos e benefícios associados à usina. Se você fosse o diretor-presidente de uma companhia elétrica importante decidindo se procura ou não obter permissão para construir uma usina nuclear em sua área, que riscos e benefícios consideraria?

58. Cite pelo menos duas semelhanças e duas diferenças entre uma usina nuclear (Figura 7.7) e uma termoelétrica a carvão (Figura 4.2).

Capítulo 8

Energia por transferência de elétrons

"Prosseguindo com esses Experimentos, quantos belos sistemas construímos, que logo nos vemos obrigados a destruir! Se não houver outro Uso para a Eletricidade, ela é, porém, algo considerável, que pode ajudar a tornar humilde um Homem vaidoso".

Benjamin Franklin, estadista, cientista, inventor, diplomata (1706-1790)

Esperamos que você nunca provoque o destino, fazendo uma pipa voar durante uma tempestade com uma chave amarrada na linha. Ben Franklin provavelmente nunca empinou chave também, mas ele provou que a natureza dos raios era elétrica. Como Franklin comentou, o poder da eletricidade é algo para "*tornar humilde um Homem vaidoso*". Com certeza, um raio é uma das maiores exibições de energia elétrica da natureza. Você já deve ter dado um pulo com o barulho de um raio caindo. Dentro de seu corpo, uma onda de elétrons provocada pelo metabolismo celular alimentou sua resposta surpresa. Assim, um raio que cai e sua resposta fisiológica dizem respeito a processos que envolvem o fluxo de elétrons. Está claro que nosso mundo é naturalmente elétrico!

Procure por mais sobre metabolismo no Capítulo 11, que trata dos alimentos.

As pessoas também construíram outros sistemas elétricos. Nós dependemos de um fluxo de elétrons – mais conhecido como eletricidade – para aquecer ou esfriar nossas moradias e espaços de trabalho, para acender a luz para que possamos ler e para ligar nossas televisões. Para a maior parte de nós, a eletricidade usada é gerada em usinas de força centralizadas, como as alimentadas por combustíveis fósseis (veja o Capítulo 4) ou por isótopos fissionáveis (veja o Capítulo 7). Em menor proporção, também dependemos do vento, do Sol e de fontes geotérmicas, bem como da energia potencial da água de represas para gerar eletricidade.

Além disso, criamos fontes de eletricidade portáteis de tamanho conveniente, mais conhecidas como baterias. Esses aparelhos duráveis e confiáveis ocupam um nicho especial da energia. Elas energizam nossos celulares, MP3 players, computadores portáteis e, quem sabe, nossos aparelhos auditivos e cadeiras de rodas motorizadas. Para começar a pensar sobre sua bateria pessoal, complete esta atividade.

Estude Isto 8.1 Uso da bateria pessoal

Muitos aparelhos, grandes e pequenos, contêm células eletroquímicas que as pessoas usualmente chamam de "baterias". Crie uma tabela com as colunas Aparelho, Uso de bateria, Recarregável e Reciclável.

a. Preencha a coluna "Aparelho" com pelo menos quatro itens energizados por baterias.
b. Alguns aparelhos usam bateria como única fonte de energia. Outros a usam como reserva. Categorize os itens em sua tabela.
c. Algumas baterias são recarregáveis. Novamente, categorize os itens.
d. Quando a bateria acaba, você a joga fora, recicla ou dá a um vendedor para reciclá-la? Preencha a última coluna de sua tabela. Exploraremos os desafios da reciclagem de baterias adiante no capítulo.

Se você é como muitos estudantes que conhecemos, deve carregar com você um telefone celular (bateria de lítio, recarregável), possuir um relógio de pulso (bateria de mercúrio), tirar fotos com uma câmera digital (bateria de níquel-cádmio, recarregável) e fazer contas em uma calculadora (bateria alcalina). Pode até possuir um computador portátil com uma bateria de lítio recarregável e, talvez, dirigir um carro com uma bateria de chumbo e ácido.

Nem todo mundo tem acesso a esses itens de consumo. Na verdade, a Agência Internacional de Energia estimou em 2009 que 1,3 bilhão de pessoas, aproximadamente um quinto da população mundial, não tem acesso à eletricidade. Cada vez mais, as pessoas querem eletrodomésticos e aparelhos eletrônicos. Na verdade, a U.S. Energy Information Administration projetou que a eletricidade será responsável por uma parcela crescente da demanda mundial de energia e que ela é o segmento energético que mais cresce.

Esse crescimento colocará uma pressão crescente em nossos recursos naturais. Existem limites práticos para a disponibilidade dos combustíveis fósseis e dos metais usados para energizar baterias. Isótopos fissionáveis, embora disponíveis, são difíceis de obter. Além disso, todos os combustíveis têm preços ambientais e sociais embutidos, às vezes referidos como "custos externos". A combustão de petróleo, produtos de petróleo e gás natural libera vastas quantidades de dióxido de carbono, que contribuem significativamente para o aquecimento global. A queima de combustíveis fósseis também libera dióxido de enxofre e óxidos de nitrogênio, levando à diminuição da qualidade do ar e ao aumento dos custos de saúde. O processamento do urânio ou a alimentação do plutônio em reatores cria resíduos nucleares de baixos e altos níveis de radioatividade. Além disso, os resíduos com alto nível de radioatividade provenientes do combustível nuclear esgotado devem ser armazenados com segurança ao longo de muitas gerações (veja o Capítulo 7).

A conclusão parece óbvia. Se queremos continuar a habitar este planeta e não comprometer a capacidade das gerações futuras de cobrir suas necessidades, temos que desenvolver e depender de outras fontes de energia. Devemos também ajustar melhor nossas baterias atuais (e outras fontes de eletricidade) a seu uso final. As ideias-fundamentais da química verde e da administração do-berço-até-o-berço podem ajudar a inspirar nossas abordagens nacionais e, também, nossas atividades diárias.

Transferência de elétrons! Neste capítulo veremos várias fontes de energia que empregam tecnologia de transferência de elétrons. Elas incluem baterias para aparelhos portáteis, automóveis, células a combustível e células fotovoltaicas solares. Começaremos com os fundamentos das baterias.

8.1 Baterias, células galvânicas e elétrons

Pense em uma bateria como um conjunto de coisas relacionadas; por exemplo, uma bateria de teste ou uma bateria de canhões de artilharia.

oxidação = perda de elétrons
redução = ganho de elétrons

Baterias são um grande e crescente negócio em todo o mundo devido à procura do consumidor por produtos que as utilizam (Figura 8.1). Muitos produtos de consumo requerem baterias, o que incentiva o aumento contínuo desse negócio. Embora estejamos usando a palavra *bateria*, uma "bateria" padrão de lanterna é mais corretamente chamada de **célula galvânica**, um tipo de célula eletroquímica que converte em eletricidade a energia liberada em uma reação química espontânea. Uma coleção de células galvânicas ligadas é uma bateria de fato.

Todas as células galvânicas produzem energia útil por transferência de elétrons de uma substância para outra. É possível escrever uma reação química para esse processo de transferência. Ela, por sua vez, pode ser dividida – separada, se preferir – em duas partes. Uma é para a **oxidação**, um processo em que uma espécie química perde elétrons. A outra é para a **redução**, um processo em que uma espécie química ganha elétrons. Chamamos essas duas partes de "meias-reações", no sentido de que cada uma delas representa a metade do processo total que ocorre na célula galvânica. Mais formalmente, uma **meia-reação** é um tipo de equação química que mostra os elétrons perdidos ou ganhos pelos reagentes.

As meias-reações são um pouco diferentes das equações químicas que já usamos neste texto. Primeiramente, elas sempre ocorrem em pares. Depois, elas incluem elétrons! Mesmo que os elétrons não possam ser transferidos de uma garrafa para um balão, é útil mostrá-los em meias-reações para que possamos entender melhor o que está acontecendo. Note que os elétrons aparecem no lado direito ou no lado esquerdo da meia-reação, mas não nos dois lados. Se estão no lado direito, então o reagente perdeu elétrons e a meia-reação é de oxidação. Em contraste, se os elétrons estão do lado esquerdo, então o reagente ganhou elétrons e a meia-reação é de redução.

Como um exemplo, vejamos uma versão simplificada da reação que ocorre em uma bateria de níquel-cádmio (Ni-Cd ou "nicad"):

$$\text{meia-reação de oxidação} \qquad Cd \longrightarrow Cd^{2+} + 2\,e^- \qquad [8.1]$$

Frank e Ernest

FIGURA 8.1 Uma visão humorística, mas realista, de como as baterias ligam-se a produtos de consumo.

meia-reação de redução $$2\ Ni^{3+} + 2\ e^- \longrightarrow 2\ Ni^{2-} \qquad [8.2]$$

Ni-Cd é uma abreviação, não uma fórmula química para a bateria de níquel-cádmio. Pronuncia-se "ni-cad".

Neste caso, dois elétrons foram dados, ou "perdidos", na meia-reação de oxidação. Para onde eles vão? Eles foram transferidos para o íon que se reduz. Para que a equação total esteja balanceada, o número de elétrons perdidos na oxidação tem de ser igual ao número de elétrons ganhos na redução. Por isso, o coeficiente "2" aparece na meia-reação de redução (veja a equação 8.2).

Podemos, agora, adicionar as duas reações de meia-célula para obter a equação total:

$$Cd + 2\ Ni^{3+} + \cancel{2e^-} \longrightarrow Cd^{2+} + \cancel{2e^-} + 2\ Ni^{2+} \qquad [8.3]$$

Os elétrons que aparecem nos dois lados da equação 8.3 cancelam-se porque os elétrons "perdidos" pelo metal cádmio são ganhos pelos íons de níquel. Então, podemos reescrever a equação total da célula como:

equação total da célula: $$Cd + 2\ Ni^{3+}\ Cd^{2+} + 2\ Ni^{2+} \qquad [8.4]$$

Sua Vez 8.2 Elétrons nas meias-reações

Caracterize as meias-reações abaixo como de oxidação ou redução. Explique seu raciocínio.

a. $Al^{3+} + 3\ e^- \longrightarrow Al$
b. $Zn \longrightarrow Zn^{2+} + 2\ e^-$
c. $Mn^{7+} + 3\ e^- \longrightarrow Mn^{4+}$
d. $2\ H_2O \longrightarrow 4\ H^+ + O_2 + 4\ e^-$
e. $2\ H^+ + 2\ e^- \longrightarrow H_2$

Resposta

a. Redução. O íon alumínio ganhou três elétrons e tornou-se alumínio elementar, isto é, metal alumínio (sem carga).

FIGURA 8.2 Esta furadeira elétrica portátil 7.2–V Ryobi vem com dois pacotes de baterias Ni-Cd e uma unidade de recarga.

O movimento dos elétrons por um circuito externo produz **eletricidade**, isto é, o fluxo de elétrons de uma região para outra induzido por uma diferença de energia potencial. A reação eletroquímica fornece a energia necessária para fazer funcionar um barbeador elétrico, uma ferramenta elétrica ou diversos outros aparelhos movidos a bateria. As espécies químicas oxidadas e reduzidas na célula devem estar ligadas de modo a permitir que os elétrons liberados durante a oxidação transfiram-se para o reagente que está sendo reduzido através de um caminho elétrico apropriado para a aplicação desejada.

A energia potencial foi apresentada na Seção 4.1.

Nos **eletrodos**, condutores elétricos do interior da célula, ocorrem as reações químicas, e são eles que facilitam a transferência de elétrons. No **anodo**, ocorre a oxidação, que é a fonte dos elétrons no fluxo da corrente. No **catodo**, ocorre a redução. O catodo recebe os elétrons, enviados pelo anodo através de um circuito elétrico, para completar a redução. Assim que o circuito elétrico é fechado, pode-se medir a **voltagem** da célula, isto é, a diferença do potencial eletroquímico entre os dois eletrodos. A voltagem é medida em unidades chamadas volts (V). Quanto maior for a diferença em potencial químico entre os dois eletrodos, maior a voltagem e a energia associada à transferência de elétrons. Por exemplo, na célula Ni-Cd, a diferença máxima de potencial químico nas condições especificadas é 1,2 V. Em contraste, as células alcalinas dão 1,5 V, as células de mercúrio 1,35 V e as células de íons lítio são capazes de potenciais acima de 4 V! Para produzir as altas voltagens necessárias para energizar aparelhos maiores (por exemplo, ferramentas elétricas ou motores de partida de automóveis), várias células têm de estar ligadas (Figura 8.2).

anodo = oxidação

catodo = redução

A unidade "volt" homenageia o físico italiano Alessandro Volta (1745-1827). Credita-se a ele o invento da primeira célula eletroquímica, em 1800.

A reação química que ocorre em uma célula Ni-Cd é mais complicada do que as representadas nas equações 8.1-8.4. O metal cádmio, no anodo, contém átomos que são oxidados a Cd^{+2}. Eles, por sua vez, combinam-se com OH^- para formar $Cd(OH)_2$. Simultaneamente, o Ni^{+3}, presente no catodo de níquel na forma de $NiO(OH)$, é reduzido a Ni^{2+} na forma química de $Ni(OH)_2$. Uma pasta de eletrólitos à base de água contendo uma solução muito concentrada da base forte NaOH ou de KOH separa os eletrodos e permite o fluxo da carga.

Os eletrólitos foram apresentados na Seção 5.6.

meia-reação de oxidação (anodo):

$$Cd(s) + 2\ OH^-(aq) \longrightarrow Cd(OH)_2(s) + 2\ e^- \quad [8.5]$$

meia-reação de redução (catodo):

$$2\ NiO(OH)(s) + 2\ H_2O(l) + 2\ e^- \longrightarrow 2\ Ni(OH)_2(s) + 2\ OH^-(aq) \quad [8.6]$$

equação total da célula (soma das duas meias-reações):

$$Cd(s) + 2\ NiO(OH)(s) + 2\ H_2O(l) \longrightarrow 2\ Ni(OH)_2(s) + Cd(OH)_2(s) \quad [8.7]$$

Essas três equações mostram exatamente a mesma transferência de elétrons representada pelas equações 8.1-8.4, porém agora são indicados estados e formas químicas diferentes. A Figura 8.3 esquematiza uma vista do interior de uma célula galvânica Ni-Cd (uma "bateria").

Sua Vez 8.3 Verificando balanceamento e carga

Analise as equações 8.1 a 8.7, que incluem equações químicas e meias-reações.

a. As equações estão balanceadas em termos do número de átomos, isto é, pela lei de conservação de matéria e massa? Explique.
b. As equações têm a mesma quantidade de carga elétrica em ambos os lados? Explique.
c. Indique uma forma rápida de distinguir entre reação total da célula e meia-reação.

Uma "bateria" Ni-Cd é, na verdade, uma única célula galvânica, e não várias células (uma bateria). Porém, dado o uso comum da palavra bateria, de agora em diante nos referiremos a ela como bateria.

Uma "bateria" Ni-Cd é recarregável, uma vantagem em muitas das aplicações. Uma bateria recarregável emprega reações eletroquímicas que podem ocorrer nas duas direções. A transferência de elétrons ocorre durante os processos direto (descarregar) e inverso (recarregar).

$$Cd(s) + 2\ NiO(OH)(s) + 2\ H_2O(l) \underset{\text{recarregando}}{\overset{\text{descarregando}}{\rightleftharpoons}} 2\ Ni(OH)_2(s) + Cd(OH)_2(s) \quad [8.8]$$

Que atributos tornam uma bateria recarregável? O importante é que os reagentes e produtos sejam sólidos. Além disso, os produtos sólidos ficam presos a uma rede de aço inoxidável dentro da bateria e não se dispersam. Se voltagem for aplicada nessa rede, os produtos podem ser convertidos de volta a reagentes, recarregando a bateria. Embora uma bateria recarregável possa ser descarregada e recarregada muitas vezes, eventualmente o acúmulo de impurezas, a quebra dos separadores ou a geração de reações laterais indesejadas encerram sua vida útil.

As baterias podem ter muitas formas e tamanhos, cada uma ajustada a seu uso. Por exemplo, em uma aplicação como um aparelho auditivo, o tamanho e o peso da célula são de importância fundamental. Em contraste, uma bateria de automóvel deve durar anos e trabalhar em uma dada faixa de temperaturas. Para ter sucesso aos olhos dos consumidores de hoje, as baterias devem ter preço acessível, durar um tempo razoável e ser seguras para usar e recarregar. Por fim, para ter sucesso nos próximos anos, as baterias também terão de ser projetadas de modo que seus materiais possam ser reciclados de modo sustentável.

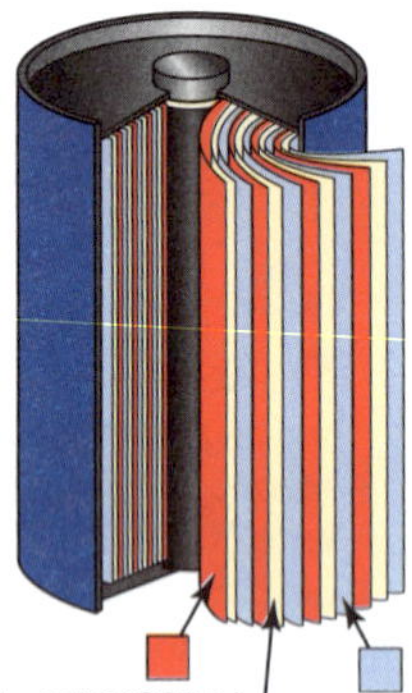

FIGURA 8.3 Representação de uma célula galvânica Ni-Cd mostrando como os componentes ficam em camadas para aumentar a área superficial dos eletrodos.

A maior parte das células eletroquímicas converte energia química em elétrica com eficiência de cerca de cerca de 90%. Compare isso com as eficiências de 30-40% que caracterizam as termoelétricas a carvão. Reconhecemos, entretanto, que a eletricidade dessas térmicas é usada para recarregar as baterias, mas esse é mais um dos muitos incentivos para explorar novas fontes renováveis de energia.

Com a exceção de baterias chumbo-ácido usadas nos motores de partida de automóveis, soluções em água usualmente são muito perigosas para uso em baterias porque, mais cedo ou mais tarde, elas vazam do invólucro da bateria. Por exemplo, você talvez já tenha visto o estrago corrosivo no interior de uma lanterna ou de um brinquedo causado por uma bateria que vazou. Entretanto, no laboratório químico você pode usar soluções em água para construir uma célula galvânica. Muitas combinações diferentes são possíveis. Peça a seu professor para montar a célula cobre-zinco mostrada na próxima atividade.

Sua Vez 8.4 Células galvânicas no laboratório

Quando esta célula estiver operando, uma cobertura avermelhada do metal cobre começa a aparecer na superfície do catodo de cobre. A equação total da reação química é dada abaixo do diagrama.

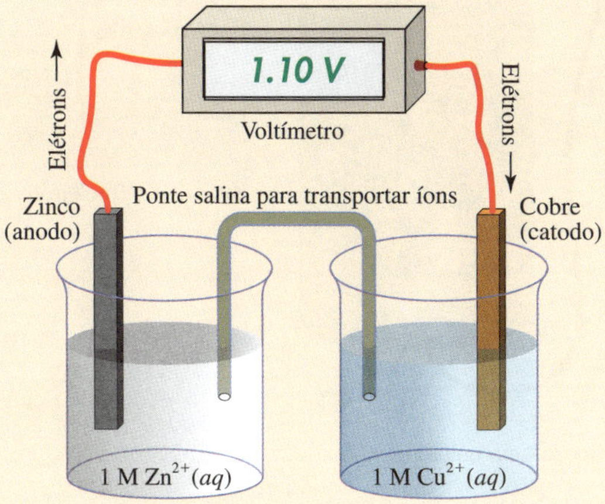

$$Zn(s) + Cu^{2+}(aq) \longrightarrow Zn^{2+}(aq) + Cu(s)$$

a. Escreva as meias-reações que ocorrem no anodo.
b. Escreva as meias-reações que ocorrem no catodo.
c. Essa célula galvânica de laboratório não é recarregável. Explique por quê.

A rápida introdução às células galvânicas dada nesta seção é o começo de uma história muito mais longa. Continuaremos a contá-la na próxima seção.

Você pode rever as soluções alcalinas (básicas) na Seção 6.4.

8.2 Outras células galvânicas comuns

Quase todo mundo já colocou uma bateria alcalina em uma lanterna, uma calculadora ou uma câmera digital. Você deve reconhecer as que estão mostradas na Figura 8.4. Um dos terminais dessas baterias está marcado com um sinal + e o outro, com um sinal −. Essas marcas nas baterias indicam que, colocadas no lugar, a transferência de elétrons pode ocorrer. As células alcalinas produzem 1,5 V, mas as maiores podem sustentar a corrente no circuito externo por mais tempo. A **corrente**, ou velocidade do fluxo de elétrons, é medida em amperes (amps, A) ou provavelmente em milliamperes (mA) nas células menores.

A corrente é medida em amperes (amps, A), em honra de André Ampère (1775-1836). Ele foi um matemático francês autodidata que trabalhou com eletricidade e magnetismo.

A voltagem de uma bateria é determinada principalmente por sua composição química. A célula alcalina baseia-se em reações químicas que envolvem o zinco e o manganês (Figura 8.5). A célula é chamada de "alcalina" porque opera em meio básico, e não em meio ácido. As meias-reações dessa célula são:

meia-reação de oxidação (anodo):

$$Zn(s) + 2\,OH^-(aq) \longrightarrow Zn(OH)_2(s) + 2\,e^- \quad [8.9]$$

meia-reação de redução (catodo):

$$2\,MnO_2(s) + H_2O(l) + 2\,e^- \longrightarrow Mn_2O_3(s) + 2\,OH^-(aq) \quad [8.10]$$

equação total da célula (soma das duas meias-reações):

$$Zn(s) + 2\,MnO_2(s) + H_2O(l) \longrightarrow Zn(OH)_2(s) + Mn_2O_3(s) \quad [8.11]$$

FIGURA 8.4 Essas células alcalinas de tamanhos AAA a D produzem 1,5 V.

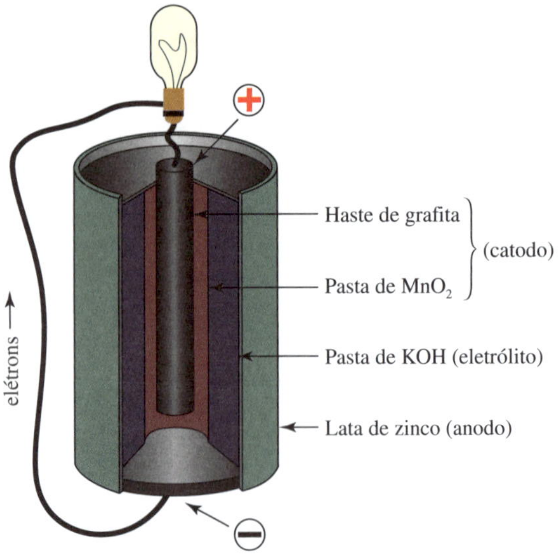

FIGURA 8.5 Representação de uma célula alcalina.

Observe que a voltagem da célula não é uma função de seu tamanho. Todas as baterias alcalinas, de tamanho menor, AAA, à grandes, D, produzem a mesma voltagem, 1,5 V. Entretanto células maiores contêm mais material e podem, então, sustentar a transferência de um grande número de elétrons, seja em um disparo rápido, seja em uma corrente menor durante um tempo maior.

A voltagem, porém, é uma função das substâncias químicas envolvidas. Você pode ver pelos exemplos listados na Tabela 8.1 que diferentes sistemas químicos produzem voltagens diferentes. Apenas alguns volts são possíveis com uma única célula galvânica. Contudo, como notamos na seção precedente, voltagens mais elevadas são possíveis quando células estão ligadas. Por exemplo, para operar uma furadeira elétrica de 14,4 ou 19,2 V, os fabricantes vendem um "pacote de baterias" que contém várias células.

As baterias de lítio usam a vantagem da baixa densidade e alto potencial de oxidação do metal lítio para fazer uma bateria leve com alta produção de energia.

Células compactas e duradouras são usadas em seu corpo. Por exemplo, o uso comum de marca-passos é, em grande parte, devido às melhorias feitas nas células eletroquímicas e não nos marca-passos em si. Células de lítio-iodo são tão confiáveis e duradouras que são, com frequência, a bateria escolhida para essa aplicação, podendo durar até 10 anos antes de terem de ser substituídas.

TABELA 8.1 Algumas células galvânicas comuns

Tipo	Voltagem (V)	Recarregável	Exemplos de usos
alcalina	1,5	não	lanternas, pequenos aparelhos, algumas calculadoras
lítio-iodo	2,8	não	marca-passos
lítio-íon	3,7	sim	computadores portáteis, telefones celulares, leitores digitais de música, ferramentas elétricas
chumbo-ácido	2,0	sim	baterias de automóveis
níquel-cádmio (Ni–Cd)	1,3	sim	brinquedos e aparelhos eletrônicos portáteis incluindo câmeras digitais, ferramentas elétricas
níquel-hidreto de metal (NiMH)	1,3	sim	substitui Ni-Cd em muitas aplicações; baterias de veículos híbridos
mercúrio	1,3	não	já foi muito usada em câmeras, relógios e aparelhos de surdez, mas agora está proibida e sendo retirada do mercado

Estude Isto 8.5 Você sabe usar um martelo?

Linhas de base que mudam, como vimos no Capítulo 0, as ideias do que as pessoas percebem como normal, também mudaram com o tempo, especialmente no que diz respeito aos ecossistemas de nosso planeta. A ideia também pode ter aplicação mais geral.

a. "Os carpinteiros de hoje não sabem mais usar um martelo!" É claro que um bom carpinteiro ainda pode introduzir um prego com um único golpe, mas essa afirmação tem alguma verdade. Ferramentas elétricas agora substituem o músculo. Considerando as linhas de base que mudam, entreviste alguém suficientemente velho para lhe contar histórias de carpintaria antes das ferramentas elétricas. Escreva um pequeno sumário.

b. Ferramentas elétricas são um dos muitos usos das baterias listadas na Tabela 8.1. Selecione um uso diferente e proponha pelo menos três mudanças em relação ao que era considerado normal provocadas pelo uso de baterias.

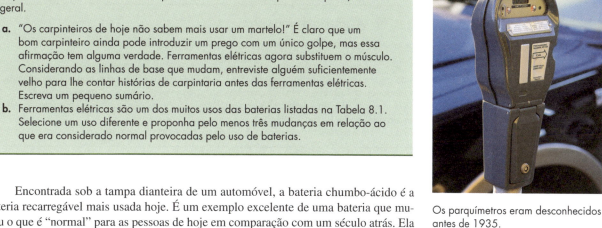

Os parquímetros eram desconhecidos antes de 1935.

Encontrada sob a tampa dianteira de um automóvel, a bateria chumbo-ácido é a bateria recarregável mais usada hoje. É um exemplo excelente de uma bateria que mudou o que é "normal" para as pessoas de hoje em comparação com um século atrás. Ela foi um dos vários avanços tecnológicos que permitiram a ascensão dos automóveis. Eles mudaram nosso mundo! Por exemplo, estacionamentos e parquímetros eram desconhecidos há cem anos. Você não poderia comprar cadeirinhas de bebê ou fluido de limpeza para vidros porque esses itens não existiam. Postos de gasolina eram raros. E os produtos da queima da gasolina não estavam sujando o ar que respiramos ou aquecendo nosso planeta.

Hoje, porém, damos como garantida a bateria chumbo-ácido. Em um automóvel, ela alimenta um motor elétrico que substituiu a manivela que as pessoas usavam para dar a partida. É uma bateria verdadeira, porque é feita de seis células eletroquímicas, cada uma gerando 2,0 V para um total de 12,0 V (Figura 8.6). Eis a reação química total, a soma de duas meias-reações.

$$\underset{\text{chumbo}}{Pb(s)} + \underset{\text{dióxido de chumbo}}{PbO_2(s)} + \underset{\text{ácido sulfúrico}}{2\,H_2SO_4(aq)} \underset{\text{carregando}}{\overset{\text{descarregando}}{\rightleftharpoons}} \underset{\text{sulfato de chumbo(II)}}{2\,PbSO_4(s)} + \underset{\text{água}}{2\,H_2O(l)} \qquad [8.12]$$

Dióxido de chumbo é o nome comum do óxido de chumbo(IV). Usaremos o nome comum neste capítulo.

Como as setas da equação 8.12 indicam, quando a reação química segue para a direita, a bateria está descarregando. Por exemplo, usar a bateria para dar a partida descarrega a bateria. Usar as luzes ou o rádio com o motor desligado também. Contudo, quando o motor está funcionando, um

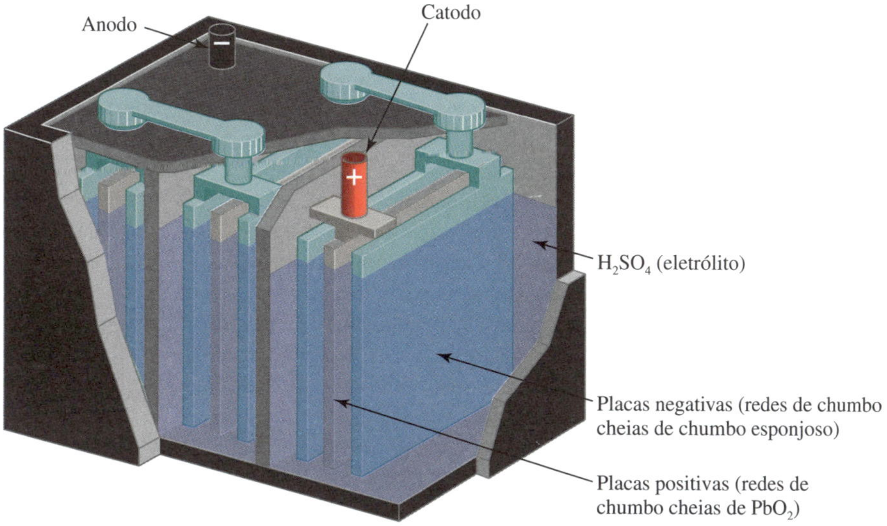

FIGURA 8.6 Corte de um acumulador chumbo-ácido.

As baterias chumbo-ácido antigas exigiam a adição de água e, portanto, tinham tampas de rosca removíveis.

alternador, acionado pelo motor, dá a corrente necessária para inverter a reação química e recarregar a bateria. Felizmente, a bateria pode ser descarregada e recarregada muitas vezes antes de ser necessário trocá-la. Uma bateria de alta qualidade pode funcionar por cinco anos ou mais!

Sua Vez 8.6 A bateria de seu carro

Vamos olhar mais de perto o acumulador chumbo-ácido (a bateria), encontrado na maior parte dos carros (veja a equação 8.12).

a. O chumbo ocorre nessa equação como Pb, PbO_2 e $PbSO_4$, todos sólidos. Em qual deles o chumbo está na forma iônica? Qual é o íon? Qual deles corresponde ao chumbo na forma de metal?
b. Quando chumbo se converte do metal à forma iônica, os elétrons são ganhos ou perdidos? Trata-se de uma oxidação ou de uma redução?
c. Quando a bateria está descarregando, o metal chumbo é oxidado ou é reduzido?

Resposta
a. Pb(*s*) é chumbo na forma elementar (um metal), enquanto $PbO_2(s)$ e $PbSO_4(s)$ são compostos que contêm íons chumbo, Pb^{4+} e Pb^{2+}, respectivamente.

Como os acumuladores chumbo-ácido têm a vantagem de serem recarregáveis e são de baixo custo, eles podem ser usados juntamente a geradores eólicos. O gerador recarrega o acumulador quando os ventos são favoráveis e descarrega quando as condições de vento são desfavoráveis. Você também encontra acumuladores chumbo-ácido em ambientes em que as emissões de motores de combustão interna não podem ser toleradas. As empilhadeiras em depósitos, os carros de passageiros em aeroportos e as cadeiras de rodas elétricas em supermercados são, tipicamente, movidos a acumuladores chumbo-ácido. Seu peso pode até mesmo ser uma vantagem para a estabilização desses veículos.

Nos automóveis, porém, o peso do acumulador chumbo-ácido é uma desvantagem. Outra desvantagem são seus componentes químicos. O anodo (metal chumbo), o catodo (dióxido de chumbo) e o eletrólito (solução de ácido sulfúrico) representam desafios de descarte, pois são materiais tóxicos ou corrosivos. Se vamos usar baterias de modo sustentável, temos de enfrentar esses desafios. A próxima seção aborda mais diretamente os componentes das baterias e onde eles terminam (e deveriam terminar) quando a bateria é descartada.

8.3 Ingredientes das baterias: do-berço-até-o-berço

Você pode se lembrar da última vez em que passou um dia inteiro sem usar um dispositivo alimentado por uma bateria? Baterias tornaram telefones celulares, MP3 players, computadores portáteis e calculadoras manuais tão comuns que os achamos naturais. O desenvolvimento de tecnologias também depende fortemente das baterias. Por exemplo, as baterias são um componente essencial dos veículos híbridos. Instalações isoladas de energia solar também dependem de baterias como suprimento energia à noite.

Fundição é o processo de aquecer e processar quimicamente um minério. A fundição de minérios de sulfetos foi mencionada no contexto da qualidade do ar (veja a Seção 1.11) e da chuva ácida (veja a Seção 6.7).

Entretanto, a bateria de seu telefone celular, carro ou mesmo de uma instalação solar custa mais do que o que você paga na loja. Existe também um preço ambiental, isto é, um "custo externo", que é de todos. Parte disso vem dos "ingredientes" encontrados em todas as baterias, isto é, um ou mais metais. Eles devem ser extraídos e refinados a partir dos minérios nos quais ocorrem. O processo de mineração é intensivo em energia e produz resíduos minerais e outros detritos. O processo de refino também requer energia e produz poluentes. Por exemplo, o refino de metais frequentemente resulta na liberação de dióxido de enxofre porque muitos metais ocorrem naturalmente como sulfetos. Sua Vez 8.7 dá a oportunidade de examinar os detalhes de um processo de refino de metais.

Sua Vez 8.7 Refino de metais (fundição)

A bateria Ni-Cd de sua câmera digital requer dois metais: níquel e cádmio. Esses metais são extraídos de minérios que contêm enxofre na forma de NiS e CdS.

a. Nomeie três propriedades que distinguem um metal e um não metal.
Sugestão: Reveja as Seções 1.6 e 5.6.

b. Para produzir níquel elementar, o gás oxigênio reage com um minério de níquel e enxofre, representado por NiS.

$$NiS(s) + O_2(g) \longrightarrow Ni(s) + SO_2(g)$$

O Ni, do minério, é oxidado ou reduzido?

c. Escreva a equação química análoga para o cádmio e, de novo, identifique as espécies oxidadas e reduzidas.

d. Por que a liberação de SO_2 é um problema sério? *Sugestão:* Reveja os Capítulos 1 e 6.

Resposta

b. NiS contém Ni^{2+}, que é reduzido. Esse íon ganha dois elétrons para formar o metal Ni.

O preço ambiental também inclui o descarte de baterias "mortas". Mesmo as baterias recarregáveis serão substituídas porque, em algum momento, a voltagem cai abaixo dos níveis utilizáveis e os elétrons não se movimentam mais. Embora a bateria possa estar morta, as substâncias químicas ainda podem ser perigosas. Por isso, as comunidades eventualmente devem pagar o custo de limpar os lugares em que as baterias foram erroneamente descartadas ou devem pagar para reciclar apropriadamente as baterias.

Lembre-se de que no Capítulo 1 comentamos a lógica da prevenção. É mais sensato não sujar o ar que respiramos do que ter de limpá-lo depois. Em essência, tire suas botas sujas para não ter de lavar o tapete! Por isso, nós o incentivamos a usar a mesma lógica no caso das baterias. As companhias deveriam assumir a responsabilidade – você também – pelo que fabricam desde o momento em que os recursos naturais usados para fazer os produtos foram retirados do solo até o fim do processo de "descarte". Jogar baterias que contêm mercúrio, chumbo ou cádmio no lixo e, por fim, no aterro é um cenário mal planejado. Um modo fácil de reduzir o número de baterias que terminam no lixo é passar a usar baterias recarregáveis. Investir em um carregador de baterias é financeiramente compensador, se ele for usado corretamente.

Outro modo de reduzir os resíduos das baterias é pensar "do-berço-até-o-berço". O fim do ciclo de vida de um item deveria se encaixar no começo do ciclo de vida de outro, de modo que tudo é reusado e o montante de lixo não aumenta. Se cada bateria servisse como material de partida para um novo produto, seus metais não seriam perdidos nos aterros. Isso também é chamado de "reciclagem em circuito fechado"

A expressão do-berço-até-o-berço foi apresentada na Seção 0.4.

A economia seria beneficiada, especialmente porque é mais barato extrair e reusar um metal (como os de uma bateria descartada) do que extrair mais minério e refiná-lo. Na abordagem do-berço-até-o-berço, o item a ser reciclado é enviado a uma companhia que retira o metal desejado e o repassa a outro fabricante. Infelizmente, muito poucas baterias são recicladas desse modo no mundo.

Manter materiais tóxicos fora do meio ambiente também seria benéfico. Por exemplo, os componentes de uma bateria de automóvel – metal chumbo, dióxido de chumbo (PbO_2) e ácido sulfúrico – são tóxicos ou corrosivos. Outros metais comumente usados em baterias, inclusive cádmio e mercúrio, são igualmente ou mais tóxicos. Jogar essas baterias nos aterros eventualmente contamina com esses metais a terra, a água superficial e, por fim, a água subterrânea. Além disso, os metais desaparecem da cadeia de fabricação porque estão muito dispersos para serem minerados. Estude Isto 8.8 explora um cenário futuro possível se continuarmos nesse caminho.

A toxicidade do chumbo já foi mencionada quando falamos sobre tintas (Seção 1.13) e qualidade da água (Seção 5.10).

Estude Isto 8.8 Os metais poderiam entrar em extinção?

Em 2009, essa mesma questão foi colocada em um artigo chamado "O Futuro dos Metais". Ele foi publicado em *Chemical & Engineering News*, a revista semanal da American Chemical Society.

a. Por que não é possível que os metais entrem em extinção, pelo menos como tal?
b. No entanto, o argumento do autor faz sentido. Explique.
c. Os autores apontaram o cobre, o zinco e a platina como sendo as atuais "espécies em perigo". Quais, se é o caso, desses metais estão hoje sendo usados em baterias?

O acumulador chumbo-ácido é um caso de sucesso. Hoje, a maior parte das leis estaduais exige que os vendedores desses acumuladores os coletem para reciclagem. A EPA relata que, desde 1988, mais de 90% dos acumuladores chumbo-ácido foram reciclados nos Estados Unidos. A próxima atividade permite que você aprenda mais sobre reciclagem de baterias.

Estude Isto 8.9 Reciclagem de baterias

O que você pode fazer para evitar que os metais usados nas baterias terminem nos aterros? A resposta depende do tipo de bateria. Procure na Internet respostas para o seguinte:

a. Que tipos de baterias hoje são mais comumente reciclados: as recarregáveis ou as não recarregáveis (de uso único)?
b. Porque a reciclagem de uma bateria Ni-Cd é mais crucial do que a de uma bateria alcalina?
c. Liste algumas razões de por que os programas de reciclagem de baterias de uso doméstico não têm sido tão eficazes como os de reciclagem de acumuladores de automóveis.

Lítio (guardado em óleo)

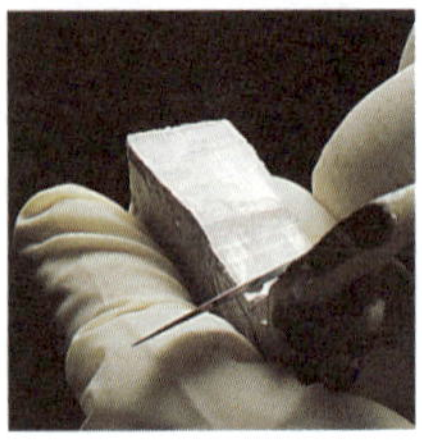
Sódio (removido do óleo para ser cortado)

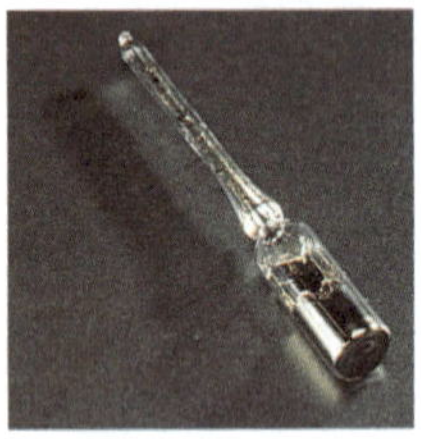
Potássio (em um tubo de vidro selado)

Rubídio (em um tubo de vidro selado)

FIGURA 8.7 Elementos selecionados do Grupo 1A.

No mesmo artigo sobre o futuro dos metais, Thomas Graedel, um ecologista industrial de Yale, lembra: "Metais têm limites semelhantes aos do óleo cru e da água fresca". Esse ponto é importante. Se os metais devem continuar disponíveis para uso futuro, necessitamos de melhores projetos de baterias, que permitam a reciclagem eficiente dos metais que elas contêm. Não faz sentido que cádmio, mercúrio, níquel e chumbo terminem nos aterros. Na verdade, deveriam terminar em novas baterias.

Existem precedentes e boas razões para reciclar metais. Lembre-se, do Capítulo 1, de que conversores catalíticos contêm platina. As indústrias químicas e de petróleo já estabeleceram protocolos para a reciclagem dos catalisadores de platina. O item a ser reciclado é enviado a uma companhia que extrai a platina e envia o metal a um fabricante para reúso. Embora as baterias recarregáveis possam ser e sejam recicladas, essa não é ainda a norma para baterias de uso único.

O lítio é um caso interessante. Lembre-se, do Capítulo 2, de que o lítio é um metal alcalino do Grupo 1A da Tabela Periódica, como o sódio e o potássio (Figura 8.7), e que eles são metais muito reativos com um elétron externo. Por fim, lembre-se, do Capítulo 5, de que essas metais ocorrem na natureza como íons: Li^+, Na^+ e K^+.

Entretanto, o lítio é diferente de outros elementos do Grupo 1A de várias maneiras importantes. Em comparação com os átomos de sódio e potássio, os do lítio são menores e mais leves. Ter menos massa é uma vantagem quando se trata de baterias portáteis. Ser menor também é uma vantagem, porque os íons lítio são pequenos o suficiente para participar de certos tipos de materiais de eletrodos, em contraste com Na^+ e K^+, que poderiam ser muito grandes. Lítio também é muito menos abundante na crosta terrestre do que sódio e potássio, que são facilmente encontrados. Além disso, os depósitos de lítio tendem a ser encontrados em locais remotos como o da Figura 8.8. Hoje, o lítio é extraído principalmente de lagos salgados (lagos de salmoura) que outrora foram o fundo do mar.

A disponibilidade futura do lítio é um ponto essencial a discutir. Como você verá na próxima seção, a previsão é de que as baterias em desenvolvimento para a próxima geração de carros elétricos híbridos contenham lítio. O uso dessas baterias em milhões de carros – cada um com cerca de 4,5 kg (10 lb) de lítio por pacote – pode testar severamente nossa capacidade de fornecer lítio aos fabricantes de baterias. No momento, as pessoas estão discutindo se seremos capazes de fazer isso. Por um lado, o lítio de nosso planeta parece estar em quantidade suficiente para nossas necessidades. Por

FIGURA 8.8 Um dos maiores depósitos de lítio, um lago salgado em uma área desértica do Chile. O lítio está na forma de sais solúveis, cloreto e carbonato, LiCl e Li_2CO_3.

outro, somente alguns dos depósitos de lítio têm qualidade suficiente e estão em regiões suficientemente accessíveis para o metal ser extraído economicamente.

Está claro que é do interesse de todos seguir as ideias fundamentais da química verde ao manufaturarmos baterias agora e no futuro. Isso significa que temos de reduzir ou evitar o uso de metais tóxicos *e* usar projetos inteligentes de baterias que permitam que os metais menos disponíveis possam ser eficientemente reciclados. Com um olho em como baterias podem ser um componente de um quadro mais sustentável da energia, passamos ao tópico dos veículos híbridos.

Reveja as ideias fundamentais da química verde número 3 e 5, impressas na contracapa dianteira.

8.4 Veículos híbridos

Como as preocupações com o custo e a disponibilidade da gasolina e com os poluentes emitidos por veículos a gasolina seguem aumentando, cada vez mais proprietários de carros estão pensando em **veículos elétricos híbridos** (**HEVs**), mais conhecidos como "híbridos". Esses veículos são movidos por uma combinação de um motor convencional a gasolina e um motor elétrico a baterias. Honda e Toyota lideraram o desenvolvimento dos híbridos (Tabela 8.2). Em 1999, o Honda Insight, um pequeno automóvel de dois lugares, foi o primeiro a ser vendido nos Estados Unidos. O Toyota Prius (Figura 8.9) tornou-se comercial no Japão em 1997 e, três anos depois, nos Estados Unidos. Hoje, outros fabricantes já produzem carros híbridos, utilitários esportivos, caminhões e, até mesmo, modelos luxuosos.

Em latim, *prius* significa "ir antes".

Estude Isto 8.10 A bateria NiMH

Em 2010, o carro híbrido Prius, a gasolina e eletricidade, empregava duas baterias, uma era um acumulador convencional chumbo-ácido e a outra, uma níquel-hidreto de metal (NiMH).

a. Que características das baterias NiMH as tornam superiores aos acumuladores chumbo-ácido?
b. Procure na Internet sobre as vantagens que as novas baterias lítio-íon poderiam oferecer em relação às baterias NiMH de veículos híbridos.

(a)

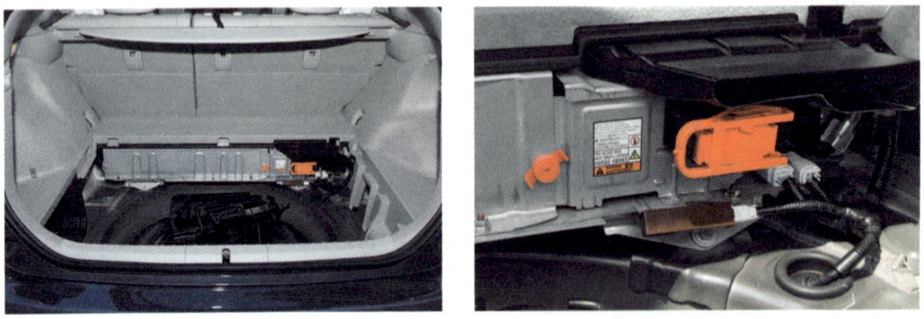

(b)

FIGURA 8.9 **(a)** O Toyota Prius 2010, um híbrido gasolina-eletricidade. **(b)** As baterias NiMH sob o banco traseiro e na área do porta-malas.

A energia cinética foi apresentada na Seção 4.1.

Alcançando cerca de 50 milhas por galão, o Prius queima cerca de metade da gasolina e, portanto, emite cerca de metade do dióxido de carbono que um carro convencional. Ele tem um motor a gasolina de 1,8 L trabalhando junto a baterias níquel-hidreto de metal, um motor elétrico e um gerador elétrico. O motor elétrico retira energia das baterias para iniciar o movimento do carro e acioná-lo em baixas velocidades. Usando um processo chamado de frenagem por recuperação, a energia do movimento do carro é transferida para o alternador que, por sua vez, carrega as baterias durante a desaceleração e a frenagem. O motor a gasolina auxilia o motor elétrico durante a direção normal, com as baterias adicionando impulso quando aceleração extraordinária é necessária.

Dado que cada galão queimado de gasolina libera cerca de 18 libras de CO_2 na atmosfera, o veículo médio emite de 6 a 9 toneladas de CO_2 por ano. Diferentemente de outras emissões de veículos, como NO e CO, as tecnologias de controle de poluição hoje não reduzem as emissões de CO_2. Na verdade, devemos reduzir a quantidade de dióxido de carbono queimando menos combustível *ou* queimando um combustível como H_2, que não contém carbono. Fazendo os cálculos, cada aumento de 5 milhas por galão por ano (por exemplo, melhorando de 20 para 25 milhas por galão) pode reduzir as emissões de CO_2 em até cerca de 18 toneladas no tempo de vida do veículo. Esse cálculo supõe uma vida de 200.000 milhas, o que resulta em queimar 2.000 galões de gasolina a menos e aumentar a eficiência do combustível em 5 milhas por galão.

Muitos híbridos, diferentemente de carros convencionais a gasolina, têm milhagem melhor na cidade do que nas estradas.

TABELA 8.2 Líderes de economia de combustível nos modelos do ano 2010

Classificação	Fabricante/modelo	Milhas por galão (cidade/estrada)
1	Toyota Prius (híbrido)	51/48
2	Ford Fusion Hybrid FWD* Mercury Milan Hybrid FWD	41/36
3	Honda Civic Hybrid	40/45
4	Honda Insight (híbrido)	40/43
5	Lexus HS250h (híbrido)	35/34

Fonte: EPA americana.
*N. de T.: FWD significa automóvel com motor e tração dianteiros.

Químico Cético 8.11 Sim, toneladas de CO_2!

Um automóvel realmente poderia emitir 7 toneladas de dióxido de carbono em um ano? Faça um cálculo para provar ou negar isso. Declare todas as suposições que você fez.

Os fabricantes de automóveis já fornecem mais de uma opção para veículos eficientes em combustível e com baixa emissão, permitindo que os consumidores possam escolher a opção que melhor responde a suas necessidades de transporte. Uma dessas opções é o **veículo elétrico híbrido conectável (plug-in) (PHEV)**. Esses veículos usam baterias recarregáveis para acionar um motor elétrico para curtas viagens de rotina e passam para um motor a combustão para distâncias mais longas. A energia elétrica dada pela bateria diminui as emissões do cano de descarga, uma característica muito boa. Além disso, os proponentes argumentam que os PHEVs custariam 2-4 centavos/milha para operar, valor muito baixo em comparação com o custo de 8-20 centavos/milha de um carro regular. Entretanto, de acordo com um estudo de 2009 do U.S. National Research Council, os PHEVs estão ainda a algumas décadas da introdução em massa no mercado automobilístico americano.

Em 2010, o custo da fabricação de um PHEV foi estimado em cerca de 18.000 dólares americanos a mais do de um veículo a gasolina equivalente. As baterias de lítio maiores foram um dos fatores do aumento do preço. Dado o preço atual da gasolina, levaria várias décadas antes que a economia do custo do combustível, uma milha conduzida com eletricidade *versus* uma milha com gasolina, pudesse cobrir o custo mais alto de um PHEV. Por isso, não se espera que os PHEVs possam colaborar na redução do consumo da gasolina ou das emissões de carbono até que a situação da energia mude. Entretanto, praticamente todos os fabricantes importantes de automóveis têm grupos importantes de pesquisa e desenvolvimento trabalhando nos PHEVs. Muitas dessas companhias concordam que no futuro, os PHEVs poderiam facilmente chegar aos milhões nas ruas das cidades americanas, desde que as tecnologias de baterias continuem a se aperfeiçoar e os incentivos econômicos apropriados sejam desenvolvidos. Mesmo assim, os números são impressionantes. Supondo que o número de veículos continue a aumentar, esses PHEVs ainda seriam suplantados pelos quase 300 milhões de carros que se espera que estejam nas rodovias americanas daqui a algumas décadas.

Com as vantagens oferecidas pelos HEVs e PHEVs, os Estados Unidos tornaram-se uma nação híbrida? A resposta certamente é não. Embora as vendas anuais de HEVs tenham atingido em 2012 mais de 380.000 veículos, isso é uma mera gota no mar da economia de combustível. Em cada um dos últimos cinco anos, os consumidores americanos compraram cerca de 13 milhões de carros, vans, SUVs e caminhonetes leves. Embora os Estados Unidos tenham o maior número de HEVs em suas estradas, esses veículos representam somente 2-3% do total. Em contraste, as vendas de carros novos no Japão atingem mais de 20% de HEVs. Até 2012, mais de 4,5 milhões de veículos híbridos tinham sido vendidos no mundo, incluindo 2,2 milhões nos Estados Unidos e 1,5 milhão no Japão.

Estude Isto 8.12 Veículos elétricos

Um carro totalmente alimentado por eletricidade está na imaginação humana e nas pranchas dos desenhistas, e esteve até mesmo em alguns salões de automóveis durante a última década.

a. Liste três vantagens dos veículos elétricos (EV) sobre um HEV ou um PHEV.
b. Liste três razões por que os EVs ainda não são a norma.
c. Procure na Internet a localização do último Guia de Economia de Combustível ("Fuel Economy Guide"). Como os EVs aparecem nesse relatório?

Até este ponto, limitações importantes para o desenvolvimento dos EVs, HEVs e PHEVs são a tecnologia das baterias, a economia do desenvolvimento das baterias e o custo do veículo. Resta ver como os veículos híbridos afetarão seu modo de transporte. Na próxima seção, examinamos outra possível maneira de alimentar nossos veículos, as células a hidrogênio combustível.

8.5 Células a combustível: o básico

Com as células a combustível, damos mais um passo em nossa jornada para encontrar combustíveis que liberem grandes quantidades de energia com baixas cargas de poluentes. No Capítulo 4, comparamos a energia liberada, grama por grama, na queima de carvão, hidrocarbonetos e outros combustíveis. Como vimos, o metano foi claramente o vencedor. Supondo que os produtos de combustão sejam $CO_2(g)$ e $H_2O(g)$, os calores de combustão do carvão (antracita ou bituminoso) e *n*-octano, $C_8H_{18}(l)$, um componente importante da gasolina, são 30 e 45 kJ por grama de combustível, respectivamente. Em comparação, o calor de combustão do metano é 50 kJ/g.

Entretanto, quando comparado com o metano, o hidrogênio vence facilmente a competição, como você pode ver nesta equação.

Na equação 8.13, o calor de combustão, 249 kJ, é para um mol de H_2. Isso é equivalente a 124,5 kJ por grama de H_2.

$$H_2(g) + \frac{1}{2}\,O_2(g) \longrightarrow H_2O(g) + 249 \text{ kJ} \qquad [8.13]$$

Portanto, ao queimar, o hidrogênio libera quase três vezes mais energia do que o metano por grama! Além da produção superior de energia, o uso de hidrogênio levanta outra perspectiva tentadora – a alimentação de veículos a motor com um combustível que só produziria vapor de água como produto. Nem CO, nem CO_2 seriam produzidos, embora, dependendo das condições do motor e das temperaturas, algum NO possa se formar.

Químico Cético 8.13 Hidrogênio *versus* metano

Será que o hidrogênio é um combustível tão bom? Use os valores de energia de ligação da Tabela 4.4 para descobrir. Mostre claramente como você fez os cálculos, anotando todas as suposições que precisou fazer. O valor calculado é igual ao da equação 8.13?
Sugestão: Você vai encontrar grande parte do trabalho já feita na Seção 4.6, exceto que o cálculo foi feito em mols.

Como acontece com outras fontes de combustíveis inflamáveis, como o metano ou a gasolina, quando o hidrogênio está misturado com o oxigênio, uma simples centelha pode iniciar uma explosão. Com seus 7 milhões de pés cúbicos de gás hidrogênio, o Hindenburg foi para o ar o que o Titanic foi para o oceano. Quando o dirigível pegou fogo em 1937 e fez seus passageiros e sua tripulação mergulharem para a morte, o hidrogênio marcou permanentemente nossa consciência como um combustível explosivo.

Ainda assim, suponha que alguém sugerisse um modo de combinar H_2 e O_2 para formar H_2O sem os perigos da combustão. Além disso, suponha que essa pessoa também dissesse que a reação poderia ser obtida sem contato direto entre o hidrogênio e o oxigênio. O Químico Cético poderia muito bem classificar essas alegações como puro disparate – uma total impossibilidade. Entretanto, a operação de uma célula a combustível é um exemplo claro disso. Uma **célula a combustível** é uma célula eletroquímica que converte a energia química de um combustível diretamente em eletricidade sem queimar o combustível. O físico inglês William Grove inventou as células a combustível em 1839. Contudo, essas células permaneceram uma mera curiosidade até a aurora da Idade do Espaço. Foi somente quando, em 1980, o ônibus espacial americano usou três conjuntos de 32 células alimentadas por hidrogênio que as células a combustível tornaram-se visíveis para o público. A eletricidade gerada por essas células alimentou as luzes, os motores e os computadores do ônibus.

Ao contrário das baterias convencionais como as das lanternas, as células a combustível, sob a capota de um carro ou alimentando seu computador portátil, operam com uma fonte externa de combustível que é eletroquimicamente oxidado no interior da célula. Elas também exigem uma fonte externa de gás oxigênio ou de outro material "oxidante" para aceitar os elétrons que são perdidos pelo combustível. Com o suprimento de combustível e de oxidante sendo continuamente realimentado, essas "baterias de fluxo" produzem eletricidade. Elas não se esgotam ou precisam ser recarregadas como as baterias convencionais. Localize a fonte de hidrogênio na Figura 8.10,

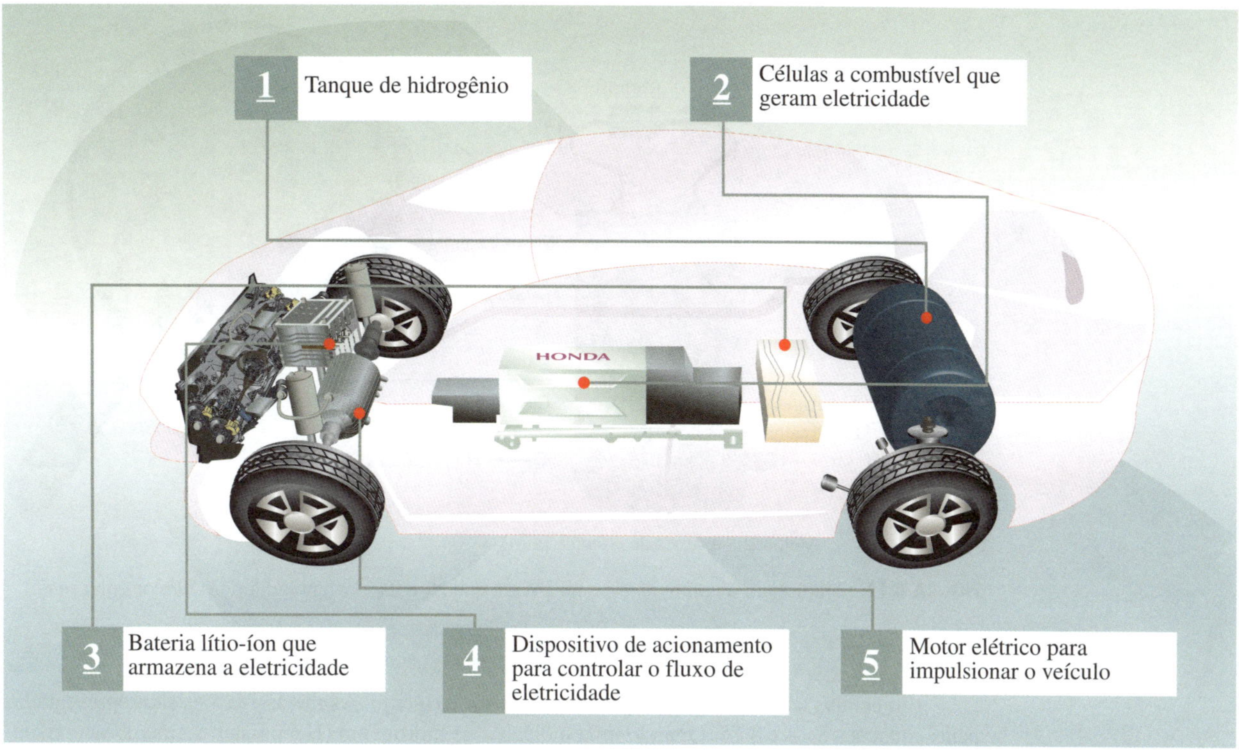

FIGURA 8.10 Esquema do Honda FCX, alimentado por células a combustível, que mostra a localização da célula, do tanque de armazenamento de hidrogênio e do acumulador lítio-íon.

Fonte: American Honda Motor Company.

um esquema de um veículo com célula a combustível (FCV). Os tanques de hidrogênio estão sob pressão de até 5.000 libras por polegada quadrada (psi). Os FCVs podem rodar até 200 milhas sem precisar ser realimentados.

O que pode surpreendê-lo a respeito das células a combustível é que as substâncias químicas a serem oxidadas e reduzidas estão separadas fisicamente, isto é, não entram em contato. A oxidação ainda ocorre no anodo e a redução no catodo. Entretanto, em vez de o anodo ser a fonte de elétrons, ele é meramente um condutor elétrico que provê a locação física na célula e onde a oxidação do combustível ocorre. De modo semelhante, o catodo é um condutor elétrico que não entra na reação e onde a redução do oxigênio ocorre.

O eletrólito que separa o anodo do catodo cumpre o mesmo papel que na célula eletroquímica tradicional, isto é, permite o fluxo de íons e, portanto, o fluxo de carga. As células comerciais mais antigas disponíveis comercialmente usavam um ácido forte corrosivo, H_3PO_4, como eletrólito. Como resultado, aquelas células a combustível eram sistemas fechados que continham o líquido, não muito diferentes do sistema fechado de uma bateria alcalina convencional. Os atuais desenhos de células a combustível são sistemas abertos que requerem um fluxo contínuo de combustível e oxidante, adicionando complexidade e custo.

Hoje, células a combustível baseadas em diferentes eletrólitos são desenvolvidas para uma variedade de aplicações. Um dos tipos incorpora um polímero sólido como eletrólito que separa os reagentes. Usaremos esse tipo para explicar a operação geral das células a combustível. A membrana polimérica de eletrólitos, também chamada de membrana de troca de prótons (PEM), é permeável a íons H^+ e coberta dos dois lados com um catalisador de platina. Esses eletrólitos operam em temperaturas razoavelmente baixas, tipicamente de 70°C a 90°C, e transferem elétrons para prover energia elétrica rapidamente. Como resultado, as células a combustível com PEM são hoje muito populares entre os fabricantes de automóveis para novos veículos protótipos movidos por células a combustível e para aplicações pessoais dos consumidores. A Figura 8.11 mostra um desenho típico.

Procure por mais sobre polímeros no Capítulo 9.

O íon H^+ é um próton, o cátion mais simples (Seção 6.1).

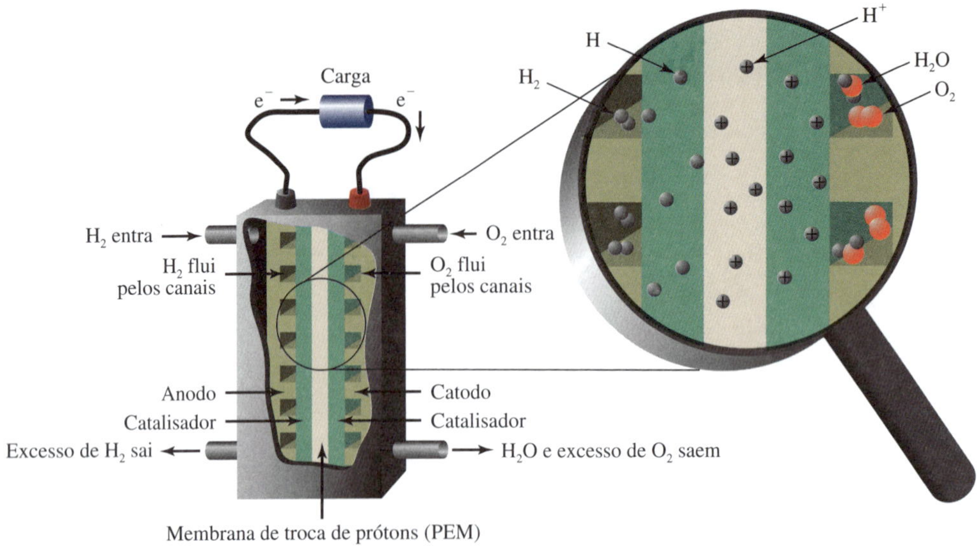

FIGURA 8.11 Uma célula a combustível com PEM em que H_2 e O_2 se combinam para formar água sem combustão.

Em células a combustível, usa-se hidrogênio e oxigênio. As meias-reações são representadas pelas equações 8.14 e 8.15. Quando uma molécula de hidrogênio (H_2) passa pela membrana, é oxidada e perde dois elétrons para formar dois íons hidrogênio.

meia-reação de oxidação (anodo): $H_2(g) \longrightarrow 2\,H^+(aq) + 2\,e^-$ **[8.14]**

Os íons hidrogênio, H^+, passam pela membrana de troca de prótons e combinam-se com oxigênio (O_2). Ao mesmo tempo, eles se combinam com dois elétrons para formar água.

meia-reação de redução (catodo):

$$\tfrac{1}{2}\,O_2(g) + 2\,H^+(aq) + 2\,e^- \longrightarrow H_2O(g) \qquad \textbf{[8.15]}$$

Como nas células galvânicas, a equação total da célula é a soma das duas meias-reações:

$$H_2(g) + \tfrac{1}{2}\,O_2(g) + 2\,H^+(aq) + 2\,e^- \longrightarrow 2\,H^+(aq) + H_2O(g) + 2\,e^- \qquad \textbf{[8.16]}$$

Os $2\,e^-$ e $2\,H^+$ que aparecem nos dois lados da seta podem ser cancelados.

equação total da célula (soma das duas meias-reações):

$$H_2(g) + \tfrac{1}{2}\,O_2(g) \longrightarrow H_2O(g) \qquad \textbf{[8.17]}$$

Nos Capítulos 4 e 7, mostramos essa equação química com coeficientes em números inteiros como $2\,H_2(g) + O_2(g) \rightarrow 2\,H_2O(g)$.

Os elétrons que fluem do anodo para o catodo em uma célula a combustível movem-se através de um circuito externo para executar trabalho, o objetivo principal do aparelho. Assim, em uma célula a combustível, ocorre transferência de elétrons de H_2 para O_2. Isso ocorre sem chama, com relativamente pouco calor e sem produção de luz. Devido a essas características, a reação não é classificada como combustão. Se somente a etapa que produz energia for considerada (admitindo a omissão de outras partes do processo), as células a combustível com hidrogênio são um modo ambientalmente mais amigável de produzir eletricidade do que as termoelétricas a carvão ou as usinas nucleares. Não há produção de gases de efeito estufa, não há emissão de poluentes, nem rejeitos nucleares para estocar. Água é o único produto químico se o combustível é hidrogênio, um benefício a mais para os astronautas do ônibus espacial, que dependiam dela no espaço.

Observe que é necessário energia para produzir H_2 a partir de compostos que contêm hidrogênio.

A equação total da célula (veja a equação 8.17) libera 249 kJ de energia por mol de água formada, mas, ao invés de liberar a maior parte dessa energia na forma de calor, a célula a combustível converte 45-55% dela em energia elétrica. Essa produção direta de eletricidade elimina as ineficiências associadas ao uso de calor para o trabalho de produção de eletricidade. Motores de combustão interna são somente 20-30% eficientes em obter energia a partir de combustíveis fósseis. A Tabela 8.3 compara a queima de combustíveis e a tecnologia da célula a combustível.

TABELA 8.3 Combustão *versus* tecnologia de célula a combustível com hidrogênio

Processo	Combustível	Oxidante	Produtos	Outras considerações
combustão	hidrocarbonetos, álcoois, H_2, madeira etc.	O_2 do ar	H_2O, CO/CO_2, calor, luz e possivelmente até som	processo rápido, com chama, menor eficiência, muito útil para produzir calor
célula a combustível com hidrogênio	H_2	O_2 do ar	H_2O, eletricidade e algum calor	processo lento, sem chama, maior eficiência, muito útil para produzir eletricidade

Estude Isto 8.14 Revendo a célula a combustível com PEM

a. Qual é a diferença entre as células a combustível e as outras baterias descritas nesse capítulo?
b. Pode uma célula a combustível com PEM ser recarregada? Explique.
c. Por que a combinação de H_2 e O_2 em uma célula a combustível não é classificada como combustão? Explique.

Assim como baterias, motores e geradores elétricos vêm em diferentes tamanhos e tipos, o mesmo acontece com as células a combustível. Embora os combustíveis e os princípios de operação sejam essencialmente os mesmos, diferentes eletrólitos dão a cada tipo de célula a combustível características únicas apropriadas para uma dada aplicação. Muitas companhias estão experimentando veículos com células a combustível. Como os EVs, os veículos com células a combustível (FCVs) são alimentados por motores elétricos. No entanto, eles são diferentes porque os FCVs criam sua própria eletricidade, enquanto que os EVs retiram eletricidade de uma fonte externa, armazenando-a a bordo em uma bateria.

Uma alternativa ao gás hidrogênio é usar um combustível rico em hidrogênio como o metanol e o gás natural. Esses combustíveis devem ser convertidos em gás hidrogênio por reforma. O processo inclui calor, pressão e catalisadores em uma reação química que produz hidrogênio (Figura 8.12). Como são líquidos, metanol e etanol poderiam ser obtidos em um posto de combustível. Entretanto, os reformadores aumentam o custo e ampliam as necessidades de manutenção do veículo. Eles também emitem gases de efeito estufa e outros poluentes do ar gerados no processo de reforma.

A Seção 4.7 discutiu a reforma em um contexto diferente, o da reforma de *n*-octano para produzir iso-octano, um isômero que queima melhor.

Como fonte de eletricidade, as células a combustível têm ampla faixa de aplicações. Hospitais, aeroportos, bancos, delegacias de polícia e instalações militares usam-nos como fonte de reserva e fonte auxiliar de energia. As células a combustível são uma forma de **geração distribuída**, isto é, elas geram eletricidade onde ela é usada, evitando as perdas de energia que ocorrem nas longas linhas de transmissão de eletricidade. Como tal, servem de alternativa a centrais elétricas. Também em

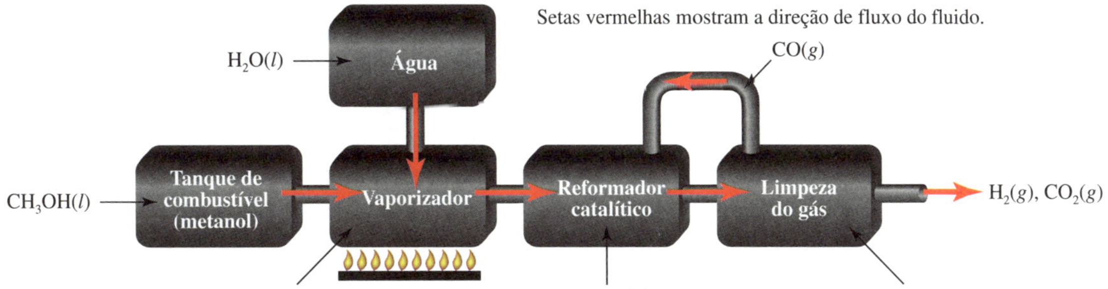

$$CH_3OH(l) \longrightarrow CH_3OH(g) \qquad CH_3OH(g) \longrightarrow CO(g) + 2H_2(g)$$
$$H_2O(l) \longrightarrow H_2O(g) \qquad CO(g) + H_2O(g) \longrightarrow CO_2(g) + H_2(g)$$

Reação total: $CH_3OH(l) + H_2O(l) \longrightarrow 3H_2(g) + CO_2(g)$

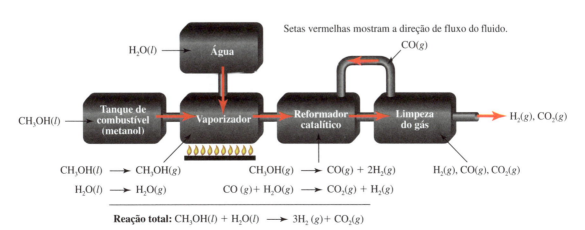

FIGURA 8.12 Hidrogênio obtido de metanol por reforma.

desenvolvimento está a alimentação de aparelhos eletrônicos portáteis como celulares e computadores com células a combustível em miniatura. Esses dispositivos teriam vantagens sobre as baterias porque não requerem a recarga elétrica que toma tempo e poderiam ser realimentados pela troca ou realimentação do cartucho de combustível.

Antes que nossas sociedades possam se beneficiar plenamente das tecnologias das células a combustível com hidrogênio, os cientistas e engenheiros têm de resolver vários desafios tecnológicos. O primeiro é armazenar, transportar e eventualmente distribuir hidrogênio aos consumidores. Um segundo desafio é produzir hidrogênio suficiente para suprir a demanda projetada. A próxima seção examina esses dois desafios em mais detalhes.

8.6 Hidrogênio para veículos com células a combustível

Imagine precisar reabastecer seu veículo com célula a combustível em um "posto de combustível". No momento, as estações são poucas e muito afastadas. Em 2013, o U.S. Department of Energy relatou que cerca de 60 estações de abastecimento tinham sido aprovadas para operação nos Estados Unidos. Um FCV pode viajar 300 milhas antes do reabastecimento, o que certamente compete com a milhagem obtida com um motor convencional movido a gasolina.

Para comparação, 12 L de gasolina têm massa de 9 kg.

Como o hidrogênio é um gás, ele exige um sistema de armazenamento e transferência diferente do usado para a gasolina. Como gás, o hidrogênio também ocupa muito espaço. Por exemplo, no nível do mar e na temperatura normal, H_2 ocupa um volume de cerca de 11 L (quase 4 galões) por grama! Para evitar ter de carregar um tanque enorme de combustível, seu veículo tem de armazenar hidrogênio em um cilindro de gás sob pressão. Para reencher o cilindro com hidrogênio é preciso usar uma conexão hermética para uma mangueira capaz de resistir a altas pressões, como se vê na Figura 8.13. Embora o processo de abastecimento exija um sistema diferente da bomba usada para os veículos a gasolina, ele é semelhante, no sentido de que há um bocal e você aperta um gatilho para iniciar a transferência de hidrogênio.

FIGURA 8.13 Reabastecendo um Honda FCX Clarity, um veículo alimentado por hidrogênio.

Em vez de comprimir H_2 em cilindros de metal, que no passado eram pesados e, de certo modo, incômodos, os engenheiros químicos estão investigando outros métodos de armazenamento e transporte de H_2 que poderiam reduzir o espaço necessário e a necessidade da compressão do gás até altas pressões. Uma tecnologia promissora é que alguns compostos, se submetidos a hidrogênio sob alta pressão, podem absorver as moléculas de hidrogênio como uma esponja absorve água. Então, ao reduzir a pressão de hidrogênio ou aumentar a temperatura, H_2 pode ser liberado à vontade (Figura 8.14). Por exemplo, hidretos de metais podem funcionar assim. O hidreto de lítio, LiH, é um

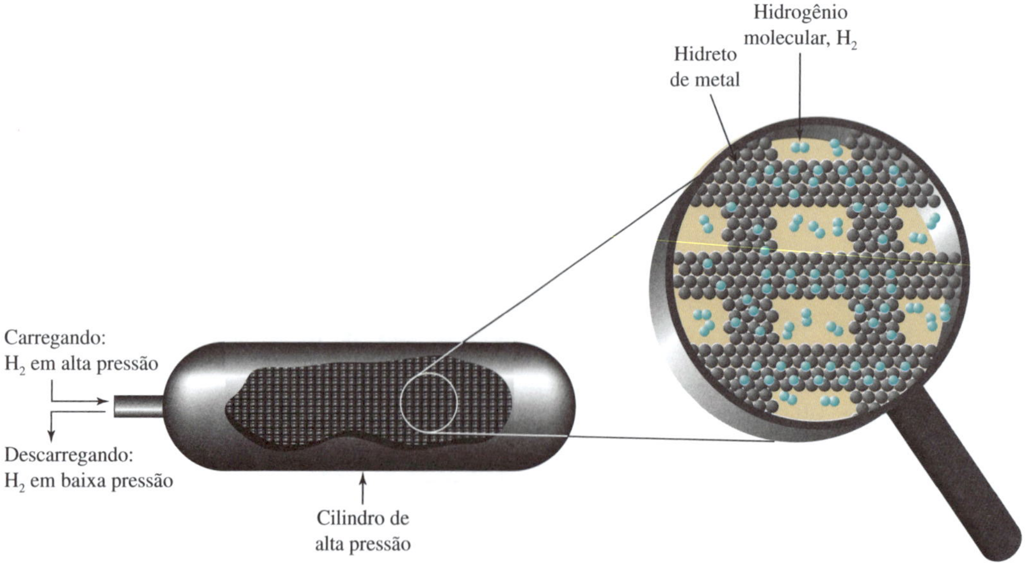

FIGURA 8.14 Absorção e liberação de hidrogênio de um hidreto de metal.

exemplo. A fórmula do LiH pode parecer estranha a você, com alguma razão. O problema não é o íon lítio (Li^+), que já deve ser um velho conhecido. Provavelmente é o íon hidreto, H^-, uma espécie química muito diferente do íon hidrogênio, H^+. O íon hidreto, com dois elétrons em vez de um como no hidrogênio neutro, é importante na química das baterias. Ao contrário do H^+, o íon hidreto não é estável em água e, por isso, não foi necessário mencioná-lo em nosso capítulo da química da água.

Sistemas de armazenamento com hidreto de metal são ideais para células a combustível com PEM que exigem hidrogênio de alta pureza. Como os hidretos de metal são seletivos e só absorvem hidrogênio, e não moléculas maiores de gases, como CO, CO_2 ou O_2, eles agem simultaneamente como material de armazenamento e filtro para evitar outros gases. As novas tecnologias de armazenamento devem vencer o desafio de usar menos do espaço necessário para as pessoas e a carga, e, ao mesmo tempo, permitir que os engenheiros coloquem mais combustível a bordo para viagens mais longas.

Um segundo desafio é a demanda projetada para o hidrogênio como combustível. De onde viria todo o hidrogênio? Por um lado, as coisas parecem promissoras, já que o hidrogênio é o elemento mais abundante no universo. Cerca de 93% de todos os átomos são hidrogênio! Embora hidrogênio não seja tão abundante assim na Terra, ainda há uma imensa oferta do elemento. Por outro lado, essencialmente todo o hidrogênio de nosso planeta está em outra forma que não H_2. O gás hidrogênio é muito reativo para existir por muito tempo nessa forma e é, principalmente, encontrado na forma oxidada, H_2O, a água. Então, para obter hidrogênio para uso como combustível, devemos obtê-lo da água ou de outros compostos que contêm hidrogênio, um processo que requer energia.

Combustíveis fósseis, incluindo gás natural e carvão, como agem como hidrocarbonetos, são uma possível fonte de hidrogênio. Em particular, metano, o componente principal do gás natural, é correntemente a fonte de escolha de hidrogênio. Pode-se produzir hidrogênio a partir de CH_4 via uma reação endotérmica com vapor de água.

$$165\ \text{kJ} + CH_4(g) + 2\ H_2O(g) \longrightarrow 4\ H_2(g) + CO_2(g) \qquad \textbf{[8.18]}$$

Outra maneira possível de produzir hidrogênio a partir do metano é pela reação com dióxido de carbono.

$$247\ \text{kJ} + CO_2(g) + CH_4(g) \longrightarrow 2\ H_2(g) + 2\ CO(g) \qquad \textbf{[8.19]}$$

Você pode ver o ponto fraco dessa reação – ela exige uma quantidade significativa de energia. Porém, a Hydrogen Energy Corporation usa agora um conjunto de espelhos que pode focalizar a luz solar e aquecer os reagentes, CO_2 e CH_4. Não somente essa tecnologia pode produzir hidrogênio, mas ela também o faz a partir de um gás gerado em um aterro sanitário.

Sua Vez 8.15 De volta às energias de ligação

a. Use os valores médios de energia de ligação da Tabela 4.4 para verificar a energia necessária para as reações das equações 8.18 e 8.19. Mostre seu trabalho.
b. As reações são endotérmicas ou exotérmicas?
c. Os valores que você calculou na parte **a** estão de acordo com os dados nas equações? Explique. Sugestão: Reveja a Seção 4.6.

Resposta

a. Na equação 8.18, 4 mols de ligações C–H e 4 mols de ligações O–H se quebram.

= 4 mol (416 kJ/mol) + 4 mol (467 kJ/mol)
= 1.664 kJ + 1.868 kJ
= 3.532 kJ

Na equação 8.18, 4 mols de ligações H–H e 2 mols de ligações C=O se formam.

= 4 mol (436 kJ/mol) + 2 mol (803 kJ/mol)
= 1.744 kJ + 1.606 kJ
= 3.350 kJ

Para a reação total, (+3.532 kJ) + (−3.350 kJ) = 182 kJ.
Um cálculo semelhante para a equação 8.19 dá 252 kJ.

Porém, as reações descritas têm um problema significativo, a produção de dióxido de carbono ou de monóxido de carbono. Será que existe outra fonte de hidrogênio por aí? No romance de 1874 de Júlio Verne, *Ilha Misteriosa*, um engenheiro de naufrágios especula sobre a fonte de energia que seria usada quando as reservas de carvão mundiais se esgotassem. "Água", o engenheiro declara, "acredito que a água será um dia usada como combustível, e que o hidrogênio e o oxigênio que a constituem, usados isoladamente ou juntos, serão uma fonte inesgotável de calor e luz".

Isso é simples ficção científica ou é energética e economicamente factível decompor a água em seus componentes elementares? Para verificar a credibilidade da declaração do engenheiro de Verne, temos de examinar as exigências de energia dessa reação química. Na Seção 8.4, vimos que a formação de 1 mol de água de hidrogênio e oxigênio libera 249 kJ de energia (veja a equação 8.13). Uma quantidade idêntica de energia deve ser absorvida para reverter a reação e produzir hidrogênio.

$$249 \text{ kJ} + H_2O(g) \longrightarrow H_2(g) + ½\, O_2(g) \qquad \textbf{[8.20]}$$

O método mais conveniente de decompor água em hidrogênio e oxigênio é a **eletrólise**, o processo de passar uma corrente de eletricidade com voltagem suficiente diretamente pela água para decompô-la em H_2 e O_2 (Figura 8.15). Esse processo ocorre em uma **célula eletrolítica**, um tipo de célula eletroquímica na qual a energia elétrica converte-se em energia química. Uma célula eletrolítica é o oposto de uma célula galvânica, em que a energia química é convertida em energia elétrica. Quando a água sofre eletrólise em uma célula eletrolítica, o volume de hidrogênio gerado é duas vezes o de oxigênio, como se vê na equação 8.2. Isso sugere que uma molécula de água contém duas vezes mais átomos de hidrogênio do que de oxigênio, o que leva à formula H_2O.

A eletrólise da água requer cerca da metade da energia, por mol de H_2, do que quando se usa metano e não resulta em CO_2 (veja a equação 8.19). Do ponto de vista termodinâmico, é necessário fornecer energia para quebrar a água em oxigênio e hidrogênio. A Figura 8.16 mostra as diferenças de energia envolvidas.

Reveja as Seções 4.1 e 4.2 para mais sobre a primeira e a segunda leis da termodinâmica.

É claro, a questão permanece: como gerar eletricidade para a eletrólise em grande escala? A maior parte da eletricidade dos Estados Unidos é produzida pela queima de combustíveis fósseis em

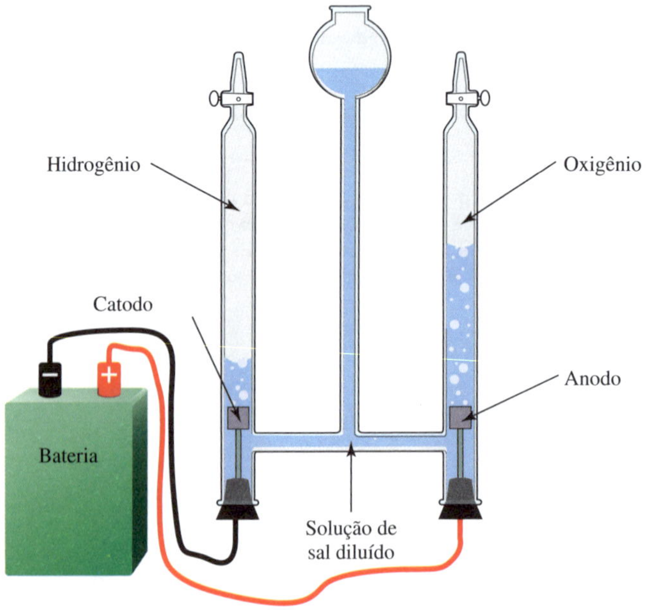

FIGURA 8.15 Eletrólise da água.

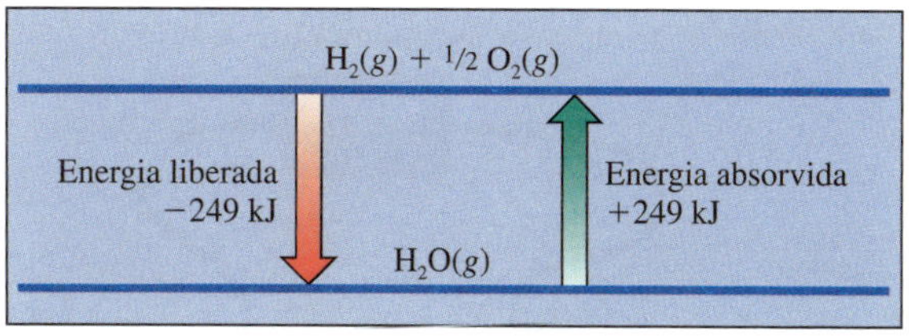

FIGURA 8.16 Diferenças de energia no sistema hidrogênio-oxigênio-água.

termoelétricas convencionais. Se tivéssemos de brigar apenas com a primeira lei da termodinâmica, o melhor que poderíamos fazer seria queimar uma quantidade de combustível fóssil igual à quantidade de hidrogênio produzida na eletrólise. No entanto, também temos de tratar das consequências da segunda lei da termodinâmica. Devido à inerente e inescapável ineficiência associada com a transformação de calor em trabalho, a eficiência máxima possível de uma termoelétrica é 63%. Quando adicionamos as perdas de energia por fricção, transferência de calor incompleta e transmissão entre linhas de força, seria necessário, para produzir o hidrogênio, pelo menos o dobro da energia que poderíamos obter de sua combustão. Isso é comparável a comprar ovos por 10 centavos cada e vendê-los por 5 centavos, o que não é maneira de fazer negócios.

Outro modo de produzir hidrogênio é usar calor para decompor a água. O simples aquecimento da água para decomposição térmica a H_2 e O_2 não é comercialmente promissor. Para obter rendimentos razoáveis de hidrogênio e oxigênio, seriam necessárias temperaturas acima de 5.000 °C. Atingir essas temperaturas não é apenas extremamente difícil, mas exige quantidades enormes de energia – pelo menos o mesmo que é liberado quando o hidrogênio queima. Estamos, novamente, chegando ao ponto em que investimos uma grande quantidade de tempo, esforço e dinheiro para gerar uma quantidade de energia que, na melhor das hipóteses, devolve a mesma quantidade de energia que investimos. Na prática, resultaria em muito menos energia.

Em vez de queimar combustíveis fósseis para gerar a quantidade enorme de calor necessária para decompor a água, outra opção é usar uma fonte sustentável de energia, a radiação solar. Fótons de luz visível têm energia suficiente para decompor a água. Infelizmente, a água não absorve luz nesses comprimentos de onda (o que explica por que a água é incolor). Novos materiais estão sendo desenhados para usar a energia do Sol para ajudar a decompor a água. Constrói-se uma célula fotoeletroquímica, ou uma célula galvânica, usando um catodo de Pt e um anodo coberto com nanopartículas de TiO_2 e moléculas de corante. As moléculas de corante são ajustadas para absorver a luz na parte mais intensa do espectro solar. Quando submergidos em um eletrólito em água e exposta à luz, alguns dos elétrons do corante são promovidos a estados de energia mais alta e transferidos rapidamente para o TiO_2. Uma vez lá, os elétrons podem deixar o eletrodo e mover-se através de um circuito elétrico (Figura 8.17)

A Figura 2.9 mostra a radiação UV quebrando ligações de moléculas.

A perda de elétrons, como você aprendeu, corresponde à oxidação e, nesse caso, o oxigênio da água pode ser oxidado a O_2. Após passar pelo circuito externo, os elétrons chegam ao catodo de platina onde reduzem os íons hidrogênio a H_2. A eficiência dos aparelhos modernos é inferior a 10%, mas espera-se que aumente.

Estude Isto 8.16 A luz que decompõe a água

A energia necessária para a equação 8.20 corresponde a um comprimento de onda de 420 nm.

a. Este comprimento de onda corresponde a que região do espectro eletromagnético? *Sugestão:* Reveja a Figura 2.7.
b. É vantajoso usar a energia da luz diretamente para decompor a água, em oposição à energia calorífica do Sol. Explique.

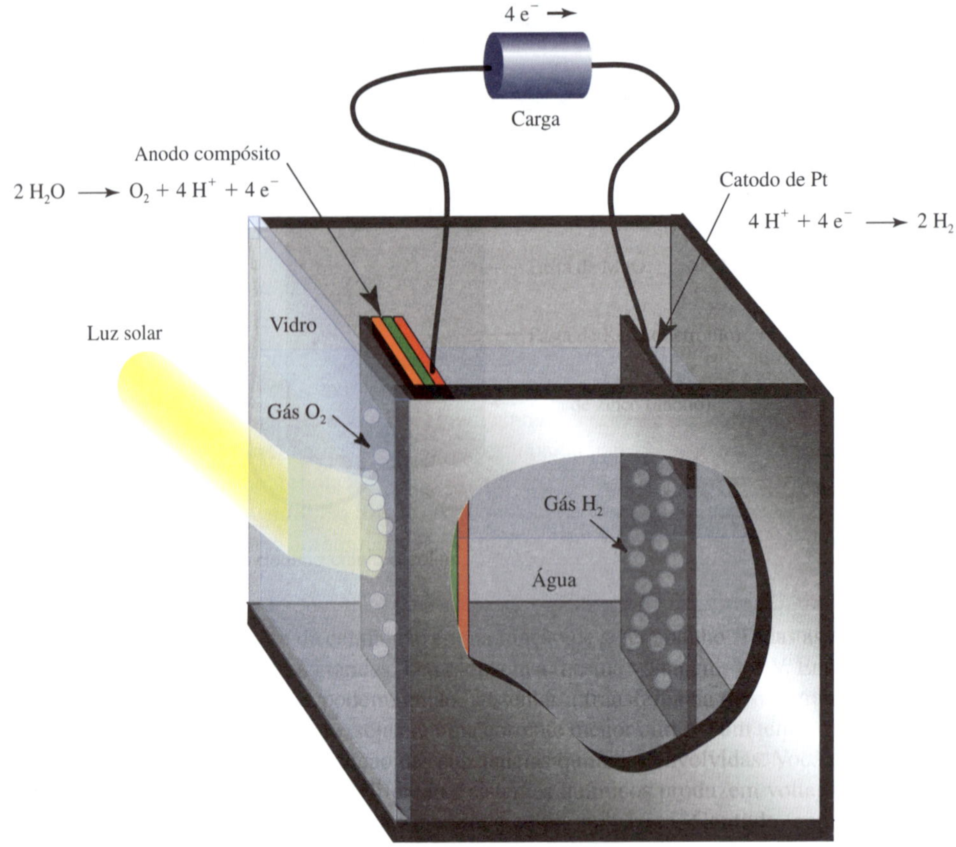

FIGURA 8.17 Um diagrama esquemático de uma célula fotoeletroquímica para decompor a água.

Em um exemplo extremamente verde de química verde, os cientistas estão procurando organismos capazes de produzir hidrogênio. Certas espécies de algas verdes unicelulares produzem gás hidrogênio durante a fotossíntese (Figura 8.18). A vantagem é que a luz solar provê a energia, não a queima de combustível fóssil. No momento, a eficiência do processo é muito baixa para ser comercialmente viável. Entretanto, a obtenção de novas variedades de algas mais eficientes no uso da luz do Sol poderia inverter a balança econômica. Uma área corrente de pesquisa é a engenharia genética desses tipos de algas – uma área de pesquisa promissora e controversa.

FIGURA 8.18 Alguns tipos de algas podem produzir hidrogênio por fotossíntese.

Plantas verdes, inclusive algas, aproveitam a energia do Sol para crescer e se reproduzir. Nós humanos, porém, não somos tão eficientes em aproveitar a energia solar como as plantas. Na próxima seção, passamos à tecnologia de sucesso que desenvolvemos para gerar eletricidade com a luz do Sol – fotovoltaicos – talvez mais conhecidos como "células solares".

8.7 Células fotovoltaicas: o básico

Com certeza faria sentido tirar vantagem da luz solar, uma fonte de energia renovável. Os raios de nosso Sol chegam à Terra a cada hora com energia suficiente para satisfazer a demanda de energia do mundo por um ano inteiro! Hoje, porém, menos de 1% da eletricidade gerada nos Estados Unidos vem diretamente da energia solar. Por que a energia solar hoje representa uma parte tão pequena no panorama energético geral?

Embora quantidades notáveis de luz do Sol atinjam a Terra diariamente, os raios não atingem um ponto do planeta por 24 horas por dia, 365 dias por ano. Além disso, algumas partes do planeta recebem intensidades de luz muito baixas para que a coleta

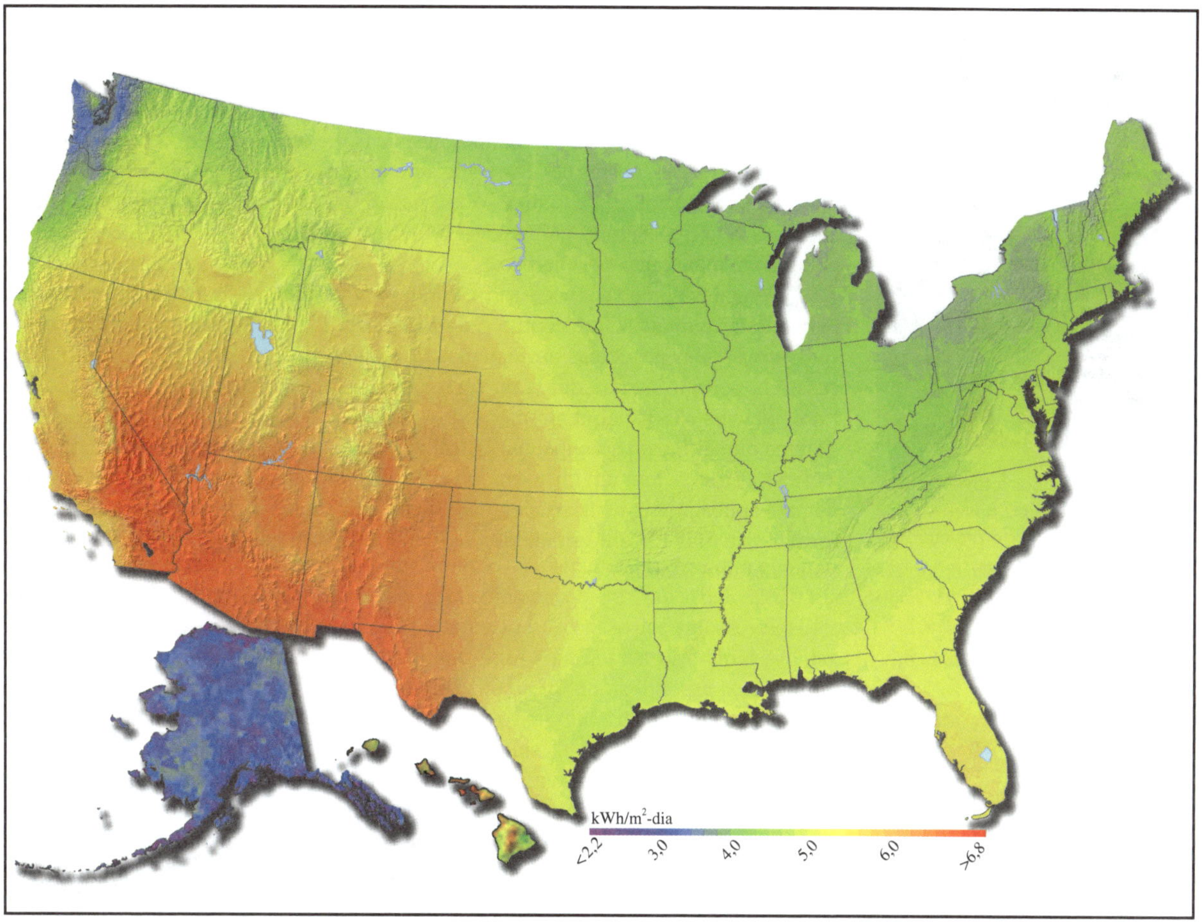

FIGURA 8.19 Quantidade média de energia solar diária recebida por um painel fotovoltaico fixo orientado para o sul.
Fonte: Billy Roberts, National Renewable Energy Laboratory (NREL) para o U.S. Department of Energy, 2008.

solar seja viável. As diferenças ocorrem devido à localização geográfica e a fatores locais como a cobertura de nuvens, aerossóis, neblinas sujas e cerrações. Por exemplo, examine o mapa mostrado na Figura 8.19. Os dados estão em quilowatt-hora (kWh, uma unidade de energia) por metro quadrado por dia para um coletor solar de painel plano estacionário. A próxima atividade ajuda você a explorar as diferenças de energia solar diária durante um ano.

1 kWh = 3.600.000 joules

Os valores de energia da Figura 8.19 seriam mais altos se os painéis acompanhassem o Sol em vez de serem estacionários.

Estude Isto 8.17 Mapas solares

Graças ao site mantido pelo U.S. National Renewable Energy Laboratory, você pode ver mapas solares para partes diferentes dos Estados Unidos.

a. Selecione um estado de sua escolha e analise os dados para os meses do ano. Como você entende a variação de energia durante o ano?

b. Não é surpreendente que Califórnia, Arizona, Novo México e Texas liderem os Estados Unidos em radiação solar anual média. Por que algumas partes desses estados têm valores mais altos do que outras?

O desafio, então, é localizar as áreas em que a energia solar média incidente é alta e coletar essa energia em quantidade suficiente para produzir eletricidade. Uma possibilidade é converter a luz solar *diretamente* em eletricidade, o assunto desta seção. Outra é reter o calor gerado pela radiação solar, um tópico a ser examinado na próxima seção.

FIGURA 8.20 Células fotovoltaicas (solares) são usadas para melhorar a segurança, aumentar a proteção e orientar pedestres e veículos.

Um modo de utilizar a energia do Sol é usar uma **célula fotovoltaica** (**PV**), um aparelho que converte a energia luminosa diretamente em eletricidade, às vezes chamado de célula solar. Bastam apenas algumas células PV para produzir eletricidade suficiente para alimentar sua calculadora ou relógio digital. Outros usos de células fotovoltaicas incluem satélites de comunicação, sinais rodoviários, luzes de segurança e proteção (Figura 8.20), postos de recarga de automóveis e boias de navegação. A economia pode ser substancial. Por exemplo, o uso de células solares em substituição a baterias em boias de navegação faz com que a U.S. Coast Guard economize milhões de dólares por ano em manutenção e conserto.

Se maior potência é necessária, células PV podem ser combinadas em módulos para formar painéis solares como o da Figura 8.21. Muitas pessoas hoje alimentam suas casas e seus negócios com sistemas PV solares. Dependendo do tamanho de uma casa, ela pode usar uma dúzia ou mais painéis solares como fonte de eletricidade. Esses painéis são usualmente montados com a face para o sul. A instalação de um sistema que gira para acompanhar o Sol, aumentando a exposição à luz solar, otimiza a eficiência, mas tem um custo inicial mais elevado. Para a produção de eletricidade ou para aplicações industriais, centenas de painéis solares podem ser interligados para formar sistemas PV em grande escala, como o de um campo da Bavária, Alemanha (veja a Figura 8.21).

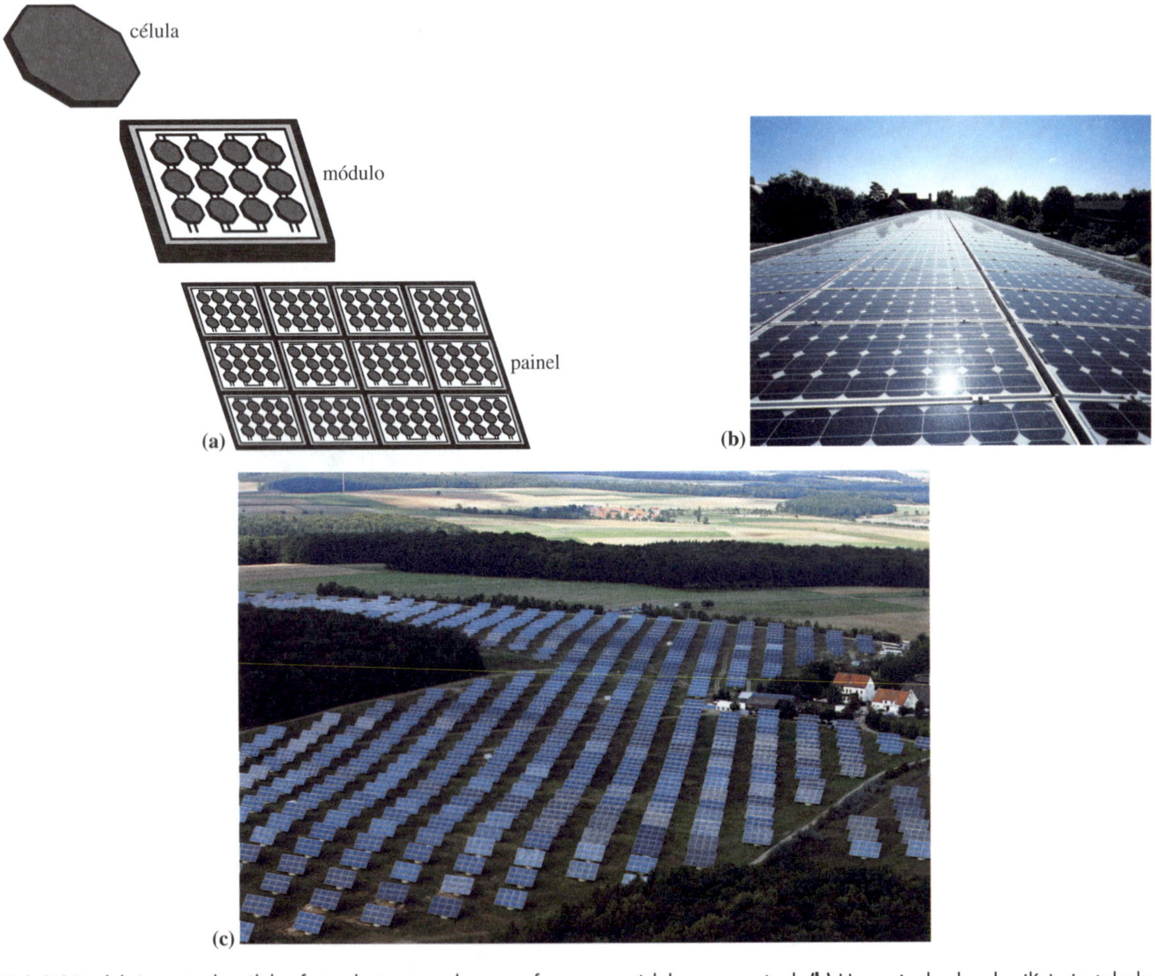

FIGURA 8.21 (a) Arranjo de células fotovoltaicas usadas para fazer um módulo e um painel. (b) Um painel solar de silício instalado em um telhado. (c) Uma vista aérea do Solarpark Gut Erlasee na Bavária, Alemanha. Em sua capacidade máxima, pode gerar 12 MW. Uma usina nuclear típica gera 1.000 MW de eletricidade.

Fonte: NREL.

Como uma célula fotovoltaica gera eletricidade? A resposta está no comportamento dos elétrons no material da célula. Quando a luz ilumina uma célula PV, ela pode atravessar a célula, ser refletida ou absorvida. Se absorvida, a energia pode excitar os elétrons dos átomos da célula. Esses elétrons excitados escapam de suas posições normais no material da célula e tornam-se parte de uma corrente elétrica.

Em 1839, A. E. Becquerel, um físico francês, descobriu o processo do uso da luz solar para produzir eletricidade em um material sólido.

Somente certos materiais se comportam desse modo na presença de luz. As células fotovoltaicas são feitas com uma classe de materiais chamada de **semicondutores**, materiais que têm capacidade limitada de conduzir uma corrente elétrica. A maior parte dos semicondutores é feita de uma forma cristalina de sílica, um metaloide. Para induzir uma voltagem um uma célula PV, duas camadas de materiais semicondutores são colocadas em contato direto. Um **semicondutor do tipo *n*** é uma camada com abundância de elétrons. O **semicondutor do tipo *p*** é a outra camada com pontos com déficit de elétrons, algumas vezes chamados de "buracos". Para gerar uma corrente elétrica, a luz que atinge a célula PV deve ter energia suficiente para deslocar os elétrons do lado do tipo *n* para o lado do tipo *p* através do circuito elétrico. A transferência de elétrons gera uma corrente que pode ser utilizada para fazer tudo que a eletricidade faz, inclusive ser armazenada em baterias para uso posterior. Enquanto a célula estiver exposta à luz, a corrente continua a fluir, alimentada apenas pela energia solar.

A condutividade em soluções iônicas em água foi discutida na Seção 5.6. Metaloides (semimetais) foram apresentados na Seção 1.6.

Uma célula solar individual produz 0,5 V, no máximo.

O elemento silício foi um dos primeiros materiais semicondutores desenvolvido para uso em computadores e células PV. Na verdade, muitas das companhias de alta tecnologia que desenvolveram os semicondutores estavam agrupadas no Vale do Silício, "Silicon Valley", na Califórnia. Um cristal de silício é um arranjo de átomos, ligados a quatro outros átomos por pares de elétrons compartilhados (Figura 8.22a). Esses elétrons estão normalmente fixados nas ligações e são incapazes de realizar movimento no cristal. Em consequência, o silício não é um condutor elétrico muito bom em circunstâncias ordinárias. Entretanto, se um elétron de valência absorve energia suficiente, ele pode se excitar e sair de sua posição de ligação (Figura 8.22b). Uma vez livre, o elétron pode mover-se através da rede cristalina, tornando o silício um condutor elétrico.

Uma estrutura cristalina tem um arranjo repetido de átomos ou íons, como mostrado na Figura 5.18 para NaCl.

Na verdade, os semicondutores de silício não permitem que a corrente elétrica flua a menos que estejam dopados. A **dopagem** é um processo de adicionar intencionalmente pequenas quantidades de outros elementos, "dopantes" (algumas vezes chamados de impurezas), ao silício puro. Esses dopantes são escolhido por sua capacidade de facilitar a transferência de elétrons. Por exemplo, cerca de 1 ppm de gálio (Ga) ou arsênio (As) é, com frequência, usado com o silício. Esses dois elementos e outros dos mesmos grupos da Tabela Periódica são usados porque seus átomos diferem do silício por um único elétron externo. O silício tem quatro elétrons na camada de valência, o gálio tem três e o arsênio, cinco. Assim, quando um átomo de As substitui um átomo de Si na rede, um elétron extra é adicionado. A substituição de um átomo de Si na rede por Ga significa que agora "falta" um elétron ao cristal. A Figura 8.23 ilustra os semicondutores dopados do tipo *n* e *p*. Esses tipos de dopagem aumentam a condutividade elétrica do silício porque possibilita aos elétrons moverem-se de um ambiente rico em elétrons para um deficiente de elétrons.

Ga está no Grupo 3A. Si está no Grupo 4A. As está no Grupo 5A.

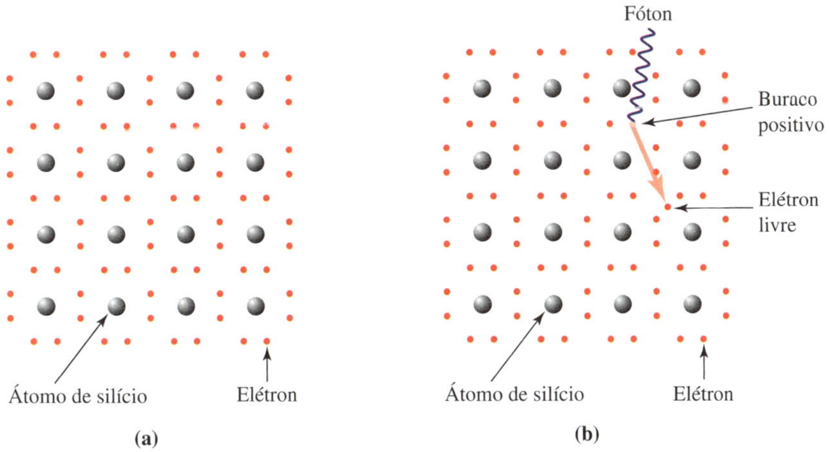

FIGURA 8.22 (a) Esquema da ligação no silício. (b) Liberação de um elétron de ligação induzida por fóton em um semicondutor de silício.

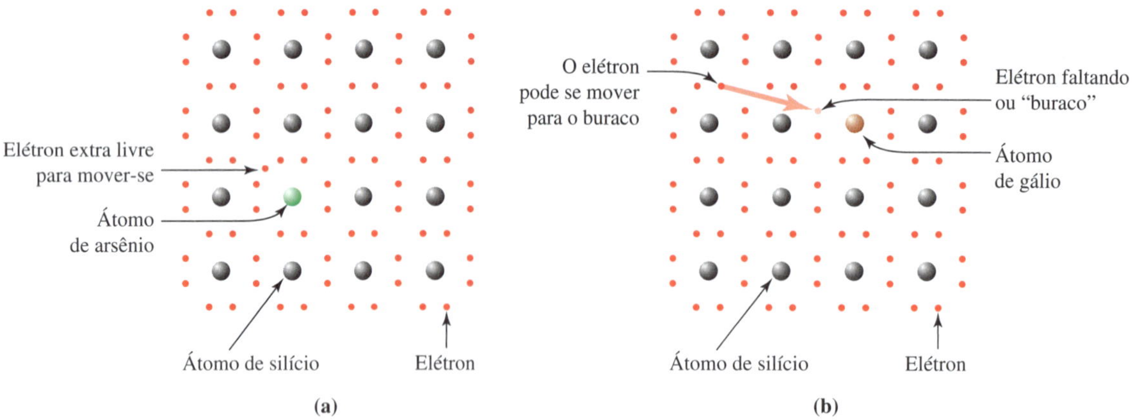

FIGURA 8.23 (a) Um semicondutor dopado com arsênio do tipo *n*. (b) Um semicondutor dopado com gálio do tipo *p*.

Sua Vez 8.18 Outros dopantes

Alguns projetos de células solares usam fósforo e boro para dopar os cristais de silício.

a. Qual irá formar um semicondutor do tipo *n*? Explique seu raciocínio.
b. Qual irá formar um semicondutor do tipo *p*? Explique seu raciocínio

Todas as células fotovoltaicas feitas com silício são "dopadas".

Uma célula fotovoltaica inclui tipicamente camadas múltiplas de semicondutores dopados dos tipos *n* e *p* em contato (Figura 8.24). As junções *p-n* não somente tornam possível a condução de eletricidade, mas também fazem com que a corrente flua em uma direção específica da célula. Apenas fótons com energia suficiente podem deslocar os elétrons dos dopantes. Esses elétrons passam, então, a ser parte do circuito elétrico. Para que uma célula PV converta o máximo possível de luz solar em eletricidade, os semicondutores devem ser construídos de modo a fazer o melhor uso da energia do fóton. Se não, a energia do Sol perde-se como calor ou simplesmente não é capturada.

A fabricação de células fotovoltaicas tem alguns desafios significativos. O primeiro é que, embora o silício seja o segundo elemento mais abundante na crosta terrestre, ele é encontrado com mais frequência em combinação com o oxigênio, como dióxido de silício, SiO_2. Você conhece esse material por seu nome comum, areia, ou, mais corretamente, areia de quartzo. A boa notícia é que o material de partida do qual o silício é extraído é barato e abundante. A notícia não tão boa é que o processo de extração e purificação do silício é caro. Muitas das primeiras células PV exigiam silício ultrapuro, 99,999%.

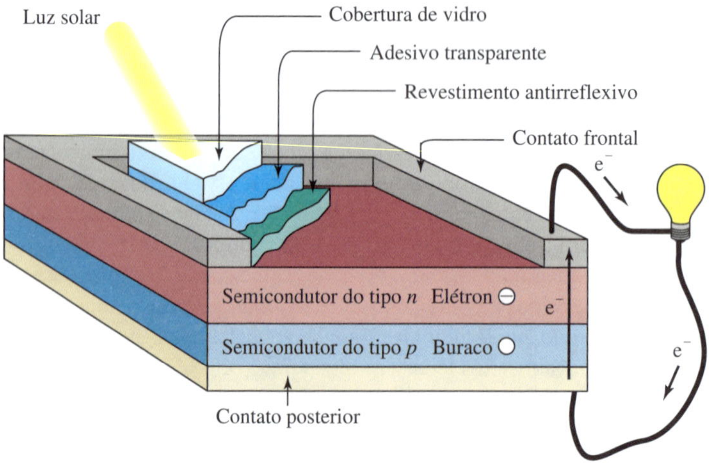

"Sanduíches" de semicondutores dos tipos *n* e *p* são usados em transistores e outros aparelhos miniaturizados que revolucionaram a comunicação e a computação.

FIGURA 8.24 Diagrama esquemático de uma camada de uma célula solar mostrando os semicondutores dos tipos *n* e *p*.

O segundo desafio é que a conversão direta de luz solar em eletricidade não é muito eficiente. Uma célula fotovoltaica poderia, em princípio, transformar até 31% da energia radiante para a qual ela é sensível em eletricidade. Entretanto, parte da energia radiante é refletida pela célula ou absorvida para produzir calor, e não eletricidade. Tipicamente, uma célula comercial moderna tem eficiência de apenas 15%, mas mesmo isso é um aumento significativo em relação às primeiras células solares construídas nos anos 1950, que tinham eficiência de menos de 4%. No Capítulo 4, lamentamos a eficiência de 35-50% de conversão de calor em trabalho em uma termoelétrica convencional. Parece que deveríamos estar mais agoniados com os limites mais baixos que podem ser obtidos das fotovoltaicas. Lembre-se, porém, que o primeiro uso das células solares foi para dar eletricidade às espaçonaves da NASA. Para aquela aplicação, a intensidade da radiação era tão grande que a baixa eficiência não era uma limitação séria e o custo não era problema. Para uso comercial na Terra, os custos e a eficiência são importantes. Nosso Sol é uma fonte de energia essencialmente ilimitada, e converter sua energia em eletricidade, mesmo de modo ineficiente, não traz consigo os problemas ambientais associados à queima de combustíveis fósseis ou ao armazenamento de combustível da fissão nuclear. Essas considerações dão ímpeto à pesquisa e ao desenvolvimento de células solares.

Uma forma de aumentar a viabilidade comercial é substituir o silício cristalino pela forma amorfa do elemento. Os fótons são melhor absorvidos por átomos de Si menos ordenados, um fenômeno que permite a redução da espessura do semicondutor a 1/60 ou menos de seu valor inicial. O custo dos materiais é, então, reduzido significativamente.

Outros pesquisadores estão desenvolvendo células solares em multicamadas. Alternando-se camadas finas do silício dopado dos tipos *p* e *n*, cada elétron tem somente uma distância curta para atingir a próxima junção *p-n*, o que reduz a resistência interna da célula e aumenta a eficiência. As eficiências máximas teoricamente preditas poderiam aumentar até 50% para 2 junções, 56% para 3 junções e 72% para 36 junções. Até 2007, a eficiência máxima obtida com uma célula solar com multijunções foi 40,7%. A Figura 8.25 dá uma ideia de quão finas essas camadas são. A tecnologia multicamadas, em comparação com a tecnologia de célula única, usa menores quantidades de silício, e o processo de produção pode ser altamente automatizado.

As células solares com filmes finos são feitas de silício amorfo ou materiais diferentes, como o telureto de cádmio (CdTe). Esses filmes finos usam camadas de material semicondutor com uma espessura de uns poucos micrômetros. Para comparação, um cabelo humano tem espessura com uma cerca de 50 μm! As células solares de filme fino podem até mesmo ser incorporadas a telhas e ladrilhos, fachadas de edifícios ou vidraças para claraboias devido à sua flexibilidade em comparação

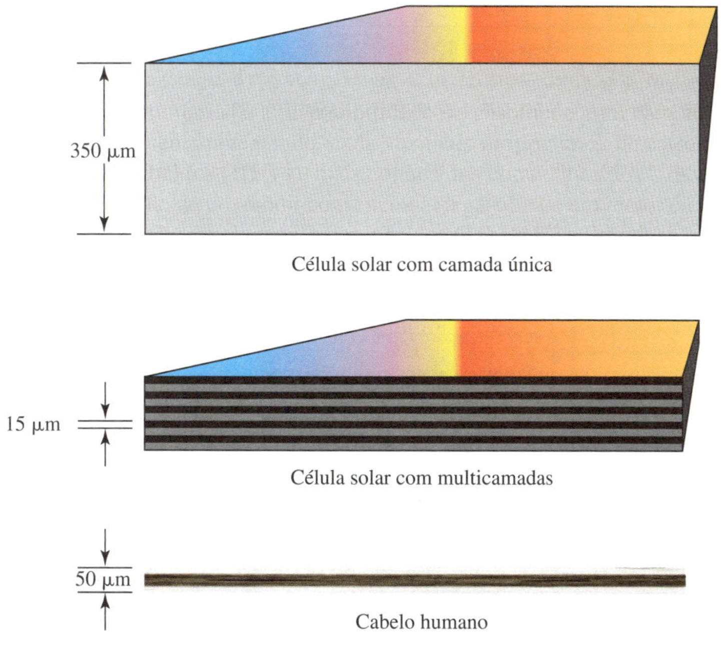

FIGURA 8.25 Comparação da espessura relativa de uma camada de célula solar, em uma camada única ou em multicamada, com o diâmetro médio de um cabelo humano. Nota: 1 μm = 10^{-6} m.

FIGURA 8.26 Ladrilhos solares de filme fino em um telhado.
Fonte: NREL.

com as células convencionais, mais rígidas (Figura 8.26). Outras células solares estão sendo feitas com vários materiais, como tintas solares, usando tecnologias convencionais de impressão, corantes solares e plásticos condutores. Unidades modulares solares usam lentes ou espelhos plásticos para concentrar a luz solar em materiais PV pequenos, mas muito eficientes. Serviços e indústrias que experimentaram essas lentes solares descobriram que, a despeito de seu custo mais elevado, o uso de menores quantidades desses materiais mais eficientes está ficando mais econômico.

Sua Vez 8.19 Uso de PV solares

Como as pessoas estão usando as placas fotovoltaicas solares hoje? Procure na Internet as respostas para cada grupo listado abaixo.

a. fazendeiros e rancheiros
b. proprietários de pequenos negócios
c. proprietários de residências

Resposta
a. Os usos incluem o bombeamento de água para o gado e a iluminação em áreas sem eletricidade. Mesmo em fazendas e ranchos com eletricidade, os PV solares podem reduzir a conta de luz.

As perspectivas para a energia fotovoltaica solar são encorajadoras. Seu custo está diminuindo enquanto o da eletricidade gerada a partir de combustíveis fósseis está crescendo. Mas ainda há a questão do uso da terra. Nos níveis atualmente factíveis de eficiência de operação, a estimativa das necessidades de eletricidade dos Estados Unidos exigiriam uma estação de geração de energia fotovoltaica que cobrisse uma área de 85 milhas por 85 milhas, mais ou menos o tamanho de New Jersey. Embora a energia fotovoltaica esteja crescendo regularmente, ela ainda representa uma fração pequena da produção global de energia.

Estude Isto 8.20 Se não for Nova Jersey, ...

Da última vez que checamos, Nova Jersey não estava se propondo a ser totalmente convertida em uma fazenda solar para abastecer o resto dos Estados Unidos.

a. Nova Jersey seria uma localização razoável? *Sugestão:* Reveja a Figura 8.19.
b. Que localidades nos Estados Unidos são mais promissoras para a coleta de energia solar?
c. A localização não é tudo. Nomeie dois outros fatores importantes na utilização de terra para a coleta de energia solar.

FIGURA 8.27 A energia fotovoltaica pode alimentar bombas de água em áreas remotas do mundo onde não há acesso à eletricidade.

Fonte: NREL.

Estude Isto 8.21 Um milhão de tetos solares

Geração distribuída! Use os recursos da Internet para aprender mais sobre como as pessoas estão usando energia solar no local, como no projeto Million Solar Roofs. Proponha, então, um projeto de energia solar para uma comunidade de sua escolha. Liste pelo menos cinco fatores a considerar antes de iniciar o projeto.

Devido à natureza difusa da luz solar, a tecnologia fotovoltaica é bem apropriada para a geração distribuída, como já descrevemos para as células a combustível (veja a Seção 8.5). Mais de um terço da população da Terra não está ligada a uma rede elétrica, devido aos custos associados à construção e manutenção do equipamento e ao suprimento de combustível para gerar a eletricidade. Como as instalações PV são relativamente livres do custo da manutenção, elas são particularmente atraentes para a geração de eletricidade em regiões remotas. Por exemplo, as luzes de tráfego das rodovias em certas partes do Alasca, longe das linhas de transmissão, são operadas por energia solar. Uma aplicação semelhante, porém mais significativa, pode ser trazer eletricidade a aldeias isoladas em países em desenvolvimento. Nos últimos anos, mais de 200.000 unidades de luz solar foram instaladas em residências na Colômbia, na República Dominicana, no México, no Sri Lanka, na África do Sul, na China e na Índia. As células fotovoltaicas estão afetando as vidas de milhões de pessoas em nosso planeta (Figura 8.27).

A eletricidade gerada por células fotovoltaicas durante o dia pode ser armazenada em baterias para uso à noite. Porém, a conversão direta da luz solar em eletricidade tem muitas vantagens. Além de aliviar parte de nossa dependência em combustíveis fósseis, uma economia baseada em eletricidade solar reduziria o dano ambiental da extração e do transporte desses combustíveis. Mais ainda, ela ajudaria a baixar os níveis de poluentes do ar como os óxidos de enxofre e óxidos de nitrogênio. Também ajudaria a evitar os perigos do aquecimento global ao diminuir a quantidade de dióxido de carbono liberado na atmosfera. Os combustíveis fósseis certamente continuarão a ser a forma de energia para certas aplicações. Entretanto, no longo prazo, podemos passar a usar muitas fontes renováveis de energia, muitas das quais são alimentadas diretamente pelo Sol ou como resultado do aquecimento solar de nossa atmosfera e água. A próxima seção trata de como podemos gerar eletricidade a partir desses recursos renováveis e sustentáveis.

8.8 Eletricidade de fontes renováveis (sustentáveis)

Nenhuma fonte, por si só, pode satisfazer nossas necessidades de energia. Também sabemos que toda fonte de energia tem um custo, como mineração, poluição, gases de efeito estufa ou a montagem de redes de distribuição. Claramente, é mais vantajoso desenvolver e adicionar uma percentagem maior de fontes renováveis do que depender de combustíveis fósseis e energia nuclear. Discutimos fontes renováveis como biocombustíveis, etanol, biodiesel, lixo e biomassa no Capítulo 4. Nesta seção, analisamos o calor do Sol, o vento, a água e o calor liberado pelo núcleo de nosso planeta como fontes renováveis de energia.

Calor do Sol

Além de emitir luz, o Sol libera calor. A concentração da energia do Sol para o aquecimento da água é chamada de processo térmico solar, também chamado de energia solar concentrada (CSP). Diferentemente das tecnologias voltaicas solares que dependem da energia radiante para liberar elétrons de um semicondutor, a CSP depende de coletores solares como os da Figura 8.28. Esses conjuntos espelhados concentram a luz solar de modo semelhante a uma lente que focaliza a luz para queimar um pedaço de papel.

Sua Vez 8.22 Coletores térmicos solares I

Reveja a Figura 4.2, reproduzida aqui. É um diagrama de uma termoelétrica ilustrando a conversão de energia da queima de combustíveis em eletricidade.

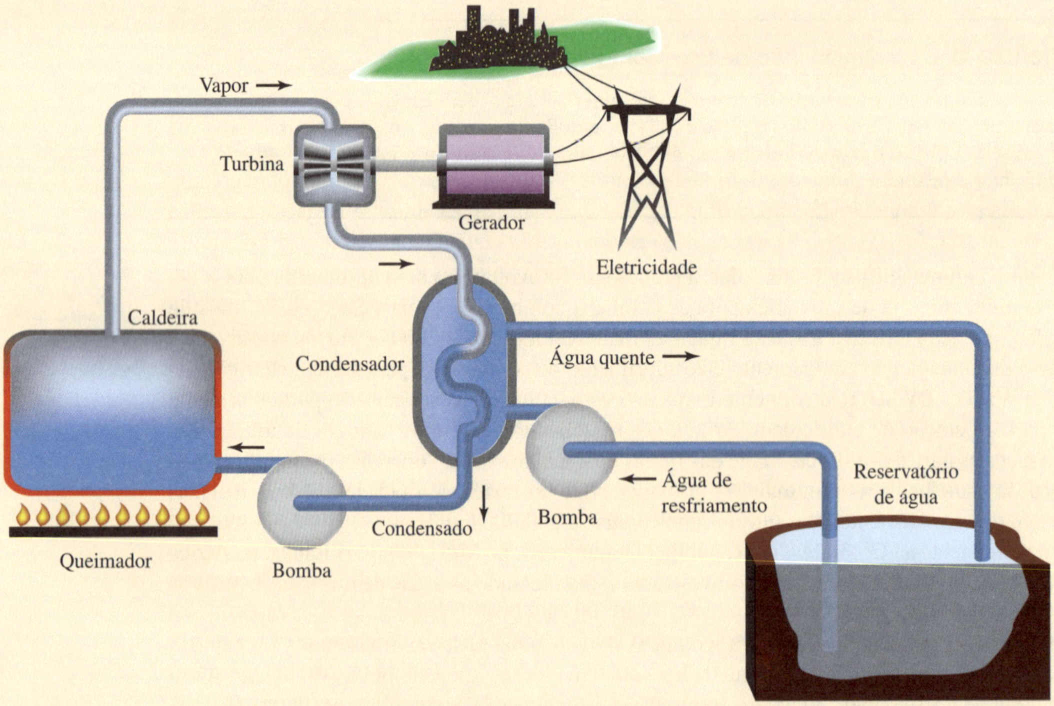

a. Que parte dessa figura teria de mudar se fosse usada energia solar?
b. Cite duas vantagens em coletar a energia solar no local (geração distribuída) em relação a um sistema centralizado. Depois responda a esta questão fazendo a reflexão inversa.

(a)

(b)

FIGURA 8.28 **(a)** Vista aérea do projeto Solar Millennium Andasol, na Espanha, que terá capacidade aproximada de 150 MW de energia térmica solar. **(b)** Close de uma parte do conjunto de espelhos.

Fonte: Chemical & Engineering News, 1º de fevereiro, 2010.

Estude Isto 8.23 Coletores térmicos solares II

Todos os coletores solares focalizam e concentram os raios do Sol para produzir calor. Entretanto, eles o fazem de modos diferentes.

a. Descreva os desenhos de três tipos diferentes de coletores. *Sugestão:* Procure sites na Internet que o ajudem.

b. Como cada desenho se adapta à sua finalidade? Como parte da resposta, inclua a escala do uso – isto é, para uma residência, para uma comunidade ou para um negócio.

c. Dê pelo menos uma limitação para cada um deles.

Vento

O calor do Sol é responsável pelos movimentos em grande escala do ar em nosso planeta, que conhecemos como "vento". Por séculos, os humanos dependeram de várias formas de moinhos de vento que, por sua vez, giravam rodas para moer grãos ou bombear água. As turbinas de vento de hoje usam grandes lâminas, algumas vezes apelidadas pelos habitantes locais de "cata-ventos", que pontilham o horizonte. Elas giram um eixo ligado a um gerador para produzir eletricidade. Fazendas de vento estão localizadas por todo o mundo para aproveitar os ventos predominantes. Uma delas está em Ka Lae (Ponto Sul), na Big Island do Havaí (Figura 8.29).

FIGURA 8.29 A Pakini Nui Wind Farm, completada em 2007, forneceu 20,5 MW de energia em 2013.

Água

Por séculos, os humanos aproveitaram o movimento da água em máquinas como os moinhos de água. Quando a água passa por uma roda, ela pode girar outras rodas, inclusive pedras que podem moer grãos para fabricar farinha. De forma semelhante, represas hidroelétricas grandes e pequenas aproveitam o movimento da água. Quando a água cai nas pás de uma turbina, a energia potencial da água presa em reservatórios é convertida em energia cinética que, por sua vez, é convertida em eletricidade. Embora algumas represas no mundo ainda estejam sendo construídas, a maior parte dos grandes reservatórios de água já está a serviço de projetos de hidroeletricidade.

O movimento das marés, correntes e ondas das águas dos oceanos pode ser aproveitado de várias maneiras para gerar eletricidade. Alguns sistemas usam as pás de turbinas, outros forçam ar comprimido através de uma turbina. Todos envolvem a energia cinética do movimento para girar um gerador e produzir eletricidade.

Geotérmica

Outra fonte de energia renovável é o calor liberado pelo interior de nosso planeta. Literalmente "calor da terra", a energia geotérmica depende da perfuração até reservatórios que contêm água quente ou vapor e, portanto, retiram o calor da Terra. Essas fontes de água quente podem ser usadas para fazer com que geradores produzam eletricidade ou podem ser usadas diretamente para aquecer as residências. As fontes geotérmicas funcionam melhor em locais conhecidos por sua atividade vulcânica e que têm lava, como o Havaí, que gera 25% de sua energia de fontes geotérmicas.

Estude Isto 8.24 Nosso futuro energético

Podemos obter energia renovável do vento, dos oceanos ou de fontes geotérmicas, não somente do Sol ou da biomassa. Escolha uma dessas fontes renováveis de energia e aprenda mais sobre as tecnologias disponíveis para aproveitá-la.

a. Nomeie as restrições geográficas (se for o caso) de seu uso.
b. Prepare uma lista de motivos para apoiar essa tecnologia. Prepare uma lista semelhante para desaprová-la.
c. Prediga como essa tecnologia afetará a capacidade de produção de energia onde você vive.

Esta seção ofereceu uma amostra das energias renováveis, e nenhuma análise das fontes de energia seria completa sem considerar essas e outras fontes sustentáveis de energia. Para aumentar o espaço que as fontes renováveis ocupam no cenário da energia mundial, sua economia, disponibilidade e facilidade de uso devem ser melhoradas.

Conclusão

Examinamos muitas formas de transferência de elétrons para cobrir nossas necessidades de energia. As baterias podem armazenar energia química e convertê-la em um fluxo de elétrons útil em muitas aplicações. Veículos híbridos usam novas tecnologias de baterias combinadas com motores de combustão interna para melhorar a eficiência do combustível. As células a combustível são um dos modos mais eficientes de produzir eletricidade e podem tornar-se uma importante fonte de energia no futuro, para uso pessoal, transporte e talvez até produção de eletricidade em grande escala.

As células fotovoltaicas podem retirar energia do Sol. Avanços na pesquisa juntamente a mudanças nas economias globais podem tornar financeiramente e energeticamente factível usar energia solar para extrair hidrogênio da água ou outro composto contendo hidrogênio. Assim, nos próximos anos, esperamos que novos desenvolvimentos melhorem cada uma dessas opções de energia, tornando seu uso apropriado não somente para nossa geração, mas para as gerações que virão.

Esperamos que nossa discussão sobre a energia tenha lhe dado base suficiente para uma visão em perspectiva da complexidade dos problemas de energia que enfrentamos. Esperamos, também, que você esteja em condições de tomar consciência da situação e olhar adiante para o futuro. Alguns fatos estão além do debate. A sede mundial de energia não vai diminuir. Muito provavelmente, continuará a crescer. Além disso, os métodos que usamos para gerar energia não são sustentáveis. O carvão, o petróleo e o gás natural de que extraímos uma vasta parte de nossa energia estão destinados a tornarem-se raros ou difíceis de extrair em um futuro não muito distante. Seu uso, também, tem um custo ambiental. A energia nuclear, embora não responsável diretamente pela emissão de gases de efeito estufa e pela chuva ácida, tem seus riscos próprios e desafios como solução de longo prazo. Uma transformação é necessária.

Ainda assim, as leis da termodinâmica e a natureza humana são tais que essas transformações não serão espontâneas. Uma transição para alternativas de energia sustentável e seus usos não pode ser alcançada sem trabalho árduo e investimento de intelecto, tempo e dinheiro. Os sacrifícios e compromissos necessários para "dar um pontapé nos nossos hábitos de combustíveis fósseis" dependem muito das escolhas que fazemos hoje. Temos de estabelecer prioridades mundiais, nacionais e pessoais, e achar e sustentar a vontade de agir de acordo.

Fomos os beneficiários de uma base abundante de recursos da Terra. Em retorno, temos a obrigação de garantir fontes de energia para as gerações que virão.

Resumo do capítulo

Tendo estudado este capítulo, você deveria ser capaz de:

- Discutir os princípios que regulam a transferência de elétrons em células galvânicas, inclusive os processos de oxidação e redução (8.1)
- Identificar as meias-reações de oxidação e redução e ser capaz de distinguir as espécies químicas que são oxidadas e as que são reduzidas (8.1)
- Descrever o projeto, a operação, as aplicações e as vantagens de vários diferentes tipos de baterias (8.1-8.3)
- Comparar e contrastar os princípios, as vantagens e os desafios da produção e do uso de veículos híbridos (8.4)
- Descrever o projeto, a operação, as aplicações e as vantagens das células a combustível típicas (8.5)
- Explicar os custos de energia e os ganhos da produção de hidrogênio e seu uso como combustível (8.6)
- Descrever os princípios que governam a operação das células fotovoltaicas (solares) e seu usos atual e futuro (8.7)
- Descrever as vantagens das fontes renováveis sobre as fontes tradicionais de energia e como elas estão ligadas à energia por transferência de elétrons (8.8)

Questões

Ênfase nos fundamentos

1. a. Defina os termos *oxidação* e *redução*.
   b. Por que esses processos têm de ser simultâneos?
2. Quais dessas meias-reações representam oxidação e quais representam, redução? Explique seu raciocínio.
   a. $Fe \longrightarrow Fe^{2+} + 2\,e^-$
   b. $Ni^{4+} + 2\,e^- \longrightarrow Ni^{2+}$
   c. $2\,Cl^- \longrightarrow Cl_2 + 2\,e^-$
3. Qual espécie química se oxida e qual se reduz na seguinte equação química total:

$$2\,Zn(s) + O_2(g) \longrightarrow 2\,ZnO(s)$$

4. Qual é a diferença entre uma célula galvânica e uma bateria verdadeira? Dê um exemplo de cada.
5. Duas unidades comuns associadas à eletricidade são o volt e o ampere. O que elas medem?

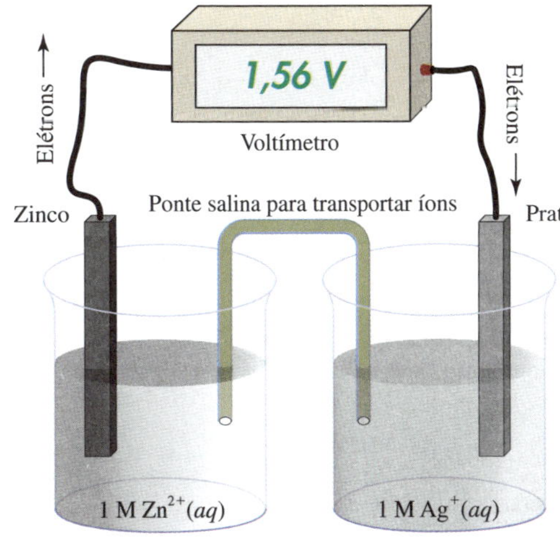

6. Examine a célula galvânica da figura da página anterior. Uma camada do metal prata impuro começa a aparecer na superfície do eletrodo de prata enquanto a célula se descarrega.
   a. Identifique o anodo e escreva a meia-reação de oxidação.
   b. Identifique o catodo e escreva a meia-reação de redução

7. Na célula lítio-iodo, Li é oxidado a Li^+ e I_2 é reduzido a $2\ I^-$.
   a. Escreva a meia-reação de oxidação e a meia-reação de redução que ocorrem nessa célula
   b. Escreva a equação total da célula.
   c. Identifique as meias-reações que ocorrem no anodo e no catodo.

8. a. Como a voltagem de uma pequena célula alcalina AAA se compara com a de uma grande D? Explique.
   b. As duas baterias podem sustentar o fluxo de elétrons pelo mesmo tempo? Explique.

9. Identifique o tipo de célula galvânica comumente usado nestes produtos eletrônicos de consumo. Suponha que nenhuma use células solares.
   a. computador portátil
   b. MP3 player
   c. câmera digital
   d. calculadora

10. A bateria de mercúrio foi muito usada em medicina e na indústria. A reação total da célula pode ser representada por

$$HgO(l) + Zn(s) \longrightarrow ZnO(s) + Hg(l)$$

   a. Escreva a meia-reação de oxidação.
   b. Escreva a meia-reação de redução.
   c. Por que a bateria de mercúrio não é mais de uso comum?

11. a. Qual é a função do eletrólito em uma célula galvânica?
   b. Qual é o eletrólito em uma célula alcalina?
   c. Qual é o eletrólito em um acumulador chumbo-ácido?

12. Essas duas meias-reações *incompletas* em um acumulador chumbo-ácido não mostram os elétrons ganhos ou perdidos. As reações são mais complicadas, mas ainda é possível analisar as reações que ocorrem.

$$Pb(s) + SO_4^{2-}(aq) \longrightarrow PbSO_4(s)$$

$$PbO_2(s) + 4\ H^+(aq) + SO_4^{2-}(aq) \longrightarrow PbSO_4(s) + 2\ H_2O(l)$$

   a. Balanceie as equações com respeito à carga adicionando os elétrons necessários.
   b. Qual meia-reação representa a oxidação e qual representa a redução?
   c. Um dos eletrodos é feito de chumbo. O outro é dióxido de chumbo. Qual é o anodo e qual é o catodo?

13. Durante a conversão de $O_2(g)$ em $H_2O(l)$ em uma célula a combustível (veja a equação 8.13), a seguinte meia-reação ocorre.

$$\tfrac{1}{2}\ O_2(g) + 2\ H^+(aq) + 2\ e^- \longrightarrow H_2O(l)$$

Essa meia-reação é um exemplo de oxidação ou de redução? Explique.

14. Em que diferem a reação entre hidrogênio e oxigênio em uma célula a combustível e a combustão de hidrogênio e oxigênio?

15. Este diagrama representa a célula a combustível hidrogênio que foi usada em algumas das primeiras missões espaciais.

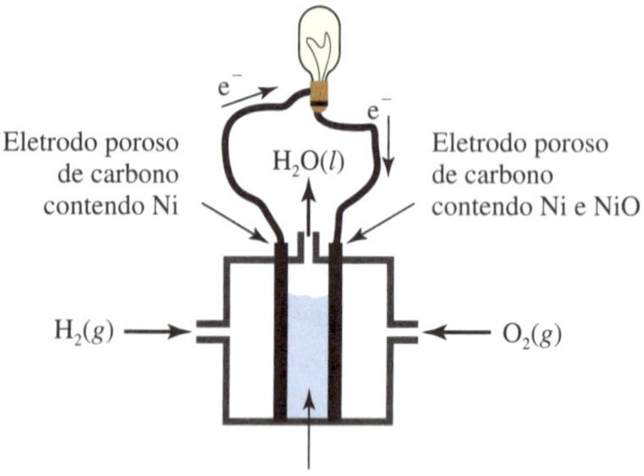

A química na célula a combustível hidrogênio pode ser representada por essas meias-reações:

$$H_2(g) \longrightarrow 2\ H^+(aq) + 2\ e^-$$

$$\tfrac{1}{2}\ O_2(g) + 2\ H^+(aq) + 2\ e^- \longrightarrow H_2O(l)$$

Qual meia-reação ocorre no anodo e qual ocorre no catodo? Explique

16. O que é uma célula a combustível PEM? Em que ela difere da célula a combustível representada na questão 15?

17. Além do hidrogênio, o metano também foi estudado para uso em células a combustível PEM. Balanceie as meias-reações de oxidação e redução dadas e escreva a equação total de uma célula a combustível baseada em metano.

Meia-reação de oxidação:

$$\_\_\ CH_4(g) + \_\_\ OH^-(aq) \longrightarrow \_\_\ CO_2(g) + \_\_\ H_2O(l) + \_\_\ e^-$$

Meia-reação de redução:

$$\_\_\ O_2(g) + \_\_\ H_2O(l) + \_\_\ e^-\ \_\_\ OH^-(aq)$$

18. Liste duas vantagens dos FCVs a hidrogênio sobre um veículo com motor de combustão interna.

19. Potássio e lítio são metais reativos do Grupo 1A. Ambos formam hidretos, compostos muito reativos.
   a. Potássio reage com H_2 para formar o hidreto de potássio, KH. Escreva a equação química.
   b. KH reage com água para produzir H_2 e hidróxido de potássio. Escreva a equação química.
   c. Dê uma razão de por que LiH (em vez de KH) foi proposto como material para armazenar H_2 para uso em células a combustível.

20. Que desafios impedem que as células a combustível hidrogênio sejam uma fonte primária de energia para veículos?

21. A cada ano, $5,6 \times 10^{21}$ kJ de energia atingem a Terra vindos do Sol. Por que toda essa energia não pode ser usada para satisfazer nossas necessidades de energia?

22. Essa equação *desbalanceada* representa a última etapa da produção de silício puro para uso em células solares.

$$\_\_ Mg(s) + \_\_ SiCl_4(l) \longrightarrow \_\_ MgCl_2(l) + \_\_ Si(s)$$

a. Quantos elétrons são transferidos por átomo de silício puro formado?
b. O Si em $SiCl_4(l)$ se oxida ou se reduz na formação de $Si(s)$? Explique seu raciocínio.

23. O símbolo • representa um elétron e o símbolo ●, um átomo de silício. A esfera roxa escura no centro do diagrama representa um átomo de gálio ou de arsênio. Esse diagrama representa um semicondutor de silício do tipo *p* dopado com gálio ou um semicondutor de silício do tipo *n* dopado com arsênio? Explique sua resposta.

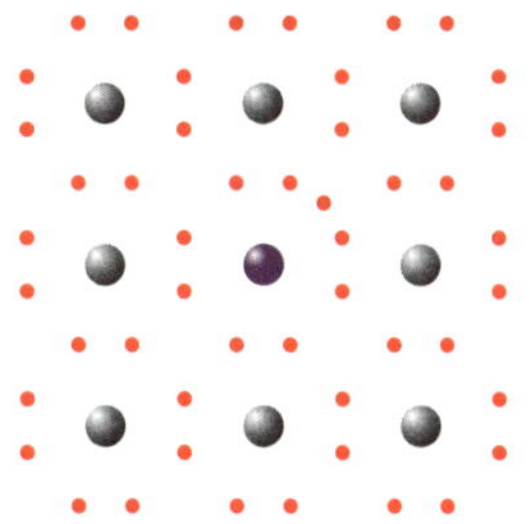

24. Descreva as razões principais de por que as células solares têm eficiências de conversão da energia solar significantemente menor do que o valor teórico de 31%.

Foco nos conceitos

25. Explique o significado do título desse capítulo, "Energia por transferência de elétrons".

26. Observe três fontes de luz: uma vela, uma lanterna alimentada por uma bateria e uma lâmpada elétrica. Para cada uma delas, dê
a. a origem da luz.
b. a fonte imediata de energia que aparece como luz.
c. a fonte original da energia que aparece como luz. *Sugestão*: Volte etapa por etapa até onde puder.
d. os produtos finais e subprodutos formados durante o uso de cada uma delas.
e. os custos ambientais associados a cada uma delas.
f. as vantagens e desvantagens de cada fonte de luz.

27. Explique a diferença entre uma bateria recarregável e uma que tem de ser descartada. Use uma bateria Ni-Cd e uma bateria alcalina como exemplos.

28. Qual é a diferença entre uma célula eletrolítica e uma célula a combustível? Explique, dando exemplos que embasem sua resposta.

29. Liste algumas diferenças entre um acumulador chumbo-ácido e uma célula a combustível.

30. "A Terra é uma pedra rica em metais. Eu não consigo ver a raça humana não dispondo mais de metais enquanto for possível mineirar em novos lugares ou reciclar ou simplesmente reduzir o consumo. Nós provavelmente não conseguiremos viver no planeta devido ao aquecimento global ou a outros problemas ambientais antes que tenhamos um problema de fornecimento de metais". Esses comentários foram feitos pelo geólogo Maurice A. Tivey da Woods Hole Oceanographic Institution em um artigo publicado em *Chemical & Engineering News* em junho de 2009.
a. Você concorda com a opinião do autor no que diz respeito a não ter mais metais? Explique
b. Nomeie dois desafios ligados à crescente reciclagem de baterias.

31. A companhia ZPower está promovendo suas baterias prata-zinco como substitutos para baterias lítio-íon em computadores portáteis e celulares.
a. Quais são as vantagens das baterias prata-zinco sobre as atuais baterias lítio-íon?
b. Escreva as meias-reações de oxidação e redução usando esta equação total da célula como guia. Indique que reagentes se oxidam e quais se reduzem.

$$Zn + Ag_2O \longrightarrow ZnO + 2\,Ag$$

32. A bateria de um celular se descarrega quando ele está em uso. Um fabricante, ao testar um novo sistema de "aumento de potência", obteve os seguintes dados.

Tempo, min:seg	Voltagem, V
0:00	6,56
1:00	6,31
2:00	6,24
3:00	6,18
4:00	6,12
5:00	6,07
6:35	6,03
8:35	6,00
11:05	5,90
13:50	5,80
16:00	5,70
16:50	5,60

a. Prepare um gráfico desses dados.
b. O objetivo do fabricante era reter 90% da voltagem inicial após 15 minutos de uso contínuo. O objetivo foi atingido? Justifique sua resposta usando o gráfico.

33. Supondo que HEVs estão disponíveis em sua área, faça uma lista de pelo menos três questões que você faria ao vendedor antes de decidir comprar ou alugar um. Dê razões para suas escolhas.

34. Você nunca precisa ligar um carro híbrido gasolina-bateria da Toyota na tomada para recarregar as baterias. Explique.

35. Ocasionalmente, a energia cai. Quando não há eletricidade por um longo período de tempo, os HEVS, PHEVs e EVs são afetados diferentemente dos veículos a gasolina?

36. O que é *a tragédia dos comuns*? Como esse conceito se aplica a nossa prática de usar metais como mercúrio e cádmio em baterias?

37. O hidrogênio é considerado um combustível ambientalmente amigável, produzindo apenas água quando queimado em oxigênio. Nomeie dois efeitos positivos que o uso generalizado de hidrogênio teria na qualidade do ar urbano.

38. As células a combustível foram inventadas em 1839, mas nunca foram desenvolvidas em aparelhos práticos para a produção de energia elétrica até o programa espacial americano nos anos 1960. Que vantagens as células a combustível têm sobre as fontes de energia anteriores?

39. Hidrogênio ou metano podem reagir com oxigênio em uma célula a combustível. Eles também podem ser queimados diretamente. Qual tem conteúdo de calor maior ao queimar, 1,00 g of H_2 ou 1,00 g de CH_4? *Sugestão*: Escreva as equações químicas balanceadas e use as energias de ligação da Tabela 4.4 para ajudar a resolver esta questão.

40. Engenheiros desenvolveram um protótipo de célula a combustível que converte gasolina em hidrogênio e monóxido de carbono. O monóxido de carbono, em contato com um catalisadores, reage com vapor de água para produzir dióxido de carbono e mais hidrogênio.
   a. Escreva um conjunto de reações que descreva esse protótipo de célula a combustível usando octano (C_8H_{18}) para representar os hidrocarbonetos da gasolina.
   b. Especule sobre o sucesso econômico futuro deste protótipo de célula a combustível.

41. Como as ideias fundamentais da química verde podem ser aplicadas durante o desenvolvimento de novas tecnologias para baterias, células fotovoltaicas e células a combustível? Dê três exemplos específicos.

42. Examine esta representação de duas moléculas de água no estado líquido.

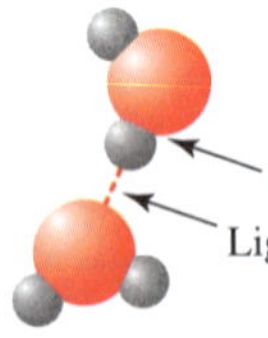

   a. O que acontece quando a água ferve? A ebulição quebra as ligações covalentes das moléculas ou desfaz as ligações hidrogênio entre moléculas? *Sugestão*: Reveja o Capítulo 5.
   b. O que acontece quando a água sofre eletrólise? Isso quebra as ligações covalentes das moléculas ou desfaz as ligações hidrogênio entre moléculas?

43. Por que a eletrólise da água não é o melhor método de produzir o gás hidrogênio?

44. Pequenas quantidades de gás hidrogênio podem ser preparadas no laboratório pela reação do metal sódio com água, como nesta equação.

$$2\,Na(s) + 2\,H_2O(l) \longrightarrow H_2(g) + 2\,NaOH(aq)$$

   a. Quantos gramas de sódio são necessários para produzir 1,0 mol de gás hidrogênio?
   b. Quantos gramas de sódio são necessários para produzir hidrogênio suficiente para satisfazer as necessidades diárias americanas de $1{,}1 \times 10^6$ kJ?
   c. Se o preço do sódio fosse US$ 165/kg, qual seria o custo da produção de 1,0 mol de hidrogênio? Suponha que o custo da água pode ser desprezado.

45. a. Como combustível, o hidrogênio tem vantagens e desvantagens. Faça listas paralelas de vantagens e desvantagens do uso de hidrogênio como combustível para transporte e para a produção de eletricidade.
   b. Você defenderia o uso de hidrogênio como combustível para transporte e para a produção de eletricidade? Explique sua posição na forma de um pequeno artigo para um jornal estudantil.

46. Combustíveis fósseis têm sido chamados de "Investimentos antigos do Sol na Terra". Explique esta declaração para um amigo que não esteja em seu curso.

47. O custo da eletricidade gerada pelas termoelétricas solares é hoje maior do que o da eletricidade produzida pela queima de combustíveis fósseis. Diante deste fato econômico, sugira duas estratégias que poderiam ser usadas para promover o uso de eletricidade ambientalmente mais limpa a partir de fotovoltaicos.

48. Nomeie duas aplicações correntes das células fotovoltaicas diferentes da produção de eletricidade em áreas remotas.

Exercícios avançados

49. Embora Alessandro Volta tenha o crédito pela invenção da primeira bateria elétrica, em 1800, alguns acham que isso foi uma reinvenção. Procure a "bateria de Bagdá" ("Baghdad battery") para avaliar o mérito dessa alegação.

50. A oxidação e a redução também ocorrem durante a combustão, o processo de queimar um combustível em oxigênio. Como não há eletrodos de metal, a transferência de elétrons é mais difícil de acompanhar. Neste caso, a oxidação ocorre quando uma espécie química perde átomos de H ou ganha átomos de O. Semelhantemente, a redução ocorre quando uma espécie química ganha átomos de H ou perde átomos de O.
   a. Use essas novas definições para determinar qual espécie é oxidada e qual é reduzida na equação abaixo, a combustão do hidrogênio. Explique.

$$H_2(g) + \tfrac{1}{2}\,O_2(g) \longrightarrow H_2O(g)$$

   b. Determine qual espécie é oxidada e qual é reduzida em cada uma das seguintes reações de combustão. Explique.

$$C + O_2 \longrightarrow CO_2$$

$$2\,C_8H_{18} + 17\,O_2 \longrightarrow 16\,CO + 18\,H_2O$$

51. Se toda a tecnologia de hoje baseada na queima de combustíveis fósseis fosse substituída por células a combustível hidrogênio, quantidades significativas de H_2O seriam liberadas para o ambiente. Isso é preocupante? Procure outras consequências que poderiam ser antecipadas pela mudança para uma economia alimentada por hidrogênio, a chamada economia com hidrogênio.

52. A Islândia está tomando medidas corajosas para cortar seus laços com os combustíveis fósseis. Parte do plano é demonstrar que o país pode produzir, armazenar e distribuir hidrogênio para alimentar o transporte público e privado.

a. Nomeie três fatores que motivam a Islândia a cortar seus laços com os combustíveis fósseis.
b. Que resultados tangíveis foram obtidos até agora?
c. As lições aprendidas na Islândia podem ser relevantes onde você vive? Explique.

53. No limite da tecnologia, a linha entre ciência e ficção científica é frequentemente pouco nítida. Investigue a ideia "futurística" de colocar espelhos em érbita na Terra para focalizar e concentrar a energia solar para uso na geração de eletricidade.

54. Embora o silício, usado para fabricar células solares, seja um dos elementos mais abundantes na crosta da Terra, a sua extração de minerais é custosa. A demanda crescente por células solares preocupa algumas companhias sobre um "racionamento de silício". Descubra como o silício é purificado e como a indústria de PVs está lidando com o aumento dos custos.

55. A Figura 8.21 mostra um conjunto de células fotovoltaicas instalado em Solarpark Gut Erlaseenna, na Bavaria, Alemanha.
a. No momento, onde está localizada a maior usina de eletricidade fotovoltaica de seu país?
b. Nomeie duas outras localidades com instalações de células fotovoltaicas em grande escala.
c. Nomeie dois fatores que promovem um conjunto centralizado em relação a unidades solares individuais de telhado.

Capítulo 9

O mundo dos polímeros e plásticos

Aranha do globo dourado e sua teia.

"A Natureza não tem um problema de objetivos. As pessoas têm."

William McDonough e Michael Braungart, *Cradle-to-Cradle*, 2002.

A capa deste livro mostra a imagem de uma teia de aranha. Mas como isso se relaciona com o conteúdo do livro? As teias de aranha exemplificam as ligações complexas, tecidas em cada capítulo, entre a química e a sociedade.

Neste capítulo, entretanto, levamos a teia de aranha a uma etapa mais à frente porque ela é um exemplo de polímero natural. Para uma aranha, esse polímero tem muitas utilidades, inclusive resistência, capacidade de esticar-se e suficiente viscosidade para enredar presas. Qualquer um que tenha acidentalmente esbarrado com uma teia de aranha pode atestar essas propriedades!

Aranhas do globo, como a que aparece na fotografia que abre este capítulo, são notoriamente construtores exigentes que tecem novas teias a cada dia. A construção diária da teia poderia exaurir os recursos de que a aranha dispõe. Então, como uma aranha do globo consegue tecer tanta seda e sobreviver? É simples, ela recicla! As aranhas do globo têm a capacidade de ingerir a seda usada na teia e recuperar as matérias-primas com as quais elas são construídas. Embora os processos químicos reais não sejam totalmente compreendidos, até dois terços da teia existente são recuperadas para fazer uma nova.

Alguns polímeros são naturais, como a seda da aranha. Outros são sintéticos, como o poliéster. Nos dois casos, os polímeros são grandes moléculas feitas a partir de menores. O termo *polímero* é definido na próxima seção.

Há muito tempo os humanos procuram a capacidade de fazer fibras tão fortes e versáteis como a seda das aranhas. Percorremos um longo caminho na síntese de polímeros que rivalizam com a resistência do aço. Entretanto, ainda tentamos projetar polímeros que possam ser usados repetidamente como a seda fiada pela aranha do globo. Reveja a citação que abre este capítulo, "*A Natureza não tem um problema de objetivos. As pessoas têm*". Para compreender o processo de desenho dos polímeros, primeiramente você terá de aprender a reconhecê-los, encontrá-los, saber como são feitos e conhecer um pouco de suas propriedades. Vamos começar!

9.1 Polímeros aqui, lá e em todo lugar

Os polímeros revolucionaram o mundo dos esportes. No futebol americano, jogadores em grama artificial usam capacetes de plástico. Bolas de tênis são feitas com polímeros sintéticos. Fibras de carbono embebidas em resinas plásticas dão resistência, flexibilidade e leveza a bicicletas, varas de pesca e cascos de barcos. Os jogadores de hóquei deslizam em pistas de teflon ou polietileno de alta densidade. Embora canoas de madeira ainda atraiam, a maior parte delas é feita com polímeros.

A grama artificial pode agora ser reciclada. Na verdade, ela é feita, às vezes, com plástico reciclado. Em alguns climas, a grama artificial também reduz o uso de água.

Observe que, no parágrafo precedente, usamos os termos *polímeros* e *plásticos*. Esses dois termos são relacionados e algumas vezes são usados sem distinção. O termo *polímero* tende a englobar os polímeros naturais e sintéticos. A seda da aranha é um exemplo do primeiro e o polietileno, do último. Por contraste, polímeros sintéticos (feitos pelo ser humano) são às vezes chamados de plásticos. Procure exemplos na próxima atividade.

Estude Isto 9.1 O tênis e os polímeros

Olhe esta foto de um tenista. A roupa, a raquete, a bola e a rede provavelmente contêm polímeros, como fibras em tecidos ou em pedaços maiores. Escolha três polímeros da foto e descreva as propriedades que os tornam apropriados para o uso que têm.

Embora os polímeros estejam em todo lugar, talvez você precise treinar o olho (e a mente química) para reconhecê-los. Nem todos têm a aparência e a textura de um patinho amarelo de borracha! Alguns são transparentes, como os que envolvem alimentos outros são opacos, como as garrafas de detergente líquido de lavanderia. Alguns são rígidos, como as peças de náilon de automóveis; outros são flexíveis, como espátulas de plástico. Alguns polímeros são transformados em fibras para tecer roupas e tapetes, outros são moldados em várias formas, como na de um patinho amarelo de borracha.

Alguns polímeros são facilmente reconhecidos por seus nomes, porque começam com *poli*: poliéster, polipropileno e poliestireno. Outros são mais difíceis de reconhecer porque têm nomes comerciais: Gore-Tex, Kevlar e Styrofoam. Outros polímeros são revestimentos ou resinas, geralmente conhecidos como epóxidos e acrílicos. Treine o reconhecimento de polímeros na próxima atividade.

Estude Isto 9.2 Polímeros para relaxar

Escolha sua atividade favorita na terra, na água ou no ar. Procure na Internet quem venda roupas ou equipamentos para essa atividade. Que tipos de polímeros são mencionados? Prepare uma tabela com os itens, os polímeros usados e quaisquer propriedades desejáveis.

Dmitr Mendeleev, o grande químico russo que propôs a Tabela Periódica, observou que queimar petróleo como combustível "seria como acender um fogão de cozinha com dinheiro".

Em princípio, os polímeros podem ser feitos a partir de muitas matérias-primas. Na prática, muitos vêm de uma só: óleo cru. Como você já percebeu, não é tão fácil obter óleo em nosso planeta como já foi. Hoje, o óleo cru é a matéria-prima de muitos plásticos, fármacos, tecidos e outros produtos com base no carbono. Os polímeros também podem vir de materiais renováveis, como veremos adiante neste capítulo.

A origem e o destino dos polímeros são de nosso interesse. Lembre-se da aranha do globo. Ela ingere a seda usada e recupera as matérias-primas, mas, nós, humanos, não somos tão eficientes. Em 2010, apenas 8% do plástico descartado nos Estados Unidos foram reciclados. Para entender as complexidades envolvidas nas fontes e no destino dos polímeros, você deve saber um pouco de suas estruturas químicas e como eles são feitos, o tópico da próxima seção.

9.2 Polímeros: cadeias longas, muito longas

Raion, náilon e poliuretana. Teflon, Lycra, Styrofoam e Formica. Esses materiais aparentemente diferentes são todos polímeros sintéticos. O que eles têm em comum é mais evidente no nível molecular. **Polímeros** são grandes moléculas que consistem em uma cadeia ou cadeias longas de átomos ligados por covalência. Uma molécula de polímero pode conter milhares de átomos e massa molecular acima de um milhão de gramas.

Monômeros (*mono* significa "um" e *meros*, "unidade") são as moléculas pequenas usadas para sintetizar os polímeros. Cada monômero é análogo ao elo de uma corrente. Polímeros (*poli* significa "muitos") podem ser formados a partir de um único monômero ou pela combinação de dois ou mais monômeros diferentes. A cadeia longa mostrada na Figura 9.1 pode ajudá-lo a imaginar um polímero feito com monômeros idênticos, isto é, elos idênticos da corrente.

FIGURA 9.1 Representações de um monômero (um elo) e um polímero (cadeia longa) feita com um tipo de monômero.

FIGURA 9.2 As toras de carvalho e o capim contêm o polímero natural celulose. Glicose é o monômero.

Lembre-se de que os químicos não inventaram os polímeros. Por exemplo, os polímeros naturais da glicose, a **celulose** e o **amido**, já foram descritos no contexto dos biocombustíveis (Capítulo 4). Outros polímeros naturais incluem a lã, o algodão, a seda, a borracha natural, a pele e o cabelo. Como os sintéticos, os polímeros naturais têm uma variedade fantástica de propriedades. Elas dão resistência a um carvalho, delicadeza a uma teia de aranha, maciez à penugem de um ganso e flexibilidade a uma folha de capim (Figura 9.2).

Alguns polímeros sintéticos foram originalmente desenvolvidos para substituir polímeros naturais caros ou raros como a seda e a borracha. Outros foram desenvolvidos para obter resistência comparável e massa menor. Compare a densidade do aço, cerca de 8 g/cm^3, com a dos plásticos, 1-2 g/cm^3. Como resultado, um automóvel construído com plásticos pesa menos do que se fosse com aço e gasta menos combustível. De maneira semelhante, embalagens de plástico reduzem o peso e ajudam a economizar combustível quando transportadas.

O conceito de densidade foi apresentado na Seção 5.2

Os polímeros sintéticos são, às vezes, chamados de plásticos, um termo que se aplica a materiais com uma grande faixa de propriedades e aplicações. O termo *plástico* é um adjetivo (que pode ser moldado) e um substantivo (algo capaz de ser moldado). O *Merriam-Webster Collegiate Dictionary,* 11ª edição, define plástico como "qualquer dos numerosos materiais orgânicos sintéticos ou processados que são principalmente ..... polímeros de grande peso molecular que podem ser moldados, fundidos, extrudados ou laminados, transformando-se em objetos, filmes ou filamentos". Alguns metais também têm propriedades de plásticos porque também podem ser "fundidos, extrudados e puxados". Como a palavra *plástico* tem muitos usos além de descrever polímeros sintéticos, usaremos principalmente o termo *polímero* neste capítulo.

9.3 Adicionando monômeros

Como os monômeros se combinam para fazer um polímero? Na seção precedente, usamos uma corrente para representar um polímero, mas não fizemos nenhuma menção de como ela se formou. Nesta seção, veremos os detalhes das ligações químicas covalentes que ligam os monômeros.

Polietileno é nosso primeiro exemplo. Como o nome indica, polietileno é um polímero do etileno, $CH_2{=}CH_2$. Etileno é um nome comum do eteno, o menor membro da família de hidrocarbonetos que contém uma ligação dupla C=C. Na reação de polimerização, *n* moléculas do etileno (eteno) combinam-se para formar o polietileno.

Polietileno também é chamado de polieteno ou politeno na Inglaterra, refletindo o fato de que eteno (não etileno) é o nome sistemático. "Et" indica dois átomos de carbono e "eno", a ligação dupla C=C.

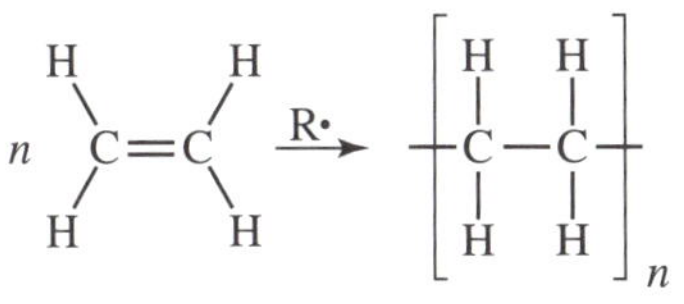

[9.1]

O coeficiente *n* na frente do monômero do etileno especifica o número de moléculas que reagem. Isso, por sua vez, determina a massa molecular do polímero, tipicamente entre 10.000 e 100.000 g/mol, mas podendo atingir a faixa dos milhões. No lado direito, o *n* aparece como subscrito, indican-

(a) (b)

FIGURA 9.3 **(a)** Garrafas feitas com polietileno. **(b)** Sinal colocado em um tanque ferroviário que transporta etileno liquefeito. O 1038 identifica a carga como etileno, o diamante vermelho indica alta inflamabilidade e o 2 indica reatividade moderada.

do que cada monômero se tornou parte de uma cadeia longa. Os colchetes grandes cercam a unidade repetitiva do polímero.

Polietileno é o único produto. Os monômeros adicionam-se uns aos outros para formar uma cadeia longa com *n* unidades. Como resultado, chamamos isso de **polimerização por adição**, um tipo de polimerização no qual os monômeros adicionam-se sucessivamente à cadeia em crescimento de tal modo que o polímero contém todos os átomos do monômero. Não se formam outros produtos.

Observe o R· sobre a seta na equação 9.1. Para que você possa apreciar melhor sua importância, vamos detalhar um pouco mais o etileno, o monômero. Produzido nas refinarias, o etileno é um gás incolor, inflamável e com um leve odor semelhante ao da gasolina. Ele é bem diferente do sólido inodoro polietileno (Figura 9.3a). Embora não seja classificado como um poluente do ar, o etileno é um VOC (composto orgânico volátil). Como você aprendeu no Capítulo 1, os VOCs da atmosfera são precursores da neblina suja fotoquímica. Por isso, precauções de segurança são necessárias no transporte de etileno das refinarias até os lugares em que o polietileno é produzido. Para ganhar espaço, o gás etileno é pressurizado e refrigerado para liquefazer. Nessa forma, ele é transportado em caminhões-tanque com sinais como o da Figura 9.3b.

Será que o etileno líquido polimeriza no caminhão-tanque? Felizmente, não. É claro que o usuário do etileno ficaria muito angustiado em receber um caminhão-tanque cheio de polietileno sólido! Para que a reação se inicie, é necessário um radical livre (R·), como mostrado sobre a seta da equação 9.1. Esse radical livre representa uma de várias espécies químicas com um elétron desemparelhado.

Lembre-se de que o radical livre hidroxila, ·OH, já foi descrito nas Seções 1.11, 2.8 e 6.7.

Para iniciar o processo de formação da cadeia de polímero, R· liga-se a $H_2C{=}CH_2$ (Figura 9.4). Para compreender o que ocorre depois, lembre-se de que a ligação dupla do etileno contém

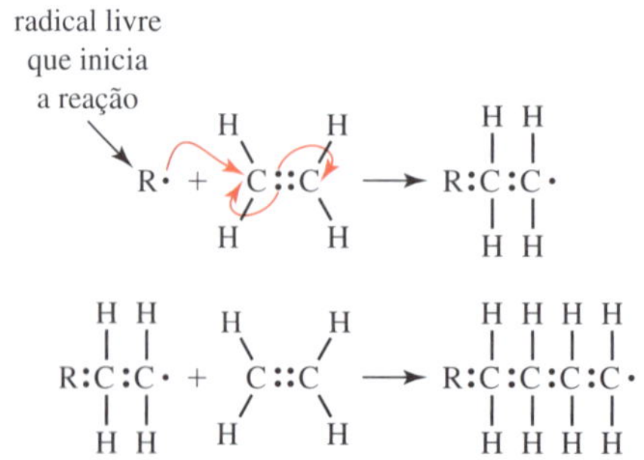

FIGURA 9.4 Polimerização do etileno.

quatro elétrons. Depois dessa reação, somente *dois* desses elétrons permanecem na ligação C–C. Os outros *dois* elétrons movem-se (movimento mostrado pelas setas vermelhas) para formar duas novas ligações, uma com R• e a outra com uma molécula de etileno, adicionando assim outra unidade à cadeia. Um elétron desemparelhado no fim da cadeia permite que outro monômero possa se adicionar.

À medida que cada monômero se adiciona, forma-se uma nova ligação C–C e a cadeia cresce. O processo se repete muitas vezes. Ocasionalmente, as extremidades de duas cadeias de polímeros se juntam e interrompem o crescimento. O processo para quando o suprimento de monômero acaba. O resultado de toda essa química é que o gás etileno transforma-se no sólido polietileno.

Os químicos industriais usam vários caminhos de síntese para produzir polietileno. O mais comum usa um catalisador de metal e temperaturas brandas.

Embora tenhamos colocado R• sobre a seta na equação 9.1, poderíamos ter representado a reação deste modo.

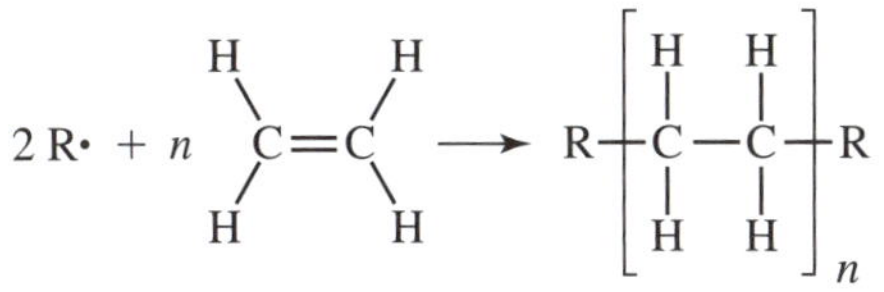

[9.2]

Como o grupo R que "tapa" as extremidades da molécula é uma parte tão pequena de uma cadeia muito mais longa, continuaremos a omitir R• como reagente, como fizemos na equação 9.1.

O valor numérico de n e, portanto, o tamanho da cadeia, podem variar. Durante o processo de fabricação, n é ajustado para dar propriedades específicas ao polímero. Além disso, em uma única amostra, as moléculas de polímero podem ter vários comprimentos. Entretanto, as moléculas contêm sempre uma cadeia de átomos de carbono. Em essência, as moléculas de polietileno se parecem com as de um hidrocarboneto como o octano, exceto que são muito, muito mais longas.

Sua Vez 9.3 Polimerização do etileno

Suponha que $n = 4$ na equação 9.1 da polimerização do etileno.

a. Reescreva a equação 9.1 para indicar essa mudança.
b. Desenhe a fórmula estrutural do produto sem usar colchetes. Lembre-se de colocar grupos R nas extremidades da cadeia.
c. Em termos da estrutura molecular, como o produto difere do octano?

Resposta

c. Octano é C_8H_{18}. Embora a molécula do produto também tenha oito carbonos, ele tem dois átomos de hidrogênio a menos e dois grupos R nas extremidades.

9.4 Polietileno: um olhar mais cuidadoso

O polietileno é usado em muitos materiais de empacotamento, incluindo garrafas plásticas de leite, garrafas de detergente e sacos (Figura 9.5). Porém, como vimos na seção anterior, todo o polietileno é feito com o monômero etileno. Como ele pode ter tantas propriedades diferentes?

Sua Vez 9.4 Caça ao polietileno

Como descrevemos nesta seção, vasilhas, sacos e material de empacotamento podem ser feitos com polietileno de baixa densidade (LDPE) ou de alta densidade (HDPE). Use o código de reciclagem como guia para classificar vários itens feitos de um ou do outro. LDPE e HDPE diferem em flexibilidade? Um deles é mais transparente? Um deles é mais colorido por um pigmento do que o outro? Resuma, em um relatório breve, o que encontrou.

FIGURA 9.5 Material de empacotamento e vasilhas feitas com polietileno.

As propriedades diferentes do polietileno vêm principalmente das diferenças entre as longas cadeias moleculares. Relativamente falando, essas moléculas são realmente muito longas. Imagine uma molécula de polietileno que tivesse o diâmetro de um espaguete. Se esse fosse o caso, a molécula teria o comprimento de quase meia milha! Para continuar a analogia, o polietileno usado para fazer bolsas plásticas tem cadeias moleculares arranjadas como um espaguete cozido em um prato. As fitas não estão muito alinhadas, embora em algumas regiões as cadeias da molécula possam ficar paralelas. Mais ainda, as cadeias de polietileno, como os fios de espaguete, não estão ligadas por covalência.

A ligação hidrogênio foi explicada na Seção 5.2, como o foram as propriedades únicas da água.

Lembre-se de que, no Capítulo 5, usamos o conceito de ligação hidrogênio para descrever uma força atrativa *entre* moléculas de água líquida. A ligação hidrogênio não é uma ligação covalente. Na verdade, ligações hidrogênio são **forças intermoleculares**, isto é, uma força atrativa ou repulsiva entre moléculas. As forças intermoleculares diferem das ligações covalentes que existem *nas* moléculas e que provêm de pares de elétrons compartilhados. Embora as forças intermoleculares sejam muito mais fracas do que as ligações covalentes, elas têm efeitos mensuráveis. Por exemplo, na água, essas forças ajudam a manter próximas as moléculas, deslizando umas em relação às outras enquanto a água flui. Isso é bem diferente do vapor, em que as moléculas de água estão bem separadas e se chocam menos frequentemente.

Polímeros que só contém átomos de H e C – como HDPE, LDPE e polipropileno – não podem formar ligações hidrogênio. Na verdade, outro tipo de força molecular atrativa mantém juntas suas moléculas. Essa força vem do fato de cada átomo da longa cadeia de polímero conter seus próprios elétrons. Esses elétrons são atraídos pelos átomos das cadeias vizinhas. O grau de atração entre as fitas de polietileno resulta do enorme número de átomos envolvidos. A atração é um pouco como duas metades de Velcro.* Quanto maior a área superficial de uma fita de Velcro, melhor ela ficará presa na outra. As forças intermoleculares atrativas que mantêm juntas as moléculas de polietileno são chamadas de **forças de dispersão**, atrações entre moléculas que resultam da distorção da nuvem de elétrons, o que provoca uma distribuição desigual da carga negativa. As forças de dispersão são importantes nas moléculas maiores, como os polímeros.

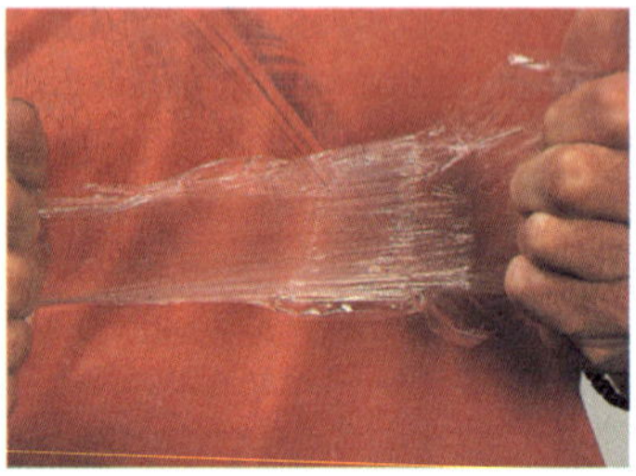

(a)

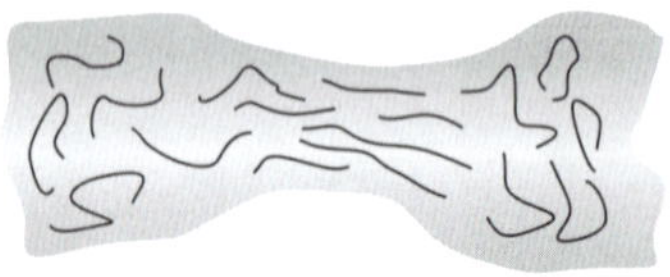

(b)

FIGURA 9.6 **(a)** Um saco de plástico esticado até "rebaixar". **(b)** Representação do "rebaixamento" no nível molecular.

Uma evidência do arranjo molecular do polietileno pode ser obtida com um breve experimento. Corte uma tira de um saco de polietileno de uso industrial, pegue as duas pontas e puxe. Para começar a esticar o plástico será necessário usar alguma força, mas depois disso começar ficará cada vez mais fácil puxá-lo. O comprimento da tira plástica aumenta muito, enquanto a largura e a espessura diminuem (Figura 9.6a). Um pequeno ombro se forma na parte mais larga da tira, e um pescoço estreito parece sair dele em um processo chamado de "rebaixamento". Ao contrário do estiramento de uma tira de borracha, o rebaixamento não é reversível. Eventualmente, o plástico fica tão fino que se rompe.

A Figura 9.6b representa o rebaixamento do polietileno do ponto de vista molecular. Quando a tira se estreita, as cadeias moleculares se movem, deslizam e se alinham em paralelo na direção do puxão. Em alguns plásticos, esse estiramento

*N. de T.: Velcro é um material cuja superfície é dotada de ganchos e laços que servem para manter juntos objetos.

(algumas vezes chamado de "estiramento a frio") é feito, como parte do processo de fabricação, para alterar o arranjo tridimensional das cadeias do sólido. Quando a força e o estiramento continuam, o polímero eventualmente chega a um ponto em que as cadeias não podem mais se realinhar, e o plástico rompe-se. O papel, um material polimérico natural, rompe-se porque as cadeias (fibras) são mantidas rigidamente na estrutura e não são capazes de deslizar como as longas moléculas do polietileno.

Estude Isto 9.5 "Rebaixamento" do polietileno

O rebaixamento muda permanentemente as propriedades de um pedaço de polietileno.

a. O rebaixamento afeta o número de unidades de monômero, *n*, em um polímero comum?
b. O rebaixamento afeta a ligação entre as unidades de monômero na cadeia polimérica?

Diferenças nas propriedades físicas dos polímeros também podem ser o resultado de diferenças nas ramificações da cadeia polimérica. Esse é o caso dos polietilenos de alta densidade (HDPE) e de baixa densidade (LDPE), como se vê na Figura 9.7.

Como você talvez tenha descoberto em Sua Vez 9.4, os sacos plásticos disponíveis nas fruteiras dos supermercados são usualmente de LDPE. Esses sacos são elásticos, transparentes e não muito resistentes. Suas moléculas têm cerca de 500 unidades monoméricas e a cadeia polimérica central é muito ramificada, como galhos ligados a um tronco de árvore (veja a Figura 9.7a).

A forma de baixa densidade foi o primeiro tipo de polietileno a ser manufaturado. Cerca de 20 anos após sua descoberta, os químicos foram capazes de ajustar as condições de reação para evitar as ramificações e o HDPE nasceu. Em sua pesquisa ganhadora do Prêmio Nobel, Karl Ziegler (1898–1973) e Giulio Natta (1903–1979) desenvolveram catalisadores que permitiram a construção de cadeias lineares (não ramificadas) de polietileno com cerca de 10.000 unidades monoméricas. Sem ramificações, essas longas cadeias se arranjam em paralelo, diferentemente das cadeias poliméricas do LDPE, que assumem arranjos irregulares (veja a Figura 9.7b). O HDPE, com sua estrutura molecular mais ordenada, tem densidade ligeiramente maior, maior rigidez, mais resistência e ponto de fusão mais alto do que o LDPE.

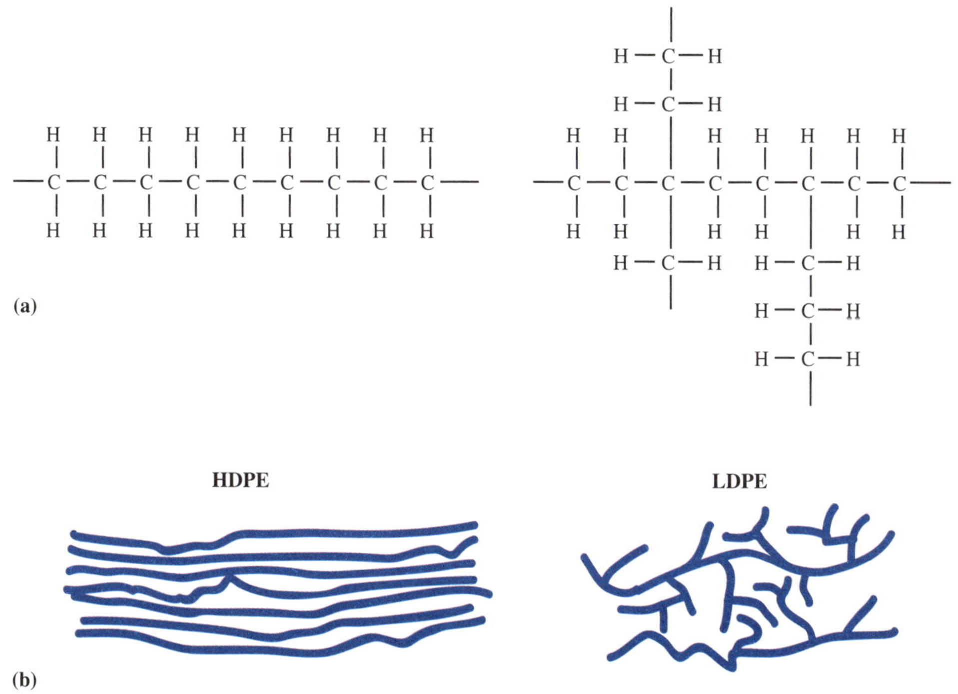

FIGURA 9.7 Polietileno de alta densidade (linear) e de baixa densidade (ramificado). **(a)** Detalhes das ligações. **(b)** Representações esquemáticas.

Estude Isto 9.6 HDPE e LDPE

As densidades do HDPE e do LDPE são 0,96 g/cm^3 e 0,93 g/cm^3, respectivamente. Use a Figura 9.7 para dar sentido a essa pequena diferença em densidade.

Como você poderia esperar, HDPE e LDPE têm usos diferentes. O polietileno de alta densidade é usado para fazer diferentes tipos de garrafas de plástico, brinquedos, sacos plásticos rígidos ou "enrugados" e tubos industriais. Um novo uso para o HDPE foi estimulado por pacientes de cirurgias com doenças transmissíveis pelo sangue, como HIV/AIDS. Sem proteção adequada, os cirurgiões corriam o risco de serem infectados. A AlliedSignal Inc. produziu uma fibra de polietileno linear chamada Spectra que pode ser transformada em revestimento de luvas cirúrgicas. Essas luvas têm 15 vezes mais resistência a cortes do que as luvas de couro de trabalho, mas são suficientemente finas para permitir um aguçado sentido de tato. Um bisturi afiado pode ser usado para marcar a luva sem causar dano ao tecido. Essa resistência contrasta fortemente com as propriedades de luvas plásticas comuns usadas por profissionais de saúde.

Em 1999, a AlliedSignal e a Honeywell se juntaram para formar a Honeywell International.

Estude Isto 9.7 Comprando polímeros

A *Macrogalleria*, um "País Virtual da Fantasia e Diversão com Polímeros" ("Cyberwonderland of Polymer Fun"), foi criada com grande apoio, inclusive da American Chemical Society.

a. Procure *The Macrogalleria* na Internet e encontre seu centro comercial virtual. Visite as lojas para encontrar pelo menos seis itens diferentes feitos com LDPE ou HDPE. Liste o que encontrou.

b. Por que você pensa que esse site foi chamado de *Macrogalleria*? *Sugestão:* Vá ao Capítulo 11 para aprender sobre macronutrientes e micronutrientes.

Resposta

b. *Macro* significa grande. O site é uma galeria de moléculas grandes. De modo semelhante, macronutrientes são alimentos que temos de comer em grandes quantidades.

Seria um erro concluir que o polietileno está restrito aos extremos representados pelas formas muito ramificadas ou estritamente lineares. A modificação da extensão e localização das ramificações do LDPE permite variar suas propriedades desde os revestimentos moles e cerosos das embalagens de leite aos revestimentos plásticos enrugados de alimentos. O HDPE é suficientemente rígido para ser usado em garrafas plásticas de leite. A água quente de uma lavadora não funde o HDPE nem o LDPE, mas se ficarem perto de uma frigideira quente ou de um aquecedor elétrico, ambos irão fundir.

O polietileno tem mais uma propriedade interessante: é um bom isolante elétrico. Durante a Segunda Guerra Mundial, foi usado pelas Forças Aliadas para isolar cabos elétricos em instalações de radar de aviões. Sir Robert Watt, que descobriu o radar, descreveu a importância crítica do polietileno. "A disponibilidade de politeno [polietileno] transformou o projeto, a produção, a instalação e a manutenção dos radares de avião de quase insolúveis em confortavelmente manejáveis...Diversos projetos aéreos e alimentadores elétricos de outra forma inatingíveis tornaram-se possíveis, uma coleção de problemas intoleráveis de manutenção foi removida. Por isso, o politeno teve um papel indispensável na longa série de vitórias no ar, no mar e na terra, tornadas possíveis pelo radar" (Citado por J. C. Swallow em "The History of Polythene", de *Polythene—The Technology and Uses of Ethylene Polymers,* 2a ed. por A. Renfrew. Londres: Iliffe and Sons, 1960).

Estude Isto 9.8 Outros tipos de polietileno

Além do LDPE e do HDPE, o polietileno é manufaturado como MDPE e LLDPE. Use a Internet para obter informações sobre esses e outros tipos de polietileno. Como as suas propriedades diferem?

9.5 Os "Seis Grandes": tema e variações

Hoje, mais de 60.000 polímeros sintéticos são conhecidos. Embora polímeros tenham sido desenvolvidos para muitos usos especializados, seis tipos correspondem a cerca de 75% dos polímeros usados na Europa e nos Estados Unidos. Nós os chamamos de "Seis Grandes", e você pode encontrá-los na Tabela 9.1: polietileno (baixa e alta densidade), cloreto de polivinila, poliestireno, polipropileno e tereftalato de polietileno

Tereftalato é pronunciado como se escreve, com o "f"' é mudo.

A Tabela 9.1 também lista as propriedades desses seis polímeros. Todos são sólidos que podem ser coloridos com pigmentos. Todos são também insolúveis em água, embora alguns dissolvam ou amo-

TABELA 9.1 Os "Seis Grandes"

Polímero	Monômero(s)	Propriedades do polímero	Uso do polímero
Polietileno (LDPE) 4 LDPE	Etileno 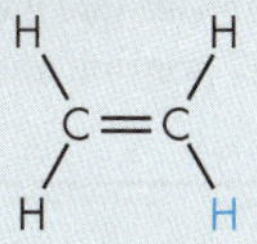	Translúcido quando sem pigmentos. Mole, flexível e moderadamente resistente. Não reage com ácidos e bases. Amolece em alguns óleos e solventes.	Sacos, filmes, folhas, plástico bolha, brinquedos, isolamento elétrico.
Polietileno (HDPE) 2 HDPE	Etileno 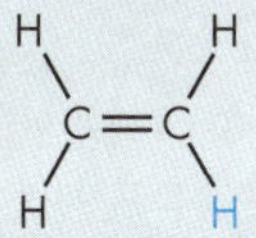	Semelhante ao LDPE, porém mais rígido, usualmente opaco e mais resistente, ligeiramente mais denso.	Vasilhas, como os usados para leite, sucos, detergentes e xampus. Item de baixo custo como baldes, engradados e cercas.
Cloreto de polivinila 3 PVC ou V	Cloreto de vinila 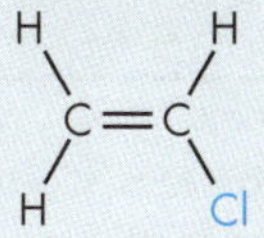	Variável. Rígido se não for amaciado com um plastificante. Claro e brilhante, mas pigmentado com frequência. Resiste à maior parte dos compostos químicos, incluindo óleos, ácidos e bases.	Rígido: canos e tapumes domésticos, cartões de crédito, chaves de hotéis. Amolecido: mangueiras de jardim, botas à prova de água, cortinas de chuveiro, tubos intravenosos.
Poliestireno 6 PS	Estireno 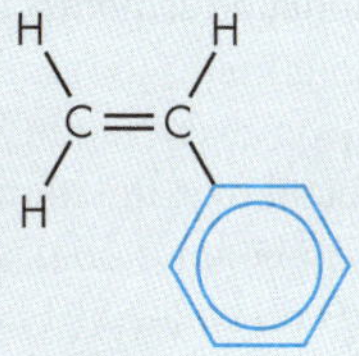	Variável. Forma "cristal": transparente, brilhante, um pouco quebradiça. Forma "expansível": espuma leve. Ambas as formas são rígidas e dissolvem-se em muitos solventes orgânicos.	Forma "cristal": invólucros para alimentos, estojos de CD, copos transparentes. Forma "expansível": copos de espuma, caixas isoladas, embalagens de alimentos, embalagens para ovos, embalagens para pequenos itens em geral.
Polipropileno 5 PP	Propileno 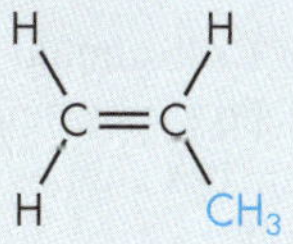	Opaco, forte, resistente ao tempo. Ponto de ebulição mais alto. Resistente a óleos, ácidos e bases.	Rolhas de garrafas, recipientes para iogurte, cremes e margarinas. Tapetes, mobiliário simples, malas de viagem.
Tereftalato de polietileno 1 PETE ou PET	Etileno-glicol HO—CH_2CH_2—OH Ácido tereftálico 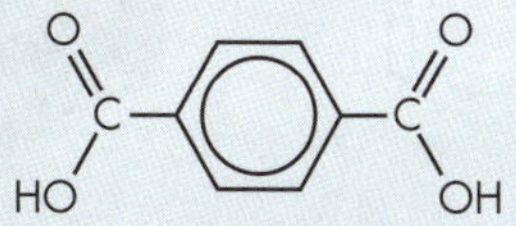	Transparente, forte, resistente à quebra. Insensível a ácidos e a gases atmosféricos. O mais caro dos seis.	Garrafas de refrigerantes, recipientes de alimentos, copos, tecidos lanosos, fios para carpetes, isolamentos sintéticos.

Nota: As estruturas dos cinco primeiros monômeros só diferem pelos átomos que estão em azul.

Em contraste com os termoplásticos, alguns plásticos são termorrígidos. Eles são moldados irreversivelmente com calor. Exemplos incluem pratos de melamina (na figura) e louças refratárias para forno.

leçam na presença de hidrocarbonetos, gorduras e óleos. Todos são **polímeros termoplásticos,** isto é, podem, se aquecidos, fundir e ser moldados novamente. Os pontos de fusão podem variar dentro de uma faixa, dependendo da técnica de fabricação. Dos Seis Grandes, o polietileno tem o ponto de fusão mais baixo, com LDPE e HDPE fundindo em cerca de 120°C e 130°C, respectivamente. Em contraste, o polipropileno (PP) funde em 160-170°C.

Dependendo do arranjo das moléculas, os polímeros têm graus diversos de resistência. No nível microscópico, as moléculas de algumas partes do polímero podem ter um padrão ordenado, como o que se poderia encontrar em um sólido cristalino. Nessas **regiões cristalinas**, as longas moléculas de polímero estão em um arranjo limpo e firme em um padrão regular. Em outras partes do mesmo polímero, é possível encontrar **regiões amorfas**. Nelas, as longas moléculas de polímero estão em um arranjo aleatório, desordenado e em empacotamento mais frouxo. Devido à regularidade estrutural, as regiões cristalinas dão força e resistência à abrasão, como é o caso de HDPE e PP. Embora alguns polímeros sejam muito cristalinos, a maior parte inclui regiões amorfas. Essas regiões lhes dão flexibilidade. Por exemplo, as regiões amorfas do PP lhe dão a capacidade de curvar sem quebrar. A faixa de propriedades dentre os polímeros significa que eles são diferentemente apropriados para aplicações específicas. O próximo exercício dá uma oportunidade de alinhar polímeros e seus usos.

Estude Isto 9.9 Usos dos Seis Grandes

Use a Tabela 9.1 e outras informações sobre os Seis Grandes para responder a estas questões.

a. Que polímero não seria apropriado para potes de margarina, porque amolece com óleo?
b. Que polímeros são transparentes? Qual deles é usado em garrafas transparentes de refrigerantes?
c. Qual deles é resistente e usado em rolhas de garrafas? Dê outra aplicação em que resistência é importante.
d. Quais deles são inertes em ácidos e podem servir para uso em recipientes para bebidas ácidas, como suco de laranja?

Você pode ver também, na Tabela 9.1, que seis monômeros são usados para fazer seis polímeros diferentes, mas talvez não da forma que você esperaria. PET usa *dois* monômeros. Procure uma explicação na próxima seção. HDPE e LDE usam *o mesmo* polímero, etileno, como vimos na seção anterior. Aqui, nosso foco são *três* monômeros relacionados de perto com o etileno: cloreto de vinila, propileno e estireno.

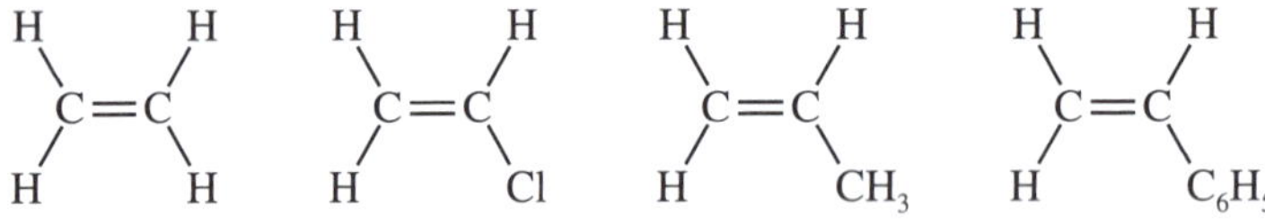

etileno   cloreto de vinila   propileno   estireno

No cloreto de vinila, um dos átomos de H do etileno é substituído por um átomo de Cl. De modo semelhante, no propileno, um dos átomos de H do etileno é substituído por um grupo metila ($-CH_3$).

No estireno, um grupo fenila, $-C_6H_5$, substitui um dos átomos de H. O grupo fenila é formado por seis átomos de carbono em um arranjo de hexágono:

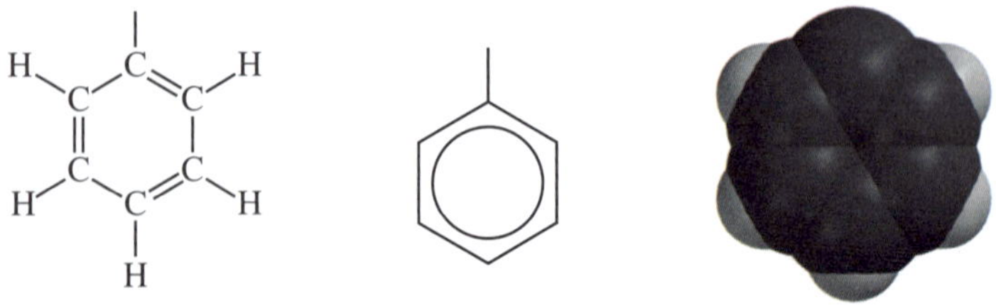

Como a primeira das fórmulas estruturais do grupo fenila é maçante para se desenhar, o anel é simplificado como o mostra a segunda fórmula. A terceira é um modelo de volume cheio do grupo fenila.

Sua Vez 9.10 Benzeno e fenila

A diferença entre um grupo fenila, $-C_6H_5$, e o composto benzeno, C_6H_6, é simplesmente um átomo de H.

a. O grupo fenila e o benzeno têm duas estruturas de ressonância. Desenhe-as. *Sugestão:* A ressonância foi apresentada na Seção 2.3.

b. Dadas essas estruturas de ressonância, por que o símbolo de um círculo dentro de um hexágono é uma representação particularmente boa do benzeno e do grupo fenila?

Resposta

b. As duas estruturas de ressonância equivalentes indicam que os elétrons estão distribuídos uniformemente pelo anel. Todas as ligações C–C têm o mesmo comprimento e energia. O círculo interior indica a uniformidade dessas seis ligações do anel.

Como você poderia suspeitar, o cloreto de vinila, o propileno e o estireno sofrem polimerização por adição como o etileno. Contudo, os resultados são diferentes. Para ver por que, olhemos o que acontece quando *n*-moléculas de cloreto de vinila polimerizam para formar cloreto de polivinila (PVC).

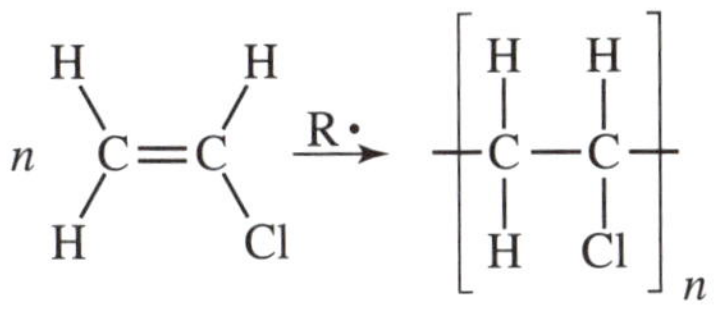

[9.3]

Na equação 9.3, o átomo de Cl poderia ser colocado em qualquer das quatro posições que correspondem aos átomos de C no monômero do cloreto de vinila. Elas são equivalentes devido à simetria da molécula.

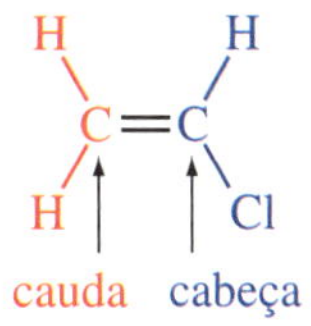

O átomo de Cl cria assimetria no monômero. Pense, arbitrariamente, no átomo de carbono que se liga a dois átomos de H como sendo a "cauda" e no carbono com o átomo de Cl como sendo a "cabeça".

Quando os monômeros do cloreto de vinila se adicionam para formar o cloreto de polivinila, eles podem se orientar em um de três modos, como se vê na Figura 9.8:

- cabeça/cauda, com átomos de Cl em átomos de C alternados
- alternando cabeça/cabeça, cauda/cauda, com os átomos de Cl vizinhos
- uma mistura aleatória desses dois arranjos

O arranjo cabeça/cauda é o produto usual no caso do cloreto de vinila.

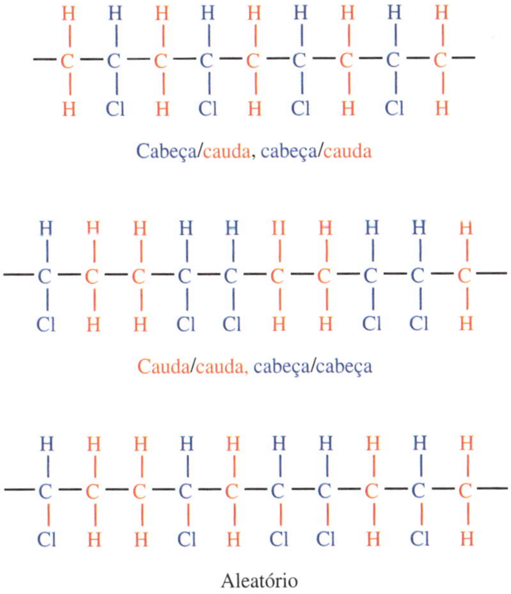

FIGURA 9.8 Três arranjos possíveis dos monômeros no PVC.

O arranjo dos monômeros na cadeia é um dos fatores que afetam a flexibilidade do polímero. Assim, cada arranjo do PVC tem propriedades um pouco diferentes, com o mais regular deles, cabeça/cauda, sendo o mais rígido, porque as moléculas podem se empacotar mais facilmente e formar regiões mais cristalinas. O PVC mais rígido é usado em tubos de dreno e esgoto, cartões de crédito, tapumes domésticos, mobília e várias partes de automóveis. O arranjo aleatório ainda é rígido, porém menos.

O PVC pode ser amaciado com **plastificantes**, compostos que são adicionados aos polímeros em pequenas quantidades para torná-los mais macios e mais flexíveis. Os plastificantes funcionam porque colocam-se entre as moléculas maiores de polímero, reduzindo seu empacotamento regular. O PVC flexível que contém plastificantes é comum em cortinas de chuveiros, botas de "borracha", mangueiras de jardim, sacos transparentes intravenosos para transfusões de sangue, couro artificial ("couro envernizado") e coberturas isolantes e flexíveis de fios elétricos. Aditivos em plásticos são controversos por várias razões, como veremos na Seção 9.11.

Assim como o etileno também é chamado de eteno, o propileno também é chamado de propeno.

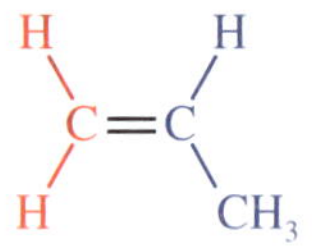

Em seguida, vejamos a polimerização do propileno para formar polipropileno. Novamente, vários arranjos são possíveis devido à assimetria do monômero. Uma forma particularmente útil de polipropileno é a repetição do arranjo cabeça/cauda. Essa regularidade leva a um alto grau de cristalinidade e torna o polímero forte, resistente e capaz de suportar temperaturas mais altas. Essas propriedades se refletem nos usos. Por exemplo, carpetes interiores e exteriores são frequentemente feitos com as fibras fortes do polipropileno.

Estude Isto 9.11 "O durão"

Polipropileno pode não ser tão familiar como o polietileno, ou PET, em parte porque muitos itens feitos de polipropileno não levam um símbolo de reciclagem.

a. Como acabamos de mencionar, o polipropileno pode ser transformado em fibras como as usadas em carpetes de interior e de exterior. Sugira dois outros usos para fibras de polipropileno em que a dureza é desejável.

b. Embora o HDPE seja usado em muitos recipientes de alimentos, o polipropileno é usado no caso da margarina. A dureza não é a questão. Então, qual é? *Sugestão:* Consulte a Tabela 9.1

Por fm, vejamos a polimerização de n moléculas de estireno para formar poliestireno (PS), um plástico muito barato e muito usado. Eis uma representação da polimerização de adição.

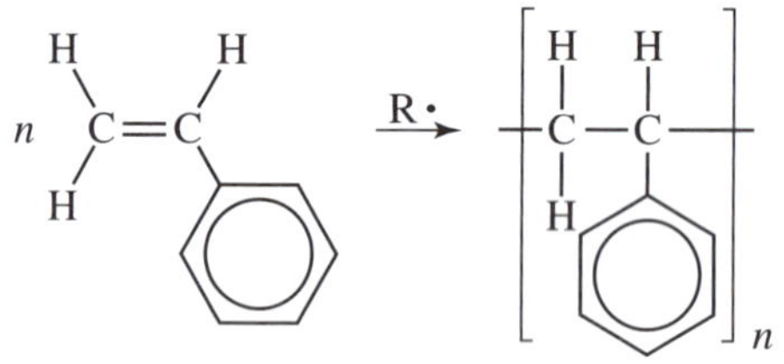

[9.4]

Poliestireno é um plástico duro, com pouca flexibilidade. Como os demais Seis Grandes, ele funde quando aquecido (termoplástico) e vaza bem em moldes. Embalagens transparentes para DVDs e copos e pratos de festas também são feitos com poliestireno. O mesmo acontece com as caixas rígidas de computadores portáteis e celulares.

A maior parte do poliestireno comercial tem o arranjo aleatório dos monômeros mostrado na Figura 9.9a. Nessa forma, algumas vezes chamada de poliestireno para usos gerais ou "cristal", o polímero é duro e quebradiço. Você já apertou muito fortemente um copo plástico transparente em uma festa, fazendo com que ele se quebrasse? Provavelmente ele era de poliestireno (veja a Figura 9.9b).

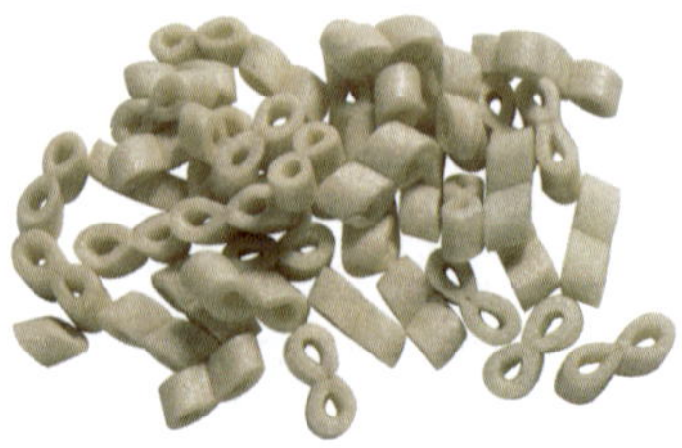

Os copos comuns de bebidas quentes, os recipientes para ovos e "quinquilharias" também são feitos de poliestireno, algumas vezes chamado de expansível (EPS). Esses itens são feitos com pérolas pequenas e duras de poliestireno expansível. Essas pérolas contêm 4-7% de um **agente de expansão**, isto é, um gás ou uma substância capaz de produzir gás para fabricar um plástico espumoso. No caso do PS, o agente de expansão

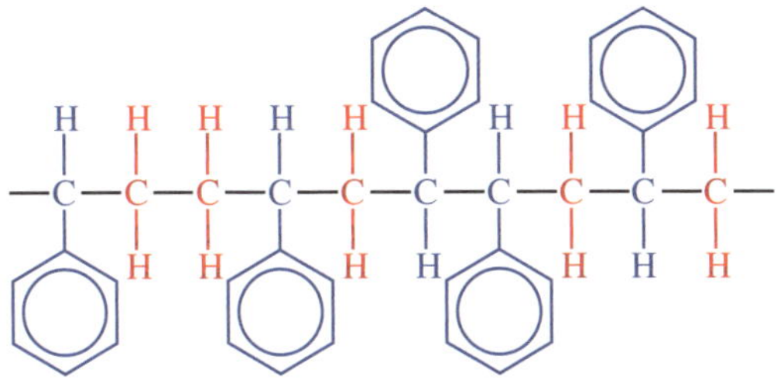

(a)

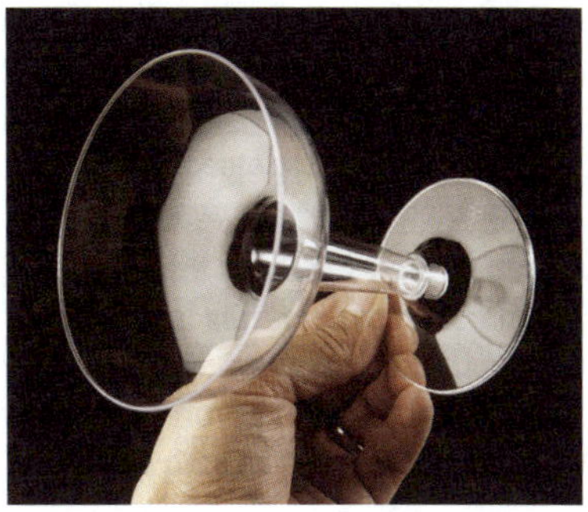

(b)

FIGURA 9.9 (**a**) Arranjo aleatório dos monômeros do poliestireno. (**b**) Taça de festas feita com "cristal" (uso geral).

é tipicamente um líquido de baixo ponto de ebulição como o pentano. Se as pérolas forem colocadas em um molde e aquecidas com vapor ou ar quente, o pentano vaporiza. Por sua vez, o gás expande o polímero. As partículas expandidas fundem e tomam a forma determinada pelo molde. Como contém muitas bolhas, essa espuma não somente é leve, como também é um excelente isolante térmico.

Cloro-fluorocarbonetos, mais conhecidos como CFCs, estiveram na lista de compostos usados como agentes de expansão. Como os CFCs destroem o ozônio estratosférico (veja o Capítulo 2), esse uso foi descontinuado em 1990. O pentano, C_5H_{12}, na forma de vapor e o dióxido de carbono eram os dois substitutos possíveis. Por exemplo, a Dow Chemical Company desenvolveu um processo que usa dióxido de carbono puro como agente de expansão para produzir Styrofoam para material de empacotamento. O uso da tecnologia de 100% de CO_2 da Dow eliminou o uso de CFC-12 como agente de expansão. O CO_2 usado é um subproduto de fontes comerciais e naturais existentes, como a produção de cimento e poços de gás natural. Assim, ele não contribui com mais CO_2, um gás de efeito estufa, para a atmosfera. A Dow recebeu um Prêmio Presidencial Desafios de Química Verde em 1996 pelo desenvolvimento dessas condições de reação alternativas.

Styrofoam é um nome comercial de espuma de poliestireno isolante produzido pela Dow Chemical Company.

O uso de CO_2 para substituir CFCs como agente de expansão ilustra a ideia número 3 listada na contracapa deste livro. É melhor usar e gerar substâncias que não sejam tóxicas.

Sua Vez 9.12 Possibilidades do poliestireno

Mostre o arranjo dos átomos de uma cadeia de poliestireno no arranjo cabeça/cauda. Por que esse arranjo é favorecido, e não o arranjo cabeça/cabeça?

9.6 Condensando os monômeros

Os monômeros fazem o polímero! Como você viu na seção anterior, mudanças no monômero levam a variações das propriedades do polímero. Para entender monômeros diferentes, temos de rever o conceito de **grupos funcionais**, isto é, os arranjos distintos de grupos de átomos que conferem propriedades químicas características às moléculas que os contêm (Tabela 9.2). Por exemplo, o grupo funcional hidroxila (–OH) já foi apresentado no contexto do etanol, um biocombustível (Capítulo 4). Este grupo está presente em todos os compostos classificados como álcoois, incluindo o que é de interesse neste capítulo, o etileno-glicol.

Os Capítulos 4 e 10 mencionam grupos funcionais no contexto de biocombustíveis e fármacos, respectivamente.

Vamos agora apresentar vários grupos funcionais novos, começando com o grupo ácido carboxílico.

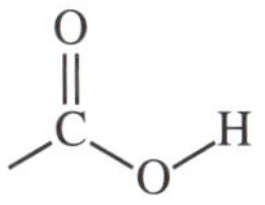

Embora o grupo ácido carboxílico contenha um grupo –OH, ele *não* é um álcool. Pense no –COOH como uma unidade.

TABELA 9.2 Grupos funcionais selecionados

Nome	Fórmula química	Fórmula estrutural
hidroxila (em álcoois)	–OH	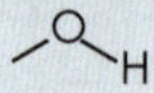
ácido carboxílico	–COOH	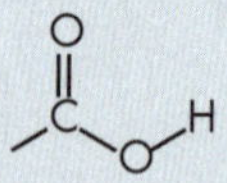
éster	–COOC–	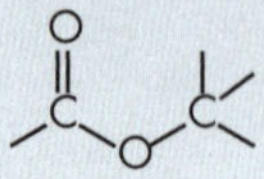
amina	$-NH_2$	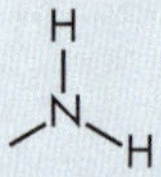
amida	$-CONH_2$	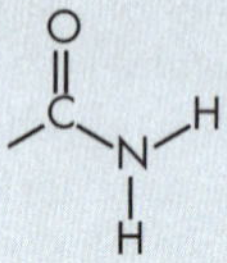

A Tabela 9.3 mostra que os grupos ácido carboxílico ocorrem naturalmente em alimentos como o vinagre e o queijo. Se você examinar a tabela de perto, verá que uma molécula pode ter mais de um grupo funcional ácido carboxílico, por exemplo, ácido tereftálico e ácido adípico. Uma molécula também pode ter dois grupos funcionais, como, na última linha, o ácido láctico.

TABELA 9.3 Ácidos carboxílicos selecionados

Nome	Fórmula estrutural	Informação
ácido etanoico	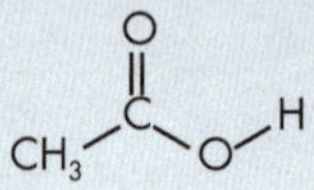	Ocorre naturalmente no vinagre. Também chamado de ácido acético.
ácido propanoico	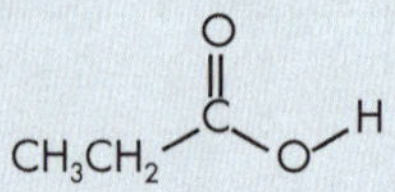	Ocorre naturalmente em alguns queijos, dando a eles um gosto picante. Também chamado de ácido propiônico.
ácido benzoico	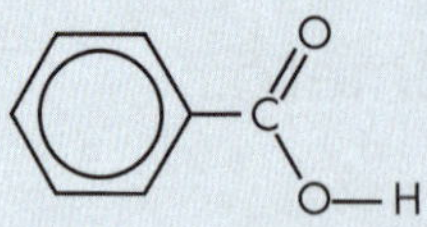	Ácido carboxílico natural. Usado como preservativo de alimentos.
ácido tereftálico	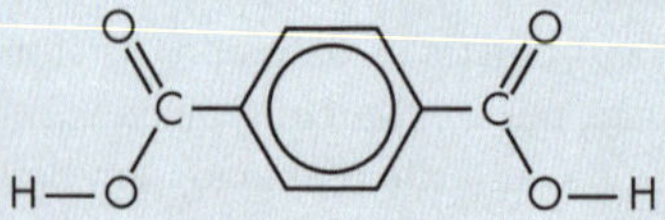	Um dos monômeros usados na produção de PET.
ácido adípico	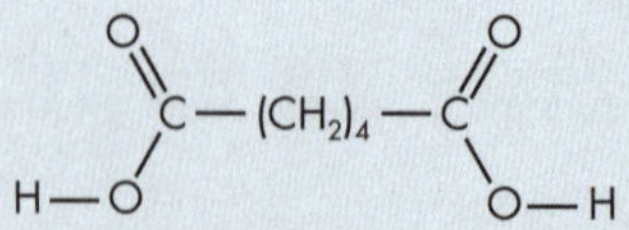	Um dos monômeros usados na produção de um tipo de náilon.
ácido láctico	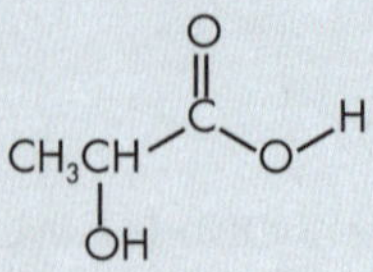	O monômero de PLA, um polímero com base biológica.

Os ácidos carboxílicos estão estreitamente relacionados a outro grupo funcional novo, o éster. Um éster pode ser representado por esta fórmula estrutural.

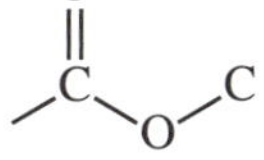

Tendo a capacidade de reconhecer álcoois, ácidos carboxílicos e ésteres, você agora já pode explorar os poliésteres, tema desta seção.

A estrela do palco do poliéster é o PET, também escrito PETE. As duas abreviações correspondem ao éster tereftalato de polietileno, o que explica porque as pessoas preferem a abreviação. Como o PET é semirrígido, claro e razoavelmente impermeável ao ar (Figura 9.10), seu uso mais comum é em garrafas de bebidas. O poliéster também pode ser transformado em folhas e fibras. Por exemplo, Mylar é o nome comercial para as folhas finas de PET como as usadas para fazer balões festivos coloridos. Quando cheios de hélio, esses balões ficam no ar por muitas horas, porque o poliéster é bastante impermeável a gases. Eventualmente, os pequenos átomos de hélio escapam e o balão se esvazia.

Em contraste com o polietileno, o PET *não* é formado por polimerização por adição, mas por **polimerização por condensação**, um processo no qual os monômeros se juntam ao eliminar uma molécula pequena, usualmente água. Assim, a polimerização por condensação sempre tem um segundo produto além do polímero. Muitos polímeros naturais são formados por condensação, inclusive celulose, amido, lã, seda de aranhas e proteínas. Polímeros sintéticos incluem Dacron, Kevlar e diferentes tipos de náilons.

Também em contraste com o polietileno, o PET *não* é formado por um único monômero. Ele é um **copolímero**, um polímero formado pela combinação de dois ou mais monômeros diferentes. Com dois monômeros, temos ou o dobro de problema ou o dobro de vantagem, dependendo de como você vê as coisas. Um dos monômeros, o etileno-glicol, $HOCH_2CH_2OH$, é um álcool que contém dois grupos hidroxila, um em cada átomo de carbono. O outro, ácido tereftálico, contém dois grupos ácido carboxílico, um em cada lado do anel de benzeno. Então, cada monômero tem dois grupos funcionais. Reveja a Tabela 9.1 para ver as fórmulas estruturais dos monômeros.

Para compreender como os polímeros se formam, vamos trabalhar somente com uma molécula de cada monômero. Eis como eles podem se juntar.

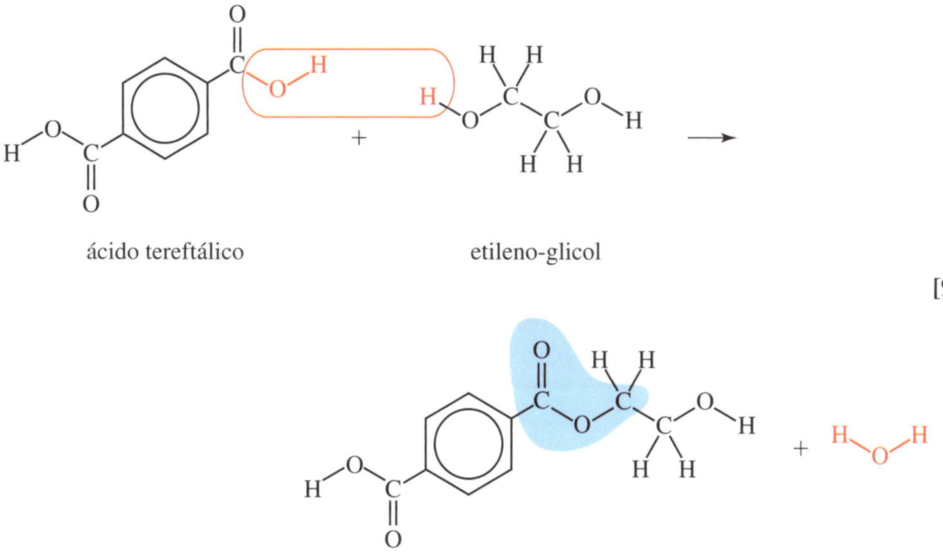

[9.5]

Em vermelho, o –OH do grupo ácido carboxílico e o átomo de H do grupo hidroxila reagem para produzir água, HOH. As porções restantes do álcool e do ácido carboxílico ligam-se formando o grupo funcional éster, em azul.

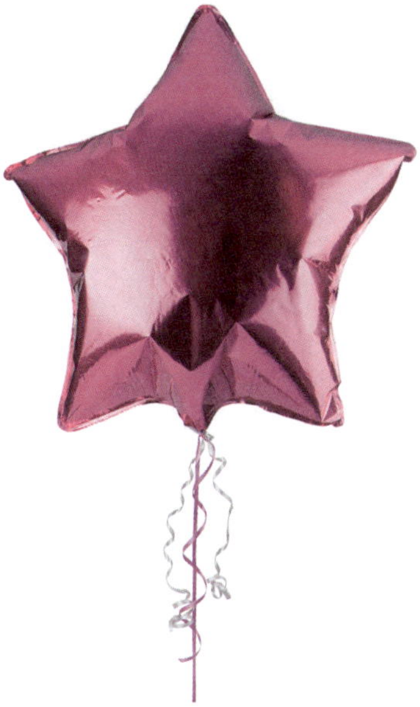

Como o tereftalato de polietileno não contém polietileno, o nome é, às vezes, escrito como poli(tereftalato de etileno).

FIGURA 9.10 Garrafas de dois litros de refrigerante feitas com PET.

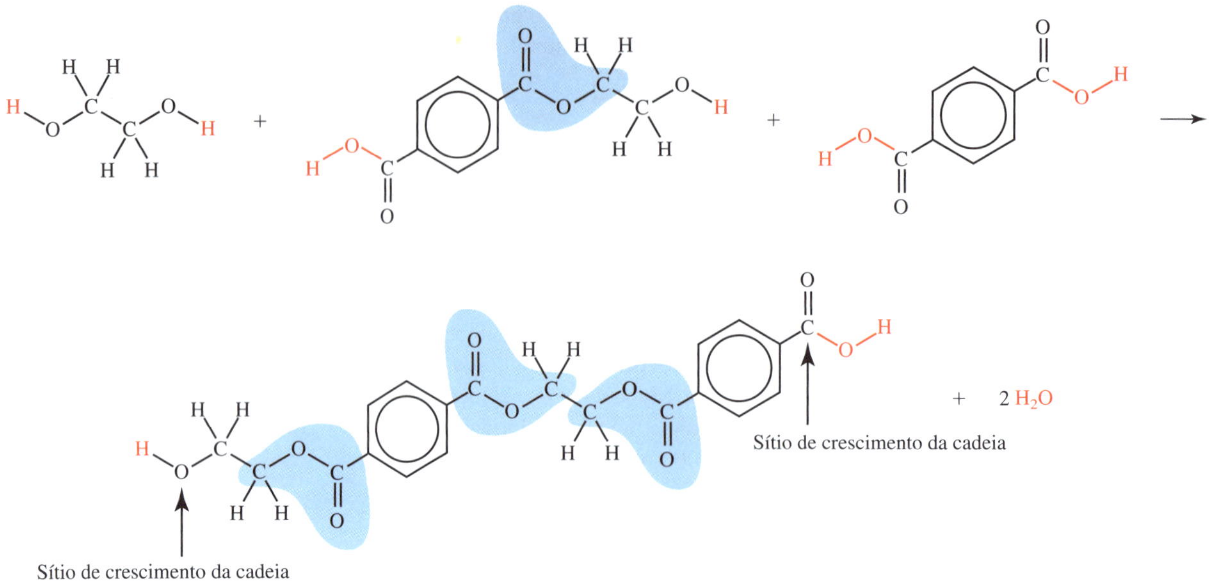

FIGURA 9.11 Dois monômeros diferentes são adicionados ao produto da equação 9.5 para construir o PET, um poliéster. O grupo funcional éster está em azul.

Observe que o produto tem grupos funcionais que servirão para que a cadeia cresça: –COOH à esquerda e –OH à direita. O primeiro pode reagir com o –OH de outra molécula de etileno-glicol e o outro, com o –COOH de outra molécula de ácido tereftálico. A cada vez, uma molécula de água é liberada com formação de um grupo éster. Esse processo, representado na Figura 9.11, ocorre muitas vezes para dar o tereftalato de polietileno. O resultado é um poliéster, assim chamado porque o grupo éster liga os monômeros.

Estude Isto 9.13 Ésteres e poliésteres

Você viu que o ácido tereftálico e o etileno-glicol podem reagir. Agora use o ácido etanoico (ácido acético) e o etanol (álcool etílico):

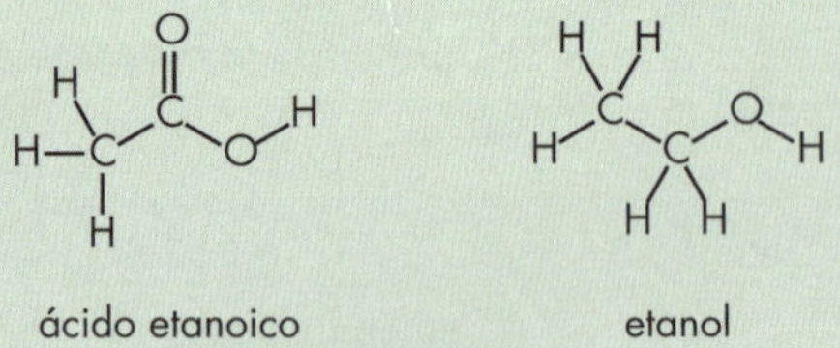

a. Mostre como esse ácido carboxílico e o álcool podem reagir para formar um éster. *Sugestão:* Lembre-se de que se forma uma molécula de água como produto.

b. O ácido etanoico e o etanol poderiam reagir para formar um poliéster? Explique seu raciocínio.

O PET não é o único poliéster no pedaço! Variando o número e tipo de átomos de carbono nos monômeros, os químicos sintetizaram outros poliésteres com nomes comerciais como Dacron, Polartec, Fortrel e Polarguard. Os poliésteres transformam-se prontamente em fibras que são fáceis de lavar e rápidas em secar. Os poliésteres também se misturam bem com outras fibras como algodão ou lã. Estude Isto 9.14 descreve o naftalato de polietileno (PEN), um poliéster mais resistente à temperatura do que o PET.

Estude Isto 9.14 Do PET ao PEN

Tanto no PET quanto no PEN, o monômero álcool é etileno-glico, mas os monômeros ácidos orgânicos são ligeiramente diferentes. Eis o monômero ácido em PEN, o ácido naftálico:

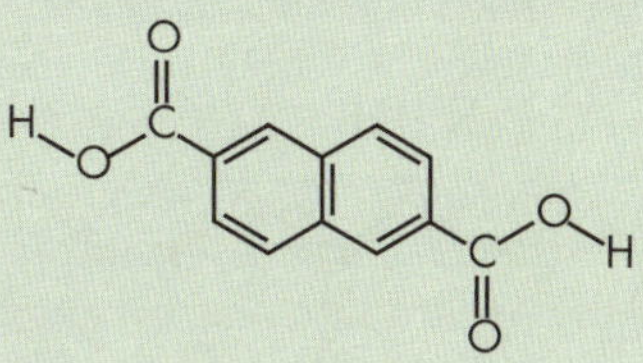

Use fórmulas estruturais para mostrar a reação de duas moléculas de ácido naftálico com duas moléculas de etileno-glicol.

9.7 Poliamidas: naturais e náilons

Nenhuma discussão da polimerização por condensação está completa sem que se examinem dois tipos específicos de polímeros. O primeiro são as proteínas, polímeros naturais como os de nossos músculos, unhas e cabelo. O segundo são os náilons, substâncias que imitam brilhantemente algumas propriedades da seda, uma proteína natural. Em 2011, de acordo com a Chemical Heritage Foundation, os fabricantes ao redor do mundo produziram cerca de 8 milhões de libras de náilon, mais ou menos 12% de todas as fibras sintéticas.

Os **aminoácidos** são os monômeros usados por nosso corpo para formar as proteínas. Cada molécula de aminoácido contém dois grupos funcionais: uma amina ($-NH_2$) e um ácido carboxílico ($-COOH$). Existem vinte aminoácidos naturais, que diferem em um dos grupos ligados ao átomo de carbono central. Esta cadeia lateral é representada por um R, como se vê nesta fórmula geral estrutural de um aminoácido.

Veja as Seções 11.7, 12.4 e 12,5 para mais sobre aminoácidos e proteínas.

Os químicos usam R como elemento de substituição em uma molécula. No caso dos aminoácidos, R representa uma das 20 cadeias laterais. Antes, neste capítulo, R• foi usado para representar um radical livre como Cl• ou •OH.

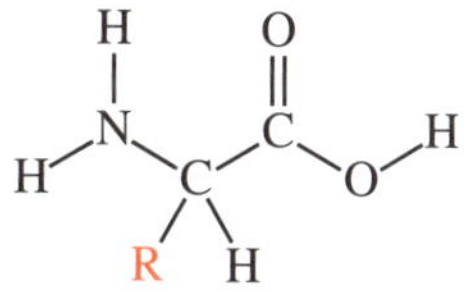

Em alguns aminoácidos, R só contém átomos de carbono e hidrogênio; em outros, pode incluir outros átomos como oxigênio, nitrogênio e até mesmo enxofre. Alguns grupos R são ácidos, outros são básicos.

Como monômeros, os aminoácidos ligam-se para formar uma cadeia longa por polimerização por condensação. Entretanto, lembre-se de quatro diferenças fundamentais entre um polímero de condensação como o PET e qualquer proteína:

- PET é um poliéster. Em contraste, proteínas são **poliamidas**, isto é, polímeros de condensação que contêm o grupo funcional amida.
- PET é formado por dois monômeros, etileno-glicol e ácido tereftálico na razão 1:1. Em contraste, proteínas podem conter até 20 aminoácidos diferentes (monômeros) em qualquer razão.
- Nas proteínas, cada aminoácido tem dois grupos funcionais *diferentes*, $-NH_2$ e $-COOH$.
- No PET, os dois monômeros têm dois grupos funcionais *idênticos*, $-OH$ ou $-COOH$.

O grupo funcional amida foi mostrado na Tabela 9.2.

Para ver como essas diferenças funcionam, examine esta reação entre dois aminoácidos. Um tem a cadeia lateral R, e a cadeia lateral do outro está marcada com um R′.

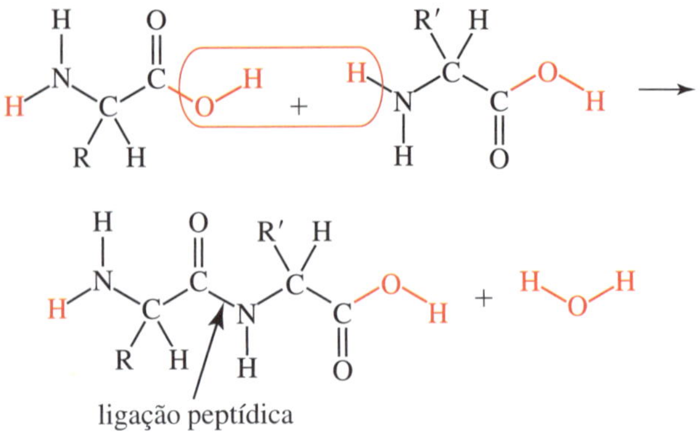

[9.6]

Somente no contexto das proteínas pode-se chamar uma ligação C–N de ligação peptídica.

Nessa reação, uma amida se forma e uma molécula de água é eliminada. Essa amida contém uma ligação C–N, chamada de **ligação peptídica**, a ligação covalente que se forma quando o grupo –COOH de um aminoácido reage com o grupo $–NH_2$ de outro, ligando os dois aminoácidos. Nas complexas fábricas químicas das células de qualquer organismo, essa reação de condensação é repetida muitas vezes para formar as longas cadeias poliméricas que chamamos de proteínas. Dados os 20 aminoácidos diferentes que existem na natureza, uma grande variedade de proteínas pode ser sintetizada. Algumas contêm centenas de aminoácidos, outras contêm somente alguns.

FIGURA 9.12 Wallace Carothers, o inventor do náilon.

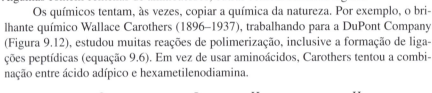

Os químicos tentam, às vezes, copiar a química da natureza. Por exemplo, o brilhante químico Wallace Carothers (1896–1937), trabalhando para a DuPont Company (Figura 9.12), estudou muitas reações de polimerização, inclusive a formação de ligações peptídicas (equação 9.6). Em vez de usar aminoácidos, Carothers tentou a combinação entre ácido adípico e hexametilenodiamina.

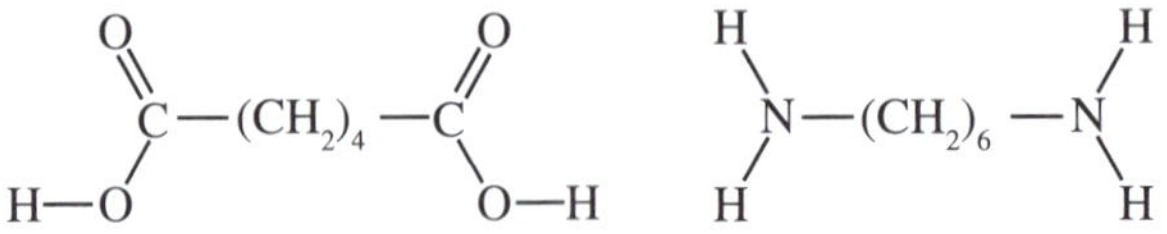

ácido adípico hexametilenodiamina

Note que o ácido adípico tem um ácido carboxílico em cada extremidade da molécula. De modo semelhante, a hexametilenodiamina tem um grupo amina em cada extremidade. Como na síntese das proteínas, os grupos ácido e amina reagem para formar uma ligação amida e liberar água. Contudo, diferentemente da síntese de proteínas, o polímero resultante, melhor conhecido como náilon, forma-se a partir de dois monômeros. Eis como eles se ligam.

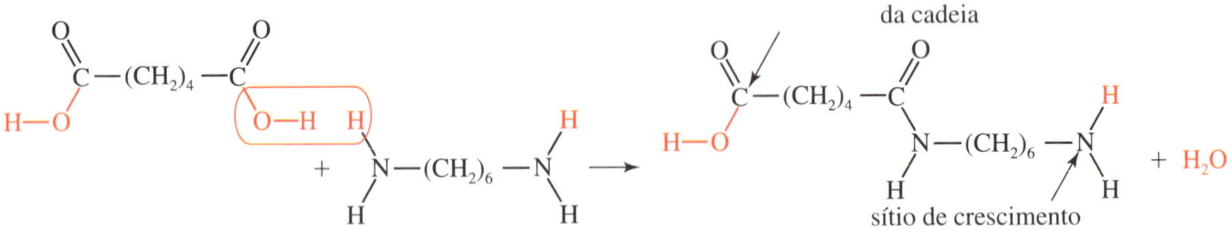

Os executivos da DuPont decidiram que o náilon tinha potencial, especialmente depois que os cientistas da companhia aprenderam a transformá-lo em fios delgados. Esses filamentos eram fortes e macios, muito semelhantes à proteína usada pelos bichos-da-seda. Por isso, o náilon foi primeiramente apresentado ao mundo como um substituto para a seda. Ele foi um dos primeiros **materiais biomiméticos**, materiais que tentam reproduzir, para uso humano, propriedades específicas dos materiais biológicos. O mundo recebeu-o com pernas sem meias e carteiras abertas. Quatro milhões de pares de meias de náilon foram vendidos em Nova York em 15 de maio de 1940, o primeiro dia em que foram disponibilizadas (Figura 9.13). Apesar da paixão das consumidoras por "náilons", o fornecimento aos civis secou rapidamente, porque o polímero foi desviado de roupas de baixo para paraquedas, cordas,

FIGURA 9.13 Consumidores esperando avidamente para comprar meias de náilon em 1940 quando elas se tornaram disponíveis comercialmente.

roupas e centenas de outros usos militares. No fim da Segunda Guerra Mundial, em 1945, o náilon já havia demonstrado repetidamente que era superior à seda em força, estabilidade e resistência à deterioração. Hoje, esse polímero, com suas muitas modificações, continua a encontrar muitas aplicações em carpetes, em materiais esportivos, em equipamentos de acampamento, na cozinha e no laboratório.

Sua Vez 9.15 Kevlar

Kevlar é uma poliamida usada em roupas à prova de balas. Como no caso do PET, um dos monômeros é o ácido tereftálico. O outro, fenilenodiamina, contém dois grupos funcionais amina.

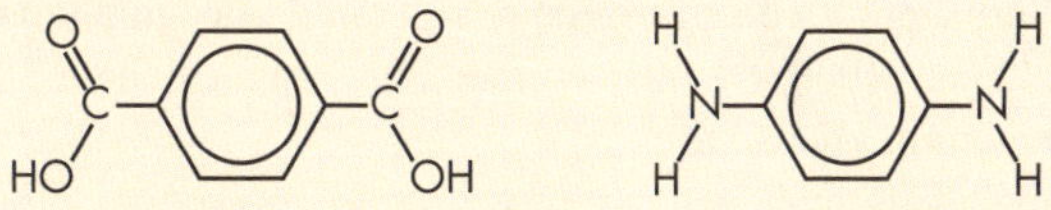

ácido tereftálico fenilenodiamina

Desenhe um segmento de uma molécula de Kevlar formada por dois de cada um desses monômeros.

A seda da aranha do globo está entre os materiais biológicos mais fortes já estudados, uma ordem de magnitude mais forte do que uma peça semelhante de Kevlar.

O Kevlar encerra nossa história sobre polímeros de condensação. Lembramos que ele é uma poliamida, como a seda usada por bichos-da-seda e aranhas. Por falar em aranhas, voltamos agora à história daquela que abriu este capítulo.

9.8 Tratando de nossos detritos sólidos: os Quatro Rs

Como você já aprendeu, a aranha do globo recicla o material de sua teia para não ficar sem recursos. Os humanos precisam imitar a aranha para que nós, também, não fiquemos sem recursos e não criemos uma quantidade esmagadora de dejetos. Como o relatório de 2010 de muitas indústrias europeias de plásticos aponta, "Plástico é muito valioso para se jogar fora".

É verdade, nós humanos produzimos muito plástico! Em 1950, o número era inferior a 2 milhões de toneladas métricas em todo o mundo. Ao longo dos anos, a quantidade de plástico produzida cresceu continuamente, atingindo 265 milhões de toneladas métricas no mundo em 2012. Sem dúvida, precisamos de respostas sustentáveis para a questão de como tratar os detritos plásticos.

Muito provavelmente você já deixou lixo na calçada para ser recolhido. Você deve ter visto também o lixo sendo levado em um caminhão, para nunca mais ser visto (por você, com certeza). Os plásticos são parte desse lixo, e mandar plásticos para os aterros sanitários não é uma solução ideal. Embora a reciclagem seja uma boa ideia, existem opções melhores. Aqui estão os Quatro Rs na ordem de sua conveniência.

- **Reduza** a quantidade de materiais usados (por exemplo, use menos plástico na produção de uma garrafa)
- **Reutilize** materiais (por exemplo, use repetidamente seu saco plástico no armazém)
- **Recicle** materiais (por exemplo, não jogue garrafas de bebidas fora, recicle-as)
- **Recupere** os materiais ou o conteúdo de energia de materiais que não podem ser reciclados (por exemplo, queime plásticos com alto conteúdo de energia)

Quanto plástico você usa e recicla? A próxima atividade pede a você que mantenha um registro.

Estude Isto 9.16 O plástico que você joga fora: parte I

Mantenha um registro de todos os plásticos que você joga fora ou recicla durante uma semana. Inclua embrulhos de alimentos e outros produtos que você compra.

a. Estime a massa de plástico – poucos gramas, um quilograma, mais?
b. O que é maior, a massa de plástico que você joga fora ou a que você recicla?

Mantenha o registro à mão, porque pediremos que você o reveja.

Examinemos os Quatro Rs como opções para tratar dos plásticos.

Reduza! A redução da quantidade de plásticos é sempre a melhor opção. Isso significa usar menos material e gerar menos resíduos mais tarde. A redução conserva recursos, reduz a poluição e minimiza materiais tóxicos no fluxo de resíduos. Como um exemplo, vejamos as garrafas de bebida. Com um desenho melhorado, uma garrafa de 2 litros de refrigerante usa agora um terço menos plástico do que quando foi introduzida em 1970. De modo semelhante, uma caixa de 1 litro de leite agora pesa menos do que pesava há algumas décadas.

O Capítulo 11 (o capítulo das comidas!) vai oferecer uma perspectiva de por que faz sentido reduzir seu consumo de bebidas açucaradas. Isso também reduz seu uso de plásticos.

A redução das embalagens também é parte da equação. As corporações estão percebendo que a redução das embalagens tem incentivos econômicos, como custos mais baixos de transporte e custos mais baixos em aterros sanitários para os rejeitos. Por exemplo, *Force of Nature*, um livro publicado em 2011, descreveu o objetivo da Walmart de reduzir em 5% as embalagens dos 329.000 itens de suas prateleiras já em 2013 usando 2008 como ano de comparação. O autor aponta que os líderes da corporação verificaram que a "sustentabilidade não é só um meio de ficar mais limpo e mais eficiente. Ela também parece estar estimulando a inovação".

Por falar em embalagem, fique de olho nas inovações. **Empacotamento sustentável** é a elaboração e o uso de materiais de empacotamento que reduzem o impacto ambiental e melhoram a sustentabilidade de todas as práticas. Critérios estabelecidos em 2011 pela Sustainable Packing Coalition incluem que esse empacotamento é:

- "benéfico, seguro e saudável para indivíduos e comunidades em todo seu ciclo de vida"
- "manufaturado usando tecnologias de produção mais limpas e melhores práticas"
- "recuperado e utilizado com eficiência"

Como você poderia esperar, químicos de polímeros e engenheiros químicos são atores importantes nesse projeto.

Reutilize! O reúso de alguma coisa significa não a jogar fora após um único uso. Os caixas de supermercados antigamente davam a seus fregueses somente duas escolhas, "papel ou plástico". Hoje, porém, eles podem lhe pedir que traga sua própria sacola. Estude Isto 9.17 expande o conceito de reusar sacolas.

Estude Isto 9.17 Papel, plástico... Nenhum deles?

Supermercados não são o único lugar em que as pessoas deveriam repensar o uso de sacos plásticos e de papel. Liste três outras possibilidades. Diga, em cada caso, se você estaria disposto a mudar seus hábitos e reutilizar sua própria sacola.

Como outro exemplo, pense como embrulhos de espuma de poliestireno usados para "quinquilharias" podem ser usados. Embora sejam uma parte muito pequena do fluxo de rejeitos, essas quinquilharias são um enorme aborrecimento quando sua utilidade termina. Elas acabam em qualquer lugar, inclusive rios, estradas e campos. Embora tenham somente cerca de 5% de poliestireno por peso, os embrulhos têm pouco valor de reciclagem. O reúso desses embrulhos é definitivamente a melhor opção. Na verdade, o mesmo é verdadeiro para todos os embrulhos de espuma de poliestireno. Se você trabalhou em uma loja de venda a varejo ou em despacho de mercadorias, há grandes chances de você ter visto algum tipo de reúso ou reciclagem "internos".

O poliestireno "expandido" usado no empacotamento de quinquilharias foi descrito na Seção 9.5

Recicle! Você agora provavelmente está vendo contêineres de reciclagem em todo lugar – nas universidades, nos centros de esportes, nos aeroportos e nos hotéis. As razões para a reciclagem é que ela:

- reduz os rejeitos em aterros sanitários e incineradores
- previne a poluição do ar, da água e do solo durante os processos de fabricação
- reduz as emissões de gases de efeito estufa durante a fabricação
- conserva recursos naturais como o petróleo, a madeira, a água e os minerais

Como estamos indo nesse quesito? Primeiro as boas notícias. Em 2010, a Environmental Protection Agency relatou que, na média, cada pessoa nos Estados Unidos reciclou 1,1 libra (~0,5 kg) de material por dia. Melhor, a percentagem de rejeitos reciclados está aumentando. Itens que as pessoas colocam em caixotes ou na calçada incluem latas de alumínio, papéis de escritório, papelões, vidros e materiais plásticos. Além disso, cerca de 0,4 libras de rejeitos por pessoa, como restos de relva e restos de comida, compostadas e outras 0,5 libras de rejeitos por pessoa são incineradas por dia para produzir energia. Dadas essas reduções, a quantidade de rejeitos enviadas para os aterros sanitários está agora, na média, em 2,3 libras por pessoa por dia.

Agora, as notícias ruins. Como você verá na próxima seção, mais ou menos 12% do que descartamos é plástico. Dependendo do tipo de plástico, nossa eficiência de reciclagem varia, como a próxima atividade mostrará.

A incineração e os aterros sanitários criam relativamente poucos empregos em comparação com os programas de reciclagem. Comprometer-se com um aumento da reciclagem pode beneficiar a economia local.

Estude Isto 9.18 Tabela de desempenho da reciclagem de plásticos

De acordo com a EPA, eis a tabela americana de desempenho de 2010. Bens duráveis incluem itens como malas de viagem, mobiliário de plástico e mangueiras de jardim. Bens não duráveis incluem canetas plásticas e aparelhos de barbear.

Uso do plástico	Peso gerado (milhões de toneladas)	Peso recuperado (milhões de toneladas)
Bens duráveis	10,65	0,40
Bens não duráveis	6,65	Negligível
Recipientes/Embalagens	12,53	1,72

a. Para cada tipo de plástico, calcule em percentagem a relação entre o plástico recuperado e os rejeitos gerados.
b. Bens duráveis e não duráveis tendem a ter baixas taxas de reciclagem. Liste três outros exemplos de cada e sugira razões para isso.

Se você fez os cálculos, viu que reciclamos plásticos a uma taxa surpreendentemente baixa. Isso pode parecer estar em desacordo com todas as caixas de leite e garrafas plásticas que você vê serem reciclados em sua própria comunidade. Na verdade, você está correto. Certos plásticos são reciclados de forma mais consistente do que outros. Por exemplo, nos Estados Unidos, os pacotes de leite feitos de polietileno são reciclados a uma taxa de 29% e garrafas trasnparentes de refrigerantes feitas com PET, de 28%. Embora esses números pareçam altos, mais de 70% deles ainda são jogados fora.

Químico Cético 9.19 O plástico que você joga fora: parte II

Antes, no Estude Isto 9.17, você manteve um registro de todos os plásticos que descartou durante uma semana. Reveja o que escreveu. Os números de reciclagem anual citados acima parecem verdadeiros? Relate brevemente como seu uso dos plásticos se compara com as médias de seu país. Lembre-se de que seu registro pode não revelar seu uso de bens duráveis e não duráveis por um período longo de tempo.

Recupere! Que tal a incineração, isto é, a recuperação da energia dos plásticos por queima como combustíveis? Como os Seis Grandes e a maior parte dos outros polímeros se parecem muito com hidrocarbonetos combustíveis, a incineração parece um modo excelente de tratá-los, reduzindo a sobrecarga nos aterros sanitários. Os produtos principais da combustão são dióxido de carbono, água e uma boa quantidade de energia. Na verdade, quilo por quilo, os plásticos têm um conteúdo de energia superior ao carvão. Embora nos Estados Unidos os plásticos representassem em 2010 apenas 12% em peso dos rejeitos sólidos municipais, eles correspondiam a aproximadamente 30% de seu conteúdo de energia.

No entanto, a incineração de plásticos tem seus problemas. A mensagem repetida nos Capítulos 1-4 de que a queima não destrói a matéria aplica-se aqui também. Os gases produzidos na combustão podem ser invisíveis, mas devem ser considerados. A queima de plásticos produz CO_2, um gás de efeito estufa. Especialmente preocupantes na incineração são os polímeros que contêm cloro, como o cloreto de polivinila que libera cloreto de hidrogênio na combustão. Como o HCl se dissolve em água para formar ácido clorídrico, os gases de exaustão da chaminé poderiam contribuir muito para a chuva ácida. A queima de plásticos que contêm cloro pode produzir outros gases tóxicos. Portanto, em termos de benefício geral, inclusive de energia envolvida, a reciclagem é sempre preferível à incineração.

Sua Vez 9.20 Queimando um plástico

Sob condições de combustão completa, o polipropileno queima para produzir dióxido de carbono e água.

a. Escreva uma equação química balanceada. Suponha que o comprimento médio da cadeia é 2.500 monômeros.
b. Se a combustão é incompleta, outros produtos se formam. Dê duas possibilidades.

Resposta
b. A combustão incompleta produz CO e matéria particulada (fuligem), ambas poluidoras do ar.

O plástico que não reusamos, reciclamos ou eventualmente recuperamos acaba em um aterro sanitário (o típico "o que os olhos não veem") ou como lixo no ambiente. Ambas as soluções são problemáticas. Embora ainda haja espaço nos aterros sanitários, eles têm seus problemas. Eles usam espaço em áreas congestionadas têm custos associados à construção e à manutenção. Além disso, eles vazam, atraem insetos e emitem metano, um gás de efeito estufa.

A maior parte dos plásticos não é biodegradável no aterro sanitário (e em lugar nenhum). A maior parte das bactérias e fungos não tem as enzimas necessárias para quebrar os polímeros sintéticos. Alguns micróbios, porém, têm as enzimas necessárias à quebra de polímeros naturais como a celulose. Por exemplo, no Capítulo 3 você leu sobre a liberação de metano pelo gado. Na verdade, o metano é produzido quando as bactérias obtêm energia pela decomposição da celulose no estômago do animal. No mesmo capítulo, você também aprendeu que o metano é gerado na decomposição natural de materiais orgânicos em aterros sanitários, outro resultado da atividade bacteriana.

Idealmente, o revestimento de aterros dura para sempre. Porém, com o tempo, o revestimento vem abaixo ou se rompe.

Mesmo os polímeros naturais não se decompõem completamente em aterros sanitários. As instalações modernas de tratamento de rejeitos são cobertas e revestidas para impedir que vazamentos de rejeitos ou de subprodutos penetrem o solo. Os revestimentos e coberturas também criam condições anaeróbicas (livres de oxigênio) que impedem a decomposição dos rejeitos. Em consequência, muitas substâncias supostamente biodegradáveis se decompõem lentamente, se tanto. A escavação de antigos

FIGURA 9.14 Alguns detritos enterrados podem ficar intactos por um longo tempo. Esse jornal de 1952 foi escavado 37 anos depois.

aterros encontrou jornais antigos que ainda podem ser lidos (Figura 9.14) e cachorros-quentes com cinco anos de idade que, ainda que não possam ser comidos, ao menos podem ser reconhecidos.

Estude Isto 9.21 Revestimentos de aterros sanitários

Os revestimentos de aterros sanitários incluem argila natural e plásticos artificiais. Por exemplo, é possível usar folhas espessas de polietileno de alta densidade. Mesmo os melhores revestimentos de HDPE, porém, podem rachar e se degradar.

a. Da Tabela 9.1, que tipos de compostos químicos fragilizam o HDPE?
b. Cite cinco substâncias enviadas para o aterro que poderiam degradar um revestimento de HDPE com o tempo.

Resposta
b. Óleo de cozinha, polimento de calçados e álcool, para mencionar alguns.

Dados os problemas associados ao tratamento em aterros sanitários e à incineração de polímeros naturais e sintéticos, a *reciclagem* tem papel importante a cumprir. Porém, em contraste com a incineração, a reciclagem de polímeros requer energia. Além disso, se o plástico rejeitado está sujo ou é de baixa qualidade, mais energia pode ser necessária para reciclá-lo do que refazê-lo com plástico novo. No entanto, a reciclagem é uma das várias maneiras de retirar os plásticos dos aterros e dos incineradores. Na próxima seção, vamos examinar o problema geral do lixo.

9.9 Reciclagem de plásticos: panorama geral

Juntamente a outros rejeitos, o plástico que você descarta é parte de um panorama mais geral. Nos Estados Unidos, a EPA compilou estatísticas sobre os rejeitos sólidos municipais – mais conhecidos como lixo – os últimos 30 anos. Os **rejeitos sólidos municipais** (MSW) incluem tudo que você descarta ou joga no lixo, incluindo restos de comida, folhas de grama e aparelhos velhos. MSW não inclui todas as fontes, como os rejeitos industriais, agrícolas, mineiros ou de sítios de construção. Nos Estados Unidos, os rejeitos sólidos municipais estão na ordem de 250 milhões de toneladas por ano. Qual é o item mais comum? Papel, como você pode ver na Figura 9.15. Materiais de origem biológica como papel, madeira, restos de comida e de limpeza de jardins formam a maior parte dos materiais classificados como rejeito sólido municipal. Todos eles podem ser tratados com um dos Quatro Rs (reduza, reutilize, recicle, recupere).

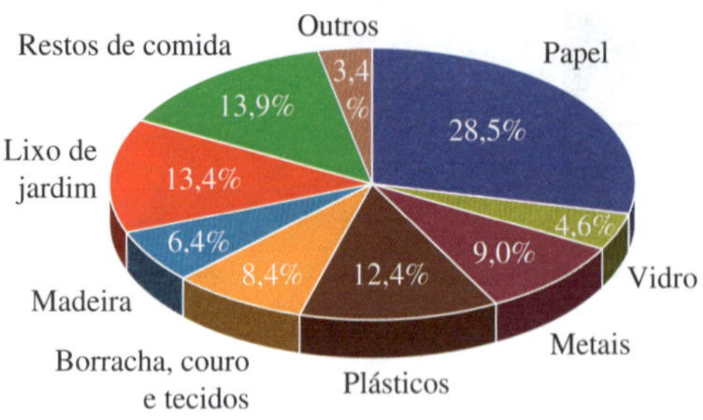

FIGURA 9.15 O que está em seu lixo? Composição por peso de rejeitos sólidos municipais antes da reciclagem (250 milhões de toneladas, 2010).

Fonte: U.S. Environmental Protection Agency, EPA-530-F-11-005, November 2011.

Quanto desse MSW é plástico? Consulte a Figura 9.15 e veja que os plásticos respondem por cerca de 12% dos rejeitos dos cidadãos americanos. A EPA americana relata dados para três tipos de plásticos:

- itens duráveis, como mobiliário de plástico
- itens não duráveis, como copos plásticos, pratos, sacos de lixo, canetas e aparelhos de barbear
- embalagens, como garrafas e recipientes de alimentos

Em 2010, esses itens, juntos, somaram 31 milhões de toneladas, ou 12,4% das 250 toneladas de MSW geradas.

Quanto desse plástico nós reciclamos? O gráfico da Figura 9.16 mostra a quantidade, em milhões de toneladas, ao longo do tempo, de total de material de MSW reciclado nos Estados Unidos, não somente dos plásticos. A taxa total de reciclagem de MSW em anos recentes atingiu 34% (Figura 9.16b).

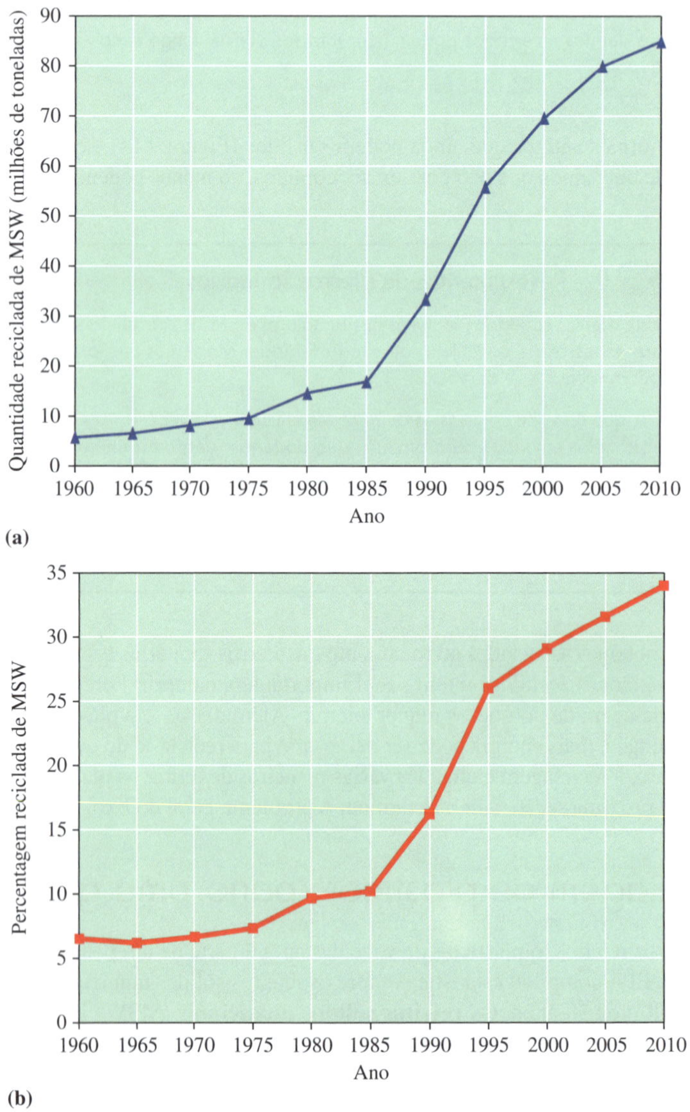

FIGURA 9.16 **(a)** Quantidade de rejeitos sólidos municipais reciclada em milhões de toneladas, 1960-2010. **(b)** Percentagem de rejeitos sólidos municipais reciclados, 1960-2010.

Fonte: U.S. Environmental Protection Agency, EPA-530-F-11-005, november 2011.

TABELA 9.4 Garrafas plásticas recicladas em 2010

Plástico	Quantidade reciclada em 2010 (milhões de libras)	Taxa de reciclagem
PET	1.557,0	29,1%
HDPE	984,0	29,9%
PVC	1,4	2,0%
PP	35,4	18,3%
LDPE	1,0	1,9%

Fonte: American Chemistry Council, National Post–Consumer Plastic Bottle Recycling Report, 2010.

Para comparação, em 2010 somente 7,6% dos plásticos foram reciclados nos Estados Unidos. Por que tão pouco? O problema está nos detalhes! Alguns itens podem ser facilmente reciclados, outros são quase um pesadelo logístico. Além disso, alguns tipos de plásticos já têm mercado, outros não. A Tabela 9.4 mostra o sucesso relativamente alto já atingido pelas garrafas plásticas em comparação com a taxa total de 7,6% de plásticos reciclados.

Químico Cético 9.22 Libras ou toneladas recicladas

Examine os dados da Tabela 9.4 do American Chemistry Council (ACC).

a. Esses dados são compatíveis com os citados pela EPA no Estude Isto 9.18? Suponha que as toneladas citadas são toneladas curtas, isto é, 2.000 libras por tonelada.

b. A EPA relatou as quantidades recicladas usando uma unidade (milhões de toneladas) e o ACC, outra (milhões de libras). Várias explicações são possíveis. Proponha uma.

Resposta

a. 1.557 + 984 + 1,4 + 35,4 + 1,0 = 2.579 milhões de libras recicladas, ou 1,29 milhão de toneladas (curtas). Isso se encaixa na estimativa de 1,72 milhão de toneladas citadas pela EPA, especialmente considerando que os dados do poliestireno não foram incluídos no conjunto do ACC.

Para que a reciclagem tenha sucesso e se sustente, alguns fatores devem ser coordenados. Eles envolvem, além de ciência e tecnologia, economia e, às vezes, política, especialmente no nível local. A melhor reciclagem envolve um anel fechado (Figura 9.17), em que plásticos são coletados, separados e convertidos em produtos que os consumidores compram e depois reciclam.

Para reciclar é necessário coletar o plástico. Várias opções incluem: coleta na calçada, em centros locais de doação e por meio de recompra, envolvendo depósito e reembolso. Para que a reciclagem tenha sucesso, um suprimento confiável de plástico usado deve estar consistentemente disponível em locais determinados.

Uma vez coletado, o plástico tem de ser transportado até uma instalação em que possa ser separado para uso como alguma mercadoria comercializável. Os códigos que são colocados nos objetos plásticos (veja a Tabela 9.1) facilitam o processo de separação. Devido ao grande volume de material, métodos automáticos de separação foram desenvolvidos. Uma vez separados, os polímeros são fundidos. O polímero fundido pode ser usado diretamente na fabricação de novos produtos. Alternativamente, o polímero pode ser solidificado, peletizado e guardado para uso futuro.

Se uma mistura de vários polímeros é fundida, o produto tende a adquirir cor escura e propriedades diferentes, dependendo da natureza da mistura. Esse tipo de material reprocessado é geralmente bom o suficiente para ser reciclado "para baixo" ("*downcycled*"), isto é, convertido para usos menos nobres como para-choques em estacionamentos, potes de flores plásticos descartáveis e substitutos baratos de madeira. Esse material misto não é tão valioso como o polímero puro e homogêneo reciclado. Isso

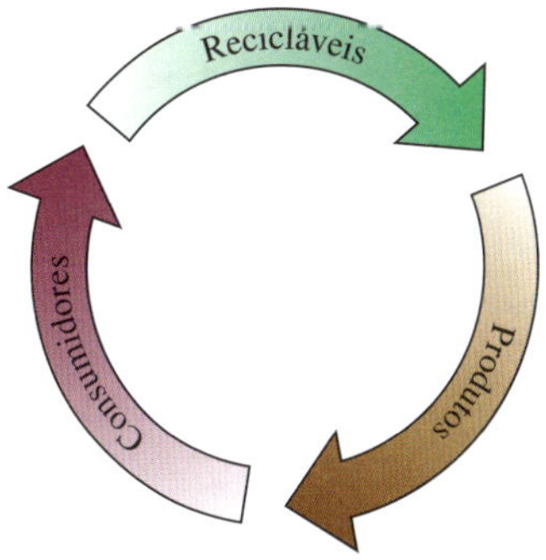

FIGURA 9.17 A reciclagem é idealmente um anel que nunca termina.
Fonte: Reimpresso com permissão da National Association for PET Container Resources.

evidencia a importância de separar os plásticos. Por razões semelhantes, os fabricantes preferem usar um único polímero em um produto para evitar a necessidade de separar.

Tendo um suprimento de plástico (idealmente limpo e separado), os fabricantes podem trabalhar. Os itens produzidos contêm percentagens e tipos variáveis de materiais reciclados. A terminologia é confusa. **Produtos com conteúdo reciclado** são os que são feitos com materiais que de outro modo estariam no fluxo de rejeitos. Eles incluem itens manufaturados com plásticos descartados, bem como itens refeitos, como cartuchos de toner feitos de plástico que são reenchidos. Sacos de lixo, garrafas de detergentes de lavanderia e tapetes são itens plásticos comuns que podem ser considerados produtos com conteúdo reciclado. Alguns equipamentos de parquinhos e bancos também são feitos com plástico descartado.

Os produtos reciclados estão começando a informar a origem do material reciclado. **Conteúdo pós-consumo** relaciona-se a material que foi usado previamente e que de outro modo teria sido descartado como rejeito. Reciclar esses rejeitos – papel de escritório, revestimentos de espuma e garrafas de bebidas – é um modo de mantê-los fora do aterro sanitário. **Conteúdo pré-consumo** refere-se a restos de material usado no processo de fabricação de um item, como fragmentos e recortes. Tecidos pré-consumo, como fragmentos de tecido poliéster da indústria de vestuário, podem ser reciclados em vez de serem descartados.

O termo *produto reciclável* significa simplesmente que o produto *pode* ser reciclado. O termo pode enganar porque a reciclagem de fato pode não existir. Produtos recicláveis não necessariamente contêm materiais recicláveis.

Sua Vez 9.23 Reciclável e reciclado

Dê três exemplos de itens que você poderia adquirir e reciclar. Dê também três exemplos de produtos com conteúdo reciclado. Um item pode cair nas duas categorias?

Para completar o ciclo da Figura 9.17, os itens reciclados são comercializados e (idealmente) adquiridos pelos consumidores. Sem um produto e seus compradores, os programas de reciclagem estão condenados a fracassar. Na verdade, as leis de reciclagem de muitas cidades não foram implementadas e impostas porque um dos elos desta cadeia de fornecimento, coleta, separação, processamento, fabricação e comercialização de polímeros, estava faltando.

FIGURA 9.18 Garrafas de bebidas feitas com PET são muito recicladas.

Consulte a Tabela 9.4 para ver que, como consumidores, somos moderadamente adeptos em deixar garrafas de bebidas feitas com PET em depósitos de reciclagem (Figura 9.18). Mais de 1 bilhão de libras de PET é reciclado nos Estados Unidos! Como o PET é reciclado com mais sucesso do que a maior parte dos plásticos, merece um olhar mais atento. As garrafas de refrigerantes feitas com PET necessitam de um tratamento especial antes de serem fundidas e reusadas. As garrafas usualmente são separadas para remover outros tipos de plásticos, como PVC. Se deixado no lote, o PVC pode enfraquecer o produto final. Etiquetas, tampas ou comida que aderiu ao plástico têm de ser separadas ou retiradas por esfregação. Tampas de garrafas são geralmente feitas de polipropileno, mais forte. O próximo exercício mostra como PET pode ser separado de outros polímeros por densidade. Isso é útil no caso do PET misturado com PVC porque eles parecem iguais.

Estude Isto 9.24 Flutuar ou afundar

Eis valores de densidade para PET e para três outros plásticos que provavelmente serão encontrados em um vaso de reciclagem.

Plástico	Densidade (g/cm^3)
PET	1,38–1,39
HDPE	0,95–0,97
PP	0,90–0,91
PVC	1,18–1,65

(a)

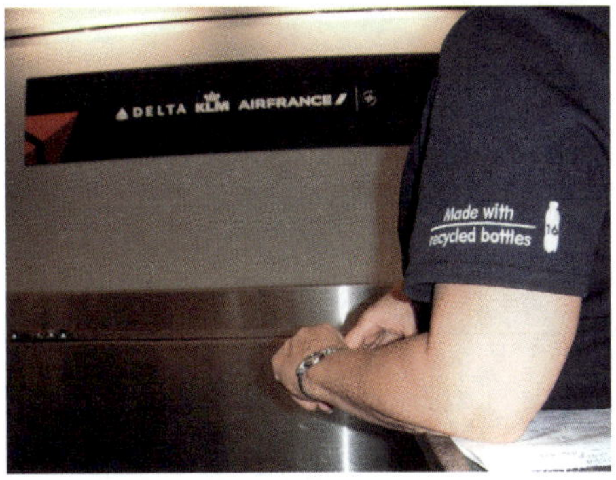

(b)

FIGURA 9.19 **(a)** Roupa para exercícios físicos ("*activewear*") feita com PET reciclado. **(b)** Uniforme de linhas aéreas feito com garrafas de PETreciclado.

Quando colocados em um líquido, o plástico flutuará ou afundará, dependendo da densidade do líquido. Eis as densidades de vários líquidos que não dissolvem os plásticos listados.

Líquido	**Densidade (g/ml)**
metanol	0,79
mistura 42% etanol/água	0,92
mistura 38% etanol/água	0,94
água	1,00
solução saturada de $MgCl_2$	1,34
solução saturada de $ZnCl_2$	2,01

Tendo uma amostra de PET contaminada com HDPE, PP e PVC, proponha um modo de separar o PET dos outros plásticos. Suponha que todas as densidades foram medidas na mesma temperatura.
Nota: 1 cm^3 = 1 mL

Quando você recicla uma garrafa de bebida feita com PET, ele pode voltar à vida como parte de outra garrafa de bebida. Mais provavelmente, entretanto, o poliéster é reciclado "para baixo" ("*downcycled*") e produz itens de menor pureza. Por exemplo, o PET pode ser fundido em fios e transformado em carpetes de poliéster, camisetas, "lã" (Figura 9.19), lençóis e o tecido de cima de tênis de corrida. Cinco garrafas de 2 L recicladas podem ser convertidas em uma camiseta ou no isolamento de um casaco de esqui. São necessárias 450 dessas garrafas para fazer um carpete de poliéster para um quarto de 9 × 12 pés.

Uma questão razoável nesse ponto é o que acontece com todos esses produtos feitos com PET reciclado. A Shaw Industries ganhou um Prêmio Presidencial Desafios de Química Verde de 2003 ao dar uma resposta com o desenvolvimento do carpete EcoWorx, largo e liso e dos carpetes em placas. Ao remover o PVC do reforço desses carpetes, o produto tornou-se 100% reciclável em outros produtos. Benefícios ambientais adicionais desses carpetes incluem as emissões mais baixas de VOC e custos de transporte menores, porque as placas de carpete são mais leves. Em 2012, estes carpetes continham conteúdo 40% reciclado e o rótulo "Nós o queremos de volta". Na medida em que o carpete for usado, reciclado e novamente reciclado, espera-se que esse percentual cresça. Esse é outro exemplo do conceito **do-berço-até-o--berço**. Na verdade, esta linha de carpetes recebeu um prêmio do-berço-até-o-berço de MBDC (McDonough Braungart Design Chemistry).

CERTIFIED cradletocradle CM
SILVER

O arquiteto William McDonough e o químico Michael Braungart são os autores do livro *Cradle-to-Cradle*, mencionado no Capítulo 0.

Esta seção explorou as complexidades da reciclagem, mas lembre-se de que a reciclagem não é a única saída. Não existe uma única e melhor solução para os problemas dos rejeitos plásticos, ou, mais geralmente, de *todos* os rejeitos sólidos. Incineração, reutilização, reciclagem e redução na fonte, todos têm seus benefícios e seus custos. Portanto, é provável que a resposta mais efetiva seja um sistema de gerenciamento integrado dos rejeitos que empregue múltiplas estratégias. No fim, esse sistema otimizaria a eficiência, conservaria energia e material e reduziria o custo e os danos ambientais.

Estude Isto 9.25 Em uma loja perto de você

A menos que as pessoas comprem produtos feitos com plásticos reciclados, os fabricantes terão pouco incentivo financeiro para produzi-los. Encontre cinco itens que contenham plástico reciclado disponíveis para venda.

a. Identifique o(s) polímeros(s) de cada um e a percentagem do conteúdo reciclado, se fornecida.
b. Comente o apelo do item ao consumidor, inclusive se você o compraria ou não.

9.10 De plantas a plásticos

Como mencionamos antes, a maior parte dos polímeros é feita a partir do petróleo, um recurso não renovável. Ainda assim, alguns polímeros têm origem em materiais renováveis como madeira, fibras de algodão, palha, amido e açúcar. O que torna esses polímeros baseados em plantas diferentes de seus parentes baseados no petróleo?

- Eles são **compostáveis**, isto é, nas condições de um compostador doméstico ou industrial, são capazes de sofrer decomposição biológica e formar um material (compósito) que não contém substâncias tóxicas ao crescimento de plantas.
- Alguns polímeros podem ser abertos e convertidos em monômeros novamente para serem transformados em novos polímeros.
- Sua síntese geralmente requer menos recursos, resulta em menos rejeitos e usa menos energia do que a dos polímeros baseados em petróleo.
- Eles não contêm cloro ou flúor como alguns polímeros baseados em petróleo, como Teflon, Saran ou PVC.

Devido a essas características, esses polímeros são ditos "ecoamigáveis". Entretanto, empregue esse termo com cuidado. Como você verá, a compostagem de biopolímeros não é tão simples como pode parecer. Além disso, para comparar polímeros diferentes, os rejeitos, os custos de energia da fabricação, o uso e o fim da vida do produto têm de ser considerados. Novamente, a melhor solução é *reduzir* o que você consome, em vez de mudar para qualquer tipo particular de plástico.

Embora o ácido poliláctico (PLA) não seja o único plástico produzido a partir de plantas, ele serve como um exemplo representativo dos plásticos ecoamigáveis. Como os Seis Grandes, o PLA é um polímero termoplástico que amolece com o calor e pode ser moldado. Como o PLA é um poliéster que se parece muito com o PET, ele é usado para produzir alguns dos mesmos itens, incluindo garrafas transparentes e brilhantes, recipientes transparentes para alimentos, fibras para tecidos e plásticos diversos (Figura 9.20). O PLA também é usado como cobertura em copos e pratos de papel para torná-los impermeáveis.

Ao contrário do PET, o PLA amolece a cerca de 140°F (60°C). Em consequência, se você deixar um item feito com PLA em um carro em um dia ensolarado, você pode voltar e encontrá-lo

(a) (b) (c)

FIGURA 9.20 **(a)** Copos de PLA podem ser incolores, transparentes e impermeáveis, como o PET. **(b)** PLA pode dissolver pigmentos, como o PET. **(c)** Copos de papel cobertos com PLA.

fundido. Então, a menos que ele seja misturado com outras resinas para melhorar a estabilidade térmica, o PLA está limitado a usos em baixas temperaturas.

Como o nome sugere, o ácido poliláctico é um polímero do ácido láctico. Esse monômero tem dois grupos funcionais: um grupo ácido carboxílico e um grupo hidroxila. Eis sua fórmula estrutural.

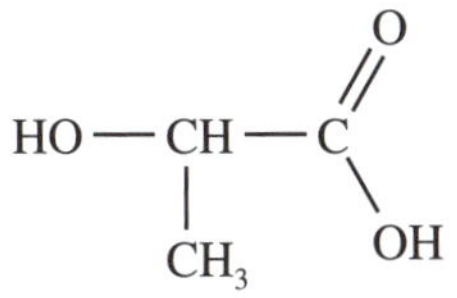

O ácido láctico é natural na biosfera. Ele dá gosto ao leite azedo e é, em parte, responsável por fazer seus músculos doerem após um exercício vigoroso.

Como o PET, o ácido poliláctico é um polímero de condensação e libera uma molécula de água cada vez que uma ligação covalente se forma na cadeia polimérica.

Sua Vez 9.26 A química do PLA

Não daremos a reação química da formação do PLA a partir do ácido láctico porque ela não acontece em uma única etapa e é complicada. Mesmo assim, você deveria ser capaz de escrever uma fórmula química para o PLA.

a. Marque os grupos funcionais do monômero, ácido láctico.
b. Quando o ácido láctico polimeriza, isso é uma reação de adição ou de condensação? Explique.
c. Qual é a unidade que se repete no PLA?

Resposta
b. Uma reação de condensação. O OH do grupo ácido carboxílico e o H do grupo hidroxila formam uma molécula de água como produto.

Como um polímero ecoamigável, o PLA também tem suas controvérsias. Um conjunto delas vem de sua síntese a partir do milho. Como o etanol, também produzido a partir do milho (Capítulo 4), o PLA compete com o milho que é usado na alimentação do gado. Mais ainda, o escoamento nos milharais pode tornar cursos de água ricos em nutrientes (Capítulo 11), e o milho pode ser geneticamente modificado para resistir a pragas (Capítulo 12). O PLA também pode ser produzido a partir de outras plantas que contêm carboidratos. Por exemplo, uma companhia holandesa usa açúcar de cana e um fabricante japonês usa raízes de tapioca. Nos Estados Unidos, o PLA é feito principalmente do amido de grãos de milho, levando ao apelido "plástico de milho".

Em 2012, o PLA era principalmente fabricado nos EUA pela Nature Works, uma subsidiária da Cargill. Ele também é manufaturado na Holanda pela PURAC Biomaterials e por vários outros fabricantes no Japão e na China.

Ao contrário dos polímeros baseados no petróleo, o PLA é compostável, mas o processo é lento sem o calor fornecido por um compostador industrial. Quão lento? Em um compostador de quintal, o processo leva até um ano. Em contraste, os compostadores industriais completam o processo em 3 a 6 meses. Entretanto, muitas comunidades não têm acesso a esses compostadores, pelo menos não por enquanto. Note que não há benefício ecológico em jogar o PLA em um aterro sanitário. Se você rever a Figura 9.14, verá que a degradação real de alguma coisa em um aterro é lenta.

No fluxo de biorrejeitos (como parte dos rejeitos sólidos municipais), o PLA atinge somente cerca de 1%. Grama de jardins e restos de comida são os itens principais.

O PLA pode ser reciclado? Em teoria, sim, mas não ainda. Na verdade, ter PLA no fluxo de reciclagem é uma preocupação para os que reciclam PET porque, como um especialista brincou, "os dois se misturam tão bem como óleo e água". Os recicladores coletam e empacotam as garrafas de PET e então processam o plástico, transformando-os eventualmente em novos recipientes, fibras de enchimento ou carpetes. O PLA, se presente em quantidades maiores, tem de ser separado do fluxo de reciclagem do PET.

Estude Isto 9.27 Trabalho de detetive em sua universidade

Milhares de refeições são servidas em muitos restaurantes universitários a cada dia. Muito provavelmente, os profissionais do serviço de alimentação do seu pensaram seriamente em que copos, pratos, garfos, facas, palitos e guardanapos usar. Seja um detetive e descubra as práticas sustentáveis em seu *campus*. O que acontece aos pratos, copos e utensílios? Eles são lavados e reusados? São descartados? Se sim, são feitos com PLA? Quais são as controvérsias? Prepare um resumo de uma página sobre um item específico, por exemplo, copos para bebidas quentes.

9.11 Mudança de referências

(a) (b)

FIGURA 9.21 **(a)** Garrafa de 2 litros de 1970 com um reforço na base para resistência adicional. **(b)** Garrafa de vidro de 10 onças de 1960, retornável.

No capítulo de introdução a este texto, introduzimos o conceito de **mudança de referências**, isto é, a ideia de que o que as pessoas esperam como "normal" em nosso planeta muda com o tempo. Nosso uso dos plásticos é um bom exemplo. Muita gente ainda lembra "como as coisas eram" antes do advento dos plásticos. Hoje, essas pessoas provavelmente têm cabelos brancos e eram crianças lá pelos anos 1930. Mesmo os nascidos durante e pouco depois do fim da Segunda Guerra Mundial lembram-se de coletar as garrafas de vidro mostradas na Figura 9.21 para receber o reembolso.

Veja as canetas de plástico, por exemplo. Há menos de 50 anos, a maior parte das pessoas – inclusive crianças nas escolas primárias – escrevia com canetas-tinteiro. Um vidro de tinta azul ou preta era algo que você mantinha à mão, bem fechado, em sua carteira de madeira. Você resolvia problemas de aritmética com um lápis amarelo nº 2, gastando gradualmente a borracha. Canetas esferográficas descartáveis e canetas gel estavam ainda por aparecer no território da escrita.

Pense também nas garrafas plásticas de bebida. Foi somente em 1970 que as primeiras garrafas de 2 litros (64 oz) apareceram nas estantes dos supermercados. Os primeiros modelos eram feitos com PET e tinham uma base opaca para aumentar a resistência (Figura 9.21a). A PepsiCo foi a primeira a vender refrigerantes em garrafas de 2 litros. Outras companhias rapidamente a seguiram.

Antes do advento do plástico, a maior parte das bebidas usava garrafas de vidro. Mesmo nos anos 1970, o leite era entregue nas residências em garrafas de vidro e as garrafas vazias, recolhidas no dia seguinte. O tamanho das porções também era menor. As garrafas de Coca-Cola eram de 10 onças (Figura 9.21b). Em contraste, as latas de alumínio de hoje têm 12 onças e as de plástico são ainda maiores. Em vez de disponibilizar latas, as máquinas de venda do passado disponibilizavam garrafas, e caixas gradeadas de madeira estavam por perto para receber as garrafas vazias. Entretanto, garrafas de vidro não são necessariamente "mais verdes" ou mais sustentáveis do que as de plástico. A próxima atividade convida a explorar as duas opções.

Sua Vez 9.28 Vidro ou plástico?

a. Mesmo que vender leite em garrafas de vidro possa estar voltando à moda, as jarras plásticas ou as caixas forradas com plásticos são ainda a norma em muitos lugares. Liste duas vantagens e desvantagens do uso de garrafas de vidro. Faça o mesmo para as garrafas plásticas.

b. Hoje, se não forem vendidos em latas de alumínio, os refrigerantes são vendidos em garrafas plásticas, e a cerveja é vendida em garrafas de vidro. Pesquise e relate pelo menos duas razões para a diferença.

As máquinas de venda que disponibilizavam latas de alumínio foram inventadas por volta de 1965.

Destroços plásticos! Não somente nosso uso do plástico tornou-se a norma, mas também passou a ser a norma encontrar destroços de plásticos em todo lugar – ruas, quintais, rios, praias e mesmo em áreas silvestres. O problema é que o plástico dura. Quando um pedaço de plástico vai parar no ambiente local, ele não se dissolve, se quebra sob a luz do sol ou se decompõe, pelo menos não com velocidade apreciável. Na verdade, ele tende a se quebrar em pedaços cada vez menores e a se dispersar. As mesmas propriedades que tornaram o plástico tão útil em primeiro lugar significam que os pedaços de plástico persistem por muitos anos. Isso soa familiar? Veja se a próxima atividade ajuda a refrescar sua memória.

Estude Isto 9.29 Lições de refrigerantes passados

Cloro-fluorocarbonetos, melhor conhecidos como CFCs, já foram muito usados em refrigeradores, latas de sprays, espumas e nebulizadores médicos.

a. Por que os CFCs foram abandonados?
b. Alguns CFCs permanecem na atmosfera por 100 anos ou mais. Explique como essa propriedade dos CFCs está ligada ao seu abandono.
c. Nomeie algumas propriedades que polímeros como HDPE, LDPE, PVC e PS compartilham com os CFCs.
d. Ao contrário dos CFCs, é muito pouco provável que os plásticos sejam abandonados. Ofereça algumas razões para isso.
e. Mesmo assim, não podemos manter nosso uso corrente dos plásticos. Dê evidências em favor dessa afirmação.

Destroços plásticos! Não são só garrafas plásticas e embalagens que você encontra em volta de si. Também, em toda parte na natureza – inclusive em nossos corpos –, estão as substâncias invisíveis que são liberadas pelos plásticos. Faça o cálculo ambiental. O que é adicionado a um polímero é lentamente retirado com a passagem do tempo. Por quê? Os plastificantes não estão quimicamente ligados ao plástico. Na verdade, eles estão misturados para que o plástico fique mais mole e mais flexível. Com o tempo, eles passam lentamente para a biosfera. A próxima atividade vai apresentá-lo ao DEHP, um plastificante controverso.

Sua Vez 9.30 Conheça o DEHP

O DEHP pertence a uma classe comum de plastificantes conhecida como *ftalatos*. Os ftalatos são ésteres do ácido ftálico, um isômero do ácido tereftálico, um dos monômeros usados para sintetizar o PET.

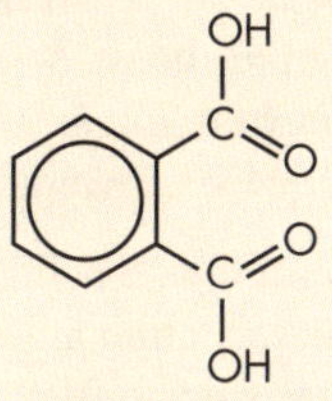

ácido ftálico

a. Explique o significado do termo éster.
b. Eis a fórmula estrutural do DEHP. Marque os dois grupos éster da molécula.

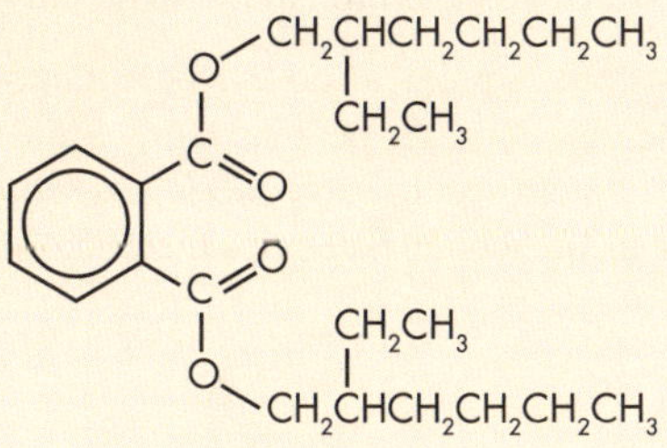

DEHP

c. Dê a fórmula estrutural do álcool que reagiu com o ácido ftálico para formar esse éster.

Como você viu na atividade anterior, a molécula do DEHP tem duas cadeias laterais longas "onduladas" ligadas ao anel de benzeno. Imagine o que acontece quando DEHP, talvez até 30% em peso, é misturado com um arranjo repetido cabeça/cauda de PVC. Esse arranjo do PVC tende à rigidez porque suas moléculas se empacotam bem e formam regiões mais cristalinas. Entretanto, com a adição de DEHP, o arranjo regular das cadeias de PVC é perturbado, e o polímero fica muito mais flexível.

No próximo capítulo sobre fármacos, examinaremos a estrutura química e a atividade biológica do estrogênio.

O bisfenol A (BPA) é conhecido desde os anos 1930 por reproduzir os efeitos do estrogênio. Procure por mais sobre o estrogênio no Capítulo 10, sobre fármacos.

Por que há uma controvérsia? O DEHP, como outros ftalatos, é suspeito de ser um **disruptor endócrino**, um composto que afeta o sistema hormonal humano, incluindo os da reprodução e do desenvolvimento sexual. O estrogênio é um desses hormônios, e infelizmente o DEHP parece ter atividade biológica semelhante à do estrogênio. O DEHP também é um cancerígeno suspeito em humanos.

E por que é difícil resolver a controvérsia? Embora a evidência contra o DEHP tenha se acumulado por décadas, tem sido difícil conectar os pontos das pesquisas. Parte da dificuldade está nas baixas concentrações envolvidas – partes por bilhão. Mesmo assim, em 2011, a U.S. Food and Drug Administration estabeleceu o limite permitido para o DEHP na água engarrafada em 0,006 mg/litro ou 6 ppb. O fato de que DEHP poderia estar presente em água engarrafada pode ser uma surpresa para você, mas lembre-se do que afirmamos antes: compostos originários dos plásticos encontraram seu caminho para todos os lugares no ambiente, inclusive nossos corpos.

Outra razão que torna difícil resolver a controvérsia e que não somente um, mas muitos disruptores endócrinos ocorrem no ambiente. Alguns são naturais, outros artificiais, introduzidos pelos humanos. Um deles, do qual você talvez tenha ouvido falar, é o BPA, um composto que reproduz os efeitos do estrogênio. BPA é transferido para o ambiente por várias fontes, inclusive algumas garrafas plásticas.

Uma terceira dificuldade é que não é ético testar compostos como o BPA em humanos. Embora essa pesquisa pudesse resolver rapidamente essas questões, ela não é possível nem desejável. Um modo de contornar a questão ética é estudar as pessoas que já foram inadvertidamente expostas ao BPA.

Apesar das dificuldades, em alguns casos substâncias potencialmente danosas têm sido banidas pela lei. Por exemplo, faz sentido proibir o DEHP em chupetas, porque os bebês são expostos repetidamente ao composto quando chupam e porque pesquisas com animais mostraram que o DEHP afeta o desenvolvimento sexual dos machos. Pela mesma razão, DEHP e plastificantes assemelhados foram banidos de brinquedos infantis. Essas proibições são um exemplo do **princípio da precaução**, que mencionamos no Capítulo 2. Esse princípio enfatiza a sabedoria de agir, mesmo na ausência de dados científicos completos, antes que os efeitos adversos sobre a saúde humana ou o ambiente tornem-se significativos ou irrevogáveis.

Em muitos outros casos, porém, as escolhas ainda estão sendo debatidas. Os extremos vão de banir os compostos químicos completamente até permitir seu uso indiscriminado. Nenhum desses extremos é prática corrente. Então, agora é uma questão de chegar a um consenso sobre usos permitidos. Um relatório sobre o BPA em *Chemical & Engineering News*, a revista semanal da American Chemical Society, avaliou as dificuldades que você e todos os cidadãos enfrentam:

> Na medida em que esse debate se desenrola, o público é bombardeado com um fluxo estável de estudos, relatórios, opiniões, contraopiniões, conflitos de interesse, processos e inquéritos do Congresso dizendo respeito ao BPA. Ambos os lados do debate têm sido ativos em promover seus pontos de vista na mídia e em público. E ambos os lados acusam uns aos outros de usar a tática de distorcer os fatos para criar incertezas sobre o BPA, modo não muito diferente dos debates sociocientíficos que ocorreram com relação ao uso do cigarro e as mudanças climáticas. (6 de junho de 2011, pg. 13)

Terminamos este capítulo com as palavras do livro *Cradle-to-Cradle* que o abriram: "A Natureza não tem um problema de objetivos. As pessoas têm". Sintetizamos plásticos maravilhosos que nos servem de maneiras que há um século não poderíamos sequer imaginar. Ao mesmo tempo, falhamos em desenvolver sistemas que conduzam esses materiais suave, segura e economicamente do-berço-até-o-berço.

Conclusão

Os polímeros sintéticos estão no centro da vida moderna, embora sua existência dependa de um recurso precioso que estamos consumindo – óleo cru. Passamos a depender dos polímeros sintéticos, mas em muitos casos presumimos que estão à nossa disposição ao ponto do desperdício. Mais uma vez, encontramos um tópico químico que tem o potencial de nos fazer refletir sobre nosso estilo de vida e sua sustentabilidade.

Com o tempo, os químicos criaram um conjunto impressionante de polímeros e plásticos – novos materiais que tornaram nossa vida mais confortável e conveniente. Em muitos casos, esses plásticos são melhores do que os polímeros naturais que substituem. Além disso, os produtos que usamos hoje seriam impossíveis sem polímeros sintéticos: DVDs, celulares, lentes de contato respiráveis, equipamento para diálise dos rins e corações artificiais. Ficamos dependentes dos polímeros, e é praticamente impossível abandonar seu uso.

A indústria química respondeu aos consumidores. No entanto, a resposta parece agora ser a produção de mais itens plásticos do que gostaríamos ou talvez mais do que podemos usar com responsabilidade. Juntamente aos que trabalham no mundo corporativo, temos de aprender a lidar com os rejeitos plásticos e ao mesmo tempo poupar matérias-primas e energia para amanhã. Criar um novo mundo de plásticos e polímeros exigirá a inteligência e os esforços de políticos, legisladores, economistas, fabricantes, consumidores e, é claro, químicos. Este capítulo mostrou que esforços para a redução, reutilização, reciclagem e recuperação estão bem avançados.

Como vimos em capítulos anteriores, tudo está ligado, exatamente como a teia da aranha do globo que abriu este capítulo. Aqui, procuramos as ligações entre polímeros e suas matérias-primas – petróleo ou plantas –, bem como suas ligações com os rejeitos (ou compostos) no ambiente. O capítulo terminou com uma ligação inesperada, a dos aditivos de plásticos que passam para o ambiente e têm propriedades de fármacos semelhantes ao estrogênio. O que exatamente são fármacos? Que outros compostos farmaceuticamente ativos são encontrados no ambiente, de origem natural ou de fontes humanas? Essas questões nos remetem ao próximo capítulo.

Resumo do capítulo

Princípios químicos deste capítulo que se deve saber:

- Polímeros naturais *versus* sintéticos (9.1, 9.7)
- Estrutura de polímeros e monômeros (9.2)
- Reações de polimerização (9.3, 9.6)
- Forças intermoleculares (9.3)
- Arranjos moleculares e propriedades observáveis (9.4)
- Grupos funcionais e reatividade (9.5, 9.6)
- Aminoácidos e proteínas (9.7)
- Persistência ambiental e desenho de materiais (9.8-9.11)

Tendo estudado este capítulo, você deveria ser capaz de:

- Dar exemplos de polímeros naturais e sintéticos, baseados no petróleo ou em plantas (9.1, 9.10)
- Mostrar as relações entre polímeros e os monômeros com os quais são sintetizados (9.2)
- Comparar e contrastar a polimerização por adição e por condensação (9.3, 9.6)
- Comparar e contrastar o polietileno de baixa densidade e o de alta densidade, em termos de estrutura molecular e propriedades observáveis (9.4)
- Reconhecer e descrever os Seis Grandes polímeros em termos de usos e propriedades, bem como as estruturas moleculares de seus monômeros e polímeros (9.4-9.6)
- Explicar os usos e discutir as controvérsias envolvendo plastificantes (9.5, 9.10, 9.11)
- Identificar grupos funcionais em monômeros e polímeros (9.6)
- Nomear e desenhar fórmulas estruturais para vários ácidos carboxílicos diferentes (9.6)
- Mostrar como produzir um éster a partir de um álcool e um ácido carboxílico (9.6)
- Usar fórmulas estruturais para escrever as equações químicas das reações de polimerização (9.6, 9.7)
- Explicar as relações entre aminoácidos e proteínas (9.7)
- Comparar e contrastar as origens e as estruturas de náilons e proteínas (9.7)
- Dar exemplos dos Quatro Rs: Reduzir, Reutilizar, Reciclar e Recuperar (9.8)
- Explicar por que os Quatro Rs têm uma ordem de preferência (9.8)
- Descrever as diferenças entre produtos de conteúdo reciclado, conteúdo pós-consumidor e conteúdo pré-consumidor (9.9)
- Interpretar tendências na reciclagem de plásticos na década (9.9)
- Discutir as diferentes atividades envolvidas na reciclagem e suas complexidades inerentes (9.9)
- Discutir as fontes e os componentes dos rejeitos sólidos municipais (MSW) (9.9)
- Comparar e contrastar a ecoamizade e os limites dos polímeros baseados em plantas e em petróleo (9.10)
- Usar plásticos para dar exemplos de mudanças das referências e do princípio da precaução (9.11)
- Comparar e contrastar plásticos e CFCs em termos das questões que se colocam devido à sua persistência ambiental (9.11)

Questões

Ênfase nos fundamentos

1. Dê dois exemplos de polímeros naturais e dois de polímeros sintéticos.
2. Pense em sua futura profissão ou em sua carreira. Como você poderia contribuir de modo relevante para reduzir nossos rejeitos sólidos? Sugira três modos. *Sugestão*: Pensar nos Quatro Rs pode ajudar.

3. A equação 9.1 contém n em ambos os lados da equação. O da esquerda é um coeficiente e o da direita, um subscrito. Explique

4. Na equação 9.1, explique a função do R· sobre a seta.

5. Descreva como cada uma destas estratégias deveria afetar as propriedades do polietileno. Dê também uma explicação de cada efeito no nível molecular.
   a. aumento do comprimento da cadeia de polímero
   b. alinhamento das cadeias de polímeros uma com a outra
   c. aumento do grau de ramificação da cadeia de polímero

6. A Figura 9.3a mostra duas garrafas feitas com polietilento. Quais são as diferenças, em nível molecular, entre as duas garrafas?

7. O etileno (eteno) é um hidrocarboneto. Dê os nomes e as fórmulas moleculares de dois outros hidrocarbonetos que, como o etileno, podem servir de monômeros.

8. Por que um arranjo cabeça/cauda não é possível para o etileno?

9. Determine o número aproximado de unidades monoméricas $H_2C{=}CH_2$, n, em uma molécula de polietileno com massa molar de 40.000 g. Quantos átomos de carbono estão nessa molécula?

10. Uma fórmula estrutural do estireno é dada na Tabela 9.1.
    a. Redesenhe-a para mostrar todos os átomos presentes.
    b. Dê a fórmula química do estireno.
    c. Calcule a massa molar de uma molécula de poliestireno com 5.000 monômeros.

11. O cloreto de vinila polimeriza para formar PVC em vários arranjos diferentes, como se vê na Figura 9.8. Que exemplo é mostrado aqui?

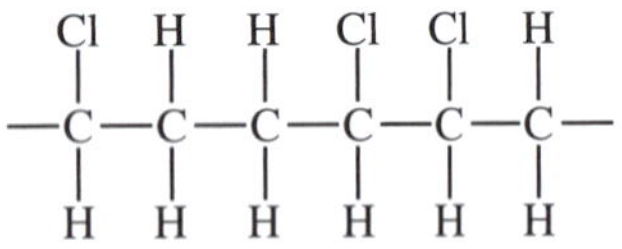

12. Eis dois segmentos de uma molécula maior de PVC. Essas duas estruturas estão no mesmo arranjo? Explique sua resposta identificando a orientação de cada arranjo. *Sugestão*: Veja a Figura 9.8.

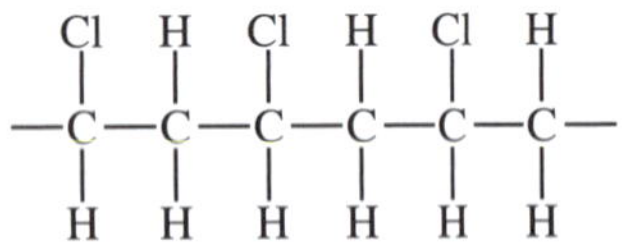

e

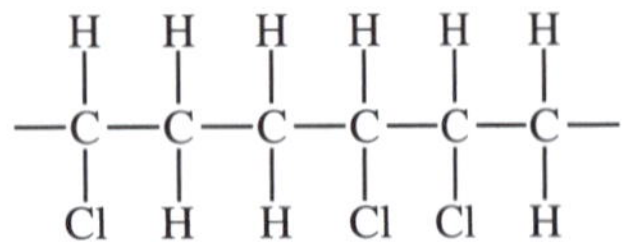

13. O butadieno, $H_2C{=}CH{-}HC{=}CH_2$, pode ser polimerizado para fazer uma borracha sintética. Isso aconteceria por polimerização por adição ou por condensação?

14. Quais dos "Seis Grandes" provavelmente seriam usados nessas aplicações?
    a. garrafas transparentes de refrigerante
    b. garrafas opacas de detergente de lavanderia
    c. cortinas de chuveiro claras e brilhantes
    d. carpete resistente interno-externo
    e. recipientes plásticos para comida
    f. recipientes para "quinquilharias"
    g. recipientes para leite

15. a. Escreva a reação de polimerização, análoga à da equação 9.3, de n monômeros do propileno para formar polipropileno.
    b. Mostre um arranjo aleatório, análogo ao da Figura 9.8, dos monômeros de um segmento de polipropileno.

16. Muitos recipientes são feitos de plásticos. Verifique os códigos de reciclagem de 10 recipientes de sua escolha (veja a Tabela 9.1). Em sua amostra, que polímero você encontrou com mais frequência?

17. Nomeie o(s) grupo(s) funcional(is) de cada um destes monômeros.
    a. estireno
    b. etileno-glicol
    c. ácido tereftálico
    d. o aminoácido com R = H
    e. hexametilenodiamina
    f. ácido adípico

18. Marque e identifique todos os grupos funcionais desta molécula:

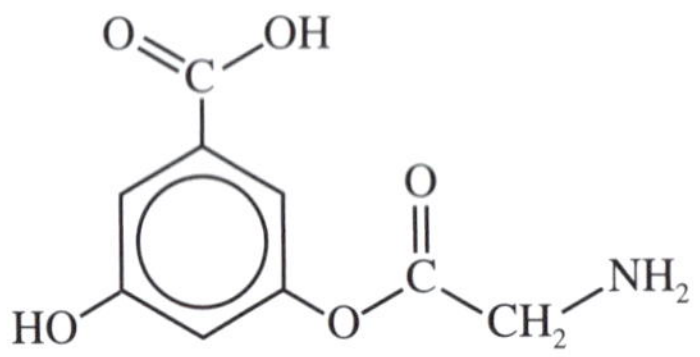

19. Kevlar é um tipo de náilon chamado de *aramida*. Ele contém anéis semelhantes aos do benzeno. Devido à sua grande resistência mecânica, ele é usado em pneus radiais e em coletes à prova de bala. Sua Vez 9.15 dá a estrutura dos dois monômeros, ácido tereftálico e fenilenodiamina. Nomeie os grupos funcionais dos monômeros e do polímero.

20. A Tabela 9.3 dá as fórmulas estruturais dos ácidos etanoico e propanoico. Com esses dois nomes, você deveria ser capaz de determinar as regras de nomenclatura.
    a. Como seria chamado um ácido carboxílico com cinco átomos de carbono?
    b. O ácido metanoico é o menor ácido carboxílico. Também conhecido como ácido fórmico, é um dos componentes do líquido da mordida de uma formiga. Desenhe a fórmula estrutural do ácido metanoico.
    c. O ácido butanoico, como o ácido propanoico, tem um cheiro forte. Desenhe a fórmula estrutural do ácido butanoico.

21. A seda é um exemplo de polímero natural. Cite três propriedades que tornam a seda desejável. Que polímero sintético tem a estrutura química modelada pela seda?

22. A Dow Chemical Company ganhou um Prêmio Presidencial Desafios de Química Verde por desenvolver um processo que usa CO_2 como agente de expansão para produzir o material de empacotamento Styrofoam.
   a. O que é um agente de expansão?
   b. Que composto o CO_2 eventualmente substitui no processo e por que essa substituição é benéfica para o ambiente?

23. Sugestões para reduzir seus rejeitos incluem (1) comprar em grandes quantidades ou em tamanhos econômicos e (2) evitar porções individuais empacotadas. Digamos que você seguiu essa prática nesses casos. Que plástico você usaria menos? Você usaria mais de alguma outra coisa?
   a. Para uso em seu refrigerador, comprar uma caixa plástica de meio galão de leite, e não uma de 2 quartos.
   b. Para convidados em uma festa, comprar garrafas de 2 litros de limonada, e não garrafas individuais.
   c. Comprar detergente de lavanderia mais concentrado em uma garrafa plástica menor.

24. Produtos reciclados estão começando a informar a origem do material reciclado.
   a. Dê exemplos de conteúdo pós-consumidor e pré-consumidor.
   b. Os produtos recicláveis contêm materiais reciclados?

Foco nos conceitos

25. Desenhe um diagrama que mostre as relações entre estes termos: *natural*, *sintético*, *polímero*, *náilon*, *proteína*. Adicione outros termos se necessário.

26. Hoje, muitas garrafas de 2 litros de refrigerantes são feitas de PET com tampas de polipropileno. Por que o polipropileno é uma boa escolha para a tampa? Que dificuldade o uso do polipropilento apresenta na reciclagem de garrafas de PET?

27. A glicose de milho é a base de alguns materiais biopolímérios. A glicose também é o monômero da celulose. Já encontramos neste texto a glicose na reação fotoquímica da fotossíntese. O que é fotossíntese e a partir de que compostos a glicose é produzida?

28. As propriedades de um polímero dependem, em parte, dos elementos químicos que contêm. Nomeie três outras coisas que influenciam as propriedades de um dado polímero.

29. Muitos monômeros contêm uma ligação dupla C=C. Selecione um deles e desenhe sua fórmula estrutural juntamente à do polímero correspondente. Descreva as semelhanças e diferenças entre o monômero e o polímero.

30. Que características estruturais um monômero deve ter para sofrer polimerização de adição? Explique, dando um exemplo. Faça o mesmo para a polimerização por condensação.

31. Esta equação representa a polimerização do cloreto de vinila. No nível molecular, como o ângulo Cl–C–H muda quando a reação ocorre?

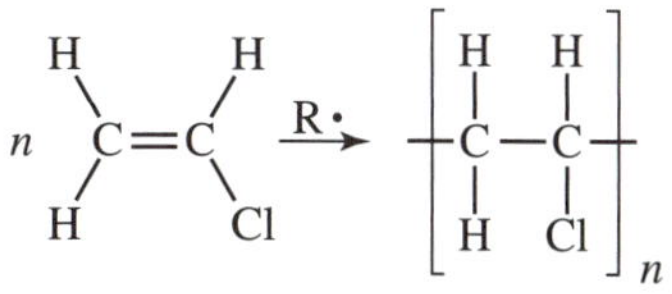

32. A poliacrilonitrila é um polímero feito a partir do monômero acrilonitrila, CH_2CHCN.
   a. Desenhe a estrutura de Lewis desse monômero. *Sugestão*: O átomo de N está em ligação tripla.
   b. A poliacrilonitrila é usada na fabricação de fibras Acrilan, muito usadas em tecidos para tapetes e estofamentos. Se acesa, a fibra pode liberar um gás venenoso. No caso de fogo, que perigo os tapetes e estofamentos feitos com esse polímero apresentam?

33. Roy Plunkett, um químico da DuPont, descobriu o Teflon quando trabalhava com tetrafluoro-etileno gasoso. Eis o monômero.

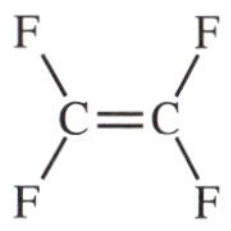

   a. Escreva, de forma análoga à equação 9.1, a equação química da polimerização de *n* moléculas de tetrafluoro-etileno para formar o Teflon.
   b. Por que um arranjo repetido cabeça/cauda não é possível para esse polímero?
   c. Teflon é um sólido e CFC-12 (CL_2F_2) é um gás. No entanto, os dois contêm ligações C–F. Que outras características o Teflon e o CFC-12 têm em comum?

34. A equação 9.1 mostra a polimerização do etileno. Pelas energias de ligação da Tabela 4.4, esta reação é endotérmica ou exotérmica?

35. Sua resposta para a questão 34 seria diferente se o tetrafluoro-etileno fosse usado como monômero? Veja a questão 33 para a estrutura do monômero.

36. Você esperaria que o calor de combustão do polietileno, em quilojoules por grama (kJ/g), fosse mais parecido com o do hidrogênio, do carvão ou do octano, C_8H_{18}? Explique sua predição.

37. Reciclagem não é a mesma coisa que prevenção de rejeitos. Explique.

38. Eis um símbolo de reciclagem que é mais colorido do que os padronizados usados em muitos recipientes plásticos.
   a. O que é PLA?
   b. Por que uma espiga de milho está reproduzida no centro do símbolo?

c. Esse símbolo está impresso com tinta verde, presumivelmente para mostrar que o polímero é "verde". Dê duas razões para o PLA ser considerado um polímero amigável para com o ambiente.
d. Para cada uma das razões dadas na parte anterior, dê informações contra seu argumento.

39. Examine a polimerização de 1.000 moléculas de etileno para formar um grande segmento de polietileno.

$$1000\ CH_2{=}CH_2 \xrightarrow{R\cdot} \text{-}(CH_2CH_2)\text{-}_{1000}$$

a. Calcule a variação de energia dessa reação. *Sugestão*: Use as energias de ligação da Tabela 4.4.
b. Para que a reação ocorra, deve-se fornecer ou remover calor do balão de polimerização? Explique.

40. Eis a fórmula estrutural do Dacron, um poliéster de condensação.

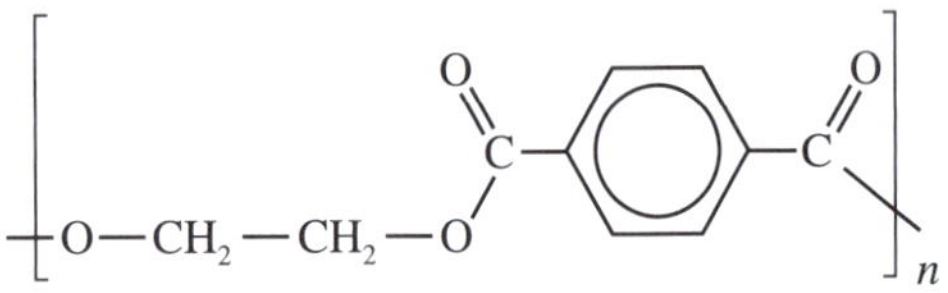

Dacron é formado por 2 monômeros, um com 2 grupos hidroxila (–OH) e o outro com 2 grupos ácido carboxílico (–COOH). Desenhe a fórmula estrutural de cada monômero.

41. Quando você estica uma peça de saco plástico, o comprimento da peça aumenta dramaticamente e a espessura diminui. O mesmo acontece quando você tenta esticar um pedaço de papel? Por que sim ou por que não? Explique usando moléculas.

42. Examine a Spectra, a fibra de HDPE da AlliedSignal Inc., usada em luvas cirúrgicas. O interessante é que Spectra é HDPE linear, que é usualmente associado com rigidez e pouca flexibilidade.
a. Sugira uma razão do LDPE não poder ser usado nessa aplicação.
b. Nomeie dois outros usos para um tecido feito com Spectra.

43. Os Quatro Rs são reduza, recicle, reutilize e recupere.
a. Dê um exemplo de cada um, nomeando o plástico envolvido.
b. Um possível quinto R é "repense". Por exemplo, rejeitos plásticos podem ser repensados em termos de benefícios à saúde pública. Dê um exemplo de ligação entre redução de rejeitos e saúde pública.

44. Os polímeros Seis Grandes são insolúveis em água, mas alguns dissolvem ou pelo menos amolecem em hidrocarbonetos (veja a Tabela 9.1). Use seu conhecimento da estrutura molecular e da solubilidade para explicar esse comportamento.

45. Quando os pequenos blocos de espuma de poliestireno usados em empacotamentos são imersos em acetona (um solvente de alguns removedores de esmalte de unha), eles dissolvem. Se a acetona evapora, permanece um sólido. O que é esse sólido? Explique o que aconteceu. *Sugestão:* Lembre-se de que a espuma de poliestireno é feita com agentes de expansão.

46. Hoje, alguns pequenos blocos de empacotamento são feitos com materiais à base de plantas, e não mais com espuma de poliestireno.
a. Amido é uma das opções. O que é amido e qual é sua fonte?
b. Dê duas vantagens e duas desvantagens dos blocos de empacotamento feitos a partir de amido.
c. Nomeie uma opção para o descarte de blocos de empacotamento de amido.

47. Explique o conceito de mudança de referências. Então, dê dois exemplos relacionados a:
a. itens plásticos usados em empacotamento.
b. contaminação de vias aquáticas por plásticos.

48. DEH é um plastificante exemplo de ftalato, um éster do ácido ftálico.

a. O que é um plastificante?
b. Por que plastificantes como DEHP são adicionados ao PVC?
c. DEHP foi proibido para certos usos. Nomeie dois e explique por quê.

Exercícios avançados

49. a. Nomeie dois grupos funcionais que não foram discutidos neste capítulo. Dê um exemplo de uma molécula que contenha cada um deles. *Sugestão*: Olhe o Capítulo 10.
b. Encontre a fórmula estrutural da molécula da acetona, mencionada na questão 45. Que grupo funcional ela contém?

50. Algodão, borracha, seda e lã são polímeros naturais. Consulte outras fontes para identificar o monômero desses polímeros. Quais são polímeros de adição e quais são de condensação?

51. A Grande Mancha de Lixo Plástico ("Vórtice de Lixo Plástico") é supostamente formada por pequenos fragmentos que ficam abaixo da superfície do oceano e causam estragos à vida marinha e aos que a ingerem, inclusive humanos. Em 2011, uma pessoa de alto nível na indústria de plásticos informalmente deu uma opinião a um dos autores deste livro. "Pessoalmente", disse, "acho que é uma farsa". Ele está correto ou está desinformado sobre os fatos? Use fontes credenciadas para sustentar uma opinião.

52. Um osso de orelha, um tubo de falópio ou uma válvula cardíaca de Teflon? Um implante Gore-Tex para a face ou para reparar uma hérnia? Alguns polímeros são biocompatíveis e são agora usados para substituir ou consertar partes do corpo.
a. Liste quatro propriedades desejáveis para polímeros usados no *interior* do corpo humano.
b. Outros polímeros são usados *fora* do corpo, mas em contato com ele, como as lentes de contato. De que são feitas as lentes de contato? Que propriedades são desejáveis?

53. O PVC, também conhecido como "vinil", é um plástico controverso. Comente as controvérsias, do ponto de vista do consumidor e do ponto de vista de um trabalhador na indústria de vinil.

54. Busque a história da descoberta do Kevlar. O polímero foi originalmente planejado para uso em pneus radiais, mas encontrou outras aplicações. Escreva um pequeno relatório citando suas fontes.

55. O isopreno polimeriza para formar o poli-isopreno, uma borracha natural. Eis a fórmula estrutural do isopreno, com os carbonos numerados.

$$CH_2\!\!=\!\!\underset{1}{\overset{2}{C}}\!-\!\underset{|}{\overset{3}{CH}}\!\!=\!\!\underset{4}{CH_2}$$
$$CH_3$$

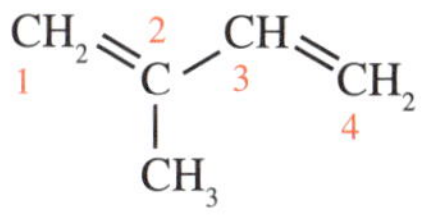

Quando os monômeros de isopreno se adicionam, o poli-isopreno tem uma ligação C=C entre os átomos de carbono 2 e 3. Como essa ligação dupla se forma? *Sugestão*: Cada ligação C=C contém quatro elétrons. Cada nova ligação C–C que se forma para ligar dois monômeros só precisa de dois elétrons, um de cada um dos monômeros que se juntaram.

56. A borracha sintética é usualmente formada por polimerização por adição. Uma exceção importante é a borracha de silicone, que é feita pela polimerização por condensação do dimetil-silanodiol. Eis uma representação da reação.

$$n\;HO\!-\!\underset{\underset{CH_3}{|}}{\overset{\overset{CH_3}{|}}{Si}}\!-\!OH \longrightarrow \left[\!-\!O\!-\!\underset{\underset{CH_3}{|}}{\overset{\overset{CH_3}{|}}{Si}}\!-\!O\!-\!\right]_n + n\;H_2O$$

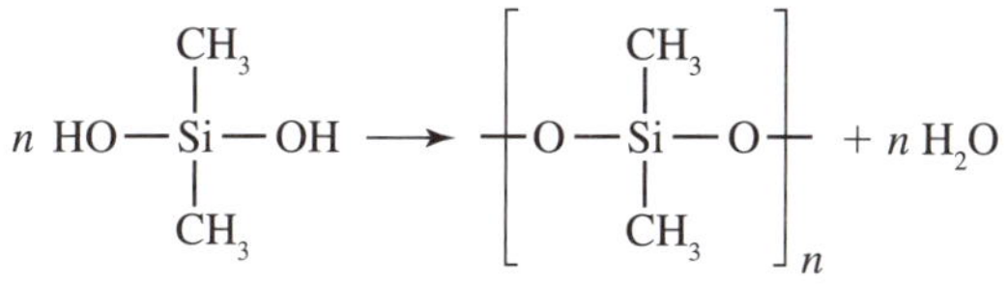

a. Prediga duas propriedades desse polímero. Explique a base de suas predições.
b. Silly Putty é uma forma popular da borracha de silicone. Nomeie duas de suas propriedades.
c. Dê dois outros usos domésticos para a borracha de silicone.

57. Dado o número de computadores pessoais em uso, há boas razões para manter teclados, monitores e mouses fora do aterro sanitário.
a. Que polímeros seu computador e seus acessórios contêm?
b. Quais são as opções de reciclagem dos plásticos dos computadores?

58. Algumas regiões dos Estados Unidos têm leis das garrafas, que exigem o retorno remunerado de alguns ou todos os recipientes. Alguns merceeiros, companhias de bebidas e associações de fabricantes de garrafas são fortemente contrários às leis das garrafas. Em contraste, alguns grupos de consumidores e ambientalistas são fortemente a favor. Escreva uma página declarando sua posição a favor ou contra as leis das garrafas.

59. Cargill ganhou um Prêmio Presidencial Desafios de Química Verde pelo uso de soja em vez de petróleo para produzir poliois. O que é um poliol? Como os poliois são usados para produzir "plásticos de soja"?

Capítulo **10**

Manipulação de moléculas e elaboração de fármacos

Uma planta medicinal antiga, a Ephedra sinica, *também conhecida como ma huang (acima). Na forma de tintura, galhos, galhos em pó e raízes secas (abaixo).*

Drogas. A palavra evoca esperança, alívio, medo, intriga, escândalo ou talvez somente desdém. Fármacos são substâncias que visam a prevenir, moderar ou curar doenças. A química medicinal é a ciência que trata da descoberta ou do planejamento de novos fármacos e de seu desenvolvimento em medicamentos úteis.

A farmacologia moderna tem sua origem no folclore, e a história da medicina está cheia de ervas e remédios populares. O uso de ervas, raízes, frutos silvestres e cascas para alívio de doenças pode ser traçado até a antiguidade, como está ilustrado em documentos das antigas civilizações da China, Índia e Ásia Menor. O Rig-Veda (compilado na Índia entre 4500 e 1600 AC), um dos mais antigos repositórios da sabedoria humana, refere-se ao uso de plantas medicinais. O imperador chinês Shen Nung preparou um livro de ervas há mais de 5.000 anos, no qual descreveu uma planta chamada *ma huang* (agora chamada de *Ephedra sinica*), usada como estimulante do coração. Essa planta contém efedrina, um fármaco que examinaremos adiante neste capítulo.

Mais recentemente, os químicos desenharam, sintetizaram e caracterizaram uma grande quantidade de fármacos de prescrição e de venda livre. Hoje, os fármacos ajudam os pacientes a regularem o açúcar no sangue, a pressão arterial, o colesterol e as alergias. Eles ajudam os pacientes de AIDS a continuarem vivos enquanto os cientistas buscam uma cura. Existem agora drogas efetivas contra o câncer e analgésicos poderosos, e outros fármacos podem até mesmo controlar desordens mentais que se imaginava não poderem ser tratadas.

As pessoas, desde sempre, usaram drogas com o propósito de alterar suas percepções e estados de espírito. O famoso filósofo Nietzsche disse que a arte não poderia existir sem a intoxicação. Muitos escritores e artistas descobriram que as drogas podem agir como forças criativas e destrutivas em suas vidas e em seu trabalho. As pessoas abusam de drogas principalmente devido à promessa de alívio instantâneo ou prazer e à possibilidade da consciência amplificada. A realidade é que a história humana sempre foi marcada pelo uso e o abuso de drogas.

Na discussão de fármacos, examinaremos estas questões: de onde vêm as ideias e os recursos para o desenvolvimento de novos fármacos? Qual é o processo de colocação de novos fármacos no mercado? Por que um fármaco tem um determinado efeito e que aspectos de sua estrutura molecular contribuem para a atividade biológica? Como os fármacos passam da obrigatoriedade de prescrições para a venda livre? Quais são os méritos e perigos dos fitoterápicos? Os fármacos naturais são mais "seguros" do que os sintéticos? Que drogas são mais comumente abusadas? Conceitos químicos essenciais para responder a essas questões serão apresentados neste capítulo. Compreender um pouco química básica pode ser um bom caminho para manter-se saudável no mundo complicado de hoje.

Estude Isto 10.1 Os fármacos de hoje

a. Estude os fármacos prescritos hoje nos Estados Unidos. Liste aqueles que você acha que são os cinco mais frequentemente prescritos.
b. Liste as cinco drogas de abuso de uso mais frequente na sua opinião.
c. Partilhe suas listas com um pequeno grupo de estudantes. Será que alguns fármacos ou drogas que você ou algum outro listou aparecem nas respostas tanto da parte **a** quanto da **b**?

10.1 Uma droga clássica maravilhosa

No quarto século AC, Hipócrates, talvez o médico mais famoso de todos os tempos, descreveu um "chá" feito pela fervura de cascas de salgueiro em água. Dizia que a poção era efetiva contra febres. Depois de muitos séculos, aquele remédio popular, comum a muitas culturas diferentes, levou à síntese de uma verdadeira "droga maravilhosa" que ajudou milhões de pessoas.

Um dos primeiros investigadores sistemáticos da casca do salgueiro (Figura 10.1) foi Edmund Stone, um clérigo inglês. Seu relatório para a Royal Society (1763) preparou o terreno para uma série de investigações químicas e médicas. Os

FIGURA 10.1 O salgueiro branco, *Salix alba*, a fonte de uma droga milagrosa.

químicos foram subsequentemente capazes de isolar pequenas quantidades de cristais amarelos em forma de agulhas do extrato das cascas do salgueiro. Como a espécie da árvore era *Salix alba,* essa nova substância foi denominada salicina. Experimentalistas mostraram que a salicina poderia ser separada quimicamente em dois compostos. Testes clínicos mostraram que só um desses componentes reduzia as febres e a inflamação. Também mostraram que o composto ativo era convertido em ácido no corpo. Infelizmente, os testes clínicos revelaram alguns efeitos colaterais preocupantes. O componente ativo não somente tinha um sabor muito desagradável como sua acidez levava à irritação severa do estômago de alguns indivíduos.

O composto ácido ativo foi usado para tratar a dor, a febre e a inflamação, mas, reconhecendo seus efeitos colaterais sérios, os químicos procuraram achar um derivado que também fosse efetivo, mas não causasse problemas estomacais e não tivesse o gosto intragável. A primeira tentativa tomou um caminho muito simples. O ácido foi neutralizado com uma base, hidróxido de sódio ou hidróxido de cálcio, para formar um sal do ácido. Os sais resultantes tinham menos efeitos colaterais do que o composto original. Com base nessa observação, os químicos corretamente concluíram que a parte ácida era responsável pelas propriedades indesejáveis do composto original. Em consequência, a próxima etapa foi procurar uma modificação estrutural que reduzisse a acidez do composto sem destruir sua efetividade medicinal.

Reações de neutralização ácido-base foram discutidas na Seção 6.3.

Um dos químicos que trabalhava no problema era Felix Hoffmann, empregado de uma importante companhia química alemã. A motivação de Hoffmann era mais do que simples curiosidade científica ou trabalho designado. Seu pai tomava regularmente o composto ácido como tratamento da artrite. Funcionava, mas ele sofria com as náuseas. O Hoffman filho conseguiu converter o composto original em uma substância diferente, um sólido que revertia ao ácido ativo uma vez chegado ao fluxo sanguíneo. Essa modificação molecular reduziu em muito a náusea e outras reações adversas. Um novo fármaco tinha sido descoberto (1898).

Testes abrangentes do composto de Hoffmann em hospital começaram, juntamente à preparação em grande escala por uma companhia farmacêutica conhecida. O novo fármaco não podia ser patenteado porque ele já estava descrito na literatura. Entretanto, a companhia esperava recuperar seu investimento com a patente do processo de fabricação. Testes clínicos mostraram que a droga não viciava. Sua toxicidade é classificada como baixa, mas 20-30 g ingeridos de uma só vez podem ser letais. Na dose sugerida de 325-650 mg a cada 4 horas, ele é um antipirético (redutor da febre), analgésico (alívio da dor) e anti-inflamatório notavelmente efetivo. Dados de testes clínicos revelaram os efeitos colaterais apontados na Tabela 10.1. Descobriu-se que o fármaco também podia inibir

TABELA 10.1 Efeitos colaterais do "fármaco maravilhoso"

Sintomas	Frequência	Severidade*
náusea, vômitos, dor abdominal	comum	2
azia	comum	4
zumbido nos ouvidos	comum	5
vômito preto ou sangrento	raro	1
sangue na urina	raro	1
erupções na pele, urticária, coceira	raro	3
visão diminuída	raro	3
icterícia	raro	3
respiração curta	raro	3
sonolência	raro	4

*A escala de severidade vai de 1, perigo de vida: procure tratamento de emergência, até 5: continue o tratamento e informe ao médico na próxima visita.

Fonte: H. W. Griffith, The Complete Guide to Prescription and Non–Prescription Drugs, *1983, HP Books, Tucson, Arizona.*

a coagulação do sangue e de causar um pequeno sangramento estomacal, quase sempre insignificante do ponto de vista médico, em cerca de 70% dos usuários.

Estude Isto 10.2 Fármaco milagroso

Nos Estados Unidos, a etapa final da aprovação de um fármaco é a submissão dos resultados de todos os testes clínicos à Food and Drug Administration (FDA) para conseguir uma licença para comercializar o produto.

a. Se você fosse um membro do painel da FDA e recebesse as informações da Tabela 10.1, você votaria pela aprovação desse fármaco para tratar a dor, a febre e a inflamação?
b. Se aprovado, este fármaco deveria ser liberado para venda livre ou sua disponibilidade deveria ser restringida como um fármaco de prescrição? Escreva um trabalho de uma página explicando sua posição.

Talvez você já tenha adivinhado a identidade do fármaco milagroso relacionado ao chá da casca do salgueiro. Seu nome químico, ácido 2-acetil-óxi-benzoico ou (mais comumente) ácido acetil-salicílico, pode não ajudar muito. No entanto, o poder da propaganda é tal que se tivéssemos revelado que a firma que originalmente comercializou o fármaco era a divisão Bayer da I. G. Farben, teríamos revelado o segredo. O composto em questão é o fármaco mais usado no mundo, mesmo após um século depois de descoberto. Os americanos consomem anualmente 80 bilhões de tabletes desse remédio milagroso. Você o conhece como aspirina.

Admitimos que só demos os pontos altos da história da aspirina. A maior parte do desenvolvimento, dos testes e da elaboração da aspirina ocorreu nos séculos XVIII e XIX. A carta de Stone à Royal Society foi escrita em 1763, e a modificação de Felix Hoffmann do ácido salicílico para chegar à aspirina foi feita em 1898. Além disso, os testes clínicos da aspirina foram menos sistemáticos do que o nosso relato implica, mas os fatos básicos e as etapas que levaram ao total desenvolvimento da aspirina estão essencialmente corretos. Devemos adicionar um fato muito importante. A aspirina não recebeu a aprovação como fármaco antes de ser colocada no mercado. Não existia um processo de certificação na época. Se a aprovação baseada nos resultados dos testes clínicos tivesse sido necessária, é muito provável que a aspirina só pudesse ser adquirida com uma receita médica.

Estude Isto 10.3 Como um fármaco deveria ser?

Faça uma lista das propriedades que você pensa que um fármaco deveria ter. Depois, compare-a com as de seus colegas. Note semelhanças e diferenças.

a. Existem itens que faltam em sua lista e que você agora acha que deveriam ser incluídos?
b. Existem itens em sua lista que você agora acha que deveriam ser retirados?

10.2 O estudo de moléculas que contêm carbono

Qualquer um que já tenha assistidido a *Jornada nas Estrelas* (*Star Trek*) sabe que o carbono é a base das formas de vida de nosso planeta. Esse elemento está tão espalhado na natureza que uma das maiores subdisciplinas da química, a **química orgânica**, devota-se ao estudo dos compostos de carbono. O nome *orgânica* é histórico e sugere uma origem biológica, mas isso não é necessariamente verdadeiro. Na prática, a maior parte dos químicos orgânicos dedica-se ao estudo de compostos, de origem biológica ou planejado pelos humanos, em que o carbono está combinado com um pequeno número de outros elementos: hidrogênio, oxigênio, nitrogênio, enxofre, cloro, fósforo e bromo. Mesmo com essa restrição, 12 milhões dos 27 milhões de compostos conhecidos são considerados orgânicos.

Para especificar um composto orgânico dentre diversas possibilidades, você deve ser capaz de nomeá-lo corretamente. Uma associação internacional chamada de International Union of Pure and Applied Chemistry (IUPAC) estabeleceu e periodicamente moderniza um conjunto formal de regras de nomenclatura construído de modo que cada um dos compostos conhecidos (e ainda não conhecidos) só tenha um nome. Entretanto, muitos desses compostos são conhecidos há muito tempo pelos seus nomes comuns, como álcool, açúcar ou morfina. Quando têm dor de cabeça, até mesmo os químicos não pedem o ácido 2-acetil-óxi-benzoico, eles dizem simplesmente, como todo mundo, "dê-me uma aspirina!". De modo semelhante, as receitas médicas especificam penicilina-G e não ácido 3,3-dimetil-7-oxo-6-(2-fenilacetamido)-4-tia-1-azabiciclo[3.2.0]-heptano-2-carboxílico. Um nome como esse diverte muito os que gostam de satirizar químicos. No entanto, os nomes químicos são importantes e não são ambíguos para os que conhecem o sistema. Pode relaxar porque neste capítulo usaremos nomes comuns em quase todos os casos.

A regra do octeto foi discutida na Seção 2.3.

Lembramos que algumas regras básicas de ligação das moléculas orgânicas podem ajudá-lo a colocar ordem no caos de milhões de compostos orgânicos. Introduzimos uma delas no Capítulo 2, a regra do octeto. Quando ligado, cada átomo de carbono partilha oito elétrons, um octeto. Oito elétrons podem ser arranjados para formar quatro ligações com um par compartilhado em cada ligação covalente. No Capítulo 4, apresentamos uma segunda regra útil: o carbono quase sempre forma quatro ligações. As possibilidades incluem (a) quatro ligações simples, ou (b) alguma combinação de ligações simples, duplas ou triplas. Essas possibilidades estão ilustradas na Figura 10.2.

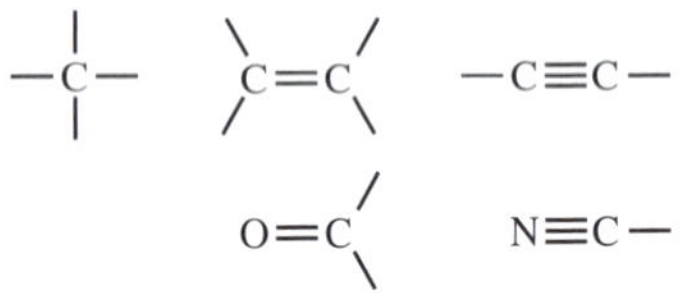

FIGURA 10.2 Arranjos de ligação comuns do carbono.

Sua Vez 10.4 Verificando o carbono

a. Examine os átomos de carbono da Figura 10.2. Eles seguem a regra do octeto?

b. Você pode se lembrar de uma molécula em que o átomo de carbono não forma quatro ligações? *Sugestão:* Essa molécula é um dos poluentes do ar discutidos no Capítulo 1.

Outros elementos apresentam comportamentos diferentes em compostos orgânicos. Um átomo de hidrogênio liga-se sempre a outro átomo por uma única ligação covalente. Um átomo de oxigênio tipicamente se liga com duas ligações simples (a dois átomos diferentes) ou com uma ligação dupla (a um único átomo). Um átomo de nitrogênio forma comumente três ligações simples (com três átomos diferentes), mas também pode formar uma ligação tripla (com um outro átomo) ou uma ligação simples e uma dupla.

Os isômeros também foram descritos na Seção 4.7.

Os mesmos número e tipos de átomos podem ser arranjados de maneiras diferentes, o que ajuda a explicar por que existem tantos compostos orgânicos diferentes. **Isômeros** são moléculas com a mesma fórmula química (mesmo número e tipos de átomos), mas com propriedades e estruturas diferentes. No Capítulo 4, você encontrou dois dos isômeros do C_8H_{18}: *n*-octano (cadeia linear) e *iso*-octano (ramificado).

Neste capítulo, revemos o conceito de isômeros, desta vez usando o C_4H_{10}. De forma análoga ao C_8H_{18}, desenhamos um isômero de cadeia linear e um ramificado. Eis as fórmulas estruturais. Note que o *n*-butano está representado em uma forma em ziguezague, mais realista.

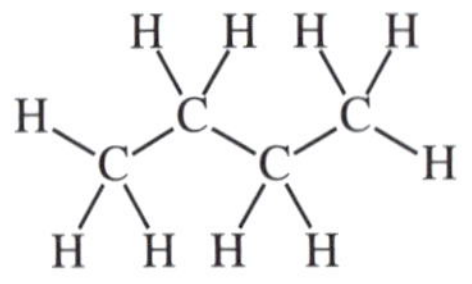

n-butano

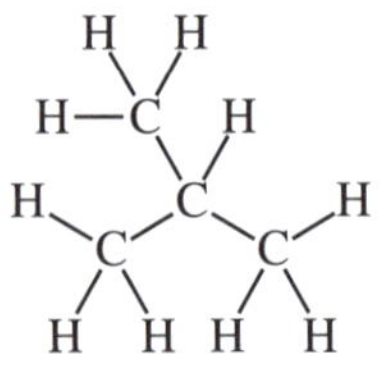

*iso*butano

Convença-se de que, embora esses compostos tenham a mesma fórmula química, a conectividade dos átomos é diferente.

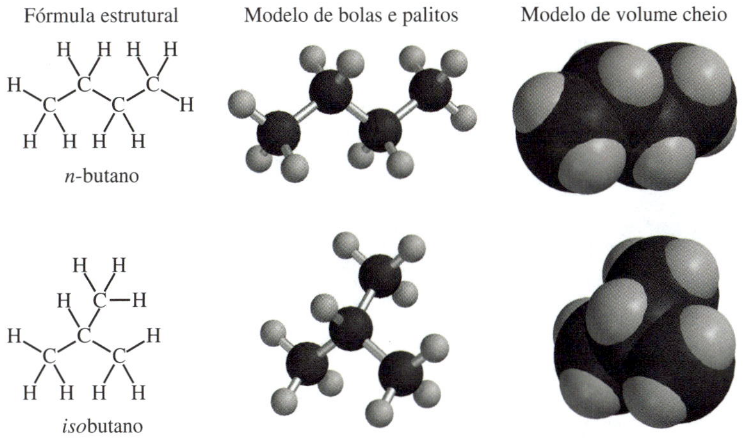

FIGURA 10.3 Três representações dos isômeros *n*-butano e *iso*butano.

O isômero linear e o *iso*butano, mais complexo, podem ser representados por uma forma estrutural condensada. Eis as opções para o *iso*butano.

$$\begin{array}{c} CH_3 \\ | \\ CH_3-CH-CH_3 \end{array} \quad \text{ou} \quad CH_3CH(CH_3)CH_3 \quad \text{ou} \quad CH_3CH(CH_3)_2$$

Embora um grupo CH_3 da extremidade esquerda de uma cadeia possa ser desenhado como $H_3C–$, para facilitar invertemos a ordem para $CH_3–$, com o entendimento de que a ligação ocorre com o átomo de C, não com os átomos de H.

Essas fórmulas estruturais condensadas são um pouco mais complicadas para interpretar. Os parênteses dos grupos $–CH_3$ significam que o carbono está ligado ao átomo de C à esquerda. Note que, com três grupos $–CH_3$ ligados ao átomo de C central, uma "ramificação" foi introduzida na molécula.

A Figura 10.3 mostra três representações do *n*-butano e do *iso*butano. A primeira coluna mostra a fórmula estrutural simples, a segunda mostra um modelo de bolas e palitos e a terceira coluna mostra um modelo de volume cheio que corresponde a uma vista mais realística da forma da molécula.

Só existem dois isômeros do C_4H_{10}. Quando o número de átomos de um hidrocarboneto aumenta, também aumenta o número de isômeros possíveis. Além do *n*-octano e do *iso*-octano, você pode desenhar 16 outros isômeros para o C_8H_{18}. Para o $C_{10}H_{22}$, você poderia desenhar 75 isômeros se tivesse a paciência! Dada uma fórmula química, nenhum cálculo simples pode ser feito para obter o número de isômeros.

Sua Vez 10.5 Mudança de representação

Expanda estas fórmulas estruturais condensadas até fórmulas estruturais.

a. $CH_3CH_2CH_2CH(CH_3)_2$
b. $CH_3CH(CH_3)CH_2CH_3$
c. $CH_3CH_2C(CH_3)_3$
d. $CH_3CH(CH_2CH_3)CH_3$

Respostas

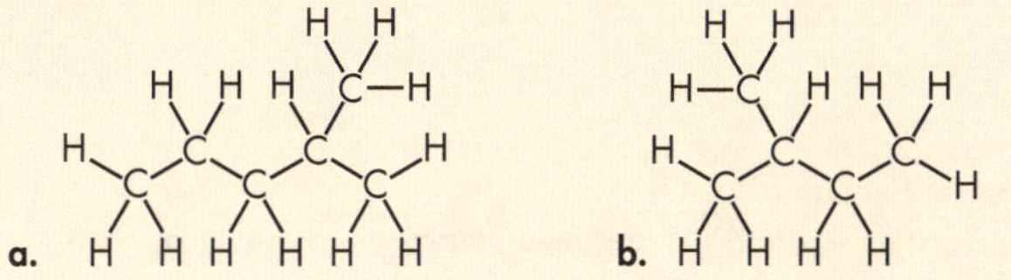

Os químicos também usam rotineiramente **desenhos de linhas e ângulos** para representar a estrutura de uma molécula. É uma versão simplificada da fórmula estrutural e muito útil para representar moléculas maiores. Os desenhos de linhas e ângulos ajudam o leitor a focalizar o esqueleto de átomos de carbono. Um átomo de carbono ocupa cada vértice. Qualquer linha saindo do esqueleto

TABELA 10.2 Representações moleculares

Composto	Fórmula química	Fórmula estrutural	Desenho de linhas e ângulos
n-butano	C_4H_{10}	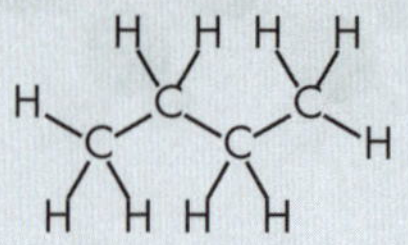	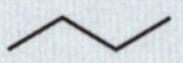
*iso*butano	C_4H_{10}	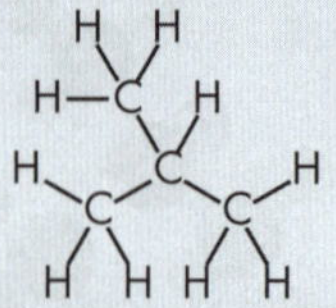	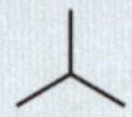
n-hexano	C_6H_4	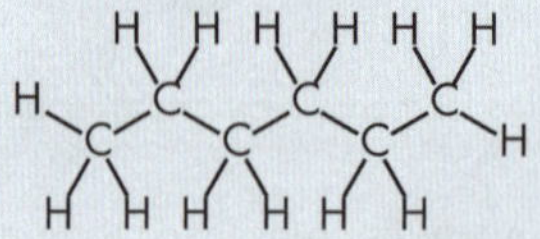	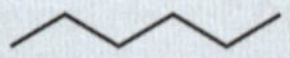
ciclo-hexano	C_6H_{12}	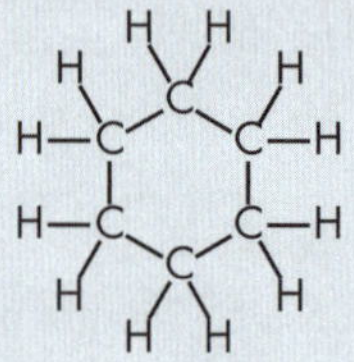	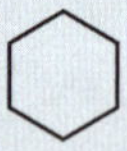

significa outro átomo de carbono (na verdade, um grupo $-CH_3$), a menos que o símbolo de outro elemento apareça. Os átomos de hidrogênio não são indicados nesses desenhos, mas estão implícitos como exigido pela regra do octeto. Lembre-se de que cada átomo de carbono terá quatro ligações, partilhando um total de oito elétrons. A Tabela 10.2 mostra desenhos de linhas e ângulos para o *n*-butano, para o *iso*butano e para duas outras moléculas simples.

Sua Vez 10.6 Prática com os desenhos de linhas e ângulos

Reveja os compostos de Sua Vez 10.5. Desenhe representações em linhas e ângulos para eles.

Respostas

a.

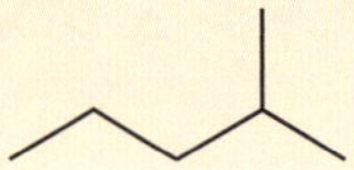

b.

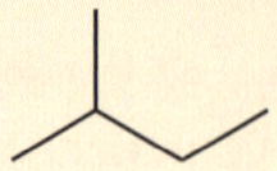

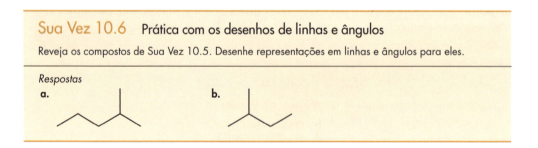

Sua Vez 10.7 Prática com isômeros

a. *n*-Butano e *iso*butano são isômeros? Explique.
b. *n*-Hexano e ciclo-hexano são isômeros? Explique.
c. Três isômeros têm a fórmula C_5H_{12}. Para cada um deles, desenhe uma fórmula estrutural, uma fórmula estrutural condensada e uma representação em linhas e ângulos.

Muitas moléculas, inclusive a aspirina, têm átomos de carbono em anéis. Por exemplo, examine a estrutura do ciclo-hexano, C_6H_{12}, na Tabela 10.2. O anel de ciclo-hexano tem seis átomos de carbono, e os anéis mais comuns têm cinco ou seis átomos de carbono. Na aspirina, porém, o anel de seis átomos é baseado no benzeno, C_6H_6, não no ciclo-hexano. A fórmula estrutural do benzeno está na Figura 10.4a.

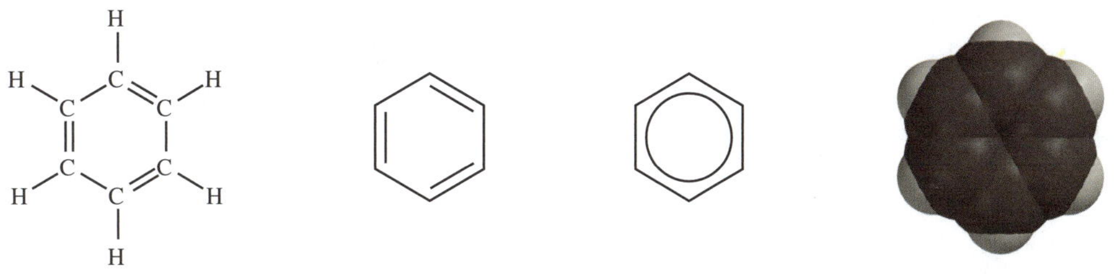

(a) (b) (c) (d)

FIGURA 10.4 Representações do benzeno, C_6H_6.

A estrutura (b) na Figura 10.4 é um desenho de linhas e ângulos do benzeno. Embora essa estrutura tenha ligações simples e duplas, a evidência experimental indica que todas as ligações C–C do benzeno têm o mesmo comprimento. Como as ligações simples C–C são mais longas do que as ligações duplas C=C, o benzeno não pode ter ligações simples e duplas alternadas. O círculo dentro do hexágono na estrutura (c) é uma forma de transmitir essa ideia. As estruturas (c) e (d) representam os elétrons uniformemente distribuídos pelo anel, como descrito pela teoria da ressonância (veja a Seção 2.3). Essa mesma estrutura hexagonal é encontrada no grupo fenila, $-C_6H_5$, que faz parte de muitas moléculas, inclusive do estireno e do poliestireno (Seção 9.5).

O comprimento de uma ligação C–C simples é 0,154 nm e o de uma ligação dupla C=C é 0,134 nm. No benzeno, o comprimento das ligações C–C é 0,139 nm.

10.3 Grupos funcionais

Os grupos funcionais estão no centro do estudo da descoberta de fármacos e suas interações. **Grupos funcionais** são arranjos característicos de grupos de átomos que dão às moléculas suas propriedades físicas e químicas. Esses grupos são tão importantes que são destacados nas fórmulas estruturais, representando-se o resto da molécula por um "R". Supõe-se que R inclua pelo menos um átomo de carbono ou de hidrogênio. Você já encontrou alguns grupos funcionais no Capítulo 9. A fórmula genérica de um álcool é ROH, como em metanol, CH_3OH (um álcool derivado da degradação da madeira) e etanol, CH_3CH_2OH (um álcool derivado da fermentação de grãos e açúcar). A presença do grupo –OH ligado a um carbono torna o composto um álcool.

Um álcool tem um grupo –OH ligado por covalência ao resto da molécula. Isso é diferente do íon hidróxido, OH^-, que se liga ionicamente a um cátion.

De modo semelhante, um grupo ácido carboxílico, comumente escrito como 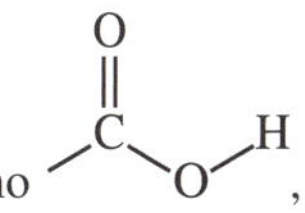, –COOH ou $-CO_2H$, confere propriedades ácidas. Em água, um íon H^+ (um próton) é transferido do grupo –COOH para uma molécula de H_2O para formar o íon hidrônio, H_3O^+. Representamos um ácido orgânico pela fórmula geral RCOOH ou RCO_2H. No ácido acético (CH_3COOH), o ácido do vinagre, o grupo R é $-CH_3$, o grupo metila.

A Tabela 10.3 lista oito grupos funcionais encontrados nos fármacos e outros compostos orgânicos. Cada grupo funcional é característico de uma classe importante de compostos.

Sua Vez 10.8 Desenhos de linhas e ângulos

Faça um desenho de linhas e ângulos para cada uma das seguintes fórmulas estruturais condensadas. Nomeie o grupo funcional de cada uma delas.

a. $CH_3CH_2CH_2COCH_3$
b. $CH_3CH_2CH(CH_3)CH_2OH$
c. $CH_3CH(NH_2)CH_2CH_3$
d. $CH_3COOCH_2CH_3$
e. CH_3CH_2CHO

Respostas

a. 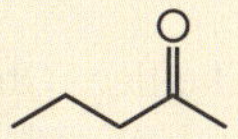 cetona **b.** 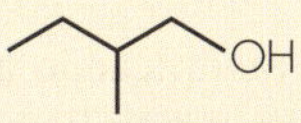 hidroxila

TABELA 10.3 Alguns grupos funcionais orgânicos importantes

Grupo funcional	Fórmula genérica	Exemplos específicos		
		Nome*	**Fórmula estrutural**	**Fórmula estrutural condensada**
hidroxila	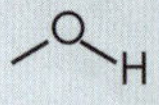	etanol (álcool etílico)	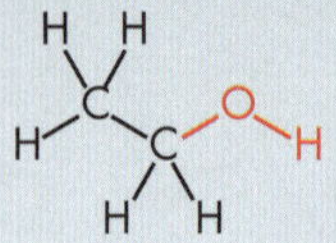	CH_3CH_2OH
éter	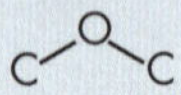	dimetil-éter	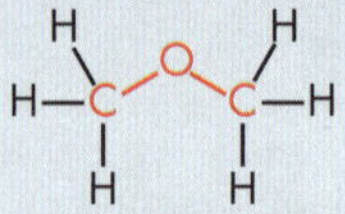	CH_3-O-CH_3 ou CH_3OCH_3
aldeído	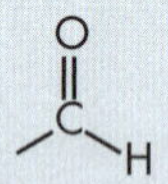	propanal	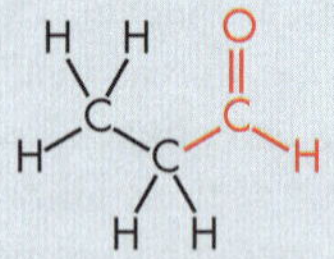	$CH_3CH_2-\overset{O}{\overset{\|}{C}}-H$ ou CH_3CH_2CHO
cetona	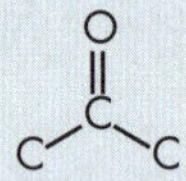	2-propanona (dimetil-cetona, acetona)	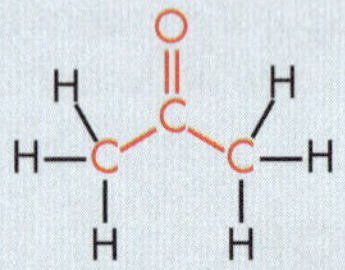	$CH_3-\overset{O}{\overset{\|}{C}}-CH_3$ ou CH_3COCH_3
ácido carboxílico	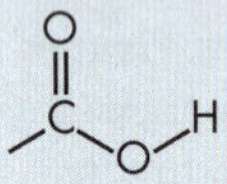	ácido etanoico (ácido acético)	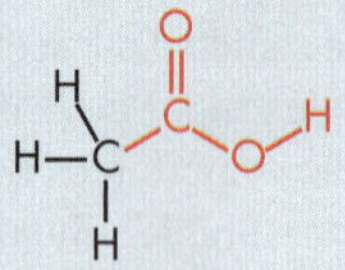	$CH_3-\overset{O}{\overset{\|}{C}}-OH$ CH_3CO_2H or CH_3COOH
éster	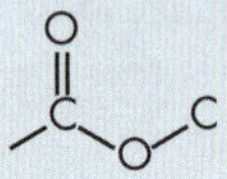	etanoato de metila (acetato de metila)	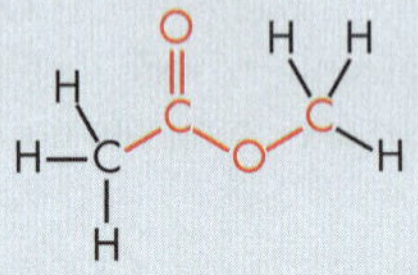	$CH_3-\overset{O}{\overset{\|}{C}}-OCH_3$ CH_3COOCH_3
amina	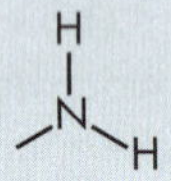	etilamina	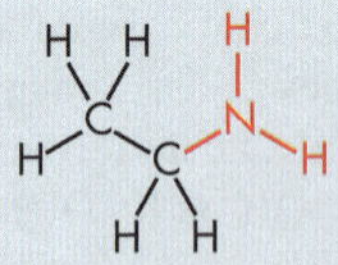	$CH_3CH_2NH_2$
amida	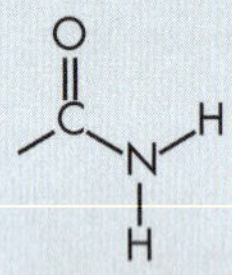	propanamida	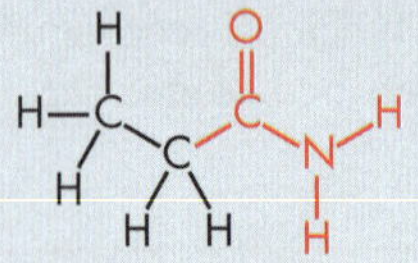	$CH_3CH_2-\overset{O}{\overset{\|}{C}}-NH_2$ ou $CH_3CH_2CONH_2$

*Nomes IUPAC, nomes comuns entre parênteses.

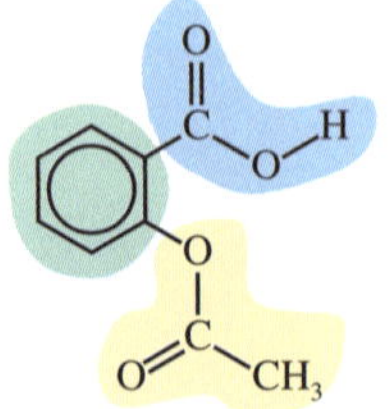

FIGURA 10.5 Fórmula estrutural da aspirina.

Os grupos funcionais são responsáveis pela ação dos fármacos. A aspirina tem três grupos funcionais, como se vê na Figura 10.5. A área em verde inclui o anel de benzeno. A presença desse grupo funcional torna a aspirina solúvel em compostos graxos que são componentes importantes da membrana celular. Os outros dois grupos funcionais são responsáveis pela atividade do fármaco. A área em azul contém o grupo –COOH, um ácido carboxílico, e a área em amarelo, um éster.

Felix Hoffmann preparou a aspirina modificando a estrutura do ácido salicílico. Observe, porém, que ele não modificou o grupo ácido carboxílico da molécula. O ácido salicílico também contém um grupo –OH que Hoffmann fez reagir com ácido acético como se vê na equação 10.1. O produto foi um éster do ácido acético e do ácido salicílico, o que explica um dos nomes da aspirina: ácido acetilsalicílico.

A formação de ésteres foi mostrada para os polímeros de condensação na Seção 9.6.

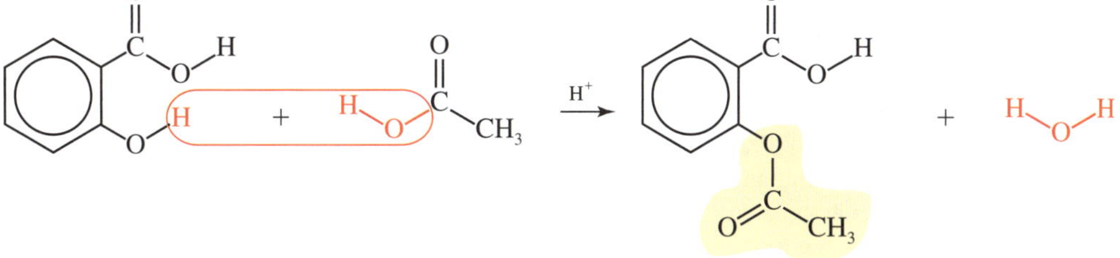

ácido salicílico   ácido acético   ácido acetil-salicílico   água

[10.1]

Como a aspirina retém o grupo –COOH do ácido salicílico original, ela ainda guarda um pouco de suas propriedades ácidas indesejáveis. Porém, o grupo éster (na área em amarelo da Figura 10.5) torna o composto mais palatável e menos irritante para as paredes do estômago. Quando a aspirina é ingerida e alcança o sítio de ação, a equação 10.1 é invertida. O éster se decompõe em ácido acético e ácido salicílico e este último pode exercer suas propriedades antipiréticas (redução da febre) e analgésicas (redução da dor).

Sua Vez 10.9 Formação de éster

Desenhe fórmulas estruturais para os ésteres que se formam quando estes álcoois e ácidos reagem.

a. CH_3CH_2OH + 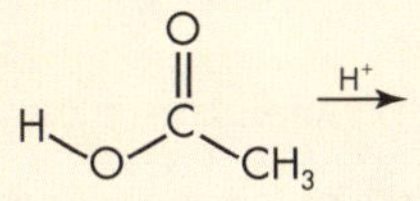

b. 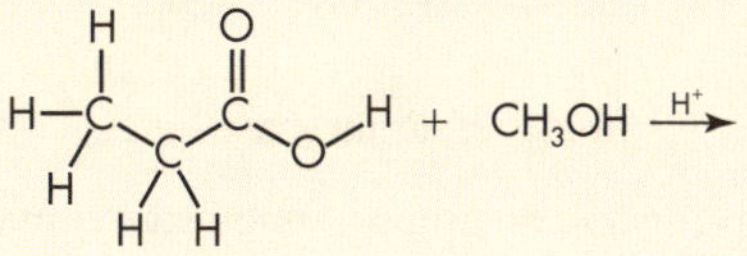

Grupos funcionais podem ter um papel na solubilidade de um composto, uma consideração importante na ingestão, na velocidade de reação e no tempo de residência dos fármacos no organismo. A regra geral de solubilidade, "semelhante dissolve semelhante", aplica-se no organismo e no tubo de ensaio. Uma molécula polar tem distribuição não simétrica das cargas elétricas. Isso significa que uma carga parcial negativa se acumula em alguma parte (ou partes) da molécula, e outras regiões da molécula retêm carga parcial positiva. A água é um excelente exemplo de molécula polar. Relativamente falando, o átomo de oxigênio tem uma pequena carga negativa e os de hidrogênio, uma pequena carga positiva. Como a molécula é angulada, a distribuição de carga não é simétrica. Isso é representado na Figura 10.6 em que os símbolos δ^- e δ^+ representam as cargas

O conceito "semelhante dissolve semelhante" foi apresentado na Seção 5.9.

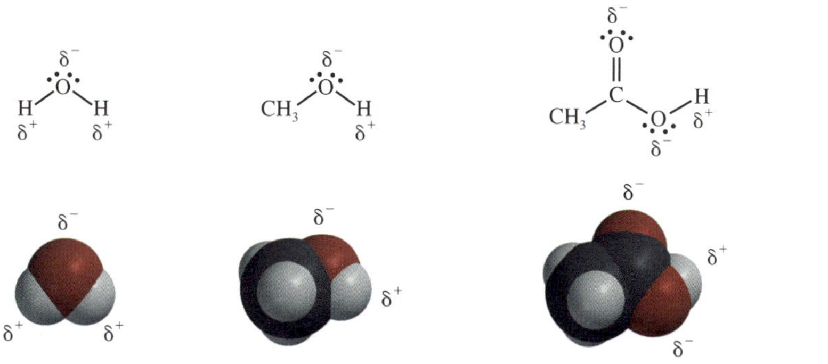

água   metanol (um álcool)   ácido acético (um ácido carboxílico)

FIGURA 10.6 Exemplos de moléculas polares.

parciais. Grupos funcionais que contêm átomos de oxigênio e nitrogênio (por exemplo, –OH, –COOH e $–NH_2$) usualmente aumentam a polaridade da molécula. Isso, por sua vez, aumenta sua solubilidade em substâncias polares como a água, o que é uma vantagem para as moléculas de fármacos.

Em contraste, os hidrocarbonetos, que não contêm esses grupos funcionais, são tipicamente não polares e não se dissolvem em solventes não polares. Por exemplo, o *n*-octano, C_8H_{18}, é não polar e insolúvel em água. No entanto, ele se dissolve em solventes não polares como o hexano (C_6H_{14}) e o dicloro-metano (CH_2Cl_2). Pelas mesmas razões, fármacos com caráter não polar importante tendem a se acumular nas membranas celulares e nos tecidos gordurosos que são muito parecidos com hidrocarbonetos e são não polares.

A solubilidade em água de um fármaco ácido ou básico pode ser melhorada pela neutralização com formação de sal. Por exemplo, muitos fármacos contêm nitrogênio e são básicos. Quando um fármaco é neutralizado com HCl ou H_2SO_4, o nitrogênio aceita o H^+ do ácido. Como resultado, o nitrogênio ganha carga positiva e se associa à carga negativa dos íons cloreto ou hidrogenossulfato (HSO_4^-). Antes de receber o H^+ extra, o composto é eletronicamente neutro, e dizemos que está na forma da base livre. Uma **base livre** é uma molécula que contém nitrogênio e na qual o nitrogênio conserva seus pares de elétrons livres.

Veja o fármaco pseudoefedrina, um descongestionante usado em remédios de venda livre para o resfriado comum:

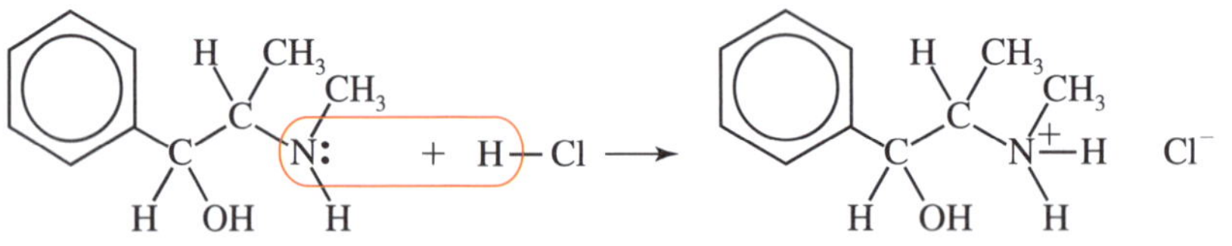

[10.2]

pseudoefedrina (base livre) cloridato de pseudoefedrina

O nitrogênio do grupo amino reage como uma base quando tratado com ácido clorídrico. A pseudoefedrina pode ser, então, convertida no sal cloridrato (um composto iônico) no qual o nitrogênio tem carga positiva e o íon cloreto, carga negativa. A forma de sal da pseudoefedrina é preferível como fármaco porque é mais estável, tem menos odor e é solúvel em água. Estima-se que metade de todos os fármacos usados em medicina estão na forma de sais para melhorar a solubilidade em água e a estabilidade, o que, por sua vez, aumenta o tempo de prateleira. A conversão do sal de volta à base livre pode ser feita pelo tratamento com uma base como NaOH.

Fármacos com propriedades fisiológicas semelhantes têm com frequência estruturas moleculares semelhantes e incluem alguns dos mesmos grupos funcionais. Das cerca de 40 alternativas à aspirina que foram produzidas, ibuprofeno e acetaminofeno são as mais conhecidas. A Figura 10.7 dá as fórmulas estruturais dos três analgésicos. Todos são baseados em um anel de benzeno com dois **substituintes**, um átomo ou grupo funcional que substituiu um átomo de hidrogênio, diferentes. Em Sua Vez 10.10, você tem a oportunidade de identificar as semelhanças e diferenças estruturais desses analgésicos.

Sua Vez 10.10 Características estruturais comuns de analgésicos

Examine as fórmulas estruturais da Figura 10.7. Identifique as características estruturais e os grupos funcionais comuns à aspirina, ao ibuprofeno e ao acetaminofeno.

O método comercial atual de produção do ibuprofeno é uma aplicação extraordinária da química verde. Os métodos anteriores de produção do fármaco exigiam seis etapas, usavam grandes quantidades de solventes e geravam quantidades significativas de resíduos. Usando um catalisador que também serve de solvente, a BHC Company, vencedora do Prêmio Presidencial Desafios de Química Verde de 1997, fabrica ibuprofeno em três etapas com um mínimo de solvente e de resíduos. No processo BHC, praticamente todos os reagentes convertem-se em ibuprofeno ou ou-

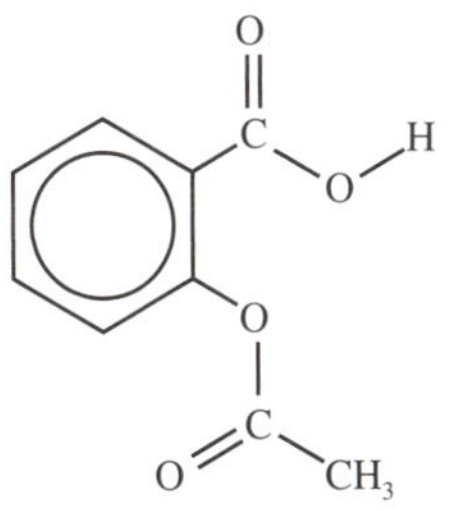

aspirina

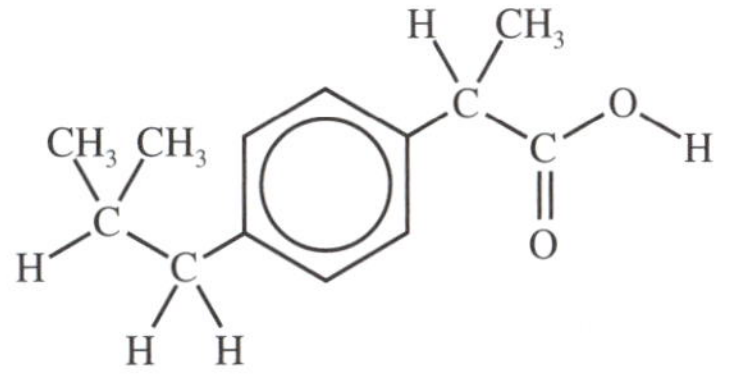

ibuprofeno

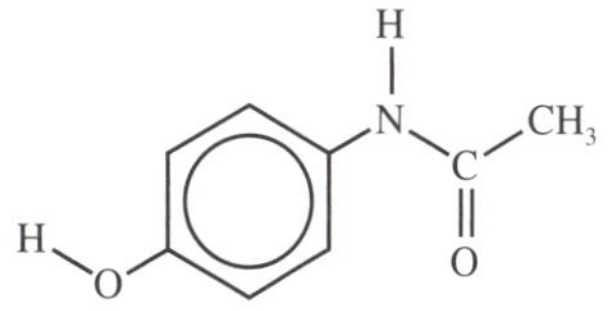

acetaminofeno

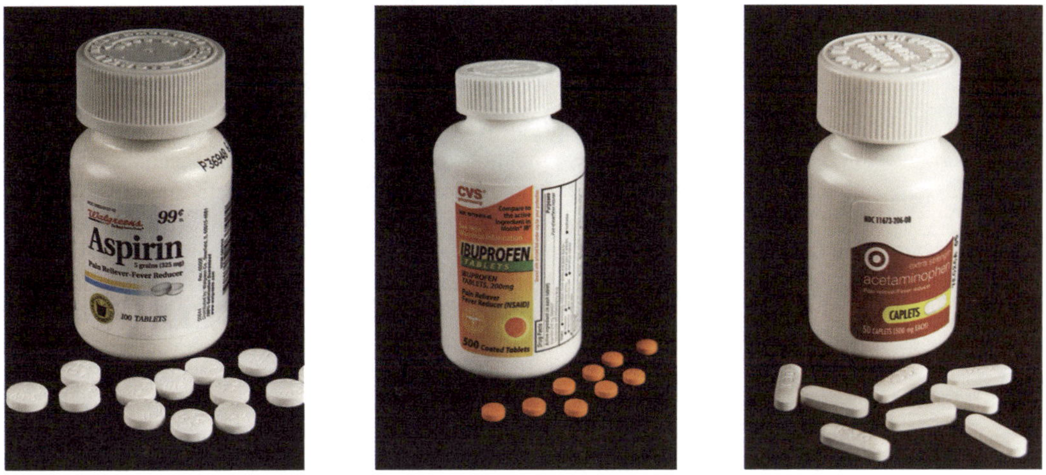

FIGURA 10.7 Fórmulas estruturais e amostras de alguns analgésicos comuns.

tro subproduto útil. Quaisquer materiais de partida que não reagiram são recuperados e reciclados. Quase 8 milhões de libras de ibuprofeno, suficientes para fazer 18 bilhões de pílulas de 200 mg, são produzidas anualmente em Bishop, Texas, na fábrica da BHC, especialmente construída para a produção comercial do fármaco.

10.4 Como a aspirina trabalha: a função segue a forma

Para entender a ação da aspirina, é necessário conhecer um pouco do sistema de comunicação química do corpo. Nós pensamos normalmente em comunicação interna como impulsos elétricos que viajam através de uma rede de nervos. Isso é verdadeiro para o sistema que controla o movimento, a respiração, os batimentos cardíacos e as ações reflexas. A maior parte das mensagens do corpo, porém, é transmitida não por impulsos elétricos, mas por processos químicos. Na verdade, sua primeira comunicação com sua mãe foi um sinal químico dizendo "estou aqui, é melhor preparar seu corpo para mim". É muito mais eficiente liberar mensageiros químicos no sangue, por meio do qual eles podem circular livremente até as células apropriadas do corpo, do que armar cada célula individual com terminações nervosas.

Os mensageiros químicos produzidos pelas glândulas endócrinas são chamados de **hormônios**. A Figura 10.8 é uma representação de uma comunicação química. Os hormônios executam muitas funções e têm uma larga faixa de composição e estrutura químicas. Tiroxina, um hormônio secretado pela glândula tireoide, é essencial na regulagem do metabolismo. A capacidade do corpo de usar glicose (açúcar do sangue) para gerar energia depende de insulina. Esse hormônio, uma pequena proteína com apenas 51 aminoácidos, é secretado pelo pâncreas. As pessoas que sofrem de diabetes são, com frequência, obrigadas a tomar diariamente injeções de insulina. Outro hormônio bem conhecido é a adrenalina (epinefrina), uma molécula pequena que prepara o corpo para "lutar ou fugir" diante do perigo

A Seção 12.7 descreve o uso da engenharia genética para obter insulina humana das bactérias.

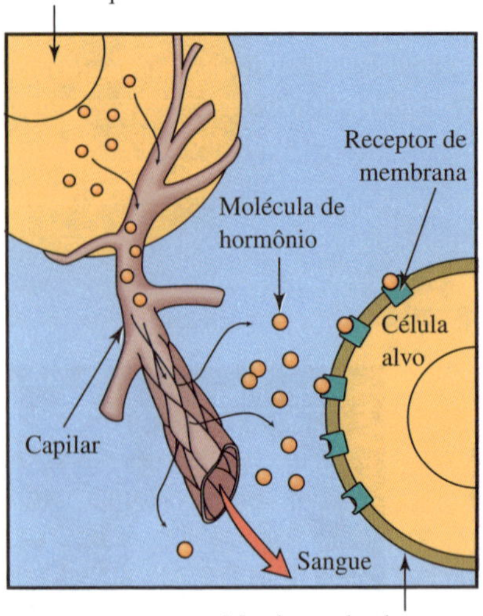

FIGURA 10.8 Comunicação química no corpo. Moléculas de hormônio viajam com a corrente sanguínea da célula em que foram fabricadas até a célula alvo.

Os esteroides estão descritos na Seção 10.7

Você encontrou catalisadores em vários outros contextos, inclusive no controle das emissões de automóveis (Seção 1.11), no refino de petróleo (Seção 4.7) e na polimerização por adição (Seção 9.3).

A aspirina e outros fármacos fisiologicamente ativos estão quase sempre envolvidos na alteração do sistema de comunicação química do corpo. Um problema importante é que esse sistema é muito complexo e permite que muitos compostos possam ser usados para mandar mais de uma mensagem simultaneamente. A grande faixa de propriedades terapêuticas da aspirina, bem como seus efeitos colaterais, é uma evidência clara de que o fármaco está envolvido em vários sistemas de comunicação química. Ela funciona no cérebro para reduzir a febre e a dor, alivia a inflamação de músculos e juntas e parece reduzir as chances de derrames cerebrais e ataques cardíacos. Ela poderia ainda reduzir as possibilidades de câncer no cólon, no estômago e no reto.

Em grande parte, a versatilidade da aspirina e de outros fármacos não esteroides anti-inflamatórios semelhantes (NSAIDs) está relacionada à sua capacidade notável de bloquear as ações de outras moléculas. A pesquisa sobre a atividade da aspirina indica que um de seus modos de ação envolve o bloqueio das enzimas ciclo-oxigenases (COX). **Enzimas** são proteínas que agem como catalisadores biológicos, influenciando as velocidades das reações químicas. A maior parte das enzimas acelera as reações e as modifica de modo que só um composto (ou um conjunto de compostos relacionados) se forme. As ciclo-oxigenases catalisam a síntese, a partir do ácido araquidônico, de uma série de compostos com características de hormônios chamada de prostaglandinas (Figura 10.9).

Prostaglandinas causam vários efeitos. Elas produzem febre e inchaços, aumentam a sensibilidade dos receptores de dor, inibem a dilatação dos vasos sanguíneos, regulam a produção de ácido e mucos no estômago e ajudam as funções dos rins. Ao impedir a produção de prostaglandina, a aspirina reduz a febre e os inchaços. Ela também suprime os receptores de dor e, portanto, funciona como analgésico. Como o anel de benzeno implica alta solubilidade em gorduras, a aspirina também penetra as membranas celulares. Em certas células especializadas, o fármaco bloqueia a transmissão dos sinais químicos que disparam a inflamação. Esse processo também parece estar relacionado à sua efetividade como analgésico e pode explicar por que o uso diário de aspirina pode reduzir alguns tipos de câncer.

As NSAIDs têm essas mesmas propriedades em vários graus. Por exemplo, como o acetaminofeno bloqueia as enzimas COX, mas não afeta as células especializadas, ele reduz a febre, mas tem pouca atividade anti-inflamatória. Por outro lado, ibuprofeno é um bloqueador de enzima melhor e um inibidor de células especializadas. Consequentemente, o ibuprofeno é um melhor analgésico e antipirético (redutor da febre). Com menos grupos polares, o ibuprofeno é mais solúvel em gordura do que a aspirina. Sua atividade anti-inflamatória é 5 a 50 vezes a da aspirina.

É interessante que a aspirina seja a única dos três compostos a inibir a coagulação do sangue. Essa propriedade levou à sugestão de que pequenas doses regulares de aspirina podem ajudar a prevenir ataques cerebrais e do coração. É claro, essas características de anticoagulação também

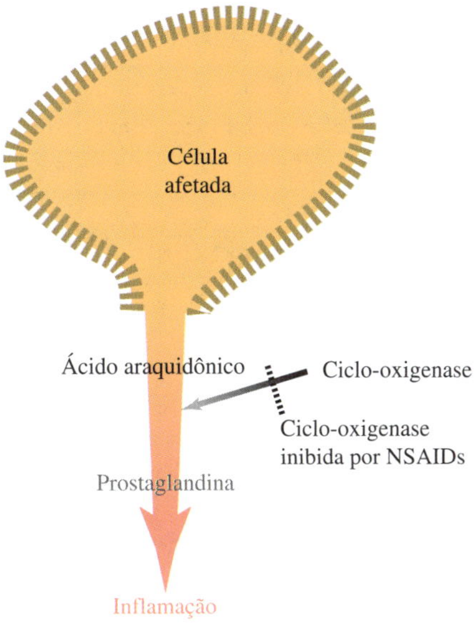

FIGURA 10.9 Modo de ação da aspirina.

significam que a aspirina não é o analgésico a ser escolhido para pacientes de cirurgias ou os que sofrem de úlceras ou problemas de coagulação. Outro problema da aspirina é que, em raros casos, na presença de certos vírus, ela pode disparar uma resposta fatal, conhecida como síndrome de Reye, particularmente em crianças com menos de 15 anos. Além disso, em alguns pacientes a aspirina pode gerar episódios agudos de asma.

Estude Isto 10.11 Inibidores de COX-2

Em 1992, os pesquisadores descobriram que existiam dos tipos de enzimas COX, a COX-1 e a COX-2. A COX-2 é responsável pela produção de prostaglandinas que regulam a inflamação, a dor e a febre, reduzindo, então, esses sintomas. A COX-1 catalisa a produção das prostaglandinas responsáveis pela manutenção correta das funções dos rins e por manter intacto o revestimento do estômago. A aspirina bloqueia a atividade de ambas as enzimas COX, logo tem o efeito colateral indesejado de produzir dores e sangramento no estômago.

Após essa descoberta, novas "superaspirinas" que afetariam somente as enzimas COX-1 foram desenvolvidas. Aclamadas como fármacos que causariam menos problemas gastrointestinais, elas entraram no mercado com grande fanfarra. Tornaram-se fármacos de grande sucesso instantaneamente, movimentando bilhões de dólares por ano. Use a Internet para encontrar o nome de dois desses fármacos. Por que eles desapareceram da tela do radar farmacêutico?

Alguns comentários finais sobre os NSAIDs parecem apropriados. Como é um composto químico específico, aspirina é aspirina – ácido acetilsalicílico, não importa o fabricante. Na verdade, cerca de 70% de todo o ácido acetilsalicílico produzido nos Estados Unidos são feitos por um único fabricante. Porém, embora todas as moléculas de aspirina sejam idênticas, nem todos as pastilhas de aspirina o são. Os produtos são misturas de vários componentes, inclusive agentes de enchimento e agregação que mantêm a pastilha intacta. A aspirina tamponada também inclui bases fracas que neutralizam parcialmente a acidez natural da aspirina. Algumas aspirinas revestidas mantêm as pastilhas intactas até deixarem o estômago e entrarem no intestino. Essas diferentes formulações podem influenciar a taxa de entrada do fármaco e, portanto, a velocidade de resposta e a irritação estomacal que ele produz. Além disso, embora os padrões de controle de qualidade sejam altos, é possível que determinados lotes de aspirina tenham purezas ligeiramente diferentes. A aspirina decompõe-se com o tempo, e o cheiro de vinagre pode significar que o processo já começou. Felizmente, nada disso é uma ameaça significativa para a saúde, e os benefícios da aspirina superam em muito os riscos para a maioria das pessoas.

Estude Isto 10.12 Exagerando na aspirina

O doutor recomendou a um seu amigo que sofre do coração que tomasse uma aspirina por dia. Para economizar, seu amigo compra, com frequência, o frasco grande de 300 comprimidos. Você, por sua vez, raramente toma aspirina, mas não pode deixar passar um bom negócio e também compra o frasco de 300 unidades.

a. Por que o frasco de "tamanho econômico" de aspirina não é um bom negócio para você como foi para seu amigo?
b. Que evidência química apoia sua opinião?

10.5 A elaboração de fármacos hoje

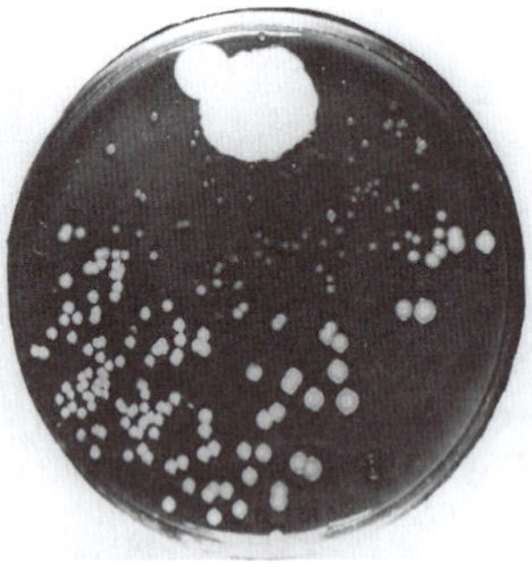

FIGURA 10.10 Fotografia da placa de cultura original do fungo *Penicillium notatum*. Essa imagem foi fotografada por sir Alexander Fleming para seu artigo de 1929 sobre a penicilina. A grande área branca acima, na vertical, é o fungo *Penicillium notatum*. As manchas brancas menores são áreas de crescimento das bactérias.

FIGURA 10.11 Um cartaz colocado na entrada de uma nova instalação para a produção de penicilina durante a Segunda Guerra Mundial.

A evolução do "chá de casca de salgueiro" até a aspirina e as modificações posteriores da estrutura desse analgésico para aumentar seus efeitos benéficos e reduzir os efeitos colaterais representam estágios na história da elaboração de fármacos. A penicilina é outro exemplo de fármaco milagroso com origem em fontes "naturais". Fungos têm sido usados no tratamento de infecções por 2.500 anos, embora seus efeitos fossem imprevisíveis e, algumas vezes, fossem tóxicos. A história da penicilina inclui sua descoberta acidental pelo bacteriologista inglês Alexander Fleming em 1928. A curiosidade de Fleming foi despertada pela observação casual de que, em uma placa de cultura de bactérias, a área contaminada pelo fungo *Penicillium notatum* estava praticamente livre de bactérias (Figura 10.10). Ele concluiu corretamente que o fungo produzia uma substância que inibia o crescimento das bactérias e nomeou esse material biologicamente ativo de penicilina.

Uma reconstrução cuidadosa mostrou que uma série de eventos críticos, porém ocasionais, ocorreu para que a descoberta fosse feita. Esporos do fungo, parte de um experimento em um laboratório próximo, foram levados pelo vento até o laboratório de Fleming e acidentalmente contaminaram algumas placas de Petri que continham *Staphylococcus* (bactérias) que cresciam em um meio nutriente. Então, desencadeou-se uma série de eventos fortuitos envolvendo limpeza malfeita do laboratório, férias e efeitos do tempo. Fleming notou, por sorte, em uma pilha de vidraria, suja a placa na qual o Staphylococcus havia sido morto. Sua experiência permitiu que interpretasse o fenômeno, reconhecendo que uma substância desconhecida produzida pelo *Penicillium* era um agente antibacteriano em potencial. "A história da penicilina", escreveu Fleming, "tem um certo romance e ajuda a ilustrar a quantidade de acaso, sorte ou destino, chame como quiser, na carreira das pessoas". É claro que a descoberta não teria acontecido sem a capacidade de observação e discernimento de Fleming. O episódio ilustra a máxima, frequentemente mal citada, do grande cientista francês Louis Pasteur: "Nos campos da observação, o acaso só favorece a mente preparada". Muitas versões deste famoso aforismo esquecem do "só". Somente porque a mente de Fleming estava preparada é que ele foi capaz de capitalizar esta cadeia de eventos muito pouco prováveis.

O processo de levar a penicilina da placa de Petri até a farmácia não foi muito diferente do que é feito hoje. A primeira etapa foi um esforço sistemático para isolar o agente ativo produzido pelo *Penicillium notatum*. Uma vez identificada, a substância teve de ser purificada e concentrada por técnicas sofisticadas. A eficácia do tratamento de humanos com penicilina também tinha de ser demonstrada. A Segunda Guerra Mundial estimulou essa pesquisa e o desenvolvimento de novos métodos de preparação de grandes quantidades de penicilina. Apenas porque os cientistas foram capazes de fazer isso, milhares de vidas foram salvas durante a guerra e milhões vêm sendo desde então (Figura 10.11).

O tratamento de infecções que eram consideradas incuráveis – pneumonia, febre escarlatina, tétano, gangrena e sífilis – foi revolucionado pelo achado de Fleming. A descoberta da penicilina pode ter sido fortuita, mas o desenvolvimento das várias "gerações" seguintes de antibióticos dessa classe envolveu pesquisa sistemática e cuidadosa. Pequenas alterações são feitas no fármaco e as substâncias resultantes são testadas com o objetivo de melhorar a atividade desejada e reduzir os efeitos colaterais. Mais de uma dúzia de penicilinas diferentes estão hoje em uso clínico, incluindo: penicilina G (a descoberta original de Fleming e a forma que causa reações alérgicas em cerca de 20% da população), ampicilina, oxacilina, cloxacilina, penicilina O e amoxicilina (a goma de mascar aromatizada cor-de-rosa que você deve ter tomado quando criança). A amoxicilina ainda está disponível na forma de cápsulas. Ela é comumente prescrita porque é efetiva contra um largo espectro de bactérias e é usualmente bem tolerada.

Estude Isto 10.13 Fármacos por acaso

Os métodos modernos de descoberta de fármacos envolvem estudos sistemáticos de compostos com pequenas variações estruturais e modelagem computacional, além de outras técnicas. Às vezes, os efeitos colaterais de um fármaco podem abrir a porta para sua utilização no tratamento de outras doenças. Existem muitos exemplos em que um novo fármaco foi descoberto por "acaso". Use a Internet para encontrar um exemplo de fármaco descoberto em circunstâncias pouco comuns.

A efetividade da penicilina levou, infelizmente, ao excesso de seu uso. Em consequência, as bactérias espertamente desenvolveram mecanismos que tornam a penicilina (juntamente a outros antibióticos) inútil. Estamos agora encontrando cepas de bactérias resistentes, ou "superbactérias", um fenômeno que Fleming previu já em 1945. As bactérias desenvolveram resistência à penicilina, secretando uma enzima que ataca a molécula da penicilina antes que ela possa agir. Alguns dos antibióticos mais recentes diferem na efetividade com que matam certas bactérias e na suscetibilidade às enzimas que os organismos produzem. As cefalosporinas (cefalexina ou Keflex) são muito relacionadas às penicilinas e particularmente efetivas contra algumas cepas resistentes de bactérias. Pesquisas cuidadosas de modificações estruturais levaram a outros medicamentos importantes, como a ciclosporina, um fármaco que impede a rejeição de tecidos. Seu desenvolvimento tornou possível o sucesso revolucionário das cirurgias de transplante de órgãos.

Então, como os químicos sabem quais são as características estruturais importantes para o funcionamento de um fármaco? Os caminhos modernos da quimioterapia e da elaboração de fármacos provavelmente começaram no século XX com a pesquisa de Paul Ehrlich por um composto de arsênio que curasse a sífilis sem afetar seriamente o paciente. Sua procura era por uma "bala mágica", um fármaco que afetaria somente os sítios doentes e mais nada. Ele variou sistematicamente a estrutura de muitos compostos de arsênio, testando simultaneamente, em animais de experimentos, cada novo composto para a atividade e a toxicidade. Ele finalmente teve sucesso com a arsfenamina (Salvarsan 606), que recebeu esse nome porque foi o 606º composto investigado. Desde então, os químicos medicinais adotaram a estratégia de Ehrlich de relacionar cuidadosamente a estrutura química e a atividade do fármaco. Mudanças sistemáticas feitas em uma molécula de fármaco e avaliação das mudanças de atividade que resultaram são conhecidas como **estudos da relação estrutura-atividade** (**SAR**).

Os fármacos podem ser classificados em dois grupos: os que produzem uma resposta fisiológica no corpo e os que inibem o crescimento de substâncias que provocam infecções. Você já aprendeu que a aspirina cai no primeiro grupo. O mesmo acontece com os hormônios sintéticos e com as drogas ativas sobre o comportamento. Esses compostos, tipicamente, iniciam ou bloqueiam uma ação química que gera uma resposta celular, como um impulso nervoso ou a síntese de uma proteína. Os antibióticos são exemplos de fármacos que impedem a reprodução de invasores estrangeiros. Eles fazem isso ao inibir um processo químico essencial do organismo invasor. Assim, são particularmente efetivos contra bactérias.

Estude Isto 10.14 Amigo ou inimigo?

Faça duas listas de fármacos, uma para cada um dos dois grupos acima: os que provocam uma resposta fisiológica desejável e os que matam os invasores estrangeiros. Proponha três fármacos para cada lista, usando exemplos que não foram dados nesta seção.

Embora os fármacos sejam versáteis de maneiras variáveis, muitos deles só agem contra determinadas doenças ou infecções. Essa especificidade é coerente com a relação que existe entre a estrutura química de um fármaco e suas propriedades terapêuticas. A forma geral da molécula e a posição de seus grupos funcionais são fatores importantes na determinação da eficácia fisiológica. Essa correlação entre forma e função pode ser explicada em termos das interações entre moléculas biologicamente importantes. Embora muitas dessas moléculas sejam muito grandes, com centenas de átomos, cada uma delas contém, com frequência, um centro ativo ou receptor relativamente pequeno que é de importância crucial para a função bioquímica da molécula. Um fármaco é frequentemente projetado para ativar ou inibir essa função por interação com o centro receptor.

Um exemplo é o de um sítio receptor que controla se uma membrana celular e é permeável a certos produtos químicos. Com efeito, um sítio como esse age como uma fechadura em uma porta celular. A chave para essa fechadura pode ser um hormônio ou a molécula de um fármaco. O fármaco, ou o hormônio, liga-se ao sítio receptor, abrindo ou fechando um canal que atravessa a membrana celular. A abertura ou o fechamento do canal pode influenciar significativamente a química que ocorre no interior da célula. Na verdade, em certas circunstâncias, a célula pode ser morta, o que pode ou não ser benéfico para o organismo.

A analogia chave-fechadura foi primeiramente proposta em 1894 pelo bioquímico Emil Fischer.

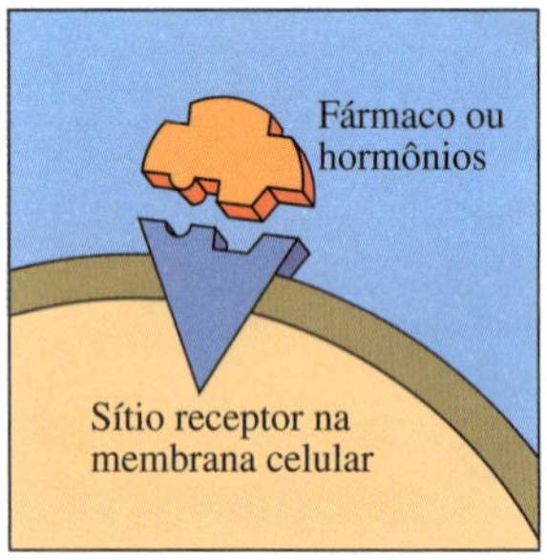

FIGURA 10.12 Modelo chave-fechadura das interações biológicas.

Essa analogia chave-fechadura é muito usada para descrever a interação entre fármacos e sítios receptores. Da mesma forma que uma determinada chave só serve para uma fechadura específica, um ajuste molecular entre um fármaco e seu sítio receptor é necessário para que ocorra a função fisiológica. O processo está ilustrado na Figura 10.12. No entanto, se um ajuste chave-fechadura perfeito fosse necessário no organismo, isso significaria que cada uma das milhões de funções fisiológicas teriam um sítio receptor único e um segmento molecular específico para se ajustar a ele. Uma lógica simples sugere que demandas tão rígidas não seriam muito eficientes. Consequentemente, o modelo chave-fechadura, embora um bom ponto de partida que funciona em casos limitados, deve ser modificado

Usando outra analogia, um sítio receptor é como a pegada de um pé direito tamanho 42 na areia. Somente um pé vai se ajustar exatamente e muitos pés (todos os pés esquerdos e nenhum pé direito de tamanho maior do que 42), não. Ainda assim, outros pés direitos podem se encaixar razoavelmente bem na pegada. O mesmo acontece com os sítios receptores e as moléculas (ou seus grupos funcionais) que se ligam a eles. Alguns sítios ativos podem acomodar várias moléculas inclusive fármacos. É certo que a maior parte dos fármacos funciona ao substituir uma proteína, um hormônio ou outras substâncias no organismo invasor. O termo geral **substrato** refere-se às substâncias cujas reações são catalisadas por uma enzima. No modelo de inibição da atividade enzimática, a presença da molécula de fármaco impede que a enzima conduza a química que catalisa normalmente. O resultado é que o crescimento de uma bactéria invasora é inibido ou a síntese de uma determinada molécula é impedida (Figura 10.13).

O termo *farmacóforo* foi originalmente descrito por Paul Ehrlich mais de 100 anos atrás. Ehrlich foi um médico e bioquímico alemão que ganhou o Prêmio Nobel de Fisiologia ou Medicina em 1908 por seu trabalho em imunização.

Em termos gerais, o fármaco que melhor se ajusta ao receptor tem a maior atividade terapêutica. Em alguns casos, porém, a molécula do fármaco não tem de se ajustar particularmente bem ao receptor. A ligação de grupos funcionais do fármaco no sítio receptor pode até mesmo alterar a forma do fármaco, do sítio ou de ambos. Com frequência, o que interessa é que o fármaco tenha grupos funcionais com a polaridade correta nos lugares certos. Portanto, uma estratégia importante na elaboração de fármacos é a determinação do seu farmacóforo, isto é, o arranjo tridimensional dos átomos ou grupos de átomos responsáveis pela atividade biológica da molécula de um fármaco. Os químicos medicinais, então, sintetizam uma molécula com aquela porção ativa específica, porém muito mais simples. Eles ajustam o desenho da molécula para que ela satisfaça os requisitos do sítio receptor. No fundo, eles desenham pés que se ajustem às pegadas.

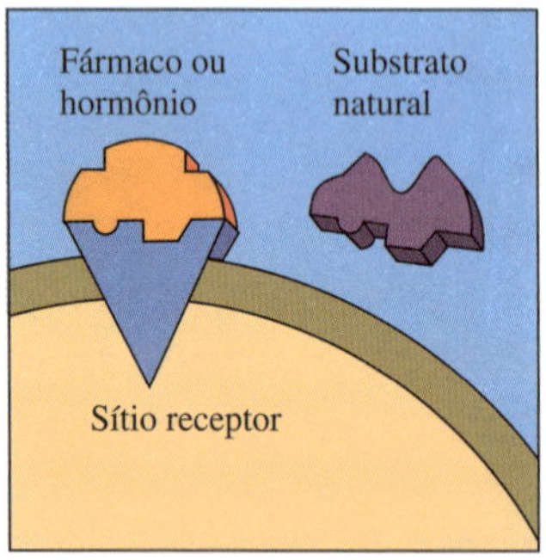

FIGURA 10.13 Molécula de fármaco deslocando um substrato natural de seu sítio receptor.

Um excelente exemplo desse caminho é dado pelas drogas narcóticas como a morfina. Ela é uma molécula complexa de síntese difícil. Entretanto, o farmacóforo responsável pela atividade narcótica foi identificado e está evidenciado na Figura 10.14. O anel de benzeno, plano, ajusta-se a uma área plana correspondente do receptor, e o átomo de nitrogênio liga a molécula de fármaco ao sítio. A incorporação dessa porção particular em moléculas menos complexas, como a meperidina (mais conhecida pelo nome comercial Demerol) cria atividade narcótica. A meperidina vicia muito menos do que a morfina, mas é menos potente.

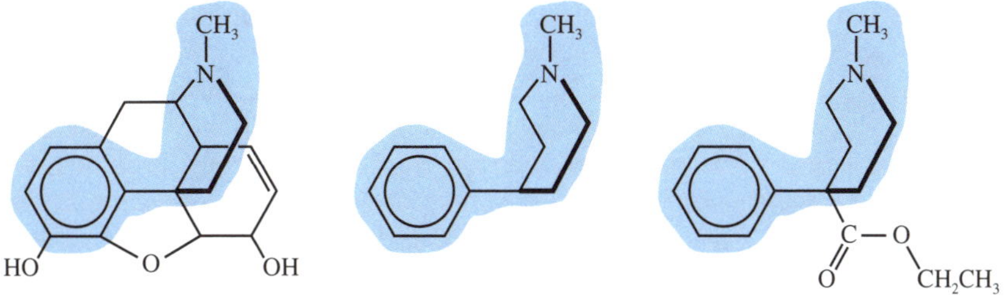

morfina área ativa meperidina

FIGURA 10.14 Estruturas moleculares da morfina e da meperidina. As "áreas ativas" evidenciadas, ou farmacóforos, são as partes da molécula que interagem com o receptor. As linhas mais escuras indicam que essas ligações estão à frene dos anéis ou saindo para a frente do plano da página.

Estude Isto 10.15 Fármacos 3D

Veja por você mesmo as formas das moléculas de fármacos visitando 3Dchem.com. Na tela, você pode girar representações em três dimensões de fármacos bem vendidos, como amoxicilina, lipitor e ibuprofeno.

a. Selecione vários fármacos e estude sua estrutura tridimensional. Como essas representações computorizadas diferem das fórmulas estruturais dos fármacos que mostramos neste capítulo?
b. Que vantagem as representações computadorizadas têm sobre os desenhos em duas dimensões? Quais são suas limitações em comparação com moléculas "reais"? Existem desvantagens?

A descoberta de que somente certos grupos funcionais são responsáveis pelas propriedades terapêuticas de moléculas farmacêuticas foi uma evolução importante na elaboração de fármacos. Gráficos computadorizados sofisticados são usados hoje para modelar fármacos em potencial a sítios receptores. Graças a essas representações com seu caráter tridimensional, os químicos medicinais podem "ver" como os fármacos interagem com um sítio receptor. Os computadores podem ser, então, usados parra procurar compostos com estrutura semelhante à de um composto ativo. Os químicos podem também modificar estruturas nos modelos computacionais e visualizar o funcionamento dos novos compostos.

Essas técnicas ajudam a reduzir o custo e o tempo necessário para preparar o chamado **composto líder**, um fármaco (ou a versão modificada daquele fármaco, que tem grande potencial de tornar-se um fármaco aprovado. Uma importante metodologia nova é a **química combinatorial**, a criação sistemática de um grande número de moléculas em "bibliotecas" que podem ser rapidamente pesquisadas no laboratório para determinada atividade biológica e o potencial para virem a se tornar novos fármacos. As indústrias farmacêuticas criaram grandes populações de moléculas, ou bibliotecas, buscando investir em um grande número de possibilidades. O imenso volume de compostos das bibliotecas aumenta a possibilidade de que compostos líder sejam descobertos. Avanços em automação, robótica e programação de computadores refinaram a técnica, fazendo com que nenhuma companhia farmacêutica possa se dar ao luxo de ignorá-la (Figura 10.15).

A expressão *lead compound*, em inglês, pode fazer referência tanto a um composto líder quanto a um composto contendo o elemento Pb. Na fala, as duas expressões têm pronúncias diferentes.

Embora existam protocolos complexos para a química combinatorial, vamos examinar o conceito na sua forma mais simples. Imagine uma molécula com três grupos funcionais diferentes como vemos na Figura 10.16. Quando uma amostra desse composto reage com um composto (etapa 1), um conjunto de produtos se forma. Após a adição de um segundo reagente (etapa 2), é fácil ver que muitos compostos podem se formar rapidamente. Novamente, diferentes protocolos podem envolver a separação de produtos em vários momentos, mas uma estatística simples mostra que um grande número de compostos pode ser feito rapidamente. O processo pode ser repetido muitas vezes, com os produtos sendo analisados para a atividade desejada em cada etapa. Reações que não são promissoras podem ser descartadas rapidamente. Usada junto a computadores, a química combinatorial pode reduzir os problemas de tentativa e erro e o custo, acelerando a elaboração e o desenvolvimento dos fármacos. Usando procedimentos tradicionais, um químico medicinal poderia preparar, talvez, quatro compostos líderes por mês a um custo estimado de US$ 7.000 cada. Com os métodos de química combinatorial, o químico pode preparar cerca de 3.300 compostos no mesmo tempo por cerca de US$ 12 cada.

FIGURA 10.15 Uma cientista trabalhando com um instrumento para a síntese combinatorial.

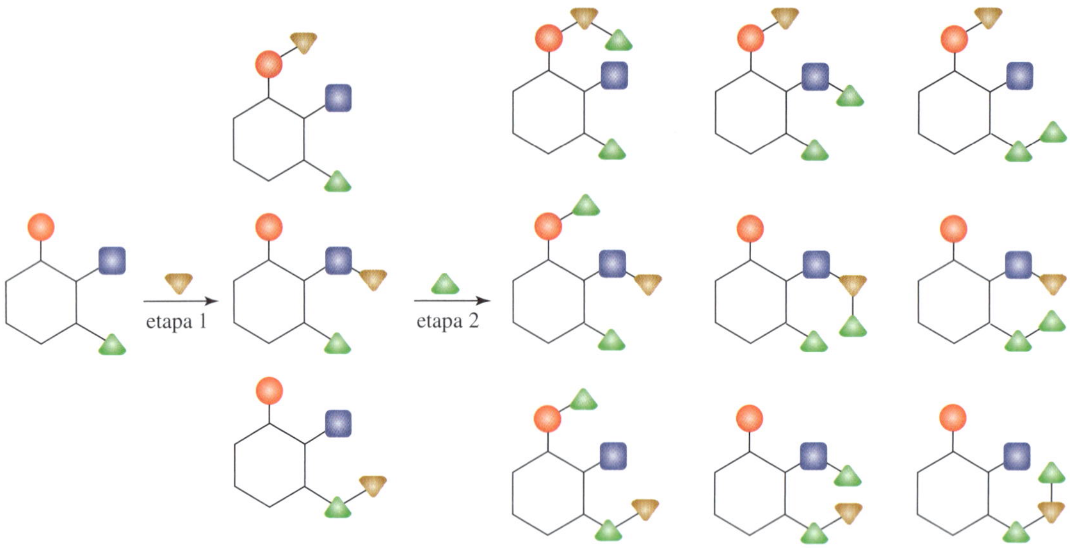

FIGURA 10.16 Ilustração de um processo de síntese combinatorial. Formas de cores diferentes representam diferentes grupos funcionais.

10.6 Dê uma ajuda a essas moléculas!

As ondas da luz polarizada se movem em um único plano. As ondas da luz não polarizada podem mover-se em qualquer plano.

A elaboração de fármacos se complica quando as interações fármaco-receptor envolvem um fenômeno comum mas sutil chamado de isomeria óptica, ou quiralidade. **Isômeros quirais,** ou **ópticos**, têm a mesma fórmula química, mas diferem na estrutura molecular tridimensional e na sua interação com a luz polarizada. A quiralidade ocorre com mais frequência quando quatro átomos ou grupos de átomos se ligam a um átomo de carbono. Um composto com um desses átomos de carbono pode existir em duas formas moleculares diferentes que são imagens no espelho não superponíveis uma à outra. Um dos isômeros ópticos fará girar o plano da luz polarizada na direção dos ponteiros do relógio e é chamado de isômero dextrógiro ou isômero (+). O outro isômero é chamado de levógiro ou isômero (−) e gira o plano da luz polarizada na direção oposta à dos ponteiros do relógio.

Imagens no espelho não superponíveis deveriam ser familiares. Você carrega duas delas todo o tempo para onde vai – suas mãos. Se você olhar para as palmas, verá que elas são imagens no espelho. Por exemplo, o polegar está à esquerda da mão esquerda e à direita da mão direita. Sua mão esquerda parece a reflexão de sua mão direita no espelho, mas as suas duas mãos não são idênticas. A Figura 10.17 ilustra essa relação para as mãos e para moléculas.

Observe que os quatro átomos ou grupos de átomos ligados ao átomo de carbono central estão em um arranjo tetraédrico (Figura 10.18). As posições dos quatro átomos correspondem aos vértices de uma figura tridimensional com faces triangulares iguais. A semelhança dessas moléculas com a orientação da mão deu origem ao termo *quiral*, da palavra grega para mão.

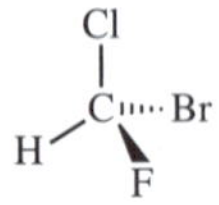

Desenho de linhas e cunhas de uma das moléculas da Figura 10.17.

Os químicos usam frequentemente um formalismo chamado de desenho de linhas e cunhas para representar um átomo de carbono central quiral. Por exemplo, a molécula da Figura 10.17 poderia ser desenhada como a figura à esquerda. Aqui, o Cl e o H estão no plano da página. A linha pontilhada até Br indica que o átomo de Br está atrás da página, afastando-se do observador. A cunha sólida que vai para F indica que o átomo de F está na frente da página, orientado na direção do observador. De forma semelhante ao desenho de linhas e ângulos, o átomo de carbono central está implícito e não precisa ser desenhado.

Açúcares e aminoácidos são discutidos nas Seções 11.5 e 11.7.

Muitas moléculas biologicamente importantes, incluindo açúcares e aminoácidos, são quirais. Isso é importante porque as propriedades químicas e físicas de um par de isômeros ópticos são idênticas (à exceção do desvio da luz polarizada), mas as propriedades biológicas podem variar muito. Geralmente, a explicação para essa diferença está relacionada à necessidade de um bom ajuste molecular entre a molécula e o sítio receptor. Talvez a Alice de Lewis Carroll tivesse uma intuição disso quando em *Através do espelho,* disse a seu gato, "Talvez o leite do espelho não seja bom para beber".

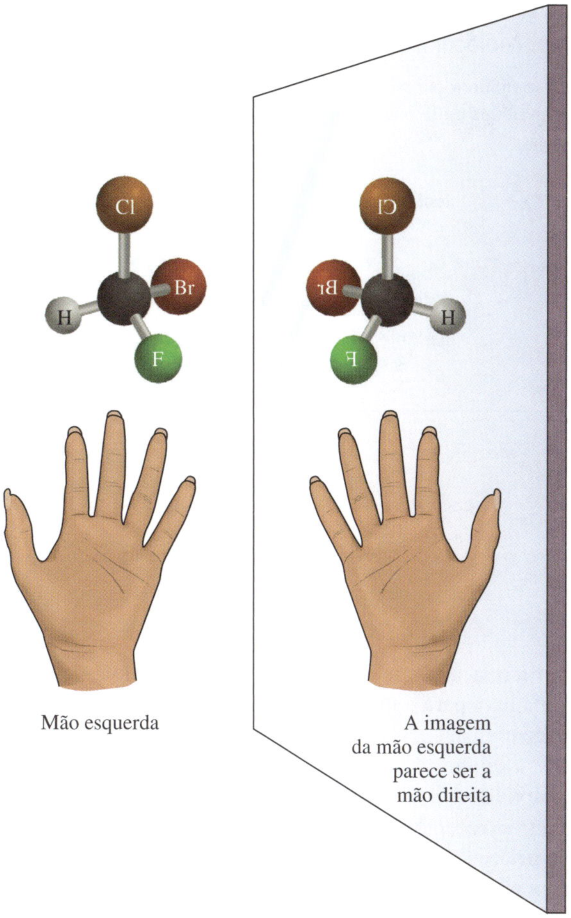

FIGURA 10.17 Imagem no espelho de um modelo molecular e de uma mão. A molécula CHBrClF é quiral e sua forma é tetraédrica.

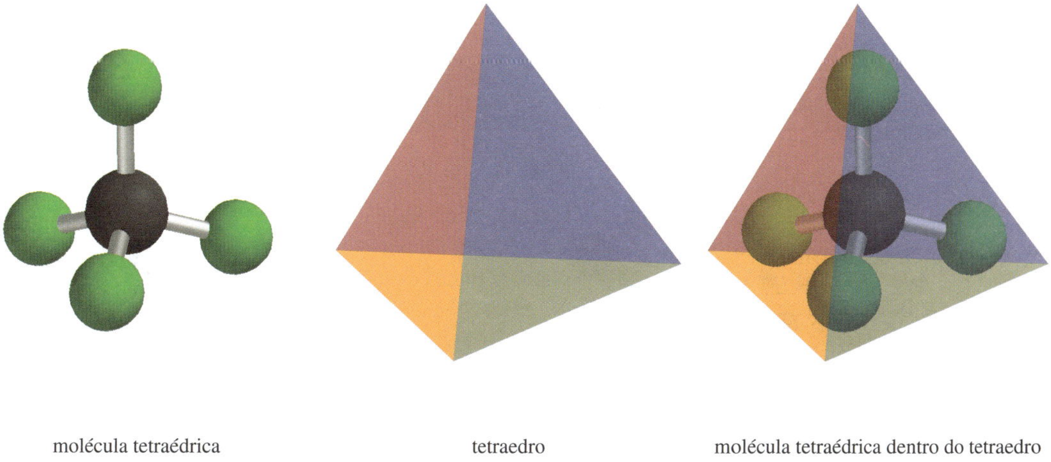

FIGURA 10.18 Um tetraedro tem quatro faces triangulares equilaterais.

Sua vez 10.16 Moléculas quirais

Use um asterisco para identificar o carbono quiral destas moléculas. Depois desenhe os dois isômeros quirais usando representações de linhas e cunhas. Coloque o carbono quiral como o átomo central.

a. 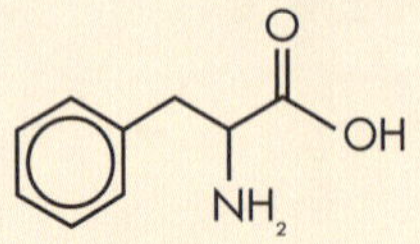 fenilalanina, um aminoácido essencial

b. $CH_3CH(OH)CH_2CH_3$ 2-butanol, um álcool

c. $CHClFCH_3$ 1-cloro-1-fluoro-etano, um hidro-cloro-fluorocarboneto

d. 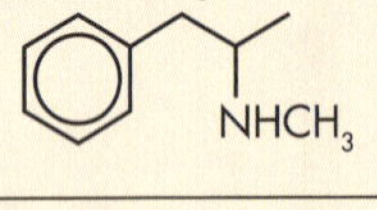 metanfetamina, uma droga da rua notoriamente perigosa

Resposta

a. 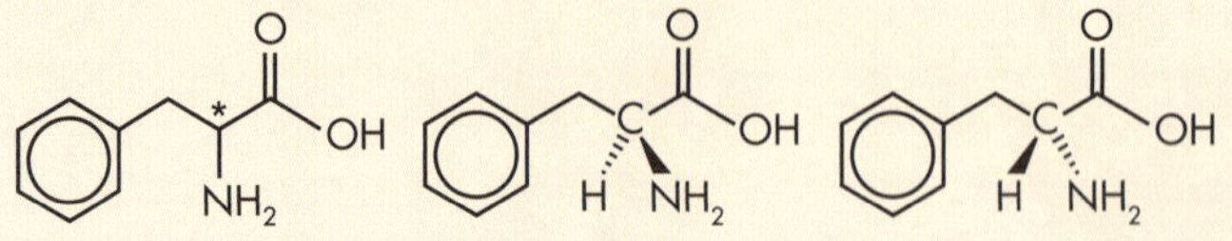

Você pode ilustrar a relação entre quiralidade e atividade biológica com suas mãos. Sua mão direita só se ajusta a uma luva para a mão direita, não para a mão esquerda. De modo semelhante, uma molécula de fármaco com quiralidade direta (ponteiros do relógio) só se ajusta a um sítio receptor que a complementa e a acomoda. Qualquer fármaco contendo um átomo de carbono com quatro diferentes átomos ou grupos de átomos a ele ligados existirá como isômeros quirais, e usualmente só um deles se ajusta a um sítio receptor assimétrico em particular (Figura 10.19).

A especificidade molecular extrema criada pela quiralidade complica a tarefa de síntese do químico medicinal. Uma molécula de fármaco deve incluir os grupos funcionais apropriados e eles devem ter a configuração tridimensional que lhes dá a atividade biológica desejada. Em muitas reações, os dois isômeros ópticos são produzidos simultaneamente. Isso resulta em uma **mistura racêmica**, que consiste em quantidades iguais dos dois isômeros ópticos. Porém, com frequência, só um dos isômeros ópticos é farmaceuticamente ativo. Por exemplo, muitos fármacos narcóticos existem como isômeros ópticos, dos quais só um deles tem atividade narcótica. Na Figura 10.20, o levometorfano, o isômero que desvia a luz para a esquerda (levo ou −), é um narcótico que vicia. Por outro lado, sua imagem no espelho (dextro ou +) é um supressor da tosse não viciante. Isso permite o uso do dextrometorfano em muitos remédios contra a tosse de venda livre, mas o isômero dextro tem de ser sintetizado na forma pura ou separado da mistura com o isômero levo. Isso é muito difícil porque as propriedades físicas, exceto as ópticas, são idênticas.

A vitamina E vendida nas lojas é, em geral, uma mistura racêmica dos isômeros (+) e (−). O isômero (+) é ativo fisiologicamente e pode ser adquirido a um preço significativamente mais alto.

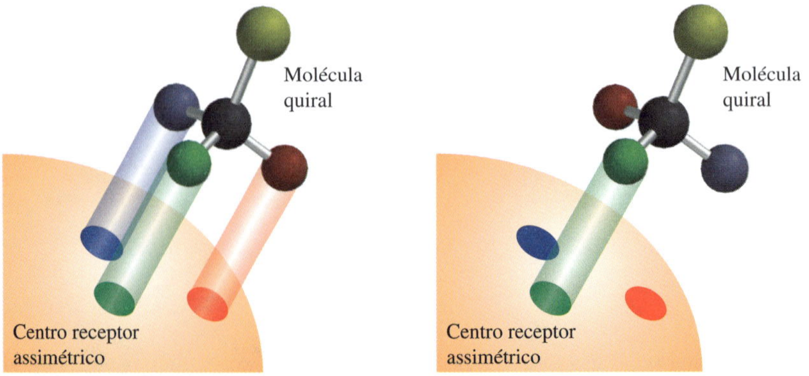

FIGURA 10.19 Uma molécula quiral ligada (à esquerda) e não ligada (à direita) a um sítio assimétrico.

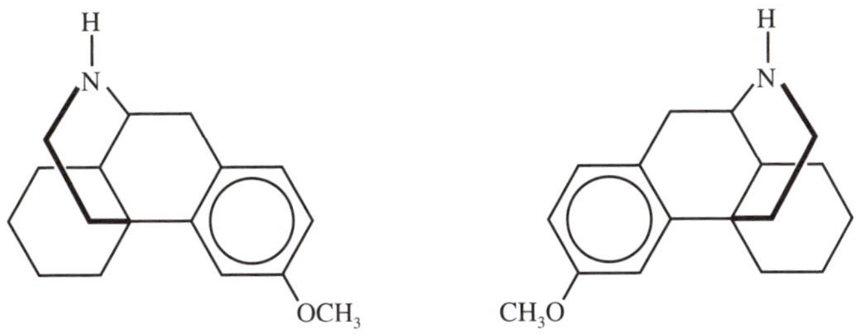

Levometorfano dextrometorfano

FIGURA 10.20 Levo- e dextrometorfano.

Muitos outros fármacos são quirais e ativos em só uma das formas isoméricas. Isso é verdade para alguns antibióticos e hormônios e para certos fármacos usados para tratar um grande número de condições: inflamação, doenças cardiovasculares, desordens do sistema nervoso central, câncer, níveis altos de colesterol e déficit de atenção. Dentre os fármacos muito usados estão o ibuprofeno, a ciclosporina (o fármaco usado para prevenir a rejeição em transplantes de órgãos) e o redutor de lipídeos atorvastatina (Lipitor). O ibuprofeno é vendido como uma mistura racêmica dos isômeros (+) e (−) (a Figura 10.21 mostra o isômero (+)). Só o (−) ibuprofeno funciona como analgésico, o (+), não. Entretanto, no organismo, o isômero (+) é convertido na forma (−). Portanto, é provável que alguém que use a mistura racêmica e não o (−)-ibuprofeno, mais caro, fique igualmente bem.

O naproxeno, um analgésico comum, é um exemplo, dentre muitos, de preferência, ou até mesmo de necessidade, de um dos isômeros. Uma forma do naproxeno é analgésica, a outra causa danos ao fígado. Um último exemplo envolve um tratamento da doença de Parkinson. O uso inicial da forma racêmica de dopa mostrou efeitos adversos como anorexia, náusea e vômitos. O uso do isômero (−)dopa puro reduziu em muito esses efeitos colaterais, e o efeito desejado foi conseguido com metade das doses iniciais.

Sua Vez 10.17 Examinando (+)−ibuprofeno e (−)−dopa

Examine com cuidado as fórmulas estruturais de (+)−ibuprofeno e (−)−dopa dadas na Figura 10.21.

- **a.** Para cada fármaco, qual é o átomo de carbono quiral?
- **b.** Identifique todos os grupos funcionais presentes em ambos os fármacos.
- **c.** Desenhe as fórmulas estruturais do (−)−ibuprofeno e (+)−dopa.

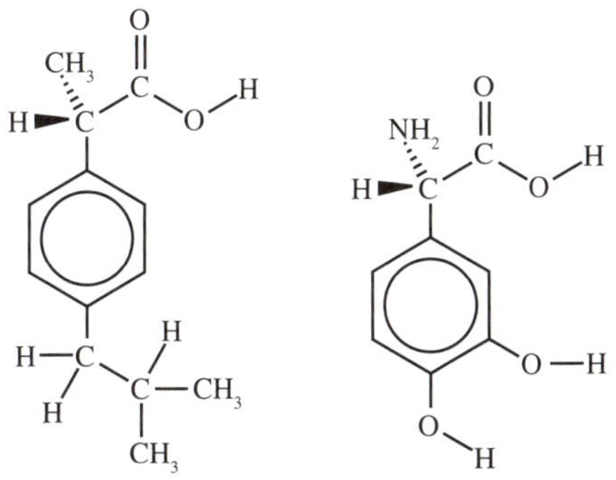

(+)-ibuprofeno (−)-dopa

FIGURA 10.21 Duas moléculas de fármacos quirais.

William Knowles, Barry Sharpless e Ryoji Noyori partilharam o Prêmio Nobel de Química de 2001 por suas pesquisas no desenvolvimento de novos métodos catalíticos para sintetizar fármacos quirais.

Em consequência, as companhias farmacêuticas têm programas de pesquisa ativos planejados para criar fármacos quiralmente puros, na forma benéfica, apenas. Embora obter o isômero correto puro possa parecer um exercício de interesse apenas para os químicos, é um grande negócio. A maior parte dos fármacos de prescrição mais vendidos no mundo são isômeros puros, com vendas totais da ordem de US 50 bilhões e crescendo, uma tendência que certamente continuará no futuro. Eles incluem o fármaco quiral Lipitor, um "campeão de vendas", a simvastatina (Zocor), o esomeprazol (Nexium) e a sertalina (Zoloft), com vendas no mundo acima de um bilhão de dólares por ano.

Lipitor, um fármaco quiral classificado como uma estatina, reduz o colesterol, impedindo sua síntese no fígado. É um sucesso fenomenal, com vendas anuais acima de US$ 10 bilhões no mundo. Sua produção requer a síntese de hidroxinitrila (HN), outra molécula quiral. Até recentemente, HN era produzida como uma mistura racêmica, exigindo a separação dos dois isômeros. Pior ainda, o processo envolvia grandes quantidades de brometo de hidrogênio e cianeto. Esses produtos químicos são, no mínimo, tóxicos, e o processo produzia grandes quantidades de produtos colaterais indesejados.

Foi quando entrou a Codexis, uma companhia que venceu um dos Prêmios Presidenciais Desafios de Química Verde de 2006. Os químicos na Codexis desenvolveram um caminho elegantemente verde até o intermediário HN usando enzimas para conduzir reações altamente específicas. Seu processo verde aumentou os rendimentos, reduziu a formação de produtos colaterais, reduziu o uso de equipamentos de purificação e aumentou a segurança dos trabalhadores. O grande uso do Lipitor criou uma demanda anual do intermediário HN de cerca de 200 toneladas métricas. Isso é sem dúvida uma invenção que merece um Prêmio Presidencial!

Novos fármacos quirais são um grande negócio, e as companhias farmacêuticas desenvolveram recentemente uma nova estratégia para aumentar os lucros nessa área. Alguns medicamentos já provados, antigamente vendidos como misturas racêmicas, estão sendo reavaliados e voltam ao mercado como isômeros puros, uma estratégia conhecida como "mudança quiral". As razões econômicas disso são óbvias: as companhias farmacêuticas podem estender suas patentes dos fármacos mais bem-sucedidos e dar-lhe vantagens na competição com os genéricos. A razão terapêutica para a mudança é que o uso do isômero puro pode ser benéfico, com maior margem de segurança, menos efeitos colaterais e interações mais simples com o organismo. Metilfenidato, vendido com o nome comercial de Ritalina, é um fármaco usado para tratar a hiperatividade na desordem do déficit de atenção (ADHD). Antigamente, a Ritalina era receitada como um racemato (mistura racêmica), mas fez a mudança quiral e é agora vendida como um isômero puro. É igualmente efetiva, com a dose igual à metade da do racemato, e tem um perfil de efeitos colaterais melhorado.

Estude Isto 10.18 Mudança quiral

Em princípio, a estratégia da mudança quiral deveria dar uma vantagem terapêutica ao isômero puro sobre a mistura racêmica. Isso sempre acontece? Use a Internet para identificar um fármaco (que não seja a Ritalina) que fez a mudança quiral e relate os méritos do isômero puro sobre a mistura racêmica.

10.7 Esteroides

Vejamos o colesterol, os anticoncepcionais e os suplementos alimentares. Do ponto de vista químico, o que têm em comum? A resposta surpreendente é que eles são **esteroides**, uma classe de compostos orgânicos naturais ou sintéticos que têm em comum um esqueleto de carbonos com quatro anéis.

Como uma família de compostos, os esteroides ilustram muito bem as relações entre a forma e a função. Certamente nenhum outro grupo de produtos químicos é mais controverso, porque seus usos comuns conhecidos vão de anticoncepção a produtos de beleza. Os membros naturais desse ubíquo grupo de substâncias incluem componentes estruturais de células, reguladores metabólicos e

TABELA 10.4 Funções dos esteroides

Função	Exemplos
Regulação das características sexuais secundárias	estradiol (um estrógeno), testosterona (um andrógeno)
Regulação do ciclo de reprodução feminina	progesterona, RU-486 (a "pílula do aborto")
Regulação do metabolismo	cortisol, derivados da cortisona
Digestão de gorduras	ácido cólico
Componente de membranas celulares	colesterol
Estímulo do crescimento de músculos e ossos	gestrinona, trembolona

os hormônios responsáveis pelas características sexuais secundárias e a reprodução. Dentre os esteroides sintéticos estão fármacos para o controle da natalidade, para o aborto e para a musculação. A Tabela 10.4 lista algumas das funções.

Apesar da enorme faixa de funções fisiológicas, todos os esteroides têm o mesmo esqueleto. Assim, esses compostos também dão um exemplo maravilhoso da economia com que os sistemas vivos usam e reúsam certas unidades estruturais fundamentais com muitos objetivos diferentes. A característica comum dos esteroides é um esqueleto molecular com 17 átomos de carbono arranjados em quatro anéis. O esqueleto do esteroide é ilustrado aqui.

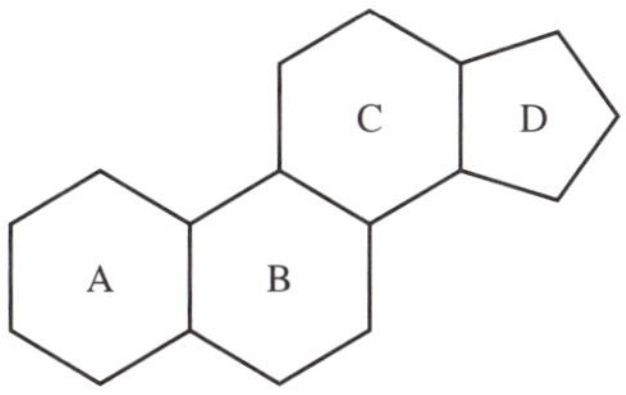

Lembre-se de que, em uma representação como essa (um desenho de linhas e ângulos), os átomos de carbono ocupam os vértices dos anéis, mas não são desenhados de forma explícita. Os três anéis de seis átomos são designados como A, B e C, e o anel de cinco átomos, como D. Embora o núcleo do esteroide pareça planar no desenho, ele existe em três dimensões. As muitas dúzias de esteroides naturais e sintéticos são todas variações desse tema. Algumas diferem em um pequeno detalhe estrutural mas têm funções fisiológicas radicalmente diferentes. Átomos de carbono ou grupos funcionais extra em posições críticas são responsáveis pela variação.

O esteroide colesterol é um dos componentes principais das membranas celulares e é mostrado na Figura 10.22. A figura da esquerda inclui todos os átomos da molécula. A da direita dá a representação do esqueleto usando um desenho de linhas e ângulos.

O exame cuidadoso da Figura 10.23 mostra como diferenças moleculares sutis podem resultar em propriedades fisiológicas completamente diferentes. A diferença entre uma molécula de estradiol e uma de testosterona está somente em um dos anéis. Será que as únicas diferenças entre homens e mulheres se deve a um átomo de carbono e alguns de hidrogênio? Você é o juiz.

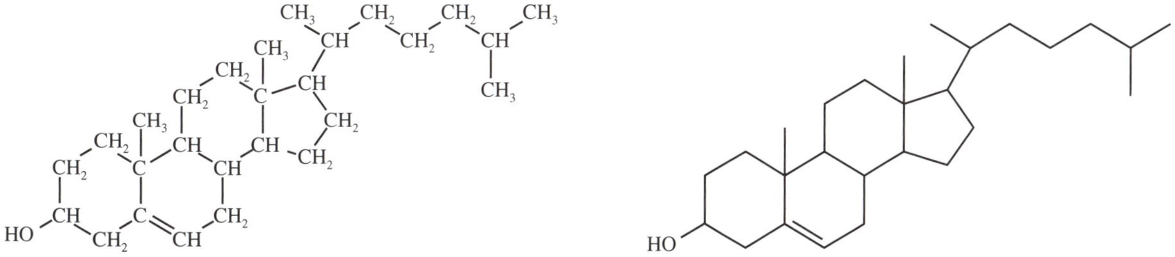

FIGURA 10.22 Representações do colesterol.

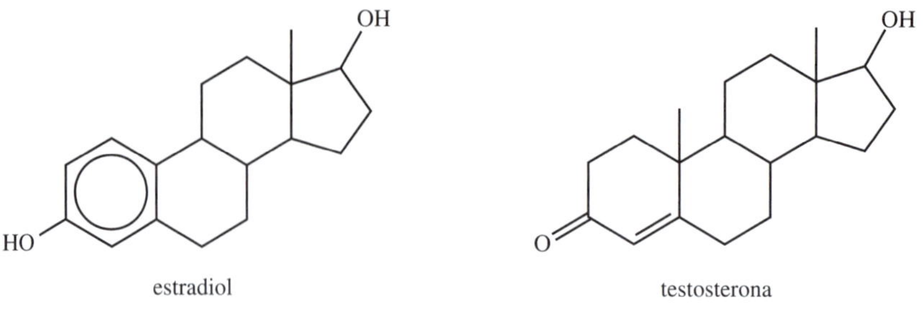

FIGURA 10.23 Estradiol e testosterona.

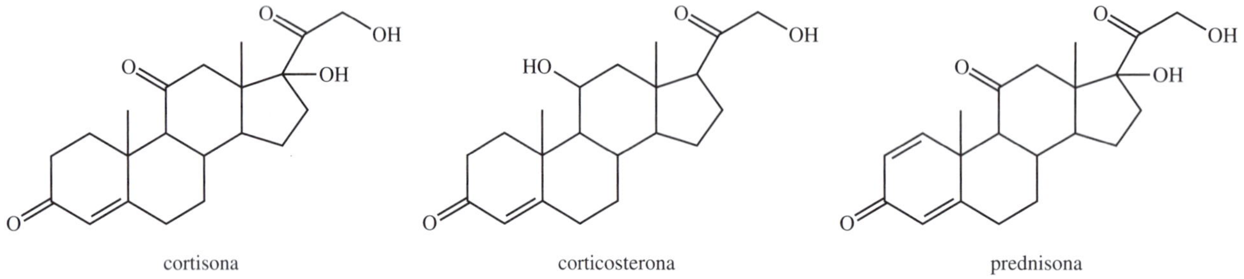

FIGURA 10.24 Cortisona, corticosterona e prednisona.

Outros esteroides naturais comuns são os hormônios cortisona e corticosterona (Figura 10.24). Você pode ter usado alguma preparação de cortisona para tratar alguma erupção cutânea ou outro pequeno problema da pele. Os corticosteroides são produzidos no córtex adrenal e têm uma variedade de utilidades, como a regulação da inflamação, a resposta ao estresse e o metabolismo dos carboidratos. Os fármacos esteroidais anti-inflamatórios são com frequência os mais receitados para pessoas com asma. Uma escolha sintética é a prednisona.

Sua Vez 10.19 Semelhanças estruturais dos esteroides

Aqui estão pares de esteroides.

a. Identifique as semelhanças estruturais em cada par.

estradiol e progesterona	corticosterona e cortisona
ácido cólico e colesterol	prednisona e cortisona
estradiol e testosterona	

b. Escreva a fórmula química de cinco dos fármacos da parte **a**.

10.8 Medicamentos de prescrição, genéricos e de venda livre

Entra o cliente. O farmacêutico pergunta: "De marca ou genérico?" Este cenário se repete diariamente em milhares de farmácias do país. Como a pessoa decide? Para milhões de pessoas, a versão genérica mais barata pode significar a diferença entre ter o medicamento necessário ou não ser capaz de comprá-lo, embora nem todos os fármacos aprovados estejam disponíveis na forma de genérico.

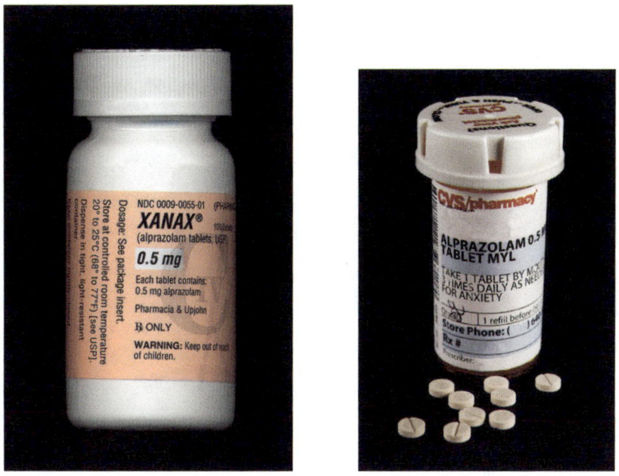

FIGURA 10.25 Um fármaco de marca (Xanax) e seu concorrente genérico (alprazolam).

As duas formas podem ser facilmente diferenciadas. Um fármaco pioneiro é a primeira versão de um fármaco que chega ao mercado com um nome de marca, como Xanax, um fármaco contra a ansiedade ou sedativo. Um **fármaco genérico** é quimicamente equivalente ao fármaco pioneiro, mas não pode ser posto à venda até que a patente de proteção tenha vencido, após 20 anos. O fármaco de preço mais baixo é comumente posto no mercado sob o nome genérico; neste caso, alprazolam, e não Xanax. Os 20 anos de proteção dados pela patente do fármaco pioneiro começam a contar no momento em que a patente é concedida, não quando ela entra no mercado. Em casos que requerem um tempo longo de pré-aprovação, uma indústria farmacêutica tem muito pouco tempo para cobrir seus custos de pesquisa e desenvolvimento antes que um competidor genérico possa ser fabricado. Entretanto, quase 80% dos fármacos genéricos são produzidos como equivalentes aos de marca (Figura 10.25). Como os fármacos pioneiros, os genéricos têm de ser aprovados pela FDA.

Em 1984, o Congresso americano aprovou o Drug Price Competition and Patent Restoration Act que expandiu muito o número de fármacos elegíveis para o *status* de genérico. Essa lei eliminou a necessidade dos genéricos duplicarem os testes de eficácia e segurança feitos nos fármacos pioneiros correspondentes. Isso economizou considerável tempo e dinheiro para os fabricantes de genéricos. A FDA também editou guias específicos para a comparação do genérico com o fármaco pioneiro. O regulamento da FDA exige que as versões genérica e pioneira sejam bioequivalentes em forma de dosagem, segurança, resistência, forma de administração, qualidade, características de desempenho e intenção de uso. Em outras palavras, eles devem colocar a mesma quantidade de ingrediente ativo no sangue de um paciente na mesma velocidade. Quando o fármaco genérico é bioequivalente, as companhias podem começar a reduzir o alto preço de um fármaco de marca por meio da competição.

Estude Isto 10.20 Seu farmacêutico local

Quando se trata de fármacos genéricos, os farmacêuticos estão na linha de frente. Com seus colegas, formule duas ou três questões relativas aos fármacos genéricos. Então, faça uma entrevista com um farmacêutico local e compartilhe com os colegas o que encontrou. *Nota:* Se houver uma escola de farmácia por perto, talvez você queira entrevistar os estudantes de farmácia.

Os fármacos de venda livre (OTC) permitem que as pessoas aliviem muitos sintomas desagradáveis e curem algumas doenças sem necessidade de ir ao médico. Os medicamentos de venda livre agora são cerca de 60% de todos os medicamentos usados nos Estados Unidos. Existem mais de 80 categorias terapêuticas de fármacos OTC, de produtos para as espinhas até os de controle de peso. A Tabela 10.5 lista várias categorias importantes de produtos OTC e seus componentes principais. De acordo com as leis e os regulamentos em vigor nos Estados Unidos, os fármacos, incluindo os OTC, são sujeitos a um processo de verificação intensivo, extensivo e dispendioso antes que possam

TABELA 10.5 Exemplos de fármacos de venda livre

Fármacos analgésicos e anti-inflamatórios	Remédios para a tosse
aspirina	guaifenesina, expectorante
ibuprofeno (Advil)*	dextrometorfano, supressor
naproxeno (Aleve)	benzonatato, supressor
acetaminofeno (Tylenol)	
Antiácidos e digestivos	**Anti-histamínicos**
sais de alumínio e magnésio (Maalox)	bromofeniramina
carbonato de cálcio (Tums)	clorfeniramina
sais de cálcio e magnésio (Rolaids)	difenhidramina

*Os nomes aparecem como nome químico seguido pelo nome comum ou da marca entre parênteses.

ser aprovados para venda e uso do público. Como no caso das drogas de prescrição, a questão fundamental a ser respondida no caso dos fármacos OTC é "os benefícios valem os riscos?" A resposta depende de o consumidor os estar usando corretamente. Portanto, a FDA e os fabricantes de fármacos devem tentar balancear a segurança dos OTC e sua eficiência.

Reveja na Seção 5.12 a discussão de outra questão de segurança, o descarte de fármacos indesejados.

Descrevemos os OTCs analgésicos e os NSAIDs e seu modo de ação. Seus efeitos colaterais incluem sangramento do estômago (aspirina), distúrbios gastrointestinais (aspirina, ibuprofeno), agravamento da asma (aspirina) e danos aos rins ou ao fígado (acetaminofeno), em altas doses ou uso crônico.

Mais de 100 vírus são responsáveis pelo desconforto que acompanha o resfriado comum. Um batalhão de remédios para o resfriado, a maior parte deles com múltiplos componentes, foi preparado para ajudar os doentes. Descongestionantes reduzem o inchaço quando os vírus invadem as membranas da mucosa, mas os efeitos adversos incluem nervosismo e insônia. Vaporizadores nasais aliviam os tecidos inchados do nariz, mas seu uso por mais de três dias leva frequentemente a um efeito de ricochete ou ao retorno do corrimento do nariz.

Anti-histamínicos aliviam o corrimento do nariz e os espirros associados com alergias, mas causam sonolência e, com frequência, vertigens. Como eles induzem sonolência, não é surpreendente que remédios para dormir aprovados sejam comumente anti-histamínicos. Entretanto, crianças com frequência têm insônia e hiperatividade após ingeri-los.

A tosse é um modo natural de livrar os pulmões do excesso de secreções. Os expectorantes afinam o muco, e fica mais fácil tossir, enquanto os supressores da tosse aliviam e permitem um sono reparador. A presença de ambos em preparações para a tosse parece sem sentido! Codeína e dextrometorfano têm potencial de supressão da tosse, mas o primeiro tem a reputação de causar vício, o que limita a venda livre em alguns estados americanos.

Azia, indigestão e acidez estomacal são alvos dos antiácidos e fármacos relacionados. Os antiácidos são compostos básicos que contêm hidróxidos de alumínio, magnésio ou cálcio (ou cominações deles) que neutralizam o excesso de ácido no estômago. A popularidade das alternativas que contêm cálcio cresceu com a difusão da necessidade de os adultos jovens e mais velhos manterem um fornecimento regular de cálcio na dieta para evitar a degradação dos ossos (osteoporose).

Estude Isto 10.21 Usando o bom senso

Muitas pessoas acham que o melhor é só tomar os remédios indicados para uma determinada doença. Isso faz sentido. No entanto, algumas companhias que vendem preparações OTC parecem querer colocar tudo de uma vez, esperando que isso dê a seus produtos uma espécie de "valor adicional". Verifique o conteúdo de vários remédios para o resfriado encontrados em sua farmácia ou no supermercado (ou use a Internet para encontrar a mesma informação). Em particular, procure vários remédios para a tosse. Você encontrou o uso de guaifenesina e dextrometorfano no mesmo produto? Liste os nomes dos produtos que incluem ambos e explique por que um produto que contém esses dois medicamentos não faz sentido.

A revolução da automedicação nas últimas décadas, encorajou a disponibilidade de fármacos OTC seguros e efetivos e aumentou a pressão para a reclassificação de muitos fármacos de prescrição para o *status* de OTC. Segundo a Consumer Healthcare Products Association, cerca de 80 ingredientes ou dosagens reduzidas de fármacos passaram a OTC desde 1976. Casos recentes incluem loratidina e cetirizina (Claritin e Zyrtec, anti-histamínicos, em 2002 e 2008, respectivamente), omeprazol (Prilosec, redutor de acidez, 2003) e orlistat (Alli, perda de peso, 2007). Atualmente, mais de 700 produtos OTC têm ingredientes que estiveram na lista dos fármacos de prescrição. Mais pressão vem da indústria de segurança de saúde. A mudança de fármacos de prescrição para o *status* de OTC reduz muito a parcela de pagamentos das companhias. As condições para as quais os fármacos são indicados devem ser comuns, não ameaçar a vida e diagnosticadas pelo consumidor comum. A FDA pode mudar o *status* de um fármaco OTC de volta ao *status* de prescrição se problemas significativos de segurança forem detectados.

Do ponto de vista do fabricante, a mudança do *status* de um produto de prescrição para OTC permite, com frequência, que ele possa manter o produto no mercado por vários anos a mais sem a concorrência dos genéricos. O volume de vendas também aumenta quando um produto é reclassificado como OTC. Para o consumidor, a despesa pode, em alguns casos, aumentar quando procura a terapêutica OTC porque poucas seguradoras de saúde reembolsam produtos OTC. Porém, de modo geral, estima-se que a mudança de *status*, de prescrição para OTC, fez o público americano economizar mais de US$ 20 milhões por ano.

10.9 Medicamentos fitoterápicos

Mundo afora, um número crescente de pessoas está usando fitoterápicos com objetivos preventivos e terapêuticos. Fitoterápicos e medicina popular são comuns em muitas culturas. Isso não deveria surpreender: a natureza é um químico muito bom. Alguns (mas não todos) os compostos encontrados em plantas e organismos simples provavelmente teriam efeitos positivos nos humanos. As vendas nos Estados Unidos de fitoterápicos populares como ginkgo biloba, hipericão, echinacea, ginseng, alho e pimenteira aumentaram regularmente na última década até U$ 5 bilhões em 2010. A Tabela 10.6 lista algumas ervas e plantas e razões para usá-las.

Muitas pessoas tomam hipericão por sua capacidade de melhorar de humor (Figura 10.26). A Herb Research Foundation relata dados de 2.000 pacientes em 23 estudos clínicos que concluíram consistentemente que uma preparação de hipericão, uma planta, é tão efetiva contra as depressões leves ou moderadas como os fármacos antidepressivos padrão. Em abril de 2001, um estudo publicado no *Journal of the American Medical Association* apontou que o hipericão é ineficaz contra depressões severas. A erva não funcionou melhor do que o placebo em 200 adultos diagnosticados com depressão severa. O estudo foi financiado em parte pelos National Institutes of Mental Health e em parte pela Pfizer Incorporated, que fabrica a seretralina (Zoloft), o fármaco antidepressivo mais comumente prescrito nos Estados Unidos e que rende bilhões de dólares anualmente. O Dr. Richard Skelton, da Vanderbilt University, coautor do novo estudo, sugeriu mais estudos sobre o uso da erva para a depressão moderada, dizendo: "Eu gostaria de ver pessoas com depressão moderada sendo

TABELA 10.6 Ervas comuns e seus possíveis benefícios

Erva ou planta	Sintomas a serem aliviados
Valeriana, flor da paixão	ansiedade
Alcaçuz, casca de cereja selvagem, tomilho	tosse
Echinacea, alho, raiz de hidraste	resfriados, gripes
Hipericão	depressão
Camomila, hortelã, gengibre	náuseas, problemas digestivos
Valeriana, flor da paixão, lúpulo	insônia
Ginkgo biloba	perda de memória
Valeriana, flor da paixão, pimenteira, ginseng siberiano	estresse, tensão

FIGURA 10.26 A planta hipericão (*Hypericum perforatum*) e um extrato na forma de tablete.

estudadas e ver se funciona com elas. Em caso positivo, seria ótimo". Ele recomendou evitar o uso da erva até que novos estudos sejam feitos.

Examine a efedra (Figura 10.27), uma substância natural derivada da erva chinesa *ma huang* bem como de outras plantas. Embora ela tenha sido usada desde muito tempo para tratar certos sintomas respiratórios na medicina tradicional chinesa, em anos recentes ela tem sido muito anunciada e usada em tratamentos de perda de peso, melhoria da performance nos esportes e aumento da energia.

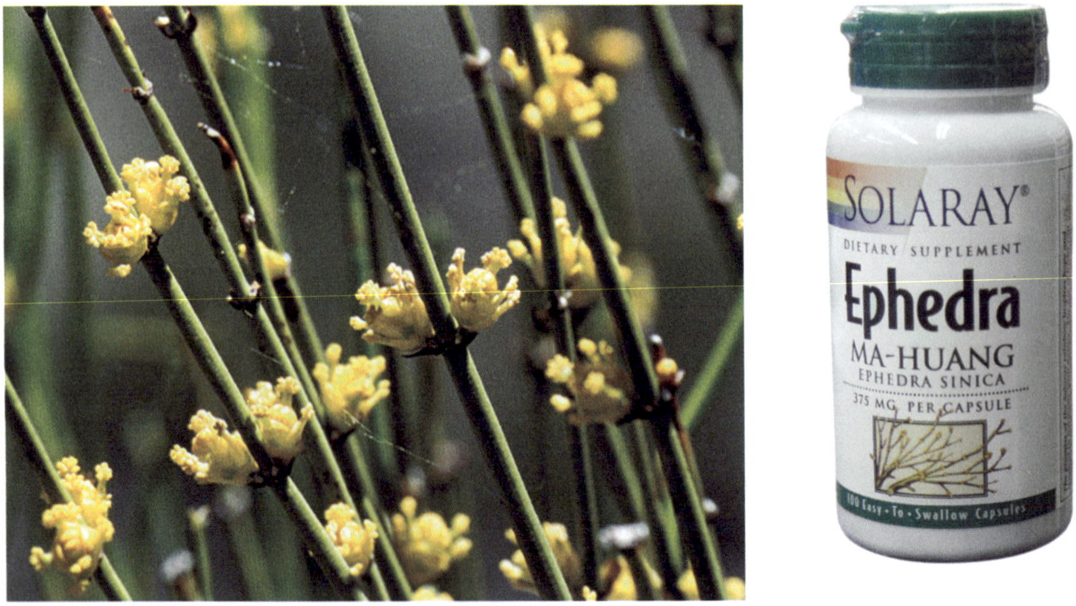

FIGURA 10.27 A fonte da efedra e uma formulação comum.

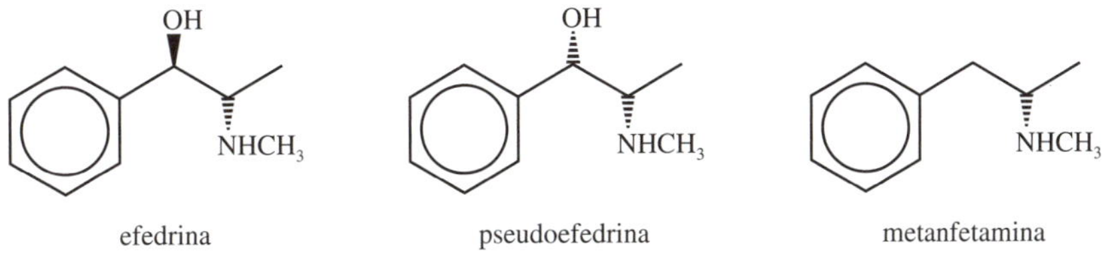

FIGURA 10.28 Estruturas químicas da efedrina e dois fármacos relacionados.

Uma cunha sólida indica um grupo que está vindo em sua direção. Uma cunha tracejada indica um grupo que está se afastando de você. Essas convenções foram apresentadas na Seção 3.3.

A efedra contém seis alcaloides do tipo anfetamina, incluindo a efedrina e a pseudoefedrina. O componente principal, a efedrina, é um broncodilatador (abre as vias respiratórias) e estimulante do sistema nervoso simpático. Tem valiosas propriedades antiespasmódicas, agindo nas vias respiratórias ao reduzir o inchaço das membranas das mucosas. A pseudoefedrina (Sudafed) é um descongestionante nasal e tem menos efeitos no coração e na pressão arterial.

Na forma sintética, esses fármacos estão regulados como OTC e são usados como descongestionantes no tratamento de curto prazo de corrimentos nasais, asma, bronquite e reações alérgicas porque abrem as passagens de ar nos pulmões. A Figura 10.28 mostra três estruturas relacionadas. A metanfetamina foi incluída para que você pudesse ver as semelhanças estruturais entre os fármacos da efedra e esse estimulante potente e perigoso. A efedra não contém metanfetamina.

Suplementos de dieta contendo efedra ocuparam as capas dos jornais em 2003. As mortes de atletas bem conhecidos foram ligadas a raros porém sérios efeitos colaterais do uso de efedra. Efeitos colaterais relatados por usuários de efedra incluíram náusea e vômito, distúrbios psiquiátricos como agitação e ansiedade, alta pressão sanguínea, batidas irregulares do coração e, mais raramente, desmaios, ataques cardíacos, derrames cerebrais e até mesmo morte.

Não existe evidência de que efedra melhore o desempenho atlético, e evidências preliminares sugerem que ela ajuda modestamente na perda temporária de peso. Entretanto, a evidência indica que efedra está associada a um risco aumentado de efeitos colaterais, possivelmente até fatais. Em 2003, o Comitê Olímpico Internacional, a National Football League, a National Collegiate Athletic Association, a liga menor de beisebol e as U.S. Armed Forces baniram o uso de efedra.

Em dezembro de 2003, a FDA emitiu um alerta aos consumidores sobre a segurança de suplementos de dieta contendo efedra. Eles foram aconselhados a parar imediatamente de comprar e usar produtos com efedra. Em fevereiro de 2004, a FDA publicou uma regra definitiva declarando que os suplementos de dieta contendo efedra apresentam um risco irrazoável de doenças ou injúrias. A regra proibiu a venda desses produtos, o que se tornou efetivo 60 dias após a publicação. Entretanto, o ato da FDA não se aplica a chás que contêm efedra (que são regulados como alimentos) e a fitoterápicos chineses quando prescritos por um médico chinês tradicional.

Os exemplos de hipericão e efedra ilustram importantes preocupações sobre os fitoterápicos. Eles são efetivos, são seguros? Psiquiatras relatam que muitos de seus pacientes com depressão tentaram hipericão antes de pedir auxílio médico. Uma estimativa sugere que mais de um milhão de pessoas nos Estados Unidos, apenas, tentaram usar ou está usando hipericão. Independentemente da acurácia da estimativa, um grande número de americanos está, aparentemente, usando fitoterápicos em circunstâncias em que há pouca ou nenhuma supervisão médica.

Fitoterápicos são pouco regulados pela FDA. O Dietary Supplement Health and Education Act (DSHEA) de 1994 mudou sua classificação de alimento ou fármaco para "suplemento de dieta". **Suplementos de dieta** incluem, por definição, vitaminas, sais minerais, aminoácidos, enzimas, ervas e outros derivados de plantas. Muitos deles não têm efeitos adversos e mostraram ser benéficos para a saúde. Outros, como efedra, são problemáticos.

Sob o DSHEA, a FDA não revisa os suplementos de dieta para segurança e efetividade antes que atinjam o mercado. Na verdade, a lei permite que a FDA proíba a venda de um suplemento de dieta se ele "apresenta um risco significativo e irrazoável de danos". Quando a FDA toma ação regulatória contra um suplemento (como no caso do efedra), a prova para estabelecer os danos cai sobre o governo. Ao contrário dos fármacos de prescrição ou OTCs, não há avaliação da pureza das preparações ou concentrações dos constituintes ativos, doses ou protocolos de aplicação. Além disso, não há a exigência de estudos de interações entre fitoterápicos ou entre eles e os medicamentos tradicionais. Como os fabricantes de fitoterápicos não precisam provar ao FDA a segurança e a eficácia antes de entrar no mercado, as informações que dizem respeito às interações entre fitoterápicos e outros fármacos são praticamente desconhecidas.

Na primavera de 2001, representantes da American Society of Anesthesiologists relataram que pacientes de cirurgias se arriscam a sangramentos inesperados quando usam certas ervas até duas semanas antes da operação. No momento, não há estudos científicos que liguem o sangramento a uma determinada erva. De acordo com o Dr. John Neeldt, presidente da American Society of Anesthesiologists, a familiar questão "você toma algum medicamento?" deveria ser complementada com "você está usando fitoterápicos?"

Estude Isto 10.22 Natural significa maior segurança?

O padrão legal de "risco significativo ou irrazoável" implica um cálculo de risco e benefício com base nas melhores evidências científicas disponíveis. Isso sugere que a FDA tem de determinar se os conhecidos ou supostos riscos de um produto superam os conhecidos ou supostos benefícios, com base nas evidências científicas disponíveis. Isso deve ser feito à luz das informações dadas pelo fabricante e com o entendimento de que o produto está sendo vendido diretamente aos consumidores sem supervisão médica.

Ao decidir usar um medicamento, um consumidor faz uma análise de risco-benefício, às vezes inconscientemente. Um elemento dessa análise é o risco *percebido*. Você acredita que a população em geral percebe os fármacos naturais como sendo mais seguros que os sintéticos? Explique, usando exemplos de sua escolha.

10.10 Drogas de abuso

Antes de concluir nossa exploração do mundo dos fármacos, deveríamos examinar o abuso. De acordo com o National Survey on Drug Use and Health (NSDUH), o número de pessoas que usa uma ou mais drogas ilegais está na casa dos milhões. Em 2010, 8,9% da população, ou estimados 22,6 milhões de americanos com 12 anos ou mais, declararam ter usado uma droga ilegal no mês anterior à pesquisa. Detalhes da pesquisa de 2010 concluíram que:

Uma droga ilícita é uma que não é sancionada por lei ou costume.

- Maconha foi a droga ilícita mais comum, com 17,4 milhões de usuários estimados. O uso entre adultos jovens (18 a 25 anos) é particularmente alto e continua a crescer, de 16,5% em 2008 para 18,5% em 2010.
- O segundo maior foi o uso não medicinal de fármacos de prescrição (analgésicos, tranquilizantes, estimulantes e sedativos) com 7 milhões de usuários estimados. Novamente, entre adultos jovens (18 a 25 anos), a taxa de abuso foi notável, com 5,9% em 2010.
- 1,5 milhão de pessoas (0,6% da população) eram usuárias de cocaína, embora o uso de cocaína e metanfetamina tenha diminuído recentemente.
- Durante 2010, 10,6 milhões de pessoas declararam que haviam dirigido um veículo sob a influência de uma droga ilícita. Em 2010, a taxa foi maior entre os adultos jovens (18 a 25 anos), com 12,7%.

Estude Isto 10.23 Consequências

Legais ou ilegais, as drogas que os humanos usam têm consequências. As pessoas usualmente podem identificar uma droga que causa problemas em casa e no trabalho. Que droga você escolheria? Faça sua escolha e prepare-se para defendê-la em uma discussão de grupo.

TABELA 10.7 Categorias de drogas

Classe	Tem usos médicos correntes aceitos	Potencial de abuso	Exemplos
Categoria I	não	alto	heroína LSD maconha*, haxixe mescalina MDMA ("ectasy")
Categoria II	sim	alto	oxicodona (em OxyContin e Percocet) morfina, ópio cocaína (como anestésico tópico) metanfetamina
Categoria III	sim	médio	hidrocodona com acetaminofeno (Vicodin) codeína com acetaminofeno esteroides anabólicos
Categoria IV	sim	baixo	alprazolam (Xanax) propoxifeno e acetaminofeno (Darvocet) diazepam (Valium)
Categoria V	sim	muito baixo	supressores da tosse com pequenas quantidades de codeína difenoxilato e atropina (Lomotil) prometazina (Fenergan)

*O *status* legal da maconha é complicado porque as leis federal e estaduais podem ser diferentes.

Embora tabaco e álcool não sejam ilegais nos Estados Unidos, seu uso foi incluído no NSDUH.

- Aproximadamente um quarto da população com idade de 12 anos ou mais relatou consumir bebida em excesso, significando que consumiu cinco ou mais doses pelo menos uma vez no mês anterior.
- Entre adultos jovens com idades entre 18 e 25 anos, a taxa de excesso de bebida foi de 40,6%.
- Cerca de 70 milhões de pessoas usavam tabaco, incluindo 58 milhões de fumantes de cigarros. A taxa total de uso de tabaco foi de 27% da população.

Em 1970, o Comprehensive Drug Abuse Prevention and Control Act transformou-se em lei. O título II dessa lei, o Controlled Substances Act, é a base legal do controle de narcóticos nos Estados Unidos. O Controlled Substance Act regula a fabricação e distribuição de drogas e coloca-as em cinco categorias (Tabela 10.7).

FIGURA 10.29 Planta do cânhamo.

Estude Isto 10.24 Potencial menor de abuso?

Os sedativos diazepam (Valium) e alprazolam (Xanax) são listados no momento como drogas da categoria IV, indicando que têm baixo potencial de abuso. Procure na Internet informações sobre vícios relacionados a esses sedativos poderosos. Você concorda com a classificação atual? Explique.

A maconha, um exemplo de droga da categoria I, é a droga ilícita mais comumente usada nos Estados Unidos. É uma mistura de folhas secas, talos, sementes e flores da planta do cânhamo, *Cannabis sativa* (Figura 10.29). A droga é geralmente fumada e ocasionalmente ingerida. O primeiro registro conhecido de uso da maconha data do tempo do Imperador Chinês Shen Nung (ca. 2737 AC), que aconselhava o seu uso no tratamento da malária, de gases intestinais e de falta de atenção.

Cannabis sativa significa cânhamo (*cannabis*) útil (*sativa*).

O cânhamo é a planta cujo nome botânico é *Cannabis sativa*. Outras plantas também são chamadas de cânhamo, mas a *Cannabis* é a mais útil delas. A fibra é seu produto mais conhecido, e a palavra *cânhamo* pode significar a corda ou o fio feitos com o cânhamo, ou o caule da planta que os produziu. A droga psicoativa mais importante da *Cannabis sativa* concentra-se nas folhas e flores da planta, portanto, ninguém pode ter um "barato" fumando cordas feitas com o cânhamo ou usando roupas tecidas com fibras de cânhamo.

Extratos de maconha foram empregados pelos médicos no começo dos anos 1800 como tonificante e euforizante. Porém, em 1937, o Marijuana Tax Act proibiu seu uso como intoxicante, e seu uso médico foi regulado quando preocupações nacionais apareceram. O Marijuana Tax Act exigia que qualquer um que produzisse, distribuísse ou usasse maconha para fins médicos se registrasse e pagasse uma taxa que proibia efetivamente o uso não médico da droga. Embora a lei não tenha tornado ilegal o uso médico, tornou-o caro e inconveniente.

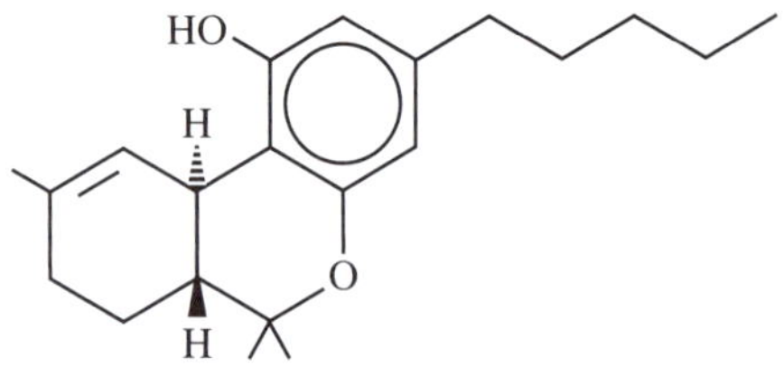

FIGURA 10.30 Fórmula estrutural do THC.

Em 1942, a maconha foi removida da U.S. Pharmacopoeia, a coleção oficial de fármacos do governo, porque se acreditava que ela era danosa, viciante e causadora de psicoses, deterioração mental e comportamento violento. O *status* legal corrente da maconha foi estabelecido em 1970, com a aprovação do Controlled Substances Act.

O componente químico psicoativo mais importante é o Δ^9-tetra-hidro-canabinol, ou THC, como se vê na Figura 10.30 A concentração de THC varia, dependendo de como a maconha foi cultivada: temperatura, quantidade de luz solar e umidade e fertilidade do solo. Variedades de maconha de alta potência são cultivadas em todos os Estados Unidos, com níveis de THC altos (7%). No haxixe, as flores prensadas com a resina da planta, as concentrações de THC podem chegar a 12%.

Quando a fumaça da maconha é inalada, o THC passa rapidamente dos pulmões para a corrente sanguínea, que espalha o composto pelo corpo, incluindo o cérebro. Lá, o THC se liga a sítios específicos das células nervosas, chamados de receptores de canabinoides, e influencia a atividade dessas células. Algumas áreas do cérebro têm muitos receptores canabinoides, outras têm poucos ou nenhum. Muitos receptores canabinoides estão em áreas do cérebro que influenciam o prazer, a memória, o pensamento, a concentração, a percepção sensorial e do tempo e o movimento coordenado. O THC deixa o sangue rapidamente através do metabolismo e da retenção nos tecidos. O composto pode permanecer armazenado na gordura do corpo por longos períodos. Uma pesquisa indicou que uma única dose pode levar até 30 dias para eliminação completa. Os efeitos de curto prazo do uso da maconha podem incluir problemas de memória e aprendizado, percepção distorcida, dificuldade em raciocinar e resolver problemas, perda de coordenação, pressão sanguínea reduzida e aumento dos batimentos cardíacos.

A maconha medicinal pode ser indicada para o tratamento da náusea, glaucoma, controle da dor e estímulo do apetite. Esse tipo de tratamento deve ser um último recurso, quando os demais falharam, como acontece com a náusea e o vômito que pode acompanhar as semanas de quimioterapia no tratamento de doenças como leucemia e AIDS. Estudos clínicos sobre a utilidade da maconha são difíceis de serem conduzidos porque muitas barreiras desencorajam os pesquisadores. A raridade de fundos combinada com regulamentos complicados impostos por agências federais e estaduais desencorajam a pesquisa nessa área.

No fundo, o debate sobre o uso médico da maconha coloca benefícios contra riscos. Sublinhando o debate, porém, estão os julgamentos morais e sociais complexos relacionados às políticas de controle de drogas nos Estados Unidos. Os que apoiam o uso medicinal da maconha argumentam que ela é muito menos perigosa do que alguns fármacos atualmente em uso e pode aliviar sintomas desagradáveis quando outros fármacos falham. Os oponentes argumentam que ela é perigosa, desnecessária e que seu uso leva a outras drogas.

Nos Estados Unidos, o Institute of Medicine of the National Academies tratou do assunto. Em 1999, o Instituto publicou uma revisão que afirmou que a maconha é "moderadamente apropriada para condições específicas, como a náusea e o vômito induzidos pela quimioterapia e o definhamento provocado pela AIDS". Em 2013, 18 estados e o Distrito de Columbia permitiram o uso legal da maconha para fins médicos, e dois também para uso recreativo.

Estude Isto 10.25 THC de forma legal

Uma forma legal de maconha existe como um fármaco de prescrição, o dronabinol (Marinol). É uma forma sintética de THC.

a. Marinol é engolido e não fumado. O relatório de 1999 do Institute of Medicine chama o fumo de "forma primitiva de sistema de entrega". Quais são as vantagens de fumar (em oposição a engolir) uma droga como a maconha?
b. Mesmo primitiva, a inalação de uma droga pode ter muitas vantagens no tratamento da náusea ou do vômito. Diga pelo menos uma.

OxyContin é um exemplo de droga da categoria II (Figura 10.31). Conhecida nas ruas como "oxi", OxyContin é o nome comercial do cloreto de oxicodona, um narcótico semelhante à morfina. Os tabletes de OxyContin contêm até 80 mg de oxicodona, com um mecanismo de tempo de liberação. Para os que têm de aguentar dores agudas e de longo termo, a droga é um alívio muito bem-vindo. Percocet e Percodan contêm o mesmo produto químico, mas em quantidades muito menores (5-7,5 mg/tablete).

Oxicodona é uma droga da categoria II sob o Controlled Substances Act devido à sua alta tendência à dependência e ao abuso.

Os que abusam de OxyContin são capazes de evitar o mecanismo de tempo esmagando o tablete e cheirando o pó ou dissolvendo-o em água e injetando a solução. O efeito é semelhante ao obtido com heroína. Obviamente, a absorção dessa quantidade do poderoso narcótico pode ter consequências dramáticas, e com frequência o destino são as salas de emergência para overdoses.

O problema foi inicialmente observado nas áreas rurais do Kentucky, Virgínia, West Virginia e Maine, e o composto recebeu o apelido vulgar de "heroína caipira" ou "heroína de pobre". Desde então, espalhou-se em outras áreas dos Estados Unidos e, em março de 2002, uma mulher de 18 anos tornou-se a primeira morte atribuída ao OxyContin na Inglaterra.

Purdue Pharma, o fabricante do produto, sofreu ataques por supostamente evitar enxergar os relatórios crescentes de abuso do fármaco. Em um esforço para educar os fornecedores de saúde sobre os riscos, o fabricante do fármaco publicou um aviso, na forma de uma carta do tipo "Prezado Profissional de Saúde". Os demais esforços da companhia incluíram descontinuar a fabricação da variedade mais poderosa da pílula, uma forma do fármaco com 160 mg, marcar as pílulas do México e Canadá para ajudar as autoridades a encontrarem suprimentos ilícitos, passar aos médicos folhas de prescrição invioláveis e instituir programas educacionais dirigidos aos médicos e aos usuários em potencial, com foco particular na região dos Appalaches.

Sua Vez 10.26 Formulações da oxicodona

A oxicodona em um tablete de OxyContin não é uma base livre, mas um sal. Que ácido é neutralizado para formar esse sal? Desenhe uma fórmula estrutural do fármaco na forma de sal.

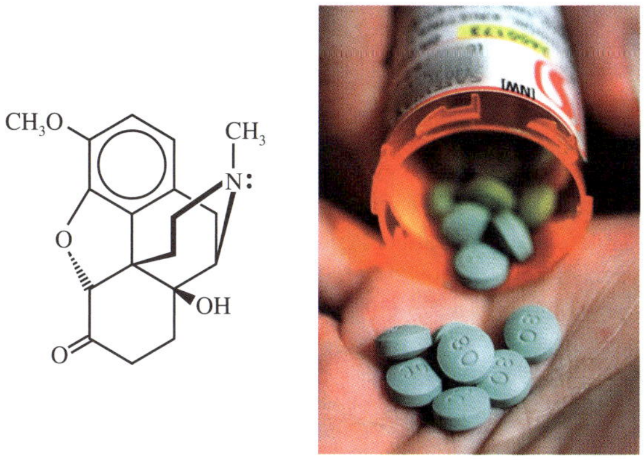

FIGURA 10.31 Estrutura molecular da oxicodona e pílulas de OxyContin.
Fonte: Photo © 2004, Publishers Group.

Morfina, oxicodona, hidrocodona (encontrada em Vicodin, Lortab e Lorcet) e codeína pertencem a uma classe de fármacos conhecidos como opiatos. A morfina e a codeína são extraídas do *Papaver somniferum,* a papoula do ópio. Os outros opiatos listados são sintetizados da morfina. A potência varia e, portanto, a dosagem também, mas todos têm o mesmo modo de ação. Eles se ligam a receptores químicos chamados de *mu* que interrompem a transmissão da dor pela corda espinal. Os opiatos também estimulam áreas do cérebro, chamadas de caminhos da recompensa ou da endorfina. Em um cérebro normal, a dopamina passa entre células no caminho da recompensa, produzindo sentimentos de prazer. Os opiatos estimulam a liberação de níveis maiores de dopamina, aumentando os sinais de recompensa e produzindo euforia intensa. O uso repetido de opiatos faz com que o cérebro do usuário se acostume a um caminho de recompensa superestimulado. Isso leva ao fenômeno de tolerância – quantidades cada vez maiores de opiatos são necessárias para atingir o nível de euforia que o usuário experimentou no começo.

Estude Isto 10.27 House!

Gregory House, MD, o doutor de uma série popular de televisão, em alguns episódios mostra-se um viciado em Vicodin. Uma entrevista da ABC News registra: "Olhando o Dr. House na TV, tem-se a impressão de que seu vício não tem outras consequências que não sejam afetar seu julgamento médico".

a. Pesquise os efeitos do abuso de Vicodin. Depois entreviste um dos milhões de espectadores que acompanharam a série. A impressão que eles têm do Dr. House está de acordo com as realidades do abuso de Vicodin?
b. Existe uma ligação entre Vicodin e a perda de audição? Registre o que encontrou.

As drogas que descrevemos são algumas das substâncias de abuso hoje usadas. Existem muitas mais, incluindo o álcool, possivelmente a mais danosa de todas as drogas quando usadas em excesso. Como para os remédios de prescrição, a escolha de usar drogas ilícitas envolve uma análise de risco--benefício. Todos os usuários de drogas deveriam ter as informações básicas antes de fazer a escolha.

Conclusão

As modificações de moléculas pelos químicos criaram uma enorme farmacopeia de fármacos maravilhosos que aumentaram significativamente a duração e a qualidade de nossas vidas. Antes da penicilina, uma infecção poderia significar uma sentença de morte. Agora, graças à penicilina, às sulfas e a outros antibióticos, a grande maioria das infecções bacterianas é facilmente controlada. Assassinos temidos como a febre tifoide, a cólera e a pneumonia foram quase totalmente eliminados – pelo menos em muitas nações do mundo. Novos métodos de descoberta de fármacos estão permitindo a construção de vastas bibliotecas de novos compostos. Elas podem ser guardadas para testes em futuras análises que mal podemos imaginar.

Mesmo assim, nenhum fármaco é completamente seguro, e qualquer droga pode ser mal-usada. Essas questões tornam--se o foco quando se pede à FDA que mude o *status* de um fármaco de prescrição para venda livre. Tomar remédios (genéricos ou de marca) é uma escolha conscienciosa entre os benefícios do fármaco e os limites de segurança. Como a maior parte dos fármacos tem margens de segurança muito grandes cuidadosamente estabelecidas, seus benefícios superam os riscos para a população em geral. Para alguns fármacos, porém, o balanço entre a efetividade e a segurança pode ser outro. Um fármaco com efeitos colaterais severos pode ser o único tratamento disponível para uma doença mortal. Alguém que sofre de HIV/AIDS ou de um câncer inoperável já avançado tem uma perspectiva diferente dos riscos e benefícios de um fármaco do que uma pessoa com um resfriado. E a anonimidade das médias envolvidas dos testes clínicos de fármacos ganha um novo significado ao lado de um leito onde está alguém de quem gostamos.

Os fitoterápicos e as medicinas alternativas levantam novas questões. Quem é o responsável por definir sua eficácia, monitorar sua pureza e desenvolver contraindicações para seu uso com outros fármacos? Os médicos devem ser avisados de todos os remédios que seus pacientes estão usando, inclusive fitoterápicos. O abuso das drogas naturais e sintéticas continua a causar problemas enormes em nossa sociedade. Avanços estão sendo feitos em todas essas áreas. Quando a química é aplicada na medicina, a ciência deve ser guiada pela moralidade e a razão, sempre contrabalançadas pela compaixão.

Resumo do capítulo

Tendo estudado este capítulo, você deveria ser capaz de:

- Descrever a descoberta, o desenvolvimento e as propriedades fisiológicas da aspirina (10.1)
- Compreender a ligação em compostos que contêm carbono (orgânicos) (10.2)
- Aplicar o conceito de isomeria às moléculas orgânicas (10.2)
- Converter as fórmulas químicas dos compostos de carbono a fórmulas estruturais, fórmulas estruturais condensadas e desenhos de linhas e ângulos (10.2)
- Reconhecer os grupos funcionais e as classes de compostos de carbono que os contêm. Desenhar fórmulas estruturais para moléculas orgânicas com vários grupos funcionais (10.3)
- Reconhecer que grupos funcionais devem ser modificados quimicamente para alterar as propriedades de uma molécula (10.3)
- Predizer os produtos de reações de formação de ésteres e descrever como aminas podem ser convertidas em seus sais (10.3)
- Relacionar a estrutura molecular da aspirina com as de outros analgésicos (10.3)
- Compreender o modo de ação da aspirina e de outros analgésicos (10.4)
- Descrever a descoberta da penicilina (10.5)
- Explicar o mecanismo de chave-fechadura da ação de fármacos (10.5)
- Descrever como a síntese combinatorial pode ser usada para criar grandes coleções de novos fármacos a custos mais baixos do que métodos anteriores (10.5)
- Compreender as diferenças estruturais entre isômeros (ópticos) de um par de moléculas quirais (10.6)
- Apreciar o efeito econômico dos fármacos quirais (10.6)
- Identificar o esqueleto de carbonos básico de esteroides (10.7)
- Reconhecer que pequenas alterações estruturais nos esteroides podem levar a grandes variações de bioatividade (10.7)
- Reconhecer e contrastar nomes comerciais de fármacos e de genéricos (10.8)
- Identificar algumas categorias de fármacos de venda livre e seus usos (10.8)
- Compreender o processo da passagem de um fármaco da categoria de prescrição a OTC (10.8)
- Descrever alguns dos potenciais benefícios e riscos dos fitoterápicos (10.9)
- Explicar a programação dos fármacos de prescrição (10.10)
- Discutir o uso da maconha e da oxicodona em termos de seus efeitos fisiológicos e sociais (10.10)

Questões

Ênfase nos fundamentos

1. Diga qual é o efeito esperado para cada um. Um fármaco pode ter todos esses efeitos?
   a. um fármaco antipirético
   b. um fármaco analgésico
   c. um fármaco anti-inflamatório
2. O campo da química tem muitas subdisciplinas. O que os químicos orgânicos estudam?
3. Escreva fórmulas condensadas e desenhos de linhas e ângulos para os três isômeros de C_5H_{12} de Sua Vez 10.7.
4. Escreva fórmulas estruturais e desenhos de linhas e ângulos para os isômeros de C_6H_{14}. *Sugestão*: Cuidado com as estruturas duplicadas.
5. Examine os isômeros do C_4H_{10}. Quantos isômeros diferentes poderiam ser formados pela substituição de um átomo de hidrogênio por um grupo –OH? Desenhe suas fórmulas estruturais.
6. Identifique o grupo funcional presente nestes compostos.

a. 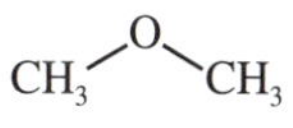

b. 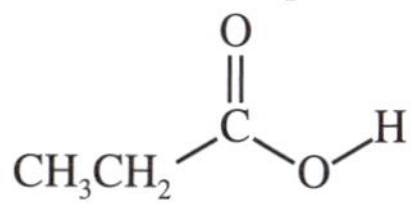

c. 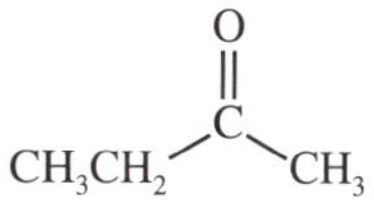

d. 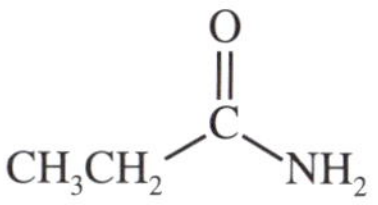

e. 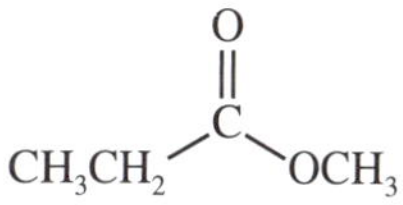

7. Desenhe o composto mais simples que pode conter cada um destes grupos funcionais. Em alguns casos, só um átomo de carbono basta, em outros, dois são necessários.
   a. um álcool
   b. um aldeído
   c. um ácido carboxílico
   d. um éster
   e. um éter
   f. uma cetona
8. Identifique o grupo funcional destes compostos. Depois, desenhe um isômero contendo um grupo funcional diferente.

a. CH_3CH_2—OH

b. 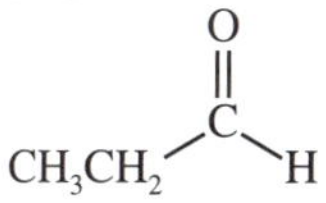

c. 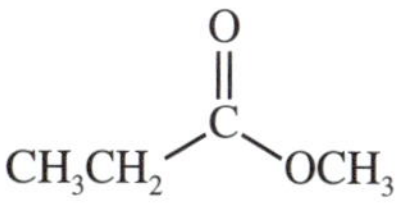

9. Nos alérgicos, a histamina provoca corrimento do nariz, olhos vermelhos e outros sintomas. Eis sua fórmula estrutural.

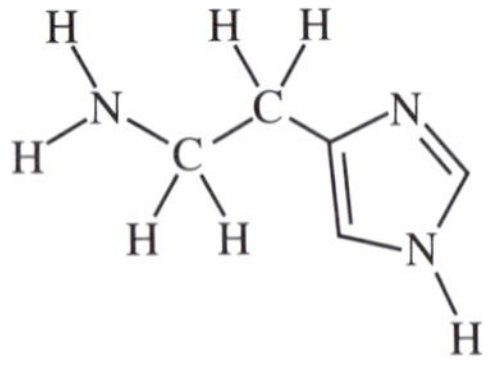

   a. Dê a fórmula química do composto.
   b. Marque os grupos funcionais amina da histamina.
   c. Que parte (ou partes) da molécula a fazem solúvel em água?

10. A Figura 10.7 mostra uma fórmula estrutural parcialmente condensada do acetaminofeno, o ingrediente ativo do Tylenol.
   a. Desenhe a fórmula estrutural do acetaminofeno, mostrando todos os átomos e todas as ligações.
   b. Dê a fórmula química do composto.
   c. O Tylenol pediátrico é uma solução de acetaminofeno em água com um aditivo saboroso. Prediga que parte (ou partes) da molécula tornam o acetaminofeno solúvel em água.

11. Identifique os grupos funcionais de
   a. Barbital (um sedativo)

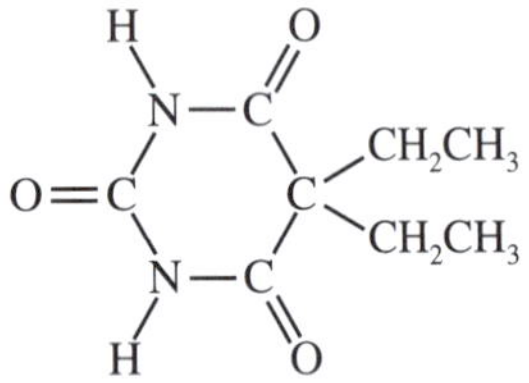

   b. Penicilina-G (um antibiótico)

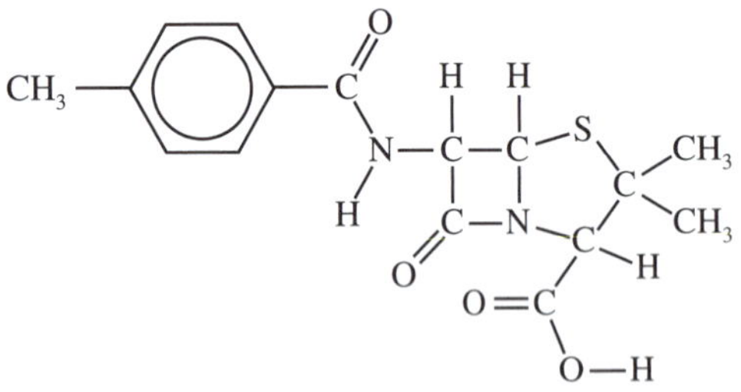

   c. Dimetilamino-benzoato de amila (um dos ingredientes de protetores solares)

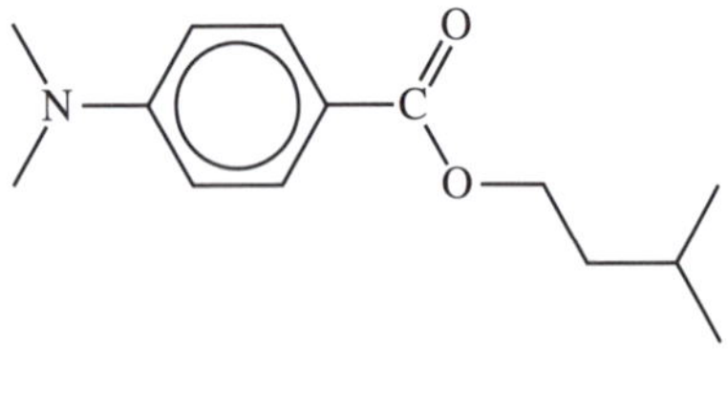

12. Ibuprofeno é relativamente insolúvel em água, mas facilmente solúvel em muitos solventes orgânicos. Explique esse comportamento com base na fórmula estrutural. *Sugestão*: Veja a Figura 10.7.

13. Eis a fórmula estrutural do diazepam, o sedativo encontrado no Valium.

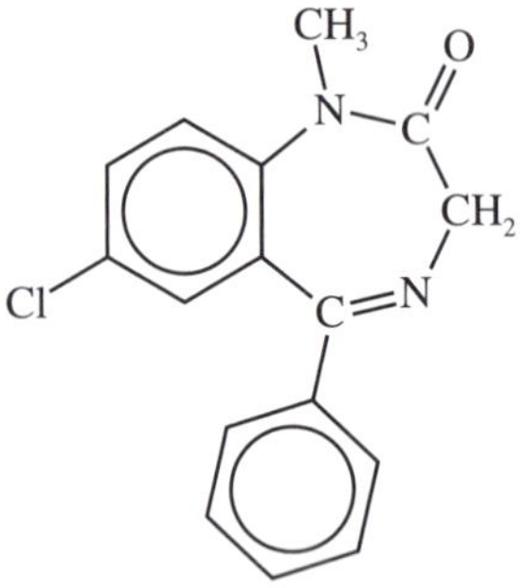

   A julgar por sua estrutura, você esperaria que ele fosse mais solúvel em gorduras ou em água? Explique.

14. Dê as fórmulas estruturais dos ésteres formados na reação do ácido acético com estes álcoois.
   a. *n*-propanol, $CH_3CH_2CH_2OH$
   b. *iso*propanol, $(CH_3)_2CHOH$
   c. *t*-butanol, $(CH_3)_3COH$

15. Interprete esta sentença dando o significado de cada acrônimo e explicando o efeito. "NSAIDs afetam as enzimas COX".

16. Usualmente, o carbono forma quatro ligações covalentes, o nitrogênio, três, o oxigênio, duas e o hidrogênio, só uma. Use essas informações para desenhar fórmulas estruturais para:
   a. Um composto que contém um átomo de carbono, um de nitrogênio e tantos hidrogênios quanto forem necessários.
   b. Um composto que contém um átomo de carbono, um de oxigênio e tantos hidrogênios quanto forem necessários.

17. A aspirina seria mais ativa se interagisse diretamente com as protaglandinas em vez de bloquear a atividade das enzimas COX? Explique seu raciocínio.

18. Estude o processo de síntese combinatorial esquematizado na Figura 10.16. Se você começasse com uma molécula que tivesse dois grupos funcionais ativos, quantos produtos se formariam após duas etapas de uma síntese em que cada etapa adiciona uma molécula com um grupo funcional? Quantos produtos poderiam ser formados se o reagente da primeira etapa tivesse dois grupos funcionais reativos?

19. O texto afirma que 80 bilhões de tabletes de aspirina são consumidos nos Estados Unidos por ano. Se o tablete contém em média 500 mg de aspirina, quantas libras de aspirina representa esse consumo?

20. Identifique os grupos funcionais da morfina e da meperidina. Essas moléculas podem ser consideradas como sendo de uma classe particular de compostos (i.e, um álcool, cetona ou amina)? Explique. *Sugestão*: Veja as fórmulas estruturais na Figura 10.14.

21. O que significa o termo *farmacóforo*?

22. Sulfanilamida é a sulfa mais simples, um tipo de antibiótico. Ela aparentemente age nas bactérias substituindo o ácido *para*-amino-benzoico, um nutriente essencial para as bactérias, por sulfanilamida. Use essas fórmulas estruturais para explicar por que essa substituição provavelmente ocorre.

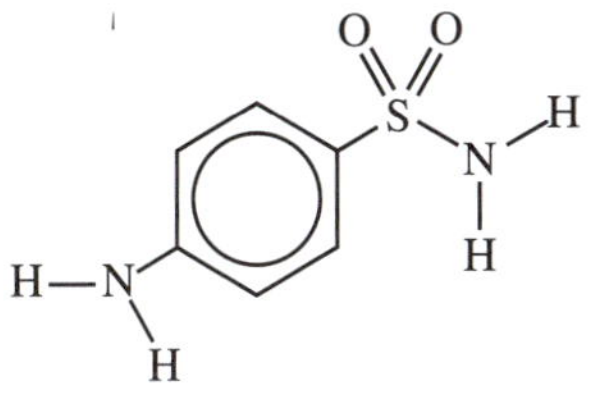

sulfanilamida

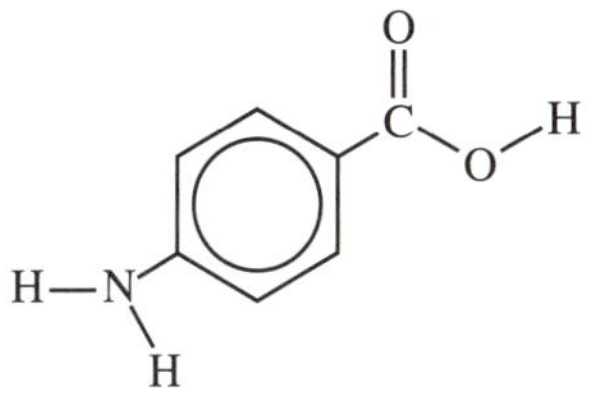

ácido *para*-amino-benzoico

23. Quais destas moléculas têm formas quirais?

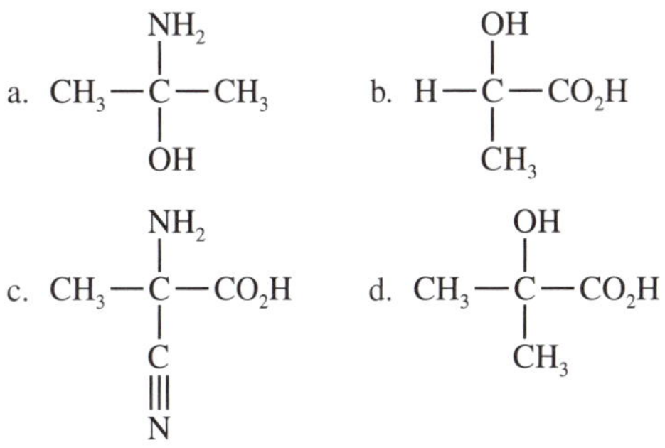

24. Quais dessas moléculas têm formas quirais?

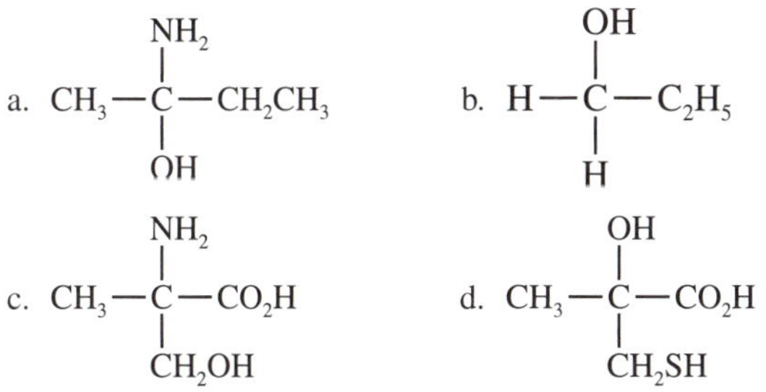

25. O cloridrato de metanfetamina é um estimulante poderoso, mas perigoso e fortemente viciante. Esse fármaco está nas ruas com os nomes de "cristal", "crank" ou "met". Esta fórmula estrutural mostra a metanfetamina na forma de sal.

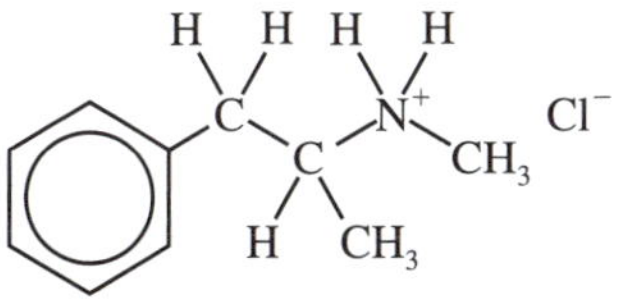

A base livre deste fármaco, chamada de "gelo", também é droga de abuso. O que a expressão *base livre* significa e como o fármaco pode ser convertido a essa forma?

26. Estude as estruturas do levo- e do dextrometorfano (Figura 10.20). Identifique os carbonos quirais e liste os grupos funcionais presentes.

27. Moléculas tão diferentes como colesterol, hormônios sexuais e cortisona têm elementos estruturais comuns. Use um desenho de linhas e ângulos para mostrar a estrutura que elas partilham.

Foco nos conceitos

28. O texto declara que alguns remédios baseados em medicações de culturas antigas contêm compostos químicos efetivos contra doenças; outros não são efetivos, mas não são perigosos; outros, ainda, são potencialmente perigosos. Como se pode determinar em qual dessas três categorias se enquadra uma substância recentemente descoberta?

29. Desenhe fórmulas estruturais para essas moléculas e determine o número e tipo de ligações (simples, dupla ou tripla) de cada átomo de carbono.
   a. H_3CCN (acetonitrila, usada para fabricar um certo tipo de plástico)
   b. $H_2NC(O)NH_2$ (ureia, um fertilizante importante)
   c. C_6H_5COOH (ácido benzoico, um preservativo de alimentos)

30. Compare os efeitos fisiológicos da aspirina com os do acetminofeno e do ibuprofeno. Relate diferenças na natureza de cada composto nos níveis molecular e celular.

31. Em Sua Vez 10.7, foi pedido que você desenhasse fórmulas estruturais para os três isômeros do C_5H_{12}. Um estudante submeteu este conjunto, com uma nota explicando que seis isômeros tinham sido encontrados. (*Nota*: Os átomos de hidrogênio foram omitidos para mais clareza.) Ajude esse estudante a ver por que algumas das respostas estão incorretas.

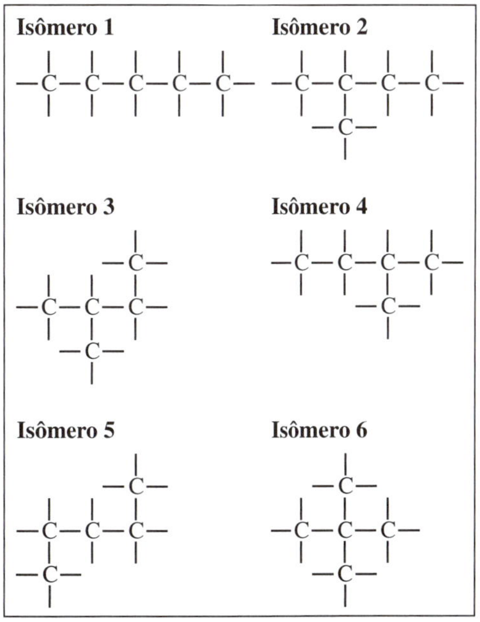

32. Estireno, $C_6H_5CH{=}CH_2$, o monômero do poliestireno descrito no Capítulo 9, contém o grupo fenila, $-C_6H_5$. Desenhe fórmulas estruturais para mostrar que essa molécula, como o benzeno, tem estruturas de ressonância.

33. Aspirina é uma substância com estrutura determinada. Então, o que justifica as alegações de que uma marca de aspirina é melhor do que outra?

34. A Figura 10.8 mostra as comunicações químicas no corpo. Escreva um parágrafo sobre o que essa figura representou para você em termos de ajudar a explicar a comunicação química.

35. Estude esta declaração. "Os fármacos podem ser classificados em dois grupos: os que produzem uma resposta fisiológica no organismo e os que inibem o crescimento de substâncias que causam infecções". Em que grupo caem estes fármacos?

a. aspirina **c.** (Keflex) antibiótico **e.** anfetamina
b. morfina d. estrogênio f. penicilina

36. Veja a estrutura da morfina na Figura 10.14. A codeína, outro analgésico forte com ação narcótica, tem estrutura muito semelhante com o grupo –OH ligado ao anel de benzeno sendo substituído por um grupo $-OCH_3$.
a. Desenhe a fórmula estrutural da codeína e identifique os grupos funcionais.
b. A ação analgésica da codeína tem cerca de 20% da eficiência da morfina. Entretanto, a codeína é menos viciante do que a morfina. Existe evidência suficiente para concluir que a substituição de grupos –OH por $-OCH_3$ nessa classe de fármacos mudará sempre as propriedades dessa maneira? Explique.

37. A dopamina ocorre naturalmente no cérebro. O fármaco (−)-dopa é efetivo contra os tremores e a rigidez muscular associada à doença de Parkinson. Identifique o carbono quiral no (−)-dopa e comente por que (−)-dopa é efetivo, enquanto (+)-dopa, não.

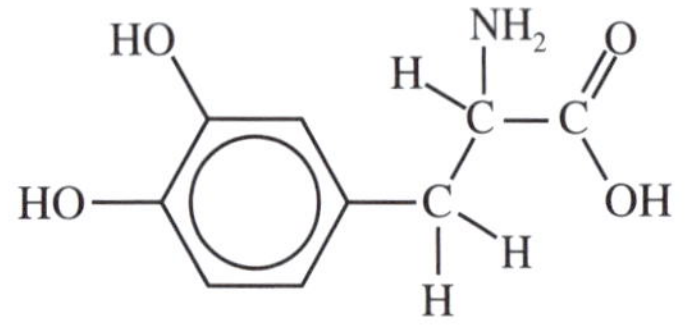

(−)-dopa

38. A vitamina E é vendida com frequência como a mistura racêmica dos isômeros (−) e (+). Use a Internet para ajudá-lo a resolver estas questões.
a. Qual é o isômero fisiologicamente mais ativo?
b. Como se compara o custo da mistura racêmica com o preço do isômero fisiologicamente ativo puro?

39. Observe que o levometorfano é um opiato viciante, mas o dextrometorfano é suficientemente seguro para que seja vendido livremente nas farmácias. Do ponto de vista molecular, como isso é possível?

40. Descreva a analogia chave-fechadura para a interação entre fármacos e receptores. Use a analogia em uma discussão, como se você estivesse explicando isso a um amigo.

41. Por que muitos projetos de isolamento ou síntese de novos fármacos começam nos Estados Unidos, mas poucos fármacos recebem aprovação da FDA para uso geral?

42. Até o começo do século XIX, acreditava-se que os compostos orgânicos tinham algum tipo de "força vital" e só podiam ser produzidos por organismos vivos. Isso foi a base do conceito chamado de vitalismo. Essa opinião foi totalmente abandonada até o fim dos anos 1800. Use a Internet para descobrir o que fez a opinião mudar.

Exercícios avançados

43. Um caminho para a descoberta bem-sucedida de fármacos é usar um fármaco inicial como protótipo para o desenvolvimento de outros compostos semelhantes, chamados de análogos. O texto declara que a ciclosporina, um fármaco contra a rejeição de órgãos transplantados em cirurgias, é um exemplo de descoberta desse tipo. Pesquise a descoberta desse fármaco para verificar a declaração. Escreva um breve relatório com o que encontrou, citando suas fontes.

44. Dorothy Crowfoot Hodgkin determinou pela primeira vez a estrutura de uma penicilina natural. O que a preparou para essa descoberta? Escreva um breve relatório com o que encontrou, citando suas fontes.

45. Antes da estrutura cíclica do benzeno ser determinada (veja a Figura 10.4), havia muita controvérsia sobre como os átomos desse composto estavam arranjados.
a. Conte os elétrons externos de C e de H no C_6H_6. Desenhe, então, a fórmula estrutural de um isômero linear possível.
b. Escreva a fórmula estrutural condensada de sua resposta na parte **a**.
c. Compare sua estrutura com as produzidas por seus colegas. Elas são iguais? Por que ou por que não?

46. Anti-histaminas são muito usadas para tratar sintomas de alergias provocadas por reações de compostos histamínicos. Essa classe de fármacos compete com a histamina, ocupando sítios receptores das células normalmente ocupados pela histamina. Eis a estrutura de uma dada anti-histamina.

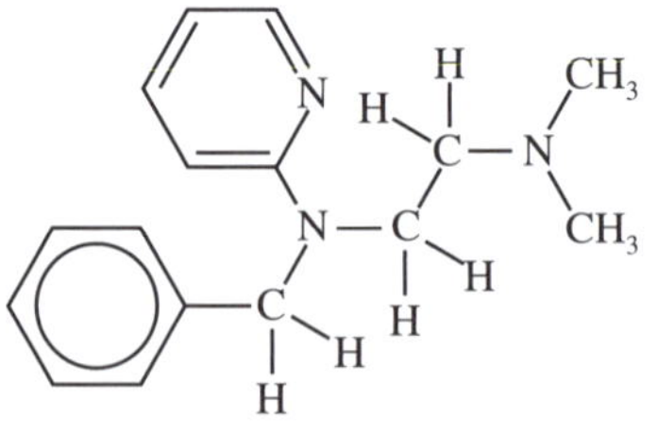

a. Dê a fórmula química desse composto.
b. Que semelhanças você vê entre essa estrutura e a da histamina (mostrada na questão 9) que permitiria que a anti-histamina competisse com a histamina?

47. Nos próximos anos, a FDA pode desregulamentar mais de uma dúzia de fármacos, quase o mesmo número aprovado para venda livre na década passada. Os produtos que leva-

ram a essa tendência têm sido os famosos fármacos contra a azia.

a. Que questões devem ser respondidas antes de um fármaco ser desregulado?
b. Essas questões mudarão se você considerar o caso do ponto de vista da FDA, de uma companhia farmacêutica ou de um consumidor?

48. Procure mais informações sobre o novo processo de fabricação da hidroxinitrila (HN), um precursor do Lipitor que ganhou um Prêmio Presidencial Desafios de Química Verde de 2006. Em que esse processo difere do anteriormente usado para fabricar o NH? Escreva um breve relatório, citando suas fontes.

49. Os esteroides testosterona e estrona foram isolados inicialmente de tecidos animais. Uma tonelada de testículos de touros foi necessária para obter 5 mg de testosterona e 4 toneladas de ovários de porcas foram processados para dar 12 mg de estrona.
a. Supondo que o isolamento dos hormônios foi completo, calcule a percentagem em massa de cada esteroide no tecido original.
b. Explique por que o resultado calculado provavelmente está incorreto.

50. Fitoterápicos são exibidos com destaque em supermercados, farmácias e lojas de desconto.
a. O que influencia sua decisão de comprar um desses medicamentos?
b. Escolha um deles e examine cuidadosamente as informações sobre ingredientes ativos, ingredientes inertes, efeitos colaterais esperados, dosagem sugerida e custo por dose.
c. Que grau de confiança você tem de que esses medicamentos são seguros e eficazes? Explique sua resposta.

51. Habitrol foi a prescrição para parar de fumar de maior sucesso até a introdução da bupropiona (Zyban) em 1997, que rapidamente tomou conta de 50% do mercado. Como diferem essas terapias?

52. Fármacos de venda livre permitem que os consumidores tratem muitos sintomas e aflições. Uma vantagem é que o usuário pode adquirir e administrar o tratamento sem o esforço ou o custo de consultar um médico. Para garantir uma margem de segurança maior, as versões OTC dos fármacos são frequentemente administradas em doses menores. Veja se isso é verdade examinando as informações para as versões de prescrição e OTC de analgésicos como ibuprofeno (Motrin) e tratamentos para azia como nizatidina (Axid) e famotidina (Pepcid). Relate o que encontrou.

53. Fitoterápicos ou medicinas alternativas não são regulados como os remédios de prescrição ou OTC. Em particular, as questões que preocupam são a identificação e a quantificação do ingrediente ativo, o controle de qualidade na fabricação e os efeitos colaterais quando o fitoterápico é usado juntamente a outros medicamentos alternativos ou de prescrição. Procure evidências de fabricantes de suplementos fitoterápicos que tratam dessas questões e escreva um relatório com o que achou. Dê as referências.

54. A Danco Laboratories, companhia americana que produz RU-486 (mifeprex, a "pílula abortiva"), garante a segurança deste esteroide, incluindo uma comparação com a aspirina. Faça alguma pesquisa sobre o RU-486 e escreva um pequeno relatório sobre o que achou. Inclua sua estrutura, modo de ação e registros de segurança.

55. O antibiótico cloridrato de ciprofloxacina (Cipro) trata infecções bacterianas em muitas partes diferentes do corpo. Esse fármaco ganhou as manchetes em 2001 pelo uso em pacientes que foram expostos à forma inalada do antrax. Use a Internet ou outra fonte para obter a estrutura do Cipro. Desenhe sua estrutura e identifique os grupos funcionais.

56. A propaganda direta de fármacos de prescrição entre os consumidores é uma ferramenta comercial de sucesso para as companhias farmacêuticas. Vinte por cento dos consumidores dizem que essa propaganda permitiu que eles visitassem seus médicos para discutir o fármaco, de acordo com o PharmTrends, um estudo de acompanhamento do comportamento dos consumidores pela organização de pesquisas Ipsos-NPD. Faça uma lista dos prós e contras desse tipo de propaganda do ponto de vista do paciente e do médico.

57. Em 2003, uma série de exames pontuais de envios de fármacos estrangeiros para consumidores americanos conduzidos pela FDA e pelo U.S. Customs and Border Protection mostrou que esses despachos continham com frequência fármacos não aprovados ou falsificados que geram sérios problemas de segurança. Embora muitos fármacos obtidos de fontes estrangeiras pretendam ser ou parecer iguais aos aprovados pela FDA, os exames mostraram que muitos eram de qualidade ou origem desconhecidas. Dos 1153 itens importados, 1019 (88%), eram ilegais porque continham fármacos não aprovados. Muitos desses fármacos importados poderiam tornar-se sérios problemas de segurança. Use o site da FDA para determinar que fármacos eram mais comumente falsificados e quais seus países de origem.

58. A talidomida entrou primeiramente no mercado na Europa no fim dos anos 1950. Era usada como pílula para dormir e para tratar o enjoo matinal de mulheres grávidas. Naquela época, não se sabia de efeitos adversos. No fim dos anos 1960, porém, o fármaco foi banido quando se descobriu que ele era teratogênico, causando membros deformados nas crianças cujas mães o utilizavam no começo da gestação. Use a Internet para obter informações e escreva um pequeno relatório sobre os isômeros ópticos da talidomida e por que a FDA não aprovou o uso da talidomida nos Estados Unidos até recentemente. Com que objetivo a FDA aprovou o uso da talidomida?

59. Os tratamentos convencionais da acne são terapias de manutenção. Antibióticos como tetraciclina e eritromicina não dão resultados de longo prazo quando o tratamento é interrompido. Alguns indivíduos podem não responder a nenhum dos medicamentos convencionais para a acne. Uma solução possível para eles é o derivado da vitamina A conhecido como isotretinoina (Accutane). Entretanto, o uso de Accutane não é, de longe, uma terapia de escolha. Use a Internet e encontre os sérios efeitos colaterais que podem acompanhar o uso de Accutane.

Capítulo 11

Nutrição: alimentos para pensar

"Mesmo que você não queira se tornar um vegetariano, seria uma direção desejável para tomar. Ser vegetariano uma vez por semana é um bom começo."

Dr. Andrew A. Weil, diretor do Center for Integrative Medicine, Universidade do Arizona.

Imagine nunca mais comer outro hambúrguer. Pode esquecer a ideia de pegar um pedaço de galinha frita. E seus ovos definitivamente virão agora sem bacon. Esse é seu pior pesadelo? Para alguns, ser vegetariano é o mesmo que ser privado dos alimentos que mais se deseja. Bem, com a exceção de café e chocolate.

Com muita frequência, porém, fazemos nossa seleção de alimentos em termos de tudo ou nada. Nada de sorvete porque tem muitas Calorias. Nada de carne vermelha porque faz mal à saúde. Na verdade, nada de carnes porque alimentar animais exige uma quantidade desproporcional de grãos que poderiam ser melhor usados para alimentar pessoas. Nada de refrigerantes porque são cheios de açúcar. Nada de refrigerantes zero porque contêm adoçantes artificiais. Nada, nada, NADA!

Será que suas escolhas poderiam ser mais variadas? A menos que seja ditado por uma alergia, um problema de saúde ou uma crença profunda, o que você come não precisa ser decidido no tudo-ou-nada. Por exemplo, uma pessoa que come carne "às vezes" é chamada de "flexitariana". Se você se tornasse um flexitariano e não comesse carne uma vez por semana, poderia aumentar suas chances de ter uma melhor qualidade de vida ao envelhecer. Por quê? Como vegetariano, você provavelmente irá ingerir mais cereais integrais, frutas e vegetais do que seu organismo precisa. Ao mesmo tempo, irá ingerir menos gordura saturada. Faça os cálculos – uma vez por semana vale a pena. Um dia em sete é apenas uma variação de 15% na comida. Faça duas vezes por semana e sua dieta mudará mais de 25%.

Procure mais sobre gorduras saturadas na Seção 11.3.

Veja também que se você passar a comer menos carne, estará dando um passo necessário para melhorar a saúde do planeta. Por quê? O preço da comida não é só o dos supermercados. Há um custo para o ambiente. Por exemplo, no contexto dos biocombustíveis (veja o Capítulo 4), mencionamos a energia e os custos ambientais de cultivar e colher milho e outros grãos. No contexto do uso da água (veja o Capítulo 5), comentamos o custo da alta "pegada da água" na produção de alimentos.

Neste capítulo, veremos que o que você janta e o que você não janta não só têm efeitos sobre sua saúde mas também sobre a saúde do planeta. Para começar, vamos examinar o que você comeu no café da manhã, no almoço e no jantar de ontem. Enquanto você pensa nisso, adicione o lanche também.

Estude Isto 11.1 Dê uma mordida

Esta atividade permite que você reflita sobre suas escolhas alimentares. O que você comeu ontem...?

a. Faça uma lista começando com a primeira xícara de café (ou o que você escolheu para começar seu dia).
b. Use sua lista para selecionar os três itens que você acredita que estão no *topo* da lista dos melhores para sua saúde. Dê os critérios que usou.
c. Use sua lista para selecionar os três itens que você acredita que estão no *topo* da lista dos que melhoram a saúde da terra, do ar e da água de nosso planeta. Novamente, dê os critérios que usou.

Se você é uma das pessoas do planeta afortunada o suficiente para ter comida abundante, existem algumas razões muito boas para que você passe a comer de maneira mais simples e variando sua dieta. Na verdade, o *que* você come e o *quanto* são duas das decisões mais importantes que você faz na vida. Estão em jogo sua saúde e a do planeta. Na próxima seção, olharemos o quadro geral da produção de alimentos em nosso planeta.

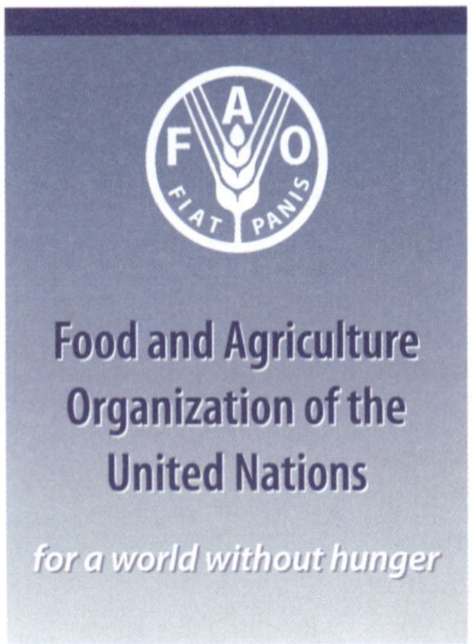

11.1 Alimentos e o planeta

Ao longo da história, a comida teve um papel central na saúde e no bem-estar humanos. Milhões morreram por falta de comida, enquanto outros morreram porque comeram demais. Guerras foram lutadas por comida e países, desestabilizados pela falta dela. Já discutimos como o ar que respiramos e a água que bebemos estão ligados a questões regionais e globais. Faremos agora o mesmo para a comida.

Produzir quantidades maciças de alimentos afeta os ecossistemas que sustentam a vida no planeta. Adiante no capítulo, veremos as ligações entre energia e variações climáticas. Agora, vamos examinar a produção de alimentos, o uso da água e do solo. Boa parte dos dados que usaremos é cortesia da FAO, Organização de Alimentos e Agricultura. Como parte das Nações Unidas, a FAO é uma "rede de conhecimento" que fornece informações sobre como alcançar a segurança alimentar.

No Capítulo 5, olhamos de perto a água, inclusive sua disponibilidade e seu uso. A produção de alimentos liga-se a várias questões relacionadas com a água, inclusive:

Nos Estados Unidos, a água é retirada, rio acima, do Rio Grande e do Rio Colorado, reduzindo o volume rio abaixo.

- Esgotamento de aquíferos pelo bombeamento de água para irrigação
- Seca rio abaixo devido à irrigação rio acima
- Contaminação da água subterrânea por inseticidas e herbicidas
- Aumento dos nutrientes das águas devido ao escorrimento de fertilizantes

Não esqueça dessas questões ligadas à agua quando fizer a próxima atividade.

Estude Isto 11.2 Dia Mundial da Água

Examine as palavras do cartaz: *O Mundo está com Sede porque Temos Fome*. O tema do Dia Mundial da Água, em 22 de março de 2012, foi água para a segurança alimentar.

a. Dê um exemplo vindo de uma parte mais distante do globo de como a produção de alimentos liga-se à falta de água.

b. Forneça detalhes de um exemplo mais perto de casa.

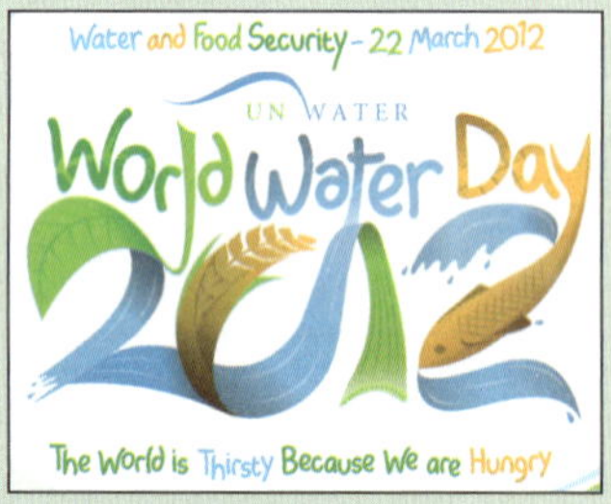

Respostas

a. Um exemplo é a retirada da água do Mar de Aral para uso na agricultura (veja a Figura 5.14).

b. Um possível exemplo é o esgotamento do Ogalalla Aquifer, nos Estados Unidos (veja a Figura 5.13).

Você bebe água todo dia, talvez alguns litros. Além disso, você consome água indiretamente porque ela é usada para produzir os alimentos que come. Por exemplo, um relatório de 2010 da UNESCO mostrou que são necessários cerca de 15.000 litros de água para colocar 1 kg de proteína bovina na mesa, o suficiente para nove bifes de um quarto de libra. Não é que o gado beba essa água toda. Esse valor reflete quanta água é usada para produzir o grão que alimenta o gado. Logo, mudando os alimentos que come, você pode alterar seu consumo de água.

Na seção de abertura deste capítulo, sugerimos que você pensasse na ideia de fazer refeições vegetarianas com mais frequência. Essa prática colocaria mais cereais integrais e vegetais em sua dieta, mas também poderia reduzir a quantidade de água que você "come" indiretamente. Antes de pesar o valor dos alimentos vegetarianos, vamos examinar as ligações entre os alimentos e o uso da terra.

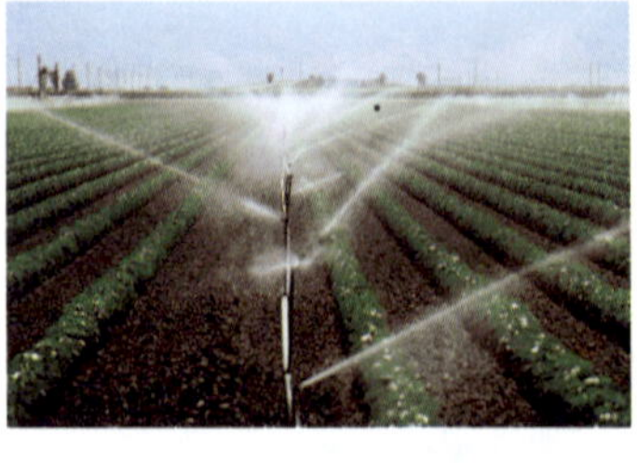

Usamos a terra para a agricultura e para a pecuária. Isso, por sua vez, liga-se a muitas questões, incluindo:

- Perda de ecossistemas florestais para preparar novas terras para a agricultura
- Erosão do solo por excesso de cultivo e de pasto
- Perda da biodiversidade pela cultivo repetido da mesma planta.

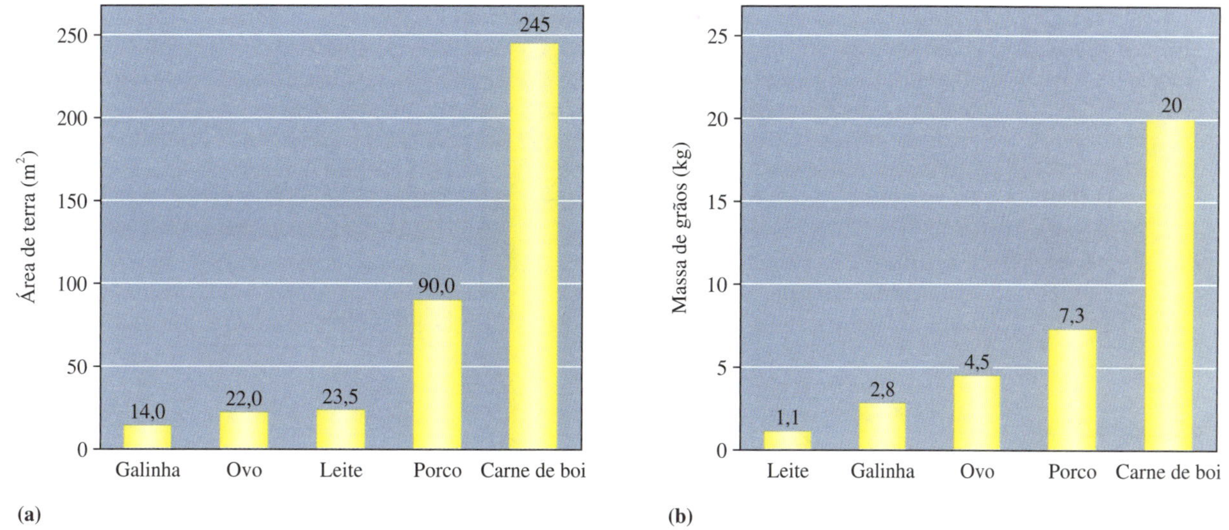

FIGURA 11.1 Estimativa da terra e dos grãos para a produção de alimentos. **(a)** Metros quadrados de terra necessários para colocar 1 quilograma de alimento na mesa. **(b)** Quilogramas de grãos necessários para colocar 1 quilograma de alimento na mesa.

Fonte: Feeding the World: A Challenge for the Twenty-First Century, Smil, V., MIT Press, 2001.

Como você pode ver no gráfico de barras da Figura 11.1a, os alimentos usam quantidades diferentes de terra para serem produzidos. Uma razão para isso é que grãos podem ser necessários para alimentar os animais, como se vê na Figura 11.1b. Entretanto, como estimativas, esses valores não se aplicam necessariamente a todas as carnes e laticínios. Por exemplo, em algumas regiões, os animais são alimentados com capim e consomem pouco ou nenhum grão.

Estimativas, como as da Figura 11.1, baseiam-se em suposições. Dependendo delas, os valores são mais altos ou mais baixos. Por exemplo, esse conjunto particular de valores é relativamente alto porque o alimento (em kg) trazido à mesa inclui somente as partes comestíveis do animal, não o todo. Não interessa que suposições são feitas, a tendência é clara: as carnes exigem mais grãos, a menos que você esteja falando de animais alimentados com capim. A próxima atividade ajuda a torná-lo mais esperto ao avaliar valores como os mostrados na Figura 11.1.

Químico Cético 11.3 Verificando as suposições

Aqui estão alguns dos fatores que afetam as estimativas da quantidade de terra ou de grãos necessários para colocar um quilograma de carne na mesa. Examine os fatores. Eles aumentam ou reduzem a estimativa?

a. O rendimento do grão (milho ou soja) por acre.
b. A fração do tempo de vida do animal incluída na estimativa.
c. Se o animal inteiro ou somente as partes comestíveis são incluídas no cálculo.

Resposta

b. No começo da vida, o gado de corte pode pastar antes de ir para o matadouro. As estimativas do uso da terra aumentam quando se considera uma fração maior do tempo de vida do boi. *Nota:* Dependendo da qualidade da terra e das práticas do fazendeiro, um boi pode necessitar de alguns acres a até mais de 30 acres de pasto.

Em geral, o consumo de carne está crescendo no mundo, como se vê na Figura 11.2. Alimentado em grande parte pelo aumento do poder de compra das pessoas nos países em desenvolvimento, essa tendência deve continuar até 2030.

Será que a Terra poderá alimentar seu povo daqui a algumas décadas se continuarmos no caminho de aumento do consumo de carnes? Podemos obter, com os dados da Figura 11.2, os valores

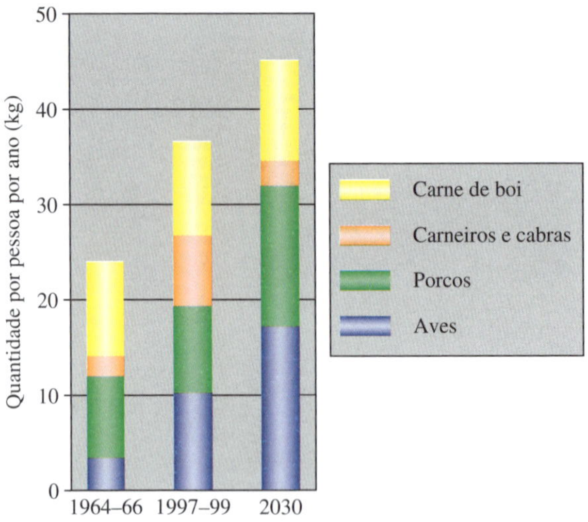

FIGURA 11.2 Consumo médio de carnes no mundo. As unidades estão em kg/pessoa por ano.
Fonte: Agriculture, FAO. 2012.

Pela Figura 11.2, os aumentos projetados no consumo de carne estão nas aves e nos porcos, e não na carne de boi.

aproximados de consumo de carnes (em kg/pessoa por ano) para 2030. Podemos, então, comparar cada tipo de carne com a quantidade correspondente de grãos da Figura 11.1.

Nesse cálculo, omitimos os grãos usados na produção de carne de ovelhas e cabras, porque a quantidade é pequena.

10 kg carne de boi/pessoa-ano × 20 kg grãos/kg carne de boi = 200 kg grãos/pessoa-ano
15 kg porco/pessoa-ano × 7,3 kg grãos/kg porco = 110 kg grãos/pessoa-ano
17 kg galinha/pessoa-ano × 2,8 kg grãos/kg galinha = 48 kg grãos/pessoa-ano

Uma tonelada métrica é 1.000 quilogramas.

Fazendo os cálculos, isso nos dá 358 kg de grãos por pessoa em 2030. Se considerarmos uma população mundial de 8 bilhões de pessoas (uma estimativa baixa) em 2030, a produção mundial de grãos teria de ser cerca de 2,9 trilhões de quilogramas para produzir toda essa carne. Só para comparar, em 2009 a produção mundial de grãos *para todos os usos* foi de aproximadamente 2 trilhões de quilogramas (2 bilhões de toneladas métricas). Mesmo que um conjunto menor de valores para a necessidade de grãos do que os da Figura 11.1 fosse usado, ainda não haveria grãos suficientes. Embora a diferença pudesse ser coberta pelo aumento do rendimento das colheitas, isso é improvável, como veremos na seção final.

Fechamos esta seção voltando para seu tema: *o alimento que comemos afeta a saúde do planeta*. As tendências são claras. Nossa terra e água são impactadas pela produção de alimentos, e o impacto é maior para as carnes do que para uma dieta vegetariana.

Então a solução é passar a ser vegetariano? Se a resposta fosse tão simples! Sim, reduzir nosso consumo de carne faz sentido. Também faz sentido substituir o boi por outras carnes. Como veremos, faz sentido ainda aumentar a porção de certos alimentos e limitar a de outros. Nas seções que se seguem, exploraremos como *o alimento que ingerimos afeta nossa saúde*. No fim do capítulo, voltaremos às questões ligadas à produção de alimentos e ao planeta. De novo, as respostas não são simples.

11.2 Você é o que você come

Se você senta para uma refeição ou tranquila e saudável engole correndo um *fast food*, você o faz porque precisa da água, das fontes de energia, das matérias-primas e dos micronutrientes fornecidos pelos alimentos. Sim, água! Esse composto serve de reagente e produto nas reações metabólicas, como refrigerante e regulador térmico e como solvente para as incontáveis substâncias essenciais à vida. Nossos corpos têm aproximadamente 60% de água.

Essas e outras propriedades interessantes da água foram discutidas no Capítulo 5.

A água, porém, não pode ser queimada como combustível no corpo, ou, aliás, em lugar nenhum. Precisamos de alimentos como fonte de energia para os músculos, para enviar impulsos nervosos e para transportar moléculas e íons em nossos corpos. Além disso, os alimentos servem de matéria-prima para o organismo, incluindo novos ossos, células sanguíneas, enzimas e cabelo. Os alimentos também fornecem nutrientes essenciais para o **metabolismo**, o conjunto complexo de processos químicos essenciais na manutenção da vida.

Comer corretamente é mais do que encher o estômago. É possível comer até o ponto de estar acima do peso e ainda assim estar mal nutrido. A **má nutrição** é causada por uma dieta em que faltam os nutrientes corretos, ainda que o conteúdo de energia da comida seja adequado. Contraste má nutrição com **subnutrição**, uma condição em que o conteúdo diário de energia calórica assimilado por uma pessoa não é suficiente para satisfazer as necessidades metabólicas. Hoje, muitas pessoas mundo afora estão mal nutridas e subnutridas enquanto um número crescente de outras pessoas estão mais gordas do que nunca. Em 2010, os Centers for Disease Control and Prevention informaram que 68% dos americanos adultos estão classificados como gordos e cerca de metade destes, como obesos. A epidemia de obesidade é fruto de vários fatores, incluindo comer os alimentos errados, comer grandes quantidades de quaisquer alimentos e não fazer atividade física.

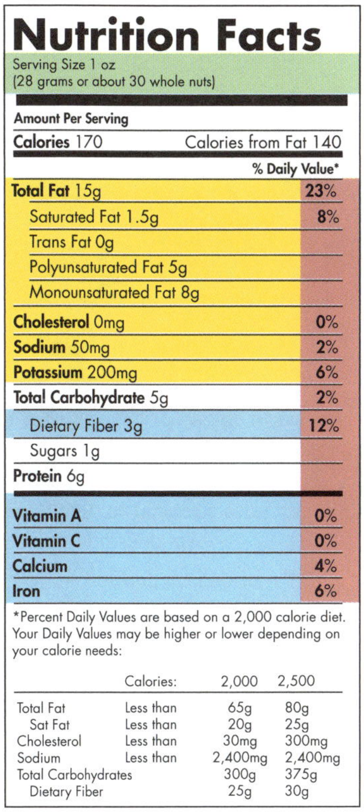

FIGURA 11.3 Informação nutricional de uma lata de nozes mistas.

Químico Cético 11.4 Uma vida inteira de comida

Afirma-se que durante sua vida você comerá cerca de 700 vezes o seu peso de adulto. A afirmação está correta? Faça as contas para descobrir. Diga claramente quais são suas suposições. *Sugestão:* Você pode considerar um tempo de vida de 78 anos e que seu peso atual é o seu peso de adulto. Estime a quantidade de alimentos que você come por dia e use esses dados para estimar o consumo de alimentos de sua vida toda.

Pense nos alimentos que comeu ontem. Eles chegaram a você com processamento mínimo ou nenhum, como uma maçã, uma batata cozida ou uma suculenta costeleta de porco? Ou você obteve esses mesmos alimentos como um suco de maçã, um saco de batatas fritas ou fatias de bacon defumado? Estes últimos são **alimentos processados**, isto é, que foram alterados por técnicas como enlatamento cozimento, e adição de compostos químicos como espessantes ou preservativos. A dieta típica em muitos países contém numerosos alimentos processados.

Nos Estados Unidos, os alimentos processados têm de listar as informações nutricionais nos rótulos. Esses rótulos, como a da Figura 11.3, incluem os **macronutrientes**, gorduras, carboidratos e proteínas que fornecem essencialmente toda a energia e a maior parte das matérias-primas para a reposição do corpo e as sínteses. Os íons sódio e potássio estão presentes em concentrações muito mais baixas, mas esses íons são essenciais para o balanço correto dos eletrólitos do corpo. Vários outros sais minerais e uma sopa de letras de vitaminas (veja a Seção 11.8) também são listados em termos da percentagem das necessidades recomendadas diariamente fornecidas por uma única porção do produto. Todas essas substâncias, naturais ou adicionadas no processamento, são produtos químicos. Na verdade, todos os alimentos são inescapável e intrinsecamente químicos, mesmo quando o alimento se diz orgânico ou "natural".

A Tabela 11.1 indica as percentagens em massa (gramas do componente por 100 g do alimento) de água, gorduras, carboidratos e proteínas de vários alimentos comuns. Para essa seleção de alimentos em particular, a variação da composição é considerável. No entanto, em cada caso, esses

TABELA 11.1 Percentagem de água, gorduras, carboidratos e proteínas em alimentos selecionados

Alimento	Água	Gorduras	Carboidratos	Proteínas
pão branco	37	4	48	8
leite 2%	89	2	5	3
biscoitos de chocolate	3	23	69	4
manteiga de amendoim	1	50	19	25
carne de boi	57	15	0	28
atum	63	2	0	30
feijão preto (cozido)	66	<1	23	9

Fonte: U.S. Department of Agriculture, Agricultural Research Service, Home and Garden Bulletin 72, 2002.

Embora muito usado, o termo gordura é bastante limitado. A próxima seção descreve as gorduras e os óleos, também chamados de *triglicerídeos*.

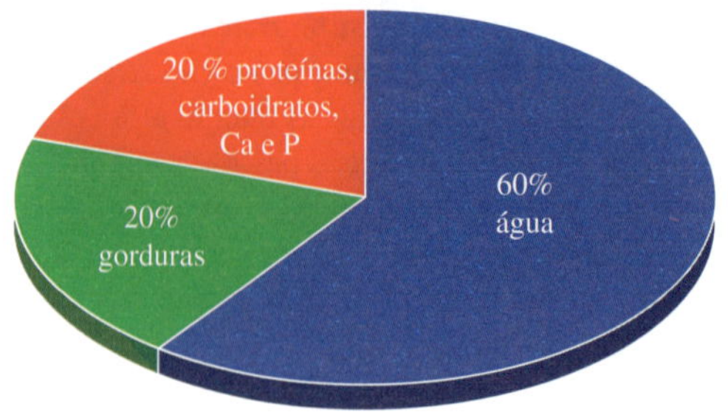

FIGURA 11.4 Composição do corpo humano.

quatro componentes são responsáveis por quase toda a massa. A água varia do máximo de 89% em leite 2% até o mínimo de 1% na manteiga de amendoim. A manteiga de amendoim compara-se à carne de boi e ao peixe em percentagem de proteínas. Nesse conjunto, ela lidera em conteúdo de gordura. Os biscoitos de chocolate são os mais elevados em carboidratos devido ao conteúdo elevado de açúcar e farinha de trigo refinada.

Compare essa tabela com dados semelhantes do corpo humano (Figura 11.4). Você é o que você come, mas até certo ponto. Você é mais parecido com carne do que com biscoito de chocolate. Você é mais úmido e gorduroso do que o pão e contém mais proteínas do que o leite. Com esses dados, você pode determinar que uma pessoa com 150 libras (68 kg) é formada por cerca de 90 libras (41 kg) de água e cerca de 30 libras (14 kg) de gorduras. As 30 libras restantes são proteínas, carboidratos e o cálcio e o fósforo dos ossos. Os outros sais minerais e vitaminas pesam menos de 1 libra (0,5 kg), indicando que eles estão espalhados, um ponto que discutiremos na Seção 11.8.

Nas próximas cinco seções, daremos uma olhada em cada um dos macronutrientes – gorduras, carboidratos e proteínas. Como você verá, eles são únicos sob vários aspectos.

11.3 Gorduras e óleos

Suas experiências com sorvetes, manteiga e queijo lhe ensinaram que as gorduras podem ajudar a fornecer um paladar e uma textura agradáveis aos alimentos. Geralmente, as gorduras são sólidos graxentos, escorregadios, de baixo ponto de fusão e insolúveis em água. Quando fundidos, flutuam no topo dos caldos e das sopas. Creme azedo, merengues e a maior parte das massas doces estão carregados de gorduras (e Calorias). As gorduras são, em geral, de origem animal, embora as carnes tenham conteúdo variável de gordura.

Você deve conhecer também os óleos, como os de milho ou soja. Você já deve ter visto o óleo de amendoim formando uma camada no topo da manteiga de amendoim. Você talvez goste de comer pão embebido em óleo de oliva. Ou você pode preparar uma fatia de pão de nozes usando óleo de canola para engrossar. Muitos óleos são de origem vegetal e têm muitas das propriedades das gorduras animais, mas, ao contrário delas, são líquidos na temperatura normal.

Este grupo é característico de um éster:

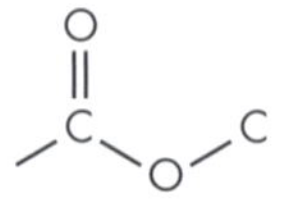

Para mais sobre os ésteres, veja as Seções 4.10 e 9.6.

Como já apontamos ao descrever o biodiesel no Capítulo 4, as moléculas que formam as gorduras e os óleos têm uma característica estrutural comum. São **triglicerídeos**, isto é, moléculas que contêm três grupos funcionais éster. Eles são formados pela reação química entre três ácidos graxos e o álcool glicerol. As **gorduras** são triglicerídeos sólidos na temperatura normal e os **óleos** são triglicerídeos líquidos nessa temperatura. Por sua vez, todos os triglicerídeos são lipídeos, uma classe de compostos que inclui os triglicerídeos e compostos relacionados, como o colesterol e outros esteroides. A Figura 11.5 mostra a família dos lipídeos.

Apresentamos vários termos novos no parágrafo anterior e agora vamos trabalhá-los um por um. Primeiro vêm os *ácidos graxos*, uma classe interessante de compostos. Veja na Figura 11.6 um exemplo de ácido graxo, o ácido esteárico. Como em todos os ácidos graxos, a molécula do ácido esteárico tem duas características importantes. Uma é a cadeia longa de hidrocarboneto com um

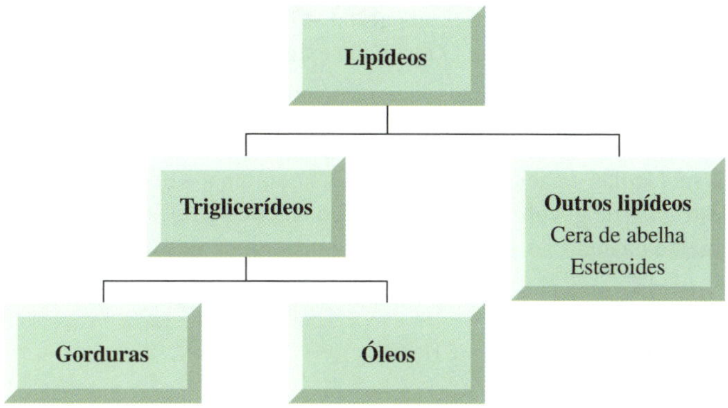

FIGURA 11.5 Tipos de lipídeos.

número par de átomos de carbono, tipicamente 12 a 24 (incluindo o grupo –COOH). Essa cadeia de hidrocarboneto dá às gorduras e aos óleos sua untuosidade característica. A outra é o grupo ácido carboxílico, –COOH, na extremidade da cadeia de hidrocarboneto. O grupo ácido carboxílico explica o "ácido" do nome ácido graxo.

Você pode rever os hidrocarbonetos na Seção 4.4 e os ácidos carboxílicos na Seção 9.6.

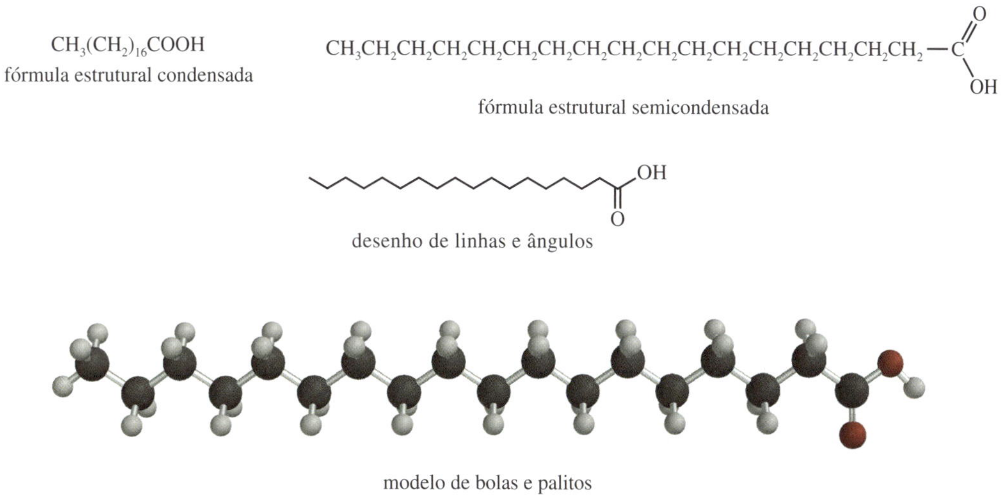

FIGURA 11.6 Representações do ácido esteárico, $C_{17}H_{35}COOH$, um exemplo de ácido graxo.

Desenhos de linhas e ângulos foram apresentados na Seção 10.2.

Agora vamos ao termo *glicerol*, um álcool que mencionamos brevemente no Capítulo 4 ao descrever o biodiesel. O glicerol é um líquido pegajoso, xaroposo que, às vezes, é adicionado a sabões e loções para as mãos. As representações de uma molécula do glicerol (Figura 11.7) mostram que ele é um álcool com três grupos –OH.

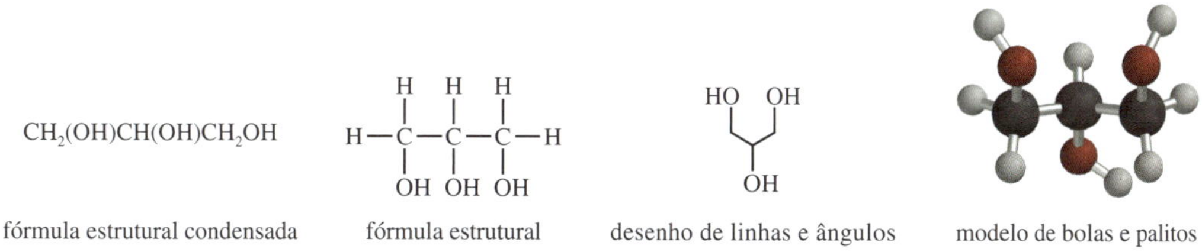

FIGURA 11.7 Representações do glicerol, um álcool.

O interessante para nós, aqui, é que cada grupo –OH da molécula do glicerol pode formar um éster com uma molécula de ácido graxo. O resultado é um triglicerídeo.

$$\text{3 moléculas de ácido graxo} + \text{1 molécula de glicerol} \longrightarrow \text{1 molécula de triglicerídeo} + \text{3 moléculas de água} \qquad \textbf{[11.1]}$$

Reações químicas semelhantes que formam poliésteres apareceram na Seção 9.6.

Por exemplo, três moléculas de ácido esteárico podem combinar-se com uma molécula de glicerol para formar o triestearato de glicerila, um triglicerídeo. Os três grupos éster do triestearato de glicerila estão em vermelho na equação 11.2.

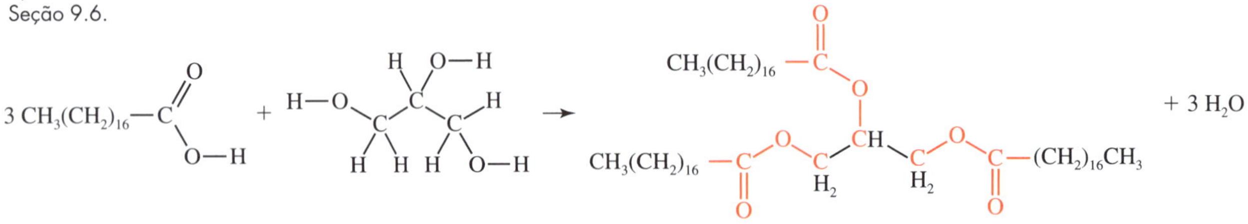

[11.2]

O processo mostrado na equação 11.2 é a base da formação da maior parte das gorduras animais e óleos vegetais. Na maior parte dos casos, enzimas catalisam o processo. Praticamente todos os ácidos graxos de nossos corpos são transportados e armazenados na forma de triglicerídeos.

Sua Vez 11.5 Formação dos triglicerídeos

Como o ácido esteárico, o ácido palmítico é um componente das gorduras animais.

a. Faça um desenho de linhas e ângulos do ácido palmítico, $CH_3(CH_2)_{14}COOH$.
b. Nomeie o grupo funcional responsável pelas propriedades ácidas desses compostos.

Respostas

a. 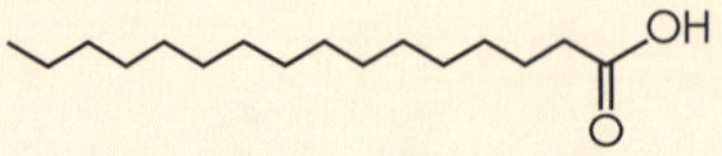

b. grupo ácido carboxílico, –COOH

Por fim, precisamos distinguir mais cuidadosamente os termos gordura e óleo. Como já vimos, as gorduras são triglicerídeos sólidos na temperatura normal, enquanto os óleos são triglicerídeos líquidos na temperatura normal. Por que a diferença? As propriedades de uma gordura ou de um óleo em particular dependem da natureza dos ácidos graxos incorporados ao triglicerídeo. É de importância fundamental a molécula do ácido graxo conter uma ou mais ligações duplas C=C.

Um ácido graxo é **saturado** se a cadeia de hidrocarboneto só contém ligações simples entre os átomos de carbono. Em uma cadeia de hidrocarboneto saturada, os átomos de C contêm o número máximo de átomos de H que podem ser acomodados e, portanto, ela é saturada em hidrogênios. Isso acontece com o ácido esteárico. Em contraste, os ácidos graxos são **insaturados** se contêm uma ou mais ligações duplas C=C.

Os ácidos graxos insaturados são monoinsaturados ou poli-insaturados. Por exemplo, o ácido oleico, com somente uma ligação dupla entre os átomos de carbono por molécula, é classificado como **monoinsaturado**. Em contraste, o ácido linoleico (duas ligações C=C por molécula) e o ácido linolênico (três ligações duplas C=C por molécula) são exemplos de ácidos graxos poli-insaturados. Um ácido graxo **poli-insaturado** contém mais de uma ligação dupla entre átomos de carbono. Na Figura 11.8, os ácidos graxos contêm 18 átomos de carbono, mas diferem no número e na posição das ligações duplas C=C. Sua Vez 11.6 dá-lhe a chance de trabalhar com ácidos graxos insaturados diferentes.

$CH_3(CH_2)_7CH{=}CH(CH_2)_7COOH$

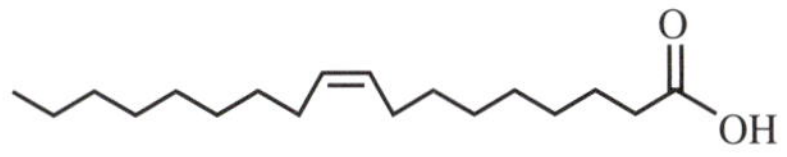

ácido oleico, um ácido graxo **monoinsaturado**

$CH_3(CH_2)_4CH{=}CHCH_2CH{=}CH(CH_2)_7COOH$

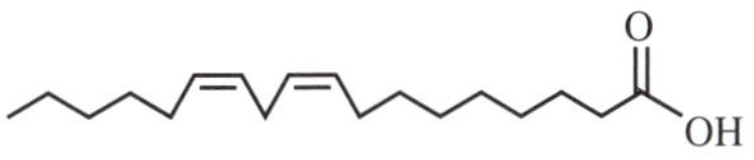

ácido linoleico, um ácido graxo **poli-insaturado**

$CH_3CH_2CH{=}CHCH_2CH{=}CHCH_2CH{=}CH(CH_2)_7COOH$

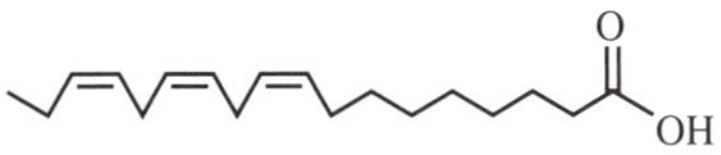

ácido linolênico, um ácido graxo **poli-insaturado**

FIGURA 11.8 Exemplos de ácidos graxos insaturados.

Sua Vez 11.6 Ácidos graxos insaturados e um triglicerídeo

a. Que característica estrutural identifica os ácidos oleico, linoleico e linolênico como ácidos graxos insaturados?

b. O ácido láurico, $CH_3(CH_2)_{10}COOH$, é um componente do óleo de palma. Desenhe uma representação em linhas e ângulos do ácido láurico e classifique-o como saturado ou insaturado.

Respostas

a. Os ácidos oleico, linoleico e linolênico têm pelo menos uma ligação dupla C=C.

b. Ele é um ácido graxo saturado. 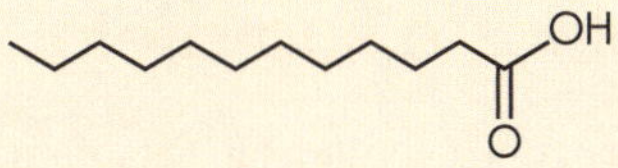

Os três ácidos graxos que formam a molécula de um triglicerídeo podem ser idênticos, dois podem ser iguais ou todos podem ser diferentes. Além do mais, esses ácidos graxos podem ser saturados ou insaturados. Eles também podem estar em sequências diferentes na molécula. Todos esses fatores contribuem para a variedade de gorduras e dos óleos que encontramos em animais e plantas. Gorduras animais sólidas ou semissólidas, como o toucinho ou o sebo, tendem a ter muitas gorduras saturadas. Em contraste, os óleos de oliva, de açafrão e de outras plantas consistem principalmente em gorduras insaturadas.

A Tabela 11.2 indica algumas tendências em uma dada família de ácidos graxos. Por exemplo, em ácidos graxos saturados, os pontos de fusão aumentam com o número de átomos de carbono por molécula (e com a massa molecular). Por outro lado, em uma série de ácidos graxos com número de átomos de carbono semelhantes, o aumento do número de ligações C=C diminui o ponto de fusão. Assim, quando se comparam os pontos de fusão dos ácidos graxos de 18 carbonos, o ácido esteárico (nenhuma ligação C=C) funde a 70°C, o ácido oleico (uma ligação C=C por molécula) funde a 16°C e o ácido linolênico (duas ligações duplas C=C por molécula) funde a −5°C. Essas tendências se transferem para os triglicerídeos que contêm os ácidos graxos e explicam por que gorduras ricas em ácidos graxos saturados são sólidas na temperatura normal e na do corpo, enquanto as que são ricas em insaturados são líquidas.

O ácido esteárico é sólido na temperatura do corpo, enquanto os ácidos oleico e linoleico são líquidos.

A temperatura normal do corpo é 37°C e a normal do ambiente é 25°C.

TABELA 11.2 Comparação de ácidos graxos

Nome	Número de átomos de C por molécula	Número de ligações duplas C=C por molécula	Ponto de fusão, °C
Ácidos graxos saturados			
ácido cáprico	10	0	32
ácido láurico	12	0	44
ácido mirístico	14	0	54
ácido palmítico	16	0	63
ácido esteárico	18	0	70
Ácidos graxos insaturados			
ácido oleico	18	1	16
ácido linoleico	18	2	−5
ácido linolênico	18	3	−11

Sua Vez 11.7 Hidrocarbonetos, triglicerídeos e biodiesel

a. Como uma molécula de octano se compara com uma de uma gordura ou óleo? Liste duas diferenças.
b. Como uma molécula de biodiesel se compara com uma de uma gordura ou óleo? *Sugestão:* Veja o Capítulo 4.

Resposta
a. Uma molécula de octano tem menos átomos de carbono do que uma gordura ou óleo. O octano não contém um grupo funcional éster nem ligações duplas C=C. As gorduras e óleos podem tê-los.

Como você poderia imaginar, as gorduras e os óleos não diferem somente nas propriedades físicas, mas também em como afetam sua saúde. Passamos a esse tópico na próxima seção.

11.4 Gorduras, óleos e sua dieta

As pessoas tendem a se preocupar com a gordura na dieta porque elas contêm mais calorias do que qualquer outro nutriente. No entanto, as gorduras são mais do que simples combustíveis. Elas estimulam nosso prazer com a comida, melhoram o paladar e intensificam certos sabores. Quase todas as sobremesas ficam melhores com um pouco de creme batido! As gorduras também são essenciais para a vida. Elas fornecem o isolamento que retém o calor do corpo e que ajuda a proteger os órgãos internos. Mais ainda, os triglicerídeos e outros lipídeos, inclusive o colesterol, são os componentes principais das membranas celulares e ligações dos nervos, e nosso cérebro é rico em lipídeos.

Felizmente, nosso organismo pode sintetizar quase todos os ácidos graxos a partir dos alimentos que comemos. As exceções são os ácidos linoleico e linolênico. Esses dois ácidos graxos devem estar em nossa dieta porque nossos corpos não os produzem. Isso, geralmente, não é um problema porque muitos alimentos, incluindo óleos de plantas, peixes e vegetais folhosos, contêm os ácidos linoleico e linolênico.

A Figura 11.9 mostra algumas diferenças surpreendentes na composição das gorduras e dos óleos que consumimos. Por exemplo, o óleo de linhaça é particularmente rico em ácido alfa-linolênico (ácido α-linolênico ou ALA), um ácido graxo poli-insaturado que está sendo estudado devido a seus benefícios para a saúde. Os óleos de palma e de coco contêm muito mais gorduras saturadas do que o óleo de milho e de canola. Ironicamente, o óleo de coco usado em alguns cremes não leitosos contém cerca de 87% de gordura saturada, muito mais do que a percentagem encontrada no creme que substitui. Na verdade, o óleo de coco contém mais gordura saturada do que a gordura de manteiga. A preocupação com o alto grau de saturação dos óleos de coco e de palma explica a declaração colocada, às vezes, nos rótulos de alimentos: "Não contém óleos tropicais".

A forma sólida do óleo de coco é chamada de manteiga de coco. Ela funde e forma um óleo na temperatura normal, aproximadamente.

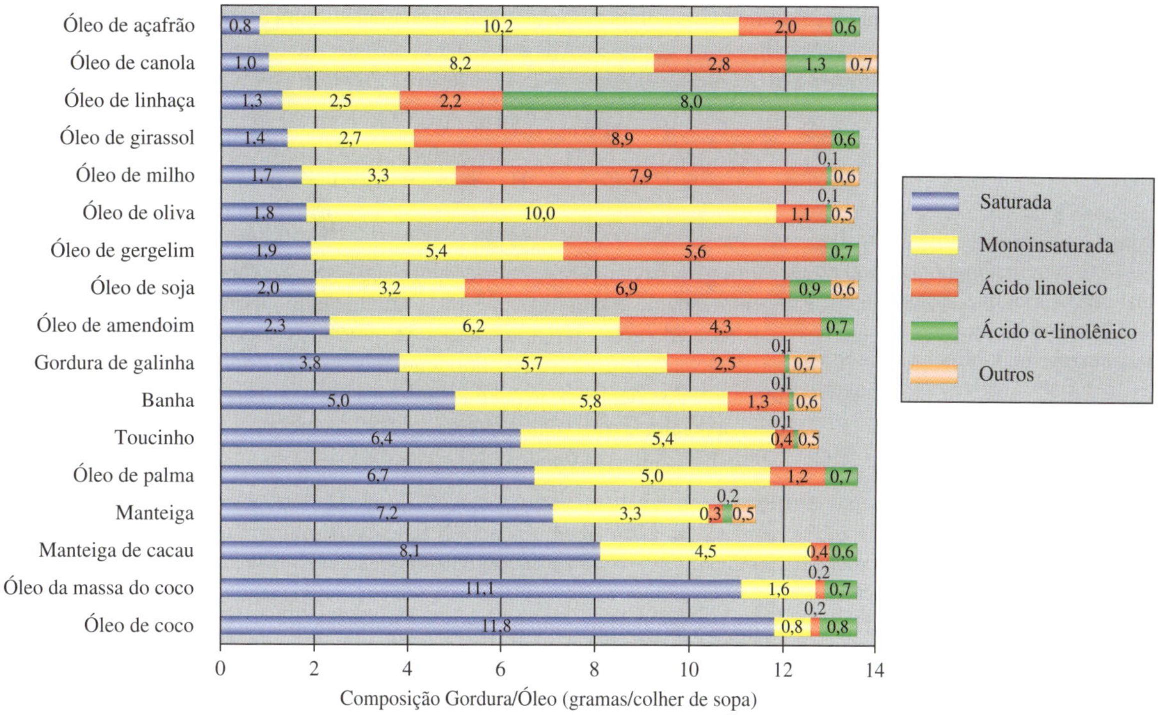

FIGURA 11.9 Óleos e gorduras saturados e insaturados.

Fonte: Nutrition Action Health Letter by Center for Science in the Public Interest, dezembro de 2005, Vol. 32, No. 10, p. 8. Copyright © 2005 pelo Center for Science in the Public Interest. Reproduzido com permissão do Center for Science in the Public Interest através do Copyright Clearance Center.

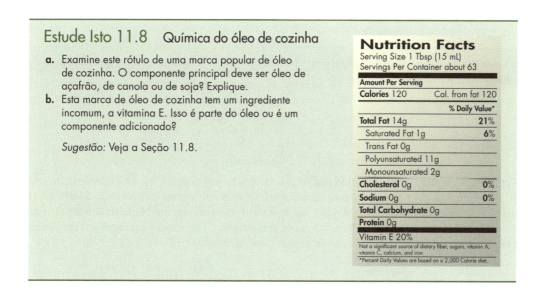

Estude Isto 11.8 Química do óleo de cozinha

a. Examine este rótulo de uma marca popular de óleo de cozinha. O componente principal deve ser óleo de açafrão, de canola ou de soja? Explique.

b. Esta marca de óleo de cozinha tem um ingrediente incomum, a vitamina E. Isso é parte do óleo ou é um componente adicionado?

Sugestão: Veja a Seção 11.8.

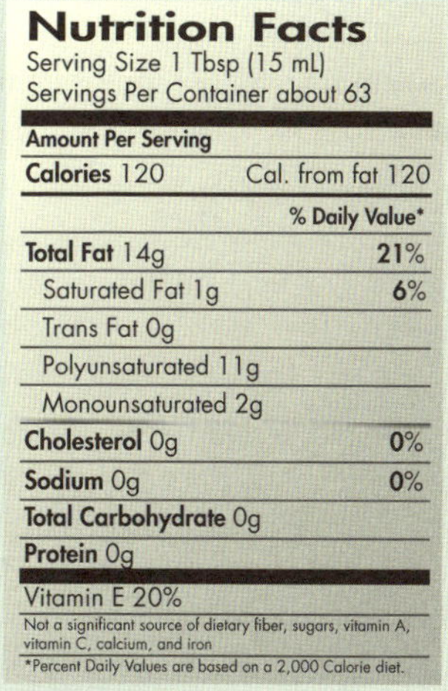

Entretanto, o grau mais alto de insaturação dos óleos tem uma consequência. Você já deve ter notado o ligeiro cheiro rançoso que os óleos adquirem com o tempo. A razão disso é que as ligações duplas C=C são mais suscetíveis a reagir com o oxigênio do ar do que as ligações simples C–C. O "odor estranho" que você pode detectar em um óleo é provavelmente o resultado dessas reações com o oxigênio. Por isso, os óleos são, às vezes, tratados para aumentar o grau de saturação. Isso, por sua vez, aumenta o tempo de prateleira do alimento que contém o óleo.

Um modo de saturar mais completamente um óleo ou uma gordura é a **hidrogenação**, um processo em que o gás hidrogênio, na presença de um metal catalisador, adiciona-se a uma ligação dupla C=C e a converte a uma ligação simples C–C. A equação 11.3a mostra os detalhes.

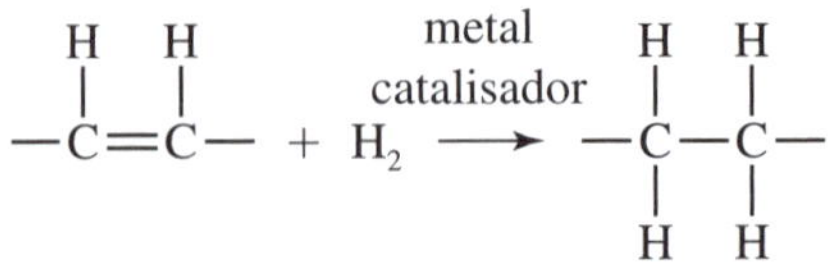

[11.3a]

Quando os óleos são hidrogenados, algumas ou todas a ligações duplas C=C são convertidas em ligações simples C–C, aumentando o grau de saturação e aumentando o ponto de fusão. Como resultado, o óleo fica mais parecido com margarina, isto é, semissólido e espalhável. A conversão de todas as ligações duplas C=C a C–C criaria um sólido indesejavelmente difícil de espalhar. Pode-se controlar o grau de hidrogenação selecionando a temperatura e a pressão da reação para obter produtos com o ponto de fusão, a maciez e o espalhamento desejados. A equação 11.3b mostra o processo com o ácido linoleico, um dos ácidos graxos dos triglicerídeos do óleo de amendoim.

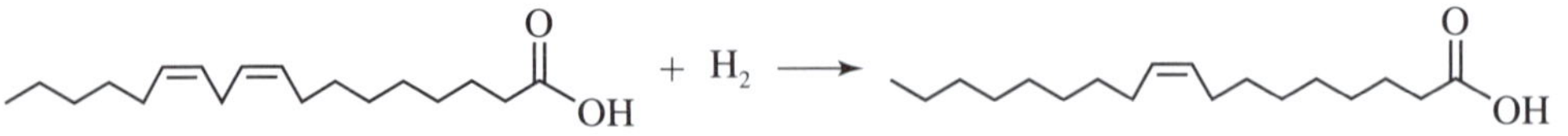

[11.3b]

Note que só uma das ligações duplas do ácido linoleico foi hidrogenada. As gorduras e os óleos tratados resultantes são usados em margarinas, biscoitos e bombons.

Embora o tempo de prateleira e o espalhamento sejam considerações importantes, não são as únicas. Acontece que algumas gorduras e óleos são mais saudáveis para seu coração do que outras. Para entender por que, precisamos olhar mais cuidadosamente a geometria dos átomos de hidrogênio ligados aos átomos de carbono dos triglicerídeos. Na maior parte dos ácidos graxos insaturados naturais, os átomos de hidrogênio ligados aos de carbono estão no mesmo lado da ligação dupla C=C. Chamamos esse arranjo de *cis*.

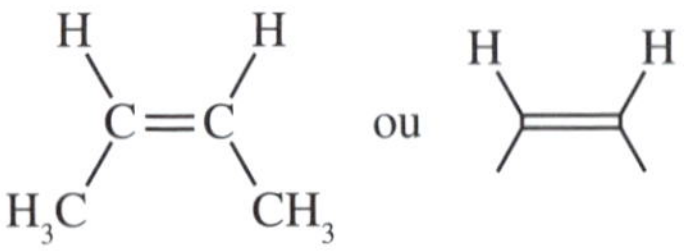

cis-2-buteno

Alternativamente, os átomos de hidrogênio podem estar de lados opostos da ligação dupla C=C. Chamamos esse arranjo de *trans*.

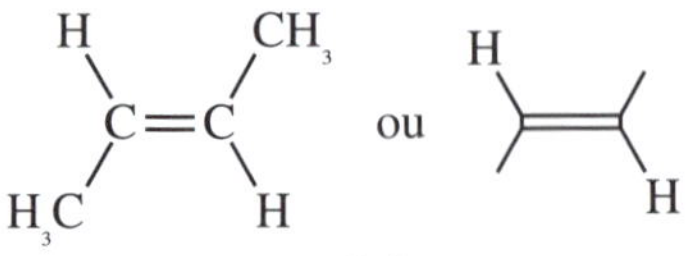

trans-2-buteno

Em um isômero *cis*, os átomos de H estão do mesmo lado da ligação dupla:

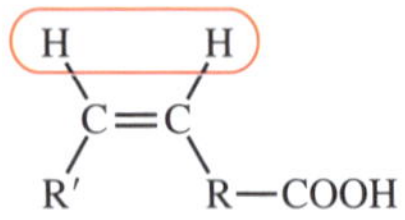

Em um isômero *trans*, os átomos de H estão em lados opostos da ligação dupla:

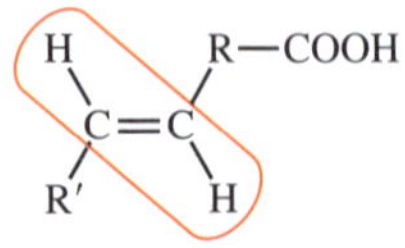

Por exemplo, o ácido oleico e o ácido elaídico são ácidos graxos monoinsaturados que têm a mesma fórmula química. Entretanto, suas propriedades, seus usos e seus efeitos na saúde são diferentes. O ácido oleico é um ácido graxo *cis* e é um dos componentes principais dos triglicerídeos do óleo de oliva. Em contraste, o ácido elaídico, um ácido graxo *trans*, é encontrado em algumas margarinas macias feitas por hidrogenação. Compare as estruturas na Figura 11.10.

Ácido oleico, um ácido graxo *cis* — Ácido elaídico, um ácido graxo *trans*

FIGURA 11.10 Desenhos de linhas e ângulos de ácidos graxos *cis* e *trans*. Ambos têm a mesma fórmula química, $CH_3(CH_2)_7CH = CH(CH_2)_7COOH$.

As **gorduras *trans*** são triglicerídeos compostos por um ou mais ácidos graxos *trans*. Estudos mostram que as gorduras *trans* aumentam o nível de triglicerídeos e de "mau" colesterol no sangue. Isso foi de certo modo uma surpresa porque gorduras parcialmente hidrogenadas ainda contêm algumas ligações duplas C=C, e a insaturação é vantajosa para uma dieta saudável. Entretanto, as gorduras *trans* têm propriedades semelhantes às das gorduras saturadas. Com suas longas cadeias "lineares", as gorduras saturadas tendem a se empacotar bem, uma razão de serem sólidas na temperatura normal. Com a geometria *cis*, as moléculas dos óleos comestíveis naturais insaturados têm "curvaturas" e não se empacotam tão bem, uma razão de serem líquidas na temperatura normal. Os óleos naturais têm todos essas curvaturas.

O colesterol LDL (lipoproteína de baixa densidade) é dito "mau" porque tende a se acumular nas paredes das artérias, provocando ataques do coração e derrames.

Reveja na equação 11.3b que a hidrogenação não é uma proposta do tipo tudo ou nada. Quando a hidrogenação ocorre, algumas ligações C=C do óleo ou da gordura permanecem. Embora esperássemos que elas fossem *cis*, porque essa é a configuração natural em óleos ou gorduras, o processo da hidrogenação converte algumas dessas ligações C=C *cis* em *trans*. Podemos reescrever a equação 11.3b para mostrar melhor as configurações *cis* e *trans*.

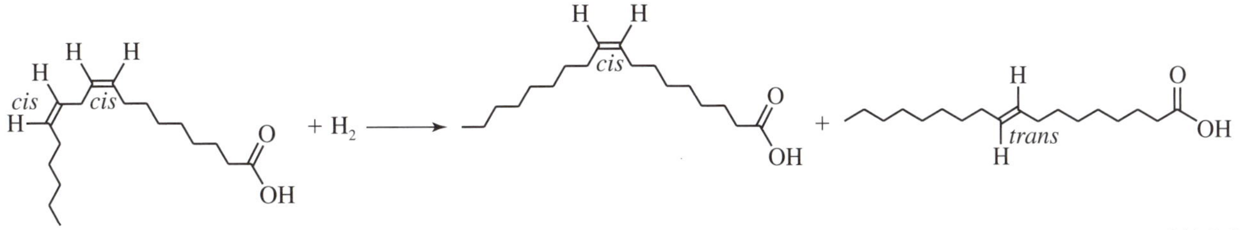

[11.3c]

As gorduras que contêm esses ácidos graxos *trans* têm formas mais parecidas com a das gorduras saturadas e, portanto, reagem de modo semelhante no organismo.

Que tipos de gorduras e óleos estão em sua margarina? Verifique na próxima atividade.

Estude Isto 11.9 Margarinas e conteúdo de gorduras

Esta tabela lista o conteúdo de gordura da manteiga e de três margarinas. Você precisará encontrar outros produtos para responder à parte **c**.

	Manteiga	Land O'Lakes (barra)	I Can't Believe It's Not Butter (tubo)	Benecol Spread (tubo)
Tamanho da porção	1 colher de sopa = 14 g	1 colher de sopa = 14 g	1 colher de sopa = 14 g	1 colher de sopa = 14 g
gordura total (g)	11 g	11 g	9 g	8 g
saturada	7 g	2 g	2 g	1 g
trans	0 g	2,5 g	0 g	0 g
poli-insaturada	1 g	3,5 g	3,5 g	2 g
monoinsaturada	3 g	2,5 g	2 g	4,5 g

a. Que margarina tem a maior percentagem de gordura saturada? Como se compara com a manteiga?
b. Que percentagem da gordura total da manteiga é poli-insaturada?
c. Faça uma pesquisa. Liste o conteúdo de gordura de três manteigas ou margarinas diferentes.

Em março de 2003, a Dinamarca tornou-se o primeiro país a regular com rigor os alimentos que contêm gorduras *trans*, seguida pelo Canadá, em 2004. A partir de janeiro de 2006, o FDA americano passou a exigir que os rótulos de alimentos incluíssem valores da gordura *trans*. Embora a maioria dos profissionais médicos agora recomende que os consumidores evitem produtos

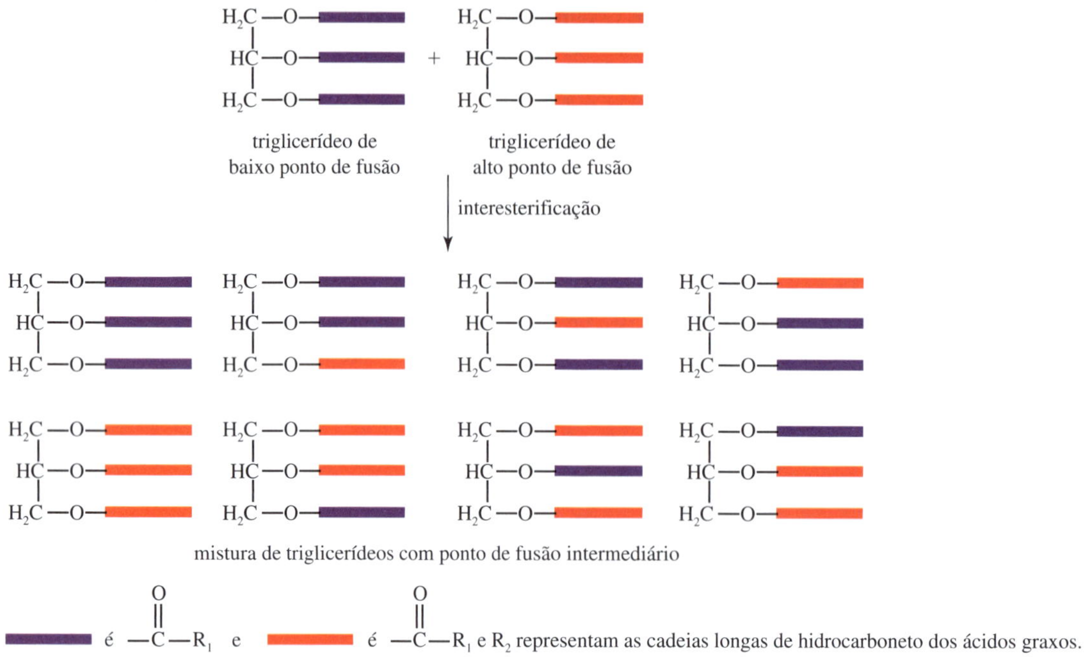

FIGURA 11.11 Interesterificação: troca dos ácidos graxos em lipídeos para produzir uma mistura de triglicerídeos.
Fonte: Adaptado de Real–World Cases in Green Chemistry, Volume 2, Cann, M. e Umile, T., American Chemical Society, 2008.

com gorduras *trans*, isso pode não ser fácil devido à forma usada nos rótulos de alimentos para dar essa informação. Nos Estados Unidos, um rótulo pode mostrar "zero gramas de gordura *trans*" se o alimento contiver menos de 0,5 gramas por porção. Assim, com várias porções de algo que não é verdadeiramente 0 gramas, a quantidade de gordura *trans* pode se acumular.

Os fabricantes respondem procurando substitutos para as gorduras *trans*. Usar óleos tropicais como o de palma ou de coco não seria aceitável devido à sua alta percentagem de gorduras saturadas. Alguns deles estão adicionando outros óleos poli-insaturados, como o óleo de girassol ou de linhaça, a seus produtos.

Químicos de alimentos também estiveram ativos na descoberta de alternativas à hidrogenação que produzam semissólidos sem a formação de gorduras *trans*. **Interesterificação** é qualquer processo em que os ácidos graxos de dois ou mais triglicerídeos se misturam para formar uma mistura de triglicerídeos diferentes (Figura 11.11). Se você conduz esse processo com um triglicerídeo de baixo ponto de fusão (um óleo) e um triglicerídeo de alto ponto de fusão (uma gordura), o resultado é uma mistura de triglicerídeos com um ponto de fusão intermediário, uma gordura semissólida.

Os catalisadores foram apresentados no Capítulo 1, no contexto dos conversores catalíticos.

Um modo de conduzir uma reação de interesterificação é usar uma base forte como catalisador. O uso dessa base traz preocupações quanto à segurança dos trabalhadores, resulta em perda significativa dos óleos e requer grandes quantidades de água, além de produzir resíduos ricos em demanda biológica de oxigênio (BOD).

Felizmente, as enzimas também catalisam essa reação. Entretanto, o uso de enzimas tinha um alto preço até que a Novozymes e a Archer Daniels Midland Company se juntaram para refinar a reação. Por seus esforços, eles partilharam um Prêmio Presidencial Desafios de Química Verde em 2005. Não somente seu método é mais barato como traz benefícios ambientais, incluindo grande redução no uso da água e no BOD dos resíduos, menor decomposição dos óleos durante o processo e eliminação do catalisador básico.

Sua Vez 11.10 Traga o verde para casa

Reveja as ideias fundamentais da química verde na contracapa dianteira deste livro. Quais delas estão de acordo com o uso de enzimas para a esterificação desenvolvido pela Novozymes e a Archer Daniels Midland?

Com isso, terminamos nossa discussão sobre gorduras e óleos. A próxima seção conta a doce história dos açúcares e de seus nem tão doces parentes, os amidos.

11.5 Carboidratos: doces e amiláceos

FIGURA 11.12 O xarope de milho com muita frutose é uma mistura de frutose, glicose e água. Na forma pura, os açúcares são sólidos brancos e cristalinos.

Os açúcares são os doces membros da família dos carboidratos. Exemplos que você pode reconhecer incluem a glicose e a frutose, que ocorrem naturalmente em frutas, em vegetais e no mel. Além disso, a glicose e a frutose são componentes do xarope de milho com muita frutose (Figura 11.12)

O amido, um polímero da glicose apresentado no Capítulo 4, é outro carboidrato. Ele é encontrado em praticamente todos os tipos de grãos, batatas e arroz. Embora agradável para nossas papilas gustativas, o amido não é doce e leva mais tempo para ser digerido do que os açúcares. Doces ou amiláceos, os carboidratos cumprem o papel de fornecer energia às células de nossos corpos.

Os carboidratos também são usados comercialmente para produzir etanol, uma fonte de energia para os veículos. Como vimos no Capítulo 4, o amido encontrado nos grãos de milho é fermentado para produzir milhões de galões de etanol por ano. Ainda assim, o amido do milho não é único. O açúcar ou o amido de quase qualquer planta pode ser fermentado para produzir etanol, inclusive o encontrado em bebidas alcoólicas. As uvas têm o melhor açúcar para a produção de vinhos. Em contraste, a cevada e o trigo contêm o amido usado para fazer muitas cervejas.

Os **carboidratos** são compostos que contêm carbono, hidrogênio e oxigênio, com os átomos de H e de O na mesma razão 2:1 encontrada em H_2O. Essa composição deu origem ao nome carboidrato, que significa "carbono mais água". Entretanto, esses átomos de H e de O dos carboidratos não estão na forma de moléculas de H_2O. Eles são parte de uma molécula maior, tipicamente um anel (ou uma longa cadeia de anéis, no caso do amido e da celulose). Verifique isso por você mesmo examinando estas fórmulas estruturais.

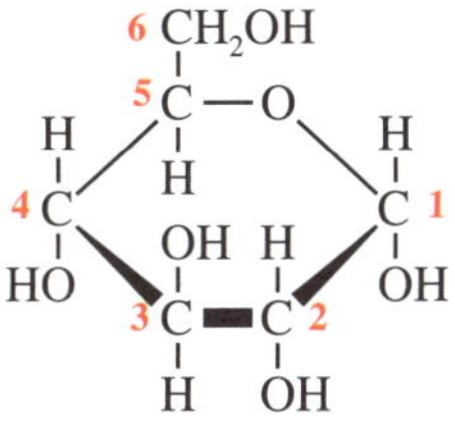

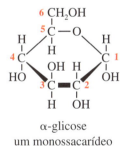

α-glicose
um monossacarídeo

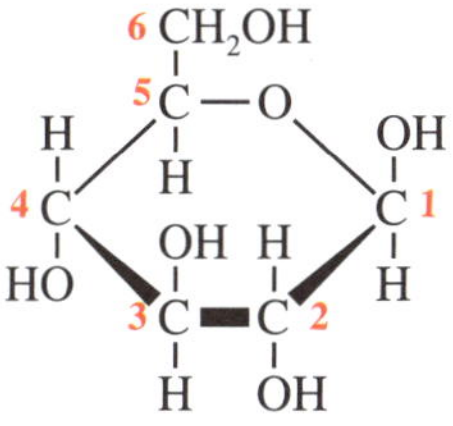

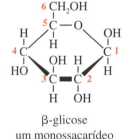

β-glicose
um monossacarídeo

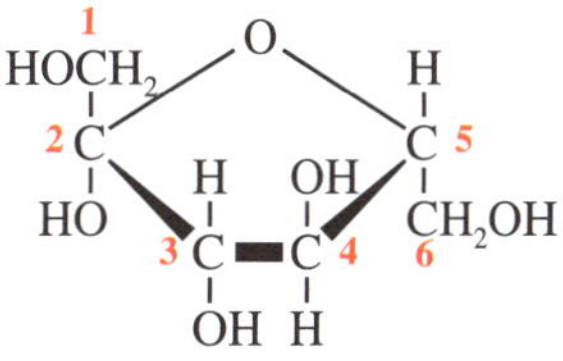

β-frutose
um monossacarídeo

A terminação *-ose* é típica dos nomes dos açúcares.

A frutose e a glicose têm a mesma fórmula química, $C_6H_{12}O_6$, mas estruturas diferentes. Esses isômeros são reconhecidos com uma certa facilidade: a glicose tem um anel de 6 átomos e a frutose, um de 5 átomos. Em contraste, os isômeros (α) e beta (β) da glicose são difíceis de distinguir sem um modelo. Para visualizar a estrutura 3D da glicose, imagine o anel perpendicular ao plano do papel, com a aresta na sua frente. Os átomos de –H e os grupos –OH estão acima ou abaixo do plano do anel. Na α-glicose, o grupo –OH do carbono 1 está do lado oposto, em relação ao anel, do grupo $–CH_2OH$ ligado ao carbono 5. Na β-glicose, os dois grupos estão do mesmo lado do anel.

O átomo de C que tem um grupo –OH e está à direita do átomo de O do anel é o número 1. A numeração dos átomos de C continua pelo anel no sentido horário.

A frutose é um exemplo de **monossacarídeo**, isto é, um açúcar simples. A glicose também. A sacarose (açúcar comum de mesa), porém, é um **dissacarídeo**, um "açúcar duplo" formado pela junção de duas unidades de monossacarídeos. Ao formar uma molécula de sacarose, uma α-glicose e uma β-frutose se unem por uma ligação C–O–C criada quando um átomo de H e um grupo –OH são eliminados para formar uma molécula de água. Isso soa familiar? Trata-se de uma reação de condensação análoga às do Capítulo 9 que formaram poliésteres. A Figura 11.13 mostra a reação química que forma a molécula de sacarose, um dissacarídeo, e libera uma molécula de água.

As reações de condensação foram descritas nas Seções 9.6 e 10.3.

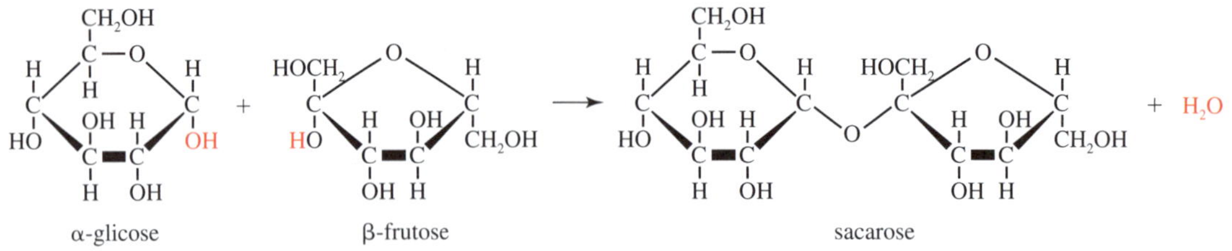

FIGURA 11.13 Formação da sacarose, um dissacarídeo.

Sua Vez 11.11 A doce história

Esta tabela compara os diferentes açúcares. Veja a Tabela 11.3 para valores numéricos da doçura. A unidade Caloria (Cal) equivale a 1 quilocaloria (kcal) ou 1.000 calorias (cal)

Açúcar	Também conhecido como	Doçura	Calorias/grama	Fórmula química
glicose	"açúcar do sangue"	menos doce	3,87 Cal/g	$C_6H_{12}O_6$
	"açúcar de uva"			
	"açúcar do milho"			
frutose	"açúcar de frutas"	mais doce	3,87 Cal/g	$C_6H_{12}O_6$
sacarose	"açúcar de mesa"	intermediário	4,01 Cal/g	$C_{12}H_{22}O_{11}$
	"açúcar em grãos"			

a. Por que, na sua opinião, a doçura desses açúcares é diferente?
b. Explique por que esses açúcares são quase idênticos em Calorias por grama.

Como você pode ver na atividade acima, os açúcares que consumimos são notavelmente semelhantes na composição química, nas Calorias e mesmo na doçura. Embora a doçura varie, a diferença entre glicose e frutose é só de um fator de 2. Então, importa que açúcar você come? Na verdade, há uma pergunta melhor a fazer. Quanto açúcar você está comendo? A resposta rápida pode ser "demais".

Os monossacarídeos também podem se ligar para formar moléculas muito maiores. Os **polissacarídeos** são polímeros de condensação feitos de milhares de unidades monossacarídeo. Como o nome implica, essas macromoléculas consistem em "muitas unidades de açúcar". Análoga à formação da sacarose (Figura 11.13), a formação de um polissacarídeo libera uma molécula de água a cada vez que um monossacarídeo é incorporado à cadeia de polímero. Exemplos comuns de polissacarídeos incluem o amido e a celulose.

Nossos corpos podem digerir o amido quebrando-o em moléculas de glicose. Em contraste, não podemos digerir a celulose. Assim, dependemos de alimentos amilosos como batatas ou massas, e não devoramos palitos de madeira. A diferença é uma consequência de como os monômeros da glicose estão ligados. Compare, na Figura 11.14, a ligação alfa (α) entre as unidades de glicose no amido com a ligação beta (β) entre as unidades de glicose na celulose. As enzimas de muitos mamíferos – inclusive humanos – são incapazes de quebrar as ligações beta da celulose. Consequentemente, não podemos nos alimentar de grama ou de árvores.

O amido é um polímero da α-glicose, daí a ligação α. A celulose tem uma ligação β e é um polímero da β-glicose.

Em contraste, bois, bodes e ovelhas conseguem quebrar a celulose com uma pequena ajuda. Seus tratos digestivos contêm bactérias que decompõem celulose em glicose. Depois disso, os sistemas metabólicos dos animais passam a operar. Os cupins também contêm bactérias famintas de celulose, o que permite que esses insetos danifiquem estruturas de madeira.

Como o amido e a celulose, o glicogênio é um polissacarídeo.

Quando temos excesso de glicose no organismo, ela é polimerizada a glicogênio com o auxílio da insulina e armazenada nos músculos e no fígado. Quando os níveis de glicose caem abaixo do normal, o glicogênio é convertido em glicose novamente. O glicogênio tem estrutura molecular semelhante à do amido, exceto que as cadeias de glicose são maiores e mais ramificadas. O glicogênio é vitalmente importante, porque armazena energia para uso em nossos corpos. Ele se acumula nos músculos e, especialmente, no fígado, onde está disponível como uma fonte rápida de energia interna.

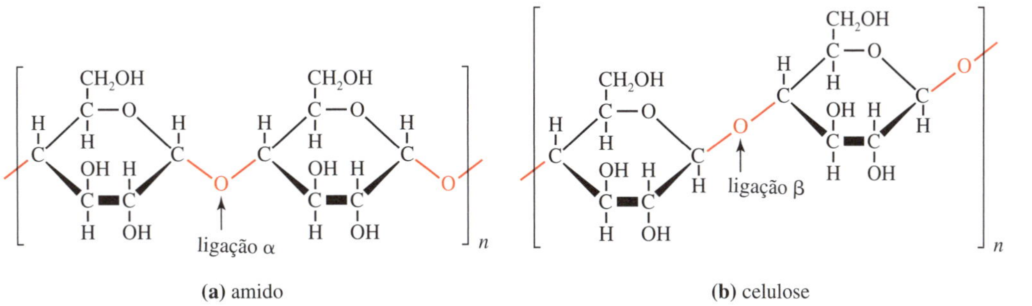

FIGURA 11.14 A ligação entre as unidades glicose em **(a)** amido e **(b)** celulose.

Como você talvez saiba, uma dieta saudável depende mais dos carboidratos dos polissacarídeos do que dos açúcares simples (e doces). Na próxima seção, trataremos de tópicos relativos à doçura.

11.6 Quão doce ele é: açúcares e substitutos de açúcares

Você gosta de açúcar? Parece que já nascemos com uma preferência pelo doce e, para a maioria, isso dura toda a vida. Adoçantes vêm como xaropes, pequenos cristais em pacotes e cubos ou tabletes que você pode colocar em seu café. Alguns desses adoçantes são naturais, outros são sintéticos ("artificiais"). Alguns são muito doces, outros nem tanto. Alguns são conhecidos desde a antiguidade, outros são relativamente novos no mercado. Como todos os alimentos que comemos, eles afetam nossa saúde e a do planeta.

Qual é a doçura do doce? A Tabela 11.3 indica a doçura relativa de alguns adoçantes naturais em relação à sacarose, que recebe o valor 100. Por essa tabela, deveríamos usar menos frutose para igualar a doçura de uma colher de chá de sacarose (açúcar de mesa). Em contraste, para usar a lactose (açúcar do leite) precisaríamos de mais de 6 colheres de chá.

Faz diferença qual o açúcar que você consome? Sim e não. Como já dissemos, para a maioria, a questão não é qual açúcar, mas o quanto. Novamente, uma dieta saudável vem mais dos carboidratos dos polissacarídeos do que dos açúcares simples. Se você comer muito açúcar, aumenta o risco de ficar obeso e de ter as doenças que acompanham a obesidade, como diabetes e hipertensão arterial.

Comecemos por tentar determinar a quantidade de açúcar que você consome. A próxima atividade permite que você explore uma fonte possível de açúcar.

Estude Isto 11.12 Seu refrigerante favorito

Os refrigerantes já foram chamados de açúcar líquido. Essa caracterização é correta? Escreva um argumento a favor ou contra. Cite a quantidade, em gramas, de açúcar envolvida.

Uma razão para consumir açúcares é que os alimentos os contêm. Todos os açúcares da Tabela 11.3 são naturais. Por exemplo, a frutose existe em muitas frutas e a lactose, no leite. Outra razão para o consumo de açúcar é que ele é adicionado durante o cozimento, ou na mesa, ou porque a indústria alimentícia o acrescenta. Por exemplo, você pode adicionar açúcar a seu café ou colocá-lo em seu cereal. Os fabricantes de alimentos processados adicionam açúcares à manteiga de amendoim, ao molho de espaguete e ao pão. Esses e muitos outros produtos recebem pequenas quantidades de açúcar para melhorar o sabor e a textura ou para aumentar a vida na prateleira. De acordo com dados liberados no 2001–2004 National Health and Nutrition Examination Survey, os americanos consomem cerca de 22 colheres de chá por dia de açúcar adicionado. Com 4 gramas de açúcar por colher de chá e 4 Calorias por grama, isso corresponde a cerca de 350 Calorias diárias de açúcar adicionado!

O mel é composto principalmente por frutose e glicose. O açúcar de beterraba e de cana é principalmente sacarose.

TABELA 11.3 Valores aproximados da doçura relativa

Açúcares naturais					
lactose	maltose	glicose	mel	sacarose	frutose
16	32,5	74,3	97	100	173

Fonte: International Food Information Council.

O xarope com muita frutose (*high-fructose corn syrup – HFCS*) é usado para adoçar muitas bebidas e alimentos. Dependendo de onde você vive, o xarope tem nomes diferentes. Na Europa, é chamado de isoglicose e no Canadá, de glicose-frutose. Neste livro, usaremos a sigla HFCS.

O xarope de milho contém principalmente glicose, mas, se você tratá-lo com enzimas, pode converter glicose em frutose, que é mais doce. Existem diferentes "misturas" de HFCS, dependendo do uso pretendido. Por exemplo, uma mistura típica usada em refrigerantes contém 55% de frutose, o restante sendo glicose.

Uma mistura de 55% de frutose e 45% de glicose tem doçura comparável à da sacarose, o açúcar de mesa.

Por que se adiciona HFCS aos alimentos? Existem muitas razões. Em 2009, Audrae Erickson, presidente da Corn Refiners Association, afirmou:

> O xarope de milho com muita frutose é usado nos alimentos devido a seus muitos benefícios. Por exemplo, ele retém a umidade em cereais em farelo, ajuda a manter úmidas as barras de cereais matinais e barras energéticas, mantém sabores constantes em bebidas e mantém os ingredientes dispersos homogeneamente em condimentos. O xarope de milho com muita frutose ativa o sabor dos temperos e das frutas em iogurtes e escabeches. Além de melhorar o aspecto de pães e alimentos cozidos no forno, ele é um adoçante muito fermentável e nutritivo e prolonga a vida do produto.

Os oponentes do HFCS sugeriram que este adoçante à base de milho tem metabolismo diferente do da sacarose. Entretanto, isso não parece ser verdadeiro. A American Medical Association (AMA) concluiu que o HFCS "não parece contribuir mais para a obesidade do que outros adoçantes calóricos". Metabolicamente, o HFCS é semelhante à sacarose.

Então, onde está o argumento? Novamente, ele está na quantidade de açúcar – qualquer tipo de açúcar adicionado – que consumimos por dia. A AMA recomenda que as pessoas limitem a quantidade de açúcar adicionado a 32 gramas ou menos, com base na dieta de 2.000 Calorias. Isso corresponde a 8 colheres de chá de açúcar ou cerca de 128 Calorias diárias. Em agosto de 2009, a American Heart Association publicou um artigo de jornal que ajusta esses valores por idade e gênero:

> A maior parte das mulheres deveria consumir no máximo 100 Calorias (cerca de 25 gramas) por dia de açúcar adicionado. A maior parte dos homens deveria consumir no máximo 150 Calorias (cerca de 37,5 gramas) por dia de açúcar adicionado. Isso corresponde a cerca de seis colheres de chá de açúcar adicionado para as mulheres e nove para os homens.

Em contraste, a Corn Refiners Association faz uma recomendação de não mais de 25% de Calorias por dia de açúcares adicionados, com base em um relatório de 2002 do Institute of Medicine da U.S. National Academies. Isso corresponderia a 500 Calorias de açúcar adicionado.

A conclusão? Para a saúde pessoal, sugerimos moderação. Nenhum valor absoluto provavelmente poderá ser estabelecido. É claro, porém, que menos é mais em termos de ganho de peso e diabetes.

Em termos da saúde do planeta, as questões são mais complexas. Mais do que qualquer outra cultura, o milho exige o uso de fertilizantes, herbicidas e pesticidas, cuja produção exige a queima de combustíveis fósseis. O escorrimento nos milharais tem potencial para poluir rios e nascentes, incluindo os que estão rio abaixo.

Nos Estados Unidos, o HFCS custa menos do que a sacarose. As razões incluem subsídios governamentais à cultura do milho e tarifas sobre o açúcar importado.

Por exemplo, o escorrimento de fertilizantes é largamente responsável por uma enorme zona morta no Golfo do México na foz do Rio Mississippi (Figura 11.15). Quando as águas ricas em nitrogênio e fósforo chegam ao oceano, promovem o crescimento excessivo de algas. Por sua vez, as algas esgotam o oxigênio da água, matando a vida aquática. Então, embora o HFCS pareça ser um bom negócio, seu preço não inclui os custos ambientais relacionados com o cultivo do milho.

FIGURA 11.15 Água marrom, rica em nutrientes, do Rio Mississippi encontra o Golfo do México, criando uma "zona morta" de aproximadamente 6.000 a 7.000 milhas quadradas, cujo tamanho varia com as estações.
Fonte: Nancy Rabalais, Louisiana Universities Marine Consortium.

Terminamos esta seção olhando para os adoçantes artificiais (sintéticos), também conhecidos como substitutos do açúcar. Como você pode ver na Tabela 11.4, eles são muito mais doces do que os açúcares naturais. As Calorias por grama do aspartamo são semelhantes às da sacarose, mas como ele é cerca de 200 vezes mais doce do que a sacarose, 1/200 de uma colher de chá de aspartamo é equivalente a uma colher de chá de sacarose. Sacarina, aspartamo, sucralose, neotamo e acessulfamo potássico são os cinco adoçantes artificiais aprovados nos Estados Unidos. Outros países têm uma lista ligeiramente diferente.

Então o caminho está nos adoçantes artificiais? Esses compostos têm a vantagem de menos Calorias. Por exemplo, o açúcar de uma lata de 12 onças de soda limonada corresponde a 140 Calorias. Em termos da dieta de 2.000 Calorias, isso corresponde a 7%. Em contraste, a mesma bebida com um adoçante sintético teria 0 Calorias. Embora as pessoas se preocupem com os efeitos dos adoçantes artificiais na saúde, estudos indicam que os que estão correntemente no mercado são seguros para a maior parte das pessoas. Entretanto, uma pequena percentagem da população tem de evitar o aspartamo, por razões que descreveremos na próxima seção.

Estude Isto 11.13 Compostos químicos!

Uma clínica médica americana bem conhecida colou esta declaração na Internet: "Adoçantes artificiais são produtos químicos ou compostos naturais que têm a doçura do açúcar com muito menos Calorias".

a. Qual é o problema com as categorias "produtos químicos ou compostos naturais"?
b. Como você reescreveria esse texto?

TABELA 11.4 Valores aproximados da doçura relativa

Adoçantes sintéticos				
acessulfamo potássico	aspartamo	neotamo	sacarina	sucralose
200	200	7.000–13.000	300	600

Fonte: International Food Information Council.

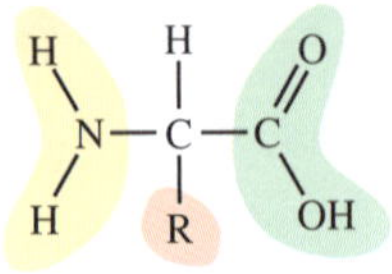

FIGURA 11.16 Estrutura geral de um aminoácido, mostrando o grupo amino (em amarelo) e o grupo ácido carboxílico (em verde). R é uma das 20 possíveis cadeias laterais.

$-C_6H_5$ é o grupo fenila, apresentado na Seção 9.5.

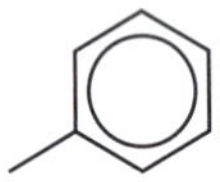

11.7 Proteínas: primeiras entre iguais

A palavra *proteína* deriva de *protos*, grego para "primeiro". O nome é enganador. A vida depende da interação de milhares de produtos químicos, e dar prioridade a um único composto ou a uma classe de compostos é simplista. No entanto, as proteínas são parte essencial de todas as células vivas. Elas são os componentes principais do cabelo, da pele e dos músculos. Elas também transportam oxigênio, nutrientes e sais minerais pela corrente sanguínea. Muitos dos hormônios que agem como mensageiros químicos são proteínas, assim como o são a maior parte das enzimas que catalisam a química da vida.

Uma **proteína** é uma poliamida ou polipeptídeo, isto é, um polímero formado por monômeros aminoácidos. A grande maioria das proteínas é feita por várias combinações dos 20 aminoácidos naturais diferentes. Moléculas de aminoácidos têm uma estrutura comum. Quatro espécies químicas ligam-se a um átomo de carbono: um grupo ácido carboxílico, um grupo amina, um átomo de hidrogênio e uma cadeia lateral, R, mostrados na Figura 11.16.

Variações na cadeia lateral R diferenciam os aminoácidos, como se vê na Figura 11.17. Por exemplo, no aminoácido mais simples (glicina), R é um átomo de hidrogênio. Na alanina, R é um grupo $-CH_3$. No ácido aspártico (encontrado nos aspargos), R é $-CH_2COOH$ e na fenilalanina, $-CH_2(C_6H_5)$. Dois dos 20 aminoácidos naturais têm grupos R que contêm um segundo grupo funcional –COOH, três têm grupos R que contêm grupos amina e dois outros contêm átomos de enxofre.

Dois aminoácidos podem combinar-se por uma reação de condensação entre o grupo amina de um aminoácido e o grupo ácido carboxílico de outro. Por exemplo, a glicina pode reagir com a alanina como se vê na equação 11.4a.

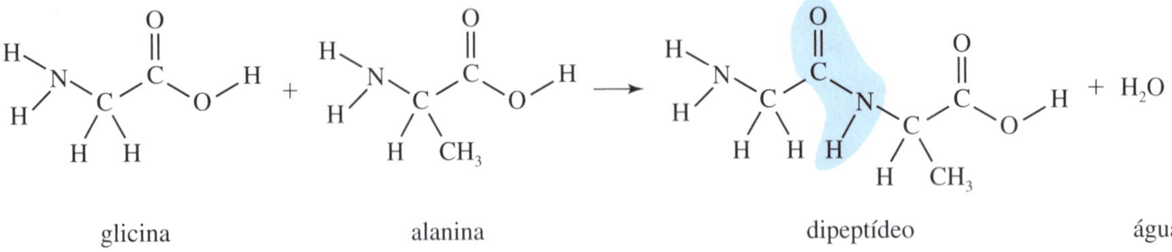

[11.4a]

A ligação peptídica que se forma quando dois aminoácidos reagem foi definida na Seção 9.7 e será mais explorada no contexto da síntese de proteínas no Capítulo 12.

Note que o grupo ácido –COOH da molécula da glicina reage com o grupo $-NH_2$ da alanina. No processo, os dois aminoácidos se juntam através da ligação peptídica C–N mostrada na área em azul. Além disso, produz-se uma molécula de H_2O. Uma vez incorporados à cadeia de peptídeo, os aminoácidos são chamados de **resíduos de aminoácidos**.

Na equação 11.4a, o produto foi um **dipeptídeo**, um composto formado por dois aminoácidos. A glicina e a alanina podem formar dois peptídeos diferentes. A equação 11.4b mostra a outra possibilidade.

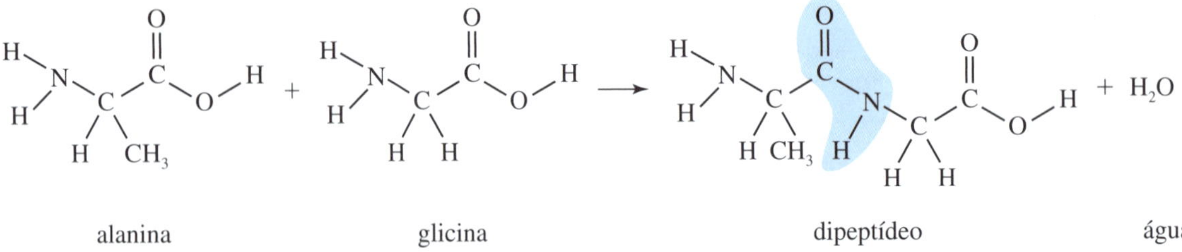

[11.4b]

Dessa vez, a alanina dá o grupo –COOH e a glicina, o grupo $-NH_2$ da reação de condensação.

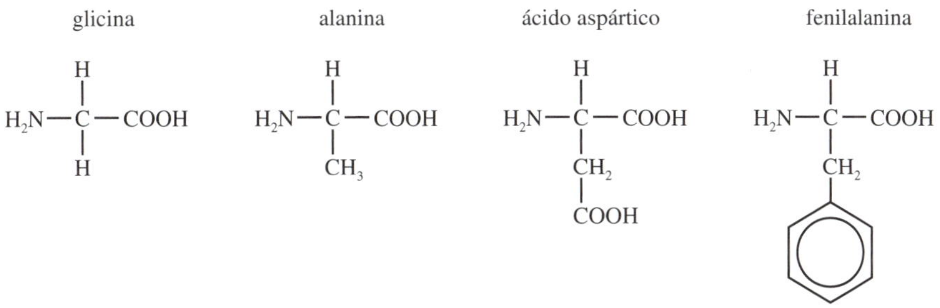

FIGURA 11.17 Exemplos de aminoácidos com cadeias laterais diferentes.

Verifique que os dois dipeptídeos são diferentes. No primeiro, o grupo amina que não reagiu está no resíduo de glicina e o grupo ácido que não reagiu, no resíduo de alanina. No segundo dipeptídeo, o $-NH_2$ está no resíduo de alanina e o –COOH, no resíduo de glicina.

O importante disso tudo é que a ordem dos resíduos de aminoácidos em um peptídeo faz diferença. A proteína formada depende dos aminoácidos presentes, mas também de sua sequência na cadeia da proteína. Montar a sequência correta de aminoácidos para fazer uma determinada proteína é como colocar letras em uma palavra. Se elas estão em ordem diferente, um significado completamente diferente aparece. Assim, um tripeptídeo com três aminoácidos diferentes é como uma palavra contendo as três letras *a*, *e* e *t*. Existem seis combinações possíveis dessas letras. Três delas, *ate*, *eat* e *tea*, formam palavras reconhecíveis em inglês, as outras três – aet, eta e tae – não. De forma semelhante, algumas sequências de aminoácidos podem não fazer sentido biológico.

Colocar os aminoácidos de uma proteína na ordem certa é como montar um trem corretamente colocando cada vagão na sequência correta.

Veja a Seção 12.4 para mais informações sobre a estrutura e a síntese de proteínas.

Ainda nos restringindo a palavras de três letras e às letras *a*, *e* e *t*, mas permitindo a duplicação de letras, podemos construir palavras perfeitas em inglês, como *tee* e *tat* e muitas combinações sem sentido, como *aaa* e *tte*. Existem, na verdade, um total de 27 possibilidades, incluindo as 6 identificadas acima. Assim como as palavras podem usar as letras mais de uma vez, a maior parte das proteínas contém determinados aminoácidos mais de uma vez.

Sua Vez 11.14 Fabricação de tripeptídeos

As equações desta seção mostram que a glicina (Gly) e a alanina (Ala) podem se combinar para formar dois peptídeos: GlyAla e AlaGly. Se esses aminoácidos puderem ser usados mais de uma vez, dois outros peptídeos são possíveis: GlyGly e AlaAla. Assim, quatro dipeptídeos diferentes podem ser feitos com dois aminoácidos diferentes. Oito tripeptídeos diferentes podem ser feitos com dois aminoácidos diferentes, supondo que cada aminoácido possa ser usado uma, duas ou três vezes, ou nem ser usado. Use os símbolos Gly e Ala para escrever as representações das sequências de aminoácidos desses oito tripeptídeos. *Sugestão:* Comece com GlyGlyGly.

Normalmente, o corpo não armazena um suprimento de proteínas, logo alimentos contendo proteínas devem ser comidos regularmente. Como a fonte principal de nitrogênio para o corpo, as proteínas estão constantemente sendo quebradas e reconstruídas. Um adulto saudável com uma dieta balanceada em nitrogênio excreta tanto nitrogênio (principalmente como ureia na urina) quanto ingere. Crianças em crescimento, mulheres grávidas e pessoas em recuperação de uma doença debilitante ou de queimaduras têm um balanço positivo de nitrogênio. Isso significa que eles consomem mais nitrogênio do que excretam, porque estão usando o elemento para sintetizar proteínas adicionais. Um balanço negativo de nitrogênio ocorre quando mais proteínas estão sendo decompostas do que fabricadas. Isso ocorre na inanição, quando as necessidades de energia do organismo não são atendidas pela dieta e os músculos estão sendo metabolizados para manter as funções fisiológicas. Na verdade, o corpo está se alimentando dele mesmo.

A terminação *-ina* é usada nos nomes da maior parte dos aminoácidos.

TABELA 11.5 Os aminoácidos essenciais

histidina	lisina	treonina
isoleucina	metionina	triptofano
leucina	fenil-alanina	valina

Outra causa de um balanço negativo de nitrogênio pode ser uma dieta que não inclui **aminoácidos essenciais** suficientes, necessários para a síntese de proteínas, mas que devem ser obtidos da alimentação porque o corpo humano não consegue sintetizá-los. Dos 20 aminoácidos naturais que fazem parte de nossas proteínas, podemos sintetizar 11 em nosso organismo a partir de moléculas mais simples. Devemos obter os outros 9 dos alimentos que comemos. Se está faltando um desses nove, identificados na Tabela 11.5, em sua dieta, o resultado pode ser desnutrição severa.

A boa nutrição, então, exige proteína em quantidade suficiente e qualidade apropriada. As carnes de boi, peixe e aves contêm todos os aminoácidos essenciais aproximadamente nas mesmas proporções encontradas no corpo humano. Portanto, são proteínas "completas". Entretanto, a maior parte das pessoas no mundo depende de grãos e outras culturas vegetais, e não de carne de boi ou de peixe. Se essa dieta não for suficientemente diversificada, alguns aminoácidos essenciais podem estar faltando.

Por exemplo, dietas mexicanas e latino-americanas tendem a ser ricas em milho e produtos de milho, uma fonte de proteínas incompleta, porque o milho tem pouco triptofano, um aminoácido essencial. Uma pessoa pode estar comendo suficientemente para cumprir a exigência total de proteínas, mas ainda assim estar malnutrida devido ao triptofano insuficiente.

Felizmente para milhões de vegetarianos, a confiança nas proteínas vegetais não os condena à má nutrição. O truque é aplicar um princípio que os nutricionistas chamam de complementaridade das proteínas, a combinação de alimentos que complementem o conteúdo de aminoácidos essenciais, de modo que a dieta total forneça todos os aminoácidos necessários para a síntese das proteínas. Embora alguns possam temer que os vegetarianos tenham de aderir estritamente a esse princípio, a maior parte deles provavelmente o faz automaticamente. Digamos, por exemplo, que você come um sanduíche de manteiga de amendoim. O pão é deficiente em lisina e isoleucina, mas a manteiga de amendoim fornece esses aminoácidos. Por outro lado, a manteiga de amendoim tem pouca metionina, que é fornecida pelo pão. As dietas de muitos países também tendem a cobrir as exigências de proteínas. Por exemplo, na América Latina, feijões são usados para complementar as tortilhas de milho, os alimentos à base de soja são acompanhados por arroz em partes do Sudoeste da Ásia e no Japão. As pessoas na Ásia Menor combinam trigo bulgur com grão de bico ou comem húmus, uma pasta feita de sementes de gergelim e grão de bico, com pão de pita. Na Índia, lentilhas e iogurte são comidos com pão não fermentado. Então, é provável, se você segue uma dieta vegetariana balanceada, que você esteja ingerindo quantidades suficientes de aminoácidos essenciais, supondo que esteja comendo uma quantidade adequada de Calorias.

Terminamos esta seção voltando-nos novamente para a doçura, o tópico da seção precedente. Pode surpreendê-lo aprender que o aspartamo, um substituto de açúcar, é um dipeptídeo! Ele é

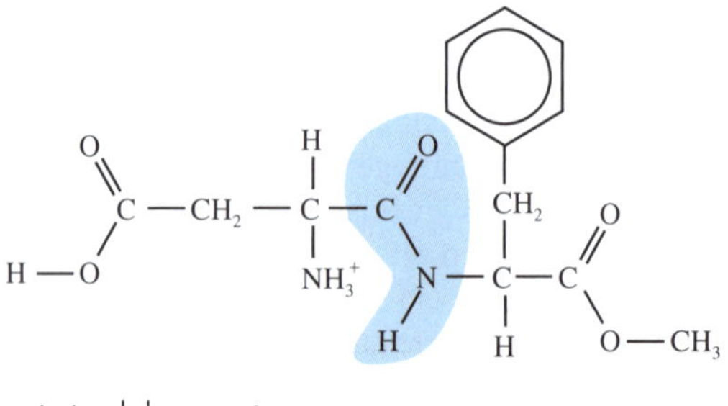

FIGURA 11.18 A fórmula estrutural do aspartamo.

constituído principalmente pelos aminoácidos ácido aspártico e fenil-alanina (Figura 11.18). É um dos aditivos de alimentos mais estudados e, para a maior parte dos consumidores, é uma alternativa segura ao açúcar. Um grupo de pessoas, porém, definitivamente não deveria usar aspartamo. O aviso nos pacotes de adoçantes artificiais e produtos que contêm aspartamo é explícito: "Fenilcetonúricos: contém Fenil-alanina".

Esse é um caso em que o remédio para uma pessoa é o veneno para outras. Fenil-alanina é um aminoácio-essencial convertido no corpo em tirosina, um aminoácido diferente. Indivíduos com fenilcetonúria, uma doença geneticamente transmitida, não têm a enzima que catalisa essa transformação. Em consequência, a conversão da fenil-alanina da dieta em tirosina é bloqueada, e a concentração da fenilalanina aumenta. Para compensar a fenil-alanina elevada, o corpo a converte em ácido fenil-pirúvico e o excreta em grandes quantidades na urina. O ácido fenilpirúvico é chamado de ceto-ácido devido à sua estrutura molecular. Por isso, a doença é conhecida como fenilcetonúria, ou PKU. As pessoas que têm a doença são chamados de fenilcetonúricos.

A grupo funcional cetona foi mostrado na Tabela 10.3.

O excesso de ácido fenil-pirúvico causa retardo mental severo. Portanto, a urina dos bebês recém-nascidos é testada para esse composto com um papel de teste especial colocado na fralda. Os bebês diagnosticados com PKU devem ser colocados em uma dieta severamente limitada em fenil-alanina. Isso significa evitar o excesso de fenil-alanina do leite, de carnes e de outras fontes ricas em proteínas. Produtos comerciais estão disponíveis para essas dietas, com a composição ajustada para a idade do usuário. Como a fenil-alanina é um aminoácido essencial, uma quantidade mínima dela deve ainda estar disponível, mesmo em fenilcetonúricos. Tirosina suplementar também pode ser necessária para compensar a ausência da conversão normal da fenil-alanina em tirosina. Uma dieta restrita em fenil-alanina é recomendada para os fenilcetonúricos até o fim da adolescência. Os fenilcetonúricos adultos devem também limitar a quantidade de fenil-alanina e, portanto, evitar o uso de aspartamo.

Essa última discussão mostrou que mesmo quantidades pequenas de uma substância pode fazer uma diferença na dieta. A próxima seção trata de outras substâncias encontradas em sua dieta também em pequenas quantidades

11.8 Vitaminas e sais minerais: os outros essenciais

Sim, essencial! Vitaminas e sais minerais são **micronutrientes**, substâncias necessárias apenas em quantidades minúsculas, mas ainda assim essenciais para a vida. Quase todo mundo nos Estados Unidos sabe que as vitaminas e os sais minerais são importantes, porém uma indústria ativa, multimilionária, se encarrega de lembrar isso a qualquer um que esquecer. Infelizmente, muitos alimentos processados ricos em açúcar e gorduras não têm os micronutrientes essenciais.

Nossa compreensão do papel das vitaminas e sais minerais em nossa dieta é relativamente recente. Através dos tempos, os humanos aprenderam que ficavam doentes se alguns alimentos faltassem. Estudos sistemáticos se iniciaram cedo no século XX com a descoberta da "Vitamina B1" (tiamina). O nome B1 veio da etiqueta do tubo de ensaio em que a amostra foi coletada. O termo geral vitamina foi escolhido porque o composto, que é vital, contém o grupo amina.

As **vitaminas** são compostos orgânicos com uma grande faixa de funções fisiológicas. Embora somente pequenas quantidades sejam necessárias na dieta, as vitaminas são essenciais para boa saúde, metabolismo correto e prevenção de doenças. Em geral, as vitaminas não são fontes de energia para o corpo, embora algumas ajudem a decompor macronutrientes. Elas podem ser classificadas como solúveis em água ou em gorduras. Por exemplo, olhe a fórmula estrutural da vitamina A na Figura 11.19 e veja que ela contém quase exclusivamente átomos de C e de H. Em consequência, a vitamina A é um composto não polar, solúvel em lipídeos e semelhante aos hidrocarbonetos derivados do petróleo. As vitaminas solúveis em água contêm com frequência vários grupos –OH que podem formar ligações hidrogênio com as moléculas de água. A vitamina C, mostrada na mesma figura, é um exemplo.

As ligações hidrogênio foram apresentadas na Seção 5.2. A relação entre estrutura molecular e solubilidade foi explorada na Seção 5.5.

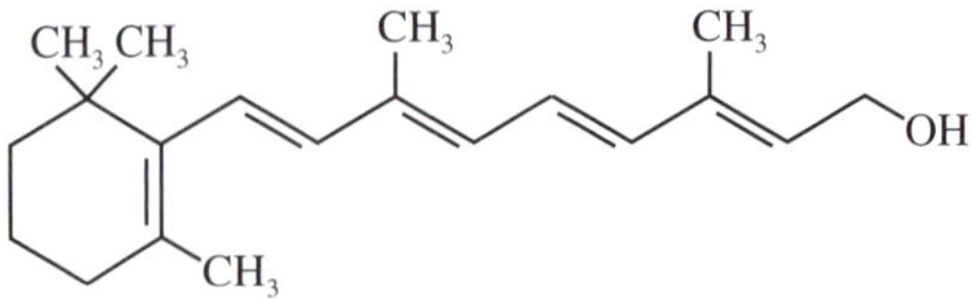

vitamina A, solúvel em lipídeos

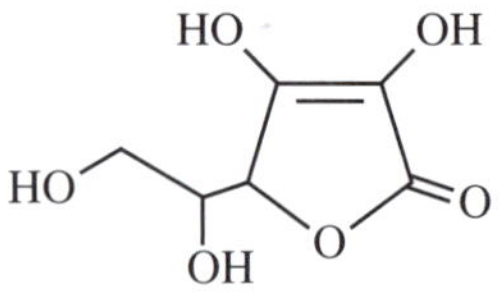

vitamina C, solúvel em água

FIGURA 11.19 Um exemplo de uma vitamina solúvel em lipídeos e de uma solúvel em água.

Estude Isto 11.15 Classificação de vitaminas

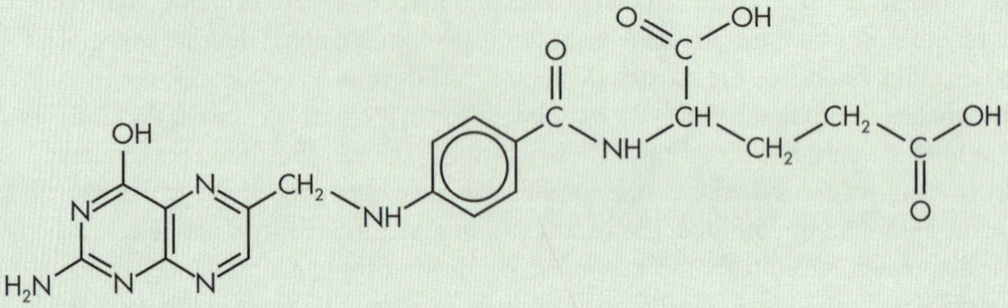

O ácido fólico ajuda a prevenir certos tipos de anemia e participa da síntese de ácidos nucleicos. Essa vitamina é particularmente importante para mulheres grávidas. Você esperaria que ela fosse solúvel em tecidos gordurosos (lipídeos) ou na corrente sanguínea e nos tecidos celulares (água)? Explique seu raciocínio.

A solubilidade das vitaminas tem implicações importantes para a saúde. Devido à sua solubilidade em gorduras, as vitaminas A, D, E e K são armazenadas em células ricas em lipídeos, onde ficam disponíveis para uso. Se absorvidas em excesso, as vitaminas solúveis em gorduras podem se acumular até níveis tóxicos. Por exemplo, altas doses de vitamina A podem levar a sintomas desagradáveis como fatiga e dores de cabeça e, mais gravemente, a visão embaralhada e danos ao fígado. Embora o nível tóxico de vitamina D não seja conhecido, doenças podem resultar de sua ingestão excessiva, incluindo danos ao coração e ao fígado. Altos níveis dessas vitaminas não são alcançados via dieta, mas são consequência do uso excessivo de suplementos vitamínicos.

Lembre-se, da Seção 5.9, de que "semelhante dissolve semelhante".

Em contraste, vitaminas solúveis em água são excretadas na urina e não são armazenadas no corpo. Em consequência, você tem de comer com frequência alimentos que contêm essas vitaminas. Infelizmente, mesmo as vitaminas solúveis em água podem se acumular em níveis tóxicos quando usadas em grandes doses, embora esses casos sejam raros. Para a maior parte das pessoas, uma dieta balanceada fornece as vitaminas e os sais minerais necessários, tornando inúteis os suplementos vitamínicos. Uma exceção parece ser a vitamina D, que é sintetizada na pele com a participação da luz solar e não é ingerida. Pesquisas recentes sobre a vitamina D levaram mais médicos a acompanhar seus níveis nos exames físicos anuais e usar os resultados para determinar se o uso de suplementos é necessário.

Muitas das vitaminas solúveis em água servem de **coenzimas**, moléculas que agem juntamente às enzimas para aumentar sua atividade. Membros da família da vitamina B, em particular, agem comumente como coenzimas. A niacina tem um papel essencial na transferência de energia durante o metabolismo da glicose e das gorduras. A síntese da niacina no organismo exige o aminoácido essencial triptofano. Assim, uma dieta deficiente em triptofano pode levar à deficiência de niacina, o que causa plagra, uma séria condição caracterizada pelos "4 Ds": diarreia, dermatite, demência e morte (*death*, no original). Essa doença ainda é comum em várias partes do mundo, incluindo várias nações africanas.

Algumas vitaminas foram descobertas quando observadores correlacionaram doenças com a falta de alimentos específicos. Por exemplo, a vitamina C (ácido ascórbico) deve ser fornecida na dieta, tipicamente através de frutas cítricas e vegetais verdes. Quantidades insuficientes dessa vitamina levam ao escorbuto, uma doença em que o colágeno, uma proteína estrutural importante, se decompõe. A ligação entre as frutas cítricas e o escorbuto foi descoberta há mais de 200 anos, quando se verificou que a alimentação dos marinheiros ingleses com limão ou suco de limão em longas viagens marítimas impedia a doença. Graças ao apanhador do Prêmio Nobel Linus Pauling, que em 1970 escreveu o livro *A Vitamina C e o Resfriado*, ela continua na ordem do dia.

Essa prática levou ao apelido aplicado aos marinheiros ingleses, "limeys".

Estude Isto 11.16 Megadoses de vitamina C

Décadas atrás, Linus Pauling proclamou que grandes doses de vitamina C impediam o resfriado comum.

a. Que quantidade de vitamina C por dia é uma megadose?
b. Encontre evidências a favor e contra a proposta de Pauling. Cite suas fontes.
c. Entreviste três pessoas de diferentes grupos de idade, incluindo uma enfermeira ou médico, se puder. Pergunte se tomam vitamina C e, se for o caso, por quê.

Teríamos falhado se não mencionássemos a vitamina E, que na verdade é um conjunto de vitaminas muito semelhantes solúveis em gordura, e não um único composto. A vitamina E só é sintetizada nas plantas e em quantidades variáveis. Óleos vegetais e nozes são boas fontes. Entretanto, ela está tão distribuída nos alimentos que é difícil criar uma dieta deficiente em vitamina E. Desde os anos 1990, essa vitamina esteve nas manchetes como parte do sistema antioxidante que protege o corpo dos radicais livres quimicamente ativos e danosos. Embora, durante algum tempo, suplementos de vitamina E fossem recomendados, isso não é mais o caso. Produtos para a pele são outra história, porém. Muitos contêm vitamina E e declaram que ela impede ou cura danos à pele. Investigue você mesmo esse ponto na próxima atividade.

Estude Isto 11.17 A vitamina E e sua pele

Verifique os anúncios e verá que muitas loções para as mãos e cremes de beleza contêm vitamina E.

a. Identifique três produtos para a pele que contêm vitamina E.
b. Como se supõe que a vitamina E age para proteger sua pele?
c. Embora possa parecer lógico que a vitamina E seja boa para a pele, é difícil encontrar evidências. Investigue o assunto e veja por você mesmo. Use os recursos da Internet como ajuda.

Os **sais minerais** são íons ou compostos iônicos que, como as vitaminas, têm uma grande faixa de funções fisiológicas. Você pode já conhecer sais minerais de sódio e cálcio, mas, na verdade, a lista é muito maior. Dependendo das quantidades de que você precisa, os sais minerais são classificados como macro, micro ou traço.

- **Macrominerais** Ca, P, Cl, K, S, Na e Mg
  Esses elementos são necessários para a vida, mas não são tão abundantes em nossos organismos como O, C, H e N. Você deve ingerir macrominerais diariamente, na faixa de 1 a 2 g.
- **Microminerais** Fe, Cu e Zn
  O organismo necessita de quantidades menores deles. Você pode reconhecer o ferro como um componente da hemoglobina, uma proteína do sangue que transporta oxigênio.
- **Minerais traço** I, F, Se, V, Cr, Mn, Co, Ni, Mo, B, Si e Sn
  Eles são necessários em microgramas. A quantidade total de elementos traço no corpo pode ser pequena, mas isso só oculta a importância que eles têm para a boa saúde.

Macrominerais seguem sendo micronutrientes.

A Tabela Periódica da Figura 11.20 mostra os minerais essenciais para a dieta. Eles existem no organismo como cátions, por exemplo Ca^{2+} (íon cálcio), Mg^{2+} (íon magnésio), K^{+} (íon potássio) e Na^{+} (íon sódio). Os não metais estão presentes como ânions. Por exemplo, cloro, como Cl^{-} (íon cloreto) e fósforo, como PO_4^{3-} (íon fosfato).

Reveja a Seção 5.6 para mais sobre íons.

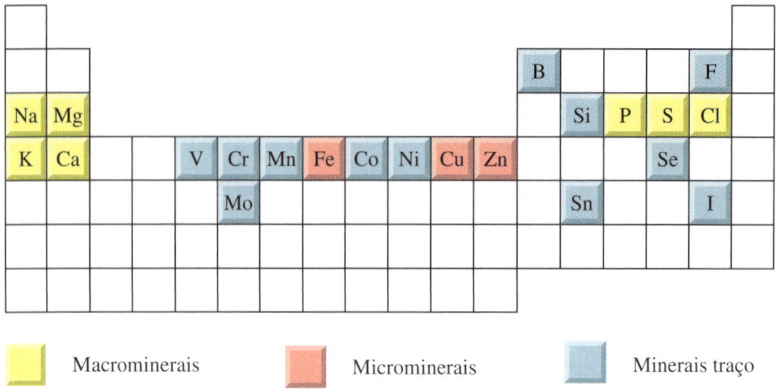

FIGURA 11.20 Tabela Periódica indicando os sais minerais da dieta necessários à vida humana.

As funções fisiológicas dos sais minerais são muito variadas. O cálcio é o sal mineral mais abundante no corpo. Juntamente ao fósforo e a quantidades menores de flúor, é o constituinte principal dos ossos e dentes. A coagulação do sangue, as contrações musculares e a transmissão dos impulsos nervosos exigem o íon cálcio, Ca^{2+}.

A palavra *sal* vem do latim. Essa substância era tão importante nos temos romanos que os soldados eram pagos com sal, o que serviu de raiz para a palavra moderna *salário*.

O sódio também é essencial para a vida, mas não nas quantidades exageradas fornecidas pelas dietas de muita gente. O sal que comemos não vem necessariamente do saleiro. Na verdade, você, talvez sem saber, adiciona sal à sua dieta quando ingere molhos, salgadinhos, comidas rápidas e, até mesmo, macarrão instantâneo! Os rótulos agora devem listar o conteúdo de "sódio", isto é, o número de miligramas de Na^+ da porção. Por exemplo, diferentes marcas de sopa de tomate podem ter entre 700 e 1.260 mg de Na^+ na porção. Compare isso com o valor recomendado de até 2.400 mg (2,4 gramas) de Na^+ por dia. A maior preocupação com o excesso de sal é sua correlação com a hipertensão. Elas devem ser aconselhadas pelos médicos a limitar o uso do sal.

Sua Vez 11.18 O sódio na sua dieta

Compare o conteúdo de sódio em alimentos da mesma categoria, como marcas diferentes de rosquilhas, pães, pizzas congeladas, tempero para saladas ou mesmo sopa, de tomate. O que você encontrou o surpreendeu ou influenciará suas escolhas futuras? Lembre-se de que 1 g = 1.000 mg.

Eletrólitos já foram descritos na Seção 5.6.

Laranjas, bananas, tomates e batatas ajudam a repor a quantidade diária recomendada de 2 gramas de potássio (na forma de K^+), outro sal mineral essencial. Você talvez tenha ouvido falar que K^+ e Na^+ são os "eletrólitos" das bebidas isotônicas. Os íons sódio e potássio são próximos quimicamente porque ambos estão no Grupo 1A da Tabela Periódica. Eles têm propriedades químicas e funções fisiológicas semelhantes. Dentro das células, a concentração de K^+ é consideravelmente maior do que a de Na^+. A situação é o inverso na linfa e no soro sanguíneo fora das células, em que a concentração de K^+ é baixa e a de Na^+ é alta. As concentrações relativas de K^+ e Na^+ são especialmente importantes para a regularização do batimento cardíaco. Indivíduos que usam diuréticos para controlar a alta pressão do sangue devem tomar também suplementos de potássio para substituir o que é perdido pela urina. Esses suplementos, porém, devem ter acompanhamento médico porque podem alterar dramaticamente o balanço potássio-sódio no corpo e levar a complicações cardíacas.

Frutos do mar são uma fonte rica de iodo. Outra é o sal iodado, cloreto de sódio (NaCl), ao qual foram adicionados 0,02% de iodeto de potássio (KI).

Na maior parte dos casos, os microminerais e elementos traço têm funções biológicas muito específicas e estão em relativamente poucas biomoléculas. Iodo é um exemplo. A maior parte do iodo do corpo é encontrada na glândula tireoide, incorporada na tiroxina, um hormônio que regula o metabolismo. O excesso de tiroxina está associado ao hipertiroidismo (doença de Graves), na qual o metabolismo basal é acelerado a um nível perigoso, um pouco como um motor de corridas. Em contraste, a deficiência de tiroxina, algumas vezes provocada por falta de iodo na dieta, retarda o metabolismo e leva ao cansaço e à perda de atenção. A tendência da glândula tireoide de concentrar iodo torna possível o uso de I-131 radioativo no tratamento de desordens na tireoide e na obtenção de imagens da glândula para diagnósticos médicos. A próxima atividade vai lhe dar a oportunidade de combinar o que você já aprendeu sobre o I-131 radioativo e o iodo como sal mineral traço.

A explosão em Chornobyl liberou I-131 no campo adjacente. Veja a Seção 7.5 para mais sobre a absorção de I-131 pelas crianças e o câncer de tireoide resultante.

Estude Isto 11.19 Iodo radioativo

Algumas pessoas têm uma glândula tireoide hiperativa (hipertiroidismo).

a. O I-131 é usado para tratar o hipertiroidismo. Explique como a ingestão desse radioisótopo pode levar à redução da função da glândula tireoide.

b. O tratamento com I-131 tem riscos e benefícios para o paciente. Liste dois de cada.

c. Os pacientes tratados com I-131 carregam temporariamente em seus corpos uma fonte de radioatividade. Após 10 meias-vidas, pode-se dizer que um radioisótopo "se foi". A que tempo isso corresponde para um paciente tratado com I-131? *Sugestão:* Veja a Tabela 7.4.

11.9 Energia dos alimentos

A energia necessária para manter aquecidos nossos corpos e alimentar nossos sistemas químicos, mecânicos e elétricos complexos vem dos alimentos que comemos: gorduras, carboidratos e proteínas. Como vimos em vários capítulos anteriores, essa energia chega inicialmente à Terra na forma de luz solar e é absorvida pelas plantas verdes. No processo da fotossíntese, CO_2 e H_2O se combinam para formar $C_6H_{12}O_6$. Assim, a energia do Sol é armazenada nas ligações químicas do monossacarídeo que conhecemos como glicose.

$$\text{energia (da luz solar)} + 6\,CO_2 + 6\,H_2O \xrightarrow{\text{clorofila}} C_6H_{12}O_6 + 6\,O_2 \qquad \textbf{[11.5]}$$

Durante a respiração, o resultado da fotossíntese é invertido. A glicose se converte em substâncias mais simples (no fim, na maior parte dos casos, em CO_2 e H_2O), e a energia é liberada.

$$C_6H_{12}O_6 + 6\,O_2 \longrightarrow 6\,CO_2 + 6\,H_2O + \text{energia (da respiração)} \qquad \textbf{[11.6]}$$

O balanço de energia entre as equações 11.5 e 11.6 pode ser esquematicamente representado (Figura 11.21).

Se você precisa refrescar a memória, veja as variações de energia no nível molecular na Seção 4.6.

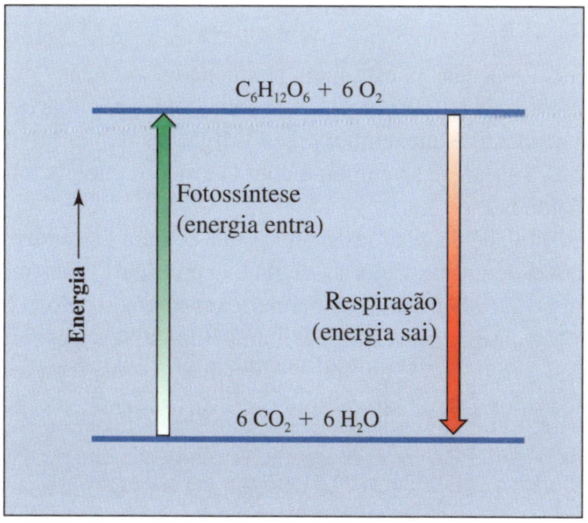

FIGURA 11.21 Balanço de energia da glicose (fotossíntese e respiração).

TABELA 11.6 Conteúdo médio de energia de macronutrientes

gorduras	9 Cal/g
carboidratos	4 Cal/g
proteínas	4 Cal/g

Além de ter um suprimento suficiente de energia, nossos corpos devem ter um modo de regular a taxa de sua liberação. Sem isso, a temperatura de nosso corpo flutuaria sem controle. O automóvel dá uma analogia. Deixar cair um fósforo aceso no tanque de gasolina queimaria o combustível de uma só vez e, provavelmente, o carro também. Em condições normais de operação, somente o combustível necessário chega ao sistema de ignição e alimenta o veículo com a energia de que ele precisa, sem aquecer a temperatura do carro e de seus ocupantes além do razoável. A liberação lenta da energia aumenta a eficiência do processo. O mesmo acontece com o corpo. A conversão de alimentos em dióxido de carbono e água ocorre em muitas pequenas etapas, cada uma delas envolvendo enzimas, reguladores de enzimas e hormônios. Como resultado, a energia é liberada gradualmente, na medida do necessário, e a temperatura do organismo fica dentro de limites normais. A energia em Calorias associada com o metabolismo por um grama de gorduras, carboidratos e proteínas é dada na Tabela 11.6

1 caloria da dieta = 1 Cal
= 1 kcal
= 1.000 calorias

Na base de Calorias por grama, as gorduras fornecem 2,5 vezes mais energia do que as proteínas e carboidratos. Essa observação permite que entendamos a popularidade de dietas de baixas gorduras para a perda de peso. Embora as proteínas, como os carboidratos, forneçam cerca de 4 Cal/g se metabolizados, elas não são usadas no organismo como fonte primária de energia. Na verdade, proteínas são usadas para formar pele, músculos, tendões, ligamentos, sangue e enzimas.

A razão da diferença de conteúdo de energia entre gorduras e carboidratos é evidenciada pela composição química. Compare a fórmula química de um ácido graxo, o ácido láurico, $C_{12}H_{24}O_2$, com a da sacarose (açúcar de mesa), $C_{12}H_{22}O_{11}$. Ambos têm o mesmo número de átomos de carbono por molécula e quase o mesmo de átomos de hidrogênio. Quando moléculas como essas "queimam" como combustível em seu corpo, os átomos de C e de H que elas contêm combinam-se com oxigênio para formar CO_2 e H_2O. Porém, mais oxigênio é necessário para queimar um grama de ácido láurico, $C_{12}H_{24}O_2$, do que um grama de sacarose, $C_{12}H_{22}O_{11}$. Examine as duas reações.

Mais informações sobre o ácido láurico aparecem quando se escreve a fórmula estrutural condensada $CH_3(CH_2)_{10}COOH$.

$$\underset{\text{ácido láurico}}{C_{12}H_{24}O_2} + 17\ O_2 \longrightarrow 12\ CO_2 + 12\ H_2O + 8{,}8\ \text{Cal/g} \qquad \textbf{[11.7]}$$

$$\underset{\text{sacarose}}{C_{12}H_{22}O_{11}} + 12\ O_2 \longrightarrow 12\ CO_2 + 11\ H_2O + 3{,}8\ \text{Cal/g} \qquad \textbf{[11.8]}$$

Na linguagem da química, o açúcar já está mais "oxigenado" ou mais "oxidado" do que o ácido graxo. Ligações mais fracas C–H (416 kJ/mol) foram substituídas por ligações mais fortes O–H (467 kJ/mol) na sacarose. O resultado é que, embora menos ligações duplas O=O (498 kJ/mol) tenham de ser quebradas para que a sacarose se combine com O_2, menos energia total é liberada do que no caso da combustão do ácido láurico.

Os combustíveis oxigenados foram discutidos na Seção 4.7.

Considerando a quantidade de comidas gostosas que contêm gordura, é fácil ganhar delas uma percentagem nada saudável de nossas Calorias diárias. O problema é ilustrado em Químico Cético 11.20. De acordo com o Dietary Guidelines for Americans liberado pelo U.S. Department of Agriculture (USDA) e pelo U.S. Department of Health and Human Services (HHS) em 2010, 20-35% das Calorias dos adultos deveriam vir de gorduras. Além disso, o guia recomenda que menos de 10% das Calorias venham de ácidos graxos saturados e que o consumo de gordura *trans* seja mantido o mais baixo possível.

TABELA 11.7 Exigências estimadas de calorias (Estados Unidos)

	Nível de atividade		
Idade (anos)	**Sedentário***	**Moderadamente ativo****	**Ativo*****
Mulheres			
14–18	1800	2000	2400
19–30	2000	2000–2200	2400
31–50	1800	2000	2200
51+	1600	1800	2000–2200
Homens			
14–18	2200	2400–2800	2800–3200
19–30	2400	2600–2800	3000
31–50	2200	2400–2600	2800–3000
51+	2000	2200–2400	2400–2800

*Sedentário significa ter um estilo de vida que inclui somente a atividade física leve associada com a vida diária.
**Moderadamente ativo significa ter um estilo de vida que inclui atividade física equivalente a andar cerca de 1-3 milhas por dia a 3-4 milhas por hora, além da atividade física leve associada com a vida diária.
***Ativo significa um estilo de vida que inclui atividade física equivalente a andar mais de 1-3 milhas por dia a 3-4 milhas por hora, além da atividade física leve associada com a vida diária.
Fonte: Dietary Guidelines for Americans, USDA, 2005.

Químico Cético 11.20 Queijo com baixa gordura

Uma marca popular de queijo cheddar de baixa gordura anuncia que ele fornece 1,5 g de gordura por dose. Destes, 1,0 é gordura saturada. Além disso, a porção desse queijo é de 28 gramas (ou 1/4 de copo) e ela tem 50 Calorias, 15 das quais vêm da gordura. Esse queijo é de "baixa gordura"? Embase sua resposta em alguns números. Lembre-se de que a recomendação é que 20-35% das Calorias deveriam vir da gordura.

Então, de quantas Calorias uma pessoa precisa? A resposta é "depende". O número de Calorias que sua dieta deveria fornecer diariamente é uma função de seu nível de atividades, do estado de sua saúde, de seu gênero, idade, tamanho e alguns outros fatores. A Tabela 11.7 resume o conteúdo diário de energia dos alimentos recomendado para as pessoas nos Estados Unidos. As exigências estimadas em Calorias são apresentadas por gênero e grupos de idade em três diferentes níveis de atividade. As crianças em crescimento (não incluídas na tabela) precisam de mais energia para alimentar seu nível mais alto de atividade e para fornecer matéria-prima para a formação de músculos e ossos. As crianças são particularmente suscetíveis à subalimentação e à má nutrição. Com efeito, as taxas de mortalidade entre bebês e crianças pequenas são desproporcionalmente altas em países atingidos pela fome.

Sua Vez 11.21 Calorias por gênero e idade

Estude as informações da Tabela 11.7 e os Dietary Guidelines for Americans, 2010, que podem ser encontrado na Internet.

a. Homens e mulheres da mesma idade requerem o mesmo número de Calorias para o mesmo nível de atividade? Explique.
b. Como as exigências estimadas de calorias mudam quando um homem ou mulher ativos envelhecem?

TABELA 11.8 Gasto de energia para atividades físicas comuns*

Atividade física moderada	Cal/h	Atividade física vigorosa	Cal/h
fazer caminhadas	370	correr (jogging, 5 mph)	590
fazer trabalho leve no jardim/quintal	330	fazer trabalho pesado no quintal (cortar lenha)	440
dançar	330	nadar	510
jogar golfe (andar, carregar os tacos)	330	fazer aeróbica	480
pedalar (<10 mph)	290	pedalar (>10 mph)	590
andar (3,5 mph)	280	correr (jogging, 4,5 mph)	460
levantar peso (exercícios leves)	220	levantar peso (exercícios pesados)	440
fazer alongamento	180	jogar basquete (vigoroso)	440

*Os valores incluem a taxa metabólica no repouso e o gasto com atividades de uma pessoa de 70 kg (154 libras). O número de Calorias queimadas por hora é maior para pessoas com mais de 70 kg e menor para pessoas que pesam menos.

Cada batida do coração usa cerca de um joule (1 J) ou 4,18 cal de energia.

Sua taxa metabólica basal é aproximadamente 1 Cal/kg de massa corporal por hora.

$$\frac{1300 \text{ Cal}}{2200 \text{ Cal}} \times 100 = 59\%$$

Para onde vai toda essa energia dos alimentos? A principal tarefa das Calorias que você consome é manter seu coração batendo, seus pulmões bombeando ar, seu cérebro ativo, todos os órgãos importantes funcionando e a temperatura de seu corpo em torno de 37°C. Essas exigências definem a **taxa metabólica basal** (**BMR**), a quantidade mínima de energia diária necessária para manter as funções básicas do corpo. Isso corresponde a aproximadamente 1 Caloria por quilograma (2,2 libras) de massa corporal por hora, embora varie com o tamanho do corpo e a idade.

Para colocar a questão em uma base pessoal, consideremos uma mulher de 20 anos de idade pesando 55 kg (121 libras). Se seu corpo tem uma exigência mínima de 1 Cal/(kg·h), sua taxa metabólica basal será de 1 Cal/(kg·h) × 55 kg × 24 h/dia, ou cerca de 1.300 Cal/dia. De acordo com a Tabela 11.7, a ingestão diária de energia dos alimentos para uma mulher dessa idade e peso é um máximo de 2.200 Cal se ela é moderadamente ativa. Isso significa que 59% da energia derivada da comida são usados somente para manter funcionando os sistemas do corpo.

Para onde vai o resto? A lei da conservação da energia diz que a energia tem de ir para algum lugar. Se ela "queima" as Calorias extra através de exercícios, não restará nada para ser guardado como gordura e glicogênio. Se o excesso de energia não for gasto, ele irá se acumular na forma química. Sendo mais diretos, ela vai engordar.

A quantidade de trabalho duro (ou exercício) e por quanto tempo temos de fazê-lo para queimar as Calorias da dieta estão na Tabela 11.8. Na Tabela 11.9, o exercício está relacionado a itens facilmente reconhecíveis, como hambúrgueres, batatas fritas e cerveja. Combinando as informações desta seção com as das partes anteriores do capítulo sobre os tipos de nutrientes dos alimentos, fica claro que uma dieta saudável não pode ser obtida simplesmente pelo consumo do número correto de Calorias. Uma dieta de 2.000 Calorias somente com batatas fritas e cerveja deixaria uma pessoa mal nutrida. A nutrição correta não é simplesmente uma questão de quanto, mas também do tipo de alimento que a pessoa consome.

Sua Vez 11.22 Basquete e calorias

Uma pessoa de 70 kg faz uma refeição que consiste em dois hambúrgueres, 3 onças de batatas fritas, 8 onças de sorvete de creme e 12 onças de cerveja. Calcule o número de Calorias da refeição e o número de minutos que a pessoa teria de jogar basquete (vigoroso) para "livrar-se" delas.

Resposta
Cerca de 1.500 Calorias e de 200 min.

TABELA 11.9 Quanto devo me exercitar se comer este biscoito?*

Alimento	Calorias	Andar a 3,5 mph Tempo (min)	Correr (jogging) a 5 mph Tempo (min)
maçã	125	27	13
cerveja (regular) 8 onças	100	21	10
biscoito de chocolate	50	11	5
hambúrguer	350	75	35
sorvete de creme, 4 onças	175	38	18
pizza, queijo, 1 fatia	180	39	18
batatas fritas, 1 onça	108	23	11

*Os valores incluem a taxa metabólica em repouso e o gasto com atividades de uma pessoa de 70 kg (154 libras).

11.10 Conselhos para a dieta: qualidade *versus* quantidade

Que alimentos você deveria comer menos... e quais deveria comer mais? Um dia os especialistas dizem uma coisa, no outro, dizem outra. Com tantas informações, talvez você esteja confuso ou perdido.

Sem dúvida, os conselhos alimentares estão mudando. Se você é um adulto jovem, pode ter pais ou avós que se lembram de "Os Quatro Básicos" e "A Pirâmide de Comida". Volte no tempo com a Figura 11.12, cortesia do Department of Agriculture. Ambos enfatizam o conceito da porção diária.

Em 2005, o U.S. Department of Agriculture introduziu uma nova pirâmide, "Degraus para um Você Mais Saudável! (Figura 11.23a). Ela punha a pirâmide de comida de 1991 de lado, adicionava degraus e a chamava de MinhaPirâmide. Em 2011, foi lançado o MeuPrato, como uma forma mais

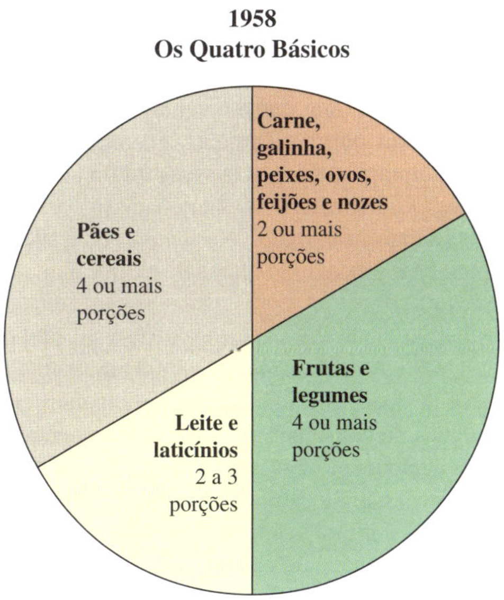

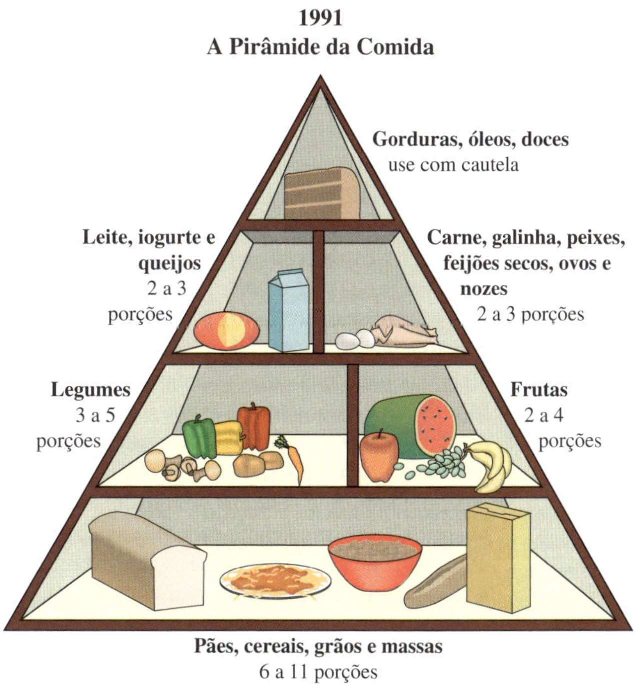

FIGURA 11.22 Conselhos para a dieta no passado, Os Quatro Básicos e a Pirâmide de Comida do USDA.
Fonte: United States Department of Agriculture.

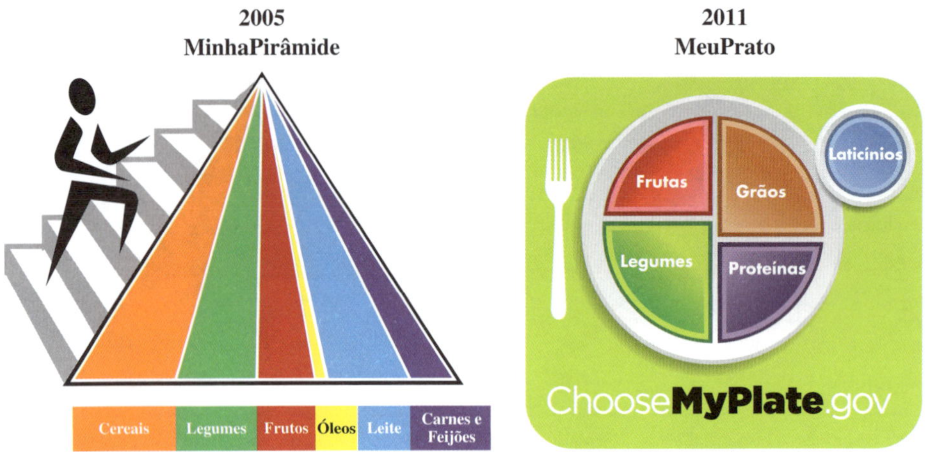

(a) (b)

FIGURA 11.23 Conselhos para a dieta mais recentes, **(a)** MinhaPirâmide ("Degraus para um Você Mais Saudável") **(b)** e MeuPrato.

Fonte: United States Department of Agriculture.

direta de ajudar as pessoas a lembrarem-se do que colocar em seu prato (Figura 11.23b). A mensagem era simples: pelo menos metade de sua refeição deveria ser de frutas e vegetais. A pesquisa dos especialistas em nutrição embasa essa afirmação.

Estude Isto 11.23 Um prato ou uma pirâmide?

As pessoas reclamaram pela Internet quando MeuPrato foi apresentado. Uma crítica era que gorduras e óleos não tinham mais tanto espaço como na MinhaPirâmide. Outra era que os laticínios não eram uma necessidade para os adultos. Finalmente, os críticos notaram que "proteína" não é um tipo de alimento. Além disso, se sobrepõe aos grãos que também fornecem proteínas. O que você pensa? Faça sua própria pesquisa e discuta os méritos e fraquezas de MeuPrato contra MinhaPirâmide.

A história pode nos ajudar a compreender a voga recente de conselhos alimentares. Nos anos 1960, estudos com alimentos contendo gorduras saturadas mostraram que o nível de colesterol no serum dos participantes aumentaram. Além disso, as gorduras poli-insaturadas – encontradas em vegetais e peixes – reduziam os níveis desse colesterol. Como resultado, as pessoas foram aconselhadas a substituir as gorduras saturadas por insaturadas. O movimento "sat fat is bad" (a gordura saturada é ruim) levou ao aumento do uso de óleos vegetais mais insaturados. Nos anos 1960 e 1970, a hidrogenação parcial de óleos vegetais infelizmente também produziu gorduras *trans*, que aumentavam os riscos para a saúde, como descrevemos na Seção 11.4.

Outros estudos também produziram conselhos para a dieta. Por exemplo, o Harvard-based Nurses' Health Study e o Health Professionals Follow-Up Study acompanharam 90.000 mulheres e 50.000 homens por várias décadas, revelando que o risco de doenças cardíacas dos participantes era fortemente influenciado pelo tipo de gordura consumida na dieta. Comer gordura *trans* aumentava o risco substancialmente. Gordura saturada o aumentava ligeiramente. Em contraste, a gordura insaturada reduzia o risco. Portanto, a gordura total dos alimentos não é a causa das doenças cardíacas.

Embora o aumento da obesidade tenha sido atribuído à gordura na dieta, o consumo americano de Calorias de gorduras diminuiu desde os anos 1980, mas a taxa de obesos continua a crescer. Tudo isso parece significar que as gorduras não são as culpadas, como antes se acreditava. Os estilos sedentários de vida de muitos americanos e as porções maiores de alimentos são também fatores a considerar.

Os açúcares são os culpados? Os livros sobre açúcares na dieta varreram o espectro, desde o total banimento dos açúcares até uma posição "bom açúcar *versus* mau açúcar". Esta última sustenta que os açúcares "maus" provocam um aumento rápido do açúcar do sangue, seguido por um pico do nível de insulina. Insulina é um hormônio secretado pelo pâncreas que permite que as células de seu corpo absorvam e armazenem o açúcar do sangue. O açúcar que não é imediatamente queimado para fornecer energia transforma-se em gordura que se acumula nas células. Em contrapartida, o glucagon é outro hormônio secretado pelo pâncreas que, essencialmente, tem ação oposta à da insulina. Ele promove o uso da glicose armazenada nas células. A liberação do glucagon reduz-se após o "pico de glicose" produzido pelos "açúcares maus", mas aumenta após o consumo de proteínas. Portanto, algumas dietas de "baixos açúcares" provocam o aumento do consumo de proteínas como um modo de usar as Calorias armazenadas. Os efeitos de longo termo dessa interpretação ainda estão por serem vistos. Ainda assim. está claro que a nutrição e a dieta envolvem um bocado de química complexa!

11.11 Do campo para o garfo

Nas seções anteriores, afirmamos que o que você come afeta sua saúde. Nesta seção, veremos como o que você come também afeta, de maneira geral, o planeta, discutindo as ligações entre a produção de alimentos, o uso da energia e as mudanças climáticas globais. Começamos nossa discussão por dois tópicos bem relacionados: comer alimentos do local e acompanhar as "milhas alimentares" dos itens de armazém.

No que diz respeito ao primeiro, as pessoas desejam comer alimentos do local por muitas razões. Colher um tomate no pé ou visitar a feira de um fazendeiro local pode ser um prazer. A Tabela 11.10 lista cinco outras razões. Essa atitude melhora realmente a saúde do planeta? Na próxima atividade, você tem a oportunidade de examinar a validade das razões da Tabela 11.10.

"As milhas alimentares" são, aproximadamente, a distância que um alimento viaja do lugar em que é produzido até o lugar em que é consumido, isto é, da fazenda até o prato. Elas são uma medida da sustentabilidade dos alimentos porque refletem o uso da energia.

Químico Cético 11.24 Comer alimentos do local

Examine as declarações da Tabela 11.10.

a. Escolha uma declaração e dê um exemplo que a apoie. Escolha uma segunda declaração e dê um exemplo que a negue.
b. Como essa lista não está completa, sugira duas outras declarações para adicionar a ela.
c. Sugira um item da lista que deveria ser retirado ou revisado. Explique.

No que diz respeito ao segundo tópico, as pessoas questionam as milhas alimentares, isto é, o quanto os alimentos viajam para chegar à mesa. Dependendo do alimento, ele poderia viajar alguns poucos quilômetros de sua horta ou milhares de quilômetros de outro país. A maior parte de nossos alimentos tem de ser transportada. Ajudaria, se todos os alimentos fossem produzidos no local? Não

TABELA 11.10 Razões para comer alimentos do local

1. **É bom para a economia local.** Um dólar gasto no local gera duas vezes mais dinheiro para a economia local. Quando os negócios nao sao de propriedade local, o dinheiro deixa a comunidade a cada transação.
2. **Os produtos locais são mais frescos e têm melhor sabor.** Os produtos da feira do fazendeiro local são colhidos nas 24 horas antes de sua compra. A frescura não afeta só o sabor do alimento, mas também a qualidade nutricional. Você já comeu um tomate colhido nas últimas 24 horas?
3. **Frutas e legumes locais têm mais tempo para amadurecer.** Como o produto é menos manipulado, os frutos locais não têm de aguentar os rigores do transporte. Você terá pêssegos tão maduros que eles se dissolverão em sua boca e melões que ficaram amadurecendo no pé até o último minuto.
4. **Comprar alimentos locais nos mantêm em contato com as estações do ano.** Os alimentos da estação têm melhor sabor e são mais baratos.
5. **Apoiar os fornecedores locais ajuda a controlar o uso da terra.** Quando você compra alimentos do local, dá aos proprietários de terras abertas – fazendas e pastos – uma razão econômica para resistir à urbanização.

Fonte: Adaptado de "10 Reasons to Eat Local Food," Jennifer Maizer, EatLocalChallenge.com.

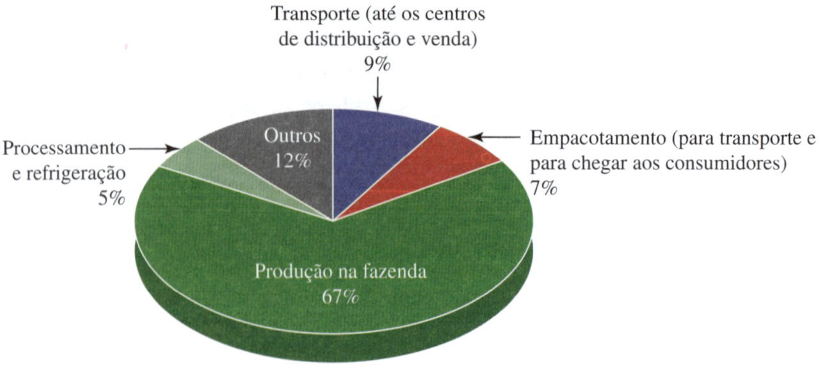

FIGURA 11.24 Pegadas de carbono de alimentos que chegam a uma cadeia de supermercados da Inglaterra.

Fonte: How Bad Are Bananas? The Carbon Footprint of Everything, Greystone Books, Mike Berners-Lee, 2011.

necessariamente. Por exemplo, pode ser menos eficiente do ponto de vista da energia cultivar tomates em uma estufa no local do que importá-los de um clima mais quente. O transporte, bem como os outros custos de energia, deve ser balanceado com os demais custos de produção de alimentos.

Se sua razão principal para comer alimentos do local é reduzir o consumo de combustível fóssil, você poderá se interessar por um estudo de 2008 da Carnegie Mellon University. Os pesquisadores descobriram que "o transporte, como um todo, representa somente 11% do ciclo de vida das emissões de gases de efeito estufa, e a entrega final do produtor ao vendedor contribui com somente 4%". Então, se a maior parte das emissões e o custo de energia com os alimentos não vem do transporte, vem de onde?

A maior parte das pegadas de carbono usa um intervalo de 1 ano.

Para responder a essa questão, estude a Figura 11.24, que mostra os dados das pegadas de carbono dos alimentos que chegam a uma cadeia de supermercados da Inglaterra. Lembre-se, do Capítulo 3, de que as pegadas de carbono estimam as emissões de dióxido de carbono em um dado intervalo de tempo. A determinação de uma "pegada de carbono" para um alimento determinado exige uma série de suposições. Como resultado, você encontrará valores diferentes para o mesmo alimento porque os pesquisadores basearam seus cálculos em suposições diferentes.

O óxido nitroso (N_2O), parte do ciclo do nitrogênio (veja a Figura 6.18), vem de caminhos ligados a estrume e fertilizantes

O gado produz metano em seu trato digestivo na faixa de 200 libras por animal por ano.

Para os alimentos, a maior parte das pegadas de carbono (67%) vem da produção na fazenda, como se vê na Figura 11.24. Por exemplo, a operação da maquinaria da fazenda produz dióxido de carbono, e o uso de fertilizantes estimula os micróbios do solo a produzirem óxido nitroso. Os animais das fazendas também produzem metano. Além da produção de alimentos, a figura aponta outras áreas em que o alimento contribui para as pegadas de carbono, inclusive:

- Transporte (9%)
  Relativamente baixo, exceto via aérea
- Empacotamento (7%)
  Principalmente o descarte do material de empacotamento
- Processamento e refrigeração (5%)

Muitos pequenos fatores, incluindo a perda de gases refrigerantes (todos gases de efeito estufa), também contribuem. Embora não incluídos na Figura 11.24, os resíduos de alimentos também aumentam as pegadas de carbono, que em alguns países chegam a 25% de todos os alimentos adquiridos.

Ao chegar à sua mesa, está claro que alguns alimentos têm pegadas de carbono maiores do que outros. Olhando o gráfico da Figura 11.25, você provavelmente notará que a carne e o queijo são os itens mais altos. Por que é assim? Reveja a Figura 11.1 para perceber que a produção de carne, exceto quando o gado é alimentado com capim, requer a produção de grãos. Por sua vez, ambos estão associados às emissões de gases de efeito estufa. Você deve ter notado também os baixos valores dos tomates e das cenouras. Entretanto, se esses itens tiverem de ser transportados em vez de crescerem em seu quintal, os valores aumentariam. O mesmo aconteceria se os tomates crescessem em uma estufa.

Antes de encerrar esta seção, voltamos ao tema mencionado no início do capítulo: comer vegetarianamente. De acordo com o estudo sobre milhas de alimento da Carnegie Mellon já mencionado, trocar *uma vez por semana* uma refeição baseada em carne por uma vegetariana economiza o equi-

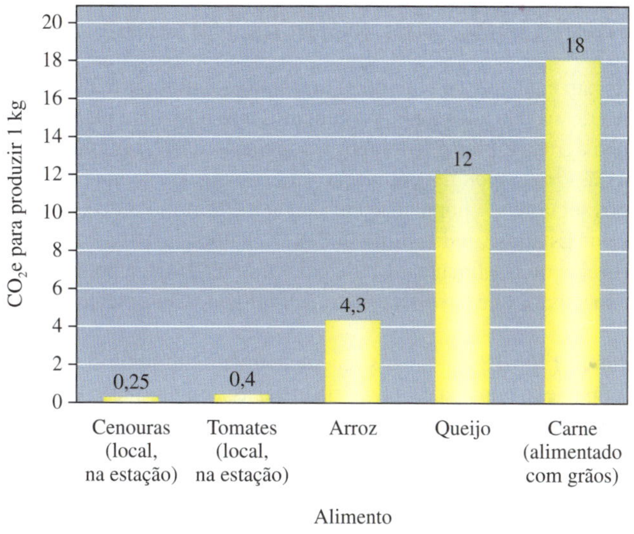

A expressão *dióxido de carbono equivalente*, CO_2e, inclui todos os gases de efeito estufa, não só o CO_2. Por exemplo, em sua capacidade de aquecer a atmosfera, 1 kg de metano é equivalente a 21 kg de dióxido de carbono.

FIGURA 11.25 Emissões de dióxido de carbono (CO_2e) na produção de alimentos.
Fonte: How Bad Are Bananas? The Carbon Footprint of Everything, Greystone Books, Mike Berners-Lee, 2011.

valente a dirigir 1.200 milhas a menos anualmente. Em contraste, uma dieta totalmente local *todos os dias da semana* economiza o equivalente a dirigir 1.000 milhas a menos anualmente. Você pode ligar, na próxima atividade, esses números às emissões de dióxido de carbono.

Sua Vez 11.25 Produção local e emissões de CO_2

Em uma atividade de um capítulo anterior (Químico Cético 3.18), notamos que um motor de automóvel bem regulado emite cerca de 4,4 libras de carbono (~2.000 gramas) na forma de CO_2 por galão de gasolina.

a. A quantas libras de CO_2 isso corresponde?
b. Se você economizou o equivalente a 1.000 milhas por ano ao comer alimentos do local, a quantas libras de CO_2 isso corresponde? Liste as suposições que fez.

Levando em conta o que sabemos sobre milhas alimentares e a comida local, que ações fazem mais sentido para reduzir as pegadas de carbono dos alimentos que comemos? Como dissemos no começo desta seção, as pegadas de carbono baseiam-se em suposições que fazemos. Ao decidir que alimentos comer, você precisa saber as suposições que dizem respeito à sua situação particular. Mesmo assim, podemos oferecer estas sugestões, mais gerais, que o ajudarão a reduzir as pegadas de carbono de sua comida:

- Comer o que comprar, não desperdiçar
- Reduzir a carne e os laticínios
- Acompanhar as estações, reduzindo o uso de estufas e transporte aéreo quando possível
- Evitar alimentos muito empacotados
- Reciclar o empacotamento o máximo possível
- Ajudar os vendedores a reduzirem os rejeitos, adquirindo itens mais próximos da data de expiração, manuseando alimentos com cuidado e comprando itens de preço reduzido
- Comprar frutos e vegetais deformados e machucados
- Cozinhar os alimentos com eficiência

Nesta seção, vimos modos de reduzir as pegadas de carbono dos alimentos. Entretanto, ainda temos o problema de alimentar uma população que cresce cada vez mais. Examinaremos essa questão na seção final do capítulo.

11.12 Alimentando um mundo faminto

Nossos ancestrais foram caçadores e coletores, passando a maior parte do tempo à procura da próxima refeição. Cerca de 10.000 anos atrás, os humanos aprenderam a plantar e domesticar animais, iniciando a revolução agrícola. Naquele tempo, a população da Terra tinha aproximadamente 4 milhões de habitantes ou, *grosso modo*, a população da Los Angeles de hoje.

Nos 8.000 anos seguintes, a população cresceu até 170 milhões de pessoas ou cerca da metade da população atual dos Estados Unidos. Em 1000 A.D., a população havia crescido até 310 milhões e, 200 anos atrás, ela chegou finalmente a 1 bilhão de pessoas. Hoje, a população mundial está acima de 7 bilhões e a perspectiva é que em 40 anos atinja 9 bilhões. Claramente, temos muitas bocas para alimentar.

Em 1798, Thomas Malthus escreveu seu *Ensaio sobre a População*. Em 1978, Paul Erlich escreveu o livro *A Bomba Populacional*.

Alimentar pessoas é mais do que ter comida suficiente. O acesso a alimentos de qualidade depende do preço e dos recursos para comprá-los. A utilização dos alimentos depende de se ter um ambiente físico seguro, incluindo água potável segura.

Thomas Malthus (1766-1834) e, mais recentemente, o entomologista Paul Ehrlich (n. 1932) predisseram que a população humana da Terra iria ultrapassar a produção de comida. Durante os primeiros 100 anos após a publicação do ensaio de Malthus, a população da Terra cresceu 60% até 1,6 bilhão. Durante os 100 anos seguintes (o século XX), a população explodiu, com mais 4,4 bilhões de pessoas. A Organização de Alimentos e Agricultura (FAO) das Nações Unidas estimou que fomos capazes de aumentar a produção de alimentos do mundo para satisfazer as necessidades de 80% da população. Mesmo assim, o restante está subalimentado.

Dado que a população continua a crescer, a produção de alimentos também tem de fazê-lo. Dois métodos foram os principais responsáveis pelo aumento da quantidade de alimentos no passado: plantar em mais terras e aumentar o rendimento das colheitas. Será que nosso fornecimento de alimentos continuará a aumentar? Nenhum desses métodos têm muito espaço para crescer. Praticamente toda a terra biologicamente produtiva do mundo está sendo usada. As terras aráveis provavelmente só crescerão 5% até 2050, de acordo com as estimativas da FAO. Além disso, em muitos lugares as áreas de plantação estão diminuindo devido a fatores como desertificação, esgotamento dos nutrientes do solo, erosão e urbanização.

Os anos 1940 viram o começo da Revolução Verde. Nas décadas que se seguiram, a produtividade agrícola por acre de milho, arroz e trigo mais que dobrou. Muitos fatores foram responsáveis, incluindo uso de fertilizantes e pesticidas, irrigação, mecanização, colheitas dobradas e, mais importante, o advento de variedades de culturas de alto rendimento. Bilhões de pessoas no mundo se beneficiaram disso.

Reveja a Seção 5.3 para ver que, em muitas partes do mundo, a agricultura é responsável por 70% do uso da água.

Lembre-se, do Capítulo 6, que o gás nitrogênio (N_2) é quimicamente inerte. Em contraste, a amônia é uma forma reativa de nitrogênio. Veja a Seção 6.9.

Apesar dos sucessos, a Revolução Verde também teve seus custos econômicos, ambientais e sociais. Por exemplo, a produção de culturas requer água e energia, como vimos nas duas seções anteriores. Outros custos ambientais da Revolução Verde vieram do uso de suplementos de fertilizantes nitrogenados como a amônia, a ureia ou os nitratos, todos eles formas de "nitrogênio reativo". Relembre seu conhecimento da química do nitrogênio na próxima atividade.

Sua Vez 11.26 Revisão da química do nitrogênio

A agricultura, como a conhecemos, depende do ciclo do nitrogênio. Para sua conveniência, reproduzimos o ciclo do Capítulo 6 na Figura 11.26.

a. Amônia (NH_3) é aplicada no solo na forma de amônia anidra, isto é, amônia sem água. A amônia é muito solúvel em água. Explique por quê. *Sugestão:* Reveja o Capítulo 5.

b. Quando a amônia se mistura à água, a solução resultante é básica. Explique por que, incluindo o íon amônio (NH_4^+) em sua resposta. *Sugestão:* Reveja o Capítulo 6.

c. De acordo com a Figura 11.26, que espécie química é usada (assimilada) pelas plantas?

d. Os micróbios do solo interconvertem as espécies químicas de nitrogênio. Antes do íon amônio poder ser assimilado pelas plantas, outra espécie química se forma. Qual?

É claro que os fertilizantes aumentam o rendimento das colheitas, especialmente quando usados em solos pobres de nutrientes ou esgotados. Entretanto, você pode ver na Figura 11.26 que as bactérias do solo convertem os compostos de nitrogênio em outras espécies nitrogenadas que se movem pelo ar, pela água e pelo solo. Como os compostos que contêm os íons nitrato ou amônio são

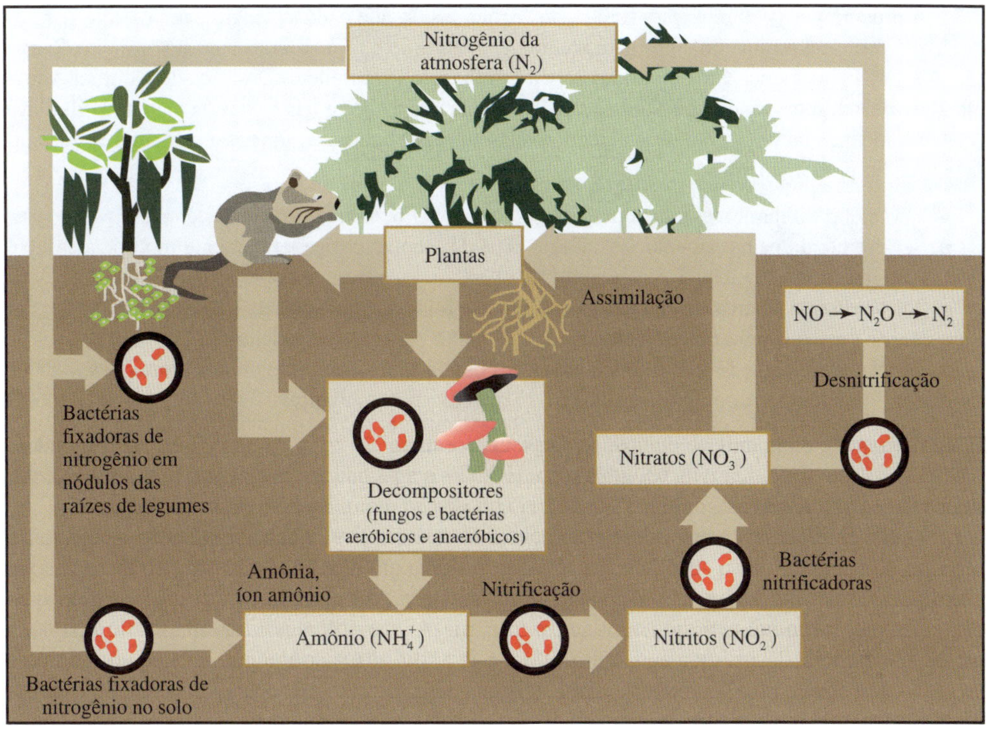

FIGURA 11.26 Ciclo do nitrogênio (simplificado), um conjunto de caminhos químicos nos quais o nitrogênio se move na biosfera.

muito solúveis em água, um excesso desses íons acaba nos rios e promove o crescimento excessivo de plantas. Por exemplo, o crescimento explosivo de algas no Golfo do México é causado pelo derramamento de fertilizantes de fazendas na bacia do Rio Mississippi em estados afastados como Montana, Minnesota e Pensilvânia (reveja a Figura 11.15). O excesso de algas afeta a vida de todos que usam as águas do Mississippi, inclusive a indústria pesqueira do Golfo. Embora as consequências não intencionais possam ser reduzidas pelo uso de menos fertilizantes e pelo controle mais cuidadoso de sua aplicação, ainda não fomos capazes de evitar os danos.

Reveja a Tabela 5.9 para mais sobre a solubilidade de nitratos.

O uso de pesticidas sintéticos, embora essencial para aumentar o rendimento das colheitas, provoca outro custo ambiental da Revolução Verde. Como os fertilizantes de nitrogênio, os pesticidas impactam nossa saúde e a do planeta. Seu uso evita que milhões de libras de colheitas sejam devoradas pelas pragas do campo, mas ao mesmo tempo eles podem matar insetos benéficos juntamente a seus alvos. Muitos pesticidas persistentes também acabam no ambiente como um coquetel químico, cujas consequências ainda estamos decifrando, e muitos pesticidas amigáveis ao ambiente que têm como alvo organismos específicos ou que estimulam as defesas próprias das plantas têm sido desenvolvidos.

O brometo de metila é um pesticida extremamente eficiente na esterilização de solos e como fumigante. Ele mata muitos tipos de insetos e é particularmente útil no preparo de solos para culturas como morangos e tomates. Entretanto, diante de sua toxicidade e sua capacidade de atacar o ozônio estratosférico, seu uso foi descontinuado em 2005 sob o Protocolo de Montreal, exceto para alguns usos especializados.

Desde 2012, usos especializados permitidos ("exceções críticas") do brometo de metila incluem certas colheitas para as quais não existem boas alternativas, incluindo morangos e tomates.

Sua Vez 11.27 Brometo de metila e buraco do ozônio

Desenhe a fórmula estrutural do brometo de metila. Por que você esperaria que ele atacasse a camada de ozônio? *Sugestão:* Reveja Sua Vez 2.24.

A procura por pesticidas menos danosos para nossa saúde e a do planeta é um desafio para os químicos verdes. Harpina, uma proteína natural, é um substituto para alguns usos do brometo de metila. A EDEN Bioscience Corporation recebeu um Prêmio Presidencial Desafios de Química Verde em 2001 pela descoberta de que a aplicação de harpina nos caules e nas folhas de plantas estimulava seus mecanismos naturais de defesa a doenças causadas por bactérias, fungos e nematoides. As vantagens da harpina incluem:

A engenharia genética é o tópico do próximo capítulo.

Um folheto informativo da EPA declara: Sem efeitos adversos na saúde humana e na do ambiente, o uso da proteína harpina tem o potencial de reduzir substancialmente o uso de pesticidas mais tóxicos, especialmente fungicidas e certos fumigantes de solos como o brometo de metila".

- Não matar diretamente, logo a praga pouco provavelmente adquirirá resistência.
- Ser produzida pela fermentação de uma cepa de laboratório geneticamente modificada que é benigna.
- Ser produzida a partir de materiais renováveis e formar rejeitos biodegradáveis.
- Ser classificada pelo potencial de dano mais baixo pela EPA americana.
- Poder ser aplicada no campo em concentrações mais baixas do que muitos outros pesticidas.
- Ser rapidamente decomposta pela luz do Sol e micro-organismos.

Embora harpina tenha muitas vantagens, não é uma solução perfeita. Algumas plantas respondem melhor do que outras a seu uso. Além disso, precisa ser reaplicada em intervalos de várias semanas. Como é relativamente nova, algumas consequências não intencionais podem ser descobertas.

Antes de terminar nossa discussão da produção de alimentos, vamos voltar brevemente ao tópico dos biocombustíveis do Capítulo 4. Os dados apresentados em Estude Isto 4.20 mostraram que a produção de etanol aumentou rapidamente nos Estados Unidos entre 2000 e 2010. Além disso, esse etanol foi produzido quase que exclusivamente a partir de milho. Nos anos recentes (2007-2011), a produção de milho, de acordo com o USDA, foi de 12 a 13 bilhões de alqueires*. Supondo 56 libras de milho desbastado por alqueire, isso corresponde a cerca de 700 bilhões de libras ou 350 milhões de toneladas de milho anualmente. Na próxima atividade, você verá a urgência de desenvolver processos de produção de etanol de biomassa não comestível (celulose).

Sua Vez 11.28 Comida ou combustível?

a. Usando os dados fornecidos, juntamente aos de Estude Isto 4.20, que percentagem da colheita de milho americana foi usada em anos recentes para produzir etanol? Suponha que 100 galões de etanol podem ser produzidos por uma tonelada (curta – 2.000 lb) de milho.

b. O United States Energy Independence and Security Act de 2007 estabeleceu o objetivo de produção de 36 bilhões de galões em 2022. Se esse objetivo fosse alcançado usando somente milho, quantas toneladas de grãos seriam necessárias?

Respostas

a. Supondo a produção anual de etanol de 13 bilhões de galões (dados em Estude Isto 4.20), eis os cálculos:

13.000.000.000 galões de etanol × 2.000 lb milho/100 galões de etanol × 1 ton milho/2.000 lb milho = 130 milhões de toneladas (curtas) de milho.

Isso é cerca de 37% da produção anual de 350 milhões de toneladas (curtas) de milho.

b. Usando a mesma razão de etanol para o milho calculada na parte **a**, a produção de 36 bilhões de galões de etanol necessitaria de 360 milhões de toneladas (curtas) de milho, essencialmente a produção americana total atual de milho.

Terminamos esta seção voltando à questão levantada antes, sobre se comer menos carne se traduz em mais comida disponível. Sem dúvida, comer menos carne traz benefícios em termos do

*N. de T.: O alqueire no Brasil sobreviveu como unidade de área. Ele varia muito. Em São Paulo, corresponde a 24.200 m^2. Em Minas Gerais é o dobro. Existe ainda o baiano, o goiano e o mato-grossense. Em Portugal, ainda é usado como unidade de volume e varia entre 13,1 e 19,3 litros. Como unidade de superfície, correspondia à área que se podia semear com o volume de 1 alqueire de grãos. Nos Estados Unidos, o alqueire ainda é usado como unidade de massa e de volume. Varia com o tipo de grão. No caso do milho, vale 56 libras por alqueire, valor, aliás, usado no parágrafo acima.

uso de energia, da terra e da água. Comer as gorduras saturadas da carne com moderação (juntamente a mais frutos, vegetais e grãos) também é parte de uma dieta recomendável. Ainda assim, os que estudam essas questões estão céticos. Mark Rosegrant, do International Food Policy Research Institute, foi entrevistado para um número da revista *Science* em 2010 dedicado à segurança alimentar: "Quando todas as vantagens e desvantagens são somadas, Rosegrant está confiante de que o corte no consumo de carne poderia, em última análise, melhorar a segurança alimentar global. Contudo, isso é uma contribuição pequena', ... ele diz".

Mesmo assim, as pequenas contribuições de muita gente se somam em benefícios maiores. Que ações deveríamos tomar? Esta atividade final oferece um conselho pessoal em termos simples.

Estude Isto 11.29 Em defesa da comida

Em seu livro, *In Defense of Food*, Michael Pollan oferece este conselho simples: "Coma. Não muito. Principalmente plantas".

a. Liste duas maneiras de como esse conselho poderia estar ligado à sua própria saúde.
b. Liste duas maneiras de como esse conselho poderia estar ligado à saúde do planeta.
c. Existem senões no que ele propõe? Se for o caso, descreva-os. Embase sua proposta em dados como Calorias e natureza dos alimentos.

Para onde vamos daqui? Uma esperança em uma segunda revolução verde é estimulada pelas culturas geneticamente modificadas, ainda que em muitas regiões do mundo as pessoas se oponham aos alimentos transgênicos. Nos dois próximos capítulos, abordamos a química dos genes e a engenharia genética.

Conclusão

Embora nossos gostos individuais variem, nossas necessidades biológicas são muito parecidas. Precisamos de carboidratos e gorduras como fonte de energia, gorduras para as membranas celulares, sínteses e lubrificação, proteínas para criar as enzimas que catalisam a intrincada química da vida e vitaminas e sais minerais para ajudar essa química a acontecer.

O que e quanto comemos afetam nossa saúde e também a do planeta. Vimos, neste capítulo, algumas das consequências de nossas escolhas alimentares sobre a saúde humana e a do ambiente. Alguns alimentos, incluindo a maior parte das carnes, usam água, grãos, combustíveis e terra desproporcionalmente para sua produção. Algumas culturas, inclusive o milho, podem estressar a terra do fazendeiro e também os ecossistemas por uma longa distância rio abaixo.

Satisfazer as necessidades alimentares de todos em nosso planeta é um dos maiores desafios de nosso tempo. Um pouco de conhecimento de química nos permite levantar boas questões e resolvê-las, mas o conhecimento químico, por si só, não pode nos levar a um mundo mais pacífico, próspero e saudável. Escolhas individuais e comunitárias que, por sua vez, são determinadas pela sabedoria de comunidades econômicas, sociais, religiosas e políticas, também ajudarão a acertar o caminho.

Resumo do capítulo

Tendo estudado este capítulo, você deveria ser capaz de:

- Descrever como a produção de alimentos liga-se ao uso da terra, da água e da energia e, também às questões das mudanças climáticas (11.1, 11.11, 11.12)
- Questionar as suposições por trás de quaisquer estimativas, como a da terra necessária para a produção de tipos diferentes de alimentos (11.1)
- Diferenciar má nutrição e subnutrição (11.2)
- Descrever o que torna um alimento "processado" (11.2)
- Descrever a distribuição de água, gorduras, carboidratos e proteínas no corpo humano e em alguns alimentos típicos (11.2)
- Identificar as fontes de gorduras (saturadas e instauradas) e do colesterol e estabelecer seu significado na dieta (11.3, 11.4)
- Mostrar como os ácidos graxos e o glicerol podem combinar-se para formar um triglicerídeo (11.3)

- Saber por que os óleos são hidrogenados e a ligação entre hidrogênação e gorduras *trans* (11.4)
- Descrever as ideias fundamenteis da química verde associadas com as reações de interesterificação (11.4)
- Explicar as diferenças entre açúcares, amido e celulose (11.5)
- Desenhar a fórmula estrutural geral de um aminoácido e explicar como eles se combinam para formar proteínas (11.6)
- Discutir a importância dos aminoácidos essenciais e seu significado na dieta (11.6)
- Explicar o princípio da complementaridade das proteínas (11.6)
- Descrever os sintomas e as causas da fenilcetonúria (11.7)
- Discutir os efeitos das vitaminas e dos sais minerais na saúde humana (11.8)
- Explicar por que os carboidratos, as gorduras e as proteínas diferem como fontes de energia (11.9)
- Identificar e usar a taxa metabólica basal, BMR (11.9)
- Conhecer recurso apropriados para obter conselhos atualizados sobre as dietas (11.10)
- Discutir os prós e os contras do uso de milhas alimentares como um guia sobre o que você come. Fazer o mesmo para comer alimentos do local (11.11)
- Descrever modos de reduzir as pegadas de carbono dos alimentos que consome, destacando as suposições por trás deles (11.11)
- Descrever a contribuição potencial para sua saúde e para a do planeta, bem como para a segurança alimentar, de comer menos carne (11.12)

Questões

Ênfase nos fundamentos

1. Deste capítulo apontou que o que você come afeta sua saúde e também a do planeta. Dê dois exemplos para ilustrar esse tema.
2. Selecione uma profissão de sua escolha, possivelmente a que irá seguir. Dê duas maneiras pelas quais uma pessoa nessa profissão pode influenciar positivamente a escolha de alimentos saudáveis.
3. Sugira pelo menos duas ligações entre a produção de alimentos e a qualidade da água. Faça o mesmo para o uso da água.
4. Ser vegetariano não é uma proposta "tudo ou nada". Na verdade, faz sentido comer carne, só um pouco menos. Dê duas razões que apoiem essa posição.
5. Em geral, mais água e terra são necessárias para produzir carnes de boi, galinha e porco, do que grãos como milho e soja. Dê duas razões para isso.
6. Embora a produção de carnes geralmente exija mais terra e água do que a de grãos, isso não é sempre o caso. Explique por quê.
7. Comer corretamente é mais do que encher o estômago. Explique a diferença entre má nutrição e subnutrição.
8. O que é um alimento processado? Dê cinco exemplos de alimentos processados, incluindo os que você come.
9. Os macronutrientes são uma fonte de energia e de matérias-primas para o corpo.
   a. Cite os três tipos de macronutrientes.
   b. Qual é a diferença de conteúdo de energia dos macronutrientes? *Sugestão*: Veja a Tabela 11.6.
10. Embora a água não seja considerada um macronutriente, ela é, obviamente, essencial para a saúde. Cite três papéis que a água tem em nossos corpos. *Sugestão*: Volte ao Capítulo 5.
11. Examine este gráfico de pizza.

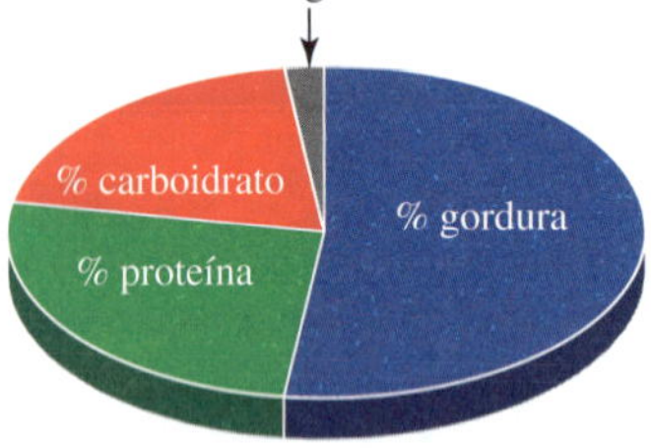

Com base nas percentagens relativas de proteínas, carboidratos, água e gordura, esse gráfico representa mais provavelmente carnes, manteiga de amendoim ou um biscoito de chocolate? Explique sua escolha.

12. Nos alimentos listados na Tabela 11.1,
   a. identifique as melhores fontes de carboidratos e coloque-as na ordem decrescente.
   b. identifique as melhores fontes de proteínas e coloque-as na ordem decrescente.
   c. identifique dois alimentos que deveriam ser evitados se você está controlando a gordura.
13. Em um restaurante local, um bife de 18 onças é o especial do chefe. Use a Tabela 11.1 e calcule o conteúdo, em onças, de proteína, gordura e água em uma porção desse tamanho.
14. Embora as gorduras e os ácidos graxos estejam relacionados, eles diferem em tamanho das moléculas, grupos funcionais e papel que têm em sua dieta. Comente essas diferenças.
15. Liste as semelhanças e diferenças entre gorduras e óleos comestíveis, em termos de suas propriedades observáveis (puros e em alimentos) e em termos da estrutura molecular.
16. Gorduras insaturadas e saturadas são triglicerídeos. Explique como diferem em termos de suas estruturas químicas e seu papel na dieta.

17. Identifique, na Figura 11.9, a gordura ou o óleo que contém o maior número de gramas por colher de sopa de:
   a. gordura poli-insaturada.
   b. gordura monoinsaturada
   c. gordura insaturada total.
   d. gordura saturada
18. Como uma gordura *trans* difere de outras gorduras em termos da estrutura química? E em termos dos benefícios para a saúde?
19. Cite alimentos em que você provavelmente encontraria estes carboidratos.
   a. lactose
   b. frutose
   c. sacarose
   d. amido
20. Explique cada termo e dê um exemplo.
   a. monossacarídeo
   b. dissacarídeo
   c. polissacarídeos
21. Amido e celulose são polissacarídeos. Qual é a semelhança entre esses dois compostos em termos da estrutura química? Como eles diferem em termos de sua capacidade de digeri-los?
22. Frutose, $C_6H_{12}O_6$, é um exemplo de carboidrato.
   a. Reescreva a fórmula química da frutose para mostrar que um carboidrato pode ser considerado como "carbono mais água".
   b. Desenhe uma fórmula estrutural para um dos isômeros da frutose.
   c. Você esperaria que isômeros diferentes da frutose tivessem a mesma doçura? Explique.
23. Frutose e glicose têm a mesma fórmula química, $C_6H_{12}O_6$. Qual é a diferença entre suas fórmulas estruturais?
24. Os nomes químicos, especialmente os dos compostos orgânicos, podem dar informações sobre a estrutura das moléculas que eles contêm. O que o termo aminoácido sugere sobre sua estrutura molecular?
25. Proteínas são polímeros, algumas vezes chamados de poliamidas. De forma semelhante, os náilons também são polímeros e poliamidas. Qual é o grupo funcional amida? Compare e contraste proteínas e náilon em termos de
   a. grupos funcionais presentes no(s) monômero(s).
   b. a variedade das diferentes proteínas comparadas à dos náilons.
26. De forma análoga à equação 11.4, mostre como a glicina e a fenil-alanina reagem para formar um dipeptídeo.
27. Alguns aminoácidos são chamados de "aminoácidos essenciais". Explique por quê.
28. Por que as pessoas com fenilcetonúria podem beber refrigerantes adoçados com sucralose, mas devem evitar os que contêm aspartamo?
29. Explique o significado nutricional dos elementos marcados nesta Tabela Periódica.

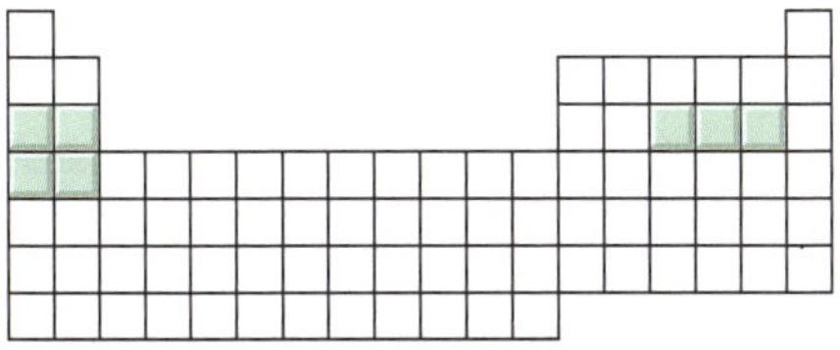

30. Nos últimos anos, que dois métodos foram principalmente usados para aumentar a produção de alimentos?
31. Os fertilizantes contêm nitrogênio na forma "reativa". Explique o significado da expressão *nitrogênio reativo*. Que formas químicas do nitrogênio estão presentes nos fertilizantes? Dê um exemplo de uma forma de nitrogênio inerte.

Foco nos conceitos

32. As pizzas de calabresa contêm macronutrientes e micronutrientes. Identifique dois exemplos de cada. Comer uma pizza de calabresa está de acordo com os conselhos de dieta sugeridos por MeuPrato?
33. Explique a um amigo por que é impossível acreditar em uma dieta que se diz "completamente orgânica, livre de produtos químicos".
34. Indique se cada declaração é verdadeira, verdadeira só em certas circunstâncias ou falsa. Explique o raciocínio.
   a. Os óleos de plantas têm menos gordura saturada do que as gorduras de animais.
   b. Com o tempo e a exposição ao ar, as gorduras e os óleos tornam-se râncidos.
   c. As gorduras não são necessárias na dieta porque nosso organismo pode fabricá-las a partir de outros alimentos que comemos.
35. O rótulo de uma marca popular de margarina cremosa lista "óleo de soja parcialmente hidrogenado" como ingrediente. Explique a expressão parcialmente hidrogenado. Por que a etiqueta tem de declarar o óleo de soja parcialmente hidrogenado, não somente óleo de soja?
36. Uma clínica médica bem conhecida usou a frase "duplo problema" ao se referir aos ácidos graxos *trans*. Explique a lógica por trás disso.
37. Explique por que o processo da interesterificação é uma alternativa útil para a hidrogenação.
38. Embora a interesterificação seja uma alternativa útil para a hidrogenação, o processo tinha vários problemas até que uma solução da química verde foi desenvolvida.
   a. Quais eram os problemas?
   b. Que solução foi desenvolvida?
   c. Quais das ideias fundamentais da química verde foram envolvidas? *Sugestão*: Veja a lista na parte interna da capa deste livro.
39. Algumas pessoas preferem usar cremes não leitosos no lugar de creme ou leite. Alguns, mas nem todos, os cremes não leitosos usam derivados de óleo de coco para substituir a gordura amanteigada do creme. Uma pessoa que está tentando reduzir as gorduras saturadas de sua dieta está correta em usar esses cremes não leitosos? Explique.
40. Eis a fórmula estrutural condensada do ácido láctico: $CH_3CH(OH)COOH$.
   a. Desenhe a fórmula estrutural do ácido láctico mostrando todas as ligações e átomos.
   b. Se fosse considerado um ácido graxo, o ácido láctico seria saturado ou insaturado?
   c. O ácido láctico é um ácido graxo? Explique.

41. Uma mãe, querendo servir alimentos saudáveis e nutritivos à sua família, fez estes dois comentários sobre o leite. Avalie a acurácia deles.
   a. "O leite contém muito açúcar. Devido a isso, eu não o sirvo muito frequentemente".
   b. "Diferentes tipos de leite – integral, 2% e desnatado – contêm diferentes quantidades de açúcar. Você tem de verificar cuidadosamente os rótulos para ter certeza do que está comprando".

42. Substitutos de baixas-Calorias e zero-Calorias foram desenvolvidos para as gorduras ("falsa gordura" como Oleano) e açúcar (sucralose e aspartamo). Por que não estão sendo desenvolvidos substitutos de zero-Calorias comparáveis para as proteínas? Mesmo assim, existem alguns substitutos. Quais grupos de pessoas deveriam escolhê-los?

43. Seu amigo deseja cortar as despesas com alimentos e aprendeu que manteiga de amendoim é uma boa fonte de proteínas. Que outras informações seu amigo deveria levar em conta antes de comer manteiga de amendoim como uma fonte importante de proteínas na dieta? *Sugestão*: Veja a Tabela 11.1.

44. Eis a composição de uma refeição com *fast food*. Faça cálculos para determinar se a refeição está dentro da sugestão de que 8-10% das Calorias totais deveriam vir de gorduras saturadas.

	X-burger	Batatas fritas	Milk shake
Calorias	330	540	360
Calorias de gorduras	130	230	80
gordura total (g)	14	26	9
gordura saturada (g)	6	4,5	6
colesterol (mg)	45	0	40
sódio (mg)	830	350	250
carboidratos (g)	38	68	60
açúcares (g)	7	0	54
proteínas (g)	15	8	11

45. As dietas americanas dependem fortemente do pão e outros derivados do trigo. Uma fatia de pão de trigo integral (36 g) contém aproximadamente 1,5 g de gordura (com 0 g de gordura saturada), 17 g de carboidratos (com cerca de 1 g de açúcar) e 3 gramas de proteínas.
   a. Calcule o conteúdo total de Calorias em uma fatia desse pão.
   b. Calcule a percentagem de Calorias da gordura.
   c. Você considera os pães alimentos muito nutritivos? Explique seu raciocínio.

46. Descreva três maneiras pelas quais a agricultura se liga ao uso de combustíveis fósseis.

47. Etanol é um exemplo de biocombustível.
   a. De que macronutriente ele se origina: gorduras, carboidratos ou proteínas?
   b. Nomeie dois alimentos que são usados para produzir etanol para veículos.
   c. Que processo é usado para produzir etanol a partir desses alimentos?
   d. Descreva uma das controvérsias correntes quanto à produção de etanol.

48. Biodiesel é outro exemplo de biocombustível. Responda, para o biodiesel, as mesmas questões colocadas na questão 47 para o etanol.

Exercícios avançados

49. Reveja a definição de sustentabilidade fornecida no Capítulo 0. Escolha qualquer um dos desafios da produção de alimentos e discuta como ele se liga à alimentação sustentável do mundo hoje e no futuro.

50. Este capítulo (e o Capítulo 4) forneceram dados para a produção de etanol em 2012. Use os recursos da Internet para atualizar essas informações, particularmente em relação ao abastecimento de matéria-prima, à energia necessária para a produção e até onde a produção de etanol satisfaz a Linha de Base Tripla). *Sugestão*: Reveja o Capítulo 0 para ver como a Linha de Base Tripla é usada para avaliar benefícios econômicos, ambientais e sociais.

51. Estime sua média anual de consumo, em gramas, de açúcar de refrigerantes, listando as suposições que fez para atingir a estimativa. Que quantidade (em gramas) você teria de adicionar a essa estimativa se incluísse o açúcar que você coloca em bebidas como café e chá?

52. Aqui estão informações sobre a quantidade de açúcar em diferentes alimentos.

Produto alimentício	Açúcares	Calorias	Tamanho da porção
Balas Altoids	2 g	10	3 peças (2 g)
Biscoitos de gengibre	9 g	120	4 biscoitos (28 g)
Ketchup Tomato Critic's Choice	3 g	15	1 colheres de sopa (13 g)
Suco de abacaxi Del Monte	13 g	50	Copo individual (113 g)
Refrigerante Dr Pepper	40 g	150	1,5 copo
Café-mate French Vanilla	5 g	40	1 colher de sopa (15 mL)
Bolinhos Hostess	14 g	150	1,5 onça
Pastilhas LifeSavers, Wint O Green	15 g	60	4 pastilhas (16 g)
Suco de laranja Tropicana HomeStyle	22 g	110	8 onças (1 copo)
Barra de Snickers	29 g	200	2,1 onças
Refrigerante de laranja Sunkist	52 g	190	1,5 copo
Salgadinhos Wheatables	4 g	130	13 biscoitos (29 g)

a. Examine essa lista. Que item tem a maior razão em gramas de açúcar em relação a Calorias (g açúcar/Cal) em uma porção?
b. O conteúdo de açúcar de alguns desses alimentos pode surpreendê-lo. Se for o caso, quais?
c. Você diria que o(s) tipo(s) de açúcar encontrado(s) no refrigerante da Dr Pepper seria(m) o(s) mesmo(s) encontrado(s) no refrigerante de laranja Sunkist? E no suco de laranja ou de abacaxi? Explique.
d. A etiqueta completa do Wint O Green Lifesavers aponta 16 g de carboidratos totais por porção, 15 g dos quais de açúcares. O que poderia explicar o outro 1 g de carboidratos?

53. Um pacote amarelo do substituto de açúcar Splenda contém o composto sucralose. Use os recursos da Internet para responder a estas questões.
a. Quantas Calorias um pacote de Splenda contém?
b. A propaganda do Splenda é "Feito do Açúcar, Logo Tem Gosto de Açúcar". Isso lhe parece uma declaração útil ou uma propaganda enganosa? Explique seu ponto de vista.

54. Use o modelo chave-fechadura discutido na Seção 10.5 para oferecer uma explicação possível para o fato de que indivíduos que sofrem de intolerância à lactose podem digerir açúcares como sacarose e maltose, mas não lactose. Use os recursos da Internet para encontrar a estrutura da lactose.

55. Examine esta fórmula estrutural para uma das formas da vitamina K.

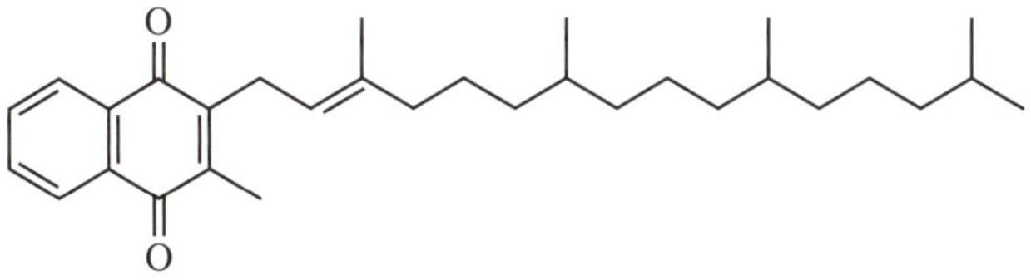

a. Você espera que ela seja solúvel em água ou em gordura? Explique.
b. Qual é o papel da vitamina K em seu corpo?
c. As pessoas raramente sofrem de deficiência de vitamina K. Proponha uma razão para isso.

56. Compare a percentagem de macronutrientes destes dois gráficos de soja e trigo.

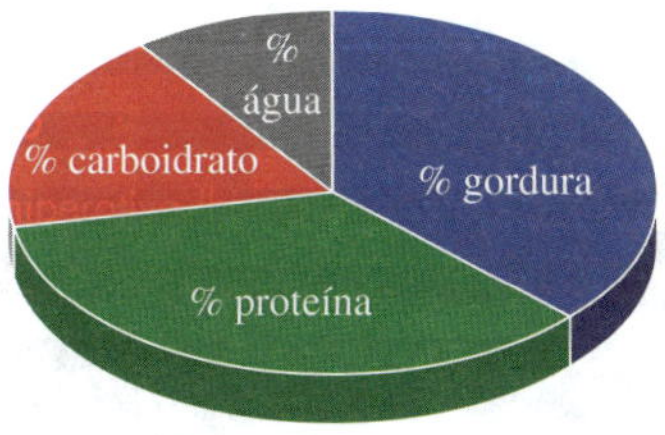

soja

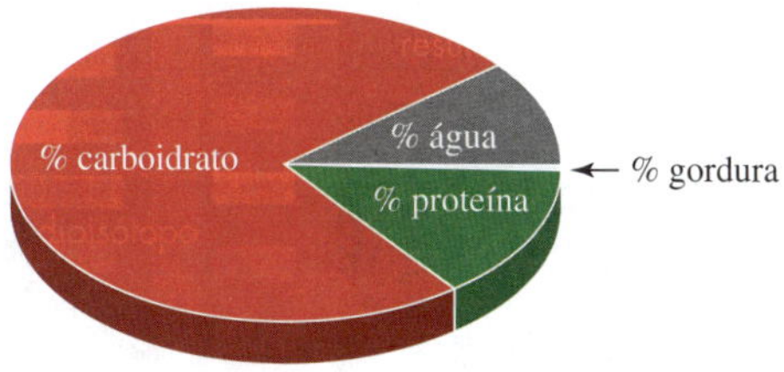

trigo

a. Explique por que a Organização Mundial da Saúde ajudou a desenvolver alimentos à base de soja e não de trigo para distribuição em partes do mundo em que a deficiência de proteínas é um problema.
b. Sugira razões culturais de por que a soja deveria ser preferível ao trigo em algumas áreas do mundo.

57. A natureza guarda algumas surpresas! O abacate é uma fruta tropical. Na verdade, é uma fruta com alto conteúdo de gordura. Entretanto, essa gordura difere do tipo encontrado no óleo de coco ou de palma. Qual é o tipo principal de gordura encontrado em abacates? Como essa gordura se compara com os óleos tropicais (coco e palma) em termos de efeito na saúde?

58. Digamos que uma organização quisesse premiar a "Bebida ou Alimento Artificial do Ano". Liste os critérios que você usaria para aceitar indicações. Use sua própria experiência com alimentos e bebidas para sugerir dois possíveis candidatos. Explique o raciocínio por trás de suas escolhas.

59. Digamos que sua comida foi transportada de outra região por um caminhão movido a diesel. Nomeie três emissões do escapamento que podem acompanhar essa forma de transporte (dependendo dos instrumentos de controle da poluição instalados) e uma que sempre acontece.

60. Alguns veem a variação do clima e a segurança alimentar como "os grandes desafios gêmeos" que enfrentamos hoje. Nomeie duas maneiras pelas quais esses desafios se ligam um ao outro.

Capítulo

12 Engenharia genética e as moléculas da vida

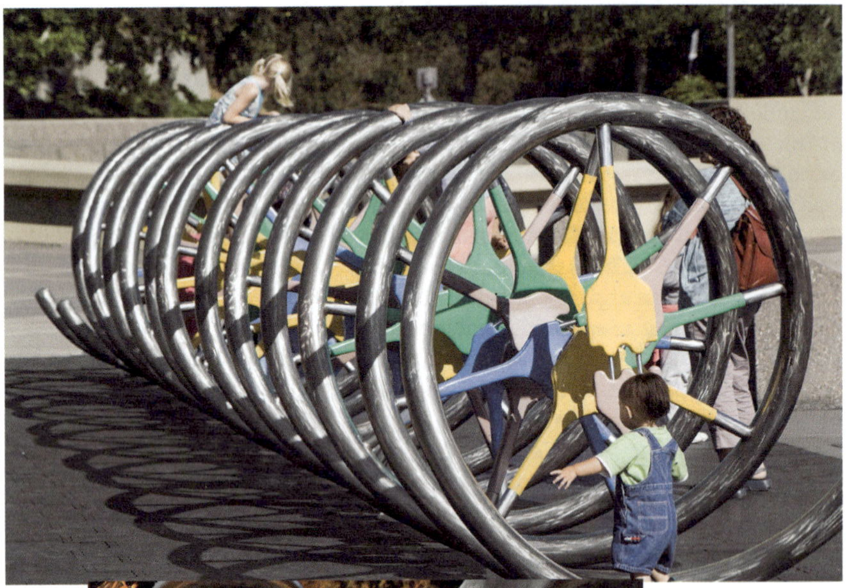

"Nenhum ramo da ciência criou dilemas éticos mais agudos ou sutis e interessantes do que a genética. É a genética que nos lembra não apenas das nossas responsabilidade para com o mundo e com os outros, mas também das nossas responsabilidades para com como as pessoas serão no futuro. Pela primeira vez, podemos começar a determinar não somente quem viverá e quem morrerá, mas como serão todos no futuro."

Justine Burley e John Harris, Eds.
Companion to Genethics, 2002.

Uma escultura do DNA torna-se uma interseção de arte, ciência e diversão. Lawrence Hall of Science, Berkeley, Califórnia.

Você já pensou em um futuro em que sua comida seja mais gostosa e nutritiva? Ou já imaginou um futuro em que plantar seja mais fácil e a colheita seja melhor? Imagine um mundo em que nossos campos produzam melhores biocombustíveis, nossas fazendas criem nossos fármacos e vacinas e nossas bactérias limpem nossas águas usadas.

Os geneticistas talvez possam tornar realidade essa utopia. Os advogados da engenharia genética argumentam que podemos usar nosso conhecimento da genética para resolver a fome no mundo, produzir fármacos mais baratos e ter um ambiente mais limpo, mas mexer com os genes vale o risco? Os oponentes apontam para superinsetos, ervas daninhas super-resistentes e uma rápida redução da biodiversidade do planeta. Nossas ações podem nos levar para muito longe da utopia.

Em parte, o debate sobre a engenharia genética vem das complexidades da ciência envolvida. Se uma única célula já é complexa, organismos completos são *muito* complexos, e os ecossistemas são complexos acima de qualquer descrição. Se fizermos uma alteração genética microscópica em uma semente, podemos estar resolvendo um problema, talvez um problema global, mas essa pequena alteração pode mudar de forma imprevista um ecossistema inteiro. A conclusão é que é difícil prever as consequências de nossas ações, principalmente na arena genética.

No entanto, o debate também vem de preocupações sociais e éticas. Nós, humanos, temos a responsabilidade de agir sabiamente, pelas gerações atuais e futuras. Uma premissa razoável com a qual decidir agir ou não é "não danificar". Ainda assim, nossas necessidades são grandes e nossos problemas sociais, prementes. Portanto, devemos pensar se nossa *inação* poderia resultar em mais mal do que bem. O que você pensa sobre a engenharia genética e, mais especificamente, sobre alimentos geneticamente modificados, ou "GM"? A próxima atividade permite que você explore o assunto e registre seu ponto de vista.

Estude Isto 12.1 Sua opinião sobre alimentos GM

De um jeito ou de outro, você provavelmente ouviu falar de alimentos GM (geneticamente modificados). Mesmo que você tenha muito pouco conhecimento do assunto, ainda poderá responder a essas questões.

a. Podendo escolher entre um alimento GM e um que não o é, você tem alguma preferência sobre qual comer? Explique

b. Que circunstâncias, se há alguma, fariam com que você mudasse de ideia? Liste pelo menos duas. Guarde suas respostas até poder revê-las quando terminarmos o capítulo.

Este capítulo é sobre a química da vida. Podemos e devemos controlar essa química? Se sim, até que ponto e com que garantias? De novo, podemos levantar boas questões, mas nem sempre teremos respostas simples e imediatamente satisfatórias.

12.1 Milho mais forte e melhor?

O nosso planeta é úmido. Oceanos, rios, lagos e gelo cobrem mais de 70% da superfície do planeta. Isso deixa menos de um terço da superfície para florestas, pastagens, desertos, montanhas e campos, que conhecemos como terra. Dados de satélites recentes nos dizem que 40% dessa terra é de agricultura. Por que convertemos florestas e pastagens em terras aráveis? Fazemos isso, em grande parte, para alimentar um planeta faminto.

Veja o Capítulo 5 para uma discussão mais completa sobre nosso planeta úmido.

Em 1700, menos de 10% da terra eram usados para a agricultura.

Por exemplo, cultivamos trigo, milho, soja, batatas e arroz. Nesta seção, nosso foco será o milho. Muitos de nós o consumimos em grande quantidade, direta ou indiretamente – diretamente através de produtos como xarope de milho com muita frutose, grãos de milho ou amido de milho. Indiretamente, comendo animais alimentados com milho. Além disso, o milho continua a ser uma mercadoria importante para produtos não comestíveis como bioetanol e plásticos. Em uma tentativa de encontrar milho de melhor qualidade e mais fácil de cultivar, os cientistas o modificaram geneticamente. O mesmo foi feito para soja, tomates, batatas, algodão e mamões, porque todos eles existem em formas que foram modificadas por uma razão ou por outra. Aqui, investigamos a intenção por trás da modificação genética do milho.

O milho já era cultivado nas Américas, talvez há mais de 7.000 anos.

(a) (b)

FIGURA 12.1 **(a)** Um milharal, não tão uniforme como parece. **(b)** Uma broca europeia do milho trabalhando com afinco.

Para começar, estude a Figura 12.1a. Um milharal nunca é um simples campo com pés de milho, embora possa parecer isso. Na verdade, os milharais são pequenos ecossistemas desbalanceados. Do ponto de vista do pé de milho, o milharal é sua casa, um lugar com nutrientes no solo, o sol que brilha e muita água. Do ponto de vista das ervas daninhas, o milharal é uma faixa longa de terra fértil pronta para ser conquistada. As ervas crescem rapidamente, consomem os nutrientes e algumas delas podem bloquear a luz solar. Do ponto de vista dos insetos, um milharal é um ótimo lugar, uma incubadora para os pequenos e um alimento muito gostoso (Figura 12.1b). Muitos insetos se desenvolveram para tirar vantagem dos milharais que plantamos.

Se o milho vai crescer e vicejar, os fazendeiros têm de gastar tempo, esforço, dinheiro e combustível para criar as plantas e protegê-las dos insetos e das ervas daninhas. No processo, eles podem danificar sem querer ecossistemas, do local e rio abaixo. Por exemplo, imagine o que acontece quando os fazendeiros espalham inseticidas e herbicidas para controlar insetos e ervas daninhas. O uso de pesticidas não só é caro, mas, também, sem cuidado suficiente na escolha do produto e em sua aplicação, esses produtos químicos podem danificar as plantas e o ecossistema local. Parece difícil justificar a combinação dos gastos e o trabalho do fazendeiro os riscos ambientais, mas colher milho é extremamente lucrativo. Ele é vendido como alimento, ração de animais ou biocombustível. Com essa grande variedade de usos, provavelmente não veremos o fim das fazendas de milho. Claro, todos ganhariam se a plantação de milho fosse mais fácil e menos danosa para o ambiente.

Lembre-se da ideia fundamental da química verde: É melhor desenvolver materiais que se degradam a produtos inócuos no fim de sua vida útil. Muitos pesticidas não atingem esse critério.

O que você se lembra dos capítulos anteriores sobre o milho? A próxima atividade pode ajudar sua memória.

Sua Vez 12.2 Química do milho

a. Como vimos no Capítulo 4, o amido é um carboidrato encontrado nos grãos de milho. A celulose também é parte das folhas dos pés de milho. Explique as relações entre estes termos: amido, glicose, carboidrato, celulose.

b. Como vimos no Capítulo 11, o óleo de milho é um triglicerídeo com alto grau de insaturação. Explique as relações entre estes termos: gordura, óleo, insaturado, saturado, triglicerídeo.

E se você pudesse oferecer aos fazendeiros um saco de sementes de milho resistente a insetos e ervas daninhas? Bem, acontece que você pode. Duas modificações genéticas muito comuns do milho podem dar ao fazendeiro uma colheita resistente a insetos como a broca de milho europeia ou o crisomelídeo do milho e a um herbicida como Roundup. O pé de milho modificado produz seu próprio inseticida, permitindo que o fazendeiro use menos pesticida. E o pé de milho também é resistente a um herbicida de uso geral, o que significa que o fazendeiro pode espalhar aquele herbicida em particular e não outros que lançam mais toxinas rio abaixo.

Como podemos conseguir que o pé de milho resista ao herbicida ou produza seu próprio inseticida? Fazemos isso "ensinando" o pé de milho a sintetizar novos compostos químicos. Dentro de cada célula do pé de milho existe um conjunto completo de instruções, um guia de como crescer e reproduzir. O guia passa de uma geração para a próxima, com frequência sem alterações. Esse guia, chamado de **genoma**, é o caminho principal da herança da informação biológica necessária para construir e manter um organismo.

O genoma é dividido em seções curtas de instruções para provocar reações específicas, fabricar compostos químicos ou disparar eventos nas células. Essas peças específicas são as unidades básicas da hereditariedade, **genes**, pedaços curtos do genoma que codificam a produção de proteínas. Uma alteração em um gene muda uma característica hereditária. Em um pé de milho, a alteração de um gene da cor pode mudar os grãos de amarelo claro para branco. No entanto, pequenas alterações em um gene não são suficientes para fazer com que o pé de milho passe a produzir ervilhas ou mesmo produzir um novo composto químico como um inseticida. Precisamos de uma alteração mais drástica.

A variedade mais comum de milho, B73, contém mais de 32.000 genes em seu genoma, mais do que existe no DNA humano. Pesquisadores passaram quatro anos catalogando uma quantidade enorme de informações que nos permitissem entender os genes ligados a características benéficas, como melhor rendimento e doenças ou resistência a secas.

O que realmente precisamos fazer é inserir um novo e completo conjunto de instruções (isto é, um gene) no genoma do pé de milho. Em vez de criarmos nós mesmos essas instruções, procuramos outro organismo que já tenha as instruções que queremos. Para a broca europeia do milho (Figura 12.1b) e para o crisomelídeo do milho, nossa procura nos leva a uma proteína que é tóxica para esses insetos, porém segura para os humanos. Essa proteína ocorre na natureza e pode até ser usada em agricultura orgânica. Um grupo de pequenos organismos, uma bactéria do solo chamada de *Bacillus thuringiensis,* já tem as instruções para fabricar essa proteína. Retirando um gene da bactéria e inserindo-o no pé de milho, criamos pés de milho que podem produzir uma proteína inseticida.

Com frequência chamadas de *Bt*, essas bactérias produzem toxinas *Bt*, uma grande variedade de proteínas tóxicas para insetos diferentes.

Sua Vez 12.3 Proteínas e carboidratos

a. Acabamos de usar o termo *proteína inseticida.* O que é uma proteína? Descreva as características de uma molécula de proteína. *Sugestão:* Reveja as proteínas nas Seções 9.7 e 11.7.

b. O que é um carboidrato? O milho é principalmente composto por carboidratos. Descreva carboidratos no nível molecular.

O pé de milho, a bactéria e o milharal são mais complexos do que você pensa. Exatamente o que estamos alterando quando mudamos geneticamente alguma coisa? Passaremos a esse tópico na próxima seção.

12.2 Um composto químico que codifica a vida

A cada segundo, o pé de milho sofre milhões de reações químicas. Algumas delas decompõem compostos, outras os sintetizam. Algumas reações transferem sinais químicos, outras os processam. Algumas reações liberam energia, outras a utilizam. Um composto químico muito especial está no coração desta maravilhosa complexidade química.

Exigimos muito desse composto químico especial. Enquanto as células crescem e se multiplicam, esse composto deve se replicar sem erros. Ele tem de estar muito protegido e não se alterar pelo ambiente. Ele deve organizar e armazenar muitas informações em segurança. Estas, por sua vez, variam com o contexto, porque algumas reações estão sempre ocorrendo e outras começam e terminam, dependendo de sinais específicos. Em resumo, precisamos de um banco de dados químicos muito avançado.

O composto químico que acabamos de descrever é o **ácido desoxirribonucleico**, ou **DNA**, o polímero biológico que guarda as informações genéticas de todas as espécies. O DNA é o molde da vida e contém todas as informações necessárias para construir um pé de milho. Ele pode se replicar facilmente, transferir informações e responder a impulsos dentro da célula.

Como o pé de milho, você também tem um molde especial da vida escrito em uma tira de DNA muito enrolada. Esticado, o DNA de *cada uma* de suas células atinge cerca de 2 metros (mais ou menos 2 jardas). Se todo o DNA das suas 100 trilhões de células fosse ligado extremidade com extremidade, a fita resultante iria daqui até o Sol e voltaria à Terra mais de 600 vezes! No entanto, como você descobrirá em breve, esse número astronômico está longe de ser a característica mais marcante dessa espantosa molécula.

As estimativas do número de células de seu corpo variam entre 50 e 100 trilhões. O número de células de bactérias é 10 vezes maior do que as humanas.

Reveja a Seção 6.2 para revisar nossa primeira base nitrogenada, a amônia.

Qualquer fita de DNA – longa ou curta – é formada por três unidades químicas fundamentais: bases nitrogenadas, o açúcar desoxirribose e grupos fosfato. Todos estão ilustrados na Figura 12.2.

O DNA não contém só uma base, mas quatro. Elas são ligeiramente diferentes. As maiores, adenina (A) e guanina (G), têm um anel de seis átomos e um de cinco fundidos. As menores, citosina (C) e timina (T), têm só um anel de seis átomos. Observe que esses compostos têm átomos de nitrogênio nos anéis, levando ao nome "bases nitrogenadas". Eles também têm átomos de oxigênio que podem participar de ligações hidrogênio, como veremos em Sua Vez 12.4.

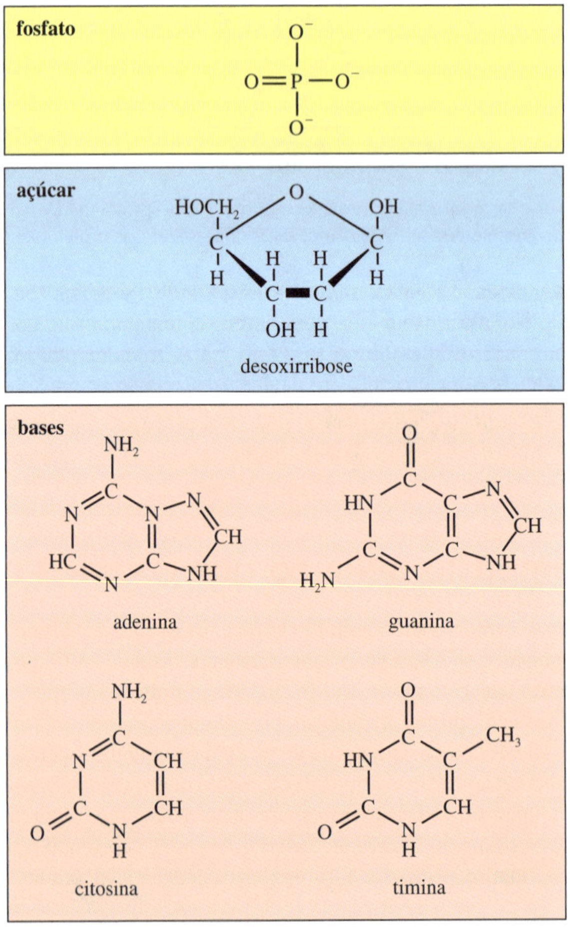

FIGURA 12.2 Os componentes do ácido desoxirribonucleico, DNA.

Sua Vez 12.4 Diferenças pequenas, mas importantes

O tamanho e o número de anéis não são as únicas diferenças entre as bases nitrogenadas. Examinemos tais bases mais de perto.

a. Desenhe as estruturas de Lewis das quatro bases. Não se esqueça de mostrar os pares de elétrons isolados dos átomos de nitrogênio e de oxigênio.
b. Identifique os átomos de H que podem formar ligações hidrogênio.
c. Agora identifique os outros átomos (que não hidrogênio) que podem participar de ligações hidrogênio. *Sugestão:* Reveja a Seção 5.2 para informações sobre as ligações hidrogênio.

Respostas
Para a base timina (veja a Figura 12.2):

a. A estrutura de Lewis mostra pares de elétrons isolados em dois átomos de N e em dois átomos de O.
b. Os dois átomos de H ligados a átomos de N podem formar ligações hidrogênio.
c. Os átomos de O e de N podem participar de ligações hidrogênio. Veja a Figura 12.7.

As moléculas de DNA também contêm moléculas de açúcar. Ao contrário das bases nitrogenadas do DNA, somente um açúcar está presente, a desoxirribose. A desoxirribose é um monossacarídeo, um "açúcar simples", com a fórmula química $C_5H_{10}O_4$ (veja a Figura 12.2). A próxima atividade oferece a oportunidade de aprender mais sobre esse açúcar.

Os monossacarídeos foram apresentados na Seção 11.5.

Estude Isto 12.5 Primos químicos: ribose e desoxirribose

A ribose é um primo molecular próximo da desoxirribose. É o monossacarídeo encontrado no ácido ribonucleico (RNA). Compare a fórmula estrutural da desoxirribose (veja a Figura 12.2) com a da ribose:

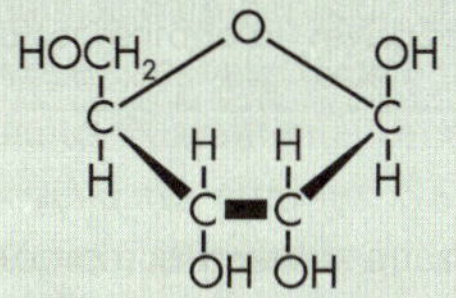

a. Dê a fórmula química de cada açúcar.
b. Qual é a diferença entre as fórmulas estruturais desses dois açúcares?
c. Carboidratos são compostos cuja fórmula química típica é $C_nH_{2n}O_n$, como vimos na Seção 11.5. A ribose e a desoxirribose obedecem a essa fórmula?
d. Nessas duas moléculas de açúcar, que átomos têm pares de elétrons capazes de formar ligações hidrogênio? *Sugestão:* Veja na Seção 5.2 uma revisão da ligação hidrogênio.

O íon fosfato foi apresentado no Capítulo 5. Eis uma de suas estruturas de ressonância.

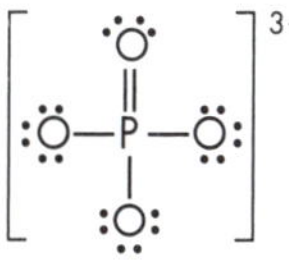

Além das bases nitrogenadas e do açúcar, as moléculas do DNA também contêm o grupo fosfato, em essência um íon fosfato ligado. Entretanto, dependendo do pH, o fosfato pode estar na forma de HPO_4^{2-} ou $H_2PO_4^-$. Se três dos átomos de oxigênio estão pareados com H^+, a forma química é H_3PO_4, ou ácido fosfórico. A acidez dos ácidos nucleicos se deve a esses íons hidrogênio.

Todas as três unidades químicas fundamentais, a base nitrogenada, o açúcar e o grupo fosfato, têm um papel importante na estrutura do DNA. Juntas, formam um monômero que polimeriza para formar o DNA. O monômero é chamado de **nucleotídeo**, isto é, a combinação de uma base, uma molécula de desoxirribose e um grupo fosfato ligados por covalência. Por exemplo, a Figura 12.3 mostra o nucleotídeo de nome adenina fosfato. Você pode ver que o açúcar está ligado ao grupo fosfato e à base (adenina). Nucleotídeos semelhantes são formados com as outras bases nitrogenadas do DNA: guanina, citosina e timina.

Lembre-se, do Capítulo 9, que polímeros são moléculas grandes feitas de pequenos monômeros.

Note, na Figura 12.3, que um –OH do anel da desoxirribose permanece disponível para reações. Essa reação ocorre com o grupo fosfato de um outro nucleotídeo e trata-se de uma reação de

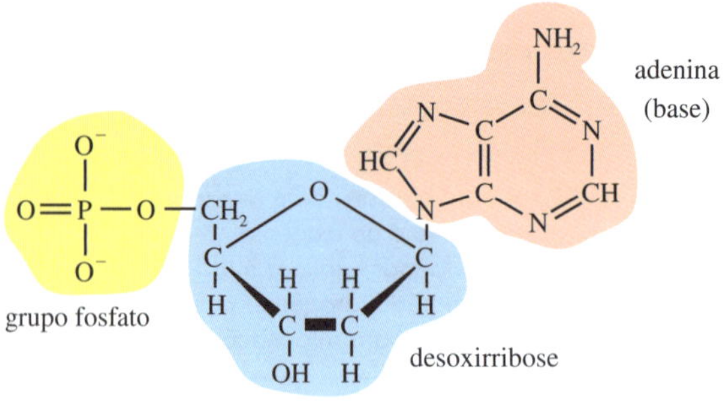

FIGURA 12.3 Monômero nucleotídeo feito de um grupo fosfato, uma desoxirribose (um açúcar) e uma adenina (uma base).

condensação que liga os dois nucleotídeos. Se isso acontece repetidamente entre nucleotídeos, forma-se uma cadeia longa em que se alternam o açúcar e o fosfato, mais conhecida como DNA. Uma molécula típica de DNA contém milhares de nucleotídeos. Em consequência, a massa molecular de uma única fita de DNA pode chegar a milhões.

Veja nas Seções 9.6 e 9.7 outros exemplos de polimerização por condensação.

A ligação de nucleotídeos (monômeros) para formar o polímero DNA é um exemplo de polimerização por condensação. O polímero aumenta em tamanho com a junção de mais e mais nucleotídeos, liberando, a cada vez, uma molécula de água. A Figura 12.4 mostra quatro nucleotídeos ligados desse modo para formar um segmento de DNA. O desenho esquemático no encarte da figura mostra a natureza polimérica do DNA com seus monômeros nucleotídeos.

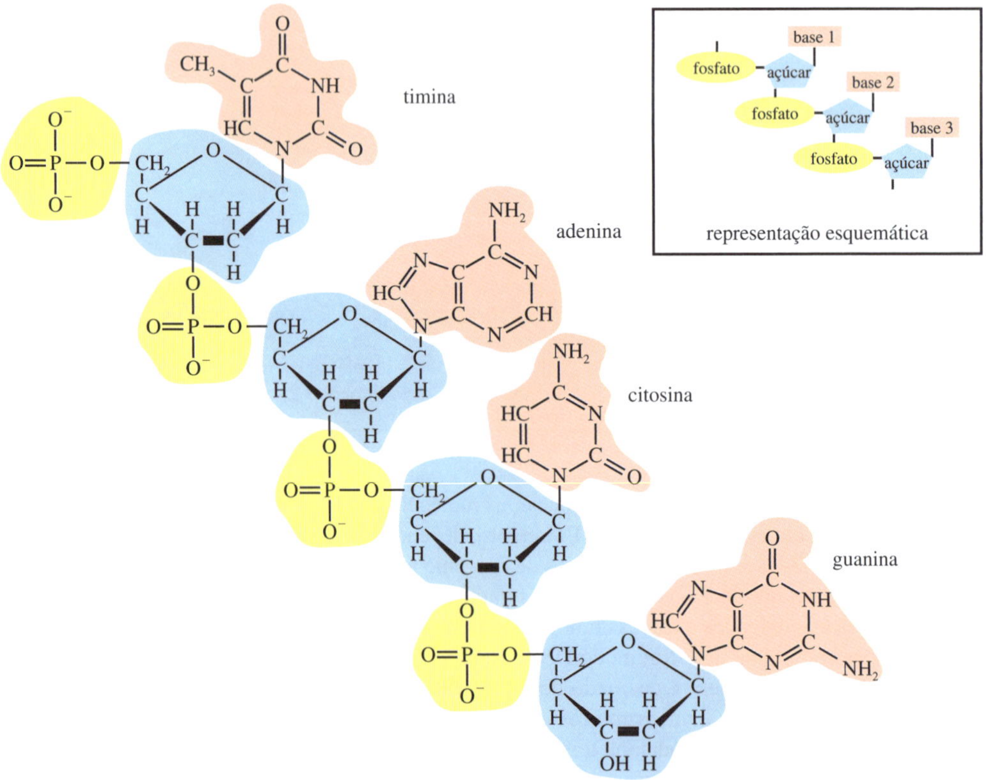

FIGURA 12.4 Segmento de DNA representado quimicamente e esquematicamente (encarte). O grupo fosfato liga uma desoxirribose a outra adjacente. Cada uma das quatro bases, timina (T), adenina (A), citosina (C) ou guanina (G), liga-se a um açúcar desoxirribose.

Sua Vez 12.6 Outro nucleotídeo

Faça um desenho análogo à Figura 12.3 com a fórmula estrutural do nucleotídeo que contém citosina.

12.3 A hélice dupla do DNA

O DNA é uma molécula magnífica. Se olhar as fotos da abertura deste capítulo, você verá a interpretação do DNA, feita por um escultor, com duas fitas prateadas curvando-se em uma suave espiral, elegante e simples. Atrás dessa simplicidade estrutural está um poderoso código de informações químicas. A estrutura, isto é, como os nucleotídeos estão ligados por covalência e como as fitas se empacotam, contribui para a função do DNA. Para entender como o DNA atua em suas muitas funções, é necessário resolver o quebra-cabeças da estrutura do DNA

Para ver a forma e os detalhes submicroscópicos do DNA, os cientistas usaram a técnica da difração de raios X. Essa técnica revolucionou nossa compreensão das estruturas moleculares e da química ajudando-nos a visualizar as formas químicas. A **difração de raios X** é uma técnica analítica em que um cristal é atingido por um feixe de raios X que gera um padrão que revela as posições dos átomos no cristal. Os fótons de raios X interagem com os elétrons dos átomos do cristal e são difratados ou espalhados. O ponto crucial é que os raios X são espalhados em certos ângulos, relacionados com a distância entre átomos, e essa informação pode ser usada para determinar as estruturas de uma grande variedade de materiais cristalinos. O padrão da difração de raios X de uma fibra de DNA foi obtido no fim de 1952 pela cristalógrafa inglesa Rosalind Franklin (Figura 12.5)

Volte à Seção 2.4 para encontrar os raios X no espectro eletromagnético.

James Watson e Francis Crick (veja a Figura 12.5) combinaram os dados de difração de raios X de Franklin com análises químicas e biológicas anteriores para criar um modelo da estrutura do DNA. O padrão da fotografia de difração de Franklin era consistente com um arranjo helicoidal repetido de átomos, semelhante a uma mola frouxamente enrolada. Além disso, as fotos evidenciavam um padrão repetido, separado por 0,34 nm na molécula de DNA. O modelo de Watson-Crick explicava essa repetição com a torção das fitas de DNA em uma **hélice dupla**, uma espiral com duas fitas que se enrolam em torno de um eixo central, como se vê na Figura 12.6. Os pares de base são

(a) (b) (c) (d)

FIGURA 12.5 James Watson **(a)**, Francis Crick **(b)** e Maurice Wilkins **(c)** partilharam o Prêmio Nobel de Fisiologia ou Medicina de 1962 por suas contribuições à compreensão da estrutura do DNA. Embora os dados cristalográficos de Rosalind Franklin **(d)** fossem essenciais, ela morreu em 1958 e não era elegível para o Prêmio Nobel em 1962.

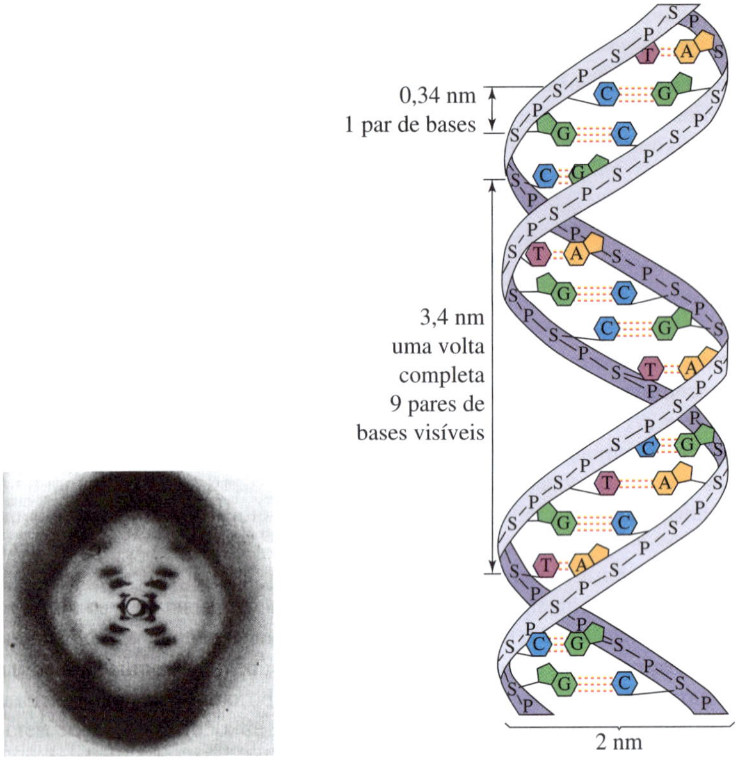

(a) (b)

FIGURA 12.6 **(a)** Fotografia de difração de raios X de uma fibra de DNA hidratada, obtida por Rosalind Franklin. A cruz no centro indica uma estrutura helicoidal e os arcos escuros no alto e embaixo se devem ao empacotamento dos pares de bases. **(b)** Um modelo do DNA com P = grupo fosfato, S = açúcar, desoxirribose, e as bases A = adenina, T = timina, C = citosina, G = guanina. O açúcar e os grupos fosfato se alternam no esqueleto, e as quatro bases se ligam a ele.

paralelos uns aos outros, perpendiculares ao eixo da molécula de DNA e separados por 0,34 nm, a mesma distância calculada com o padrão de difração. Além disso, os resultados de Franklin também sugeriam um segundo padrão de repetição separado por 3,4 nm. Watson e Crick consideraram isso como sendo o comprimento de uma volta completa da hélice com 10 pares de bases.

As letras das palavras têm direcionalidade. Por exemplo, as palavras *aroma* e *amora* têm as mesmas letras na mesma ordem, mas o significado é diferente porque a direção de leitura é diferente. O mesmo ocorre com o polímero do DNA, com as bases sendo análogas às letras. Por exemplo, a série TAC não significa a mesma coisa que CAT. A estrutura do esqueleto do DNA determina a direcionalidade. Olhe com cuidado para os grupos fosfato e desoxirribose do esqueleto do DNA (veja a Figura 12.4) e veja que o anel da desoxirribose liga-se diretamente ao grupo fosfato que está abaixo e liga-se ao que está acima através de outro carbono. Os tipos diferentes de ligações químicas fazem com que as duas direções sejam diferentes. Quando as duas fitas da hélice dupla se ligam, uma fita deve estar na direção oposta à da outra.

Palíndromos são a exceção e podem ser lidos nas duas direções. Por exemplo, a palavra ARARA é lida do mesmo jeito nas duas direções.

Análises químicas anteriores haviam mostrado que as bases nitrogenadas do DNA estão em pares. Não importa a espécie, a percentagem de A é quase exatamente igual à percentagem de T (Tabela 12.1). De forma semelhante, a percentagem de G é essencialmente idêntica à percentagem de C. O modelo estrutural do DNA validava essas regras. Adenina e timina se ajustam quase perfeitamente, como peças de um quebra-cabeça. Um olhar mais atento mostra que essas duas bases ligam-se por duas ligações hidrogênio (Figura 12.7). De forma semelhante, citosina e guanina ligam-se por três ligações hidrogênio. Esse pareamento das bases explica, no nível molecular, a estrutura e muito da função do DNA. Repetindo, A emparelha com T e G emparelha com C.

As regras de pareamento das bases são conhecidas como *regras de Chargaff*, em reconhecimento do seu descobridor, o químico austríaco Erwin Chargaff.

TABELA 12.1 Composição percentual das bases do DNA de várias espécies

Nome científico	Nome comum	Adenina	Timina	Guanina	Citosina
Homo sapiens	humano	31,0	31,5	19,1	18,4
Drosophila melanogaster	mosca das frutas	27,3	27,6	22,5	22,5
Zea mays	milho	25,6	25,3	24,5	24,6
Neurospora crassa	mofo	23,0	23,3	27,1	26,6
Escherichia coli	bactéria	24,6	24,3	25,5	25,6
Bacillus subtilis	bactéria	28,4	29,0	21,0	21,6

Fonte: De I. Edward Alcamo, DNA Technology: The Awesome Skill, 2E © 2000 McGraw-Hill Education.

Sua Vez 12.7 Sequências de bases complementares

A adenina e a timina são bases complementares. O mesmo acontece com a citosina e a guanina. Nos dois casos, as bases formam ligações hidrogênio ao se emparelhar. Use o código de uma letra e escreva as sequências de bases complementares a esses códigos.

a. ATACCTGC
b. GATCCTA

Resposta
a. TATGGACG

A estrutura do DNA e o enigmático pareamento de seus nucleotídeos inspiraram outra descoberta vital. Um lado da fita do DNA contém toda a informação necessária para gerar sua contraparte! Assim, uma única fita de DNA pode guiar a geração de seu complemento. **Replicação** é o processo de reprodução pelo qual a célula deve copiar e transmitir sua informação genética a toda sua descendência. O processo é bem compreendido e está em diagrama na Figura 12.8.

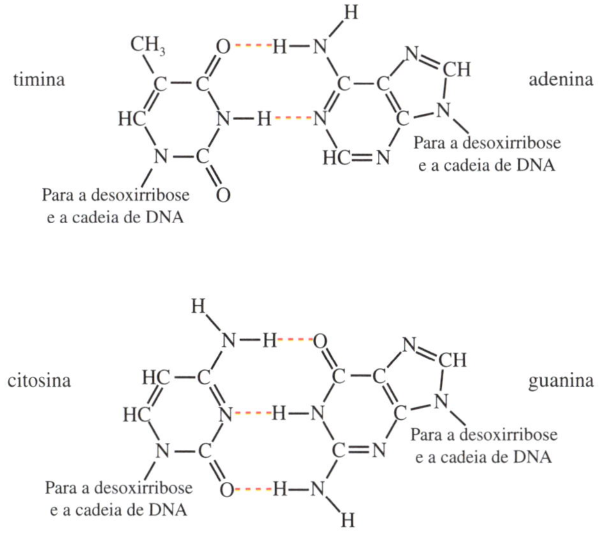

FIGURA 12.7 Pareamento das bases do DNA: adenina com timina e citosina com guanina. As ligações químicas são as linhas pretas sólidas e as ligações hidrogênio, as linhas tracejadas em vermelho.

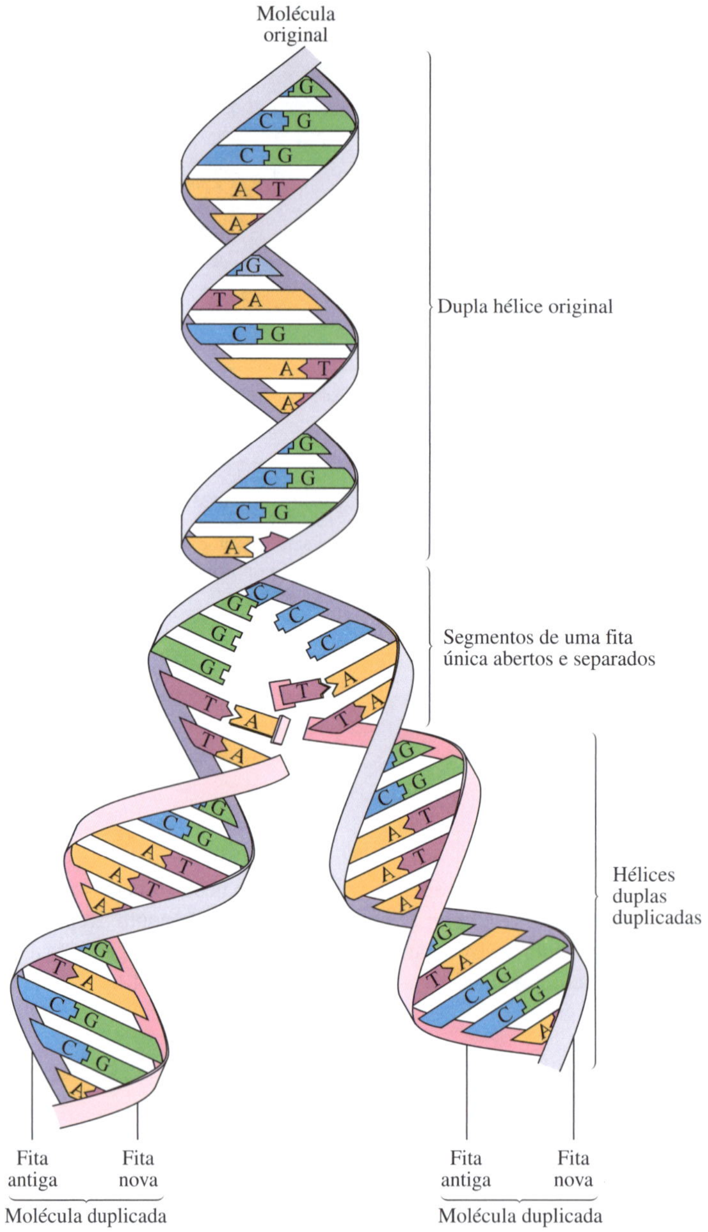

FIGURA 12.8 Diagrama da replicação do DNA. A hélice dupla do DNA original (porção superior da figura) se abre parcialmente, e as duas porções complementares se separam (meio). Cada uma das fitas serve de molde para a síntese de uma fita complementar (porção inferior da figura). O resultado são duas moléculas completas e idênticas de DNA.

Antes da divisão da célula, a hélice dupla se separa rapidamente, porém parcialmente. Isso leva a uma região de fitas de DNA separadas, como se vê no meio da Figura 12.8. Nucleotídeos livres da célula formam seletivamente ligações hidrogênio com essas duas fitas simples separadas, que servem de molde para uma nova molécula de DNA. A com T, T com A, C com G e G com C. Presos nessas posições, os nucleotídeos são ligados pela ação de uma enzima, um catalisador biológico. Por esse mecanismo, cada fita do DNA original gera uma cópia complementar. A fita original e o complemento sintetizado enrolam-se para formar uma nova molécula idêntica à primeira. De modo semelhante, a outra fita separada da molécula original e seu novo parceiro enrolam-se e formam outra molécula duplicada. Assim, onde havia originalmente uma hélice dupla, agora existem duas cópias idênticas.

Volte à Seção 10.4 para rever as enzimas.

Estude Isto 12.8 Uma molécula magnífica

Reveja a fotografia que abre o capítulo. Ela mostra uma escultura do DNA na qual as pessoas podem subir. Como uma peça de arte, ela representa algumas partes da molécula do DNA melhor do que outras.

a. Liste três desvantagens dessa representação do DNA. Que detalhes químicos foram omitidos? Que informação se perdeu?
b. Agora liste três vantagens. Que informação é destacada? O que se ganhou?
c. Encontre outra reprodução artística do DNA, possivelmente em sua universidade ou na Internet, e repita as partes **a** e **b**. Cite suas fontes.

Estude Isto 12.9 Reparação da sequência do DNA

Lembre-se, da Seção 12.2, de que o DNA deve ser copiado perfeitamente. Após a replicação, enzimas percorrem as fitas do DNA para identificar e corrigir erros no pareamento das bases.

A T G C C A T G A A
T A C G G T A T T T

a. Encontre o erro no pareamento das bases para esse conjunto de fitas de DNA e marque-o.
b. Você espera que as fitas mal pareadas sejam mais ou menos estáveis do que o par correto? Explique seu raciocínio.

Na maior parte dos organismos, o DNA recentemente copiado não permanece estendido como hélice dupla e se enrola ainda mais. Isso não somente economiza espaço como organiza melhor e protege a informação genética. O processo é cuidadosamente regulado de modo que pequenas porções do DNA possam ser acessadas quando uma informação específica armazenada é necessária. Esse conjunto completo de informações genéticas é empacotado em **cromossomos**, rolos compactos de DNA em forma de bastão e proteínas especializadas que ficam no núcleo das células.

Sua Vez 12.10 Seu DNA está se enrolando?

A distância entre pares de bases na estrutura da hélice dupla do DNA é 0,34 nm.

a. Calcule o comprimento, em centímetros (cm), do cromossomo humano 11 quando estendido em uma hélice dupla. *Sugestão:* O cromossomo 11 é formado por 135.000.000 pares de bases.
b. Os cromossomos podem ser melhor visualizados imediatamente antes da divisão celular. Nesse estado compacto, o eixo mais longo do cromossomo 11 tem aproximadamente 4 μm. Por que fator o DNA foi ainda mais condensado? *Sugestão:* 1 μm é 1×10^{-6} m.
c. Sugira uma razão para a necessidade desse nível de compactação. *Sugestão:* Uma célula humana típica tem somente 10 μm de diâmetro.

Resposta

a. $$\frac{0{,}34\ \cancel{\text{nm}}}{1\ \cancel{\text{par de bases}}} \times \frac{1\ \cancel{\text{m}}}{1 \times 10^{9}\ \cancel{\text{nm}}} \times \frac{1 \times 10^{2}\ \text{cm}}{1\ \cancel{\text{m}}} \times \frac{1{,}35 \times 10^{8}\ \cancel{\text{pares de bases}}}{\text{cromossomo 11}} = \frac{4{,}6\ \text{cm}}{\text{cromossomo 11}}$$

Cada vez que uma célula se divide para reproduzir-se, um conjunto completo de cromossomos deve ser estendido e replicado perfeitamente, de modo que cada nova célula contenha um conjunto idêntico. Alguns tipos de células, como as da pele e as de um tumor de câncer, dividem-se mais rapidamente do que outras. Essas células são mais suscetíveis de coletar e passar adiante DNA danificado por radiações ionizantes, radicais livres ou agentes químicos.

Volte ao Capítulo 7 para rever as radiações ionizantes e ao Capítulo 2 para os radicais livres.

12.4 Quebra do código químico

Lembre-se de toda a química complexa que acontece em suas células a cada minuto – a molécula do DNA organiza um bocado de informações. Os bilhões de pares de bases repetidas em cada célula de milho dão as diretrizes necessárias para produzir um pé de milho. Os pares de bases são ordenados em sequências específicas e agrupados, algumas vezes em genes, para codificar a produção das proteínas. Outras informações estão presentes no DNA, mas nossa compreensão de como elas são usadas só está começando.

A Seção 11.7 definiu proteínas no contexto dos alimentos que comemos. A Seção 9.7 descreveu proteínas como polímeros (polipeptídeos ou poliamidas).

Volte à Figura 11.16, do Capítulo 11, para mais sobre a estrutura geral de um aminoácido.

Embora a informação seja transportada no DNA, ela é expressa em outras moléculas menores. As mais compreendidas são as proteínas. As proteínas são encontradas em todo o nosso corpo, na pele, nos músculos, no cabelo, no sangue, e milhares delas são enzimas que regulam a química da vida. Ao dirigir a síntese das proteínas, o DNA comanda muitas das características do organismo.

As proteínas são grandes moléculas formadas pela ligação de aminoácidos. Lembre-se de que os 20 aminoácidos que ocorrem comumente nas proteínas podem ser representados por esta fórmula estrutural que reproduzimos do Capítulo 11.

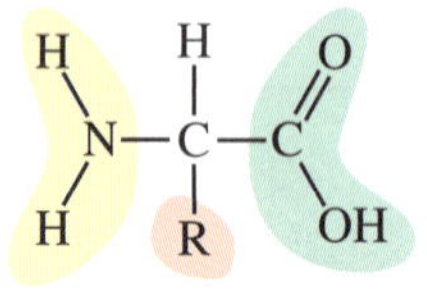

O grupo amina ou amino é $-NH_2$, o grupo ácido é $-COOH$, e R representa uma cadeia lateral diferente para cada um dos 20 aminoácidos. Em uma reação de condensação, o grupo $-COOH$ de um aminoácido reage com o grupo $-NH_2$ de outro. Nesse processo, forma-se uma ligação peptídica e uma molécula de H_2O. Quando muitos aminoácidos se ligam, o resultado é uma proteína, isto é, um polímero formado pelos monômeros aminoácidos. Também podemos descrever uma proteína como uma cadeia longa de resíduos de aminoácidos. Um **resíduo de aminoácido** é o termo usado para um aminoácido que foi incorporado à cadeia peptídica.

A descoberta do código molecular da informação genética pode ser considerada o exemplo mais surpreendente de criptografia, a ciência de escrever códigos secretos, de toda a história.

A informação de uma sequência de nucleotídeos do DNA se traduz, através de um código, em uma sequência específica de aminoácidos em uma proteína. O código não pode ser uma correlação simples um-a-um entre bases e aminoácidos. Só existem quatro bases no DNA. Se cada base correspondesse a um único aminoácido, o DNA só poderia codificar quatro aminoácidos. Porém, existem 20 aminoácidos em nossas proteínas. Portanto, o código do DNA tem de conter pelo menos 20 "palavras" de código distintas, cada palavra representando um aminoácido diferente. Além disso, as palavras devem ser selecionadas em um conjunto de quatro letras apenas – A, T, C e G – ou, mais acuradamente, das bases correspondentes a essas letras.

Uma estatística simples pode nos ajudar a determinar o tamanho mínimo dessas palavras de código. Para saber quantas palavras de um certo tamanho podem ser feitas com um alfabeto de tamanho conhecido, eleve o número de letras disponíveis à potência n, o número de letras por palavra.

$$\text{palavras} = (\text{letras})^n$$

Por exemplo, usar 4 letras para fazer palavras de duas letras gera 4^2, ou 16 palavras diferentes. Assim pares de bases de DNA (correspondendo a 2 letras por palavras) só poderiam codificar 16 aminoácidos, insuficiente para uma representação única para cada um dos 20 aminoácidos. Então, repetimos o cálculo supondo que o código é baseado em 3 bases sequenciais ou, se você preferir, palavras de três letras. Agora, o número de combinações triplas de bases é 4^3, ou $4 \times 4 \times 4 = 64$. Esse sistema tem capacidade mais do que suficiente para fazer o serviço.

Sua Vez 12.11 Código baseado em quartetos

Suponha que o código do DNA usasse quatro bases em sequência, em vez de três. Quantas sequências diferentes de quatro bases resultariam?

Resposta

$4 \times 4 \times 4 \times 4 = 4^4 = 256$ sequências diferentes de quatro bases.

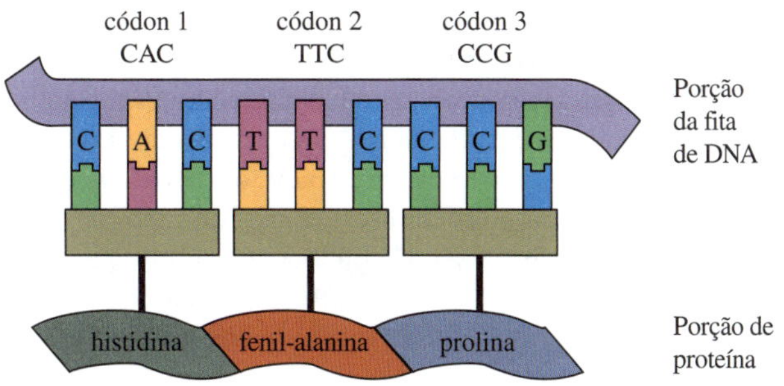

FIGURA 12.9 Uma sequência de nove bases de ácido nucleico mostrando três códons.

Os grupos de três letras dos nucleotídeos são a base da transferência de informação do DNA para as proteínas. Cada grupo, ou **códon**, é uma sequência de três nucleotídeos adjacentes que guia a inserção de um aminoácido específico ou sinaliza o começo ou o fim da síntese da proteína. Se você fosse usar as letras A, T, C e G em um jogo de palavras, você poderia gerar 64 combinações de três letras diferentes. Algumas, como CAT, TAG e ACT fazem sentido em inglês, ainda que não em português. A maior parte é como AGC, TCT e GGG e não faz sentido em nenhuma das duas línguas. No entanto, para a natureza faz. 61 dos 64 possíveis códons tripletes especificam aminoácidos. Assim, a sequência CAC em uma molécula de DNA sinaliza que uma molécula do aminoácido histidina deve ser incorporada na proteína, TTC codifica a fenil-alanina e CCG, a prolina. As três sequências de bases que não correspondem a aminoácidos são sinais de parada da síntese da cadeia da proteína. Um exemplo de um segmento de ácido nucleico com nove bases e como ele codifica três aminoácidos está na Figura 12.9.

Nossos cálculos mostraram que grupos de três letras são o mínimo necessário para cobrir os 20 aminoácidos, mas não mostraram como todos os 64 códons são usados. O código têm redundâncias. Muitos aminoácidos têm mais de um códon. Por exemplo, leucina, serina e arginina têm seis códons cada. Também, três códons diferentes dizem à proteína para "parar". Por outro lado, dois aminoácidos (triptofano e metinoina) e o sinal de início da síntese da proteína são representados por um único códon.

Sua Vez 12.12 Códons duplicados

Sugira algumas vantagens de um código genético em que vários códons representam o mesmo aminoácido.

O código genético é idêntico para todas as criaturas vivas. Com somente um punhado de exceções, as instruções para fazer pessoas, bactérias e árvores são escritas na mesma linguagem molecular dos 64 códons. No código genético, temos uma Pedra de Rosetta para traduzir qualquer sequência genética de qualquer organismo. A importância dessa afirmação pode não ser imediatamente aparente. Olhando de novo para nosso exemplo original do milho geneticamente modificado, essa Peda de Rosetta significa que a sequência de genes da toxina *Bt* fabrica a mesma proteína destruidora de insetos na bactéria original *e* no pé de milho.

As gravações da Pedra da Rosetta, em várias línguas, ajudaram a decifrar os hieróglifos egípcios.

12.5 Proteínas: forma e função

Proteínas são polímeros. Admitimos que elas não se parecem muito com o transparente polímero PET que pode conter seu refrigerante favorito. Também não parecem ter muito em comum com o resistente polipropileno que é usado para fazer carpetes. Ainda assim, as proteínas são moléculas grandes feitas a partir de moléculas menores.

Mais especificamente, as proteínas são poliamidas. Como o náilon, são feitas pela reação química de ácidos carboxílicos e aminas. Ao contrário do náilon, porém, uma proteína é construída a partir de 20 monômeros aminoácidos. A comparação de proteínas com o náilon pode deixá-lo com a imagem de proteínas como longos fios, e não moléculas tridimensionais complexas. Essa imagem é muito simplista. As proteínas existem em um ambiente complexo, a célula. Como colares em uma caixa de joias desordenada, elas se recusam ficar estendidas e ordenadas. Ao contrário das joias, cada proteína fica em uma única forma tridimensional, frequentemente muito específica. A forma final pode parecer confusa, mas é a forma exata necessária para a química que a proteína executa no organismo. No Capítulo 9, discutimos proteínas como polímeros e no Capítulo 11, como nutrientes. Neste capítulo, discutimos a função das proteínas e suas formas tridimensionais.

Sua Vez 12.13 De que forma o hambúrguer é como o náilon?

Tire um momento para refrescar a memória sobre duas poliamidas: o náilon de um colete esportivo e a proteína de um hambúrguer.

a. Que grupo funcional o náilon e as proteínas dos alimentos têm em comum?
b. O náilon é usualmente sintetizado a partir de dois tipos de monômeros; as proteínas são sintetizadas a partir de um tipo de monômero. Que grupo(s) funcional(is) os monômeros de cada um contêm?
c. Os náilons e as proteínas são polímeros de adição ou de condensação?

Resposta

b. Tipicamente, o náilon é sintetizado pela reação de um monômero que contém dois ácidos carboxílicos com um monômero que contém dois grupos amina. Por exemplo, volte à equação 9.7. Em contraste, as proteínas são sintetizadas a partir de um monômero (um aminoácido) que contém um grupo ácido carboxílico e um grupo amina.

Começamos nossa discussão das formas das proteínas pela **estrutura primária**, isto é, a sequência de aminoácidos que a forma (Figura 12.10). A estrutura primária é o primeiro e mais fundamental identificador de uma proteína, a lista de aminoácidos lida na extensão do polímero. Saber que uma pequena proteína contém 3 valinas (val), 2 ácidos glutâmicos (glu) e 1 histidina (his) pode lhe dizer seu tamanho e alguns outros detalhes, mas não é suficiente para especificar uma proteína e explorar sua forma e função. A ordem e a sequência dos aminoácidos são importantes. Por exemplo, val-glu-val-his-glu-val é uma proteína diferente de val-val-val-his-glu-glu. Esses peptídeos curtos se comportam diferentemente também!

Lembre-se de que cada aminoácido tem uma cadeia lateral. Essa cadeia lateral interage com outras cadeias laterais ou com as moléculas em torno ou no interior da proteína. Cadeias laterais podem se atrair e "prender" umas às outras e, ao fazê-lo, mantêm uma proteína em uma forma tridimensional particular. A ordem e a identidade dos aminoácidos definem como e onde essas ligações de cadeias laterais podem ocorrer. Cada aminoácido tem um papel, e a mudança de um deles pode mudar a forma tridimensional e, como resultado, a função de uma proteína.

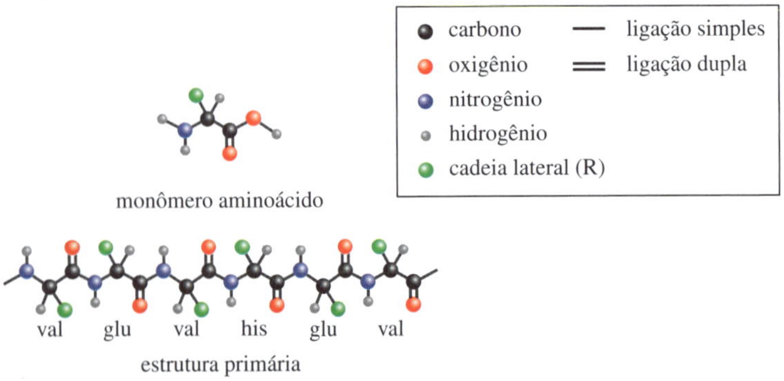

FIGURA 12.10 Representação da estrutura primária de uma proteína.

Felizmente, você não tem de memorizar todos os 20 aminoácidos. Agruparemos as cadeias laterais em duas categorias: polares (com carga ou neutras) ou não polares. Como óleo e água, as cadeias laterais não polares e polares tendem a se repelir. No ambiente típico de uma proteína (água), as cadeias polares podem ficar na água, mas as não polares se agrupam no interior da proteína, evitando interações desfavoráveis com a água e favorecendo as forças atrativas de dispersão entre as cadeias laterais.

Reveja a Seção 5.1 para mais sobre moléculas polares e não polares.

A Seção 9.4 discutiu as forças atrativas de dispersão entre grupos não polares no contexto dos plásticos.

As cadeias laterais polares podem levar a outros tipos de interações: iônicas ou ligações hidrogênio. Cadeias laterais que contêm grupos ácidos ou básicos (como ácidos carboxílicos ou aminas) com frequência se ionizam e atraem seus opostos para formar ligações iônicas. Cadeias laterais sem carga porém polares frequentemente contêm grupos hidroxila ou amida. Muitas dessas cadeias laterais podem formar ligações hidrogênio.

A importância da formação de ligações hidrogênio em proteínas foi mencionada inicialmente na Seção 5.2.

Um aminoácido muito especial contém um grupo tiol (–SH) em sua cadeia lateral. Nas proteínas, os grupos tiol têm uma função importante e muito especializada. Um grupo tiol pode reagir com um segundo grupo tiol e formar ligações dissulfeto (S–S) entre os átomos de enxofre. Essas ligações fortes unem por covalência duas regiões diferentes da proteína. Todas essas tendências – o agrupamento das cadeias não polares, os grupos polares fazendo ligações iônicas ou de hidrogênio e os grupos tiol formando dissulfetos – dão a cada sequência de aminoácidos sua assinatura característica.

Continuamos nossa discussão com o exame da **estrutura secundária**, isto é, o modo de enrolamento dos segmentos da cadeia de uma proteína. Muitas cadeias de proteínas, mas nem todas elas, formam estruturas repetidas, regulares, em decorrência de determinados ângulos de ligação e atrações entre aminoácidos vizinhos. As duas estruturas mais comuns são a hélice-α, uma fita em espiral, e a folha-β, fitas paralelas pregueadas em ziguezague.

Essas duas formas de estrutura secundária dependem da tendência do esqueleto da proteína de formar ligações hidrogênio intramoleculares. A Figura 12.11 mostra as ligações hidrogênio entre o O do esqueleto e o N–H do grupo amida como linhas pontilhadas. O número e o espaçamento regular dessas ligações hidrogênio podem manter e alinhar uma fita de proteína, estabilizando a estrutura secundária. A escolha da estrutura secundária ou mesmo sua inexistência pode ser aproximadamente prevista pela estrutura primária. Algumas cadeias laterais tendem a se empacotar bem em folhas-β, outras tendem a formar hélices-α e outras tendem a levar a cadeia a uma estrutura desordenada.

Proteínas são moléculas tridimensionais grandes, mas as estruturas primária e secundária são relativamente achatadas. Precisamos de uma descrição mais "global" de sua forma, a **estrutura terciária**, ou a forma molecular da proteína definida pelas interações entre aminoácidos muito afas-

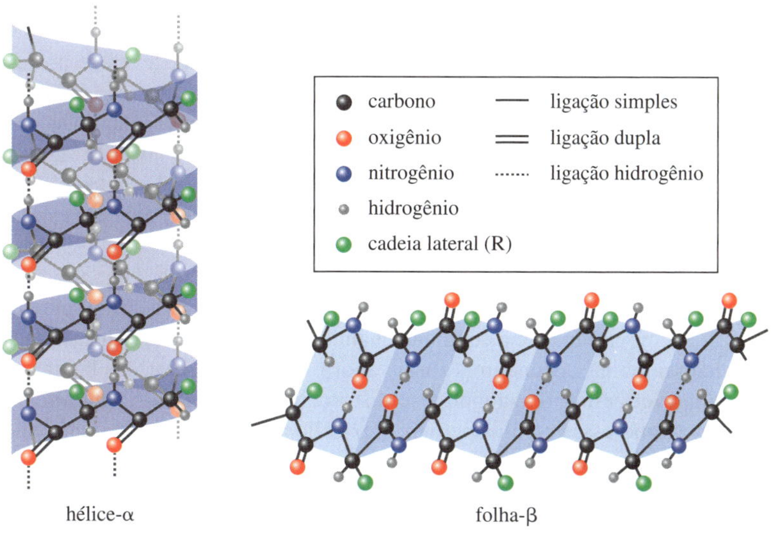

FIGURA 12.11 Representações das estruturas secundárias de uma proteína. Os dois tipos principais de estruturas secundárias são a hélice-α e a folha-β.

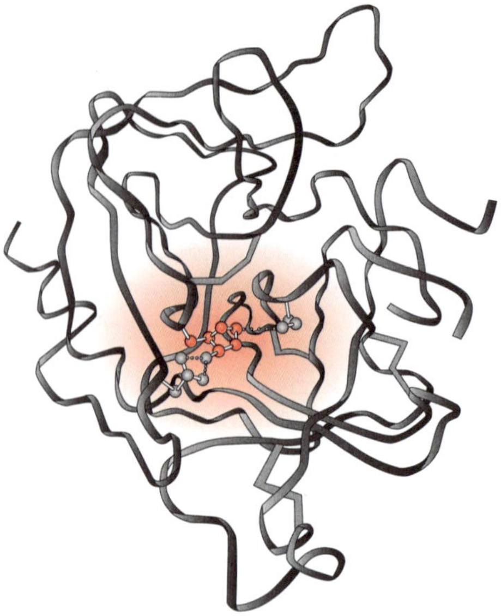

FIGURA 12.12 Estrutura terciária da enzima quimotripsina, mostrando seu centro ativo. A porção em "fita" representa a cadeia de aminoácidos; a porção central colorida, o centro ativo em que a reação enzimática ocorre.

tados na sequência, mas próximos no espaço. A dobra final resulta do aumento líquido da estabilidade, mantida por ligações hidrogênio e iônicas, ligações dissulfeto e interações (ou a ausência delas) entre as cadeias laterais e a água.

Com apenas 20 aminoácidos, as proteínas produzem uma grande variedade de formas e executam uma grande quantidade de funções. Suas formas tridimensionais são bastante adequadas às funções. As enzimas catalisam reações químicas. A forma da enzima tem de criar um **centro ativo**, isto é, uma região catalítica, com frequência uma fenda, que se liga apenas a reagentes específicos e acelera a reação desejada (Figura 12.12). As enzimas são o tipo de proteína mais discutido, mas outros exemplos existem. Algumas proteínas ligam-se ao DNA para protegê-lo ou enviar um sinal. Novamente, a forma está relacionada com a função. Quando essas proteínas se dobram, elas expõem cadeias laterais com cargas positivas para atrair e ligar-se ao DNA com sua carga negativa. Outro tipo de proteína forma canais que permitem que materiais químicos específicos atravessem a membrana da célula, mantendo-a impermeável a substâncias químicas indesejadas.

Uma pequena alteração da estrutura primária de uma proteína pode ter efeito profundo em suas propriedades. Observe o termo *pode* nessa afirmação. Às vezes, uma alteração em um aminoácido não altera a forma e a função da proteína. Por exemplo, uma leucina não polar pode ser trocada por uma valina, também não polar, pela remoção de um grupo $-CH_3$. A proteína pode até ficar um pouco menos estável, mas, no todo, é praticamente a mesma. Porém, em vez disso, troque o ácido glutâmico errado (no qual a cadeia lateral tem com frequência carga negativa) por uma valina não polar e surge a doença anemia falciforme.

A anemia falciforme afeta uma razoável parte da população, mais de 70.000 indivíduos somente nos Estados Unidos, e baixa a expectativa de vida a uma média de 40 anos.

Os capilares são os menores vasos do sistema circulatório do sangue e seu diâmetro é igual ao de uma célula vermelha.

A hemoglobina é a proteína do sangue que transporta oxigênio. Uma única alteração de um determinado ácido glutâmico para valina na estrutura primária da hemoglobina cria uma variante chamada de hemoglobina S e a condição chamada de anemia falciforme. Essa substituição faz com que a hemoglobina assuma uma forma anormal em concentrações baixas de oxigênio, forçando as células vermelhas do sangue a se distorcerem *na forma de uma foice ou crescente* (Figura 12.13). Como essas células perdem flexibilidade, não podem passar pelas pequenas aberturas dos capilares do baço e outros órgãos. Algumas dessas células em forma de foice são destruídas, resultando em anemia, e outras entopem tanto os órgãos que o suprimento de sangue para eles se reduz.

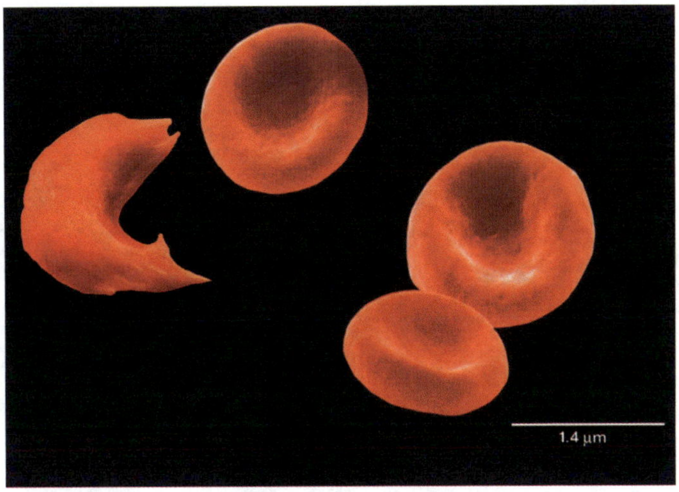

FIGURA 12.13 Imagem de um microscópio eletrônico de varredura mostrando células vermelhas do sangue normais e as distorcidas em forma de foice ou crescente.

Estude Isto 12.14 A função segue a forma

Na anemia falciforme, um ácido glutâmico da sequência da hemoglobina é substituído por um resíduo de valina.

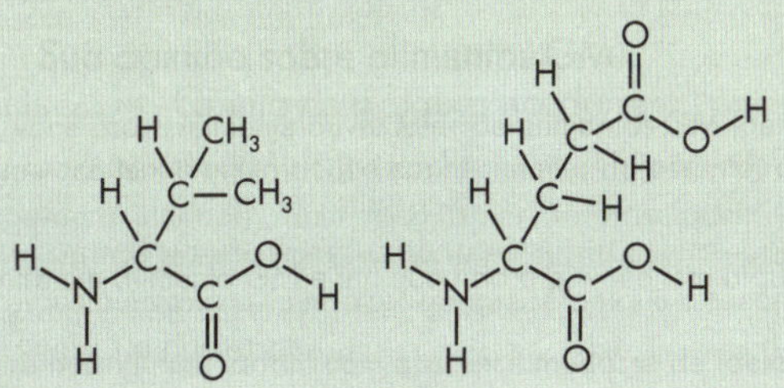

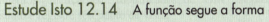

valina ácido glutâmico

a. Descreva a diferença estrutural entre estes dois aminoácidos: valina e ácido glutâmico.
b. Prediga a solubilidade de cada um desses aminoácidos em água.
c. Explique como essas diferenças poderiam levar às células deformadas típicas da anemia falciforme.

12.6 O processo da engenharia genética

Começamos este capítulo com pensamentos utópicos. Especificamente, sonhamos com uma semente de milho perfeita que poderia resistir a herbicidas e pragas. Vimos que esse sonho pode ser alcançado com a engenharia genética. Colocamos a questão: "O que estamos modificando quando alteramos geneticamente alguma coisa?"

Agora, esperamos que você saiba a resposta. Modificamos o DNA da célula. Se alteramos os genes, mudamos as proteínas que são sintetizadas por esses genes. No fundo, mudamos a química da célula. Quando ela cresce e se desenvolve, geramos uma planta com novas características dadas pelo DNA diferente.

Ao longo da história, os humanos manipularam genes. Isso pode surpreendê-lo, porque você pode pensar que nossa capacidade de modificar genes é recente, mas lembre-se, por exemplo, de como cultivávamos plantas. Tendíamos a cultivar as que tinham características específicas, como melhor gosto ou aparência. As outras eram rejeitadas. Para produzir essas linhagens com caracterís-

FIGURA 12.14 Ancestral do milho, o teosinto, ao lado de espigas de milho modernas.

ticas novas e únicas, cruzávamos diferentes linhagens. O processo levou muitos anos, mas eventualmente nós "domesticamos" plantas e criamos as colheitas que hoje nos alimentam.

O milho é um excelente exemplo. Como vimos antes, o milho é nativo das Américas. O povo da região manipulou os genes da planta teosinto, que tinha sementes na extremidade da haste e não no corpo da planta, um modo de crescimento visto hoje no sabugo do milho (Figura 12.14). A domesticação da planta teosinto levou a um alimento mais nutritivo e abundante.

Domesticar uma planta é um processo de modificação genética. Mesmo sem conhecer a química, selecionamos plantas com certas sequências de DNA e rejeitamos outras com outras sequências. Com o tempo – muito tempo – encorajamos alterações no DNA, permitindo que uma amostra de DNA continuasse, se espalhasse e sobrevivesse. Características que não podíamos ver e que conferiam adaptabilidade, gosto, cheiro ou qualidade no tato eram perdidas com frequência. Plantas de crescimento rápido porém pouco desenvolvidas eram descartadas. O mesmo acontecia com raízes persistentes e profundas que tornavam impossível lavrar. De modo semelhante, a resistência à doença não imediatamente requerida era perdida. Os pés de milho modernos, como os encontrados no milharal do começo do capítulo, são hoje incapazes de sobreviver sem humanos que cuidem deles.

A natureza também faz modificações genéticas. Por exemplo, todos os campos contêm bactérias, e as plantas são suscetíveis a diferentes linhagens de bactérias em um grau maior ou menor. Imaginemos que uma bactéria nova e virulenta apareça no campo. Pode ser que essa bactéria tenha vindo de uma mutação, uma pequena mudança aleatória em seu genoma. Com o tempo, a maior parte das plantas selvagens do campo é atacada pela nova bactéria, mas uma planta em particular contém a química da célula necessária para resistir ao ataque. De repente, um gene sem importância passa a ser a chave da sobrevivência. Aquela planta é capaz de resistir à bactéria enquanto outras não. A planta se reproduz e o gene sobrevive.

A tensão na planta pode também tomar outras formas, como uma seca de três anos ou ervas daninhas mais agressivas, mas o processo é o mesmo. A natureza geralmente seleciona as plantas mais autossuficientes. Os humanos tendem a selecionar plantas mais bonitas e de melhor gosto. Em ambos os casos, o resultado é alterações no genoma da planta. O processo de cultivo seletivo, na agricultura selvagem ou humana, é um processo longo, lento e, de certo modo, aleatório, de modificação genética. Nem a seleção natural nem a artificial são engenharia genética. A **engenharia genética**, como a conhecemos, é a manipulação direta do DNA de um organismo.

Embora os termos sejam trocados com frequência, usamos *engenharia genética* para descrever o processo técnico e *modificação genética* para discutir especificamente produtos alimentícios.

Os organismos mais fáceis de manipular são as bactérias unicelulares. Elas contêm **plasmídeos**, ou anéis de DNA, além de seus cromossomos. Os cientistas podem remover, mudar e repor facilmente os plasmídeos para alterar a química da bactéria. Eles usam enzimas especiais para cortar e abrir o plasmídeo em pontos específicos. Então, copiam o DNA contendo um gene promissor de

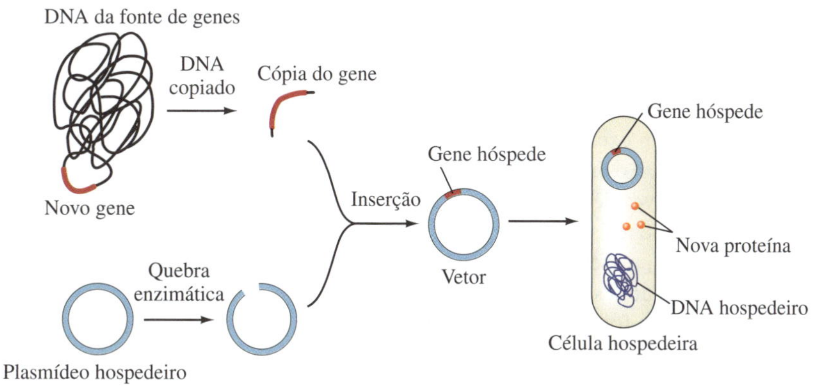

FIGURA 12.15 Representação do processo de engenharia genética.

outro organismo e o inserem no anel de plasmídeos da bactéria. O resultado é um novo plasmídeo híbrido, ou **vetor**, um plasmídeo modificado usado para transportar de volta o DNA para o hospedeiro bacteriano (Figura 12.15). Dentro da célula, a química da bactéria assume seu papel. A bactéria cresce rapidamente e produz novas células. Rapidamente, os cientistas têm milhões de cópias do gene "hóspede" e da proteína que ele produz.

Inserir DNA estrangeiro torna-se um pouco mais complicado à medida que subimos a ladeira evolucionária de bactérias a plantas. Organismos superiores são melhores em se proteger do DNA estrangeiro. Por exemplo, as plantas têm paredes celulares espessas. Em outro exemplo, muitos organismos têm mecanismos químicos projetados para detectar e destruir o DNA estrangeiro. Ainda assim, os cientistas encontraram modos de transpor esses obstáculos. Um deles é usar uma bactéria especial de solos capaz de infectar plantas. Essa bactéria cria uma ponte para a célula da planta e, no processo, transfere seu próprio DNA para o genoma da planta. Os genes da bactéria induzem pontos de grande crescimento anormal (Figura 12.16). Você talvez tenha visto esses tumores em muitas plantas e árvores, incluindo macieiras, roseiras e algumas outras plantas.

O *Agrobacterium tumefaciens* é comumente usado para transformar plantas, particularmente na indústria comercial de sementes.

Os cientistas são capazes de desativar o gene bacteriano e usar a bactéria para inserir um gene interessante diferente. Se esse gene é a sequência específica da bactéria do solo, *Bacillus thuringiensis* (ou *Bt*), que produz uma toxina *Bt*, a planta adquire as instruções para fabricar, ela mesma, a toxina. No começo do capítulo, descrevemos como o processo de transferência genética funcionava para criar pés de milho resistentes a insetos. Não somente existe o milho *Bt*, como também o algodão *Bt*, as batatas *Bt* e o arroz *Bt*, todos produzindo toxinas contra pragas que destroem colheitas!

FIGURA 12.16 Um tumor (*Agrobacterium radiobacter*) em um crisântemo.

A toxina *Bt* é só um exemplo de possibilidades de engenharia genética. Nem todos os exemplos de colheitas geneticamente modificadas são **transgênicos**, ou seja, um organismo resultante de transferência de genes entre espécies. A engenharia genética é usada para obter os mesmos resultados do cultivo seletivo, porém com muito mais velocidade e controle. Imagine que você tem uma boa colheita de arroz, que tem excelente sabor e cozinha até o ponto perfeito, mas que está sendo destruído por um vírus local. Ao mesmo tempo, um parente selvagem de sua colheita que cresce ao lado é resistente ao vírus. Em vez de assegurar a característica de resistência por cultivo seletivo, encontre e copie somente o gene de resistência da planta selvagem e, então, transfira-o para sua colheita mais fraca mas, por outro lado, perfeita. Tecnicamente, o processo de engenharia genética é idêntico, mas o resultado é uma planta com somente genes de arroz.

O arroz transgênico foi desenvolvido para uso na África subsaariana, onde o vírus amarelo rajado destrói grande parte da colheita de arroz a cada ano (Figura 12.17). Para começar, o gene que dava resistência ao arroz foi retirado de uma fonte surpreendente: o próprio vírus! O resultado foi uma planta transgênica com uma pequena quantidade de código viral. A fonte do gene é, talvez, preocupante, particularmente para os que temem que o consumo das proteínas virais possa resultar em reações alérgicas. Uma fonte genética preferível está em desenvolvimento. Os cientistas estão encontrando novos genes potenciais com a exploração das razões da resistência ao vírus encontrada em algumas variedades de arroz.

Talvez você tenha em mente uma característica, mas não tem uma fonte do gene. Nesse caso, nem o cultivo seletivo tradicional nem a transferência integral do gene funcionariam. Nenhum deles pode funcionar se uma característica ainda não existe. Embora, em teoria, fosse possível esperar que a característica aparecesse através de mutações naturais, aleatórias, você muito provavelmente perderia a paciência. Para acelerar o processo da evolução, os cientistas usam produtos químicos ou radiação ionizante, que produzem mutações aleatórias em um grupo de sementes. Ao serem plantadas, algumas sementes não progridem, outras o fazem sem mudanças aparentes e outras, ainda, apresentam características diferentes. Quando uma característica desejável aparece, os cientistas podem usar o cultivo seletivo para refinar uma nova colheita com a característica positiva ou a engenharia genética para isolar o gene responsável pela característica e transferi-lo para outra planta.

Sua Vez 12.15 Radiação ionizante

Radiação ionizante é um termo comumente usado por cientistas e profissionais de saúde. Nós o apresentamos no Capítulo 7 e gostaríamos que você o revisse aqui.

a. O que é um íon? Dê dois exemplos. *Sugestão:* Veja a Seção 5.6.
b. Algumas espécies têm elétrons desemparelhados. Dê dois exemplos. *Sugestão:* Veja as Seções 1.11 e 2.8.
c. Como a radiação produz íons com elétrons desemparelhados? *Sugestão:* Veja a Seção 7.6, "A radiação nuclear e você".
d. Como esses íons (radicais livres) levam a mutações aleatórias do DNA?

FIGURA 12.17 Arroz transgênico resistente ao vírus.

No começo deste capítulo, lembramos que como humanos temos a responsabilidade de agir cuidadosamente, pela atual e pelas gerações futuras. Também mencionamos que nossas necessidades são grandes e nossos problemas sociais são prementes, e perguntamos se nossa *inação* poderia resultar em mais mal do que bem. O poder da engenharia genética pode nos assustar. Você pode ficar automaticamente preocupado com a ideia mesma de organismos transgênicos. A próxima seção descreve os benefícios, atuais e projetados, da engenharia genética para a indústria química. Na seção seguinte, tratamos dos riscos potenciais.

12.7 A engenharia genética e a síntese química verde

Resistência a pragas e herbicidas não é a única razão para modificações genéticas. Os cientistas também modificaram os genes de milho, soja e trigo para torná-los mais resistentes às doenças, mais tolerantes a extremos como sal, calor ou seca e mais nutritivos. Embora os agricultores tenham sido beneficiados, muitos outros também o foram. Os cientistas desenharam plantas que absorvem metais tóxicos de solos contaminados. Alguns estão desenvolvendo colheitas, como as de soja, que produzem altos rendimentos de biocombustíveis por acre. Outros estão modificando bactérias para detectar e remediar contaminações radioativas. Nosso interesse nesta seção é mostrar que a engenharia genética pode incorporar as ideias principais da química verde na produção química em larga escala.

Um caminho de síntese até um produto químico desejado pode exigir compostos tóxicos, grandes quantidades de solventes e altas temperaturas. Embora esses processos levem a muitos produtos químicos úteis, eles também produzem uma tremenda quantidade de rejeitos – até 100 vezes o peso do composto! Um modo de reduzir a pegada ecológica é usar enzimas, os catalisadores biológicos já descritos. Essas "máquinas biológicas" executam reações exatamente iguais às que você obteria usando balões e bécheres, porém de forma mais segura e rápida, com menos reagentes tóxicos, temperaturas mais baixas e menos rejeitos. Outra vantagem é que as enzimas podem ser usadas várias vezes. Mínimo de rejeitos, reagentes reusáveis e baixa toxicidade são padrões da química verde.

Através da engenharia genética, os cientistas usam enzimas para criar novos fármacos ou para sintetizar com mais eficiência os existentes. O gene que codifica o fármaco é introduzido em um organismo hospedeiro que, por sua vez, sintetiza o produto desejado. Essa aplicação da engenharia genética não só é um dos campos que cresce mais rapidamente, mas é também o mais antigo.

Vejamos a produção da insulina humana. Ela é uma proteína pequena, com 51 aminoácidos, mas sua síntese química não é nada simples. Um suprimento insuficiente de insulina para regular os níveis de açúcar do sangue leva ao diabetes. Sem tratamento, a doença pode gerar mal funcionamento dos rins, problemas cardiovasculares, cegueira e até mesmo levar à morte. Felizmente, os diabéticos podem controlar a doença com dietas, exercício e injeções de insulina – um produto feito por engenharia genética.

Antes de 1982, toda a insulina usada era isolada das glândulas dos pâncreas de bois e porcos. Contudo, a insulina obtida de animais não é idêntica à dos humanos. A insulina de bois ("insulina bovina") difere da insulina humana em 3 dos 51 aminoácidos e a dos porcos ("insulina porcina"), em um dos aminoácidos, apenas. Essas pequenas diferenças, entretanto, são significativas. Alguns pacientes desenvolviam anticorpos contra a insulina estrangeira e rejeitavam-na.

Em resumo, os humanos precisam de insulina humana. Embora os químicos pudessem sintetizar a insulina no laboratório, o processo é caro e muito complicado para a produção em grande escala. Felizmente, em 1982, a bactéria comum, *E. coli*, foi induzida a fabricar a insulina humana. O gene da insulina humana foi colocada em um plasmídeo que, por sua vez, foi colocado na bactéria. Como resultado, podemos ter hoje um suprimento confiável e mais barato de insulina humana.

Cultivar bactérias com genes naturais ou artificiais agora é uma etapa de manufatura de fármacos de baixo peso molecular. O processo é particularmente fácil quando o gene, ou alguma coisa semelhante, já existe. Às vezes, porém, truques especiais são necessários, como foi o caso da síntese do fármaco Atorvastatina (Figura 12.18). Enzimas para certas etapas da reação não foram encontradas e tiveram de ser desenvolvidas. Os cientistas simulam a seleção natural criando um ambiente no qual a bactéria tem de mudar e desenvolver novas características para sobreviver. O processo é chamado de

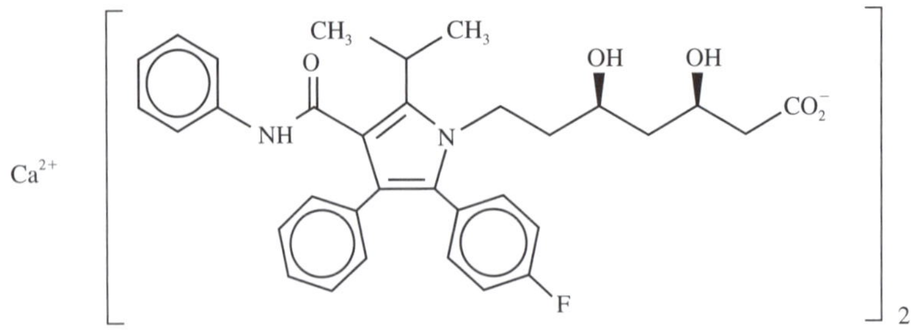

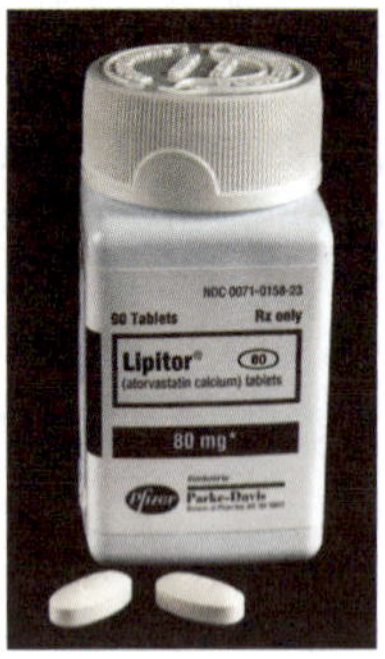

FIGURA 12.18 Atorvastatina, o ingrediente ativo do Lipitor, exige blocos de construção gerados por enzimas. O fármaco de controle de colesterol produzido pela Pfizer teve vendas anuais acima de US$ 10 bilhões antes de a patente vencer.

A "evolução dirigida" também pode ser obtida sem o uso de bactérias por seleção, mutação e multiplicação do DNA com enzimas.

Volte ao Capítulo 9 para rever a produção de plásticos, seu uso e suas consequências.

Cientistas e engenheiros da Metabolix ganharam um Prêmio Presidencial Desafios de Química Verde em 2005, por sua inovativa e sustentável tecnologia dos bioplásticos.

"evolução dirigida". Tipicamente, os cientistas começam com uma variedade aleatória de sequências de DNA transferidas para uma população de bactérias. Após muitas gerações de crescimento sob determinadas condições, como dar somente certos produtos químicos como alimentação, uma nova enzima aparece.

Os organismos modificados podem até produzir plásticos. Muitos polímeros sintéticos são sintetizados em grandes fábricas químicas usando um processo que consome grandes quantidades de reagentes e energia. Além disso, esses reagentes são, com frequência, derivados do petróleo. Cientistas da Metabolix modificaram organismos para reduzir os problemas. Esses organismos produzem monômeros a partir de materiais renováveis como milho, cana-de-açúcar e óleo vegetal e, então, catalisam a reação de polimerização. Um exemplo de polímero resultante é o poli-hidróxi-butirato (PHB). Esse bioplástico é usado para fabricar utensílios de plástico e proteção para copos, muito semelhantemente ao polipropileno (PP). Entretanto, ao contrário do PP, o PHB é biodegradável. O processo usa materiais de baixa toxicidade, é extremamente eficiente e reduz as emissões de gás de efeito estufa.

Estude Isto 12.16 Algas para novos biocombustíveis

Plantas e organismos geneticamente modificados estão ficando cada vez mais importantes na procura por combustíveis alternativos sustentáveis. Use a Internet e explore as algas como fonte de combustíveis e de outros produtos (Figura 12.19).

a. Cite dois biocombustíveis que podem ser produzidos com algas.
b. Liste três vantagens das algas sobre o milho como fonte de biocombustíveis. *Sugestão:* Reveja as Seções 4.9 e 4.10.
c. O que mais as algas podem produzir? Descreva dois produtos e seus usos.
d. Algas geneticamente modificadas podem levar à melhor produção de biocombustíveis. Nomeie dois problemas que a engenharia genética pode resolver.

Para terminar nossa discussão, pedimos que você reveja uma das linhas do parágrafo de abertura deste capítulo: ". . . *nossas fazendas criem nossos fármacos e vacinas* . . ." Esse não é um sonho utópico, porque agora nossas fábricas transgênicas podem produzir ambos. Por exemplo, vacinas contra doenças infecciosas do trato intestinal foram produzidas em batatas e bananas. Anticorpos anticâncer foram expressos e introduzidos no trigo. Fármacos peptídeos contra HIV/AIDS foram produzidos em campos de tabaco. Também, a maior parte das vacinas exige refrigeração e outras manipulações especiais juntamente a pessoal treinado para administrá-las. Em alguns países, os profissionais da saúde não dispõem nem de agulhas para inocular as pessoas, levando a possíveis infecções provocadas pelo reúso. Vacinas produzidas em produtos comestíveis podem ser difíceis de dosar corretamente, mas seriam facilmente administradas e transferidas. Em vez de produzir colheitas como alimentos, esses campos são a esperança de vacinas de baixo custo e facilmente disponíveis. Assim, esses campos de plantas transgênicas podem ir na mesma direção das boas políticas públicas de saúde.

FIGURA 12.19 Desenvolvimento variedades de algas para novos biocombustíveis.

A tecnologia está ainda em desenvolvimento, mas os resultados já são aparentes e imensos. Em comparação com os métodos tradicionais, uma enzima geneticamente modificada, um micro-organismo ou uma colheita podem fornecer produtos de alta pureza com redução de rejeitos e subprodutos. Os caminhos modificados geneticamente aumentam, com menos etapas e, com frequência, eliminam trabalho, energia e processos de purificação sofisticados. Eles reduzem o uso de produtos químicos tóxicos e corrosivos, o que é melhor para o ambiente e aumenta a segurança dos trabalhadores.

Tudo isso sendo dito, terminamos esta seção de modo semelhante ao da seção anterior. Precisamos agir cuidadosamente para esta e as futuras gerações. A promessa do desenvolvimento da tecnologia e as necessidades desesperadas da sociedade podem levar a escolhas impensadas. Os riscos de tratamentos geneticamente modificados pode ser grande, talvez inaceitável. Na próxima seção, tratamos dos potenciais riscos.

12.8 O novo Frankenstein

No livro de ficção científica de Mary Shelley, o Dr. Frankenstein criou um homem usando as melhores "partes" de outros homens. Entretanto, ele perdeu o controle de sua criação. Será que nós somos hoje os novos Dr. Frankensteins? Nesta era de engenharia genética, muitos se fazem essa pergunta.

Nos últimos anos, pessoas se postaram contra alimentos geneticamente modificados (GM) (Figura 12.20). Esses protestos ocorreram mundo afora, inclusive na Alemanha, na Austrália, na Espanha, na Inglaterra e nos Estados Unidos. Você já viu o termo *Frankenfood*? Estude Isto 12.7 oferece uma chance de explorar o significado desse termo à medida que se aprende mais sobre a oposição aos alimentos GM.

FIGURA 12.20 Ativistas do Greenpeace descarregando mamões durante um protesto em Bangcoc.

Estude Isto 12.17 Frankenfood

a. Explique o termo *Frankenfood*.
b. Procure na Internet um contexto em que pessoas se opõem aos alimentos GM. Dê o país, o tipo de alimento e as razões para a oposição.
c. Resuma três argumentos dados pelos que se opõem aos alimentos GM.

Como essa atividade provavelmente revelou, a oposição se dá de várias formas. Exploramos alguns argumentos aqui.

As plantas GM vão contaminar outras. Examine, por exemplo o novo milho transgênico descrito na abertura deste capítulo. Esse milho GM pode se espalhar pela liberação de sementes ou pólen e misturar-se com o milho selvagem infestado por ervas daninhas. Se o híbrido do milho selvagem e do milho domesticado carrega o novo gene, isso poderia levar a uma nova população de superervas resistentes. Embora muitos países proíbam o cultivo de culturas GM na vizinhança de parentes selvagens, os regulamentos não impedem todas as plantações ilegais ou o crescimento acidental. Por exemplo, o milho GM já foi encontrado em milharais no México, uma área com uma população diversificada de milho doméstico especializado e parentes selvagens.

Resposta: As chances são remotas, embora não seja impossível, que um gene se transfira e sobreviva sem ser cultivado Uma barreira natural existe porque plantas GM ou híbridos GM-selvagens competem desvantajosamente com as plantas selvagens. Embora o híbrido provavelmente contenha o gene vantajoso da resistência, ele também teria recebido outros genes, incluindo alguns de fraquezas (p.ex., um sistema de raízes curtas, a inabilidade de competir por água limitada). Em tentativas experimentais, híbridos não foram fortes o suficiente para sobreviver sem cuidados especiais. Alternativamente, algumas plantas GM são feitas de modo a serem estéreis, o que impede sua dispersão.

As culturas GM ameaçam o equilíbrio natural. Nos experimentos de laboratório, pólens de plantas GM causaram danos a lagartas e outros insetos que não eram seu alvo pretendido. Danos à população de insetos, em geral, podem afetar uma cadeia alimentar inteira por envenenamento ou contaminação da comida dos pássaros. O uso de um pesticida muito geral também pode arriscar populações de insetos importantes para a polinização ou o rejuvenescimento do solo. Embora os experimentos de laboratório tivessem usado mais pólen do que é normal em uma lavoura, o tempo de exposição em um campo com culturas GM é bastante maior, até mesmo por gerações. As ameaças do longo prazo ainda são desconhecidas.

Resposta: Idealmente, uma cultura GM reduz o uso geral de pesticida. Se a nova característica genética é bem escolhida, somente uma praga alvo será atingida, e o risco para outros insetos é minimizado. Uma variedade saudável de insetos prospera pela morte seletiva de alguns. Além disso, a engenharia genética avançada pode controlar onde e quando uma planta expressa um gene artificial. Se o pesticida é produzido apenas nas folhas da planta, os riscos para insetos que interagem com o pólen diminui. Por fim, quando questionamos riscos ao balanço natural, temos de considerar a mudança de referência para a compreensão do ambiente que nos envolve.

Culturas geneticamente modificadas forçarão as pragas a evoluirem. No ecossistema que envolve uma cultura GM, ervas, insetos rastejantes ou bactérias que são o alvo têm de se mover, morrer ou evoluir. Se a espécie evolui, a cultura GM pode não ter mais resistência a eles. Historicamente, resolvemos o problema da evolução de uma praga encontrando uma característica natural dentro das variedades existentes de cultura e usando o cultivo seletivo para criar um híbrido novo, mais resistente. Se vamos depender de um conjunto mais restrito de variedades de culturas, não teremos mais a variedade genética para utilizar.

Resposta: Embora novas características de resistência facilmente ocorram em insetos nos laboratórios, somente alguns poucos insetos resistentes foram encontrados nos campos. Regulamentos nos Estados Unidos e na União Europeia exigem o cultivo de culturas tradicionais, sem características modificadas para toxinas ou resistência, juntamente a variedades GM. A ideia é impedir que as pragas adquiram resistência porque ela deixa de ser uma condição de sobrevivência. Na medida em que as culturas modificadas ficarem mais comuns, os cientistas podem ter de descobrir a quantidade de culturas não alteradas suficiente para minimizar o risco de pragas mais resistentes.

Tais argumentos e respostas focalizam as consequências locais do cultivo de culturas de alimentos GM. Deveríamos analisar os argumentos mais gerais que se relacionam às pessoas. Por exemplo, algumas pessoas poderiam desenvolver alergias aos alimentos GM devido a alérgenos conhecidos em uma fonte inesperada ou a uma nova combinação de materiais. Como outro exemplo, considere o custo de sementes GM para pequenos agricultores. Eles têm de adquirir novas sementes a cada ano. Medidas tradicionais como guardar e cultivar sementes são impossíveis, porque as culturas GM são frequentemente estéreis ou protegidas por patentes.

Outros argumentos relacionam-se a animais e empreendimentos comerciais. Por exemplo, examine a expansão de culturas GM destinadas ao consumo não humano, incluindo milho que só foi testado e aprovado para uso como alimento animal, soja modificada para produzir óleo em excesso para combustíveis e tabaco contendo uma proteína anti-inflamatória destinada a uso farmacêutico. Vamos precisar de controles mais rígidos sobre eles porque não são, em geral, saudáveis como alimentos. Por fim, considere o aumento do gado GM. A aplicação de tecnologia GM a organismos que vivem mais do que alguns meses adiciona mais complicações a nossos métodos de controle.

Exemplos recentes de animais GM incluem salmões modificados para crescerem mais depressa e uma variedade de porcos que liberam menos fósforo no ambiente.

Examine a proposição de que *nenhum* desses riscos vale a pena. No começo deste capítulo, sustentamos a imagem de uma utopia geneticamente modificada. Isso tem sido alternativamente discutido como uma segunda "Revolução Verde". A engenharia genética está se desenvolvendo e se espalhando por décadas. Entretanto, mesmo em uma época de preços crescentes de alimentos e fome contínua, a engenharia genética não levou à muito esperada segunda "Revolução Verde". Talvez ela não o possa ou não o faça. Alguns afirmam que a engenharia genética não nos deu nada que os métodos tradicionais de cultivo não pudessem dar. Eles afirmam que o dinheiro gasto é um desperdício, e que o ambiente está sob risco sem necessidade. Outros diriam que já há sucessos promissores, mas as políticas correntes bloqueiam o verdadeiro progresso.

Volte à Seção 11.12 para uma discussão dos desenvolvimentos da agricultura que levaram à primeira "Revolução Verde".

Estude Isto 12.18 **Sua opinião sobre alimentos GM (revisitada)**

Como prometido, retornamos à questão colocada na abertura do capítulo.

a. Tendo a escolha entre alimentos GM e não GM, qual deles você preferiria ingerir? Explique.
b. Seja qual foi sua escolha, apresente argumentos em favor da outra.

Preocupação ou cinismo sobre a aplicação rápida de ciência nova são justificáveis. Qualquer decisão que tenta resolver um problema em curto prazo sem pensar no futuro é perigosa. Para qualquer problema, ignorar ou bloquear uma tecnologia promissora, particularmente por medo ou falta de informação, também é não olhar para o futuro. Como acontece com muitas controvérsias, é fácil identificar as posições extremas. Entretanto, é muito mais difícil encontrar o meio-termo. Esperamos que essa discussão tenha lhe dado algumas respostas e, mais importante, tenha levantado novas questões.

Conclusão

Este capítulo, como quase todos que o precederam, termina com um dilema: como podemos balancear os grandes benefícios das ciências químicas e tecnologia modernas e os riscos que parecem inevitavelmente acompanhá-las? Os que são contra ou a favor da engenharia genética podem facilmente invocar o princípio da precaução. A engenharia genética, finalmente, é um instrumento para a luta contra muitos problemas globais potencialmente irreversíveis. Ainda assim, as consequências não intencionais, se perdermos o controle, são talvez mais complicadas e amplas do que a ciência da engenharia genética.

Neste texto, os autores olharam ocasionalmente, com o olhar parcial de professor, a turva bola de cristal do futuro. É da natureza da ciência que não possamos prever com confiança as novas descobertas que serão feitas pelos cientistas de amanhã, nem possamos conhecer as aplicações dessas descobertas, boas ou más. Essa incerteza é um dos prazeres de nossa disciplina. Um químico tem de aprender a viver com a ambiguidade, crescer com ela, na procura da melhor compreensão da natureza dos átomos e de suas combinações intrincadas, em todos os seus vários disfarces.

Ainda assim, todos os cidadãos do planeta devem, pelo menos, desenvolver alguma tolerância para com a ambiguidade e aceitar os riscos razoáveis, especialmente sabendo que a vida é um risco biológico, intelectual e emocional. É claro que todos procuramos maximizar benefícios, mas devemos reconhecer que o ganho individual deve ser, algumas vezes, sacrificado para beneficiar a sociedade. Vivemos em contextos múltiplos – o contexto de nossas famílias e amigos, nossas cidades, nossos estados, nossos países e nosso planeta especial. Temos responsabilidades para com todos eles. *Você*, o leitor deste livro, ajudará a criar o contexto do futuro. Desejamos-lhe sorte.

Resumo do capítulo

Tendo estudado este capítulo, você deveria ser capaz de:

- Discutir as complicações da cultura do milho como um exemplo de inspiração para a engenharia genética (12.1)
- Compreender que as células funcionam por uma série complexa de reações químicas (12.2)
- Discutir o ácido desoxirribonucleico (DNA) como um dispositivo de armazenamento de informações para conduzir reações químicas em células (12.2)
- Descrever a composição química do DNA, um polímero formado por bases nitrogenadas, desoxirribose e grupos fosfato (12.2)
- Interpretar as evidências da estrutura em hélice dupla do DNA e o pareamento das bases (12.3)
- Compreender a base estrutural da replicação do DNA (12.3)
- Explicar por que o código genético está escrito com grupos de três bases de DNA chamados de códons (12.4)
- Compreender como os códons se relacionam aos aminoácidos nos organismos (12.4)
- Discutir as estruturas primária, secundária e terciária das proteínas (12.5)
- Reconhecer as propriedades gerais das cadeias laterais dos aminoácidos (12.5)
- Relacionar as propriedades dos aminoácidos às interações formadas na estrutura da proteína (12.5)
- Discutir, com exemplos, como pequenas mudanças na sequência da proteína podem levar a doenças (12.5)
- Compreender as etapas essenciais da condução de técnicas de DNA recombinante (12.6)
- Descrever o que se entende por organismos transgênicos e dar exemplos (12.6)
- Dar exemplos breves de seleção natural, cultura seletiva e engenharia genética (12.6)
- Discutir, com exemplos, como a engenharia genética mudou a indústria química (12.7)
- Analisar questões controversas associadas com organismos transgênicos e alimentos GM (12.8)
- Debater questões associadas com as aplicações prudentes e éticas da engenharia genética (12.8)

Questões

Ênfase nos fundamentos

1. O tema deste capítulo é o controle do DNA sobre a química de quaisquer organismos vivos do planeta. Nomeie três características suas que foram determinadas pelo seu DNA.
2. Sugira três indústrias que mudaram com o advento da engenharia genética.
3. A primeira seção deste capítulo é chamada "Milho mais forte e melhor?"
   a. Nomeie três maneiras pelas quais um pé de milho pode ser mais forte ou melhor.
   b. Por que existe o ponto de interrogação no título da seção? Em sua explicação, use a palavra *genoma*.
4. Qual é a diferença entre um genoma e um gene?
5. Examine as fórmulas estruturais da Figura 12.2.
   a. Que grupo(s) funcional(is) ocorrem na molécula de adenina?
   b. Que grupo(s) funcional(is) ocorrem na molécula de desoxirribose?
   c. A partir do que você aprendeu na Seção 11.5, por que a desoxirribose é um açúcar e a adenina não?
6. a. Que três unidades têm de estar presentes em um nucleotídeo?
   b. Que tipos de ligação mantêm juntas essas unidades?
7. O DNA contém as quatro bases: adenina, citosina, guanina e timina. Cite duas semelhanças entre elas. Assinale a característica única de cada uma.
8. Marque e nomeie os grupos funcionais deste nucleotídeo. Identifique também o açúcar, a base e o grupo fosfato.

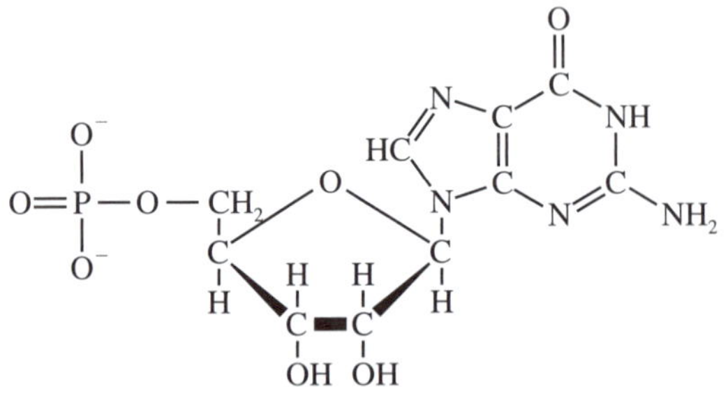

9. Compare o segmento de DNA da Figura 12.4 com o nucleotídeo mostrado na questão 8. Nomeie as duas partes do nucleotídeo que reagem para formar um polímero semelhante ao DNA.

10. O que significa cada letra do nome DNA? Examine a Figura 12.4. Que aspectos da molécula de DNA o nome enfatiza? Que aspectos da molécula do DNA não fazem parte do nome?

11. Eis a fórmula estrutural da base timina, ligada à cadeia do DNA.

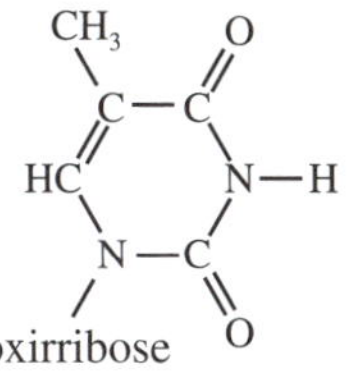

Para a desoxirribose
e a cadeia de DNA

a. Identifique os átomos de H que podem formar ligações hidrogênio com uma molécula de água.
b. Use as diferenças de eletronegatividade para explicar por que somente esses átomos podem formar ligações hidrogênio.

12. Explique por que a sequência de bases ATG é diferente da sequência de bases GTA.

13. Dada uma sequência curta de DNA: TATCTAG
a. Escreva e alinhe um código de DNA que complemente a sequência dada.
b. Ligue as sequências com linhas pontilhadas para representar o número de ligações hidrogênio entre cada par de bases.

14. O que é um códon e qual é seu papel no código genético?

15. Somente 61 dos 64 códons possíveis codificam aminoácidos. Qual é a função dos outros três códons?

16. Com relação ao DNA, o que é um gene?

17. Aminoácidos são os monômeros usados para construir proteínas.
a. Desenhe a fórmula estrutural *geral* de um aminoácido.
b. Nomeie os grupos funcionais da fórmula estrutural que você acabou de desenhar.

18. Os aminoácidos podem ser classificados como não polares ou polares. Os aminoácidos polares podem ser ainda ácidos, básicos ou neutros.
a. Desenhe um exemplo de um aminoácido possível para cada tipo de aminoácido polar.
b. Descreva cada categoria em mais detalhes. Que grupos funcionais você esperaria nas cadeias laterais?

19. Dê dois exemplos de aminoácidos que têm cadeias laterais que são categorizados como não polares. Explique que características os tornam não polares.

20. Descreva o que significam estruturas primária, secundária e terciária de uma proteína.

21. Explique como um erro na estrutura primária da hemoglobina provoca a anemia falciforme.

22. Liste duas vantagens e duas desvantagens das culturas GM sobre as tradicionais.

23. Explique uma semelhança e uma diferença entre cultura seletiva e engenharia genética de plantas.

Foco nos conceitos

24. Este capítulo começa declarando "Os geneticistas talvez possam criar uma utopia". Explique.

25. A Figura 12.4 representa um segmento de DNA.
a. Que parte de cada nucleotídeo torna-se o esqueleto do polímero?
b. Que parte fica de fora do esqueleto?
c. Como está representado o esqueleto na escultura do começo do capítulo e da Figura 12.6?

26. Compare as duas representações de um segmento de DNA na Figura 12.4. Para cada uma, discuta uma vantagem e uma desvantagem.

27. Use a Figura 12.7 para ajudar a explicar por que *não* ocorre pareamento estável entre adenina e citosina. Nomeie outro par de bases para o qual isso também ocorre. Explique por quê.

28. Use a Figura 12.7 para explicar por que o par de bases adenina-timina é menos estável do que o par de bases citosina-guanina.

29. A radiação ionizante pode danificar o DNA. Uma ou mais fitas de DNA podem se romper quando a radiação danosa quebra ligações covalentes do esqueleto ou de um nucleotídeo. Uma célula pode reparar mais facilmente a quebra de uma única fita de uma hélice dupla do que a quebra das duas fitas. Explique.

30. A luz UV-C mata germes. Dois resíduos de timina absorvem a radiação e reagem para formar uma nova ligação ou ligação cruzada.
a. Liste uma potencial consequência da formação de uma ligação cruzada entre duas moléculas de timina em uma única fita de DNA.
b. Liste uma potencial consequência da formação de uma ligação cruzada entre duas moléculas de timina em duas fitas complementares.

31. Muitos compostos danificam o DNA e matam células de bactérias muito efetivamente. Por que esses compostos não são tipicamente usados como remédios antibacterianos?

32. Às vezes, ocorrem erros na sequência de bases de uma fita de DNA, mas nem todos esses erros resultam na incorporação de um aminoácido incorreto a uma proteína codificada pelo DNA. Explique por que a mudança de uma única base pode não mudar o aminoácido.

33. Várias doenças são causadas pela troca de um único aminoácido em uma enzima específica. Por exemplo, a esclerose lateral amiotrópica familiar (FALS), uma forma hereditária da doença de Lou Gehrig, pode ser causada pela troca de um único aminoácido da enzima superóxido dismutase.
a. Para qualquer proteína, quantos pares de bases são responsáveis por especificar um aminoácido no gene que codifica a proteína? Qual é o menor número de pares

de base que teriam de ser trocados para mudar de um aminoácido para outro?

b. Uma superóxido dismutase mutante hereditária substitui uma glicina por uma alanina. Use um recurso bem conceituado da Internet ou sua biblioteca e encontre uma "tabela de códons" que especifica os códons de cada aminoácido. Liste os códons da glicina e da alanina e identifique o número de pares de bases trocados.

34. Quase todos os organismos usam as mesmas quatro bases e os mesmos códons. Explique por que esse código coerente é necessário para a engenharia genética.

35. Um clone é uma cópia idêntica de uma célula ou organismo, criado com frequência pela transferência do núcleo de uma célula adulta para uma célula de ovo em que falta o núcleo.

a. Explique por que uma célula adulta pode ser usada para criar um organismo idêntico.

b. Explique por que a célula do ovo não pode ter um núcleo.

c. Explique duas diferenças entre esse processo e a engenharia genética.

36. Os medicamentos insulina humana e hormônio do crescimento humano resultam de engenharia genética em bactérias. Liste duas razões possíveis que expliquem por que isso não recebeu a mesma quantidade de preocupação pública como o caso da engenharia genética em plantas.

37. Faça um gráfico que mostre as quantidades relativas de cultivares GM ou transgênicos em seis países diferentes. Inclua a fonte de seus dados em seu gráfico.

38. Examine a ideia de que misturar genes é uma melhoria da natureza.

a. Descreva o que significa a expressão *organismos transgênicos*.

b. Por que a alteração da composição genética das plantas por engenharia genética é preferível aos métodos tradicionais de cultura?

Exercícios avançados

39. A modificação genética do milho é foco da seção de abertura deste capítulo. À luz das alterações ambientais e populacionais discutidas em outros capítulos, nomeie três características não mencionadas neste capítulo que você proporia adicionar ao milho ou a outras culturas comuns. Discuta as vantagens e desvantagens de suas características.

40. Examine a fórmula estrutural da desoxirribose mostrada na Figura 12.2. Desenhe um isômero da desoxirribose, um que ainda forme um nucleotídeo com uma base e com fosfato. Compare seu isômero ponto a ponto com a fórmula estrutural da desoxirribose.

41. Um dos maiores nomes na descoberta da estrutura do DNA, Rosalind Franklin não foi incluída no Prêmio Nobel de 1962, concedido pela solução da estrutura do DNA. Qual era sua formação e experiência, que permitiram que ela fizesse contribuições significativas? Sugira por que ela não recebeu crédito e reconhecimento adequados por seu trabalho. Resuma o que encontrou e cite as fontes.

42. a. O que são raios X? *Sugestão*: Reveja os Capítulos 2 e 7.

b. Como a difração de raios X é usada para determinar a estrutura de um cristal?

c. Os primeiros modelos de difração de raios X foram de sais simples como o cloreto de sódio. Os estudos de ácidos nucleicos e proteínas por raios X só vieram muito mais tarde. Sugira duas razões para isso.

43. As características genéticas que levam à anemia falciforme são mais comuns em pessoas de origem africana, afro-americana ou mediterrânea. Use a Internet e explique uma razão proposta para a persistência da característica da célula falciforme e não seu descarte pela evolução.

44. As proteínas podem testar diferentes formas e interações até encontrar a forma final correta. Explore o programa de pesquisa chamado folding@home, uma simulação de computador distribuída baseada na Stanford University que você pode utilizar em seu computador pessoal ou em seu console de jogos. Como a simulação de computador repete o processo natural? Por fim, explore um dos resultados do programa e escreva um relatório de um parágrafo.

45. Liste duas vantagens e duas desvantagens da aceitação de patentes para plantas e semente geneticamente modificadas.

46. Clonar ou cultivar? Proprietários chorosos podem achar a oportunidade de clonar (replicar geneticamente) um cachorro amado muito tentadora para resistir. Mesmo assim, muitos criadores profissionais de cachorros e suas organizações são contrários a isso. Phil Buckley, um porta-voz do Kennel Club na Inglaterra, argumenta: "A clonagem de cães vai contra os objetivos do Kennel Club de promover de todas as maneiras a melhoria geral dos cachorros". Explique por que a clonagem não pode melhorar as raças de cachorros.

47. As plantas transgênicas não foram totalmente aceitas em todos os países.

a. Encontre dois exemplos de plantas transgênicas que foram banidas pela União Europeia. Compare-as com duas que foram permitidas. Discuta as diferenças entre as permitidas e as rejeitadas.

b. Crie uma tabela temporal com cinco eventos que marcaram o rápido aumento ou a subsequente estabilização (ou ambos) da adoção de cultivos transgênicos nos Estados Unidos. Discuta brevemente suas escolhas.

48. Examine os controles governamentais do plantio de cultivos de alimentos GM descritos no texto. Sugira duas regras adicionais que você gostaria de ver no crescimento de culturas GM que geram fármacos. Descreva uma razão específica de por que você acha que essas precauções adicionais são necessárias.

49. Uma razão por que a ficção científica é um sucesso é que começa com um princípio científico conhecido e o aumenta, elabora e, algumas vezes, enfeita. *Jurassic Park* começou com o princípio científico conhecido de cópia e manipulação do DNA e foi expandindo até a produção de criaturas pré-históricas. Agora é sua vez. Escolha um princípio científico deste texto e escreva um esboço de uma ou

duas páginas de uma história baseada naquele princípio. Certifique-se de identificar os conceitos químicos e qualquer pseudociência que empregar.

50. A terapia genética envolve o uso de técnicas de DNA recombinante. Use a Internet para obter informações sobre esse instrumento médico. Escreva um relatório de uma ou duas páginas sobre a terapia genética, incluindo exemplos específicos de doenças que estão sendo tratadas e como os pacientes estão respondendo.

51. Encontre um organismo transgênico não discutido neste texto. Descreva a motivação para a modificação desse organismo e a fonte do gene. Faça uma descrição geral da modificação genética.

52. Você é um chefe de governo que enfrenta outro ano de uma longa seca e um sério risco de fome. Outra nação lhe ofereceu o fornecimento de milho geneticamente modificado para alimentar seu povo. Liste duas vantagens e duas desvantagens de aceitar a oferta. Decida se você a aceitaria.

Apêndice 1

Medida por medida

Prefixos métricos

Prefixo	Símbolo	Valor	Notação científica
pico	p	$1/10^{12}$ ou 0,000000000001	10^{-12}
nano	n	$1/10^{9}$ ou 0,000000001	10^{-9}
micro	μ	$1/10^{6}$ ou 0,000001	10^{-6}
mili	m	1/1.000 ou 0,001	10^{-3}
centi	c	1/100 ou 0,01	10^{-2}
deci	d	1/10 ou 0,1	10^{-1}
deca	da	10	10^{1}
hecto	h	100	10^{2}
quilo	k	1.000	10^{3}
mega	M	1.000.000	10^{6}
giga	G	1.000.000.000	10^{9}
tera	T	1.000.000.000.000	10^{12}

Fatores de conversão

Comprimento

1 centímetro (cm) = 0,394 polegadas (in)

1 metro (m) = 39,4 polegadas (in) = 3,28 pés (ft)
= 1,08 jarda (yd)

1 quilômetro (km) = 0,621 milhas (mi)

1 polegada (in) = 2,54 centímetros (cm)
= 0,0833 pés (ft)

1 pé (ft) = 30,5 centímetros (cm) = 0,305 metros (m)
= 12 polegadas (in)

1 jarda (yd) = 91,44 centímetros (cm)
= 0,9144 metros (m) = 3 pés (ft)
= 36 polegadas (in)

1 milha (mi) = 1,61 quilômetro (km)

Volume

1 centímetro cúbico (cm^3) = 1 mililitro (mL)

1 litro (L) = 1.000 mililitros (mL)
= 1.000 centímetros cúbicos (cm^3)
= 1,057 quarto (qt)

1 quarto (qt) = 0,946 litros (L)

1 galão (gal) = 4 quartos (qt) = 3,78 litros (L)

Massa

1 grama (g) = 0,0352 onças (oz) = 0,00220 libras (lb)

1 quilograma (kg) = 1.000 gramas (g) = 2,20 libras (lb)

1 libra (lb) = 454 gramas (g) = 0,454 quilogramas (kg)

1 tonelada ou tonelada métrica (t)
= 1.000 quilogramas (kg)
= 2.200 libras (lb)
= 1 tonelada longa (t)
= 1,10 tonelada curta (T)

1 tonelada (T) = 909 quilogramas (kg)
= 2.000 libras (lb)
= 1 tonelada curta (T)
= 0,909 toneladas (t)

Tempo

1 ano (an ou a) = 365,24 dias (d)

1 dia (d) = 24 horas (hr ou h)

1 hora (hr ou h) = 60 minutos (min)

1 minuto (min) = 60 segundos (s)

Energia

1 joule (J) = 0,239 calorias (cal)

1 caloria (cal) = 4,184 joules (J)

1 exajoule (EJ) = 10^{18} joules (J)

1 quilocaloria (kcal) = 1 Caloria dietária (Cal)
= 4.184 joules (J)
= 4,184 quilojoules (kJ)

1 quilowatt-hora (kWh) = 3.600.000 joules (J)
= $3,60 \times 10^{6}$ J

Constantes

Velocidade da luz (c) = $3,00 \times 10^{8}$ metros por segundo (m/s)

Constante de Planck (h) = $6,63 \times 10^{-34}$ joule-segundo (J·s)

Número de Avogadro = $6,02 \times 10^{23}$ objetos por mol (objetos/mol)

Unidade unificada de massa atômica (amu ou u)
= 1 Dalton (Da)
= $1,66 \times 10^{-24}$ gramas (g)

Apêndice 2

O poder dos expoentes

A notação científica (ou exponencial) é um modo compacto e conveniente de escrever números muito grandes ou muito pequenos. A ideia é usar potências positivas ou negativas de 10. Os expoentes positivos são usados para representar números grandes. O expoente, que vai sobrescrito, indica quantas vezes 10 é multiplicado por ele mesmo. Por exemplo,

$$10^1 = 10$$

$$10^2 = 10 \times 10 = 100$$

$$10^3 = 10 \times 10 \times 10 = 1.000$$

Note que o expoente positivo é igual ao número de zeros entre 1 e a vírgula decimal. Portanto, 10^6 corresponde a 1 seguido de seis zeros, ou 1.000.000. Essa mesma regra se aplica a 10^0, que é igual a 1. Um bilhão, 1.000.000.000, pode ser escrito como 10^9.

Quando 10 é elevado a um expoente negativo, o número que está sendo representado é sempre menor do que 1. Isso acontece porque um expoente negativo implica um inverso, isto é, 1 sobre 10 elevado a um expoente positivo, por exemplo,

$$10^{-1} = 1/10^1 = 1/10 = 0{,}1$$

$$10^{-2} = 1/10^2 = 1/100 = 0{,}01$$

$$10^{-3} = 1/10^3 = 1/1.000 = 0{,}001$$

Segue-se que quanto maior for o expoente negativo, menor o número. O expoente negativo é sempre um a mais do que o número de zeros entre a vírgula decimal e o 1. Assim, 1×10^{-4} é igual a 0,0001. Já 0,000001 é 1×10^{-6} na notação científica.

É claro que a maior parte das quantidades e constantes usadas na química não são potências inteiras de 10. Por exemplo, o número de Avogadro é $6{,}02 \times 10^{23}$, ou 6,02 multiplicado por um número igual a 1 seguido por 23 zeros. Por extenso, isso corresponde a $6{,}02 \times$ 100.000.000.000.000.000.000.000, ou 602,000,000,000,000,000,000,000. Mudando para números muito pequenos, o comprimento de onda em que o dióxido de carbono absorve radiação infravermelha é $4{,}257 \times 10^{-6}$ m. Esse número é o mesmo que $4{,}257 \times 0{,}000001$ ou 0,000004257 m.

Sua Vez Notação científica

Expresse esses números em notação científica.

a. 10.000 **b.** 430
c. 9876,54 **d.** 0,000001
e. 0,007 **f.** 0,05339

Respostas

a. 1×10^4 **b.** $4{,}3 \times 10^2$
c. $9{,}87654 \times 10^3$ **d.** 1×10^{-6}
e. 7×10^{-3} **f.** $5{,}339 \times 10^{-2}$

Sua Vez Notação decimal

Expresse esses números em notação decimal convencional.

a. 1×10^6 **b.** $3{,}123 \times 10^6$
c. 25×10^5 **d.** 1×10^{-5}
e. $6{,}023 \times 10^{-7}$ **f.** $1{,}723 \times 10^{-16}$

Respostas

a. 1.000.000 **b.** 3.123.000
c. 2.500.000 **d.** 0,00001
e. 0,0000006023 **f.** 0,0000000000000001723

Apêndice 3

Esclarecendo as dificuldades dos logaritmos

Talvez você já tenha encontrado logaritmos em disciplinas de matemática e se perguntou se você os usaria algum dia. Na verdade, os logaritmos (ou "logs", para encurtar) são extremamente úteis em muitas áreas da ciência. A ideia essencial é que eles facilitam a manipulação de grandes *faixas* de números, por exemplo, mudar, em potências de 10, de 0,0001 até 1.000.000.

Provavelmente você já encontrou escalas logarítmicas sem necessariamente se dar conta. A escala Richter para expressar a magnitude de terremotos é um exemplo. Nessa escala, um terremoto de magnitude 6 é 10 vezes mais poderoso do que um de magnitude 5. Outro exemplo é a escala de decibéis (dB), na qual cada aumento de 10 unidades significa que o volume do som aumentou dez vezes. Portanto, uma conversa normal entre duas pessoas afastadas por 1 m (60 dB) está em um volume 10 vezes mais alto do que o de uma música de volume baixo na mesma distância (50 dB). Músicas em volume alto (70 dB) e muito alto (80 dB) têm volume 10 e 100 vezes maiores do que uma conversa normal.

Um exercício simples com uma calculadora de bolso pode ser uma boa maneira de aprender a usar logaritmos. Você precisará de uma calculadora capaz de utilizar logaritmos e que tenha, de preferência, uma opção de uso de "notação científica". Comece encontrando o logaritmo de 10. Digite "10" e aperte o "botão". A resposta deveria ser 1. Em seguida, ache o log de 100 e depois o de 1.000. Escreva as respostas. Que tendência você identifica? (A tendência pode ficar mais óbvia se você lembrar que 100 pode ser escrito como 10^2 e 1.000, como 10^3.) Prediga o log de 10.000 e depois verifique. Agora, tente o log de 0,1 (10^{-1}) e o de 0,01 (10^{-2}). Prediga o log de 0,0001 e depois verifique.

Até agora tudo bem, mas estivemos analisando somente potências inteiras de 10. Seria muito útil ser capaz de obter o logaritmo de qualquer número. Novamente, sua pequena calculadora de mão vai salvá-lo. Tente calcular os logs de 20 e 200, depois de 50 (5×10^1) e de 500 (5×10^2). Prediga o log de 5×10^3, ou 5.000. Agora, algo ligeiramente mais complicado: o log de 0,05. Finalmente, tente o log de 2.473 e o log de 0,000404. Nesses três casos, a resposta parece razoável? Lembre-se de que sua calculadora irá lhe dar muito mais dígitos do que faz sentido, logo, você precisará arredondar os valores.

No Capítulo 6, o conceito de pH é apresentado como um modo quantitativo de descrever a acidez de uma substância. Um pH é simplesmente um caso especial de relação logarítmica. Ele é definido como o inverso do logaritmo da concentração de H^+, expresso em unidades de molaridade (M). Colchetes são usados para indicar concentrações molares. A relação matemática é dada pela equação $pH = -\log[H^+]$. O sinal negativo indica a relação inversa: quando a concentração de H^+ diminui, o pH aumenta. Apliquemos a equação, usando-a para calcular o pH de uma bebida com concentração de íons hidrogênio igual a 0,000546 M. Primeiro, escrevemos a equação matemática e substituímos a concentração de íons hidrogênio por seu valor.

$$pH = -\log\,[H^+] = -\log\,(5{,}46 \times 10^{-4}\ M)$$

Depois, tomamos o logaritmo negativo da concentração de H^+, o inserindo na calculadora e pressionando o botão "log" e o botão "mais/menos" para trocar de sinal. Isso dá 3,26 como sendo o pH da bebida. (A calculadora pode mostrar 3,262807357 se você não limitou antes o número de dígitos, mas o senso comum permite arredondar o valor mostrado.) Aplique o mesmo procedimento para calcular o pH do leite com concentração molar de íons hidrogênio igual a $2{,}20 \times 10^{-7}$ M.

Se é possível converter a concentração de íons hidrogênio em pH, como fazer para ir na direção oposta, isto é, converter pH em concentração de íons hidrogênio? Sua calculadora pode fazer isso para você se tiver um botão marcado "10^x". (Alternativamente, ela pode usar dois botões: primeiro "Inv" depois "log".) Para demonstrar o procedimento, suponha que você queira determinar a concentração de íons hidrogênio no sangue humano com pH 7,40. Faça assim: digite 7,40, use o botão "mais/menos" para mudar o sinal para negativo e aperte 10^x (ou siga as etapas apropriadas de sua calculadora). O mostrador deve informar a concentração de íons hidrogênio como sendo $3{,}98 \times 10^{-8}$ M. Aplique o mesmo procedimento para calcular a concentração de H^+ em uma amostra de chuva ácida com pH 3,6.

Sua Vez pH

Encontre a concentração em pH de cada amostra.

a. água da torneira, $[H^+] = 1{,}0 \times 10^{-6}$ M
b. leite de magnésia, $[H^+] = 3{,}2 \times 10^{-11}$ M
c. suco de limão, $[H^+] = 5{,}0 \times 10^{-3}$ M
d. saliva, $[H^+] = 2{,}0 \times 10^{-7}$ M

Respostas

a. 6,0 **b.** 10,5
c. 2,3 **d.** 6,7

Sua Vez Concentração de H^+

Encontre a concentração de H^+ de cada amostra.

a. suco de tomate, pH = 4,5
b. neblina ácida, pH = 3,3
c. vinagre, pH = 2,5
d. sangue, pH = 7,6

Respostas

a. $3{,}2 \times 10^{-5}$ M **b.** $5{,}0 \times 10^{-4}$ M
c. $3{,}2 \times 10^{-3}$ M **d.** $2{,}5 \times 10^{-8}$ M

Apêndice 4

Respostas para as questões Sua Vez que não estão no texto

Capítulo 0

0.3 **c.** Procure na Internet por "reciclagem de latas de alumínio" ("aluminum can recycling") para encontrar algumas estatísticas espantosas. Sites que você talvez queira explorar incluem "Earth 911" e "Aluminum Association".

0.5 **a.** Em 2012, a população dos Estados Unidos era de cerca de 315 milhões.

c. Fazendo os cálculos, 2,5 bilhões de hectares divididos por 12 bilhões de hectares é aproximadamente 0,21, ou 21% da terra biologicamente produtiva disponível. Para sua referência, os Estados Unidos têm cerca de 4,5% da população do mundo.

Capítulo 1

1.7 **b.** Sim. A julgar pela Tabela 1.2, $PM_{2,5}$ deve ter consequências mais graves para a saúde do que PM_{10}, porque as concentrações estão colocadas em limites inferiores.

1.8 **a.** $\frac{44\ \mu g\ SO_2}{0{,}625\ m^3} = \frac{70\ \mu g\ SO_2}{1\ m^3}$

Ela não excederia o limite de 1 hora de 210 $\mu g/m^3$.

b. Na mesma taxa de inalação, ela não ultrapassaria as taxas de 1 hora ou 3 horas de 210 $\mu g/m^3$ ou 1.300 $\mu g/m^3$.

1.9 Exemplos de prevenção da poluição do ar incluem (1) não queimar folhas (produzem fumaça e matéria particulada) e tratá-las por compostagem ou deixá-las se decompor, (2) queimar carvão com baixo conteúdo de enxofre e borbulhar os vapores em um removedor de gases para eliminar o SO_2 caso o carvão tiver alto conteúdo de enxofre ou, ainda, queimar menos carvão de qualquer tipo, (3) escolher meios de transporte, como andar de bicicleta ou a pé, que não liberem poluentes do ar.

1.11 **a.** Hidrogênio (H_2) e hélio (He) são elementos.

b. Outras substâncias encontradas no ar incluem nitrogênio, N_2 (elemento), oxigênio, O_2 (elemento), argônio, Ar (elemento), dióxido de carbono, CO_2 (composto), e vapor de água, H_2O (composto).

c. Hidrogênio (0,54 ppm ou 0,000054%), hélio (5 ppm ou 0,0005%) e metano (17 ppm ou 0,0017%).

1.13 **b.** SO_2 é dióxido de enxofre e SO_3 é trióxido de enxofre.

1.14 **a.** *Et-* em etanol indica 3 átomos de C na fórmula química.

c. *Prop-* em propanol indica 3 átomos de C na fórmula química.

1.15 **b.** Equação balanceada: $N_2 + 2\ O_2 \longrightarrow 2\ NO_2$

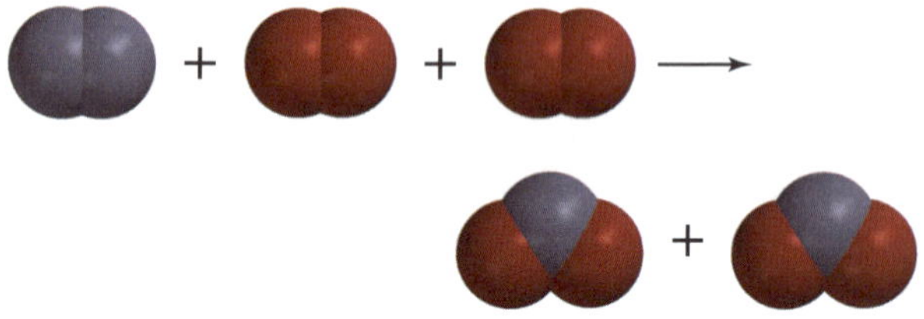

1.17 A equação 1.7 contém 16 C, 36 H e 34 O de cada lado.

1.19 Sua lista deveria incluir: O_2, N_2, CO_2, CO, H_2O, NO, fuligem (matéria particulada) e VOCs. Os gases de exaustão também contêm pequenas quantidades de Ar e quantidades ainda menores de He, mas usualmente omitimos esses gases porque eles são inertes e estão em baixas concentrações.

1.20 **b.** $CuS + O_2 \longrightarrow Cu + SO_2$

1.21 **a.** Outras máquinas ou veículos alimentados com gasolina incluem cortadores de grama, espalhadores de folhas, cortadores de correntes, espalhadores de neve e geradores elétricos.

b. Um exemplo são os equipamentos de gramados e jardins, como cortadores e sopradores. A EPA americana determinou reduções de emissões para 2012. Os regulamentos reduzirão a evaporação de combustível e os poluentes da exaustão. Para estes últimos será usada tecnologia de controle de emissões, como já é feito para motores maiores.

1.27 **a.** A concentração de 1.193 μg de matéria particulada por metro cúbico de ar excede os padrões nacionais para PM_{10} e $PM_{2,5}$.

b. Respirar partículas finas com esse nível é perigoso para todos. O perigo principal é para o sistema cardiovascular, porque as partículas inaladas passam para a corrente sanguínea e causam ou agravam doenças do coração.

1.28 Atividades domésticas que geram poluentes incluem a queima de incenso, cigarros ou charutos, a fritura de alimentos (especialmente quando queimam), a operação de fornos ou aquecedores defeituosos, a pintura ou o envernizamento (exceto tintas de baixo VOC), o uso de alguns produtos de limpeza como amônia ou limpadores de fornos, o uso de aerossóis e alguns produtos de tintura de cabelos, o uso de polidores de móveis, inseticidas e muitas mais.

1.30 As ideias fundamentais da química verde atendidas pelos novos coalescentes incluem: é melhor evitar resíduos do que tratá-los ou limpá-los depois de formados (isto é, não colocar VOCs no ar), usar matérias-primas renováveis (isto é, produzidos de óleos vegetais) e usar materiais que se degradam a produtos inócuos no fim de sua vida útil. Os que são atendidos pelas novas tintas de base incluem: é melhor evitar resíduos do que tratá-los ou limpá-los depois de formados (isto é, não colocar VOCs no ar) e é melhor usar menos energia (isto é, curar a tinta de base sem usar calor).

1.32 b. Não, não seria mais válido. Os dígitos adicionais não dariam mais informações por que o medidor não é capaz de determinar valores com esse nível de precisão. Compare com a divisão de 20 dólares por 7 pessoas. Mesmo que sua calculadora lhe dê como resultado US$ 2,857142857, cada pessoa não receberia essa quantia porque não temos moedas de valor inferior a um centavo nos Estados Unidos.

Capítulo 2

2.2 b. O máximo é 12.000 moléculas de ozônio por um bilhão de moléculas e átomos de todos os gases que formam a estratosfera (veja o parágrafo que precede esta atividade).

c. O limite da EPA é 0,075 ppm para uma média de 8 horas, equivalente a 75 ppb ou 75 moléculas de ozônio por um bilhão de moléculas e átomos de todos os gases que formam a troposfera (veja a Tabela 1.2).

2.4 c. 17 prótons, 17 elétrons

d. 24 prótons, 24 elétrons

2.5 c. Grupo 5A, 5 elétrons externos

d. Grupo 8A, 8 elétrons externos

2.6 b. Berílio (Be), magnésio (Mg), cálcio (Ca), estrôncio (Sr), bário (Ba) e rádio (Ra) têm dois elétrons externos e são membros do Grupo 2A.

2.7 c. 53 prótons, 78 nêutrons

2.8 b. 2 átomos de Br (:Br•) × 7 elétrons externos por átomo = 14 elétrons externos

Eis a estrutura de Lewis do Br_2

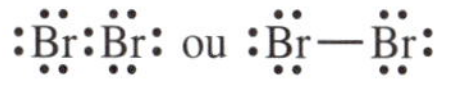

2.9 b. 1 átomo de C (•C•) × 4 elétrons externos por átomo = 4 elétrons externos

2 átomos de Cl (:Cl•) × 7 elétrons externos por átomo = 14 elétrons externos

2 átomos de F (:F•) × 7 elétrons externos por átomo = 14 elétrons externos

Total = 32 elétrons externos

Eis a estrutura de Lewis do CCl_2F_2

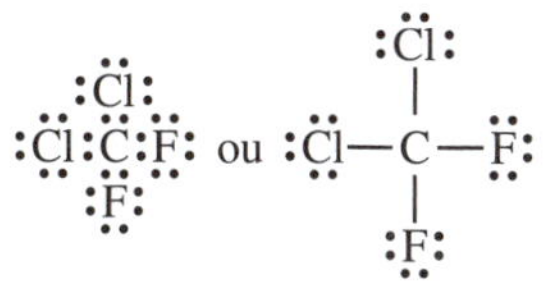

2.10 b. 1 átomo de S (•S•) × 6 elétrons externos por átomo = 6 elétrons externos

2 átomos de O (•O•) × 6 elétrons externos por átomo = 12 elétrons externos

Total = 18 elétrons externos

Eis duas formas de ressonância para a estrutura de Lewis do SO_2.

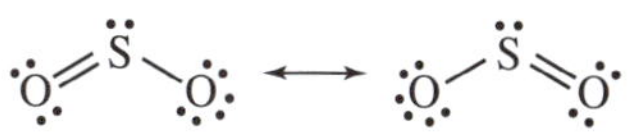

2.12 b. Ondas de rádio têm comprimento de onda médio de cerca de 10^1 m. Em contraste, o comprimento de onda médio dos raios X é cerca de 10^{-9} m, o que torna a onda de rádio aproximadamente 10^{10} vezes mais longa.

2.14 a. UV-C < UV-B > UV-A

b. Não, a ordem não é a mesma. Na verdade, ela é o inverso, porque comprimento de onda e energia são inversamente proporcionais.

2.16 a. O_3 forma-se a partir de O e O_2.

$$O + O_2 \longrightarrow O_3$$

b. A fonte dos átomos de O é a quebra da molécula de oxigênio (natural na atmosfera) na presença de luz ultravioleta.

$$O_2 \longrightarrow 2\,O$$

c. As moléculas de O_3 da estratosfera quebram-se por vários mecanismos que são parte do ciclo de Chapman. Um é que elas se decompõem em O_2 e O.

$$O_3 \longrightarrow O_2 + O$$

O outro é que eles se combinam com oxigênio atômico para formar 2 moléculas de O_2.

$$O_3 + O \longrightarrow 2\,O_2$$

2.23 a. 1 átomo de H (H•) × 1 elétron externo por átomo = 1 elétron externo

1 átomo de O (•O•) × 6 elétrons externos por átomo = 6 elétrons externos

Total = 7 elétrons externos.

Eis a estrutura de Lewis para o radical

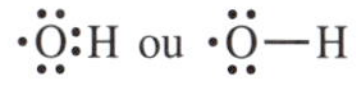

2.23 b. 1 átomo de N (•N̈•) × 5 elétrons externos por átomo = 5 elétrons externos

1 átomo de O (•Ö•) × 6 elétrons externos por átomo = 6 elétrons externos

Total = 11 elétrons externos

Eis a estrutura de Lewis para o radical. Observe o elétron desemparelhado no átomo de N.

Ṅ=Ö

c. 2 átomos de N (•N̈•) × 5 elétrons externos por átomo = 10 elétrons externos

1 átomo de O (•Ö•) × 6 elétrons externos por átomo = 6 elétrons externos

Total = 16 elétrons externos

Eis uma possível estrutura de Lewis para o N_2O

:N≡N—Ö:

2.24 a. As equações químicas com bromo, análogas às equações 2.10 e 2.15, são

$$2\,Br\cdot + 2\,O_3 \longrightarrow 2\,BrO\cdot + 2\,O_2$$

$$Br\cdot + O_3 \longrightarrow BrO\cdot + O_2$$

2.28 a. O dióxido de enxofre (SO_2) causa principalmente doenças respiratórias em humanos. O SO_2 pode reagir com o vapor de água nos pulmões para formar um ácido.

2.29 a. Halon-1301 e HFC-23 têm as fórmulas químicas $CBrF_3$ e CHF_3, respectivamente. Espera-se que o Halon-1301 ataque o ozônio porque contém bromo. Como o HFC-23 não contém bromo nem cloro, não deve ataca o ozônio.

c. A Figura 2.21 mostra que HFC-23 tem um alto potencial de aquecimento global. Por isso, é pouco provável que seja usado no futuro.

Capítulo 3

3.2 b. infravermelho, visível, ultravioleta

3.3 a. 25% da energia do Sol são refletidos pela atmosfera, 6% são refletidos pela superfície, 9% são emitidos pela superfície e 60% são emitidos pela atmosfera. Esses percentuais chegam a 100%.

b. 23% da radiação incidente são diretamente absorvida pela atmosfera e mais 37% dela são absorvidos pela atmosfera quando a Terra irradia energia calorífica de comprimento de onda longo. Esses valores atingem 60%, a energia total emitida pela atmosfera.

c. As cores diferenciam os comprimentos de onda emitidos pelo Sol e pela Terra. Amarelo representa uma mistura de todos os comprimentos de onda incidentes; azul, a radiação UV de comprimentos de onda mais curtos (maior energia); vermelho, a radiação infravermelha de comprimentos de onda mais longos (menor energia).

3.5 a. A concentração do CO_2 atmosférico em 1962 era de cerca de 318 ppm. Em 2012, era de cerca de 393 ppm. O aumento percentual é

$$\frac{393\ \text{ppm} - 318\ \text{ppm}}{318\ \text{ppm}} \times 100 = 23{,}6\%$$

b. Em um dado ano, a concentração do CO_2 atmosférico varia em 6-7 ppm.

3.8 b. Total de elétrons externos: 4 + 2(7) +2(7) = 32. Oito ficam em torno do átomo central de C e formam quatro ligações simples, uma com cada átomo de Cl e uma com cada átomo de F. Os outros 24 elétrons externos são pares não ligantes dos átomos de Cl e de F. A molécula CCl_2F_2 é tetraédrica, a mesma forma de CH_4 e CCl_4.

Estrutura de Lewis:

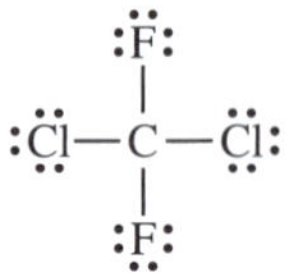

Forma molecular:

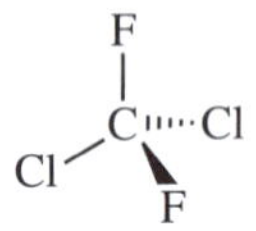

c. Total de elétrons externos: 2(1) + 6 = 8. Esses oito elétrons ficam em torno do átomo central de S e formam duas ligações simples, uma com cada átomo de H, e dois pares não ligantes. A molécula é angulada como a de H_2O.

Estrutura de Lewis:

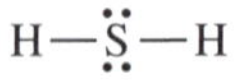

Forma molecular:

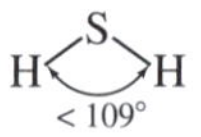

3.9 SO_2, total de elétrons externos: 6 + 2(6) = 18. Oito ficam em torno do átomo central de S e formam uma ligação simples com um átomo de O, uma ligação dupla com um átomo de O e um par não ligante. Os demais 10 elétrons externos são pares não ligantes dos átomos de O. A molécula de SO_2 é angulada como a de O_3. Só uma fórmula de ressonância é mostrada.

Estrutura de Lewis::

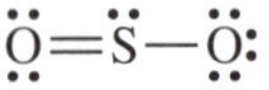

Forma molecular:

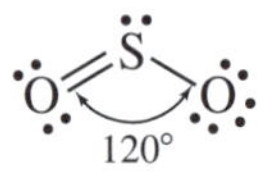

3.11 a. Os processos que adicionam carbono à atmosfera incluem emissões dos oceanos, respiração, queima de combustíveis fósseis e desmatamento.

b. Fotossíntese, absorção em oceanos e reflorestamento são processos que removem carbono da atmosfera.

c. Os dois maiores reservatórios de carbono são os combustíveis fósseis e os minerais de carbonato.

d. As partes do ciclo do carbono mais influenciadas pelas atividades humanas são a queima de combustíveis fósseis e o desmatamento. O CO_2 atmosférico antropogênico também aumenta a velocidade de absorção de CO_2 nos oceanos.

3.12 **a.** O número atômico do N é 7 e a massa atômica é 14,01.
b. Um átomo neutro de N-14 tem 7 prótons, 7 nêutrons e 7 elétrons.
c. Um átomo neutro de N-15 tem 7 prótons, 8 nêutrons e 7 elétrons. A única diferença é o número de nêutrons.
d. Como a massa atômica é 14,01, o N-14 é o isótopo natural mais abundante.

3.14 **b.** 5×10^{12} N átomos $\times \dfrac{2{,}34 \times 10^{-23}\ \text{g N}}{1\ \text{N átomo}}$
$= 1{,}17 \times 10^{-10}$ g N

c. 6×10^{15} N átomos $\times \dfrac{2{,}34 \times 10^{-23}\ \text{g N}}{1\ \text{N átomo}}$
$= 1{,}40 \times 10^{-7}$ g N

3.15 **b.** 1 mol N_2O = 44,0 g N_2O
c. 1 mol CCl_3F = 137,4 g CCl_3F

3.16 **c.** A razão das massas compara a massa molar de N à massa molar de N_2O.

$$\frac{1{,}0\ \text{mol N}_2\text{O}}{44{,}0\ \text{g N}_2\text{O}} \times \frac{2\ \text{mol N}}{1\ \text{mol N}_2\text{O}} \times \frac{14{,}0\ \text{g N}}{1\ \text{mol N}} = \frac{0{,}636\ \text{g N}}{1\ \text{g N}_2\text{O}}$$

Para encontrar a percentagem de massa de N em N_2O, multiplique a razão das massas por 100.

$$\frac{0{,}636\ \text{g N}}{1{,}00\ \text{g N}_2\text{O}} \times 100 = 63{,}6\%\ \text{N em N}_2\text{O}$$

3.17 **b.** A razão da massa de S em SO_2 foi dada em Sua Vez 3.16.

$$142 \times 10^6\ \text{t SO}_2 \times \frac{32{,}1 \times 10^6\ \text{t S}}{64{,}1 \times 10^6\ \text{t SO}_2} = 7{,}11 \times 10^7\ \text{t S}$$

3.19 Para CO_2: $\dfrac{396\ \text{ppm} - 270\ \text{ppm}}{270\ \text{ppm}} \times 100 = 47\%$

Para CH_4: $\dfrac{1{,}816\ \text{ppm} - 0{,}70\ \text{ppm}}{0{,}70\ \text{ppm}} \times 100 = 159\%$

Para N_2O: $\dfrac{0{,}324\ \text{ppm} - 0{,}275\ \text{ppm}}{0{,}275\ \text{ppm}} \times 100 = 18\%$

Ordem: $CH_4 > CO_2 > N_2O$

3.23 As radiações infravermelha, visível e ultravioleta são os principais tipos de radiação solar que atingem a Terra. A luz visível tem a maior percentagem.

3.25 **b.** Aumentos na concentração de gases de efeito estufa e mudanças do albedo da Terra são os efeitos adicionais necessários para recriar acuradamente os dados de temperatura do século XX.

3.30 (5×10^6 toneladas métricas/6×10^9 toneladas métricas) $\times$ 100% = 0,08%.

3.31 **a.** 19 toneladas $CO_2 \times \dfrac{2000\ \text{lb CO}_2}{1\ \text{ton CO}_2} \times \dfrac{1\ \text{árvore}}{25\ \text{lb CO}_2}$
= 1520 árvores

Se 50 libras por árvore forem usadas, a resposta é 760 árvores.

b. Usando 50 libras de CO_2 por árvore:

$$12 \times 10^9\ \text{árvores} \times \frac{50\ \text{lb CO}_2}{1\ \text{árvore}} \times \frac{1\ \text{ton CO}_2}{2000\ \text{lb CO}_2}$$
$= 3{,}0 \times 10^8$ toneladas de CO_2 absorvidas

$$\frac{3{,}0 \times 10^8\ \text{toneladas de CO}_2\ \text{absorvidas}}{6{,}0 \times 10^9\ \text{toneladas de CO}_2\ \text{emitidas}} \times 100\% = 5{,}0\%$$

Capítulo 4

4.3 Durante o processo de compostagem, um dos compostos produzidos é água. Ele também libera calor que pode converter a água líquida em vapor. Em um dia frio, o vapor de água pode entrar em contato com o ar e condensar. *Nota*: O "vapor" que você vê é água condensada, como na neblina ou nas nuvens. O vapor de água em si é invisível.

4.4 **b.** Na combustão do carvão, 12 g de carbono produzem 44 g de dióxido de carbono. A fábrica A queima $4{,}4 \times 10^8$ g de carbono por dia, criando $1{,}6 \times 10^9$ g de CO_2. A fábrica B queima $3{,}6 \times 10^8$ g de carvão por dia, criando $1{,}3 \times 10^9$ g de CO_2. Portanto, a fábrica B emite $3{,}0 \times 10^8$ menos gramas de CO_2 por dia do que a fábrica A.

4.9 **a.** O carvão contém pequenas quantidades de enxofre que se combinam com oxigênio na combustão e produzem SO_2. Os vulcões são uma fonte natural de SO_2 na atmosfera.
b. Embora o carvão contenha pequenas quantidades de nitrogênio que se combinam com oxigênio na combustão, a maior parte do NO é formada na reação do N_2 com o O_2 do ar nas altas temperaturas produzidas no processo de combustão. Outras fontes de NO incluem gases de exaustão de motores, raios e silos.

4.11 **a.** $1500\ \text{kJ} \times \dfrac{1\ \text{g CH}_4}{50{,}1\ \text{kJ}} \times \dfrac{1\ \text{mol CH}_4}{16\ \text{g CH}_4} \times$
$\dfrac{1\ \text{mol CO}_2}{1\ \text{mol CH}_4} \times \dfrac{44\ \text{g CO}_2}{1\ \text{mol CO}_2} = 82\ \text{g CO}_2$

b. No caso do carvão bituminoso de Maryland, que libera 30,7 kJ/g, 150 g de CO_2 são formados durante a produção de 1.500 kJ de calor.

4.17 Da Seção 2.3, eis as formas de ressonância do ozônio:

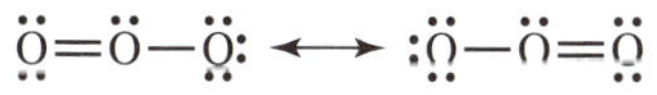

E eis a estrutura de Lewis do oxigênio

A energia de ligação do O_3 é *intermediária* entre a energia da ligação simples O–O (146 kJ/mol) e a da ligação dupla O=O (498 kJ/mol), isto é, ela é menor do que a da ligação dupla O=O de O_2 (498 kJ/mol). A energia é inversamente proporcional ao comprimento de onda. Portanto, a energia de ligação *maior* do O_2 requer radiação de comprimento de onda *mais curto* para romper sua ligação.

4.18 a. Um par possível de produtos é C_8H_{18} e C_8H_{16}. Suas fórmulas estruturais são:

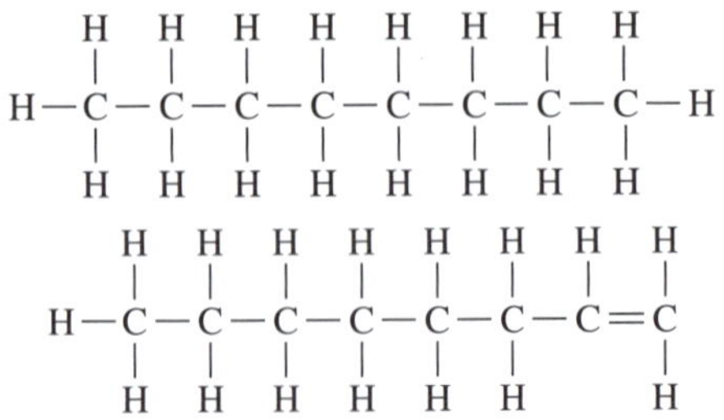

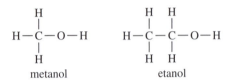

c. A fórmula química geral é C_nH_{2n}, em que *n* é um inteiro.

4.22 a. Fórmulas estruturais do metanol e do etanol

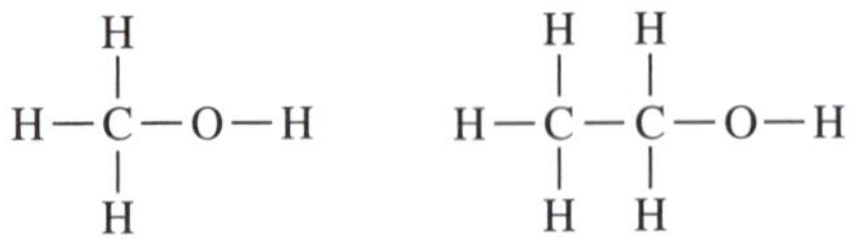

metanol etanol

4.24 a. $C_2H_5OH + 3\ O_2 \longrightarrow 2\ CO_2 + 3\ H_2O$ (Note que esta equação química está na Figura 4.16.)

b. $2\ C_{19}H_{38}O_2 + 55\ O_2 \longrightarrow 38\ CO_2 + 38\ H_2O$ (*Sugestão*: Balanceie primeiro os átomos de C e de H.)

Capítulo 5

5.3 b. A ligação O–H é mais polar. O par de elétrons está mais fortemente atraído pelo átomo de O.

c. A ligação O–S é mais polar. O par de elétrons está mais fortemente atraído pelo átomo de O.

d. A ligação Cl–C é mais polar. O par de elétrons está mais fortemente atraído pelo átomo de Cl.

5.5 a. As linhas tracejadas representam ligações hidrogênio, isto é, uma atração fraca entre um átomo de H ligado a um átomo eletronegativo (F, N ou O) e um átomo eletronegativo de outra molécula.

b. Qualquer dos átomos de H das moléculas de água poderia ser marcado como δ^+. De modo semelhante, qualquer dos átomos de O poderia ser marcado como δ^-. As moléculas estão orientadas de modo que as cargas de nomes opostos fiquem próximas.

c. Ligações hidrogênio são forças intermoleculares porque ocorrem *entre* duas moléculas.

5.12 a. $1{,}6 \times 10^{-2}$ ppm; 16 ppb

b. Não, a concentração de mercúrio é oito vezes maior do que o padrão de 2 ppb.

5.13 a. $8{,}0 \times 10^{-8}$ M

b. Uma amostra de 500 mL de NaCl 1,5 M contém 0,75 mols de soluto. Uma amostra de 500 mL de NaCl 0,15 M contém 0,075 mols de soluto.

c. A solução feita com 0,60 mols de NaCl é mais concentrada. Convertendo em molaridade, ela tem a concentração de 3,0 M em comparação com os 2,0 M da outra solução.

d. Não, a solução resultante não é 2,0 M. Quando 40,0 g de $CuSO_4$ dissolvem em 1,0 L de água, a solução só contém 0,25 mols do soluto.

5.14 a. Li e K formam cátions, S e N formam ânions.

b. Mg^{2+}, estruturas de Lewis •Mg• (átomo) e Mg^{2+} (íon)

O^{2-}, estruturas de Lewis •Ö• (átomo) e $[:\ddot{O}:]^{2-}$ (íon)

Al^{3+}, estruturas de Lewis •Al• (átomo) Al^{3+} (íon)

5.15 a. Sulfeto de cálcio, CaS

b. Fluoreto de potássio, KF

c. Da Figura 5.19, Mn pode formar dois íons: Mn^{2+} e Mn^{4+}. O forma o íon óxido, O^{2-}. As fórmulas químicas possíveis são MnO, óxido de manganês(II) e MnO_2, óxido de manganês(IV).

d. cloreto de alumínio, $AlCl_3$

5.16 c. $Al(C_2H_3O_2)_3$ **d.** K_2CO_3

5.17 c. Hidrogenocarbonato de sódio ou bicarbonato de sódio

d. Carbonato de cálcio **e.** Fosfato de magnésio

5.18 a. NaClO **b.** $MgCO_3$ **c.** NH_4NO_3

5.20 b. Solúvel. Todos os sais de sódio são solúveis.

c. Insolúvel. A maior parte dos sulfetos é insolúvel (exceto os que têm cátions do Grupo 1A ou NH_4^+).

d. Insolúvel. A maior parte dos hidróxidos é insolúvel (exceto os que têm cátions do Grupo 1A ou NH_4^+)

5.21 Todos os átomos de oxigênio deveriam ser marcados com δ^-. Somente os átomos de hidrogênio ligados aos átomos de oxigênio deveriam ser marcados com δ^+. Os átomos de hidrogênio ligados a átomos de carbono não têm carga positiva porque a ligação C–H não é polar. O átomo de carbono ligado ao átomo de oxigênio tem uma pequena carga positiva.

5.22 As ligações C–C não são polares. As ligações C–H também não, porque a diferença de eletronegatividade entre C e H é pequena.

5.26 a. A amostra com concentração 20 ppb de íon chumbo (20 μg/L) é maior do que a que tem 0,003 mg/L de chumbo (3 μg/L ou 3 ppb).

b. A concentração de 20 ppb de Pb^{2+} é maior do que o padrão de 15 ppb, e a concentração de 3 ppb de Pb^{2+} é menor do que o padrão de 15 ppb.

5.28 a. O íon sulfato é SO_4^{2-}, o íon hidróxido é OH^-, o íon cálcio é Ca^{2+} e o íon alumínio é Al^{3+}.

b. Sulfato de cálcio, $CaSO_4$, hidróxido de cálcio, $Ca(OH)_2$, sulfato de alumínio, $Al_2(SO_4)_3$, hidróxido de alumínio, $Al(OH)_3$.

c. Hipoclorito de sódio, NaClO, hipoclorito de cálcio, $Ca(ClO)_2$.

5.29 a. As possibilidades incluem $CHCl_3$, $CHBr_3$, $CHBrCl_2$ e $CHBr_2Cl$. As estruturas de Lewis para elas são análogas à mostrada para $CHClF_2$.

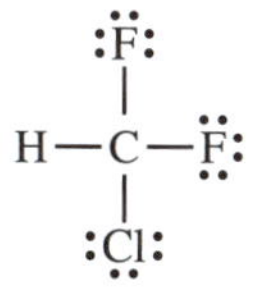

b. THMs não contêm átomos de flúor.

5.35 Eis outras três ideias fundamentais da química verde aplicáveis: (1) é melhor não gerar resíduos do que tratá-los ou limpá-los depois de formados; (2) é melhor minimizar a quantidade de matéria-prima usada na manufatura de um produto; (3) é melhor usar menos energia.

Capítulo 6

6.1 a. As possibilidades incluem ácido clorídrico, ácido sulfúrico, ácido acético, ácido nítrico, ácido fosfórico, ácido láctico e ácido cítrico.

b. As possibilidades incluem ter usado qualquer um desses ácidos em experimentos químicos, ter ouvido sobre o acúmulo de ácido láctico nos músculos e ter visto ácido fosfórico ou cítrico listado como ingrediente de refrigerantes.

6.2 a. $HI(aq) \longrightarrow H^+(aq) + I^-(aq)$

b. $HNO_3(aq) \longrightarrow H^+(aq) + NO_3^-(aq)$

6.4 a. $KOH(s) \xrightarrow{H_2O} K^+(aq) + OH^-(aq)$

b. $LiOH(s) \xrightarrow{H_2O} Li^+(aq) + OH^-(aq)$

c. $Ca(OH)_2(s) \xrightarrow{H_2O} Ca^{2+}(aq) + 2\,OH^-(aq)$

6.5 a. $HNO_3(aq) + KOH(aq) \longrightarrow KNO_3(aq) + H_2O(l)$

$$H^+(aq) + NO_3^-(aq) + K^+(aq) + OH^-(aq) \longrightarrow K^+(aq) + NO_3^-(aq) + H_2O(l)$$

$$H^+(aq) + OH^-(aq) \longrightarrow H_2O(l)$$

b. $HCl(aq) + NH_4OH(aq) \longrightarrow NH_4Cl(aq) + H_2O(l)$

$$H^+(aq) + Cl^-(aq) + NH_4^+(aq) + OH^-(aq) \longrightarrow NH_4^+(aq) + Cl^-(aq) + H_2O(l)$$

$$H^+(aq) + OH^-(aq) \longrightarrow H_2O(l)$$

6.6 b. A solução é básica porque $[OH^-] > [H^+]$.
$[H^+][OH^-] = 1 \times 10^{-14}$
Resolvendo, $[H^+] = 1 \times 10^{-8}$ M.

c. A solução é básica porque $[OH^-] > [H^+]$.
$[H^+][OH^-] = 1 \times 10^{-14}$
Resolvendo, $[OH^-] = 1 \times 10^{-4}$ M.

6.7 a. Quando hidróxido de potássio dissocia, um íon hidróxido é liberado para cada íon potássio. A solução básica contém muito mais OH^- do que H^+.
$OH^-(aq) = K^+(aq) > H^+(aq)$

b. Quando ácido nítrico dissocia, um íon hidrogênio é liberado para cada íon nitrato. A solução ácida contém muito mais H^+ do que OH^-.
$H^+(aq) = NO_3^-(aq) > OH^-(aq)$

c. Quando ácido sulfúrico dissocia, dois íons hidrogênio são liberados por cada íon sulfato. A solução ácida contém muito mais H^+ do que OH^-.
$H^+(aq) > SO_4^{2-}(aq) > OH^-(aq)$

6.9 a. Embora a diferença dos valores de pH seja somente 1, a amostra da água do lago é 10 vezes mais ácida e (para o mesmo volume) teria 10 vezes mais H^+ do que a amostra de água da chuva.

b. Embora a diferença dos valores de pH seja somente 3, a amostra da água da pia é 1.000 vezes mais ácida e teria (para o mesmo volume) 1.000 vezes mais H^+ do que a amostra de água do oceano.

6.13 $H_2SO_3(aq) \longrightarrow H^+(aq) + HSO_3^-(aq)$
$HSO_3^-(aq) \longrightarrow H^+(aq) + SO_3^{2-}(aq)$
$H_2SO_3(aq) \longrightarrow 2\,H^+(aq) + SO_3^{2-}(aq)$

6.14 c. $1{,}68 \times 10^4 \text{ tons S} \times \dfrac{64 \text{ tons } SO_2}{32 \text{ tons S}} = 3{,}36 \times 10^4 \text{ tons } SO_2$

d. O SO_3 pode reagir com água para formar ácido sulfúrico: $SO_3(g) + H_2O(l) \longrightarrow H_2SO_4(aq)$

6.15 São necessários 946 kJ de energia para quebrar um mol de ligações triplas entre átomos de nitrogênio. Essa é uma das maiores energias de ligação da Tabela 4.4.

6.16 O monóxido de nitrogênio (NO) é um gás que se forma nos motores a combustão de automóveis. Como você viu no Capítulo 1, uma vez liberado na exaustão, ele reage na atmosfera para produzir NO_2.

$$N_2 + O_2 \xrightarrow{\text{alta temperatura}} 2\,NO$$
$$2\,NO + O_2 \longrightarrow 2\,NO_2$$

NO também reage com ozônio para formar dióxido de nitrogênio (NO_2).

$$NO(g) + O_3(g) \longrightarrow NO_2(g) + O_2(g)$$

O dióxido de nitrogênio (NO_2) é um gás marrom tóxico. Uma indicação de sua reatividade é o dano que causa em seus pulmões se você respirá-lo. Se o NO_2 fosse inerte, não seria um problema de saúde. Amônia (NH_3) é um gás que você talvez tenha encontrado no contexto da "amônia caseira", uma solução de amônia em água. Uma indicação da reatividade de NH_3 é que ele é um bom agente de limpeza. Além disso, amônia é uma base que reage prontamente com ácidos.

6.17 SO_2 diminuiu mais do que NO_x, na quantidade e na percentagem de redução. A razão mais provável para a diminuição é o programa "limite e compensação" componente do EPA's Acid Rain Program.

6.18 a. Ferro (Fe) é um metal.

b. Alumínio (Al) é um metal.

c. Flúor (F) é um não metal.

d. Cálcio é um metal.

e. Zinco (Zn) é um metal.

f. Oxigênio (O) é um não metal.

6.19 $4\,Fe(s) + 2\,O_2(g) +$ ~~$8\,H^+(aq)$~~ $\longrightarrow$
~~$4\,Fe^{2+}(aq)$~~ $+$ ~~$4\,H_2O(l)$~~

~~$4\,Fe^{2+}(aq)$~~ $+ O_2(g) +$ ~~$4\,H_2O(l)$~~ $\longrightarrow$
$2\,Fe_2O_3(s) +$ ~~$8\,H^+(aq)$~~

$$4\,Fe(s) + 3\,O_2(g) \longrightarrow 2\,Fe_2O_3(s)$$

6.20 **a.** Fe é a forma metálica do ferro.
c. Fe^{2+} e Fe^{3+} perderam dois e três elétrons de valência, respectivamente.

6.21 **a.** $MgCO_3(s) + 2\,H^+(aq) \longrightarrow Mg^{2+}(aq) + CO_2(g) + H_2O(l)$
b. Bicarbonato de sódio é solúvel em água. A seção 5.8 não contém essa informação implicitamente, mas qualquer experiência de uso de soda na cozinha (bicarbonato de sódio) mostrará que ele é solúvel em água.

6.22 $CaCO_3(s) + H_2SO_4(aq) \longrightarrow CaSO_4(s) + CO_2(g) + H_2O(l)$

6.25 $S(s) + O_2(g) \longrightarrow SO_2(g)$
$2\,SO_2(g) + O_2(g) \longrightarrow 2\,SO_3(g)$
$SO_3(g) + H_2O(l) \longrightarrow H_2SO_4(aq)$

6.26 **a.** $H_2SO_4(aq) + NH_4OH(aq) \longrightarrow NH_4HSO_4(aq) + H_2O(l)$
b. $H_2SO_4(aq) + 2\,NH_4OH(aq) \longrightarrow (NH_4)_2SO_4(aq) + 2\,H_2O(l)$

6.28 **b.** O íon hidrogenocarbonato é uma base porque reage com um ácido, isto é, um íon hidrogênio.

Capítulo 7

7.5 U-234 tem 92 prótons e 142 nêutrons em comparação com 92 prótons e 146 nêutrons para U-238.

7.6 **b.** ${}^{1}_{0}n + {}^{235}_{92}U \longrightarrow {}^{137}_{52}Te + {}^{97}_{40}Zr + 2\,{}^{1}_{0}n$

7.7 Para o carvão antracita:

$$9{,}0 \times 10^{10}\text{ kJ} \times \frac{1{,}0\text{ g carvão antracita}}{30{,}5\text{ kJ}} \times \frac{1\text{ kg}}{1000\text{ g}} = 3{,}0 \times 10^{6}\text{ kg carvão antracita}$$

As massas equivalentes dos outros graus são calculadas do mesmo modo: carvão bituminoso, $2{,}9 \times 10^6$ kg, carvão sub-bituminoso, $3{,}8 \times 10^6$ kg, lignita (carvão marrom), $5{,}6 \times 10^6$ kg, turfa, $6{,}9 \times 10^6$ kg.

7.8 ${}^{241}_{95}Am \longrightarrow {}^{237}_{93}Np + {}^{4}_{2}He$
${}^{9}_{4}Be + {}^{4}_{2}He \longrightarrow {}^{12}_{6}C + {}^{1}_{0}n + {}^{0}_{0}\gamma$

7.9 Em uma emergência como um terremoto, as barras de combustível deveriam ser inseridas em preparação para o desligamento como forma de retardar a reação de fissão nuclear no coração do reator.

7.10 A nuvem é formada por pequenas gotículas de vapor de água condensada. As pessoas chamam isso, às vezes, de "vapor", mas tecnicamente isso não é correto. Vapor (vapor de água) é invisível até que condensa. A nuvem não contém produtos da fissão nuclear.

7.12 **c.** "Radiação" refere-se à radiação UV, uma região do espectro eletromagnético.
d. "Radiação" refere-se à radiação nuclear (partículas alfa) emitidas pelos núcleos de urânio.

7.13 **b.** ${}^{239}_{94}Pu \longrightarrow {}^{235}_{92}U + {}^{4}_{2}He$

7.14 **a.** $:\!\ddot{\underset{..}{I}}\cdot$ (átomo) $:\!\ddot{\underset{..}{I}}\!:\!\ddot{\underset{..}{I}}\!:$ (molécula) $[:\!\ddot{\underset{..}{I}}\!:]^-$ (íon)

átomo molécula íon

b. O átomo de iodo é o mais reativo aqui porque tem um elétron desemparelhado, isto é, é um radical livre.

7.15 **a.** -249 kJ por mol de H_2 e -125 kJ por grama de H_2, e em ambos os casos a energia é liberada.
b. Pela Figura 4.16, o metano libera $-50{,}1$ kJ por grama quando queimado. Usando o valor calculado na parte **a** como comparação, H_2 libera duas vezes e meia mais!

7.18 **a.** ${}^{222}_{86}Rn \longrightarrow {}^{218}_{84}Po + {}^{4}_{2}He$
c. Polônio-218 e os demais produtos do decaimento do radônio são sólidos. Eles podem se alojar nos pulmões e emitir radiação continuamente à medida que um produto decai ao outro. A radiação nuclear é fracamente cancerígena, então, embora a exposição possa causar câncer, nem sempre isso acontece.

7.21 $$\frac{3{,}5 \times 10^{14}\text{ átomos de C-14}}{3{,}0 \times 10^{26}\text{ todos os átomos de C}} \times 100 = 1{,}17 \times 10^{-10}\ \%\text{ de carbono-14}$$

7.23 **a.** O outro isótopo é U-238. Uma quantidade traço de U-234 está presente também.
b. O U-238 não é fissionável nas condições presentes em um reator nuclear.
c. Esses outros radioisótopos são produtos de fissão. O U-235 divide-se em muitas maneiras diferentes, logo muitos radioisótopos se formam.

7.25 Após 10 meias-vidas, 0,0975% da amostra original permanece.

Número de meias-vidas	% de decaimento	% restante
0	0	100
1	50	50
2	75	25
3	87,5	12,5
4	93,75	6,25
5	96,88	3,12
6	98,44	1,56
7	99,22	0,78
8	99,61	0,39
9	99,805	0,195
10	99,9025	0,0975

7.26 Após 36,9 anos (3 meias-vidas), restam 12,5% do trício original.

7.27 **a.** O rádio é um produto da série de decaimento natural do urânio-238, o isótopo do urânio de maior abundância natural. Portanto, se o urânio ocorre em rochas e solos, o rádio também estará presente.

b. Cinco meias-vidas ($5 \times 3{,}8$ dias $= 19$ dias) são necessários para o nível de radioatividade cair de 16 pCi até 0,5 pCi.

c. Radônio continuará a entrar em seu subsolo porque o urânio do solo e das pedras abaixo de sua casa continuará a produzi-lo. Veja a parte **a**.

7.28 ${}^{1}_{0}n + {}^{235}_{92}U \longrightarrow {}^{143}_{54}Xe + {}^{90}_{38}Sr + 3\,{}^{1}_{0}n$

Capítulo 8

8.2 As equações **c** e **e** são meias-reações de redução porque elétrons são ganhos, aparecendo no lado dos reagentes nas equações. As equações **b** e **d** são meias-reações de oxidação porque elétrons são perdidos, aparecendo no lado dos produtos.

8.3 **a.** As equações estão balanceadas do ponto de vista do número e tipo de átomos.

b. As equações estão balanceadas do ponto de vista da carga, mas a carga total não tem de ser zero em cada lado.

c. Os elétrons não aparecem na reação total da célula, só nas meias-reações.

8.4 **a.** $Zn \longrightarrow Zn^{2+} + 2\,e^-$

b. $Cu^{2+} + 2\,e^- \longrightarrow Cu$

c. Para ser recarregável, os produtos têm de estar perto dos reagentes. No caso dessa célula, os íons formados são móveis e se dispersam pela solução, não ficando perto dos eletrodos.

8.6 **b.** O metal chumbo, Pb(*s*), perde dois elétrons para formar o íon chumbo em água, $Pb^{2+}(aq)$. O metal chumbo é oxidado.

c. A descarga da bateria é a reação direta da equação 8.12. Como na parte **b**, o metal chumbo, Pb(*s*), é oxidado para formar o íon chumbo, $Pb^{2+}(aq)$.

8.7 **a.** Os metais são elementos bons condutores de eletricidade e calor. Eles têm aparência brilhante. Em contraste, os não metais são maus condutores de eletricidade e calor, e não são brilhantes. Veja a Seção 1.6. Os metais têm baixa eletronegatividade em relação aos não metais. Isso explica por que os metais tendem a perder elétrons e formar cátions (enquanto os não metais tendem a ganhar elétrons para formar ânions). Veja o Capítulo 5 para mais informações sobre a eletronegatividade.

c. $CdS(s) + O_2(g) \longrightarrow Cd(s) + SO_2(g)$
No CdS(*s*), o íon cádmio (Cd^{2+}) ganha dois elétrons para formar Cd(*s*) e é reduzido.

d. O dióxido de enxofre liberado na fusão de minérios contendo enxofre contribui para a poluição do ar. A EPA monitora o nível de SO_2 para manter os padrões de qualidade do ar, devido à forte natureza desse poluente como irritante dos pulmões.

8.15 **b.** As reações são endotérmicas. Mais energia é necessária para quebrar ligações do que é liberada na formação de ligações.

c. Embora haja concordância, em geral, (+182 kJ *vs.* +165 kJ), lembre-se de que a Tabela 4.4 dá energias de ligação *médias*, não energias especificamente associadas com as ligações desses compostos (com exceção do CO_2).

8.18 **a.** A dopagem com fósforo forma um semicondutor do tipo *n*. O fósforo está no Grupo VA e tem um elétron a mais do que os átomos de silício.

b. A dopagem com boro forma um semicondutor do tipo *p*. O boro está no Grupo IIIA e tem um elétron a menos do que os átomos de silício.

8.19 **b.** Os usos incluem fornecer eletricidade para iluminação, aquecimento e outras necessidades elétricas de um edifício ou de um processo usado em um negócio. Por exemplo, PVs têm sido usados para gerar eletricidade suficiente para satisfazer as necessidades de eletricidade de uma pequena cervejaria.

c. Os usos incluem fornecer eletricidade parcial ou total a uma residência. No presente, algumas residências que têm um sistema PV são até mesmo capazes de revender eletricidade às companhias de luz. Um sistema PV também pode ser usado para emergências em lugares em que tempestades interrompem o fornecimento normal de eletricidade.

8.22 **a.** Um coletor solar com um sistema líquido de troca de calor substituiria os sistemas de aquecimento.

b. As vantagens de geração distribuída para a coleta de energia solar incluem os fatos de que (1) um sistema de geração distribuída não requer um condensador e não gera poluição térmica, e (2) ele é adequado para lugares não atendidos por linhas de transmissão. As vantagens de uma localização centralizada para a geração convencional de energia incluem (1) a eficiência da escala – uma fonte concentrada de energia servindo a muitos usuários, e (2) o fato de que o usuário não precisa instalar o equipamento de geração de energia.

Capítulo 9

9.3 **a.**

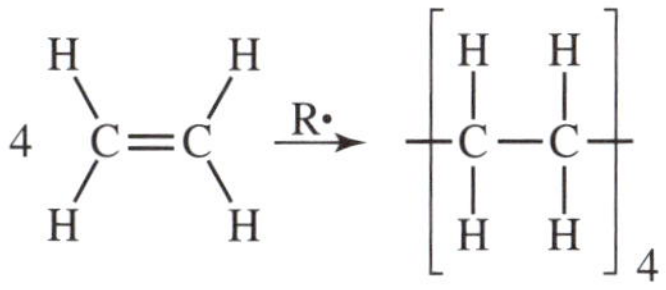

b.

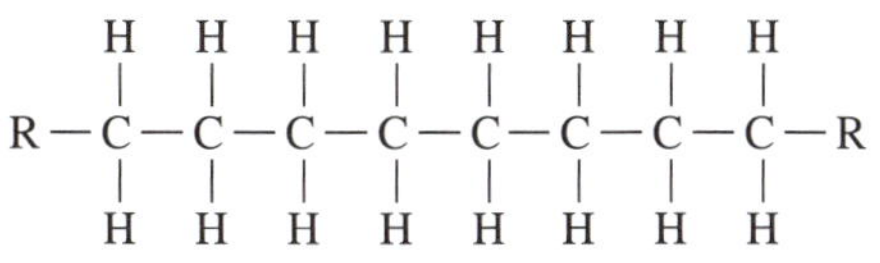

9.4 Itens tipicamente feitos de HDPE incluem garrafas nacaradas de xampus, garrafas de detergentes com cores brilhantes, jarros de leite opacos ou translucentes e garrafas de cola que podem ser apertadas. Recipientes de HDPE são muito usados para sopas e alimentos não oleosos. Em contraste, você achará LDPE como um plástico para empacotamento ou como sacos. Sim, HDPE e LDPE têm flexibilidade diferente. LDPE é usualmente mais macio e mais flexível. Eles também diferem porque HDPE é usualmente opaco ou translucente, enquanto algumas formas de LDPE são transparentes.

9.10 a.

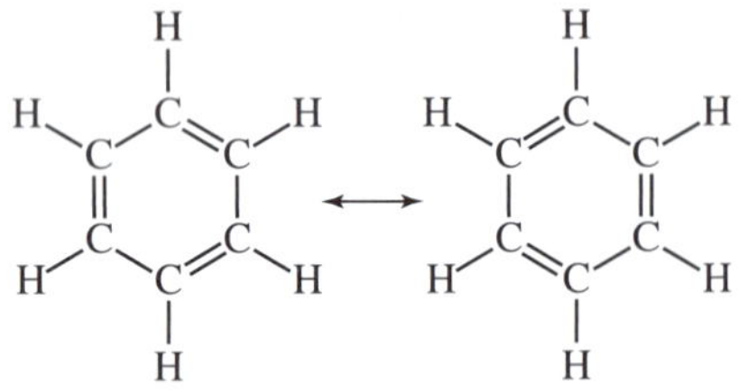

benzeno

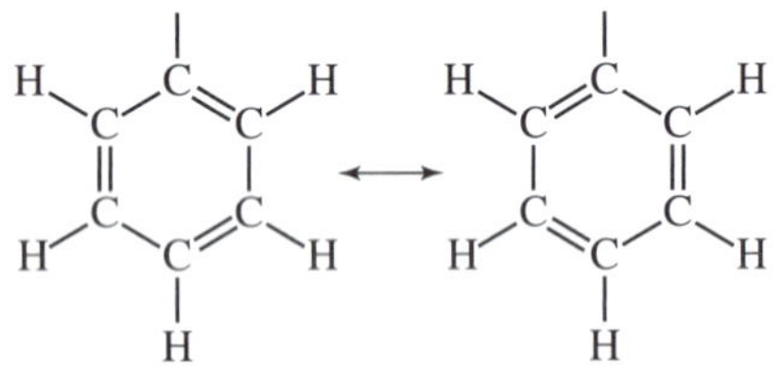

grupo fenila

9.12

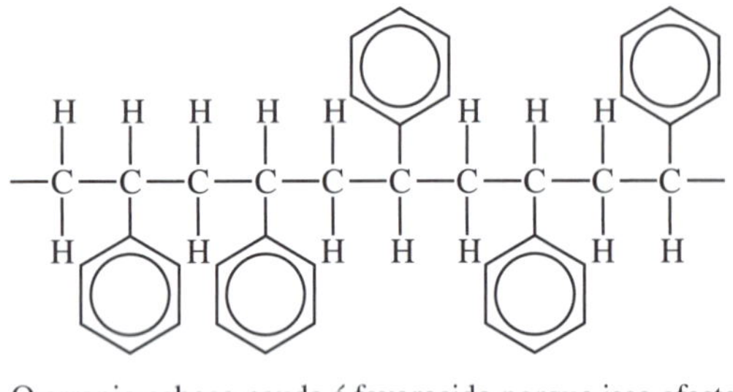

O arranjo cabeça-cauda é favorecido porque isso afasta os anéis de benzeno o máximo possível, reduzindo as repulsões entre eles. Nos arranjos cabeça-cabeça e cauda-cauda, os anéis ficariam em átomos de carbono vizinhos.

9.15

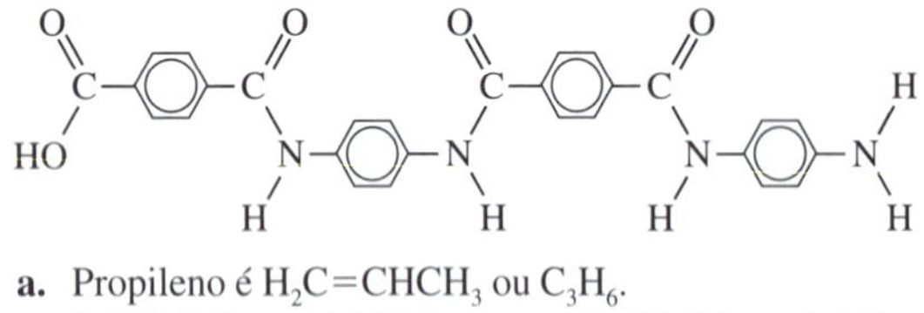

9.20 a. Propileno é $H_2C{=}CHCH_3$ ou C_3H_6.

$2.500\ C_3H_6 + 11.250\ O_2 \longrightarrow 7.500\ CO_2 + 7.500\ H_2O$

9.23 Itens recicláveis que você poderia adquirir incluem muitos recipientes e jarras plásticas, bebidas em latas de alumínio e jornais. Exemplos de itens contendo material reciclado incluem produtos de papel (alguns lenços, toalhas e papel higiênico) e plásticos (mesas de piquenique, bancos de jardim, pranchas e até mesmo dormentes ferroviários). Sim, em teoria, qualquer coisa que contém resíduos de itens usados pode ser novamente reciclado. Na prática, porém, isso depende da capacidade local de reciclagem

9.26 a.

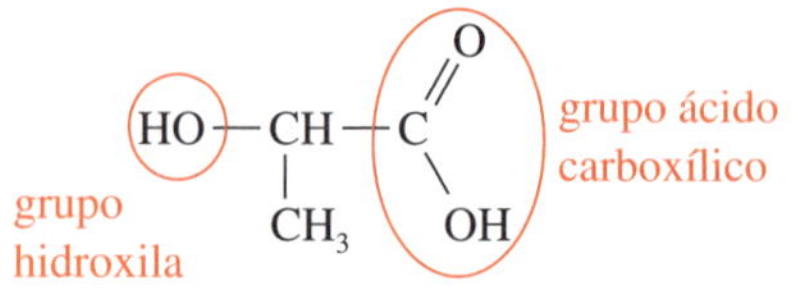

c. Eis uma forma de representar o polímero (com sua unidade repetida).

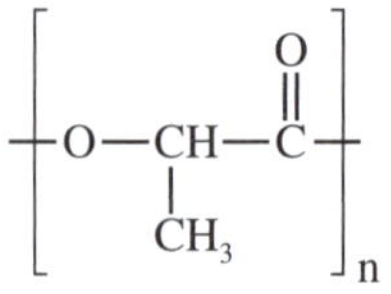

9.28 a. As vantagens de garrafas de vidro incluem o fato de poderem ser usadas repetidamente, serem atraentes e relativamente baratas. As desvantagens incluem o fato de serem pesadas e poderem se quebrar. As vantagens das garrafas de plástico incluem o fato de serem leves, recicláveis, baratas e não se quebrem. As desvantagens incluem os fatos de que são feitas a partir do petróleo (um recurso não renovável) e eventualmente terminam nos aterros sanitários.

b. A cerveja é vendida ocasionalmente em garrafas de plástico quando o vidro não é seguro (por exemplo em eventos esportivos), mas a aceitação do público é pequena. PET, a garrafa plástica transparente normalmente escolhida, é ligeiramente permeável ao oxigênio, que pode reagir com a cerveja e alterar seu sabor.

9.30 a. Os ésteres são um grupo funcional, isto é, um arranjo característico de átomos que dão certas propriedades a uma molécula. O grupo funcional éster foi apresentado no Capítulo 4 e mostrado na Tabela 9.2. Eis a fórmula estrutural de um éster.

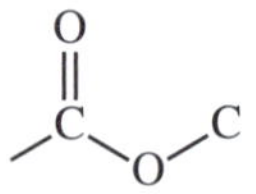

b.

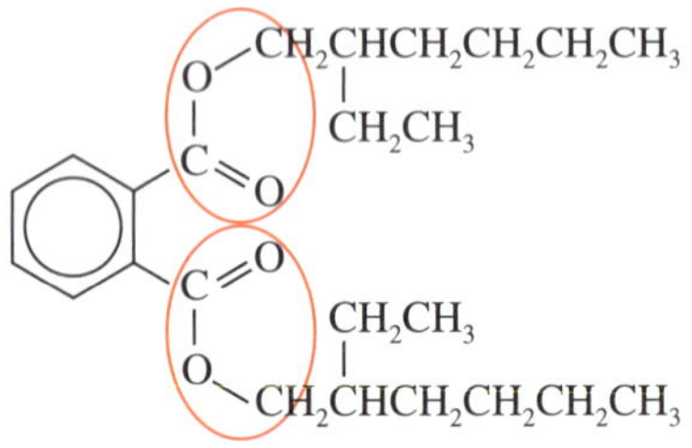

DEHP

c.

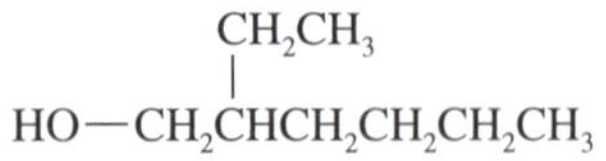

Capítulo 10

10.4 a. Cada átomo de carbono da Figura 10.2 está cercado por 8 elétrons (4 ligações); logo, a regra do octeto é obedecida.

b. Monóxido de carbono, CO. O carbono só tem três ligações nesta molécula.

10.5 **c.**

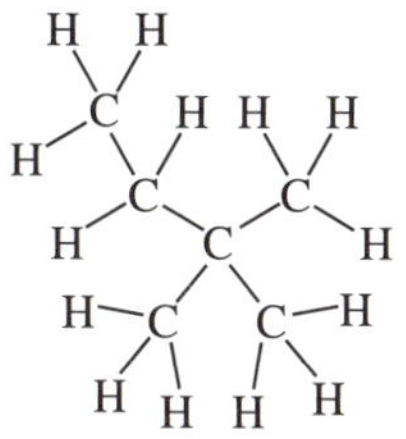

d.

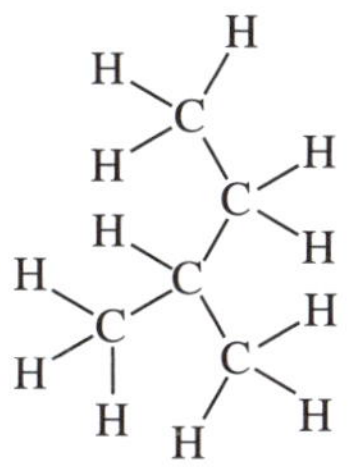

10.6 **c.**

d.

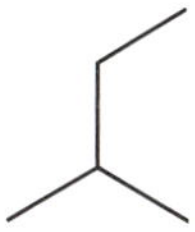

10.7 **a.** Sim, o *n*-butano e o isobutano são isômeros. Eles têm a mesma fórmula, C_4H_{10}, mas estruturas diferentes.

b. Não, o *n*-hexano (C_6H_{14}) e o ciclo-hexano (C_6H_{12}) não são isômeros. Eles têm fórmulas e estruturas diferentes.

c.

Fórmula estrutural	Fórmula estrutural condensada e desenho de linhas e ângulos
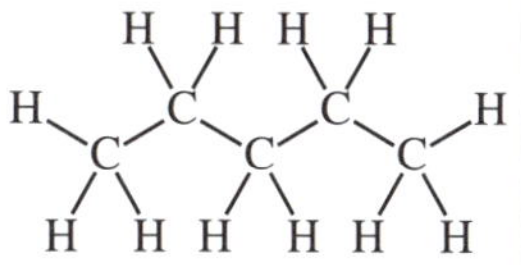	$CH_3CH_2CH_2CH_2CH_3$ 
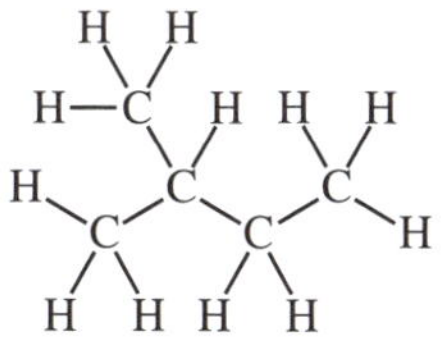	$CH_3CH(CH_3)CH_2CH_3$ 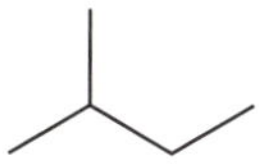
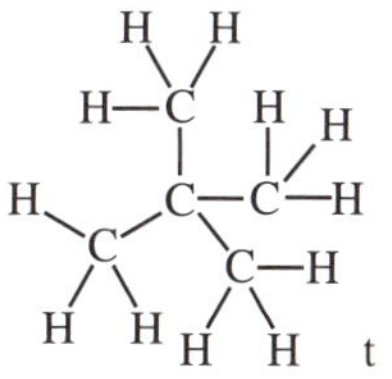	$C(CH_3)_4$ 

10.8 **c.**

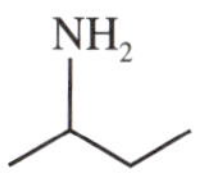

amina

d.

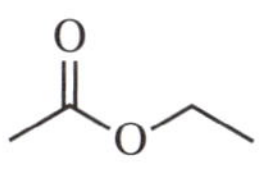

éster

e.

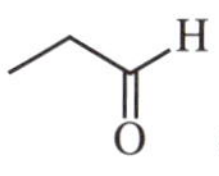

aldeído

10.9 **a.**

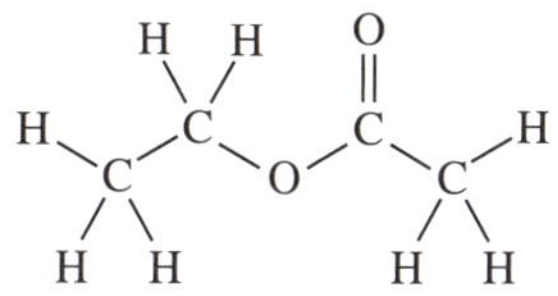

b.

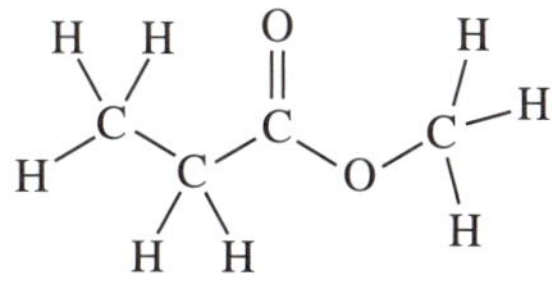

10.10 As três moléculas têm um anel benzeno com grupos funcionais que podem formar ligações hidrogênio com a água. Aspirina e ibuprofeno têm um grupo carboxílico.

10.16 **b.**

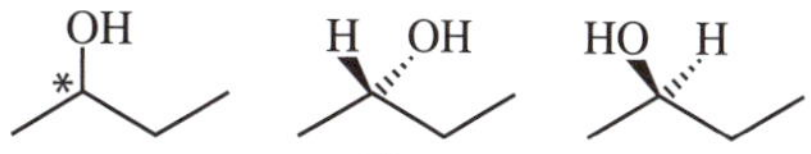

c. $*CHClFCH_3$

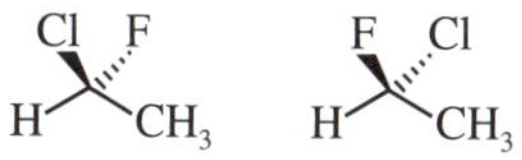

d.

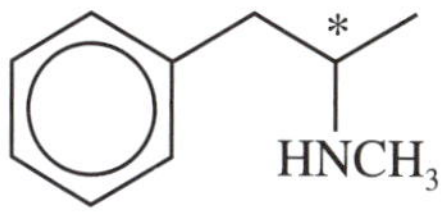

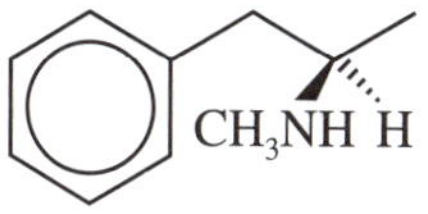

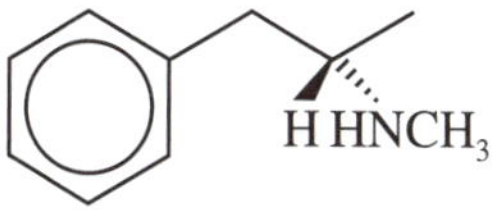

10.17 **a.** Os carbonos quirais são indicados por um asterisco nestas estruturas. *Nota*: Os enantiômeros são desenhados aqui para a parte **c** – o carbono quiral é o mesmo para os dois enantiômeros.

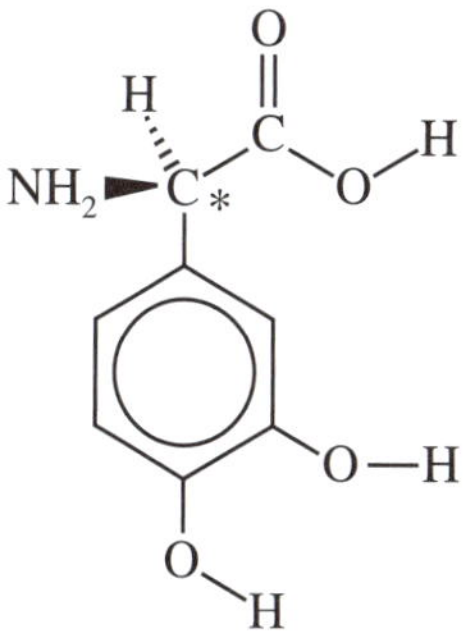

(+)-dopa

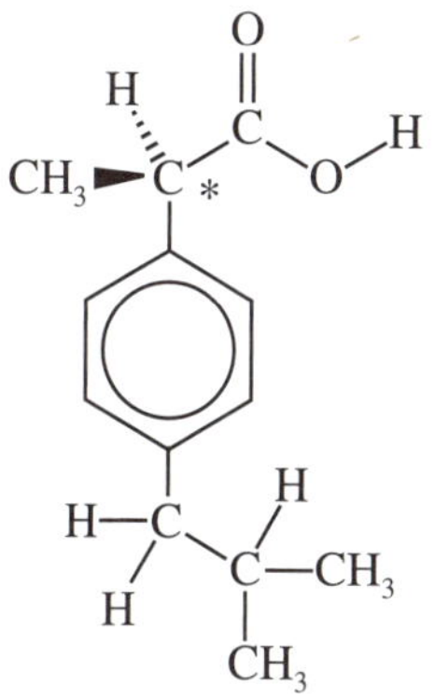

(−)-ibuprofen

b. O ibuprofeno tem um anel fenila e um grupo ácido carboxílico. A molécula de dopa tem um anel fenila, dois grupos hidroxila, um grupo amino e um grupo ácido carboxílico.

c. Os desenhos são dados na parte **a**.

10.19 a.

estradiol	progesterona
grupo –OH no anel D	grupo C=O fora do anel D
grupo $-CH_3$ na interseção dos anéis C e D	C=O e C=C no anel A
	grupos $-CH_3$ nas interseções dos anéis C e D, e A e B

estradiol	testosterona
grupo –OH no anel D	grupo –OH no anel D
grupo $-CH_3$ na interseção dos anéis C e D	grupos $-CH_3$ nas interseções dos anéis C e D, e A e B
	C=O e C=C no anel A

ácido cólico	colesterol
grupos –OH nos anéis A, B e C	grupo –OH no anel A
grupo ácido carboxílico na cadeia lateral do anel D	ligação dupla no anel A
grupos $-CH_3$ nas interseções dos anéis C e D, e A e B	grupos $-CH_3$ nas interseções dos anéis C e D, e A e B

corticosterona	cortisona
C=O e C=C no anel A	C=O e C=C no anel A
grupo –OH no anel C	grupo C=O no anel C e também na cadeia lateral do anel D
grupo –OH na cadeia lateral do anel D	grupos –OH no anel D e na cadeia lateral do anel D
grupos $-CH_3$ nas interseções dos anéis C e D, e A e B	grupos $-CH_3$ nas interseções dos anéis C e D, e A e B

prednisona	cortisona
ligação C=O e duas ligações C=C no anel A	C=O e C=C no anel A
grupo –OH no anel C	grupo C=O no anel C e também na cadeia lateral do anel D
grupo –OH na cadeia lateral do anel D	grupos –OH no anel D e na cadeia lateral do anel D
grupos $-CH_3$ nas interseções dos anéis C e D, e A e B	grupos $-CH_3$ nas interseções dos anéis C e D, e A e B

b.

estradiol	$C_{18}H_{24}O_2$	testosterona	$C_{19}H_{28}O_2$
progesterona	$C_{21}H_{30}O_2$	ácido cólico	$C_{24}H_{40}O_5$
prednisona	$C_{21}H_{26}O_5$	corticosterona	$C_{21}H_{30}O_4$
cortisona	$C_{21}H_{28}O_5$	colesterol	$C_{27}H_{46}O$

10.26 Ácido clorídrico HCl(*aq*) é usado para formar o sal da oxicodona. Esta é a estrutura do sal. O átomo de N não tem mais o par isolado de elétrons que caracteriza a base livre.

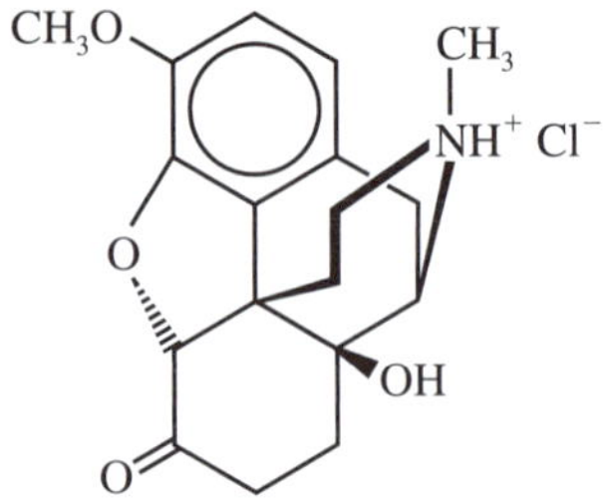

Capítulo 11

11.7 b. O biodiesel é o éster metílico de um ácido graxo. Gorduras e óleos são triglicerídeos, isto é, ésteres triplos do glicerol.

11.10 O processo de interesterificação permite que os produtores usem gorduras e óleos como alimentos sem gorduras *trans*. Isso segue a ideia fundamental número 3 da química verde: É melhor usar e gerar substâncias que não são tóxicas.

11.11 a. A doçura está relacionada à estrutura molecular (e à forma). Como os açúcares têm estruturas diferentes, eles interagem com os receptores de sua língua de modo diferente, provocando um grau diferente de doçura.

b. Embora as estruturas químicas desses açúcares sejam diferentes, sua composição química é essencialmente a mesma. Frutose e glicose têm a mesma fórmula química, e sacarose é praticamente o mesmo. Com a mesma fórmula química, a mesma quantidade de calor é liberada quando esses açúcares são metabolizados (ou queimados).

11.14 GlyGlyGly, GlyGlyAla, GlyAlaAla, GlyAlaGly, AlaAlaAla, AlaAlaGly, AlaGlyGly, AlaGlyAla

11.18 Alimentos processados tendem a ter muito sal, isto é, têm um conteúdo de sódio relativamente alto em comparação com as necessidades diárias. Para alguns, isso tem gosto normal. Para outros, é perceptivelmente salgado. Por exemplo, uma lata de sopa pode ter 800 mg ou mais de sódio na porção. As versões com baixo sal têm menos sódio.

11.21 a. Não. Os homens precisam de mais calorias do que as mulheres.

b. Quando homens e mulheres crescem, na adolescência e na juventude, as necessidades calóricas aumentam. Após os 30 anos, as necessidades calóricas diminuem.

11.25 a. $2000 \text{ g C} \times \frac{1 \text{ mol } CO_2}{12 \text{ g C}} \times \frac{44 \text{ g } CO_2}{1 \text{ mol } CO_2} \times \frac{1 \text{ lb } CO_2}{454 \text{ g } CO_2}$

= cerca de 16 libras de CO_2 emitidas por galão de gasolina.

11.25 **b.** Suponhamos que seu carro gaste um galão a cada 30 milhas. 1.000 milhas corresponderiam a 33 galões de gasolina.
33 galões × 16 libras de CO_2 por galão = 530 libras de CO_2.

11.26 **a.** Do Capítulo 5, "semelhante dissolve semelhante". Neste caso, amônia e água são substâncias polares. Substâncias polares dissolvem bem umas nas outras.

b. Do Capítulo 6, aqui está a equação química 6.5a que mostra que o gás amônia dissolve em água.

$$NH_3(g) \xrightarrow{H_2O} NH_3(aq)$$

Pequenas quantidades de íon hidróxido são liberadas quando amônia dissolve em água, como se vê na equação 6.5b, reproduzida aqui.

$$NH_3(aq) + H_2O(l) \xrightarrow{\text{só muito pouco nessa direção}} NH_4^+(aq) + OH^-(aq)$$

c. Da Figura 11.26, o íon nitrato é assimilado pelas plantas.

d. Da Figura 11.26, o íon amônio (NH_4^+) converte-se primeiro ao íon nitrito (NO_2^-) por micróbios e então ao íon nitrato (NO_3^-), que as plantas podem utilizar. Eis uma reapresentação do Capítulo 6.

11.27 Eis a fórmula estrutural do brometo de metila:

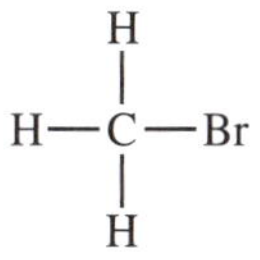

O brometo de metila contém uma ligação C–Br. Essa ligação quebra-se sob luz UV na estratosfera para liberar átomos de bromo que, por sua vez, reagem com moléculas de ozônio e as destroem.

Capítulo 12

12.2 **a.** Carboidrato é um termo geral que inclui os demais. Glicose é um monossacarídeo, ou um carboidrato simples. Celulose e amido são polissacarídeos, ou carboidratos complexos. Ambos são polímeros estruturalmente diferentes que usam o mesmo monômero, a glicose.

b. Triglicerídeos são uma classe de moléculas que inclui gorduras e óleos. As gorduras são sólidas na temperatura normal porque contêm ácidos graxos mais saturados. Os óleos são líquidos na temperatura normal porque contêm ácidos graxos mais insaturados.

12.3 **a.** Uma proteína é uma molécula grande (um polímero) formada por aminoácidos (moléculas menores, monômeros). As moléculas de proteínas são caracterizadas pela composição, forma e função biológica.

b. Um carboidrato é uma molécula formada por C, H e O, apenas, na razão CH_2O. Muitos carboidratos, como amido e celulose, são moléculas grandes (polímeros) formadas por moléculas menores (açúcares como monômeros).

12.6

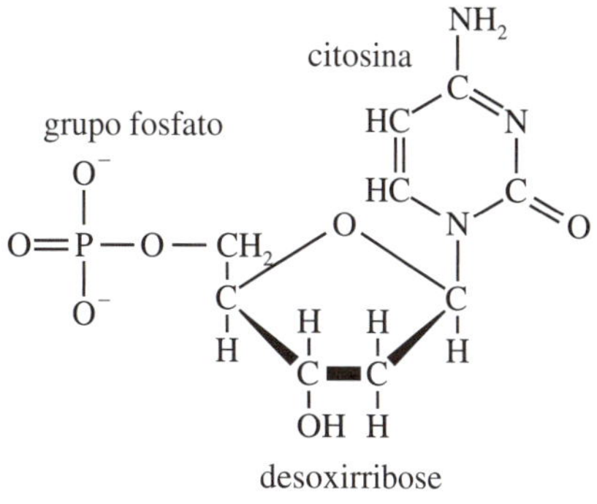

12.7 **b.** CTAGGAT

12.10 **b.** O cromossomo deve se enrolar cerca de 1.000 vezes para ir do comprimento da hélice dupla estendida, 4,6 cm ($4{,}6 \times 10^{-2}$ m), até aproximadamente 4 μm (4×10^{-6} m).

c. Esse nível de compactação é necessário para que se acomode de modo organizado na célula.

12.12 Se vários códons representam o mesmo aminoácido, então variações individuais de pares de bases têm menos chances de alterar a sequência de aminoácidos que o gene codifica. A redundância do código genético torna-o mais robusto.

12.13 **a.** Náilon e proteínas (como as dos alimentos) contêm um grupo funcional amida.

c. Náilons e proteínas são polímeros de condensação. Quando eles se formam, uma molécula pequena (em todas as proteínas, mas só em alguns náilons) é liberada.

12.15 **a.** Um íon é um átomo ou grupo de átomos com carga positiva ou negativa. Exemplos incluem o íon hidróxido (OH^-) e o íon sódio (Na^+).

b. •OH e H• são exemplos de espécies com um elétron desemparelhado.

c. Quando radiação de energia suficientemente alta colide com uma molécula, um elétron é ejetado, produzindo um íon com um elétron desemparelhado.

d. Em alguns casos, os íons produzidos pela radiação ionizante são muito reativos porque têm elétrons desemparelhados. Por exemplo, isso acontece quando a molécula de água é ionizada (veja o Capítulo 7). Mutações aleatórias ocorrem no DNA porque essas espécies reativas danificam a fita de DNA de modo aleatório.

Apêndice 5

Respostas das questões selecionadas do fim dos capítulos indicadas em cor no texto

Capítulo 0

9. Essas representações são semelhantes no sentido de que contêm os mesmos elementos: a economia, a sociedade e o ambiente. Ambas mostram que esses elementos se interpenetram. São diferentes no modo de se interpenetrar. Como foi desenhado nesta questão, o ambiente abrange a economia e a sociedade. Alguns iriam arguir que isso é essencial porque, sem o ambiente, as outras duas não poderiam existir. Outros, porém, representam o ambiente, a economia e a sociedade como igualmente importantes (isto é, com a mesma área), como é o caso da Figura 0.1.

13. Quando você usa o ônibus, suas pegadas se reduzem, no sentido de que seus pés não tocam o solo. Além disso, sua pegada ecológica diminui porque você está usando o transporte público, e não seu próprio automóvel. É claro que se você costuma andar em vez de usar o ônibus, você está "reduzindo suas pegadas" somente no primeiro sentido.

22. Por exemplo, como um professor, você poderia trabalhar com estudantes e administradores de sua escola no sentido de conservar energia (desligar os computadores quando não estão em uso) ou produzir menos resíduos (compostar a borra do café e restos de comida). Como jardineiro, você talvez quisesse consultar os que praticam jardinagem sustentável em sua comunidade. Por exemplo, um modo de evitar que os fertilizantes cheguem a lagos e rios é reduzir o corrimento em gramados e jardins, recolhendo a chuva em barris. Essa água pode, então, ser utilizada quando o solo está seco, reduzindo a necessidade de usar os sistemas públicos.

Capítulo 1

1. a. $\frac{0{,}5 \text{ L}}{1 \text{ respiração}} \times \frac{15 \text{ respirações}}{1 \text{ min}} \times \frac{60 \text{ min}}{1 \text{ hr}} \times 8 \text{ hr} = 3.600 \text{ L}$

b. As possibilidades incluem queimar menos (madeira, vegetação, combustíveis de cozimento, gasolina, incenso), usar produtos que poluem menos (tintas de baixa emissão) e usar aparelhos e ferramentas sem motores (cortadores de grama, batedoras de ovos, vassouras, ancinhos).

3. a. $Rn < CO < CO_2 < Ar < O_2 < N_2$

b. CO e CO_2

5. Como os outros gases nobres, o radônio é incolor, insípido, inodoro e relativamente inerte. Entretanto, o radônio é radioativo e os outros, não.

6. a. 0,9 partes por cem $\times \frac{1.000.000 \text{ partes por milhão}}{100 \text{ partes por cem}}$
= 9.000 partes por milhão
(Mova a decimal 4 casas à direita.)

7. a. Composto (2 moléculas de um composto feito por dois elementos diferentes)

b. Mistura (2 átomos de um elemento mais 2 átomos de outro)

c. Mistura (três substâncias diferentes, dois elementos e um composto)

d. Elemento (4 átomos do mesmo elemento)

10. a. 85.000 g **b.** 210.000.000 galões

11. a. $2{,}2 \times 10^{-4}$ g/m^3

b. Não, por que o CO é inodoro.

13. a. Grupo 1A e Grupo 7A

b. 1A: lítio, sódio, potássio, rubídio, césio, frâncio
7A: flúor, cloro, bromo, iodo, astatínio

16. a. A fórmula química CH_4 indica dois tipos de átomos (C e H). Uma molécula de metano é formada por 1 átomo de carbono e 4 átomos de hidrogênio. De modo semelhante, SO_2 indica dois tipos de átomos (S e O). Uma molécula de dióxido de enxofre é formada por 1 átomo de enxofre e 2 átomos da oxigênio. A fórmula O_3 indica só um tipo de átomo. Uma molécula de ozônio é formada por 3 átomos de oxigênio.

b. CH_4,metano; SO_2, dióxido de enxofre; O_3, ozônio

18. a. $N_2(g) + O_2(g) \longrightarrow 2\,NO(g)$
(ocorre em temperaturas elevadas)

b. $O_3(g) \longrightarrow O_2(g) + O(g)$
(ocorre na presença de luz UV

c. $2\,S(s) + 3\,O_2(g) \longrightarrow 2\,SO_3(g)$

24. a. platina (Pt), paládio (Pd), ródio (Rh).

b. Os três metais estão no Grupo 8B da Tabela Periódica. A platina está imediatamente abaixo do paládio e o ródio, imediatamente à esquerda do paládio.

c. Esses metais são sólidos na temperatura dos gases de exaustão, logo devem ter pontos de fusão relativamente altos. Eles também não sofrem mudança química permanente ao catalisar a reação de CO a CO_2 na corrente de exaustão.

26. A foto de Hilo mostra uma parede, presumivelmente construída por humanos (exigindo combustíveis a serem queimados no processo de transporte das pedras). Se as pedras foram cimentadas, o cimento também emite gases ao secar. O gramado cortado implica que um aparador de grama foi usado, provavelmente motorizado, dado o tamanho do gramado. A vegetação pode ter sido aspergida com herbicidas ou pesticidas, que podem ser levados pelo ar. A foto do aeroporto é mais fácil. Os motores a jato e os veículos na pista deixam pegadas quando queimam combustível. O combustível eventualmente derramado evapora no ar. A bruma é, muito provavelmente, o resultado de emissões de veículos e da indústria.

31. **a.** Normalmente, os gases de exaustão são liberados para a atmosfera por um cano de escape, e não voltam para o interior do carro. O cano de escape não tem uma ligação com o interior. Entretanto, se os gases são liberados em um pequeno espaço, como um monte de neve, eles podem entrar no carro, e não há saída fácil para o ambiente aberto.
b. CO é um gás inodoro, incolor e insípido.

34. O CO é chamado de "assassino silencioso" porque nossos sentidos não podem detectar esse gás inodoro, incolor e insípido. O mesmo termo não pode ser aplicado a poluentes como O_3 e SO_2, porque eles têm um odor característico que pode ser detectado em concentrações inferiores ao nível de toxicidade.

37. O ozônio lá de cima é "bom" porque nos protege ao absorver a radiação ultravioleta incidente do Sol. O ozônio cá embaixo é "ruim" porque pode ser perigoso quando o respiramos e porque danifica a vegetação e materiais como a borracha.

38. **a.** Os mais velhos, os muito jovens e as pessoas com doenças respiratórias como asma e enfisema são muito afetados pelo ozônio.
b. 3 dias
c. O ozônio é muito reativo, logo não permanece muito tempo na atmosfera. Como o ozônio não é produzido durante a noite quando o Sol não está brilhando, sua concentração cai.
d. As respostas variam. Possibilidades incluem céus cobertos, chuva ou ventos fortes. Poderia ser um dia em que menos pessoas estão dirigindo ou em que as indústrias estão fechadas.
e. Os níveis de ozônio em Atlanta, Geórgia, estão mais baixos em dezembro porque os dias de inverno são mais curtos.

40 **a.** 15 ppm é 0,0015%; e 2% é 20.000 ppm. 15 ppm é cerca de 1.300 vezes menor do que 20.000.

47. CO é perigoso quando presente em níveis de partes por milhão, e os instrumentos podem detectar facilmente CO nessa concentração. Em contraste, os níveis de radônio são muito menores, da ordem de partes por 10^{20}. Os conjuntos de detecção de radônio têm de amostrar o ar durante um certo período de tempo para conseguir uma leitura confiável.

Capítulo 2

3. **a.** Sim, isso está acima do mínimo de detecção de 10 ppb.

$$\frac{0{,}118 \text{ partes de } O_3}{1.000.000 \text{ partes de ar}} = \frac{118 \text{ partes de } O_3}{1.000.000.000 \text{ partes de ar}} \text{ ou } 118 \text{ ppb}$$

b. Sim, isso está bem acima do mínimo de detecção de 10 ppb.

$$\frac{25 \text{ partes de } O_3}{1.000.000 \text{ partes de ar}} = \frac{25.000 \text{ partes de } O_3}{1.000.000.000 \text{ partes de ar}}$$
ou 25.000 ppb

8. **a.** Um átomo neutro de oxigênio tem 8 prótons e 8 elétrons.
b. Um átomo neutro de nitrogênio tem 7 prótons e 7 elétrons.

10. **a.** hélio, He **c.** cobre, Cu
b. potássio, K

11. **c.** 92 prótons, 146 nêutrons e 92 elétrons
f. 88 prótons, 138 nêutrons e 88 elétrons

12. $^{222}_{86}Rn$

13. **a.** ·Ca· **c.** :Cl· (com pares de pontos)
b. ·N· (com pontos) **d.** He:

14. **b.** Existem 2(1) + 2(6) = 14 elétrons externos. A estrutura de Lewis é

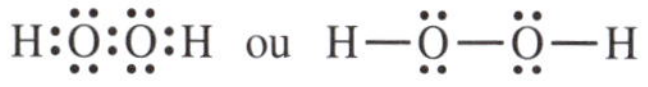

c. Existem 2(1) + 6 = 8 elétrons externos. A estrutura de Lewis é

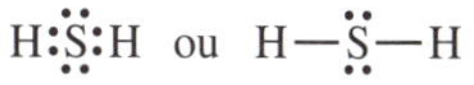

16. **a.** A onda 1 tem comprimento de onda maior do que a onda 2.
b. A onda 1 tem frequência menor do que a onda 2
c. Ambas viajam na mesma velocidade.

19. Na ordem crescente de energia por fóton: ondas de rádio < infravermelho < luz visível < raios gama

21. **a.** Na ordem de comprimento de onda crescente: UV-C < UV-B < UV-A
b. Na ordem de energia crescente. UV-A < UV-B < UV-C
c. Na ordem crescente de potencial para danos biológicos: UV-A < UV-B < UV-C

25. **a.** metano, CH_4

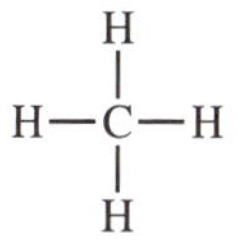

etano, C_2H_6

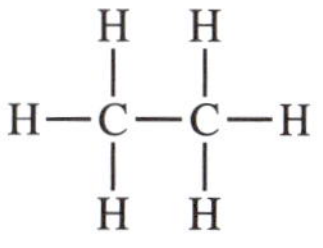

b. Três CFCs diferentes são baseados no metano. São eles: $CClF_3$, CCl_3F e CCl_2F_2.

26. a. Cl• tem 7 elétrons externos. Sua estrutura de Lewis é :C̈l•

•NO_2 tem 5 + 2(6) = 17 elétrons externos. Sua estrutura de Lewis é

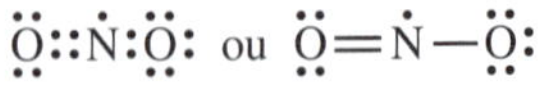

ClO• tem 7 + 6 = 13 elétrons externos. Sua estrutura de Lewis é

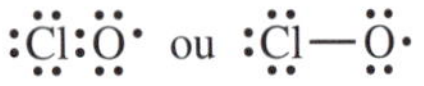

•OH tem 6 + 1 = 7 elétrons externos. Sua estrutura de Lewis é

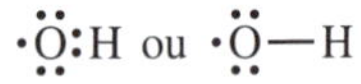

b. Todos contêm um elétron desemparelhado.

29. A mensagem é que o ozônio que está ao nível da terra é um danoso poluente do ar. O ozônio da estratosfera, porém, é benéfico porque pode absorver o perigoso UV-B antes que chegue à superfície da Terra.

31. a. A fração com energia maior é a luz UV-C.

b. Na estratosfera, onde o ar é mais rarefeito, o UV-C quebra as moléculas de oxigênio, O_2, em dois átomos de oxigênio, O. Estes, por sua vez, reagem com outras moléculas de oxigênio para produzir ozônio, O_3. Veja as reações do ciclo de Chapman. Sem a luz UV-C (que não chega à superfície do nosso planeta), a camada de ozônio não se formaria.

41. Embora a radiação UV-C possa danificar animais e plantas, ela é completamente absorvida pelo O_2 da atmosfera e não atinge a superfície da Terra.

44. Cl• age como catalisador na série de reações em que as moléculas de O_3 estratosférico reagem para produzir moléculas de O_2. Como não é consumido na reação, Cl• pode continuar a catalisar a quebra de O_3.

52. O_2, O_3 e N_2 têm um número par de elétrons de valência, Em contraste, N_3 teria 15 elétrons de valência. Moléculas com número ímpar de elétrons não podem seguir a regra do octeto e são mais reativas.

53. a. 90 + 12 = 102. O composto contém um átomo de carbono, nenhum de hidrogênio e dois átomos de flúor. A fórmula química do CFC-12 é CCl_2F_2.

b. CCl_4 contém 1 átomo de carbono, 0 de hidrogênio e 0 de flúor. Portanto, o número de código do CCl_4 é 100 ou 90 + 10. O nome é CFC-10.

c. Sim, o método "90" funcionaria para os HCFCs. 90 + 22 = 112, logo o HCFC-22 seria formado por 1 átomo de carbono, 1 de hidrogênio e 2 de flúor e sua fórmula química seria $CHClF_2$.

d. Não, o método não funciona para halons porque não há regras para o bromo.

Capítulo 3

4. a. $6\,CO_2 + 6\,H_2O \longrightarrow C_6H_{12}O_6 + 6\,O_2$

b. O número de átomos de cada elemento é o mesmo em cada lado. C = 6, O = 18, H = 12.

c. Não, o número de moléculas não é o mesmo. Existem 12 à esquerda, mas somente 7 à direita. A molécula de glicose no lado do produto contém 24 átomos!

6. a. O resto da energia do Sol é absorvido ou refletido pela atmosfera.

7. a. Em 2013, a concentração atmosférica de CO_2 era de cerca de 400 ppm. Entretanto, 20.000 anos atrás ela era cerca de 190 ppm. Há 120.000 anos, a concentração era de aproximadamente 270 ppm, ainda ~40% abaixo dos níveis correntes.

b. A temperatura média atual da atmosfera está hoje acima da temperatura média entre 1950 e 1980. A temperatura média da atmosfera há 20.000 anos era cerca de 15°F mais baixa. Entretanto, há 120.000 anos a temperatura média da atmosfera estava somente 6°F mais alta do que a atual.

c. Embora pareça existir uma *correlação* entre a temperatura atmosférica média e a concentração de CO_2, o gráfico não prova que um fator é a *causa* do outro.

11. a. H—S̈—H angulada

b. :C̈l—Ö—C̈l: angulada

c. :N̈=N=Ö: ou :N≡N—Ö: ou :N̈—N≡O: linear

13. a. 3(1) + 4 + 6 + 1 = 14 elétrons externos. Eis a estrutura de Lewis.

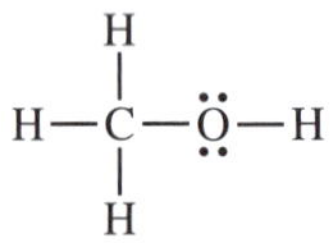

b. A geometria em torno do átomo de C é tetraédrica, e não há pares isolados. Ela prediz um ângulo H–C–H de cerca de 109,5°.

c. Existem quatro pares de elétrons em torno do átomo de O, dois dos quais são pares ligantes e dois são pares não ligantes. A repulsão entre os dois pares de elétrons não ligados e entre eles e os pares ligados faz com que o ângulo H–O–C predito seja inferior a 109,5°.

15. Todos podem contribuir. Em cada caso, os átomos movem-se quando as ligações se esticam ou mudam de ângulo e, portanto, a distribuição de carga muda. Ao contrário da molécula linear do CO_2, a molécula da água é angulada e sua polaridade muda em cada um desses modos de vibração.

16. a. Use $E = \frac{hc}{\lambda}$ para calcular as energias.
O valor de h está no Apêndice 1.

$$E = \frac{(6{,}63 \times 10^{-34}\ \text{J} \cdot \text{s}) \times (3{,}00 \times 10^{8}\ \text{m} \cdot \text{s}^{-1})}{4{,}26\ \mu\text{m} \times \frac{1\ \text{m}}{10^{6}\ \mu\text{m}}} = 4{,}67 \times 10^{-20}\ \text{J}$$

$$E = \frac{(6{,}63 \times 10^{-34}\ \text{J} \cdot \text{s}) \times (3{,}00 \times 10^{8}\ \text{m} \cdot \text{s}^{-1})}{15{,}00\ \mu\text{m} \times \frac{1\ \text{m}}{10^{6}\ \mu\text{m}}} = 1{,}33 \times 10^{-20}\ \text{J}$$

19. a. $C_6H_{12}O_6 \longrightarrow 3\ CO_2 + 3\ CH_4$
b. em um dia:

$$1{,}0\ \text{mg glicose} \times \frac{1\ \text{g}}{1.000\ \text{mg}} \times \frac{1\ \text{mol glicose}}{180\ \text{g glicose}} \times \frac{3\ \text{mol}\ CO_2}{1\ \text{mol glicose}} \times \frac{44\ \text{g}\ CO_2}{1\ \text{mol}\ CO_2} = 7{,}3 \times 10^{-4}\ \text{g}\ CO_2$$

em um ano: $7{,}3 \times 10^{-4}$ g CO_2/dia $\times$ 365 dias/ano = 0,27 g CO_2/ano

21. a. Um átomo neutro de Ag-107 tem 47 prótons, 60 nêutrons e 47 elétrons.
b. Um átomo neutro de Ag-109 tem 47 prótons, 62 nêutrons e 47 elétrons. Somente o número de nêutrons muda.

24. a. 2(1,0) g/mol + 16,0 g/mol = 18,0 g/mol
b. 12,0 g/mol + 2(19,0) g/mol + 2(35,5) g/mol = 121,0 g/mol

28. As propriedades incluem o tempo de vida estimado da substância na atmosfera e sua capacidade de absorver radiação infravermelha.

33. Os cientistas têm vários métodos de estimar as temperaturas da Terra no passado. Por exemplo, eles podem analisar a razão deutério-hidrogênio em testemunhos de gelo e recriar as temperaturas do passado distante. Outra evidência é a variação do alinhamento do campo magnético de partículas dos sedimentos com o tempo.

39. a. $C_2H_5OH + 3\ O_2 \longrightarrow 3\ H_2O + 2\ CO_2$
b. 2 mol CO_2
c. 30 mol O_2

44. 73×10^{6} toneladas métricas $CH_4 \times \frac{12\ \text{toneladas métricas C}}{16\ \text{toneladas métricas}\ CH_4} = 5{,}5 \times 10^{7}$ toneladas métricas C

Capítulo 4

2. a. CO_2, dióxido de carbono
b. SO_2 é um poluente do ar. Embora o enxofre esteja presente em baixas concentrações, grandes quantidades de carvão são queimadas e, por isso, grandes quantidades de SO_2 são liberadas.

c. O nitrogênio do ar reage com o O_2 (também do ar) a temperaturas elevadas para formar NO.

$$N_2 + O_2 \xrightarrow{\text{alta temperatura}} 2\ NO$$

d. Reveja o Capítulo 1 para os detalhes. Do site da EPA: "A exposição às partículas pode afetar a saúde de várias maneiras. Por exemplo, numerosos estudos ligam os níveis de partículas ao aumento da admissão em hospitais e visitas às emergências e até mesmo à morte por doenças do coração ou dos pulmões. A exposição às partículas por tempos curtos e longos tem sido ligadas a problemas de saúde. A exposição por longos períodos, como as experimentadas por pessoas que vivem por muitos anos em áreas com altos níveis de partículas, foi associada a problemas como a redução das funções dos pulmões, o desenvolvimento de bronquite crônica e até mesmo a morte prematura".

9. Uma usina elétrica queima 1,5 milhão de toneladas de carvão por ano. O primeiro cálculo é para o carvão com 50 ppb de mercúrio e o segundo, para 200 ppb de mercúrio.

$$\frac{x\ \text{ton Hg}}{1{,}5 \times 10^{6}\ \text{toneladas de carvão}} = \frac{50\ \text{ton Hg}}{1 \times 10^{9}\ \text{toneladas de carvão}} \qquad x = 0{,}075\ \text{ton Hg}$$

$$\frac{x\ \text{ton Hg}}{1{,}5 \times 10^{6}\ \text{toneladas de carvão}} = \frac{200\ \text{ton Hg}}{1 \times 10^{9}\ \text{toneladas de carvão}} \qquad x = 0{,}30\ \text{ton Hg}$$

Supondo concentrações de mercúrio na faixa de 50 a 200 ppb, a usina libera entre 0,075 e 0,30 toneladas de Hg por ano.

10. Os hidrocarbonetos são semelhantes de muitas maneiras. Eles são formados somente pelos elementos carbono e hidrogênio. Além disso, são inflamáveis. Quando queimados, produzem dióxido de carbono, monóxido de carbono, fuligem e vapor de água. São insolúveis em água. Os hidrocarbonetos diferem de muitas maneiras. Eles têm número diferente de átomos de C e H. Além disso, seus pontos de fusão e ebulição são diferentes. Alguns hidrocarbonetos são saturados, outros insaturados.

13. a.
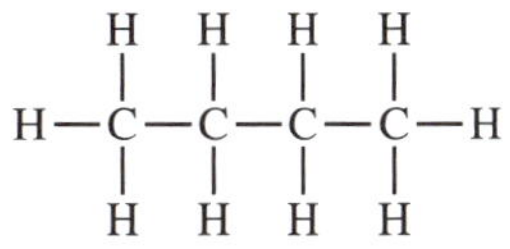

b.
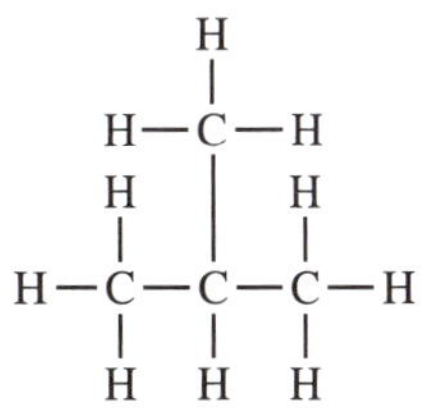

14. O pentano deve ser um líquido porque a temperatura de referência (20°C) é inferior ao seu ponto de ebulição (36°C), mas acima do ponto de fusão (−130°C). O triacontano deve ser sólido na temperatura de referência porque ela é inferior a seu ponto de fusão (66°C). O propano deve ser um gás porque a temperatura de referência é superior a seu ponto de ebulição (−42°C).

16. **a.** $2\,C_2H_6 + 7\,O_2 \longrightarrow 4\,CO_2 + 6\,H_2O$

b.

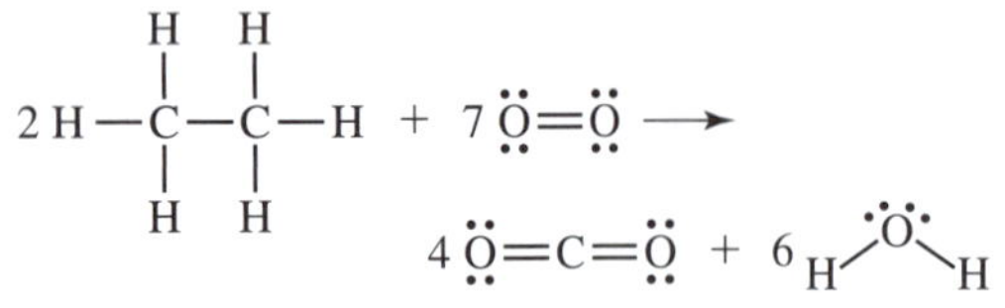

c. $1{,}0 \text{ mol } C_2H_6 \times \dfrac{30 \text{ g } C_2H_6}{1 \text{ mol } C_2H_6} \times \dfrac{52{,}0 \text{ kJ}}{\text{mol } C_2H_6} = 1560 \text{ kJ/mol } C_2H_6$

21. **a.** Ligações quebradas nos reagentes
1 mol N≡N ligações triplas = 1(946 kJ) = 946 kJ
3 mol H–H ligações simples = 3(436 kJ) = 1308 kJ
Energia total *absorvida* na quebra das ligações = 2254 kJ

Ligações formadas nos produtos
6 mol N–H ligações simples = 6(391 kJ) = 2346 kJ
Energia total *liberada* na formação de ligações = 2346 kJ

A variação total de energia é (+2254 kJ) + (−2346 kJ) = −92 kJ

A variação total de energia é negativa, o que caracteriza uma reação exotérmica.

24. **a.** Não são isômeros. Têm fórmulas químicas diferentes.
b. Não há isômeros possíveis para o eteno.
c. Um outro isômero é possível, embora você não tenha encontrado nada parecido neste livro-texto. Eis a fórmula estrutural condensada: CH_3–O–CH_3.

26. A Seção 1.11 descreveu os conversores catalíticos de automóveis. A Seção 2.9 descreveu a destruição catalisada do ozônio pelos radicais livres cloro.

33. **a.** A fonte de biodiesel é um triglicerídeo (uma gordura ou um óleo). Em contraste, a fonte de etanol é usualmente celulose, amido ou um açúcar.
b. O biodiesel é produzido em uma reação de uma etapa (transesterificação). Em contraste, a produção de etanol é feita por fermentação, que exige várias etapas, seguida por destilação para separar o etanol.
c. Na combustão completa, ambos produzem CO_2 e H_2O.
d. Etanol mistura-se com a água em qualquer proporção (como o pessoal do bar sabe). Em contraste, o biodiesel é insolúvel em água. Essa diferença é importante porque o etanol tem de ser misturado à gasolina com cuidado para não introduzir água na mistura combustível.

43. Uma sequência real é uma série formada por ás, rei, rainha, valete e dez do mesmo naipe. Ela é muito improvável no jogo de pôquer (1 em cada 650.000 mãos). Ela tem um alto grau de ordem (baixa entropia) e é mais importante do que uma mão comum (maior grau de entropia). A mão com menos entropia ganha!

46. **a.** Para quebrar a ligação C–F, são necessários 485 kJ/mol. A ligação C–Cl exige 327 kcal/mol, e a ligação C–Br, 285 kJ/mol. A ligação C–Br é a mais fraca. Assim, quando o Halon-1211 absorve a radiação UV, átomos de bromo se formam e reagem com o ozônio.

b.

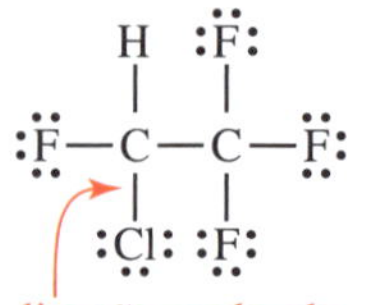

Nesta molécula, a ligação C–Cl tem a energia de ligação menor e é a que se quebra com mais facilidade.

Capítulo 5

5. **a.** N e C, 3,0 − 2,5 = 0,5
O e S, 3,5 − 2,5 = 1,0
N e H, 3,0 − 2,1 = 0,9
S e F, 4,0 − 2,5 = 1,5
b. N mais fortemente do que C
O mais fortemente do que S
N mais fortemente do que H
F mais fortemente do que S

6. **a.** A estrutura de Lewis da amônia é

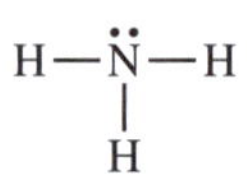

b. As ligações N–H são polares. A diferença de eletronegatividade entre N e H é 3,0 − 2,1 = 0,9.
c. A molécula de amônia é uma pirâmide triangular. Esta geometria, juntamente à polaridade das ligações N–H, torna a molécula polar.

8. **a.** Exemplos de não metais incluem C, H, O, S, Cl e N. Os não metais têm eletronegatividades maiores do que os metais.

13. **a.** Parcialmente solúvel. O suco de laranja concentrado contém sólidos (polpa) que não se dissolvem em água.
b. Muito solúvel. Observe que a amônia é um gás. Se você já viu uma demonstração envolvendo amônia e água (por exemplo, "a fonte de amônia"), sabe que a amônia se dissolve quase instantaneamente em água. A amônia se dissolve em água em qualquer proporção.
d. Muito solúvel. Quando você adiciona detergente de lavanderia à sua roupa, ele dissolve na água (ou pelo menos deveria – às vezes o detergente sólido se aglutina).

16. Um átomo de cloro ganha um elétron para formar um íon cloreto com carga 1⁻. A regra do octeto fica satisfeita.

$$:\ddot{\underset{..}{Cl}}\cdot \quad e \quad [:\ddot{\underset{..}{Cl}}:]^-$$

d. Um átomo de bário perde dois elétrons para formar um íon bário, com carga 2^+. A regra do octeto fica satisfeita.

$$\cdot Ba\cdot \quad e \quad [Ba]^{2+}$$

17. **a.** NaBr brometo de sódio
d. Al_2O_3 óxido de alumínio

18. **a.** $Ca(HCO_3)_2$
b. $CaCO_3$

19. **a.** acetato de potássio
e. hipoclorito de cálcio

24. **a.** A solução conduzirá eletricidade e a lâmpada acenderá. Com base na Tabela 5.9, o $CaCl_2$ é um sal solúvel e, portanto, libera íons (Ca^{2+} e Cl^-) quando dissolve. Esses íons transmitem a corrente.
b. A solução não conduzirá eletricidade. Embora o etanol (C_2H_5OH) seja solúvel em água, é um composto covalente e não forma íons.

27. A concentração de Mg^{2+} é 2,5 M e a de NO_3^- é 5,0 M.

28. **a.** Para preparar 2 litros de KOH 1,50 M, pese 168 g de KOH e coloque-os em um balão volumétrico de 2L. Adicione água destilada (ou desionizada) até a marca. *Nota*: Se você não tiver um balão volumétrico de 2 L, terá de repetir o procedimento duas vezes com um balão de 1 L e 84 g de KOH de cada vez.
b. Para preparar 1 litro de NaBr 0,050 M, pese 5,2 g de NaBr e coloque-os em um balão volumétrico de 1 L. Adicione água, como na parte **a**.

30. O chocolate precisa de 1.700 L de água para produzir uma barra de 100 g. Isso inclui a água necessária para cultivar e processar o cacau e o açúcar usado para adoçá-lo. Uma caneca de cerveja exige cerca de 140 L de água, principalmente para cultivar e produzir o malte. Esses são valores internacionais fornecidos pelo Water Footprint Network (http://www.waterfootprint.org).

35. **a.** As eletronegatividades dos elementos crescem, em geral, da esquerda para a direita nos períodos (até o Grupo 8A) e de baixo para cima nos grupos. Assim, o elemento que está na posição 2 tem a maior eletronegatividade.
b. Classificar os demais elementos não é simples. O elemento 1 deve ser mais eletronegativo do que o elemento 3, com base nas posições relativas no mesmo grupo. O elemento 4 provavelmente é mais eletronegativo do que os elementos 1 e 3 e menos eletronegativo do que 2. Entretanto, como o elemento 4 não está no mesmo período, a predição não pode ser feita com certeza. Eis os valores encontrados nas referências (não aparecem na Tabela 5.1): 0,8 para o elemento 1, 2,4 para o elemento 2, 0,7 para o elemento 3 e 1,9 para o elemento 4. Esses valores confirmam a ordem de eletronegatividade decrescente: 2, 4, 1, 3.

38. Como a água, NH_3 é uma molécula polar. Ela tem ligações N–H polares e a geometria de pirâmide triangular. Portanto, apesar da massa molar baixa, energia considerável deve ser adicionada ao NH_3 líquido para superar as forças intermoleculares (ligação hidrogênio) entre as moléculas.

39. **a.** Uma única ligação covalente mantém juntos os dois átomos do H_2.
b. A ligação hidrogênio é um tipo de força *inter*molecular, uma força de atração entre um átomo de H de uma molécula e um átomo eletronegativo de outra (ou, em alguns casos, entre um átomo de H e um átomo eletronegativo de uma parte diferente da mesma molécula).

42. Para um determinado contaminante, o MCLG (um objetivo) e o MCL (um limite legal) são usualmente iguais. Entretanto, os níveis podem diferir quando não é prático ou não é possível atingir o objetivo sanitário determinado pelo MCLG. Isso é, algumas vezes, o caso dos cancerígenos, para os quais o MCLG é zero (o que supõe que qualquer exposição representa um risco de câncer).

44. **a.** Íon nitrato (NO_3^-) e íon nitrito (NO_2^-)
b. No corpo, o oxigênio é necessário para metabolizar ("queimar") a glicose a fim de produzir energia.
c. O íon nitrato não é volátil. É um soluto que não evapora ou se decompõe com o calor.

Capítulo 6

3. **a.** Em 2013, a concentração atmosférica aproximada de CO_2 era de 400 ppm.
b. A concentração de dióxido de carbono na atmosfera cresce porque os humanos estão queimando combustíveis fósseis e cortando florestas que absorvem CO_2.
c. Eis a estrutura de Lewis. $\ddot{\underset{..}{O}}=C=\ddot{\underset{..}{O}}$
d. Não, você não esperaria. O dióxido de carbono é um composto não polar, e a água do mar é uma solução polar de cloreto de sódio em água. "Semelhante dissolve semelhante". Mesmo assim, o dióxido de carbono é ligeiramente solúvel na água do mar e se dissolve para formar H_2CO_3.

4. Emissões antropogênicas, como as de dióxido de carbono, óxidos de nitrogênio e dióxido de enxofre, são geradas pelas atividades humanas.

6. **a.** As possibilidades incluem o ácido nítrico (HNO_3), o ácido clorídrico (HCl), o ácido sulfúrico (H_2SO_4), o ácido sulfuroso (H_2SO_3), o ácido fosfórico (H_3PO_4), o ácido carbônico (H_2CO_3) e o ácido bromídrico (HBr).
b. Em geral, os ácidos têm gosto azedo, fazem o papel de tornassol ficar vermelho (e têm mudanças de cor características com outros indicadores), corroem metais como o ferro e o alumínio e liberam dióxido de carbono ("efervescência") quando misturado a carbonatos. Essas propriedades podem não ser observadas se o ácido não estiver suficientemente concentrado.

7. **a.** $HBr(aq) \longrightarrow H^+(aq) + Br^-(aq)$
b. $H_2SO_3(aq) \longrightarrow H^+(aq) + HSO_3^-(aq)$

8. a. As possibilidades incluem hidróxido de sódio (NaOH), hidróxido de potássio (KOH), hidróxido de amônio (NH_4OH), hidróxido de magnésio ($Mg(OH)_2$) e hidróxido de cálcio ($Ca(OH)_2$).

b. Em geral, as bases têm gosto amargo, fazem o papel de tornassol ficar azul (e têm mudanças de cor características com outros indicadores), são pegajosas na água e são cáusticas na pele.

9. a. $KOH(s) \longrightarrow K^+(aq) + OH^-(aq)$

12. a. $KOH(aq) + HNO_3(aq) \longrightarrow KNO_3(aq) + H_2O(l)$

13. a. A solução de pH = 6 tem 100 vezes mais $[H^+]$ do que a solução de pH = 8.

d. A solução com $[OH^-] = 1 \times 10^{-2}$ M tem $[H^+] = 1 \times 10^{-12}$ M. A solução com $[OH^-] = 1 \times 10^{-3}$ M tem $[H^+] = 1 \times 10^{-11}$ M. Assim, na segunda solução ($[OH^-] = 1 \times 10^{-3}$ M), $[H^+]$ é maior por um fator de 10.

17. $S(s) + O_2(g) \longrightarrow SO_2(g)$

21. O dióxido de enxofre reage com o carbonato de cálcio assim:

$$CaCO_3(s) + SO_2(g) + H_2O(l) \longrightarrow Ca^{2+}(aq) + HCO_3^-(aq) + HSO_3^-(aq)$$

As massas molares de SO_2 e $CaCO_3$ são necessárias para resolver o problema. Observe que não é necessário mudar toneladas para gramas. A razão do número de gramas por mol é a mesma que a do número de quilogramas por quilomol ou a de toneladas por tonelada-mol.

$$1{,}00 \text{ ton } SO_2 \times \frac{1 \text{ ton-mol } SO_2}{64{,}1 \text{ ton } SO_2} \times \frac{1 \text{ ton-mol } CaCO_3}{1 \text{ ton-mol } SO_2} \times \frac{100 \text{ ton } CaCO_3}{1 \text{ ton-mol } CaCO_3} = 1{,}56 \text{ ton } CaCO_3$$

26. a. Se compararmos um refrigerante (pH = 2,7) com a média da chuva ácida (pH = 4,0), veremos que a bebida é cerca de 10 vezes mais ácida. No caso da água de chuva (pH = 5,5), a bebida é cerca de 1.000 vezes mais ácida.

29. c. A fórmula química $HC_2H_3O_2$ tem a vantagem de ser escrita no mesmo formato usado para outros ácidos, isto é, com o átomo H ácido na frente. A vantagem de usar CH_3COOH é que indica melhor as ligações dos átomos da molécula.

31. a. $[H_2O] > [Na^+] = [OH^-] > [H^+]$

32. a. Os motores a combustão, como os associados com aviões a jato, emitem CO, CO_2 e NO diretamente. Se o combustível contiver pequenas quantidades de enxofre, também haverá emissão de SO_2 e SO_3.

33. A queima de combustíveis contribui muito para as emissões de SO_2, a maior fonte sendo a queima de carvão. Embora a queima de combustíveis contribua menos para as emissões de NO_x, a percentagem ainda é significativa. Em contraste, o transporte contribui pouco para as emissões de SO_2 e muito mais para as de NO_x. Monóxido de nitrogênio forma-se no ar, a partir de N_2 e O_2 quando a temperatura é alta. Por isso, os motores de automóveis e as termoelétricas são fontes importantes de NO_x.

39. a. Os pH ligeiramente mais altos no laboratório indicam que a acidez diminuiu ligeiramente entre a coleta e as medidas.

b. Uma possibilidade é que as amostras no campo contivessem ácidos naturais instáveis que se decomporiam com o tempo, tornando a solução menos ácida. Outra possibilidade é que parte dos ácidos presentes reagisse com outras moléculas da amostra ou com o vaso de coleta até que a análise fosse feita.

Capítulo 7

1. Um átomo de carbono pode diferir de outro no número de nêutrons (como C-12 e C-13) e no número de elétrons (existem íons de carbono, mas não iremos discuti-los neste texto). Todos os átomos de carbono diferem dos de urânio no número de prótons, nêutrons e elétrons. Os átomos de carbono também diferem dos de urânio nas propriedades químicas.

3. a. 94 prótons

b. Np (netúnio), Pu (plutônio)

4. a. C-14 tem 6 prótons e 8 nêutrons.

10. Nêutrons são necessários para iniciar o processo de fissão nuclear do U-235.

$$^{1}_{0}n + ^{235}_{92}U \longrightarrow [^{236}_{92}U] \longrightarrow ^{141}_{56}Ba + ^{92}_{36}Kr + 3\,^{1}_{0}n$$

Os produtos de fissão incluem dois ou três nêutrons que podem disparar outras reações de fissão. Assim, uma reação em cadeia autossustentada se estabelece, com os produtos de uma reação iniciando outra.

12. **A** é o conjunto de barras de controle, **B** é a água de refrigeração deixando o coração, **C** são as barras de controle, **D** é a água de refrigeração entrando no coração e **E** são as barras de combustível.

15. a. $^{1}_{0}n + ^{10}_{5}B \longrightarrow [^{11}_{5}B] \longrightarrow ^{4}_{2}He + ^{7}_{3}Li$

b. O boro pode ser usado nas barras de controle porque é um bom absorvente de nêutrons.

17. a. $^{239}_{94}Pu \longrightarrow ^{235}_{92}U + ^{4}_{2}He$

$^{131}_{53}I \longrightarrow ^{131}_{54}Xe + ^{0}_{-1}e + ^{0}_{0}\gamma$

b. Na forma de particulado, como pó ou poeira, o plutônio pode ser inalado. Se partículas de plutônio se alojarem nos pulmões, a radiação ionizante que emitem (partículas alfa) podem danificar as células pulmonares. Os produtos de decaimento também são radioativos e podem danificar os tecidos.

c. Iodo se acumula na glândula tireoide.

d. Após 10 meias-vidas, as amostras decaíram a níveis muito baixos. A meia-vida do Pu-239 é de 24.000 anos, logo a escala de tempo para a redução ao nível de ruído de fundo é da ordem de centenas de milhares de anos. A meia-vida do I-131 é de 8,5 dias, logo 10 meias-vidas correspondem a 85 dias ou cerca de 3 meses. Uma amostra de I-131 decai a níveis baixos em uma escala de tempo de meses.

21. Para esse tipo de questão, a construção de uma tabela ajuda.

número de meias-vidas	% restante	% decaída
0	100	0
1	50	50
2	25	75
3	12,5	87,5
4	6,25	93,75
5	3,12	96,88
6	1,56	98,44

26. As abundâncias naturais do U-238 e U-235 são 99,3% e 0,7%, respectivamente. U-235 é fissionável e é apropriado como combustível para usinas e armas nucleares. Como a abundância natural do U-235 é muito baixa, ele é mais dificilmente obtido em grandes quantidades. Também é *extremamente* difícil separar o U-235 do U-238. Se fosse mais fácil obter o U-235, um número muito maior de países teria acesso às armas nucleares.

34. Veja a Questão 21. Após 7 meias-vidas, 99% de uma amostra decaiu, o que é uma aproximação razoável a ter "desaparecido". Entretanto, a radioatividade *não* desapareceu, porque 0,78% da amostra radioativa ainda permanecem. Assim, se você começar com uma grande quantidade de substância radioativa (por exemplo 2.000 libras), após 7 meias-vidas você ainda tem 10 libras!

49. **a.** A soma das massas dos reagentes é 5,02838 g e a soma das massas dos produtos é 5,00878 g. A diferença é 0,0196 g.

b. Para usar a equação de Einstein, $E = mc^2$, você deve prestar muita atenção às unidades. A velocidade da luz é $3{,}00 \times 10^8$ metros/segundo. Para ter joules (J) como unidade de energia, a massa deve estar em quilogramas (kg), logo você precisa converter g a kg. Além disso, você precisa do fator de conversão 1 J × kg-metro^2/segundo^2. Ufa! Eis o cálculo.

$$E = 0{,}0196\ \text{g} \times \frac{1\ \text{kg}}{10^3\text{g}} \times \left[\frac{3{,}00 \times 10^8\ \text{m}}{\text{s}}\right]^2 \times \frac{1\ \text{J}}{\text{kg-m}^2/\text{s}^2}$$

$$E = 1{,}76 \times 10^{12}\ \text{J}$$

Capítulo 8

1. **a.** A oxidação é um processo no qual um átomo, íon ou molécula *perde* um ou mais elétrons. A redução é um processo no qual um átomo, íon ou molécula *ganha* um ou mais elétrons.

b. Os elétrons são transferidos da espécie que os perde para a que os ganha.

3. Zn(*s*) é oxidado a Zn^{2+} no óxido de zinco. $O_2(g)$ é reduzido a O^{2-} no óxido de zinco.

4. Uma célula galvânica é um tipo de célula eletroquímica que converte a energia liberada em uma reação química em energia elétrica. Um exemplo de célula galvânica, uma célula alcalina, está na Figura 8.5. Uma bateria é uma série de células galvânicas interligadas. Um exemplo é a bateria de acumulação chumbo-ácido, feita com várias células galvânicas. *Nota*: O termo *bateria* é comumente usado para *célula* (galvânica) e vice-versa. Por exemplo, às vezes a célula D (um tipo de célula galvânica) é chamada de bateria D.

6. **a.** O anodo é Zn(*s*). A meia-reação de oxidação é

$$Zn(s) \longrightarrow Zn^{2+}(aq) + 2\,e^-$$

b. O catodo é Ag(*s*). A meia-reação de redução é

$$2\,Ag^+(aq) + 2\,e^- \longrightarrow 2\,Ag(s)$$

11. **a.** O eletrólito completa o circuito elétrico. Ele é um meio de transporte de íons, permitindo que a carga seja transferida.

b. KOH(*aq*) (na forma de pasta)

c. ácido sulfúrico concentrado

13. Ela representa a meia-reação de redução. A conversão de O_2 a H_2O requer o fornecimento de elétrons.

17. Meia-reação de oxidação:

$$CH_4(g) + 8\,OH^-(aq) \longrightarrow CO_2(g) + 6\,H_2O(l) + 8\,e^-$$

Meia-reação de redução:

$$2\,O_2(g) + 4\,H_2O(l) + 8\,e^- \longrightarrow 8\,OH^-(aq)$$

Reação total:

$$CH_4(g) + 2\,O_2(g) \longrightarrow CO_2(g) + 2\,H_2O(l)$$

23. Cada átomo de Si está cercado por 8 elétrons, mas o átomo central (o que está dopando o semicondutor) está cercado por 9 elétrons. O silício está no Grupo 4A e tem 4 elétrons externos. Assim, o átomo central da figura tem de ter 5 elétrons externos. Isso é coerente com um elemento do Grupo 5A como o arsênio, logo esse é um semicondutor de silício do tipo *n*.

25. Em cada processo eletroquímico descrito neste capítulo, a energia é produzida por transferência de elétrons. As reações químicas (como as que ocorrem em células galvânicas, baterias e células a combustível) produzem elétrons que podem produzir trabalho porque o anodo e o catodo estão separados fisicamente no espaço. A transferência de elétrons também pode ser iniciada pela luz que atinge uma célula fotovoltaica.

29. A diferença principal é que esses produzem eletricidade usando reações químicas diferentes. Além disso, um acumulador chumbo-ácido converte a energia química em energia elétrica por uma reação reversível. Os reagentes e produtos não deixam o acumulador, e os reagentes podem ser refeitos durante o ciclo de recarga. Uma célula a combustível também converte energia química em energia elétrica, mas a reação não é reversível. Uma célula a combustível só continua a operar se o combustível e o oxidante forem continuamente adicionados, o que faz com que ela seja classificada como uma bateria de "fluxo".

40. **a.** Conversão de combustível:

$$C_8H_{18}(l) + 4\,O_2(g) \longrightarrow 9\,H_2(g) + 8\,CO(g)$$

Reação da célula a combustível:

$$CO(g) + H_2O(g) \xrightarrow{\text{catalisador}} CO_2(g) + H_2(g)$$

b. Esse tipo de célula a combustível é conveniente porque ela funciona com um combustível líquido, a gasolina, e não com o gás hidrogênio. Hoje, a maior parte dos países tem a infraestrutura para a recarga de gasolina. Entretanto, o combustível líquido ainda é baseado no petróleo e, portanto, não é renovável. Ele também queima com produção de CO_2, um gás de estufa. Portanto, embora essas células a combustível possam encontrar aplicações especiais no futuro próximo, suas perspectivas de longo prazo não são promissoras.

Capítulo 9

1. Algodão, seda, borracha, lã e DNA são exemplos de polímeros naturais. Polímeros sintéticos incluem Kevlar, cloreto de polivinila (PVC), Dacron, polietileno, polipropileno e tereftalato de polietileno.

3. O *n* no lado esquerdo da equação dá o número de monômeros que reagem para formar o polímero. Esse *n* é um coeficiente. Em contraste, o *n* à direita é um subscrito e representa o número de unidades repetidas do polímero.

6. A garrafa à esquerda é muito provavelmente feita com polietileno de baixa densidade. A da direita é de polietileno de alta densidade. As estruturas moleculares de LDPE e HDPE ajudam a explicar, em nível molecular, as diferenças de propriedades. LDPE é um polímero mais ramificado, reduzindo as atrações moleculares entre as cadeias e fazendo com que o plástico fique mais mole e seja mais facilmente deformado. As moléculas de HDPE, com menos ramificações, podem se aproximar mais, aumentando as atrações moleculares.

9. Cada monômero de etileno tem a massa molar de 28 gramas. Para determinar o número de monômeros do polímero, divida 40.000 (a massa molar do polímero) por 28 (a massa molar do monômero). O resultado é 1.428 monômeros. Para determinar o número de átomos de carbono do polímero, note que cada monômero contém dois átomos de carbono ($H_2C{=}CH_2$). Por isso, o polímero contém 2 × 1.428 átomos de carbono, ou 2.856 átomos de carbono. Em números redondos, existem 3.000 átomos de carbono.

11. Esse é o arranjo cauda/cauda, cabeça/cabeça do PVC formado por três unidades de monômeros.

20. **a.** Ácido pentanoico.

b.

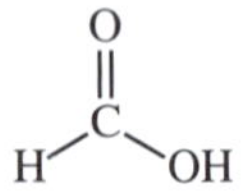

c.

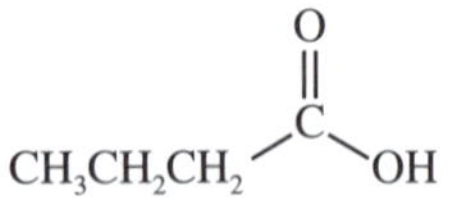

22. **a.** Um agente de expansão é um gás (ou uma substância capaz de produzir um gás) usado para fabricar um polímero expandido. Por exemplo, um agente de expansão é usado para produzir Styrofoam a partir de PVC.

b. O dióxido de carbono pode substituir os CFCs ou os HCFCs que já foram usados como agentes de expansão. Embora sendo um gás de efeito estufa, o CO_2 ainda é preferível porque os CFCs e HCFCs, além de atacar a camada de ozônio, também são potentes gases de efeito estufa.

28. Outros fatores além da composição química do(s) monômero(s) influenciam as propriedades do polímero. Eles incluem o comprimento da cadeia (o número de unidades de monômeros), o arranjo tridimensional das cadeias, o grau de ramificação da cadeia e a orientação das unidades de monômeros na cadeia.

30. Para a polimerização por adição, o monômero deve ter uma ligação dupla C=C. Embora alguns monômeros tenham anéis de benzeno como parte da estrutura (estireno, por exemplo), a ligação dupla envolvida na polimerização por adição não pode estar no anel. Um exemplo é a formação de PP a partir do propileno. Para a polimerização por condensação, cada monômero deve ter dois grupos funcionais que possam reagir e deve eliminar uma molécula pequena, como a água. Por exemplo, um álcool e um ácido carboxílico podem reagir para eliminar água. Um exemplo é a formação de PET a partir do etileno-glicol e do ácido tereftálico.

31. No cloreto de vinila, cada átomo de carbono tem 3 ligações (2 ligações simples e uma dupla) em torno de cada carbono. Essas 3 ligações formam um triângulo equilátero (trigonal), e o ângulo da ligação Cl–C–H é de cerca de 120°. No polímero, cada átomo de carbono está ligado a outros átomos por 4 ligações simples. A ligação dupla não está mais presente, e as 4 ligações apontam para os vértices de um tetraedro com um ângulo de ligação de cerca de 109°.

32. **a.** Eis a estrutura de Lewis do monômero.

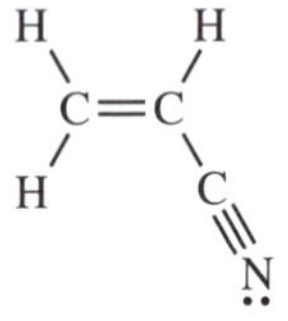

b. Quando as fibras de Acrilan queimam, um dos produtos da combustão é o gás venenoso cianeto de hidrogênio, HCN.

38. **a.** PLA representa o ácido poliláctico, um polímero.

b. O monômero do PLA é o ácido láctico. Nos Estados Unidos, ele é produzido a partir do milho.

c. As razões incluem (1) o milho é um recurso renovável, (2) PLA é compostável e (3) PLA não é um polímero baseado em petróleo.

d. (1) Apesar de o milho ser um recurso renovável, trata-se de uma cultura que tem controvérsias. Elas incluem a degradação da terra em que é cultivado e o derramamento de fertilizantes e pesticidas nas águas próximas. (2) Embora o PLA seja compostável, isso só é verdade nos compostadores industriais que a maior parte das comunidades não têm. (3) Embora não se use óleo em sua produção, combustíveis como o petróleo são usados durante o cultivo e o transporte.

44. Os Seis Grandes polímeros são, em geral, moléculas grandes (na verdade, muito grandes) com baixa solubilidade em água. Além disso, muitos deles são hidrocarbonetos (HDPE, LDPE, PS, PP) e, portanto, não se espera que dissolvam em solventes polares como a água. A generalização do Capítulo 5 é que "semelhante dissolve semelhante". Entretanto, alguns polímeros, incluindo HDPE e LDPE, amolecem em hidrocarbonetos ou hidrocarbonetos clorados porque esses solventes não polares interagem com as cadeias poliméricas não polares.

Capítulo 10

1. a. Um fármaco antipirético serve para reduzir a febre.
b. Um fármaco analgésico serve para reduzir a dor.
c. Um fármaco anti-inflamatório serve para reduzir a inflamação, isto é, o inchaço e a dor provocados por irritações, ferimentos ou infecções.

2. Os químicos orgânicos estudam a química dos compostos de carbono.

3. As fórmulas condensadas são $CH_3CH_2CH_2CH_2CH_3$ [ou $CH_3(CH_2)_3CH_3$], $CH_3CH_2CH(CH_3)CH_3$ e $CH_3C(CH_3)_2CH_3$. Eis os desenhos de linhas e ângulos.

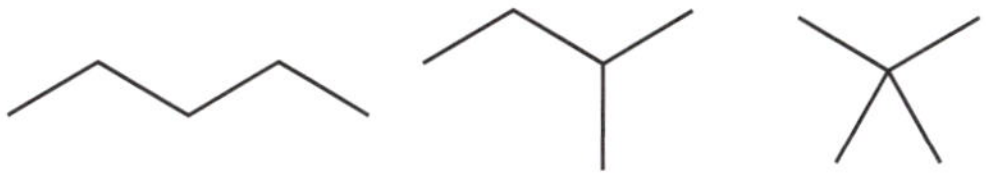

5. Existem quatro isômeros contendo um grupo –OH com a fórmula química C_4H_9OH. Eis as fórmulas estruturais, com os átomos de H omitidos para mais clareza.

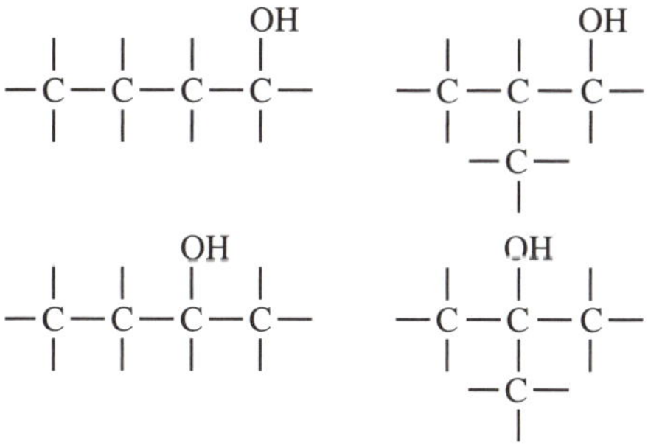

6. a.

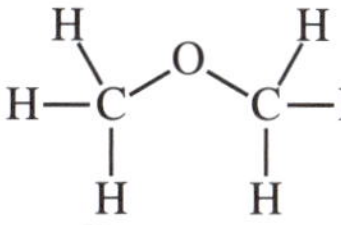

contém o grupo funcional

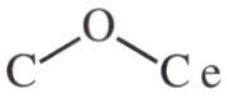

e é um éter.

b.

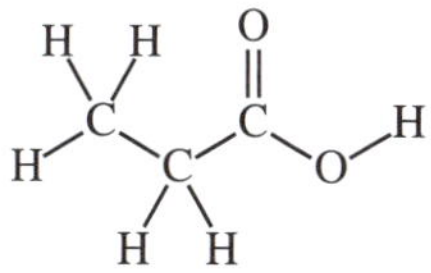

contém o grupo funcional

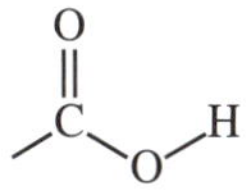

e é um ácido carboxílico.

c.

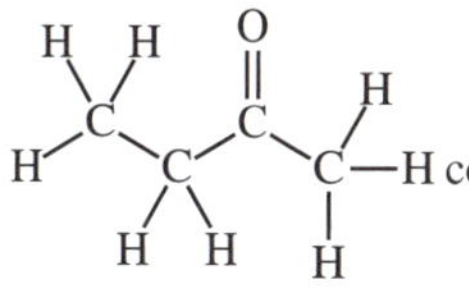

contém o grupo funcional

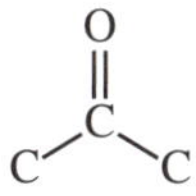

e é uma cetona.

d.

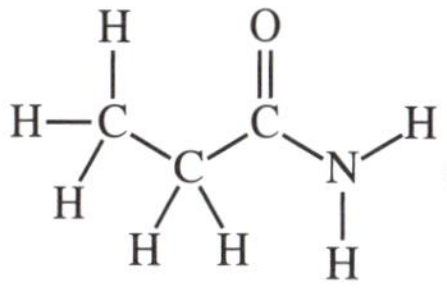

contém o grupo funcional

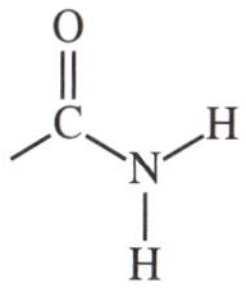

e é uma amida.

e.

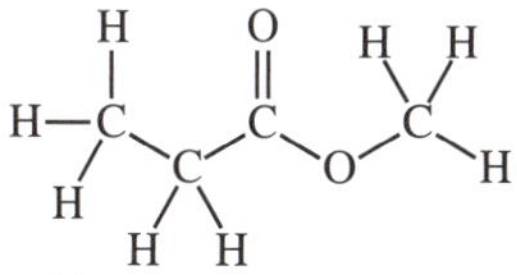

contém o grupo funcional

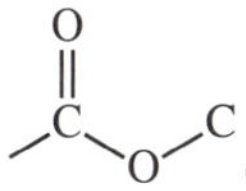

e é um éster.

7. Um composto com 1 átomo de C é possível no caso dos álcoois, aldeídos e ácidos carboxílicos. Os outros grupos funcionais requerem mais de 1 átomo de C.
a. Álcool. O composto mais simples é o metanol, CH_3OH.
b. Aldeído. O exemplo mais simples é o metanal (comumente chamado de formaldeído), CH_2O.
d. Éster. O exemplo mais simples tem dois carbonos: $HCOOCH_3$. Ele é chamado de metanoato de metila ou formato de metila (mas esses nomes estão fora do escopo de nosso estudo).

8. a. O composto é um álcool (etanol). Um isômero, com um grupo funcional diferente, é um éter.

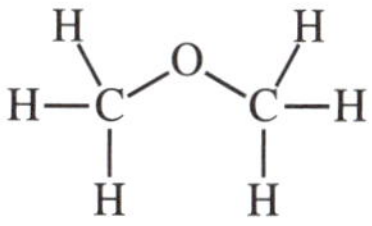

b. O composto é um aldeído (propanal). Um isômero, com um grupo funcional diferente, é uma cetona.

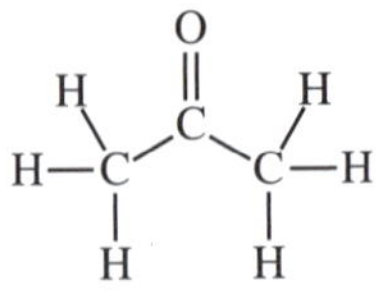

c. O composto é um éster (formato de propila). Um isômero, com um grupo funcional diferente, é um ácido carboxílico.

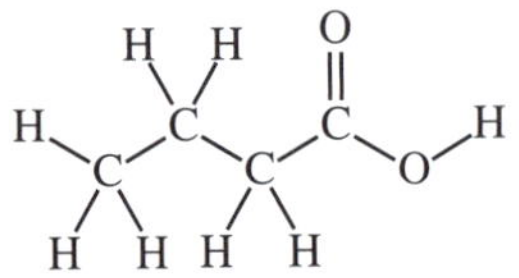

10. a. Eis a fórmula estrutural do acetominofeno.

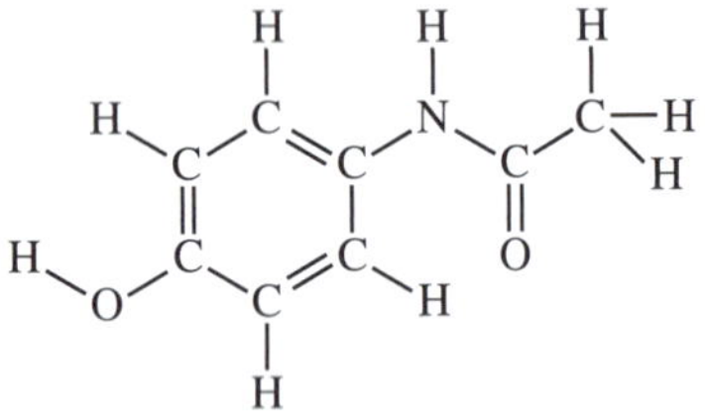

b. A fórmula química é $C_8H_9NO_2$.

11. a. Existem dois grupos amida.

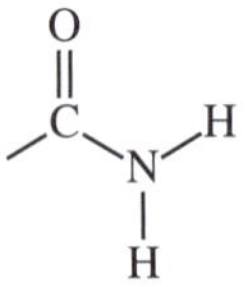

14. a. *n*-propanol, $CH_3CH_2CH_2OH$

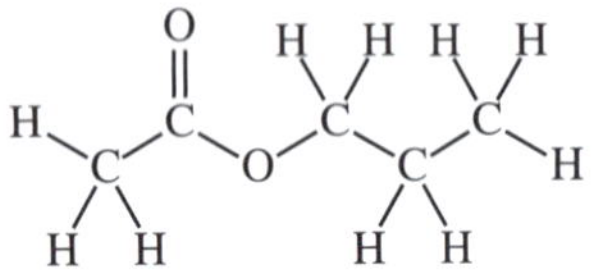

b. *iso*propanol, $(CH_3)_2CHOH$

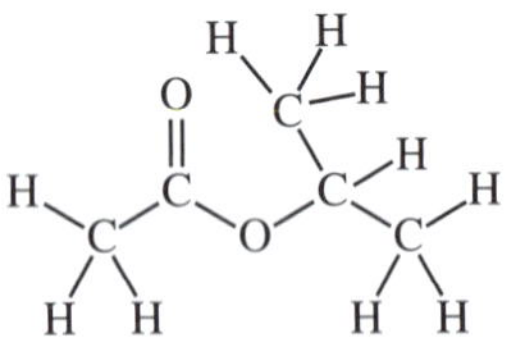

c. *t*-butanol, $(CH_3)_3COH$

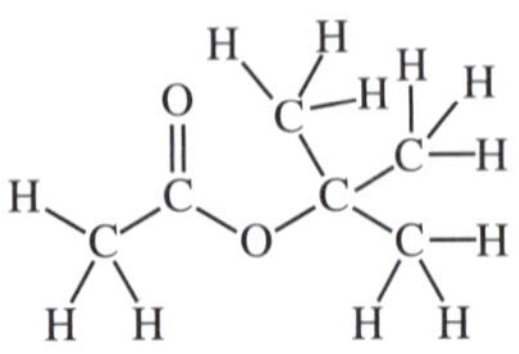

16. a. H—C≡N:

17. Não, a aspirina não seria mais ativa se interagisse diretamente com as prostaglandinas. A efetividade exigiria uma correspondência direta entre o número de moléculas de aspirina e de prostaglandina. Quando a aspirina bloqueia uma enzima COX, ela impede a síntese de muitas moléculas de prostaglandina, porque a enzima é responsável pelo aumento da velocidade da síntese das prostaglandinas.

18. Se você começou com 2 grupos funcionais ativos, teria 4 produtos diferentes após duas etapas de síntese. Se o reagente usado na primeira etapa tivesse 2 grupos reativos, você teria 8 produtos diferentes após as 2 etapas de síntese (supondo que a segunda etapa tivesse um reagente com somente 1 grupo reativo).

21. Um farmacóforo é o arranjo tridimensional dos átomos ou grupos de átomos responsáveis pela atividade biológica de um fármaco.

22. A sulfanilamida e o ácido *para*-amino-benzoico têm a mesma forma básica e contêm grupos funcionais semelhantes nas mesmas regiões, logo ela substitui o nutriente em alguns processos biologicamente importantes. Sem o nutriente, a bactéria morre.

23. a. Esse composto não pode existir em formas quirais. O átomo de carbono central liga-se a dois grupos $-CH_3$ equivalentes.

b. Esse composto pode existir em formas quirais. Os quatro grupos ligados ao átomo de carbono central são diferentes.

c. Esse composto pode existir em formas quirais. Os quatro grupos ligados ao átomo de carbono central são diferentes.

d. Esse composto não pode existir em formas quirais. O átomo de carbono central liga-se a dois grupos $-CH_3$ equivalentes.

25. Uma base livre é uma molécula que contém nitrogênio e esse átomo conserva seu par isolado de elétrons. O tratamento de cloridrato de metanfetamina com uma base (como íons hidróxido, OH^-) retira um dos átomos de hidrogênio ligados ao átomo de nitrogênio, liberando o par isolado.

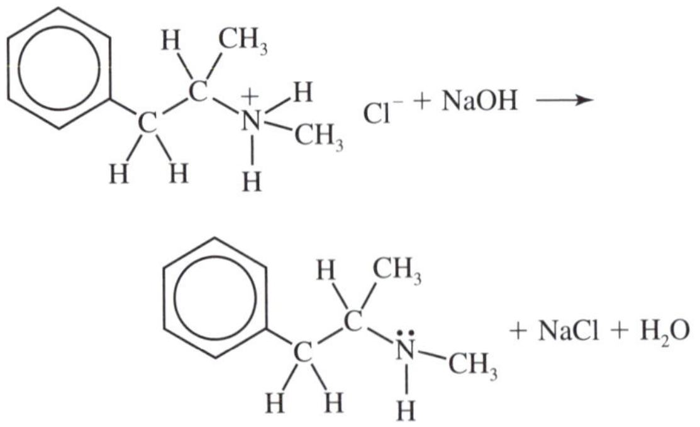

27.

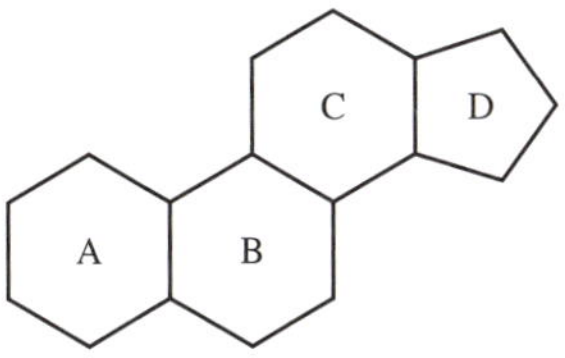

29. a. Quatro ligações simples, uma tripla.

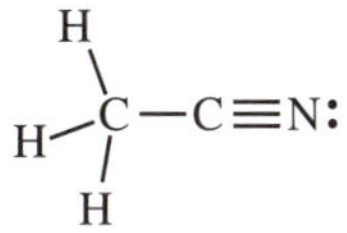

b. Seis ligações simples, uma dupla.

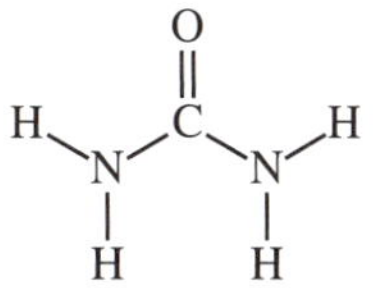

31. Somente três isômeros são mostrados aqui porque algumas estruturas são duplicatas. Os números 1 e 5 são representações diferentes no papel do *mesmo* isômero. Os números 2, 3 e 4 são representações diferentes no papel do *mesmo* isômero. O número 6 é um isômero *diferente* dos números 1 e 5 e dos números 2 a 4.

32.

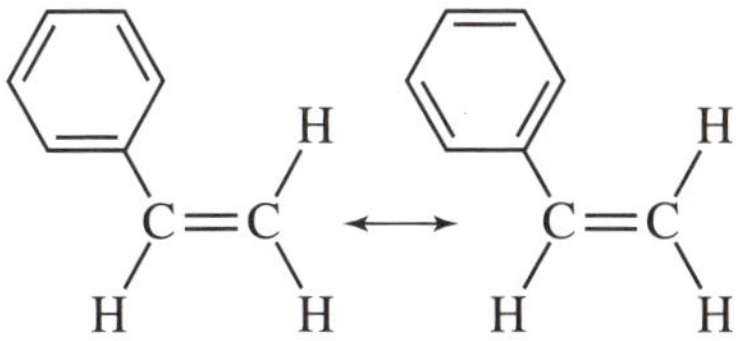

35. a. A aspirina produz uma resposta fisiológica no organismo.

b. A morfina produz uma resposta fisiológica no organismo.

c. Os antibióticos matam ou inibem o crescimento das bactérias que provocam infecções.

d. A anfetamina produz uma resposta fisiológica no organismo.

37. O fármaco (−)-dopa é efetivo porque a molécula se encaixa no sítio receptor, mas sua forma não superponível no espelho, (+)-dopa, não. Essa é a estrutura da (−)-dopa, com o átomo de carbono quiral marcado em vermelho. Note os quatro grupos diferentes ligados ao átomo de carbono marcado.

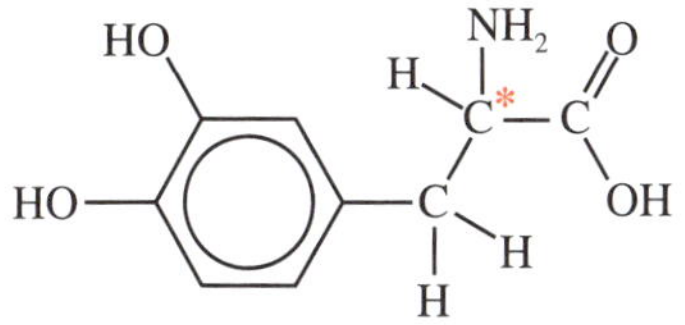

39. Existe um ajuste muito específico entre uma molécula quiral e seu sítio assimétrico de ligação. Deve ser porque o (−)metorfano se ajusta muito melhor e é capaz de agir como um narcótico, mas o (+)-metorfano não se encaixa tão bem e, portanto, não é um fármaco tão potente. Como o (+)-metorfano tem menos atividade, ele pode ser adicionado aos medicamentos de venda livre com certa segurança, supondo que os consumidores seguirão as instruções de uso dos medicamentos de venda livre que contêm esse composto.

45. a. Existem 6(4) + 6(1) ou 30 elétrons disponíveis. Eis um isômero linear possível para o benzeno.

Fórmula estrutural

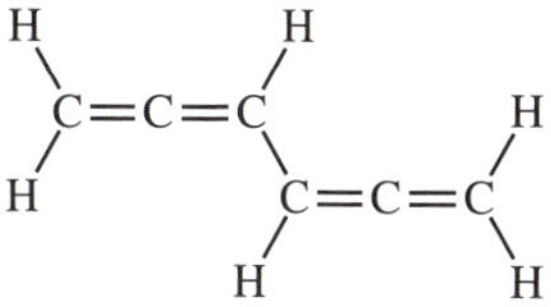

b. Eis a fórmula estrutural condensada:
$CH_2{=}C{=}CH{-}CH{=}C{=}CH_2$

c. Primeiro, verifique se todas as estruturas representam corretamente o C_6H_6 e se cada carbono tem quatro ligações. Se essas condições forem obedecidas, as estruturas com ligações duplas deveriam diferir somente na posição das ligações C–C. Entretanto, estruturas incluindo ligações carbono-carbono triplas também podem ser escritas, mas seriam muito diferentes.

Capítulo 11

4. Várias respostas são possíveis. Como exemplos, (1) em uma dieta "tudo ou nada", como não comer carne, não há meio termo. Se você não for cuidadoso com suas escolhas, a ausência de carne pode levar a uma dieta desbalanceada que não lhe fornece os tipos de proteína de que você precisa para permanecer saudável; (2) essa dieta não lhe deixa a opção de escolher certas carnes, como as que têm impacto mínimo na terra e provêm de animais criados no local ou que são mortos em estações de caça autorizada para reduzir a superpopulação de um animal em particular, como os cervos; e (3) uma dieta menos restrita pode ser utilizada com sucesso durante a vida, reduzindo, assim, seu consumo de certas carnes.

6. Alguns fazendeiros usam pastagens que não serviriam para a produção de alimentos. Além disso, em certas partes do país, as pessoas criam aves, como galinhas, no quintal para obter ovos e carne. Essas aves podem se alimentar de insetos e não de grãos. Elas também podem se alimentar da impressionante variedade de alimentos que saem da cozinha (procure uma lista na Internet). Os porcos são onívoros e comem praticamente qualquer coisa. Esses animais também são capazes de procurar comida e de comer restos de alimentos, se disponíveis.

11. O gráfico indica que mais carboidrato está presente do que seria encontrado na carne e mais proteína do que seria encontrado nos biscoitos de chocolate. Das escolhas possíveis, ele parece representar manteiga de amendoim. (Veja a Tabela 11.1 para confirmação.)

14. Os ácidos graxos são moléculas cerca de um terço menores do que as de gorduras (dependendo da gordura e do ácido graxo). A razão para a diferença de tamanho está no fato de que as gorduras são triglicerídeos sintetizados a partir de três ácidos graxos e o glicerol, um álcool triplo de três carbonos. Os ácidos graxos contêm o grupo funcional ácido carboxílico e as gorduras, o grupo funcional éster. Em termos do papel em sua dieta, você consome gorduras em muitos dos alimentos que ingere, de origem animal ou vegetal. Em contraste, seus alimentos não contêm ácidos carboxílicos porque eles não são muito bons de se comer, nem isoladamente nem em combinação com outros alimentos.

15. **Semelhanças:** Em termos de propriedades observáveis, os óleos e as gorduras são escorregadios, insolúveis em água e dão bom paladar aos alimentos. Eles podem ficar rançosos, embora isso aconteça mais rapidamente com os óleos do que com as gorduras. No nível molecular, as gorduras e os óleos são triglicerídeos, isto é, ésteres triplos. Essas moléculas caracterizam-se pela presença de cadeias longas e não polares de hidrocarbonetos.

Diferenças: Em termos de propriedades observáveis, as gorduras são sólidas e os óleos, líquidos na temperatura normal. Em termos moleculares, os óleos tendem a ser mais insaturados do que as gorduras e, como resultado, suas moléculas têm mais dobras do que as das gorduras.

21. Amido e celulose são polímeros da glicose. Porém, as unidades de glicose ligam-se de maneira diferente. Nosso organismo tem uma enzima que permite digerir o amido. Em contraste, não podemos digerir celulose. Podemos encontrar valor nutritivo em uma batata, mas não em uma folha de papel.

24. O termo "amino" em *aminoácido* indica a presença de um grupo funcional amina. O termo "ácido" indica a presença de um grupo funcional ácido, neste caso, um ácido carboxílico.

31. *Nitrogênio reativo* refere-se a uma espécie química com nitrogênio que circula relativamente rápido pela biosfera e se transforma por vários caminhos. O nitrogênio reativo inclui formas encontradas nos fertilizantes (íon nitrato e íon amônio) que as plantas podem utilizar para crescer. O gás nitrogênio da atmosfera (N_2) é uma forma inerte do nitrogênio. Veja, na Seção 6.9, o ciclo do nitrogênio.

36. As gorduras *trans* aumentam o colesterol "ruim" e diminuem o colesterol "bom". Em suma, é um duplo infortúnio.

40. **a.** Eis a fórmula estrutural do ácido láctico.

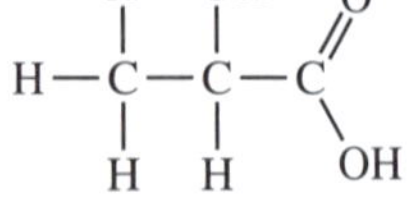

b. Se fosse um ácido graxo, o ácido láctico seria saturado, porque a cadeia de hidrocarboneto contém somente ligações simples entre os átomos de carbono.

c. Não, o ácido láctico não é um ácido graxo. Embora tenha o grupo ácido carboxílico dos ácidos graxos, falta a cadeia longa de hidrocarboneto (12-14 átomos de carbono). O ácido láctico também tem um grupo hidroxila (–OH), que não ocorre nos ácidos graxos.

41. **a.** O leite contém o dissacarídeo lactose, que contribui com 40% das calorias de todo o leite da vaca. Porém, o leite também contém nutrientes importantes, inclusive proteínas, cálcio e vitamina D.

b. Você deveria ler cuidadosamente, com toda a certeza, os rótulos dos alimentos. Neste caso, a mãe está errada, porque o leite integral, o leite 2% e o leite desnatado contêm a mesma percentagem de carboidratos (açúcar). Ela confundiu açúcar com gordura. O leite integral contém 3,3% de gordura, o leite 2%, 2% de gordura, e o leite desnatado, 0% de gordura.

Capítulo 12

1. Características determinadas pelo DNA de um indivíduo incluem a cor do cabelo e dos olhos, as impressões digitais, a forma dos lóbulos das orelhas (ligados ou pendentes). Várias outras respostas são possíveis para essa questão. Algumas características, como o tipo do corpo, são resultado da dieta e do ambiente, além dos genes.

4. Um genoma contém toda a informação genética de uma célula, enquanto um gene é uma pequena seção do genoma que codifica uma única proteína.

6. **a.** Um nucleotídeo liga uma base nitrogenada, um açúcar e um grupo fosfato.

b. Ligações covalentes mantêm juntas as unidades.

8.

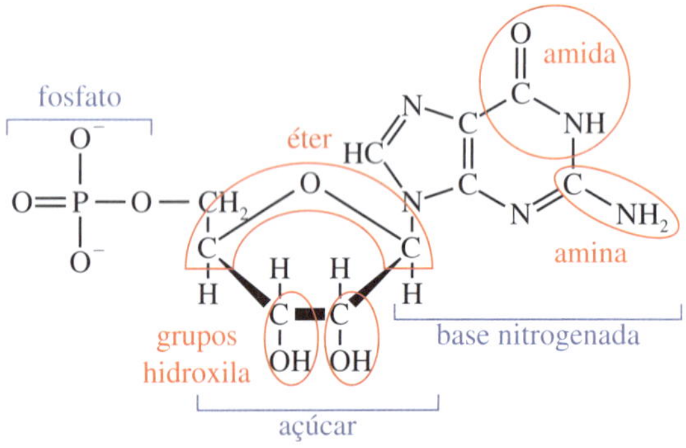

10. DNA representa **á**cido **d**esoxirribo**n**ucleico. O nome evidencia o açúcar **d**esoxirribose, a natureza **á**cida dos grupos fosfato e o fato de que o DNA é uma cadeia de **n**ucleotídeos. O nome não evidencia as aminas importantes das bases, nem sugere a natureza de polímero do DNA em contraste com **p**oliamidas ou **p**oliésteres.

13. **a.** A sequência complementar de bases é ATAGATC.

b. Sua resposta deveria ter duas linhas entre cada A e T e três linhas entre cada C e G na sequência.

TATCTAG
|| || ||| ||| || || |||
ATAGATC

14. Cada códon consiste em uma sequência de três nucleotídeos específicos para um aminoácido ou para iniciar ou parar a síntese da proteína. Os códons, juntos, formam o código de tradução de uma sequência no DNA em uma sequência de aminoácidos em uma proteína.

17. a. Abaixo está a fórmula geral de um aminoácido, em que R representa uma cadeia lateral diferente para cada um dos 20 aminoácidos.

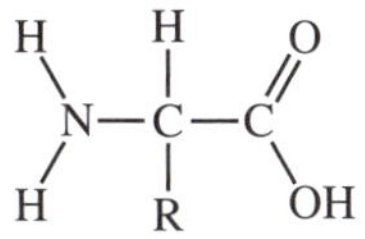

b. Os grupos funcionais são –COOH, o grupo ácido carboxílico, e $-NH_2$, o grupo amina.

21. Uma pequena variação da composição dos aminoácidos da hemoglobina humana leva à anemia falciforme. Na cadeia S da hemoglobina, uma valina não polar substitui um determinado ácido glutâmico, que tem carga. Esta variação, aparentemente inócua, da estrutura primária da proteína afeta dramaticamente a forma da proteína. A estrutura terciária tem de mudar para acomodar a alteração da cadeia lateral. A valina, não polar, não pode interagir com a água ou outros grupos polares como faz o ácido glutâmico. A mudança de forma da proteína leva a células vermelhas do sangue com forma de foice (sob certas condições) e a alguns problemas de saúde.

23. A cultura seletiva e a engenharia genética são técnicas usadas na criação de uma planta com determinadas características desejáveis. A cultura seletiva resulta em uma planta com uma mistura de características de ambos os parentes, enquanto a engenharia genética transfere características específicas à planta final. A cultura seletiva exige que os parentes sejam suficientemente próximos para funcionar, enquanto a engenharia genética pode usar características de um grande número de organismos.

25. a. Os fosfatos e açúcares combinam-se para formar o esqueleto da molécula de DNA. Na Figura 12.4, estão à esquerda.

b. As bases nitrogenadas se penduram no esqueleto e não se ligam umas às outras. Na figura, estão à direita.

c. Na Figura 12.6, o esqueleto é representado por fitas que usam "s" e "p" para representar os grupos açúcar e fosfato alternados. As bases nitrogenadas aparecem como hexágonos coloridos pendurados nessas duas fitas. A escultura no começo do capítulo representa os esqueletos com molas prateadas, sem distinguir açúcares e fosfatos. As bases nas molas são representadas por peças plásticas coloridas para cada tipo de base.

27. A Figura 12.7 mostra claramente a importância do "ajuste" das bases que interagem por ligação hidrogênio. A primeira ligação pareia o átomo de O da timina e um dos N–H da adenina. A segunda pareia um N–H da timina com um átomo de N da adenina. Citosina e guanina se ajustam para formar três ligações hidrogênio. Aqui, o pareamento é diferente. Adenina e citosina não se ajustam com eficiência porque as bases não estão nas posições corretas para que se formem as ligações hidrogênio. O mesmo acontece com a timina e a guanina.

29. As duas fitas de DNA são complementares, o que significa que a sequência de uma fita pode ser reconstruída a partir da outra. Se uma fita se quebra, a outra pode ser usada por enzimas de reparo para substituir corretamente os nucleotídeos perdidos e montar novamente o esqueleto. Se ambas as fitas se quebram, a informação do reparo é perdida e a sequência do DNA fica alterada permanentemente.

31. Os agentes que danificam o DNA e matam bactérias podem danificar o DNA de outras espécies, inclusive humanos. Os riscos envolvidos nesses fármacos superam qualquer benefício potencial.

35. a. O núcleo contém toda a informação genética necessária para criar o organismo. Uma célula da pele tem toda a informação genética de uma célula nervosa, ainda que nem todo o material seja usado.

b. A célula do ovo tem de ter todo o material nuclear removido. Se não, os genes do ovo podem se expressar em lugar dos genes do núcleo transferido.

c. Esse método de clonagem difere da engenharia genética porque (1) o material genético do hospedeiro é totalmente removido na clonagem e parcialmente alterado na engenharia genética, e (2) a clonagem transfere todos os genes, enquanto a engenharia genética transfere só uns poucos.

38. a. Organismos transgênicos são plantas e animais cujo genoma contém genes de uma ou mais espécies.

b. Métodos tradicionais de cultura seletiva misturam os genes de ambos os parentes, e são necessárias muitas gerações para criar uma colheita com a característica desejada. Como não é possível mirar uma única característica, os resultados são menos previsíveis.

41. a. No espectro eletromagnético, os raios X têm energias mais altas e comprimentos de onda mais curtos. São semelhantes aos raios gama.

b. Um feixe de raios X é focalizado em uma substância desconhecida. Os núcleos da substância espalham os raios X, e um detector mede a intensidade e o padrão dos raios X espalhados. Se os átomos da substância estiverem em um arranjo regular, os raios X difratados podem ser usados para calcular a distância entre os átomos.

c. Uma razão é que sais, como o cloreto de sódio, formam cristais facilmente. Em contraste, os ácidos nucleicos e as proteínas são muito maiores e não cristalizam com facilidade. Outra razão é que quando os ácidos nucleicos e as proteínas cristalizam, o padrão de difração de raios X é muito mais complicado e difícil de interpretar.

46. Com parentes bem escolhidos, um cachorro com mais qualidades e menos problemas pode resultar do cruzamento, enquanto a clonagem reproduziria o mesmo cachorro. Exceto em casos de endogamia, o cruzamento cria um cachorro com misturas únicas de características de cada parente e, portanto, cria a oportunidade de melhoria da raça. Em contraste, a clonagem produz um cachorro idêntico contendo traços genéticos idênticos.

Glossário

Os números no fim de cada entrada indicam a seção do texto em que o termo aparece pela primeira vez.

A

acidificação do oceano redução do pH do oceano devido ao aumento do dióxido de carbono atmosférico 6.5

ácido composto que libera íons H^+ em solução em água 6.1

ácido desoxirribonucleico (DNA) polímero biológico que guarda a informação genética em todas as espécies 12.2

ácido forte ácido que dissocia completamente em água 6.1

ácido fraco ácido que se dissocia pouco em água 6.1

ácido graxo insaturado ácido graxo em que a cadeia de hidrocarboneto contém uma ou mais ligações duplas entre átomos de carbono 11.3

ácido graxo monoinsaturado ácido graxo que contém apenas uma ligação dupla entre átomos de carbono na cadeia de hidrocarboneto 11.3

ácido graxo poli-insaturado ácido graxo que contém mais de uma ligação dupla entre átomos de carbono da cadeia de hidrocarboneto 11.3

ácido graxo saturado ácido graxo em que a cadeia de hidrocarboneto só tem ligações simples entre os átomos de carbono 11.3

adaptação ao clima capacidade de um sistema em se ajustar a mudanças climáticas (inclusive variabilidade climática e extremos) para moderar danos potenciais, tirar vantagem de oportunidades ou lidar com as consequências 3.11

aerossóis partículas líquidas ou sólidas que permanecem suspensas no ar sem depositar 1.11

agente de expansão um gás ou uma substância capaz de produzir um gás usado para fabricar um plástico expandido 9.5

água potável água segura para bebida e cozimento 5.3

água subterrânea água fresca encontrada em reservatórios subterrâneos também conhecidos como aquíferos 5.3

água superficial água fresca encontrada em lagos, rios e riachos 5.3

albedo medida da refletividade de uma superfície. Razão entre a radiação eletromagnética refletida por uma superfície e a quantidade de radiação incidente sobre ela 3.9

alcanos hidrocarbonetos que só têm ligações simples entre os átomos de carbono 4.4

álcool uma cadeia de hidrocarboneto em que hidrogênios são substituídos por um ou mais grupos –OH (grupos hidroxila) 4.9

alimentos processados alimentos que foram alterados por técnicas como enlatamento, cozimento, congelamento ou adição de substâncias químicas como espessantes ou preservativos 11.2

amido carboidrato encontrado em muitos grãos, incluindo milho e trigo. É um polímero natural da glicose 4.9 e 9.2

aminoácido monômero com o qual nosso corpo constrói proteínas. Cada molécula de aminoácido contém dois grupos funcionais: um grupo amino ($-NH_2$) e um grupo ácido carboxílico (–COOH) 9.7

aminoácidos essenciais aminoácidos necessários para a síntese de proteínas que devem ser obtidos da alimentação porque o corpo não pode sintetizá-los 11.7

ânion íon com carga negativa 5.6

anodo eletrodo em que ocorre a oxidação 8.1

antropogênico provocado ou produzido pelas atividades humanas como a indústria, o transporte, a mineração e a agricultura 3.1

aquecimento global termo popular usado para descrever o aumento das temperaturas médias globais que resultam de um efeito de estufa aumentado 3.1

ar ambiente o ar que nos rodeia, usualmente significando o ar exterior 1.3

atenuação do clima qualquer ação para eliminar ou reduzir o risco de longo prazos e riscos de mudança do clima sobre a vida humana, as propriedades ou o ambiente 3.11

átomo a menor unidade de um elemento que pode existir como uma entidade estável independente 1.7

avaliação de risco processo de análise de dados científicos e predição de modo organizado das probabilidades de ocorrência de um acontecimento 1.3

B

bactéria anaeróbica bactéria que pode funcionar na ausência de oxigênio molecular 3.8

bactérias fixadoras de nitrogênio bactérias que removem o nitrogênio do ar e o convertem em amônia 6.9

balão volumétrico tipo de vidraria que contém uma quantidade precisa de solução quando cheio até a marca no pescoço 5.5

barras de controle barras em um reator nuclear compostas principalmente por um absorvente excelente de nêutrons, como cádmio ou boro, que podem ser posicionadas para absorver mais ou menos nêutrons 7.3

base composto que libera íons hidróxi, OH^-, em uma solução em água 6.2

base forte base que dissocia completamente em água 6.2

base fraca base que se dissocia pouco em água 6.2

base livre molécula contendo nitrogênio que possui um par livre de elétrons 10.3

becquerel (Bq) unidade internacional de radioatividade equivalente a uma desintegração alfa, beta ou gama por segundo 7.6

biocombustível termo genérico para um combustível renovável derivado de uma fonte biológica como árvores, capim, dejetos de animais ou restos de colheitas 4.9

biomagnificação aumento da concentração de certas substâncias químicas em níveis sucessivamente mais altos da cadeia alimentar 5.9

C

calor energia cinética que flui de um objeto mais quente a um mais frio 4.5

calor de combustão quantidade de energia calorífica liberada quando uma dada quantidade de substância queima em oxigênio 4.5

calor específico quantidade de energia calorífica que deve ser absorvida para aumentar em um grau Celsius a temperatura de um grama de uma substância 5.2

caloria (cal) quantidade de calor necessária para aumentar em um grau Celsius a temperatura de um grama de água 4.2

calorímetro aparelho usado para medir experimentalmente a quantidade de energia calorífica liberada em uma reação de combustão 4.5

camada de ozônio região da estratosfera em que a concentração de ozônio é máxima 2.1

cancerígeno capaz de causar câncer 1.13

capacidade de neutralização de ácido capacidade de um lago ou outra massa de água de resistir à redução do pH 6 6.13

captura e armazenagem do carbono (CCS) processo em que há separação de CO_2 de outros produtos de combustão e armazenamento (sequestro) em vários sítios geológicos 3.11

carboidrato composto que contém carbono, hidrogênio e oxigênio, com átomos de H e O na mesma proporção, 2:1, da água 11.5

catalisador substância química que participa de uma reação e influencia sua velocidade sem sofrer alteração permanente 1.11

cátion íon com carga positiva 5.6

catodo eletrodo em que ocorre redução. O catodo recebe os elétrons produzidos no anodo 8.1

célula a combustível célula eletroquímica que produz eletricidade por conversão da energia química de um combustível sem queimá-lo 8.5

célula eletrolítica tipo de célula eletroquímica em que a energia elétrica é convertida em energia química 8.6

célula fotovoltaica (PV) instrumento que converte a energia da luz diretamente em energia elétrica, algumas vezes chamada de célula solar 8.7

célula galvânica tipo de célula eletroquímica que converte em energia elétrica a energia que é liberada em uma reação química espontânea 8.1

celulose composto natural composto de C, H e O que dá rigidez estrutural a plantas, arbustos e árvores. A celulose é um polímero natural da glicose 4.9 e 9.2

centro ativo região catalítica, frequentemente uma fenda, em uma enzima que liga apenas reagentes específicos e acelera a reação desejada 12.5

chuva ácida chuva com pH abaixo de 5 6.6

ciclo de Chapman o primeiro conjunto de reações estacionárias proposto para o ozônio estratosférico 2.6

ciclo do combustível nuclear um modo de conceituar todos os diferentes processos que podem acontecer quando o minério de urânio é processado, usado para alimentar um reator e descartado 7.7

ciclo do nitrogênio conjunto de caminhos químicos pelos quais o nitrogênio se move na biosfera 6.9

clima termo que descreve temperaturas regionais, umidade, ventos, chuva e quedas de neve por décadas, não por dias. Diferente de *tempo* 3.10

cloro estratosférico efetivo medida que reflete os gases que contêm cloro e bromo na estratosfera 2.11

cloro residual nome dado a substâncias químicas que contêm cloro e permanecem na água após a etapa de cloração. Incluem ácido hipocloroso (HClO), íon hipocloreto (ClO^-) e cloro elementar dissolvido (Cl_2) 5.11

clorofluorocarbonetos (CFCs) compostos dos elementos cloro, flúor e carbono (mas que não contêm o elemento hidrogênio) 2.9

coalescentes substâncias químicas adicionadas para amaciar as partículas de látex das tintas para que elas se espalhem e formem um filme contínuo de espessura uniforme 1.13

códon sequência de três nucleotídeos adjacentes que guia a inserção de um determinado aminoácido ou assinala o começo ou o fim da síntese de uma proteína 12.4

coenzimas moléculas que trabalham juntamente às enzimas para aumentar sua atividade 11.8

combustão processo químico da queima. A reação rápida do combustível com oxigênio para liberar energia na forma de calor e luz 1.9 e 4.1

combustível fóssil substâncias combustíveis derivadas dos restos de organismos pré-históricos. Os exemplos mais comuns são carvão, petróleo e gás natural 3.2

combustível nuclear esgotado (SNF) material radioativo que permanece nas barras de combustível após elas serem usadas para gerar eletricidade em um reator nuclear 7.9

complementaridade de proteínas combinação de alimentos que complementam o conteúdo de aminoácidos essenciais de modo que a dieta total forneça os aminoácidos necessários para a síntese de proteínas 11.7

compostável capaz de sofrer decomposição biológica nas condições de um compostador doméstico ou industrial para formar um material (compósito) que não impede nem prejudica o crescimento de plantas 9.10

composto iônico composto formado por íons em proporções fixas e arranjados em uma estrutura geométrica regular 5.6

composto líder fármaco (ou uma versão modificada do fármaco) que tem grande chance de tornar-se um fármaco aprovado 10.5

composto orgânico composto que sempre contém carbono, quase sempre contém hidrogênio e pode conter outros elementos como oxigênio e nitrogênio 1.11

composto substância pura feita de dois ou mais elementos diferentes em uma combinação química fixa e característica. Compostos contêm dois ou mais tipos diferentes de átomos 1.6

compostos orgânicos voláteis (VOCs) compostos de carbono que passam facilmente para a fase de vapor 1.11

comprimento de onda distância entre picos sucessivos 2.4

concentração razão entre a quantidade de soluto e a de solução 5.5

condutivímetro aparelho que produz um sinal para indicar que eletricidade está sendo conduzida 5.6

conteúdo pós-consumidor material usado por um consumidor e descartado 9.9

conteúdo pré-consumidor detritos abandonados do processo de fabricação, como cacos e aparas 9.9

copolímero um polímero formado pela combinação de dois ou mais monômeros diferentes 9.6

corrente (elétrica) a velocidade do fluxo de elétrons em um circuito 8.2

craqueamento catalítico processo em que catalisadores são usados para transformar moléculas maiores de hidrocarbonetos em menores em temperaturas relativamente baixas 4.7

craqueamento térmico processo que quebra grandes moléculas de hidrocarbonetos em menores por aquecimento em alta temperatura 4.7

cromossomos espirais compactas de DNA, em forma de bastão, e proteínas especializadas empacotadas no núcleos das células 12.3

curie (Ci) medida da radioatividade de uma amostra, aproximadamente equivalente à atividade de um grama de rádio 7.6

D

demanda biológica por oxigênio (BOD) medida da quantidade de O_2 dissolvido que microrganismos usam quando decompõem restos orgânicos encontrados na água. Um BOD baixo é um indicador de boa qualidade da água 5.11

densidade massa por volume unitário 5.2

deposição ácida termo mais inclusivo do que chuva ácida e que inclui formas úmidas como chuva, neve, nevoeiro e suspensões de gotas microscópicas de água semelhantes a nuvens, bem como formas "secas" de ácidos 6.6

desenho de linhas e ângulos versão simplificada de uma fórmula estrutural que é muito útil para representar grandes moléculas 10.2

desnitrificação processo de conversão de nitrato em gás nitrogênio 6.9

dessalinização qualquer processo de remoção de cloreto de sódio e outros minerais da água salgada 5.12

destilação processo de separação em que uma solução líquida é aquecida até o ponto de ebulição e os vapores são condensados e coletados 4.4 e 5.12

difração de raios X técnica analítica em que um cristal é atingido por um feixe de raios X para gerar um modelo que revela as posições dos átomos no cristal 12.3

difusão gasosa processo em que gases com pesos moleculares diferentes são forçados a passar por uma série de membranas permeáveis 7.7

dipeptídeo composto formado por dois aminoácidos 11.7

dissacarídeo "açúcar duplo" formado pela junção de duas unidades de monossacarídeo, como a sacarose (açúcar de mesa) 11.5

disruptor endócrino composto que afeta o sistema hormonal humano, incluindo os hormônios de reprodução e desenvolvimento sexual 9.11

do-berço-até-o-berço um termo cunhado nos anos 1970 que se refere ao caminho regenerativo do uso de materiais no qual o fim de um ciclo de vida corresponde ao começo de um novo ciclo de outra coisa, de modo que tudo é reutilizado, e não eliminado como resíduo 0.4, 7.0 e 9.9

do-berço-até-o-túmulo um caminho para analisar o ciclo de vida de um item, começando com as matérias-primas que o formaram e terminando com o descarte final em algum lugar, presumivelmente na Terra 0.4

doença da radiação doença caracterizada por sintomas de anemia, náusea, mal estar e susceptibilidade a infecções, resultante de uma grande dose de radiação 7.6

dopagem processo de adição intencional de pequenas quantidades de outros elementos em silício puro para modificar suas propriedades de semicondutor 8.7

E

efeito de estufa aumentado processo em que gases atmosféricos retêm e devolvem *mais de* 80% da energia calorífica radiada pela Terra 3.1

efeito estufa processo natural no qual gases atmosféricos retêm uma porção importante (cerca de 80%) da radiação infravermelha emitida pela Terra 3.1

elemento uma das cerca de 100 substâncias puras de nosso mundo que formam compostos. Os elementos só contêm um tipo de átomo 1.6

eletricidade fluxo de elétrons de uma região para outra impelido por uma diferença de energia potencial 8.1

eletrodos condutores elétricos (anodo e catodo) de uma célula eletroquímica onde ocorrem reações químicas 8.1

eletrólise processo da passagem direta de uma corrente de eletricidade com voltagem suficiente para fazer com que ocorra uma reação química. Por exemplo, a eletrólise da água a decompõe em H_2 e O_2 8.6

eletrólito soluto que conduz eletricidade em uma solução em água 5.6

elétron partícula subatômica com massa muito inferior à do próton ou do nêutron e com carga elétrica negativa igual em magnitude à do próton, mas oposta em sinal 2.2

eletronegatividade medida da atração de um átomo por um elétron em uma ligação química 5.1

elétrons externos (de valência) elétrons que estão no nível de energia mais alto e ajudam a explicar muitas das tendências observadas nas propriedades químicas 2.2

empacotamento sustentável elaboração e uso de materiais de empacotamento que reduzem o impacto ambiental e aumentam a sustentabilidade de todas as práticas 9.8

endotérmico termo aplicado a qualquer mudança química ou física que absorve energia 4.5

energia cinética a energia do movimento 4.1

energia de ativação energia necessária para iniciar uma reação química 4.8

energia de ligação quantidade de energia que deve ser absorvida para quebrar uma determinada ligação química 4.6

energia potencial energia armazenada ou energia de posição 4.1

energia radiante coleção completa dos diferentes comprimentos de onda do espectro eletromagnético, cada um deles com sua própria energia 2.4

engenharia genética manipulação direta do DNA de um organismo 12.6

entropia medida de quanta energia se dispersa em um dado processo 4.2

enzimas proteínas que agem como catalisadores bioquímicos, influenciando as velocidades de reações químicas 10.4

equação química representação de uma reação usando fórmulas químicas 1.9

espectro eletromagnético contínuo de ondas que vai dos raios X e gama, curtos e de alta energia, até as ondas de rádio, longas e de baixa energia 2.4

estado estacionário condição em que um sistema dinâmico está balanceado, isto é, não há mudança das concentrações das principais espécies envolvidas 2.6

esteroide classe de compostos orgânicos naturais ou sintéticos solúveis em gorduras que têm um esqueleto de carbonos arranjados em quatro anéis 10.7

estrutura de Lewis representação de um átomo ou uma molécula que mostra os elétrons de valência 2.3

estrutura primária sequência única de aminoácidos que formam cada proteína 12.5

estrutura secundária modo de dobra de um segmento da cadeia de uma proteína 12.5

estrutura terciária forma molecular de uma proteína definida por interações entre aminoácidos muito separados na sequência, mas próximos no espaço 12.5

estudo da relação estrutura-atividade (SAR) estudo em que alterações sistemáticas são feitas em um fármaco, seguidas pela avaliação das mudanças de atividade 10.5

etanol de celulose etanol produzido de qualquer planta que contém celulose, tipicamente sabugos de milho, folhas de capim, pedaços de madeira e outros matérias não comestíveis por humanos 4.9

exotérmico termo que descreve qualquer mudança química ou física acompanhado pela liberação de calor 4.5

exposição quantidade de substância a que se é exposto 1.3

F

fármaco genérico equivalente químico de um fármaco pioneiro, mas que não pode ser comercializado até que vença sua patente, após 20 anos 10.8

farmacóforo arranjo tridimensional de átomos, ou grupo de átomos, responsável pela atividade biológica de um fármaco 10.5

fissão nuclear quebra de um núcleo maior em menores com liberação de energia 7.2

força intermolecular força que age entre moléculas 5.2 e 9.4

forças de dispersão atrações entre moléculas que resultam da distorção da nuvem de elétrons que causa a distribuição desigual da carga negativa 9.4

formas de ressonância estruturas de Lewis que representam extremos hipotéticos de arranjos dos elétrons de uma molécula 2.3

fórmula estrutural condensada fórmula estrutural em que algumas ligações não são mostradas. Entende-se que a fórmula estrutural contém o número apropriado de ligações 4.4

fórmula estrutural representação da conectividade dos átomos em uma molécula. É uma estrutura de Lewis da qual os elétrons foram removidos 2.3

fórmula química modo simbólico de representar a composição elementar de uma substância 1.7

fóton modo de conceituar a luz como partícula que tem energia, mas não tem massa 2.5

fotossíntese processo pelo qual plantas verdes (inclusive algas) e algumas bactérias capturam a energia da luz solar para produzir glicose e oxigênio a partir de dióxido de carbono e água 2.5 e 4.1

frequência número de ondas que passam por um ponto fixo em 1 segundo 2.4

G

gás nobre um dos elementos inertes do Grupo 8A que sofrem poucas, se tanto, reações químicas 1.6

gases de efeito estufa gases capazes de absorver e emitir radiação infravermelha, aquecendo a atmosfera. Exemplos incluem vapor de água, dióxido de carbono, metano, óxido nitroso, ozônio e clorofluorocarbonetos 3.1

gasolina oxigenada mistura de hidrocarbonetos derivados do petróleo com compostos que contêm oxigênio como MTBE, etanol ou metanol 4.7

gasolina reformulada (RFG) gasolina oxigenada que também contém uma percentagem menor de certos hidrocarbonetos mais voláteis encontrados na gasolina não oxigenada convencional 4.7

genes peças curtas do genoma que codificam a produção de proteínas 12.1

genoma caminho primário de herança da informação biológica necessária para formar e manter um organismo 12.1

geração distribuída geração de eletricidade no local em que é usada (i.e., com uma célula a combustível), evitando as perdas de energia que ocorrem em longas linhas de transmissão de eletricidade 8.5

gordura *trans* triglicerídeo composto por um ou mais ácidos graxos *trans* 11.4

gorduras triglicerídeos sólidos na temperatura normal 4.10 e 11.3

grupo coluna da Tabela Periódica que organiza elementos de acordo com as propriedades importantes que têm em comum. Os grupos são numerados da esquerda para a direita 1.6

grupo funcional arranjo distinto de um grupo de átomos que confere características próprias às moléculas que o contêm 4.9, 9.6 e 10.3

H

halogênio um dos não metais reativos do Grupo 7A, como flúor (F), cloro (Cl), bromo (Br) ou iodo (I) 1.6

halons compostos inertes, não tóxicos, que contêm cloro ou flúor (ou ambos, mas não hidrogênio). Além disso, podem conter bromo 2.9

hélice dupla uma espiral formada por duas fitas que se enrolam em torno de um eixo central 12.3

hidro-cloro-fluorocarbonetos (HCFCs) compostos de hidrogênio, cloro, flúor e carbono (e nenhum outro elemento) usados como substitutos dos CFCs 2.12

hidro-fluorocarbonetos (HFCs) compostos de hidrogênio, flúor e carbono (e nenhum outro elemento) usados como substitutos dos CFCs e HCFCs 2.13

hidrocarboneto composto que contém apenas os elementos hidrogênio e carbono 1.8 e 4.4

hidrogenação processo em que o gás hidrogênio, na presença de um catalisador de metal, se adiciona a uma ligação dupla C=C e a converte em ligação simples 11.4

higroscópico descreve uma substância que absorve água da atmosfera e a retém 6.12

hormônios mensageiros químicos produzidos pelas glândulas endócrinas do corpo 10.4

I

infravermelho (IV) região do espectro eletromagnético adjacente à luz vermelha mas em comprimentos de onda maiores 2.4

interesterificação qualquer processo em que os ácidos graxos de dois ou mais triglicerídeos sofrem troca e produzem uma mistura de triglicerídeos diferentes 11.4

íon átomo ou grupo de átomos com carga elétrica resultante do ganho ou da perda de um ou mais elétrons 5.6

íon poliatômico dois ou mais átomos ligados por covalência que têm carga total positiva ou negativa 5.7

isômeros moléculas de mesma fórmula química, mas com estruturas e propriedades diferentes 4.7 e 10.2

isômeros quirais (ópticos) compostos que têm a mesma fórmula química, mas estruturas moleculares tridimensionais diferentes e interação diferente com a luz planopolarizada 10.6

isótopos duas ou mais formas do mesmo elemento (mesmo número de prótons) cujos átomos diferem no número de nêutrons; logo, em massa 2.2

J

joule (J) unidade de energia igual a 0,239 cal 4.2

justiça intergeneracional a obrigação de cada geração de, por sua vez, agir de modo honesto e justo para com as que se virão 4.0

L

lei da conservação da matéria e da massa lei que declara que, em uma reação química, a matéria e a massa se conservam 1.9

ligação covalente ligação formada pelo partilhamento de elétrons entre dois átomos 2.3

ligação covalente não polar ligação covalente em que os elétrons são partilhados igualmente, ou quase, entre os átomos 5.1

ligação covalente polar ligação covalente em que os elétrons não são partilhados igualmente e estão mais próximos do átomo mais eletronegativo 5.1

ligação covalente simples ligação formada quando dois elétrons (um par) são partilhados entre dois átomos 2.3

ligação dupla ligação covalente formada por dois pares de elétrons compartilhados 2.3

ligação hidrogênio atração principalmente eletrostática entre um átomo de H ligado a um átomo muito eletronegativo (N, O ou F) e um átomo vizinho N, O ou F, em outra molécula ou em outra parte da mesma molécula 5.2

ligação iônica ligação química formada quando íons de carga oposta se atraem 5.6

ligação peptídica ligação covalente que se forma quando o grupo –COOH de um aminoácido reage com o grupo $-NH_2$ de outro, juntando os dois aminoácidos 9.7

ligação tripla ligação covalente feita por três pares de elétrons compartilhados 2.3

Linha de Base Tripla medida em três direções do sucesso de um empreendimento baseada em seus benefícios para a economia, para a comunidade e para o ecossistema 0.3

lipídeos classe de compostos que inclui não apenas todos os triglicerídeos, mas também o colesterol e outros esteroides 11.3

M

má nutrição causada por uma dieta pobre nos nutrientes adequados, ainda que o conteúdo de energia seja adequado 11.2

macrominerais elementos necessários à vida (Ca, P, Cl, K, S, Na e Mg) mas não tão abundantes no corpo como O, C, H e N 11.8

macronutrientes gorduras, açúcares e proteínas que fornecem essencialmente toda a energia e a maior parte da matéria-prima para a restauração do corpo e a síntese 11.2

massa atômica massa (em gramas) do mesmo número de átomos encontrados em exatamente 12 g de carbono-12 3.6

massa crítica quantidade de material fissionável necessária para manter uma reação em cadeia 7.2

massa molar massa do número de Avogadro, ou um mol, de quaisquer partículas especificadas 3.7

materiais biomiméticos materiais que tentam replicar propriedades específicas de materiais biológicos para uso em aplicações humanas 9.7

megacidade área urbana com mais de 10 milhões de habitantes como Tóquio, Nova York, México ou Mumbai 1.5

meia-reação tipo de equação química que mostra os elétrons ganhos ou perdidos pelos reagentes 8.1

meia-vida ($t_{1/2}$) tempo necessário para que o nível de radioatividade caia até a metade de seu valor inicial 7.8

metabolismo conjunto complexo de processos químicos essenciais para a manutenção da vida 11.2

metal elemento brilhante que conduz bem eletricidade e calor, como o cobre, ferro ou magnésio 1.6

metaloide elemento que está entre os metais e não metais na Tabela Periódica e não cai claramente em nenhuma das duas categorias. Algumas vezes chamado de semimetal 1.6

micrograma (μg) milionésimo do grama (g) ou 10^{-6} g 1.3

micrômetro (μm) milhonésimo (10^{-6}) de um metro (m), às vezes chamado simplesmente de mícron 1.2

microminerais nutrientes de que o corpo precisa em menor quantidade, como Fe, Cu e Zn 11.8

micronutrientes substâncias como vitaminas e sais minerais que são necessárias em quantidades muito pequenas, mas são essenciais para que o organismo produza enzimas, hormônios e outras substâncias necessárias para seu correto crescimento e desenvolvimento 11.8

minerais íons ou compostos iônicos que, como as vitaminas, têm uma ampla faixa de funções fisiológicas 11.8

mineral traço elemento presente no organismo, usualmente em níveis de microgramas, como I, F, Se, V, Cr, Mn, Co, Ni, Mo, B, Si e Sn 11.8

mistura combinação física de duas ou mais substâncias puras em quantidades variáveis 1.1

mistura racêmica mistura de quantidades iguais de isômeros ópticos 10.6

moderador em um reator nuclear, retarda os nêutrons, tornando-os mais efetivos na produção da fissão 7.3

mol um número de Avogadro de objetos 3.7

molaridade (M) unidade de concentração representada pelo número de mols de soluto em um litro de solução 5.5

molécula dois ou mais átomos em ligação química e um certo arranjo espacial 1.7

molécula diatômica molécula formada por dois átomos 1.7

monômero molécula pequena usada para sintetizar um polímero (*mono* significando "um" e *meros* significando "unidade") 9.2

monossacarídeo um açúcar simples, como a frutose ou a glicose 11.5

mudança climática global às vezes usado alternadamente com a expressão aquecimento global, refere-se a mudanças do clima com o tempo 3.1-3.12

mudança de referências ideia de que o que as pessoas esperam como "normal" em nosso planeta muda com o tempo, especialmente com respeito aos ecossistemas 0.0, 1.5 e 9.11

N

nanômetro (nm) um bilionésimo de metro (m) 2.4

nanotecnologia subdisciplina relacionada à criação de materiais na escala atômica e molecular (nanômetro) com dimensões entre 1 e 100 nm [1 nanômetro (nm) = 1×10^{-9} m] 1.7

não eletrólito um soluto que não conduz eletricidade em uma solução em água 5.6

não metal um elemento que não conduz bem o calor ou a eletricidade, como enxofre, cloro e oxigênio. Não metais não têm nenhum aspecto característico 1.6

neutro em carbono situação em que o CO_2 adicionado à atmosfera é balanceado pelo CO_2 removido por fotossíntese, sequestro, compensação ou algum outro processo 4.11

nêutron partícula subatômica eletricamente neutra que tem quase exatamente a mesma massa de um próton 2.2

nitrificação processo de conversão da amônia do solo em íon nitrato 6.9

nitrogênio reativo compostos de nitrogênio que circulam pela biosfera e se interconvertem com certa rapidez 6.9

nível máximo de contaminantes (MCL) limite legal para a concentração de um contaminante na água potável, expresso em partes por milhão ou partes por bilhão 5.10

notação científica sistema para escrever números como o produto de um número e uma potência de 10 apropriada 1.3

núcleo centro minúsculo e muito denso de um átomo, composto por prótons e nêutrons 2.2

nucleotídeo combinação covalente de uma base, uma molécula de desoxirribose e um grupo fosfato 12.2

número atômico número de prótons do núcleo de um átomo 2.2

número de Avogadro número de átomos de exatamente 12 g de carbono-12 3.6

número de massa soma do número de prótons e nêutrons do núcleo de um átomo 2.2

número significativo dígito incluído (ou excluído) para representar corretamente a acurácia com que uma quantidade experimental é conhecida 1.14

nuvens polares estratosféricas (PSCs) nuvens pouco densas compostas por pequenos cristais de gelo que se formam a partir da pequena quantidade de vapor de água presente na estratosfera 2.10

O

objetivo de nível máximo de contaminantes (MCLG) nível máximo de um contaminante na água potável no qual não acontece um efeito adverso conhecido ou antecipado na saúde humana 5.10

óleos triglicerídeos líquidos na temperatura normal 4.10 e 11.3

osmose passagem da água, por uma membrana semipermeável, de uma solução menos concentrada para uma mais concentrada 5.12

osmose reversa processo que usa pressão para forçar por uma membrana semipermeável o movimento da água de uma solução mais concentrada para uma menos concentrada 5.12

oxidação processo em que uma espécie química perde elétrons 8.1

P

partes por bilhão (ppb) um bilionésimo ou 1.000 vezes menos concentrado do que 1 parte por milhão 1.3 e 5.5

partes por milhão (ppm) concentração de uma parte por milhão. Um ppm é uma unidade de concentração 10.000 vezes menor do que 1% (uma parte por 100) 1.2 e 5.5

partícula alfa (α) um tipo de radiação nuclear. Uma partícula alfa tem carga positiva e é emitida pelo núcleo. Consiste em dois prótons e dois nêutrons (o núcleo de um átomo de He) e carga 2^+ porque nenhum elétron acompanha o núcleo de hélio 7.4

partícula beta (β) um tipo de radiação nuclear. Uma partícula beta é um elétron de alta velocidade emitido pelo núcleo 7.4

pegada de água estimativa do volume de água fresca necessário para produzir um bem em particular ou prestar um serviço 5.3

pegada de carbono estimativa da quantidade de CO_2 e outros gases de efeito estufa emitidos em um dado tempo, usualmente um ano 3.9

pegada ecológica método de estimar a quantidade de espaço biologicamente produtivo (terra e água) necessária para suportar um dado padrão ou estilo de vida 0.5

percentagem (%) partes por cem. Por exemplo, 15% é 15 partes de 100 1.1 e 5.5

pH número, usualmente entre 0 e 14, que indica a acidez (ou a basicidade) de uma solução 6.4

plasmídeos anéis de DNA 12.6

plastificante composto adicionado em pequenas quantidades a um polímero para torná-lo mais macio e maleável 9.5

PM_{10} (matéria particulada) partículas com diâmetro médio de 10 μm ou menos, um comprimento da ordem de 0,0004 polegadas 1.2

$PM_{2,5}$ (matéria particulada) um subconjunto de PM_{10} que inclui partículas com um diâmetro inferior a 2,5 μm, algumas vezes chamadas de "partículas finas" 1.2

poliamida polímero de condensação que contém o grupo funcional amida 9.7

polimerização por adição tipo de polimerização em que os monômeros se adicionam à cadeia em crescimento de modo que o polímero contenha todos os átomos do monômero. Não se formam outros produtos 9.3

polimerização por condensação tipo de polimerização no qual uma molécula pequena, como a água, é separada (eliminada) quando os monômeros se juntam para formar um polímero 9.6

polímero molécula grande formada a partir de menores (monômeros) que consiste em uma longa cadeia ou cadeias de átomos ligados uns aos outros 9.2

polímero termoplástico plástico que pode ser fundido e novamente moldado 9.5

polissacarídeo polímero de condensação formado por milhares de unidades de monossacarídeos. Exemplos incluem amido e celulose 11.5

poluente secundário poluente produzido em reações químicas envolvendo um ou mais poluentes 1.12

potencial de aquecimento global (GWP) número que representa a contribuição de uma molécula de um gás atmosférico para o aquecimento global 3.8

perturbações radiativas fatores (naturais e antropogênicos) que influenciam o balanço da radiação que chega e sai da Terra 3.9

primeira lei da termodinâmica também chamada de lei da conservação da energia. Ela declara que energia não é criada nem destruída 4.1

princípio da precaução reafirma a sabedoria de agir, mesmo na ausência de dados científicos completos, antes que os efeitos adversos sobre a saúde humana ou o ambiente tornem-se significativos ou irrevogáveis 2.0, 4.11 e 9.11

produtos com conteúdo reciclado produtos feitos de materiais que de outro modo estariam no fluxo de rejeitos 9.9

proteína poliamida ou polipeptídeo, isto é, um polímero feito de aminoácidos 11.7

próton partícula subatômica com carga positiva e aproximadamente a mesma massa de um nêutron 2.2

Q

quantizado distribuição não contínua de energia, isto é, que consiste em muitas etapas separadas 2.5

química combinatorial criação sistemática de um grande número de moléculas organizadas em "bibliotecas" que podem ser rapidamente analisadas no laboratório para a atividade biológica e o potencial de serem novos fármacos 10.5

química orgânica parte da química que se dedica ao estudo dos compostos de carbono 10.2

química verde elaboração de produtos e processos químicos que reduzem ou eliminam o uso e a geração de substâncias perigosas 0.6, 1,5

R

rad unidade, abreviação para "dose de radiação absorvida", medida da energia depositada em um tecido definida como a absorção de 0,01 joule de energia radiante por quilograma de tecido 7.6

radiação de fundo nível de radiação que está presente, em média, em um determinado lugar. Ele pode ser natural ou ter origem humana 7.6

radiação ionizante expressão que se refere coletivamente aos raios X e à radiação nuclear, que pode remover elétrons das moléculas que atingem. Os raios cósmicos do espaço também são radiação ionizante 7.6

radical livre espécie muito reativa com um ou mais elétrons desemparelhados 2.8

radioatividade emissão espontânea de radiação por certos elementos 7.4

raio gama (γ) um tipo de radiação nuclear. Um raio gama é emitido por um núcleo radioativo e não tem massa nem carga. É um fóton de comprimento de onda curto e alta energia 7.4

reação de neutralização reação química em que os íons hidrogênio de um ácido combinam-se com os íons hidróxi de uma base para formar moléculas de água 6.3

reação em cadeia termo que se refere, em geral, a qualquer reação em que um dos produtos passa a ser um reagente e faz com que a reação seja autossustentável 7.2

reação química processo em que substâncias descritas como reagentes transformam-se em outras, chamadas de produtos 1.9

reator de alimentação reator nuclear que pode produzir mais combustível fissionável (usualmente Pu-239) do que consome (usualmente U-235) 7.9

recursos não renováveis recursos limitados ou que são consumidos mais rapidamente do que são produzidos 0.1

recursos renováveis recursos que são substituídos mais rapidamente do que são consumidos 0.1

redução processo em que uma espécie química ganha elétrons 8.1

reforma catalítica processo em que os átomos de uma molécula são rearranjados, usualmente começando com moléculas lineares e produzindo outras mais ramificadas 4.7

refrigerante primário em um reator nuclear, um líquido que entra em contato direto com os pacotes de combustível e as barras de controle e retira calor 7.3

refrigerante secundário a água, em um reator nuclear, dos geradores de vapor que não entra em contato com o reator 7.3

regiões amorfas região de um polímero em que as moléculas longas estão em um arranjo desordenado e empacotadas mais frouxamente 9.5

regiões cristalinas região, em um polímero, em que longas moléculas estão em um arranjo regular e empacotadas menos frouxamente 9.5

regra do octeto a generalização de que o arranjo mais estável da camada mais externa dos átomos ocorre quando existem 8 elétrons. Hidrogênio é exceção 2.3 e 4.4

rejeito de baixo nível de radioatividade (LLW) rejeitos nucleares que contêm quantidades menores de materiais radioativos do que os HLWs e especificamente excluem combustível nuclear esgotado 7.9

rejeitos com alto nível de radioatividade (HLW) rejeitos nucleares com alto nível de radioatividade que, devido às longas meias-vidas dos radioisótopos envolvidos, devem ser isolados permanentemente da biosfera 7.9

rejeitos sólidos municipais (MSW) lixo, isto é, tudo que você descarta ou joga fora, inclusive restos de comida, de grama e coisas velhas. MSW não inclui todas as fontes, como rejeitos de indústria, agricultura, mineração e obras de construção 9.9

rem unidade, abreviação para "roentgen equivalente homem", medida da dose de radiação que leva em conta o dano provocado no tecido humano. É calculado multiplicando-se Q pelo número de rads 7.6

replicação processo de reprodução celular no qual uma célula deve copiar e transmitir sua informação genética à sua descendência 12.3

resíduos de aminoácidos aminoácidos que foram incorporados à cadeia de um peptídeo 11.7 e 12.4

respiração processo de metabolização dos alimentos que ingerimos para formar dióxido de carbono e água e liberar a energia que mantém outras reações químicas em nosso corpo 1.1

S

segunda lei da termodinâmica uma lei que pode ser enunciada de várias maneiras, incluindo a que diz que a entropia do universo cresce constantemente 4.2

semicondutor do tipo *n* semicondutor no qual as cargas negativas (elétrons) se movimentam livremente 8.7

semicondutor do tipo *p* semicondutor em que existem cargas positivas ou buracos que se movem livremente 8.7

semicondutor material que normalmente não conduz bem a eletricidade, mas pode fazê-lo em determinadas situações, como na exposição à luz 8.7

série de decaimento radioativo caminho característico do decaimento radioativo que começa com um radioisótopo e avança em uma série de etapas até produzir um isótopo estável 7.4

sievert (Sv) unidade que mede a dose de radiação, levando em conta o dano que causa nos tecidos humanos quando absorvida. 1 sievert = 500 rem 7.6

símbolo químico abreviação para um elemento com uma ou duas letras. Também chamado, às vezes, de símbolo atômico 1.6

solução em água solução em que o solvente é a água 5.5

solução mistura homogênea (de composição uniforme) de um solvente e um ou mais solutos 5.5

solução neutra solução que não é ácida nem básica, isto é, tem concentrações iguais de H^+ e OH^- 6.3

soluto sólido, líquido ou gás que se dissolve em um solvente 5.5

solvente substância, frequentemente líquida, capaz de dissolver uma ou mais substâncias puras 5.5

subalimentação condição em que a dieta calórica diária de uma pessoal é insuficiente para satisfazer as necessidades metabólicas 11.2

substituinte átomo ou grupo funcional que substitui um hidrogênio em uma molécula 10.3

substrato substância cuja reação é catalisada por uma enzima 10.5

suplemento de dieta vitaminas, minerais, aminoácidos, enzimas, ervas e outras plantas 10.9

surfactante molécula que tem regiões polares e não polares, o que permite que ela solubilize diferentes classes de moléculas 5.9

sustentabilidade satisfazer as necessidades do presente sem comprometer a capacidade das futuras gerações de satisfazer as delas (de *Our Common Future*, um relatório das Nações Unidas de 1987) 0.2, 1.5

T

Tabela Periódica arranjo ordenado dos elementos com base na semelhança de suas propriedades 1.6

taxa metabólica basal (BMR) quantidade mínima de energia diária necessária para suportar as funções básicas do corpo 11.9

temperatura medida da energia cinética média dos átomos ou moléculas presentes em uma substância 4.5

tempo de vida atmosférico global caracteriza o tempo necessário para que um gás adicionado à atmosfera seja removido. Também é conhecido como o "tempo de reorganização" 3.8

tempo inclui as temperaturas altas e baixas, as garoas e chuvas fortes, as nevascas e ondas de calor e as brisas do outono e os ventos quentes do verão, todos de curta duração. Diferente de *clima* 3.10

tetraedro forma geométrica com quatro vértices e quatro lados triangulares, algumas vezes chamado de pirâmide triangular 3.3

toxicidade perigo intrínseco de uma substância para a saúde 1.3

tragédia dos comuns situação em que um recurso é comum a todos e é usado por muitos, mas ninguém é responsável por ele. Como resultado, o recurso pode ser destruído por mal uso, em detrimento de todos que o usam 1.12

transgênico organismo resultante da transferência de genes entre espécies 12.6

tri-halogenometanos (THMs) compostos como $CHCl_3$ (clorofórmio), $CHBr_3$ (bromofórmio), $CHBrCl_2$ (bromo-dicloro-metano) e $CHBr_2Cl$ (dibromo-cloro-metano) que se formam na reação de cloro ou bromo com matéria orgânica na água potável 5.11

triglicerídeos classe de compostos que inclui gorduras e óleos. Os triglicerídeos contêm três grupos funcionais éster e são formados pela reação química entre três ácidos graxos e o álcool glicerol 4.10 e 11.3

troposfera região mais baixa da atmosfera em que vivemos e que fica diretamente acima da superfície da Terra 1.5

U

ultravioleta (UV) região do espectro eletromagnético adjacente ao lado do violeta visível em comprimentos de onda mais curtos 2.4

urânio enriquecido urânio, usado tipicamente para alimentar reatores ou armas nucleares, com uma percentagem de U-235 superior à sua abundância natural de cerca de 0,7% 7.7

urânio esgotado urânio composto quase que completamente por U-238 (~99,8%) porque grande parte do U-235 natural que originalmente continha foi removida. Apelidado de DU 7.7

V

veículo elétrico híbrido (HEV) veículo alimentado por uma combinação de motor convencional a gasolina e um motor elétrico movido por baterias 8.4

veículo híbrido elétrico conectável (PHEV) veículo que usa baterias recarregáveis para viagens curtas diárias usando um motor elétrico e muda para um motor a combustão para longas distâncias 8.4

vetor plasmídeo modificado usado para transportar DNA de volta para o hospedeiro da bactéria 12.6

vitamina composto orgânico com uma grande faixa de funções fisiológicas que é essencial para a boa saúde, o funcionamento correto do metabolismo e a prevenção de doenças 11.8

vitrificação processo em que os elementos do combustível esgotado ou outros rejeitos mistos são encapsulados em cerâmica ou em vidro 7.9

volátil termo que descreve uma substância que passa facilmente para a fase de vapor, isto é, que evapora facilmente 1.11

voltagem diferença de potencial eletroquímico entre dois eletrodos 8.1

Créditos

Fotos

Pesquisa de fotografias por Jerry Marshall.

SUMÁRIO

Fogueira: © Péter Gudella/Shutterstock.com; Recife de Coral: © Manamana/Shutterstock.com; Raios: © Tomonari Tsuji/Amana Images/Getty Images.

CAPÍTULO 0

Abertura: Imagem por Reto Stockli, NASA, Goddard Space Flight Center. Melhorias por Robert Simmon; Página 3, p. 4, p. 5(acima): Cathy Middlecamp; p. 5(meio): Logotipo da capa e mecânicos reproduzidos com permissão de Chem. Eng. News, 25 de junho, 2012. Copyright 2012 American Chemical Society. Foto da capa © Shutterstock; p. 6: Cathy Middlecamp; p. 8: Logotipo da capa e mecânicos reproduzidos com permissão de Chem. Eng. News, 19 de março, 2012. Copyright 2012 American Chemical Society. Foto da capa © Zuma Press Newscom; p. 9: © 2002, William McDonough e Michael Braungart. Publicado pela North Point Press; p. 13(acima): U.S. EPA; p. 13(abaixo): Imagem por Reto Stockli, NASA, Goddard Space Flight Center. Melhorias por Robert Simmon; p. 14: © Fahd Shadeed/AFP/Getty Images.

CAPÍTULO 1

Abertura, Página 17, p. 18, 1.3, 1.4: Cathy Middlecamp;1.5: © Jill Braaten; 1.6: Cortesia Missouri Botanical Garden Plant Finder; 1.7: Cathy Middlecamp; 1.10b: © Tom Smart/Deseret News; p. 29: NASA; 1.13: Imagem originalmente criada pela IBM Corporation; 1.14: © McGraw-Hill Education. Bob Coyle, fotógrafo; 1.15: Cathy Middlecamp; 1.17b: © Cortesia, Corning Incorporated; p. 46: Cortesia do U.S. EPA's AirNow Program; 1.19: © Environment Canada, Meteorological Service of Canada. Reproduzido com permissão do Minister of Public Works and Government Services Canada, 2013; p. 49: Cathy Middlecamp; p. 50(Charuto): © Sascha Burkhard/Shutterstock.com; 1.20a: © Image Source/Corbis RF; 1.20b: © Digital Vision Vol. DV384/Getty Images RF; 1.21: © YOLO Colorhouse®; 1.22: © McGraw-Hill Education. Ken Karp, fotógrafo; 1.23: © David M. Grossman/Science Source; 1.24: © Sheila Terry/Science Source; p. 58: Cathy Middlecamp; p. 59(ambas): Cathy Middlecamp; p. 61: Cortesia do U.S. EPA's AirNow Program; p. 62(ambas): National Science Foundation.

CAPÍTULO 2

Abertura: NASA/Goddard Space Flight Center; 2.1: © Galen Rowell/Corbis; Página 68: Earth Sciences and Image Analysis Laboratory/Johnson Space Center/NASA; 2.3: © McGraw-Hill Education. Stephen Frisch, fotógrafo; 2.6: © Philip McAulay/ Shutterstock.com; p. 82: NASA p. 84: © Image Source/Alamy RF; 2.13: © McGraw-Hill Education. Stephen Frisch, fotógrafo; p. 91: Courtesy Carlye Calvin; 2.16: © Ross J. Salawitch, University of Maryland; p. 94. p. 96: UNEP; 2.19: © McGraw-Hill Education. Mark A. Dierker, fotógrafo; 2.20: © Cortesia Pyrocool Technologies, Inc.; p. 101: © Stockbyte/Getty Images RF.

CAPÍTULO 3

Abertura © Fuse/Getty Images RF; 3.1: NASA; 3.4a: © Lonnie G. Thompson, Ohio State University; 3.4b: © Vin Morgan/AFP/ Getty Images; 3.4c: © W. Berner, 1978, Tese de PhD University of Bern, Suíça. (D. Lüthi, M. Le Floch, B. Bereiter, T. Blunier, J.-M. Barnola, U. Siegenthaler, D. Raynaud, J. Jouzel, H. Fischer, K. Kawamura, and T.F. Stocker, *High-resolution carbon dioxide concentration record 640,000–800,000 years before present,* Nature, 453, 379–382, 2008.); 3.8: NASA/GISS; 3.10: © Mark Hall/Taxi/Getty Images; 3.22: Cortesia Conrad Stanitski; 3.23a–b: Ocean Drilling Program; 3.24: Cortesia do Oak Ridge National Laboratory, administrado para o U.S. Department of Energy por UT-Battelle, LLC; Página 136: © Photodisc/Getty Images RF; 3.28 : NASA GSFC Scientific Visualization Studio; p. 141 (Coral): © Helmut Corneli/imagebroker.net/SuperStock; p. 141 (Borboleta): www.wisconsinbutterflies.org; 3.29: Cathy Middlecamp.

CAPÍTULO 4

Abertura: © Péter Gudella/Shutterstock.com; 4.1a–d: Cathy Middlecamp; 4.5: © Charles D. Winters/Science Source; 4.7(left): © Martin Shields/Science Source; 4.7(à direita): © Mark A. Schneider/Science Source; 4.8: © AP Photo/Wade Payne; Página 166: © Jim Maynard; 4.10: © Corbis RF; 4.13: © Martin Bond/ Science Source; p. 172: © Digital Vision, Vol. DV418/Getty Images RF; 4.19: © Justin Sullivan/Getty Images; p. 183: © Sustainability Institute; 4.21: © Khuong Huang/iStockphoto.com; 4.22: © David R. Frazier Photolibrary, Inc./Alamy; 4.23 Warren Gretz/NREL/U.S. Dept. of Energy; 4.24a: © & Cortesia de David & Associates, Hastings, NE; 4.24b: © Ashley Cooper pics/Alamy; 4.25a–b: © Cathy Middlecamp; 4.26: © Photodisc/Getty Images RF; 4.27a: © AP/Wide World Photos; p. 192: © Bon Appetit/Alamy; 4.29a: © Romeo Gacad/AFP/Getty Images; 4.29b: © Universal Images Group via Getty Images.

CAPÍTULO 5

Abertura: © Rich Armstrong; 5.6a: Cathy Middlecamp; 5.6b: Tubos de água reutilizada na estação de bombeamento de City of Surprise, AZ. Cortesia de Malcolm Pirnie, the Water Division of ARCADIS; 5.7: Cathy Middlecamp; 5.10: © Jaimie Duplass/Shutterstock.com; 5.11a: © Noah Seelam/AFP/Getty Images; 5.11b: Andrea Booher/ FEMA; 5.12a © AP Photo/Denis Couch; 5.12b © Bill Bachman/ Alamy; 5.14a–c: EROS Data Center, U.S.G.S.; 5.14d: Imagens da NASA criadas por Jesse Allen; 5.15 © Universal Images Group/ Getty Images; 5.16: © Laurence Gough/iStockphoto.com; 5.17a–c: © Tom Pantages; 5.25: © Charles D. Winters/Science Source; Página 230: © Alfred Eisenstaedt/Time & Life Pictures/Getty Images; 5.29: © airviewonline.com.au; 5.30b: © & Cortesia de SolAqua; 5.32: Cortesia de Katadyn; 5.33: © Vestergaard Frandsen;

5.34: USDA/National Resources Conservation Service; 5.35: Artwork © Robert Schiller. Fotografia por Sally Mitchell.

CAPÍTULO 6

Abertura: © Manamana/Shutterstock.com; 6.1: © PhotoDisc Vol. 77/Getty Images RF; 6.2: © McGraw-Hill Education. Foto por Eric Misko, Elite Images Photography; 6.3: © McGraw-Hill Education. C.P. Hammond, fotógrafo; 6.7: © Owen Sherwood; 6.8: © Charles D. Winters/Science Source; 6.9a, ,6.10a–c: Cathy Middlecamp; 6.13: © E.R. Degginger/Alamy; 6.15: © Dan Chenier; 6.17: © M. Kaleb/Custom Medical Stock Photo; 6.20: Cathy Middlecamp; 6.22a: © NYC Parks Photo Archive/Fundamental Photographs NYC; 6.22b: © Kristen Brochmann/Fundamental Photographs NYC; 6.23: © A. J. Copley/Visuals Unlimited; 6.24(acima): © iPhotos/Shutterstock.com; 6.24(abaixo): © Anton Hazewinkel/Flickr/Getty Images; 6.25b: Cortesia de Pittsburgh Post Gazette Archives; Página 278: Cathy Middlecamp; p. 283(Jet): © Stock Portfolio/Stock Connection/Picture Quest RF; p. 283(Granizo): Cathy Middlecamp.

CAPÍTULO 7

Abertura: Cathy Middlecamp; Página 288: © McGraw-Hill Education. Foto por Eric Misko. Elite Images Photography; 7.2 © Georgia Power Company; p. 290: © Rob Crandall/The Image Works; 7.4: © Bettmann/Corbis; 7.6: U.S. Dept. of Energy; 7.8: © McGraw-Hill Education. C.P. Hammond, fotógrafo; 7.9, 7.10: © AP/Wide World Photos; p. 299: © Corbis RF; 7.11: © Hulton-Deutsch Collection/Corbis; 7.14: © AP/Wide World Photos; 7.15: © Chuck Nacke/Time Life Pictures/Getty Images; 7.16 © AP Photo/Kyodo News; 7.17: © Southern Illinois University/Science Source; p. 310: © Burke Triolo Productions/Getty Images RF; 7.20: © & Cortesia URENCO Ltd.; 7.22: © AP/Wide World Photos; 7.24: U.S. Dept. of Energy; 7.25: U.S. Nuclear Regulatory Commission; 7.27: © Science Source; 7.28b: U.S. Dept. of Energy; p. 324: © AP Photo/Wade Payne; 7.30: Cathy Middlecamp; 7.31a: © esolla/iStockphoto.com.

CAPÍTULO 8

Abertura: © Tomonari Tsuji/Amana Images/Getty Images; 8.2: © McGraw-Hill Education. Jill Braaten, fotógrafo; 8.4: © McGraw-Hill Education. Foto por Eric Misko, Elite Images Photography; Página 341: © Steven Good/Shutterstock.com; 8.7: © McGraw-Hill Education. Stephen Frisch, fotógrafo; 8.8: © mazoncini/iStockphoto.com; 8.9a–b: © Jill Braaten; 8.13: © National Hydrogen Association (www.HydrogenAssociation.org); 8.18: © Michael Barnes, University of California; 8.20: Warren Gretz/ NREL/U.S. Dept. of Energy; 8.21b: NREL/U.S. Dept. of Energy; 8.21c: © Daniel Karmann/DPA/Corbis; 8.26, 8.27: NREL/U.S. Dept. of Energy; 8.28a: © Langrock/Solar Millennium/SIPA/Newscom; 8.28b: © Boris Roessler/Deutsche Presse-Agentur/Newscom; 8.29: © AP Photo/Tim Wright; p. 371: © Arctic Images/Corbis.

CAPÍTULO 9

Abertura: © Tom Bean/Stone/Getty Images; Page 373: © Dynamic Graphics/JupiterImages RF; p. 374: © Everday Objects OS06/Getty Images RF; 9.2(ambas): 9.3a: Cathy Middlecamp; 9.5a–d: © McGraw-Hill Education. Jill Braaten, fotógrafo; 9.6a: © Bill Aron/PhotoEdit, Inc.; p. 382: © Santoosh Kumar/Shutterstock.com; p. 384: © Image Club RF; 9.9b: © McGraw-Hill Education. Jill Braaten, fotógrafo; p. 387: © joingate/Shutterstock.com; 9.10: © McGraw-Hill Education. Jill Braaten, fotógrafo; 9.12, 9.13: Cortesia DuPont; p. 391: © Ingram Publishing/Fotosearch RF; 9.14: © The Garbage Project, University of Arizona; 9.18: © Thinkstock/SuperStock RF; 9.19a: © Gayna Hoffman/Stock Boston. 9.19b: Cathy Middlecamp; 9.20a: © GIPhotoStock X/Alamy; 9.20b: © Roger Ressmeyer/Corbis; 9.20c: © Tim Gainey/Alamy; 9.21a: © Todd Franklin/Neato Cool Creative, LLC; 9.21b: © jvphoto/Alamy; p. 402: © McGraw-Hill Education. Mark A. Dierker, fotógrafo.

CAPÍTULO 10

Abertura (acima): © Eduardo Rivero/Shutterstock.com; Abertura (abaixo): © Steve Gorton/Dorling Kindersley/Getty Images; 10.1: © Terry Wild Studio; 10.7(todas): © McGraw-Hill Education. Jill Braaten, fotógrafo; 10.10: Cortesia do Alexander Fleming Laboratory Museum, St. Mary's Hospital, Paddington, London; 10.11: Library of Congress; 10.15: Foto cortesia de John M. Rimoldi, University of Mississippi; 10.25(à esquerda): © Bill Aron/PhotoEdit, Inc.; 10.25(à direita): © McGraw-Hill Education. Jill Braaten, fotógrafo; 10.26(ambas): © Michael P. Gadomski/Science Source; 10.27(à esquerda): © Gerald & Buff Corsi/Visuals Unlimited; 10.27(à direita): © James Leynse/Corbis; 10.29: © Chris Knapton/Science Source; 10.31: © Norma Jean Gargasz/Alamy.

CAPÍTULO 11

Abertura: © Jonelle Weaver/Brand X Pictures/Getty Images RF; Página 451: Cathy Middlecamp; p. 452(à direita): United Nations World Water Day; p. 452(à esquerda): © Royalty Free/Corbis RF; 11.12: © McGraw-Hill Education. Mark A. Dierker, fotógrafo; 11.15: © Nancy Rabalais, Louisiana Universities Marine Consortium; p. 473: © Jill Braaten; p. 475: © SunnyS/Shutterstock.com; p. 483(meio): Mike McCann; p. 483(Tomates): © Steve Bower/Shutterstock.com. p. 487: © PhotoAlto/PunchStock RF.

CAPÍTULO 12

Abertura (acima): © Michael Halberstadt/Siliconvalleystock.com; Abertura(abaixo): © Eric Huang; 12.1a: © Brand X Pictures/PunchStock RF; 12.1b: © Scott Camazine/Science Source; 12.5a–b: © Bettmann/Corbis; 12.5c: History of Medicine/National Library of Medicine; 12.5d: Cortesia do National Library of Medicine; 12.6a: King's College London Archives; 12.13: © Dr. Stanley Flegler/Visuals Unlimited; 12.14: © & Cortesia de Hugh Iltis/The Doebley Lab; 12.16: © Nigel Cattlin/Science Source; 12.17: © Dung Vo Trung/Corbis; 12.18: © McGraw-Hill Education. Jill Braaten, fotógrafo; 12.19: © Hank Morgan/Science Source; 12.20: © AFP/Greenpeace/Getty Images; Página 517(à direita): © Bettmann/Corbis.

Texto e Ilustrações

CAPÍTULO 1

Tabela 1.2–4, 8: Environmental Protection Agency; 1.9: Arizona Department of Environmental Quality; 1.12: Raymond Chang, *General Chemistry: The Essential Concepts, Third Edition*. Copyright © 2003, The McGraw-Hill Companies, New York, NY. Reimpresso com permissão; 1.19: www.airnow.gov; EOC #46: www.airnow.gov; p. 62: www.airnow.gov.

CAPÍTULO 2

Abertura: http://ozonewatch.gsfc.nasa.gov/Scripts/big_image.php?date52012-10-08&hem5S; 2.1: Environmental Protection Agency; 2.2: "Global Ozone Research and Monitoring Project Report", No. 44, 1998. Reimpresso com permissão da World Meteorological Organization; 2.5: Environmental Protection Agency; 2.7_3: http://www.epa/gov/sunwise/uviscale.html;

2.8: Muhammad Iqbal, *An Introduction to Solar Radiation*, Academic Press, Copyright © 1983. Reimpresso com permissão de Elsevier; 2.11: National Cancer Institute, SEER Fast Stats, 2012; 2.12: http://ozonewatch.gsfc.nasa.gov/meteorology/ytd_data.txt, http://ozonewatch.gsfc.nasa.gov/meteorology/annual_data.html; 2.14: United Nations Environment Programme; 2.15: World Meteorological Organization, United Nations Environment Programme; 2.17: United Nations Environment Programme; 2.19: "Scientific Assessment of Ozone Depletion: 2002," World Meteorological Organization, United Nations Environmental Programme; 2.11_1: http://ozone.unep.org/new_site/en/index.php; 2.21: D.W. Fahey, "Twenty Questions and Answers about the Ozone Layer—2006 Update", um suplemento de Scientific Assessment of Ozone Depletion: 2006, the World Meteorological Organization Global Ozone Research and Monitoring Project—Report No. 50, liberado em 2007 e reimpresso aqui com a generosa permissão do United Nations Environment Programme; EOC #104: Reimpresso com permissão. www.ScienceCartoonsPlus.com.

CAPÍTULO 3

3.7: http://www.ncdc.noaa.gov/cmb-faq/anomalies.php; 3.8: http://data.giss.nasa.gov/gistemp/maps/; 3.20: Purves, Orians, Heller and Sadava, *Life, The Science of Biology, Fifth Edition*, 1998, p. 1186. Reimpresso com permissão de Sinauer Associates, Inc.; 3.21: IPCC Fourth Assessment Report, Working Group III , 2007; 3.25–27, 3.6: Adaptado de "Climate Change 2007: The Physical Science Basis. Contribution of Working Group I to the Fourth Assessment Report of the Intergovernmental Panel on Climate; 3.28: Earth Observatory, NASA; 3.31: "Clearing the Air, The Facts About Capping and Trading Emissions," 2002, p. 3; p. 151: The Wall Street Journal—Permissão, Cartoon Features Syndicate.

CAPÍTULO 4

Tabela 4.4: Darrell D. Ebbing, *General Chemistry, Fourth Edition*, 1993. Houghton Mifflin Co. Dados originais de James E. Huheey, *Inorganic Chemistry: Principles of Structure and Reactivity, Third Edition*, 1983, Addison Wesley Longman; 4.6: Annual Energy Review, 2008. DOE/EIA-0384, June 2009; 4.9: Statistical Review of World Energy, 2012, p. 36, http://www.bp.com/sectionbodycopy.do?categoryId57500&contentId57068481. Reimpresso com permissão de BP; 4.12: U.S. Energy Information Administration, 2009; 4.22: http://www.ethanolproducer.com/plantmap/http://www.ethanolrfa.org/bio-refinery-locations/; 4.27: www.biodiesel.org; 4.28: Renewable Energy Policy Network for the 21st Century (2010) Renewables 2010: Global Status Report, Paris, REN21 Secretariat; 4.6: Nuffield Council on Bioethics, Biofuels: Ethical Issues, 2011, p. 84.

CAPÍTULO 5

Figura 5.2–3: Water Footprint Network, 2012. Reimpresso com permissão; 5.26: William Cunningham and Mary Ann Cunningham, *Environmental Science: A Global Concern, Tenth Edition*, 2008. Reimpresso com permissão de The McGraw-Hill Companies, New York, NY. Reimpresso com permissão; 5.27: Environmental Waikato, 2000; 5.9: United States Geological Survey.

CAPÍTULO 6

Figura 6.9b: National Atmospheric Deposition Program, 2006. NADP Program Office, Illinois State Water Survey, http://nadp.sws.uiuc.edu/sites/sitemap.asp?state5il; 6.11–12a–b: Reimpresso com permissão do National Atmospheric Deposition Program (NRSP-3). 2007. NADP Program Office, Illinois State Water Survey, 2204 Griffith Dr., Champaign, IL 61820; 6.14, 16: Environmental Protection Agency; 6.19: *BioScience* por American Institute of Biological Sciences, April 2003, Vol. 53, No. 4, p. 342. Copyright © 2003 pela University of California Press-Journals. Reimpresso com permissão de University of California Press-Journals via Copyright Clearance Center; 6.21a–b: Environmental Protection Agency; 6.2: Adaptado de "Emission Trends and Effects in the Eastern U.S., United States General Accounting Office, Report to Congressional Requesters," March 2000; 46: S. J. Smith, J. van Aardenne, Z. Klimont, R. J. Andres, A. Volke, and S. Delgado Arias. *Atmospheric Chemistry and Physics*, Copyright © 2011, Copernicus Publications, 1101–1116.

CAPÍTULO 7

Figura 7.2: Energy Information Administration; 7.2: http://www.nei.org/publicpolicy/stateactivities/statenuclearfacts/; 7.3: International Atomic Energy Agency, http://www.iaea.org/pris/ em 05/08/13. Reimpresso com permissão; 7.18: National Council on Radiation Protection and Measurements; 7.19: Michael G. Stabin, et al. *Health Physics: The Radiation Safety Journal*. Vol. 100, Issue 2, Jan 1, 2011. Reimpresso com permissão de Wolters Kluwer Health; 7.2: Environmental Protection Agency, American Nuclear Society; 7.26: *Disposition of High-Level Wastes and Spent Nuclear Fuel*, Copyright © 2000. National Academy Press; 7.28a: Department of Energy; 7.31b: http://www.sciencebase.com/satiricalcartoonist.html cartooncreator.nl. Reimpresso com permissão; 7.34: www.cartoonstock.com.

CAPÍTULO 8

Figura 8.1: Tom Thaves. Reimpresso com permissão; 8.2: Environmental Protection Agency; 8.10: American Honda Motor Company; 8.19: Billy Roberts, National Renewable Energy Laboratory para o U.S. Department of Energy, 2008; 8.27: International Energy Agency.

CAPÍTULO 9

Figura 9.15–16a–b: Environmental Protection Agency, EPA-530-F-11-005, November, 2011; 9.4: American Chemistry Council, 2010; 9.17: Reimpresso com permissão de National Association for PET Container Resources.

CAPÍTULO 11

Figura 11.1: Vaclav Smil, *Feeding the World: A Challenge for the Twenty-First Century*. Copyright © 2000, Massachusetts Institute of Technology, com permissão de The MIT Press; 11.2: Agriculture, Food and Agriculture Organization of the United Nations, 2012. http://www.fao.org/docrep/014/am859e/am859e01.pdf. Reimpresso com permissão; 11.9: *Nutrition Action Health Letter*, Center for Science in the Public Interest, December 2005, Vol. 32, No. 10, p. 8. Copyright © 2005 por Center for Science in the Public Interest. Reimpresso com permissão do Center for Science in the Public Interest via Copyright Clearance Center; 11.11: Michael Cann, adaptado de *Real-World Cases in Green Chemistry, Volume 2*, Copyright © 2008. American Chemical Society; 11.24–25: Mike Berners-Lee, *How Bad Are Bananas? The Carbon Footprint of Everything*, 2011. Copyright © 2011. Greystone Books. Reimpresso com permissão.

CAPÍTULO 12

Tabela 12.1: I. Edward Alcamo, *DNA Technology: The Awesome Skill, Second Edition*. Copyright © 2001, 1996. Academic Press. Reimpresso com permissão.

Índice